HANDBUCH DER PHYSIK

UNTER REDAKTIONELLER MITWIRKUNG VON

R. GRAMMEL-STUTTGART · F. HENNING-BERLIN
H. KONEN-BONN · H. THIRRING-WIEN · F. TRENDELENBURG-BERLIN
W. WESTPHAL-BERLIN

HERAUSGEGEBEN VON

H. GEIGER UND KARL SCHEEL

BAND XVII

ELEKTROTECHNIK

BERLIN
VERLAG VON JULIUS SPRINGER
1926

ELEKTROTECHNIK

BEARBEITET VON

H. BEHNKEN · F. BREISIG · A. FRAENCKEL
A. GÜNTHERSCHULZE · F. KIEBITZ · W. O. SCHUMANN
R. VIEWEG · V. VIEWEG

REDIGIERT VON W. WESTPHAL

MIT 360 ABBILDUNGEN

BERLIN
VERLAG VON JULIUS SPRINGER
1926

ISBN 978-3-642-50635-2 ISBN 978-3-642-50945-2 (eBook)
DOI 10.1007/978-3-642-50945-2

SOFTCOVER REPRINT OF THE HARDCOVER 1ST EDITION 1926

Inhaltsverzeichnis.

Allgemeine physikalische Konstanten

(September 1926)[1].

a) Mechanische Konstanten.

Gravitationskonstante	$6{,}6_5 \cdot 10^{-8}$ dyn · cm² · g⁻²
Normale Schwerebeschleunigung	$980{,}665$ cm · sec⁻²
Schwerebeschleunigung bei 45° Breite	$980{,}616$ cm · sec⁻²
1 Meterkilogramm (mkg)	$0{,}980665 \cdot 10^{8}$ erg
Normale Atmosphäre (atm)	$1{,}01325_3 \cdot 10^{6}$ dyn · cm⁻²
Technische Atmosphäre	$0{,}980665 \cdot 10^{6}$ dyn · cm⁻²
Maximale Dichte des Wassers bei 1 atm	$0{,}999973$ g · cm⁻³
Normales spezifisches Gewicht des Quecksilbers	$13{,}5955$

b) Thermische Konstanten.

Absolute Temperatur des Eispunktes	$273{,}2_0{}^{\circ}$
Normales Litergewicht des Sauerstoffes	$1{,}42900$ g · l⁻¹
Normales Molvolumen idealer Gase	$22{,}414_5 \cdot 10^{3}$ cm³
Gaskonstante für ein Mol	$0{,}8204_5 \cdot 10^{2}$ cm³-atm · grad⁻¹
	$0{,}8313_2 \cdot 10^{8}$ erg · grad⁻¹
	$0{,}8309_0 \cdot 10^{1}$ int joule · grad⁻¹
	$1{,}985_8$ cal · grad⁻¹
Energieäquivalent der 15°-Kalorie (cal)	$4{,}184_2$ int joule
	$1{,}1623 \cdot 10^{-6}$ int k-watt-st
	$4{,}186_3 \cdot 10^{7}$ erg
	$4{,}268_8 \cdot 10^{-1}$ mkg

c) Elektrische Konstanten.

1 internationales Ampere (int amp)	$1{,}0000_0$ abs amp
1 internationales Ohm (int ohm)	$1{,}0005_0$ abs ohm
Elektrochemisches Äquivalent des Silbers	$1{,}11800 \cdot 10^{-3}$ g · int coul⁻¹
Faraday-Konstante für ein Mol und Valenz 1	$0{,}9649_4 \cdot 10^{5}$ int coul
Ionisier.-Energie/Ionisier.-Spannung	$0{,}9649_4 \cdot 10^{5}$ int joule · int volt⁻¹

d) Atom- und Elektronenkonstanten.

Atomgewicht des Sauerstoffs	16,000
Atomgewicht des Silbers	107,88
LOSCHMIDTsche Zahl (für 1 Mol)	$6{,}06_1 \cdot 10^{23}$
BOLTZMANNsche Konstante k	$1{,}372 \cdot 10^{-16}$ erg · grad⁻¹
$^1/_{16}$ der Masse des Sauerstoffatoms	$1{,}650 \cdot 10^{-24}$ g
Elektrisches Elementarquantum e	$1{,}592 \cdot 10^{-19}$ int coul
	$4{,}77_4 \cdot 10^{-10}$ dyn$^{1/2}$ · cm
Spezifische Ladung des ruhenden Elektrons e/m	$1{,}76_6 \cdot 10^{8}$ int coul · g⁻¹
Masse des ruhenden Elektrons m	$9{,}02 \cdot 10^{-28}$ g
Geschwindigkeit von 1-Volt-Elektronen	$5{,}94_5 \cdot 10^{7}$ cm · sec⁻¹
Atomgewicht des Elektrons	$5{,}46 \cdot 10^{-4}$

e) Optische und Strahlungskonstanten.

Lichtgeschwindigkeit (im Vakuum)	$2{,}998_5 \cdot 10^{10}$ cm · sec⁻¹
Wellenlänge der roten Cd-Linie (1 atm, 15° C)	$6438{,}470_0 \cdot 10^{-8}$ cm
RYDBERGsche Konstante für unendl. Kernmasse	$109737{,}1$ cm⁻¹
SOMMERFELDsche Konstante der Feinstruktur	$0{,}729 \cdot 10^{-2}$
STEFAN-BOLTZMANNsche Strahlungskonstante σ	$5{,}7_5 \cdot 10^{-12}$ int watt · cm⁻² · grad⁻⁴
	$1{,}37_4 \cdot 10^{-12}$ cal · cm⁻² · sec⁻¹ · grad⁻⁴
Konstante des WIENschen Verschiebungsgesetzes	$0{,}288$ cm · grad
WIEN-PLANCKsche Strahlungskonstante c_2	$1{,}43$ cm · grad

f) Quantenkonstanten.

PLANCKsches Wirkungsquantum h	$6{,}55 \cdot 10^{-27}$ erg · sec
Quantenkonstante für Frequenzen $\beta = h/k$	$4{,}77_5 \cdot 10^{-11}$ sec · grad
Durch 1-Volt-Elektronen angeregte Wellenlänge	$1{,}233 \cdot 10^{-4}$ cm
Radius der Normalbahn des H-Elektrons	$0{,}529 \cdot 10^{-8}$ cm.

[1]) Erläuterungen und Begründungen s. Bd. II d. Handb. Kap. 10, S. 487—518.

Kapitel 1.

Telegraphie und Telephonie auf Leitungen.

Von

F. BREISIG, Berlin.

Mit 67 Abbildungen.

a) Die elektrischen Vorgänge in Fernmeldekreisen.

1. Das technische Wesen des Telegraphen. Telegraphie und Telephonie sind Zweige der allgemeinen Fernmeldetechnik. Soweit diese die Übertragung von Signalen einer bestimmten Bedeutung für bestimmte Zwecke und in der Regel für einen beschränkten Kreis von Interessenten zum Zwecke hat (Eisenbahnen, Feuerwehren, Hotels), bedient sie sich zwar auch der Elemente, mit denen Telegraphie und Telephonie im engeren Sinne arbeiten, aber das physikalische Interesse daran ist gering, weil alle Vorgänge aus den Gesichtspunkten stationärer Felder beschrieben werden können.

Dies trifft auch auf einen großen Teil der Anlagen für Telegraphie zu, nämlich die kurzen, von Hand betriebenen Verbindungen mit oberirdischen Leitungen. Wenn es bekannt ist, welche Stromstärke genügt, um den Empfangsapparat ansprechen zu lassen, so hat man nur nach dem OHMschen Gesetze die erforderliche Spannung auszurechnen, um alle nötigen Bestimmungen zu treffen.

Wir beschränken uns im folgenden auf die Untersuchung der Vorgänge, bei welchen die Zeit, welche insgesamt für die ausgehenden Zeichen zur Verfügung steht, von gleicher Größenordnung ist wie die Zeit, in der die damit verbundene Änderung in dem gesamten Stromkreis sich auswirkt.

Die Bedeutung des Studiums des Verlaufs der Zeichen ergibt sich aus folgenden Überlegungen. Ganz allgemein betrachtet handelt es sich um eine Energieübertragung. Nach der allgemeinen Definition des Telegraphen[1]:

Telegraph ist jede Vorrichtung, welche eine Nachrichtenbeförderung dadurch ermöglicht, daß der an einem Orte zum sinnlichen Ausdruck gebrachte Gedanke an einem entfernten Ort wahrnehmbar wieder erzeugt wird, ohne daß der Transport eines Gegenstandes mit der Nachricht erfolgt. Das Mittel, welches zu dieser Wiedererzeugung in Anwendung kommt, ist für das Wesen der Telegraphie nicht von Bedeutung, ist es das Kennzeichen des elektrischen Telegraphen, der auch das Fernsprechen einschließt und von der Benutzung eines bestimmten Mittels zwischen den entfernten Orten (natürlicher Raum oder besonders erstellte Leitungen) unabhängig ist, daß zum sinnfälligen Ausdruck des Zeichens an der Ausgangsstelle eine gewisse Energie in elektrischer Form wirksam gemacht und gegen den Empfangsort in Bewegung gesetzt wird, während an der Empfangsstelle der dahin über-

[1]) K. R. SCHEFFLER, Arch. Post Telegr. 1884, S. 609.

tragene Teil dieser Energie benutzt wird, um eine sinnfällige Wirkung irgendeiner geeigneten Form zu erzeugen.

Bei einer Energieübertragung im gewöhnlichen Sinne kommt es in erster Linie auf den Wirkungsgrad an. Sie ist praktisch wertlos, wenn die Energie am Empfangsorte auf andere Weise billiger beschafft werden kann, als durch die Übertragung. Dieser Gesichtspunkt scheidet aber bei der Nachrichtenübertragung aus verschiedenen Gründen aus, besonders wegen der auf keine andere Weise erreichbaren Übertragungsgeschwindigkeit. Bei der Nachrichtenübertragung mit Hilfe elektrischer Energie tritt also die Frage des Wirkungsgrads, nämlich einer möglichst geringen Beeinträchtigung der übertragenen Menge, fast ganz zurück gegen die Frage der Formtreue, daß nämlich das am Empfangsorte wiedergegebene Zeichen tunlichst genau das am Sendeorte aufgegebene nachbilde. Die Ansprüche an die Formtreue können je nach dem Zwecke sehr verschieden sein. Wenn die empfangenen Zeichen wie bei den Telegraphenapparaten dazu dienen, einen Empfangsapparat so zu erregen, daß er eine Schreib- oder Druckvorrichtung steuert, die die erforderliche Kraft in der Regel einer örtlichen Quelle entnimmt, so genügt es offenbar, wenn jedes Zeichen soweit selbständig wiedererzeugt wird, daß der von ihm erregte erste Empfänger die genannte Vorrichtung steuern kann. Hierbei genügt es für die Formtreue, daß Zeichen, die vom Sender getrennt abgegeben worden waren, im Empfänger einzeln in den richtigen Abständen wiedergegeben werden. Wenn aber die Sprache übertragen werden soll, so muß zwischen der Form der abgehenden und ankommenden elektrischen Zeichen je nach der verlangten Qualität der Wiedergabe eine weit größere Übereinstimmung bestehen. Man erkennt übrigens sogleich, daß es sich grundsätzlich nicht nur um die Frage der Formtreue der elektrischen Zeichen an der Ausgangs- und Empfangsstelle handelt, sondern auch um die Frage, inwieweit die zu ihrer Erzeugung und Wiedergabe benutzten Apparate mechanisch formgetreu arbeiten. Daß die formgetreue Übermittlung die wichtigere Seite der Übertragungsfrage ist, ergibt sich auch daraus, daß man in der modernen Technik erforderlichen Falles durch Verstärker den Zeichen die notwendige Stärke mit geringem Aufwande von Energie geben kann. Diese ganz in die letzten Jahre fallende Entwicklung wird auf die Dauer auch die Darstellung der Theorie der Vorgänge beeinflussen, indem Merkmale, welche früher ausschlaggebend waren, wie die räumliche Dämpfung und die Verzerrung, in eine Nebenstellung gedrängt werden.

Wenn wir im folgenden noch im wesentlichen in den älteren Gedankengängen bleiben, so ist es, um die Ursachen der Formänderungen als solche aufzuzeigen. Die Frage, wie ihre Bedeutung zu mindern ist, führt dann auf die Wege der Verbesserungen.

2. Die Telegraphengleichung. Wir gehen aus von einer homogenen Doppelleitung, als deren Eigenschaften für die Längeneinheit (bei Zahlenangaben 1 km) der Widerstand R in Ohm, die Ableitung G (das Reziproke des Isolationswiderstandes) in Ohm^{-1}, die Induktivität L in Henry, die Kapazität C in Farad angegeben werden. Wendet man auf die geschlossene Linie *1, 2, 3, 4, 1* in Abb. 1 den Satz an, daß das Linienintegral der elektrischen Kraft gleich der Abnahme des magnetischen Flusses in der Zeiteinheit ist, so folgt, wenn die Spannung von Punkt *4* gegen Punkt *3* mit V bezeichnet wird, die Gleichung

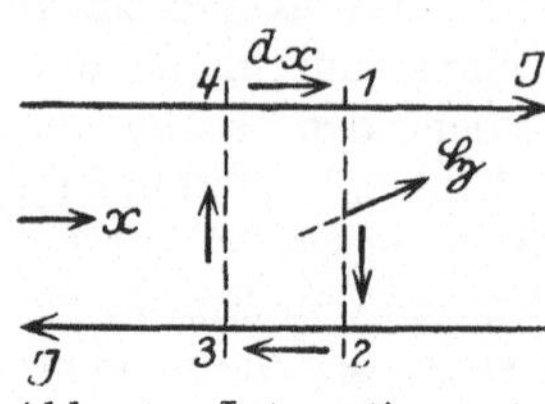

Abb. 1. Integrationsnetz der Telegraphengleichung.

$$V + \frac{\partial V}{\partial x} dx + \frac{R}{2} dx J - V + \frac{R}{2} dx J = -L dx \frac{\partial J}{\partial t}.$$

Daraus ergibt sich

$$-\frac{\partial V}{\partial x} = RJ + L\frac{\partial J}{\partial t} \tag{1}$$

Der Unterschied der Stromstärken in den Punkten *3* und *1*, also $J - \left(J + \frac{\partial J}{\partial x}dx\right)$ rührt von dem durch die Ableitung verursachten Verlust $G\,dx\,V$ und dem der Kapazität zufließenden Ladungsstrom $C\,dx\frac{\partial V}{\partial t}$ her. Die Gleichsetzung beider Ausdrücke ergibt die Gleichung

$$-\frac{\partial J}{\partial x} = GV + C\frac{\partial V}{\partial t}. \tag{2}$$

Man führt die Integration auf eine Hilfsgröße W zurück, indem man setzt

$$J = GW + C\frac{\partial W}{\partial t}, \quad V = -\frac{\partial W}{\partial x}. \tag{3}$$

Die zweite Gleichung wird dadurch ohne weiteres erfüllt, aus der anderen ergibt sich

$$\frac{\partial^2 W}{\partial x^2} = GRW + (CR + GL)\frac{\partial W}{\partial t} + CL\frac{\partial^2 W}{\partial t^2}. \tag{4}$$

Für die verschiedenen Herleitungen entwickelt man daraus noch andere Formen. Für den normal erfüllten Fall, daß $CR > GL$, setzt man

$$W = w\,e^{-\frac{G}{C}t}.$$

Dies ergibt die Gleichung

$$\frac{\partial^2 w}{\partial x^2} = (CR - GL)\frac{\partial w}{\partial t} + CL\frac{\partial^2 w}{\partial t^2}. \tag{5}$$

Abgesehen von veränderten Parametern entspricht diese der Form der Gleichung (4) für $G = 0$. Es ist für die Übersichtlichkeit vorteilhaft, zu setzen

$$\frac{1}{\sqrt{CL}} = v, \quad \frac{1}{2}\left(R\sqrt{\frac{C}{L}} - G\sqrt{\frac{L}{C}}\right) = \Lambda. \tag{6}$$

Dann erhält man

$$v^2\frac{\partial^2 w}{\partial x^2} = 2\Lambda v\frac{\partial w}{\partial t} + \frac{\partial^2 w}{\partial t^2}. \tag{7}$$

Eine andere Substitution ist $W = Ue^{-\alpha t}$, worin α so bestimmt wird, daß der Faktor von $\partial U/\partial t$ verschwindet, nämlich

$$\alpha = \frac{1}{2}\left(\frac{R}{L} + \frac{G}{C}\right). \tag{8}$$

Dann erhält die Telegraphengleichung die Form

$$\frac{\partial^2 U}{\partial x^2} + \Lambda^2 U = \frac{1}{v^2}\frac{\partial^2 U}{\partial t^2}. \tag{9}$$

3. Die ideale Leitung. Eine Übersicht über die Fortpflanzungsvorgänge erhält man, wenn man von den Widerständen, welche Verluste herbeiführen, absieht und nur die reaktiven Vorgänge betrachtet. Die Ausgangsgleichungen in der Form

$$-\frac{\partial V}{\partial x} = L\frac{\partial J}{\partial t}, \qquad -\frac{\partial J}{\partial x} = C\frac{\partial V}{\partial t}$$

werden erfüllt, wenn man $V = ZJ$ setzt, wo Z, das den Namen Wellenwiderstand trägt, eine vom Orte und der Zeit unabhängige Konstante ist und den Wert

$$Z = \sqrt{\frac{L}{C}}$$

erhält. Die Ausgangsgleichungen werden nach der Festsetzung in (6)

$$-\frac{\partial V}{\partial x} = \frac{1}{v}\frac{\partial V}{\partial t}; \qquad -\frac{\partial J}{\partial x} = \frac{1}{v}\frac{\partial J}{\partial t}.$$

Sie werden erfüllt durch jede beliebige Funktion des Arguments $u = t \pm x/v$. Für zwei Punkte x_1 und x_2, wo $x_2 > x_1$ ist, hat das Argument $u = t - x/v$ gleiche Werte bezüglich zu den Zeiten t_1 und t_2, wenn $x_2 - x_1 = v(t_2 - t_1)$; ein bestimmter Wert von J oder V tritt also an beiden Stellen mit solcher Zeitdifferenz auf, wie sie zum Durchlaufen der Strecke $x_2 - x_1$ mit der gleichmäßigen Geschwindigkeit v erforderlich ist. Auf der idealen Leitung pflanzt sich daher ein Stromvorgang $J = f(t - x/v)$ nach der Seite der wachsenden x in gleichbleibender Form mit der Geschwindigkeit fort; ebenso ist eine solche Fortpflanzung einer Form $f(t + x/v)$ nach der entgegengesetzten Richtung möglich. Mit den Stromwellen $J = f(t \pm x/v$ geht eine ihr im zeitlichen Verlauf kongruente Spannungswelle $V = Z \cdot J$.

4. Fortpflanzungsgeschwindigkeit elektrischer Wellen auf Leitungen. Auf einer idealen, verlustlosen Leitung pflanzen sich Wellen unverzerrt und ungedämpft mit der Geschwindigkeit $1/\sqrt{CL}$ fort. Auf wirklichen Leitungen werden die Wellen verzerrt, dergestalt daß mit wachsendem Wege ein immer größerer Teil gegen die Front zurückbleibt. Es läßt sich aber für eine bestimmte Stelle x der Leitung eine Zeit t, gerechnet vom Augenblick des Aussendens des Impulses bei $x = 0$ angeben, bis zu welcher die Spannung oder Stromstärke in x von den Wirkungen des Impulses unbetroffen bleiben, während sie von der Zeit t ab sich unter dem Impuls ändern. Den Quotienten dx/dt nennt man die Fortpflanzungsgeschwindigkeit der Wellenfront. Bei ihrer Feststellung hat man sich seit KIRCHHOFFS Beweis (1857) der Begriffe der Induktivität und Kapazität für den stationären Fall bedient, worin GUTTON[1]) eine Schwäche dieser Beweise erblickt. Aus neuerer Zeit gibt es zwei solche Beweise. Der jüngere, dessen Quelle leicht zugänglich ist und der hier nur skizziert wird, ist von H. POINCARÉ[2]). Er zerlegt den Impuls in eine Reihe von Sinusschwingungen mit stetig aufeinanderfolgenden Frequenzen. Der am Aufpunkt ankommende Effekt jeder einzelnen wird aus der Telegraphengleichung festgestellt. Das Integral über sämtliche Frequenzen wird in das Integral einer stetigen Funktion einer komplexen Variabeln über eine geschlossene Folge von Werten dieser Variablen umgeformt. Es ergibt sich, daß der Gesamteffekt Null ist, solange $t < x\sqrt{CL}$ ist.

Ein anderer älterer Beweis ist von VASCHY[3]) nach HUGONIOT angegeben worden. Er setzt nur aus Gründen der Stetigkeit voraus, daß in einer Leitung, in welcher die Vorgänge von der Ruhelage beginnen, das Potential V und seine Ableitungen $\partial V/\partial t$ und $\partial V/\partial x$ allmählich von Null aus anwachsen, so daß also in dem Augenblicke, wo die Front der Welle in x ankommt, die Werte

$$\frac{\partial V}{\partial t} = 0 \quad \text{und} \quad \frac{\partial V}{\partial x} = 0$$

bestehen. Die Stelle x, in der sich die Front gerade befindet, ändert sich mit t,

[1]) GUTTON, Ann. Postes Télégr. Téléph. 1924, S. 949.
[2]) H. POINCARÉ, Ecl. él. Bd. 40, S. 121. 1904.
[3]) A. VASCHY, Ann. télégr. Bd. 15, S. 511. 1888.

derart daß dx/dt die Geschwindigkeit der Fortpflanzung bezeichnet. Wenn man die beiden Gleichungen differenziert und dabei x als Funktion von t betrachtet, so erhält man die Gleichungen

$$\frac{\partial^2 V}{\partial t^2} + \frac{\partial^2 V}{\partial t\,\partial x}\frac{dx}{dt} = 0$$

$$\frac{\partial^2 V}{\partial x\,\partial t} + \frac{\partial^2 V}{\partial x^2}\frac{dx}{dt} = 0$$

aus denen sich weiter ergibt

$$\frac{\partial^2 V}{\partial t^2} = \frac{\partial^2 V}{\partial x^2}\left(\frac{dx}{dt}\right)^2.$$

Da andererseits in der Wellenfront V und $\partial V/\partial t$ gleich Null sind, ergibt die Telegraphengleichung

$$\frac{\partial^2 V}{\partial t^2} = \frac{\partial^2 V}{\partial x^2}\frac{1}{CL}.$$

Demnach folgt, daß auch im allgemeinen Falle die Geschwindigkeit der Fortpflanzung $\pm 1/\sqrt{CL}$ ist.

5. Reflexion bei Leitungen. Auf einer Leitung ohne Verluste ist an jeder Stelle das Verhältnis der Spannung zur Stromstärke durch den Wellenwiderstand Z dargestellt. Wenn zwei Leitungen verschiedenen Wellenwiderstandes miteinander verbunden werden, oder wenn eine Leitung auf einem Apparat endigt, dessen elektrische Eigenschaften ein von Z verschiedenes Verhältnis der Spannung zur Stromstärke vorschreiben, das sich etwa auch mit dem Verlauf des eintretenden Stromes ändert, so erfordert die Stetigkeit, daß die Spannungen und Stromstärken auf beiden Seiten der Stoßstelle durch Ausgleichsvorgänge auf gleiche Werte gebracht werden. Auf Leitungen mit linearen Verlusten ist die Form der an der Stoßstelle einlaufenden Welle, von der Amplitude abgesehen, im ersten Augenblick dieselbe wie bei verlustlosen Leitungen; qualitativ gelten die nachstehenden Ausführungen daher auch für Leitungen mit Energieverlusten.

Eine an der Stoßstelle mit der Spannung f einlaufende Welle veranlaßt eine ausgleichende Spannungswelle von der für den Einzelfall zu bestimmenden Höhe g, welche nach beiden Seiten läuft. Ist der Wellenwiderstand auf der Einlaufseite Z_1, auf der anderen Z_2, so ergibt die Welle f beiderseits die Stromstärken f/Z_1 und f/Z_2 in derselben, als positiv angenommenen Richtung. Die Welle g bringt diesseits der Stoßstelle die Stromstärke $-g/Z_1$, jenseits die Stromstärke $+g/Z_2$ hervor. Die Spannungen sind beiderseits $f+g$; damit auch die Stromstärken gleich werden, muß sein

$$\frac{f-g}{Z_1} = \frac{f+g}{Z_2}.$$

Liegt hinter der Stoßstelle ein Kurzschluß, $Z_2 = 0$, so muß $f + g = 0$ sein. Trifft daher eine Spannungswelle E auf ein kurzgeschlossenes Ende, so läuft eine Spannung $g = -E$ zum Leitungsanfang zurück, welche auf dem von ihr zurückgelegten Teil der Leitung die Spannung aufhebt. Die Stromstärke wird darin verdoppelt. Am sendenden Ende werde eine widerstandslose Batterie angenommen, die also ebenfalls wie ein Kurzschluß wirkt. Die reflektierte Welle wird dort unter Umkehrung zurückgeworfen, es nimmt also nach und nach die Spannung der Leitung wieder den Wert E an. Die Stromstärke wächst bei jeder Reflexion um den Wert des einlaufenden Stroms bis zu in diesem Falle unendlichen Werten an. Da die Wellen auf wirklichen Leitungen gedämpft sind, erreicht die Stromstärke nach einiger Zeit einen Grenzwert, der durch neue

Reflexionen nicht mehr vermehrt wird. Abb. 2 stellt den Verlauf der Stromstärke auf einer 125 km langen Leitung in einem pupinisierten Kabel dar, und zwar in der oberen Linie für den Leitungsanfang, in der unteren für das Leitungsende. Man sieht, daß der erste Ansprung am Anfang unter dem Dauerwert liegt; der erste Ansprung am Ende liegt merklich höher als der erste am Anfang, indessen erreicht er infolge der Dämpfung nicht das doppelte, sondern etwa $^4/_3$ des ersten Ansprungs. Man sieht das wechselnde Eintreffen der Reflexion an beiden Enden und das allmähliche Abklingen.

Beim isolierten Ende, $Z_2 = \infty$, wird $f - g = 0$. Nehmen wir an, daß der Anfang der Leitung an einer Stromquelle E ohne merklichen Widerstand liege, so ergibt sich, daß die Spannung nach der ersten Reflexion bald $+ 2E$, bald Null ist, während der Strom zu entsprechenden Zeiten den Wert $- E/Z$ und $+ E/Z$ hat. Bei einer Leitung mit Verlusten bedeutet dies, daß sich der mittleren Spannung $+ E$ reflektierte, die von $\pm E$ bis Null abklingen, überlagern, während die Stromstärke von dem Werte $\pm E/Z$ aus sich dem Werte Null nähert.

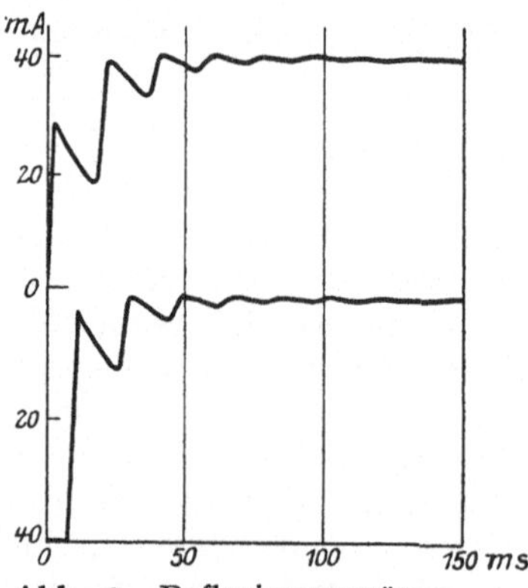

Abb. 2. Reflexionsvorgänge.

Handelt es sich um die Stoßstelle zweier Leitungen, so geht bei ihr die Leistung f^2/Z_1 ein, während $(f + g)^2/Z_2$ weitergeht. Als Wirkungsgrad der Stoßstelle kann man das Verhältnis der zweiten zur ersten bezeichnen. Er ergibt sich aus der das Verhältnis von f und g bestimmenden Gleichung zu

$$\eta = \frac{4 Z_1 Z_2}{(Z_1 + Z_2)^2}.$$

Ist einer der Wellenwiderstände a mal so groß, wie der andere, so ist

$$\eta = \frac{4a}{(1 + a)^2}.$$

Für Freileitungen von 2,5 und 4 mm Durchmesser ist $a = 1,2$, also $\eta = 0,99$.

Bei gleichem Wellenwiderstand, der nicht identische Eigenschaften für die Längeneinheit, sondern nur Proportionalität der Größen L und C voraussetzt, gehen die Wellen ungebrochen über die Stoßstelle.

6. Die Verzerrung der Wellenform auf einer Leitung. Die im wesentlichen sich an H. POINCARÉ anschließende Darstellung geht aus von der schon abgeleiteten Sonderform (9) der Telegraphengleichung

$$\frac{\partial^2 U}{\partial x^2} + \Lambda^2 U = \frac{1}{v^2} \frac{\partial^2 U}{\partial t^2}.$$

Diese geht in eine totale Differentialgleichung der Größe U als Funktion der Variablen

$$y = \sqrt{t^2 - \frac{x^2}{v^2}}$$

über, wie sich durch Ausführung der vorgeschriebenen Rechnungen leicht nachweisen läßt. (POINCARÉ stellt das Ergebnis deduktiv durch funktionentheoretische Betrachtungen dar.) Die neue Gleichung lautet

$$\frac{d^2 U}{d y^2} + \frac{1}{y} \frac{dU}{dy} - \Lambda^2 v^2 U = 0.$$

Sie führt auf BESSELsche Funktionen nullter Ordnung, und man erhält für die Stromstärke

$$J = E \sqrt{\frac{C}{L}} e^{-\alpha t} \mathfrak{J}_0 \left(i \Lambda v \sqrt{t^2 - \frac{x^2}{v^2}} \right), \tag{10}$$

wobei das Zeichen $\mathfrak{J}$ zum Unterschiede gegen das Zeichen der Stromstärke gewählt wurde. Der zeitliche Verlauf des Stromes im Verhältnis zu dem für $t = 0$ und $x = 0$ herrschenden Werte $J_0 = E\sqrt{C/L}$ ist in den Abb. 3 und 4 für mehrere Werte von $\Lambda x = \sigma$ dargestellt, wobei als Abszisse die Größe $T = \Lambda v t$ gewählt ist. σ heißt das Längenmaß der Leitung.

Aus einer tabellarischen oder graphischen Darstellung von $\mathfrak{J}_0(iu)$ als Funktion von u kann man solche Kurven auf folgendem Wege berechnen. Zu einem gewählten Wert von T gehört ein durch die Gleichung

$$u = \Lambda v y = \sqrt{T^2 - \sigma^2}$$

gegebener Wert von $\mathfrak{J}_0(iu)$. Diesen hat man mit $e^{-\alpha t} = e^{-\frac{\alpha}{\Lambda v} T}$ zu multiplizieren. Es ist dabei zu beachten, daß der Strom erst einsetzt, wenn $T > \sigma$ ist. Bei kleinen Werten von σ wachsen T und u nahezu im gleichen Schritt, und aus dem Verlauf der Funktion $\mathfrak{J}_0$ und der Exponentialfunktion ergibt sich für eine bestimmte Zeitdauer, gerechnet von $T = \sigma$ ab, der abfallende Charakter der Stromkurve. Bei großen Werten von σ wächst in derselben Zeitdauer von $T = \sigma$ ab der Wert von u und mit ihm der von $\mathfrak{J}_0(iu)$ sehr schnell an, und daher ergibt sich der zunächst aufsteigende Charakter der Stromkurve. Der erste Ansprung nimmt mit $e^{-\sigma}$ ab, so daß er bei großen Werten — im Kabelbetriebe kommen Werte bis zu $\sigma = 10$ vor — gegenüber dem nachfolgenden „Schwanz" der Welle so gut wie unmerklich ist.

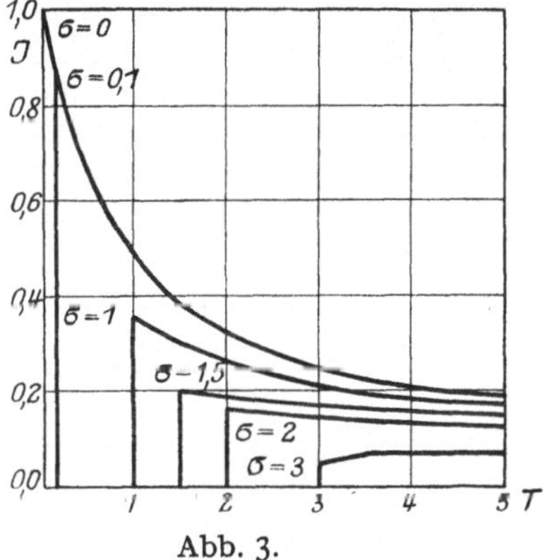

Abb. 3.

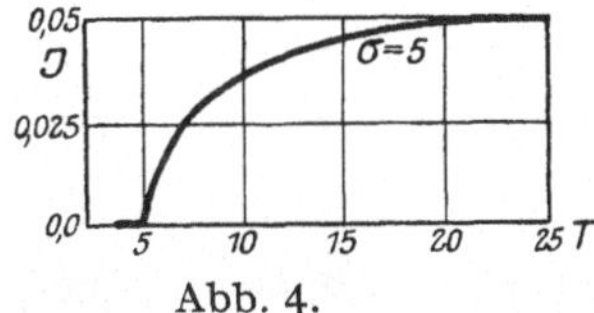

Abb. 4.

Abb. 3 u. 4. Längenmaß und Stromanstieg.

7. Die Vorgänge in einem vollständigen System. Die bisherigen Erörterungen über die allgemeine Leitung setzen die Geltung der zur sog. Telegraphengleichung führenden Beziehungen unabhängig von der Wahl des Aufpunktes voraus, betrachten also die Leitung als unbegrenzt lang und homogen. In der Praxis hat man es, vornehmlich da es auf die Feststellung der Wirkung in den Empfangsapparaten wesentlich ankommt, mit begrenzten Leitungen zu tun, die an den Grenzen in Leitergebilde anderer Art übergehen. Durch die Endapparate wird die Leitung zu einem vollständigen System ergänzt.

Man kann die Vorgänge in einem vollständigen System so lösen[1]), daß man die Leitung endlicher Länge durch daran angesetzte ergänzt, in denen elektromotorische Kräfte wirken, welche in die begrenzte Leitung gerade solche Wellen hineinsenden, wie sie in Wirklichkeit durch die Reflexionen eintreten. Der heute gebräuchliche Weg ist der des Integrationsverfahrens nach Heaviside[2]). Es ist von seinem Begründer ohne nähere Begründung aufgestellt worden, K. W. Wagner[3]) hat es mathematisch präzisiert. Wir werden in Ziff. 12 feststellen, welche Werte in einem vollständigen System oder Teilen davon die elektrischen Größen, Stromstärke oder Spannung annehmen, wenn darin eine EMK von der Form $E = \mathfrak{E}_p e^{pt}$ dauernd wirkt, so daß auch die abhängigen Größen

---

1) K. W. Wagner, Telegr. u. Fernsprechtechn. 1919, 1. Sonderheft, S. 30.
2) O. Heaviside, Electromagn. Theory, Bd. 2, S. 127, London 1899.
3) K. W. Wagner, Arch. El. 1916. S. 160.

die Form $J = \mathfrak{J}_p e^{pt}$, bei einer Stromstärke oder $V = \mathfrak{V}_p e^{pt}$, bei einer Spannung, annehmen. Diese Rechnungen führen auf Beziehungen, wie z. B.

$$\mathfrak{E}_p = \mathfrak{J}_p W_p . \tag{11}$$

Jede beliebige Form einer im Augenblick $t = 0$ einsetzenden EMK kann als eine Summe von Anteilen der Form $\mathfrak{E} e^{pt}$ dargestellt werden So bezeichnet

$$U = \frac{E}{2\pi i} \int_{-i\infty}^{+i\infty} \frac{e^{pt}}{p} dp \tag{12}$$

eine EMK, welche bis zum Augenblicke $t = 0$ den Wert Null, und von diesem Augenblicke ab dauernd den Wert E hat. Dagegen stellt das Integral

$$U = \frac{1}{2\pi i} \int_{-i\infty}^{+i\infty} dp \int_{0} dz\, f(z)\, e^{p(t-z)} \tag{13}$$

eine EMK dar, welche bis zum Augenblick $t = 0$ ebenfalls verschwindet und von da ab mit dem zeitlichen Verlaufe $f(t)$ einsetzt.

Nimmt man an, daß der zu jedem Wert von p gehörende Bruchteil der EMK in den Summen (12) und (13) einen Anteil der abhängigen Veränderlichen entsprechend der zu p gehörenden Größen W_p erzeugt, so ergibt sich z. B. für den Verlauf der Stromstärke nach einen einmaligen Anstoß

$$J = \frac{E}{2\pi i} \int_{-i\infty}^{+i\infty} \frac{e^{pt}}{p W_p} dp . \tag{14}$$

Durch funktionentheoretische Betrachtungen, die hier nicht wiederholt werden können, gelangt man zu folgender Formel:

$$J = \frac{E}{W_{p(p=0)}} + \sum_{\nu} \frac{E e^{p_\nu}}{p_\nu \left(\frac{\partial W_p}{\partial p}\right)_{p=p_\nu}} . \tag{15}$$

Darin bezeichnen die Werte p_ν die Wurzeln der Gleichung $W_p = 0$. Die Formel liefert daher das Endergebnis, ohne daß Integrationsrechnungen ausgeführt zu werden brauchen.

Die praktische Schwierigkeit der Anwendung liegt darin, daß die Gleichung $W_p = 0$, sobald Leitungen mit verteilter Kapazität und Induktivität in Frage kommen, für vollständige Systeme transzendente Form annimmt, so daß die Wurzeln p_ν nur für bestimmte Zahlenbeispiele und auch da nur näherungsweise festgestellt werden können. Die Literatur ist reich an Beispielen dieser Art (Ziff. 23), indessen verbietet die Rücksicht auf den Raum, darauf näher einzugehen.

8. Vorgänge bei Anwendung einer EMK der Form e^{pt}. Eine für sehr viele Zwecke brauchbare Lösung der Gleichungen für die Fortpflanzung auf einer Leitung ergibt sich aus der schon erwähnten Annahme, daß eine EMK von der Form $E e^{pt}$ von $t = 0$ an wirkt, worin p eine komplexe Größe mit negativem reellen Teil mit Einschluß der Fälle einer rein reellen oder rein imaginären Größe ist.

Aus dem zur Zeit $t = 0$ bestehenden Zustand wird die Leitung in einen anderen übergehen, in dem nach einem abklingenden Übergangszustand auch die abhängigen Größen V und J eine der Form der EMK ähnliche angenommen haben. Wir setzen $V = \mathfrak{V} e^{pt}$ und $J = \mathfrak{J} e^{pt}$. Die Gleichungen (1) und (2) ergeben

$$-\frac{\partial \mathfrak{V}}{\partial x} = \mathfrak{J}(R + pL) = \mathfrak{R}\mathfrak{J},$$

$$-\frac{\partial \mathfrak{J}}{\partial x} = \mathfrak{V}(G + pC) = \mathfrak{G}\mathfrak{V}.$$

Die Vereinigung beider ergibt für $\mathfrak{V}$ die Differentialgleichung

$$\frac{\partial^2 \mathfrak{V}}{\partial x^2} = \mathfrak{R}\mathfrak{G}\mathfrak{V}.$$

Setzt man

$$\sqrt{\mathfrak{R}\mathfrak{G}} = \gamma = \alpha i + \beta, \tag{16}$$

so folgt zunächst

$$\mathfrak{V} = C_1 e^{\gamma x} + C_2 e^{-\gamma x}$$

mit den willkürlichen Konstanten C_1 und C_2; für $\mathfrak{J}$ erhält man

$$\mathfrak{R}\mathfrak{J} = \gamma C_1 e^{\gamma x} - \gamma C_2 e^{-\gamma x}.$$

Setzt man fest, daß für $x = 0$ die Werte $\mathfrak{V} = \mathfrak{V}_0$ und $\mathfrak{J} = \mathfrak{J}_0$ bestehen sollen, so ergibt sich

$$\mathfrak{V} = \mathfrak{V}_0 \operatorname{Cos} \gamma x - \mathfrak{Z} \mathfrak{J}_0 \operatorname{Sin} \gamma x,$$

$$\mathfrak{J} = \mathfrak{J}_0 \operatorname{Cos} \gamma x - \frac{\mathfrak{V}_0}{\mathfrak{Z}} \operatorname{Sin} \gamma x.$$

Darin ist

$$\mathfrak{Z} = \sqrt{\frac{\mathfrak{R}}{\mathfrak{G}}}. \tag{17}$$

Man kann die Beziehung auch schreiben

$$\left.\begin{aligned} \mathfrak{V}_0 &= \mathfrak{V} \operatorname{Cos} \gamma x + \mathfrak{Z} \mathfrak{J} \operatorname{Sin} \gamma x, \\ \mathfrak{J}_0 &= \mathfrak{J} \operatorname{Cos} \gamma x + \frac{\mathfrak{V}}{\mathfrak{Z}} \operatorname{Sin} \gamma x. \end{aligned}\right\} \tag{18}$$

9. Der allgemeine Vierpol. Alle vorkommenden Übertragungssysteme kann man zwischen den Klemmenpaaren auf der einen (Sender-) Seite und denen auf der anderen (Empfänger-) Seite in Teile zerlegen, welche aus homogenen Leitungsstücken und etwa sie verbindenden Apparaten bestehen. Man nennt heute einen solchen Teil eines vollständigen Systems einen allgemeinen Vierpol. Er hat unter dem Gesichtspunkte der hier behandelten Vorgänge gewisse Eigenschaften, welche wir nach und nach ableiten werden. Man nennt ihn passiv, wenn er nur energieverzehrende Teile enthält (welche daneben bei veränderlichen Zuständen Energie im elektrischen oder magnetischen Felde vorübergehend aufspeichern mögen), dagegen aktiv, wenn er Teile, wie Verstärker, enthält, die selbst Energie in das System einführen.

Wir machen die Voraussetzung, daß die Spannungen und Ströme in allen Teilen des Vierpols in solchen Grenzen gehalten werden, daß die elektrischen Eigenschaften aller seiner Teile diesen Veränderlichen gegenüber als konstant betrachtet werden können. Aus dieser Voraussetzung folgt, daß die Spannungen und Ströme an dem einen Abschlußklemmenpaar jedes Teils lineare Funktionen der an dem anderen Abschlußklemmenpaar bestehenden Werte dieser Größen sind. Der einfachste Fall ist der homogene Vierpol, eine Doppelleitung von der Länge l_1 und den Konstanten γ_1 und $\mathfrak{Z}_1$. Werden die Werte an seinem Anfang durch den Index a_1 die am Ende durch den Index e_1 bezeichnet, so ist

$$\mathfrak{V}_{a_1} = \mathfrak{V}_{e_1} \operatorname{Cos} \gamma_1 l_1 + \mathfrak{Z}_1 \mathfrak{J}_{e_1} \operatorname{Sin} \gamma_1 l_1,$$

$$\mathfrak{J}_{a_1} = \mathfrak{J}_{e_1} \operatorname{Cos} \gamma_1 l_1 + \frac{\mathfrak{V}_{e_1}}{\mathfrak{Z}_1} \operatorname{Sin} \gamma_1 l_1.$$

Liegt vor ihm ein anderer homogener Vierpol zwischen a_2 und e_2 mit den Kennzeichen l_2, γ_2, $\mathfrak{Z}_2$, so gelten ähnliche Gleichungen für diesen. Die Stetigkeit verlangt, wenn beide miteinander verbunden werden, daß $\mathfrak{V}_{e_2} = \mathfrak{V}_{a_1}$, $\mathfrak{J}_{e_2} = \mathfrak{J}_{a_1}$ werden, und daraus ergibt sich, daß nunmehr auch $\mathfrak{V}_{a_2}$ und $\mathfrak{J}_{a_2}$ mit $\mathfrak{V}_{e_1}$ und $\mathfrak{J}_{e_1}$ in linearer Beziehung stehen. Für den Fall, daß statt eines Systems mit verteilten Eigenschaften ein in Reihe oder parallel geschalteter Leiter zugeschaltet wird oder ein Transformator mit konstanten Eigenschaften, bleibt die lineare Beziehung ebenfalls bestehen.

Wenn wir von der expliziten Form absehen, so können wir für den ersten homogenen Vierpol schreiben

$$\mathfrak{V}_{a_1} = \mathfrak{A}' \mathfrak{V}_{e_1} + \mathfrak{B}' \mathfrak{J}_{e_1},$$
$$\mathfrak{J}_{a_1} = \mathfrak{A}' \mathfrak{J}_{e_1} + \mathfrak{C}' \mathfrak{V}_{e_1},$$

indessen besteht zwischen den drei Größen $\mathfrak{A}'$, $\mathfrak{B}'$, $\mathfrak{C}'$, wie der Vergleich mit der ausführlichen Form ergibt, die Beziehung $(\mathfrak{A}')^2 - \mathfrak{B}'\mathfrak{C}' = 1$.

Für den zweiten Vierpol gelte

$$\mathfrak{V}_{a_2} = \mathfrak{A}'' \mathfrak{V}_{e_2} + \mathfrak{B}'' \mathfrak{J}_{e_2},$$
$$\mathfrak{J}_{a_2} = \mathfrak{A}'' \mathfrak{J}_{e_2} + \mathfrak{C}'' \mathfrak{V}_{e_2}.$$

Macht man $\mathfrak{V}_{e_2} = \mathfrak{V}_{a_1}$ und $\mathfrak{J}_{e_2} = \mathfrak{J}_{a_1}$, so findet man das Gleichungspaar

$$\mathfrak{V}_{a_2} = (\mathfrak{A}'\mathfrak{A}'' + \mathfrak{B}''\mathfrak{C}')\mathfrak{V}_{e_1} + (\mathfrak{A}'\mathfrak{B}'' + \mathfrak{A}''\mathfrak{B}')\mathfrak{J}_{e_1},$$
$$\mathfrak{J}_{a_2} = (\mathfrak{A}'\mathfrak{A}'' + \mathfrak{B}'\mathfrak{C}'')\mathfrak{J}_{e_1} + (\mathfrak{A}'\mathfrak{C}'' + \mathfrak{A}''\mathfrak{C}')\mathfrak{V}_{e_1}.$$

Schreibt man dies in der Form

$$\left.\begin{aligned} \mathfrak{V}_{a_2} &= \mathfrak{A}_1 \mathfrak{V}_{e_1} + \mathfrak{B}\mathfrak{J}_{e_1}, \\ \mathfrak{J}_{a_2} &= \mathfrak{A}_2 \mathfrak{J}_{e_1} + \mathfrak{C}\mathfrak{V}_{e_1}, \end{aligned}\right\} \tag{19}$$

so erfüllen die vier Konstanten die Beziehung

$$\mathfrak{A}_1\mathfrak{A}_2 - \mathfrak{B}\mathfrak{C} = 1. \tag{20}$$

Im allgemeinen wird ein so zusammengesetzter Vierpol unsymmetrisch sein, was sich darin ausdrückt, daß nicht mehr zwei, sondern drei unabhängige Konstanten des linearen Systems vorhanden sind. Nur wenn $\mathfrak{Z}_1 = \mathfrak{Z}_2 = \mathfrak{Z}$ ist, werden $\mathfrak{B}''\mathfrak{C}'$ und $\mathfrak{B}'\mathfrak{C}''$ einander gleich und daher auch $\mathfrak{A}_1$ und $\mathfrak{A}_2$. Dann ist auch

$$\mathfrak{V}_{a_2} = \mathfrak{V}_{e_1} \mathfrak{Cos}(\gamma_1 l_1 + \gamma_2 l_2) + \mathfrak{Z}\mathfrak{J}_{e_1} \mathfrak{Sin}(\gamma_1 l_1 + \gamma_2 l_2),$$
$$\mathfrak{J}_{a_2} = \mathfrak{J}_{e_1} \mathfrak{Cos}(\gamma_1 l_1 + \gamma_2 l_2) + \frac{\mathfrak{V}_{e_1}}{\mathfrak{Z}} \mathfrak{Sin}(\gamma_1 l_1 + \gamma_2 l_2).$$

Kehren wir zum unsymmetrischen Vierpol zurück, so läßt sich zeigen, daß, wenn man an einen solchen einen homogenen oder unsymmetrischen anschließt, das entstehende Gebilde wieder durch ein lineares Gleichungspaar mit drei unabhängigen Konstanten dargestellt wird.

Zwischen drei Punkten a, m, e sollen zwei unsymmetrische passive Vierpole liegen, die sich aber mit Bezug auf m spiegeln. Aus den Gleichungen der einzelnen, deren Form sich auf Grund der Bindung $\mathfrak{A}_1\mathfrak{A}_2 - \mathfrak{B}\mathfrak{C} = 1$ ergibt, und welche lauten:

$$\mathfrak{V}_a = \mathfrak{A}_1 \mathfrak{V}_m + \mathfrak{B}\mathfrak{J}_m \quad \text{und} \quad \mathfrak{V}_m = \mathfrak{A}_2 \mathfrak{V}_e + \mathfrak{B}\mathfrak{J}_e,$$
$$\mathfrak{J}_a = \mathfrak{A}_2 \mathfrak{J}_m + \mathfrak{C}\mathfrak{V}_m \qquad\qquad \mathfrak{J}_m = \mathfrak{A}_1 \mathfrak{J}_e + \mathfrak{C}\mathfrak{V}_e,$$

folgt, wenn man $\mathfrak{V}_m$ und $\mathfrak{J}_m$ ausscheidet, ein Gleichungssystem, dessen Koeffizienten die Bedingung eines homogenen Vierpoles erfüllen. Mit Ausnahme dieses

Sonderfalles kommen für den allgemeinen passiven Vierpol drei unabhängige Koeffizienten unter den vier der beiden linearen Gleichungen vor. Da bei einem aktiven Vierpol die lineare Form nach der gemachten Voraussetzung erhalten bleibt, so kann das für ihn geltende Gleichungssystem höchstens vier unabhängige Koeffizienten besitzen.

Man kann der allgemeinen Gleichung eine Form geben, welche derjenigen für einen homogenen Vierpol in hohem Maße ähnelt. Setzt man

$$\varkappa = \sqrt{\frac{\mathfrak{A}_1}{\mathfrak{A}_2}} \quad \text{und} \quad \mathfrak{Z} = \sqrt{\frac{\mathfrak{B}}{\mathfrak{C}}} \tag{21}$$

und definiert daraus die Größen

$$\mathfrak{Z}_a = \varkappa \mathfrak{Z}, \quad \mathfrak{Z}_e = \frac{\mathfrak{Z}}{\varkappa},$$

so folgt aus dem Gleichungspaar der allgemeinen Form das andere

$$\mathfrak{V}_a + \mathfrak{Z}_a \mathfrak{J}_a = \varkappa \left(\sqrt{\mathfrak{A}_1 \mathfrak{A}_2} + \sqrt{\mathfrak{B}\mathfrak{C}}\right)(\mathfrak{V}_e + \mathfrak{Z}_e \mathfrak{J}_e),$$

$$\mathfrak{V}_a - \mathfrak{Z}_a \mathfrak{J}_a = \varkappa \left(\sqrt{\mathfrak{A}_1 \mathfrak{A}_2} - \sqrt{\mathfrak{B}\mathfrak{C}}\right)(\mathfrak{Z}_e - \mathfrak{V}_e \mathfrak{J}_e).$$

Wenn man ferner zwei Größen g_1 und g_2 durch die Gleichungen definiert

$$e^{g_1} = \sqrt{\mathfrak{A}_1 \mathfrak{A}_2} + \sqrt{\mathfrak{B}\mathfrak{C}}, \quad e^{-g_2} = \sqrt{\mathfrak{A}_1 \mathfrak{A}_2} - \sqrt{\mathfrak{B}\mathfrak{C}}, \tag{21a}$$

so erhält man nach einigen Zwischenrechnungen die Gleichungen

$$\mathfrak{V}_a = \varkappa \mathfrak{V}_e \frac{e^{g_1} + e^{-g_2}}{2} + \mathfrak{Z}\mathfrak{J}_e \frac{e^{g_1} - e^{-g_2}}{2},$$

$$\mathfrak{J}_a = \frac{\mathfrak{J}_e}{\varkappa} \frac{e^{g_1} + e^{-g_2}}{2} + \frac{\mathfrak{V}_e}{\mathfrak{Z}} \frac{e^{g_1} - e^{-g_2}}{2}.$$

Endlich führen diese auf die Form

$$\left.\begin{aligned} \mathfrak{V}_a &= e^{\frac{g_1 - g_2}{2}} \left(\varkappa \mathfrak{V}_e \operatorname{Cof} \frac{g_1 + g_1}{2} + \mathfrak{Z}\mathfrak{J}_e \operatorname{Sin} \frac{g_1 + g_2}{2}\right), \\ \mathfrak{J}_a &= e^{\frac{g_1 - g_2}{2}} \left(\frac{\mathfrak{J}_e}{\varkappa} \operatorname{Cof} \frac{g_1 + g_2}{2} + \frac{\mathfrak{V}_e}{\mathfrak{Z}} \operatorname{Sin} \frac{g_1 + g_1}{2}\right), \end{aligned}\right\} \tag{22}$$

Solange g_1 von g_2 verschieden ist, ergibt der Ausdruck $\mathfrak{A}_1\mathfrak{A}_2 - \mathfrak{B}\mathfrak{C}$ nicht den Wert 1, sondern $e^{g_1 - g_2}$. Nach dem Aufbau der Gleichungen im Vergleich mit denen eines homogenen Vierpoles sind die Größen g_1 und g_2 von derselben Bedeutung wie dort γl, das man das Fortpflanzungsmaß nennt. Aktive Vierpole können also zwei verschiedene Fortpflanzungsmaße haben. Wenn $g_1 = g_2 = g$ wird, so unterscheiden sich aktive Vierpole nicht von allgemeinen passiven und von homogenen nur durch die Größe $\varkappa$, die bei diesen gleich 1 ist. Wird $\varkappa = 1$, wodurch der Unterschied zwischen $\mathfrak{Z}_a$, $\mathfrak{Z}_e$ und $\mathfrak{Z}$ aufhört, so hat auch der aktive oder passive Vierpol nur zwei unabhängige Konstante g und $\mathfrak{Z}$; nach dem Früheren setzt dies Verhalten symmetrischen Aufbau mit Bezug auf die Mitte des Vierpols voraus.

Die zuletzt abgeleiteten Gleichungen (22) stellen nicht die einzige Form dar, in der eine Analogie zwischen einem ganz beliebigen Vierpol und einem homogenen gezeigt werden kann; vielmehr kann dies auf beliebig viele Arten geschehen. Indessen ist die dargestellte Form die einfachste.

10. Die Bestimmung der Konstanten durch Messungen. Die Größe p, welche in den Konstanten des Vierpols steckt und durch die zeitlichen Formen der wirksamen EMK bestimmt wird, ist als solche für die jetzt zu besprechenden

Messungen ohne Bedeutung. Um die Anschauung zu erleichtern, wollen wir aber zwei Werte von p herausheben, nämlich $p = 0$ und $p = i\omega$. Der erste Wert führt auf konstante EMK, also im Dauerzustand auf Gleichstromaufgaben, der andere auf andauernde, im Dauerzustand eingeschwungene Wechselströme. Messungen mit beiden Arten sind Alltagsarbeit der Technik. Es kann sich hier um Vergleiche von Strömen oder von Spannungen an den a- und den e-Klemmen handeln oder um das Verhältnis der Spannung zu dem in den Vierpol eintretenden Strom an einem der abschließenden Klemmenpaare, wenn an dem anderen Klemmenpaar vorgeschriebene Bedingungen bestehen. Dieses Verhältnis nennt man den Scheinwiderstand des Vierpols unter den bestehenden Bedingungen. Die Bezeichnungen bei Gleichströmen oder andauernden Wechselströmen übertragen wir auf den allgemeinen Fall betreffend p.

Leerlauf- und Kurzschlußwiderstand $\mathfrak{U}_1$ und $\mathfrak{U}_2$ sind die Scheinwiderstände für ein Klemmenpaar, wenn der Vierpol an dem anderen offen oder kurzgeschlossen ist. Im allgemeinen Fall sind sie für die Messungen von den beiden Enden aus verschieden. Bilden wir sie so, wie oben definiert wurde, so ist

$$\mathfrak{U}_{1a} = \frac{\mathfrak{A}_1}{\mathfrak{C}}, \quad \mathfrak{U}_{2a} = \frac{\mathfrak{B}}{\mathfrak{A}_2}, \quad \mathfrak{U}_{1e} = \frac{\mathfrak{A}_2}{\mathfrak{C}}, \quad \mathfrak{U}_{2e} = \frac{\mathfrak{B}}{\mathfrak{A}_1}.$$

Da indessen hieraus folgt, daß $\mathfrak{U}_{1a} : \mathfrak{U}_{1e} = \mathfrak{U}_{2a} : \mathfrak{U}_{2e}$, so sind auch bei dem allgemeinsten Vierpole nur drei unabhängige Scheinwiderstände feststellbar. Es geht dies auch daraus hervor, daß das Verhältnis $\mathfrak{V}_a/\mathfrak{J}_a$ nach Gleichung (22) den Faktor $e^{\frac{g_1 - g_2}{2}}$ nicht mehr enthält. Durch Messungen von Scheinwiderständen kann man also die ungleiche Fortpflanzung in einem aktiven Vierpol nicht nachweisen. Dazu bedarf es des Vergleichs der Ströme oder Spannungen bei a und bei e, z. B. im ersten Falle, wenn der Vierpol bei e offen ist, im zweiten Falle, wenn er dort kurzgeschlossen ist.

11. Wellenwiderstände. Die Größen $\mathfrak{Z}_a$ und $\mathfrak{Z}_e$ haben noch folgende Bedeutung. Schließt man den Vierpol auf der e-Seite durch $\mathfrak{Z}_e$ ab, so daß $\mathfrak{V}_e = \mathfrak{Z}_e \mathfrak{J}_e$, so wird $\mathfrak{V}_a = \mathfrak{Z}_a \mathfrak{J}_a$, während umgekehrt $\mathfrak{V}_e = -\mathfrak{Z}_e \mathfrak{J}_e$ wird, wenn man $\mathfrak{V}_a = -\mathfrak{Z}_a \mathfrak{J}_a$ macht, was den Abschluß bei a durch $\mathfrak{Z}_a$ bedeutet. Ist ein Vierpol beiderseits durch die entsprechenden Scheinwiderstände abgeschlossen, von denen einer oder auch beide eine Stromquelle der Form e^{pt} enthalten können, so werden die Anschlußstellen des Vierpoles ohne Reflexionen durchlaufen, weil ja nach beiden Seiten derselbe Scheinwiderstand gilt. Führt man die Beziehung in die Gleichungen ein, welche die Fortpflanzungskonstanten enthalten, z. B. $\mathfrak{V}_e = \mathfrak{Z}_e \mathfrak{J}_e$, so erhält man

$$\mathfrak{V}_a = \varkappa\, \mathfrak{V}_e e^{g_1}, \quad \mathfrak{J}_a = \frac{\mathfrak{J}_e}{\varkappa} e^{g_1}.$$

Der Wegfall der Reflexionen zeigt sich daran, daß g_2 aus diesen Beziehungen herausfällt. Bei einem symmetrischen Vierpol oder einer homogenen Leitung ist $\mathfrak{Z}_a = \mathfrak{Z}_e = \mathfrak{Z}$. Man nennt die Größen $\mathfrak{Z}_a$ und $\mathfrak{Z}_e$ auch die Wellenwiderstände des Vierpoles.

12. Vollständiges System. Man wird in einem solchen zwei Klemmen bezeichnen können, bei denen der Sender an die Leitung angeschlossen ist, und zwei andere, bei denen der Empfänger beginnt. Stellt der Sender, von den erstgenannten Klemmen aus betrachtet, einen Leiter mit der EMK $\mathfrak{E}_p$ und dem Scheinwiderstand $\mathfrak{R}_{ap}$ dar, so gilt für die Anfangsklemmen des verbindenden Vierpoles

$$\mathfrak{E}_p = \mathfrak{V}_{ap} + \mathfrak{R}_{ap} \mathfrak{J}_{ap}.$$

Der Empfänger habe den Scheinwiderstand $\mathfrak{R}_{ep}$; dann ist $\mathfrak{B}_{ep} = \mathfrak{R}_{ep}\mathfrak{J}_{ep}$. Mit der allgemeinen Form (21) der Vierpolgleichungen erhält man dann

$$\mathfrak{E}_p = \mathfrak{J}_{ep}(\mathfrak{A}_1 \mathfrak{R}_{ep} + \mathfrak{A}_2 \mathfrak{R}_{ap} + \mathfrak{B} + \mathfrak{C}\mathfrak{R}_{ap}\mathfrak{R}_{ep}).$$

Das Verhältnis $\mathfrak{E}_p/\mathfrak{J}_{ep}$ ergibt W_p für die Feststellung des Endstromes aus der EMK nach Gleichung (15). Wollte man etwa den Verlauf des in die Leitung eintretenden Stromes J_a berechnen, für dessen Komponenten gilt

$$\mathfrak{J}_{ap} = \mathfrak{J}_{ep}(\mathfrak{A}_2 + \mathfrak{C}\mathfrak{R}_{ep}),$$

so hätte man folgende Formel

$$J_a = E\left(\frac{\mathfrak{A}_2 + \mathfrak{C}\mathfrak{R}_{ep}}{W_p}\right)_{p=0} + \sum_\nu \frac{E(\mathfrak{A}_2 + \mathfrak{C}\mathfrak{R}_{ep_\nu})e^{p_\nu t}}{p_\nu\left(\frac{\partial W_p}{\partial p}\right)_{p=p_\nu}}.$$

13. Andauernde Schwingungen. Für den Fall $p = i\omega$ ergeben sich für eine homogene Leitung, und in Übertragung auf Grund der Analogie, für den allgemeinen Vierpol besondere Größen, die in der Technik Bedeutung haben. Es wird

$$\gamma = \alpha i + \beta = \sqrt{(R + i\omega L)(G + i\omega C)},$$

und daraus folgt

$$\alpha^2 = \tfrac{1}{2}\left(\sqrt{(R^2 + \omega^2 L^2)(G^2 + \omega^2 C^2)} + (\omega^2 CL - GR)\right),$$

$$\beta^2 = \tfrac{1}{2}\left(\sqrt{(R^2 + \omega^2 L^2)(G^2 + \omega^2 C^2)} - (\omega^2 CL - GR)\right).$$

In der in den Formeln vorkommenden Größe $e^{-\gamma x}$ bezeichnet der Faktor $e^{-\beta x}$ eine mit der Vergrößerung von x, also dem Fortschreiten des Vorganges in der Richtung x, wachsende Schwächung der Amplitude, die man als Dämpfung bezeichnet. Daher heißt βl das Dämpfungsmaß einer Leitung von der Länge l und der „spezifischen Dämpfung β". Bei allgemeinen Vierpolen tritt an die Stelle von γl die Größe $g = b + ia$, in der analog b der Dämpfungsexponent des Vierpoles genannt wird. Der Faktor $e^{-i\alpha x}$ in $e^{-\gamma x}$ bezeichnet, daß die Schwingung in der Phase um so weiter zurückbleibt, je größer x ist. αl oder a heißt das Winkelmaß. In gleichen Abständen λ wiederholt sich die Phase, nämlich wenn $\alpha\lambda = 2\pi$ ist.

In den Formeln kommt auch die Größe $e^{+\gamma x}$ vor. Sie würde für sich allein eine mit dem Fortschreiten in der Richtung x wachsende Amplitude und Phase bedeuten. Tatsächlich bezeichnet sie einen entgegengesetzt der Richtung fortschreitenden Vorgang. Bei andauerndem Aussenden von Sinusschwingungen stellt sich auf der begrenzten Leitung ein Zustand heraus, in dem der Posten mit dem Faktor $e^{-\gamma x}$ die Summe der zuletzt eingelaufenen und der an jedem Ende mindestens einmal reflektierten Wellen darstellt, während der Posten mit dem Faktor $e^{+\gamma x}$ die zuletzt am Ende reflektierte samt den schon ein oder mehrere Male über den Anfang und wieder am Ende reflektierten Wellen enthält.

Es ist bemerkenswert, daß bei andauernden Schwingungen der Quotient aus der Wellenlänge λ und der Periode T nicht mit der Fortpflanzungsgeschwindigkeit $1/\sqrt{CL}$ übereinstimmt, sondern daß

$$\frac{\lambda}{T} = v' = \frac{\omega}{\alpha}$$

ist. α hängt von ω ab, und zwar ist es bei einer homogenen Leitung um so größer als $\omega\sqrt{CL}$, je geringer ω ist. Bei anderen Leiterformen ist diese Abhängigkeit eine andere. Man nennt v' die Phasengeschwindigkeit. Auf ihre Bedeutung für die den andauernden Schwingungen vorausgehenden Einschwingvorgänge kommen wir später zurück.

Nach den tatsächlichen Verhältnissen ist für Leitungen G stets klein gegen ωC, wogegen bei einigen Leitungsformen R groß gegenüber ωL ist, bei anderen das umgekehrte Verhältnis besteht. Man gebraucht für diese Fälle Näherungsformeln. Bei Leitungen der ersten Art, also gewöhnlichen Kabelleitungen und dünndrähtigen Freileitungen (unter 2 mm) ist angenähert

$$\beta = \sqrt{\frac{\omega C R}{2}}, \qquad \alpha = \sqrt{\frac{\omega C R}{2}}. \tag{25}$$

Bei starkdrähtigen Freileitungen über 3 mm und bei Kabelleitungen mit erhöhter Induktivität ist dagegen angenähert

$$\beta = \tfrac{1}{2}\left(R\sqrt{\frac{C}{L}} + G\sqrt{\frac{L}{C}}\right), \qquad \alpha = \omega\sqrt{CL}. \tag{26}$$

Der Umstand, daß bei erheblicher Induktivität β nahezu unabhängig von der Frequenz wird, verbunden mit der Möglichkeit, durch Erhöhung der Induktivität die Dämpfung zu vermeiden, führte zu wichtigen Folgerungen, die später besprochen werden sollen.

14. Kettenleiter[1]). In der modernen Technik spielen Anordnungen eine große Rolle, in denen eine Anzahl gleichartiger Vierpole, die einzeln in bestimmter Weise aus Widerständen, Kondensatoren und Spulen aufgebaut sind, wie Glieder einer Kette hintereinander verbunden sind. Unter den Schaltungen sind zu

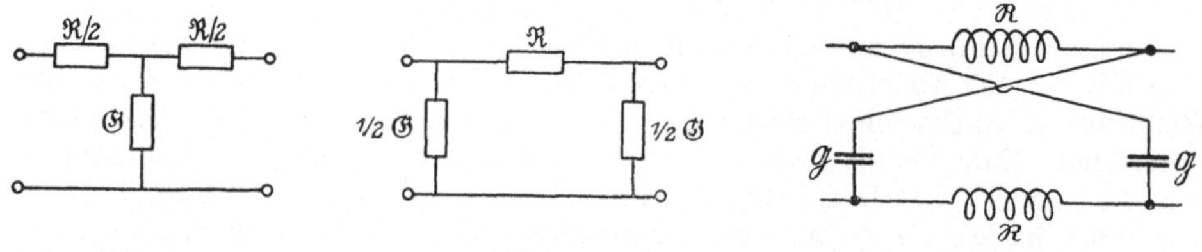

Abb. 5. Abb. 6. Elemente des Kettenleiters. Abb. 7. Kreuzschaltung.

erwähnen die H-Schaltung (Abb. 5), die Viereckschaltung (Abb. 6) und die Kreuzschaltung (Abb. 7). Man kann für jedes Glied der Kette, wie nachher an Beispielen gezeigt werden soll, Gleichungen nach der Art von Gleichung (19) aufstellen. Ist jedes Glied, von beiden Seiten gesehen, symmetrisch, so kann für die gesamte Kette eine Gleichung nach dem Muster von Gleichung (22) angegeben werden, in welcher die Zahl n der Kettenglieder als Faktor in das Argument der hyperbolischen Funktion eintritt. Ist aber jedes Glied der Kette unsymmetrisch, so eignet sich für die Berechnung der ganzen Kette besser folgende Form für die Ersatzleitung jedes einzelnen Vierpols:

$$\left.\begin{aligned} \mathfrak{B}_\nu &= \mathfrak{B}_{\nu+1}(\operatorname{Cof}\vartheta + \varkappa \operatorname{Sin}\vartheta) + \mathfrak{J}_{\nu+1}\,\mathfrak{Z}\sqrt{1-\varkappa^2}\,\operatorname{Sin}\vartheta, \\ \mathfrak{J}_\nu &= \mathfrak{J}_{\nu+1}(\operatorname{Cof}\vartheta - \varkappa \operatorname{Sin}\vartheta) + \mathfrak{B}_{\nu+1}\sqrt{\frac{1-\varkappa^2}{\mathfrak{Z}}}\,\operatorname{Sin}\vartheta. \end{aligned}\right\} \tag{27}$$

Die Größen $\mathfrak{Z}$, ϑ, $\varkappa$ haben andere Werte als die entsprechenden Größen in Gleichung (21) und (21a). Man kann sich leicht überzeugen, daß für zwei hintereinandergeschaltete Glieder die Form der Gleichungen (27) erhalten bleibt, außer daß 2ϑ an Stelle von ϑ tritt, und daß dies auch für den Übergang von n auf $(n+1)$ gilt. Man nennt diese Parameter die iterativen oder Kettenparameter.

[1]) K. W. WAGNER, Arch. El. 1915, S. 315; Arch. El. 1919, S. 61; G. A. CAMPBELL, Am. Pat. 1227113.

Wir beschränken uns auf die hauptsächlich wichtigen symmetrischen Anordnungen. Für die gezeichnete H-Schaltung findet man, von der Spannung und Stromstärke auf der e-Seite ausgehend,

$$\mathfrak{V}_a = \mathfrak{V}_e + \frac{\mathfrak{R}}{2}\mathfrak{J}_e + \frac{\mathfrak{R}}{2}\left(\mathfrak{J}_e + \mathfrak{G}\,(\mathfrak{V}_e + \frac{1}{2}\mathfrak{R}\,\mathfrak{J}_e)\right),$$

$$\mathfrak{J}_a = \mathfrak{J}_e + \mathfrak{G}\,(\mathfrak{V}_e + \tfrac{1}{2}\mathfrak{R}\,\mathfrak{J}_e).$$

Ordnet man, so ist der Faktor von $\mathfrak{V}_e$ in der ersten oder $\mathfrak{J}_e$ in der zweiten Gleichung gleich dem Dämpfungsfaktor der gleichwertigen homogenen Leitung

$$\mathfrak{Cof}\, g = 1 + \frac{\mathfrak{R}\,\mathfrak{G}}{2}.$$

Die Quadratwurzel aus den Faktoren von $\mathfrak{J}_e$ in der ersten und $\mathfrak{V}_e$ in der zweiten ist gleich dem zugehörigen Wellenwiderstand

$$\mathfrak{Z} = \sqrt{\frac{\mathfrak{R}}{\mathfrak{G}}}\sqrt{1 + \frac{\mathfrak{R}\,\mathfrak{G}}{4}}.$$

Auf dieselbe Weise findet man für die Viereckschaltung

$$\mathfrak{Cof}\, g = 1 + \frac{\mathfrak{R}\,\mathfrak{G}}{2}, \quad \mathfrak{Z} = \frac{\sqrt{\mathfrak{R}/\mathfrak{G}}}{\sqrt{1 + \frac{\mathfrak{R}\,\mathfrak{G}}{4}}}.$$

Die Form der Gleichung für g erlaubt eine allgemeine Untersuchung der Frequenzabhängigkeit der Teile von $g = a\,i + b$. Zunächst ist $2\,\mathfrak{Sin}\, g/2 = \sqrt{\mathfrak{R}\,\mathfrak{G}}$. Wenn man, was nach der genaueren Festsetzung der Eigenschaften explizite gemacht werden kann, $\sqrt{\mathfrak{R}\,\mathfrak{G}} = i\,a_1 + b_1$ setzt, und in obiger Gleichung das Reelle und Imaginäre trennt, so kommt man leicht zu folgenden Gleichungen

$$e^b + e^b = 2\cos a - b_1^2 + a_1^2,$$

$$(e^b + e^b)\cos a - 2 = b_1^2 - a_1^2.$$

Mit der Abkürzung $b_1^2 + a_1^2 = 4w^2$ ergeben sich die Formen

$$\frac{1}{2}\left(e^{\frac{b}{2}} - e^{-\frac{b}{2}}\right)^2 = \sqrt{(1 - w^2)^2 + b_1^2} - (1 - w^2),$$

$$2\cos^2\frac{a}{2} = \sqrt{(1 - w^2)^2 + b_1^2} + (1 - w^2).$$

Wir trennen die Bereiche, in denen w so weit unter 1 liegt, daß $(1 - w^2)^2$ groß gegen b_1^2 ist, und den Fall, daß $w^2 > 1$ ist. Im ersten Fall ergibt die erste Gleichung rechts eine gegen 1 kleine Größe, so daß man für die linke $\frac{1}{2}b^2$ setzen kann. So wird

$$\text{für} \quad w < 1 \qquad b = \frac{b_1}{\sqrt{1 - w^2}}, \quad \sin\frac{a}{2} = w.$$

Im anderen Bereiche wird, da die Quadratwurzel stets positiv zu nehmen ist,

$$\text{für} \quad w > 1 \qquad \frac{e^b + e^{-b}}{2} = 2w^2 - 1 - \frac{1}{2}\frac{b_1^2}{w^2 - 1},$$

$$\cos a = -1 + \frac{1}{2}\frac{b_1^2}{w^2 - 1}.$$

Im ersten Bereiche ist b für Werte von w, welche unter etwa 0,3 liegen, im wesentlichen gleich b_1. Mit der Annäherung von w an 1 wächst es dann schnell an. Oberhalb $w = 1$ hat b selbst dann endliche, und zwar stets wachsende

Werte, wenn $b_1 = 0$ wäre, also unterhalb $w = 1$ die Anordnung keine Dämpfung hätte. Das Winkelmaß steigt zunächst proportional mit w, um sich für Werte w nahe bei 1 der Grenze π zu nähern.

Ein Kettenglied, also auch eine Kette, mit verlustfreien Gliedern, für die also $b_1 = 0$ wäre, hat daher ein von dem Werte von $w = a_1/2$ abhängenden Frequenzbereich, in dem die Schwingungen ungedämpft durchgehen, während sie von der zu $w = a_1/2$ gehörenden Frequenz ab stark gedämpft werden. Sie wirken also als Sperren oder Filter. Es genügt hier, von der Widerstandsdämpfung ganz abzusehen, zumal dies die Formeln wesentlich erleichtert.

Als erstes Beispiel nennen wir die Spulenkette, für die $\mathfrak{R} = i\,\omega L$, $\mathfrak{G} = \frac{1}{i\,\omega C}$ also $a_1 = \omega\sqrt{CL}$ ist. Aus der Abb. 8 ersieht man, daß das einzelne Glied wie ein Schwingungskreis mit der Induktivität L und der Kapazität $\frac{1}{4}\,C$ betrachtet werden kann. Als solches hat es eine durch die Gleichung $\omega_0^2 \frac{CL}{4} = 1$ bestimmte Eigenfrequenz ω_0.

Für die Spulenkette ist also $w = \omega/\omega_0$ und ω_0 ist die Grenzfrequenz, jenseits deren keine Schwingungen durchgelassen werden.

Bei einer Kondensatorkette ist $\mathfrak{R} = \frac{1}{i\,\omega\,C}$, $\mathfrak{G} = \frac{1}{i\,\omega\,L}$, also ist $a_1 = \frac{1}{\omega\sqrt{CL}}$.

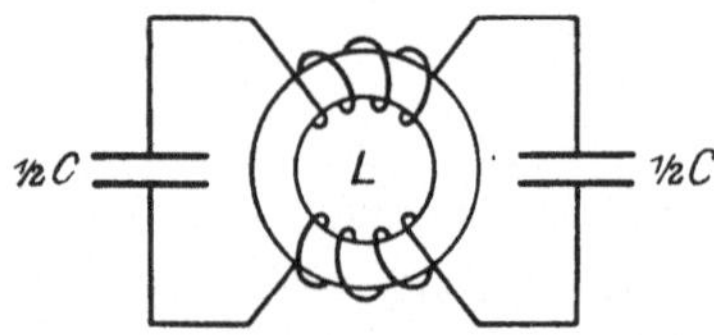

Abb. 8. Kettenteil als Schwingungssystem.

Als Schwingungskreis hat es eine Induktivität L mit zwei parallel liegenden Kondensatoren $2C$, also ist $\omega_0^2 4CL = 1$, und daher folgt $w = \omega_0/\omega$. Daraus folgt, daß eine solche Kette alle Frequenzen unterhalb ω_0 absperrt und die höheren allein durchläßt.

Durch Verwendung einer Spulenkette mit einer gewissen Grenzfrequenz und einer in Reihe geschalteten Kondensatorkette mit einer geringeren Grenzfrequenz kann man alle Frequenzen bis auf die zwischen den beiden liegenden abschneiden. Dasselbe Ergebnis läßt sich mit Ketten erreichen (Siebketten), die in den $\mathfrak{G}$- oder $\mathfrak{R}$-Zweigen oder beiden sowohl Spulen als auch Kondensatoren enthalten, indessen würde die an sich einfache Herleitung hier zu weit führen.

Für die praktische Anwendung ist die Beachtung der hier der Einfachheit halber vernachlässigten Dämpfung besonders bei verhältnismäßig geringer Spaltbreite natürlich wichtig.

Die Kette mit Kreuzgliedern wird später bei Erörterung ihrer besonderen Anwendung besprochen werden.

15. Leitungen mit erhöhter Induktivität. Aus der Erkenntnis des vorteilhaften Einflusses der Induktivität auf die Fortpflanzung andauernder Schwingungen hat zuerst HEAVISIDE[1]) vorgeschlagen, die Induktivität eines Leiters dadurch zu vergrößern, daß man in Reihe mit seinen Teilen punktweise Spulen, vorzugsweise in regelmäßigen größeren Abständen, in ihn einschaltete. Es ist nicht bekannt geworden, daß jemand nach diesem Vorschlage mit Erfolg verfahren hätte. Es bedurfte dazu der Erfindung PUPINS[2]), welcher die Grundlagen der Berechnung für die Größe der Induktivität jeder Spule und für eine zweckmäßige Wahl ihres Abstandes feststellte.

Setzen wir für den Spulenabstand die Länge s, für die Leitung die Konstanten γ und $\mathfrak{Z}$ und für die Spule den Scheinwiderstand $\mathfrak{W}$ voraus, so ergibt

---

1) O. HEAVISIDE, Electromagn. Theory Bd. 1, S. 432. London 1899.

2) M. J. PUPIN, Trans. Amer. Inst. Electr. Eng. 1900, S. 245; Amer. Pat. 652 230.

sich für ein Stück Pupinleitung zwischen den Punkten ν und $\nu + 1$, welches in symmetrischer Form in der Mitte ein Stück Leitung von der Länge s und an jeder Seite eine halbe Spule enthält, nach einer einfachen Rechnung in der Art derjenigen in Ziffer 9 das Gleichungspaar

$$\mathfrak{V}_\nu = \mathfrak{V}_{\nu+1}\left(\mathfrak{A} + \mathfrak{C}\frac{\mathfrak{W}}{2}\right) + \mathfrak{J}_{\nu+1}\left(\mathfrak{B} + \mathfrak{A}\mathfrak{W} + \mathfrak{C}\frac{\mathfrak{W}^2}{4}\right),$$

$$\mathfrak{J}_\nu = \mathfrak{J}_{\nu+1}\left(\mathfrak{A} + \mathfrak{C}\frac{\mathfrak{W}}{2}\right) + \mathfrak{V}_{\nu+1}\,\mathfrak{C}.$$

Nennt man ϑ die Fortpflanzungskonstante, auf die Einheit der Länge bezogen, und $\mathfrak{P}$ den Wellenwiderstand der gleichwertigen homogenen Leitung, so ist

$$\mathfrak{Cof}\,\vartheta s = \mathfrak{Cof}\,\gamma s + \frac{\mathfrak{W}}{2\mathfrak{Z}}\,\mathfrak{Sin}\,\gamma s, \tag{28}$$

$$\mathfrak{P} = \sqrt{\mathfrak{Z}^2 + \mathfrak{W}\mathfrak{Z}\,\frac{\mathfrak{Cof}\,\gamma s}{\mathfrak{Sin}\,\gamma s} + \frac{\mathfrak{W}^2}{4}}.$$

Beide Größen haben großes praktisches Interesse. Wir studieren sie unter dem Gesichtspunkte, in welchem Maße sie mit den Eigenschaften der äquivalenten homogenen Leitung übereinstimmen, nämlich derjenigen homogenen Leitung, welche in den Werten des Widerstandes, der Induktivität, der Ableitung und der Kapazität mit der Pupinleitung übereinstimmt, bei der ja ein Teil der Eigenschaften punktweise zusammengesetzt ist.

Mit Bezug auf die erste Größe folgen wir der Darlegung PUPINS. Gleichung (28) ergibt

$$4\,\mathfrak{Sin}^2\frac{\vartheta s}{2} = 4\,\mathfrak{Sin}^2\frac{\gamma s}{2} + \frac{\mathfrak{W}}{\mathfrak{Z}}\,\mathfrak{Sin}\,\gamma s.$$

Es liegt im Sinne der Annäherung an die gleichmäßige Verteilung, daß man die Spulenabstände s klein wählt. Dies sei derart, daß man γs an Stelle von $\mathfrak{Sin}\,\gamma s$ setzen darf. Dann folgt

$$\begin{aligned}4\,\mathfrak{Sin}^2\frac{\vartheta s}{2} &= \frac{\gamma s}{\mathfrak{Z}}(\gamma s\,\mathfrak{Z} + \mathfrak{W})\\ &= s(G + i\,\omega\,C)\,s\left(R + i\,\omega\,L + \frac{\mathfrak{W}}{s}\right),\end{aligned}$$

wie wir unter Benutzung der Beziehungen (16), (17) finden. Dieser Ausdruck stellt die der Größe $\gamma^2 s^2$ für die äquivalente homogene Leitung entsprechende Größe dar, die wir mit $\gamma_1^2 s^2$ bezeichnen. Will man die Belastung einer Leitung berechnen, so wird man von den Eigenschaften γ und $\mathfrak{Z}$ der unbelasteten Leitung ausgehen und feststellen, welche Induktivität für die Erreichung der gewünschten Dämpfung erforderlich ist, wenn man homogene Verteilung voraussetzt; man stellt also den Wert von γ_1 fest. Man kann dann noch s wählen und setzt es so fest, daß innerhalb gewisser Grenzen $\gamma_1 s/2$ und $\mathfrak{Sin}\,\gamma_1 s/2$ übereinstimmen. Für derart beschaffene Werte γ_1 und s ist auch ϑ und s so bestimmt, daß innerhalb der gesetzten Grenzen die belastete Leitung mit der gleichwertigen homogenen übereinstimmt. Diese Feststellung läßt sich allerdings nur für eine bestimmte Frequenz machen, und das, was die theoretische Entwicklung nach PUPINS Veröffentlichung noch wesentliches gebracht hat, ist die Beantwortung der Frage, wie man die Leitung einzurichten hat, um ein bestimmtes Frequenzband zu übertragen.

PUPIN zeigte zunächst, daß die Übereinstimmung der Größen $\gamma_1 s/2$ und $\mathfrak{Sin}\,\gamma_1 s/2$ leichter als an diesen komplexen Größen am Winkelmaß, also dem Faktor von i in $\gamma_1 s$ geprüft werden kann, und kam so zu der Beziehung des

Spulenabstandes zur Wellenlänge. Darin blieb aber stets die nur erfahrungsmäßig festzustellende Größe der zulässigen Differenz zwischen den zu vergleichenden Größen unbestimmt. Erheblich übersichtlicher wurde die Beziehung des Spulenabstandes zur Tonhöhe der zu übertragenden Schwingungen durch die Einführung der Grenzfrequenz.

Denkt man sich in der betrachteten Anordnung der Spule mit den beiden Längen des Kabels deren Kapazität in je einem Kondensator zusammengefaßt, so ergibt sich ein Schwingungskreis mit der Induktivität L und der Kapazität von zwei in Reihe geschalteten Kondensatoren von je $\frac{1}{2} C s$. Bei Vernachlässigung der Widerstände erhält man für seine Eigenfrequenz ω_0 die Bestimmung

$$\omega_0^2 \frac{C s}{4} L = 1 .$$

Bei der genaueren Untersuchung der Gleichung (28), wenn man $\mathfrak{Sin}\,\gamma s$ und $\mathfrak{Sin}^2 \gamma s/2$ in Reihen entwickelt und neben dem den bisherigen Annahmen entsprechenden ersten Gliede noch das nächste, und damit die Ausbreitung der Kapazität über die Länge in erster Annäherung berücksichtigt, so erhält man die Gleichung

$$2\,\mathfrak{Sin}\frac{\vartheta s}{2} = i\,2\frac{\omega}{\omega_0} + \beta_1 s\left[1 - \frac{2}{3}\left(\frac{\omega}{\omega_0}\right)^2 \frac{sR}{sR + R_s}\right],$$

$\beta_1 s$ ist der reelle Teil von $\gamma_1 s$, also das Dämpfungsmaß der gleichwertigen homogenen Leitung für den Spulenabstand, sR stellt den Leitungswiderstand, R_s den Widerstand einer Spule dar. Nach den für den allgemeinen Kettenleiter entwickelten Formeln folgt daher für das Dämpfungsmaß b und Winkelmaß a der Pupinleitung, auf den Spulenabstand berechnet und für die Frequenzen bis zu etwa 95% der Grenzfrequenz

$$b = \frac{\beta_1 s\left[1 - \frac{2}{3}\left(\frac{\omega}{\omega_0}\right)^2 \frac{sR}{sR + R_s}\right]}{\sqrt{1 - \left(\frac{\omega}{\omega_0}\right)^2}},$$

$$a = \frac{\omega}{\omega_0}.$$

Da die Grenzfrequenz alle nahe daran- und darüberliegenden Schwingungen durch Reflexion so stark dämpft, daß sie praktisch aus dem Tonspektrum ausscheiden, so wird man die Belastung und den Spulenabstand so bemessen, wie es der akustische Zweck der Übertragung erfordert. Nach praktischen Erfahrungen genügen zur Übertragung der Sprache Kabel mit einer Grenzfrequenz von $\omega_0 = 18000\,\mathrm{sec}^{-1}$. Dagegen hat man zur klangtreuen Übertragung von Musik schon geplant, die Phantomleitungen eines Vierers (Ziffer 58) auf eine Grenzfrequenz $\omega_0 = 60000\,\mathrm{sec}^{-1}$ einzurichten.

Ein anderes Verfahren der Erhöhung der Induktivität der Leitungen hat KRARUP[1]) in die Technik eingeführt, nämlich die Bewicklung des Kupferleiters mit eng aneinander anschließenden Drähten aus Eisen. Nach diesem Verfahren sind bis in die neueste Zeit hauptsächlich von Deutschland aus zahlreiche Fernsprechseekabel, bis zu 175 km Länge, gebaut und verlegt worden. Die theoretischen Fragen beziehen sich außer auf die Feststellung der für 1 km erreichbaren Induktivität, für welche die Gesetze des magnetischen Kreises maßgeblich sind, auf die durch Hysterese und Wirbelströme eintretenden zusätzlichen Widerstandskomponenten. Die praktische Seite der Entwicklung dieser Kabel suchte Eisen und verwandte Materialien mit verbesserter Permeabilität zu ge-

[1]) C. E. KRARUP, Elektrot. ZS. 1902, S. 344.

winnen, und in der Fabrikation die zum Betriebe mit Verstärkern und wegen der Vermeidung des Nebensprechens erforderliche Gleichmäßigkeit der Teilabschnitte eines solchen Kabels zu steigern. Eine ganz neue Entwicklung hat das Verfahren in der Anwendung auf lange einadrige Telegraphenkabel gewonnen, die auch für die Vorausberechnung der Verluste in den Bewehrungsdrähten und des Widerstandes der Rückleitung im Seewasser[1]), endlich der Rückwirkung[2]) der nicht linearen Form der Magnetisierungskurve auf die Form der ankommenden Zeichen zu wichtigen theoretischen Arbeiten geführt hat.

16. Dämpfung und Verzerrung. Als Vorgänge bedeuten diese Begriffe in der Fernmeldetechnik die Änderungen, welche Stromstärken und Spannungen bei der Übertragung eines zeitlich veränderlichen Vorganges an verschiedenen Stellen einer Übertragungsanordnung erleiden. Denkt man sich den Vorgang an zwei oder mehr betrachteten Orten als Funktion der Zeit aufgetragen, so werden sich zwei solche Darstellungen im allgemeinen sowohl nach der absoluten Größe zweier zeitlich zusammengehörender Werte an verschiedenen Orten unterscheiden, als auch nach dem Verhältnis zweier zu verschiedenen Zeiten gehörenden Größen in demselben Bilde, verglichen mit dem Verhältnis der entsprechenden Größen in einem anderen Bilde. Es sind Anordnungen denkbar, in denen diese Verhältnisse bei der Übertragung unverändert bleiben, wogegen die zusammengehörenden Amplituden an verschiedenen Orten sich unterscheiden. Man spricht dann von unverzerrter, aber gedämpfter Übertragung.

Handelt es sich um eine Übertragung, die wie ein telegraphisches Zeichen durch einen Anstoß gegeben wird, für den man die Zeitform analytisch angeben kann, so läßt sich, wie an seiner Stelle näher ausgeführt wird, der zeitliche Verlauf des Zeichens an jeder Stelle grundsätzlich auf analytischem Wege finden.

Bei den Aufgaben aus der Telephonie kann man grundsätzlich nur so vorgehen, daß man sich ein bestimmtes Zeichen, z. B. die einen mit bestimmter Tonhöhe und mit bestimmter Dauer gesungenen Vokal darstellende Kurve nach dem Fourierschen Theorem in eine Summe von Sinusschwingungen aufgelöst denkt und die Übertragung jeder einzelnen für sich berechnet, um sie für den gewählten Ort wieder zusammenzusetzen. Für die Praxis hält man es für ausreichend, ohne Beziehung auf ein spezielles Zeichen die Abhängigkeit der die Übertragung der Sinuswellen bestimmenden Eigenschaften der übertragenden Anordnung von der Frequenz festzustellen. Man kann so von einer Verzerrung des Dämpfungsmaßes, der Phasengeschwindigkeit, der Wirkdämpfung u. a. m. sprechen.

Welche praktischen Schlüsse aus einer durch Messungen bei genügend zahlreichen Frequenzen gewonnenen Darstellung einer derartigen Größe für die Beurteilung der Güte der Sprachübertragung gezogen werden können, ist lediglich Sache der Erfahrung. Die Praxis hilft sich mit sehr einfachen Regeln, wie aus den folgenden durch internationale Übereinkunft festgestellten Sätzen hervorgeht.

Die bei einer Frequenz von 800 Hertz zwischen den Meßplätzen der Endämter gemessene Wirkdämpfung darf den Wert $b = 1{,}3$ nicht übersteigen. Bei Vierdrahtkreisen (mit getrennter Hin- und Rückleitung) leichtester Belastung dürfen in dem Frequenzbereich von 300 bis 2500 Hertz keine größeren Unterschiede zwischen irgend zwei Werten als $b = 1$ vorkommen.

17. Phasenverzerrung. Man versteht darunter die Veränderung der Form der Kurve eines aus Schwingungen mehrerer Frequenzen bestehenden Vorgangs, wenn die Phasengeschwindigkeit von der Frequenz abhängt. Dies ist schon

[1]) J. R. Carson u. J. J. Gilbert, Journ. Frankl. Inst. 1921, S. 705.
[2]) H. Salinger, Arch. f. Elektrot. 1923, S. 268.

bei jeder homogenen Leitung wegen der Verluste der Fall. Die Phasengeschwindigkeit ist ω/α, und nach Gleichung (23) wird sie erst für $\omega = \infty$ gleich der Geschwindigkeit $1/\sqrt{CL}$ freilaufender Impulse, während sie für endliche ω geringer ist. Indessen ist dieser Unterschied bei homogenen Leitungen an sich gering und technisch bedeutungslos, da er zum Vorteil der hohen Frequenzen besteht.

Leitungen mit Belastung durch Pupinspulen verhalten sich mit Bezug auf das Winkelmaß in erster Annäherung wie die als Spulenleitung bezeichnete Form des Kettenleiters. In dem Frequenzgebiete unterhalb der Grenzfrequenz ist $\sin \alpha s/2 = \omega/\omega_0$, wo $\omega_0 = 2/\sqrt{CL}\,s$ ist, und bei der Grenzfrequenz und darüber hinaus ist $\alpha s = \pi$. Für das Winkelmaß a eines Kabels von 500 km Länge bei $\omega_0 = 20000$ und $s = 2$ km ergibt sich die obere Linie in Abb. 9. Die untere stellt das Winkelmaß a_0 für die gleichwertige homogene Leitung dar, das mit großer Annäherung durch die Gleichung $a_0 = 2\,\omega/\omega_0$ angegeben wird. Aus einer solchen Phasenverzerrung folgt eine Erscheinung, die man unter dem Namen der Einschwingvorgänge zusammenfaßt. Wird über die Leitung ein abgegrenzter Zug von Sinusschwingungen gesandt, so zeigt sich zwischen Anfang und Ende der Leitung bei erheblicher Größe der Verzerrung der Unterschied, daß an jener Stelle die Amplituden der Schwingungen fast sofort den Endwert erreichen, am Ende der Leitung dagegen erst allmählich und nach einer Übergangszeit mit veränderlichen Frequenzen. Hört man auf, die Schwingungen zu entsenden, so dauert es am anderen Ende, abgesehen von der Laufzeit, noch eine der Einschwingungszeit entsprechende Weile, ehe das Zeichen abgeklungen ist. Solche Vorgänge stellt Abb. 10 dar. Die Zeit, während welcher am Ende Schwingungen bestimmter Frequenz und Amplitude ankommen, wird also herabgesetzt; ferner werden Schwingungen veränderlicher Amplitude und Frequenz hinzugefügt. Bei der Fernsprechübertragung wird dadurch die Sprache stark verzerrt.

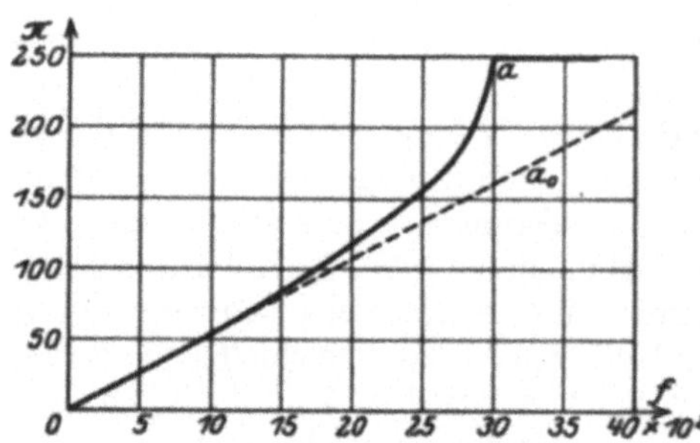

Abb. 9. Winkelmaß einer Pupinleitung von 500 km Länge, Spulenabstand 2 km, $\omega_0 = 3000\ 2\pi$.

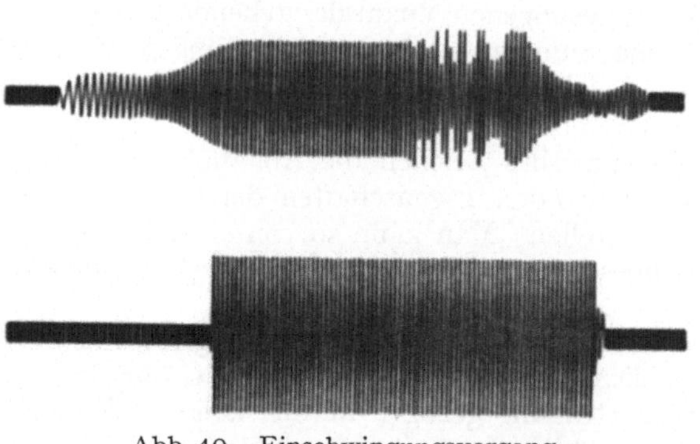
Abb. 10. Einschwingungsvorgang.

Wenn durch geeignete Mittel die Verzerrung des Dämpfungsmaßes b in einem Frequenzbereich bis $\omega = \omega_2$ aufgehoben worden ist, so kann man die Verzerrung durch das Winkelmaß auf einer Leitung der Länge $l = n\,s$ abschätzen nach dem Unterschied von $n\,a$ gegen $n a_0$ für die höchste in Betracht kommende Frequenz ω_2, weil mit diesem Unterschied auch die Verzerrung verschwindet.

Entwickelt man die Differenz $n\,(\arcsin 2\,\omega_2/\omega_0 - 2\,\omega_2/\omega_0)$ in eine Reihe[1]) und

[1]) K. KÜPFMÜLLER, Telegr. u. Fernsprechtechn. 1923, S. 56.

beschränkt sich auf das erste Glied, so ist die Bedingung dafür, daß die Phasenverzerrung unschädlich bleibt, daß

$$\frac{n}{3}\left(\frac{\omega_2}{\omega_0}\right)^3 \leqq \Delta$$

ist. Ähnlich wie bei der PUPINschen Regel ist weder ω_2 noch das zulässige Maß Δ des Unterschiedes anders als durch Versuche festzustellen; es hat sich die Formel ergeben

$$l \leqq \frac{s\,\omega_0^3}{10^{10}}.$$

Man sieht hieraus, daß eine Erhöhung der Grenzfrequenz, also eine Minderung der Belastung bei gleichem Spulenabstand, die praktische Reichweite einer Leitung in hohem Maße vergrößert. Man ist daher alsbald, nachdem durch Versuche an langen zusammengeschalteten belasteten Leitungen die Erkenntnis gewonnen war, daß eine Leitung mit einer Grenzfrequenz von etwa 18000 nicht viel weiter als auf 1000 km brauchbar ist, zur Erhöhung der Grenzfrequenz auf 32000 geschritten. Man kann damit auf über 6000 km kommen. Leider wird bei der geringeren Belastung die Dämpfung größer, und dies zwingt mit Rücksicht auf die Einhaltung der zulässigen Pegelunterschiede (Ziffer 56) zur Vermehrung der Verstärker.

b) Telegraphentechnik.

18. Die Telegraphenleitung. Sie bietet vom Standpunkte der Physik wenig Bemerkenswertes, soweit es sich nicht um die großen Seekabel handelt. Es ist seit STEINHEIL (1838) bekannt, daß man als Rückleitung die Erde benutzen kann. Erst in neuester Zeit, mit Rücksicht auf die Konstruktion von Seekabeln für große Geschwindigkeit, ist man darauf aufmerksam geworden, daß der Widerstand der Rückleitung nicht ganz zu vernachlässigen ist. Für oberirdische Leitungen wird verzinkter Eisendraht in Stärken bis zu $d = 6$ mm Stärke verwendet. Der Widerstand für 1 km beträgt etwa $168/d^2$ Ohm. Es ist festgelegt worden, daß der Widerstand internationaler Leitungen den Betrag von 7 Ohm/km nicht übersteigen darf. Für Linien von Schnelltelegraphen wählt man Bronzedraht von 3 mm Stärke.

19. Telegraphenkabel. Für Kabel auf große Entfernungen hat man sowohl über Land als im Wasser solche mit Guttaperchaisolierung verwandt; für kürzere Strecken, z. B. für Tunnel, auch Kabel mit Bleimantel und Isolierung durch getrocknete Faserstoffe. Die deutschen Landkabel mit Guttapercha des vor etwa 50 Jahren hergestellten Netzes, welches Berlin mit den Hauptpunkten des Verkehrs verbindet, sind siebenadrig und haben einen Widerstand von etwa 7,2 Ohm/km, eine Kapazität von 0,2 μF/km. Seekabel bis zu etwa 500 km Länge, z. B. zwischen Deutschland und England, kann man noch mehradrig ausführen (vieradrig); bei größeren Längen kommen nur einadrige Kabel in Betracht, da sonst die Störungen der Adern untereinander zu groß wurden. Der Leiter der großen Seekabel besteht in der Regel aus einer Litze, bei welchen um einen stärkeren mittleren Draht 12 schwächere dicht aneinander schließende herumgelegt sind. Die Guttaperchaisolierung wird in mehreren, in der Regel drei, konzentrischen Schichten aufgebracht, die untereinander durch ein Klebemittel verbunden sind. Angaben in der Literatur über die Dimensionierung solcher Kabel enthalten in der Regel die Gewichte von Kupfer und Guttapercha in engl. Pfunden für eine Seemeile in Form eines Bruches, z. B. 650/400. Man kann daraus die elektrischen Eigenschaften nach folgenden Regeln feststellen. Der Leitungswiderstand in Ohm für die Seemeile ist gleich dem Quotienten von 1124 durch das Kupfergewicht. Die Kapazität in μF für eine Seemeile ist gleich 0,340 dividiert durch den gewöhnlichen Logarithmus des Ausdrucks $1 + 7{,}22/q$, wo q der Quotient der Gewichte von Kupfer und Guttapercha ist.

20. Induktivität geerdeter Leitungen. Die Untersuchung[1]) des magnetischen Feldes einer in ein unendlich ausgedehntes leitendes Mittel eingebetteten geradlinigen Leitung ergibt für die Induktivität unter stationären Verhältnissen den Wert

$$L = 2l \log\left(\frac{2l}{\varrho} - 1 + \frac{\mu}{4}\right),$$

wenn l die Länge, ϱ der Halbmesser der Leitung, μ die magnetische Permeabilität des Materials ist. Ist das leitende Mittel, wenn auch sehr ausgedehnt, begrenzt, so treten an Stelle des Postens 1 davon mehr oder weniger, bis etwa 1,5 abweichende. Bei Wechselstrom[2]) ziehen sich die Rückströme näher der Leitung zusammen. Hat das Mittel die Leitfähigkeit σ, so tritt für die Frequenz ω an Stelle von ϱ in obiger Formel die Größe $\varrho\sqrt{2\pi\sigma\omega}$, vorausgesetzt, daß dieser Betrag nicht kleiner als 0,05 ist. Für σ ist je nach den Bodenverhältnissen ein Wert zwischen 10^{-12} und 10^{-14} (cgs) zu setzen.

21. Seerückleitung. Die in voriger Ziffer angegebenen Untersuchungen haben sich auch mit der Frage des wirksamen Widerstandes der Rückleitung bei Wechselströmen, insbesondere für Seekabel, befaßt. Es hat sich dabei ergeben, daß die Rückströme nicht über einen Abstand von $\frac{3\pi}{4}\frac{1}{\sqrt{2\pi\sigma\omega}}$ hinausgehen, wenn das Mittel sich nach allen Seiten beliebig weit erstreckt. Bei einer Leitfähigkeit $\sigma = 5 \cdot 10^{-11}$ in elektromagnetischem Maße ergäbe sich ein Abstand von $1{,}3/\sqrt{\omega}$ in km. Der Widerstand der Rückleitung wäre in diesem Falle $1{,}36\,\omega \cdot 10^{-4}$ Ohm/km, und zwar ist er von der Leitfähigkeit unabhängig, weil bei größerer Leitfähigkeit der stromführende Querschnitt geringer wird.

22. Telegraphenkabel mit erhöhter Induktivität. Vor dem induktionsfreien Kabel hat ein solches mit merklicher Induktivität den Vorteil eines steilen Ansprungs der einlaufenden Welle und einer geringeren Dämpfung wechselnder Zeichen bei einer gegebenen Frequenz. Im Auftrage der Bell Teleph. Co. hat BUCKLEY[3]) die Frage, wie ein solches Seekabel zu schaffen wäre, untersucht und mit Hilfe anderer Physiker aus demselben Kreis eine Lösung gefunden, die einen außerordentlichen Fortschritt gegen die ältere Technik bedeutet. Das für die Western Union Telegr. Co. verlegte Kabel zwischen Neuyork und den Azoren, 2300 Seemeilen lang, hat mit 1900 Buchstaben in der Minute ungefähr das Vierfache dessen an Leistung ergeben, was ein Kabel der alten Art übernehmen konnte. Die Ausführung wurde nur möglich durch die Anwendung einer mit dem Namen „Permalloy“ benannten Legierung aus 78,5% Nickel und 21,5% Eisen. Zur Zeit wird ein zur Verbindung von Emden mit den Azoren bestimmtes Kabel mit demselben Material in einer deutschen Kabelfabrik angefertigt. Es wird für eine Seemeile 490 lbs Kupfer, 63 lbs Permalloy und 335 lbs Guttapercha enthalten und eine Geschwindigkeit von 1500 Buchstaben in der Minute zulassen, gegen etwa 225, welche man auf dem Kabel älterer Bau-

---

[1]) F. BREISIG, Theoret. Telegraphie, Braunschweig 1924, S. 175.

[2]) O. OLDENBERG, Arch. f. Elektrot. 1920, S. 289; J. R. CARSON u. J. J. GILBERT, Journ. Frankl. Inst. 1921, S. 705; F. BREISIG, l. c. S. 513 u. Telegr. u. Fernsprechtechn. 1925, S. 93.

[3]) O. C. BUCKLEY, El. Comm. Bd. 4, S. 60. 1925.

art 400/280 von 1903 erreichen konnte. Da es aber zur Zeit keine Apparate, außer solchen von der Art eines Oszillographen gibt, welche bei einer solchen Geschwindigkeit aufnehmen können, wird man absatzweise fünf Typendrucker betreiben. Die Abhängigkeit der Permeabilität von der Stromstärke dürfte vorläufig das Gegensprechen (Ziffer 28) wegen der Schwierigkeiten, den abgehenden Strom nachzubilden, unmöglich machen.

23. Telegraphiergeschwindigkeit. Die Frage nach der für eine gegebene Anordnung erreichbaren Höchstgeschwindigkeit tritt an den Telegrapheningenieur in der Aufgabe heran, festzustellen, ob durch eine gewisse Änderung an der Anordnung eine solche Änderung an der Kurve des ankommenden Stroms erzielt werden kann, daß sie im Vergleich zu einer für eine andere Anordnung bekannten als vorteilhafter erscheint. Die Eigenschaften besonderer Apparatsysteme scheiden insofern aus, als man solche allgemein, wenn es sich nicht um Kurvenschreiber handelt, hinter ein Linienrelais legt, das die Stromimpulse von der Leitung aufnimmt und in Ortskreisen weitergibt. Für diese Fälle handelt es sich also nur darum, festzustellen, ob die Differenzen der Stromstärke in der Kurve des ankommenden Stromes für das Ansprechen eines gegebenen Relais ausreichen. Bei Kurvenschreibern hat man zu prüfen, ob die Kurve eines zusammengesetzten Zwischenstromes wenigstens dieselben Unterscheidungsmerkmale zeigt, wie für einen anderen bekannten und brauchbaren Fall.

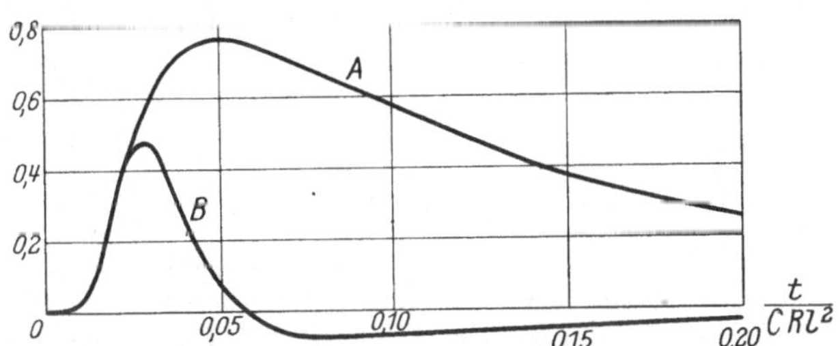

Abb. 11. Dauer und Einzelzeichen.

Die Grundlage dieser Feststellungen ist für den Normalfall der Stromsendung aus Gleichstromquelle die Berechnung des Dauerzeichens, nämlich desjenigen, das durch eine im Augenblick $t = 0$ mit einem Sprung von 0 auf E einsetzende elektromotorische Kraft in einem vollständigen System hervorgebracht wird. Die Aufgabe ist mit ihren praktischen Schwierigkeiten an anderer Stelle behandelt worden. Ist dieses Dauerzeichen bekannt, so kann man ein Zeichen, das durch eine zeitlich begrenzte Stromsendung, einen Stromschritt oder durch einen Wechsel der Polarität für eine bestimmte Zeit hervorgebracht wird, auf graphischem Wege finden. Die Aufhebung der Stromsendung zur Zeit T hat dieselbe Wirkung, als wenn man zu dieser Zeit zur EMK $+ E$ die EMK $- E$ hinzufügte. Abb. 11 stellt für einen bestimmten Fall in Linie A das Dauerzeichen dar, in B das Zeichen für $T = 0{,}015\, CRl^2$ dar. Aus solchen Linien B kann man unter Einhaltung der vorgeschriebenen Abstände die Stromkurve für bestimmte telegraphische Zeichen ableiten, die unter Vergleich mit anderen für bekannte Fälle ein Urteil über die Brauchbarkeit ermöglichen.

Eine sehr vereinfachte praktische Formel hat Wollin[1]) aufgestellt, indem er die Übertragung über Leitungen, wie sie in der Telegraphie auf Überlandstrecken vorkommen, verglich mit den theoretisch einfacheren Vorgängen bei der Übertragung über lange Seekabel, bei denen die Induktivität vernachlässigt werden kann.

Wir haben im Anschluß an Ziff. 12 den Wert des Operators W_p für ein vollständiges System aufzustellen. Es enthalte eine homogene Leitung von der

[1]) E. Wollin, Telegr. u. Fernsprechtechn. 1921, S. 50.

Länge l und mit den Parametern γ und $\mathfrak{Z}$. Ist es auf der Sendeseite über einen Scheinwiderstand R_{ap} mit der EMK $\mathfrak{E}_p$ abgeschlossen, auf der Empfangsseite durch einen Scheinwiderstand R_{ep}, welche beide Funktionen von p sind, so haben wir für den allgemeinen Fall die Gleichungen

$$\mathfrak{E}_p = \mathfrak{V}_{ap} + R_{ap}\mathfrak{J}_{ap}, \quad \mathfrak{V}_{ep} = R_{ep}\mathfrak{J}_{ep},$$

$$\mathfrak{V}_{ap} = \mathfrak{V}_{ep}\mathfrak{Cof}\,\gamma l + \mathfrak{J}_{ep}\mathfrak{Z}\,\mathfrak{Sin}\,\gamma l,$$

$$\mathfrak{J}_{ap} = \mathfrak{J}_{ep}\mathfrak{Cof}\,\gamma l + \frac{\mathfrak{V}_{ep}}{\mathfrak{Z}}\mathfrak{Sin}\,\gamma l.$$

Man formt nach dem Vorgange MALCOLMS[1]) für Aufgaben dieser Art die Gleichungen um, indem man setzt

$$\gamma l = l\sqrt{(R + pL)(\gamma + pC)} = -iu.$$

Man erhält dann für das Verhältnis $W_p = \mathfrak{E}_p/\mathfrak{J}_{ep}$ den Wert

$$W_p = \cos u(R_a + R_e) + \sin u\left(\frac{1}{u} - u\frac{R_a R_e}{R + pL}\right).$$

Für Leitungen ohne merkliche Induktivität und ohne Ableitung ergibt sich

$$u^2 + pCRl^2 = 0.$$

Daraus folgt, daß

$$\frac{du}{dp} = -\frac{CRl^2}{2u}.$$

und daher, daß

$$p\frac{\partial W}{\partial p} = \frac{u}{2}\frac{\partial W}{\partial u}$$

ist. Da ferner p und u gleichzeitig Null sind, so führt in diesem Falle die HEAVISIDEsche Formel zu der Gleichung für den gesamten Endstrom J

$$J = \frac{E}{(Rl + R_a + R_e)_{u=0}} + \frac{2E}{Rl}\sum_\nu \frac{e^{-\frac{u_\nu^2}{CRl^2}t}}{\left\{u\frac{\partial}{\partial u}\left[\cos u\frac{R_a + R_e}{Rl} + \sin u\left(\frac{1}{u} - u\frac{R_a R_e}{(Rl)^2}\right)\right]\right\}_{u=u_\nu}},$$

worin die Größen u_ν die zu den Wurzeln p_ν der Gleichung $W_p = 0$ gehörenden Größen sind. Beispiele für diesen Sonderfall sind in großer Zahl durchgerechnet worden. Wir beschränken uns aber auf folgende allgemeine Beziehung, welche mit voller Geltung aus dieser Gleichung folgt:

Vergleicht man zwei Leitungen mit verschiedenen Werten für Rl und Cl, deren Endapparate R_a und R_e aber so bemessen werden, daß ihre Verhältnisse zum Leitungswiderstand Rl dieselben sind, indem man ferner die EMK E im Verhältnis der Leitungswiderstände und den Zeitmaßstab im Verhältnisse der Werte CRl^2 wählt, so ist das Verhältnis eines Zeitwertes der Stromstärke zum Endwerte für entsprechende Zeiten in beiden Fällen dasselbe.

Es folgt hieraus in Übereinstimmung mit der Erfahrung, daß die Arbeitsgeschwindigkeit auf Kabeln ohne merkliche Induktivität dem Werte CRl^2 umgekehrt proportional ist. Man kennt diese Beziehung allgemein nach der in England üblichen Beziehungsweise als das KR-Gesetz.

Man drückt die Arbeitsgeschwindigkeit aus durch die Zeit $T = \varkappa CRl^2$, die das Mindestmaß an Zeit angibt, das in einem gegebenen Falle für den einfachen Stromschritt zugelassen werden muß. Der Zahlenfaktor $\varkappa$ hängt bei

---

[1]) H. W. MALCOLM, Electrician 1912 und später Theory of the subm. telegr. and teleph. cable, London 1917; A. KUNERT, Telegr. u. Fernsprechtechn. 1915, S. 73.

einem gegebenen System des Empfängers von dem Verhältnis R_e/Rl ab. Handelt es sich um elektromagnetische Relais als Empfangsapparate, so gelten für Einfachbetrieb und ohne verbessernde Kunstschaltungen folgende Werte:

R_e/Rl	$< 0{,}05$	0,10	0,15	0,20	0,30	0,40
$\varkappa$	0,144	0,174	0,193	0,205	0,221	0,234

In Abb. 12 sind mit der für eine Leitung ohne Induktivität geltenden „Thomsonkurve" die Linien eingetragen, die sich für eine Leitung mit gleichem Widerstand und gleicher Kapazität, aber gleichmäßig verteilter Induktivität in schrittweise ansteigenden Beträgen ergeben, bezeichnet durch das Längenmaß σ. Die Thomsonkurve bleibt bis zur Zeit $t = 0{,}029\, CRl^2$ merklich auf dem Werte

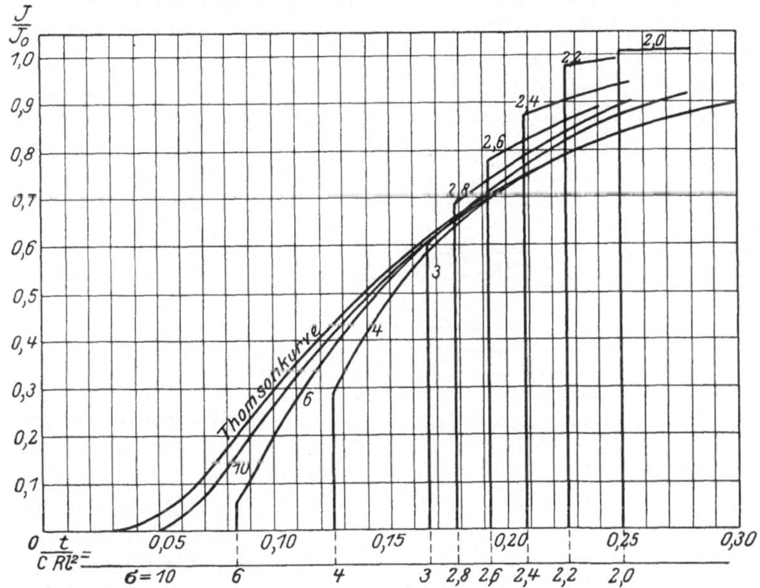

Abb. 12. Stromanstieg bei verschiedenen Längenmaßen.

Null. Betrachtet man die Entwicklung der anderen Kurven bis zur Zeit $(0{,}144 + 0{,}029)\, CRl^2 = 0{,}173\, CRl^2$, so lehrt die Abb. 12, daß bei Leitungen mit Induktivität zwar der Ansprung um so später einsetzt, je größer die Induktivität ist, daß aber zu jener Zeit in allen Fällen merklich dieselbe Stromstärke erreicht wird. Die Schrittzeit auf einer Leitung mit Induktivität kann daher um den Unterschied der Laufzeit $l\sqrt{CL}$ gegen CRl^2 kleiner sein als auf einer Leitung ohne Induktivität.

In der Praxis wird der erforderliche Mindestwert der Schrittzeit noch (vgl. Ziffer 30) um 0,002 Sekunden für jedes der n Relais vermehrt, die als Sende- oder Übertragungsrelais zwischen Sender und Empfänger liegen. Man hat also

$$T = CRl^2\left(0{,}173 - \frac{1}{2\sigma}\right) + 0{,}002\, n\,.$$

Die Erfahrung hat ergeben, daß diese Formel für $\sigma > 4$ gilt, weil in solchem Falle die Eigenschaften der Leitung überwiegend die Geschwindigkeit bestimmen. In dem Bereich $4 > \sigma > 2$ machen sich die Eigenschaften der Apparate daneben geltend, die für $\sigma < 2$ allein maßgeblich sind.

Auf langen Seekabeln dient bei der bisherigen Technik der Heberschreiber als Empfänger. Die Stromgebung wird nach dem Morsealphabeth ausgeführt, indessen werden für die Punkte positive und für die Striche gleich lange negative Impulse ausgesandt, aber die einzelnen Zeichen werden durch gleich lange Erdungen getrennt, im Gegensatz zu den Zeichen bei Doppelstrom, wo die wechselnden Impulse unmittelbar aufeinanderfolgen, soweit dies die zum Umlegen der Senderelais erforderliche Zeit zuläßt. Der Heberschreiber würde daher bei verhältnismäßig langsamem Betrieb jeden Impuls einzeln wiedergeben. Es ist indessen praktisch möglich, die Zeichen noch zu lesen, wenn solche gleicher Richtung zu einem nach der Zahl der aufeinanderfolgenden Impulse mehr oder weniger breiten Rücken zusammenlaufen (vgl. Abb. 31). Für diese praktische Arbeitsgeschwindigkeit, welche natürlich nur eine weit geringere Ausprägung der Zeichen erfordert, als wenn sie mit Relais aufgenommen werden sollten, gilt, für die Dauer eines Stromschrittes, Sendung und Erdung zusammengerechnet, bei einem gegen den Kabelwiderstand kleinen Apparatwiderstand die Formel $T = 0{,}030\, CRl^2$, also nur etwa $^1/_5$ der für Relais erforderlichen. Die mechanischen Eigenschaften des Heberschreibers begrenzen die Geschwindigkeit auf etwa 20 Stromschritte in der Sekunde. In der Seekabeltelegraphie kommen auf ein Zeichen im Durchschnitt 3,75 Stromschritte.

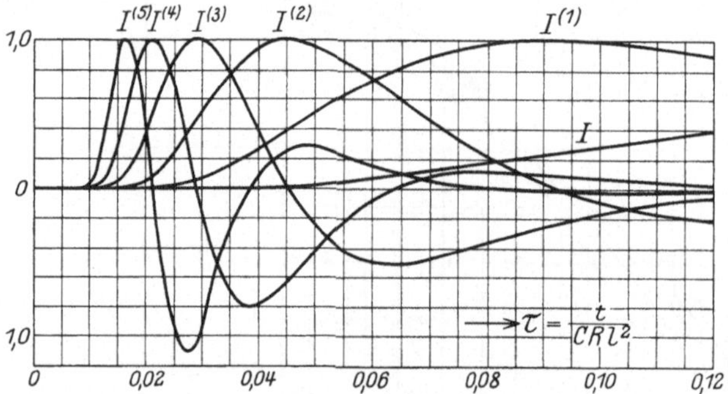

Abb. 13. Thomsonkurven und ihre Ableitungen bis zur 5. Ordnung.

24. Anordnungen zur Verbesserung der Stromkurven. Es ist schon durch Sir WILLIAM THOMSON in seiner Theorie des ankommenden Stromes festgestellt worden, daß seine Kurve die Eigenschaft hat, daß jeder höhere Differentialquotient einen steileren zeitlichen Anstieg zeigt. Dies wird durch Abb. 13 in der Weise dargestellt, daß alle Kurven auf den gleichen Wert des ersten Maximums reduziert werden[1]). Mit Rücksicht auf diese Tatsache ist der beschleunigende Einfluß derjenigen Schaltungen zu verstehen, welche schon seit langem sowohl auf Landkabeln wie Seekabeln im Gebrauch waren. Schaltet man vor den Empfangsapparat einen Kondensator, oder legt man ihm eine Spule hoher Induktivität parallel, so ist der Strom im Apparat das eine Mal der zeitlichen Ableitung der Spannung, das andere Mal der des Stromes am Kabelende proportional. Eine ähnliche Wirkung wie der Kondensator hat die auf Landkabeln in großem Maße angewandte Schaltung, die als Maxwellerde bezeichnet wird: zwischen Leitungsende und Apparat liegt ein Kondensator in der Größenordnung von 10 bis 20 μF, dem ein Widerstand von 10 bis 20000 Ohm Größe parallel geschaltet ist. Wird die Spannung der Stromquelle so bemessen, daß der Endwert der Stromstärke im Empfänger bei Anwendung der Maxwellerde ebenso groß wird, wie wenn sie fortgelassen wäre, so steigt der Strom allein schon deswegen steiler an, ohne höher als vorher zu wachsen.

Die absolute Höhe der Maxima der Kurven in Abb. 13 fällt mit ihrer Ordnungszahl schnell ab. Die Röhrenverstärker geben aber die Möglichkeit, den Verlust an Amplitude auszugleichen. Für die Telegraphie auf langen Seekabeln

[1]) K. W. WAGNER, El. Nachr. Techn. 1924, S. 114.

hat diese Methode durch die Erfindung eines hochwertigen magnetischen Materials an Bedeutung verloren, weil dadurch ein anderer Weg zur Erhöhung der Geschwindigkeit gefunden worden ist.

25. Stromquellen. Als Stromquellen werden in Ruhestromleitungen oder anderen Leitungen, wenn sie von kleineren Ämtern ausgehen, Primärelemente verwendet; in Deutschland das nach KRÜGER. Auf größeren Ämtern werden Sammler aufgestellt, die, wo es angeht, aus dem öffentlichen Netz geladen werden; erforderlichenfalls unter Anwendung von Umformern oder Gleichrichtern.

Große Ämter werden mit Umformerdynamos ausgerüstet.

26. Sendeeinrichtungen. Die telegraphischen Sendeeinrichtungen bieten trotz ihrer großen praktischen Bedeutung wenig, was vom Standpunkte des Physikers von Interesse wäre. Abgesehen von den Kopiertelegraphen, die besonders besprochen werden, baut man die zu übertragenden Signale allgemein aus einzelnen Stromsendungen auf, die nach Dauer, Richtung und gegenseitigen Abständen, in besonderen Fällen auch nach der Stromstärke in vorgeschriebener Art bemessen werden. Dazu bedarf es eines Stromschließers, der in der Regel in der Art eines Zweiwegeschalters ausgebildet ist, indem die Leitung entweder mit der Stromquelle oder mit der Erde oder Rückleitung verbunden wird. Beispiele ergeben sich aus den weiter unten besprochenen Schaltungen. Wird mit Stromsendungen wechselnder Richtung gearbeitet, so kann man entweder mit zwei Batterien entgegengesetzter Polarität arbeiten (Abb. 14) oder mit Doppeltasten (Abb. 15), welche eine, abgesehen von der Taste, ungeerdete Batterie erfordern.

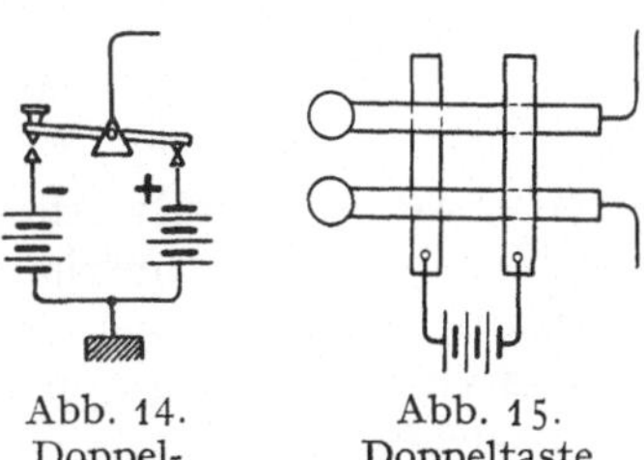

Abb. 14. Doppelstromtaste. Abb. 15. Doppeltaste.

Dort, wo es auf eine große Gleichmäßigkeit der Zeichengebung ankommt (Betrieb auf Seekabeln) oder wo die Ausnutzung der Arbeitsgeschwindigkeit der Leitung eine schnellere Folge der Zeichen verlangt, als sie von Hand gegeben werden können, werden die stromschließenden Teile unmittelbar oder mittelbar durch Triebwerke bewegt, die durch einen entsprechend den Zeichen gelochten Papierstreifen gesteuert werden. Die Einzelheiten sind rein konstruktiver Art.

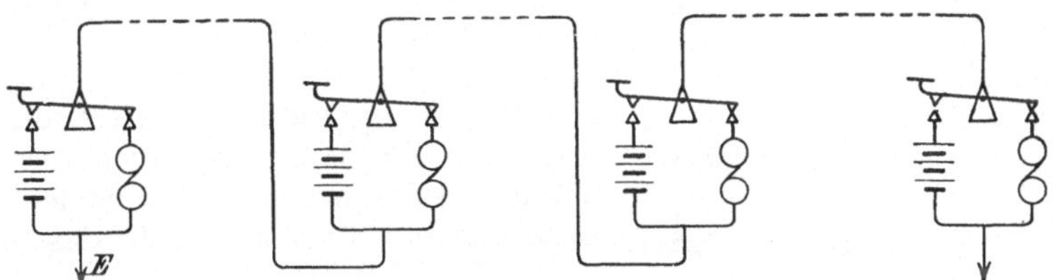

Abb. 16. Arbeitsstromschaltung.

27. Schaltungen für Telegraphie. Schaltungen für Wechselverkehr in zwei Richtungen. Grundsätzlich braucht man zum Telegraphieren eine Sendeanordnung und eine Empfangsanordnung an jedem Ende der Leitung und wenigstens auf einer Seite eine Stromquelle. Das praktische Erfordernis, daß die Zeichensendung wenigstens absatzweise nach beiden Richtungen möglich sein muß, erfordert an jeder Seite eine Schaltung, welche Sender und Empfänger so zusammenfaßt, daß ein Totliegen der Leitung möglichst ausgeschlossen ist. Beispiele sind die Morse-Arbeitsstromschaltung (Abb. 16), die deutsche Ruhestromschaltung (Abb. 17), die Doppelstromschaltung (Abb. 18). Bei der letzteren ist schon die jederzeitige Bereitstellung zum Empfang dem Vorteil des Arbeitens mit

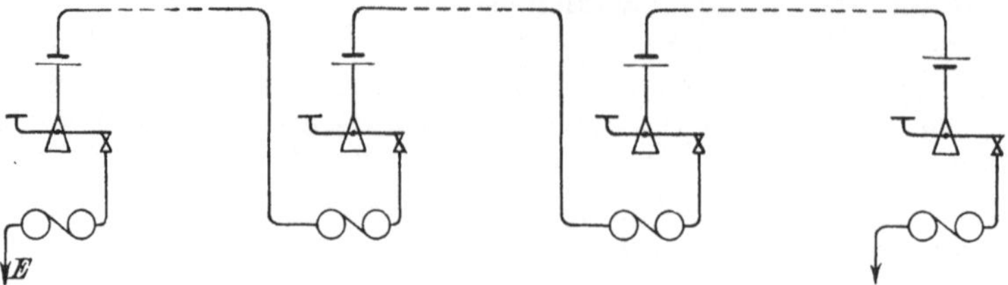

Abb. 17. Ruhestromschaltung.

Strömen wechselnder Richtung geopfert worden, und zum Übergang von Senden auf Empfangen muß ein Umschalter umgelegt werden; ebenso bei der amerikanischen Ruhestromschaltung, welche dafür einfachere Empfangsapparate als die deutsche zuläßt.

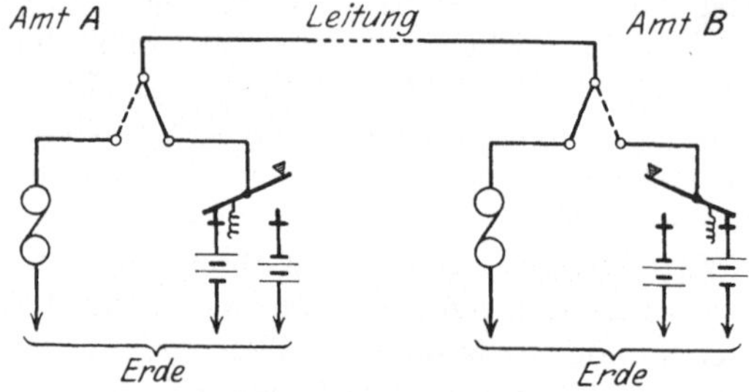

Abb. 18. Doppelstromschaltung.

28. Schaltungen für gleichzeitigen Verkehr in zwei Richtungen (Gegensprechen, Duplex). Bei wichtigeren Leitungen ist die Anwendung solcher Schaltungen durch die Einführung des Gegensprechens unnötig geworden, welche das gleichzeitige Arbeiten in beiden Richtungen ermöglicht. Man bedient sich dabei entweder des Prinzips der WHEASTONEschen Brücke oder differentialer Relais. Abb. 19 stellt eine bei langen Seekabeln gebräuchliche Schaltung dar. Die Kondensatoren C_1 und C_2 (etwa 40 μF) in den beiden der Taste zunächst liegenden Brückenarmen dienen sowohl der Teilung der Ströme und der sich daraus ergebenden Vorüberleitung an dem die Brücke bildenden Empfänger als auch der Versteilerung der Stromkurve. Die beiden anderen Brückenarme werden durch das wirkliche Kabel K_1 und das künstliche Kabel K_2 gebildet. In der Diagonale liegt der Empfangsapparat, hier die Spule H_1 des Heberschreibers mit Drosseln in Reihen- und Parallelschaltung zur Verbesserung der Stromkurven (Ziff. 24). Der zweite Heberschreiber H_2 am Ende der künstlichen Leitung dient zur Kontrolle der abgesandten Telegramme. Gegensprechsysteme brauchen allgemein eine künstliche Leitung, welche empirisch so abgeglichen wird, daß im Rahmen der erforderlichen Genauigkeit der in sie eintretende Strom denselben zeitlichen Verlauf wie der Strom in der wirklichen Leitung hat. Für Empfänger, welche wie der bei Seekabeln verwendete Heberschreiber die Stromkurve des eingehenden Stromes aufschreiben sollen, muß die Nachbildung sehr vollkommen sein, weil die abgehenden Ströme, deren Differenzen durch die Brücke fließen, in der Größenordnung von $e^6 \approx 400$ und mehr stärker sind als die ankommenden. Man setzt daher die künstliche Leitung aus Kondensatoren zusammen, bei denen die der Leitung entsprechende Belegung durch Schnitte in einen langen Leiter unterteilt ist, der Kapazität und Widerstand der Leitung in ihren Werten nachbildet.

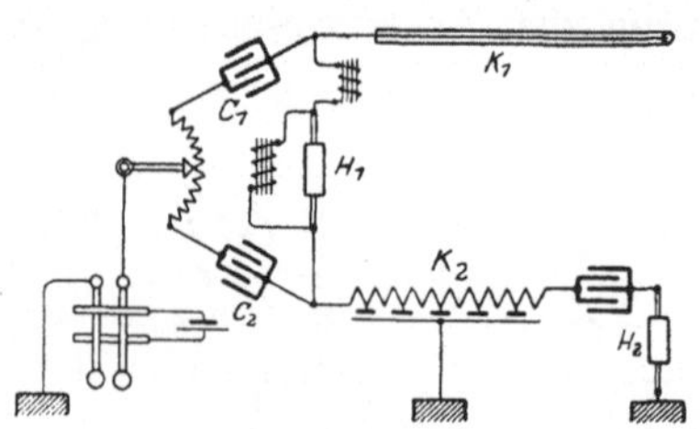

Abb. 19. Gegensprechen nach der Brückenschaltung.

Für Systeme, welche einzelne abgesetzte Stromimpulse zur Zeichenbildung benutzen, verwendet man meist eine Schaltung nach Abb. 20, in der sich der abgehende Strom über die Wicklungen des Empfangsrelais verteilt. Der eine Teil geht in die wirkliche Leitung L, der andere in die künstliche Leitung KL, ein System von Widerständen und Kondensatoren, das durch den Versuch abgeglichen wird. Bei Freileitungen genügt vielfach schon ein Kondensator mit Zusatzwiderstand neben einem den Widerstand der Leitung nachbildenden Widerstand (vgl. Abb 21), bei Kabelleitungen braucht man drei solche Stufen.

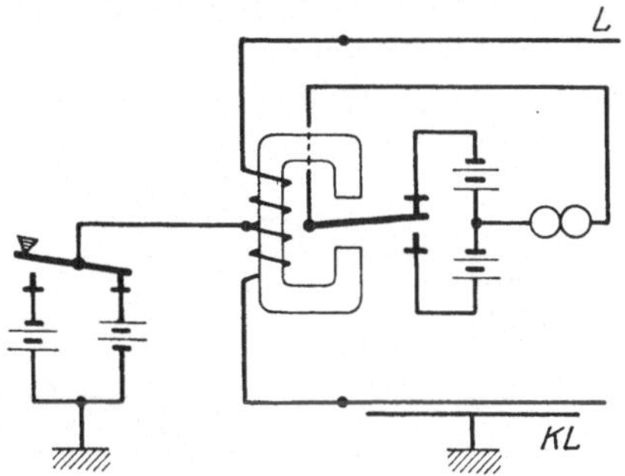

Abb. 20. Gegensprechen in Differentialschaltung.

Die Unvollkommenheiten der Nachbildung bringen es mit sich, daß man im Gegensprechen die Apparate nicht mit der Geschwindigkeit betreiben kann, welche bei Einfachbetrieb möglich wäre; man wird im allgemeinen in beiden Richtungen zusammen nur etwa 1,5 mal soviel Wörter im Gegensprechen als bei Einfachbetrieb in einer Richtung befördern können. Für Verbindungen, bei denen die Leitung sehr teuer ist, wie überseeischen Kabeln, wird man daher versuchen, das Gegensprechen einzurichten. Die Schnelltelegraphenleitungen im deutschen Kabelnetze benutzen für beide Richtungen besondere Stromkreise, weil dadurch der Betrieb vereinfacht wird, ohne daß die Leistung, für den Stromkreis gerechnet, ungebührlich sinkt.

29. Schaltungen für gleichzeitiges Arbeiten in derselben Richtung. In Ländern, wie den Vereinigten Staaten, wo das Durchbringen von Leitungen verwaltungsmäßig besondere Schwierigkeiten machte, hat man die Ausnutzung der Leitung gesteigert durch ein Verfahren, daß für sich allein als Diplex und in Verbindung mit dem Gegensprechen als Quadruplex bezeichnet wird. Auf der Empfangsseite liegen ein schon auf geringe Stromstärken ansprechendes polarisiertes Relais in unseitiger Einstellung (vgl. Ziffer 34) und ein erst auf größere Stromstärken ansprechendes neutrales Relais (ohne polarisierenden Dauermagnet) in Reihe. Das letztere zieht seinen Anker an, wenn die Stromstärke den größeren Wert übersteigt, unabhängig von seiner Richtung, und läßt ihn schon oberhalb der geringeren Stromstärke abfallen. Der Anker muß so träge sein, daß er während eines Richtungswechsels nicht abfällt. Dagegen spricht das polarisierte Relais nach der einen oder der anderen Seite je nach der Richtung des Stromes, unabhängig von seiner Stromstärke an. Es gehört also zum Betriebe eines Diplex- oder Quadruplextelegraphen eine solche Kombination T_1 und T_2 von zwei unabhängigen Sendetasten (Abb. 21), daß die erste die Richtung der Ströme wechselt, unabhängig von ihrer Stärke, die andere ihre Stärke unabhängig von der Richtung.

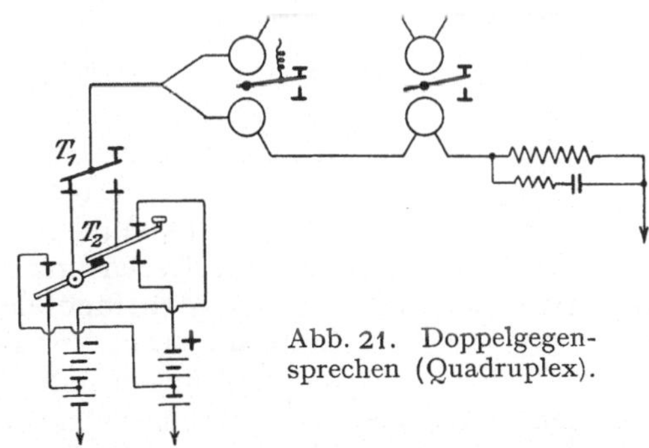

Abb. 21. Doppelgegensprechen (Quadruplex).

30. Übertragungsschaltungen. Sie sind die Vorläufer der modernen Verstärker, aber nur für absatzweise entsandte Stromstöße verwendbar gewesen. Die anfangs scharf abgesetzten Stromimpulse flachen sich beim Lauf über die

Leitung allmählich ab, und die aufeinanderfolgenden Zeichen laufen mehr und mehr ineinander zusammen. In einer solchen Entfernung vom Sender, daß die Maxima und Minima der Wellenlinie noch hinreichend weit auseinanderliegen, so daß jedes Zeichen für sich wiedergegeben werden kann, läßt man sie den Anker eines Relais bewegen, der aus einer Stromquelle Zeichen mit neuer Energie weitersendet. Da die Linie jedes einzelnen Impulses je nach den vorausgehenden im Empfangsrelais einen etwas verschiedenen Verlauf nimmt, so wird bei jeder Weitersendung die Genauigkeit der Wiedergabe der Zeichen und Abstände etwas geringer. Man kann daher bei Anwendung von Übertragungen nur mit verminderter Geschwindigkeit arbeiten; erfahrungsgemäß hat man für jedes in einer

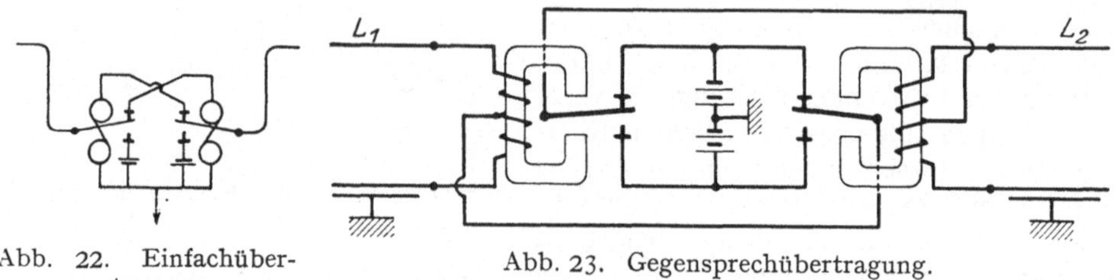

Abb. 22. Einfachübertragung.

Abb. 23. Gegensprechübertragung.

bestimmten Richtung arbeitende Übertragungsrelais die Zeit der kürzesten Stromsendung um 2 ms zu verlängern. Da diese Zeit z. B. für den Siemensschen Schnelltelegraphen bei 600 Zeichen/min nur 20 ms beträgt, so erkennt man leicht die verzögernde Bedeutung der Übertragung.

Für die wichtigen Verbindungen verwendet man heute in Deutschland mehrfache Wechselströme hörbarer Frequenz, die statt durch Relais durch Röhrenverstärker übertragen werden. Wir beschreiben daher Übertragungen mit Relais nur der Vollständigkeit halber in Kürze.

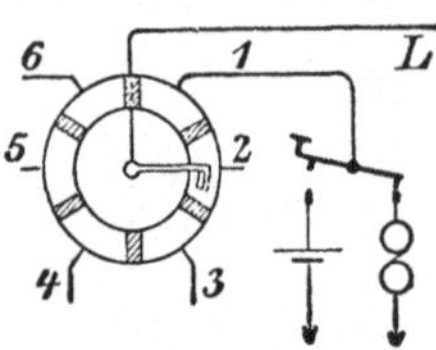

Abb. 24. Absatzweise wirkender Verteiler.

Abb. 22 stellt eine Übertragung für Einfachstrom in einer Leitung dar, die zu einer Zeit nur in einer der beiden Richtungen betrieben wird; greift die Gegenstation etwa bei einer Störung ausnahmsweise ein, so vibrieren beide Anker. Dagegen sind die Stromgebungen von beiden Seiten vollkommen unabhängig in der Übertragungsschaltung für Gegensprechen mit Doppelstrom (Abb. 23).

31. Mehrfachtelegraphie mit absatzweise verteilter Leitung. Dies Verfahren wurde von Delany entwickelt, um Leitungen, deren Übertragungsfähigkeit durch die bei den gegebenen Telegraphensystemen erreichbare Geschwindigkeit nicht ausgenutzt werden konnte, praktisch gleichzeitig für mehrere Systeme von Sendern und Empfängern zu verwenden. Im Prinzip wird es durch die Anordnung Abb. 24 erläutert. An beiden Endpunkten der Leitung läuft ein mit dieser elektrisch verbundener Arm mit konstanter und an beiden Stellen gleicher Geschwindigkeit (synchron) über einen oder mehreren in Segmente geteilten Kontaktringen um, und zwar so, daß gleichbezifferte Segmente an beiden Stellen gleichzeitig berührt werden (isochron). Zur Aufrechterhaltung des Synchronismus hat jede Ausbildungsform eigenartige Einrichtungen. An gleichbenannten Segmenten liegen die Apparate je eines Sende- und Empfangssystems. Eine Ausbildungsform ist das phonische Rad von La Cour. Jedes der n-Systeme wird nicht für $1/n$ Sekunde auf einmal an die Leitung gelegt, mit einer $(n-1)$ mal so langen Pause; man teilt vielmehr in mn-Segmente und durch Verbindung der Segmente $1, m+1, 2m+1, \ldots$, ferner $2, m+2, 2m+2$ usw. legt man jedes System in regelmäßigen Abständen m mal in jedem Umlauf an. Im Verteiler von BAUDOT ist der Kreisumfang je nach der Zahl der zu betreibenden Systeme in 2, 3, 4, 6 Hauptteile unterteilt, jeder Teil aber wieder in 6 oder mehr Teile, die innerhalb jedes Systems absatzweise fünf aufeinanderfolgende Zeichenströme und danach Korrektionsströme verteilen. Bei dem Schnelltelegraphen von Siemens & Halske (vgl. Ziffer 38) gehören fünf Segmente nach Art der Abb. 24 zu den fünf Relaissystemen, die in ihrer Gesamtheit zur Funktion des Apparats erforderlich sind.

32. Gleichzeitiges Telegraphieren und Fernsprechen. Es gibt hierbei zwei Arten, den empfindlicheren Fernsprecher vor der Störung durch die Telegraphierströme zu schützen. Bei der einen, die bei einer Doppelleitung die Benutzung der Erde als Rückleitung für die Telegraphierströme voraussetzt, läßt man die Telegraphierströme über beide Leitungszweige in Parallelschaltung fließen. Die Zweige werden dazu durch eine Drossel überbrückt, an deren Mittelpunkt der Telegraphierstromkreis ansetzt (Abb. 25); da der Strom beide Teile der Drossel in entgegengesetzten Richtungen durchläuft, so setzt sie ihm keinen induktiven Widerstand entgegen. Die Fernsprechapparate F werden entweder zu den Zweigen der Doppelleitung parallel geschaltet oder an eine Sekundärwicklung der Drossel. Bei richtiger Abgleichung treten keine Telegraphierströme in den Fernsprechkreis über.

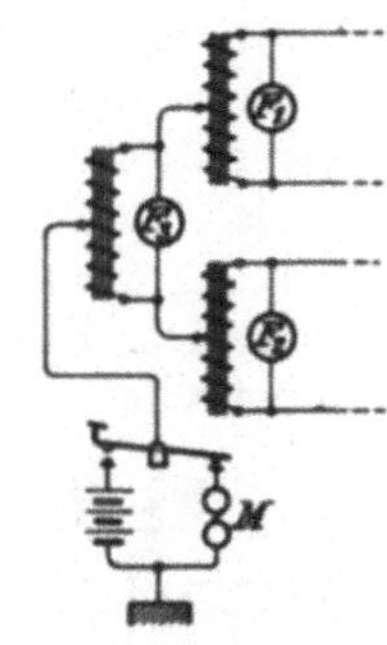

Abb. 25. Gleichzeitiges Telegraphieren und Telephonieren mit Abzweigung.

Bei dem anderen Verfahren, das auf VAN RYSSELBERGHE (1882) zurückgeht, läßt man zwar Telegraphier- und Fernsprechströme dieselbe Bahn durchlaufen, aber man flacht die Telegraphierströme durch Drosselspulen derart ab, daß sie in den Fernsprechapparaten nicht mehr stören. Die Fernsprechapparate werden durch Kondensatoren gegen die Gleichspannung der Stromquelle für den Telegraphen blockiert (Abb. 26). Das Verfahren ist neuerdings verbessert worden dadurch, daß man die Telegraphenapparate über eine Spulenkette anschaltet, welche nur Komponenten bis zur unteren Grenze der Sprechfrequenzen durchläßt, während die Fernsprecheinrichtungen durch Kondensatorketten geschützt sind, welche die verbliebenen Komponenten der Telegraphierströme nicht mehr durchlassen.

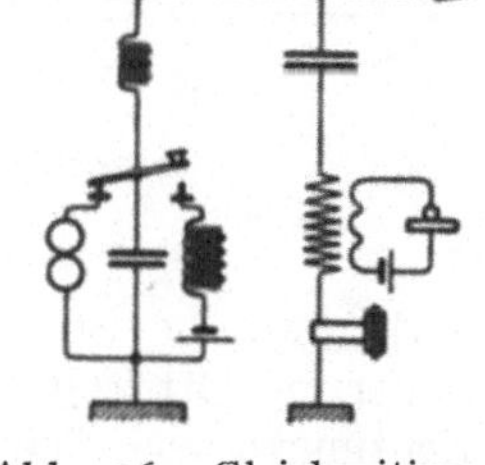

Abb. 26. Gleichzeitiges Telegraphieren und Telephonieren mit Absperrung.

33. Telegraphenrelais. Man versteht darunter, abgesehen von Sonderkonstruktionen, Elektromagnete mit beweglichen Ankern, deren Aufgabe es ist, entsprechend der wechselnden Stärke oder Richtung ihnen zugeführter Ströme den einen oder anderen von zwei Stromwegen zu öffnen oder zu schließen. Ihre ursprüngliche Aufgabe war, die am Ende einer Leitung ankommenden, unterwegs geschwächten Stromimpulse unter Einsetzung neuer Energie verstärkt weiterzugeben, und daher haben sie ihren dem Betriebe der Posten entnommenen Namen. Neben dieser Aufgabe, die ihnen auch jetzt noch in den Übertragungen zufällt, haben sie bei den modernen Schnelltelegraphen die Bestimmung, die Impulse des Senders auf die Leitung und die am Empfänger ankommenden auf dessen wirksame Teile zu übertragen. Die Sendevorrichtungen selbst, Tasten oder Hebel, können nicht ausschließlich nach dem Gesichtspunkte der besten Ausführung der Stromschließung gebaut werden, ebensowenig können die Elektromagnete, welche die Ströme im Empfänger in sichtbare Zeichen umsetzen, allein unter dem Gesichtspunkte der exakten Wiedergabe der Stromschwankungen ausgebildet werden, während diese Aufgaben die einzigen sind, denen das Relais zu dienen hat.

Nach dem magnetischen Aufbau unterscheidet man neutrale und polarisierte Relais, erstere, wenn sie nur Elektromagnete mit Weicheisenkernen enthalten, die anderen, wenn sie aus einer Verbindung von Elektromagneten mit Dauermagneten bestehen.

Bei neutralen Relais kann der Unterschied zwischen einer Ruhelage des Ankers, solange kein Strom fließt, und einer Arbeitslage, unter Strom nur unter Mitwirkung einer unabhängigen anderen Kraft zustande kommen. Meistens ist dies eine einstellbare Feder, welche den Anker mit einem regelbaren Druck am Ruhekontakte hält.

Das neutrale Relais spricht ohne Unterschied der Stromrichtung dann an, wenn das vom magnetischen Felde hervorgebrachte Moment das der Feder überwindet. Da der Anker sich bei der Bewegung den Polen nähert, wächst das magnetische Drehmoment an, und zwar nach den gegebenen Verhältnissen in der Regel schneller als das der sich mehr anspannenden Feder. Wenn daher der Strom wieder abnimmt, wird die Feder den Anker erst bei einem geringeren Wert der Stromstärke wieder abreißen können, als der war, bei dem der Anker den Ruhekontakt verließ. Die genauere Untersuchung dieses Falles ergibt, daß die hierdurch bei Wellenströmen eintretende Verlängerung der Dauer des Arbeitskontaktes und die gleichzeitige Verkürzung der Dauer des Ruhekontaktes nur auf Kosten der Arbeitsgeschwindigkeit reduziert werden können. Daher ist das neutrale Relais zur Aufnahme von Wellenströmen ungeeignet.

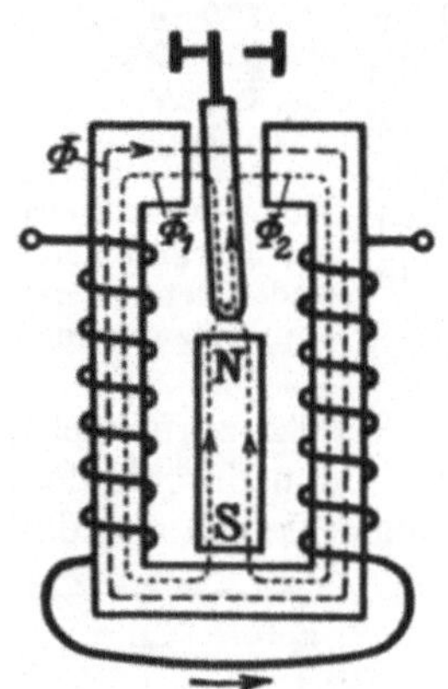

Abb. 27. Polarisiertes Relais.

Das Drehmoment des magnetischen Feldes ist, weil im magnetischen Kreise die Länge des Luftweges bedeutend größer ist als die darauf reduzierte des Weges im Eisen, nahezu dem Quadrate der Stromstärke proportional. Daraus ergibt sich wieder, daß es nur da prompt wirkt, wo die Stromstärke schnell auf ihren Gebrauchswert ansteigt. Es ist daher in Ortskreisen vorteilhaft, soweit nicht der Unterschied der Stromrichtungen von Bedeutung ist.

Unter den polarisierten Relais hat man solche mit einfachem und mit doppeltem magnetischen Kreise für das Dauerfeld zu unterscheiden. Ein Beispiel der ersten Art ist das dem Auslösemagnet des Hughesapparats (Abb. 33) nachgebildete Relais. Es unterscheidet sich vom neutralen Relais hinsichtlich der Wirkungsweise nur dadurch, daß es nur auf Stromimpulse einer Richtung wirkt, also bei solchen, die das Dauerfeld verstärken, gegen die Wirkung einer Feder angezogen werden kann, bei solchen, die es schwächen, unter der Wirkung der Feder abgerissen und nach dem Aufhören solcher Ströme wieder angezogen wird. Es teilt daher auch mit dem neutralen Relais den Nachteil, daß eine in einer bestimmten Endlage konstante Kraft mit einer, z. B. unter Witterungseinflüssen, veränderlichen Kraft zusammenwirkt.

Das polarisierte Relais mit doppeltem Kreise für das Dauerfeld ist in der grundsätzlichen Anordnung in Abb. 27 dargestellt. In der praktischen Ausführung wird der Dauermagnet zu einem Winkel gebogen; die Polschuhe sitzen auf dem einen Schenkel auf und sind dem anderen Schenkel parallel gerichtet. An dessen freiem Ende ist die Lagerung für den Anker, welcher zwischen zwei Anschlägen auf einem um die Achse des Ankers auf einem Kreise verschiebbaren

Schlitten spielt. Neben den Polschuhen gehen bei Relais bester Ausführung beiderseits noch einstellbare Eisenschrauben als magnetische Nebenschlüsse auf den Anker zu, um so das Feld nach Belieben regeln zu können. Der dauermagnetische Fluß ist durch die mit Φ_1 und Φ_2 bezeichneten Linien dargestellt. Der Elektromagnet ist so bewickelt, daß der vom Strome erzeugte Fluß Φ durch den Weicheisenmagnet und den Anker in unverzweigtem Wege verläuft. In den Räumen zwischen dem Anker und den Polschuhen ergibt sich daher auf der rechten Seite das Feld $\Phi + \Phi_2$, auf der linken das Feld $\Phi - \Phi_1$. Man kann durch Verstellen des Schlittens ein Relais dieser Art zu verschiedenen Zwecken einstellen. Steht der Schlitten so weit nach links, daß auch am rechten Anschlag im stromlosen Zustande der Fluß Φ_1 überwiegt, so arbeitet der Anker bei genügend starken Strömen, die ein Feld von der Richtung von Φ hervorbringen, zwischen dem linken Anschlag als Ruhekontakt und dem rechten als Arbeitskontakt, während Ströme der Gegenrichtung ohne Wirkung vorübergehen. Die umgekehrte Lage braucht nur angedeutet zu werden.

Neben diesen einseitigen Einstellungen gibt es die unseitige, bei welcher der Schlitten so eingestellt wird, daß der Anker des stromlosen Relais in einer Endlage so lange verharrt, bis ein Strom passender Richtung ihn in die entgegengesetzte Endlage bringt. In dieser Einstellung wird das polarisierte Relais vor allem bei Doppelstrombetrieb gebraucht. Da der Ankerhub schon mit Rücksicht auf die Kürzung der Überschlagszeit stets sehr gering bemessen wird (etwa $^1/_{20}$ mm), so ist nur eine geringe Stromstärke nach der einen oder der anderen Seite erforderlich, damit der Anker seine Lage wechselt. Daher sind Vorgänge an der Leitung, welche die Stromstärke jeder Richtung zeitlich veränderlich schwächen, von viel geringerem Einfluß als bei Relais mit einseitiger Einstellung.

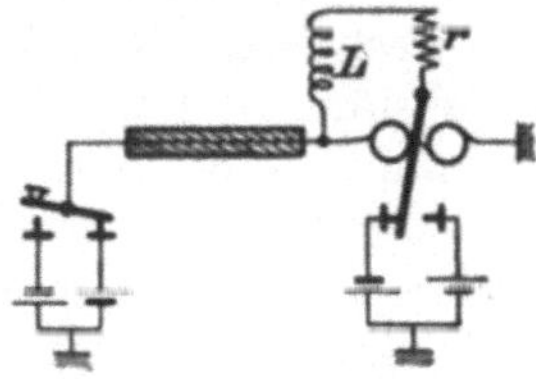

Abb. 28. Vibrationsschaltung.

Das auf den Anker ausgeübte Drehmoment ist gleich der Differenz der von den Flüssen $\Phi_2 + \Phi$ im Uhrzeigersinn und von $\Phi_1 - \Phi$ im entgegengesetzten Drehsinn erzeugten, daher bei der Geringfügigkeit der in den verschiedenen Lagen eintretenden Änderungen der geometrischen Verhältnisse proportional dem Ausdruck

$$(\Phi_1 - \Phi)^2 - (\Phi_2 + \Phi)^2 = \Phi_1^2 - \Phi_2^2 - 2\,\Phi(\Phi_1 + \Phi_2).$$

Die Schwelle der Umlegung des Ankers liegt also bei $\Phi = \frac{1}{2}(\Phi_1 - \Phi_2)$; das treibende Drehmoment wächst von da ab proportional Φ und $\Phi_1 + \Phi_2$. Ein kräftiges Dauerfeld ist also der Erreichung hoher Empfindlichkeit günstig. Allerdings wird dadurch bei einer bestimmten Unsymmetrie der beiden Flüsse in den Endlagen auch die zu überwindende Kraft größer, die wiederum einen stärkeren also günstigeren Kontaktdruck herbeigeführt. Die genauere Untersuchung der Bewegungsgleichung bestätigt den Vorteil eines möglichst kräftigen Dauerfeldes.

34. Vibrationsschaltung. Zur Beschleunigung des Arbeitens der Relais werden verschiedene Anordnungen benutzt[1]), unter denen die folgende beschrieben sei (Abb. 28). Am Ende der Leitung ist die Wicklung des Relais zur Erde oder Rückleitung verbunden. Vom Anker des Relais geht es einerseits (nicht gezeichnet), durch den Empfangsapparat zur Erde, andrerseits ist er über einen Widerstand r und eine Spule L mit dem Ende der Leitung verbunden. In der gezeichneten Lage wird vom Leitungsanfang her negativer Strom durch das Relais geschickt, über den Widerstand r dagegen positiver. Man bemißt r so, daß der vom Anfang

[1]) H. DREISBACH, Arch. f. Post u. Telegr. 1911, S. 65.

her gesandte Strom, bei Zeichengabe mit der gebrauchsmäßigen Geschwindigkeit, stets stärker ist als der lokale Hilfsstrom, aber indem man bis an die Grenze herangeht, kann man erreichen, daß schon bei einer sehr kleinen Änderung des Leitungsstromes das Relais den Anker umlegt. Eine besonders günstige Lage entsteht, wenn man die Induktivität der Spule mit Rücksicht auf die Kapazität im Kabel und die einer etwa in der Endleitung des Relais befindlichen Maxwellschaltung so bemißt, daß das Relais nach Abschaltung des Linienstromes im Rhythmus der schnellsten Punktfolge vibriert, weil es dadurch für die Wiedergabe der am stärksten gedämpften Stromschwankungen am leistungsfähigsten wird. Man kann durch die gezeichnete Anordnung die Arbeitsgeschwindigkeit verdoppeln, in Verbindung mit einer Maxwellerde verdreifachen.

35. Die telegraphischen Empfangsapparate hängen in ihren Konstruktionsgrundsätzen in erster Linie davon ab, in welcher Weise man die vom Geber ausgesandten Impulse für ein Zeichen bestimmter Bedeutung aufbaut. Man begann damit, soweit die praktische Telegraphie über eine Hin- und eine Rückleitung (auch Ende) in Betracht kommt, jedes Zeichen durch eine dieses kennzeichnende Reihe von Stromstößen darzustellen. Zur Wiedergabe solcher Zeichen dienen die Schreib- und Nadeltelegraphen, die Kurvenschreiber und die Klopfer und Summer. Die Elemente der Zeichenbildung sind in Kombination Stromsendungen bestimmter oder wechselnder Richtung, von gleicher oder verschiedener Dauer mit bestimmten Zeitabständen. Bei einer anderen Klasse von Apparaten wird das einzelne Zeichen bestimmt durch seinen Platz im Alphabet oder einer anderen willkürlichen Zeichenfolge. Der Sender läßt für jedes Zeichen eine dieses kennzeichnende Zahl von gleichen Impulsen ausgehen, welche im Empfänger einen Zeiger auf einer die Zeichen tragenden Scheibe schrittweise voranschalten; nach der Entsendung der erforderlichen Stromzahl halten Sender und Empfänger für einen Augenblick an, so daß das gewollte Zeichen erkannt werden kann. Es liegt ziemlich nahe, statt eines Zeigers eine Scheibe mit Typen zu drehen und die Pause nach der Einstellung auf eine bestimmte Stelle zum Abdruck des Zeichens zu benutzen. So entstanden Zeigertelegraphen und aus ihnen die Typendrucker mit Fortschaltung. Schneller arbeiten solche, bei denen im Sender und Empfänger durch selbständige Antriebe zwei Laufwerke im Gleichlauf gehalten werden, derart, daß Ströme, welche in einer bestimmten Lage des einen entsandt werden, das Drucken des entsprechenden Zeichens im Empfänger auslösen — Typendrucker mit freiem Gleichlauf. Die modernen Schnelldrucker machen sich von der Notwendigkeit, in einem kurzzeitigen Umlauf das Zeichen durch seinen präzisen zeitlichen Abstand zu charakterisieren, dadurch unabhängig, daß sie die Methode der Schreibtelegraphen, Zeichenkombination, mit der des freien Gleichlaufs vereinigen. Dadurch läßt sich die Zeit des Umlaufs wesentlich abkürzen und die Telegraphiergeschwindigkeit erhöhen.

36. Schreibtelegraphen. Man versteht darunter solche, bei denen in vorgeschriebenen zeitlichen Abständen, deren Größe sich nach den Verhältnissen der Leitung, des Wetters, aber auch persönlicher Bedingungen richtet, für jedes Zeichen eine bestimmte Folge von Stromimpulsen abgegeben wird, die im Empfänger eine Vorrichtung in Bewegung setzt, welche auf einem mit unabhängiger Geschwindigkeit laufenden Papierstreifen jeden entsandten Stromimpuls in einer dem besonderen Apparat eigenen Weise aufzeichnet. Systematisch gehören zu den Schreibtelegraphen auch diejenigen Empfänger, bei denen auf die wirkliche Aufzeichnung verzichtet wird. Von den älteren Apparaten gehören dazu jene, bei denen das einzelne Zeichen durch Augenschein wahrgenommen wird, z. B. durch Beobachtung der Bewegung der Nadel eines Galvanoskops. Sie haben nur historisches Interesse. Auf Kabelschiffen wird zur leichten wenn auch langsamen Verständigung das aperiodische Schiffsgalvanometer von Sir William Thomson hierfür benutzt. Andere Apparate dienen zum Aufnehmen der Zeichen mit dem Gehör. Sie werden nach den aufschreibenden Apparaten besprochen werden.

Die von Morse 1832 erfundene Methode, die Ströme auf einem bewegten Papierstreifen aufzuschreiben, ist bis vor etwa 30 Jahren auf der Mehrzahl der größeren und mittleren Telegraphenleitungen die Betriebsregel geworden, bis sie teils dem Typendrucker, teils dem Klopfer, teils dem sie vervollkommnenden Wheatstoneschen Maschinentelegraph weichen mußte. Sie wird im Grundsatz, wenigstens noch im Augenblick, auf den langen Ozeankabeln verwendet und stellenweise dort, wo auf die Beurkundung des Telegramms Wert gelegt wird.

Man kann die Apparate einteilen in solche mit einem zwischen zwei Anschlägen sich bewegenden Anker und in Kurvenschreiber. Bei letzteren zeichnet die mit dem hin- und hergehenden Anker des elektromagnetischen Empfängers quer zur Bewegungsrichtung des Papierstreifens bewegte Spitze eines Schreibrohres (Undulator von Lauritzen, Heberschreiber von Sir William Thomson) die augenblickliche Stärke des Stroms als Zeitfunktion auf, während bei den anderen der Anker sich nach dem einen oder anderen Anschlag bewegt, wenn der Strom eine gewisse Stromstärke unterschreitet oder eine andere überschreitet. In der einen Endlage ist eine mit dem Anker verbundene Schreibvorrichtung außer Beziehung mit dem Papierstreifen, in der anderen markiert sie einen der Dauer der Anliegezeit entsprechenden Strich. Hierzu gehören die Morseapparate im engeren Sinne, deren Entwicklung im wesentlichen eine Vervollkommnung des mechanischen Werks ist. Während bei den älteren Ausführungen die vom Elektromagneten auf den Anker ausgeübte Zugkraft auch dazu diente, die Marke auf dem Streifen hervorzubringen (Einpressen eines Stiftes) hat sie bei den späteren nur die Aufgabe, ein dauernd in Farbe laufendes Rädchen, das von dem den Streifen treibenden Werk gedreht wird, und einerseits in einem Lager im Gehäuse des Werks, andererseits auf dem Ankerhebel gelagert ist, soweit gegen den Streifen zu bewegen, daß die Farbe ihn netzt. Diese Konstruktion ist in dem als Empfänger für den Wheatstoneschen Maschinensender dienenden Farbschreiber derart vervollkommnet worden, daß er imstande ist, Stromwechsel in einem Ortskreis bei einer Geschwindigkeit von 200 Schritten in 1 Sekunde noch sicher aufzuzeichnen.

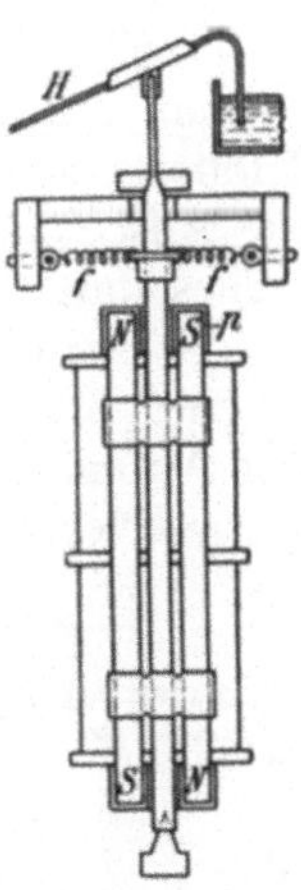

Der vorhin genannte Undulator von Lauritzen enthält ein interessantes Magnetsystem (Abb. 29). Der ein schmales Rechteck bildende Magnet aus weichem Eisen trägt auf den langen Schenkeln die Spulen. Die kurzen Seiten des Rechtecks bilden auf beiden Seiten Polschuhe *p* mit einem Schlitz senkrecht zur Fläche des Rechtecks. In den Schlitzen befindet sich ein auf zentraler Achse gelagerter astatischer Magnet, bestehend aus zwei parallelen, aus dem oberen Schlitz in den unteren reichenden dünnen Magnetstäben. In dieser Art ist bei großem magnetischen Moment ein geringes Trägheitsmoment gewahrt. Der Anker, der durch Federn *f* in der Ruhe in einer mittleren Lage gehalten wird, trägt in einer Verlängerung der Achse ein heberförmiges dünnes Glasrohr *H*, das mit dem kurzen Schenkel in den Tintenbehälter taucht, und mit dem tieferen Ende des langen Schenkels leicht den Papierstreifen berührt. Der Apparat dient zum Betriebe von Seekabeln mittlerer Länge, z. B. Deutschland—Norwegen.

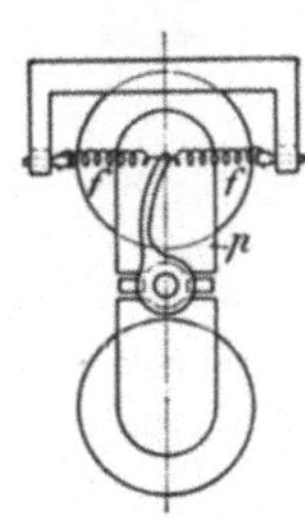

Abb. 29. Magnetsystem des Undulators.

Der Heberschreiber von Sir William Thomson hat ein elektrodynamisches System. Im Felde eines kräftigen Dauermagnets ist eine Drehspule an zwei Fäden aufgehängt (Abb. 30), die durch einen an der anderen Seite der Spule angreifenden dritten Faden gespannt werden. Die Bewegungen der Spule werden durch Fäden auf ein als Träger des Schreibrohrs dienendes Plättchen übertragen, welches das Schreibrohr quer zum Streifen hin und her bewegt. Das Plättchen wird von einem in der Richtung der Streifenbewegung gehenden Draht getragen, der an einem Ende am Anker eines Schüttlers *V* (Vibrator) befestigt ist, so daß das Schreibrohr das Papier nur betupft. Es kann also den größten Teil der Zeit den Änderungen der Stromstärke in den feinsten Einzelteilen folgen. Die Periode des Schüttlers wird nach der Geschwindigkeit der Zeichengebung so eingestellt, daß auch bei den schnellsten Änderungen die Kurve noch durch eine genügende Anzahl von Punkten dargestellt wird. Eine Schriftprobe gibt Abb. 31.

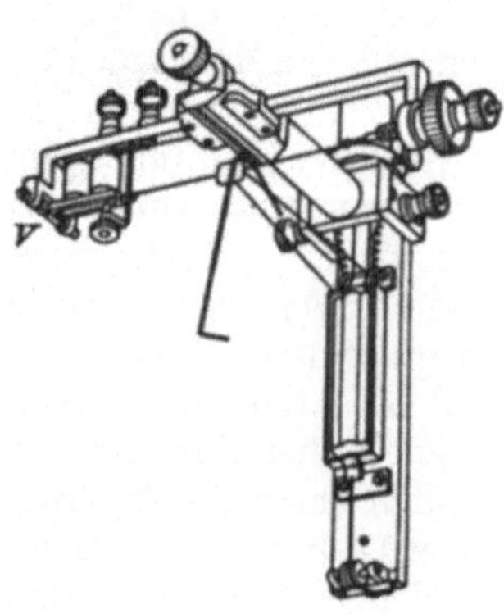

Abb. 30. Bewegliches Organ des Heberschreibers.

Die Möglichkeit, ein in Morsezeichen gegebenes Telegramm ohne Schrift, nur mit dem Gehör aufzunehmen, hat sich aus der Praxis ergeben, und die Klopfer unterscheiden sich von den Farbschreibern, abgesehen von dem Fortfall des Laufwerks, nur dadurch, daß die Anschlagstellen mit Vorbedacht so ausgebildet sind, daß der Anschlag an beiden möglichst verschieden klingt. Abb. 32 stellt neben dem magnetischen System eines polarisierten Klopfers auch die Form des die Anschläge tragenden Gestelles dar.

Abb. 31. Schriftprobe des Heberschreibers.

Wenn die Morsezeichen durch Unterbrechungen eines Wechselstromes genügend hoher Frequenz hervorgebracht werden, so eignet sich das Telephon zur Aufnahme der ankommenden Zeichen. Dieses Verfahren, das in der drahtlosen Telegraphie hauptsächlich angewandt wird, ist auch schon vorher für die Leitungstelegraphie vorgeschlagen worden, ohne indessen dort praktische Bedeutung erlangt zu haben.

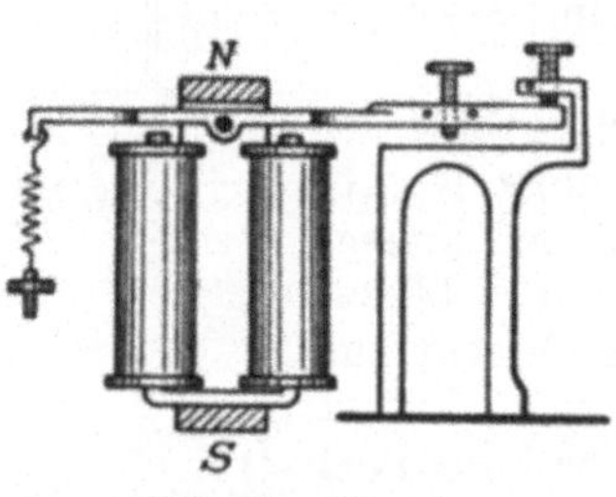

Abb. 32. Klopfer.

37. Drucktelegraphen. Das gemeinsame Kennzeichen dieser Telegraphen, welche die Nachricht in offener Schrift wiedergeben, ist, daß an der Sendestelle eine die Lage der einzelnen Buchstaben durchlaufende Vorrichtung und an der Empfangsstelle eine um eine Achse drehbare Scheibe, die auf der zylindrischen Randfläche die Drucktypen trägt, so bewegt werden, daß in jedem Augenblick einer der Scheibe gegenüber feststehenden Vorrichtung zum Anpressen des Druckpapiers derjenige Buchstabe gegenübersteht, auf dem gerade der Sender steht. Unter den Ausführungsformen sind zunächst die beiden Wege zu unterscheiden, daß die Typenscheibe ihren Weg bei jedem Zeichen stets von derselben Stelle aus nimmt, oder daß sie während des Arbeitens stets in demselben Sinne weiterläuft. Im letzteren Falle bestehen die beiden Möglichkeiten, daß sie Schritt für Schritt durch aus der Leitung kommende Ströme, also zwangsläufig, vorangeschaltet wird, oder daß die Scheiben an beiden Orten durch lokale Energiequellen in freiem Umlaufe gehalten und durch besondere Mittel synchronisiert werden.

Die Apparate der ersten Form brauchen, weil für jedes Zeichen ein von der Nullage aus beginnender Weg zurückgelegt wird, keine besonderen Einrichtungen zur Erhaltung des Gleichlaufs, wenn nur die Antriebsvorrichtung, welche die Typenscheibe nach ihrer Auslösung bewegt, bei den miteinander arbeitenden Apparaten gleich eingestellt wird. Sie sind aber durch die Art der Bewegung der Scheibe, welche eine zweimalige Beschleunigung und ein zweimaliges Anhalten für jedes Zeichen erfordert, nicht zur Erreichung hoher Leistungen geeignet.

Die schrittweise bewegten Typendrucker sind aus dem gleich arbeitenden Zeigertelegraphen entstanden (WHEATSTONE, SIEMENS). Eine noch heute gebräuchliche Art solcher Apparate ist der SIEMENSsche Ferndrucker. Die in der Grundstellung, wenn sie sich selbst überlassen werden, sich selbst anhaltenden Apparate wirken, wenn im Sender die Taste für irgendeine Type gedrückt wird, als Selbstunterbrecher und schalten sich dabei schrittweise vor, bis sie das Kontaktsegment auf einem Kreisring erreichen, welches der gedrückten Taste entspricht. Dort hört die Selbstunterbrechung auf, die Apparate halten an, und ein gegen die Schaltströme zu träger Druckmagnet druckt das eingestellte Zeichen ab. Wird dann eine andere Taste gedrückt, so beginnt das Fortschalten von neuem. Da also die Bewegung absatzweise und unter der Wirkung abgezählter Stromstöße vor sich geht, ist außer dem Drücken der Tasten für die abzugebenden Zeichen keine sachkundige Wartung erforderlich. Die Arbeitsgeschwindigkeit ist auch hier durch das öftere Anfahren und Anhalten sowie die besondere Druckpause auf mäßige Beträge begrenzt.

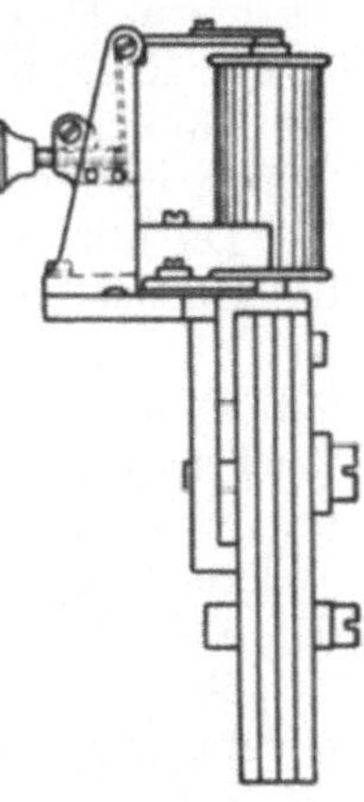

Abb. 33. Elektromagnet des Hughes-Apparats.

Die heute im Großbetriebe gebräuchlichen Drucktelegraphen gehören zu denen mit freilaufenden Typenrädern, bei denen der Druck im Fluge, ohne Anhalten des Rades, vor sich geht. Ihr Vorläufer in dieser Hinsicht war der Drucktelegraph von HUGHES (1855), der etwa bis zum Jahre 1910 auf dem größten Teil der wichtigen Linien betrieben wurde und noch jetzt dem Verkehr in solchen Beziehungen dient, in denen ein Maschinentelegraph für hohe Leistungen noch nicht ausgenutzt werden könnte. Ein bei den älteren Apparaten durch ein Gewicht, später durch einen Elektromotor angetriebenes und durch eine Reibungsbremse reguliertes Räderwerk treibt mit einer Geschwindigkeit von etwa 120 Umdr/min das Typenrad und eine Achse mit einer mechanischen Auslösevorrichtung für die Stromsendung an. Mittels der 28 auf einer Klaviatur angeordneten Tasten kann man einzelne Stifte in einer zylindrischen Büchse anheben; wird ein solcher von der Auslösevorrichtung erfaßt, so wird ein Kontakt für einen über den Elektromagnet zur Leitung gehenden Strom geschlossen, der auch im Empfänger den Elektromagnet auslöst. Der Elektromagnet des Hughes-Apparats besteht aus einem Hufeisenmagnet (Abb. 33), auf dessen Polen Weicheisenkerne mit den Wicklungen sitzen. Auf den Kernen, mit einer unmagnetischen Zwischenlage, liegt der Anker im Ruhezustande, durch die magnetische Kräfte gehalten, auf; eine spannbare Feder und ein Schwächungsanker vor den Polen dienen dazu, das System so einzustellen, daß ein dem Dauermagnetismus schwächender Strom von etwa 5 mA genügt, um den Anker abfallen zu lassen. Er stößt dabei gegen einen Hebel, der in der Ruhelage eine Zahnkupplung eingeklinkt hält, die an einer zum Antrieb der Druckrichtung dienenden, sonst stillstehenden Achse sitzt. Die nach Auslösung des Elektromagnets einfallende

Kupplung greift in ein dauernd mit der siebenfachen Umlaufgeschwindigkeit des Typenrads umlaufendes Rad, und die Druckachse wird mit ihm einmal herumgeworfen. Sie hebt dabei durch besondere Exzenter den Druckhebel gegen das Typenrad, bewegt den Papierstreifen um eine Typenbreite vor, führt den Anker wieder auf die Pole zurück, richtet das auf seiner Achse unter Reibung sitzende Typenrad im Falle eines Abweichens aus der Lage des genauen Synchronismus wieder genau und entkuppelt sich selbst durch Auflaufen auf eine feste schiefe Ebene. Entsprechend der für diese Verrichtungen nach dem geschehenen Abdruck des Zeichens erforderlichen Zeit ist an der Auslösevorrichtung eine Sperre, durch welche verhindert wird, daß nach einem Zeichen ein anderes gedruckt wird, das um weniger als fünf Tasten später liegt.

Es handelt sich hierbei also um ein mechanisches Drucksystem (beim Sender kann der auslösende Anker statt durch Strom auch mechanisch abgestoßen werden), aber mit elektrischer Auslösung. Erfahrungsgemäß kann man den Gleichlauf beider Achsen so mit der Bremse einstellen, daß auch nach etwa 10 nicht regulierten Umdrehungen die Typenräder noch richtig drucken. Da bei jedem Druck etwaige Abweichungen mechanisch ausgeglichen werden, und in der Regel mehr als ein Zeichen für jeden Umlauf gegeben wird, so macht die Aufrechterhaltung des Gleichlaufs bei ordnungsmäßigen Apparaten keine Schwierigkeiten.

Die aufeinanderfolgenden Zeichen eines Textes ergeben, da auf dem Apparat die Buchstaben in alphabetischer Reihenfolge stehen, Stromimpulse gleicher Art, aber in verschiedener zeitlicher Folge. Wird zur Übertragung eine Kabelleitung benutzt, so können sich falsche Auslösungen ergeben, wenn zufällig die Zeichen dichter als durchschnittlich folgen, weil die von dem vorhergehenden übrige Restladung die Stromkurve anders ansteigen läßt, als bei weiter auseinanderliegenden Zeichen. Man löste diese Schwierigkeiten durch Begrenzung der Kabellänge auf etwa 200 km und wiederholte Übertragung.

38. Der Schnelltelegraph von Siemens & Halske[1]**).** Durch den Drucktelegraphen des Franzosen Baudot wurde für Typendrucker ein neues Prinzip der Zeichenbildung eingeführt, das in der Folge auch in anderen Apparaten desselben Zwecks, aber mit veränderter Konstruktion benutzt wurde, so auch in dem hier näher zu besprechenden, der in Deutschland und für eine Reihe wichtiger Auslandslinien der moderne Schnelltelegraph geworden ist. Daneben wird insbesondere im Verkehr mit Frankreich der Apparat nach Baudot verwendet.

Bei den Apparaten dieser Gruppe werden die Zeichen nicht charakterisiert wie bei den Morse-Systemen durch verschieden lange Kombinationen kurzer und langer oder positiver und negativer Stromimpulse, und nicht wie beim Hughes-Apparat durch gleichlange Impulse mit unterscheidenden Abständen, sondern alle Zeichen haben gleiche Länge; jedes erstreckt sich über fünf Einheitszeiten oder Schritte; der Unterschied wird durch das Aussenden zwar gleich starker aber verschieden gerichteter Ströme bezeichnet. So wird zur Bildung des Zeichens *a* zwei Stromschritte lang Trennstrom, dann zwei Schritte lang Zeichenstrom und während eines Schrittes wieder Trennstrom entsandt, während das Zeichen *b* mit zwei Schritten Zeichenstrom beginnt, dem je ein Schritt Trenn-, Zeichen- und Trennstrom folgen. Zur Übertragung dieser Zeichen unter Erhaltung ihres Charakters werden an der Empfangsstelle nacheinander fünf Relais in unseitiger Einstellung an die Leitung angeschlossen, welche demnach, wenn die fünf Schritte vorbei sind, jedes die der Kombination entsprechende Einstellung eingenommen haben und bis zu einem neuen Zeichen beibehalten. Man erkennt

[1]) A. Franke, Elektrot. ZS. 1913, S. 1104, 1143, 1171.

hieraus für das BAUDOTsche und SIEMENSsche System die Notwendigkeit von zwei synchron laufenden Verteilern, welche während jedes Umlaufs die fünf Sender und die fünf Empfänger paarweise und absatzweise mit der Leitung verbinden.

Die Stromimpulse werden beim BAUDOT-Apparat durch Niederdrücken der in Betracht kommenden Tasten auf einer Klaviatur mit fünf Tasten von Hand abgegeben, während der SIEMENSsche Schnelltelegraph ein Maschinentelegraph ist, bei dem die Zeichen jedes Buchstabens quer zum Streifen gelocht werden. Der Streifen wird von fünf Hebeln bestrichen (Abb. 34), welche beim Auftreffen auf ein Loch das zugehörige Segment des Verteilers mit dem negativen Pole der Stromquelle verbinden, während sie, so lange sie auf dem Papier des Streifens aufliegen, mit dem positiven Pol verbinden. Zwischen dem Laufarm des Verteilers und dem positiven Pole liegt über einen Kondensator das polarisierte Senderelais in un-

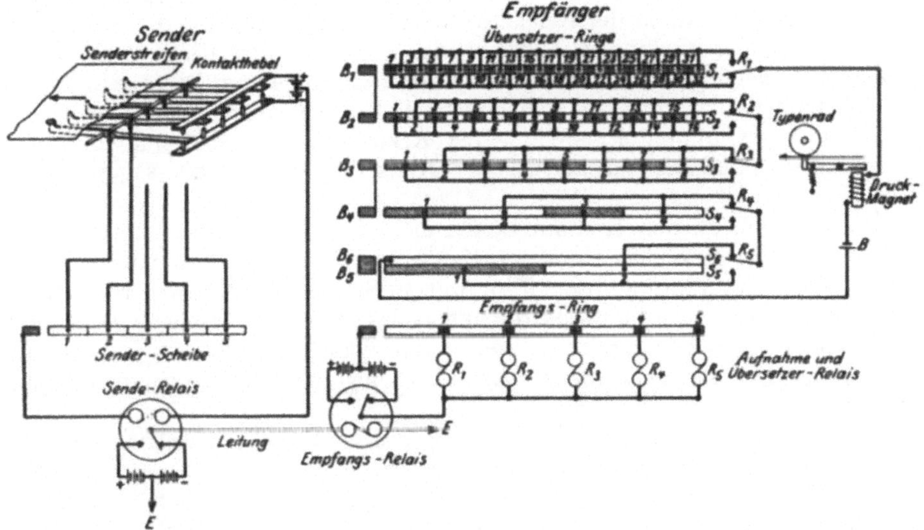

Abb. 34. Schnelltelegraph nach Siemens & Halske in vereinfachter Darstellung.

seitiger Einstellung. Es verändert also jedesmal seine Lage, wenn sich die an aufeinanderfolgende Segmente gelegte Polarität ändert.

Die vom Senderelais entsandten Ströme werden von dem Empfangsrelais aufgenommen, das gleichfalls polarisiert und unseitig eingestellt ist. Durch seinen Anker werden die fünf Segmente des Verteilers der Reihe nach auf je nachdem positive oder negative Spannung gebracht, und die an sie angeschlossenen fünf Aufnahmerelais, die wiederum polarisiert und unseitig eingestellt sind, bringen ihre Anker in solche Lagen, wie sie den bei jedem Zeichen entsandten Stromschritten entsprechen.

Eine für den SIEMENSschen Schnelltelegraphen charakteristische Einrichtung ist, daß die fünf Aufnahmerelais doppelt vorhanden sind, und daß sie durch einen von der Achse des Verteilers angetriebenen Umschalter abwechselnd mit der Erregerwicklung zur Einstellung an die Scheibe mit den fünf Segmenten und bei der nächsten Umdrehung mit den Ankerkontakten zum Abdrucken des eingestellten Zeichens an eine zweite Scheibe mit mehreren geteilten Ringen gelegt werden. Der Empfänger druckt also bei einem bestimmten Umlauf das während des vorigen Umlaufs eingestellte Zeichen, während er gleichzeitig die Relais für das nächste Zeichen einstellt.

Das einer bestimmten Kombination der Ankerstellungen entsprechende Zeichen wird auf folgendem Wege gewählt. Eine feststehende Scheibe trägt fünf in Segmente geteilte Ringe aus Metall, welche in der die Ringe durch parallele Gerade abbildenden Abb. 34 durch die Streifen dargestellt sind. Ein einem bestimmten Winkel entsprechender Teil des inneren Ringes ist für die Ladung des Kondensators für den Druckmagnet vorbehalten, bei den übrigen Ringen isoliert, der Rest ist bei dem innersten Ring in zwei gleiche Teile, bei dem nächsten in vier gleiche Teile geteilt und so fort bis zu 32 Teilen beim fünften. Die Segmente jedes Teiles gehören zu je einem Aufnahmerelais und sind abwechselnd mit dem Kontakt verbunden, auf den es sich bei Zeichenstrom einstellt und mit dem Kontakt für Trennstrom. Ein umlaufender Arm trägt drei Doppelbürsten, von denen die erste den innersten geteilten Ring und einen mit dem einen Pol des Kondensators verbundenen Vollring bestreicht; die zweite bestreicht die Ringe mit 4 und 8 Segmenten, die dritte die Ringe mit 16 und 32 Segmenten. Dagegen stehen die Anker der Relais, die an den Ringen mit 2 und 4 Segmenten liegen, in leitender Verbindung, ebenso die, welche zu den Ringen mit 8 und 16 Segmenten gehören; endlich führt der Anker des zum letzten Ringe gehörenden Relais über den Druckmagnet zum andern Pol des Kondensators. Daher entspricht einer bestimmten Einstellung der Relaisanker eine und nur eine Lage des umlaufenden Arms, bei welcher der Kreis des Druckmagnets geschlossen wird.

Da die 32 möglichen Kombinationen nicht für alle praktisch notwendigen Zeichen genügen, sind neben anderen Betriebszeichen zwei Kombinationen vorgesehen, deren Kontakte auf dem Ring mit 32 Segmenten zu einem besonderen Relais führt, das mittels eines Elektromagnets das Typenrad, welches zwei Kränze hat, in dem einen oder anderen Sinne axial verschiebt, so daß je nach der Stellung der Druckmagnet die Zeichen des einen oder des anderen Kranzes abdruckt.

Der Gleichlauf wird durch Veränderung des Feldes in den Antriebsmotoren in engen Grenzen selbsttätig aufrecht erhalten.

Der Schnelltelegraph kann in der Minute bis zu 900 Zeichen übertragen. Die gebräuchliche Geschwindigkeit liegt, wesentlich auch mit Rücksicht auf die Behandlung der ankommenden Telegramme durch die Betriebsbeamten, in der Nähe von 600 Zeichen in der Minute.

Statt die ankommenden Zeichen auf einem Streifen abdrucken zu lassen, kann man die Relais des Empfangsapparats, deren Kontakte ja die der zugehörenden Sendetaste nachbilden, auch zur Steuerung einer Stanzvorrichtung benutzen, welche einen dem Sendestreifen gleichen erzeugt und zur Weitergabe des Telegramms auf einer anderen Leitung benutzt werden kann.

Neben dem Schnelltelegraphen hat die A.-G. Siemens & Halske andere entwickelt, welche ebenfalls nach dem Fünferalphabet, aber ohne Synchronismus arbeiten. Sie haben eine für Zubringerleitungen ausreichende Arbeitsgeschwindigkeit und liefern das Telegramm entweder auf dem Streifen gedruckt oder in einem Senderstreifen gelocht, welcher für den Schnelltelegraphen weiter verwendet werden kann. Ein solcher Apparat ist der Tastenschnelltelegraph von EHRHARDT[1]), der unter Benutzung eines Schreibmaschinen-Tastensatzes eine Arbeitsgeschwindigkeit von etwa 400 Zeichen in der Minute ermöglicht. Eine Verbindung solcher Apparate mit absatzweise wirkenden Verteilern würde eine hohe Ausnutzung einer Leitung bei Benutzung gleicher Einheiten ermöglichen.

39. Mehrfach-Telegraphie mit Wechselströmen der Hörfrequenz. Sendet man zur Zeichenbildung nicht gleichgerichtete Stromimpulse, sondern nach ihrer

[1]) F. LÜSCHEN, Elektrot. ZS. 1924, S. 795.

Zeitdauer abgestufte und durch passende Intervalle getrennte Züge von Wechselströmen aus, so kann man, wenn auf das kürzeste Zeichen noch eine gewisse Mindestzahl (5 bis 8) von Perioden entfällt, gleichzeitig mehrere Zeichen verschiedener Frequenz aussenden und sie im Empfänger durch Anwendung mechanischer oder elektrischer Resonanz wieder trennen. Mechanische Resonanz benutzte das System MERCADIER[1]). Zur Erzeugung der Wechselströme dienten 12 selbstunterhaltende Stimmgabeln, mit einem Intervall von je einem halben Ton, von 480 bis 910 Hertz. Zur Aussonderung der zwölf Schwingungen an der Empfangsstelle dienten Elektromagnete mit abgestimmten Membranen, Monotelephone genannt, von denen die Schwingungen anfangs mittels Hörschläuchen abgehört wurden, während sie später den Anker eines Differentialrelais dadurch auslösten, daß die schwingende Membran durch Lockerung eines Kontaktes die Abgleichung des Relais aufhob. Abgesehen von einem Mangel an Betriebssicherheit konnte das System sich nicht durchsetzen, weil zur Erregung der Empfanger so starke Sendeströme erforderlich waren, daß dadurch der Betrieb in den benachbarten Fernsprechleitungen gestört wurde.

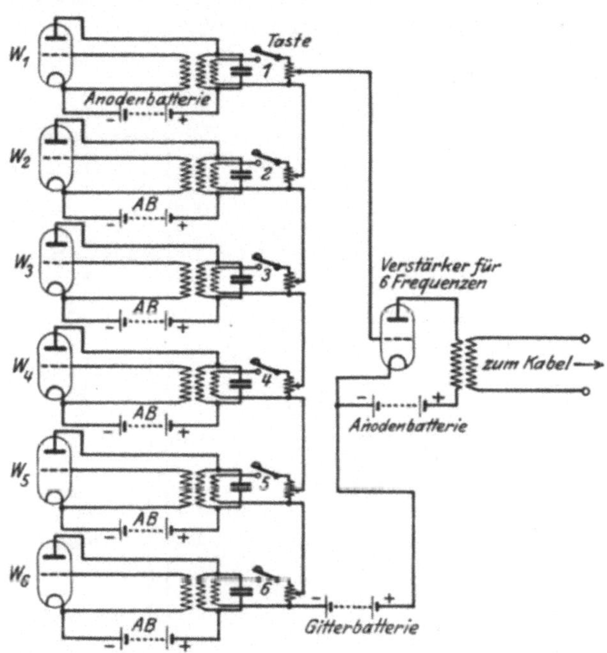

Abb. 35. Sendeschaltung für Sechsfach-Telegraphie.

In verbesserter Form haben Siemens & Halske dieses Prinzip im Jahre 1920 wieder aufgenommen[2]). Die Tonfrequenz-Telegraphie soll ihre Anwendung wesentlich als Mehrfach-Telegraphie über Fernsprechkabel finden. Sie verwendet in den Leitungen Wechselströme von der Größenordnung der Fernsprechströme, so daß irgendeine beliebige Fernsprechleitung benutzt werden kann, ohne daß benachbarte Fernsprechleitungen mehr als auch im Fernsprechbetrieb gestört werden. Es kommt nur Betrieb in metallischer Schleife, ohne Erdung, in Betracht. Das gesamte Frequenzintervall von $\omega = 2500$ bis $\omega = 10000$ wird nur für 6 verschiedene Frequenzen verwendet, die sich um Stufen von je 1500 unterscheiden. Die Sendeschaltung ist in Abb. 35 dargestellt. Als Wechselstromerzeuger dienen Senderöhrenkreise nach MEISSNER; die zur Leitung gehenden Ströme werden gesteuert durch den Gitterkreis einer Sende-Verstärkerröhre, (vgl. Band 16), in welchem 6 Widerstände in Reihe liegen, deren jeder bei Abgabe eines Zeichens im zugehörigen Sender eine Wechselspannung seiner Frequenz aufnimmt.

---

[1]) Elektrot. ZS. 1899, S. 305.
[2]) F. LÜSCHEN, Elektrot. ZS. 1923, S. 1.

Im Empfänger Abb. 36 werden die ankommenden Ströme verstärkt. Die sechs Empfänger sind in Parallelschaltung über Siebketten angeschlossen, deren Lochbreite so bemessen ist, daß die Frequenzen, welche sich von der jeweiligen Trägerfrequenz um $\pm$ 100 unterscheiden, noch durchgelassen werden, während eine benachbarte Trägerfrequenz mit höchstens $^1/_{15}$ der Amplitude der durchzulassenden auftreten darf.

40. Mehrfach-Telephonie und Telegraphie mit hochfrequenten Trägerströmen. Dieses Verfahren, das wegen der dämpfenden Eigenschaften gewöhnlicher Kabel und der eine hohe Frequenz absperrenden Grenzfrequenz belasteter Kabel nur auf oberirdischen Leitungen durchgeführt werden kann, hat in den

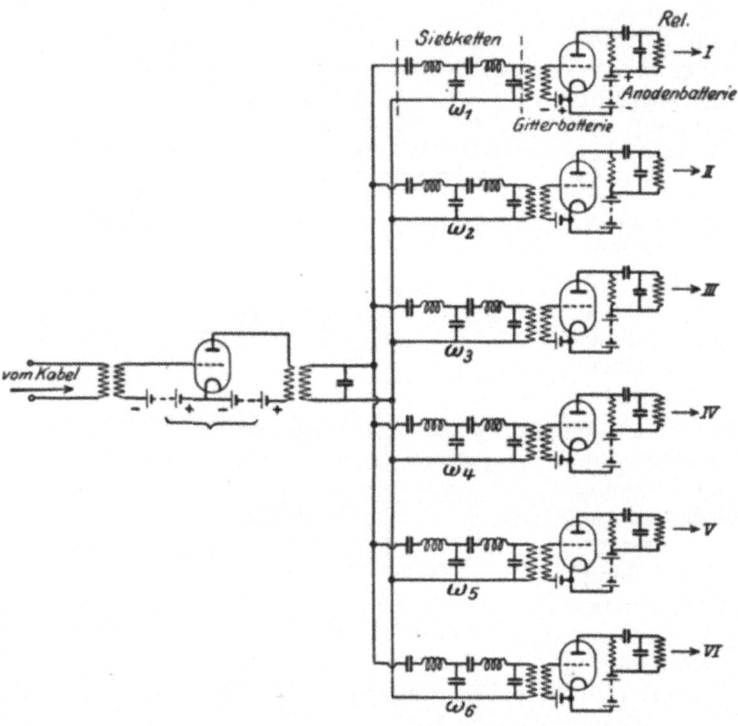

Abb. 36. Empfängerschaltung für Sechsfach-Telegraphie.

Vereinigten Staaten ausgedehnte Anwendung gefunden[1]), ist aber auch in Deutschland in ansehnlichem Maße im Gebrauch. Dem Grundsatz nach muß dies Verfahren mit dem für Trägerströme hörbarer Frequenz übereinstimmen, während es sich in den Einzelheiten derselben Methoden zu bedienen hat[2]), wie sie für sich frei fortpflanzende Schwingungen hoher Frequenz üblich sind. Es ist daher hier nicht der Ort, näher auf diese Verfahren einzugehen.

41. Kopiertelegraphen haben die Aufgabe, die zu sendende Nachricht nicht nur dem Inhalte nach wiederzugeben, sondern auch in der gleichen Form. Sie sollen daher nicht nur Schrift, sondern auch Zeichnungen, Bilder übertragen. Man unterscheidet zwei grundsätzlich verschiedene Verfahren. Nach dem ersten wird an der Empfangsstelle eine Schreibvorrichtung (Stift, Lichtstrahl)

---

[1]) A. F. ROSE, El. Comm. Bd. 1, Nr. 4, S. 16. 1923.

[2]) K. W. WAGNER, Elektrot. ZS. 1919, S. 383, 394; 1924, S. 29.

über einer ebenen Fläche so bewegt, daß ihre Spur die Bewegung der entsprechenden Vorrichtung im Sender wenigstens absatzweise genau mitmacht. Die Bewegungen des Senders werden durch mit ihnen bewegte Kontaktgeber oder Widerstandsregler in die Veränderung von zwei als Übertrager von Koordinaten dienende Ströme umgeformt, welche am Empfänger entweder durch Schaltwerke oder durch doppelte Spiegelung von Lichtzeichen die Bewegung wieder zusammensetzen[1]). Da diese Anordnung zwei unabhängige Leitungen und Erdverbindung voraussetzt, die in modernen Fernsprechanlagen als Regeleinrichtung nicht gewährbar sind, hat sie im Verkehr Privater keine Verwendung finden können; gegen ihre Verwendung im öffentlichen Verkehr spricht, von der Frage des Bedürfnisses abgesehen, die sehr geringe, mit ihrem Wesen verbundene, Arbeitsgeschwindigkeit.

Das zweite Verfahren[2]) setzt eine fertige Darstellung der zu übertragenden Handschrift oder Zeichnung voraus. Sie wird beispielsweise auf einer Fläche aus leitendem Material mit isolierender Tinte hergestellt, und diese Fläche sowie die Bildfläche im Empfänger wird in dicht nebeneinanderliegenden parallelen Strichen von zwei synchron bewegten Mechanismen abgetastet. Im Original wird dabei ein Stromkreis unterbrochen, so oft das Kontaktstück über einen isolierenden Teil hinweggeht und dies kann im Empfänger entweder durch eine elektrochemische Wirkung oder durch eine elektromagnetische Schreibvorrichtung eine der Unterbrechung entsprechende Markierung hervorbringen.

Qualitative Unterschiede von hell und dunkel im Original lassen sich mit Hilfe des Lichtes und auf Änderungen der Lichtstärke reagierender Vorrichtungen übertragen. Ein das Bild tragender Film wird um eine durchsichtige Walze herumgelegt, welche nach Art einer Phonographenwalze mit gleichmäßiger Umdrehung achsial verschoben wird. Eine innerhalb der Walze befindliche Lampe beleuchtet durch ein Fenster den Film an einer Stelle, welche sich bei der Bewegung der Walze allmählich über die ganze Fläche des Bildes verschiebt. Der Lichtstrahl, dessen Helligkeit entsprechend der Tönung des Bildes verändert wird, trifft auf eine Selen- oder Kalizelle (vgl. Bd. 19), welche die Lichtschwankungen in solche elektrischen Ströme umsetzt. Im Empfänger wird von einer synchron laufenden Walze ein photographischer Film gleichlaufend mit dem im Sender bewegt, auf den an der dem gerade abzubildenden Punkt des Originals entsprechenden Stelle ein Lichtstrahl konzentriert ist, dessen Stärke durch die aus der Leitung kommenden Ströme geändert wird. Dies kann z. B. mit Hilfe einer elektromagnetisch bewegten Blendscheibe von veränderlicher Durchlässigkeit geschehen oder, wie neuestens nach KAROLUS[3]), mittels einer KERRschen Zelle. Der zeichnende Lichtstrahl hat zwei gekreuzte Polarisatoren zu durchlaufen, die in der Ruhelage den Durchgang völlig hindern. Zwischen ihnen ist ein Behälter mit Nitrobenzol; das Licht geht zwischen zwei Elektrodenplatten hindurch; in dieser Flüssigkeit erfährt der Lichtstrahl eine der Spannung proportionale Drehung der Polarisationsebene. Dieses Lichtrelais hat den Vorzug, trägheitslos zu sein.

Es gibt noch ein indirektes Verfahren der Bildtelegraphie. Man teilt das Bild wie durch einen Raster in kleine Quadrate und übermittelt nach der fernen Stelle durch Buchstaben Angaben über die relative Helligkeit. Diese Angaben werden als Telegramme übermittelt und ermöglichen, das Bild wie ein Rasterbild zu reproduzieren. Vor der Möglichkeit, drahtlos über große Ozeane zu telegraphieren, erschien dies Verfahren als das einzige, Bilder zu übermitteln, wenn nur lange Seekabel dazu zur Verfügung standen.

---

[1]) Z. B. A. GRUHN, Elektrot. ZS. 1902, S. 117.

[2]) A. KORN, Elektrot. ZS. 1926, S. 717 (zusammenfassend).

[3]) F. SCHRÖTER, Elektrot. ZS. 1926, S. 719.

c) Fernsprechtechnik.

42. Technische Abgrenzung gegen die Telegraphie. Zwischen den Methoden der Telegraphie und des Fernsprechens besteht der tiefgehende Unterschied, daß der Absender einer durch den Telegraphen zu befördernden Nachricht sie zunächst einer Sammelstelle von größerer oder geringerer Bedeutung zuführt, welche sie einer anderen Stelle dieser Art übermittelt; diese teilt sie dem Empfänger auf eine für die Telegraphentechnik unwesentliche Art mit. Beim Fernsprechen werden dagegen normalerweise die Nachrichten zwischen Absender und Empfänger unmittelbar ausgetauscht. Obwohl in den einfachsten Verhältnissen auch der Telegraph in dem bezeichneten Sinn sich des Fernsprechapparates zur Übermittlung bedient, führt der Unterschied in größeren und größten Verhältnissen dazu, daß in den Sammelstellen Telegraphenapparate hoher Leistungsfähigkeit aufgestellt werden. Daher ist die Geschichte der Telegraphie im wesentlichen eine Darstellung der Entwicklung der Sende- und Empfangsapparate zu immer größerer Leistungsfähigkeit.

Beim Fernsprechen bleibt nach der Natur der Sache die eigentliche Übermittlung der Nachrichten zwischen den beiden Teilnehmern ein Vorgang gleicher Art, ob es sich um die einfachsten ländlichen Anlagen oder um den Verkehr zwischen zwei entfernten Großstädten handelt. Die Apparate der Teilnehmer sind daher grundsätzlich in allen Fällen dieselben. Der Schwerpunkt der Fernsprechtechnik lag wenigstens bis vor wenigen Jahren in der Aufgabe, Mittel zu schaffen, um auf stets dieselbe Weise irgend zwei Teilnehmer für die Zeit eines Gesprächs miteinander in Verbindung zu bringen. Aufgaben dieser Art kommen für die Telegraphie nur für Leitungen minderer Bedeutung in Frage.

Daher hat sich die Fernsprechtechnik, abgesehen von der allerletzten Zeit, hauptsächlich mit der Vervollkommnung der Vermittlungsämter beschäftigt, in welchen die Verbindungen zwischen den Teilnehmern hergestellt werden, während die Teilnehmerapparate, soweit sie zur Aufnahme und zur Wiedergabe der Sprache dienen, fast dieselben sind, wie in der ersten Zeit der Telephonie.

Diese Einrichtungen bieten vom Standpunkte des Physikers wenig Bemerkenswertes und wir werden uns darauf beschränken, an Beispielen, die nur einen Teil des gesamten Vermittlungsvorgangs umfassen, die charakteristische Art zu beschreiben.

Dagegen hat eine andere Seite der Telephonie in den letzten Jahren einen großen Aufschwung genommen, nämlich der Weitverkehr über Fernsprechkabel. Eine solche Anlage ist, wenn man sie mit denen vor 20 Jahren vergleicht, auch bei gleicher Reichweite ein viel komplizierteres Instrument geworden. Der Vorteil der Entwicklung liegt in der ungleich größeren Betriebssicherheit und der früher überhaupt ausgeschlossenen Möglichkeit der Vergrößerung der Reichweite. In solchen Anlagen, welche übrigens die Telegraphie in Deutschland als Gast mitbenutzt, kommen zahlreiche für die Physik bedeutungsvolle Fragen zur Sprache. Wir werden daher auf die Leitungen des Fernsprechweitverkehrs näher eingehen.

43. Fernsprechanlagen. Die Elemente einer Fernsprechanlage sind die Apparate der Teilnehmer, die Zuführungen bis zum Vermittlungsamt und die Umschalteinrichtungen in diesem. Zum Netze wird die Anlage, wenn mehrere Vermittlungsämter an einem Orte bestehen, wobei ein Teilnehmer zunächst nur Anschluß an eines der Ämter hat, während diese untereinander Verbindungsleitungen besitzen, durch welche zwei beliebige Teilnehmer des Ortes verbunden werden können. Außer diesen Ämtern besitzen größere Ämter ein Fernamt, zu dem die einzelnen Ortsämter in demselben Verhältnis stehen, wie ein Teilnehmer zum Ortsamt; dies hat für den Fernverkehr Verbindungen zu anderen Fernämtern.

44. Die Teilnehmerstelle. Die eigentlichen Fernsprechapparate, Mikrophon und Telephon, werden an anderer Stelle dieses Werkes beschrieben (Bd. 8 u. 16). Welches auch ihre Entwicklung für die Übertragung von Sprache und Musik nach künstlerischen Anforderungen geworden ist, für Verkehrszwecke sind das Kapselmikrophon mit Kohlenkörnern und das Telephon mit Dauermagnet und Eisenmembran bei uns im allgemeinen Gebrauch. England und Amerika bevorzugen das Solid-back-Mikrophon.

Schaltungen für die Teilnehmerstelle. Es muß ohne besonderes Zutun des Teilnehmers möglich sein, daß er das Amt zur Einleitung eines Gesprächs anrufen oder von dort aus angerufen werden kann, sowie daß er sowohl sprechen als hören kann. Dies wird durch einen Umschalter *u* erreicht, der in der Ruhelage den Hörer trägt. Abb. 37 zeigt die in Deutschland verwendete Anordnung. Dem Sprechapparat *F*, *M* parallel liegt dauernd ein Wecker für Wechselstrom *W* in Reihe mit einem Kondensator *C*. Vom Amte aus steht die Leitung *a*, *b* dauernd unter der Spannung der Zentralbatterie, aber wegen des Kondensators fließt ein Gleichstrom erst, wenn der Teilnehmer seinen Hörer abhebt. Der Gleichstrom speist das Mikrophon *M* und erregt gleichzeitig das Anrufrelais. Soll ein Teilnehmer angerufen werden, so wird vom Amte dem Gleichstrom Wechselstrom von etwa 25 Hertz überlagert. Der Fernhörer *F* liegt in einem durch eine Induktionsspule *i* mit dem Mikrophon verbundenen Kreise.

45. Der Eichkreis. An dieser Stelle wäre auf eine neuerdings aufgenommene Aufgabe hinzuweisen, nämlich einen Normalapparat zu schaffen, mit welchem man den Anteil jedes einzelnen Elements einer Fernsprechverbindung an der Übertragung durch Vergleich bestimmen kann. Wir nennen diese Anordnung (Fernsprech-) Eichkreis, sonst heißt sie Bezugssystem (z. B. reference system). Sie besteht aus dem Sender, dem Empfänger und der verbindenden Leitung. Man unterscheidet Eichkreise erster und zweiter Ordnung. Der Eichkreis erster Ordnung soll in allen Teilen innerhalb eines noch festzustellenden Frequenzbereichs praktisch frei von Verzerrung sein. Dies bedeutet z. B., daß zwischen der Schallenergie, welche dem Sender zugeführt wird, und der elektrischen Energie, welche er an die Leitung weitergibt, ein von der Frequenz unabhängiges Verhältnis bestehen soll. Während es sehr einfach ist, eine verzerrungsfreie künstliche Leitung zu bauen, ist die Aufgabe für die beiden anderen Teile noch im Stadium der Entwicklung. Man hat zunächst einen Versuch mit einem Kondensatormikrophon auf der einen Seite und mit einem Telephon mit stark gedämpfter Membran gemacht, wobei auch auf Ausgleich von Temperaturänderungen Bedacht genommen wurde. Die Eichkreise zweiter Ordnung sollen in ihren Teilen Verzerrungen in solchem Maße enthalten, wie sie bei guten Gebrauchsapparaten des Landes vorkommen. Ihre Konstruktion soll aber die Unveränderlichkeit dieser Eigenschaften sichern, so daß sie als Normale dienen können.

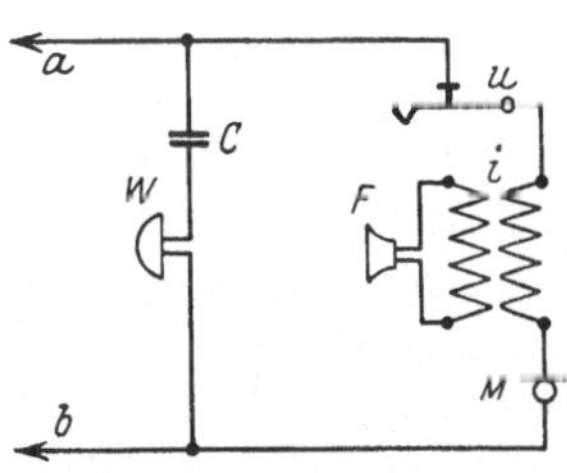

Abb. 37. Gehäuseschaltung für Zentralbatterie-Betrieb.

Die Sende- und Empfangsvorrichtungen werden mit Einrichtungen versehen, um ein vorgeschriebenes Leistungsverhältnis einzustellen; die künstliche Leitung läßt sich nach ihrer Wirkdämpfung meßbar einstellen. Der Gebrauch der Apparate ist so gedacht, daß man, um irgendeinen anderen Apparat, z. B. ein Mikrophon, ein Telephon oder eine Leitungsanordnung einzeln oder zu mehreren mit dem gleichen Teil des Eichkreises zu vergleichen, man die beiden Teile austauschbar mit dem Rest des Eichkreises verbindet; läßt man dann die Übertragung abwechselnd über den unveränderten Eichkreis und über die zu prüfende Kombination gehen, so stellt die Änderung, welche man an der Dämpfung der künstlichen Leitung des Eichkreises vorzunehmen hat, um in beiden Fällen dasselbe Ergebnis zu erhalten, das Übertragungsäquivalent der Kombination dar, aus dem sich die Wirkdämpfung des betrachteten Teiles ergibt.

46. Anschlußleitung. Die Anschlußleitung zwischen dem Teilnehmer und dem Amte ist in den meisten Fällen als Kabelleitung geführt. Besonders macht der Übergang von Handämtern zu Selbstanschlußämtern die Verkabelung der Leitungen notwendig. Wo noch oberirdische Leitungen vorkommen, sind es Hartbronzeleitungen von 1,2 mm Stärke. Als Kabel werden solche mit loser Papierisolierung mit Schutz durch einen Bleimantel verwandt. Die Zahl der Doppeladern geht bei den in der Nähe der Ämter in Geschäftsvierteln verlegten Kabeln mit 0,6 mm starken Drähten bis zu 600. Die elektrischen Grundeigenschaften dieser Kabelleitungen sind innerhalb des Bereichs der Sprachfrequenzen als konstant anzusehen. Der Leitungswiderstand ist durch die Drahtstärke d gegeben und wird mit $46/d^2$ Ohm/km garantiert. Die Induktivität beträgt etwa 0,6 mH/km und ist für die elektrischen Vorgänge fast belanglos. Die Kapazität, welche bei den Kabeln mit Drähten von 0,6 bis 0,9 mm Stärke mit 0,037 μF/km als Höchstwert garantiert wird, hängt außer von der Drahtstärke von der Art der Isolierung und dem für eine Doppelader zugelassenen Anteil des Querschnitts innerhalb des Bleimantels ab. Nach den Kabelverträgen der Reichspost sind die Kabel von 350 Paaren aufwärts so bemessen, daß bei Drahtstärken von 0,6, 0,8, 0,9 mm die Fläche für eine Doppelader 6,85 mm², 9,75 mm², 13,42 mm² beträgt.

Beim Eintritt in das Vermittlungsamt werden die Papierkabel durch solche mit Gummiisolierung abgeschlossen, und diese endigen an Gestellen, die man Hauptverteiler nennt. Sie haben eine Seite mit Anschlüssen für die Außenleitungen und eine andere, an welcher sich die Anschlüsse von den zur Vermittlung der Gespräche dienenden, ebenfalls je einem Teilnehmer zugeordneten Schalteinrichtungen befinden. Zwischen beiden Arten von Anschlüssen sind auswechselbare Verbindungen hergestellt. Dadurch kann ein Teilnehmer seine Anschlußnummer behalten, auch wenn er über ein anderes Kabel angeschlossen wird.

47. Fernsprechumschalter[1]). Sie dienen dazu, zwischen Teilnehmern eines Netzes Verbindungen herzustellen, derart, daß jeder von ihnen in der Lage ist, mit Hilfe des Amtes auf seine Initiative eine Verbindung mit jedem anderen herzustellen, falls dieser andere nicht schon in einem anderen Gespräch begriffen ist. Die Einrichtungen müssen so beschaffen sein, daß eine einmal hergestellte Verbindung so lange gegen Störung von außen her gesichert ist, als die Teilnehmer das Gespräch aufrecht erhalten wollen. Aus dieser Forderung ergeben sich eine Reihe von Vorgängen und Einrichtungen, die bei jeder Verbindung mitzuwirken haben, gleichgültig, ob die Verbindung durch eine Beamtin oder durch einen Automaten hergestellt wird.

Zunächst muß die Absicht des Teilnehmers, eine Verbindung zu erlangen, auf dem Amte bemerkbar gemacht werden, so daß dort ein Organ, allgemein gesprochen, sich zur Ausführung bereitstellt. Dazu dient im Amt die Anrufeinrichtung. Alsdann gibt der Teilnehmer die gewünschte Nummer in einer den Einrichtungen entsprechenden Form auf, das Organ im Amte nimmt davon Vermerk und sucht die verlangte Anschlußstelle auf. Bei einem Handamt nennen wir diesen Teil des Vorgangs das Abfragen. Ehe die Verbindung hergestellt wird, ist aber zu prüfen, ob die gesuchte Stelle nicht schon besetzt ist.

[1]) C. Hersen u. R. Hartz, Die Fernsprechtechnik der Gegenwart. Braunschweig 1910.

Ist sie frei, so ist sie gegen andere Anrufe zu sperren, und die Verbindung herzustellen. Der zweite Teilnehmer muß durch ein vom Amte (früher vom ersten) ausgehendes Signal benachrichtigt werden. Wenn das Gespräch beendigt ist, so muß dies im Amte in der Art bemerkbar werden, daß es die hergestellte Verbindung wieder aufheben kann.

Der Gang einer Verbindung führt also in jedem Falle über die Vorgänge Anrufen, Abfragen, Prüfen, Sperren, Verbinden, Rufen, Schlußkontrolle, Trennen.

Das Tempo, welches der Verkehr für die Herstellung einer Verbindung erfordert, macht in jedem Falle, auch dem der Herstellung von Hand, besondere Einrichtungen notwendig, welche einen großen Teil dieser Vorgänge ohne bewußtes Zutun, sei es des Teilnehmers, sei es der Beamtin, vor sich gehen lassen. So ruft das Abheben des Fernhörers in einem Handamt von selbst die Aufmerksamkeit der Beamtin durch eine zum Aufleuchten gebrachte Glühlampe an, während dadurch in selbsttätigen Ämtern ein dem Teilnehmer eigener Wähler unter einer größeren Zahl von Schalteinrichtungen, welche der weiteren Verbindung dienen, eine freie aussucht und für das kommende sperrt. Die Parallelen zwischen beiden Arten des Betriebes können leicht festgestellt werden; wir ziehen indessen vor, typische Arten beider Systeme für sich zu beschreiben und fangen mit dem Handamte an.

48. Zentralbatterie. Alle Ströme, die zum Anrufen, zum Sprechen, für die Überwachung und etwa für die Herstellung der Verbindungen erforderlich sind, werden, soweit es sich um Gleichstrom handelt, aus einer im Amte befindlichen Sammlerbatterie (24 Volt) entnommen, welche unter großen Verhältnissen eine Kapazität von Tausenden von Ah hat. In der Regel stellt man zwei solche Batterien auf, von denen die eine im Betrieb, die andere unter Ladung steht; zur Zeit des stärksten Betriebes wird die Batterie als Puffer mit einer Dynamo zusammengeschaltet. Eine unbenutzte Teilnehmerleitung steht dauernd über das Anrufrelais mit der Batterie in Verbindung; der Stromkreis ist aber beim Teilnehmer durch einen durch den Hörer offen gehaltenen Schalter unterbrochen; in Abzweigung zu den Zweigen der Leitung liegt hinter einem Kondensator ein auf Wechselstrom ansprechender Wecker (Abb. 37). Beim Abnehmen des Hörers tritt ein Gleichstrom auf, der im Amte das Anrufzeichen erregt. Bei der nachfolgenden Ausführung der Verbindung muß diese Art der Speisung der Teilnehmerleitung durch eine andere, wenn auch aus derselben Batterie ersetzt werden, um trotz gemeinsamer Stromquelle die Sprechströme der einzelnen Teilnehmerpaare zu trennen. Das Prinzip dieser Anordnung zeigt Abb. 38. In den beim Abfragen des anrufenden Teilnehmers und den beim Verbinden mit dem gerufenen Teilnehmer verwendeten Leitungen liegt als Brücke die gemeinsame Batterie, aber unter Vorschaltung eines für jedes Schnurpaar besonderen Widerstandes, der auch in den Wicklungen der Überwachungszeichen liegen kann. Da der Widerstand der Stromquelle dagegen verschwindend klein ist, geht praktisch kein Sprechstrom aus einer Verbindung in eine andere über. So werden also die Stellen *1* und *2* miteinander sprechen können, ebenso *3* und *4*, während *1* und *2* nichts von *3* und *4* hören, obwohl alle Leitungen an denselben Sammelschienen liegen. Man erdet den positiven Pol der Batterie, um dadurch einer bestimmten leicht zugänglichen Stelle einer zum Sprechen besetzten Leitung ein zur Prüfung dienendes Potential zu geben.

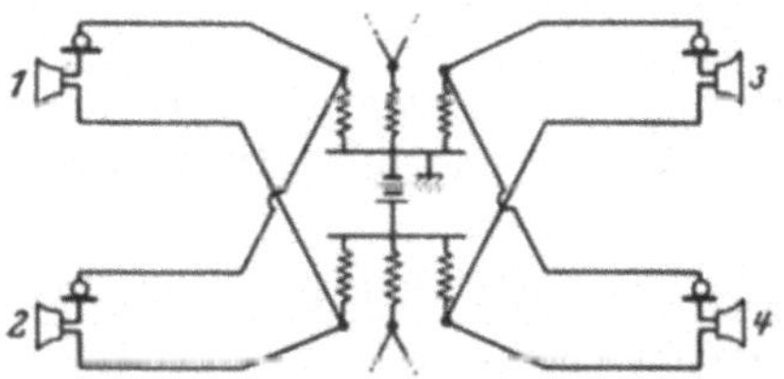

Abb. 38. Prinzip des Zentralbatterie-Systems.

49. Vielfachschaltung. Die Vielfachschaltung, nämlich die Schaffung einer Mehrzahl gleich zugänglicher Anschlußstellen im Amt für die Teilnehmerleitungen, ergibt sich daraus, daß in den Zeiten lebhaften Verkehrs etwa 10% aller Teilnehmer gleichzeitig sprechen, und daß eine Beamtin nicht mehr als eine beschränkte Zahl von Anrufzeichen bedienen kann, die je nachdem es sich um Wohnungs- oder Geschäftsanschlüsse handelt, zwischen 400 und 150 liegt. Es müssen daher schon bei Ämtern mäßigen Umfangs mehrere „Abfrageplätze" eingerichtet werden, wobei indessen an jedem die Möglichkeit gegeben sein muß, jeden gewünschten Teilnehmer mit dem anrufenden zu verbinden.

Die Verbindungselemente nennt man Klinken und Stöpsel (Abb. 39). Klinken sind Sätze von Kontaktfedern, die in einem Rahmen fest eingebaut

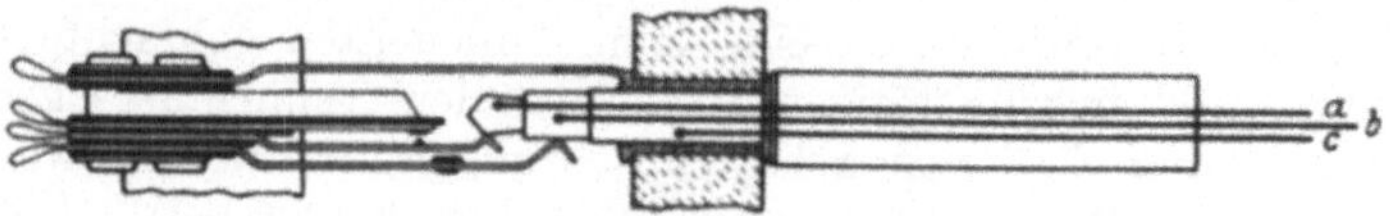

Abb. 39. Klinke und Stöpsel.

sind, und an denen die zu verbindenden Leitungen endigen. Eine zylindrische Hülse dient zur Einführung des Stöpsels, der aus mehreren koaxialen, abgesetzten Zylindern besteht, derart, daß jeder mit einer bestimmten Kontaktfeder in Berührung tritt; an diesen Zylindern enden die in einer „Schnur" zusammengefaßten beweglichen Leitungen, die am Arbeitsplatz an den Kontakten des Abfragesatzes endigen. Jeder Satz hat in modernen Einrichtungen ein „Schnurpaar", einerseits mit Abfrage-, andererseits mit Verbindungsstöpsel.

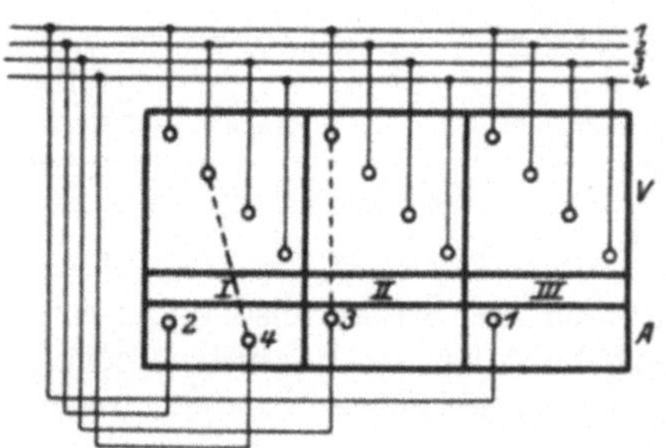

Abb. 40. Prinzip der Vielfachschaltung.

Die Abfrage- und Verbindungsklinken haben ganz verschiedene Beziehungen zu den Leitungen des Teilnehmers. In großen Handämtern sind sie sogar räumlich getrennt, jene auf den „Abfrageschränken", diese auf den „Verbindungsschränken". Indessen betrifft dies nur eine Betriebsanordnung, keinen grundsätzlichen Unterschied gegen solche Anordnungen, bei denen sich beide Arten in getrennten Feldern desselben Schrankes befinden. An eine Abfrageklinke ist jede Anschlußleitung nur an einem bestimmten Arbeitsplatz geführt, und zwar unter dem Anrufzeichen, einer kleinen Glühlampe. Dagegen sind die Verbindungs- oder Vielfachklinken so oft durch das ganze Amt wiederholt, daß die Beamtin an jedem Arbeitsplatz ein Drittel aller Verbindungsklinken über ihrem Abfragefeld und die beiden anderen Drittel an den Nachbarplätzen erreichen kann. Während die Anrufzeichen und -Klinken ganz beliebig auf die Arbeitsplätze verteilt werden können, da die Beamtinnen nicht auf die Nummer des Anrufenden, sondern das Aufleuchten der Anruflampe aufmerksam werden, liegen die Verbindungsklinken nach der Nummer geordnet, und alle Klinken derselben Nummer sind mit der zugehörigen Leitung in Abzweigung (Parallelschaltung) verbunden. Im Prinzip stellt dies Abb. 40 dar. Eine Beamtin kann also durch den Augenschein feststellen, in welcher der ihr zugeteilten Leitungen ein Anruf vorliegt, nicht aber, ob eine gewünschte Leitung frei ist, da ja an einer anderen Klinke eine Verbindung hergestellt sein kann. Indessen werden in diesem Falle alle Klinkenhülsen dieser Leitung, die durch eine besondere Hilfsleitung (Prüfader) verbunden sind, auf das Prüfpotential gebracht, so daß die Prüfung einer gewünschten Leitung auf elektrischem Wege möglich ist.

50. Schnurpaarschaltungen. Abb. 41 stellt an einer der zahlreichen Schaltungen die Art der Herstellung und Überwachung einer Verbindung dar. Gezeichnet sind zwei beliebige Teilnehmeranschlüsse T mit den ihnen zugehörigen Signal- und Verbindungseinrichtungen, sowie ein Schnurpaar. Man sieht bei jeder Teilnehmerleitung L drei Vielfachklinken K und eine Abfrageklinke Ka. Diese sind konstruktiv gleich und enthalten zwei Kontaktfedern, die von den Ästen a, b jeder Leitung abzweigen, und die Hülse, die bei jeder

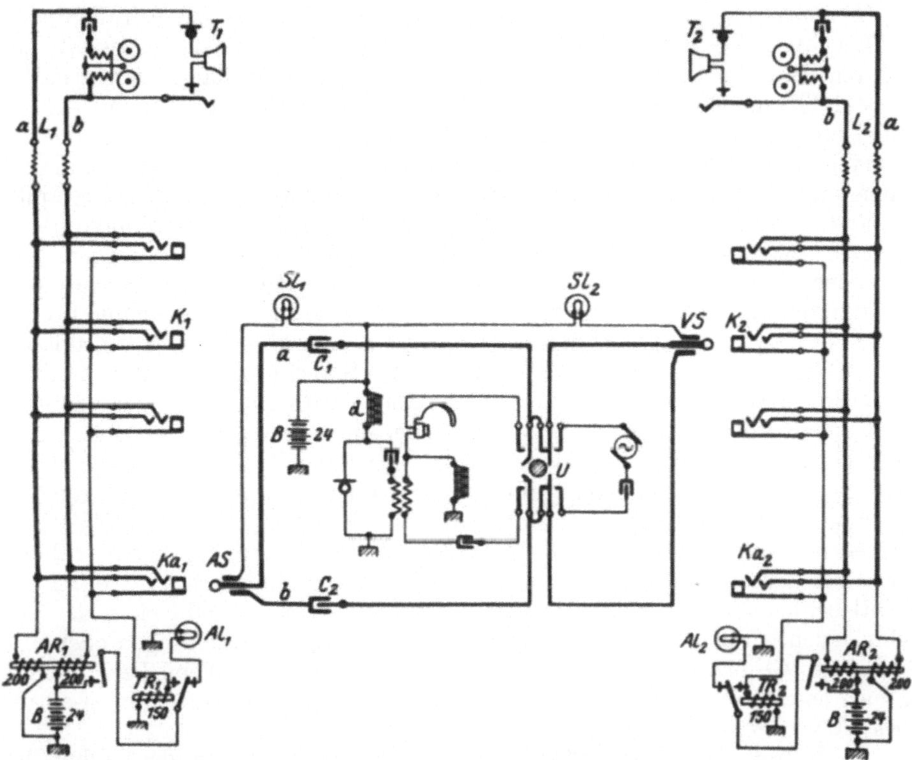

Abb. 41. Schaltung nach Ericsson.

Klinke mit der Prüfader verbunden ist. Letztere läuft, aber nur innerhalb des Amtes, mit den Sprechleitungen zusammen. Diese enden über die Wicklungen des Anrufrelais AR an der Zentralbatterie B, die c-Ader geht über die Wicklung des Trennrelais TR zum geerdeten positiven Pol. Zu jeder Teilnehmerleitung gehören noch die von den Ankern dieser Relais abhängigen Kreise, welche zur Steuerung der Anruflampe Al dienen. Die bisher beschriebenen Einrichtungen sind für jeden Teilnehmeranschluß identisch. Auch alle Schnurpaare haben gleiche Schaltung, ihre Zahl entspricht der Höchstzahl der von einer Beamtin normalerweise herstellbaren Verbindungen. Die, wie man sieht, unsymmetrische Schaltung endet in je einem dreiteiligen Stöpsel, dessen Spitze nach dem Einsetzen mit der a-Leitung in Verbindung kommt, während der „Hals" an die b-Leitung, der Körper an die c-Leitung angeschlossen wird. Die a- und b-Leitungen sind im Schnurpaar durch Kondensatoren C_1 und C_2 unterbrochen, welche beide Seiten für Gleichströme und niederfrequente Wechselströme trennen, dagegen die Fernsprechströme durchlassen. *U* ist der „Sprechumschalter“, mit welchem die Beamtin die bei der Herstellung der Verbindung erforderlichen Umschaltungen ausführt. Ein Hebel kann in drei Lagen gebracht werden; in der Normallage stellt er die gezeichneten Verbindungen dar, in der Abfragestellung bringt er die links gezeichneten Federn in Verbindung, in der Rufstellung die auf der rechten Seite. Die *c*-Leitung im Schnurpaar liegt am negativen Batteriepol und speist einerseits das Mikrophon der Beamtin, andererseits die Schlußzeichenlampen Sl_1 und Sl_2.

Nimmt der rufende Teilnehmer seinen Hörer ab, so schafft er für den Strom der *ZB* einen Weg, und das Anrufrelais spricht an. Es bringt die Anruflampe *Al* zum Leuchten. Die Beamtin setzt den Abfragestöpsel *AS* in die Abfrageklinke ein. Dadurch wird das Trennrelais über Sl_1 erregt und die Anruflampe abgeschaltet. Die Schlußlampe leuchtet nicht auf, weil sie durch die Anker von *AR* und *TR* vorläufig kurzgeschlossen wird. Indem die Beamtin den Umschalter *U* in die Abfragestellung umlegt, verbindet sie ihren Sprechapparat mit dem des anrufenden Teilnehmers und nimmt die gewünschte Nummer entgegen. Legt sie die Spitze des Verbindungs- oder Prüfstöpsels *VS* an die Hülse der Vielfachklinke des zu rufenden Teilnehmers, so hört sie über die Drossel *d* und die Prüfader ein Knacken, wenn der Teilnehmer besetzt ist, während dies bei freier Leitung ausbleibt. Im letzteren Fall setzt sie den Stöpsel ein. Dabei leuchtet Sl_2 auf durch einen Strom, der das Trennrelais dieses Teilnehmers erregt, also seine Anruflampe abtrennt. Durch vorübergehendes Umlegen des Sprechumschalters in die dritte Lage wird Wechselstrom als Rufstrom entsandt, indessen ist bei modernen Anlagen die Einrichtung getroffen, daß dies über ein Relais geschieht, welches solange geschlossen bleibt, bis der gerufene Teilnehmer den Hörer abnimmt und dadurch das Anrufrelais erregt; durch ein Schaltwerk wird der Rufstrom alle 6 Sekunden eine Sekunde lang entsandt. Die Erregung des Anrufrelais beim gerufenen Teilnehmer hat noch die Wirkung, daß Sl_2 wie Sl_1 kurzgeschlossen wird, also erlischt. Die Verbindung ist jetzt fertig, und dies wird durch das Nichtleuchten aller Überwachungslampen gekennzeichnet. Hebt einer der Teilnehmer den leitenden Weg auf seiner Seite auf, also bei Rückfragen oder beim Schluß des Gesprächs, so leuchtet seine Schlußlampe auf. Wenn beide Schlußlampen leuchten, zeigt dies das Ende an; die Beamtin entfernt die Stöpsel, und alles ist wieder in der Anfangslage.

51. Selbsttätige Umschalter[1]**).** Unter der Voraussetzung der technischen Möglichkeit haben selbsttätige Fernsprechumschalter, welche innerhalb des gesamten Systems die Mitwirkung menschlicher Hilfe für das Herstellen der Verbindung entbehrlich machen, Vorzüge in der steten Betriebsbereitschaft, nicht nur was die Dienststunden betrifft, sondern auch in der sofortigen Aufnahme und Ausführung jeder Verbindung und ihrer sofortigen Trennung nach Beendigung des Gesprächs. Von den Vorteilen in betrieblicher und persönlicher Hinsicht soll hier nicht weiter die Rede sein. Der rufende Teilnehmer wird allerdings mit den zur Einleitung der Schaltvorgänge notwendigen Handgriffen belastet. Seine Tätigkeit beschränkt sich indessen außer auf das Abnehmen des Hörers, das wie bei Handbetrieb die Vorgänge im Amte einleitet, auf die Abgabe einer Mehrzahl von Reihen von Stromstößen. Er tut dies, indem er eine mit Fingerlöchern versehene Scheibe unter Einsetzen des Fingers bei der abzugebenden Zahl bis zu einem Anschlag dreht und dann losläßt. Beim Zurückgehen gibt eine Unterbrechervorrichtung die erforderliche Anzahl von Stößen. Man beginnt bei der vordersten Zahl der Rufnummer. Die bei der allgemeinen Besprechung

[1]) LUBBERGER, Die Fernsprechanlagen mit Wählerbetrieb. 3. Aufl. München u. Berlin 1926.

der Umschalter aufgezählten neun Vorgänge müssen nach Lage der Sache auch von dem Automaten abgewickelt werden, und die technische Schwierigkeit der Aufgabe ist schon daraus ersichtlich, daß die äußere Veranlassung zu allen diesen verschiedenen Vorgängen immer nur dieselbe ist, nämlich Öffnen und Schließen eines Kreises. In Wirklichkeit greifen noch andere Elemente ein, nämlich die Intervalle zwischen den einzelnen Stromimpulsen für eine abzugebende Zahl und die Pausen zwischen den Impulsreihen der Zahlen. Da die vollständige Beschreibung des Zustandekommens einer Verbindung schon bei einer Anlage kleinsten Umfanges einen unverhältnismäßigen Raum einnehmen würde, beschränken wir uns darauf, zu zeigen, in welcher Weise nacheinander die Hub- und Drehbewegungen gesteuert werden, durch welche die Kontaktarme an eine beliebige Stelle des Vielfachfeldes gebracht werden.

Vorher haben wir aber über die Art zu sprechen, wie das Vielfachfeld eines selbständigen Amtes aufgebaut ist, wobei wir das in Deutschland gebrauchte Strowgersystem zugrunde legen. Es ist, wie das System der Anschlußnummern, dekadisch aufgebaut, und zwar werden die Zehner und Einer der Nummer nacheinander auf demselben Wähler aufgesucht, während für die Ziffern jeder der höheren Dekaden ein besonderer Wähler dient. Der für Zehner und Einer heißt Leitungswähler (LW), die anderen heißen Gruppenwähler (GW). Das Kontaktfeld jedes dieser Wähler enthält drei Kontaktsätze zu je 100 Kontakten, die in zehn übereinander befindlichen Reihen zu je 10 Kontakten angeordnet sind. Von den drei Sätzen dient je einer für die beiden Zweige der Sprechleitung und einer für eine die Sprechleitung nur innerhalb des Amtes begleitende Prüfleitung. Da auf jedem Feld nur ein Kontaktarm eine Verbindung herstellen kann, während man in der betreffenden Gruppe von 100 Anschlüssen je nach der Stärke des normalen Höchstverkehrs mit 10 bis 12% gleichzeitig benutzten Anschlüssen zu rechnen hat, so setzt man in dieser Gruppe die entsprechende Anzahl von Feldern, also Wählern, nebeneinander und schaltet ihre gleichnamigen Kontakte vielfach, also alle Kontakte *a b c 23* an die Leitung des Teilnehmers *a b c 23*. Die Zeichen *a b c* bezeichnen bestimmte Zehntausender, Tausender, Hunderter. Die betreffende Hundertergruppe umfasse die Nummern von *a b 700* bis *a b 799*. Sie wird mit den übrigen Hundertergruppen von *a b 000* bis *a b 999* durch Gruppenwähler bedient, und zwar, entsprechend der Zahl der zu erwartenden gleichzeitigen Verbindungen, durch etwa 70 bis 100 Wähler, entsprechend 7 bis 10% der Leitungen. Die Kontakte in jeder wagerechten Reihe der Gruppenwähler sind vielfach geschaltet und jede der zu ihnen führenden Leitungen mit dem Kontaktarm eines Leitungswählers verbunden. Wird also der Kontaktarm eines Gruppenwählers in die Reihe für die Hunderterziffer 7 gehoben, so sucht er in dieser Reihe unter den 10 Kontakten die eines geraden freien Leitungswählers aus. Vor dem Gruppenwähler für die Hunderter liegen solche für die Tausender, Zehntausender usw. Vor dem Gruppenwähler für die höchste Dekade liegen endlich noch Vorwähler; dies sind Wähler einfacherer Form, von denen jeder zu einer bestimmten Anschlußleitung gehört. Diese Wähler haben nur je 10 Kontakte, die bezüglich über die 100 Vorwähler einer Hundertergruppe vielfach geschaltet sind. Die Anschlüsse zu den einzelnen Teilnehmerleitungen liegen an den über die Kontakte umlaufenden Kontaktarmen. Je 100 Teilnehmern stehen so 10 Gruppenwähler für die höchste Dekade zur Verfügung. Die Anordnung wird leichter verständlich, und man sieht insbesondere, wie durch die Vielfachschaltungen alle Teilnehmer zu einer großen Gruppe zusammengefaßt sind, wenn man sie in einer von A. Raps angegebenen Weise in abgekürzter Form zeichnet. Es sollen darin bedeuten (s. Abb. 42 S. 52).

Ein Tausendersystem, Abb. 43 erklärt sich folgendermaßen: Für je 100 Teilnehmer ist ein Satz von 10 LW vorgesehen, auf deren Feldern die 100 Leitungen vielfach an die gleichnamigen Kontakte geführt sind. Die Kontaktarme der 10 LW

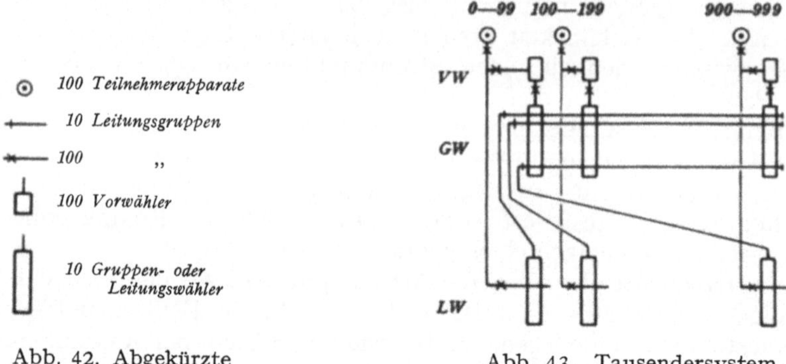

Abb. 42. Abgekürzte Bezeichnungen.

Abb. 43. Tausendersystem.

sind mit je 10 Kontakten in einer bestimmten wagerechten Reihe des Gruppenwählers in Vielfachschaltung verbunden, während die Kontaktarme je eines Satzes von 10 Gruppenwählern vielfach an die Kontakte von 100 Vorwählern gelegt sind,

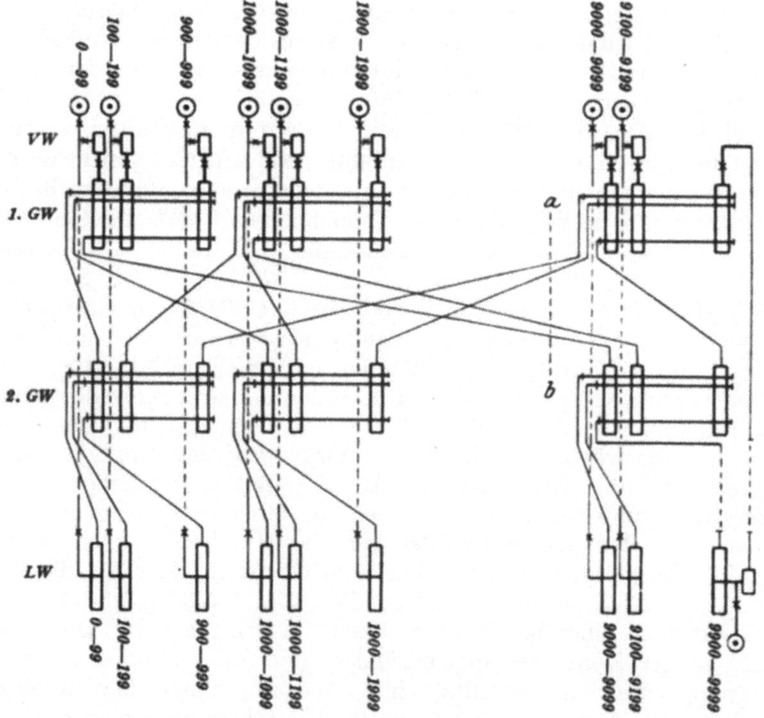

Abb. 44. Schaltung für 10000 Anschlüsse.

von denen jeder durch seine Kontaktarme mit je einem von 100 Teilnehmeranschlüssen verbunden ist. Der Einfachheit halber ist immer nur die erste, zweite und zehnte Gruppe gezeichnet. Durch Einfügen einer neuen Reihe von Gruppenwählern erhält man ein System für 10000 Anschlüsse, Abb. 44, und für jede Dekade mehr folgt ein neuer Satz. Bleibt man bei der Zahl 10 für die gleichzeitig unter 100 möglichen Verbindungen herzustellenden, so ist außer der der Zahl der Anschlüsse gleichen Zahl von Vorwählern an GW und LW je ein Zehntel der Zahl der Anschlüsse erforderlich.

Aus der Abb. 44 für 10000 Anschlüsse ist zu ersehen, daß ein selbsttätiger Umschalter für große Verhältnisse leicht in mehrere räumlich getrennte Teile zerlegt werden kann, ohne die Einheitlichkeit zu verlieren. So kann man eine der Tausendergruppen, bei größeren Verhältnissen auch noch größere, wie die letzte, durch In-die-Länge-Ziehen der die Linie *a b* durchsetzenden Verbindungen als Ganzes fortverlegen; man kann aber auch wieder innerhalb jeder Gruppe dezentralisieren, wie dies bei der letzten Hundertergruppe angedeutet worden ist. Man kann sich leicht überzeugen, daß dadurch in dem gleichen Maße an Leitungen gespart werden kann, wie wenn man ein mit Handämtern betriebenes Netz in Unterämter zerlegt; indessen bleibt beim selbsttätigen Netz die Einheitlichkeit genau so gewahrt, als wenn nur ein Zentralamt bestände.

Die Vorwähler, Gruppen- und Leitungswähler des Systems STROWGER sind Schrittschaltwerke. Bei den Vorwählern bewegt der durch Stromimpulse aus einer im Amt befindlichen Stromquelle erregte Elektromagnet durch die Schaltklinke die Achse mit den Schaltarmen stets in derselben Richtung. Die anderen Wähler, Abb. 45, haben einen Magnet H für das Anheben der die Kontaktarme tragenden Achse, einen anderen D zum Drehen nach Erreichung einer gewissen Hubhöhe, beide mit Schaltklinken, die in entsprechenden Verzahnungen eingreifen. Die Drehbewegung geht entgegen einer dadurch gespannten Feder, so daß, wenn der dritte Magnet M, der Auslösemagnet, die Anker der anderen entklinkt, die Achse in die Anfangslage zurückgeht.

Abb. 45. Wähler nach STROWGER.

52. Schaltvorgang. Um von den elektrischen Vorgängen eine Vorstellung zu geben, wollen wir an einem vereinfachten Beispiel die einzelnen Schritte verfolgen, die noch notwendig sind, um einen Leitungswähler auf eine bestimmte Leitung einzustellen, nachdem der letzte vorangehende Gruppenwähler einen freien Leitungswähler gefunden und belegt hat. Zur Vereinfachung der Zeichnung Abb. 46 wollen wir entgegen der tatsächlichen Lage annehmen, daß die Leitung nach rückwärts bis zum Teilnehmer metallisch leite; in Wirklichkeit tritt an ihre Stelle ein bei der Einstellung des Gruppenwählers geschlossener Weg, durch den auch das Prüfrelais C zunächst unter Strom gehalten wird.

Die zeichnerische Darstellung der Schaltung würde sehr unübersichtlich werden, wenn man die stromschließenden Teile an den Ankern der Relais, deren in der Regel mehrere zu einem Federnpaket vereinigt sind, in der sonst üblichen Weise zusammen und mit dem Elektromagnet vereinigt zeichnen wollte. Die Zeichnung dient daher auch der Erläuterung des in der Technik üblichen Prinzips, daß alle Stromkreise einzeln gezeichnet werden, wobei die Zentralbatterie nur durch die beigefügten Zeichen $+$ und $-$ angedeutet wird, die nach Bedarf wiederholt werden. Die Elektromagnete werden durch große Buchstaben, z. B. A, C, V_1, V_2 bezeichnet, die zugehörigen Stromschließer, kurz Anker genannt, mit den entsprechenden kleinen Buchstaben. v_2 ist also ein durch V_2 bewegter Anker, und zwar stellt die Zeichnung stets die Lage dar, welche vor der Erregung des Elektromagnets besteht, also die Ruhelage der Anker. Der zweite Hilfskreis z. B., von links gezählt in Abb. 46, enthält den Elektromagnet V_1 und einen Kontakt, der bei der Erregung des Elektromagnets A geschlossen wird. H ist der Hub- und D der Drehmagnet. Außer den elektromagnetisch gesteuerten Kontakten kommen noch mechanisch gesteuerte vor. Sowie die Schaltwelle durch H angehoben wird, öffnet sich im Beispiel der durch ihr Gewicht geschlossen gehaltene Kopfkontakt k, und sobald sie durch D gedreht wird, öffnet sich der Wellenkontakt w.

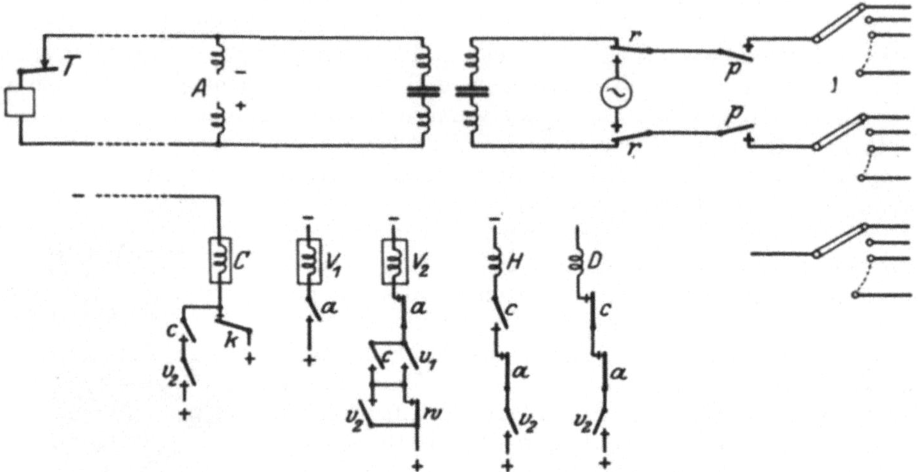

Abb. 46. Schaltzeichnung für einen Leitungswähler.

Relais, bei denen nichts anderes gesagt wird, folgen den Stromimpulsen alsbald, so daß ihre Anker die Bewegungen des Impulssenders mitmachen; andere, die als Verzögerungsrelais bezeichnet werden, tragen eine Kurzschlußwicklung, so daß bei einer Stromunterbrechung das magnetische Feld mit einer solchen Verzögerung verschwindet, daß die Anker auch während der Impulssendungen angezogen bleiben. Bei Unterbrechungen mehrfach längerer Dauer fallen dagegen ihre Anker ab. Abb. 47 stellt für die Schaltung nach Abb. 46 die Zeiten, in denen die Relais ihre Anker angezogen hatten, durch die schraffierten Teile dar.

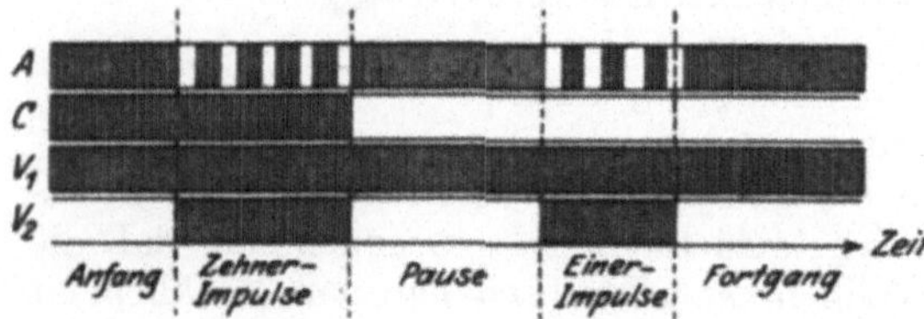

Abb. 47. Zeittafel für das Ansprechen der Relais.

Wir zeigen jetzt, wie durch die Impulssendungen Hub- und Drehmagnet gesteuert werden. Von der linken Seite her (Abb. 46) kommen die Leitungen von der Teilnehmerstelle, die für die hier in Betracht kommenden Vorgänge mit einer durch Drehung der Wahlscheibe von Hand eingeleiteten, aber beim Ablaufen automatisch wirkenden Unterbrechervorrichtung T ausgerückt ist, welche eine gewisse Zeit nach erfolgter Durchschaltung zuerst eine Reihe von Stromimpulsen zur Einstellung der Zehner und dann nach einer vergleichsweise langen Pause eine andere Reihe von Stromimpulsen zur Einstellung der Einer abgibt.

In der Pause vor der Abgabe der Zehner- und Einerimpulse wird das Relais A erregt und zugleich das an der Prüfleitung c liegende Relais C, ein Verzögerungsrelais, über eine vom Prüfrelais des vorliegenden Wählers hergestellte Verbindung zur Batterie, zunächst über den Kopfkontakt k; ferner das Verzögerungsrelais V_1, das, weil es auf die Unterbrechungen von a bei den Impulsen nicht reagiert, durch seine Anker während der gesamten Dauer der Verbindung unverändert bleibende Verbindungen herstellt. Ein anderes Verzögerungsrelais V_2 spricht erst an, wenn der in seinem Kreis liegende Anker von A bei Unterbrechung von a sich wieder schließt, und zwar über einen von V_1 gehaltenen Kontakt und den vorläufig noch geschlossenen Wellenkontakt w. Der Stromweg für das Relais C wird, ehe der Kopfkontakt k sich öffnet, durch V_2 gehalten. Nunmehr ist der Stromkreis des Hubmagnets so weit vorbereitet, daß dieser beim Eintreffen der ersten Impulsreihe bei jedem Abfallen des Ankers von A einmal anspricht. Sind diese Impulse vorüber, so wird V_2 durch die Öffnung des Kontaktes a längere Zeit stromlos, die Kreise von C und H werden also geöffnet und dadurch der Kreis des Drehmagnets, den bisher C unterbrach, bis auf den Kontakt v_2 geschlossen.

Das Auftreten der neuen Impulse für die Einer, die zunächst A unterbrechen, führt eine neue Schließung des Kreises von V_2 herbei, der auch nach der Lösung des Wellenkontaktes, abgesehen von den unschädlichen kurzen Unterbrechungen bei a, erhalten bleibt, und der Drehmagnet D führt so viele Schritte aus wie der Anker von A in seinem Kreise. Erst nach der Abgabe aller Stromimpulse, wenn A wieder dauernd geschlossen ist, läßt V_2 seine Anker endgültig fallen, und auch D wird stromlos.

Nunmehr stehen die Kontaktarme des Wählers auf den Kontakten der verlangten Leitung. Es ist angedeutet, daß der weitergehende Teil der Sprechleitungen nur für Wechselströme, nicht für Gleichströme mit dem ersten Teil zusammenhängt, so daß darin wieder unabhängige Relais für die noch ausstehenden Aufgaben, ähnlich wie A verwendet werden können. Es bleibt die Aufgabe des nicht mehr gezeichneten Prüfrelais P, zu prüfen, ob die verlangte Leitung frei ist, und in diesem Falle die anrufende Leitung durch seine Anker p durchzuschalten und den Teilnehmer durch die Kontakte r des Rufrelais R (nicht gezeichnet) anzurufen; endlich nach Beendigung des Gesprächs alle Verbindungen aufzuheben und das Gespräch beim anzurufenden Teilnehmer zu zählen. Alle diese Vorgänge werden durch Relais in und an der Prüfleitung gesteuert, welche dabei ähnliche Funktionen wir die beschriebenen auszuüben haben. Diese Dinge im einzelnen zu beschreiben, würde zu weit führen.

53. Übertragungsmaße. Als man zu Fernsprechverbindungen auf große Entfernungen überging, zumal bei dem Projekt eines Fernsprechkabels zwischen England und Frankreich, bediente man sich zuerst einer von Preece aufgestellten Regel, daß das Produkt aus dem Widerstand in Ohm in die Kapazität in μF einen durch Versuche an künstlichen Leitungen festgestellten Wert 15000 nicht überschreiten sollte. Bei oberirdischen Leitungen, die nach derselben Regel berechnet waren, ergab sich eine weit bessere als die erwartete Leistung. Die von Kirchhoff schon längst entwickelte Theorie mit Berücksichtigung der Induktivität wurde von Pupin zum praktischen Abschluß gebracht, welcher die Dämpfungskonstante $\beta = \frac{R}{2}\sqrt{\frac{C}{L}}$ einer Leitung mit beträchtlicher Induktivität als das Kennzeichen ihrer Reichweite aufstellte. Auf Grund von Versuchen an künstlichen Leitungen und von Erfahrungen an wirklichen wurde ermittelt, daß die Summe der Produkte βl, der Dämpfungsexponent, für eine betriebsmäßig brauchbare Fernleitung, den Wert 2 nicht überschreiten solle; zur Not konnte man sich unter den damaligen Verhältnissen mit $\sum \beta l = 3{,}8$ für eine Verbindung zwischen zwei Teilnehmern noch begnügen. Neben diesem Maße durch den Dämpfungsexponenten, der übrigens für den Fall ungleich artiger Teile in der Verbindung noch Zuschläge für die Wirkung der Reflexionen enthielt, und dessen tatsächlicher Wert durch Vergleichung mit künstlichen Leitungen[1]), die in regelmäßigen Stufen geeicht waren, praktisch leicht festgestellt werden konnte, erhielt sich in England und Amerika der Vergleich mit der entsprechenden Länge, eines als Normal erklärten Fernsprechkabels, in Wirklichkeit eines gleichwertigen künstlichen Kabels mit regelmäßigen Stufen (Standardkabel). Seine Dämpfung war eine Funktion der Frequenz, während die normalen Ausführungen der in absolutem Maß geeichten künstlichen Leitungen eine von der Frequenz unabhängige Dämpfung zeigten.

Die Ausbildung moderner Leitungstypen, bei denen Frequenzunabhängigkeit erstrebt wird, während die tatsächliche Form der Abhängigkeit eine andere als beim Standardkabel ist, führte in Amerika zu frequenzfreien Vergleichsleitungen, gleichzeitig aber zu einer den neuen Leitungstypen mehr angepaßten Definition des Übertragungsmaßes, welche im Prinzip jetzt international angenommen worden ist. Die wichtigste Seite des neuen Maßes ist, daß es grundsätzlich auf die Feststellung des Verhältnisses von zwei Leistungen abgestellt ist, die zu vergleichen ein Interesse bietet. So können verglichen werden die Leistungen hinter und vor einem Verstärker, die Leistungen am Anfang und am Ende einer Leitungsstrecke, auch vor und nach der Einfügung irgendeines Zwischenteiles, die Leistungen an zwei Stellen, deren eine einem störenden, die andere einem gestörten Stromsystem angehört. Ferner brauchen die Leistungen nicht gleicher Form zu sein, sondern die Überlegung ist auch z. B. auf eine elektrische und eine akustische Leistung anwendbar.

Aus praktischen Gründen, insbesondere wegen der sehr verschiedenen Größenordnung der Verhältniszahlen, wird ein Logarithmus des Verhältnisses angegeben.

Aus dem Grunde, daß bei Systemen, die aus Teilen mit bekannten Eigenschaften zusammengesetzt sind, das Leistungsverhältnis sich berechnen läßt und daher eine Funktion der Dämpfungsmaße der Teile (neben anderen Größen) ist; daß ferner für den Fall einer homogenen Leitung mit angepaßten Empfängern das Verhältnis den Wert e^{2b} erhält, entschloß sich die Mehrheit der europäischen Verwaltungen, das Übertragungsmaß aus dem Leistungsverhältnis nach der Formel

$$n = \tfrac{1}{2} \operatorname{lognat} \frac{P_a}{P_e}$$

festzustellen, also als ein äquivalentes Dämpfungsmaß. In der Praxis wird dadurch die Weiterbenutzung der Meßsätze ermöglicht. Würde man nach dem amerikanischen Vorschlage setzen $N = 10 \log_{10} \frac{P_a}{P_e} = 8{,}686 \ldots b$, so würde entweder eine Umkonstruktion der Apparate oder der Gebrauch einer unbequemen Teilung und Ablesung notwendig werden, ohne einen Vorteil in technischer Hinsicht.

54. Definitionen[2]). Die zahlreichen Formen, unter denen sich das Übertragungsmaß in der Praxis des modernen Betriebs auf weite Entfernungen darstellt, haben auf Grund amerikanischer Vorschläge dazu geführt, für eine Anzahl von Fällen besondere Bezeichnungen zu definieren. Die wichtigsten seien hier angegeben:

1. Das Übertragungsäquivalent eines vollständigen Systems (Geber, Leitung, Empfänger) ist gleich dem Dämpfungsmaß des Fernsprech-Eichkreises, wenn er auf gleiche Lautstärke abgeglichen wird.

2. Die Wirkdämpfung eines ganzen Systems oder eines Teiles ist gleich

[1]) F. BREISIG, Verh. d. D. Phys. Ges. 1910, S. 184.

[2]) F. BREISIG, El. Nachr. Telegr. 1926, S. 56.

der Hälfte des natürlichen Logarithmus des Verhältnisses der Wirkleistungen am Anfang und am Ende.

3. Die Betriebsdämpfung oder Betriebsverstärkung für einen Teil eines Systems ist gleich dem Unterschied der Übertragungsäquivalente des ganzen Systems vor und nach Einschaltung dieses Teiles.

4. Der Pegelunterschied mit Bezug auf Strom oder Spannung ist der natürliche Logarithmus des Verhältnisses dieser Größen an zwei betrachteten Stellen; mit Bezug auf die Leistung die Hälfte des Logarithmus des Leistungsverhältnisses.

5. Das Nebensprechen zwischen einem störenden und einem gestörten System ist gleich der Hälfte des natürlichen Logarithmus des Leistungsverhältnisses an bestimmten Stellen beider Systeme unter vorgeschriebenen Bedingungen für die Art des Abschlusses.

55. Kabel für den Fernsprechweitverkehr. Die Anfälligkeit oberirdischer Leitungen gegen Störungen leichterer Art durch Regen und Nebel, aber auch gegen schwere Schäden bei Umbrüchen durch Stürme, Schnee und Eis, ihre Beeinflussung durch oberirdische Starkstromleitungen und außerdem die zunehmende Schwierigkeit, neue Leitungen zur Erweiterung des Netzes durchzubringen, führten zum Gedanken der Verkabelung, sobald die Pupinsche Erfindung die technische Möglichkeit gegeben hatte, Kabelleitungen nach dem Materialaufwand und nach der Leistung den oberirdischen Leitungen vergleichbar zu machen. Das Aufkommen der Glühkathodenverstärker änderte die anfangs befolgten Richtlinien. Hatte man auf den Kabel von New York nach Washington noch Leiter von 2,64 mm Stärke, auf den Rheinlandkabel Berlin-Hannover-Köln (rd. 600 km) noch Leiter von 3 und 2 mm Stärke verwendet, so ging man bei der Planung von Netzen mit Verstärkern in Deutschland auf Drahtstärken von 1,4 und 0,9 mm zurück. (Nach der amerikanischen Praxis wählt man 1,3 und 0,9; die deutschen Festsetzungen ergeben Dämpfungen fast genau im Verhältnis 1 : 2.)

Mit der Aufstellung internationaler Bestimmungen über die Eigenschaften der Leistungen in derartigen beschäftigt sich ein seit 1923 bestehendes Comité Consultatif International des Communications Téléphoniques à grande distance. Bisher hat es zwei etwas abweichende Arten nach deutschem und amerikanischem Muster zur Ausführung empfohlen, deren Adern aber beide nach dem nach Dieselhorst-Martin benannten Verfahren (Ziff. 58) in Vierern aufgebaut sind.

In der nachstehenden Tabelle stellen wir die Eigenschaften der Kabel nach der im deutschen Fernkabelnetz angewandten Art zusammen. Erläuterungen zu einem Teil der darin vorkommenden Begriffe ergeben sich aus den späteren Ausführungen. Normalisiert ist bei diesen Kabeln der Spulenabstand auf 2 km und der Aufbau insofern, als alle Kabel als innersten Teil einen durch einen besonderen Bleimantel geschützten Vierer enthalten, der im Falle von Störungen, bei denen der Isolationswiderstand der Adern im äußeren Teil mangelhaft wird, zu Meßzwecken dient. Ferner wird, außer auf Ausläufern des Netzes, bei denen auf lange Zeit nicht auf den entsprechenden Verkehr

Entfernung	Art	Belastung mH/km	ω_0	Z	Dämpfung für 1 km	
					$\omega = 5000$	$\omega = 12000$
bis 700 km	Stamm 0,9	200	17 300	1730	0,0197	0,0236
	Phantom 0,9	70	23 000	805	0,0210	0,0234
bis 700 km	Stamm 1,4	190	17 200	1630	0,0097	0,0133
	Phantom 1,4	70	22 100	775	0,0101	0,0131
über 700 km	Stamm 0,9	50	33 500	855	0,0307	0,0308
	Phantom 0,9	20	43 000	440	0,0350	0,0353

gerechnet werden kann, das Normalkabel A verwendet, das über dem inneren Bleimantel in zwei Lagen $7 + 13$ Vierer mit 1,4 mm starken Drähten, darüber eine Lage mit 28 Vierern aus 0,9 mm starken Drähten enthält. Dort, wo sogleich ein starker Verkehr zu befriedigen ist, wird das Normalkabel B ausgelegt, das sich von dem Kabel A dadurch unterscheidet, daß es noch eine äußere Lage mit 34 Vierern aus 0,9 mm starken Drähten trägt.

Der Weitverkehr erfordert hier und da das Überschreiten mehr oder weniger großer Seestrecken. Von Deutschland aus sind nach Dänemark und Schweden, den deutschen Inseln in der Nordsee sowie nach Ostpreußen und Danzig Fernsprechkabel Krarupscher Art mit Papierisolierung mit Längen bis zu 176 km verlegt worden[1]), die sich zum Verstärkerbetrieb eignen. Ähnliche Kabel liegen zwischen England und dem Kontinent. Zur Verbindung mit Havanna hat man einadrige Kabel Krarupscher Art verlegt.

Pupin-Seekabel mit Guttaperchaisolierung sind für Verkehrszwecke von England nach Frankreich und Belgien[2]) schon bis 1911 gelegt worden; ein Pupin-Kabel mit Papierisolierung durch den Bodensee.

56. Der Pegelunterschied. Gemäß der Definition unter 4 in Ziff. 54 stimmt auf einer homogenen Leitung, die reflexionslos abgeschlossen ist, der Pegelunterschied mit dem Werte $\pm \beta l$ überein; er ist positiv, wenn wir in den Zähler den der Quelle näheren Ort setzen.

Bei Leitungen mit Verstärkern werden nach der neuesten Praxis die Pegelunterschiede mittelbar durch Vergleichen der Leistung an den betrachteten Stellen mit einer an jedem dieser Orte besonders erzeugten Leistung von 1 mW festgestellt. Das für die einzelne Stelle nach Ziffer 53 berechnete logarithmische Maß b des Leistungsverhältnisses, also die Hälfte des natürlichen Logarithmus des Wertes in mW der Leistung an der betrachteten Stelle, nennt man den Pegel dieser Stelle.

Die Bedeutung des Pegels für Leitungen mit zahlreichen Verstärkern liegt zunächst darin, daß er ein Mittel gibt, unter Anwendung geeigneter Meßinstrumente ihren Zustand auf Betriebsfähigkeit zu überwachen oder Mängel alsbald festzustellen. Die Abstände der Verstärkerämter können nicht allein aus dem Gesichtspunkt der Teilung in gleich lange Strecken gewählt werden, sondern sind durch Verkehrsinteressen in erheblichem Maße vorausbestimmt. Es entstehen also Strecken von etwas ungleichen Längen, und da man in der Wahl der Verstärkung an einen genügenden Abstand vom Pfeifpunkte gebunden ist, kann man nicht vollkommen nach dem an sich naheliegenden Grundsatze verfahren, daß jeder Verstärker die vor ihm liegende Strecke zu entdämpfen habe. Trägt man also nach Art von Abb. 61 die Dämpfungen nach unten, die Verstärkungen nach oben auf, so zeigt die entstehende Pegellinie den Zustand an, in welchem die Verbindung unter Berücksichtigung aller Umstände am günstigsten zu betreiben ist. Für den Betrieb kommt es letzten Endes auf den Wert des Pegels am Ende der Leitung an, die Wirkdämpfung der gesamten Leitung. Wenn sich eine Schwierigkeit herausstellt und die Endämter zur Feststellung der Wirkdämpfung schreiten, so prüfen unterdessen die Zwischenämter ihre Pegel. Die Methoden werden in (57) dargestellt.

Nach den internationalen Vorschriften sollen für die Pegel in Zweidrahtleitungen Werte zwischen $n = +0{,}6$ am Anfange jeder Strecke und $n = -1{,}6$ am Ende jeder Strecke eingehalten werden; für Vierdrahtleitungen gelten die Zahlen $+1{,}1$ und $-3{,}0$. Diese Festsetzungen haben eine Beziehung zur Erhaltung eines genügenden Übergewichts der zu übertragenden Ströme gegen die durch Nebensprechen aus anderen Nachbarleitungen übertretenden Ströme.

---

[1]) Außer Angaben in der laufenden Literatur die Denkschrift Deutsche See-Fernsprechkabel. 1897—1922, herausgeg. vom Reichs-Postministerium.

[2]) Elektrot. ZS. 1911, S. 1091.

Am Ende eines Abschnitts, der mit dem Pegel p_1 beginnt und die Dämpfung b hat, kommt der Strom proportional der Größe $e^{p_1 - b}$ an; er zeigt dort den Pegel $p_1 - b$. Dieser Leitung ist eine andere benachbart, in der ein Strom mit dem Pegel p_2 beginnt. Die Nebensprechziffer sei b_n. Dann hat der in die erste Leitung gehende Störstrom den Pegel $p_2 - b_n$. Der Pegelunterschied des Nutzstromes gegen den Störstrom ist daher $b_n - (b - p_1) - p_2$. Wir sehen hier neben b_n die oben festgesetzten Größen. $b - p_1$ ist eine auf den Höchstwert 1,6 beschränkte Zahl, p_2 darf höchstens 0,6 werden. Die Differenz $b_n - 2{,}2$ in diesem Fall, muß also groß genug sein, daß der Störstrom praktisch unhörbar ist. Dies trifft bei $b_n \geqq 7{,}5$ für Zweidrahtleitungen zu. Bei den Vierdrahtleitungen schwankt der Pegel in weiteren Grenzen, daher wird für sie auch eine größere Nebensprechziffer verlangt.

57. Dämpfungs- und Pegelmessungen an Leitungen mit Verstärkern. Für eine gute Verständigung ist die Erhaltung des bei der Planung der Leitung festgelegten Normalstandes der Leitung hinsichtlich der Wirkdämpfung zwischen den Endämtern und hinsichtlich der Verteilung der Spannung längs der Leitung

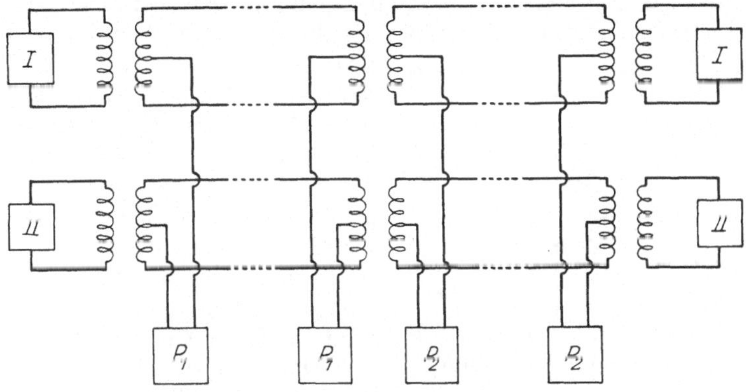

Abb. 48. Stamm- und Phantom-Kreise.

erforderlich. Das zur Feststellung dieses Standes der Dämpfung ausgearbeitete Meßverfahren vergleicht die Leistung, welche in einem an Stelle des Empfängers am Ende der Leitung eingeschalteten Widerstand von 600 Ohm nachweisbar wird, mit der von einem am Ort des Empfanges befindlichen Sender über eine einstellbare künstliche Leitung in demselben Widerstand erzeugten Leistung, unter der Bedingung, daß die Sender gleiche Frequenz, gleichen inneren Scheinwiderstand und gleiche EMK haben. Der Pegel der Leistungen vor und hinter dem Verstärker wird auf ähnliche Weise gemessen. In einem Widerstande, von dem ein beliebiger Teil abgegriffen werden kann, wird durch einen Wechselstromsender ein vorgeschriebener Spannungsabfall unterhalten und dieser mit der Spannung an den zu untersuchenden Stellen verglichen. Die Berücksichtigung der hinter der Meßstelle liegenden Scheinwiderstände ergibt aus der Spannung die Leistung. Als Spannungszeiger dienen in beiden Fällen Röhrenvoltmeter parallel zu dem Meßwiderstand, deren innerer Widerstand nicht kleiner als 100000 Ohm sein darf. In den deutschen Apparatsätzen wirken sie durch ein Thermoelement auf ein Gleichstrom-Zeigerinstrument.

58. Stammleitungen und Phantomleitungen. Die Möglichkeit, aus zwei Doppelleitungen eine dritte rein metallische Verbindung zu schaffen, wird insbesondere bei den neuen Fernkabeln durchweg ausgenutzt; auch auf oberirdischen Leitungen wird sie nach Lage der Verhältnisse angewandt. Die Schaltung, Abb. 48, kann als Verdopplung derjenigen für gleichzeitige Telegraphie und Telephonie,

Abb. 25, angesehen werden. Man nennt die beiden Doppelleitungen die Stämme, die daraus gebildete dritte Verbindung das Phantom, die Gesamtheit der vier zusammengehörenden Drähte den Vierer. Die Anwendung dieser Schaltung ist an die Bedingung geknüpft, daß jeder Kreis gegenüber den beiden anderen und gegenüber solchen in benachbarten Vierern frei von Nebensprechen ist. Bei oberirdischen Linien wird dies durch ein systematisches Wechseln der Plätze jedes der vier Drähte am Gestänge erzielt, auf das wir nicht näher eingehen können. Bei Kabeln erfordert die Störungsfreiheit bestimmte Arten der Verseilung. Die erste ist die bisher auf Fernkabeln meist angewandte Art nach DIESELHORST-MARTIN (D.M.). Zunächst werden die beiden Drähte jeder Stammleitung für sich zu einer Doppelleitung verseilt, und zwar die zu einem Vierer gehörenden mit verschiedener Drallänge. Zwei solcher Doppeladern werden dann untereinander zum Vierer verseilt. In den in einer Lage des Kabels benachbarten Vierern werden sowohl der Stamm- als der Viererverseilung verschiedene Dralle gegeben. Auf diese Weise ist nach Möglichkeit einer gegenseitigen Beeinflussung durch magnetische Induktion vorgebeugt, die ohnehin durch die geringe Öffnung der Schleifen gegenüber den Verhältnissen bei oberirdischen Leitungen gering ist. Größer ist die gegenseitige Influenz durch Unsymmetrie der Kapazitäten, insbesondere auch dadurch, daß die Fernkabel ohne Ausnahme mit Pupin-Spulen belastet werden, wodurch das Verhältnis der Spannung zum Strome groß wird, also auch die Influenz gegenüber der Induktion an Bedeutung hervortritt. Von dem durch Influenz erzeugten Nebensprechen und seiner Beseitigung wird in Ziff. 60 gesprochen werden.

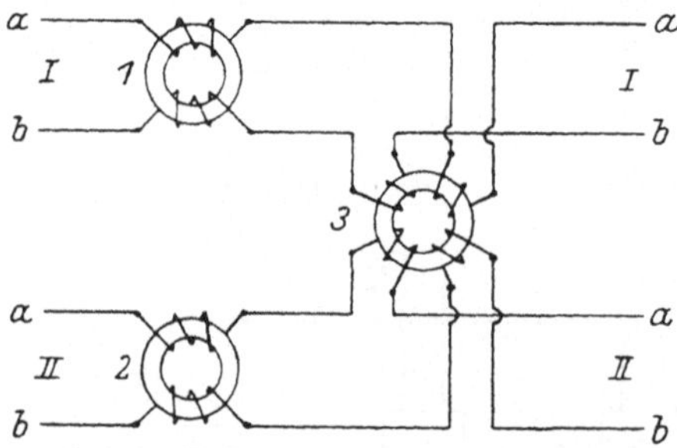

Abb. 49. Belastung einer Viererleitung.

Die zweite Art der Verseilung wird Sternverseilung genannt. Die vier Drähte eines Vierers werden in einem Arbeitsgange so verseilt, daß sie möglichst genau in jedem Querschnitt in den Ecken eines Quadrats konstanter Seitenlänge liegen. Die Dralle nebeneinanderliegender Vierer sind verschieden. Man verwendet für die Stämme je zwei diagonal liegende Drähte.

Setzt man voraus, daß Schleifen nach jeder der beiden Arten aus Einzelleitern aufgebaut werden, welche gleiche Drahtstärke und gleiche Dicke der Isolierung haben, so ergibt die Sternverseilung eine geringere Kapazität in den Stämmen, als die andere, dagegen eine höhere Kapazität in den Phantomen. Soweit die Stämme in Betracht kommen, nutzt also die Sternverseilung den Raum günstiger aus. Bei gleicher Stammkapazität ist aber die Kapazität des Phantoms in Sternkabeln so groß, daß es nicht möglich ist, sie in technisch befriedigender Weise mit Spulen zu belasten. Sie stehen darin gegen die D.M.-Kabel zurück.

59. Belastete Vierer. Da die Ströme einer Stammleitung in ihren beiden Zweigen in entgegengesetzten Richtungen fließen, während die zum Phantom gehörenden Ströme die beiden Zweige jedes Stammes in gleichem Sinne durchlaufen, so bedarf es zur Belastung sowohl der Stämme als des Phantoms eines Vierers eines doppelten Systems von Spulen. Die Stammspulen sind für die Phantomströme bis auf eine geringe „Restinduktion" wirkungslos und ebenso die Phantomspulen für die Stammleitungsströme. Dagegen bringt jede induktiv untätige Spule einen toten Widerstand ein. Im deutschen Fernkabelsystem ist die in Abb. 49 dargestellte Anordnung gebräuchlich. Der Berechnung der beiden Arten von Belastung[1]) haben die Forderungen zugrunde gelegen, daß die Spulen für Stämme und für Phantome an derselben Stelle liegen sollten, mit einem Spulenabstand von 2 km und daß die kilometrische Dämpfung etwa demselben Wert haben sollte. Die in (14) mitgeteilten Normalwerte ergeben, daß dabei die Phantome eine höhere Grenzfrequenz als die Stämme erhalten. Bei Sternkabeln wäre es umgekehrt, und daher muß man in diesen auf die Anwendung von Phantomen verzichten.

60. Ausgleich des Nebensprechens. Die Praxis hat gezeigt, daß ein zwischen den Stromkreisen eines Kabels mit Vierern auftretendes Nebensprechen durch Änderungen an bestimmten, im einzelnen Falle festzustellenden Kapazitätswerten in genügendem Maße beseitigt werden kann. Diese Änderungen sind schrittweise von einem Spulenabstand zum anderen auszuführen. Die bisherigen Methoden des Ausgleichs beruhen auf Berechnungen[2]), bei denen die Kapazität innerhalb eines Spulenabstandes statt als verteilt als massiert angesehen wird.

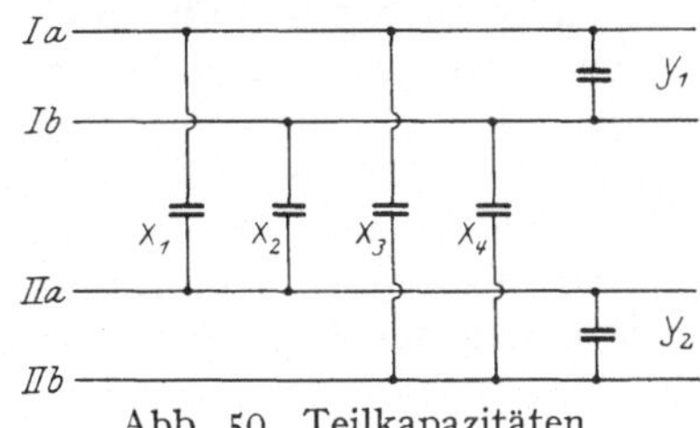

Abb. 50. Teilkapazitäten.

Wenn in Abb. 50 die beiden Stammleitungen durch I*a*, *b* und II*a*, *b* dargestellt werden, und die Teilkapazitäten zwischen den Leitern nach Einrechnung derjenigen gegen Erde wie dort bezeichnet werden, so ergeben die an sich einfachen Berechnungen[3]), die wegen ihres Umfanges nicht wiedergegeben werden können, daß man das Nebensprechen in der kurzen Länge nachbilden kann in einem Vierpol von der Form Abb. 51, bei welchem, wenn es sich um das Nebensprechen zwischen den Stammleitungen handelt, in diesem Falle heißt es „Übersprechen", C_1 und C_2 gleich ihren Schleifenkapazitäten gemacht werden; handelt es sich aber um das Nebensprechen zwischen einem Stamm und dem Vierer, das als „Mitsprechen" bezeichnet wird, so ist eine der Kapazitäten gleich der Schleifenkapazität der betreffenden Stammleitung, die andere gleich derjenigen des Vierers zu machen. Die Kopplungskapazität k ist bei Übersprechmessungen gleich $\frac{x_1 x_4 - x_2 x_3}{x_1 + x_2 + x_3 + x_4}$, beim Mitsprechen zwischen Stamm I und Vierer gleich $\frac{1}{2}(x_1 + x_2 - (x_3 + x_4))$ und beim Mitsprechen zwischen Stamm II und dem Vierer gleich $\frac{1}{2}(x_1 + x_3 - (x_2 + x_4))$ zu machen. Da die Unterschiede der Kapazitäten so gering sind, daß $x_1 + x_3$ und $x_2 + x_4$, wenn sie additiv stehen, als gleich angesehen werden können, so ergibt sich für den Fall des Übersprechens angenähert

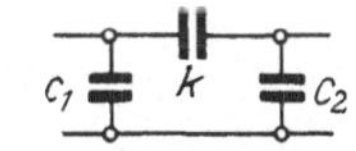

Abb. 51. Ersatzschaltung.

$$k = (x_1 - x_3) - (x_2 - x_4).$$

Werden alle Werte, die k in den einzelnen Fällen besitzt, auf Null gebracht, so verschwindet das Nebensprechen. In der Praxis wird dies auf zweierlei Arten ausgeführt. Die ältere, im amerikanischen System noch jetzt angewandte, teilt die Kabellänge im Spulenabstand in wenigstens drei etwa gleich lange Teile und mißt die Kapazitäten x oder vielmehr ihre Differenzen $p = x_1 - x_3$, $q = x_2 - x_4$, $r = x_1 - x_2$, $s = x_3 - x_4$. Sie sucht dann die Paare, unter Aufrechterhaltung des Verbandes je zweier Doppeladern im Vierer so aus, daß die Gesamtbeträge für den Spulenabstand

$$\sum(p - q)\,, \quad \sum(p + q)\,, \quad \sum(r + s)$$

[1]) F. Lüschen, Elektrot. ZS. 1913, S. 31.

[2]) K. Küpfmüller, Arch. f. Elektrot. 1923, S. 160.

[3]) F. Breisig, Theoret. Telegraphie, Braunschweig 1924, S. 407.

möglichst verschwinden. Die mit diesem Verfahren erzielten Erfolge sind gut; man kann es als einen Mangel ansehen, daß die „Lötliste", d. h. die Angabe, welche Adern verbunden sind, für jede Verbindungsmuffe eine andere Form hat.

Das zweite Verfahren ist von der A.-G. Siemens & Halske ausgebildet worden, und wird zur Zeit bei den deutschen Fernkabeln ausschließlich angewandt. Die Lötstellen zwischen zwei Spulenpunkten werden unter Einhaltung der durch den Aufbau der Kabel bestimmten Reihenfolge der Adern angefertigt, die Adern also „glatt" durchgeschaltet. Es werden dann die für die drei Fälle angegebenen Kopplungskapazitäten für die ganze Länge bestimmt, neuerdings vorzugsweise von der Mitte aus. Man schaltet dann zu den zu kleinen Kapazitätspaaren in jedem Falle soviel Kapazität in Form kleiner, in engen Stufensätzen verfügbarer, Kondensatoren hinzu, daß die Unterschiede ausgeglichen werden. Die gesamten Ausgleichskondensatoren werden in Form eines breiten Gürtels um die Lötstelle zusammengepackt und unter einer etwas größeren Bleimuffe, die zugleich Lötmuffe ist, gesichert (Abb. 52).

Die Regeln des Internationalen Komitees sehen für die Kapazitätsunterschiede folgende Mittel- und Höchstwerte vor, in 10^{-12} Farad und für 230 m Kabellänge; bei anderen Längen l zu multiplizieren mit $\sqrt{l/230}$: Übersprechen 40 und 150, Mitsprechen 150 und 750.

Wenn man nicht kurze, am Ende isolierte Kabelstücke auf Nebensprechen prüfen will, sondern ganze Leitungsstrecken, z. B. zwischen zwei Verstärkern, so schließt man sie am Ende durch Widerstände gleich ihren Wellenwiderständen ab und paßt diesen Wellenwiderständen auch die Vergleichsleitung an. Aus dem Vergleich des Nebensprechens mit dem über die geeichte Vergleichsleitung soll sich für alle Kreise innerhalb desselben Vierers ein Mindestwert von $b = 7{,}5$ ergeben, bei Kreisen in verschiedenen Vierern mindestens $b = 9$.

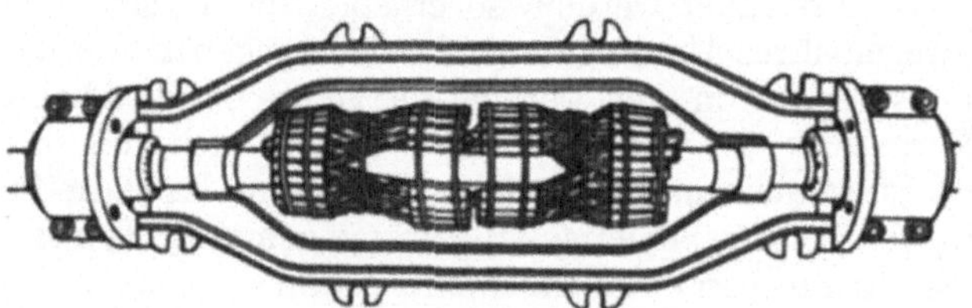

Abb. 52. Kondensatormuffe.

Im deutschen Fernkabelnetz werden im Mittel folgende Werte in Abhängigkeit von der Frequenz erreicht:

$\omega \cdot 10^{-3}$	4	6	8	10	12	14
Stamm . . .	10,3	10,6	10,7	10,7	10,2	9,7
Phantom . .	9,5	9,7	9,3	9,3	9,7	8,4

61. Zweidraht- und Vierdrahtleitungen. Diese Unterscheidung bezieht sich auf eine Betriebsweise und ist durch den Betrieb von Leitungen mit Verstärkern aufgekommen. Als Zweidrahtleitungen werden solche bezeichnet, bei denen die sich abwechselnden Gespräche beider Richtungen dieselben Leiter benutzen; in Vierdrahtleitungen dagegen gibt es eine besondere doppeldrähtige Leitung mit besonderen Verstärkern für die eine Richtung und eine andere Doppelleitung, ebenfalls mit besonderen Verstärkern, für die entgegengesetzte Richtung. Die Veranlassung, welche zur Bildung von Vierdrahtleitungen geführt hat, ergibt sich aus der Betrachtung der Wirkungsweise der Zweidrahtleitung.

62. Zweidrahtleitung mit Verstärkern. Es besteht an sich die Möglichkeit, eine nach beiden Seiten wirksame Verstärkung mit einer in der Mitte der Leitung aufgestellten Anordnung mit nur einem Verstärkerrohr hervorzubringen. Die gebräuchliche Schaltung (Abb. 53) sieht aber für jede Richtung ein besonderes Rohr vor. Das Kennzeichen der Schaltung ist die Anwendung eines Differentialtransformators und einer Leitungsnachbildung auf jeder Seite, um die Wirkung der Sprechströme gemäß ihrer Richtung differenzieren zu können. Der Fernleitung *Fl* entspricht auf jeder Seite eine Nachbildung *LN*, die so gestaltet ist, daß ein Strom, welcher hinter dem einen oder dem anderen Verstärker in den Transformator in der Mitte der Primärwicklung eintritt, sich auf die Leitung und die Nachbildung zu gleichen Teilen verteilt. Dann ergibt sich folgende Funktion: Ein über Fl_1 ankommender Strom durchläuft beide Teile der Primärwicklung in demselben Sinne. An die Sekundärwicklung ist eine Anordnung angeschlossen, welche eine bestimmte Frequenzabhängigkeit für die Übertragung auf den Vorübertrager $VÜ_1$ und damit auf den Verstärker herbeiführt. Die Sekundärseite des Vorübertragers überträgt auf das Gitter des Rohres R^1 eine Wechselspannung und über den Nachübertrager $NÜ_1$ geht der verstärkte Strom des Anodenkreises. Dieser trifft, nachdem die Frequenzkurve der Verstärkung derjenigen der Dämpfung im Kabel angeglichen worden ist, auf den Anschluß in der Mitte der Primärseite des Leitungsübertragers auf der rechten Seite. Stimmt die Nachbildung mit der Leitung Fl_2 im Scheinwiderstande für jede zu übertragende Frequenz überein, so ändert der verstärkte Strom das magnetische Feld überhaupt nicht; es tritt also die Hälfte davon in die Fernleitung Fl_2 über. Wenn aber zwischen dem Scheinwiderstand der Leitung und der Nachbildung Unterschiede für einen oder mehrere Frequenzbereiche bestehen, so tritt ein Teil des verstärkten Stromes über $VÜ_2$ auf den anderen Verstärker über und teils als Echostrom in die Leitung Fl_1, teils, sobald auch die Nachbildung von Fl_1 nicht genau ist, auf den Verstärker R_1. Liegen die Verhältnisse so, daß bei jedem Kreislauf die von den Nachbildungsfehlern herrührenden Ströme etwas verstärkt werden, so wird die Anordnung in derjenigen Frequenz zu pfeifen beginnen, in welcher dies am meisten der Fall ist.

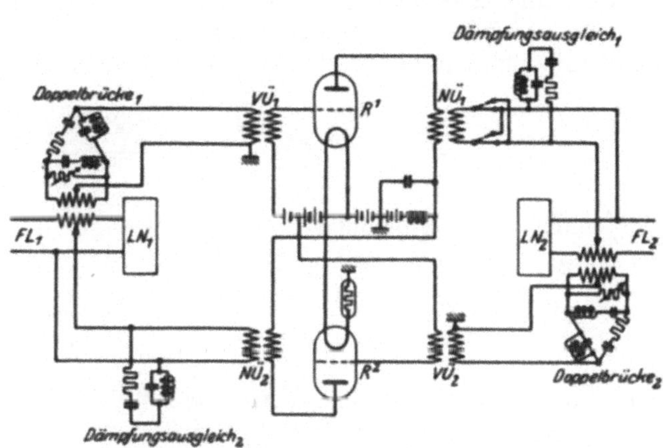

Abb. 53. Zweidraht-Verstärker.

63. Leitungs-Nachbildungen. Sehen wir zunächst von den Mitteln ab, welche notwendig sind, um die Sprache unverzerrt zu übertragen, so handelt es sich darum, für die Nachbildungen Formen zu finden, welche genau genug für den ganzen zu übertragenden Frequenzbereich nachbilden; da sie wegen der großen Adernzahlen der Fernkabel in jedem Verstärkeramt in zahlreichen Exemplaren aufzustellen sind, wird ein einfacher Aufbau zur technischen Notwendigkeit. Den Weg zu einer beide Gesichtspunkte befriedigenden Anordnung hat HOYT[1]) gewiesen. Unter der Voraussetzung, daß die Apparate am Ende jeder Verstärkerstrecke dem Wellenwiderstande angepaßt werden, ist der nachzubildende Scheinwiderstand gleich dem Wellenwiderstand des Leitungsstückes. Nehmen wir außerdem zunächst an, es handle sich um ein Stück Leitung mit genau gleichen Kapazitäten in jeder Einheitslänge, und genau gleichen Spulen in genau gleichen Abständen. Unter (28) (Ziff. 14) ist der Wellenwiderstand einer solchen

[1]) R. S. HOYT, Amer. Pat. 1 167 693 (1917); Bell Syst. Techn. Journ., April 1923 u. Juli 1924.

Leitung, von der Mitte einer Spule aus gesehen, durch $\mathfrak{P}$ bezeichnet und angegeben worden. In der Formel ist s die Länge eines Spulenabstandes, und daher darf man $\mathfrak{Cof}\,\gamma s = 1$, $\mathfrak{Sin}\,\gamma s = \gamma s$ setzen. Es wird dann

$$\mathfrak{Z} = \sqrt{\frac{R}{i\omega C}}, \quad \mathfrak{Z}\frac{\mathfrak{Cof}\,\gamma s}{\mathfrak{Sin}\,\gamma} = \frac{1}{i\omega C s}.$$

Vernachlässigt man die reellen Komponenten der Widerstände gegen die induktiven, wo sie additiv stehen, $\mathfrak{W} = i\omega L_s$ und führt das Frequenzverhältnis $w = \omega/\omega_0$ ein, so wird

$$\mathfrak{P} = \sqrt{\frac{L_s}{sK}}\sqrt{1 - w^2}.$$

In Wirklichkeit wird die nachzubildende Leitung mit einem Kabelstück von der Länge x beginnen ($x < s$). Dort, wo es an die volle erste Spule ansetzt, ist der Scheinwiderstand $\mathfrak{P} + \mathfrak{W}/2$, und da $\mathfrak{Cof}\,\gamma x = 1$, $\mathfrak{Sin}\,\gamma x = \gamma x$ zu setzen ist, ergibt sich für den Leitungsanfang der Scheinwiderstand

$$\mathfrak{U} = \frac{\mathfrak{P} + \frac{\mathfrak{W}}{2} + \mathfrak{Z}\gamma x}{1 + \left(\mathfrak{P} + \frac{\mathfrak{W}}{2}\right)\frac{\gamma x}{\mathfrak{Z}}}.$$

Man findet dafür schließlich

$$\mathfrak{U} = \sqrt{\frac{L_s}{sK}}\left(\frac{\sqrt{1 - w^2}}{1 - 4w^2\frac{x}{s}\left(1 - \frac{x}{s}\right)} + i w \frac{1 - 2\frac{x}{s}}{1 - 4w^2\frac{x}{s}\left(1 - \frac{x}{s}\right)}\right).$$

HOYT stellte für verschiedene Werte von x/s die Abhängigkeit des reellen Postens der Klammer von w fest, und es ergab sich, daß für $x/s = 0{,}2$ sein Wert von $w = 0$ bis $w = 0{,}85$ nur wenig von Eins abweicht. Der komplexe Teil von $\mathfrak{U}$ kann, wie leicht festzustellen ist, durch Parallelschaltung einer Spule $L_0 = \frac{1}{2} L_s (1 - 2x/s)$ und eines Kondensators der Kapazität

$$C_0 = C x \frac{1 - \frac{x}{s}}{1 - \frac{2x}{s}}$$

ersetzt werden. Man bildet so nach Abb. 54 durch eine Schaltung nach, in der eine Spule $L_0 = 0{,}3\,L_s$, ein Kondensator $C_0 = 0{,}267\;Cs$ und der Teil $\sqrt{L_s/sK}$ des Widerstandes R_0 den Scheinwiderstand einer mit der Länge $0{,}2\,s$ vor der ersten Spule beginnenden Leitung ergeben, während der Kondensator K und der Rest von R_0 die Eigenschaften der den Betrag $0{,}2\,s$ übersteigenden Länge des ersten Kabelstückes darstellen.

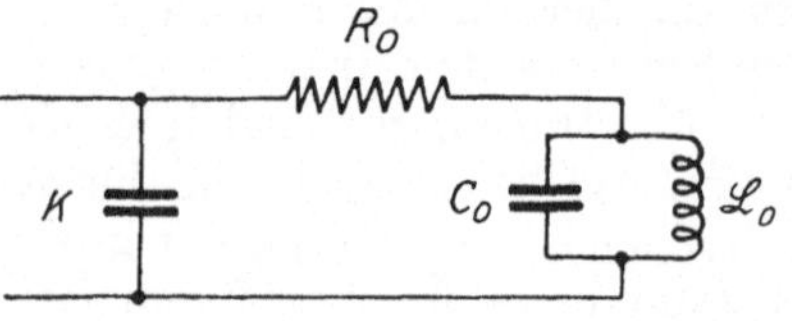

Abb. 54. Nachbildung nach HOYT.

Eine vereinfachte Nachbildung, welche auf den Deutschen Kabeln ausgiebig angewendet wird, ergibt sich aus der Beobachtung, daß in der Formel für $\mathfrak{U}$ die Vertauschung von $1 - x/s$ gegen x/s den reellen Posten der Klammern nicht ändert, den inmaginären in das entgegengesetzt gleiche umkehrt. Und zwar wird bei $x = 0{,}8\,s$ die imaginäre Komponente negativ, so daß $\mathfrak{U}$ durch einen Widerstand mit in Reihe geschaltetem Kondensator nachgebildet werden kann, wenn man gleichzeitig das einlaufende Ende der Leitung durch Parallelschalten eines Kondensators auf $0{,}8\,s$ verlängert. Nach praktischen Erfahrungen hat sich

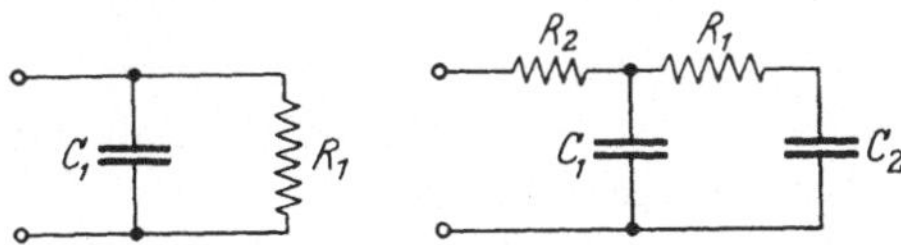

Abb. 55. Nachbildungen nach Höpfner.

eine Ergänzung dieser Anordnung nach der zweiten Form in Abb. 55 als zweckmäßig erwiesen, deren Elemente durch systematisches Probieren in Verbindung mit den Verstärkern festgestellt werden.

Für die wirklichen Leitungen ist die Voraussetzung, daß sie aus genau gleichen Teilen zusammengesetzt sei, nur näherungsweise erfüllt. Auch seitdem man auf die erheblichen Veränderungen, welche scheinbar geringe Ungleichmäßigkeiten an dem glatten Verlauf der Größe $\mathfrak{P}$ mit der Frequenz hervorbringen, aufmerksam geworden ist[1]) und in dem Pflichtenhefte für den Bau der Kabel und der Spulen erheblich höhere Anforderungen an die Gleichmäßigkeit der Teile stellt, weichen die tatsächlichen Kurven der Komponenten von $\mathfrak{P}$ von denen einer idealen Leitung in einer von Zufälligkeiten bestimmten Weise ab.

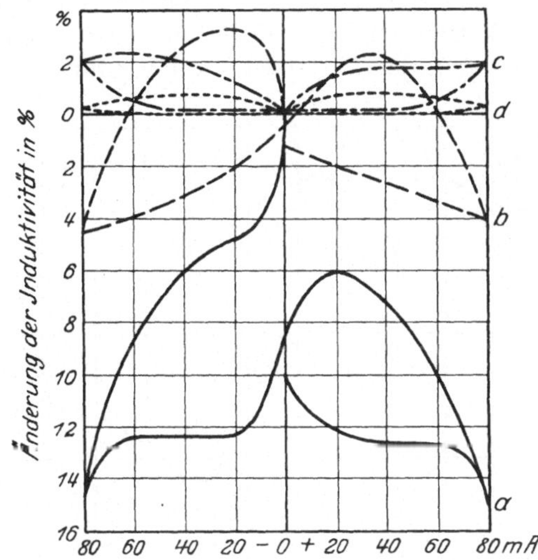

Abb. 56. Änderung der Induktivität von Pupinspulen bei überlagerten Magnetisierung.

Es ist nach den Feststellungen des angezogenen Aufsatzes notwendig, daß die Induktivität der Spulen bis auf $\pm 1{,}5\%$ genau eingehalten wird, die Kapazität der Leitungsstücke auf $\pm 2\%$.

Bei den Spulen lassen sich die Unterschiede unter $\pm 1\%$ halten, seitdem man zur Anwendung von sog. Massekernspulen übergegangen ist, deren Kern aus einem unter hohem Druck mit einem Bindemittel zusammengepreßten Eisen in Staubform hergestellt wird. Die magnetischen Eigenschaften werden weder durch zu hohe magnetische Kräfte bei Wechselstrom, noch durch eine vorausgehende Gleichstrommagnetisierung in merklichem Maße geändert, wie die Abb. 56 und 57 zeigen. In den internationalen Bestimmungen wird verlangt, daß die Spulen in einer Wicklung eine Gleichstrombelastung bis zu 2 Amp. 5 Minuten lang aushalten, ohne daß die Induktivität um mehr als $2^1/_2\%$ dadurch geändert wird.

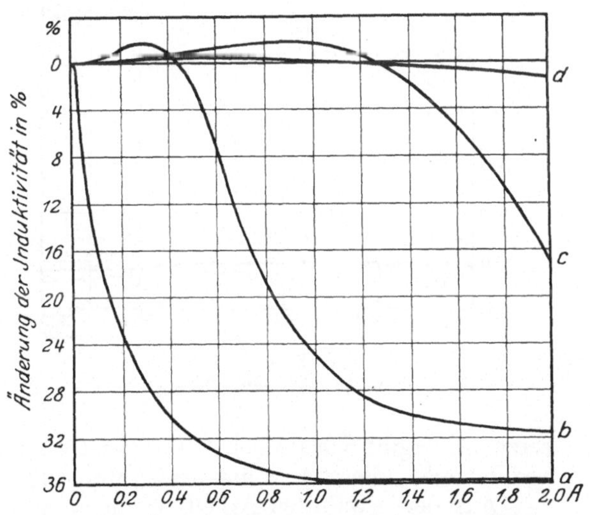

Abb. 57. Änderung der Induktivität von Pupinspulen nach vorhergegangener Gleichstrommagnetisierung.

a = Blechkern. *b* = Drahtkern. *c* = Verbesserter Drahtkern. *d* = Eisenpulverkern.

[1]) K. W. Wagner u. K. Küpfmüller, Arch. f. Elektrot. 1921, S. 461.

Die Wicklungen müssen derart ausgeglichen werden, daß zwischen denen für die Hin- und die Rückleitung in der Induktivität kein größerer Unterschied als $^1/_2\%$ besteht.

Die Einhaltung eines vorgeschriebenen Kapazitätswertes in den Grenzen von $\pm$ 2% wird einerseits durch Vorschriften für die Fabrikation, andererseits über den Abstand der Spulenpunkte gewährleistet. Die Kapazitäten der 6 Fabrikationslängen, welche für einen Spulenabstand erforderlich sind, dürfen sich gegen den Mittelwert, welcher für die betreffende Lage im Kabel vorgeschrieben ist, nicht um mehr als $\pm$ 4% unterscheiden. Da Abweichungen nach beiden Seiten vorkommen, so ergibt sich für die ganze Länge zwischen zwei Spulen ein bis auf $\pm$ 2% gleicher Kapazitätswert.

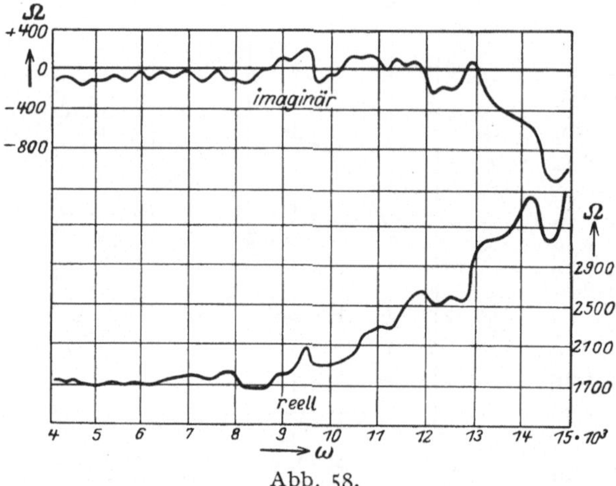

Abb. 58.

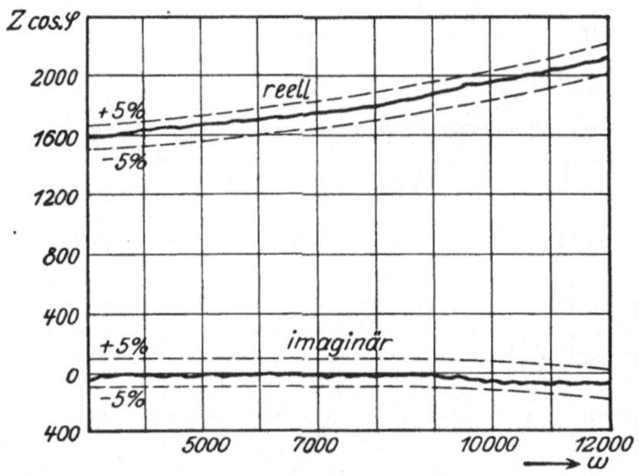

Abb. 59.

Abb. 58 u. 59. Wellenwiderstände.

Die Entfernungen zwischen aufeinanderfolgenden Verstärkern betragen im Mittel 75 km. Aus Gründen der Längssymmetrie soll jede Länge mit einem halben Spulenabstand beginnen und schließen. Der Spulenabstand ist also in den Verstärkerlängen verschieden; es ist aber eine solche Zahl von Spulen zu wählen, daß man von dem Normalabstand von 2000 m um nicht mehr als $\pm$ 2% abweicht. Die Spulen dürfen aus örtlichen Gründen von der so festgesetzten Stelle nicht mehr als $\pm$ 10 m entfernt eingebaut werden.

Es ist noch zu erwähnen, daß die internationalen Bestimmungen auch eine Übereinstimmung des Kupferwiderstandes beider Zweige einer Doppelleitung bis auf 1 Ohm für eine ganze Verstärkerlänge, also auf etwa 3000 Ohm, fordern.

Der Erfolg dieser Festsetzungen ergibt sich aus den Abb. 58 und 59, welche die Komponenten des Wellenwiderstandes, die erstere aus dem Jahre 1921, die letztere aus 1925 darstellen.

Aus der erwähnten Arbeit sei noch mitgeteilt, daß Fehler beim Einbau, durch welche z. B. eine Spule magnetisch unwirksam gemacht wird, aus den Abweichungen, welche sich an der Linie des Wellenwiderstandes zeigen, dem Ort nach bestimmt werden können.

Die beschriebene Art der Nachbildung durch einfache Schaltungen versagt, wenn man sich der Grenzfrequenz ω_0 auf etwa 85% nähert. Es wäre sehr schwierig und kostspielig, Nachbildungen mit wellenförmigem Stromverlauf zu bauen. Man sondert deshalb diese nicht nachbildbaren Frequenzen durch Schaltmittel aus dem zu übertragenden Komplex von Frequenzen aus. Die dazu erforderliche

Einrichtung dient gleichzeitig einem anderen wichtigen Zweck, nämlich der Aufhebung der sog. linearen Verzerrung.

64. Für die Sprache wichtige Frequenzen. Ehe wir die Entzerrung beschreiben, wollen wir auf die Frage näher eingehen, für welche Frequenzen die Leitung übertragungsfähig gemacht werden muß, damit ein bestimmter Zweck, z. B. das kommerzielle Sprechen, möglich gemacht wird.

Man ist dieser Frage durch Versuche über Silbenverständlichkeit nachgegangen. Einzelne Silben, ohne textlichen Zusammenhang, werden über künstliche Leitungen aufgenommen und aufgeschrieben, welche als Spulen- oder Kondensatorketten nur Frequenzen bis zu einer bestimmten Grenze oder oberhalb einer bestimmten Grenze durchlassen. Es zeigt sich, daß es wesentlich auf die höheren Frequenzen der menschlichen Sprache ankommt. Bei gleichlauter Mitteilung von Mund zu Ohr in einem Zimmer werden im Durchschnitt 90% der Silben richtig aufgenommen. Schneidet die Leitung alle Frequenzen oberhalb der nachstehend angegebenen Grenzen ab, so ergeben sich folgende Anteile der übertragenen Silben:

Grenzfrequenz Hertz	400	800	1600	2000	3200	4000
Anteile . . . %	6	20	57	75	85	90

Die deutschen Fernkabel haben bei starker Belastung in den Stämmen eine Grenzfrequenz von 2740 Hertz, bei leichter von 6000 Hertz. Übertragen werden die Frequenzen in folgenden Grenzen:

Bei normaler Belastung bei Zweidrahtschaltung in den Stämmen $f_1 = 250$ bis $f_2 = 2000$ Hertz, im Phantom $f_1 = 300$ bis $f_2 = 2400$ Hertz; die Zahlen gelten für beide Drahtstärken. Bei Vierdrahtschaltung (0,9 mm) in den Stämmen $f_1 = 300$ bis $f_2 = 2000$, im Phantom $f_1 = 250$ bis $f_2 = 2400$. Bei leichter Belastung (0,9 mm) in den Stämmen $f_1 = 200$ bis $f_2 = 2800$, im Phantom $f_1 = 150$ bis $f_2 = 4500$.

Neuerdings wird das Phantom des durch einen besonderen Bleimantel geschützten Kernvierers zur Übertragung von Musik für Rundfunkzwecke auf eine Grenzfrequenz von etwa 10000 Hertz eingerichtet.

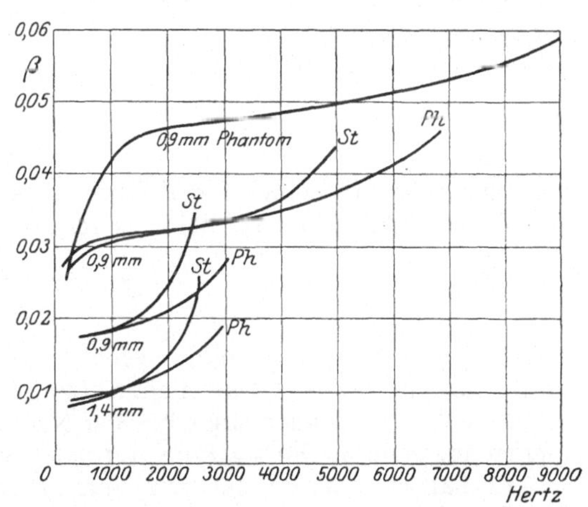

Abb. 60. Dämpfungskonstanten von Stamm- und Phantom-Leitungen verschiedener Belastung.

65. Entzerrung. Wir wenden uns jetzt der Frage der Aufhebung der Verzerrung zu. Man unterscheidet die lineare und die nichtlineare. Unter der linearen versteht man diejenige Frequenzabhängigkeit der Dämpfung, welche sich aus den Eigenschaften der die Leitung zusammensetzenden Teile schon unter der Annahme ergibt, daß die Werte des Widerstandes, der Induktivitäten, der Verstärkung von den absoluten Werten der Stromstärke und Spannung unabhängig sind. Beispiele ergeben schon die Formeln für β und Z. Abb. 60 stellt die Frequenzabhängigkeit der Dämpfung für die Leitungen des deutschen Fernkabels dar und zwar im unteren Teil bei den unter Ziff. 55 genannten Belastungen, ganz oben für die Rundfunkübertragung. Nichtlineare Verzerrung liegt vor, wenn Stromstärke und Spannung an irgendeiner Stelle nicht mehr in einem festen Verhältnisse stehen, also z. B. bei unrichtiger Vorspannung des Gitters der Verstärkerrohre oder wenn diese überschrieen werden; sie lassen sich durch eine angemessene Dimensionierung in genügendem Maße beseitigen. Damit die linearen Verzerrungen auf ein dem Übertragungszweck entsprechendes Maß zurückgeführt werden, hat man den Weg über den Verstärker von der einen Seite bis zur anderen so einzurichten, daß die Verstärkung für eine bestimmte Frequenz in dem in Betracht kommenden Bereich gleich der Dämpfung eines Verstärkerabschnittes für dieselbe Frequenz ist. Dazu dienen die in der Abb. 53 als Doppelbrücke und Dämpfungsausgleich bezeichneten Anordnungen, die ihrer Natur nach von der Frequenz abhängige Scheinwiderstände haben, und so eingestellt werden, daß sie die Frequenzen über 2000 Hertz unterdrücken, ehe sie den Ausgleichübertrager erreichen.

66. Wirkung von Nachbildungsfehlern. Wenn die Voraussetzung, daß der Wellenwiderstand $\mathfrak{Z}$ der Leitung und der Scheinwiderstand $\mathfrak{N}$ der Nachbildung für alle Frequenzen gleich seien, nicht erfüllt ist, so tritt ein Teil der verstärkten Ströme, wie schon an anderer Stelle erwähnt, auf den Verstärker für die andere Richtung über; ein Teil davon gelangt nach der Seite des gerade Sprechenden, ein anderer Teil über den ersten Verstärker nach der Seite des Hörenden. Es wurde schon erwähnt, daß unter Umständen die Anordnung zu pfeifen beginnt. Wenn dies noch nicht der Fall ist, so gelangen zum Hörenden außer den zu übertragenden Ströme solche, welche wie ein Nachhall von früheren Strömen wirken. Man bezeichnet diese Erscheinung als Rückkopplungsverzerrung. Sie ist um so stärker, je näher das System der Pfeifgrenze liegt. Diese ist gegeben durch die Größe der Nachbildungsfehler. Beziehen sich $\mathfrak{Z}$ und $\mathfrak{N}$ auf dieselbe Periodenzahl, so nennt man Nachbildungsfehler den Modul δ der Größe

$$\delta = \left| \frac{\mathfrak{Z} - \mathfrak{N}}{\frac{1}{2}(\mathfrak{Z} + \mathfrak{N})} \right| .$$

Die Pfeifgrenze für einen Zweirohrverstärker wird durch die kritische Größe s der Verstärkung definiert, bei welcher das Pfeifen einsetzt, in der Form

$$e^s = \frac{\text{Konst.}}{\sqrt{\delta_1 \delta_2}},$$

wobei δ_1 und δ_2 die Nachbildungsfehler an beiden Seiten bedeuten. Die Konstante hat für die im Deutschen Netze gebräuchlichen Anordnungen den ungefähren Wert 2. Daher fängt bei 5% Nachbildungsfehler auf beiden Seiten das Pfeifen an, wenn die Verstärkung auf jeder Seite auf den Wert 3,7 gebracht wird.

Enthält eine Leitung mehrere Verstärker mit Nachbildungsfehlern, so treten Rückkopplungsströme aus einem in den anderen über. Die nach vorstehenden Angaben berechnete Pfeifgrenze wird dadurch herabgesetzt, erfahrungsmäßig am meisten in den in der Mitte der gesamten Verbindung gelegenen Verstärkern. Die Beziehung zwischen der Zahl der Verstärker und der maximalen Senkung der Pfeifgrenze, bei $\delta = 0{,}05$ im Mittel, ergibt sich aus folgender Zusammenstellung

Anzahl	1	2	3	4	5
Senkung	0	0,34	0,69	0,90	1,10

Die Rückkopplungsverzerrung setzt auch der Ausdehnung der Entzerrung über eine gewisse Frequenz hinaus eine Grenze, weil für die höheren Frequenzen wegen der für sie geltenden höheren Dämpfung eine größere Verstärkung erforderlich ist, man sich also bei gegebenen Nachbildungsfehlern der Pfeifgrenze mehr nähert, als für niedrigere. Wird sie noch durch eine Mehrzahl von Verstärkern gesenkt, so wird es unmöglich, die Dämpfung für diese Frequenz durch Verstärkung auszugleichen. Daher sind die Kurven für Verstärkung und Frequenz so eingerichtet, daß sie sich bis zu 1750 Hertz der Dämpfungskurve anschmiegen, aber bei 2000 Hertz für jede Verstärkerlänge um 0,1 darunter blieben.

Auf dem beschriebenen Wege ist es zwar möglich, Zweidrahtleitungen mit vier, auch fünf Zwischenverstärkern betriebsmäßig für eine gute Übertragung einzurichten, aber es fehlt vorläufig die Möglichkeit einer Vergrößerung der Zahl

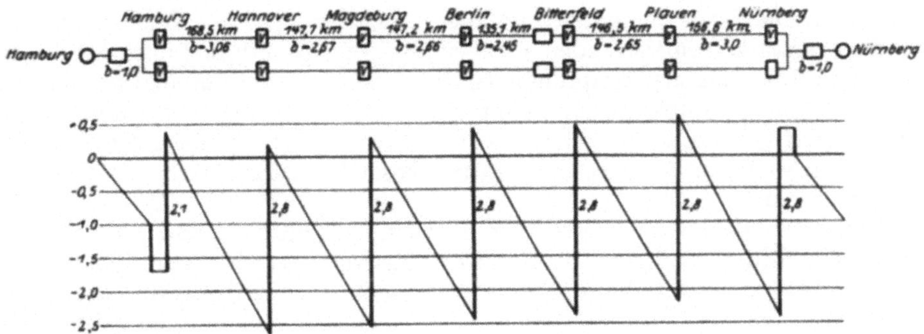

Abb. 61. Schema und Pegellinie einer Vierdrahtleitung.

der Verstärker. Bei vier Verstärkern kann man in Leitungen mit 1,4 mm starken Drähten eine Entfernung von etwa 750 km erreichen. Für Entfernungen von 1000 km und mehr benutzt man die Vierdrahtschaltung.

67. Vierdrahtleitungen. Man befreit sich von einem großen Teil der Schwierigkeiten durch Rückkopplungsverzerrung durch die Vierdrahtschaltung, indem man für jede Richtung eine besondere Leitung voraussieht, deren Verstärker nur nach der gegebenen Richtung wirken. Eine derartige Anordnung ist im Prinzip schon in der Zweidrahtschaltung gegeben, die zwischen den Leitungsübertragern getrennte Wege und Verstärker für beide Richtungen enthält. Man braucht also diesen Ortskreis nur auseinander zu ziehen und an passenden Zwischenstellen Verstärker einzuschalten, um die moderne Vierdrahtschaltung (Abb. 61) zu erhalten. Die Schaltung eines einzelnen Verstärkerpunktes mit den Einrichtungen zur Entzerrung und zum Ausschließen der Frequenzen in der Nähe der Grenzfrequenz zeigt Abb. 62. Am Anfang und am Ende der Vierdrahtleitung bleiben zum Übergang auf die über das Fernamt zum Teilnehmer führende gewöhnliche Doppelleitung dieselben Übertrager erforderlich, wie bei der Zweidrahtschaltung. Die Anordnung wird hier die Gabel genannt. Ihre Abgleichung wird dadurch erschwert, daß die zum Teilnehmer weitergehende Leitung je nachdem verschieden lang wird. Daher legt man beiderseits vor die Gabel noch eine künstliche Leitung mit dem Dämpfungsmaß 1 und von einer Verzerrung gleicher Art wie die der Kabelleitung.

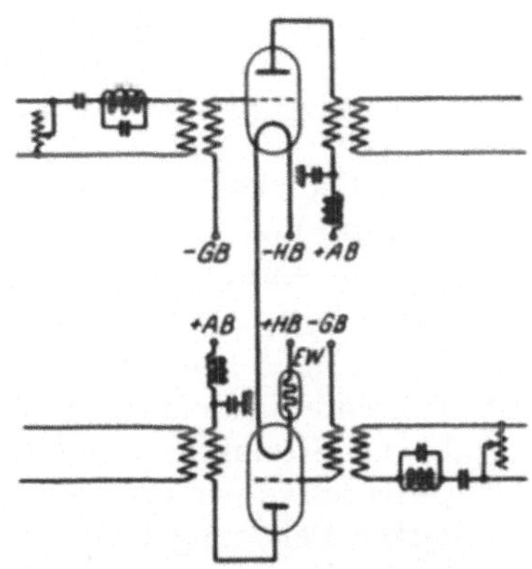

Abb. 62. Verstärker in Vierdrahtleitungen starker Belastung.
GB Gitter-, *HB* Heiz-, *AB* Anoden-Batterie, *EW* Eisenwiderstand.

Abb. 61 zeigt den Lauf einer solchen Vierdrahtleitung zwischen Hamburg und Nürnberg, auf Leitungen von 0,9 mm Stärke, bei der stärkeren Belastung

(200 m H/km) und von einer Gesamtlänge von 911 km. Das gesamte Dämpfungsmaß, ohne die Zusatzleitungen außerhalb der Gabeln, beträgt $b = 16{,}5$. Unter der Darstellung der Leitung ist die Pegellinie für die Richtung Hamburg—Nürnberg angegeben. Der Pegel hält sich in den vorgeschriebenen Grenzen und ergibt zwischen Anfang und Ende eine Restdämpfung von 1,0. Abb. 63 stellt die Restdämpfung auf dieser Leitung als Funktion der Frequenz dar.

Auch Vierdrahtleitungen bedürfen bei starker Pupinisierung der Entzerrung im Verstärker. Die Erfahrung hat gezeigt, daß es dazu genügt, in die Zuleitung zu dem vor dem Verstärkerrohr liegenden Vorübertrager eine Anordnung nach Art der bei der Zweidrahtleitung als Dämpfungsausgleich bezeichneten Kombination zu legen.

Bei schwacher Pupinisierung steigt innerhalb des zu übertragenden Frequenzgebietes, das sich noch weit ab hält von der Grenzfrequenz, die Dämpfung der Leitung so wenig an, daß es auch keiner besonderen Entzerrung in den Verstärkern bedarf.

Die Leitung Hamburg—Nürnberg überschreitet mit einer Länge von 911 km schon beträchtlich die Grenze von 700 km, für welche nach allgemeiner Vereinbarung die starke Belastung angewandt werden soll. Als man von Amerika aus gegen 1923 die schwache Belastung einführte, ergab sich dies aus Erscheinungen, die bei sehr langen Leitungen zum ersten Male konstatiert worden waren, nämlich den Echo- und Einschwingvorgängen. Sie hängen beide mit der Verminderung der Geschwindigkeit zusammen, welche durch die Belastung der Leitungen herbeigeführt wird, und man sah die beste Abhilfe dagegen in einer Vergrößerung der Geschwindigkeit auf etwa das Doppelte. Allerdings erhöht sich dabei die Dämpfung auf etwa das $\sqrt{2}$ fache, so daß die Zahl der Verstärker vermehrt werden muß. Man hat seitdem auch im Deutschen Fernkabelnetz eine Anzahl von Leitungen auf die leichte Belastung umgebaut oder diese in neuen Kabeln sogleich bei einer Anzahl der Stromkreise angewandt.

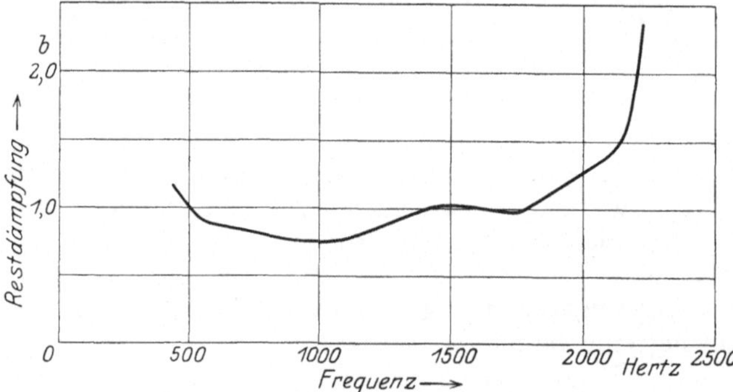

Abb. 63. Restdämpfung.

Unterdessen sind technische Fortschritte gemacht worden, welche auch bei starker Belastung beide Erscheinungen auf ein praktisch erträgliches Maß reduzieren. Man nennt sie die Echosperren und den Phasenausgleich. Die ersteren sind schon in die allgemeine Praxis übergegangen, während der Phasenausgleich noch im Stadium des Versuchs steht, mit guten Aussichten.

68. Echovorgänge. Im Betriebe langer Vierdrahtleitungen ergeben sich aus Abgleichfehlern an den Gabeln auf dieselbe Weise, wie dies bei den Erscheinungen der Rückkopplungsverzerrung besprochen worden ist, zum Anfang zurücklaufende Wellen, die bei einer gewissen Größe der Laufzeit von dem Sprechenden wie ein Echo[1]) gehört werden. Abb. 64 zeigt aus dem Verlauf der Ströme $J_1 - J_5$ das Entstehen des Echostromes J_6 an. Ein Teil von ihnen gelangt in demselben zeitlichen Abstand von den zu übertragenden Strömen zum Hörenden, stört indessen dort weniger als der Teil beim Sprechenden, weil er bei 5% Abgleichfehler eine um $b = 3$ geringere Lautstärke hat. Nach den Betriebserfahrungen

[1]) A. B. CLARK, El. Comm., Febr. 1923, S. 28.

tritt störendes Echo auf, wenn die Laufzeit über die einfache Leitungslänge 0,04 ms überschreitet. Der erste Weg, der zur Verminderung der Echowirkung als brauchbar erkannt wurde, war die Erhöhung der Wellengeschwindigkeit, von etwa 1600 km/s auf das Doppelte, und zwar war dies nach CLARK einer der vornehmsten Gründe zur Einführung der leicht belasteten Kabel. Es sind danach andere Vorschläge gemacht worden, durch welche das Echo nicht nur wie durch den erwähnten weniger störend gemacht, sondern vollkommen beseitigt wird. Der Leitung jeder der beiden Richtungen wird nach Abb. 64 eine geringfügige Leistung aus den zu übertragenen Wellen entnommen, welche nach passender Verstärkung und Gleichrichtung weiter verwendet wird. Man kann z. B. dadurch die Vorspannung des Gitters im Verstärker der Gegenseite derart verlagern, daß die Verstärkung aufhört. Abb. 65 zeigt die im Deutschen Fernkabelnetz gebräuchliche Anordnung dieser Art. Dagegen werden in den Vereinigten Staaten durch die gleichgerichteten Ströme Relais gestellt[1]), welche die Gegenleitung kurzschließen.

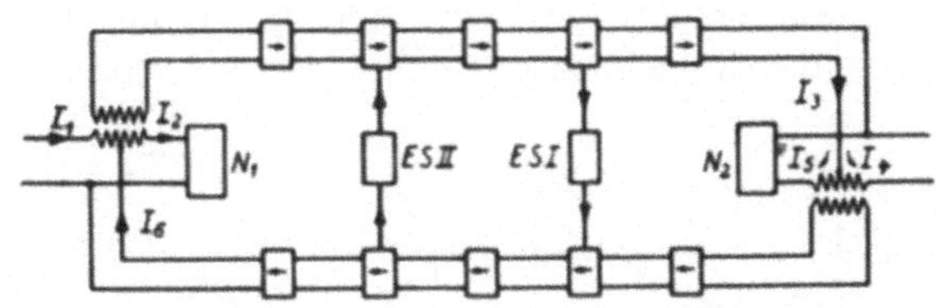

Abb. 64. Echosperren ES in einer Vierdrahtleitung.

Es ist wichtig, daß diese Einrichtungen so bemessen werden, daß sie so schnell wirksam werden, daß sie schon die ersten über die Gabel ankommenden Echoströme abfangen, dagegen mit einer solchen Verzögerung unwirksam werden, daß auch noch die letzten Teile an dem Weitergehen gehindert werden.

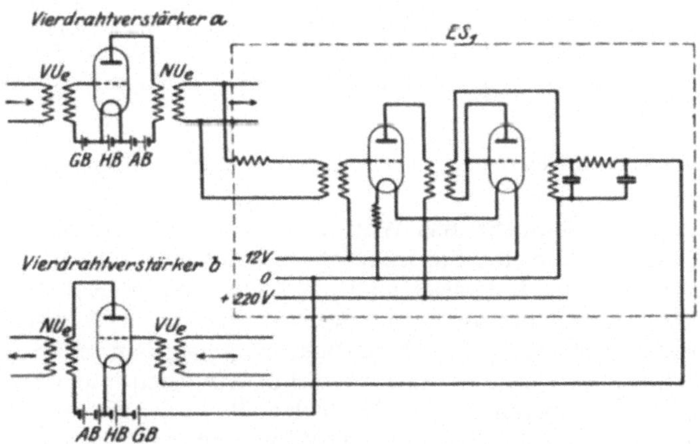

Abb. 65. Schaltung einer Sperrstelle.

69. Phasenausgleich. Unter Ziff. 17 ist die Bedeutung der Phasenverzerrung erörtert worden. Um sie auch auf stark belasteten Leitungen praktisch aufzuheben, werden neuerdings nach einem Vorschlage von K. KÜPFMÜLLER Versuche gemacht, deren Prinzip darin besteht, daß mit der Leitung in Reihe Kettenleiter gleichen Wellenwiderstandes geschaltet werden, deren Dämpfung gering ist, bei denen aber das Winkelmaß mit wachsender Frequenz fällt. Solche Kettenleiter enthalten „Kreuzglieder" der in Abb. 7 dargestellten Form. Ihr

[1]) A. B. CLARK u. R. A. MATHES, El. Comm. 1925, S. 40.

Wellenwiderstand ist $\mathfrak{Z} = \sqrt{\mathfrak{R}\mathfrak{W}}$, während sich Dämpfungsmaß b und Winkelmaß a aus der Gleichung

$$e^{b+ia} = \frac{\sqrt{\mathfrak{W}} + \sqrt{\mathfrak{R}}}{\sqrt{\mathfrak{W}} - \sqrt{\mathfrak{R}}}$$

ergeben. Es gibt verschiedene Formen, die sich durch den Aufbau für $\mathfrak{R}$ und $\mathfrak{W}$ unterscheiden. Bei der einfachsten Form $\mathfrak{W} = \mathrm{R} + i\,\omega\,\mathrm{L}$, $\mathfrak{R} = \frac{1}{G + iwC}$ ergeben sich, wenn zur Vereinfachung der Ausdrücke $\sqrt{(R + i\,\omega\,L)\,(G + i\,\omega\,C)} = b_0 + i\,a_0$ gesetzt wird, für eine Anordnung mit gering gehaltenen Verlusten, so daß also b_0^2 klein gegen a_0^2 ist, die Beziehungen

$$a = \operatorname{arctg}\frac{2a_0}{a_0^2 - 1}, \quad b = \frac{2b_0}{a_0^2 + 1}, \quad \mathfrak{Z} = \sqrt{\frac{L}{C}}.$$

Bei gering gehaltenen Verlusten ist b_0 im wesentlichen unabhängig von der Frequenz, $a_0 = \omega\sqrt{C\,\mathrm{L}}$ ihr proportional. Daher ergibt

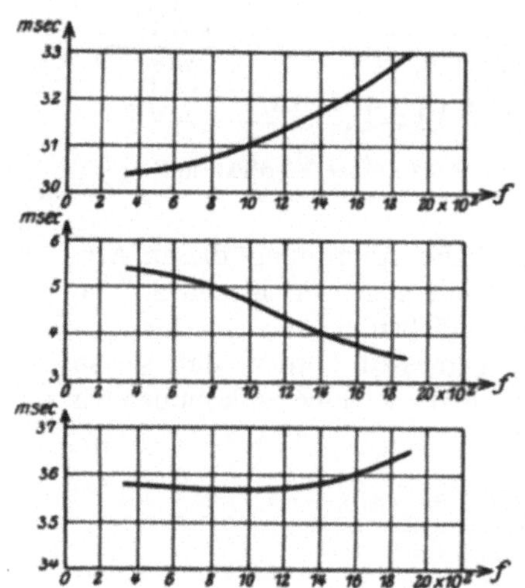

Abb. 66. Phasenausgleich.

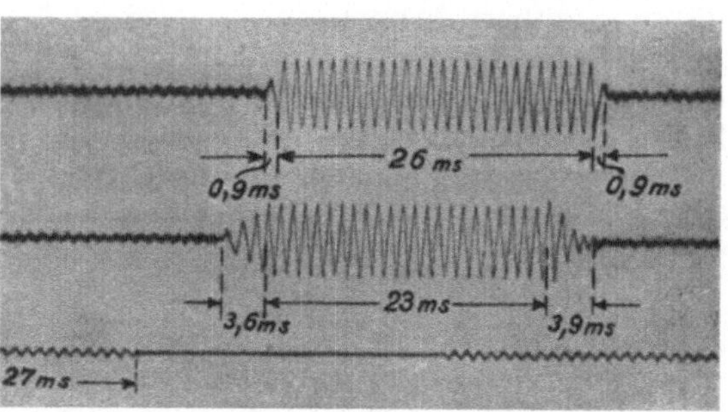

Abb. 67. Einschwingungsvorgänge.

sich, daß mit der Frequenz das Winkelmaß und mit ihm die Laufzeit fällt. In Abb. 66 ist die Wirkung des Phasenausgleiches auf einer 500 km langen Leitung dargestellt. Im oberen Teil sieht man die Laufzeiten im Kabel, im mittleren die in den Ausgleichsketten; im unteren ist die durch Addition der Laufzeiten in beiden sich ergebende Gesamtlaufzeit angegeben. Abb. 67 zeigt den Vorgang des Einschwingens bei 955 Hertz; ohne Ausgleich in der unteren Kurve, mit Ausgleich in der oberen Kurve. Nach dem Maße der Silbenverständlichkeit wurde durch den Phasenausgleich eine 1100 km lange Leitung auf dieselbe Güte wie eine 600 km lange gebracht, bei welcher der Ausgleich nicht nötig ist.

Kapitel 2.

Drahtlose Telegraphie und Telephonie.

Von

F. KIEBITZ, Berlin.

Mit 15 Abbildungen.

a) Der physikalische Vorgang bei der drahtlosen Zeichenübertragung[1]).

1. Telegraphie und Telephonie. Die Telegraphie und Telephonie auf Leitungen benutzen elektrische Ströme und sind darum geeignet, Zeichen von einem Ende einer Leitung zum andern zu befördern. Die drahtlose Nachrichtenübermittelung benutzt elektrische Wellen, die von einer Sendestation ausgehen und sich im allgemeinen gleichmäßig nach allen Seiten über die Erde ausbreiten. Durch diese Verschiedenheit der verwendeten physikalischen Vorgänge ist von vornherein das Anwendungsgebiet der beiden Telegraphierweisen umrissen. Während nämlich Leitungen überall dort mit Vorteil verwendet werden, wo Nachrichten zwischen zwei festen Stellen ausgetauscht werden sollen, kommt die drahtlose Übermittelung in erster Linie für den Verkehr mit beweglichen Stationen in Betracht, also für Schiffe in See, für Luftfahrzeuge und für Militärstationen, ferner für alle Zwecke, wo von einer Stelle aus Nachrichten an viele Empfänger zugleich geschickt werden sollen. So wurden im Kriege die Tagesneuigkeiten drahtlos verbreitet, und seitdem hat der Rundfunk in seinen verschiedensten Abarten die Aufgabe übernommen, von wenigen Sendestellen aus das ganze Land mit Nachrichten zu versorgen. Im Verkehr der Kontinente untereinander wetteifert die drahtlose Telegraphie mit der Kabeltelegraphie, weil hier beide einen wirtschaftlichen Betrieb ermöglichen.

Ob Telegraphie oder Telephonie anzuwenden ist, wird zum Teil durch das Bedürfnis vorgeschrieben; so kommt für Mitteilungen, die sich an das große Publikum wenden, Telegraphie nicht in Frage, wohl aber für Nachrichten, die nicht ohne weiteres verständlich sein sollen oder gar in Geheimschrift übermittelt werden sollen. Technisch bestehen Unterschiede insofern, als alle Sendeweisen, die mit sog. gedämpften Wellen arbeiten, also alle Funkenmethoden, für Telephoniezwecke ausscheiden, während die ungedämpften Erregungsweisen, die sinusförmige Wellen liefern, für beide Zwecke geeignet sind; hierher gehören die Schwingungserzeugung durch Hochfrequenzmaschinen, durch Flammenbögen und durch Elektronenröhren. Auch für Schnelltelegraphie und für Bildtelegraphie kommen Funkenmethoden nicht in Frage.

Während ferner bei der Telegraphie der Sendestrom nur ein- und ausgeschaltet wird, also nur die Werte Null oder Maximum anzunehmen hat, muß er bei der Telephonie mit allen Zwischenwerten sich in seiner Amplitude getreu den

[1]) Vgl. Bd. XV.

Bewegungen eines Klanges anschmiegen; diese Aufgabe ist technisch sehr viel schwieriger als die des Tastens, und ihre Lösung gelingt nicht für beliebig starke Ströme.

2. Schwingungen und Wellen. Die vom Sender ausgestrahlten fortschreitenden Wellen werden durch hochfrequente Schwingungen erzeugt, die nach irgendeinem System in den Schwingungskreisen erregt werden, aus denen er besteht; und in den Schwingungskreisen des Empfängers erregt die einfallende Welle wiederum stehende Schwingungen, die dann mit empfindlichen Mitteln nachgewiesen werden; hierzu dienen die Detektoren, einschließlich der Elektronenröhren.

Um die empfindlichen Empfangseinrichtungen zu betätigen, genügt es, wenn die Amplitude der einfallenden Wellen einige Millionstel Volt pro Meter beträgt. Andererseits sind die größten Strahlungsleistungen, die man mit drahtlosen Sendern hergestellt hat, unter 50 kW geblieben; und sie genügen an sich, um Empfänger auf dem ganzen Erdball zum Ansprechen zu bringen; leider genügen sie damit noch nicht den Anforderungen eines sicheren Betriebes über die größten irdischen Entfernungen, weil die Wellenausbreitung sowohl als auch das zuverlässige Arbeiten der empfindlichen Empfangseinrichtungen durch mannigfache Störungen beeinträchtigt wird.

Ist die Amplitude der Wellen für ihre Fernwirkung von Wichtigkeit, so bestimmt ihre Periode die Möglichkeit ihrer Emission und Absorption, d. h. den Wirkungsgrad, mit dem die Senderschwingungen in fortschreitende Wellen umgesetzt werden können, sowie den Bruchteil der im Empfänger einfallenden Leistung, der für die Wahrnehmung nutzbar gemacht werden kann.

Als obere Grenze für die Periode der drahtlosen Wellen gilt die Hörbarkeitsgrenze, d. h. das Frequenzgebiet zwischen 10000 und 30000 Schwingungen pro Sekunde, entsprechend den Wellenlängen 30 bis 10 km. Wohl ist die Herstellung langsamerer Schwingungen technisch sogar sehr leicht, doch gelingt es nicht, sie mit Antennen wirksam auszustrahlen, die sich mit irdischen Mitteln errichten lassen.

Mit steigender Frequenz nehmen im allgemeinen die Schwierigkeiten zu, die der Herstellung großer Schwingungsleistungen entgegenstehen. Bei 10^7 Schwingungen pro Sekunde ist es schon nicht leicht, einige hundert Watt Schwingungsleistung zu erzeugen, und bei 10mal rascheren Schwingungen, also bei 3 m langen Wellen, muß man sich mit einigen Watt begnügen, einmal weil die Schwingungskreise klein werden und keine starke Belastung vertragen, dann aber auch, weil ihrer Erregung bei allen Systemen sich technisch immer schwieriger gestaltet; denn die elektrischen und magnetischen Felder der Schwingungskreise lassen sich infolge der numerisch kleinen Kapazitäts- und Selbstinduktionswerte schwer von den unvermeidlichen Feldern der übrigen Konstruktionsteile des Senders trennen.

Aus diesen technischen Gründen beschränkt man den Gebrauch der elektrischen Wellen in der drahtlosen Telegraphie und Telephonie auf den Bereich zwischen 20 m und 20 km Wellenlänge.

3. Die HERTZsche Gleichung. Wenn in einem Leiterstück ein elektrischer Strom fließt, so ist seine Umgebung mit magnetischen Kräften erfüllt, die nach Größe und Richtung durch das Gesetz von BIOT und SAVART beschrieben werden; und treten Spannungen am Leiter auf, so erfüllen sie seine Umgebung mit elektrischen Feldern, die das Gesetz von COULOMB zu berechnen gestattet. Ändern sich die Ströme oder Spannungen, so folgen die Felder mit den durch die genannten Gesetze vorgeschriebenen Werten ziemlich schnell. In großer Nähe bestehen keine Abweichungen, die wir Aussicht haben, messen zu können;

aber mit wachsender Entfernung treten in steigendem Maße neben den für statische Verhältnisse berechneten Feldern auch dynamische Vorgänge auf, bewegte elektromagnetische Felder; und in großen Fernen werden die statischen Felder unmerklich klein, während die dynamischen allein übrigbleiben.

HERTZ hat diese dynamischen Felder auf Grund der MAXWELLschen Lehre berechnet (s. Bd. XII u. XV) und sie auch als erster experimentell nachgewiesen. Die bewegten Felder nennen wir elektromagnetische Wellen, oder Strahlung, und ihre Entstehung aus der Bewegung von Ladungen im Sender heißt Ausstrahlung.

Die Grundlage für die Strahlung der drahtlosen Telegraphie bildet der von HERTZ bereits explizite dargestellte Fall, daß das strahlende Leiterstück eine Länge l besitzt, die neben der Wellenlänge so klein ist, daß keine Abweichungen vom quasistationären Stromverlauf vorkommen; dieser Sender soll geradlinig und linear sein und von einem rein periodischen Strom von der Frequenz ω in 2π Sekunden durchflossen werden. Dann sind die ausgestrahlten elektromagnetischen Kräfte auf Kugelflächen angeordnet, die den Sender zum Mittelpunkt haben. Bezeichnet die Richtung des Senders die Achse der Kugel, so liegen die ausgestrahlten elektrischen Kräfte in den Längengraden, die magnetischen Kräfte in den Breitengraden. Die Größe $\mathfrak{E}$ der elektrischen Kraft und die Größe $\mathfrak{H}$ der magnetischen Kraft hat in einem Punkte des freien Raumes, der in dem neben der Wellenlänge großen Abstand r vom Sender liegt, und dessen Leitstrahl den Winkel (rl) mit dem Sender bildet, zur Zeit t den Wert:

$$\mathfrak{E} = \mathfrak{H} = -\frac{\sin(rl)}{c} \cdot \frac{l}{r} \cdot \omega \cdot J \cdot \sin\omega\left(t - \frac{r}{c}\right), \qquad c = 3 \cdot 10^{10}\,\text{cm/sec}.$$

Dabei sind beide Feldstärken in der Einheit $1\, g^{\frac{1}{2}}\, \text{cm}^{-\frac{1}{2}}\, \text{sec}^{-1}$ angegeben, die elektrische also im statischen und die magnetische im magnetischen Maßsystem; der Strom ist in magnetischen Einheiten $(g^{\frac{1}{2}}\, \text{cm}^{\frac{1}{2}}\, \text{sec}^{-1})$ gemessen.

Im Bilde des POYNTINGschen Energiestromes stellen die elektromagnetischen Wellen eine Strömung elektromagnetischer Energie dar, die sich in der Form von Kugelwellen mit Lichtgeschwindigkeit ausbreitet und in der Äquatorebene des Senders ihren größten Wert hat, der mit Annäherung an die Richtung des Senders sinusförmig bis zu Null abnimmt. An der Oberfläche des Senders selbst bildet in den Phasen, in denen die Stromstärke sinkt, die magnetische Kraft mit der elektrischen eine Komponente des Energiestroms, die von der Oberfläche nach außen gerichtet ist; darum trägt jeder Teil des Senders zur Strahlung einen umso größeren Teil bei, je stärker in ihm der Strom vom quasistationären Verlauf abweicht. Doch ist die Abweichung vom quasistationären Stromverlauf eine notwendige, aber keine hinreichende Bedingung für die Ausbildung der Wellen.

4. Erde und Atmosphäre. Die Wellen der drahtlosen Telegraphie verlaufen nicht im freien Raume, sondern an der Grenze zwischen Erde und Atmosphäre; diese ist ein Isolator, jene ein Leiter der Elektrizität, wenn auch kein vollkommener. Die Atmosphäre hat in ihren tiefen Schichten die Dielektrizitätskonstante 1,00059, in der Höhe 1. In großer Höhe schreiten die Wellen aus diesem Grunde etwas schneller fort als dicht über der Erde, so daß eine Brechung vorhanden sein muß, die in der Richtung auf die Erdoberfläche hin erfolgt. Allerdings tritt die Wirkung dieser Brechung praktisch nicht hervor, weil sie numerisch klein ist und ihre Wirkung durch viele Unregelmäßigkeiten verdeckt wird, welche die Wellenausbreitung erfährt.

Die Erde verhält sich wie ein Leiter. Dies ist aus der Leitungstelegraphie bekannt, wo man gewöhnt ist, das Erdreich oder die See als Rückleitung zu benutzen; auch in der drahtlosen Telegraphie sind Erdanschlüsse gebräuchlich, die den hochfrequenten Wechselstrom der Erde unmittelbar zuführen. Dabei treten Übergangswiderstände auf, die von der Bauweise des Erdanschlusses abhängen; sie lassen erkennen, daß das Erdreich nicht wie ein metallischer Leiter wirkt, sondern ein kleineres Leitvermögen zeigt, das vom Feuchtigkeitsgehalt der Erde in hohem Maße abhängt. Wenn die Erde sich wie ein metallischer Leiter verhielte, so würden die Wellen der drahtlosen Telegraphie geradlinig und senkrecht auf der Erdoberfläche polarisiert sein; die Wirkung einer geringen Leitfähigkeit und dielektrischer Verschiebungsströme im Erdreich hat zur Folge, daß die Wellen schräg stehen und elliptisch polarisiert sind[1]); leider ist der Polarisationszustand der Wellen an der Erdoberfläche nicht experimentell zahlenmäßig untersucht. Doch ist bekannt, daß es möglich ist, zwischen Bergwerken wenigstens schwache funkentelegraphische Zeichen zu übermitteln, so daß in tieferliegenden Schichten eine vollkommene Schirmwirkung durch die Erde nicht eintritt.

Eine mittelbare Methode zur Bestimmung des dielektrischen Verhaltens des Erdreichs besteht in der Messung der Fortpflanzungsgeschwindigkeit von Wellen an Drähten[2]), die dicht über dem Boden ausgespannt sind; sie hat gelegentlich Verkleinerungen der Wellenlängen um mehrere Prozent ergeben.

Soweit es bisher möglich gewesen ist, die Strahlungsfelder der drahtlosen Telegraphie messend zu erforschen, hat sich gezeigt, daß man sie im allgemeinen zutreffend beschreibt, wenn man annimmt, daß die elektrische Kraft senkrecht auf der Erdoberfläche steht, und daß wagerechte Komponenten nur eine untergeordnete Rolle spielen können. Daß im Raume über wagerechten Antennen auch wagerechte Komponenten wirksam sein können, ist nach Beobachtungen, die in Flugzeugen ausgeführt worden sind, wahrscheinlich. Direkte Vergleiche der horizontalen und vertikalen Komponenten, die ein Antennepaar aussendet, zeigten bei Beobachtungen am Boden, daß mit Empfangseinrichtungen von ähnlicher Empfindlichkeit die senkrechten elektrischen Komponenten auf 10mal größere Entfernung beobachtet werden konnten als die wagerechten[3]).

Ein besonders scharfer Beweis dafür, daß an der Erdoberfläche nur senkrechte elektrische Kräfte eine Rolle spielen, ergibt sich aus dem folgenden Umstand[3]): Ein gerader Sender, der in der Form einer halben Welle frei im Raume schwingt, strahlt in seiner eigenen Richtung nicht, und in seiner Mittelnormalebene weist er ein Maximum der Strahlung auf; wird derselbe Sender dicht über der Erdoberfläche angeordnet, so zeigt er das umgekehrte Verhalten, obgleich die Verteilung von Strom und Spannung unverändert bleibt. Der gerade Sender strahlt jetzt in seitlicher Richtung nicht mehr, sondern hat sein Strahlungsmaximum gerade in seiner eigenen Richtung. Das elektrische Feld in der Nähe des Senders erstreckt sich nicht mehr von der einen Hälfte des Senders zur andern, sondern von jeder Hälfte zu der darunter liegenden Erdoberfläche, auf der es senkrecht aufsteht. Darum ist schon das nahe Feld und um so mehr das ausgestrahlte nicht mehr dem des horizontal schwingenden Dipols gleich, sondern dem zweier senkrechter Antennen, die nebeneinander aufgestellt sind und in entgegengesetzten Phasen erregt werden. So beweist der in der Richtungstelegraphie beständig benutzte Umstand, daß ein paar wagerechter Antennen maximal in der Richtung der Antennen strahlt, daß die Erde ein guter Leiter der hochfrequenten Wechselströme ist.

[1]) J. ZENNECK, Ann. d. Phys. Bd. 23, S. 846. 1907.
[2]) O. DEMMLER, Jahrb. d. drahtl. Telegr. Bd. 12, S. 38. 1917.
[3]) F. KIEBITZ, Ann. d. Phys. Bd. 22, S. 943. 1907.

5. Die Strahlung[1]. In dem Maße, wie man die wagerechten Komponenten der elektrischen Kräfte an der Erde außer Acht lassen kann, sind die Vorgänge beim HERTZschen Sender ohne weiteres auf die Strahlung einer Antenne übertragbar; denn wenn man den HERTZschen Dipol senkrecht aufgestellt denkt, so kann man seine wagerechte Äquatorebene metallisch belegen, ohne den Kräfteverlauf zu verändern, und wenn man weiter den Raum unter der Äquatorebene mit leitender Substanz ausfüllt, so können dort zwar keine Felder mehr bestehen, und an ihrer Stelle treten in der Oberfläche Ströme auf; aber der Verlauf der Kräfte im isolierenden Raume bleibt ungestört bestehen. Eine Abweichung von den Verhältnissen des HERTZschen Dipols ist erst in Entfernungen zu erwarten, in denen sich die Erdkrümmung bemerkbar macht[2].

Sehen wir hiervon vorerst ab, so findet man aus der obigen HERTZschen Gleichung die effektive elektromagnetische Feldstärke E, die eine Antenne von der Höhe h $(= \frac{1}{2} l)$ in der Entfernung r an der Erdoberfläche $([rl] = 90°)$ hervorruft, wenn ein Hochfrequenzstrom der effektiven Stärke I und der Frequenz $\omega = 2\pi \frac{c}{\lambda}$ in ihr fließt:

$$E = 4\pi \cdot \frac{h}{\lambda} \cdot \frac{I}{r}$$

oder in technischen Einheiten:

$$E = 0{,}377 \cdot \frac{h}{\lambda} \cdot \frac{I_{(\mathrm{Amp})}}{r_{(\mathrm{km})}} \frac{\mathrm{Volt}}{\mathrm{m}}.$$

Die Energie A, welche die Antenne in jeder Periode ausstrahlt, erfüllt eine Halbkugelschale von der Dicke λ mit einem elektrischen und einem ebenso starken magnetischen Feld, dessen Stärke vom Horizont bis zum Zenith sinusförmig von diesem Betrage bis zu Null abnimmt. Demgemäß wird sie berechnet zu:

$$A = \frac{16}{3} \pi^2 \cdot \lambda \cdot \left(\frac{h}{\lambda}\right)^2 \cdot I^2$$

oder in technischen Einheiten:

$$A = 5{,}26 \cdot 10^{-6} \left(\frac{h}{\lambda}\right)^2 \cdot \lambda_{(\mathrm{m})} \cdot I^2_{(\mathrm{Amp})} \,\mathrm{Watt\,sec}\,.$$

Die Strahlungsleistung N der Antenne, d. h. die pro Sekunde ausgestrahlte Energie beträgt:

$$N = \frac{16}{3} \pi^2 c \cdot \left(\frac{h}{\lambda}\right)^2 \cdot I^2$$

oder in technischen Einheiten:

$$N = 1579 \cdot \left(\frac{h}{\lambda}\right)^2 \cdot I^2_{(\mathrm{Amp})} \mathrm{Watt}\,.$$

Hiernach definiert man den Strahlungswiderstand R, der in den Strombauch der Antenne eingeschaltet, dieselbe Dämpfung verursachen würde, welche die Strahlung tatsächlich hervorruft:

$$R = \frac{16}{3} \pi^2 c \cdot \left(\frac{h}{\lambda}\right)^2$$

oder in technischen Einheiten:

$$R = 1579 \cdot \left(\frac{h}{\lambda}\right)^2 \mathrm{Ohm}\,.$$

---

[1] M. ABRAHAM, Theorie der Elektrizität, Bd. II, §§ 33 u. 34.

[2] Zusatz bei der Korrektur: Dieser Fall ist neuerdings beschrieben worden. Vgl. F. KIEBITZ, Ann. d. Phys. Bd. 80, S. 728. 1926; Telegr. u. Fernsprechtechn. Bd. 15, S. 207. 1926.

Statt des in den Strom eingeschalteten Leitungswiderstandes kann man auch einen der Strahlung äquivalenten Ableitungswiderstand W definieren, der parallel zur Kapazitätsfläche der Antenne geschaltet erscheint; diese Strahlungsableitung hat die Größe:

$$W = \frac{3}{4} c \frac{L^2}{h^2}$$

oder in technischen Einheiten:

$$W = 22{,}5 \left(\frac{L}{h}\right)^2 \text{Ohm}\,.$$

L bedeutet dabei die Selbstinduktion des Antennenkreises und ist in demselben Längenmaß anzugeben wie die Antennenhöhe h.

Diese Formeln gelten für das Schema einer Antenne, die in der Höhe h über der Erde eine Kapazitätsfläche von solcher Größe besitzt, daß der Strom in der Zuleitung als stationär gelten kann. Diesem Schema kommen die gebräuchlichen Schirmantennen besonders nahe; als Antennenhöhe ist der mittlere Abstand des Schirmes von der Erde oder von Bauten anzusehen, die unter der Antenne stehen und leitend mit der Erde verbunden sind, wie Häuser oder Metallmasten.

Die stärkste Strahlung (für die Grundschwingung) liefert ein gerader senkrechter Draht; sein Strahlungswiderstand beträgt 73 Ohm. Dagegen überschreiten die Strahlungswiderstände von Schirmantennen selten die Größe von 5 Ohm. Unmittelbar messen kann man Strahlungswiderstände nicht; doch kann man sie aus der Größe der Strahlungsfelder berechnen, wenn es gelingt, diese zu messen. Der meßbare Dämpfungswiderstand einer Antenne enthält zugleich mit der Strahlung die Verluste, die durch Leitungswiderstand der Antennendrähte verursacht werden, durch Ableitung in den Isolatoren, durch Übergangswiderstand der Erdverbindung, durch Wirbelströme in den Konstruktionsteilen des Senders, und viele andere wärmebildende Ursachen.

Das Verhältnis des Strahlungswiderstandes zum Gesamtdämpfungswiderstand bezeichnet man als Strahlungswirkungsgrad; diese Größe ist für die Ökonomie einer Antennenanlage von ausschlaggebender Bedeutung.

6. Der Wellenempfang. Absorptions- und Emissionsvermögen sind bei allen Wellen proportionale Größen[1]). Im Erscheinungsgebiet der drahtlosen Telegraphie hat dies folgende Bedeutung: In einer Empfangsantenne, die auf eine einfallende Welle abgestimmt ist, werden Schwingungen erregt und zwar durch die elektrische Kraft der Welle, indem sie den für die Antennenkapazität maßgebenden Raum mit einem elektrischen Feld erfüllt, durch die magnetische Kraft, indem sie mit Lichtgeschwindigkeit die Zuleitung zur Kapazitätsfläche senkrecht schneidet.

Findet die empfangene Schwingung keine Gelegenheit, Wärme zu bilden, so wird sie wiederum ausgestrahlt, und der stationäre Zustand ist dadurch gegeben, daß sich im Empfänger diejenige Schwingungsamplitude einstellt, bei der in jeder Periode ebensoviel Energie ausgestrahlt wird wie einfällt. Die empfangene Schwingung soll irgendeinen Indikator betreiben, der sie wahrnehmbar macht; dabei muß sie notwendigerweise Arbeit leisten, und damit tritt zu der Strahlungsdämpfung der Empfangsantenne eine Nutzdämpfung. Außerdem sind aus denselben Gründen wie im Sender stets Verlustdämpfungen unvermeidlich; die wirksamste Empfangsanlage ist dann, vom Standpunkt der Ökonomie aus betrachtet, diejenige, bei welcher der gesamte Dämpfungswiderstand keinen merk-

---

[1]) M. Planck, Wied. Ann. Bd. 57, S. 1. 1896; A. Sommerfeld, Jahrb. d. drahtl. Telegr. Bd. 26, S. 93. 1925.

lichen Anteil an Verlustwiderstand aufweist, und die Nutzdämpfung der Strahlungsdämpfung gleich ist[1]).

Bezeichnet R_2 den Gesamtdämpfungswiderstand einer schematisierten Schirmantenne der Höhe h_2, so bildet sich im eingeschwungenen Zustand unter dem Einfluß einer abgestimmten einfallenden Welle von der effektiven Feldstärke E ein Strom mit der folgenden effektiven Stärke I_2 aus:

$$I_2 = \frac{c \cdot E \cdot h_2}{R_2}.$$

Der Maßsystemsfaktor c tritt auf, weil E im statischen System angegeben war, I und R aber im magnetischen.

Berücksichtigt man die oben besprochene Abhängigkeit der Feldstärke E von dem Strom I_1, der in der Sendeantenne der Höhe h_1 fließt, so ergibt sich folgende Beziehung zwischen Sende- und Empfangsstrom:

$$\frac{I_2}{I_1} = \frac{4\pi c}{R_2} \cdot \frac{h_1 \cdot h_2}{r \cdot \lambda}$$

oder wenn man R_2 in Ohm angibt und alle Längen einheitlich in Metern:

$$\frac{I_2}{I_1} = \frac{377}{R_{2(\text{Ohm})}} \cdot \frac{h_1 \cdot h_2}{\lambda \cdot r}.$$

Für die Energieübertragung einer funkentelegraphischen Sende- und Empfangsanlage ist es von Interesse, den Gesamtwirkungsgrad zu kennen, d. h. das Verhältnis der Leistung, die in der Empfangsantenne vernichtet werden kann, zu der Leistung, die in der Sendeantenne schwingt. Ist η_1 der Strahlungswirkungsgrad des Senders und η_2 der des Empfängers, so ist:

$$\eta = \frac{9}{16\pi^2} \eta_1 \eta_2 \cdot \left(\frac{\lambda}{r}\right)^2.$$

Dieser Wirkungsgrad hat eine ausschlaggebende Bedeutung in den Fällen, wo es darauf ankommt, eine möglichst große Entfernung zu überbrücken; freilich sind an den Empfänger noch mancherlei besondere Anforderungen zu stellen; so soll er möglichst wenig durch fremde Sender gestört werden können; das bedeutet, die Schwingung des Antennenkreises muß ein kleines Dekrement haben.

Die Verstärkereinrichtungen mit Elektronenröhren sind so weit vervollkommnet, daß man vielfach gute Wirkungsgrade ganz außer Acht läßt und sich aus Bequemlichkeitsgründen mit Empfangsantennen begnügt, deren Wirkungsgrad kaum noch von Null zu unterscheiden ist.

b) Sendesysteme.

7. Die Stromkreise. Jeder Sender besitzt einen Antennenkreis, der bestimmt ist, Schwingungen in fortschreitende Wellen zu verwandeln. Das Urbild des Antennenkreises ist der HERTZsche Sender. Man nennt diese strahlenden Schwingungskreise auch offene Kreise zum Unterschiede von den geschlossenen Formen der Kondensatorkreise, in denen das elektrische Feld zwischen den Belegungen eines Kondensators konzentriert ist und das magnetische in dem Raume, den die Spule umschlingt.

Streng genommen gibt es keine wirklich geschlossenen Schwingungskreise, denn sie müßten punktförmig sein; und die Bezeichnung offener Kreis läßt noch alle Gradunterschiede zu von Kreisen mit unmerklicher Strahlung an bis zu der offensten Form, dem geradlinigen oder stabförmigen Sender. Als Typ

[1]) R. RÜDENBERG, Ann. d. Phys. Bd. 25, S. 446. 1908.

des geschlossenen Kreises gelten in der Technik die Wellenmesser (vgl. Bd. XVI). Diese Geräte weisen Werte der Strahlungsdämpfung auf, die um mindestens 6 Dezimalstellen hinter der Verlustdämpfung zurückbleiben, und aus diesem Grunde trifft für sie das einzig mögliche Kriterium des geschlossenen Kreises zu, daß er keine nachweisbare Strahlung ergibt.

Im einfachsten Falle besteht der Antennenkreis aus der Antenne, den Abstimm- und Koppelungsmitteln und einer Erdverbindung. Er schwingt dann in der Form einer Viertelwelle, sofern die Grundschwingung erregt wird. Als Abstimmittel werden Spulen von veränderlicher Selbstinduktion benutzt und Kondensatoren von veränderlicher Kapazität. Beide werden mit stufenweise und mit stetig veränderlichen Eigenschaften hergestellt. Als Kondensatoren mit stetig veränderlicher Kapazität sind die von KOEPSEL angegebenen Drehkondensatoren mit allen Abarten im Gebrauch; Spulen mit einstellbarer Selbstinduktion sind in vielen Ausführungsformen hergestellt worden; sie enthalten zum einen Teil feste und zum anderen Teil bewegliche Windungen und werden vielfach als Variometer bezeichnet (vgl. Bd. XVI). Für Belastungen von weniger als hundert Watt kann man Drehkondensatoren gut verwenden; dagegen werden Drehkondensatoren sehr groß und unhandlich, wenn sie für Belastungen von mehr als 1 kW geeignet sein sollen; denn die auftretenden hohen Spannungen erfordern zu ihrer Isolation große Plattenabstände, und diese entsprechend große Flächen, damit genügend große Kapazitätswerte erzielt werden. In den Schwingungskreisen großer Stationen benutzt man darum zur Feinabstimmung die sogenannten Variometer und zur Grobabstimmung unterteilte Spulen und Sätze von Glasplattenkondensatoren, welche gestatten, die erforderlichen Kapazitätswerte zu schalten. Die Abstimmspulen werden stets in Reihe mit Antenne und Erde geschaltet, die Abstimmkondensatoren entweder auch in Reihe oder parallel zur Antenne. Im ersten Falle spricht man von einem Verkürzungskondensator, im zweiten von einem Verlängerungskondensator.

Statt der Erdverbindungen benutzen fahrbare Stationen auf dem Lande auch sog. Gegenantennen oder Gegengewichte; das sind meist fächerförmige Drahtgebilde, die dicht über dem Erdboden ausgespannt sind. Ihr elektrisches Verhalten ist dem eines Verkürzungskondensators zu vergleichen, als dessen eine Belegung der Drahtfächer anzusehen ist, während die Erdoberfläche die andere Belegung darstellt. Die Schwingungsform solcher Antennenkreise, zwischen den isolierten Enden von Antenne und Gegenantenne betrachtet, entspricht dann einer halben Welle.

Für besondere Zwecke, insbesondere für Richtungstelegraphie, werden auch zwei Antennen benutzt, die dann in der Form einer halben Welle schwingen, oder auch Antennengebilde, die in hohen Oberschwingungen erregt werden. In den Stationen der Luftfahrzeuge dienen die Metallkonstruktionen des Flugzeugs als Gegenantennen.

Zur Erzeugung der Senderschwingungen wird selten der Antennenkreis benutzt, sondern ein für diesen Zweck passend bemessener Primärkreis, der mit dem Antennenkreis gekoppelt und gleichgestimmt wird. Damit wird die Periode der Senderschwingung unter Umständen zweideutig, weil zwei Koppelungswellen möglich sind, wenn die Koppelung größer ist als die Dämpfung (vgl. Bd. XV).

8. Funkenerregung. Nachdem FEDDERSEN seine Untersuchungen über elektrische Schwingungen an Kreisen vorgenommen hatte, die mit Funken erregt waren, und nachdem später HERTZ seine Sender ebenfalls mit Funken erregt hatte, war für die drahtlose Telegraphie die Funkenerregung zunächst das gegebene Mittel, um Schwingungen herzustellen; denn alle sonstigen Mittel zur Erzeugung periodischer elektrischer Vorgänge, die um die Jahrhundertwende außerdem bekannt waren, wie Wechselstrommaschinen und Mikrophone, konnten die hohen Frequenzen nicht herstellen, die notwendig sind, um mit irdischen Mitteln wirksame Strahlungsvorgänge zur erzeugen; davon abgesehen, verbietet sich aber die Verwendung von Wellen mit der Frequenz hörbarer Töne schon darum in der Funkentelegraphie, weil die Zeichen in allen Fernsprechanlagen hörbar sein würden.

Die Vorgänge in den durch Funken erregten Schwingungskreisen der Funkentelegraphie unterscheiden sich nur durch die große Amplitude von den älteren. Viel Mühe ist auf die Messung der Dämpfung verwendet worden, welche die Funkenstrecken verursachen; und man hat, um sie analytisch erfassen zu können, ein Funkendekrement definiert; in Wirklichkeit hängt die Dämpfung der Funkenstrecke von der Schwingungsamplitude ab; sie hat bei großer Stromstärke kleine Beträge, und mit sinkender Stromstärke steigt der Widerstand der Funkenstrecke auf den Isolationswiderstand der Luft an; das Dekrement einer Schwingung ist aber unter der Voraussetzung definiert, daß ein von der Stromstärke unabhängiger Widerstand die Dämpfung verursacht; darum versteht man unter Funkendekrement denjenigen Mittelwert, den die Messung nach der Methode von Bjerkness ergibt, wenn man die Resonanzkurve in halber Höhe auswertet. So zahlreich auch die Bemühungen gewesen sind, aus den so gewonnenen Funkendekrementen Schlüsse auf den Entladungsvorgang zu ziehen, so sind doch Ergebnisse von bleibendem Wert nicht gewonnen worden.

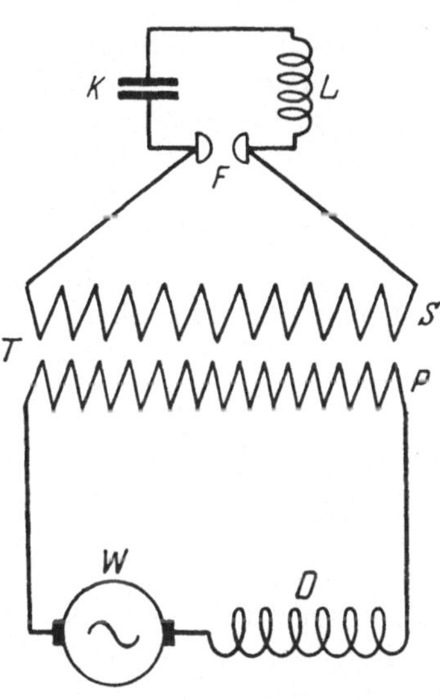

Abb. 1. Funkenerregung. Schema.

Die Herstellung großer Schwingungsamplituden hat die Aufmerksamkeit auf die in den Ladeleitungen möglichen Schwingungen gelenkt; diese Vorgänge treten im Resonanztransformator in besonders reiner Form in die Erscheinung; sie spielen aber auch in vielen andern Fällen eine Rolle und haben insofern ein besonderes Interesse.

Der Resonanztransformator ist eine Vorbedingung für das Zustandekommen regelmäßiger Funken; sein Name bezeichnet nicht eine besondere Konstruktion, sondern eine bestimmte zweckmäßige Verwendungsweise. Abb. 1 zeigt das Schema jeder Schaltung, die zur Erregung von Funken dient: Eine Wechselstromquelle W speist, unter Umständen über eine sog. Drosselspule D die Primärspule P eines Transformators T; seine Sekundärspule S ist mit den Elektroden der Funkenstrecke verbunden, die in einen aus dem Kondensator K und der Spule L bestehenden Schwingungskreis eingebaut ist.

Solange nun die Funkenstrecke leitet, ist der Hochfrequenzkreis KL in Tätigkeit; diese Zeiten betragen meist weniger als 10^{-4} sec. Dazwischen liegen rund 100mal längere Zeiträume, in denen der Transformator den Kondensator lädt. Die Ladeleitung stellt ebenfalls ein schwingungsfähiges Gebilde dar; seine Kapazität ist im wesentlichen die des Kondensators K und seine Selbstinduktion die der sekundären Transformatorspule S, insofern als man die von L daneben wegen ihres kleinen Betrages unberücksichtigt lassen kann. Die Selbstinduktion L_t, die der Transformator zwischen seinen sekundären Klemmen zeigt, hängt ab von der Selbstinduktion L_s, die er bei geöffnetem Primärkreis zeigt, und von der Koppelung $\varkappa$ zwischen Ladekreis und primärem Wechselstromkreis; es ist:

$$\frac{L_t}{L_s} = 1 - \varkappa^2 .$$

$\varkappa$ hängt von der Bauweise des Transformators ab, insofern, als sie eine bestimmte Gegeninduktion M zwischen Primär- und Sekundärkreis festlegt, außerdem aber auch von den Selbstinduktivitäten L_p, L_d und L_w der Primärwickelung, der Drosselspule und der Wechselstrommaschine; es ist:

$$\varkappa^2 = \frac{M^2}{L_s \cdot (L_p + L_d + L_w)} .$$

Nun besitzt die Ladeleitung eine bestimmte Eigenperiode

$$\tau = 2\pi \sqrt{K \cdot L_t} ,$$

das bedeutet: Es vergeht eine bestimmte Zeit $\tau/4$, bis ein im Transformator erregtes Magnetfeld verschwunden ist und seine Energie in die eines elektrischen Feldes zwischen den Belegungen des Kondensators K umgewandelt hat. Wird der Transformator als Resonanztransformator betrieben, so stimmt T mit der Periode des speisenden Wechselstroms überein, und die Erregung ist so eingestellt, daß für jeden Wechsel ein Funke gebildet wird. Dadurch ergibt sich der Vorteil, daß die Ladeleitung in den kurzen Zeiten, wo die Funkenstrecke leitend ist, keinen Strom führt, so daß der Transformator mit günstigem Wirkungsgrad arbeitet und keine störende Erwärmung der Funkenstrecke auftritt, und auch keine störenden Partialentladungen möglich sind.

Die ungefähre Abstimmung des Ladekreises auf die Periode des Wechselstroms wird durch geeignete Bemessung der Konstruktionsteile erreicht; zur Feinabstimmung bieten sich zwei Möglichkeiten: Entweder verändert man die Tourenzahl der Wechselstrommaschine oder man ändert die Größe der Spule D. Das erste Verfahren empfiehlt sich bei loser Koppelung zwischen Maschinen- und Ladekreis, das zweite bei fester Koppelung, wenn die Selbstinduktion der primären Transformatorspule also eine größere Selbstinduktion zeigt als die Wechselstrommaschine.

Da die magnetische Permeabilität des Eisens von der Feldstärke abhängt, ist die Selbstinduktion von eisenarmierten Spulen eine Funktion des Spulenstromes; nicht selten zeigen Spulen mit Eisenkern bei Sättigung weniger als den zwanzigsten Teil der bei kleinen Stromstärken gemessenen Selbstinduktion.

Die Leistung N, die der Ladekreis an den Schwingungskreis abgibt, wenn der Kondensator K für jeden der n Wechsel der Maschine einmal auf die Funkenspannung V aufgeladen wird, beträgt

$$N = \frac{n}{2} K V^2 .$$

Eine bemerkenswerte Vervollkommnung haben die Funkenmethoden durch die sog. Löschfunken erfahren; das sind Funken, die ihre Leitfähigkeit in wesentlich kürzeren Zeiten als 10^{-4} sec verlieren. Erreicht wird diese Löschwirkung auf verschiedene Weisen, von der Telefunkengesellschaft z. B. durch starke Kühlung; diese kommt in Serienfunkenstrecken zustande, d. h. je nach der Größe des Senders in 5 bis zu 100 Funkenstrecken von je 0,2 mm Länge, die zwischen Platten aus gut leitendem Metall gebildet sind. H. BOAS[1]) erreichte eine besonders vollkommene Löschwirkung mit 0,02 mm langen Funken zwischen Wolframelektroden, deren Entladungsspannung sich nicht mehr sehr vom Kathoden-

[1]) H. BOAS, Verh. d. D. Phys. Ges. Bd. 15, S. 1130. 1913.

gefälle unterscheidet. MARCONI sowie EISENSTEIN haben Stationen gebaut, bei denen die Löschwirkung durch mechanische Bewegung der Elektroden erreicht wurde, die zu dem Zweck auf der Peripherie von rasch rotierenden Rädern angeordnet waren.

Die Löschfunkenstrecken bieten zwei Vorteile: Erstens gestatten sie, die Funkenfolge auf 800 bis 1000 pro Sekunde zu steigern; dadurch bekommen die Telegraphierzeichen den Charakter musikalischer Töne, und bei gleicher Leistung N (obige Formel) werden die auftretenden Spannungen kleiner, die Isolationsschwierigkeiten also geringer. Zweitens treten im gekoppelten Sender trotz fester Koppelung die beiden Koppelungswellen nicht auf, sondern ehe die erste Schwebung zustande kommen kann, scheidet der Primärkreis aus dem Vorgang aus, und der Antennenkreis schwingt mit der ihm eigenen Dämpfung aus.

Die größten Sender, die mit Funkenmethoden betrieben worden sind, haben Hochfrequenzströme von 100 kW in der Antenne geführt. Diese Sendersysteme sind jedoch veraltet, in dem Maße wie es gelungen ist, Hochfrequenzmaschinen und Röhrensender zu bauen.

9. Die Flammenbogenmethode ist von POULSEN für die Zwecke der drahtlosen Telegraphie durchgebildet worden. Während bei der Funkenerregung die Zuleitungen in den Zeiten stromlos sind, wo Schwingung im Kondensatorkreise stattfindet, wird der Flammenbogen mit Gleichstrom gespeist und führt gleichzeitig diesen Speisestrom und die Schwingung; sie tritt sogar besonders rein, d. h. frei von Oberschwingungen auf, wenn die Amplitude des Hochfrequenzstroms kleiner bleibt als die des Gleichstroms (Schwingungen erster Art, vgl. Bd. XV).

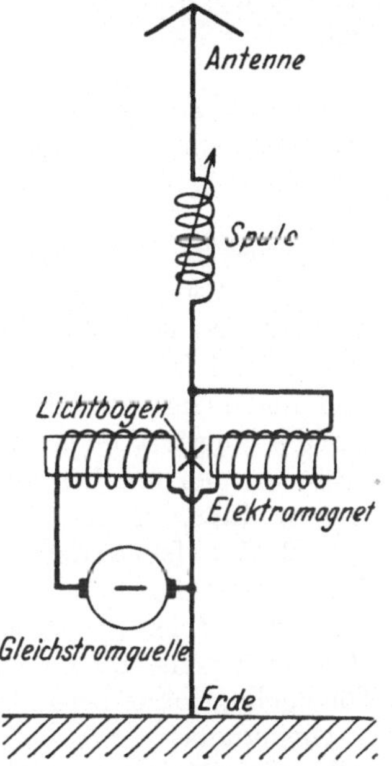

Abb. 2. Lichtbogenerregung. Schema.

Damit ein Flammenbogen überhaupt fähig ist, Schwingungen von der Frequenz unhörbar hoher Töne zu unterhalten, also in Zeiten von 10^{-5} sec merkliche Temperaturschwankungen auszuführen, bettet man ihn in ein die Wärme gut leitendes Gas ein, also am besten in Wasserstoff; aber auch Leuchtgas oder Alkoholdampf sind wirksam. Ein Flammenbogen, der mit rund 200 Volt Spannung betrieben wird und zwischen Kohleelektroden in Wasserstoff brennt, vermag Schwingungen erster Art zu unterhalten, die bei der Frequenz 10^6 sec^{-1} allerdings nur wenige Watt Leistung abzugeben vermögen, aber bei der Frequenz 10^5 sec^{-1} etwa 200 Watt aufweisen.

Größere Leistungen erhält man, wenn man den Flammenbogen in einem transversalen Magnetfeld anordnet; es wird durch einen Elektromagneten hervorgerufen, der vom Speisestrom durchflossen wird und damit zugleich als Drosselspule wirkt, die den Speisestrom auf konstanter Stärke hält, während die Spannung am Bogen schwankt. Mit diesem magnetischen Gebläse, das den Lichtbogen verlängert, steigert man die effektive Stromstärke der Schwingung über die Stärke des Gleichstroms hinaus; dafür muß man aber in Kauf nehmen, daß die Schwingung nicht mehr sinusförmig verläuft; vielmehr erlischt sie für kurze Zeit in dem Augenblick, wo der Gesamtstrom im Lichtbogen den Wert Null annimmt, weil der Strom im Schwingungskreise dem Speisestrom entgegengesetzt gleich wird; es tritt eine Pause ein, in der eine Entionisierung des Flammenbogens eintritt, während gleichzeitig die Spannung an den Elektroden dank der

Selbstinduktion der Drosselspule rasch ansteigt auf einen Betrag, bei dem ein Rückzünden des Bogens eintritt, und dieser Betrag und damit die Amplitude der erzeugten Schwingung übersteigt die aufgewandte Gleichspannung um so mehr, je weiter der Vorgang der Wiedervereinigung der Ionen im Flammenbogen in der stromlosen Zeit vorgeschritten war.

Bei diesen Schwingungen zweiter Art ist darum die Stromamplitude der Schwingung größer als der Speisestrom, die Periode ist größer als die aus Kapazität und Selbstinduktion des Schwingungskreises nach der THOMSONschen Formel berechnete, und die Schwingung ist nicht mehr sinusförmig, sondern von allen harmonischen Oberschwingungen begleitet. Die POULSEN-Schwingungen nehmen darum eine mittlere Stellung ein zwischen den reinen Lichtbogenschwingungen erster Art, bei denen der Speisestrom größer ist als der Schwingstrom und den reinen Funken, bei denen der Speisestrom Null ist, während Schwingung vorhanden ist.

Der Lichtbogen muß dauernd brennen, gleichgültig, ob die Morsetaste zum Zweck der Zeichenbildung gedrückt ist oder nicht; darum wird beim Tasten entweder ein geschlossener Schwingungskreis an Stelle des Antennenkreises angeschaltet, oder es wird nur eine Verstimmung des Antennenkreises vorgenommen.

Lange Zeit war das Poulsensystem das einzige, das ungedämpfte Wellen herstellen konnte und es ist darum zu großer Bedeutung gelangt, besonders im Ausland. Es sind Stationen zur Herstellung von 5 bis 15 km langen Wellen errichtet und betrieben worden, auf denen Flammenbögen mit annähernd 1000 Volt und mehreren hundert Ampere gespeist werden. Da das POULSENsystem nur die langen Wellen mit großer Amplitude herzustellen vermag, wird es auf Großstationen mit besonderem Vorteil verwendet. Doch sinkt seine Bedeutung in dem Maße, wie die Hochfrequenzmaschinen vervollkommnet werden.

10. Hochfrequenzmaschinen sind eisenarmierte Wechselstrom-Maschinen für Ströme von der Frequenz der Schwingungen, mit denen man die Sender der drahtlosen Telegraphie betreibt. Die Steigerung der in der Starkstromtechnik üblichen Wechselzahlen von 16 bis 100 $\sec^{-1}$ auf die Frequenzen der hörbaren Töne gelingt ohne besondere Schwierigkeiten durch Steigerung der Umdrehungsgeschwindigkeit und der Polteilung; besonders eignen sich die Maschinen der Induktortype für diese Zwecke, weil ihr Läufer keine Wickelung trägt.

Mit steigender Frequenz treten aber im Eisen immer wachsende Verluste auf; soweit sie nicht durch Hysterese verursacht sind, sondern durch Wirbelströme, kann man ihnen durch Lamellieren der Eisenteile begegnen, und darum werden die Hochfrequenzmaschinen aus papierdünnen Eisenblechen hergestellt, die durch Seidenpapier voneinander isoliert sind. Außer durch diesen elektrischen Grund ist aber auch durch einen mechanischen Grund der Frequenzsteigerung eine Grenze gesetzt, die dadurch gegeben ist, daß man die Tourenzahl einer Maschine nicht beliebig steigern kann, weil die auftretenden zentrifugalen Kräfte sonst die Maschine mechanisch zerstören. Schließlich kann man auch die Polteilung nicht beliebig weit treiben, weil sonst die Pole zu klein werden, um noch die erforderlichen Windungen tragen zu können; die Grenze liegt ungefähr bei $^1/_2$ cm Breite für jeden Pol.

ALEXANDERSON hat Wechselstrommaschinen gebaut, die bis zu 100000 Perioden in der Sekunde geliefert haben. Doch ist es im Interesse der Sicherheit, die Frequenzsteigerung in der Maschine unmittelbar nur bis in die Gegend von 10000 Per/sec zu treiben; und dann entsteht die Aufgabe, die Frequenz mit andern Mitteln, also ohne Vergrößerung der Polzahl und der Umdrehungsgeschwindigkeit, weiter zu erhöhen. Das erste Mittel dieser Art hat GOLDSCHMIDT angegeben; es beruht auf folgendem Prinzip: Der dem rotierenden Anker entnommene Strom von 10000 Hertz (Per/sec) wird den ruhenden Polen zugeführt; dann erzeugt er im Anker einen Strom von 20000 Hertz, und in einigen weiteren Stufen kann man nach diesem dem DOPPLERschen Prinzip vergleichbaren Verfahren die Frequenz noch mehrmals (praktisch viermal) um 10000 Hertz erhöhen. Die Strombahnen sind dabei sämtlich als Schwingungskreise ausgebildet, die auf die Frequenzen der einzelnen Stufen abgestimmt sind. Die deutsche Station Eilvese besitzt eine solche Maschine.

Größere Verbreitung haben die Hochfrequenzmaschinen gefunden, die zur Frequenzsteigerung besondere Frequenztransformatoren benutzen. Diese beruhen darauf, daß das Eisen keinen linearen Verlauf seiner Magnetisierungskurve aufweist; das hat zur Folge, daß ein einfach periodischer Wechselstrom an den sekundären Transformatorklemmen eine Wechselspannung hervorruft, die nicht mehr sinusförmig verläuft; besonders wenn man die Sättigungszustände des Eisens überschreitet, werden die Stromverzerrungen sehr groß, und auf der Sekundärseite treten damit in immer stärkerem Maße höhere harmonische Frequenzen hervor. In den Hochfrequenztransformatoren von Nauen wird das Eisen durch einen Hilfsstrom (Gleichstrom) bis in die Gegend der Sättigung vormagnetisiert; dann wird bei der Transformation die eine Phase des Wechselstroms unwirksam, weil sie die Magnetisierung des Eisens nicht über die Sättigung hinaus steigern kann; die andere Phase hingegen hebt die Vormagnetisierung in dem ihrer Stromstärke entsprechenden Maße auf, ändert also die Magnetisierung mit vollem Betrage. Dieses Prinzip führt zu einer Verdoppelung der Frequenz; es wird in Nauen in mehreren Stufen angewendet.

Die Hochfrequenzmaschine von K. SCHMIDT der C. Lorenz A.-G. liefert von vornherein einen Wechselstrom, der nicht sinusförmig verläuft, dessen Stromkurve vielmehr aus scharfen Spitzen besteht. Dieser Strom liefert bereits in einer Transformationsstufe eine reiche Ausbeute an hohen Frequenzen, und mit zwei Transformatoren werden bereits die hohen Frequenzen der Rundfunkwellen mit guten Wirkungsgraden erreicht. Die Erregung der Transformatoren durch die Spitzen des Wechselstromes ist ein Vorgang, den man als Stoßerregung auffassen kann.

11. Röhrensender. In der drahtlosen Telegraphie wird das Prinzip der Rückkoppelung zur Erregung der Senderschwingungen mit Elektronenröhren (vgl. Bd. XVI) angewendet. Dabei werden zwei Stromkreise gebildet, der Anodenkreis zwischen Glühkathode und Anode, und der Gitterkreis zwischen Glühkathode und Gitter; und die Schwingung, die im einen eingeleitet wird — z. B. indem man Spannung einschaltet — wird durch irgendeine Art der Koppelung auf den andern so übertragen, daß eine Selbsterregung eintritt. Für das Problem des Senders spielt dabei der Wirkungsgrad der Anordnung eine ausschlaggebende Rolle. Man kann ihn verschieden auffassen, je nachdem, ob man die Leistung, die zur Erhitzung der Kathode erforderlich ist, mit in Rechnung setzt oder die dem Anodenkreis zugeführte Leistung allein. Die letztere Auffassung ist die üblichere; sie ergibt übersehbare Verhältnisse, ohne daß es notwendig ist, auf den Vorgang der Elektronenemission zahlenmäßig einzugehen.

Zur Elektronenemission werden in den Senderöhren Wolframfäden verwendet, die auf ungefähr 2300 Grad geglüht werden. Wehneltkathoden aus Platin-Iridium-Bändern, die mit Barium- und Strontiumoxyden bedeckt sind, werden in Empfängern mit Vorteil verwendet, aber für die Verwendung in Senderöhren sind sie noch nicht genügend durchgebildet. Dasselbe gilt von den Legierungen schwer schmelzbarer Metalle mit radioaktiven Stoffen, z. B. Wolfram mit Thorium.

Als Maß für die Elektronenemission dient der Sättigungsstrom J_s. Er ist der Oberfläche F des Glühdrahtes proportional und eine Funktion der absoluten Temperatur T, die nach RICHARDSON, SCHOTTKY[1]), DUSHMAN folgende Form besitzt:

$$J_s = a \cdot F \cdot T^2 \cdot e^{-\frac{b}{T}}.$$

Dabei ist a eine universelle Konstante und b eine Materialkonstante. Bezieht man die Emission nicht auf die Temperatur, sondern auf die zur Heizung des Glühfadens aufgewandte elektrische Leistung, so kann man sagen, daß in den Fällen der Praxis ein blanker Wolframdraht für jedes Watt Heizung eine Emission von 5 Milliampere liefert.

Bei der Heizung mit elektrischem Strom, auf die wir angewiesen sind, besteht längs des Heizfadens ein elektrisches Feld; dieses hat zur Folge, daß am negativen Fadenende mehr Elektronen emittiert werden als am positiven; der Emissionsstrom liefert aber einen kleinen Beitrag zur Fadenheizung, und darum ist das negative Fadenende ein wenig wärmer als das positive; für Gleichstromheizung findet die Heizspannung praktisch bei 20 Volt eine Grenze, und man zieht für große Röhren Wechselstromheizung vor. Bleibt bei blanken Wolframdrähten die Erhitzung des Glühdrahtes durch den Emissionsstrom in erträglichen Grenzen, so kann sie bei Oxydkathoden sich so stark steigern, daß der Faden schmilzt.

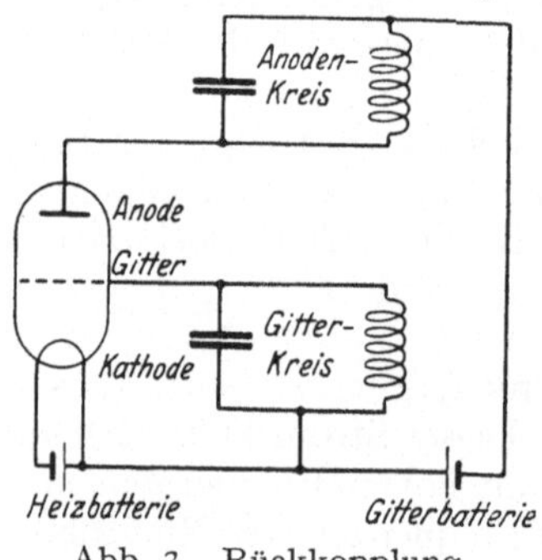

Abb. 3. Rückkopplung.

Die Zahl der möglichen Schaltungen ist unübersehbar. Einerseits bietet sich eine große Mannigfaltigkeit von Schaltungen dar, durch die erreicht wird, daß die Gleichstromkreise, also in erster Linie der Anodengleichstrom, die Stromwege der Schwingungen nicht beeinflussen; hierzu dienen sogenannte Drosselspulen und Sperrkondensatoren; jene liegen im Gleichstromkreise und erteilen ihm eine so große Zeitkonstante, daß er die hochfrequenten Schwingungen nicht führen kann; diese fließen in einem Arme des Schwingungskreises in Reihe mit einem Kondenstor oder einem Konstruktionsteil von einer Kapazität, neben der die des Sperrkondensators groß erscheint, so daß die Kapazität der Kombination nicht mehr merklich durch den Sperrkondensator beeinflußt wird.

Andererseits besteht, abgesehen von diesen schalttechnischen Schutzmaßnahmen, eine große Zahl von Möglichkeiten, die eigentlichen Schwingungskreise zu schalten. Man übersieht sie an Hand der Abb. 3: Drosselspulen und Sperrkondensatoren kommen in dieser Schaltung nicht vor, und es ist ein Gitterkreis und ein Anodenkreis gezeichnet, die beide mit Abstimmitteln ausgerüstet und magnetisch gekoppelt sind. Für die Selbsterregung genügt im allgemeinen eine geringe Rückwirkung des Anodenkreises auf den Gitterkreis, wie man sie auch ohne Abstimmung erreicht; darum wird meist nur ein Kreis als Schwingkreis ausgebildet, und zwar der Anodenkreis, weil hohe Wechselspannungen in ihm auftreten. Zwei abgestimmte, nicht sehr lose gekoppelte Kreise geben bei ungedämpfter Erregungsweise zu der sog. Zieherscheinung Anlaß, die eine für die Praxis unerträgliche Unsicherheit der Frequenz hervorruft; sie kommt durch die Zweideutigkeit der Eigenschwingung eines Systems von zwei abgestimmten gekoppelten Kreisen zustande, so daß bald die eine oder die andere Welle stabil ist.

---

[1]) W. SCHOTTKY, Verh. d. D. Phys. Ges. Bd. 21, S. 529. 1919.

Wesentlich für die Selbsterregung ist es, daß die Gitterkreisspule im richtigen Sinne von der Anodenkreisspule induziert wird, so daß in der Halbperiode, in welcher der Anodenstrom ansteigt, das mit dem Gitter verbundene Spulenende positive Ladung zugeführt bekommt.

Zum Kondensator des Anodenkreises tritt noch ein kleiner Kondensator hinzu, dessen Belegungen Anode und Kathode der Röhre sind, und zum Gitterkondensator gehört unvermeidlich die Kapazität Gitter-Kathode. Das Feld zwischen Gitter und Kathode ist beiden Kreisen gemeinsam, und darum sind Gitter- und Anodenkreis kapazitiv miteinander gekoppelt. Wenn der Kopplungsgrad numerisch auch im allgemeinen klein ist, so genügt er bei genügendem Verstärkungsgrad der Röhre doch, um bei Abstimmung Selbsterregung herbeizuführen; hierauf beruht der Sender von L. KÜHN.

Statt der magnetischen Koppelung zwischen Anoden- und Gitterkreis werden auch alle anderen Arten der Koppelung angewendet, und damit ergibt sich eine große Mannigfaltigkeit von Schaltungen.

Die Wirkungsweise der Röhre ist natürlich von der gewählten Schaltung unabhängig, so groß auch die Vorteile sein mögen, die unter bestimmten Voraussetzungen die eine oder die andere Schaltung haben kann z.B. für das Tasten, für Bedienungs- und Sicherheitsmaßregeln oder für die Kosten.

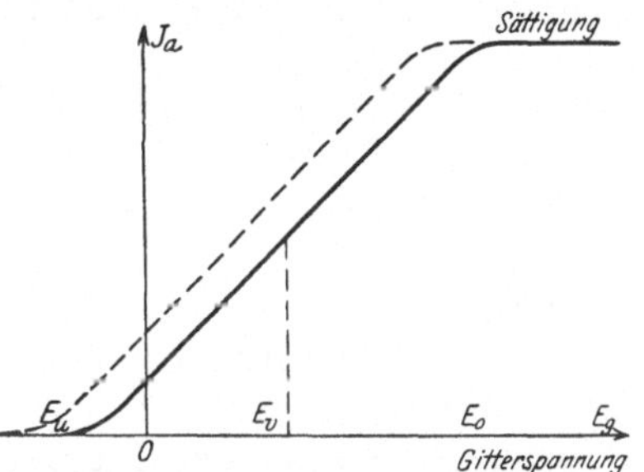

Abb. 4. Röhrencharakteristik.

Eine Röhre mit einem bestimmten geradlinigen Teil der Charakteristik, welche die Abhängigkeit des Anodenstromes von der Gitterspannung bei einer bestimmten Anodenspannung ausdrückt (Abb. 4) und einem gut definierten Sättigungsstrom liefert sinusförmige Schwingungen, solange die Schwingungen des Anodenstromes auf dem geradlinigen Teil der Charakteristik verlaufen; die größte mögliche Amplitude erreicht sie, wenn der Anodenstrom einerseits bis zu Null herabsinkt und andererseits bis zum Sättigungswert steigt; sie ist die Hälfte des Sättigungsstromes. Will man diese größte mögliche Stromamplitude bei sinusförmigen Schwingungen erster Art erreichen, so ist es notwendig, zwei Bedingungen innezuhalten: Erstens muß die Röhre in der Mitte des geradlinigen Teils der Charakteristik benutzt werden, was man durch eine geeignete Gleichspannung, die man dem Gitter vorschaltet (E_v in der Abb 4), immer erzwingen kann; die meisten Senderöhren werden so bemessen, daß sie bei geeigneter Anodenspannung ohne besondere Gittervorspannung die Hälfte des Sättigungsstromes liefern. Zweitens muß die Rückkoppelung so eingestellt sein, daß die induzierte Gitterwechselspannung den Betrag erreichen kann, der durch den oberen und den unteren Knick der Charakteristik begrenzt wird (Strecke $E_u E_o$ in Abb. 4).

Ist eine dieser Bedingungen nicht erfüllt, so treten Schwingungen zweiter Art auf, indem der Sättigungsstrom oder der Nullstrom für eine kurze Zeit konstant bleiben, so daß die Stromkurve nicht mehr eine Sinuslinie darstellt, sondern Oberschwingungen mehr oder weniger stark hinzutreten.

Wenn der Sender die denkbar größten sinusförmigen Schwingungen liefert, so ist die Stromamplitude dem Anodengleichstrom (also dem halben Sättigungsstrom) gleich, und die Spannungsamplitude der Anodenspannung, mit der die Röhre betrieben wird. Der Wirkungsgrad der Röhre beträgt in diesem Falle 50%; dieser Wert stellt also den höchsten Wirkungsgrad dar, mit dem die Leistung des Anodenstromes in die Leistung einer sinusförmigen Schwingung umgesetzt werden kann; welcher Teil des Dämpfungswiderstandes des Schwingungskreises dabei als Nutzwiderstand zu gelten hat, bleibt dabei unerörtert. Die verlorenen 50% der Anodenstromleistung werden in Wärme verwandelt und treten vorwiegend in einer Erhitzung des Anodenbleches zutage. Bei den gebräuchlichen Senderöhren läßt man bei voller Belastung das Anodenblech rot glühen.

Theoretisch könnte man die maximale Schwingungsleistung dadurch beliebig steigern, daß man dem Anodenkreise größere Leistung zuführt; dies ist durch Steigerung der Gitterspannung jederzeit möglich; doch findet diese Steigerung durch die unzulässige Erhitzung der Anode ihre Grenze. Man hat aus diesem Grunde auch Röhren hergestellt, deren Wand zum Teil durch ein Metallrohr gebildet wird, und dieses Metallrohr als Anode ausgebildet und mit Wasser gekühlt; doch ist eine endgültige Form für diese Art von Röhren für starke Belastung noch nicht angebbar, wohl wegen der Schwierigkeiten, die es bereitet, Glas mit Metall abzudichten.

Verzichtet man auf die Sinusform der erzeugten Schwingungen, so kann man den Wirkungsgrad der Röhre über 50% hinaus steigern.

Röhren, die $^1/_2$ kW Schwingungsleistung herzustellen gestatten, sind bereits recht groß, und für mehr als 5 kW sind betriebsmäßig brauchbare Röhren nicht gebaut worden; man zieht es vor, zur Erzeugung großer Schwingungsleistungen mehrere Röhren in Parallelschaltung zu verwenden.

Bei der Selbsterregung durch Rückkoppelung stellt sich selbsttätig ein Zustand ein, bei dem die Wechselspannung im Anodenkreise vermöge der Rückkoppelung am Gitter eine solche Wechselspannung hervorruft, daß der durch sie gesteuerte Anodenwechselstrom mit seiner Spannung immer auf dem gleichen Betrag gehalten wird. Die analytische Formulierung dieser Beziehung führt zu der Selbsterregungsformel von BARKHAUSEN, welche die Rückkoppelung in Beziehung setzt zu den Eigenschaften der Röhre und dem Widerstand $\mathfrak{R}$ des erregten Schwingungskreises. Sie lautet:

$$\mathfrak{K} = D + \frac{1}{S \cdot \mathfrak{R}}.$$

Dabei ist der Rückkoppelungsfaktor $\mathfrak{K}$ durch die Gleichung definiert:

$$\mathfrak{K} = -\frac{\mathfrak{E}_g}{\mathfrak{E}_a}$$

und der wirksame Widerstand des Anodenkreises durch die Gleichung:

$$\mathfrak{R} = -\frac{\mathfrak{E}_a}{J_a}$$

wobei $\mathfrak{E}$ und J Spannung und Strom im Anoden- oder im Gitterkreis bedeuten, je nachdem sie den Index a oder g führen. D ist der Durchgriff der Röhre, also des Verhältnisses einer Änderung der Gitterspannung zu derjenigen Änderung der Anodenspannung, die im Anodenstrom dieselbe Vergrößerung oder Verkleinerung verursacht. S ist die Steilheit der Charakteristik, also das Verhältnis einer Änderung der Anodenstromstärke zu der sie bei unveränderter Anodenspannung verursachenden Änderung der Gitterspannung. Das Produkt DS ist der reziproke Wert des inneren Widerstandes; er hat bei den gebräuchlichen Senderöhren mittlere Beträge von der ungefähren Größe 10^4 Ohm. Die Größenordnung des Durchgriffs ist die Zahl 10^{-1}; die Steilheit hat Größen in der Gegend von 10^{-3} Ohm^{-1}. Die Selbsterregungsformel besagt, daß Röhren mit kleinem Durchgriff und solche mit großer Steilheit schon bei kleiner Rückkoppelung Selbsterregung geben. D und S sind von der Frequenz nicht abhängig, $\mathfrak{K}$ und $\mathfrak{R}$ dagegen sind frequenzabhängige Vektoren. Die Selbsterregungsformel stellt darum eine Beziehung zwischen komplexen Größen dar, die in zwei Gleichungen zerfällt, die Amplitude und Frequenz der erregten Schwingung bestimmen; für jene ist in erster Linie D und S maßgebend, für diese $\mathfrak{K}$ und $\mathfrak{R}$.

Die Steilheit S hängt von der Größe des Anodenstromes in einer Weise ab, die sich analytisch schwer darstellen läßt; außerdem ist bei der Begründung der Selbsterregungsformel der Umstand unberücksichtigt geblieben, daß bei positiver Gitterspannung Gitterstrom auftritt. Darum ist die zahlenmäßige Auswertung der Selbsterregungsformel erschwert. Was im Einzelfalle (also bei einer Röhre, deren D und S aus den gemessenen Kennlinien in ihrer Abhängigkeit von den Betriebsspannungen bekannt ist, und deren Gitterstrom-Diagramm ebenso bekannt ist) unter den verschiedenen Betriebsbedingungen eintritt, erkennt man aus graphischen Darstellungen, die RUKOP[1]) in seinen Reißdiagrammen besonders vollständig durchgeführt hat.

Die Form der Selbsterregungsformel läßt erkennen, daß eine bestimmte Röhre sich zur Erzeugung aller Frequenzen gleich gut eignet, daß also für Sender, die mit besonders kurzen Wellen arbeiten sollen, dieselben Röhren geeignet sind, mit denen lange Wellen hergestellt werden. In der Tat bietet die Herstellung von Wellenlängen unter 100 m mit Röhren keine grundsätzlichen Schwierigkeiten; nur konstruktiv wird es im Bereich der kurzen Wellen schwer, die erforderlichen numerisch kleinen Spulen und Kondensatoren, die $\mathfrak{K}$ und $\mathfrak{R}$ bestimmen, genau zu definieren und zwar unabhängig von der unvermeidlichen Kapazität und Selbstinduktion aller Konstruktionsteile, die nicht bestimmt sind, Schwingung zu führen. Die Elektroden der handelsüblichen Senderöhren besitzen Kapazitäten von der Größenordnung 10 cm und Selbstinduktionen von wenigstens 100 cm, und darum findet die Frequenz der mit ihnen herstellbaren Schwingungen eine obere Grenze, die bei 2 m langen Wellen liegt.

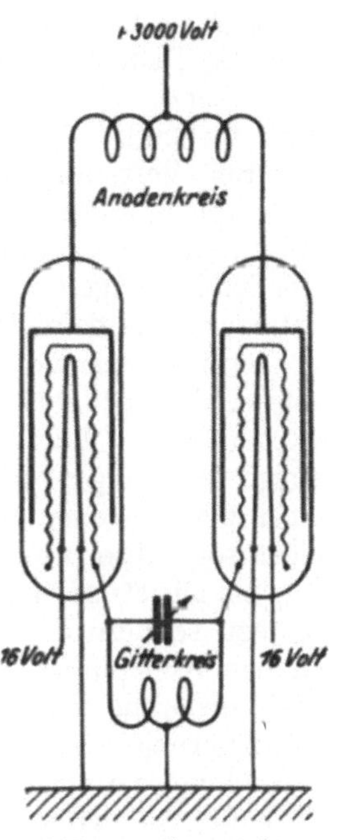

Abb. 5. Gegentaktschaltung.

Die unerwünschte Beteiligung von Zuleitungen, Schaltern, Meßgeräten und sonstigen Konstruktionsteilen am Schwingungsvorgang vermeidet man zum Teil durch Drosselspulen; vollkommener ist der Schutz, den man erhält, wenn man symmetrische Anordnungen anwendet, bei denen die Schwingungen scharf ausgeprägte Spannungsknoten zeigen, und wenn man alle Zuleitungen in diesen Spannungsknoten anbringt. Hierfür eignen sich besonders die Gegentaktschaltungen, von denen Abb. 5 ein besonders einfaches Beispiel darstellt. Sie benutzen zwei Röhren, in denen sich Vorgänge von stets entgegengesetzter Phase abspielen[2]).

c) Die Steuerung der Sender.

12. Tastverfahren. Handelt es sich darum, die Striche und Punkte der Morsetelegraphie drahtlos zu übermitteln, so ist die Aufgabe einfach, indem der Antennenstrom nur getastet, d. h. ein- und ausgeschaltet zu werden braucht, ebenso wie der Leitungsstrom in der Drahttelegraphie. Doch sind die Fälle

[1]) H. RUKOP, ZS. f. techn. Phys. Bd. 5, mehrere Arbeiten 1924.

[2]) Zusatz bei der Korrektur: Über die Anwendung des Prinzips der negativen Widerstände zur Schwingungserzeugung mit Elektronenröhren vgl. F. KIEBITZ, Jahrb. drahtl. Tel. Bd. 27, S. 163. 1926; El Nachr. Techn. Bd. 3, S. 284. 1926.

selten, wo eine einfache Morsetaste für diesen Zweck ausreicht. Denn diese muß klein sein, damit der Telegraphist nicht ermüdet; sie ist darum wohl geeignet, Leistungen von wenigen Watt zuverlässig zu unterbrechen; sollen aber größere Leistungen getastet werden, so treten beim Öffnen leicht Spannungen auf, die geeignet sind, einen Flammenbogen zwischen den Tastkontakten zu unterhalten, und die Taste ist damit unwirksam.

In solchen Fällen wird ein Tastrelais verwendet; d. h. der kleine getastete Strom betätigt einen Elektromagneten, der nun die Kontaktkörper eines genügend groben Tastwerks in Gang setzt. Solche Tastrelais sind in Funkensendern benutzt und in großen Ausmaßen hergestellt worden, weil man unmittelbar den Wechselstrom tastete, den die Maschinenanlage in den Hochspannungstransformator liefert; gelegentlich hat man auch andere Stromkreise getastet, so den hochgespannten Wechselstrom oder die Maschinenerregung.

Das Tasten von Röhrensendern ist verhältnismäßig einfach, weil der Gitterkreis hierzu eine günstige Gelegenheit bietet, in dem keine großen Leistungen wirksam sind.

Bei Verwendung von Maschinentelegraphen, insbesondere von Schnelltelegraphen, werden gestanzte Lochstreifen verwendet, die zwischen Kontaktstiften hindurchgeführt werden, und der getastete Strom wird dem Tastrelais des Senders zugeführt; der Telegraphist kann sich weit ab von der Sendestation befinden, was beim Betrieb von Großstationen auch das Übliche ist.

Das Tasten von POULSENsendern erfordert besondere Einrichtungen insofern, als der Lichtbogen durch den Tastvorgang nicht zum Verlöschen gebracht werden darf. Man hat den Antennenkreis verstimmt, indem die Taste z. B. einige Windungen der Abstimmspulen kurzschließt, oder man läßt die Taste einen geschlossenen Schwingungskreis schließen, der die Schwingung aufnimmt, einen sog. Absorptionskreis.

13. Die Steuerdrossel stellt ein Tastrelais dar, das nicht Kontakte mechanisch bewegt, sondern den Wechselstromwiderstand einer Spule dadurch ändert, daß sie den Ruhepunkt der Magnetisierung ihres Eisenkerns durch eine zusätzliche Magnetisierung verlegt. Sie besteht aus einem ringförmigen Eisenkern, der zur Verringerung der Wechselstromverluste fein unterteilt ist. Auf ihm liegt eine Wickelung, die von Gleichstrom solcher Stärke durchflossen wird, daß der Kern über die Sättigung hinaus magnetisiert ist. Eine zweite Wickelung ist bestimmt, den Hochfrequenzstrom aufzunehmen; sie ändert den Induktionsfluß im Eisenkörper wenig, und die Hochfrequenzwickelung verhält sich darum in bezug auf Selbstinduktion und Verluste ähnlich, als ob die Spule eisenfrei wäre. Wird der Gleichstrom aber ausgeschaltet, so ist der Kern mit seiner ganzen Permeabilität wirksam, und die Selbstinduktion der Bewickelung steigt an. War der Antennenkreis also bei gesättigter Steuerdrossel abgestimmt, so tritt beim Tasten des magnetisierenden Gleichstroms eine Verstimmung ein, und der Antennenkreis wird praktisch stromlos.

Die Steuerdrossel wird besonders bei ungedämpften Sendern großer Leistung mit Vorteil verwendet. Sie ist nicht nur geeignet, Telegraphierzeichen zu tasten, sondern auch hörbare Wechselströme proportional zu steuern. Diese Aufgabe macht sie in der drahtlosen Telephonie geeignet, neben der Elektronenröhre zur Modulation der Schwingungen zu dienen.

14. Die Modulation einer Schwingung besteht darin, daß man ihrer Amplitude einen bestimmten zeitlichen Verlauf erteilt, in praktischen Fällen den Verlauf eines Klanges oder eines bildtelegraphischen Zeichenstroms. Das Tasten kann man als den groben Grenzfall des Modulierens ansehen, in dem nur der Maximalwert der Amplitude eingestellt wird und der Wert Null.

Analytisch gesprochen handelt es sich darum, einen Stromverlauf von der Form $J \cdot \sin \alpha t$ in einen solchen von der Form $J_{(t)} \cdot \sin \alpha t$ zu verwandeln. Bei Sprache und bei Musik setzt sich die Zeitfunktion $J_{(t)}$ aus Schwingungen von der Frequenz aller hörbaren Töne zusammen; es ist also:

$$J_{(t)} = J_0 + \sum^n J_n \cdot \sin \omega_n t \,,$$

wobei ω_n jede hörbare Frequenz sein kann. In der Leitungstelephonie (vgl. ds. Bd., Kap. 1) beschränkt man sich darauf, die Frequenzen zwischen 2000 und 16000 in 2π sec gut zu übertragen, die für die Bildung der Vokale vor allem wichtig sind; in der drahtlosen Telephonie werden aber viel höhere Anforderungen gestellt; die Sprache muß wesentlich treuer wiedergegeben werden, sobald man nicht wechselseitig sprechen kann, weil die Möglichkeit einer Rückfrage fortfällt; und es soll Musik übertragen werden, in der Frequenzen von 60000 in 2π sec einerseits und solche von 200 in 2π sec andererseits noch eine Rolle spielen.

Jedes Glied von der Form $J \cdot \sin \omega t$ in der Summe, aus der sich $J_{(t)}$ zusammensetzt, liefert zu dem modulierten Strom einen Beitrag:

$$J \cdot \sin \alpha t \cdot \sin \omega t = \frac{J}{2} \cdot (\cos(\alpha - \omega) - \cos(\alpha + \omega)) \,.$$

Die mit der Tonfrequenz α modulierte Hochfrequenz ω ist also gleich zwei hochfrequenten Schwingungen, deren Frequenzen um 2ω auseinanderliegen; und wenn die hochfrequente Schwingung mit allen hörbaren Frequenzen moduliert wird, so bedeutet das: es wird ein Band von raschen Schwingungen benutzt, das von der Grundfrequenz ab nach beiden Seiten den Bereich 10000 sec^{-1} mit umfaßt. Man nennt ein solches Frequenzband auch ein Tonspektrum.

Gelegentlich liefern Sender unbeabsichtigt einen modulierten Hochfrequenzstrom. Wird z. B. in einem Röhrensender als Anodenspannung gleichgerichtete Wechselspannung verwendet, so schwankt die Amplitude A_0 des erzeugten Hochfrequenzstromes um einen kleinen Betrag $2a$ im Rhythmus einer Wechselstromkomponente, die bei unvollständiger Gleichrichtung übrig bleibt; der erregte Schwingungsverlauf hat also die Form:

$$J_0 \cdot \sin \omega - a \cdot \cos(\omega + \alpha) + a \cdot \cos(\omega - \alpha) \,,$$

d. h. neben der beabsichtigten Frequenz ω treten noch zwei Nebenfrequenzen auf. Auch bei der Hochfrequenzmaschine von K. Schmidt lassen sich solche Nebenfrequenzen nachweisen; sie entstehen dort, weil die Maschine nicht in jeder Periode dem Schwingungskreise Energie zuführt, sondern gemäß der Ordnung n der entnommenen Oberschwingung nur in jeder $n$ten Periode.

Diese Modulationsvorgänge, die als Schönheitsfehler gelegentlich in Sendern auftreten können, sind in der Erregungsweise begründet und werden nicht durch eine beabsichtigte Steuerung hervorgerufen. Das Zustandekommen einer der Schallerregung proportionalen Modulation setzt voraus, daß elektrische Schallwandler (Mikrophone) verwendet werden, die einen Wechselstromverlauf liefern, der ein formgetreues Abbild der Schallbewegung darstellt.

15. Mikrophone. Die in der Leitungstelephonie verwendeten Kohlekörnermikrophone erfüllen ihren Zweck, wenn sie im Gebiet der am besten hörbaren Töne, d. h. in einem einigermaßen breiten Bereich über und unter der Frequenz 1000 sec^{-1}, empfindlich und proportional arbeiten. Bei der Massentelephonie, die sie zu versorgen haben, können Verstärkereinrichtungen nur für große Entfernungen aufgewendet werden; darum kommen nur solche Mikrophone in Betracht, die eine Belastung von 1 Watt aushalten, und darum können die Mikrophone nicht beliebig verfeinert werden. Anders liegt die Aufgabe in der drahtlosen Telephonie: Bei einem Rundfunksender spielt der Aufwand keine Rolle, den Verstärkermittel verursachen, und man kann darum wesentlich zartere Mikrophone benutzen, die allerdings nur sehr schwache Sprechströme liefern, so daß man mehr Verstärker aufwenden muß, um die zur Steuerung erforderlichen Leistungen zu erhalten; dafür erreicht man aber eine genügend schalltreue Stromkurve auch im Gebiet höherer Frequenzen. Die Membranen der üblichen Mikrophone weisen die Fähigkeit auf, Eigenschwingungen auszuführen, und bevorzugen darum bei der Schalltransformation ihre elastischen Eigenfrequenzen; auch hierdurch werden Verzerrungen bedingt. Ein für drahtlose Telephonie geeignetes Mikrophon, das keine elastische Membran besitzt und besonders feines Kohlepulver benutzt, hat E. REISS angegeben.

Das Bändchenmikrophon von Siemens & Halske besitzt ein Aluminiumband, das in einem kräftigen Magnetfeld hängt und so zart gebaut ist, daß es den Schallbewegungen der Luft folgt; darum entstehen an seinen Enden Spannungen von den Frequenzen der Schallwellen und von Amplituden, die den Schallamplituden proportional sind. Mit diesem Mikrophon sind sehr vollkommene Übertragungen gelungen; es liefert nur kleine Spannungsamplituden, die erst der Verstärkung bedürfen.

Man hat auch das gewöhnliche magnetische Telephon und ebenso das Kondensatortelephon umgekehrt, um Schall in elektrischen Strom zu verwandeln; auch auf diesem Wege sind gute Musikwiedergaben gelungen.

Das Kathodophon von VOGT, MASOLLE und ENGL benutzt einen schmalen Luftspalt im Grunde eines Schalltrichters. Der Spalt wird auf der einen Seite von einem glühenden Nernststift begrenzt, der über einen großen Widerstand auf etwa -800 Volt gegen die andere Seite geladen ist, so daß ein schwacher Strom übergeht; dieser schwankt mit den Schallbewegungen und verursacht damit Spannungsschwankungen an dem Vorschaltwiderstand, die nun durch Verstärkerröhren so lange vergrößert werden, bis sie den Sender zu steuern vermögen.

Bei der Verstärkung der Sprechströme können leicht Verzerrungen der Stromkurve auftreten, wenn in den Verstärkergebilden irgendwelche Stromkreise vorhanden sind, die zu Eigenschwingungen im Frequenzbereich der hörbaren Töne fähig sind; solche Kreise sind unvermeidlich, wenn man mit Spulen großer Selbstinduktion arbeitet, wie sie in Transformatoren vorhanden sind; denn sie bilden mit den Kapazitäten, die ihre Endwindungen gegen das Gehäuse aufweisen, oder mit der Kapazität ihrer Verbindungsleitungen stets Schwingungskreise; darum verwendet man bei proportionaler Verstärkung nicht Transformatorspannungen zum Übergang von einer Verstärkerstufe zur nächsten, sondern den frequenzabhängigen Spannungsabfall an Leitungswiderständen.

16. Verfahren der Steuerung. Ein besonders wirksames Verfahren der Steuerung besteht darin, daß man das Mikrophon in den Antennenkreis unmittelbar einschaltet oder in ein Organ, das ihn verstimmt, oder auch in einen besonderen Absorptionskreis. Leider ist dieses Verfahren auf kleine Sender beschränkt, weil leistungsfähige Mikrophone sich schon in unzulässiger Weise erwärmen, wenn sie mit einigen Watt belastet werden. Wohl sind Kombinationen vieler Mikrophone ersonnen worden, die größere Leistungen aufnehmen können, und auch Konstruktionen, die keine Kohlekörner benutzen, doch ist es nicht gelungen, Starkstrommikrophone für so große Belastungen zu bauen, daß Sender für große Entfernungen mit genügender Sicherheit damit hätten betrieben werden können.

Die Steuerdrossel (Ziff. 13) ist zugleich Verstärker und Modulationsorgan; sie ist von L. KÜHN erdacht und von ihm zur Besprechung des Hochfrequenzmaschinensenders in Nauen (Telefunken) ausgebildet worden. Die spätere Durchbildung stammt von L. PUNGS. Eine bequeme Verwendungsweise der Steuerdrossel besteht darin, daß man sie in den Antennenkreis legt und diesen gegen den Generator so verstimmt, daß kein merklicher Antennenstrom fließt, solange die Drossel nicht besprochen wird, während mit steigender Stärke des Sprechstroms die Verstimmung kleiner wird und der Antennenstrom dementsprechend anwächst.

Eine große Mannigfaltigkeit von Besprechungsweisen ermöglichen die Elektronenröhren. Man kann den Mikrophonstrom dem Heizstrom überlagern, dann ändert sich die Temperatur der Glühkathode im Takt des Schalls und damit die Elektronenemission; indessen erreicht man auf diesem Wege nur bei kleinen Sendern befriedigende Wirkungen, weil die Heizstromleistung verhältnismäßig groß und darum schwer zu steuern ist.

Vielfach hat man Anodenbesprechung angewandt, also die Sprechströme benutzt, um die Spannung an der Anode der Senderöhre zu modulieren und damit die Amplitude der erzeugten Schwingung. Besonders gut sind solche Anodenbesprechungseinrichtungen durchgebildet worden, bei denen ein Modulationsrohr von ähnlicher Größe wie das Senderohr diesem parallel geschaltet ist. Das Gitter dieses Rohres wird besprochen; damit ändert sich sein innerer Widerstand und damit die gemeinsame Anodenspannung, sofern der Anodenstrom über geeignete Wechselstromwiderstände zugeführt wird.

Die Besprechung der Gitterkreise wird ebenfalls vielfach angewendet, und zwar führt man die Spannung, die das Mikrophon liefert, entweder dem Gitter unmittelbar zu, das auch zur Rückkoppelung benutzt wird, oder man verwendet Röhren, die zu dem Zweck mit einem besonderen Gitter, dem Steuergitter, ausgerüstet sind.

In den fremderregten Sendern moduliert man den ersten Schwingungskreis, der auch die Frequenz angibt, und der Antennenstrom wird durch proportionale Verstärkung dieser modulierten Schwingung erzeugt, wobei die erforderliche Verstärkung unter Umständen erst in mehreren Stufen erreicht wird.

So verschieden nun auch die Verfahren der Modulation sind und so zahlreich im besonderen die Schaltungen, welche die Röhrensteuerung zuläßt, so läßt sich der physikalische Vorgang bei der Modulation doch gut übersehen. Zunächst muß die Schwingungserregung so eingestellt sein, daß die Schwingung nach Strom und Spannung den geraden Teil der Kennlinie soeben ganz überstreicht; dann verursacht jede Verlagerung der Gitterspannung, die der Sprechstrom bewirkt, eine Änderung der Schwingungsamplitude, weil der Anodenstrom einerseits keine negativen Werte annehmen und andererseits den Sättigungswert nicht überschreiten kann. Die Amplitudenänderung ist proportional der Verlagerung der Gitterspannung, wenn man von der Krümmung der Kennlinie am Knick absieht, und wenn die Amplitude der Spannungsschwankungen am Gitter kleiner bleibt als die halbe Breite des geraden Teils der Charakteristik. Andernfalls ist die Röhre übersteuert, und der modulierte Strom erscheint verzerrt. Ist die Röhre nicht voll ausgesteuert, d. h. bestreicht die nicht modulierte Schwingung nicht die ganze Spannungsbreite der geraden Strecke der Charakteristik, so ändert sich mit der Verlagerung der Gitterspannung die Amplitude der Schwingung nicht, sondern sie findet mit derselben Amplitude in einem andern Spannungsbereich der Charakteristik statt; aber eine Modulation kommt nicht zustande; man spricht in diesem Falle davon, daß die Röhre nicht vollständig ausgesteuert ist.

d) Die Empfänger.

17. Die Verwandlung von Schwingungen in Gleichstrom kann als das Grundproblem der Empfänger gelten, solange es keine Mittel gibt, um die empfangenen hochfrequenten Schwingungen unmittelbar, d. h. ohne den Umweg über Gleichströme, wahrnehmbar zu machen. Zwar gibt es solche Mittel für kräftigere Schwingungen; hierher gehören z. B. die Hitzdrahtamperemeter mit ihren empfindlichsten Abarten, die Fadenelektrometer oder die Kondensatortelephone; doch erreichen diese Mittel nicht die Empfindlichkeit, mit der wir gleichgerichtete Spannungen nachweisen können; außerdem haben wir in den Verstärkerröhren ein so leistungsfähiges Gerät, um die gleichgerichteten Spannungen um viele Zehnerpotenzen zu erhöhen, daß der Umweg über Gleichrichter (vgl. Bd. XVI) nicht hinderlich sein kann.

Wenn in diesem Zusammenhang von Gleichrichtung gesprochen wird, so kann es sich nicht um die Erzeugung von Strömen oder Spannungen handeln, die über Zeiträume konstant bleiben, in denen wir körperliche Bewegungen ausführen, sondern nur über 10^{-4} sec, so daß keine hochfrequenten Schwankungen mehr vorhanden sind, wohl aber die Änderungen im tonfrequenten Gebiet. Die Verwandlung von moduliertem Hochfrequenzstrom in Sprechstrom fällt also unter das Problem.

Der Grundsatz, der die Umwandlung von Wechselstrom in Gleichstrom beherrscht, ist von GEITLER[1]) aufgestellt worden. Er besagt, daß in einem Stromkreise, der mindestens einen Widerstand und eine Spule enthält, eine rein periodische elektromotorische Kraft immer dann einen Gleichstrom hervorzurufen vermag, wenn der Widerstand veränderlich ist; dabei besteht keine Voraussetzung darüber, ob der Widerstand durch äußeren Eingriff verändert wird, oder ob der Strom selbst die Größe des Widerstandes ändert.

Ein jeder Empfänger hat die Aufgabe, zunächst die einfallenden elektromagnetischen Wechselfelder in stehende Schwingungen im Antennenkreise zu verwandeln; dies wird durch zweckmäßigen Bau der Antenne erreicht und durch die Abstimmittel, welche eine Eigenschwingung des Antennenkreises, und zwar normalerweise seine Grundschwingung, mit der Frequenz der einfallenden Welle in Einklang bringen; hierzu dienen veränderliche Spulen und Kondensatoren in einer großen Mannigfaltigkeit von möglichen Schaltungen. Der Antennenkreis wird meist mit einem besonderen Stromkreise gekoppelt, der das gleichrichtende Organ enthält; nur selten wird es im Antennenkreise selbst benutzt; ob die Koppelung dabei direkt oder rein magnetisch ist, kann von Zweckmäßigkeitsgründen abhängig gemacht werden und spielt keine grundsätzliche Rolle.

Die Organe, welche der Gleichrichtung der empfangenen Hochfrequenzströme dienen, heißen Indikatoren oder Detektoren. Sie liefern in der Telegraphie sog. Gleichstromstöße und in der Telephonie den demodulierten hörbaren Strom. Die Gleichstromstöße werden entweder einem Telephon als Anzeigeinstrument zugeführt oder einem elektrischen Schreib- oder Druckapparat; der durch die Demodulation gebildete Sprechstrom wird telephonisch wahrnehmbar gemacht. In welchem Umfange es dabei nötig ist, von Relais oder Verstärkern Gebrauch zu machen, hängt von der Stärke der empfangenen Zeichen einerseits und der Empfindlichkeit der Anzeigeeinrichtung andererseits ab.

18. Bewegte Kontakte. Die Widerstandsänderung, die nach GEITLERS Grundsatz erforderlich ist, um in einem von Wechselstrom durchflossenen Stromkreise eine Gleichspannungskomponente entstehen zu lassen, wird bei dem von POULSEN angegebenen Ticker durch äußeren Eingriff herbeigeführt. Der Ticker

---

[1]) J. v. GEITLER, Verh. d. D. Phys. Ges. Bd. 11, S. 444. 1909.

ist ein vibrierender Kontakt, der durch einen Selbstunterbrecher (nach Art des WAGNERschen Hammers) bewegt wird; damit die Kontakte nicht durch Oxydation verderben können, sind sie aus Edelmetall hergestellt. Der Widerstand wird ungefähr hundertmal in jeder Sekunde zwischen den Werten Null und unendlich verändert. Die Wirkungsweise läßt sich leicht übersehen: in den Zeiten, wo der Kontakt *T* geschlossen ist (Abb. 6), vermag der Stromkreis, in dem er liegt, Schwingungen aufzunehmen, die aus dem Antennenkreise induziert werden; dieser Stromkreis besteht aus einer hochfrequenzfähigen Spule *S* und einem Sperrkondensator *K*; jene führt Strom, dieser Spannung, sobald in der Antenne Schwingungen auftreten. Wird der Ticker *T* geöffnet, so bleibt der Kondensator geladen zurück und findet über das Telephon *F* einen Weg, um sich alsbald zu entladen; die rasche Schwingung kann in dem Telephon wegen seiner hohen Selbstinduktion nicht fließen. Wenn man mit dem Ticker ungedämpfte Wellenzüge empfängt, so wird also die Membran des Fernhörers so oft angezogen, als der Tickerkontakt sich öffnet. Für Telephonieempfang ist er darum ungeeignet, weil er den Charakter einer modulierten Schwingung nicht wiederzugeben vermag, sondern nur das Geräusch des Unterbrechers zu Gehör bringt; dagegen war er für den Empfang telegraphischer Zeichen, die mit ungedämpften Wellen gesendet werden, lange Zeit der einzige Detektor.

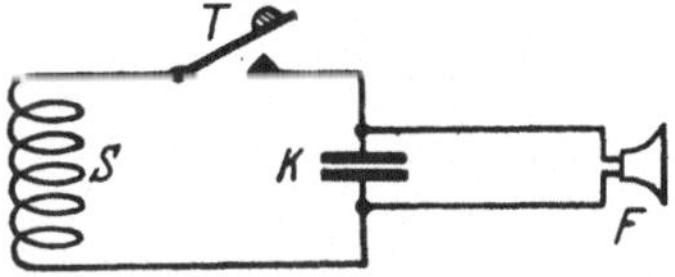

Abb. 6. Tickerschaltung.

Eine Abart des Tickers ist der Schleifer. Er benutzt nicht Goldfedern, die mit elektromagnetischem Antrieb zur Berührung gebracht werden; sondern ein Metallstift schleift mit leisem Druck auf einer polierten Platte, die durch ein Uhrwerk in dauernder Rotation gehalten wird. Der Übergangswiderstand zwischen Stift und bewegter Platte ändert erfahrungsgemäß beständig seinen Wert, obgleich der Stift keine sichtbaren Bewegungen ausführt.

Eine zweite Abart des Tickers, die aber jetzt auch durch die Elektronenröhren verdrängt ist, stellt das Tonrad von R. GOLDSCHMIDT dar. Es besteht in einem metallisch gezahnten Rade, das durch einen Motor in schneller Umdrehung gehalten wird; auf der Peripherie schleift eine Kontaktbürste, die abwechselnd Kontakt und Unterbrechung herstellt, in einem Rhythmus, der durch feine Zahnteilung und schnelle Umdrehungszahl in das hochfrequente Gebiet gelegt ist. Die Frequenz der Unterbrechungen wird um etwa 1000 sec^{-1} neben die Frequenz der empfangenen elektrischen Welle gelegt; dann tritt ein Schwebungsvorgang ein, und die Periode (0,001 sec) dieser Schwebung wird im Telephon als Ton hörbar.

19. Detektoren für Scheitelwerte. Lose Kontakte zwischen Metallkörpern zeigen hohe Widerstände von vielen tausend Ohm, die durch nichtleitende Oberflächenschichten verursacht werden; unter dem Einfluß von kleinen Spannungen von der ungefähren Größe 0,1 Volt sinkt dieser hohe Widerstand auf kleine Werte herab, unter 1 Ohm, indem die nichtleitende Oberflächenschicht zerstört wird. Diese Widerstandsänderung kommt zustande, selbst wenn die Spannung nur 10^{-8} sec lang wirkt; und sie ist dauernd; doch kann sie durch eine leichte Erschütterung der Kontaktkörper wieder beseitigt werden.

Auf diesem Verhalten der losen Metallkontakte beruht ihre Verwendung als Detektor, die beim Fritter stattfindet: Metallpulver wird zu den Belegungen eines Abstimmkondensators parallel gelegt; fällt ein Wellenzug ein, so verliert das Metallpulver seinen hohen Widerstand, es frittet, und schließt damit einen Gleichstromkreis, der das elektromagnetische Relais für einen Morseapparat und für einen Erschütterungsapparat betätigt, den sog. Klopfer, der dem Fritter seinen hohen Widerstand zurückgibt und ihn damit zum Empfang des nächsten Wellenzuges vorbereitet. Der Fritter kann also seiner Verwendungsweise nach als ein Detektor aufgefaßt werden, der als Gleichrichter und Verstärker zugleich wirkt. Da seine Widerstandsänderungen der angelegten Spannung nicht proportional sind, sondern andauern, so ist der Fritter nur für Telegraphierzwecke brauchbar, wo nur Nullstrom und Zeichenstrom gebildet zu werden braucht, nicht aber für die Zwecke der drahtlosen Telephonie. In der Leitungstelephonie hat der Fritter in der Form der STEIDLEschen Sicherung Verwendung für Spannungsschutz gefunden.

Spricht der Fritter auf Augenblickswerte der Spannung an, so reagiert der Magnetdetektor auf momentane Stromwerte. Er beruht auf der folgenden von RUTHERFORD gefundenen Erscheinung: Wenn man Eisen ummagnetisiert (z. B. indem man es zwischen den Polen eines permanenten Magneten dreht), so folgt seine Magnetisierung dem erregenden Felde gemäß der Hysteresiskurve, solange keine Störung erfolgt; wird jedoch ein zusätzliches Feld auch nur für kurze Zeit überlagert, so wird die Hysteresis aufgehoben, und die Magnetisierung erfährt dementsprechend eine sprunghafte Änderung. Das zusätzliche Feld wird in der drahtlosen Telegraphie durch die einfallende elektrische Welle hervorgerufen; die sprunghafte Feldänderung, die sie verursacht, genügt, um ein Telephon zu erregen, so daß die ankommenden Wellenzüge hörbar werden.

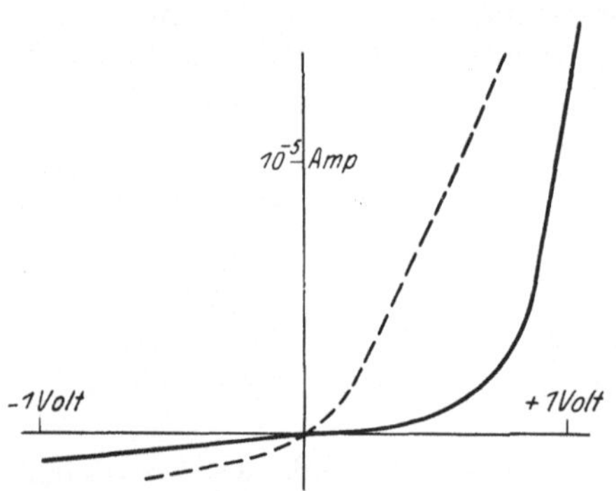

Abb. 7. Charakteristik des Detektors.

Die Ausführungsformen, die der Magnetdetektor gefunden hat, sind mannigfaltig gewesen; seine Wirkungsweise läßt sich der des Fritters vergleichen: Beim Fritter erfolgt eine sprunghafte Änderung des Leitungswiderstandes unter dem Einfluß eines Scheitelwertes der Spannung; beim Magnetdetektor wird ein induktiver Widerstand unter dem Einfluß eines momentanen Stromwertes sprunghaft geändert.

20. Integrierende Detektoren. DRUDE hat die unübersehbare Zahl der Detektoren in zwei Gruppen eingeordnet gemäß ihrer physikalischen Wirkungsweise, nämlich in solche, die auf Momentanwerte ansprechen, und solche, die über die Zeit integrieren. In jeder dieser Hauptgruppen hat man unterschieden zwischen solchen Detektoren, die auf Strom ansprechen, und solchen, die durch Spannung erregt werden. Der Fritter ist der wichtigste Repräsentant der Detektoren, die Momentanwerte der Spannung anzeigen, während der Magnetdetektor in besonders reiner Form auf Momentanwerte des Stromes anspricht.

Die Detektoren, die mit Scheitelwerten arbeiten, sind veraltet, und nur ihr Prinzip bietet noch Interesse. Die Röhrenempfänger, die heute in der Hochfrequenztechnik herrschen, zeigen in der Hauptsache Integralwerte der Spannung an. Daneben sind die Kristalldetektoren im Gebrauch, die Stromintegrale anzeigen. Die integrierenden Detektoren sind für den Empfang der telephonischen Zeichen ebensogut zu verwenden wie in der Telegraphie.

21. Kristalldetektoren (vgl. Bd. XVI). Eine Kristallfläche bildet einen losen Kontakt mit einer Metall- oder Graphitspitze. Der Übergangswiderstand zwischen dem leitenden Kristall und dem Metall hängt dann erfahrungsgemäß von der angelegten Spannung ab. Eine Kurve, welche die Abhängigkeit des Stromes von der angelegten Spannung darstellt, ist darum gekrümmt (Abb. 7).

Der Verlauf der Strom-Spannungs-Charakteristik eines Detektors hängt von dem Druck an der Berührungsstelle ab und von dem gewählten Material; er ändert sich sogar bei demselben Material mit der Stelle der Berührung. Die intermolekularen Vorgänge, welche bei der Detektorwirkung im Spiele sind, hat GÜNTHER-SCHULZE dargestellt. Je nach dem Verhalten eines Detektors hat man versucht, seine Wirkung auf thermoelektrische Kräfte zurückzuführen oder auf elektrolytische Polarisation. Der erstere Erklärungsversuch drängt sich in solchen Fällen auf, wo der Detektor bei Erwärmung elektrische Spannung erzeugt, der zweite in solchen, wo die Empfindlichkeit durch eine Hilfsspannung vergrößert wird.

Als Material für die Detektoren eignen sich die meisten schwefelhaltigen Kristalle, also Kiese, Glanze und Blenden, außerdem besonders Silizium. Die Individuen, Flächen und Berührungsstellen werden empirisch nach ihrer Empfindlichkeit ausgesucht. Manche Detektoren zeigen bei geringem Druck eine besonders hohe Empfindlichkeit, z. B. der vielbenutzte Bleiglanzdetektor, sind aber dafür bei geringen mechanischen Erschütterungen sehr veränderlich; andere wieder, z. B. der Pyritdetektor, lassen einen stärkeren Druck zu und sind darum unempfindlich gegen Erschütterungen; dagegen verlieren sie schon bei geringen elektrischen Überlastungen ihre Empfindlichkeit, vermutlich weil eine Fritterwirkung eintritt; solche Überlastungen rufen schon die sog. luftelektrischen Störungen hervor, mit denen man immer rechnen muß.

Einen rein elektrolytisch wirkenden Detektor stellt die Schlömilchzelle dar. Sie enthält einen dünnen Platindraht, dessen Ende mit Schwefelsäure in Berührung steht; an die Berührungsfläche wird eine Gleichspannung angelegt, die der Zersetzungsspannung nahekommt; wenn dann hochfrequente Wechselspannungen einfallen, so können nur diejenigen Halbwellen einen Strom verursachen, die vermöge ihres Vorzeichens die Berührungsfläche depolarisieren; die Schlömilchzelle stellt darum einen elektrolytischen Gleichrichter zartester Bauweise dar, der bei besonders kleinen Beanspruchungen wirksam ist.

Wenn der Übergangswiderstand des Detektors dem Ohmschen Gesetz folgen würde, so würde jede Spannung V, die angelegt wird, einen proportionalen Strom:

$$J = a \cdot V$$

verursachen; wenn also V eine periodische Funktion der Zeit ist, so entsteht ein unverzerrter Strom mit demselben zeitlichen Verlauf. Bei gekrümmter Charakteristik, also wenn der Übergangswiderstand in seinem Verhalten vom Ohmschen Gesetz abweicht, hat die Gleichung zwischen Strom und Spannung die Form:

$$J = \sum_{1}^{\infty} {}^{n} a_n \cdot V^n .$$

Ist die einfallende Spannung V eine rein periodische Zeitfunktion von der Form:

$$V = V_0 \cdot \sin \omega t ,$$

so wird:

$$J = V_0^n \cdot \sum a_n \cdot \sin^n \omega t .$$

Das erste Glied der Summe enthält nur die Frequenz ω, das zweite lautet:

$$a_2 \cdot \sin^2 \omega t = \frac{a_2}{2} \cdot (1 - \cos 2 \omega t) ,$$

trägt also einen Gleichstrom und einen Wechselstrom von doppelter Frequenz bei, das nächste Glied fügt die dritte Oberschwingung hinzu usf. Der bei gekrümmter Charakteristik auftretende Gleichstrom bzw. demodulierte Hochfrequenzstrom wird im Telephon hörbar gemacht, während die hochfrequenten Stromanteile über einen zum Telephon parallelen Sperrkondensator fließen.

Der Stromkreis, in dem der Detektor liegt, ist der sog. aperiodische Detektorkreis (Abb. 8). Er enthält eine Spule S, die irgendwie, direkt oder induktiv, mit dem Antennenkreise oder mit einem Zwischenkreise gekoppelt ist, ferner den Detektor D und einen Sperrkondensator K, dessen Kapazität so gewählt wird, daß er den tonfrequenten Vorgängen einen großen Widerstand bietet, für die hochfrequenten Vorgänge dagegen praktisch einen Kurzschluß darstellt; dieser Zweck wird im allgemeinen durch Kapazitäten von 1/200 Mikrofarad erfüllt. Die gebräuchlichen Detektoren richten den Hochfrequenzstrom mit beträchtlicher Amplitude gleich; darum verschwindet mit dem Einschalten des Detektors die Abstimmfähigkeit seines Stromkreises, und man spricht darum vom aperiodischen Detektorkreis.

Parallel zum Sperrkondensator ist das Telephon F geschaltet; die Zuleitungsschnur stellt für die hochfrequenten Schwingungen einen Kondensator dar, dessen Kapazität sich je nach ihrer Bauart auf ein mehr oder weniger hohes Vielfache von 100 cm beziffert. Beim Empfang kurzer Wellen genügt diese Kapazität, um das Telephon für die Schwingungen kurzzuschließen, und es bedarf dann keines besonderen Sperrkondensators.

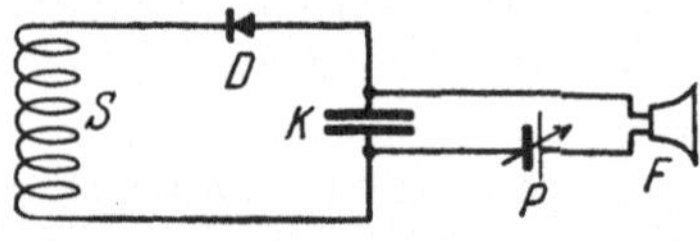

Abb. 8. Aperiodischer Detektorkreis.

Je stärker die Krümmung der Charakteristik ist, um so vollständiger ist die Gleichrichterwirkung. Viele Detektoren haben die angenehme Eigenschaft, in der Nähe des Nullpunktes starke Krümmung zu zeigen (vgl. die punktierte Kurve in Abb. 7) oder durch Auswahl der Berührungsstelle und des Berührungsdruckes eine am Nullpunkt stark gekrümmte Charakteristik finden zu lassen. In Fällen, wo dies nicht gelingt (vgl. die ausgezogene Kurve in Abb. 7), kann man eine Gleichspannung überlagern, die den Arbeitspunkt in ein Gebiet starker Krümmung verlegt. Hierzu dienen die sog. Potentiometer P in Abb. 8, das sind stromdurchflossene Widerstände, von denen man einstellbare Spannungen abzweigt.

Die Vorzüge der Kristalldetektoren kommen besonders zur Geltung, wenn man sie in Verbindung mit dem Telephon benutzt, also beim Telephonieempfang und beim Empfang hörbarer Telegraphierzeichen; da der mittlere Widerstand eines Detektors in der Gegend von 10^4 bis zu 10^5 Ohm zu liegen pflegt, so müssen auch die verwendeten Telephone einen hohen Wechselstromwiderstand aufweisen, wenn sie die Leistung des gleichgerichteten Detektorstromes mit gutem Wirkungsgrad aufnehmen sollen; darum stellt man ihre Wickelungen aus vielen Windungen besonders dünnen Drahtes her, die dann freilich auch einen großen Gleichstromwiderstand aufweisen, nämlich rund 1000 bis 5000 Ohm. Sind nur Telephone mit niedriger Selbstinduktion vorhanden, so kann man einen Transformator zwischenschalten, der die Spannung herabtransformiert. Wird ein Potentiometer benutzt, so kommt im Telephon bzw. im Transformator ein dauernder Gleichstrom zustande, der die Magnetisierung in günstigem oder in ungünstigem Sinne beeinflussen kann.

22. Verstärker. In der Leitungstelegraphie sind von jeher elektromagnetische Relais verwendet worden, das sind elektromagnetisch bewegte Kontakte, die durch den schwachen ankommenden Zeichenstrom betätigt werden und einen Arbeitsstrom ein- und ausschalten, der stark genug ist, um einen Schreib- oder Druckapparat zu betätigen. Auch in der drahtlosen Telegraphie macht man von solchen Relais Gebrauch; schon beim Fritterempfang waren sie notwendig, weil der Fritterstrom zu schwach war, um einen Morseschreiber zu betreiben, aber genügte, um ein empfindliches Relais ansprechen zu lassen.

Daneben hat das Bedürfnis bestanden, Telephonrelais zu besitzen, solange es Telephonie gibt, also Relais, die einen starken Strom so steuern, daß er alle Schwankungen eines schwachen Stromes getreu wiedergibt, einen Telephonstrom also proportional verstärkt. Diese Aufgabe ist wesentlich schwieriger als die des Telegraphenrelais, das nur ein- und ausschalten soll. Es ist darum auch lange Zeit keine gute Lösung geglückt, bis die Elektronenröhre eingeführt wurde und die grundsätzlichen Schwierigkeiten überwand. Vor ihrer Einführung wurden die besten Erfolge mit Membranen erzielt, die auf der einen Seite einer Telephonanordnung zugehörten und durch den zu verstärkenden Strom bewegt wurden; auf der andern Seite war sie als Membran eines Mikrophons ausgebildet, das mit stärkerem Strom betrieben werden konnte. Diese Telephonrelais waren sehr unvollkommen, weil die träge Membranmasse nicht die raschen Vorgänge getreu wiedergeben kann, die zur unverzerrten Verstärkung der Sprache oder Musik nötig sind; vielmehr bevorzugt jede Membran bestimmte Tonlagen in der Nähe ihrer Eigenschwingung, und man muß sich darauf beschränken, diese bevorzugten Frequenzen in das Gebiet der am besten hörbaren Töne zu verlegen, also in die Gegend von 800 bis 1000 sec^{-1}.

In den Elektronenröhren bewegen sich keine materiellen Teilchen, sondern die wenig trägen Elektronen, und darum werden keine Trägheitserscheinungen merklich, selbst wenn man Vorgänge verstärkt, die sich in weniger als 10^{-8} sec abspielen, also mit den kleinsten Frequenzen, die man mit Röhrensendern herstellt. Insofern ist die Elektronenröhre ein sehr vollkommenes Verstärkerorgan.

Die Anforderungen, die an einen Lautverstärker zu stellen sind, unterscheiden sich nicht unwesentlich, je nachdem er der Übertragung von Sprache oder Musik dienen soll, und je nachdem er in der Leitungstelephonie verwendet wird oder im drahtlosen Betrieb. Am einfachsten liegt die Aufgabe im Fernsprechbetrieb auf Leitungen; man begnügt sich damit, Sprache zu übertragen, und auch nicht den ganzen akustischen Sprachbereich, der das ganze Gebiet der hörbaren Töne umfaßt, sondern nur den Frequenzbereich der zur Bildung der wichtigsten Vokale nötig ist, nämlich die Frequenzen zwischen 300 und 2400 sec^{-1}. Raschere Vorgänge formgetreu verstärken zu wollen, hätte keinen Wert, weil die Pupinkabel, mit denen wir die Sprechströme übertragen, infolge ihrer Bauweise keine höheren Frequenzen hindurchlassen.

Beim Telephonieren auf Leitungen rät man die Sprache zum größten Teil aus dem Zusammenhang, und wenn man nicht verstanden hat, so besteht die Möglichkeit, im Wechselgespräch zu wiederholen. Auch regelt sich durch das wechselseitige Sprechen von selbst die zur Übertragung günstigste Lautstärke, alles Gründe, die dazu führen, sich mit einem verhältnismäßig engen Amplituden- und Frequenzbereich der Lautverstärkung zu begnügen; die Aufgabe der Fernsprechverstärkertechnik ist erfüllt, wenn es gelingt, Sprechströme von Leistungen zwischen 0 und 10^{-3} Watt und von Frequenzen zwischen 200 und 2400 sec^{-1} so formgetreu auf das 10fache der Leistung zu übertragen, daß selbst nach mehreren Verstärkerstufen die Sprache noch nicht unverständlich wird.

Wesentlich größer sind die Anforderungen, die in der drahtlosen Telephonie an die Verstärker zu stellen sind, besonders in ihrem wichtigsten Betätigungsgebiet, dem Rundfunk; einmal fällt der für die Verständigung wesentliche wechselseitige Sprechverkehr fort, und zweitens soll nicht nur Sprache einer begrenzten Intensität übertragen werden, sondern auch Musik, also der ganze Bereich der musikalisch wertvollen Töne mit den Frequenzen zwischen 30 und 13000 sec^{-1}, und zwar von den geringen Intensitäten eines Flötensolos an bis hinauf zu den großen Schallwirkungen eines Orchesters. Die Elektronenröhre wird diesen Anforderungen in hohem Maße gerecht; die Schwierigkeit einer unverzerrten Übertragung liegt vorwiegend bei den Schallwandlern, also bei den Mikrophonen und den Telephonen.

Die Aufgabe der Verstärker in der drahtlosen Empfängertechnik besteht entweder darin, unhörbar leise Sprechströme im Kopffernhörer wahrnehmbar zu machen, oder die Intensität der empfangenen Ströme so zu steigern, daß sie mit lautsprechenden Telephonen zu Gehör gebracht werden können; dabei kann die Verstärkung vor der Gleichrichtung vorgenommen werden; in diesem Falle spricht man von Hochfrequenzverstärkern; oder der gleichgerichtete Strom wird verstärkt (Niederfrequenzverstärker); vielfach werden auch Verstärkermittel vor und hinter dem Detektor angewendet.

Die große Beweglichkeit der Elektronen bringt es mit sich, daß die Röhren bei Vorgängen, die sich in 10^{-8} sec abspielen, sich nicht anders verhalten als bei statischen Vorgängen. Die Eigenschaften, die sie unter der Einwirkung von Gleichspannungen zeigen, bestimmen darum auch ihr Verhalten bei Wechselspannungen bis hinauf in das Gebiet der hochfrequenten Ströme.

Die Röhrenkennlinien (z. B. Abb. 4) sind der graphische Ausdruck für die Röhreneigenschaften. Sie werden mit Gleichspannungen bestimmt und gelten auch für die Frequenzen der drahtlosen Telegraphie. Analytisch beschreibt man die Röhreneigenschaften durch die Steilheit S der Charakteristik, die durch die Gleichung definert wird:

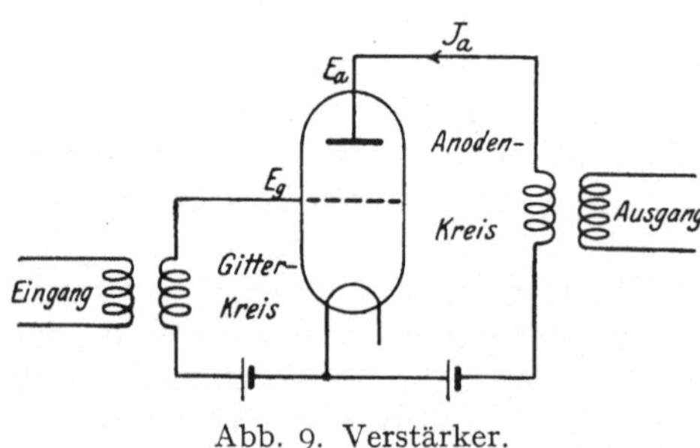

Abb. 9. Verstärker.

$$S = \left(\frac{\partial J_a}{\partial E_g}\right)_{E_a = \text{konst.}}$$

sowie durch den Durchgriff:

$$D = \left(-\frac{\partial E_g}{\partial E_a}\right)_{J_a = \text{konst.}}$$

Mit diesen beiden Eigenschaften ist der innere Röhrenwiderstand R durch die Beziehung verknüpft:

$$R = \frac{1}{SD} = \left(\frac{\partial E_a}{\partial J_a}\right)_{E_g = \text{konst.}}$$

In Abb. 9 ist eine besonders einfache Verstärkeranordnung dargestellt. An der Eingangsseite beschickt der Gitterkreis das Gitter mit einer konstanten Spannung und einer durch die Sprechströme hervorgerufenen Wechselspannung. Auf der Ausgangsseite tritt ein Anodenstrom auf, der sich zusammensetzt aus einem konstanten Strom und dem verstärkten Sprechstrom.

Damit der verstärkte Strom J_a der Gitterspannung E_g proportional ist, muß die Röhre in ihrem geradlinigen Teil arbeiten. Durch diese Forderung findet die Amplitude des verstärkten Stromes ihre Begrenzung. Um den gradlinigen Teil gut auszunutzen, wählt man Anoden- und Gitterspannung so, daß ohne Gitterspannung die Röhre in der Mitte des geraden Teiles sich befindet. Die konstante Gitterspannung wählt man am besten negativ aus folgendem Grunde: Wenn ein elektrisches Feld vom Gitter zur Anode geht, so fließt Strom von der Glühkathode zum Gitter; dieser Gitterstrom verursacht eine unter Umständen merkliche Verzerrung; vor allem aber verursacht er eine Wärmeentwicklung auf Kosten des zu verstärkenden Stromes, wodurch die Amplitude der Gitterwechselspannung und damit der Verstärkungsgrad herabgesetzt wird.

Meist kann man eine besondere Gleichspannung am Gitter vermeiden, indem man Röhren verwendet, bei denen der untere Knick der Charakteristik bei bequemer Anodenspannung schon weit im Gebiet negativer Gitterspannung liegt. Bei Oxydkathodenröhren, die keinen ausgeprägten Sättigungsstrom zeigen, tritt an die Stelle des oberen Knicks der Charakteristik die Grenze der zulässigen Beanspruchung.

Je steiler die Charakteristik verläuft, um so größere Änderungen des Anodenstromes verursacht eine bestimmte Änderung der Gitterspannung, um so größer ist also die Verstärkung. Die elektromotorische Kraft, welche den Wechselstromanteil des Anodenstromes bestimmt, also den verstärkten Strom, ist nach der Definition des Durchgriffs der durch D dividierten Gitterwechselspannung gleich. Darum ist ein kleiner Durchgriff zur Erzielung großer Verstärkung günstig. Andererseits hat ein kleiner Durchgriff einen großen inneren Widerstand der Röhre zur Folge, und um trotzdem im Anodenkreis mit gutem Wirkungsgrad die Stromleistung zu beeinflussen, muß auch der äußere Wechselstromwiderstand des Anodenkreises groß sein, am besten gleich dem inneren. Diese Forderung ist praktisch schwer zu erfüllen, ohne daß neue Störungen in Kauf genommen werden müssen, und man wählt darum in der Praxis Röhren, deren Durchgriff in der Nähe von 0,1 liegt.

Zum Teil benutzt man auch Röhren mit zwei Gittern, und dabei ergeben sich zwei Verwendungsweisen: Entweder benutzt man das innere, der Glühkathode zugewandte Gitter zur Steuerung und legt die konstante Hilfsspannung an das zweite, äußere Gitter, das man dann als Anodenschutznetz bezeichnet; oder man steuert mit dem äußeren Gitter und erteilt dem inneren eine positive Spannung, so daß der Emissionsstrom gesättigt ist und keine Raumladung mehr jenseits des ersten Gitters auftritt. In dieser Verwendungsart nennt man das zweite Gitter Raumladenetz; es ermöglicht eine besonders steile Charakteristik, so daß der Durchgriff der Röhre klein sein kann, ohne daß der innere Widerstand unzulässig große Werte annimmt, und man mit kleinerer Anodenspannung auskommt.

Genügt die Verstärkung nicht, die man mit einer Röhre erreicht, so kann man mehrere Verstärkeranordnungen stufenweise hintereinander schalten. Bei der Schaltung nach Abb. 9 dient dann der Ausgangstransformator der ersten Röhre zugleich als Eingangstransformator der zweiten Stufe usf.; dabei bietet es keine erheblichen schalttechnischen Schwierigkeiten, in allen Stufen dieselbe Heizbatterie und dieselbe Anodenbatterie zu verwenden.

Begrenzt ist die Möglichkeit der Verstärkung einmal durch die unvermeidlichen Verzerrungen, die zwar in einer Stufe noch unmerklich sein können, die sich aber in allen Stufen potenzieren und darum schließlich den Klang verderben. Zweitens bilden alle Konstruktionsteile elektrische und magnetische Streufelder, die sich durch geschickte Bauweise verringern lassen, aber nicht völlig vermieden werden können. Infolgedessen erregen die Streufelder der späten Stufen die Gitter der hochempfindlichen Anfangsstufen, und das ganze Mehrfachverstärkergebilde läßt sich schließlich nicht mehr vor Selbsterregung bewahren. Aus diesen Gründen wendet man selten mehr als vier Verstärkerstufen an.

Die Frequenz der selbsterregten Schwingungen liegt oft im Gebiet der hörbaren Töne, und man spricht dann vom Pfeifen der Verstärker. Die selbsterregten Schwingungskreise besitzen als Spulen die Transformatorspulen oder auch die Magnete der Telephone. Die Selbstinduktion dieser Spulen hat im allgemeinen Werte zwischen 0,1 und 100 Henry für sehr kleine Strombelastung; im Gebiet der magnetischen Sättigung des Eisenkerns erscheint sie rund 25 mal kleiner; dieser Sättigungszustand wird oft schon durch den Anodengleichstrom hervorgerufen. Darum finden sich in den Stufenverstärkern mit Transformatoren immer Spulen von solcher Größe vor, daß Kondensatoren schon bei 10 cm Kapazität mit ihnen Schwingungskreise von hörbaren Eigenfrequenzen bilden können. Darum genügt die Kapazität, welche die Endwindungen eines Transformators gegen sein Gehäuse oder den Eisenkern aufweisen, um Schwingungskreise von hörbarer Eigenfrequenz zu definieren; ebenso genügt hierfür die Kapazität der unvermeidlichen Verbindungsleitungen, der Röhrenelektroden und Röhrensockel, der Schalter, Sicherungen und Verbindungsklemmen.

Für Telegraphie hat man die Eigenschwingung der Transformatorspulen auch absichtlich mit der Tonfrequenz der Telegraphierzeichen in Einklang gebracht, um diese besonders gut zu verstärken und über alle etwaigen Störungen herauszuheben, sie also gleichsam auszusieben; für Telephoniezwecke sind sie aber immer schädlich; denn auch wenn sie nicht zu einem Pfeifen der Verstärker führen, so verursachen sie notwendig Verzerrungen.

Mit steigender Frequenz nimmt die Wirkung der Streufelder zu, und darum gelingt eine stufenweise Verstärkung hochfrequenter Ströme mit magnetischer Transformation sehr schwer, und im Gebiet kurzer Wellen ist Selbsterregung unvermeidlich. Man verwendet darum zur Übertragung vom Anodenkreise einer Röhre auf den Gitterkreis der folgenden die sog. Widerstandsübertragung, die keine schwingungsfähigen Gebilde enthält. Sie ist in Abb. 10 dargestellt und wird für Hochfrequenzverstärker ausschließlich angewendet, aber auch im tonfrequenten Gebiet mit Vorteil benutzt, wenn eine gute Wiedergabe von Sprache oder Musik erforderlich ist.

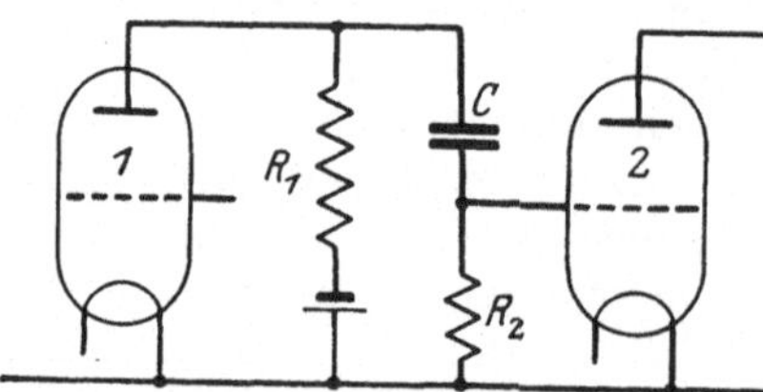

Abb. 10. Widerstandsverstärker.

Bei dieser Anordnung wird in den Anodenkreis der ersten Röhre (*1*) ein Widerstand gelegt, dessen Größe R_1 dem inneren Röhrenwiderstand ähnlich ist, für die gebräuchlichen Verstärkerröhren also zwischen 10^4 und 10^5 Ohm liegt. Dann sind die Schwankungen der Anodenspannung am größten; sie werden dem Gitter der zweiten Röhre (*2*) zugeführt, und zu dem Zweck wird eine direkte Verbindung gelegt, in die ein Kondensator C eingeschaltet ist, der die Anodengleichspannung der ersten Röhre vom Gitter der zweiten fernhält, aber groß genug ist, um die Spannungsänderungen praktisch unvermindert zu übertragen; hierzu ist nötig, daß seine Kapazität groß ist gegenüber der des Gitters, die meistens zwischen 5 und 10 cm liegt; darum pflegt man dem Kondensator C eine Kapazität zu geben, die zwischen 300 und 500 cm liegt. Damit das Gitter der zweiten Röhre nicht durch den Elektronenstrom auf immer steigende negative Spannung geladen wird, legt man ihm einen Widerstand R_2 parallel; seine Größe wird so bemessen, daß die Zeit $C_g \cdot R_2$, die das Gitter mit seiner Kapazität C_g braucht, um auf dem e-ten Teil seiner Spannung zu sinken, neben der Periode der zu übertragenden Schwingung einigermaßen beträchtlich ist; dazu sind Widerstände von der Größe von Millionen Ohm nötig; sie halten die Gitterspannung dauernd auf einem negativen Mittelwert. In vielen Fällen genügt statt eines besonderen Widerstandes die unvollkommene Isolation des Gittersockels.

23. Glühlampendetektor. Die Verstärkermittel, Hochfrequenz- und Niederfrequenzverstärker, kann man in Empfängern mit Kristalldetektoren anwenden. Dies geschieht jedoch nur in beschränktem Umfang, weil die Elektronenröhren selbst sich vorzüglich zur Verwendung als Detektoren eignen, so daß man ihnen diese Funktion im allgemeinen auch überträgt, wenn man schon die Heiz- und Anodenbatterien aufgewendet hat, die zum Betrieb der Verstärker nötig sind.

Die Wirkungsweise der Elektronenröhren als Detektor, d. h. als Gleichrichter, liegt auf der Hand: Von der heißen Elektrode gehen nur negative Elektronen aus, und aus der kalten können keine Ladungen austreten; darum kann nur in einer Richtung Strom fließen, sofern das Vakuum vollkommen ist. Ist Gas vorhanden, so wird es ionisiert, und die Gleichrichterwirkung ist dann weniger vollkommen.

Die Verwendung des Elektronenaustritts aus Glühfaden für Detektorzwecke ist älter als die Verstärker- und Senderöhren. Die Detektorwirkung wird schon mit einer kalten und einer heißen Elektrode ohne Gitter erreicht und ist in dieser einfachsten Form in dem Glühlampendetektor (FLEMING) benutzt worden. Die prinzipielle Anordnung ist in Abb 11 wiedergegeben; sie unterscheidet sich wenig von der sonst gebräuchlichen Detektorschaltung. Notwendig ist auch hier das Vorhandensein eines Stromkreises, der eine Spule und einen Blockkondensator mit dem Detektor in Reihe aufweist, und parallel zum Blockkondensator muß das Telephon und eine Batterie liegen, deren positiver Pol an die Anode führt. Von untergeordneter Bedeutung ist es auch hier, ob dieser Stromkreis als Teil des Antennenkreises ausgebildet ist, oder ob er mit dem Antennenkreise oder mit einem abgestimmten Zwischenkreise gekoppelt ist, und welche Art der Koppelung dabei angewendet wird.

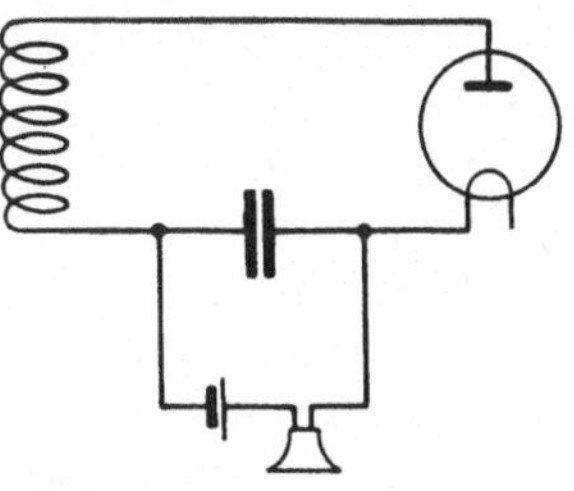

Abb. 11. Glühlampendetektor.

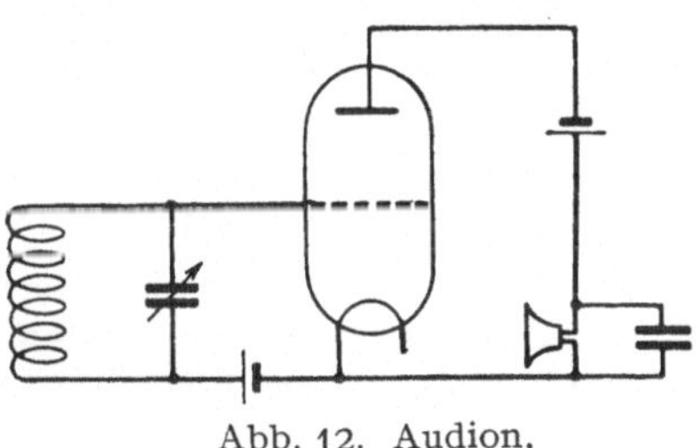

Abb. 12. Audion.

24. Audion. Die Empfindlichkeit des von FLEMING angegebenen Glühlampendetektors wird im Audion beträchtlich gesteigert; dies ist eine Elektronenröhre mit drei Elektroden in der folgenden von DE FOREST angegebenen Verwendungsweise (vgl. Abb. 12):

Dem Gitter wird die empfangene hochfrequente Wechselspannung zugeführt, indem der Gitterkreis abgestimmt und entweder selbst als Antennenkreis ausgebildet oder mit ihm gekoppelt wird. Damit eine Gleichrichtung zustande kommt, wird die Charakteristik an einem gekrümmten Teil benutzt, was sich durch eine geeignete Gittervorspannung immer erreichen läßt. Zweckmäßigerweise arbeitet man mit negativer Gittervorspannung, um Gitterstrom zu vermeiden. Im Anodenkreise erscheint der gleichgerichtete Stromteil wieder, und zwar in verstärktem Maße, so daß die Audionröhre zugleich als Detektor und als Verstärker wirkt.

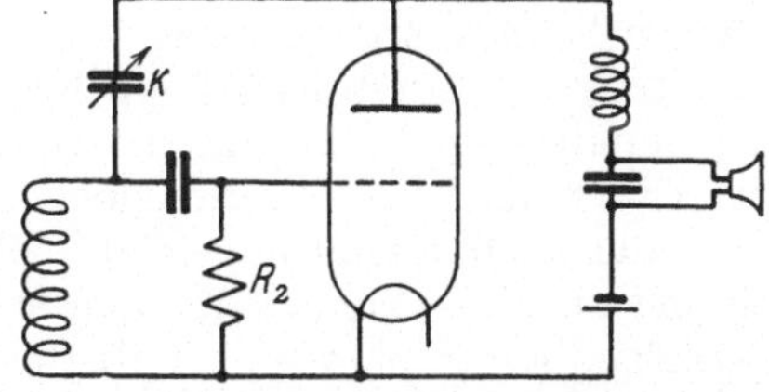

Abb. 13. Audion mit Rückkoppelung.

Mit einem geeigneten Potentiometer kann man jede Hilfsspannung an das Gitter legen. Eine passende negative Gitterspannung kann man aber auch ohne Potentiometer jederzeit durch den Emissionsstrom erhalten, wenn man eine Widerstandsanordnung anwendet, wie sie bei der Kaskadenschaltung von Verstärkern (Abb. 10) besprochen worden ist. In Abb. 13 ist das Beispiel einer Audionschaltung dargestellt, die von diesem Gitterwiderstand Gebrauch macht; wäre er nicht vorhanden, so würde das Gitter unzulässig hohe Ladungen aufnehmen, so daß kein Anodenstrom zustande kommt; man sagt, in diesem Falle ist das Gitter verriegelt. Bei geeigneter Bemessung des Widerstandes R_2 stellt sich die Gitterspannung auf einen mittleren negativen Wert von passender Größe ein. Fällt nun eine Schwingung ein, so sinkt das mittlere Gitterpotential und damit die Stromstärke im Anodenkreis, und zwar ist diese Stromabnahme um so größer, je steiler die Charakteristik verläuft. Um sie ganz auszunutzen, muß man darum die Anodenspannung so hoch wählen, daß der ganze Vorgang sich im steilen Teil der Charakteristik abspielt. Diese Anordnung arbeitet, ohne daß dem Schwingungskreise merklicher Strom entzogen wird, und hat den Vorteil, größere Empfindlichkeit zu ermöglichen als das Verfahren der Anodengleichrichtung.

Eine weitere Steigerung der Empfindlichkeit läßt das Audion zu, wenn man Rückkoppelung anwendet, durch die ein Teil der Wechselstromleistung des Anodenstroms dem Gitterkreise zugeführt wird, und zwar in solcher Phase, daß die Verstärkung unterstützt wird; dann tritt eine Steigerung der Amplitude ein, die man auch als Dämpfungsreduktion behandelt; sie kann leicht bis zur Selbsterregung gesteigert werden. Da es sich hierbei um dieselben Vorgänge handelt wie bei den einfachen Verstärkern, so tritt ebenso wie dort (Ziff. 22) auch hier das Bedürfnis auf, Gelegenheit zu Eigenschwingungen bei Telephonieempfang zu vermeiden. Während man darum beim Empfang von telegraphischen Zeichen unter Umständen mit Vorteil abgestimmte Gitter- und Anodenkreise miteinander koppelt, verfährt man überall da, wo Eigenschwingungen vermieden werden sollen, gern so, daß man die Anodenwechselspannung über einen Kondensator (*K* in Abb. 13) dem Gitter zuführt. Man spricht dann von kapazitiver Rückkoppelung zwischen Anoden- und Gitterkreis und hat es in der Hand, die Größe der Rückwirkung mit der Kapazität des Kondensators zu verändern.

Audionanordnungen der mannigfaltigsten Art werden in den meisten Empfängern verwendet, die nicht mit Kristalldetektoren arbeiten; je nach dem Zweck werden sie allein gebraucht oder in Verbindung mit Hochfrequenz- und Niederfrequenzverstärkern zum Betrieb von Telegraphenrelais, von Kopffernhörern oder von Lautsprechern.

25. Schwebungsempfänger. Zum Empfang von ungedämpften Wellen in der drahtlosen Telegraphie werden Schwebungsverfahren angewendet. Schon das Tonrad von GOLDSCHMIDT (Ziff. 18) verwendet Schwebungen, um die ungedämpften Schwingungen hörbar zu machen; doch ist dieses Verfahren nur im Gebiet langer Wellen brauchbar. Mit großer Präzision lassen sich Schwebungserscheinungen beim Röhrenempfang erzielen; sie treten immer auf, wenn eine Audionschaltung sich durch Rückkoppelung selbst erregt. Dann ergibt die Überlagerung der einfallenden Welle mit der selbsterregten eine Schwebung, deren Frequenz die Differenz der interferierenden Frequenzen ist.

Alle Audionschaltungen mit Rückkoppelung — mit und ohne Verstärkereinrichtungen — können für den Schwebungsempfang benutzt werden, wenn sie vermöge ihrer Abmessungen überhaupt Selbsterregung zulassen. Man nennt den Schwebungsempfang auch Heterodynempfang.

Es sind ferner Überlagerungsempfänger in Gebrauch, bei denen nicht die Detektorröhre selbst die Zusatzschwingung erregt, sondern bei denen ein besonderer, mit einer Röhre in Senderanordnung erregter Schwingungskreis die Überlagerungsschwingung liefert. In diesem Falle spricht man von Schwebungszusatzkästen.

Indem man die empfangene Schwingung zunächst verstärkt, ehe man sie überlagert, und dann die tonfrequente Überlagerungsschwingung wieder in abgestimmten rückgekoppelten Röhrenkreisen verstärkt, kann man zu besonders großen Verstärkungen kommen, so daß man auch mit schwachen einfallenden Zeichen ferner Sender elektromagnetische Relais für Schreibempfänger betreiben kann. Eine Grenze findet die Möglichkeit der Verstärkung in den Schwankungen der Wellenlängen, die zwar unter 0,001 gehalten werden können, aber doch nicht völlig vermieden werden können. Außerdem können bei zu weit gehender Entdämpfung der tonfrequenten Kreise die Telegraphierzeichen nicht mehr scharf getrennt werden, weil sie sich schließlich zeitlich zum Teil überdecken.

Die sogenannten Superheterodynempfänger benutzen zwei Stufen der Überlagerung und kommen für den Empfang besonders kurzer Wellen in Frage. In der ersten Stufe wird eine hochfrequente Schwebung erzeugt, die einer langen Welle entspricht; in der zweiten Stufe wird sie mit einer benachbarten Frequenz überlagert, so daß eine tonfrequente Schwebung entsteht; man schafft sich auf diese Weise die Möglichkeit, in drei Frequenzstufen Verstärkermittel anzuwenden, die sich nicht durch Rückkoppelung abgestimmter Systeme gegenseitig stören können.

In diesem Zusammenhang interessiert noch eine Verwendung der Röhre als Telegraphenrelais, die in anderer Weise die Selbsterregung von hochfrequenten Schwingungen ausnutzt. Sie besteht im folgenden: Aus den von einem Telegraphiersender empfangenen Zeichen hat der Empfänger durch Gleichrichten und Verstärken einen Zeichenstrom (unterbrochenen Gleichstrom oder tonfrequenten Wechselstrom) hergestellt, der die gesandten Zeichen richtig darstellt, dessen Stärke aber noch nicht genügt, um ein elektromagnetisches Relais mit Sicherheit zu betreiben. Man benutzt diesen Zeichenstrom, um dem Gitter einer Elektronenröhre positive Spannung zuzuführen; diese Elektronenröhre ist in eine Erregerschaltung für willkürliche hochfrequente Schwingungen eingebaut; doch ist die Gitterspannung durch eine konstante Hilfsspannung soweit ins negative Gebiet verlegt, daß die Selbsterregung nicht wirksam wird; die Röhre ist verriegelt. Unter dem Einfluß der Telegraphierströme wird ihr Arbeitspunkt nach der Seite der positiven Gitterspannung hin in das steile, geradlinige Gebiet der Charakteristik verschoben; die hochfrequente Schwingung setzt ein, und der Anodenstrom steigt zugleich auf einen Wert an, der genügt, um das Telephonrelais zu betreiben.

26. Neutrodynempfänger. Beim Empfang von telegraphischen Zeichen kann man die Selbsterregung der hoch verstärkten Schwingungskreise im Schwebungsempfang nutzbar machen; dagegen wird beim Telephonieempfang jede Selbsterregung störend empfunden, und zwar teilweise im eigenen Empfänger, teilweise auch in benachbarten Empfängern, die wie beim Rundfunk denselben Sender aufzunehmen wünschen und durch den benachbarten selbsterregten Empfänger ähnlich wie durch einen Schwebungszusatzkasten Interferenztöne in störender Weise zu hören bekommen. Es liegt darum beim Telephonieempfänger das Bedürfnis vor, die Selbsterregung zu verhindern.

Dies gelingt im Bereich langer Wellen verhältnismäßig leicht dadurch, daß man die zur Dämpfungsreduktion verwendeten Rückkoppelungsorgane passend bemißt; doch hängt die Größe der Rückkoppelung außer von den hierfür eingebauten Organen auch in unbeabsichtigter Weise von dem ganzen Zusammenbau des Empfängers ab, in erster Linie von den Windungsflächen, welche die Verbindungsleitungen umschließen, und von den elektrischen Feldern, die alle Konstruktionsteile in mehr oder minder beträchtlichem Maße bilden.

Diese elektrischen und magnetischen Streufelder sind an den Schwingungsvorgängen um so stärker beteiligt, je kleiner die absichtlich eingebauten Spulen und Kondensatoren sind, also bei der Verwendung kleiner Wellen; denn ihre Schwingungskreise erfordern Kondensatoren, deren Kapazität nicht größer ist als 5 m höchstens, und Spulen, deren Selbstinduktion 1000 m nicht übersteigt. Die toten Kapazitäten können aber nicht kleiner gehalten werden als 10 cm, und die Verbindungsleitungen machen tote Selbstinduktionen unvermeidlich, die größer sind als 5 m. Diese Beträge sind beträchtlich und verursachen unbeabsichtigte Koppelungen.

Zur Kompensation dieser Koppelungen dienen Rückkoppelungsschaltungen, die sich von den zur Dämpfungsreduktion angewendeten nur insofern unterscheiden, als sie in umgekehrtem Sinne wirken; eine Spule wird also in umgekehrtem Sinne eingeschaltet, je nachdem ob sie zur Entkoppelung benutzt wird oder zur Rückkoppelung.

Die elektrischen Felder sind um eine Viertelperiode in der Phase gegen die magnetischen verschoben; darum kann man eine durch elektrische Kräfte zustande gekommene Rückkoppelung nicht ohne weiteres durch ein Magnetfeld kompensieren. Die unerwünschte Koppelung ist im Gebiet der kurzen Wellen meistens vorwiegend kapazitiver Art; darum pflegt man sie auch durch einen Kondensator zu kompensieren, der in geeigneter Weise zwischen Anode und Gitter eingeschaltet wird; die Größenordnung seiner Kapazität beträgt 10 cm. Empfänger, in denen diese Entkoppelung angewendet wird, bezeichnet man als Neutrodynempfänger.

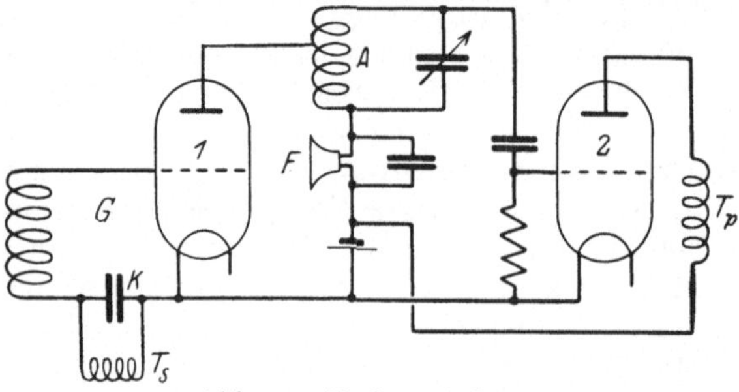

Abb. 14. Reflexschaltung.

27. Reflexschaltungen. Im Audion findet eine zweifache Ausnutzung einer Röhre statt, insofern als es zugleich Detektor und Verstärker ist. Man hat auch Anordnungen ersonnen, in denen eine Röhre gleichzeitig als Hoch- und Niederfrequenzverstärker ausgenutzt wird. Abb. 14 zeigt eine solche Anordnung: Der Gitterkreis *G* der Röhre *1* wird durch die Antennenschwingungen erregt; in ihrem abgestimmten Anodenkreis *A* treten dann verstärkte Schwingungen auf. Von *A* ist eine kapazitive Verbindung zum Gitter der zweiten Röhre *2* abgezweigt. Diese ist als Audion benutzt; ihr demodulierter und verstärkter Anodenstrom fließt durch die Primärspule T_p eines Telephontransformators, dessen Sekundärspule T_s an Heizdraht und Gitter der ersten Röhre angeschlossen ist (in der Abb. 14 sind T_p und T_s getrennt gezeichnet); ein Sperrkondensator *K* von geeigneter Größe ermöglicht es, daß der hochfrequente Strom ungehindert fließen kann, ohne daß die tonfrequente Transformatorspannung kurzgeschlossen erscheint. Das Telephon *F* im Anodenkreise der ersten Röhre gibt dann den verstärkten tonfrequenten Strom wieder.

28. Besondere Röhren. So mannigfaltig auch die Anwendungen sind, die man von den Elektronenröhren in den zehn Jahren gemacht hat, die vergangen sind, seit man hochevakuierte Röhren herstellen kann, die für die Praxis geeignet sind, so sind mit diesen gebräuchlichen Anwendungen noch nicht alle Möglichkeiten erschöpft. Einige Versuche, die bisher zu keinen großen technischen Erfolgen geführt haben, bieten gleichwohl einiges physikalische Interesse.

Hierher gehört das Magnetron. Es verwendet einen Glühfaden als Kathode und einen koaxialen Metallzylinder als Anode ebenso wie die gewöhnlichen Elektronenröhren. Zur Steuerung wird aber nicht das elektrische Feld eines Gitters benutzt, sondern das Magnetfeld einer Spule. Diese Röhren ermöglichen eine besonders steile Charakteristik, weil man den Zustand des Sättigungsstroms, in dem alle emittierten Elektronen die Anode erreichen und den Zustand, in dem alle Elektronen im Inneren des Anodenzylinders in Rotation erhalten werden, dicht nebeneinander legen kann. Doch hat diese Röhre bisher keine praktische Bedeutung erlangt.

Dasselbe gilt von Dynatron. Es ist eine Röhre mit drei Elektroden; das Gitter wird aber, anders als sonst üblich, auf eine höhere positive Spannung geladen als die Anode. Dann beobachtet man, daß die Kennlinie, die den Anodenstrom in Abhängigkeit von der Anodenspannung darstellt, einen fallenden Verlauf zeigt. Die Erscheinung ist von A. W. HULL gefunden und durch Sekundärelektronen erklärt worden, die an der Anode ausgelöst werden unter dem Anprall der vom Glühfaden emittierten und vom hochgespannten Gitter stark beschleunigten Elektronen; die Zahl der Sekundärelektronen ist größer als die der primären, ihre Geschwindigkeit kleiner, so daß mehr Elektronen von der Anode zum Gitter gelangen als umgekehrt. Alle Leiter mit fallender Charakteristik sind geeignet, Schwingungskreise zu entdämpfen, und darum bietet das Dynatron die Möglichkeit, Schwingungen zu erregen.

Das Negatron ist eine Röhre mit zwei Gittern, welche dieselbe Wirkung hervorbringt, also sinkenden Anodenstrom bei steigender Anodenspannung.

In der Strombahn zwischen Gitter und Anode zeigt jede gebräuchliche Röhre diesen sog. negativen Widerstand; von dieser Eigenschaft wird neuerdings ebenfalls Gebrauch gemacht.

29. Telephone. (Vgl. Bd. VIII u. XVI.) Die funkentelegraphischen Zeichen werden zum Teil aufgeschrieben, und zu dem Zweck betreibt der Empfänger ein elektromagnetisches Relais; auch das elektrostatische Relais von JOHNSON und RAHBECK ist für diesen Zweck benutzt worden; besonders für Schnelltelegraphie bietet es Vorteile, und auch die noch rascheren Vorgänge der Telephonie hat man mit diesem Relais wiedergeben können.

Vielfach werden die telegraphischen Zeichen mit dem Telephon abgehört; wenn sie mit der Hand gesendet werden, sind sie langsam genug, um auch mit dem Gehör verstanden werden zu können. An das Telephon sind dabei keine besonders hohen Anforderungen zu stellen; ebenso wie bei den Kristalldetektoren (Ziff. 21) erfordern auch bei den Röhrenempfängern die hohen inneren Widerstände einen großen Wechselstromwiderstand des Telephons. Für Kopffernhörer werden wegen ihrer hohen Empfindlichkeit im allgemeinen elektromagnetische Telephone verwendet. Sie geben immer bestimmte Tonlagen besonders laut wieder infolge der elastischen Eigenschwingungen der Membranen; diese Eigenheit macht man sich beim Empfang von Telegraphierzeichen unbewußt zunutze, indem man einen Überlagerungston einstellt, der besonders laut wiedergegeben wird.

Beim Telephonieempfang wirken die Membranschwingungen störend, indem sie die Sprach- oder Musikklänge verzerren. Man nimmt sie jedoch in Kauf; denn Telephone, die eine unverzerrte Wiedergabe ermöglichen, erfordern einen großen Aufwand an instrumentellen Mitteln, der sich nur bei Lautsprechern lohnt.

Die Anforderungen, die in akustischer Hinsicht an die Lautsprecher zu stellen sind, entsprechen den Bedingungen, welche die Mikrophone (Ziff. 15) und die Übertragungsleitungen erfüllen müssen. Die besten Wiedergaben von Musik sind bisher mit dem Bandlautsprecher[1]) und dem Blatthaller erzielt worden; jener verwendet statt einer Membran mit elastischen Eigenschwingungen ein Aluminiumband von geringer Masse, das durch die Luft in seinen Bewegungen gedämpft ist, dieser eine Membran, die nicht elastisch beansprucht wird, sondern ohne Deformation bewegt wird; sie ist zu dem Zweck unelastisch gelagert und trägt einen vom Telephonstrom durchflossenen Leiter, dessen meanderförmige Windungen zwischen den Polen geeigneter, feststehender Magnete angeordnet sind.

[1]) W. SCHOTTKY, El. Nachr. Techn. Bd. 2, S. 157. 1925.

30. Empfangsstörungen. Zwei Arten von Störungen sind dem drahtlosen Verkehr hinderlich und setzen seiner Anwendung auf beliebig große Entfernungen Grenzen: Erstens die Störungen, die man beim Empfang eines erwünschten Senders durch fremde Sender erfährt. Sie werden zum Teil durch organisatorische Maßnahmen verhindert, durch Verteilung der Telegraphierfrequenzen und der Frequenzbänder der Telephonie. Zum Teil werden auch technische Maßnahmen angewendet; die Erhöhung der Sendeleistung kommt zwar den eigenen Empfängern zugute, erhöht aber die Störung bei fremden Empfängern; dagegen kommt die Verwendung ungedämpfter Schwingungen allen Empfängern zugute. Auf der Empfängerseite bietet sich zur Befreiung von Störsendern, sofern sie nicht die gewünschte Welle benutzen, das Mittel der Abstimmung, von dem man Gebrauch macht, indem man schwach gedämpfte Schwingungskreise bei loser Koppelung anwendet; für die Schärfe der Abstimmung und damit für die Möglichkeit der Wellentrennung ist dabei das Dämpfungsdekrement maßgebend. Es nimmt kleine Werte für große Beträge der Antennenselbstinduktion an; häufig haben aber die Antennenkreise kleine Selbstinduktion und große Kapazität; dann kann man die Abstimmschärfe durch geeignete Zwischenkreise erhöhen.

Zweitens werden die Empfänger in unberechenbarer Weise durch Störströme beeinträchtigt, die den in oberirdischen Leitungen auftretenden sog. Fremdströmen ähnlich sind. Ihre Herkunft ist zum großen Teil bekannt: Die meisten elektrischen Betriebe verursachen solche Störungen, schon elektrische Klingelanlagen und die Rufströme der Fernsprechanlagen, ferner die Kollektorbürsten rotierender elektromagnetischer Maschinen, elektrische Straßenbahnen und alle elektrischen Kraftübertragungen. Daneben treten aber auch Störfelder auf, deren Herkunft unbekannt ist (wenn sie nicht gerade durch Gewitter verursacht sind) und die gleichzeitig auf weit entfernten Stationen wahrgenommen werden, wie M. BÄUMLER[1]) gezeigt hat. Man nennt sie häufig atmosphärische Störungen, indem man ihren Ursprung in luftelektrischen Änderungen sucht; doch ist es nicht ausgeschlossen, daß auch ruckweise Änderungen des magnetischen Erdfeldes Anlaß zu ihrem Auftreten bieten oder auch kosmische Vorgänge.

Die Befreiung der Empfänger von diesen Störungen ist darum schwer, weil sie keine ausgeprägte Periodizität zeigen und vielfach mit sehr großer Amplitude auftreten. Die Röhrenempfäger begrenzen die Amplitude der Störungen durch den Sättigungsstrom; wenn man ungedämpfte Telegraphierzeichen mit Schwebungsempfang aufnimmt, kann man hinter dem Schwebungsempfänger Niederfrequenzverstärker anwenden, die auf den Interferenzton abgestimmt sind, und damit die Amplitude der Telegraphierzeichen über die der Störungen herausheben. Dieses Mittel einer systematischen Störbefreiung findet seine natürliche Begrenzung in dem Umstand, daß die Telegraphierzeichen bei gesteigerter Entdämpfung der tonfrequenten Kreise schließlich ineinander verschwimmen.

Schalttechnische Maßnahmen zur Störbefreiung sind in großer Zahl vorgeschlagen worden; sie bezwecken, den periodischen Zeichenströmen den Weg in scharf abgestimmte Empfangsapparate zu gestatten, während die Störströme in Stromkreisen ohne ausgeprägte Eigenschwingung an ihnen vorbeigeführt werden. Doch sind Anordnungen dieser Art, die eine endgültige Lösung des Problems der Störbeseitigung darstellen, bisher nicht bekanntgeworden.

---

[1]) M. BÄUMLER, Jahrb. f. drahtl. Telegr. Bd. 22, S. 2. 1923.

e) Die Antennen und die Richtungstelegraphie.

31. Form und Wirkungsgrad. Der Antennenform wird manchmal eine übertriebene Bedeutung beigemessen. Für den Empfang ist, wie in Ziff. 6 ausgeführt wurde, nur der Strahlungswirkungsgrad der Antennenkreise auf der Sende- und der Empfangsseite maßgebend; darum beeinflußt die Form der Antenne ihre Güte nur insofern, als der Strahlungswirkungsgrad von ihr abhängt. Der Strahlungswirkungsgrad η ist nun das Verhältnis des Strahlungswiderstandes R_s zum Gesamtdämpfungswiderstand R des Antennenkreises, der sich aus Strahlungswiderstand und Verlustwiderstand R_v zusammensetzt:

$$\eta = \frac{R_s}{R} = \frac{R_s}{R_s + R_v}.$$

Da die Dämpfung, welche die Antennenschwingung infolge der Strahlung erfährt, nach einem Exponentialgesetz erfolgt, ebenso wie die Widerstandsdämpfung, so kann sie rechnerisch durch einen fingierten Widerstand beschrieben werden, eben den Strahlungswiderstand. Seine Größe läßt sich für Antennen angeben, die eine definierte Kapazitätsfläche in einer definierten Höhe h über dem Erdboden aufweisen; für dieses Schema einer Antenne hat der Strahlungswiderstand R_s den Wert (Ziff. 5)

$$R_s = 1579 \cdot \left(\frac{h}{\lambda}\right)^2,$$

wenn λ die benutzte Wellenlänge bedeutet.

Diese Formel gilt für Antennen, in denen nur in senkrechter Richtung ein quasistationärer Strom wirksam ist, was bei schirmförmigen Antennen einigermaßen zutrifft; dagegen kann man sie um so weniger anwenden, je mehr wagerechte Antennenteile vorhanden sind, deren Länge mit der Wellenlänge vergleichbar ist, je mehr also die Antenne als Erdantenne anzusprechen ist.

Bei senkrechten Antennen ist auch nicht ohne weiteres selbstverständlich, welchen Betrag man für die Höhe in Rechnung setzen soll; denn die Kapazitätsfläche hat keine einheitliche Höhe. Bei einer Schirmantenne ist die Höhe h ein Mittelwert zwischen der Turmhöhe und dem Abstand der Außenisolatoren von der Fläche mit dem Nullpotential; diese Nullfläche wiederum stimmt mit der Erdoberfläche nur dann überein, wenn sich keine Gebäude von beträchtlicher Höhe über sie erheben; vor allem können Metalltürme, die in metallischen Abspannungen stehen, wie leitende Erdaufwürfe wirken, die unter der Antenne liegen und ihre wirksame Höhe verringern. Eine rohe Beurteilung der wirksamen Antennenhöhe bietet sich bei sehr großen Kapazitätsflächen: Man kann die Kapazität messen und dann mit der Formel für den Plattenkondensator aus der gemessenen Kapazität und der Flächengröße den Plattenabstand berechnen. In allen Fällen stellt die Höhe der benutzten Türme oder Masten eine obere Grenze für die wirksame Antennenhöhe h dar.

Die Verlustwiderstände haben viele verschiedene Ursachen; unvermeidlich sind die Leitungswiderstände der Antennendrähte und der Spulen des Antennenkreises; wegen des Skineffektes erscheinen sie bei massiven Drähten und kurzen Wellen mehrmals so groß wie die mit Gleichstrom bestimmten Widerstände. Diesen Verlusten begegnet man teils durch große Kupferquerschnitte, teils durch Verwendung verflochtener Litzen mit isolierten Adern. Ferner treten mit steigender Frequenz in wachsendem Maße Wirbelströme auf, welche alle metallischen Konstruktionsteile erwärmen und damit Verluste verursachen. Sie werden durch sorgfältige geometrische Anordnung aller Leiterteile zu den Magnetfeldern der Spulen verringert und in den Stromleitern selbst durch Querschnittsunterteilung (Litzen) und durch Verwendung von Rohren an Stelle von massiven Leitungen.

Sämtliche Eisenteile, die im Magnetfeld des Antennenkreises vorhanden sind, geben zu Hysteresisverlusten Anlaß; und die Isolatoren verzehren in dem Maße Energie, wie sie endlichen Widerstand besitzen. Bei starker Belastung von Sendeantennen treten hierzu noch Entladungen in der Luft, deren Amplitudenanteil nicht proportional mit der Amplitude ist, so daß sie durch kein konstantes Dämpfungsdekrement und durch keinen konstanten Dämpfungswiderstand beschrieben werden können.

All diese Verluste kann man aber durch reichliche Bemessung der Leiterquerschnitte und der Isolationskörper sowie durch vorsichtige geometrische Anordnung aller Konstruktionsteile auf Beträgen von der Größenordnung 0,1 Ohm halten, so daß bei wenigen Ohm Strahlungswiderstand, also bei Antennenhöhen von nur

$$h > \frac{1}{10} \cdot \frac{\lambda}{4},$$

immer Antennenwirkungsgrade vorhanden sein würden, die sich der 1 genügend nähern. Leider verursacht aber die Erde ebenfalls eine Dämpfung der Antennenschwingung infolge ihrer endlichen Leitfähigkeit; und diese Verluste sind oft erheblich größer. Man kann ihre Größe in dem Falle schätzen, wo man eine leitende Verbindung mit dem Erdreich verwendet, den Antennenkreis also in der Form einer Viertelwelle schwingen läßt.

Wenn in einem unbegrenzten homogenen Medium von der Leitfähigkeit $\varkappa$ Strom aus einer Kugel vom Radius r_0 austritt, so erfährt er einen Widerstand von der Größe

$$R_{(\text{Kugel})} = \frac{1}{\pi \cdot \varkappa \cdot r_0}.$$

Hiernach erfährt ein metallener Schiffskörper, dessen Oberfläche einer Halbkugel von 25 m Radius gleichwertig ist, in Seewasser von dem Leitvermögen 0,04 Ohm^{-1} cm^{-1} den geringen Übergangswiderstand 0,0064 Ohm.

Landstationen können Erdverbindungen mit derartig kleinen Übergangswiderständen nicht herstellen; man verwendet meist als Erdleitung ein Netzwerk von Drähten, die in feuchten Boden eingegraben sind. Wenn in einem unbegrenzten homogenen Medium von der Leitfähigkeit $\varkappa$ Strom aus einem unendlich langen Draht vom Querschnittsradius r_1 austritt, so erfährt er auf einem Stück von der Länge l gegen einen koaxialen Zylinder vom Querschnittsradius r_2 einen Widerstand von der Größe:

$$R_{(\text{Zylinder})} = \frac{1}{2\pi\varkappa l} \cdot \ln\frac{r_2}{r_1}.$$

Schätzt man nach dieser Formel die Übergangswiderstände der funkentelegraphischen Erdleitungsanlagen, so ergeben sich in Übereinstimmung mit der Erfahrung Beträge in der Gegend von 1 Ohm.

In Fällen, wo es darauf ankommt, allseitig große Entfernungen mit einem Sender zu überbrücken, ist eine hohe — genauer gesprochen: im Vergleich zur Viertelwelle nicht niedrige — Antenne erforderlich.

Statt der leitenden Erdverbindung mit vergrabenen Drähten benutzt man zum Teil auch isolierte Netze, sog. Gegenantennen; fahrbare Landstationen sind z. B. auf solche Gegenantennen angewiesen. Ihr elektrisches Verhalten ist dem eines Kondensators vergleichbar, der in die Erdverbindung eingeschaltet ist, eines sog. Verkürzungskondensators; die Verluste sind gegenüber einer leitenden Erdverbindung ermäßigt, aber keineswegs verschwunden.

Ein Antennenkreis, der 2 Ohm Verlustwiderstand aufweist, gilt bei Landstationen als gut; nicht selten muß man größere Verluste in Kauf nehmen, besonders wenn man große Wellenlängen verwendet und zu ihrer Herstellung große Spulen benutzt. Demgemäß kann man bei einer Antennenhöhe (vgl. obige Ungleichung), die nur den zehnten Teil der Viertelwellenlänge beträgt, nur mit Strahlungswirkungsgraden von weniger als 1 : 3 rechnen. Der Wirkungsgrad der gesammten Sendeanlage hängt aber außer von diesem Strahlungswirkungsgrad der Antenne noch von dem Wirkungsgrad ab, mit dem aus den vorhandenen Energiequellen Schwingungen hergestellt werden können, und dieser Wirkungsgrad ist bei langen Wellen stets günstiger als bei kurzen, ein Umstand, der je nach dem benutzten System der Schwingungserzeugung mehr oder weniger gewichtig zugunsten großer Wellenlängen in die Wagschale fällt.

Bei den Stationen der Luftfahrzeuge fällt naturgemäß der dämpfende Einfluß des Erdreichs fort; sie verbinden den Anschluß ihres Sende- oder Empfangsgerätes, der sonst an die Erdleitung oder die Gegenantenne angeschlossen wird, an die Metallkonstruktionen des Fahrzeuges und bilden so elektrische Kraftfelder, die sich in der Nähe zwischen dem Körper des Fahrzeuges als einem Pol und einer irgendwie herabhängenden Antenne als anderm Pol eines HERTZschen Senders ausspannen. Der Abstand der Antenne vom Fahrzeug ist hier für die Strahlung maßgebend, ihre Form wird durch Zweckmäßigkeitsgründe bestimmt, die nur zum Teil funkentechnischer Art sind.

32. Horizontale Antennen. In vielen Fällen, besonders beim Gebrauch langer Wellen, erreicht man trotz hoher Antennen niemals große Strahlungswirkungsgrade. In solchen Fällen bietet es Vorteile, den Antennen beträchtliche Ausdehnung in wagerechter Richtung zu erteilen; sie erfüllen dann in hohem Maße die Vorbedingung für das Zustandekommen eines Strahlungsvorgangs, die in einem nichtquasistationären Verlauf des Stromes besteht. Ob diese Vorbedingung zu einem erheblichen Energiestrom in der Ferne führt, hängt noch von dem Verhalten der Umgebung ab. Wenn sich die Erde wie ein guter Leiter verhält, an dessen Oberfläche keine wagerechten Komponenten der elektrischen Kraft möglich sind, so kann man die Antenne auch hinsichtlich ihrer Strahlung durch ein Gebilde ersetzen, das im freien Raume, also ohne Anwesenheit der Erde, schwingt und in seiner oberen Hälfte aus der tatsächlich vorhandenen Antenne besteht, in seiner unteren durch das optische Spiegelbild, das die Erdoberfläche von dieser Antenne ergeben würde.

Antennen dieser Art sind in großem Maßstabe hergestellt worden, und die Fernwirkungen, die man mit ihnen erzielt hat, lassen erkennen, daß ihre Strahlungswirkungsgrade nicht ungünstiger sein können als die von senkrechten Antennen ähnlicher Höhe, aber unbedeutender horizontaler Ausdehnung. Sie bestehen zumeist aus einer band- oder dachförmigen Kapazitätsfläche, die über eine Turmreihe in einer Richtung ausgespannt ist. Sie werden verschieden bezeichnet, als geknickte MARCONI-Antenne, L-Antenne, wagrechte Antenne usf. Auch die Antenne von BEVERAGE ist in diesem Zusammenhang zu nennen; sie besitzt unter dem wagerechten Teile der Antenne mehrere Erdungsanlagen, die über Spulen mit den Antennendrähten verbunden sind.

Diese Antennenformen sind im besonderen für die Sendeantennen der Großstationen geeignet, weil sie große Ladungen isolieren können und darum trotz der geringen Dämpfungsdekremente, welche die Antennenschwingungen bei großen Wellenlängen aufweisen, für Belastungen von mehr als 500 kW herstellbar sind. Je kürzer die benutzten Wellen sind, um so mehr treten diese Vorzüge zurück, weil mit Verkürzung der Wellenlänge unter gleichzeitiger Steigerung des Strahlungswirkungsgrades trotz gleichbleibender Antennenleistung der Antennenstrom kleiner wird und damit die Beanspruchung der Antenne sinkt. Es besteht darum keine grundsätzliche Schwierigkeit, mit mäßig hohen Masten Antennen zu errichten, die beim Betrieb mit kurzen Wellen einen ebenso großen Energiestrom in Form von Strahlung liefern wie die gigantischen Großstationen es beim Betrieb mit langen Wellen tun. Hierauf beruhen zum guten Teil die Erfolge, die in den letzten Jahren mit kurzen Wellen erzielt worden sind.

Einen Grenzfall der wagerechten Antennen stellen die Erdantennen dar, sie werden dicht über der Erde verlegt oder auch unter der Erdoberfläche, und ihre Ausdehnung in wagerechter Richtung wird der Viertelwelle vergleichbar gemacht; ihre Fernwirkung ist erfahrungsgemäß der von senkrechten Antennen ohne bemerkenswerte Ausdehnung in horizontaler Richtung vergleichbar, wenn diese mit langen Wellen betrieben werden. Die senkrechte Vergleichsantenne arbeitet günstigenfalls mit 0,2 Ohm Strahlungswiderstand und 2 Ohm Gesamtdämpfungswiderstand, also mit 10% Strahlungswirkungsgrad; während die Erdantenne den auch noch geringen Betrag von 2 Ohm Strahlungswiderstand bei 20 Ohm Gesamtdämpfung hervorbringt, was denselben Wirkungsgrad ergibt.

Bei Empfangseinrichtungen verzichtet man oft darauf, sich von dem Strahlungswirkungsgrad Rechenschaft zu geben, z. B. wenn man sich in großer Nähe der Sendestation befindet, wie es beim Empfang von Rundfunk großenteils der Fall ist, oder wenn man viele Verstärkungsmittel zur Verfügung hat; dann genügen als Antennen die bescheidensten Formen der Erdantennen, wie sie innerhalb von Wohnungen hergestellt werden können mit kurzen Drähten und mit Anschlüssen an irgendwelche Metallkonstruktionen. Man kann dann schon wegen der tiefen Lage im Gebäude nicht mehr annähernd mit der einfallenden Feldstärke rechnen, die im freien Raume über den Gebäuden auftritt, und trotzdem genügen Strahlungswiderstände des Antennenkreises von weniger als 0,001 Ohm, um noch eine ausreichende Empfangsstärke zu ermöglichen, selbst wenn die Verlustdämpfung mehrere Ohm beträgt, der Antennenwirkungsgrad also unter 0,001 liegt.

33. Rahmenantennen. Für Empfangszwecke werden vielfach Rahmenantennen verwendet; das sind Spulen von mehreren Windungen, von denen jede einen oder einige Quadratmeter umschlingt. Sie werden mit senkrechter Fläche verwendet und sprechen am besten an, wenn die Sendestation in der Richtung der Windungsfläche liegt. Die Erregung dieser Rahmenantennen kommt dadurch zustande, daß die eine Hälfte der Windung dem Sender etwas näher ist als die andere, so daß die elektromagnetischen Felder die vordere Rahmenhälfte etwas früher treffen als die hintere. Entsprechend diesem zahlenmäßig kleinen Zeitunterschied ist auch die Erregung nur schwach. Eine kreisrunde Rahmenantenne von n Windungen mit dem Radius r weist bei der Wellenlänge λ den Strahlungswiderstand

$$\frac{64}{3}\pi^6 c\, n^2 \left(\frac{r}{\lambda}\right)^4$$

auf[1]); in praktischen Fällen sind das immer weniger als 10^{-4} Ohm, oft weniger als 10^{-6} Ohm. Die unvermeidlichen Verluste, zu denen auf der Empfangsseite noch die Energieentziehung tritt, die zur Betätigung des Detektors erforderlich ist, sind unter allen Umständen größer, so daß man nicht damit rechnen kann, bei einer Rahmenantenne einen großen Strahlungswirkungsgrad zu erhalten und damit eine nennenswerte Ausnutzung der einfallenden Feldstärke; sondern sie ist überall dort am Platze, wo man die Vorzüge einer Antenne von geringem Raumbedarf durch reichliche Verstärkungsmittel erkaufen kann.

---

[1]) M. ABRAHAM, Jahrb. d. drahtl. Telegr. Bd. 14, S. 264. 1919.

Die Richtungsunterschiede, welche die Rahmenantenne insofern aufweist, als sie maximal auf Sender anspricht, die in ihrer Ebene liegen und nicht erregbar ist durch Wellen, deren Front mit der Rahmenebene übereinstimmt, werden zum Teil nutzbar gemacht, indem man sich durch geeignete Rahmenstellung von den Zeichen eines störenden Senders frei macht. Hierauf beruht das gleichzeitige Senden und Empfangen, bei dem man Sender und Empfänger in verschiedene Ortschaften verlegt und sie durch Leitungen mit der Betriebsstelle verbindet, über die einerseits der Sender getastet wird und andererseits die gleichgerichteten empfangenen Zeichen herbeigeführt werden.

Bei der Richtungsbestimmung mit Rahmenantenne ist insofern Vorsicht geboten, als sie zwar die Richtung der Wellenfront ergibt, diese aber durch nahe Leiter, z. B. den Körper des Beobachters, verzerrt sein kann.

34. Antennenpaare. Die Strahlung einer senkrechten Antenne weist insofern Richtungsunterschiede auf, als sie in der Horizontalebene am stärksten ist, während mit der Annäherung an das Zenith die Strahlung bis zu Null abnimmt. Diese Kräfteverteilung stimmt mit der von HERTZ für seinen Dipol gefundenen

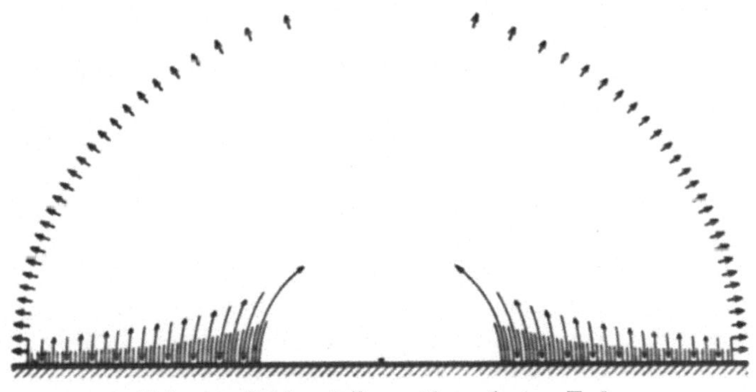

Abb. 15. Feldverteilung über ebener Erde.

überein und erklärt sich dadurch, daß in der Symmetrieebene des Dipols keine elektrischen Kräfte vorhanden sind, sondern daß sie immer senkrecht auf ihr stehen. In Abb. 15 ist die Verteilung der elektrischen Kräfte über der Erdoberfläche durch Pfeile angegeben; ihre mit der Entfernung abnehmende Länge veranschaulicht das Entfernungsgesetz; die Dichte der radialen Pfeile auf dem äußeren Kreisbogen zeigt die Abnahme der Feldstärken mit der Annäherung an das Zenith an.

Diese Richtungsunterschiede treten allerdings in der drahtlosen Telegraphie nicht in die Erscheinung, weil sie sich in der Nähe der Erdoberfläche abspielt. Will man in den Himmelsrichtungen Richtungsunterschiede hervorrufen, so bietet sich die Möglichkeit, die Strahlung von zwei senkrechten Antennen zu überlagern; man kann zwei benachbarte senkrechte Antennen bequem in entgegengesetzter Phase erregen, indem man die eine als symmetrische Gegenantenne zur andern ausbildet, den Antennenkreis also ohne Erdleitung als halbe Welle schwingen läßt; dieses System der Antennenpaare ist immer der Ausgangspunkt rationeller Richtungsanlagen. In der Richtung, in der die Antennen nebeneinander erscheinen, überlagern sich Felder gleicher Frequenz und Amplitude, aber entgegengesetzter Phase zu Null; und je mehr man sich aus dieser Richtung hinaus in die Richtung begibt, in der die Antennen hintereinander gesehen werden, um so größer werden die Gangunterschiede zwischen den beiden einfallenden Feldern, um so stärker ist also das resultierende Feld. Die sog.

Fernwirkungscharakteristik, die Stellen gleicher Feldintensität in verschiedenen Himmelsrichtungen miteinander verbindet, besteht bei einem Antennenpaar aus zwei Kreisen, die sich im Sender berühren.

Für die Empfangswirkung gilt das Entsprechende: Ein Paar von symmetrischen Antennen empfängt nicht aus der Richtung, in der die Antennen nebeneinander gesehen werden, und am besten aus der Richtung, in der sie hintereinander erscheinen.

Für die Verwirklichung des Prinzips der Antennenpaare liegt es auf der Hand, horizontale Antennen zu verwenden. Es ist also nur nötig, eine horizontale Leitung von passender Länge (weniger als eine halbe Wellenlänge) in der Mitte mit Abstimmitteln auszurüsten; dann schwingt die eine Hälfte als Gegenantenne zur anderen immer in entgegengesetzter Phase. Die Richtungsunterschiede, welche die Strahlung eines solchen geraden Drahtes aufweist, der über der Erdoberfläche ausgespannt ist, sind völlig entgegengesetzt denen, die derselbe Draht ergeben würde, wenn man ihn in derselben Weise im freien Raume erregen und mithin als geraden HERTZschen Sender strahlen lassen würde. Die entscheidende Rolle, die diese Tatsache für unsere Kenntnis des Verhaltens der Erde spielt, wurde bereits in Ziff. 4 besprochen.

Ungezählte Vorschläge sind gemacht worden, um auch in anderer Weise durch Interferenz phasenverschobener Wellen, die von Antennen in geeigneter räumlicher Anordnung ausgestrahlt werden, Richtungsunterschiede hervorzurufen; doch haben sie keine Bedeutung gewonnen wegen der großen Schwierigkeiten, die es bereitet, beliebige Phasenverschiebungen herzustellen und zugleich die Amplituden zu regulieren. Die Phasendifferenz von 180° ist bei Amplitudengleichheit ohne besondere technische Maßnahmen in einem System vorhanden, das in der Form einer halben Welle schwingt.

BELLINI hat dem Antennenpaar auch eine dritte, in der Mitte aufgestellte Antenne hinzugefügt, die gleichmäßig nach allen Seiten strahlt und mit der einen oder der andern Hälfte des Paares in Phase ist; sie verstärkt dann die ausgestrahlten Felder auf der einen Seite und schwächt sie auf der andern, unter günstigen Umständen bis Null, so daß sich im ganzen eine einseitig gerichtete Strahlung ermöglichen läßt. Umgekehrt läßt sich auch beim Empfang das Feld in der Spule des Antennenpaares durch das einer senkrechten Antenne kompensieren, und zwar je nach der Seite, von der die Wellen einfallen, im einen oder im andern Sinne, so daß es auf diese Weise auch möglich ist, einen einseitig gerichteten Empfang zu erzielen.

Das Endziel der Richtungstelegraphie würde darin bestehen, die Strahlung in eine gerade Linie zu konzentrieren, so daß keine Streuung stattfindet und die ganze ausgestrahlte Leistung im Empfänger wiedergewonnen wird; wir können nicht damit rechnen, dieses Ziel zu verwirklichen, weil die Herstellung von Strahlen, die wenigstens so scharf begrenzt wären, wie wir es von optischen Strahlen gewöhnt sind, schon wegen der großen Wellenlänge nicht unter den funkentelegraphischen Verhältnissen in Frage kommt; und selbst wenn man sich solchen Strahlenbildungen nähert, wird eine Beugung um die Erdkrümmung nötig, die gewiß nicht gelingt, ohne daß neue Streuung des Energiestroms eintritt. Darum können wir auch nicht damit rechnen, mit den Mitteln der drahtlosen Telegraphie eine wirtschaftliche Energieübertragung auf große Entfernungen zu verwirklichen.

Eine stärkere Konzentration der Strahlung, als sie ein Antennenpaar liefert, kann man hervorrufen, wenn man eine Reihe von Antennen verwendet, die in abwechselnder Phase schwingen[1]). Für die Praxis bedeutet das die Verwen-

[1]) F. KIEBITZ, Ann. d. Phys. Bd. 22, S. 943. 1907.

dung langer horizontaler Antennen, die in hohen Oberschwingungen erregt werden; in dieser Hinsicht ist die Richtungstelegraphie indessen noch nicht ausgebaut worden.

Auf Sendestationen wird von Richtungstelegraphie selten Gebrauch gemacht, obgleich sich einige Möglichkeiten bieten für die Orientierung von Schiffen[1]). Unfreiwillig senden die Sender der Flugzeuge eine gerichtete Strahlung aus, wenn sie als Antenne einen Draht verwenden, der schräg nach hinten herabhängt, und als Gegenantenne den Körper des Flugzeugs. Das nahe elektrische Feld und ebenso das ausgestrahlte gleicht dann dem eines oszillierenden Dipols, dessen Achse ungefähr in der schrägen Lage der Antenne liegt; er strahlt darum in der Antennenrichtung nicht. Dieses Verhalten ist im Einklang mit der Erfahrungstatsache, daß eine Bodenstation mit einem Flieger sich drahtlos leicht verständigt, wenn er auf die Station zufliegt; dagegen ist die Verständigung schwierig, wenn der Flieger fortfliegt.

Im wesentlichen ist die Anwendung der Richtungstelegraphie mit Antennenpaaren auf Empfänger beschränkt geblieben; hier dient sie (neben dem Rahmenempfang) zur Befreiung von störenden Sendern, z. B. beim Gegensprechbetrieb zur Befreiung vom eigenen Sender.

Zur Unterstützung der Navigation und für militärische Zwecke wird der Richtempfang benutzt, um Ortsbestimmungen vorzunehmen. Hierfür sind mehrere Empfangsstationen nötig, die den Sender anpeilen. Um die Peilung ausführen zu können, muß man entweder eine große Anzahl von Antennenpaaren vorsehen, die in allen Himmelsrichtungen aufgestellt sind; nach diesem Prinzip sind sog. Antennensterne gebaut worden, aus denen der Empfänger, oder auch ein Sender, je nach seiner Stellung ein bestimmtes Paar von zwei gegenüberliegenden Antennen heraustastet.

Größere Verbreitung als die Antennensterne haben die Antennenkreuze in Verbindung mit dem Radiogoniometer von Bellini und Tosi gefunden. Sie verwenden vier Antennen, die sich von der Station aus in Himmelsrichtungen erstrecken, die zueinander senkrecht sind, also z. B. in den Haupthimmelsrichtungen Nord, Ost, Süd, West. Ein Empfänger kann dann im Ost-Westpaar keine Zeichen aufnehmen, die aus Nord oder Süd einfallen und umgekehrt. Das Radiogoniometer enthält nun zwei Empfangssysteme mit gemeinsamem Detektorkreis; die Empfängerspulen sind unter 90° gekreuzt, so daß sie nicht aufeinander induzieren können, und die Spule des Detektorkreises ist drehbar in dem Innenraume angeordnet, den sie gemeinsam umschlingen. Dort setzen sich die Magnetfelder der beiden Antennenschwingungen mit den Amplituden zusammen, in denen sie erregt worden sind, und es entsteht ein resultierendes Feld, das ein die Senderrichtung kennzeichnendes Maximum der Stärke aufweist, und senkrecht dazu eine Nullrichtung, die man mit der Detektorspule besonders scharf feststellen kann.

Als Antennen für Richtungstelegraphie mit einstellbarer Richtung eignen sich in erster Linie horizontale Gebilde, weil sie vermöge ihrer beträchtlichen Länge über Verzerrungen der Wellenfront hinwegintegrieren, die leicht durch störende Leiter in der Nähe der Station verursacht werden. Daneben sind auch schleifenförmige und rahmenförmige Antennen mit Vorteil benutzt worden. Ihre Wirkungsweise läßt sich immer auf die von Antennenpaaren zurückführen. Man kann nämlich die eine Hälfte der Spule als Gegenantenne zur andern auffassen; beide Hälften werden mit Gangunterschieden von einem fernen Sender erregt, und die Größe dieser Gangunterschiede bestimmt die Amplitude der erregten Schwingung; die Größe des Gangunterschiedes und damit die Amplitude

[1]) F. Kiebitz, Jahrb. d. drahtl. Telegr. Bd. 15, S. 299. 1920.

der empfangenen Schwingung ändern sich mit der Richtung der Sendestation in derselben Weise wie beim Antennenpaar.

35. Antennenspiegel. Nachdem es HERTZ bereits gelungen war, mit Hilfe von Parabelspiegeln eine Konzentration von dezimeterlangen Wellen in eine bevorzugte Richtung zu erzielen, die sich mit optischen Strahlen vergleichen läßt, hat auch in der drahtlosen Telegraphie der Wunsch bestanden, solche Strahlen zu verwenden; denn sie bieten zwei Vorteile: erstens ermöglichen sie die Überwindung einer großen Entfernung mit kleiner Senderleistung, und zweitens gestatten sie vielen Stationen, unabhängig voneinander auf derselben Welle zu arbeiten.

Erst in den letzten Jahren ist es MARCONI[1]) gelungen, unter den Verhältnissen der drahtlosen Telegraphie Parabelspiegel mit Vorteil anzuwenden. Solange man ausschließlich Wellen von der Größenordnung eines Kilometers in der drahtlosen Telegraphie verwendete, bestand keine Aussicht, daß es gelingen könnte, Spiegel zu errichten, mit denen diese langen Wellen wirksam hätten reflektiert werden können. Erst als MARCONI mit Wellen von weniger als 100 m Länge ernsthafte Telegraphierversuche machte, bot sich hierzu die Möglichkeit.

Die spiegelnden Flächen wurden dabei aus senkrechten Drähten gebildet, die von Türmen getragen wurden. Der Aufwand, der zu ihrem Bau erforderlich ist, läßt sich mit dem Aufwand vergleichen, den große Antennenanlagen nötig machen. C. F. FRANKLIN hat die Erfahrungen über die Antennenspiegel in den folgenden Sätzen zusammengefaßt: Mit einer gegebenen Größe der spiegelnden Flächen erhält man die beste Verstärkung, wenn man sie zu gleichen Teilen auf Sender und Empfänger verteilt; für gegebene Flächen beim Sender und Empfänger steigt die Verstärkung mit der vierten Potenz der benutzten Frequenz an.

Auf jeden Fall ist die Möglichkeit praktisch erwiesen, für Wellen unter 100 m Länge wirksame Spiegel herzustellen. Für längere Wellen wird die Herstellung der Spiegel sehr schwer; aber auch im Gebiet der kurzen Wellen scheint das Bedürfnis nach einer Konzentration der Wellen in einen einigermaßen scharf begrenzten Strahl nicht so groß zu sein, daß sich die Errichtung der nötigen Antennenspiegel in großem Umfang lohnte.

f) Die Ausbreitungsvorgänge und ihre Störungen.

36. Reichweiten. Wenn ein fahrendes Schiff bis zu 5000 km Entfernung die Zeichen einer bestimmten Sendestation verstehen konnte und darüber hinaus nicht, so ist nichts dagegen einzuwenden, wenn man sagt, das Schiff habe bei seiner Fahrt im Empfang von dem Sender eine Reichweite von 5000 km erzielt. Dagegen ist es ein falscher Gebrauch des Wortes Reichweite, wenn man sagt, die Sendestation besitze eine Reichweite von 5000 km. Denn die Grenze, bis zu der ein Sender verstanden werden kann, ist nicht allein eine Funktion der Eigenschaften des Senders, in erster Linie seiner Strahlungsleistung, sondern sie hängt außerdem von zahlreichen Nebenumständen ab, in erster Linie von den Eigenschaften des Empfängers, außerdem aber auch von Einflüssen, welche die Wellen während ihrer Ausbreitung erfahren, und die sich mit der Zeit erfahrungsgemäß ändern; daß Störungen durch fremde Sender und die sogenannten atmosphärischen Störungen auch die Reichweite beeinträchtigen, bedarf nicht der Erwähnung.

In der Akustik sprechen wir nicht von Reichweiten, obgleich z. B. bei der Schallausbreitung einer Glocke ähnliche Verhältnisse vorliegen wie bei der Ausstrahlung elektrischer Wellen durch eine Funkenstation; aber bei der Glocke sind

[1]) G. MARCONI, Proc. Roy. Soc. London 2. Juli 1924.

wir gewöhnt, sie bald in großer Ferne zu hören, bald nicht, und die Ursachen für die schwankende Hörbarkeit sind hier ohne weiteres erkennbar in Wind, Straßenlärm, Häuserschatten usf.

Je verwickelter die Empfangseinrichtungen in der drahtlosen Telegraphie sind, um so mehr hängt das Gelingen des Empfangs auch von den persönlichen Fähigkeiten des Telegraphisten ab. Fernerhin ist die Angabe einer bestimmten Reichweite auch ohne eine Aussage über ihre Zuverlässigkeit nicht brauchbar; um recht beurteilen zu können, welcher Wert einer Reichweitenangabe beizumessen ist, muß man wissen, ob die angegebene Entfernung unter hundert Fällen einmal erreicht worden ist oder regelmäßig.

Wenn man trotzdem von der Reichweite eines Senders sprechen will, so muß man streng genommen sagen: Jeder Sender auf der Erde hat die Reichweite 20000 km, nämlich die Entfernung bis zu den Antipoden, und auf welchen Bruchteil dieser Entfernung es im Einzelfalle gelingt, Zeichen zu verstehen, hängt von der Empfindlichkeit des Empfängers ab und von vielen Nebenumständen, die den Empfang beeinträchtigen können.

37. Die normale Wellenausbreitung. Solange sich die Erde wie ein vollkommener Leiter der Elektrizität mit ebener Oberfläche verhält und die Atmosphäre wie ein vollkommener homogener Isolator, läßt sich die Wellenausbreitung der drahtlosen Telegraphie streng mit den HERTZschen Gleichungen beschreiben, wie M. ABRAHAM[1]) im einzelnen ausgeführt hat. Es gibt vier Bilder zur Beschreibung des physikalischen Vorgangs bei der Wellenausbreitung, je nachdem ob wir die Ströme betrachten, die vom Antennenfußpunkt aus radial nach allen Seiten fließen, oder die Ladungen, die sich längs der Erdoberfläche ringförmig mit Lichtgeschwindigkeit ausbreiten, oder die Magnetfelder, die in Form konzentrischer horizontaler Kreise den Sender umgeben, oder die elektrischen Felder, die senkrecht gerichtet vom Sender forteilen; in diesen verschiedenen Bildern beschreiben wir denselben Vorgang; denn die bewegten Ladungen oder die Ströme in der Erde sind untrennbar mit bewegten elektrischen Feldern, also mit magnetischen Feldern im umgebenden Isolator verbunden. Ob wir es vorziehen, zur begrifflichen Darstellung der Vorgänge das eine oder das andere Bild zu benutzen, ist an sich gleichgültig; das Resultat ist immer das gleiche, nur die Anschaulichkeit ist verschieden, je nach der Gewöhnung. So können wir z. B. die Erregung einer Empfangsantenne nach Belieben beschreiben, indem wir die Ladungen betrachten, die ihr im Fußpunkt zugeführt werden, oder die Ströme, die sich im Fußpunkt aus der Erde abzweigen, oder die wagerecht gerichteten magnetischen Kräfte, die sie mit Lichtgeschwindigkeit durchschneiden, oder die senkrechten elektrischen Kräfte, die über sie hinwegfluten und Spannung induzieren.

Nach dem Prinzip von HUYGENS-FRESNEL ist jeder von der Welle getroffene Punkt der Ausgangspunkt von Elementarwellen, die sich an jeder Stelle dem Interferenzprinzip entsprechend nach Phase und Amplitude zusammensetzen. Diesem Prinzip entspricht bei ungestörter Ausbreitung eine kreisförmige Wellenfront.

Die Feldintensitäten nehmen erfahrungsgemäß mit der Entfernung ab, und zwar vermutlich mit der ersten Potenz der Entfernung; denn wir nehmen an, daß eine ungestörte Ausbreitung HERTZscher Wellen vorliegt. Leider ist das Entfernungsgesetz niemals nach exakten Methoden in der Wirklichkeit nachgemessen worden, und damit fehlt eine wichtige experimentelle Voraussetzung für die theoretische Behandlung der Ausbreitungsvorgänge. Die Messung der Feldstärken nach exakten objektiven Methoden ist wegen ihrer numerisch

[1]) M. ABRAHAM, Theorie der Elektrizität.

kleinen Beträge eine schwierige Aufgabe. Nahezu alle Angaben, die über Empfangsstärken gemacht werden, beruhen auf Hörvergleichen und sind mit Unsicherheiten behaftet, deren Größe schwer zu beurteilen ist.

Solange die Entfernung zwischen Sender und Empfänger klein gegenüber dem Erdumfang ist, können wir die Oberfläche als eben gelten lassen und der HERTZschen Lösung entsprechend mit der Feldstärke

$$E = 4\pi \cdot \frac{h}{\lambda} \cdot \frac{I}{r}$$

rechnen, wobei h die wirksame Antennenhöhe des Senders ist, λ die Wellenlänge, mit der er betrieben wird, I die Stromstärke und r der Abstand des Beobachtungspunktes vom Sender.

Ist der Empfänger weiter entfernt, vielleicht bis zum vierten Teil des Erdumfangs, so kann man die Erdoberfläche als kugelförmig gekrümmt ansehen. In diesem Falle versagt die HERTZsche Lösung. Machen wir aber die Annahme, daß der Erdball keine Strahlung an den Außenraum abgibt, sondern daß eine reine Oberflächenausbreitung stattfindet, die mit Lichtgeschwindigkeit vor sich geht, so bedarf die obige Formel nur einer kleinen Änderung, die dem Umstand Rechnung trägt, daß nunmehr die Energie bei der Ausbreitung über die an der Erdoberfläche gemessenen Entfernung r nicht einen Kreis vom Umfang $2\pi r$ erreicht, sondern nur einen Kreis, der im Verhältnis $\sin\alpha/\alpha$ kleiner ist, wenn α den Winkel bedeutet, unter dem Sender und Empfänger vom Erdmittelpunkt aus erscheinen. Das Feld wird demgemäß im Verhältnis $\alpha/\sin\alpha$ größer; der Energiestrom wird an der Erde zusammengehalten, und der Ausdruck für die Feldstärke lautet unter diesen Voraussetzungen:

$$E = 4\pi \cdot \frac{h}{\lambda} \cdot \frac{I}{r} \cdot \frac{\alpha}{\sin\alpha}.$$

Auf der abgewandten Hemisphäre laufen die Oberflächenwellen wieder zusammen, und wenn die Erde eine vollkommen leitende homogene Kugel im freien Äther wäre und keine Strahlung in den kosmischen Raum abgäbe, so würde bei den Antipoden die gesamte Leistung, die der Sender ausgesandt hat, aus allen Richtungen gleichzeitig zusammenströmen[1]). Schon aus geometrischen Gründen ist dies freilich nicht möglich; denn die Erde ist so stark abgeplattet, daß z. B. für einen Punkt des Äquators die Entfernung zum Antipoden auf dem Wege über den Äquator 34 km länger ist als der Weg über einen Pol. Die beim Antipoden einfallende Welle ist aber die Summenwirkung von HUYGENSschen Elementarwellen, die mit nahzu gleichen Amplituden einfallen, aber mit sämtlichen Gangunterschieden zwischen 0 und 34 km; sie interferieren praktisch zu Werten, die um so kleiner sind, je kleiner die angewandte Wellenlänge war. Mit zunehmender Breite nehmen die Gangunterschiede ab, und beim Telegraphieren von Pol zu Pol verschwinden sie.

In der Wirklichkeit entsteht nun die Frage, in welchem Umfang der Energiestrom längs der Erdoberfläche quantitativ erhalten bleibt, wenn die Erdkrümmung merklich wird, welchen Anteil also die Raumwellen an der Gesamtstrahlung haben und welchen die Oberflächenwellen. Dieses Problem ist vielfach behandelt worden, besonders eingehend von W. VON RYBCZYNSKI[2]). Es ergibt sich die

[1]) Zusatz bei der Korrektur: Die strenge Berechnung der Wellenausbreitung an einer leitenden Kugel ist neuerdings gelungen. Vgl. F. KIEBITZ, Ann. d. Phys. Bd. 80, S. 728; Tel. Fernspr. Techn. Bd. 15, S. 207. 1926.

[2]) Vgl. die zusammenfassende Darstellung von A. SOMMERFELD, Jahrb. d. drahtl. Telegr. Bd. 12, S. 2. 1917.

Notwendigkeit, dem obigen Ausdruck für das ferne Feld noch ein Dämpfungsglied hinzuzufügen, das mit steigender Entfernung und mit abnehmender Wellenlänge wächst. Die numerische Berechnung dieses Gliedes ergibt

$$e^{-0{,}0017 \cdot \frac{r}{\sqrt[3]{\lambda}}},$$

wenn r und λ in Kilometer als Einheit angegeben sind. Viele Beobachter haben diese Formel geprüft, d. h. mit Schätzungen der tatsächlich einfallenden Felder verglichen, die sie meist auf Grund von subjektiven Hörvergleichen angestellt haben. Mehrfach hat man das SOMMERFELDsche Dämpfungsglied empirisch abgeändert, um mit der Erfahrung in Übereinstimmung zu kommen. L. W. AUSTIN schlägt zur Darstellung seines besonders reichhaltigen Beobachtungsmaterials die folgende Form für den mittleren Absorptionsfaktor vor:

$$e^{-0{,}0014 \cdot \frac{r}{\lambda^{0,6}}}.$$

38. Wasser und Land. Die Voraussetzung der bisherigen Darlegungen, daß die Erde sich wie ein vollkommener Leiter verhält, trifft nicht zu. Dies geht schon aus dem Umstand hervor, daß dieselbe Sendestation über See erheblich größere Fernwirkungen aufweist als über Land, ein Umstand, der seit den Anfängen der Funkentelegraphie fast ausnahmslos beobachtet worden ist. Die Angaben über die empfangenen Lautstärken sind allerdings nur als subjektive Schätzungen aufzufassen, die nicht den Wert exakter und reproduzierbarer Messungen beanspruchen können; und da zur Beobachtung über See fast immer Schiffe dienen, deren Antennenkreis einen so kleinen Erdleitungswiderstand enthält, wie er bei Landstationen nicht erreichbar ist, so muß schon aus diesem Grunde allein das Telegraphieren mit Schiffen besonders günstig sein.

Indessen sprechen auch andere Erfahrungen dafür, daß die See sich in ihrem Verhalten einem vollkommenen Leiter besser nähert als das Land; eine solche Erscheinung besteht darin, daß man über trockenem Boden bei derselben Frequenz kürzere Wellen mißt als über Wasser (vgl. Ziff. 3). Andere Erscheinungen, die auf ein unterschiedliches Verhalten von Land und Wasser hinweisen, sind aus der Richtungstelegraphie bekannt.

Wenn man nämlich in der Nähe der Küste die Richtung einer Sendestation funkentelegraphisch bestimmt, so stellt man leicht Mißweisungen fest, d. h. Abweichungen von der geographischen Richtung; und diese Mißweisungen erfolgen stets in dem Sinne einer Wellenbrechung, welche die Wellenfront nach der Seeseite zu neigt, als ebenfalls in dem Sinne, der einer verzögerten Wellenausbreitung über dem Land entspricht.

Auch zwischen trockenem und nassem Land sind durch funkentelegraphische Mißweisungen gelegentlich Unterschiede in der Wellenfortpflanzung zutage gekommen; immer sind sie in dem Sinne erfolgt, daß feuchtes Erdreich der Ausbreitung günstiger ist als trockenes, was sich ja durch die auch sonst bekannten Unterschiede des Leitvermögens hinreichend erklärt. Wie weit das Meer sich vom Verhalten eines vollkommenen Leiters noch entfernt, ist zahlenmäßig nicht aus der Wellenausbreitung erschlossen worden. Doch wissen wir, daß unter der Meeresoberfläche auch noch Felder wahrnehmbar sind; denn es gelingt unter Anwendung reichlicher Verstärkermittel, mit Tauchbooten unter Wasser drahtlos zu verkehren.

39. Tag und Nacht. Ähnlich wie zwischen Wasser und Land besteht auch zwischen Tag und Nacht ein auffallender Unterschied in der Fernwirkung drahtloser Zeichen. Während aber nie ein Streit darüber bestanden hat, daß man die

Ausbreitung über See als die ungestörte anzusehen hat und die über Land als die gestörte, ist es lange zweifelhaft gewesen, ob die größeren Lautstärken, die man in der Nacht wahrnimmt, als normal zu gelten haben oder die kleineren, die man am Tage beobachtet. Man glaubte vielfach, Spiegelungen in hohen gut leitenden Schichten der Atmosphäre annehmen zu sollen, die bei Nacht auftreten und einer Fata morgana ähnlich wirken, so daß bei Nacht gelegentlich Empfangswirkungen erzielt werden, welche die normalen weit übertreffen.

Dieser Auffassung ist der Boden entzogen worden durch die Messungen von M. BÄUMLER[1]), die mit objektiven Beobachtungsmethoden ausgeführt worden sind und sich über Jahre erstrecken. Die Meßmethode hat G. ANDERS[2]) ausgearbeitet; sie bezweckt, die Zeichenstärke jeder fernen Station messend verfolgen zu können, wenn sie in normaler Weise Text telegraphiert, so daß also keine besondere Verabredung über Meßzeichen nötig ist. Die Lösung dieser Aufgabe ist mit einem Fadenelektrometer gelungen, dessen Ausschläge durch einen Überlagerungsempfänger mit Verstärker hervorgerufen werden. Die Zuverlässigkeit dieser Anordnung und ihrer Eicheinrichtungen hat sich soweit steigern lassen, daß die Zeichen der amerikanischen Großstationen in Berlin mit einer Genauigkeit von 30% bestimmt werden, wobei die Angabe sich auf die Stärke des einfallenden Feldes bezieht. Obgleich diese Genauigkeit gering erscheinen kann, wenn man sie mit der von Präzisionsmessungen vergleicht, so genügt sie doch, um in den grundlegenden Fragen eine Entscheidung zu treffen, für die bisher überhaupt keine zahlenmäßig verwertbaren Unterlagen vorhanden waren.

40. Die Messungen von BÄUMLER. Wenn auch die Messungen von BÄUMLER noch heute nicht alle Anhänger der Theorie einer Reflexion der elektrischen Wellen an ionisierten Schichten in oder über der Atmosphäre überzeugt haben, daß solche Annahmen zur Erklärung der wirklich auftretenden Erscheinungen entbehrlich sind, so haben sie doch zum wenigsten eine Präzisierung der Problemstellung ermöglicht, die früher nicht erreichbar war, und sollen darum kurz besprochen werden.

Ein Sender der Station Rocky Point auf Long Island bei New York wurde jahrelang in Berlin beobachtet, indem mit der Meßeinrichtung von ANDERS (Ziff. 39) die einfallenden Felder bestimmt wurden. Jede Meßreihe erstreckte sich über mehrere Tage und Nächte, und allmonatlich wurde eine solche Meßreihe ausgeführt.

Wenn man aus der Stromstärke des Senders, seiner Wellenlänge und der wirksamen Antennenhöhe die Feldstärke berechnet, die in Berlin, d. h. in 6400 km Entfernung, einfallen muß, so ergibt sich, wenn man kein Dämpfungsglied in Rechnung setzt, die effektive Feldstärke $2{,}6 \cdot 10^{-6}$ Volt cm^{-1}. Das Absorptionsglied von SOMMERFELD würde diesen Betrag auf seinen 80. Teil erniedrigen, das von AUSTIN auf den 11. Teil.

Es sind nun viele Tausende von Messungen ausgeführt worden. Zum größten Teil liegen sie zwischen den Werten 2 und 0,2 Mikrovolt cm^{-1}, vereinzelte Bestimmungen liegen darüber, wenige darunter. Der Wert 2,6 wird nie um Beträge überschritten, die außerhalb der möglichen Fehler liegen.

Hieraus kann man zwei Schlüsse ziehen: Entweder folgert man, daß die Wellenausbreitung in der Funkentelegraphie zum weitaus größten Teil den Charakter von Oberflächenwellen hat, die an der Erdoberfläche fortschreiten, und

[1]) M. BÄUMLER, El. Nachr. Techn. Bd. 1, S. 50. 1924.
[2]) G. ANDERS, El. Nachr. Techn. Bd. 2, S. 401. 1925.

daß sie in schwankendem Maße Störungen zerstreuender oder absorbierender Art erfährt, die in seltenen Fällen so groß werden, wie es die Formel von AUSTIN angibt.

Zweitens kann man schließen: Die Wellenausbreitung hat an der Erde den Charakter von Raumwellen, so daß die Feldstärken sehr viel stärker mit der Entfernung abnehmen würden, wenn nicht in der Heavisideschicht eine leitende Schale vorhanden wäre, an der die Wellen in Form von Oberflächenwellen hingleiten, so daß eine Ausstrahlung in den Weltenraum verhindert wird.

Die täglichen Schwankungen der einfallenden Feldstärken, deren Vorhandensein aus Schätzungen der empfangenen Lautstärken so lange bekannt sind, als man Funkentelegraphie anwendet, sind in den Messungen zahlenmäßig erfaßt. Die Tageswerte sinken im Winter auf den vierten Teil der Nachtwerte herab, im Sommer auf die Hälfte. Stets werden in der Nacht große Feldstärken gemessen, am Tage kleine; der Anstieg setzt ein, wenn die Sonne bei der Empfangsstelle untergegangen ist, der Abfall nach Sonnenaufgang. Die größten Feldstärken treten auf, wenn die ganze Strecke zwischen Sender und Empfänger im Dunkeln liegt.

Bei Sonnenaufgang und bei Sonnenuntergang treten Minima ein; dazwischen liegt ein absolutes nächtliches Maximum und ein relatives Maximum am Tage. Je nach der Jahreszeit sind die Unterschiede zwischen den Tag- und Nachtwerten verschieden groß. Die Nachtwerte sind im Winter größer als im Sommer.

Diese Schwankungen der einfallenden Feldstärken sind, wenn auch nicht mit zahlenmäßiger Zuverlässigkeit, zum Teil schon früher aus den Lautstärkeschwankungen gefolgert worden, die man gewohnt ist, im funkentelegraphischen Verkehr wahrzunehmen. Wenn Schätzungen der Lautstärken vorgenommen worden sind, hat man sogar erheblich größere Schwankungen der Felder annehmen zu müssen geglaubt. Jedenfalls spiegeln dem Gange nach die BÄUMLERschen Messungen die Erfahrungen wieder, die alle Empfangsstationen im Verkehr mit fernen Sendern machen, und sie haben darum eine allgemeine Bedeutung, wenn man auch nicht erwarten kann, daß zahlenmäßig die zwischen New York und Berlin ermittelten Feldstärkeschwankungen auch für Stationen zutreffen werden, die unter anderen geographischen und klimatischen Bedingungen arbeiten.

Im besonderen sind wichtige Ergänzungen von Feldmessungen zu erwarten, die in ähnlicher Weise mit kurzen Wellen ausgeführt werden sollen, denn nach subjektiven Beurteilungen der empfangenen Lautstärken besteht allgemein der Eindruck, als seien die Schwankungen im Gebiet kurzer Wellenlängen erheblicher als bei langen Wellen. Dieser Eindruck hat mit dazu geführt, daß man die Frequenz der Wellen bis in die Gegend der hörbaren Frequenzen herabgesetzt hat; doch ist MARCONI auf Grund seiner Erfahrungen nachdrücklich der Auffassung entgegengetreten, daß die Fernwirkung kurzer Wellen bei Tage gering und veränderlich sei, und daß sie bei Nacht launisch und unzuverlässig sei.

41. Die Atmosphäre. Der Gang der Feldschwankungen weist unverkennbar auf einen Einfluß der Sonnenstrahlung auf den Ausbreitungsvorgang hin, im besonderen auf eine Störung der Ausbreitung bei Änderungen der Sonnenstrahlung, d. h. bei Dämmerung. Ob dieser Einfluß ein unmittelbarer oder ein mittelbarer ist, läßt sich schwer entscheiden; jedenfalls liegt es nahe, Änderungen, die das Erdreich unter dem Einfluß der Sonnenstrahlung erfährt, außer Betracht zu lassen neben den starken Änderungen, die in der Atmosphäre auftreten.

Wäre die Atmosphäre vollkommen ruhig und nicht leitend, so würde sie als Dielektrikum wirken, dessen Dielektrizitätskonstante mit der Erhebung über den Erdboden von 1,0006 bis 1 stetig abnimmt. Die Wellen würden sich an der Erdoberfläche etwas langsamer fortpflanzen als in großer Höhe; es würde also eine Brechung eintreten, die einen Teil des Energiestroms aus der Atmosphäre herab der Erde zuführt. Zahlenmäßig ist diese Brechung sehr klein[1]); sie ist nicht annähernd so groß, daß sie elektrische Wellen hindern könnte, aus der Atmosphäre in den Weltenraum hinauszutreten; doch kann man sie geltend machen, um zu erklären, wenn in einzelnen Fällen Feldstärken von fernen Stationen einfallen sollten, welche die nach der Formel für Oberflächenwellen berechneten ein wenig übersteigen.

In Wirklichkeit ist die Atmosphäre weder vollkommen ruhig noch vollkommen nichtleitend. Besonders in großen Höhen übt die Sonnenstrahlung einen starken ionisierenden Einfluß auf die dünne Atmosphäre aus, und die Erforschung dieser Ionisationsvorgänge, der Bildung von ausgedehnten Schichten ionisierter Gasmassen mit scharf ausgeprägten Grenzschichten, des Einflusses der leitenden Schichten auf die Wellenfortpflanzung, der Entstehung dieser Schichten bei Nacht ist der Gegenstand zahlreicher Hypothesen[2]).

Aber auch wenn man von diesen Einflüssen absieht, die durch Ionisation möglicherweise eintreten, so bleibt in den Schwankungen, die das dielektrische Verhalten der Luft beständig erfährt, ein gewichtiger, vielleicht sogar ausreichender Grund für die Schwankungen der fernen Felder bestehen. Mit der Temperatur, dem Luftdruck und dem Feuchtigkeitsgehalt ändert sich die Dielektrizitätskonstante der Luft und damit ihr Brechungsvermögen, wie aus den Schlierenbildungen im optischen Gebiet bekannt ist. Durch die Erwärmung, die mit der Sonnenstrahlung verbunden ist, wird eine Zirkulation in den Luftmassen hervorgerufen, die sich in der Nacht abgekühlt und beruhigt hatten, so daß sie einigermaßen homogen über der Erde lagen. Infolge der meteorologischen Vorgänge, die sich unter dem Einfluß der Sonnenstrahlung abspielen, und die durch die klimatischen Verhältnisse im höchsten Maße mitbedingt sind, finden sich Luftmassen verschiedener Dichte, verschiedener Temperatur und verschiedenen Wassergehalts nebeneinander in der Atmosphäre vor und sind wegen ihrer verschiedenen Dichte unter dem Einfluß der Erdschwere beständigen Bewegungen unterworfen, die sich ja durch Wind, Niederschläge, Wolkenbildungen zu erkennen geben.

Die unhomogene und bewegte Luft stellt auch optisch ein unhomogenes Medium dar, das mit Schlieren durchsetzt ist, und da die Abmessungen dieser Schlieren den Wellenlängen der drahtlosen Telegraphie vergleichbar sind, so muß die Atmosphäre sich diesen Wellen gegenüber wie ein trübes Medium verhalten, dessen Durchsichtigkeit in hohem Maße von der Sonnenstrahlung beeinflußt wird. In der Tat ist der Sinn der zu erwartenden Beeinflussung in weitem Maße mit der Erfahrung im Einklang. Ob die Schlierenbildung durch dielektrische Inhomogenität allein die tatsächlichen Schwankungen verursacht, ist noch nicht ergründet.

Eine oft beobachtete Erscheinung bedarf jedenfalls einer besonderen, bisher nicht geglückten Erklärung. Sie besteht in folgendem[3]): Wenn man einen fernen Sender anpeilt, so zeigen sich in der Zeit der Dämmerung Mißweisungen, die mit einem starken Anwachsen der Lautstärke im Minimum verbunden sind. Im Laufe der Nacht pflegt sich wieder die normale Wellenfront herzustellen.

---

[1]) F. KIEBITZ, Jahrb. d. drahtl. Telegr. Bd. 7, S. 154. 1913.

[2]) Zusammenfassende Bearbeitung: G. J. ELIAS, El. Nachr. Techn. Bd. 2, S. 351. 1925.

[3]) F. KIEBITZ, Jahrb. d. drahtl. Telegr. Bd. 6, S. 5. 1912.

g) Telegraphierleistungen.

42. Vergleich mit der elektrischen Nachrichtenübermittlung auf Leitungen. Der bestechende Vorzug der drahtlosen Nachrichtenübermittlung besteht darin, daß die Anlage und Unterhaltung einer leitenden Verbindung zwischen Sender und Empfänger fortfällt. Außerdem weist sie manche Vorteile und Nachteile auf, die zum großen Teil konstruktiver Art sind, teilweise aber auch natürliche Ursachen haben.

43. Gegensprechen. Hierher gehören in erster Linie die Schwierigkeiten, die das Gegensprechen im drahtlosen Betrieb bietet; auf Leitungen sind wir gewöhnt, in beiden Richtungen gleichzeitig zu arbeiten, und sogar der Schnelltelegraphie auf Seekabeln gelingt dies durch schalttechnische Maßnahmen in beachtenswertem Maße. Im drahtlosen Verkehr ist jedoch das Verhältnis der Senderleistung zur empfangenen Leistung um viele Zehnerpotenzen größer, und in demselben Verhältnis wachsen die Schwierigkeiten, die es bereitet, die empfangenen Zeichen aufzunehmen und zu verstärken, ohne durch den eigenen Sender gestört zu werden.

Wenn man mit Senderleistungen von der Größenanordnung eines Watt arbeitet, so genügt es, verschiedene Wellenlängen zum gleichzeitigen Senden und Empfangen zu benutzen; auch fehlt es nicht an Anordnungen, in denen der hochfrequente Zeichenstrom nur fließt, solange der Sender beschickt wird, während in den Sprech- und Telegraphierpausen der Sender stromlos und der Empfänger hörbereit ist, so daß die Möglichkeit besteht, das Gegenüber zu unterbrechen. Diese Wirkung läßt sich bei Röhrensendern durch Verlagerung der Gitterspannung erreichen.

In dem Maße, wie die Senderleistung zunimmt, wachsen die Schwierigkeiten, mit Verstimmung und Gitterverriegelung auszukommen. Man kann aber einen wechselseitigen Verkehr unter allen Umständen ermöglichen, wenn man Sender und Empfänger räumlich weit voneinander trennt (bei großen Anlagen rund 50 km) und außerdem die Richtwirkung von Rahmenantennen oder Antennenpaaren benutzt, um den Empfänger von Störungen durch den eigenen Sender freizumachen. Sender und Empfänger müssen dann einzeln mit der Betriebsstelle durch Leitungen verbunden sein. Dieses Verfahren erfordert einen großen Aufwand und kommt darum nur in seltenen Fällen in Anwendung, am meisten bei Großstationen für Telegraphie.

44. Massenverkehr. Es gibt mehrere Formen des Massenverkehrs. Einmal kann das Bedürfnis vorliegen, Nachrichten von einem Sender an viele Empfänger gleichzeitig zu verbreiten. Dieser Fall liegt bei allen Zeitungsnachrichten vor, ferner bei vielen Nachrichten unterhaltenden und belehrenden Inhalts und auch bei der Verbreitung von musikalischen Darbietungen. Für alle diese Fälle ist die drahtlose Nachrichtenübermittelung die naturgemäße.

Eine andere Form des Massenverkehrs liegt sowohl in der Telegraphie als auch in der Telephonie auf Leitungen vor. Hier handelt es sich darum, zahlreiche Einzelverbindungen von einem Sender zu einem Empfänger gleichzeitig herzustellen, die sich gegenseitig nicht stören dürfen. Der Verkehr auf Leitungen ist in dieser Hinsicht bis zu einem so hohen Grade vervollkommnet, daß die drahtlose Telegraphie und Telephonie in absehbarer Zeit nicht ernstlich für einen Wettbewerb in Frage kommt; die Wege, die zur Erreichung zahlreicher unabhängiger Verbindungen gangbar sind, bestehen in erster Linie in der Abstimmung. Die Dichte, mit der verschiedene benachbarte Frequenzen verwendbar sind, findet ihre Grenzen einmal in der Genauigkeit, mit der es möglich ist, die Frequenz der Sender konstant zu halten (0,0001 wird erreicht), und zum andern in dem Umstand, daß zur Zeichenübermittelung ein Frequenzband gehört, dessen Breite in der Telephonie durch den Bereich der hörbaren Töne bestimmt ist, in der Telegraphie durch die meist kleinere Frequenz, mit der sich die Elemente der Telegraphierzeichen folgen. Als zweites Mittel, die Dichte der drahtlosen Verbindungen zu steigern, bietet sich die Richtungstelegraphie dar. Die Leistungsfähigkeit einer drahtlosen Verbindung übersteigt aber die einer Leitungsverbindung nicht, und darum ist die drahtlose Betriebsweise im Rückstand; sind doch Fernsprechkabel für 250 unabhängige Sprechverbindungen normal.

Die Schnelltelegraphie bietet auf Leitungen den Vorteil, daß eine Verbindung mehrfach ausgenutzt werden kann; in der Mehrfach-Wechselstrom-Telegraphie werden in einer Sekunde normalerweise 60 Buchstaben über eine Doppelleitung befördert. Doch besteht hier für die Leitungstelegraphie eine Grenze; selbst wenn es möglich wäre, in den Sende- und Empfangsgeräten die Telegraphiergeschwindigkeit beliebig zu steigern, so erfahren doch die Zeichenströme auf den Leitungen Dämpfungen, die um so stärker sind, je rascher die Stromänderungen erfolgen, und die Zeichen werden für den Empfänger unleserlich. Von diesem Nachteil ist der drahtlose Verkehr frei, so lange man sich mit der Telegraphierfrequenz nicht der Frequenz der Wellen nähert. Dagegen hat er den großen Nachteil der Anfälligkeit gegenüber Empfangsstörungen, die in der Kabeltelegraphie in geringem Maße auftreten und auch durch wirksame Kompensationseinrichtungen verringert werden.

45. Die Bildtelegraphie stellt den Gipfel der Massentelegraphie dar. In ihrer einfachsten Form, dem Kopiertelegraphen zur Übertragung von Schriftzeichen oder Strichzeichnungen, ist sie für Leitungen seit langer Zeit ausgebildet, wobei der Sender vorbereitete Metallfolien, auf denen die Schrift mit isolierender Substanz aufgetragen ist, mit einem Kontaktstift abtastet oder auch eine Reliefplatte. Die Wiedergabe auf der Empfangsseite geschieht auf elektrochemischem, elektromechanischem oder photographischem Wege, wobei Sender und Empfänger synchrone Bewegungen ausführen[1]). Die Elektronenröhren ermöglichen die Verstärkung der Telegraphierzeichen, die bei drahtlosem Betrieb zur Modulation auf der Sendeseite und zur Betätigung elektromagnetischer Relais auf der Empfangsseite erforderlich ist; auch die Synchronisierung von Sender und Empfänger gelingt; zur Einführung ist bisher ein Gerät von M. DIECKMANN gelangt, bei dem auf der Sendeseite eine Metallfolie mit isolierender Zeichnung verwendet wird und auf der Empfangsseite ein elektromechanisches Verfahren.

Bei der eigentlichen Bildübertragung, die in Deutschland besonders durch A. KORN[2]) gefördert worden ist, wird entweder auch eine vorbereitete Folie mechanisch abgefühlt oder ein bewegter Film optisch abgesucht, wobei der Lichtstrahl wechselnder Intensität eine Selenzelle oder neuerdings (Verfahren von KAROLUS) auch eine lichtelektrische Zelle betätigt; auf der Empfangsseite dienen die Bewegungen eines Saitengalvanometers (KORN) zur Wiedergabe der Lichtintensität oder die Aufhellung des Gesichtsfeldes durch ein den Kerreffekt zeigendes Medium unter dem Einfluß der ankommenden Spannungsschwankungen (KAROLUS). Praktische Verwendung hat diese Bildtelegraphie, wegen des großen Aufwandes den sie erfordert, bisher kaum gefunden, weder auf Leitungen noch im drahtlosen Verkehr, obgleich seit mehr als einem halben Jahrhundert brauchbare Geräte bekannt geworden sind. Die Vorteile und Nachteile beider Betriebsweisen sind dieselben wie bei jedem Massenverkehr (Ziff. 44).

---

[1]) W. FRIEDEL, Elektr. Fernsehen usw., Sammlung Hochfrequenztechnik Bd. 2, Berlin: Meußer 1925.

[2]) A. KORN, Zusammenfassender Bericht: El. Nachr. Techn. Bd. 1, S. 175. 1924.

Um ein einfaches Porträt zu übertragen, sind wenigstens 10000 Bildelemente nötig; ist Zeit für die Übertragung vorhanden oder sind viele Verbindungen zur Verfügung, also Leitungen in der Leitungstelegraphie oder Wellenlängen in der drahtlosen Übertragung, so ist die Bildtelegraphie grundsätzlich nicht schwieriger als die Schnelltelegraphie oder als Telephonie. Mit steigender Geschwindigkeit wachsen aber alle Schwierigkeiten, vor allem auch die optischen, indem die erforderlichen Lichtstärken nicht mehr hergestellt werden können; selbst wenn alle diese Schwierigkeiten aber überwunden werden können, scheiden aus telegraphentechnischen Gründen die Leitungen für die Übertragung um so eher aus, je größer die Entfernung und die Telegraphiergeschwindigkeit ist. Sollen auf einer einzigen Verbindung die 10000 Bildelemente eines Porträts in 0,1 sec übertragen werden, sollen also Vorgänge wiedergegeben werden, die sich in 10^{-5} sec abspielen, so kommt nur die Anwendung von Wellen als Übertragungsmittel in Frage, die in so kleinen Zeiträumen noch modulierbar sind. Darum ist das technisch noch nicht gelöste Problem des Fernsehens mittels einer Telegraphierverbindung, das bei dieser Telegraphierleistung anfängt, diskutabel zu werden, auf drahtlose Telegraphie mit kurzen Wellen angewiesen.

Kapitel 3.

Röntgentechnik[1]).

Von

HERMANN BEHNKEN, Berlin.

Mit 57 Abbildungen.

a) Aufgaben der Röntgentechnik.

1. Medizinische Diagnostik. Schon bald nach der Entdeckung der Röntgenstrahlen begann die Technik sich für das neu erschlossene Gebiet zu interessieren. Die Veranlassung hierzu bildete die Eigenschaft der Röntgenstrahlen, alle bekannten Stoffe mehr oder weniger stark zu durchdringen, wobei der Grad des Durchdringungsvermögens je nach Dichte und chemischer Zusammensetzung der

---

[1]) Literatur: Der Raum, welcher der Röntgentechnik in einem Handbuche der Physik zugestanden werden kann, muß naturgemäß beschränkt sein, so daß eine erschöpfende Darstellung dieser mehr technischen Materie hier nicht möglich ist. So soll hier wenigstens ein kurzer Hinweis gegeben werden, an welcher Stelle vieles zur Röntgentechnik Gehörige, das hier nicht gebracht werden konnte, zu finden ist.

Das zeitlich erste deutsche Spezialwerk über Röntgenstrahlen war POHL, Die Physik der Röntgenstrahlen (Braunschweig 1921). Wenn der Inhalt dieses Buches auch durch den Fortschritt der Erkenntnis vielfach überholt ist, so ist es doch seiner äußerst knappen und dabei kritischen und leicht verständlichen Darstellung wegen auch heute noch als erste Einführung in das hier behandelte Gebiet sehr empfehlenswert. Eine ähnlich knappe, aber bis in das Jahr 1923 reichende Darstellung gibt CERMAK, Die Röntgenstrahlen (Leipzig 1923). In fast vollständiger Weise ist das gesamte physikalische und technische Material bis zum Jahre 1918 zusammengestellt in dem umfangreichen Handbuch der Radiologie, Bd. V von MARX, Abschnitt über Röntgenstrahlen. Eine neuere vollständige Zusammenfassung des ganzen Gebietes gibt es zur Zeit nicht. Dagegen findet sich manches auch für die Röntgentechnik Bedeutsame in physikalischen Spezialwerken wie SIEGBAHN, Die Spektroskopie der Röntgenstrahlen (Berlin 1924) und EWALD, Kristalle und Röntgenstrahlen (Berlin 1923). Von ausländischen Büchern seien genannt KAYE, Y-Rays (London 1918) und LEDOUX-LEBARD und DAUVILLIER, Les Rayons X (Paris 1921). Dem deutschen Buche von EWALD entspricht im Englischen BRAGG (Vater und Sohn) X-Rays and Cristal-Structur (London 1924).

Ausgesprochen technisch eingestellt sind die Leitfäden der Röntgentechnik von ALBERS-SCHÖNBERG und von DESSAUER und als modernstes Buch ROSENTHAL, Praktische Röntgenphysik und Röntgentechnik (Leipzig 1925). Auf die Therapie beschränkt sich die für dieses Gebiet vollständige und dabei kritische und sehr klare Darstellung von GROSSMANN, Physikalische und technische Grundlagen der Röntgentherapie (Berlin u. Wien 1925). Spezialwerke über die Meßmethoden der Röntgentherapie sind CHRISTEN, Messung und Dosierung der Röntgenstrahlen (Hamburg 1913) und VOLTZ, Die physikalischen und technischen Grundlagen der Messung und Dosierung der Röntgenstrahlen, welch letzteres allerdings nicht frei von mancherlei Fehlern ist. Auch SEITZ und WINTZ, Die Röntgentiefentherapie (Berlin u. Wien 1924) ist hier zu nennen. Speziell die Ionisationsmeßmethoden sind umfassend behandelt in KÜSTNER, Die Ionisationsmessung der Röntgenstrahlen (Leipzig 1925). An deutschen Zeitschriften kommen außer den physikalischen Fachzeitschriften aus der medizinischen Literatur in Frage die „Fortschritte auf dem Gebiete der Röntgenstrahlen“ (Verlag Georg Thieme, Leipzig) und die „Strahlentherapie“ (Verlag Urban & Schwarzenberg).

durchstrahlten Stoffe verschieden ist. Diese Eigenschaft der Röntgenstrahlen machte sich alsbald mit gutem Erfolg die medizinische Diagnostik zunutze, indem sie ihre Patienten durchleuchtete. Damit trat ein dauernder Bedarf an Röntgenstrahlen ein, und die Technik hatte eine neue Aufgabe in der Befriedigung dieses Bedarfes gefunden.

Eine medizinische Röntgenuntersuchung kann vorgenommen werden entweder in Gestalt einer sog. Durchleuchtung. Bei dieser bringt man den Patienten zwischen eine Röntgenröhre und einen Leuchtschirm, d. i. ein mit fluoreszierender Substanz bedeckter Karton, und beobachtet direkt das Schattenbild, welches die Röntgenstrahlen werfen. Oder man macht eine Röntgenaufnahme, indem man an die Stelle des Leuchtschirmes eine photographische Schicht bringt und so das Röntgenbild für die Dauer festhält. Welche dieser beiden Untersuchungsmethoden anzuwenden ist, hängt von der Art des gerade vorliegenden Falles ab.

2. Röntgentherapie. Eine bedeutende Erweiterung erfuhr das Gebiet der medizinischen Anwendung der Röntgenstrahlen, als sich herausstellte, daß diese imstande sind, besondere biologische Wirkungen hervorzubringen, so daß in mancherlei Fällen die Bestrahlung eines erkrankten Organismus günstig wirkt. Von diesem Augenblicke an entwickelte sich die Röntgentherapie. Je nachdem die Körperoberfläche, also die Haut, oder Organe im Innern des Körpers bestrahlt werden, unterscheidet man eine Oberflächen- oder Hauttherapie und eine Tiefentherapie, die jede ihre besondere Technik verlangen.

3. Technische Materialprüfung. Einer weiteren praktischen Anwendung der Röntgenstrahlen begegnen wir in neuerer Zeit in der Industrie, indem man die Strahlen dazu benutzt, verborgene, d. h. von außen nicht erkennbare Fehler in Gußstücken (Lunker), Schweißnähten oder dergleichen festzustellen. Auch werden in Sprengstoffabriken Zündschnüre auf Fehlerlosigkeit und Gleichmäßigkeit des Brennsatzes mit Röntgendurchleuchtung geprüft. In England hat man eine Röntgenapparatur konstruiert, die dazu dient, medizinische Thermometer laufend daraufhin zu untersuchen, ob bei ihrer Fabrikation gewöhnliches Glas oder ein hierfür besser geeignetes aber teureres Bleiglas verwandt worden ist[1]).

Diese Art der Benutzung der Röntgenstrahlen hat vieles mit der Diagnostik in der Medizin gemein und verlangt ähnliche technische Mittel.

4. Strukturanalyse. Die Entdeckung der Beugung der Röntgenstrahlen im Kristallgitter eröffnete weitere wichtige Möglichkeiten der praktischen Verwendung der Röntgenstrahlen, die zwar zunächst nur der reinen Wissenschaft, nämlich der Physik und Chemie, ferner der Kristallographie, der Metallographie und der Faserstoffchemie zugute kamen. Doch gewinnen die für diese Zwecke ersonnenen Methoden der Röntgenstrukturuntersuchung und der Röntgenspektrometrie immer mehr praktische Bedeutung für die Industrie zur Kontrolle ihrer Werkstoffe und Erzeugnisse. Die älteste und meist angewandte Methode der Kristallstrukturuntersuchung ist die Anfertigung von sog. Laue-Diagrammen (vgl. Bd. XXIV). Sie besteht darin, daß man ein dünnes kreisförmig ausgeblendetes Röntgenstrahlenbündel einen zu untersuchenden Kristall durchsetzen läßt und die durchgehende Strahlung auf einer einige Zentimeter hinter dem Kristall befindlichen photographischen Platte auffängt. Durch die regelmäßige Struktur des Kristallgitters entstehen hierbei regelmäßige, oft recht komplizierte Interferenzfiguren, deren Ausmessung Material für die Erforschung der Gitterstruktur liefert. Es ist hierbei ein kontinuierliches Röntgenstrahlenspektrum erforderlich, da nur bestimmte Wellenlängen, die in dem ursprünglichen Strahl vertreten sein müssen, durch die Interferenz herausgesiebt werden und Beiträge zur Beugungsfigur

[1]) G. W. Kaye u. W. F. Higgins, Journ. scient. instr. Bd. 2, S. 164—166. 1925.

liefern. Während bei der LAUE-Methode wohl ausgebildete Kristalle von einigen Millimetern Durchmesser benötigt werden, wird bei einer anderen von DEBYE und SCHERRER[1]) angegebenen Methode das zu untersuchende Material in Form eines feinen Kristallpulvers bestrahlt, welches als regellose Anhäufung von lauter sehr kleinen Einzelkriställchen aufzufassen ist. Diese Methode verlangt eine monochromatische Röntgenstrahlung von einer bestimmten bekannten Wellenlänge. Die entstehenden Interferenzfiguren sind konzentrische Kreise, aus deren Radien die gesuchten Gitterkonstanten mit Hilfe der Wellenlänge zu errechnen sind.

Außerdem sind noch andere Untersuchungsmethoden für bestimmte Spezialzwecke ersonnen worden, die teils mehr dem LAUE-Verfahren, teils mehr dem DEBYE-SCHERRER-Verfahren ähneln. Wegen dieser muß auf den Abschnitt über den Aufbau der Kristalle im 24. Band dieses Handbuches verwiesen werden.

5. Röntgenspektrometrie. Zu erwähnen ist aber hier, daß sich mit Röntgenstrahlen eine regelrechte Spektralanalyse von großer Leistungsfähigkeit ausführen läßt. Man bringt dazu die zu analysierende Substanz, auf die Antikathode einer geeignet konstruierten Röntgenröhre, indem man sie, falls sie dazu geeignet ist, auflötet oder mit Klammern oder Schräubchen befestigt, oder falls es sich um ein Pulver handelt, indem man die Antikathode aufrauht und das Pulver einreibt. Die so entstehende Röntgenstrahlung läßt man an einer Kristallfläche von bekannter Gitterkonstante unter Variierung des Einfallwinkels reflektieren. Aus der Lage der in Form von Linien auftretenden Reflexionsmaxima werden die Wellenlängen, die für die auf der Antikathode befindliche Substanz charakteristisch sind, nach dem BRAGGschen Gesetz

$$n \cdot \lambda = 2d \cdot \sin\varphi ,$$

(n = Ordnungszahl, λ = Wellenlänge, d = Gitterkonstante, $\varphi = 90°$ minus dem Reflexionswinkel, sog. Glanzwinkel) berechnet, und hieraus wird auf die chemische Zusammensetzung der untersuchten Substanz geschlossen. Hierüber findet sich näheres in dem Bd. 21 ds. Handb. in dem Abschn. über Spektralanalyse.

b) Apparate zur Erzeugung von Röntgenstrahlen.

6. Allgemeines über Röntgenröhren. Der wichtigste Teil eines Röntgenstrahlenapparates ist die Röntgenröhre, auch Röntgenlampe genannt. Die Physik kennt für die Erzeugung von Röntgenstrahlen bisher nur ein einziges Prinzip, das bei allen Röhrentypen, die bisher konstruiert worden sind, stets angewandt wird. Röntgenstrahlen entstehen immer dann und nur dann, wenn schnell bewegte Elektronen, sog. Kathodenstrahlen, durch den Zusammenstoß mit Materie plötzlich gebremst werden. Lediglich die Erzeugung der Kathodenstrahlen kann auf verschiedene Weise erfolgen. Der weitaus größte Teil der Kathodenstrahlenenergie wird bei der Bremsung in Wärme umgewandelt und erhöht nur die Temperatur der getroffenen Materie. Ein sehr kleiner Teil der Energie jedoch, von der Größenordnung eines Promille, verläßt die von den Kathodenstrahlen getroffenen Atome in Gestalt von Röntgenstrahlen. Es ist somit bislang nicht möglich, Röntgenstrahlen zu erzeugen, ohne daß dabei zugleich beträchtliche Wärmemengen entstehen, die eine sehr unangenehme Begleiterscheinung bilden, und auf deren Beseitigung der Konstrukteur von Röntgenröhren jederzeit sein besonderes Augenmerk zu richten hat.

7. Verschiedene Methoden der Kathodenstrahlenerzeugung. Die schon von RÖNTGEN benutzte und bis zum Jahre 1913 in der Praxis ausschließlich ange-

[1]) P. DEBYE u. P. SCHERRER, Phys. ZS. Bd. 17, S. 278. 1916 u. Bd. 18, S. 291. 1917.

wandte „klassische" Methode der Kathodenstrahlerzeugung in Röntgenröhren besteht darin, daß man ein Entladungsrohr von geeigneter Form und Größe bis zu einem Druck von etwa 1/1000 mm Quecksilber auspumpt und dann die Entladungen eines kräftigen Induktoriums hindurchschickt. Hierbei spielt sich folgender Vorgang ab: Die in dem verdünnten Gase aus hier nicht zu erörternden Gründen stets vorhandenen wenigen Ionen werden durch die hohe Spannung des Induktors stark beschleunigt und erzeugen dann beim Zusammenstoß mit neutralen Gasatomen oder -molekeln eine große Zahl von Ionen beiderlei Vorzeichens, von denen die positiv geladenen Kationen zur Kathode, die negativ geladenen Anionen zur Anode wandern. Da die Beweglichkeit der Anionen ihrer geringeren Masse wegen meist erheblich größer ist als die der Kationen, so tritt an der Kathode alsbald eine Verarmung an Ionen ein, die eine verringerte Leitfähigkeit dieses Teiles der Röhre und damit einen starken Spannungsabfall in der Nähe der Kathode zur Folge hat. Unter dem Einflusse dieses starken Spannungsgefälles werden durch den Aufprall der Kationen aus dem Metall der Kathode zahlreiche freie Elektronen ausgelöst, die dann ihrerseits vom elektrischen Felde ergriffen werden und daher die Kathode als Kathodenstrahlen senkrecht zu ihrer Oberfläche mit erheblicher Geschwindigkeit verlassen. Sobald den Kathodenstrahlen ein Hindernis in den Weg tritt, sei es die Glaswand des Entladungsrohres oder eine eigens zu diesem Zwecke in der Röhre angebrachte metallene „Antikathode", werden die Kathodenstrahlen gebremst und liefern Wärme und Röntgenstrahlen.

Nun zeigten aber schon im Jahre 1905 WEHNELT und TRENKLE[1]), daß man auch auf andere Weise entstandene Kathodenstrahlen für die Röntgenstrahlerzeugung benutzen kann, wobei dann der Gasinhalt der Röhre seine wesentliche Bedeutung verliert, ja sogar schädlich wird. WEHNELT und TRENKLE machten Gebrauch von der Tatsache, daß aus einem mit gewissen Oxyden, z. B. Kalziumoxyd, überzogenen und durch einen elektrischen Strom geglühten Platindraht Elektronen in großer Zahl herausdiffundieren. Verwendet man einen solchen glühenden Draht als Kathode in einem hoch evakuierten Entladungsrohr bei genügender Spannung — etwa 20 kV oder mehr —, so werden die Glühelektronen hinreichend beschleunigt, um bei ihrer Bremsung brauchbare Röntgenstrahlen zu erzeugen. Leider war aber die sog. WEHNELT-Kathode recht empfindlich und der dauernden Beanspruchung durch hochgespannte Entladungen nicht gewachsen, so daß die Methode von WEHNELT und TRENKLE in die praktische Röntgentechnik zunächst keinen Eingang fand. Erst im Jahre 1912 gelang es LILIENFELD auf einem Umwege, das Glühkathodenprinzip für die Röntgenpraxis nutzbar zu machen[2]). Die LILIENFELDsche Röhrenkonstruktion erlangte ihrer weiter unten näher zu erläuternden Vorteile wegen auch zunächst größere Bedeutung.

Der Gedankengang LILIENFELDS war folgender: Wenn die Glühkathode die zur Röntgenstrahlenerzeugung nun einmal unentbehrlichen hohen Spannungen nicht verträgt, so muß für die Röntgenröhre eine solche Form und Betriebsweise gefunden werden, daß die Glühkathode zwar die als Entladungsträger nötigen Elektronen liefern kann, aber dabei vor dem Hochspannungsfelde geschützt bleibt. Diese Aufgabe wurde dadurch gelöst, daß das Rohr in zwei voneinander getrennte Räume geteilt wurde, in deren einem die Glühelektronen erzeugt wurden, während die eigentliche hochgespannte Röntgenentladung auf den anderen Raum beschränkt blieb. Näheres über diese Konstruktion wird weiter unten mitgeteilt werden.

---

[1]) A. WEHNELT u. W. TRENKLE, Erlanger Ber. Bd. 37, S. 312. 1905.

[2]) J. E. LILIENFELD, Fortschr. a. d. Geb. d. Röntgenstr. Bd. 18, S. 256. 1912.

Kurz nach LILIENFELDS Erfindung gelang es dem Amerikaner COOLIDGE[1]) auf andere Weise, eine brauchbare Glühkathodenröntgenröhre zu konstruieren, indem er der Glühkathode eine Form gab, die sie befähigte, die Hochspannungsbeanspruchung auszuhalten. Auch hierüber ist weiter unten Näheres zu sagen.

Es ist an dieser Stelle noch eine weitere Art von Röntgenröhren zu erwähnen, die, wenn sie auch praktische Bedeutung bisher nicht erlangt hat, doch angeführt werden muß, da sie einen Typ für sich darzustellen scheint, dessen Wesen jedoch bisher nicht völlig aufgeklärt worden ist. Dieser Typ stellt eine Hochvakuumröhre ohne Glühkathode dar, die im Jahre 1920 von LILIENFELD[2]) in der Berliner Physikalischen Gesellschaft vorgeführt wurde. Sie enthält als Kathode eine oder mehrere scharfe Metallspitzen, die einer Metallplatte als Antikathode gegenüber gestellt sind. Es scheint beim Anlegen von Hochspannung möglich zu sein, durch eine solche Röhre selbst im höchsten Vakuum Ströme von mehreren Milliampere hindurchzuschicken und damit intensive Röntgenstrahlen zu erzeugen. Doch existieren im praktischen Gebrauch solche Röhren bisher nicht. Praktisch haben wir vielmehr nur die drei erstgenannten Typen von Röhren zu unterscheiden, die im folgenden dem technischen Sprachgebrauch entsprechend als Ionenröhre, Lilienfeldröhre, und Coolidgeröhre bezeichnet werden sollen.

8. Gesichtspunkte für die Röhrenkonstruktion. α) für Diagnostik. Es ist nunmehr zu berichten, in welcher Weise die drei genannten Röhrentypen den verschiedenartigen Anforderungen, die sich aus dem Verwendungszweck ergeben, angepaßt werden. Wir beginnen mit den Röhren für die medizinische Diagnostik. Diese Röhren sollen dazu dienen, von den verschiedenen Teilen des menschlichen Körpers Röntgenschattenbilder zu entwerfen, die über das Innere der durchstrahlten Objekte möglichst weitgehende Aufschlüsse liefern. Dazu müssen die Röhren so gestaltet werden, daß die Schattenbilder erstens möglichst hell, zweitens möglichst kontrastreich, drittens möglichst scharf ausfallen. Um die erste Forderung nach großer Helligkeit zu erfüllen, braucht man große Strahlenintensität. Diese bedingt eine möglichst große Zahl gebremster Elektronen, also einen möglichst starken Röhrenstrom und außerdem einen möglichst guten Wirkungsgrad der Röntgenstrahlenerzeugung. Der Forderung nach Kontrastreichtum ist durch eine geeignete Qualität oder Härte der Strahlen zu genügen, während das Ziel möglichster Bildschärfe durch eine möglichst eng begrenzte „punktförmige“ Strahlenquelle anzustreben ist. Unter der Strahlenqualität ist ihre sog. mittlere Härte zu verstehen. Absolut homogene Strahlen für medizinische Zwecke herzustellen ist man bisher nicht in der Lage. Vielmehr liefert jede technische Röntgenröhre ein kontinuierliches Spektrum, das in der Regel bei etwa 1,2 Ångströmeinheiten (10^{-8} cm) am langwelligen Ende allmählich beginnt, dann zu einem Intensitätsmaximum ansteigt, wieder abnimmt und schließlich bei einer bestimmten Wellenlänge am kurzwelligen Ende plötzlich aufhört. Die kurzwellige Grenze ist bedingt durch die Spannung, mit der das Rohr betrieben wird. Je höher diese ist, um so weiter dehnt sich das Spektrum nach kurzen Wellen hin aus. Spannung V und Grenzwellenlänge $\lambda_{\min}$ sind durch das DUANE-HUNTsche Gesetz, das Verschiebungsgesetz des kontinuierlichen Röntgenspektrums, miteinander verknüpft. Dies Gesetz lautet:

$$V \cdot \lambda_{\min} = 12{,}35$$

wobei V im Kilovolt und $\lambda_{\min}$ in Ångströmeinheiten auszudrücken ist[3]). Seinem

---

[1]) W. D. COOLIDGE, Phys. Rev. Bd. 2, S. 409. 1913.

[2]) J. E. LILIENFELD, Leipziger Ber. Bd. 72, S. 31. 1920; vgl. auch Phys. ZS. Bd. 23, S. 506. 1922.

[3]) W. DUANE u. F. L. HUNT, Phys. Rev. Bd. 6, S. 167. 1915.

Wesen nach ist dieses experimentell gefundene Gesetz nichts weiter als das sog. PLANCK-EINSTEINsche Gesetz (vgl. Bd. XXIII) über die Umwandlung zwischen kinetischer Energie von Elektronen und Strahlungsenergie, welches gewöhnlich in der Form

$$e \times V = h \times \nu$$

angegeben wird (e = elektrisches Elementarquantum, V = Elektronengeschwindigkeit in Volt, h = PLANCKsches Wirkungselement, ν = Strahlungsfrequenz).

Das kontinuierliche Röntgenspektrum wird unter geeigneten Betriebsbedingungen überlagert von einer meist aus wenigen scharfen Linien bestehenden sog. charakteristischen Strahlung, welche für jedes Antikathodenmaterial ganz bestimmte Wellenlänge besitzt. Diese Strahlung tritt nur dann auf, wenn die Röhrenspannung eine gewisse für das Antikathodenmaterial charakteristische Spannung, die man als Anregungsspannung zu bezeichnen pflegt, überschreitet. Für die bei technischen Röntgenröhren fast allein in Betracht kommenden Antikathodenmaterialien Wolfram und Platin liegen die Anregungsspannungen bei etwa 70 bzw. 80 kV. Die dabei auftretenden Linien sind folgende:

Wolfram	$K\alpha_1$	mit	$\lambda = 0{,}2135$ Å-E
„	$K\alpha_2$	„	$\lambda = 0{,}2089$ „
„	$K\beta_1$	„	$\lambda = 0{,}1844$ „
„	$K\beta_2$	„	$\lambda = 0{,}1794$ „
Platin	$K\alpha_1$	„	$\lambda = 0{,}1850$ „
„	$K\alpha_2$	„	$\lambda = 0{,}1898$ „
„	$K\beta_1$	„	$\lambda - 0{,}1631$ „
„	$K\beta_2$	„	$\lambda = 0{,}1574$ „

Für die medizinische Röntgentechnik spielt die charakteristische Strahlung des Antikathodenmateriales ihrer relativ geringen Energie wegen, die meist nur einen geringen Bruchteil der Energie des kontinuierlichen Spektralbereiches beträgt, meist keine wesentliche Rolle, wohl aber z. B. für Strukturbestimmungen.

Für die Ausdehnung des kontinuierlichen Spektrums nach der langwelligen Seite hin sind lediglich die Absorptionsverhältnisse maßgebend. Falls als Absorbent nur die Glaswand der Röhre in Frage kommt, hört das Spektrum bei 1,2 Å-E praktisch auf. Will man noch darüber hinaus weichere Strahlen mit benutzen, so muß die Röhre ein „Fenster" aus besonders leichtatomigem Material besitzen, wie es z. B. in Gestalt des sog. LINDEMANN-Glases, das aus Lithiumborat besteht, technisch angewendet wird. Im allgemeinen sind jedoch die extrem weichen Strahlen gar nicht erwünscht, da sie ihrer starken Absorbierbarkeit halber sehr leicht Hautverbrennungen im Gefolge haben. Man wendet daher auch für diagnostische Zwecke meist noch ein Filter von 0,5 mm Aluminium an, um die Strahlen von mehr als etwa 1,0 Å-E Wellenlänge zurückzuhalten. LINDEMANN-Fenster kommen nur für Spezialzwecke der Hauttherapie gelegentlich in Frage.

Das für die Diagnostik wichtigste Spektralgebiet liegt auf der kurzwelligen Seite der K-Absorptionsgrenze des Silbers, 0,485 Å-E, bis in die Gegend von etwa 0,2 Å-E, da diese Strahlung außer einer geeigneten Durchdringungsfähigkeit auch eine gute photographische Wirksamkeit besitzt. Je nach dem zu durchstrahlenden Objekt verschiebt sich aber der günstigste Strahlenbereich etwas. Z. B. geben harte Strahlen bei Weichteildurchleuchtungen kontrastlose Bilder, während sie die Knochenstruktur gerade gut erkennen lassen. Weiche Strahlen dagegen lassen bei den Knochen wegen der Dunkelheit der Schatten keinerlei Einzelheiten erkennen, während sie für durchlässigere und dünne Objekte gerade günstig sind. Man tut also gut, bei der Konstruktion von Diagnostikröhren die Möglichkeit der Veränderung der Strahlenqualität anzustreben. Die für diagnostische Zwecke gebräuchlichen Betriebsspannungen liegen bei 40 bis 80, ausnahmsweise 100 kV.

Um scharfe Bilder zu erzielen, sucht man sich dem Ideal einer punktförmigen Strahlenquelle möglichst weitgehend zu nähern. Dies geschieht dadurch, daß man die Kathodenstrahlen, durch die die Röntgenstrahlen erzeugt werden, auf einen möglichst kleinen Bereich der Antikathode konzentriert. Ein absolut punktförmiger Brennfleck ist freilich niemals zu erreichen, einmal, weil die Kathodenstrahlen sich nicht völlig konzentrieren lassen, dann aber vor allem, weil die Antikathode bei zu großer Belastung der Flächeneinheit schmelzen würde. Übrigens bedeutet es für die Konstruktion einer Diagnostikröhre noch einen kleinen Unterschied, ob die Röhre für Durchleuchtungen mit direkter Leuchtschirmbeobachtung verwendet werden soll, oder für photographische Aufnahmen. Im letzteren Falle nämlich ist es, besonders bei ständig bewegten Objekten, wie z. B. Magen- und Herzaufnahmen, erwünscht, Momentbelichtungen zu machen. Dies ist natürlich nur möglich, wenn während der sehr kurzen Belichtungsdauer die Strahlenintensität sehr groß gemacht werden kann. Röhren für Momentaufnahmen erfordern deshalb momentane Stromstärken von 50 bis 100 oder mehr Milliampere, wobei der Brennfleck der Überlastungsgefahr wegen nicht zu klein sein darf. Bei Durchleuchtungen mit direkter Beobachtung dagegen wird man selten mehr als 6 bis 10 mA anwenden, schon um dem Patienten bei diesen doch stets etwas länger dauernden Vorgange vor einer Röntgenverbrennung zu bewahren. Hierbei kann dann der Brennfleck schärfer gewählt werden. Es ist also von Vorteil, den Brennfleck je nach der erforderlichen Belastung der Röhre veränderlich zu gestalten.

β) für Therapie. Anders liegen die Verhältnisse bei Röntgenröhren, die therapeutischen Zwecken dienen sollen. Handelt es sich um sogenannte Oberflächentherapie, also um die Bestrahlung der Haut, so werden meist weiche bis mittelharte Strahlen verwandt. Es genügen dazu Röhren mit geringerer Leistung, so daß es für die Zwecke der Oberflächentherapie der Konstruktion von Spezialtypen kaum bedarf, insbesondere, da auch ein scharfer Brennfleck nicht vonnöten ist. Die therapeutische Bestrahlung innerer Organe dagegen, die Tiefentherapie, stellt an die Röhrentechnik erhebliche Anforderungen. Einmal werden harte Strahlen verlangt, um bei größtmöglicher Schonung der Körperoberfläche noch hinreichend starke Wirkungen in der Tiefe zu erzielen. Dabei ist gleichzeitig eine große Strahlenintensität erwünscht, damit auch bei starker Filterung durch beispielsweise 1 mm Kupfer oder mehr, welche den weicheren und mittelharten Strahlenanteil völlig zurückhält, noch so viel Intensität übrigbleibt, daß die therapeutisch wirksamen Dosen in nicht gar zu langer Bestrahlungszeit erreicht werden. Die Röhren sollen also bei hoher Spannung bis zu 200 kV und mehr mit möglichst großer Stromstärke laufen, und zwar evtl. stundenlang, was eine starke thermische Beanspruchung der Antikathode bedingt.

9. Ionenröhren. Der älteste Röhrentyp, die Ionenröhre, hat seine Gestalt im wesentlichen schon von RÖNTGEN selbst erhalten. Abb. 1 zeigt eine solche Röhre einfachster Art in schematischer Darstellung. Der Körper der Röhre besteht aus einem Thüringer Glaskolben von etwa 10 bis 20 cm Durchmesser mit Ansätzen zur Einführung der Elektroden, deren die Röhre drei besitzt, nämlich einen Aluminiumstift A als Anode, einen hohlspiegelförmigen Aluminiumteller K als Kathode und in der Mitte des Rohres ein Platinblech AK als Antikathode, auf welche die Kathodenstrahlen aufprallen und von welcher die Röntgenstrahlen ausgehen. Diese Dreizahl der Elektroden ist freilich nicht unbedingt erforderlich. Prinzipiell genügen zwei Elektroden, nämlich Anode und Kathode. Sobald ein solches Zweielektrodenrohr hinreichend weit evakuiert ist (bis etwa 1/1000 mm

Quecksilber), daß beim Anlegen einer genügenden Spannung kräftige Kathodenstrahlen entstehen, so treten auch von allen Punkten, an denen die Kathodenstrahlen auf Materie treffen, Röntgenstrahlen aus. Wird z. B. das Glas der Röhre von den Kathodenstrahlen getroffen, so fluoresziert es in meist hellgrüner Farbe. Es ist aber leicht einzusehen, daß die Röhre in diesem Falle nicht viel leisten kann. Denn bei nur geringer Strombelastung erhitzt sich das von den Kathodenstrahlen getroffene Glas bereits bis zum Durchschmelzen. Glas ist auch aus einem anderen Grunde für die Röntgenstrahlerzeugung kein günstiger Stoff. Der Wirkungsgrad der Umwandlung von Kathodenstrahlenergie in Röntgenstrahlenergie ist nämlich um so günstiger, je höher das Atomgewicht der emittierenden Substanz ist. Nicht zuletzt aus diesem Grunde wurde die Antikathode in die Röhrenkonstruktion überhaupt eingeführt und als Material dafür das schwere Platin gewählt. Hierbei ergibt sich der weitere Vorteil, daß der hohe Schmelzpunkt des Platins eine weit höhere Strombelastung und eine weit stärkere Kathodenstrahlkonzentration gestattet. Die letztere wird durch die Hohlspiegelform der Kathode erreicht. Da die Kathodenstrahlen die Kathode senkrecht zu ihrer Oberfläche

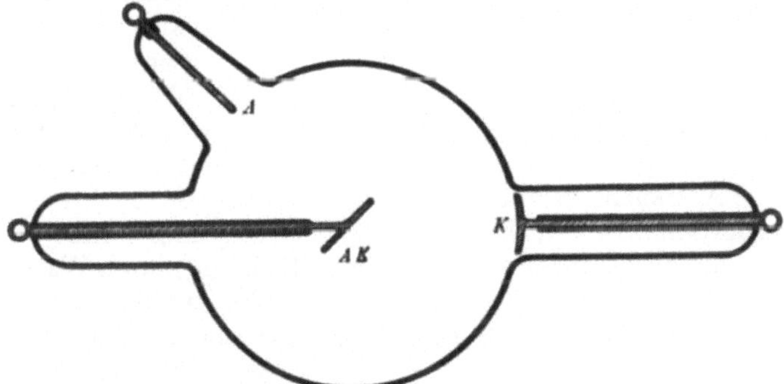

Abb. 1. Röhre mit drei Elektroden nach RÖNTGEN.

verlassen, schneiden sie sich im Krümmungsmittelpunkt dieser Oberfläche. In der Nähe dieses Punktes muß daher die Antikathode angeordnet werden, wobei allerdings zu berücksichtigen ist, daß infolge elektrostatischer Wirkungen der Röhrenwände und der Antikathode selbst die Kathodenbahnen meist etwas modifiziert werden, so daß der wirkliche Kathodenstrahlbrennpunkt niemals völlig scharf und außerdem meist etwas verschoben ist, wobei auch die Höhe des Vakuums noch von Einfluß ist. Für die Kathode sowohl wie für die Anode wird als Material Aluminium verwandt, weil bei diesem Material die Zerstäubung relativ gering ist (vgl. Bd. XIV). Die Zerstäubung tritt vornehmlich dann auf, wenn das Vakuum der Röhre niedrig ist. Nun müssen aber die Röntgenröhren unter Strombelastung gepumpt werden, um die Metallteile so weit zu entgasen, daß sie beim späteren Betriebe kein Gas mehr abgeben. Bei diesem Vorgange wird die Antikathode nicht mit angeschlossen, um eine Zerstäubung des Platins zu vermeiden. Dies ist der Grund, weshalb man bei Ionenröhren die Anode, die beim späteren Betriebe keine wesentliche Rolle spielt, beibehält.

10. Kühlung der Elektroden. Die Grenze der Belastbarkeit einer Ionenröntgenröhre ist dadurch gegeben, daß bei zu starken Kathodenstrahlbombardement die Antikathode schmilzt oder, wie der technische Ausdruck lautet, „angestochen" wird. Es ist daher von besonderer Wichtigkeit, für die Unschädlichmachung der entwickelten Wärme zu sorgen. Dies sucht man auf verschiedene Art zu erreichen. Vor allen Dingen wählt man als Antikathodenmaterial Stoffe mit hohem Schmelzpunkt wie das schon erwähnte Platin. Außerdem kommen noch Rhodium, Tantal, Molybdän und vor allem Wolfram in Frage. Das letztere ist ganz besonders gut geeignet und außerdem nicht so teuer wie die Edelmetalle, so daß es heute das früher meist übliche Platin weitgehend verdrängt hat. Auch hinsichtlich seines Wirkungsgrades steht das Wolfram mit seinem relativ hohen Atomgewicht dem Platin nicht erheblich nach. Um die Wärme möglichst schnell vom Brennfleck und seiner näheren Umgebung fortzuleiten, bettet man vielfach das eigentliche Antikathodenmetall in einen dicken Kupferklotz ein. Dieser ist ausgehöhlt, und in die Höhlung kommt ein besonderer metallener Kühlkörper, der an seinem aus der Röhre herausragenden Ende Kühlrippen trägt. Auch auswechselbare Kühlkörper mit einem zangenartigen Handgriff werden angewendet. Hier wird also die überschüssige Wärme durch Wärmeleitung an die Außenluft abgegeben. Abb. 2 veranschaulicht eine Antikathode mit Rippenkühlung, wie sie z. B. bei Erzeugnissen der Röntgenröhrenfabrik von Gundelach in Gehlberg angewandt wird.

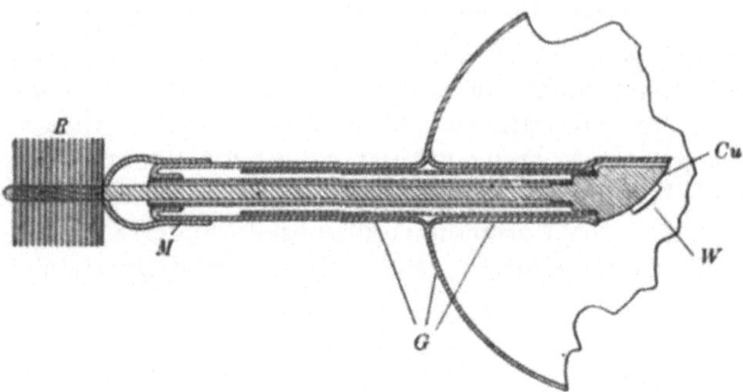

Abb. 2. Antikathode mit Luftkühlung.
R Kühlrippen, *M* Metallkappe, *G* Glas, *Cu* Kupfer, *W* Wolfram.

Intensiver als die Luftkühlung wirkt eine Kühlung durch Wasser, besonders als sog. Siedekühlung. Um diese anzuwenden, wird auf die hohle Antikathode außen ein nicht zu kleines meist kugelförmiges Glas- oder Metallgefäß aufgesetzt, das mit Wasser gefüllt wird. Das Wasser erwärmt sich beim Betriebe bis zum Sieden und vermag infolge der beträchtlichen Verdampfungswärme recht große Wärmemengen zu verbrauchen.

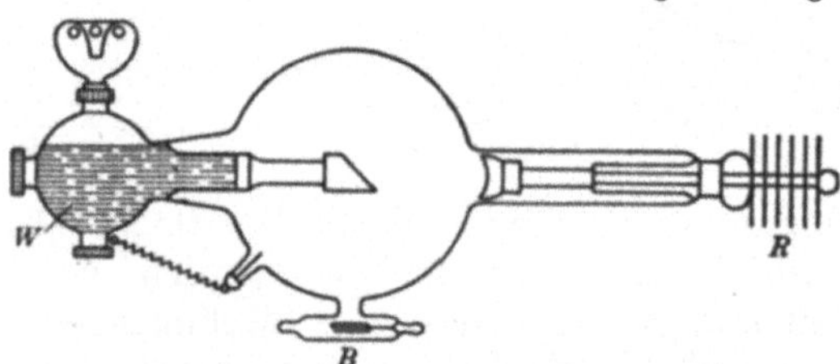

Abb. 3. Röhre mit Siedekühlung.
W Wasserkühlung, *B* Bauerventil, *R* Rippenkühlung.

Soll die Röhre für Dauerbetrieb benutzt werden, so muß auch auf die Kühlung der Kathode Bedacht genommen werden. Man pflegt auch diese dann auf einen kräftigen Metallstiel zu setzen, der an seinem Außenende mit Kühlrippen ausgerüstet ist. Ein schematisches Beispiel für diese Einrichtungen zeigt Abb. 3. Der mit *B* bezeichnete Ansatz ist ein sog. BAUER-Ventil, das weiter unten erläutert werden wird. Der eigentümlich geformte Metallaufsatz auf dem Siedegefäß soll einmal das Herausspritzen des Wassers beim Sieden verhüten, zweitens einen Teil des entstehenden Dampfes kondensieren und drittens als eine Art Trichter beim Einfüllen des Wassers dienen. Das Innere der hohlen Antikathode ist zur Vermeidung des Siedeverzuges mit Glasperlen gefüllt, die durch eine geschlitzte Siebtrommel vor dem Herausfallen bewahrt werden. Auch diese Einrichtungen sind nach Angaben der Firma Gundelach beschrieben, finden sich aber in ähnlicher Form auch an den Fabrikaten anderer Firmen.

11. Regeneriereinrichtungen. Wie bereits erwähnt wurde, verlangt die Diagnostik vom Röntgenrohr die Innehaltung eines bestimmten je nach der Art des zu durchleuchtenden Objektes etwas verschiedenen Härtebereiches. Hier ergibt sich für die Ionenröhren eine grundsätzliche Schwierigkeit. Da sich nämlich an einem Ionenrohr unter sonst gleichen Bedingungen eine beliebige Spannung nicht aufrechterhalten läßt, sondern sich die Spannung automatisch je nach dem in der Röhre herrschenden Gasdruck einstellt, so ist man genötigt, entweder von vornherein die Röhre bis zu einem ganz bestimmten Druck zu evakuieren und je nach dem Objekt verschiedene Röhren zu benutzen, oder aber bei ein und demselben Rohr den Gasdruck dem jeweiligen Zwecke anzupassen. Beides hat seine Schwierigkeiten. Die Röhren haben nämlich die unangenehme Neigung, beim Betriebe von selbst ihren Gasdruck zu verändern. Wird ein Ionenrohr relativ stark belastet, so wird an den Elektroden oder der Glaswand okkludiertes Gas frei, der Druck steigt an und die Röhre wird weicher. Damit steigt auch der Röhrenstrom. Die Belastung wird also noch größer und die Gasabgabe noch stärker, wenn der Strom nicht alsbald gedrosselt wird. Wird dagegen eine Röhre schwach belastet, so sinkt der in ihr herrschende Druck nach und nach vermutlich infolge von Gasokklusion durch zerstäubtes Elektrodenmetall. Das Rohr wird also immer härter und erreicht schließlich einen Punkt, wo überhaupt keine gleichmäßige Entladung mehr durch das Rohr hindurchzubringen ist. Dadurch wird das Rohr schließlich unbrauchbar. Außer der Okklusion spielt bei dem Härterwerden der Röntgenröhren noch eine besondere Erscheinung eine Rolle, die man als Pseudohochvakuum zu bezeichnen pflegt. Sie besteht möglicherweise in einer Veränderung der Elektrodenoberflächen — vielleicht einer Verarmung an okkludiertem Wasserstoff — durch den Gebrauch und äußert sich darin, daß selbst, wenn ein unter gewöhnlichen Verhältnissen reichlich genügender Gasdruck vorhanden ist, auch bei hohen Spannungen keine Entladung mehr durch das Rohr hindurchgeht. Auch hat man eine negative Aufladung der Glaswände für die Erscheinung verantwortlich gemacht. Eine völlig befriedigende Erklärung für das Pseudohochvakuum ist jedoch bisher nicht gefunden worden[1]).

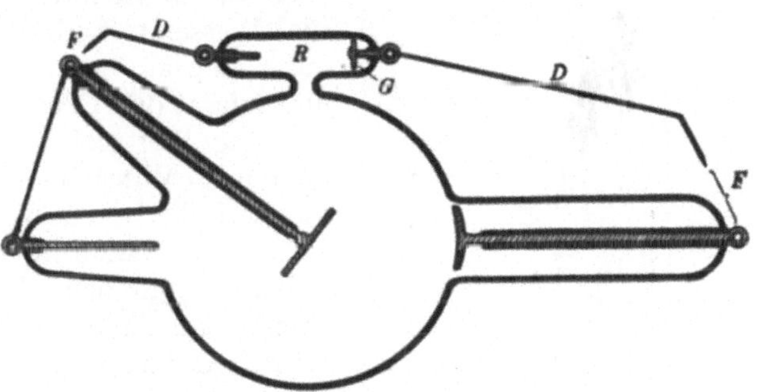

Abb. 4. Regenerierbare Röntgenröhre. *R* Regeneriereinrichtung, *G* Glimmerscheibe, *D* Drähte, *F* Luftstrecken.

Während sich das Weichwerden der Ionenröhren durch Vermeidung der Überlastung verhindern läßt, gibt es gegen das schließliche Hartwerden keine völlige Abhilfe. Solange es sich nicht um das Pseudohochvakuum handelt, läßt sich das zu hart gewordene Rohr wieder weicher machen mit Hilfe von Regeneriereinrichtungen verschiedener Art, die sämtlich darauf beruhen, daß dem Rohr wieder geringe Gasmengen zugeführt werden. Eine relativ einfache Regeneriereinrichtung besteht darin, daß man an das Röntgenrohr ein kleines Entladungsrohr ansetzt, das Elektroden enthält, die beim Entladungsdurchgang Gas abzugeben vermögen. Solche Elektroden lassen sich z. B. aus Glimmerblättchen oder Kohlenstäbchen herstellen oder auch aus anderen porösen Stoffen, die von den Fabrikanten meist nicht näher angegeben werden. Abb. 4 diene zur Erläuterung einer solchen Regeneriereinrichtung.

[1]) Vgl. A. GÜNTHERSCHULZE, ZS. f. Phys. Bd. 31, S. 606. 1925, daselbst weitere Literaturangaben.

Das Ansatzrohr R enthält die Regeneriereinrichtung mit der Glimmerscheibe G. An den Elektroden sind äußerlich zwei zugespitzte Drähte DD angebracht, die so eingestellt sind, daß ihre Spitzen bestimmte Abstände FF von den Stromzuführungspunkten des Röntgenrohres innehalten. Sobald das Rohr zu hart wird, steigt zwischen diesen Punkten die Spannung. Die Luftstrecken FF werden durchschlagen, und die Entladung bahnt sich ihren Weg durch das Regenerierröhrchen R und macht hierbei so lange aus dem Glimmerblättchen Gas frei, bis der Druck genügend angestiegen ist, so daß die Entladung wieder ihren normalen Weg durch die Röntgenröhre einschlägt. Durch Veränderung der Abstände FF läßt sich der Härtegrad, bei welchem die Regenerierung automatisch einsetzt und wieder aufhört, einstellen.

Eine andere vielbenutzte Regeneriervorrichtung ist die sog. „Osmoregenerierung“. Diese besteht aus einem kleinen, einseitig verschlossenen Palladiumröhrchen, das mit seinem offenen Ende durch die Glaswand der Röntgenröhre hindurchgeführt und eingeschmolzen ist. Erhitzt man ein solches Röhrchen im Bunsenbrenner zur Rotglut, so wird es für Wasserstoff durchlässig. Dieser diffundiert dann langsam aus der Flamme in das Rohr hinein und erhöht den Druck im Innern. Auch diese Einrichtung läßt sich automatisch gestalten, indem man nach WINTZ[1]) den Röhrenstrom eine elektromagnetische Steuervorrichtung passieren läßt, welche die Gaszufuhr zu einer ständig unter dem Palladiumröhrchen brennenden Gasflamme so regelt, daß diese bei zu geringer Stromstärke das Röhrchen umspült, so daß die Regenerierung in Tätigkeit tritt. Hat der Strom wieder den gewünschten Wert erreicht, so wird die Flamme automatisch wieder gedrosselt, und das Palladiumröhrchen wird wieder gasundurchlässig.

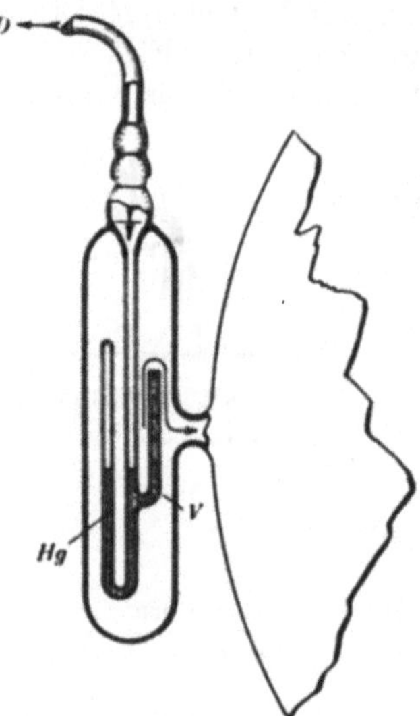

Abb. 5. Bauerregulierung. V Ventil, Hg Quecksilber, D zum Druckballon.

Abb. 5 stellt eine weitere hierhergehörige Einrichtung, die Bauerregulierung, dar. Sie besteht aus einem für gewöhnlich durch Quecksilber verschlossenen Ventil V, in welchem sich ein poröses Tonplättchen befindet. Mit einem kleinen Luftdruckballon kann das Quecksilber für einen Augenblick verdrängt werden, so daß ein kleines Luftquantum die Poren passieren und in das Innere des Röntgenrohres gelangen kann. Die Bauerregulierung arbeitet also nicht automatisch, sondern muß nach Bedarf von Hand betätigt werden.

12. Glasfluoreszenz. Es muß hier noch eine Erscheinung besprochen werden, die man an allen im Betriebe befindlichen Ionenröhren beobachtet, die dagegen bei den Lilienfeldröhren und Coolidgerröhren nicht auftritt, nämlich die Glasfluoreszenz. Sobald ein Ionenrohr eingeschaltet wird, leuchtet die eine Hälfte der Glaskugel, die sich der Antikathode gegenüber befindet, in hellem grünen Fluoreszenzlichte auf. Das Fluoreszenzlicht zeigt eine ganz scharfe Begrenzung in der Schnittlinie der vergrößert gedachten Antikathodenvorderfläche mit der Glaskugel, so daß man bei oberflächlicher Betrachtung auf den Gedanken kommen könnte, es seien die Röntgenstrahlen, die dieses Phänomen hervorrufen. Dies ist aber keineswegs der Fall. Von Röntgenstrahlen getroffenes gewöhnliches Glas zeigt keinerlei sichtbare Fluoreszenz, was ja schon daraus hervorgeht, daß

[1]) H. WINTZ, Münch. Med. Wochenschr. 1916, Nr. 11.

Lilienfeld- und Coolidgeröhren nicht fluoreszieren. Die Fluoreszenzerreger sind vielmehr Kathodenstrahlen, die nicht in der Antikathode absorbiert, sondern nach allen Richtungen hin gestreut worden sind. Diese prallen auf die Glaswand auf und bringen sie zum Leuchten. Man könnte nun erwarten, daß sich die Glaswand sehr bald negativ aufladen müßte und daß dadurch ein so starkes Gegenfeld entstehen müßte, daß weiterhin keine Elektronen mehr auf die Glaswand gelangen könnten. Dies ist auch bei den gasfreien Lilienfeld- und Coolidgeröhren der Fall und verhindert eben deren Fluoreszenz. Bei den Ionenröhren dagegen wird die negative Ladung der Glaswand immer wieder durch die reichlich zur Verfügung stehenden positiven Gasionen neutralisiert, so daß ein den weiteren Elektronenaufprall verhinderndes Gegenfeld sich niemals ausbildet.

Von den Ionendiagnostikröhren wird gelegentlich behauptet, daß sie von dem neuen Typus der Glühkathodenröhren in bezug auf Leistungsfähigkeit nicht erreicht würden, und zwar deswegen, weil die Ionenröhre in der Erzielung scharfer Brennflecke vermöge der Hohlspiegelform der Kathode prinzipiell überlegen wäre. Es ist aber fraglich, ob dieser Vorteil, wenn er den modernen Elektronenröhren gegenüber wirklich noch besteht, nicht reichlich aufgewogen wird durch erhebliche Vorzüge, die die Elektronenröhren ohne Zweifel besitzen.

13. Ionentherapieröhren. Fassen wir aber die Forderungen ins Auge, die von der Tiefentherapie an eine Röntgenröhre gestellt werden, nämlich große Strahlenhärte bei gleichzeitiger großer Intensität, so erkennen wir, daß diese Forderungen für die Ionenröhre eine Art Zwickmühle bedeuten. Große Härte der Strahlen vermag sie nur zu liefern, wenn ihr Gasgehalt stark reduziert ist. Dadurch wird aber zugleich die Zahl der Elektrizitätsträger für den Stromdurchgang vermindert zum Schaden für die Strahlenintensität. Gleichwohl werden Ionenröhren für Tiefentherapie hergestellt und in Instituten, die auf den Betrieb mit Induktorapparaten angewiesen sind, vielfach verwendet. Es ist aber wohl anzunehmen, daß nach und nach immer mehr die Elektronenröhren an ihre Stelle treten werden.

Die Ionentherapieröhren unterscheiden sich von den Diagnostikröhren äußerlich durch ihren langen Kathodenhals, welcher erforderlich ist, damit bei den hohen Spannungen, die man für die Therapiestrahlen benötigt, kein Überschlag außen um die Röhre herum erfolgt. Da die Therapieröhren Dauerbetrieb vertragen müssen, so haben die Antikathoden meist Wasserkühlung und gleichzeitig die Kathoden Rippenkühlung. Als wichtigste Vertreterin der Ionentherapieröhren sei hier die selbsthärtende Siederöhre (S.H.S.-Röhre) der Firma C. H. F. Müller, Hamburg, genannt. Für diese Röhre ist charakteristisch, daß sie überhaupt nur dann zündet, wenn sie vorher regeneriert worden ist. Im Betriebe verringert sich dann ihre Leitfähigkeit innerhalb von Bruchteilen einer Minute stark, so daß sie, um betriebsfähig zu bleiben, in schneller Folge hintereinander regeneriert werden muß. Zu diesem Zwecke ist die Röhre mit dem oben (Ziff. 11) bereits erwähnten Wintzschen Regenerierautomaten versehen, wodurch dann ein zwar strenggenommen inkonstanter, aber im Mittel recht gleichförmiger Betrieb ohne besondere Wartung ermöglicht wird. Röhren dieser Art sind für Scheitelspannungen von 170 bis 180 kV bei Röhrenströmen von 2 bis $2^1/_2$ mA geeignet.

14. Lilienfeldröhre. Aus den obigen Ausführungen ist zu entnehmen, daß die den Ionenröhren anhaftenden Unvollkommenheiten im wesentlichen durch den Gasinhalt der Röhren bedingt sind, dessen sie für das Zustandekommen der Entladung nicht entraten können. Es war daher ein wichtiger Fortschritt, als es Lilienfeld zum ersten Male gelang, ein brauchbares Hochvakuumröntgenrohr zu konstruieren. Das Konstruktionsprinzip der Lilienfeldröhre, wie sie von der Firma Koch und Sterzel, Dresden, in den Handel gebracht wird, sei an Hand der Abb. 6 beschrieben.

Wie man sieht, besteht die Röhre aus zwei Entladungsräumen, I und II dem unteren in der Abbildung mit Zündspannungsteil bezeichneten und darüber dem Hochspannungsteil. Der untere Teil enthält die Glühkathode *G*, die aus einem Wolframfaden besteht, der seinem Aussehen nach an den Faden einer gewöhnlichen Glühlampe erinnert. Außerdem befindet sich in dem unteren Raume noch eine

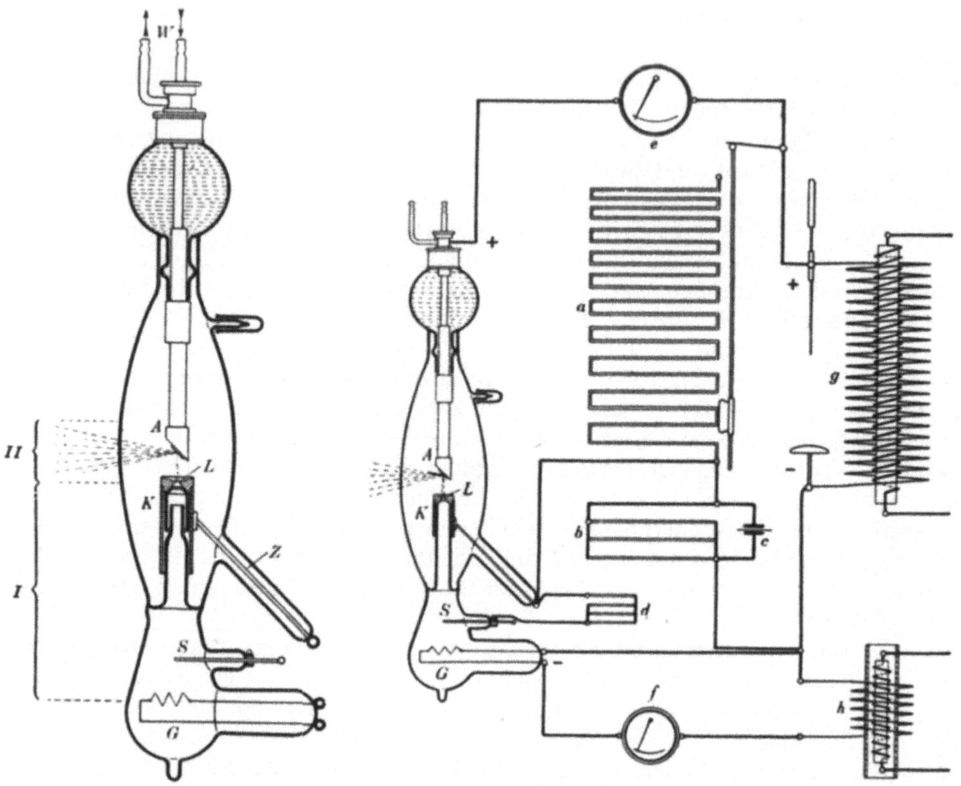

Abb. 6. Lilienfeldröhre.
A Antikathode, *K* Lochkathode, *L* Loch, *Z* Zuleitung, *S* Sonde, *G* Glühkathode, *W* Zu- und Abfluß des Wassers. *I* Zündspannungsteil. *II* Hochspannungsteil.

Abb. 7. Schaltplan zur Lilienfeldröhre.
h Heiztransformator, *f* Amperemeter, *g* Induktor, *a b* Abzweigewiderstände, *e* Milliamperemeter, *c* Kondensator, *d* Regulierwiderstand.

Sonde *S*. Nach oben zu ist der Zündspannungsteil verjüngt und gegen den Hochspannungsteil nahezu abgeschlossen durch die sog. Lochkathode *K*, die durch eine besondere Zuleitung *Z* nach außen geführt ist. Die Lochkathode besitzt in der Mitte eine enge Bohrung, die die Verbindung mit dem Hochspannungsteil darstellt. An ihrem oberen Ende ist die Kathode hohlspiegelartig geformt. In ihrer Innenseite befindet sich eine Quarzauskleidung, die nur die unmittelbare Umgebung des Loches freiläßt. Der Bohrung nahe gegenüber im Hochspannungsteil der Röhre ist die Antikathode *A*, die als Hohlelektrode mit Wasserkühlung ausgebildet ist, angeordnet. Das Kühlwasser wird durch eine besondere, gegen Hochspannung isolierte Pumpe dauernd in Zirkulation erhalten. Zur Erläuterung der Betriebsweise der Lilienfeldröhre diene die Abb. 7.

Wir sehen hier bei *h* einen kleinen Heiztransformator, mit dem die Glühkathode auf die nötige Temperatur gebracht wird. Der Heizstrom wird in dem Amperemeter *f* kontrolliert. Die Hochspannungsquelle ist der Induktor *g*. Seine Gesamtspannung wird durch die regulierbaren hochohmigen Abzweigwiderstände *a* und *b* geteilt. Der kleinere von *b* abgenommene Teil der Spannung liegt zwischen der Glühkathode und der Lochkathode. Er beträgt meist nur einige hundert Volt. Die von der Glühkathode emittierten Elektronen werden von dieser Spannung erfaßt und in die Bohrung der Lochkathode hineingetrieben. Sie lösen dort bei ihrem Auftreffen an den vom Quarz nicht bedeckten Stellen sekundäre Elektronen aus, die durch die Bohrung hindurch in den eigentlichen Entladungsteil der Röhre gelangen. Hier herrscht aber das Feld der vom Widerstande *a* abgenommenen Hochspannung zwischen der Lochkathode und der Antikathode, die fast bis zur vollen Höhe der Induktorspannung, also bis zu etwa 150 oder mehr Kilovolt gesteigert werden kann. Die Elektronen erlangen demgemäß sehr große Geschwindigkeiten, so daß sie beim Auftreffen auf die Antikathode Röntgenstrahlen beträchtlicher Härte erzeugen. Die Lilienfeldröhre bietet die Möglichkeit einer weitgehenden Regulierung sowohl der Intensität als auch der Härte der Röntgenstrahlen. Die erstere ist bedingt durch die Zahl der zwischen *A* und *K* übergehenden Elektronen, also den Entladungsstrom, der an dem Milliamperemeter *e* abgelesen werden kann. Dieser Strom läßt sich bei konstanter Heizung der Glühkathode durch die zwischen *G* und *K* herrschende Spannung regulieren. Je höher diese ist, um so reichlicher werden die sekundären Elektronen in *K* ausgelöst. Um so größer wird also der Röhrenstrom und damit die Strahlenintensität. Um die Strahlenhärte zu regulieren, muß die Spannung zwischen *K* und *A* verändert werden, was durch Verstellen des Widerstandes *a* geschieht. Der zwischen der Sonde *S* und der Lochkathode *K* angeschlossene Widerstand *d* hat den Zweck, die Regulierfähigkeit noch zu verbessern. Er wird jedoch bei der Montage der Einrichtung ein für allemal fest eingestellt. Durch den zu *b* parallelen Kondensator *c* sollen durch evtl. entstehende Hochfrequenzschwingungen erzeugte Überspannungen von der Glühkathode ferngehalten werden. Das Lilienfeldprinzip bietet somit die Möglichkeit, mit einer einzigen Röhre nach Belieben intensive und weniger intensive, harte und weiche Röntgenstrahlen zu erzeugen, ohne einer Regeneriervorrichtung zu bedürfen. Der Brennfleck der Lilienfeldröhre ist der Bohrung der Lochkathode entsprechend, von deren Rande ja die wirksamen Elektronen im wesentlichen ausgehen, von der Form eines kleinen Ringes und läßt sich wohl schwerlich so klein machen, wie dies bei einem Ionenrohr möglich ist. Doch zeichnet die Röhre für die meisten Zwecke genügend scharf. Neuerdings ist die Konstruktion der Röhre vereinfacht worden, wodurch ihre Handhabung erleichtert und gleichzeitig der Preis für ihre Herstellung erniedrigt wird.

15. Coolidgeröhre. Wesentlich einfacher aber als die Lilienfeldröhre ist bei den gleichen Vorteilen der Regulierbarkeit die wenig später bekanntgewordene Coolidgeröhre[1]). Diese Röhre enthält weiter nichts als die Glühkathode und die Antikathode. Die erstere besteht aus einem zu einer Spirale oder ähnlich eng zusammengedrehten blanken Wolframdraht, der der Antikathode in einem möglichst hochgetriebenen Vakuum nahe gegenübersteht. Abb. 8 zeigt schematisch die Anordnung der Elektroden mit dem Verlauf der elektrischen Kraftlinien zwischen beiden. Da die einzigen Träger der Entladung, die Elektronen, aus dem Glühfaden herausquellen, so ist in dessen Nähe stets ein reichlicher Überschuß an Elektronen und somit eine große Leitfähigkeit vorhanden. Dies hat zur Folge, daß ein Analogon zum Kathodenfall der kalten Kathode des Ionenrohres fehlt. Die Elektronen werden in unmittelbarer Nähe des Glühfadens nicht sonderlich stark beschleunigt, sondern erhalten ihre Geschwindigkeit im

[1]) W. D. Coolidge, Phys. Rev. Bd. 2, S. 409. 1913.

wesentlichen erst in einiger Entfernung vom Glühdraht. Deshalb läßt sich die Hohlspiegelform der Kathode für die Konzentration auf einen Brennfleck bei der Coolidgeröhre nicht einfach übernehmen. Man benutzt hier vielmehr einen kleinen Metallzylinder, meist aus Molybdän oder einem anderen wärmebeständigen Metall, welcher den Glühdraht eng umgibt und mit ihm leitend verbunden ist. Hierdurch läßt sich der Verlauf der Kraftlinien zwischen Glühdraht und Antikathode so beeinflussen, daß eine weitgehende Elektronenvereinigung stattfindet.

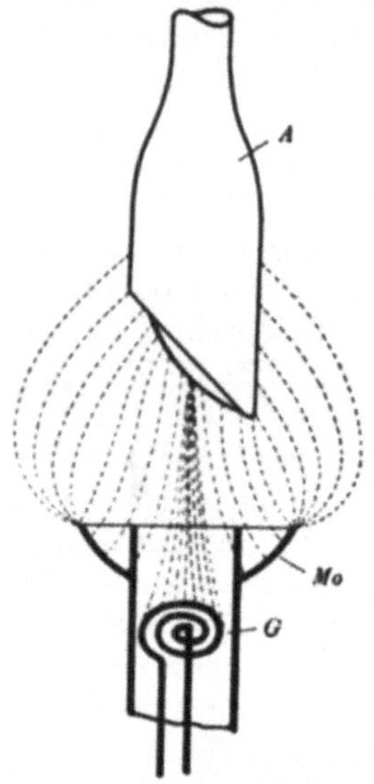

Abb. 8. Konstruktionsprinzip der Glühkathode einer Coolidgeröhre. *G* Glühspirale, *Mo* Molybdänzylinder, *A* Antikathode.

16. Spezialformen der Coolidgeröhre für Diagnostik. Man pflegt die Coolidgeröhren nicht als Universalröhren für Diagnostik und Therapie gleichermaßen verwendbar zu konstruieren, sondern bildet für beide Zwecke verschiedene Typen aus. Die Diagnostikröhren sind äußerlich an ihrem kurzen und gedrungenen Bau zu erkennen, entsprechend den nicht allzu hohen Spannungen, die sie auszuhalten haben. Auch besitzen sie meist mit Luft- oder Wasserkühlung ausgerüstete Antikathoden größerer Wärmekapazität, da man von ihnen wenigstens für kurze Zeit oft beträchtliche Strombelastungen verlangen muß. Die Schärfe des Brennfleckes kann durch die Weite und Länge des die Glühspirale umgebenden Metallkörpers, den man vielfach noch mit einem hohlspiegelähnlichen Aufsatz versieht, sehr weit getrieben werden, wenn es auch nicht gelingt, wirklich alle Elektronen zu konzentrieren. Man sieht daher auf genügend lange exponierten sog. Lochkameraaufnahmen von Coolidgeröhren, welche die Form der Strahlenquelle erkennen lassen, meist die Konturen der ganzen Antikathode mit ihrem Stiel angedeutet. Hierbei spielen aber auch sekundäre Elektronen, die von der Antikathode gewissermaßen reflektiert und deren Bahnen durch das elektrische Feld in der Röhre umgebogen worden sind, eine Rolle. Da die Flächenhelligkeit des Brennfleckes ein Vielfaches der Helligkeit seiner Umgebung ist, leidet die Zeichnungsschärfe der Röhre unter der nicht ganz vollständigen Elektronenkonzentration meist nicht erheblich. Abb. 9 zeigt ein Beispiel einer Coolidgediagnostikröhre mit Wasserkühlung.

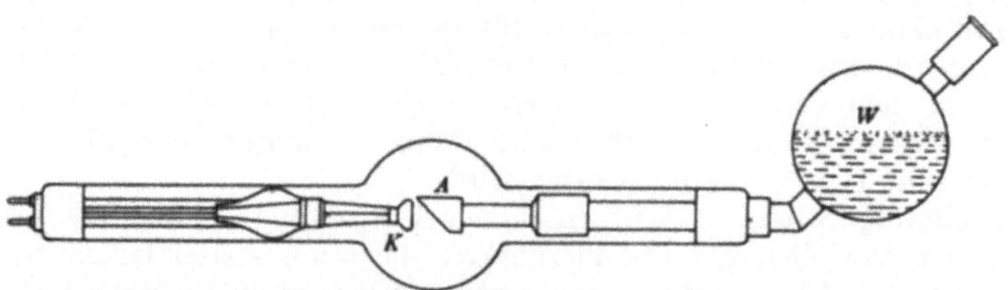

Abb. 9. Coolidgediagnostikröhre mit Wasserkühlung. *W* Wasser, *K* Glühkathode, *A* Antikathode.

Ein besonderer Kunstgriff bei der Brennfleckgestaltung ist bei der sog. „Media“-Röhre der Firma C. H. F. Müller in Form des sog. „Goetze“-Fokus angewandt. Bei dieser Röhre ist der Glühdraht nicht, wie sonst meist üblich, eine ebene Spirale, sondern eine enge Schraubenlinie, deren Achse auf der Röhrenachse senkrecht steht. Ein hinter ihr angebrachter parabolischer Zylinderspiegel dient als Elektronensammler und vereinigt die Elektronen in einem schmalen Bande von etwa 10 mm Länge und vielleicht 1 mm Breite auf der Vorderfläche der Antikathode. Beim Gebrauch wird nur derjenige Teil der Strahlung benutzt, der die Antikathode nahezu parallel zu der Richtung des bandförmigen Brennfleckes unter einem sehr flachen Winkel verläßt, so daß der Brennfleck vom Objekt aus gesehen in stark verkürzter Projektion und daher sehr klein erscheint. Die pro Einheit des räumlichen Winkels ausgesendete Strahlenenergie wird dabei nicht verringert. So gelingt es, mit einem Brennfleck von größerer Fläche die gleiche Schärfe der Zeichnung zu erzielen wie mit einem scharfen Brennfleck. Man kann dabei natürlich dem größeren Brennfleck eine viel stärkere Strombelastung zumuten wie dem kleineren.

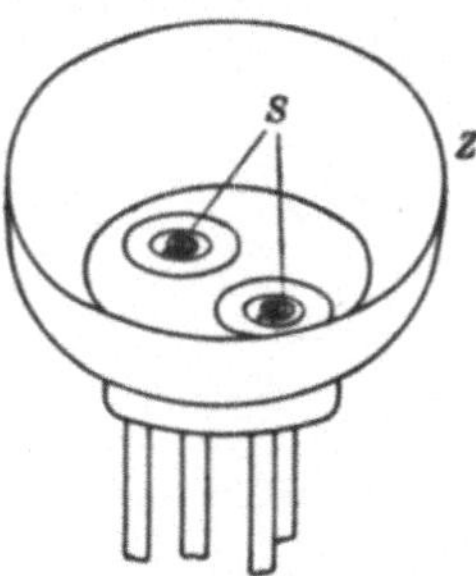

Abb. 10. Dofokröhre. (Kathode.)
S Glühspiralen, Z Konzentrationszylinder.

Eine weitere interessante Spezialform der Coolidgediagnostikröhre ist die „Dofok“-Röhre der Phönixröntgenröhren-A.-G. Diese Röhre besitzt zwei verschiedene Glühspiralen, die wahlweise zu verwenden sind. Die eine ergibt einen besonders scharfen Brennfleck, der für die Wiedergabe feinster Einzelheiten geeignet ist. Dabei darf jedoch die Stromstärke 15 bis 20 mA nicht überschreiten, um die Antikathode nicht zu gefährden. Die zweite Glühspirale dagegen liefert einen weniger scharfen Brennfleck, erlaubt aber dafür Belastungen bis zu 100 mA und leistet daher für Momentaufnahmen gute Dienste. Aus Abb. 10 ist zu ersehen, in welcher Weise die beiden Glühspiralen in der Kathode angeordnet sind.

Der Gedanke, bei stärkerer Belastung den Brennfleck zu vergrößern, ist noch weiter ausgeführt worden von THALLER[1]), der eine Röhre beschrieb, bei der sich die Größe des Brennfleckes automatisch der Strombelastung anpaßt. Nach THALLER hält Wolfram eine Brennfleckbelastung bis zu 200 Watt/mm² aus. Wird diese Belastung überschritten, so beginnt das Wolfram zu schmelzen. Hat also beispielsweise ein Rohr bei einem Strom von 10 mA seine Belastungsgrenze erreicht, so kann die Stromstärke nur dann noch weiter gesteigert werden, wenn gleichzeitig der Brennfleck entsprechend vergrößert wird. THALLER erreicht dies mit einer in Abb. 11 dargestellten Anordnung.

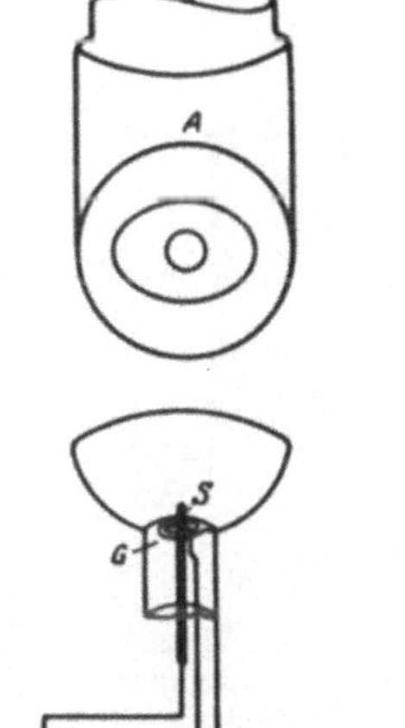

Abb. 11. Röhre mit veränderlichem Brennfleck.
A Anode, G Glühdraht, S Sonde, W Widerstand.

Wie man sieht, ist durch die Glühspirale ein isolierter Stift hindurchgeführt, der unmittelbar mit dem negativen Pol der Hochspannungsquelle verbunden ist. Der Röhrenstrom führt über einen Widerstand von der Größenordnung einiger tausend Ohm zur Glühspirale. Beim Fließen des Röhrenstroms bildet sich an den Enden des Widerstandes ein Spannungsabfall aus, der nach dem OHMschen Gesetz dem Röhrenstrom proportional zunimmt. Würde also z. B. der in der Abbildung angegebene Widerstand von der Größe 10000 Ohm sein, und der Röhrenstrom, welcher über diesen Widerstand zur Glühspirale gelangt, eine Stromstärke von 50 mA besitzen, so würde in dem Widerstand ein Spannungsabfall von 500 Volt auftreten. Die Glühspirale würde also im Vergleich zu dem isolierten Stift, welcher direkt mit dem negativen Pol der Spannungsquelle in Verbindung steht, einen positiven Spannungsunterschied von 500 Volt auf-

[1]) R. THALLER, Fortschr. a. d. Geb. d. Röntgenstr. Bd. 33, S. 108. 1925, Kongreßheft.

weisen. Die aus der Glühspirale austretenden Elektronen werden daher von dem auf 500 Volt negativ aufgeladenen Stift etwas aus ihrer normalen Bahn herausgedrängt und erzeugen nunmehr auf der Antikathode nicht mehr einen punktförmigen, sondern einen ringförmigen Brennfleck. Wird die Stromstärke noch größer, so wird die Spannungsdifferenz zwischen Stift und Glühspirale ebenfalls größer. Die Elektronenbahnen werden also noch stärker abgelenkt, so daß sich der Durchmesser des ringförmigen Brennfleckes weiter vergrößert. Es stellt sich somit zu jeder Stromstärke ein Brennfleck von bestimmter Größe ein, und es läßt sich durch passende Dimensionierung erreichen, daß die zulässige Höchstbelastung niemals überschritten wird.

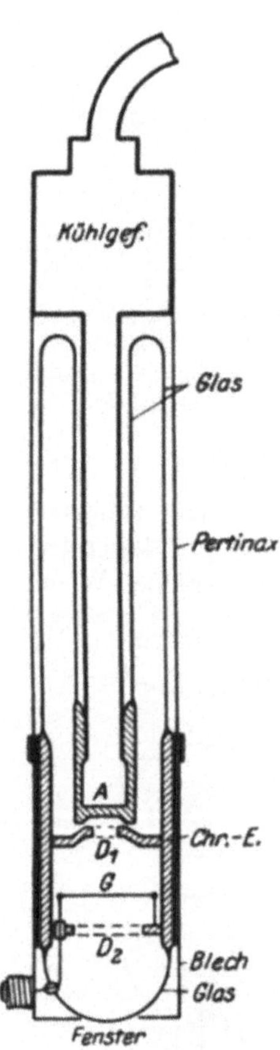

Abb. 12. Metallröntgenröhre nach BOUWERS.

17. Metallröntgenröhre. Eine andere vielversprechende Neuerung auf dem Gebiete der technischen Coolidgeröhren scheint eine von der holländischen Firma N. V. Philips Gloeilampenfabrieken entwickelte Konstruktion zu sein, bei welcher ein Teil der Röhrenwand aus Metall besteht und beim Betriebe geerdet werden kann[1]). Bei dieser Röhre, deren Konstruktion aus Abb. 12 zu ersehen ist, befindet sich der Glühdraht *G* in einem Gefäß *Chr.-E.* aus einer besonderen Chromeisenlegierung, die an Glas angeschmolzen werden kann und außerdem vakuumdicht ist. Über dem Glühdraht nach der Antikathode *A* zu hat das Gefäß ein Diaphragma D_1 von etwa 12 mm Durchmesser, welches das Durchtreten der Glühelektronen zur Antikathode ermöglicht. Unter dem Glühdraht ist ein größeres Diaphragma D_2, durch das die Röntgenstrahlen austreten. Nach unten ist das Ganze durch eine Glaskuppe verschlossen, während am oberen Ende ein doppeltes Glasrohr angesetzt ist, welches die Antikathode *A* trägt. Die letztere ist hohl und mit einem Kühlgefäß versehen. Umhüllungen aus Pertinax und Blech bieten der Röhre Schutz gegen mechanische Beschädigung. Die Möglichkeit, den Kathodenteil der Röhre an Erde zu legen, bringt es mit sich, daß man die zu durchstrahlenden Körperteile ohne Gefahr des Funkenüberschlages der Röhre beliebig nähern kann. Auch ist die Form der Röhre außerordentlich handlich.

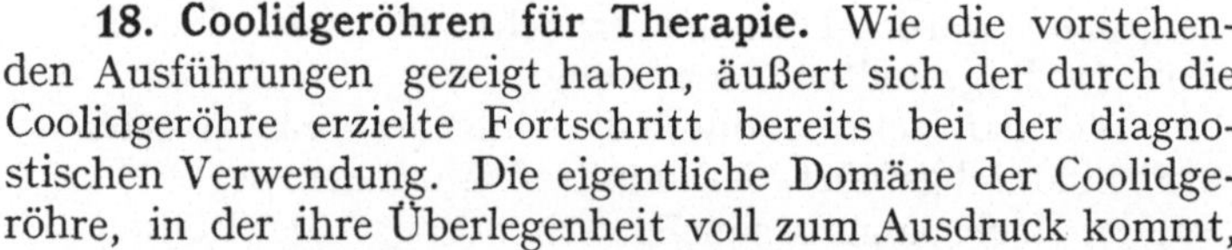

18. Coolidgeröhren für Therapie. Wie die vorstehenden Ausführungen gezeigt haben, äußert sich der durch die Coolidgeröhre erzielte Fortschritt bereits bei der diagnostischen Verwendung. Die eigentliche Domäne der Coolidgeröhre, in der ihre Überlegenheit voll zum Ausdruck kommt, ist aber die Tiefentherapie. Bei geeigneter langer Form verträgt die Coolidgeröhre die höchsten in Frage kommenden Spannungen von mehr als 200 kV, und ihre Stromstärke ist nur begrenzt durch den Grad, bis zu welchem die Antikathode gekühlt werden kann. Die ersten in der Praxis erschienenen Therapieröhren, die eine Belastung bis 2 mA bei etwa 150 kV längere Zeit vertrugen, hatten als Antikathode massive Wolframklötze von 2 bis 3 ccm Volumen an einem relativ dünnen Wolframstiel. Beim Betriebe geraten diese Antikathoden in helle Glut. Hierbei wird die Wärmeausstrahlung so stark, daß eine weitere Kühleinrichtung gar nicht mehr erforderlich ist. Eine solche Therapieröhre zeigt Abb. 13.

---

[1]) A. BOUWERS, Physica Bd. 4, S. 173. 1924.

Bei neueren Röhren für höhere Leistungen gibt man der Antikathode vielfach die Form einer einige Millimeter dicken Wolframplatte. Die dadurch vergrößerte Oberfläche begünstigt die Wärmeausstrahlung, so daß solche Röhren Dauerbelastungen von etwa 8 mA bei über 200 kV vertragen. Freilich wird dabei die Antikathode nahezu weißglühend, so daß sie ebenso wie die Glühkathode Elektronen zu emittieren beginnt. Diese Röhren können daher mit hochgespanntem Wechselstrom nur in Reihe mit einem Ventil oder Gleichrichter voll belastet werden. Abb. 14 stellt eine Hochleistungsröhre mit Plattenantikathode vor.

Die Leistung der letztgenannten Röhre wird noch erheblich übertroffen durch eine von den Phönix-Röntgenröhrenfabriken A.-G., Rudolstadt, unter dem Namen „Multix"-Röhre herausgebrachte Konstruktion. Diese Röhre wird mit fließendem Wasser gekühlt. Das Kühlwasser wird vermittels einer kleinen Zentrifugalpumpe in dauerndem Strome von etwa 4 bis 5 l pro Minute durch die

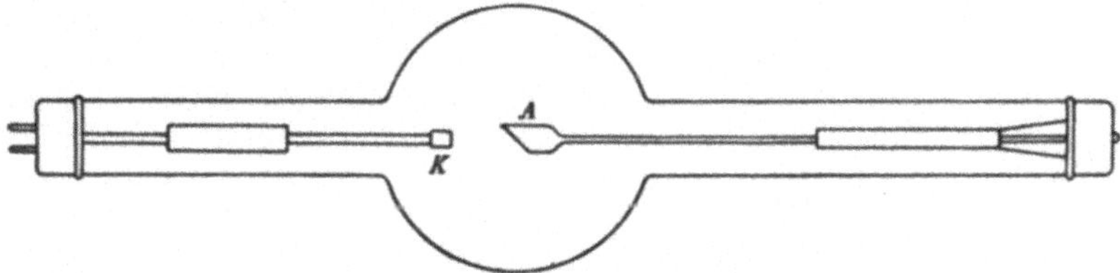

Abb. 13. Coolidgetherapieröhre.
K Glühkathode, *A* massive W-Antikathode.

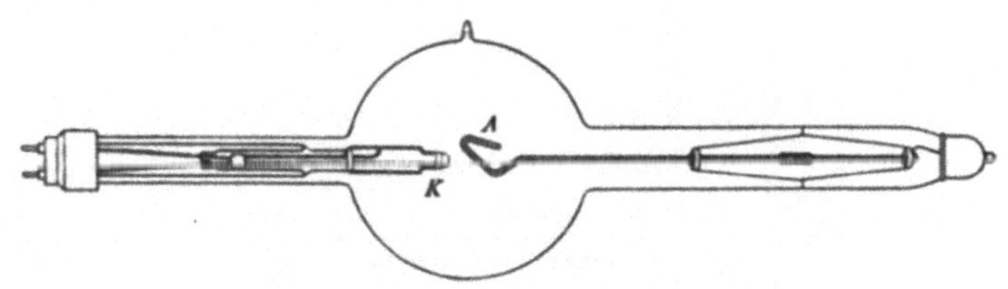

Abb. 14. Hochleistungsröhre.
K Glühkathode, *A* plattenförmige Antikathode.

Hohlantikathode hindurchgetrieben, nimmt von dort die Wärme mit und läuft dann zurück in einen Vorratsbehälter nach Art eines Automobilkühlers, durch den ein Ventilator dauernd einen kräftigen Luftstrom hindurchbläst. Mit dieser Röhre gelingt es, Dauerbelastungen von 20 bis 30 mA bei Spannungen von 250 kV zu erzielen. Dies entspricht einer zugeführten Leistung von über 5 kW, woraus sich bei einem Wirkungsgrade von 1°/₀₀ eine Röntgenstrahlenleistung von 5 Watt, d. h. mehr als 1 cal/sec errechnet. In die Praxis scheint diese Röhre, die auf Ausstellungen gelegentlich gezeigt wurde, allerdings bisher nicht eingeführt zu sein.

19. Spezialröhren. Für bestimmte ärztliche Spezialzwecke sind eine große Anzahl besonderer Röhren konstruiert worden, die hier nicht alle besprochen werden können. Wer sich für die historische Entwicklung näher interessiert, sei z. B. auf eine Mitteilung von F. Voltz und F. Zacher in den „Fortschritten auf dem Gebiete der Röntgenstrahlen" Bd. 27, S. 82 bis 98, hingewiesen, oder auf Spezialwerke über Röntgentechnik, wie J. Rosenthal, Röntgentechnik, Leipzig 1924. (Sonderabdruck aus dem Lehrbuch der Röntgenkunde von Rieder und Rosenthal, Bd. II.) Als Spezialtypen sind auch die zahlreichen in der physikalischen Literatur beschriebenen Einzelkonstruktionen für bestimmte physikalische Zwecke anzusehen. Sie sind in ziemlich vollständiger Auswahl zusammengestellt in einer kleinen Schrift von K. BECKER und FRITZ EBERT, Metallröntgenröhren, Verlag Vieweg u. Sohn, Braunschweig 1925. Nur zwei aus dem berühmten röntgenspektrographischen Institut von M. SIEGBAHN stammende Konstruktionen sollen hier noch kurz beschrieben werden, da sie im Handel erhältlich sind und somit in die Röntgentechnik hineingehören.

Da ist zunächst eine Ionenröhre, die sog. Haddingröhre[1]), die speziell für kristallographische Zwecke, nämlich für Kristallaufnahmen nach LAUE und solche nach DEBYE-SCHERRER geeignet ist. Sie ist in Abb. 15 abgebildet.

Ihr Körper besteht aus einer Metallhülse von der Form einer Granate, die von einem zweiten Metallmantel umgeben ist. Zwischen beiden Wandungen wird Kühlwasser hindurchgeleitet. Die Kathode *K* sitzt in einem mit Pizein aufgekitteten Porzellanisolator geeigneter Form und kann ebenfalls durch Wasser gekühlt werden. Am unteren Ende ist eine enger Ansatz für die gleichfalls durch fließendes Wasser zu kühlende Antikathode *A*, die mittels eines Schliffes eingesetzt und herausgenommen werden kann. Ein oder mehrere Fenster aus dünnem Aluminium erlauben das Austreten auch weicher Strahlen. Das Rohr ist für dauernden Anschluß an eine Pumpe bestimmt. Es verträgt Spannungen von 30 bis 40 kV bei 10 bis 20 mA Stromstärke. Die besondere Leistungsfähigkeit des Rohres beruht darauf, daß man mit dem zu durchstrahlenden Präparat bis auf wenige Zentimeter an den Brennfleck der Röhre heranrücken kann.

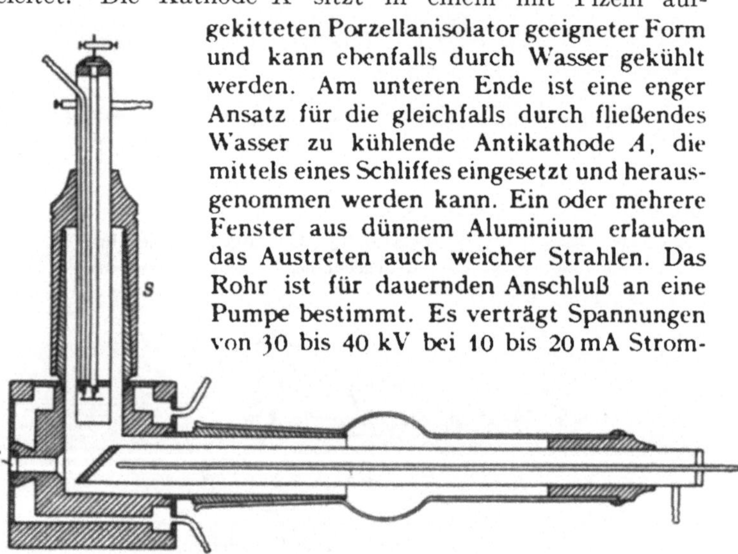

Abb. 16. Glühkathodenrohr von SIEGBAHN. *S* Messingschliff, *F* Fenster, *G* Glasschliff.

Abb. 15. Porzellan-Metall-Röntgenröhre nach HADDING. *W* Kühlwasser-Zu- bzw. -Abführung, *D* Dichtung, *P* Porzellanisolator, *K* Kathode, *A* Anode, *F* Fenster, *L* Leitung zur Luftpumpe.

Ein anderes für spektrographische Zwecke geeignetes Spezialrohr nach dem Coolidgeprinzip ist von SIEGBAHN selber angegeben worden[2]). Es ist in Abb. 16 dargestellt.

Der Körper des Rohres ist ein geeignet ausgebohrter Würfel aus Schmiedemessing, in den zum Zwecke der Wasserkühlung Kanäle eingefräst sind. Die Glühkathode ist mittels eines Messingschliffes *S*, die Antikathode mittels eines Glasschliffes *G*, in den sie mit Pizein eingekittet ist, aufgesetzt. Beide Elektroden haben Wasserkühlung. Das Rohr eignet sich gut für Spannungen bis zu etwa 30 kV und verträgt Stromstärken bis zu 100 und mehr Milliampere. Auch diese Röhre muß dauernd an eine Luftpumpe, und zwar an eine schnell wirkende

[1]) A. HADDING, ZS. f. Phys. Bd. 3, S. 369. 1920.

[2]) MANNE SIEGBAHN, Spektroskopie der Röntgenstrahlen, S. 44. Berlin 1924.

Hochvakuumpumpe, angeschlossen werden. Die beiden letztgenannten Röhren können von der Firma Dr. Carl Leiss, Berlin-Steglitz, bezogen werden.

20. Apparate zum Betriebe von Röntgenröhren. Günstigste Spannungsform. Um ein Röntgenrohr in Betrieb zu setzen, muß man es an eine Hochspannungsquelle anschließen, und zwar so, daß der positive Pol mit der Anode bzw. Antikathode, der negative Pol mit der Kathode verbunden ist. Es ist dabei nicht unbedingt eine konstante Gleichspannung erforderlich, da fast alle Röntgenröhren bis zu einem gewissen Grade die Fähigkeit besitzen, als Ventil zu wirken und somit die für die Röntgenstrahlerzeugung wirksame Stromphase mit Vorzug hindurchzulassen. Gleichwohl ist der Betrieb mit konstanter Gleichspannung als der günstigste anzusehen. Diese Erkenntnis verdanken wir in erster Linie dem Amerikaner ULREY[1]), der durch spektrometrische Untersuchungen feststellte, in welcher Weise die von einer Röntgenröhre ausgesandte Strahlung von der Röhrenspannung abhängt. Der ULREYsche Befund wird am einfachsten an Hand der Abb. 17 erläutert, die die spektrale Energieverteilung einer mit verschiedenen Spannungen betriebenen Röntgenröhre graphisch darstellt.

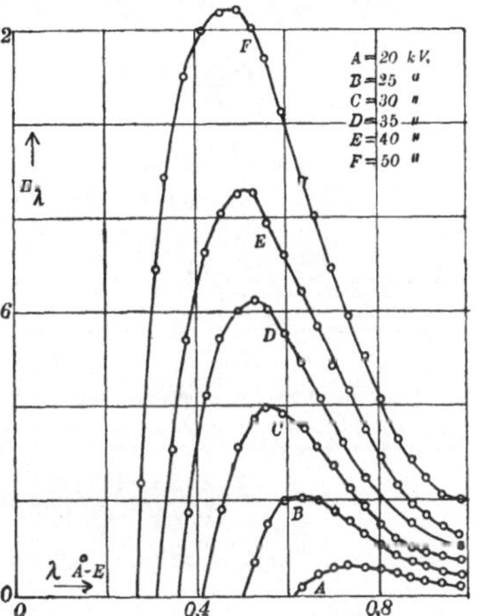

Abb. 17. Spektrale Energieverteilung nach ULREY.

Die Abbildung bringt einmal das schon obenerwähnte Verschiebungsgesetz für die kurzwellige Grenze des Röntgenspektrums

$$V \cdot \lambda_{\min} = 12{,}35$$

zum Ausdruck. Darüber hinaus aber sehen wir, daß auch die Intensität jeder einzelnen Wellenlänge mit zunehmender Spannung stark ansteigt, und zwar in der Weise, daß sich das Energiemaximum und auch die mittlere Wellenlänge des Röntgenstrahlgemisches mit wachsender Spannung nach kürzeren Wellen zu verschiebt. Man kann den ULREYschen Messungen entnehmen, daß die gesamte ausgestrahlte Röntgenenergie nahezu mit dem Quadrat der angelegten Spannung proportional wächst, während der Wirkungsgrad der Röntgenstrahlerzeugung proportional der Spannung selber zunimmt. Denken wir uns nun ein Röntgenrohr mit einer periodisch, z. B. nach einem Sinusgesetz, veränderlichen Spannung betrieben, so wird die kürzeste überhaupt erzeugte Wellenlänge $\lambda_{\min}$ nach dem Verschiebungsgesetz aus dem Scheitelwert der Spannung zu errechnen sein. Diese Grenzwellenlänge wird aber in jeder Periode nur einmal für einen unendlich kurzen Augenblick emittiert. Die Grenzwellenlänge pulsiert im übrigen hin und her. Entsprechendes gilt vom Maximum der spektralen Energieverteilung, von der gesamten ausgestrahlten Energie und vom Wirkungsgrad der Strahlenerzeugung. Dies hat zur Folge, daß die bei zeitlich veränderlicher Spannung ausgesandte Röntgenstrahlung zwar die gleiche kürzeste Grenzwellenlänge liefert wie eine konstante Gleichspannung von der Höhe des Scheitelwertes der periodischen Spannung, daß aber im übrigen die von der periodischen Spannung erzeugte Strahlung im Mittel weicher und weniger intensiv ist, und daß außerdem der Wirkungsgrad geringer ist. In welchem Maße diese Erscheinungen auftreten, hängt von der Form der jeweils benutzten Spannungskurve ab. Eine reine intermittierende Gleichspannung z. B., d. h. eine solche, die momentan mit ihrer vollen Höhe einsetzt, dann einige Zeit konstant bleibt und schließlich

[1]) C. F. ULREY, Phys. Rev. Bd. 11, S. 401. 1918.

plötzlich wieder aufhört, ist in bezug auf Strahlenhärte und Wirkungsgrad der konstanten Gleichspannung gleichwertig. Ein sinusförmiger Spannungsverlauf dagegen liefert eine bei gleicher Grenzwellenlänge im Mittel weichere Strahlung, wobei der Wirkungsgrad der konstanten Gleichspannung gegenüber etwa im Verhältnis 0,7 : 1 verschlechtert ist. Noch ungünstiger ist ein Spannungsverlauf mit einem geradlinigen Anstieg zu einer Spitze und darauffolgendem geradlinigen Abfall oder gar ein solcher, bei dem die Spannung in einer nach oben zu konkaven Kurve ansteigt und wieder abfällt. Solche Kurven wurden früher irrtümlicherweise für besonders günstig gehalten. Im allgemeinen kann man sagen, daß diejenige Spannung die günstigste ist, bei der sich das Verhältnis der Scheitelspannung zur effektiven Spannung am meisten dem Werte 1 nähert[1]).

Nun ließ sich früher die theoretisch günstigste Betriebsweise mit konstanter Gleichspannung genügend vollkommen nur herstellen entweder mit einer Hochspannungsakkumulatorenbatterie oder mit einem Gleichstromhochspannungsgenerator oder mit einer Influenzmaschine. Die erstgenannte Möglichkeit, die für wissenschaftliche Untersuchungen gelegentlich angewandt worden ist, verbietet sich in praktischen Betrieben wegen der zu hohen Kosten. Gleichstromhochspannungsgeneratoren für genügend hohe Spannungen sind bisher nicht konstruiert worden. Eine Influenzmaschine, die die für den praktischen Röntgenbetrieb erforderlichen Leistungen herzugeben vermag, existiert bisher ebenfalls nicht. Die Technik war daher darauf angewiesen, periodische Spannungen, deren Herstellung in der erforderlichen Höhe keine besonderen Schwierigkeiten macht, in einer für den Röntgenbetrieb möglichst günstigen Form herzustellen. Auch hier möge die Darstellung der historischen Entwicklung folgen und zunächst die älteste Betriebsform mittels des Induktors behandeln.

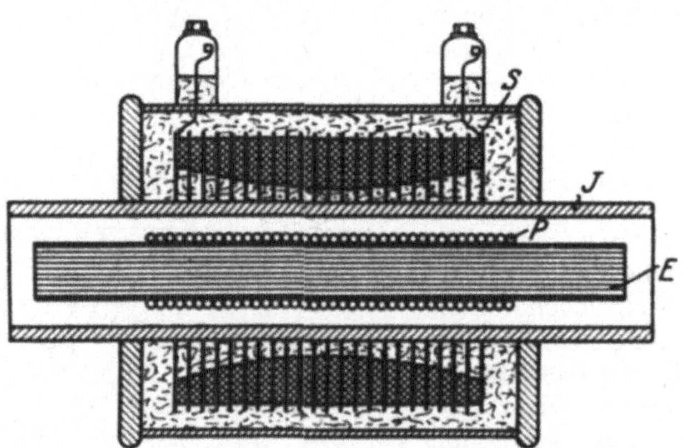

Abb. 18. Schema eines Röntgeninduktors.
E Eisenkern, *P* Primärspule, *J* Isolierrohr, *S* Sekundärspule.

21. Induktoren. Konstruktion. (Vgl. Bd. XVI.) Induktoren sind Transformatoren mit offenem Eisenkern und daher starker Streuinduktivität. Sie sind heute fast immer nach dem in Abb. 18 dargestellten Schema gebaut. Auf einem kräftigen, zur Vermeidung von Wirbelströmen aus dünnen Blechen oder Drähten zusammengesetzten Eisenkern *E* ist die Primärwicklung *P*, die meist einige Hundert Windungen enthält, unmittelbar aufgebracht. Darüber ist ein Isolierrohr *J* von großer Durchschlagsfestigkeit aus Hartgummi oder Pertinax geschoben. Auf dieses sind dann lauter einzelne Scheibenspulen, aus denen sich die Sekundärspule *S* mit ihren an 100000 Windungen zusammensetzt, hinaufgesteckt. Die Sekundärwicklung ist mit einer Harz- oder Wachsmasse vergossen oder liegt in Öl.

22. Schaltung und Wirkungsweise des Induktors. Der Induktor wird im Röntgenbetriebe meist an ein Gleichstromnetz in der Weise angeschlossen, daß seine Primärspule mit einem Regulierwiderstande *R* und mit einem periodischen

[1]) H. BEHNKEN, ZS. f. techn. Phys. Bd. 2, S. 153. 1921.

Stromunterbrecher U in Reihe gelegt wird. Parallel zum Unterbrecher befindet sich ein Kondensator C, um die Funkenbildung bei der Unterbrechung zu vermindern. Das Schaltschema zeigt Abb. 19. Sobald durch den Unterbrecher U der Stromkreis geschlossen wird, beginnt in der Primärspule des Induktors ein Strom i zu fließen, der nach der Formel

$$i = \frac{E}{R} \cdot \left(1 - e^{-\frac{R}{L} \cdot t}\right)$$

ansteigt. Hier ist E die elektromotorische Kraft, L die Selbstinduktion und t die Zeit. e ist die Basis des natürlichen logarithmischen Systemes. Ist die Zeit T_1, während welcher der Stromkreis geschlossen bleibt, lang genug, so wird das Exponentialglied

$$e^{-\frac{R}{L} \cdot T_1}$$

nahe gleich Null, und der Strom erreicht seinen Maximalwert

$$i_{\max} = \frac{E}{R}.$$

Für die Steilheit des Stromanstieges ist das Verhältnis L/R maßgebend. Ist dieses Verhältnis klein, d. h. ist der Widerstand des Kreises groß im Verhältnis zur Selbstinduktion, so steigt der Strom rasch an. Im umgekehrten Falle tritt der Anstieg langsam ein. Nach Ablauf der Zeit $t = T_1$ öffnet der Unterbrecher den Stromkreis, wobei an der Unterbrechungsstelle ein die kurze Zeit T_2 dauernder Funke entsteht. Diese Zeit steht dem Strome zur Verfügung, um auf den Wert 0 abzufallen. Der Abfall erfolgt nach dem Gesetz

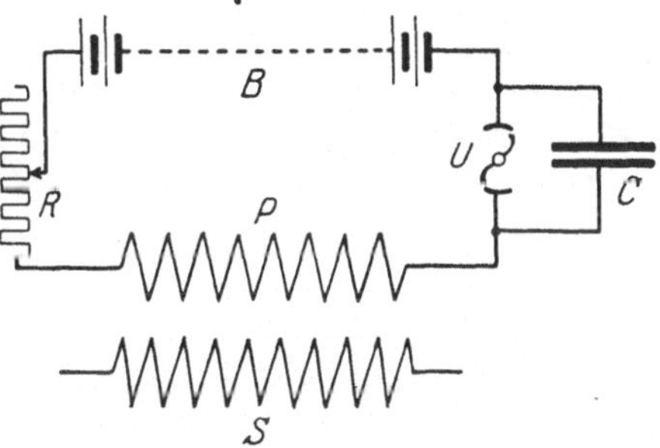

Abb. 19. Schaltschema eines Induktors.
B Batterie, R Regulierwiderstand, P Primärspule, U Unterbrecher, C Kondensator, S Sekundärspule.

$$i = \frac{E}{R} \cdot e^{-\frac{R'}{L} \cdot t},$$

wo R' den Gesamtwiderstand des Kreises darstellt, der nun eine mit t zunehmende Größe ist, da ja der Widerstand des Öffnungsfunkens hinzukommt, der nach Ablauf der Zeit $t = T_2$ den Wert ∞ annimmt. Je besser für das Löschen des Unterbrechungsfunkens gesorgt wird, um so steiler ist das Abfallen des Stromes in der Primärspule. Der vorstehend geschilderte Vorgang wird nun modifiziert durch die Anwesenheit des Kondensators C. Dieser Kondensator ergänzt den Primärkreis zu einem Schwingungskreise, dessen Schwingungsdauer τ sich nach der THOMSONschen Formel berechnet zu

$$\tau = 2\pi \cdot \sqrt{L \cdot C}.$$

Dies hat zur Folge, daß der Strom im Primärkreise nicht einfach auf den Wert 0 absinkt, sondern darüber hinaus seine Richtung wechselt und als meist stark gedämpfte Schwingung mit der Schwingungsdauer τ oder der Frequenz $1/\tau$ abklingt. Hierfür steht die Zeit T_3 zur Verfügung, nach deren Ablauf der Unterbrecher den Stromkreis wieder schließt, so daß das Spiel von neuem beginnt. Der Primärstrom ruft in dem Eisenkern des Induktors eine Magnetisierung hervor, die, solange man von der Sättigung des Eisens genügend entfernt bleibt, in jedem Moment der Stromstärke i proportional ist. Die veränderliche Magnetisierung des Eisenkernes induziert nun wieder in der Sekundärspule des Induktors eine elektromotorische Kraft e, die in jedem Moment dem zeitlichen Differentialquotienten der Magnetisierung und damit auch der Größe di/dt proportional ist. Wir können uns also nun ein vollständiges Bild des Vorganges machen, wie er in Abb. 20 graphisch veranschaulicht ist. Wir sehen hier, daß die vom Induktor gelieferte Spannung im Verlauf einer Unterbrecherperiode $T = T_1 + T_2 + T_3$ ihr Vorzeichen mehrfach wechselt. Für den Röntgenbetrieb kommt nur eine Spannungsrichtung, und zwar die sog. Öffnungsspannung, die die größte Amplitude besitzt, in Frage. Die Abb. 20 stellt einen Spezialfall typischer Art vor, der praktisch je nach dem Größenverhältnissen von R, L und C sowie der Zeiten T_1, T_2 und T_3 mannigfach modifiziert werden kann. Wegen näherer Einzelheiten muß jedoch auf die Spezialliteratur verwiesen werden[1]. An den in der Praxis üblichen Apparaten sind gewöhnlich nur die Größen R und T als ganzes zum Zwecke der Regulierung veränderlich.

23. Unterbrecher, Quecksilberunterbrecher. Es sind nunmehr die wichtigsten Unterbrechertypen kurz zu besprechen. Die einfachste Vorrichtung zur automatischen Stromunterbrechung ist der WAGNERsche Hammer. Dieser ist aber nur für kleine Energien zu gebrauchen und arbeitet zudem wenig gleichmäßig, so daß er in der Röntgentechnik keine wesentliche Rolle spielt. Auch der Déprezunterbrecher genügt den Ansprüchen der Röntgenpraxis nur sehr unvollkommen, so daß wir uns hier mit der Erwähnung dieser beiden Typen begnügen. Dagegen sind von praktischer Bedeutung die Quecksilberunterbrecher und die Elektrolytunterbrecher. Der Gedanke der Quecksilberunterbrecher stammt von TESLA[2]. Sie sind heute in zweierlei Form in Gebrauch, nämlich als Strahlunterbrecher und als Zentrifugalunterbrecher. Beim Strahlunterbrecher wird das in einem eisernen Vorratsgefäß befindliche Quecksilber mit einer kleinen, durch einen Motor angetriebenen Turbine gehoben und durch eine rotierende Düse gedrückt, aus der es in einem dünnen Strahl ausgespritzt und gegen einen eisernen Ring geschleudert wird. Dieser Ring ist mit Ausschnitten versehen, so daß der Strahl bald auf das Eisen, bald auf einen Ausschnitt trifft. Der Unterbrecher ist so geschaltet, daß der Strom vom Vorratsgefäß durch den Quecksilberstrahl zu dem Eisenring fließt, so daß der Stromkreis nur geschlossen ist, wenn der Strahl gerade auf das Eisen trifft. Trifft er dagegen einen Ausschnitt, so ist der Strom unterbrochen. Um das Abreißen des Öffnungfunkens zu beschleunigen, wird das Unterbrechergefäß über dem Quecksilber mit einer Löschflüssigkeit, Petroleum oder Alkohol, gefüllt, innerhalb deren sich der Unterbrechungsvorgang abspielt. Dies hat allerdings den Nachteil, daß das Quecksilber nach längerem Gebrauche mit der Löschflüssigkeit zusammen allmählich eine schlammige Paste bildet, deren beide Bestandteile nur durch ein äußerst mühsames Waschen wieder voneinander zu trennen sind. Dieser Nachteil wird vermieden bei den sog. Gasunterbrechern, bei denen das Unterbrechergefäß, daß dann natürlich gasdicht

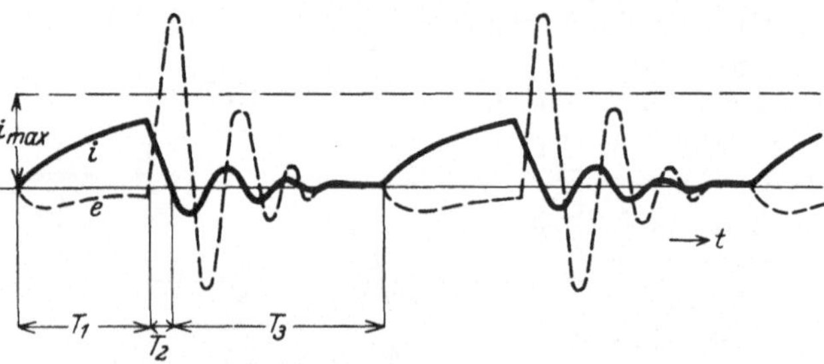

Abb. 20. Zeitlicher Verlauf von Primärstrom i und Sekundärspannung e im Induktor bei Leerlauf.

[1] P. LUDEWIG, Die physikalischen Grundlagen des Betriebes von Röntgenröhren mit dem Induktorium. Berlin: Urban & Schwarzenberg 1924, und G. GROSSMANN, Physikalische und technische Grundlagen der Röntgentherapie. Berlin: Urban & Schwarzenberg 1925.

[2] N. TESLA, Elektrot. ZS. Bd. 19, S. 671. 1898.

abgeschlossen sein muß, mit einem gutkühlenden Gase, Wasserstoff oder Leuchtgas gefüllt wird. Nach diesem Prinzip sind z. B. der Rotaxunterbrecher der Elektrizitätsgesellschaft „Sanitas", Berlin und Konstantunterbrecher der Reiniger, Gebbert und Schall A.-G., Erlangen konstruiert. Auch der sog. Apexunterbrecher gehört hierher. Es liegt auf der Hand, daß Unterbrecher dieser Art mannigfache Regulierungen des Unterbrechungsvorganges gestatten, z. B. in bezug auf die Unterbrechungszahl, indem man die Rotationsgeschwindigkeit des Quecksilberstrahles verändert, oder in bezug auf die Unterbrechungsdauer, indem man die Breite der Kontaktsegmente verschieden wählt.

Ein etwas anderes Konstruktionsprinzip ist bei den Quecksilberzentrifugalunterbrechern angewandt. Hier ist das Quecksilbergefäß birnenförmig gestaltet und rotiert selber. Infolge der Zentrifugalkraft sammelt sich das Quecksilber in den Teilen des Gefäßes an, die den größten Durchmesser besitzen, und bildet hier einen Quecksilberring QQ. Vgl. dazu die Abb. 21. In diesen Ring taucht ein aus Isolierstoff bestehendes Rädchen R ein, das auf einer metallenen Achse A sitzt. Ein Radius dieses Rädchens besteht ebenfalls aus Metall, vermag also bei geeigneter Stellung des Rädchens eine leitende Verbindung zwischen der Achse A und dem Quecksilber herzustellen. Sobald nun das Quecksilbergefäß mit seinem Inhalt durch den Motor M in Rotation versetzt wird, nimmt das Quecksilber QQ das Rädchen R mit, und jedesmal, wenn der leitende Radius durch das Quecksilber hindurchgeht, ist der Strom für die Dauer des Durchganges geschlossen. Die Eintauchtiefe und damit die Dauer des Stromschlusses kann durch Drehen des Handgriffes H reguliert werden, indem dabei die Achse A der Gefäßwand mehr oder weniger genähert wird. Ein solcher Unterbrecher kann mit einer Flüssigkeit als Funkenlöschmittel betrieben werden, ohne daß ein Verschlammen des Quecksilbers eintritt.

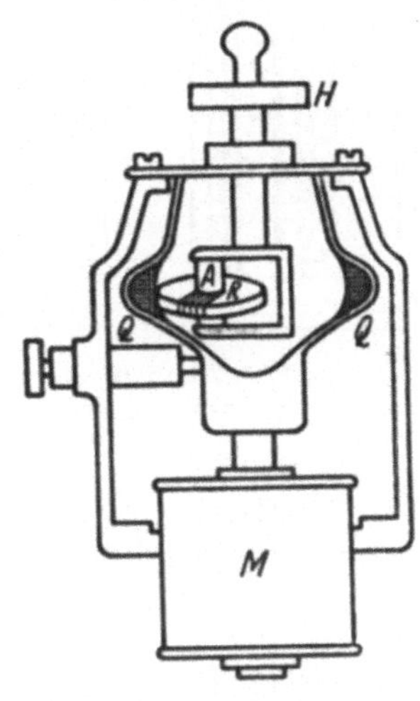

Abb. 21. Quecksilber-Zentrifugalunterbrecher.

M Motor, Q Quecksilber, R Rädchen mit Kontaktstück, A Achse, H Regulierhandgriff.

24. Elektrolytunterbrecher. Auf ganz anderen Vorgängen beruhen die Elektrolytunterbrecher, bei denen ebenfalls zwei Formen zu unterscheiden sind, nämlich der Wehneltunterbrecher und der Simonunterbrecher.

Der Wehneltunterbrecher[1]) besteht aus einem Glasgefäß mit verdünnter Schwefelsäure, in welche zwei Elektroden eintauchen. Die positive Elektrode ist ein dünner Platindraht, der nur wenige Millimeter weit aus einem Isolator herausragt. Die negative Elektrode wird durch eine Bleiplatte gebildet. Die Unterbrechung kommt dadurch zustande, daß an der kleinen Oberfläche des eintauchenden Platinstiftes infolge der großen Stromdichte sowohl durch Verdampfung als auch durch elektrolytische Zersetzung eine zum Teil aus Knallgas bestehende nichtleitende Dampf- bzw. Gasblase entsteht. Die plötzliche Unterbrechung erzeugt eine Extraspannung, welche die Gasblase in Form eines Funkens durchschlägt und zur Explosion bringt. Der nicht explosive Teil der Dampfblase wird durch die Explosion mit fortgeschleudert. Die Flüssigkeit berührt dann den Stift wieder und der Stromanstieg kann wieder beginnen.

Ganz ähnlich arbeitet der Lochunterbrecher von SIMON[2]). Dieser besitzt zwei große Bleielektroden in Schwefelsäure, die durch ein enges Diaphragma von

[1]) A. WEHNELT, Elektrot. ZS. Bd. 20, S. 76. 1899 u. Ann. d. Phys. Bd. 68, S. 233. 1899.

[2]) H. TH. SIMON, Ann. d. Phys. Bd. 68, S. 860. 1899.

einander getrennt sind. Durch dieses Diaphragma muß der ganze Strom hindurch und erzeugt an der Stelle höchster Stromdichte eine Dampfblase, die die Unterbrechung besorgt. Der durchschlagende Funke zerstört die Blase und der Strom steigt von neuem an.

Mit elektrolytischen Unterbrechern lassen sich bis zu einigen Tausend Unterbrechungen in der Sekunde erzeugen. Jede einzelne Unterbrechung ist so plötzlich und so vollkommen, daß ein Parallelkondensator bei diesen Unterbrechern unnötig wird. Auch die Elektrolytunterbrecher erlauben eine gewisse Regulierung, beim Wehneltunterbrecher durch mehr oder minder tiefes Eintauchen des Platinstiftes, beim Simonunterbrecher durch Vergrößern oder Verkleinern des Diaphragmas, das z. B. bewirkt werden kann, indem ein Porzellankonus mehr oder weniger in das Diaphragma hineingesenkt wird und dieses dadurch teilweise verschließt. Abb. 22 zeigt einen Wehneltunterbrecher und einen Simonunterbrecher in schematischer Darstellung.

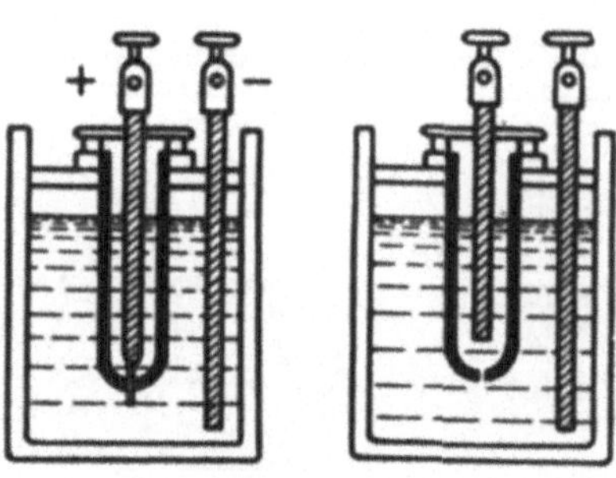

Abb. 22. Wehneltunterbrecher. Simonunterbrecher.

25. Betrieb von Ionenröhren mit Induktoren. Induktorapparate werden heute vorwiegend in Verbindung mit Ionenröhren angewendet. Für Elektronenröhren benutzt man lieber die moderneren Transformatorenapparate. Für den Verlauf der Entladung eines Induktors durch ein Ionenrohr sind zwei Umstände von Bedeutung, nämlich einmal die Stromspannungs-Charakteristik des Rohres, die wie bei allen Gasentladungsstrecken Ähnlichkeit mit der Charakteristik eines Lichtbogens hat, zweitens die Tatsache, daß die Spannung der Sekundärspule eines Induktors bei Belastung stark abfällt. Statische Charakteristiken von Ionenröhren wurden zuerst von KRÖNCKE[1]) aufgenommen. Zur Erläuterung der Bedeutung der statischen Charakteristik denke man sich die Schaltung der Abb. 23. Die Gasstrecke G, die die Röntgenröhre vertritt, ist in Reihe mit einem regulierbaren Vorschaltwiderstande R an eine feste Spannungsquelle E angeschlossen. Das Amperemeter A mißt den Strom, das Voltmeter V die Spannung der Gasstrecke. Trägt man zusammengehörige Werte des Stromes i und der Spannung e in ein Koordinatensystem ein, so findet man nach KRÖNCKE für ein Röntgenrohr Kurven von der Form der Abb. 24. Hieraus ersieht man, daß die Spannung an der Röhre mit zunehmendem Strome zunächst abnimmt, dann durch ein Minimum hindurchgeht und schließlich wieder ansteigt. Für einen bestimmten Betriebszustand, der durch den Punkt S dargestellt sei, verteilt sich die gesamte zur Verfügung stehende Spannung E auf den Vorschaltwiderstand R und die Röhre nach der Gleichung: $E = e + e_R$.

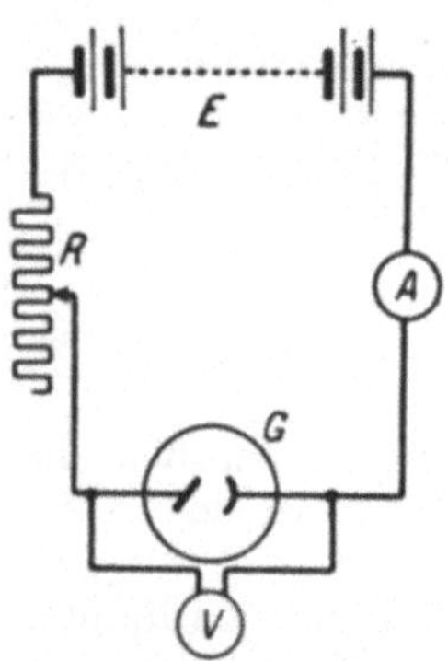

Abb. 23. Zur Erläuterung der statischen Charakteristik einer Gasstrecke. E Spannungsquelle, R veränderlicher Widerstand, G Gasstrecke, V Spannungsmesser, A Strommesser.

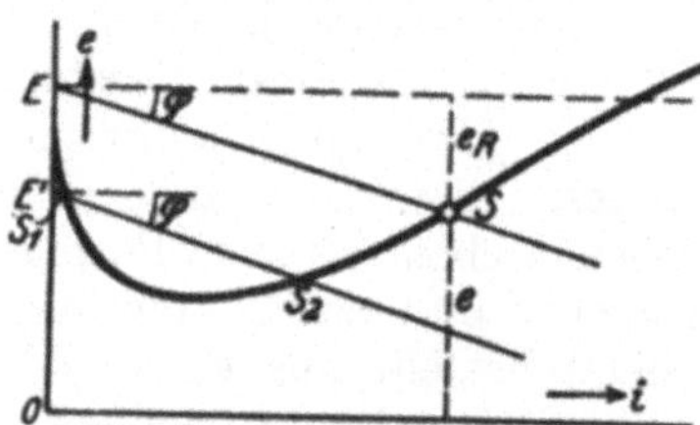

Abb. 24. Statische Charakteristik einer Röntgenröhre.

[1]) H. KRÖNCKE, Göttinger Dissertation 1913.

Hier ist $e_R = i \cdot R$, also

$$R = \frac{e_R}{i} = \operatorname{tg} \varphi .$$

Die Linie ES ist demnach für den Wert R charakteristisch und sei als Widerstandslinie bezeichnet. Der Betriebspunkt S läßt sich also bei bekannter Charakteristik und gegebenem E und R konstruieren als Schnittpunkt der Widerstandslinie und der Charakteristik. Ändert man bei festgehaltenem R die Gesamtspannung E in E', so ist der Punkt S nicht mehr zu erreichen, wohl aber die Punkte S_1 und S_2, von denen jedoch nur der letztgenannte stabil ist. Würde man, nachdem die Röhre vorher ausgeschaltet war, mit der Spannung E' beginnen, so würde die Röhre überhaupt nicht zünden. Um dieses zu erreichen, muß die Spannung zuerst den Betrag, welcher dem Schnittpunkte der Charakteristik mit der Koordinatenachse entspricht, die sog. Zündspannung überschreiten. Erst nachdem die Röhre gezündet hat, kann sie mit einem unter dieser Spannung liegenden Spannungswert weiter betrieben werden.

Denken wir uns nun an das Röntgenrohr eine zeitlich veränderliche Spannung von der Form der Induktorimpulse gelegt, so werden diese Impulse ihren ungestörten Verlauf nehmen bis zu dem Moment, wo die Zündspannung des Rohres erreicht ist. Von diesem Augenblick an beginnt das Rohr dem Induktor Energie zu entziehen, die Spannung sinkt rapide, und es stellt sich für kurze Zeit ein stabiler Zustand ein. Danach sinkt die Induktorspannung weiter, und die Röhre erlischt, um beim nächsten Impuls von neuem zu zünden. Der Verlauf der Röhrenspannung ist schematisch in der Abb. 25 dargestellt. Die obere Kurve zeigt die ideale ungestörte Induktorspannung. Die Dämpfung der Schwingungen ist dabei so stark angenommen, daß jeweils nur der erste Öffnungsimpuls zur Ausbildung gelangt. Die untere Kurve zeigt die durch die Belastung mit dem Röntgenrohr deformierte Spannung. Kurven der letztgenannten Art sind von Wehnelt[1]) mit Hilfe eines Kathodenstrahloszillographen (Braunsches Rohr) an Röntgenröhren experimentell aufgenommen worden. Der vorstehend geschilderte ideale Verlauf der Entladung wird in der Praxis häufig modifiziert, und zwar einmal durch die bereits erwähnten Schwingungen des Induktors, die durch die Anwendung von Ventilfunkenstrecken im Röhrenstromkreis oft noch besonders kompliziert werden. Außerdem kommt hinzu, daß die Röhren im Laufe des Betriebes ihre Charakteristik ändern, indem sie härter oder weicher werden. Reguliert man dann die Betriebsbedingungen nicht entsprechend nach, so kann es vorkommen, daß die Röhre unruhig läuft. Sie fängt an zu flackern und erlischt schließlich, wenn sie nicht gar durchschlagen wird.

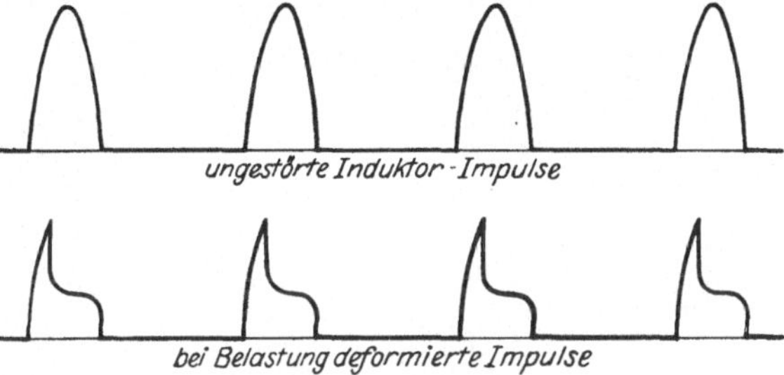

Abb. 25. Spannungsimpulse eines Induktors.

Man schließt Induktorapparate mit Unterbrechern vielfach auch an Wechselstromnetze an. In diesem Falle sind nur Motorunterbrecher verwendbar, die dann mit der Wechselspannung synchron laufen müssen, damit die Unterbrechung stets in der richtigen Phase im Augenblicke des Strommaximums erfolgt.

26. Beispiel einer Induktorapparatur. Wenn auch dem Induktorbetrieb technisch erhebliche Mängel anhaften und ihm im Zeitalter der Elektronenröhren

[1]) A. Wehnelt, Ann. d. Phys. Bd. 47, S. 1112. 1915.

schwerlich noch eine große Zukunft beschieden sein wird, so mußte er hier doch etwas näher betrachtet werden, da Induktorapparate in der Praxis heute noch sehr verbreitet sind, was sich daraus erklärt, daß sich kleine Induktorapparate verhältnismäßig billig herstellen lassen. Es soll zum Schluß eine größere Handelstype als Beispiel kurz beschrieben werden, nämlich der Symmetrieapparat der Firma Reiniger, Gebbert und Schall. Vgl. dazu Abb. 26. Dieser Apparat weist insofern eine Besonderheit in der Schaltung auf, als der Induktor in zwei völlig gleiche kleinere Induktoren unterteilt ist. Die beiden Primärwicklungen P_1 und P_2 liegen in Reihe mit dem Unterbrecher U in symmetrischer Anordnung an einem an das Netz N gelegten regulierbaren Spannungsteiler Sp. Ähnlich symmetrisch ist der Sekundärkreis geschaltet. Hier liegen in Reihe die beiden Sekundärspulen S_1 und S_2 mit einer Ventilfunkenstrecke V und der Röntgenröhre R. W_1, W_2, W_3, W_4 sind zur Dämpfung etwa auftretender Stromstöße und Hochfrequenzschwingungen eingeschaltete Wasserwiderstände. Parallel zu einer der Primärspulen liegt ein Spannungsmesser H, der die Härte der erzeugten Strahlen einigermaßen zu beurteilen erlaubt. Die Kondensatoren C_1 und C_2 sollen die Primärwicklung vor Hochfrequenzstößen schützen. C ist der Löschkondensator parallel zum Unterbrecher. Der Zweck der symmetrischen Anordnung ist, die von dem Funken der Ventilröhre V angeregten Schwingungen von der Röntgenröhre fernzuhalten. Dies wird dadurch erreicht, daß das Ventil und die Röhre voneinander durch die Sekundärspulen mit ihren großen Selbstinduktionen getrennt sind.

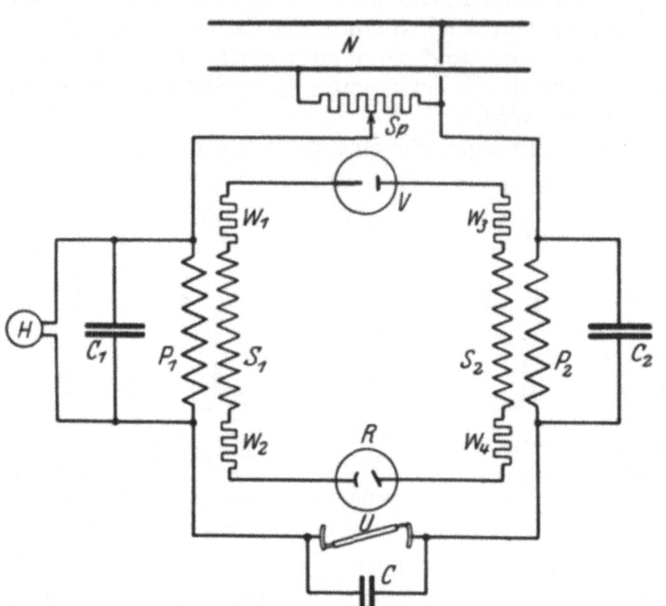

Abb. 26. Symmetrieapparat von Reiniger, Gebbert und Schall.
N Netz, $P_1 P_2$ Primärwicklungen, $S_1 S_2$ Sekundärwicklungen, V Ventilröhre, R Röntgenröhre, W_1, W_2, W_3, W_4 Dämpfungswiderstände, Sp Spannungsteiler, U Unterbrecher, C Löschkondensator, $C_1 C_2$ Schutzkondensatoren, H Spannungsmesser.

27. Transformatorapparate. (Vgl. Bd. XVI u. XVII.) Technischen Grundsätzen besser angepaßt und daher betriebssicherer und leistungsfähiger als die Induktorapparate sind die Transformatorapparate, die zum Anschluß an Wechselstromnetze bestimmt sind. Der technische Transformator unterscheidet sich vom Induktor prinzipiell nur dadurch, daß er nicht einen offenen, sondern einen geschlossenen Eisenkern besitzt. Die Folge davon ist, daß der Transformator nur sehr wenige magnetische Kraftlinien nach außen streut. Hieraus ergibt sich einmal ein besserer Wirkungsgrad und vor allen Dingen ein geringer Spannungsabfall bei der Belastung. Bei einem gut gebauten Transformator genügender Leistung kann die Sekundärspannung aus der Primärspannung annähernd richtig berechnet werden mit Hilfe des Verhältnisses der primären und sekundären Windungszahlen. (Übersetzungsverhältnis.) Es ist nämlich einfach

$$V_{\text{sek.}}/V_{\text{prim.}} = N_{\text{sek.}}/N_{\text{prim.}}\,,$$

eine Schlußweise, die beim Induktor völlig unzulässig wäre. Hierbei ist freilich zu beachten, daß auch bei Transformatoren die obige Gleichung nur angewendet werden darf, wenn beide Halbwellen der Wechselspannung im Betriebe in gleicher Weise belastet werden. Andernfalls erhöht sich in der unbelasteten Phase die Spannung auf Kosten der belasteten Phase. Da der Transformator, wenn er primär mit reiner Wechselspannung gespeist wird, auch sekundär eine reine Wechselspannung liefert, ist er zum Betriebe von Röntgenröhren ohne weitere Hilfsmittel nur dann verwendbar, wenn die Röntgenröhre selbst die eine Stromrichtung völlig abdrosselt. Dies ist bei Ionenröhren niemals der Fall, bei Coolidgeröhren nur so lange, wie die Antikathode nicht glüht und dadurch ebenso wie die Glühkathode Elektronen emittiert. Bei Transformatorapparaten sind daher Stromventile, die schon bei Induktorapparaten sehr angebracht sind, meist unumgänglich notwendig. Über solche Ventile wird weiter unten Näheres zu sagen sein.

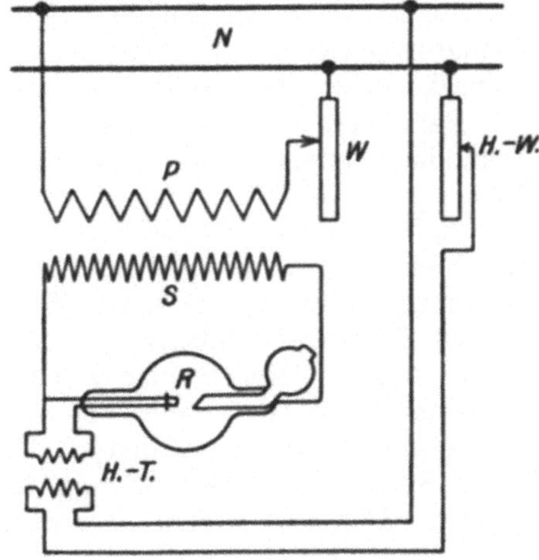

Abb. 27. Transformatorapparat einfachster Art.

N Netz, *P* Primärwicklung, *S* Sekundärwicklung, *R* Röntgenrohr, *H.-T.* Heiztransformator, *W* Regulierwiderstand für die Spannung, *H.-W.* Regulierwiderstand für die Heizung.

Die einfachste Form einer Transformatorschaltung für Röntgenbetrieb stellt die Abb. 27 dar. Hier ist die Primärseite des Transformators über einen Regulierwiderstand ans Netz gelegt. Das Röntgenrohr liegt unmittelbar an der Sekundärwicklung. Die dem Rohr zugeführte Spannung ist eine reine Wechselspannung. Es kann also in dieser Schaltung nur ein die Gegenphase sicher drosselndes Rohr, d. i. z. B. ein wassergekühltes Coolidgerohr für kleine Leistungen, benutzt werden. Ein solcher Apparat kommt daher nur für leichte diagnostische Aufgaben in Frage, z. B. für Zahnärzte. Zur Heizung des Coolidgerohres dient ein besonderer kleiner Heiztransformator, dessen Sekundärwicklung gegen die Primärwicklung so gut isoliert ist, daß die Isolation mindestens die Hälfte der am Röntgenrohr liegenden Spannung verträgt. Die Regulierung des Heizstromes und damit auch des Röhrenstromes erfolgt auf der Primärseite des Heiztransformators durch den Regulierwiderstand *H-W*. Die Spannung am Röntgenrohr wird durch den Regulierwiderstand *W* eingestellt. Diese Art der Spannungsregelung ist zwar sehr einfach, hat aber den Nachteil, daß man in dem Regulierwiderstand Energie unnütz verbraucht und dadurch den Wirkungsgrad der gesamten Anlage verschlechtert. Wirtschaftlicher ist daher eine andere Art der Spannungsregelung, die in Abb. 28 dar-

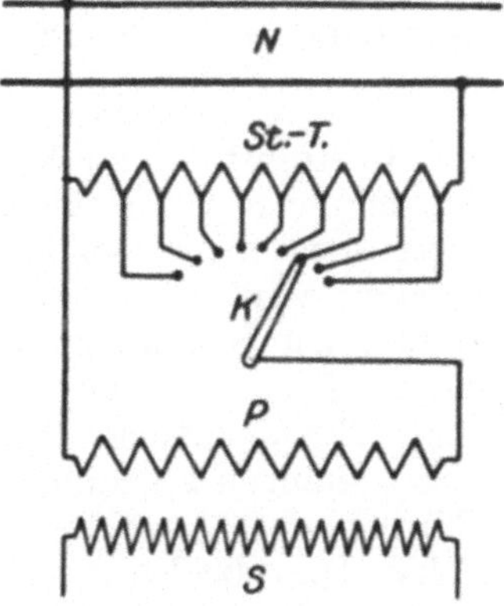

Abb. 28. Spannungsregelung vermittels Stufentransformators.

N Netz, *St.-T.* Stufentransformator, *P* Primärwicklung, *S* Sekundärwicklung.

gestellt ist. Hier ist das Netz zunächst an die Enden eines als Autotransformator gewickelten Stufentransformators angeschlossen, von dem mittels einer Kontaktkurbel die jeweils erforderliche Primärspannung abgegriffen wird.

Bei den beiden zuletzt beschriebenen Schaltungen ist die Berechnung der Sekundärspannung aus der Primärspannung durch Multiplikation mit dem Übersetzungsverhältnis mit Vorsicht anzuwenden, da bei knapper Dimensionierung die obenerwähnte Spannungserniedrigung der belasteten Spannungsphase leicht beträchtliche Werte erreichen kann. Die Berechnung aus der Primärspannung ergibt also in diesem Falle zu hohe Werte.

28. Dessauerschaltung. Es ist hier eine besondere Transformatorenschaltung zu besprechen, deren Prinzip von DESSAUER[1]) angegeben und zunächst auf Induktoren angewendet, dann aber von der Firma Koch & Sterzel auch auf Transformatoren übertragen worden ist. Dies Prinzip erlaubt die Herstellung besonders hoher Spannungen. Das Schema der DESSAUERschen Schaltung ist in Abb 29 gegeben. Durch diese Schaltung wird die große Potentialdifferenz zwischen der Hochspannungs- und Niederspannungswicklung der Transformatoren, die bei einseitiger Erdung gleich der vollen Klemmspannung der Hochspannungsseite ist, unterteilt. Das Isoliermaterial wird dadurch erheblich weniger beansprucht. Es möge z. B. beabsichtigt sein, zwischen den Klemmen der Hochspannungswicklung a und b eine Spannung von 100 kV zu erzeugen. Der hierzu dienende Transformator ist in zwei Hälften T_1 und T_2 zerlegt, deren jede das erforderliche Übersetzungsverhältnis zur Erzeugung von 50 kV hat und dementsprechend zwischen Primärwicklung und Sekundärwicklung isoliert ist. Den beiden Haupttransformatoren ist je ein Hilfstransformator H_1 und H_2 vorgeschaltet. Diese Hilfstransformatoren haben kein von 1 verschiedenes Übersetzungsverhältnis. Sie verändern daher die Spannung nicht, sondern dienen lediglich zur Unterteilung der Isolation, und damit zur Herabsetzung ihrer Beanspruchung. Die eigentliche Transformation zur Spannungserhöhung besorgt lediglich der geteilte Haupttransformator T_1T_2. An der Verbindungsstelle c wird die Hochspannungsseite geerdet. Dann entstehen bei a und b entgegengesetzt gerichtete, aber gleichhohe Spannungen gegenüber der Erde von je 50 kV. Die Punkte d und e sind die Mittelpunkte der Sekundärwicklungen. Ihre Spannung gegen Erde ist also je 25 kV. Diese beiden Punkte werden jeder für sich mit der zugehörigen Primärspule verbunden, die demnach voneinander und von Erde isoliert sein müssen. Hierdurch ist die maximale Beanspruchung des Isoliermatriales der Haupttransformatoren auf 25 kV begrenzt, und es ist nur dafür zu sorgen, daß die Hilfstransformatoren H_1 und H_2 gleichfalls 25 kV zwischen Primär- und Sekundärwicklung aushalten. In der ganzen 100 kV liefernden Anlage wird also die Isolation nirgends über 25 kV beansprucht. Nachteile des DESSAUERschen Systemes sind vergrößerte Energieverluste infolge der zweimaligen Transformation und größere Streuung und daher Spannungsabfall bei Belastung.

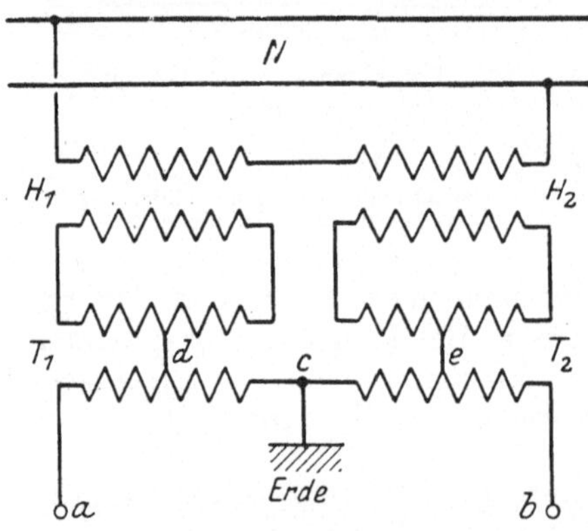

Abb. 29. Dessauerschaltung.
N Netz, $T_1 T_2$ Haupttransformatoren, $H_1 H_2$ Hilfstransformatoren.

[1]) FR. DESSAUER, Verh. d. D. Phys. Ges. Bd. 19, S. 209. 1917.

29. Ventile. Funkenstrecken. (Vgl. Bd. XIV und XVI.) Im vorstehenden sind wiederholt Ventileinrichtungen genannt worden, die dazu dienen, Ströme verkehrter Richtung vom Röntgenrohr fernzuhalten. Von diesen Ventilen soll im folgenden des näheren die Rede sein. Stromimpulse verkehrter Richtung wirken auf Ionenröhren sehr schädlich, weil während eines solchen Impulses die meist aus schweratomigen Stoffen bestehende Antikathode zur Kathode wird und dadurch starker Zerstäubung ausgesetzt ist. Verkehrt gerichtete Impulse treten auch beim Induktorbetrieb auf, teils als sogenanntes „Schließungslicht" in dem Moment, wo der Primärstrom im Unterbrecher geschlossen wird, teils infolge der Induktorschwingungen. Das älteste und einfachste Mittel zur Beseitigung oder wenigstens Milderung dieses unerwünschten Effektes besteht in einer aus Spitze und Platte bestehenden Funkenstrecke, die mit der Röntgenröhre in der Weise in Reihe geschaltet wird, daß der positive

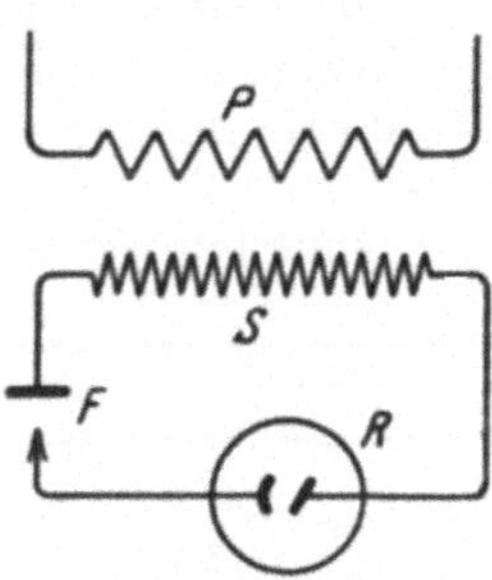

Abb. 30. Schaltung einer Ventilfunkenstrecke.

P Primärspule, *S* Sekundärspule, *R* Röntgenrohr, *F* Funkenstrecke.

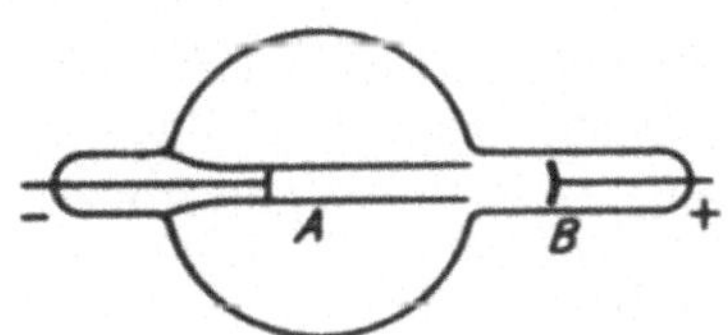

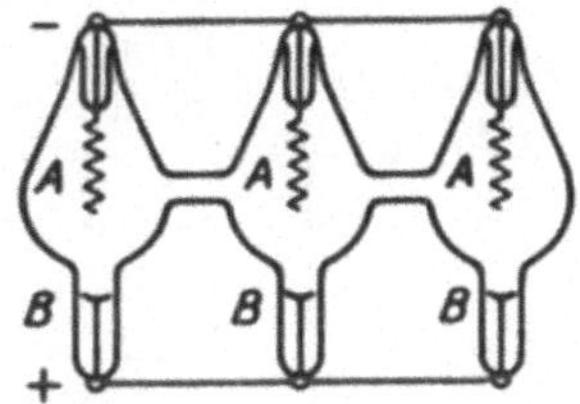

Abb. 31. Beispiele für Ventilröhren.

A Kathoden, *B* Anoden.

Strom von der Spitze zur Platte verläuft. In dieser Richtung ist die Durchlässigkeit einer solchen Funkenstrecke größer, als wenn der positive Pol an der Platte und der negative an der Spitze liegt. Infolgedessen reichen die verkehrt gerichteten Impulse des Induktors, die im allgemeinen niedriger sind, nicht aus, um die Funkenstrecke zu durchschlagen, während letztere für die richtig gerichteten Impulse nur ein geringes Hindernis bedeutet. Die richtige Schaltung einer solchen Ventilfunkenstrecke ist aus Abb. 30 ersichtlich.

Anstatt der offenen Funkenstrecken, die durch ihr Geräusch und durch die Entwicklung von Ozon und von nitrosen Gasen lästig werden, lassen sich auch evakuierte Röhren geeigneter Form benutzen, in die zwei Elektroden von erheblich verschiedener Oberfläche eingeschmolzen sind. Auch hier ist die Elektrode mit der größeren Oberfläche die Kathode. Beispiele für solche evakuierten Ventilröhren zeigt Abb. 31.

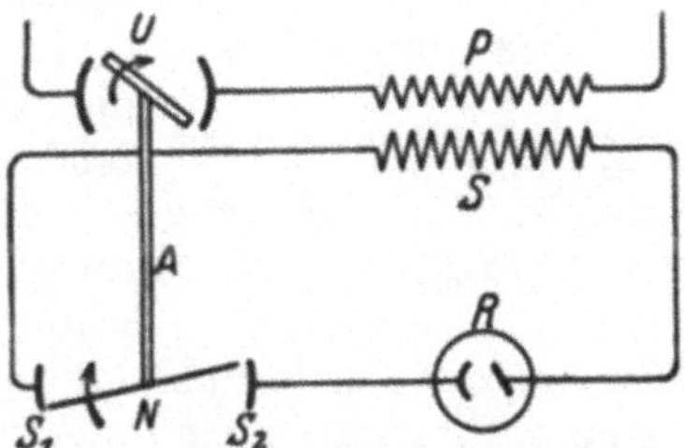

Abb. 32. Rotierender Nadelschalter beim Induktor.

P Primärspule, *S* Sekundärspule, *U* Unterbrecher, *R* Röntgenröhre, *N* rotierende Nadel, $S_1 S_2$ Segmente, *A* isolierende Achse.

Wesentlich vollkommener als die eben genannten Vorrichtungen arbeiten Funkenstrecken mit rotierender Nadel, die auf die Achse des Motorunterbrechers isoliert aufgesetzt ist und sich daher synchron mit dem Unterbrecher zwischen zwei kurzen Metallsegmenten so hindurchbewegt, daß in dem Moment, in dem auf der Primärseite des Induktors die Stromunterbrechung einsetzt, die Nadel *N* in den Bereich der Segmente *ss* eintritt. In diesem Moment durchschlägt der Öffnungsimpuls des Induktors die beiden kleinen Funkenstrecken am Ende der

Nadel und schließt dadurch den Sekundärkreis, während er im Augenblicke des Schließungsimpulses des Induktors bereits wieder unterbrochen ist. Das Schema eines solchen rotierenden Nadelschalters zeigt Abb. 32.

30. Gleichrichter. Synchron rotierende Hochspannungsschalter lassen sich mit Vorteil auch bei Transformatorapparaten benutzen, um die falsch gerichtete Spannungsphase vom Röntgenrohr entweder fernzuhalten oder sie zu kommutieren, so daß sie die erwünschte Richtung bekommt und dann zur Röntgenstrahlerzeugung mitbenutzt werden kann. So gelangt man zum Typus der sog. Hochspannungsgleichrichterapparate.

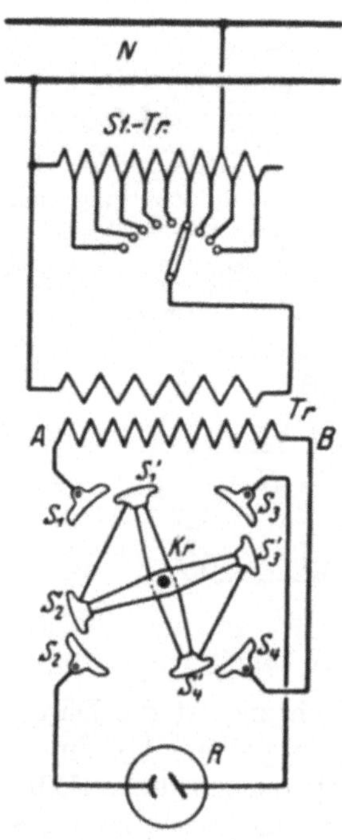

Abb. 33. Gleichrichterapparat.

N Netz, *St.-Tr.* Stufentransformator, *Tr* Haupttransformator, S_1, S_2, S_3, S_4 und S_1', S_2', S_3', S_4' Gleichrichtersegmente, *Kr* Gleichrichterkreuz, *R* Röntgenrohr.

Das Schaltbild eines Gleichrichterapparates zeigt Abb. 33. Der Gleichrichter besteht aus vier festen Metallsegmenten $S_{1,\,2,\,3,\,4}$ und aus einem drehbaren Holzkreuz *Kr*, an dessen vier Enden sich ebenfalls Metallsegmente befinden, von denen je zwei miteinander leitend verbunden sind. Angenommen, das Ende *A* der Hochspannungswicklung des Transformators führe gerade negative Spannung, dann müßte, damit die Röhre die richtige Spannung bekommt, das Kreuz gerade so stehen, daß die gleich bezifferten Segmente des Kreuzes und des festen Gestelles einander gegenüberstehen. Denn bei dieser Stellung ist der negative Transformatorpol *A* mit der Kathode und der positive Pol *B* mit der Anode der Röhre verbunden. Nach Ablauf einer halben Periode ist *A* der positive und *B* der negative Pol. Um nun wieder die Röhre richtig zu verbinden, muß inzwischen das Kreuz eine Drehung um 90° ausgeführt haben, so daß nun S_1 vor S_2', S_2 vor S_4', S_3 vor S_2' und S_4 vor S_3' steht. Eine weitere Drehung um 90° entspricht einem weiteren Fortschritt um eine halbe Periode usf. Das Kreuz muß also, um dem Röntgenrohr stets die richtige Spannung zuzuführen, pro Periode eine halbe Umdrehung machen, was dadurch, daß man das Kreuz auf die Achse eines Synchronmotors setzt, leicht zu erreichen ist.

Bei einem Gleichrichterapparat sind beide Spannungsphasen gleich belastet. Für diese Apparate wäre also die Berechnung der Röhrenspannung aus der Primärspannung durch Multiplikation mit dem Übersetzungsverhältnis zulässig, wenn nicht in den Funkenstrecken des Gleichrichters erhebliche Spannungsverluste auftreten würden, die 20% der Gesamtspannung und mehr betragen können und daher berücksichtigt werden müssen. Im übrigen sind die Nachteile der rotierenden Gleichrichter dieselben wie die der Ventilfunkenstrecken, nämlich Geräusch, Bildung von Ozon und nitrosen Gasen und die Erzeugung von Schwingungen im Röhrenstromkreis. Die letzteren bergen nicht nur die Gefahr von Überspannungen in sich, sondern beeinträchtigen auch den Wirkungsgrad der Röhre[1]). Sie müssen daher durch den Einbau von Drosselspulen in den Hochspannungskreis unschädlich gemacht werden.

31. Glühkathodenventile. Von den zuletzt genannten Nachteilen frei sind die modernen Glühkathodenventile. Dies sind Hochvakuumröhren mit einer Glühkathode und einer kalten, z. B. aus Tantalblech bestehenden Anode. Einer

[1]) Vgl. H. BEHNKEN, ZS. f. techn. Phys. Bd. 2, S. 159. 1921.

Anodenkühlung wie die Röntgenröhren bedürfen die Ventilröhren selbst bei Röhrenströmen von mehreren hundert Milliampere nicht, da große Leistungen in ihnen nicht verbraucht werden, so daß sich die Anode bei normalem Betriebe kaum erwärmt. Abb. 34 zeigt das Schema einer Glühkathodenventilröhre. Da in einer solchen Röhre nur die von der Glühkathode emittierten Elektronen als Träger der Entladung in Frage kommen, so ist sie nur im Sinne dieses Elektronenstromes durchlässig. Die Glühventile vermögen in den bisher im Handel erhältlichen Ausführungen Gegenspannungen bis zu 200 kV zu sperren. Legt man an ein Glühventil, dessen Kathode mit konstantem Strome J_h geheizt wird, eine Gleichspannung V an, so wird es von einem bestimmten Strome J_V durchflossen, der bei kleinem V zunächst mit der Spannung geradlinig anwächst, dann aber allmählich umbiegt und schließlich einen Sättigungswert erreicht, der auch bei weiterer Erhöhung der Spannung nicht mehr überschritten wird. Der Sättigungsstrom tritt dann ein, wenn alle in der Zeiteinheit von der Glühkathode emittierten Elektronen auch in der Zeiteinheit abtransportiert werden. Die Höhe des Sättigungsstromes ist somit von der Anzahl der in der Zeiteinheit emittierten Elektronen, d. h. von der Stärke des Heizstromes abhängig. Ein Beispiel dieser Verhältnisse an einer Glühkathodenventilröhre der Firma Siemens & Halske zeigt die Abb. 35 in graphischer Darstellung[1]). Aus diesem Diagramm ist zu entnehmen, wie groß der Spannungsabfall am Ventil bei verschiedenen Stromentnahmen ist. Wie man sieht, übersteigt er für die praktisch in Frage kommenden Stromstärken bei genügender Heizung schwerlich 1 kV.

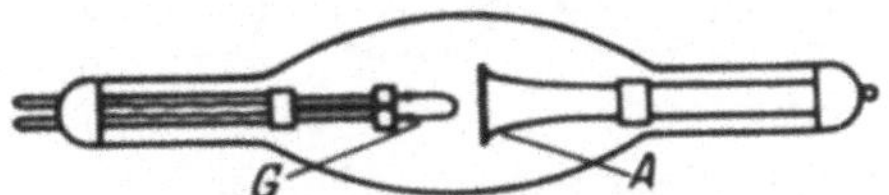

Abb. 34. Glühkathodenventil.
G Glühdraht, *A* Anodenteller.

Beim Gebrauch von Glühkathodenventilen ist stets darauf zu achten, daß die Kathode genügend stark geheizt wird. Ist die Heizung ungenügend, so wird der Spannungsabfall am Ventil über Gebühr groß, und die Ventilröhre nimmt Energie auf, die sich in einer Erwärmung der Anode auswirkt. Sobald man daher bemerkt, daß die Anode etwa anfängt zu glühen, muß man sofort den Heizstrom verstärken. Andererseits darf der Heizstrom natürlich nicht übertrieben werden, da durch zu starke Beanspruchung die Lebensdauer des Glühfadens verkürzt wird.

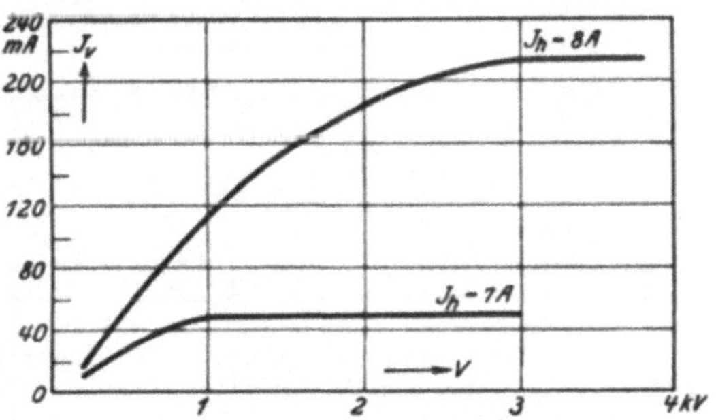

Abb. 35. Strom-Spannungsdiagramm einer Glühkathodenventilröhre.

Transformatorapparate mit Glühventilen werden meist mit einphasiger Spannungsausnutzung gebaut. Durch Verwendung einer besonderen Schaltung nach GRAETZ lassen sich mit Glühventilen auch beide Halbwellen ausnutzen. Doch sind dafür vier Ventile erforderlich. Um die Drosselleistung der Ventile zu erhöhen, können die Röhren in Öl gesetzt werden.

32. Hartstrahlmaschine. Die bisher beschriebenen Transformatorapparate arbeiten sämtlich mit sinusförmiger Spannung. Der Vollständigkeit halber ist hier die Beschreibung einer Apparatur einzufügen, bei der zwar auch der Strom einer Wechselstrommaschine benutzt wird, bei der aber der Nutzphase bereits

---
[1]) Nach G. GROSSMANN, Physikalische und technische Grundlagen der Röntgentherapie, S. 202. Berlin 1925.

auf der Niederspannungsseite des Transformators eine höhere Spannung gegeben wird, die sich dann auch sekundärseitig ausprägt, so daß Ventileinrichtungen im Hochspannungskreise weniger gut zu drosseln brauchen, bei geeigneten Röhren (wassergekühlten Coolidgeröhren) zur Not sogar entbehrt werden können. Dies ist die sog. „Hartstrahlmaschine" der Elektrizitätsgesellschaft Sanitas, Berlin. Dieser Apparat gebraucht zur Speisung des Transformators einen besonders konstruierten Wechselstromgenerator, dessen eine Halbwelle eine hohe Spannungsamplitude bei kurzer Dauer besitzt, während die andere Halbwelle bei längerer Dauer einen niedrigen Scheitelwert hat. Der auf diese Weise am Röntgenrohr entstehende Spannungsverlauf ist in Abb. 36 graphisch veranschaulicht. Da, wie man sieht, auch bei dieser Kurvenform noch eine nicht unbeträchtliche verkehrt gerichtete Spannung vorhanden ist, kann auch die Hartstrahlmaschine bei Therapie-Coolidgeröhren, deren Antikathode in Glut gerät, das Ventil nicht entbehren.

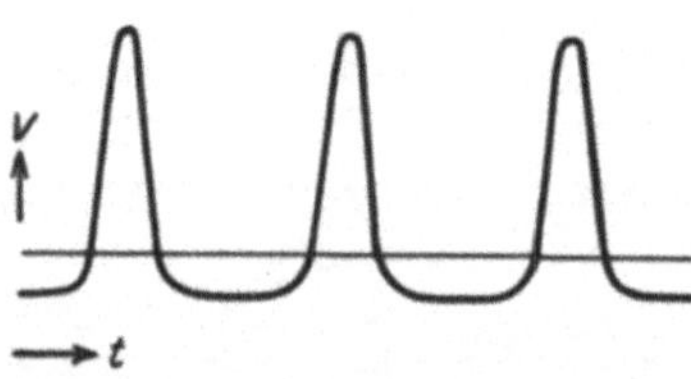

Abb. 36. Spannungskurve der Hartstrahlmaschine der E.-G. „Sanitas".

33. Gleichspannungs-Röntgenapparate. Die wichtigste Anwendung der Ventilröhren bilden die vom Standpunkte der rationellen Röntgenstrahlerzeugung vollkommensten modernen Röntgenapparate mit konstanter Gleichspannung. Die Idee, die schließlich zur Konstruktion für die Praxis geeigneter Gleich-

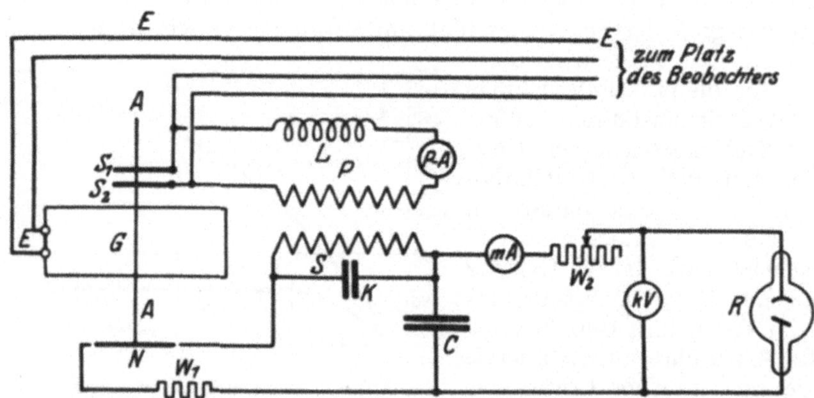

Abb. 37. DES COUDRESscher Gleichstrom-Hochspannungsapparat.

G Wechselstromgenerator, *E* Erregerleitung, $S_1 S_2$ Schleifringe, *AA* Achse des Generators, *N* rotierender Nadelschalter, *L* regulierbare Drosselspule, *P* Primärspule, *S* Sekundärspule des Transformators, *C* großer Kondensator (0,17 μF.), *K* Schutzkondensator, W_1 induktionsfreier Widerstand, W_2 regulierbarer Flüssigkeitswiderstand, *PA* Primärstromamperem., *mA* Milliamperem., *kV* Kilovoltmeter nach ABRAHAM-VILLARD, *R* Röntgenrohr.

spannungsröntgenapparate geführt hat, scheint zuerst DES COUDRES[1]) gehabt zu haben. Sie besteht darin, daß ein möglichst großer Kondensator hoher Durchschlagsfestigkeit von einem Hochspannungstransformator über ein Ventil (bei DES COUDRES synchron umlaufender Nadelschalter) immer im gleichen Sinne aufgeladen wird. Folgen die Ladeimpulse genügend schnell aufeinander, so behält der Kondensator bei schwacher Stromentnahme eine nahezu konstante Ladung und kann somit als Quelle für hochgespannten Gleichstrom dienen. Eine Beschreibung des DES COUDRESschen Apparates zum Betriebe von Röntgenröhren findet sich bei H. KRÖNCKE[2]), der die in Abb. 37 wiedergegebene Schalt-

[1]) Vgl. H. TH. SIMON, Phys. ZS. Bd. 7, S. 412. 1906.

[2]) H. KRÖNCKE, Dissert. Göttingen 1913.

skizze mitteilt. Der als Ventil dienende rotierende Nadelschalter N ist auf die Achse des Generators aufgesetzt, so daß der Synchronismus gesichert ist. Der große Kondensator C besteht aus Glasplatten mit Stanniolzwischenlagen. Er besitzt eine Kapazität von 0,17 μF bei einer Durchschlagsfestigkeit von etwa 60 kV, welche somit die für diesen Apparat erreichbare Höchstspannung darstellen. Bei dem DES COUDRESschen Apparat wird nur eine Phase der Wechselspannung ausgenutzt. Demgegenüber ist die sog. Delonschaltung[1]), die in Abb. 38 skizziert ist, eine Verbesserung. Hier ist ein Pol der Hochspannungswicklung des Transformators geerdet. Der andere Pol ist über zwei rotierende Nadelschalter zu den beiden Kondensatorbelegungen geführt. Die beiden synchron laufenden Schalter sind gegeneinander verstellt, so daß der eine den Strom schließt, wenn das zugewandte Transformatorende gerade negativ, der andere, wenn es gerade positiv ist. Außer der Ausnutzung beider Phasen hat diese Schaltung noch den Vorteil, daß sich die Transformatorspannung im Kondensator verdoppelt, da ja jede der beiden Kondensatorbelegungen auf die volle Transformatorspannung gegen Erde, und zwar die eine negativ, die andere positiv aufgeladen wird. Eine für Röntgenzwecke praktische Abwandlung der Delonschaltung ist die Greinacherschaltung gemäß Abb. 39, bei welcher die Erdung des Transformators, die im Falle einer unabsichtlichen Berührung der Hochspannungsleitung große Gefahren mit sich bringt, vermieden ist[2]). Der Kondensator ist hier in zwei Hälften unterteilt, die in Serie liegen und die über Glühkathodenventile aufgeladen werden. In dieser Form hat der Gleichspannungsapparat Eingang in die Praxis gefunden, und zwar erstmalig in der Gestalt des „Stabilivoltapparates" von Siemens & Halske auf dem Naturforschertag in Leipzig im Jahre 1922.

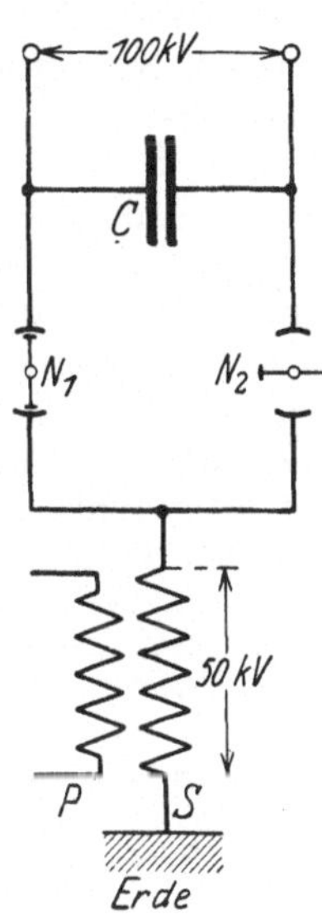

Abb. 38. Delonschaltung.
P Primärspule, S Sekundärspule, C Kondensator, $N_1 N_2$ Nadelschalter.

Wird ein solcher Apparat mit sinusförmiger Spannung gespeist, ohne daß die Kondensatoren Ladung abgeben, so nehmen einige Zeit nach dem Einschalten beide Kondensatoren Ladungen an, die der vollen Scheitelspannung der Sekundärseite des Transformators entsprechen. Beide Kondensatoren zusammen erhalten also eine Spannung von der doppelten Höhe dieses Scheitelwertes. Demnach läßt sich die Leerlaufspannung V_L der Apparatur, falls das Übersetzungsverhältnis $\ddot{U}$ des Transformators bekannt ist, aus dem Scheitelwert V_P der Primärspannung berechnen als

$$V_L = 2\,\ddot{U} \cdot V_P\,.$$

Auf dieser Formel beruhen die an Röntgenapparaten der hier behandelten Art vielfach angebrachten sog. Kilovoltmeter. Sie sind an die Niederspannungsklemmen des Transformators angelegte Voltmeter, deren Zifferblatt der obigen Gleichung entsprechend eingerichtet ist, so daß der Zeiger direkt den Wert V_L anzeigt. Wollte man aber annehmen, daß diese Werte auch nahezu die am Röntgenrohr liegende

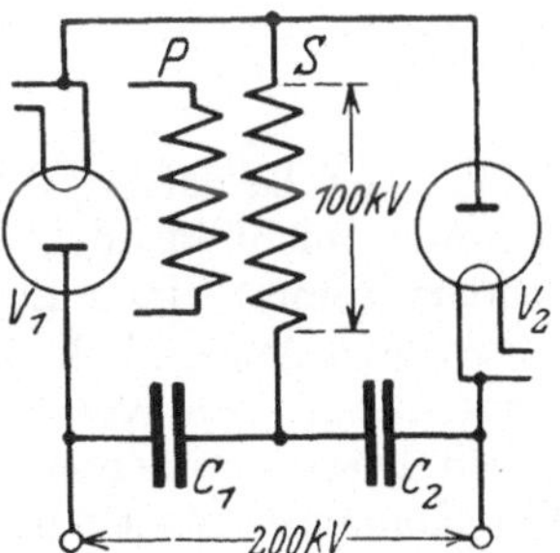

Abb. 39. Greinacherschaltung.
P Primärspule, S Sekundärspule, $V_1 V_2$ Ventile, $C_1 C_2$ Kondensatoren.

[1]) J. DELON, Elektrot. ZS. 1912, S. 1179.
[2]) H. GREINACHER, Verh. d. D. Phys. Ges. Bd. 16, S. 320. 1914.

Spannung beim Betriebe bedeuten, so läuft man Gefahr, große Fehler zu machen, wie dies theoretisch und auch experimentell von M. JONA[1]) nachgewiesen wurde. Es ist nämlich zu bedenken, daß, solange eines der Ventile den Strom hindurchläßt, der zugehörige Kondensator mit seiner ganzen großen Kapazität die Sekundärklemmen des Transformators verbindet, was für die Wechselspannung nahezu einem Kurzschluß gleichkommt. Dieser Kurzschluß bedingt einen beträchtlichen Spannungsabfall am Transformator, der somit seine eigentliche Scheitelspannung nicht erreicht. Wenn man hierauf Bedacht nimmt, kann man den Spannungsverlauf in der Greinacherschaltung qualitativ voraussehen, so wie er durch Abb. 40 graphisch veranschaulicht wird. Die ausgezogene Sinuslinie ist die Leerlaufspannung des Transformators mit der Amplitude V_0. Sobald die Transformatorspannung höher wird als die Spannung des zugehörigen Kondensators, die ja infolge der angenommenen Stromentnahme etwas gesunken ist, öffnet sich das Ventil und schließt damit den Kondensator an den Transformator an. Dies möge eintreten in einem Moment, der um die

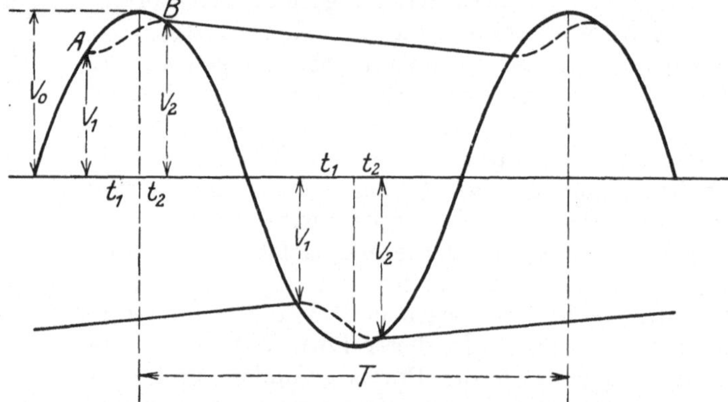

Abb. 40. Spannungsverlauf in der Greinacherschaltung.

Zeit t_1 vor dem Augenblick, wo die Transformatorspannung ohne den Kondensator ihren Scheitelwert erreichen würde, liegt. Die Spannung des Transformators ist in diesem Augenblick

$$V_1 = V_0 \cdot \cos 2\pi \cdot \nu t_1 . \tag{1}$$

Infolge der Belastung durch den Kondensator steigt danach die Kondensatorspannung nicht in ungestörter Weise zu ihrem normalen Scheitelwert weiter an, sondern nimmt einen flacheren Verlauf, etwa den der gestrichelten Linie AB, bis zu dem Augenblick, wo die Transformatorspannung niedriger zu werden beginnt als die des Kondensators. In diesem Augenblick, der vom Moment des Scheitelwertes an gerechnet zur Zeit t_2 eintreten möge, drosselt das Ventil wieder. Der Kondensator ist damit abgeschaltet, und die Transformatorspannung nimmt weiter ihren ungestörten Verlauf. Die höchste erreichte Spannung ist also

$$V_2 = V_0 \cdot \cos 2\pi \nu t_2 . \tag{2}$$

Vom Wert V_2 sinkt dann die Spannung des Kondensators je nach der Höhe der Belastung, im Falle eines Coolidgerohres mit konstantem Strom geradlinig ab, bis wieder der Wert V_1 erreicht ist. Man kann den Spannungsverlust $V_0 - V_2$ in erster Annäherung dem mittleren Ladestrom I des Kondensators proportional setzen:

$$V_0 - V_2 = I \cdot \alpha . \tag{3}$$

[1]) M. JONA, ZS. f. techn. Phys. Bd. 5, S. 405. 1924.

Hier ist α eine Konstante des Transformators, die sich durch einen besonderen Versuch, nämlich Kurzschluß der Sekundärspule durch ein Amperemeter und Aufnahme der Primärspannung als Funktion der Kurzschlußstromstärke, ermitteln läßt. Die Stromstärke I lädt während der Zeit $t_1 + t_2$ den Kondensator C von der Spannung V_1 auf die Spannung V_2. Also gilt

$$\dot{I}(t_1 + t_2) = C(V_2 - V_1). \tag{4}$$

Die gleiche Ladung fließt in der Zwischenzeit $T - (t_1 + t_2)$ als Röhrenstrom I_R wieder ab, also auch

$$I_R \cdot [T - (t_1 + t_2)] = C(V_2 - V_1). \tag{5}$$

Aus den Gleichungen (1) bis (5) läßt sich, wenn man Glieder, die t_1 und t_2 in höherer als zweiter Potenz enthalten, vernachlässigt, ableiten:

$$t_1 - t_2 = \frac{I}{2\pi^2\nu^2 \cdot C \cdot V_0} \tag{6}$$

$$t_1 + t_2 = \frac{I_R \cdot T}{(I + I_R)} \tag{7}$$

und

$$\frac{I_R}{(I + I_R)} - \frac{I}{2\pi^2\nu \cdot C \cdot V_0} - \left(\sqrt{\frac{I}{\pi}}\right) \cdot \sqrt{\frac{2\alpha}{V_0}} = 0 \tag{8}$$

oder

$$\frac{I_R}{I + I_R} = a \cdot I + b\sqrt{I}, \tag{9}$$

wo

$$a = \frac{1}{2\pi^2\nu \cdot C \cdot V_0} \quad \text{und} \quad b = \frac{1}{\pi}\sqrt{\frac{2\alpha}{V_0}}$$

ist. Aus (9) ist I als Funktion von I_R graphisch zu bestimmen. V_2 folgt dann aus (3), $t_1 + t_2$ aus (7) und $V_2 - V_1$ aus (4). Somit läßt sich jetzt der Spannungsabfall ΔV, d. h. $2V_0 - V_{max}$, und auch die Spannungsschwankung in Abhängigkeit vom Röhrenstrom berechnen. Diese Berechnung ist von JONA für einige Spezialfälle durchgeführt worden, darunter auch für folgendes Beispiel:

Konstante α des Transformators	$1{,}39 \cdot 10^5$
V_0	76 kV
Frequenz des Wechselstromes	50
Kapazität C	$2{,}5 \cdot 10^{-8}$ F
Röhrenstrom I_R	$8 \cdot 10^{-3}$ A
Ladestrom des Kondensators I	$42{,}5 \cdot 10^{-3}$ A
Höchste erreichte Gesamtspannung V_{max}	134,8 kV
Differenz gegen die doppelte Scheitelspannung ΔV	17,2 kV
Fluktuation der Spannung δV	4,35 kV

Aus vorstehenden Angaben, die sich von den praktischen Verhältnissen wohl nicht sehr weit entfernen, sieht man, daß die wirklich erreichte Spannung sich von der auf einem nach dem obenerwähnten Verfahren geschalteten „Kilovoltmeter" abgelesenen um etwa 11% unterscheidet. Nun ist zu bedenken, daß der Röhrenstrom praktisch nicht die einzige Belastung der Kondensatoren darstellt, daß vielmehr infolge von Sprüh- und Isolationsverlusten zu dem I_R oft noch eine Korrektur hinzuzuaddieren ist, wodurch die Spannung noch weiter heruntersinkt. Man wird also immer gut tun, wenn man die Angaben des Kilovoltmeters einer Röntgenapparatur nachprüft, und zwar am einfachsten mit einer Kugelfunkenstrecke nach F. W. PEEK[1]). Näheres hierüber wird weiter unten mitgeteilt.

[1]) F. W. PEEK, Trans. Amer. Inst. Electr. Engin. Bd. 32, S. 1337. 1913; Proc. Amer. Inst. of Elektr. Engin. Bd. 33. S. 889. 1914 E. T. Z. Bd. 37, S. 11. 1916.

c) Messungen an Röntgenstrahlen.

34. Allgemeines über Messungen. Will man bei der Anwendung von Röntgenstrahlen in der Praxis zielbewußt vorgehen und den Einfluß des Zufalles auf das Ergebnis möglichst einschränken, so muß man die verwandte Röntgenstrahlung sowohl hinsichtlich ihrer Qualität wie ihrer Quantität so genau wie möglich messend kontrollieren. Schon die Diagnostik bedarf solcher Messungen, um bei einer beabsichtigten Röntgenaufnahme die richtige Strahlenhärte und die richtige Belichtungszeit zu treffen. Noch wichtiger ist die Messung, besonders der Strahlenquantität, bei der Röntgentherapie, da einerseits eine zu geringe Strahlendosis den gewünschten biologischen Erfolg nicht zu zeitigen vermag, andererseits eine Überdosierung schwere Verbrennungen mit darauffolgenden Dauerschädigungen, unter Umständen sogar den Tod eines Patienten zur Folge haben kann. Es ist daher nicht verwunderlich, daß die Zahl der für Röntgenstrahlen ersonnenen Meßverfahren sowohl für die Qualität als auch für die Quantität der Strahlen sehr groß ist. Sie alle zu beschreiben, ist in dem hier zur Verfügung stehenden Raume nicht möglich. Dieserhalb sei auf die Spezialwerke, z. B. F. VOLTZ, Die physikalischen und technischen Grundlagen der Messung und Dosierung der Röntgenstrahlen, Berlin 1921, verwiesen. Hier sollen nur die praktisch wichtigsten Verfahren oder solche, die physikalisch besonders interessant sind, betrachtet werden.

Um eine praktisch gegebene Röntgenstrahlung in physikalisch einwandfreier Weise qualitativ zu charakterisieren, sind strenggenommen unendlich viele Angaben notwendig. Wäre es möglich, für praktische Zwecke genügend intensive homogene Röntgenstrahlen zu erzeugen, so könnten diese hinsichtlich ihrer Qualität eindeutig definiert werden durch Angabe einer einzigen Zahl, nämlich der Wellenlänge. Von den Polarisationsverhältnissen, die für die Praxis belanglos sind, kann hier abgesehen werden. Nun sind aber die Röntgenstrahlen der Praxis stets ein Gemisch aus unendlich vielen verschiedenen Wellenlängen in Gestalt eines kontinuierlichen Spektrums, das von den meist wenig zahlreichen charakteristischen Spektrallinien des Antikathodenmateriales überlagert wird. Die Spektrallinien spielen aber ihres geringen Energieinhaltes wegen für die Nutzenergie meist keine wesentliche Rolle. Um ein solches Strahlengemisch eindeutig zu definieren, müßte strenggenommen zu jeder vertretenen Wellenlänge die zugehörige relative Intensität mitgeteilt werden. Dies läßt sich aber nur dann wirklich ausführen, wenn es möglich ist, die Intensität für jede Wellenlänge als Funktion der Wellenlänge in Gestalt einer Formel auszudrücken. Versuche zur Aufstellung solcher Formeln finden sich in der Literatur mehrfach, ohne daß bisher eine völlig befriedigende Lösung gefunden wäre[1]). Um mit Hilfe einer solchen Formel die Strahlenzusammensetzung berechnen zu können, braucht man die genaue Kenntnis der Bedingungen, unter denen die Strahlen entstehen, z. B. des zeitlichen Verlaufes von Strom und Spannung der Absorptionsverhältnisse usw. Da diese Bedingungen meist nicht ganz einfach zu ermitteln sind, und da eine ins Detail gehende Kenntnis aller Einzelheiten des Spektrums meist nicht erforderlich ist, so orientiert man sich über die Strahlenqualität meist durch mehr oder weniger summarische Messungen.

35. Absorptionsmessung (vgl. Bd. XXI). Den Arzt interessiert an der Röntgenstrahlung vor allem ihre Durchdringungsfähigkeit, meist als „Härte" bezeichnet. Diese ist von der Wellenlänge abhängig und kann meist aus ihr be-

[1]) Für Betriebsspannungen bis zu 12 kV vgl. H. KULENKAMPFF, Ann. d. Phys. Bd. 69, S. 548. 1922, für höhere Spannungen H. BEHNKEN, ZS. f. Phys. Bd. 4, S. 241. 1921 u. A. MARCH, Ann. d. Phys. Bd. 65, S. 449. 1921. Auch R. GLOCKER u. E. KAUPP, ZS. f. techn. Phys. Bd. 7, S. 434, 1926.

rechnet werden, da die Form des Gesetzes, nach welcher sich der Absorptionskoeffizient der Röntgenstrahlen mit der Wellenlänge ändert, für alle Substanzen die gleiche ist. Der Absorptionskoeffizient μ wird definiert durch den Ansatz:

$$-dI = I \cdot \mu \cdot dx,$$

wo $-dI$ den Intensitätsverlust einer Strahlung von der Intensität I beim Passieren einer Schicht von der sehr kleinen Dicke dx bedeutet. Durch Integration zwischen den Grenzen $x = 0$ und $x = x$ folgt:

$$\ln I_0 - \ln I_x = \mu \cdot x$$

oder

$$I_x = I_0 \cdot e^{-\mu \cdot x}.$$

Für alle Substanzen gilt ein Gesetz von der Form

$$\mu = K \cdot \lambda^3.$$

Die Größe K ist dabei über weite Wellenlängenbereiche konstant, macht jedoch in den Gebieten der charakteristischen Strahlung eines jeden Elementes Sprünge. Beim Durchgang harter Röntgenstrahlen durch Materie macht sich neben der Absorption auch die Streuung als Ursache der Intensitätsverminderung bemerkbar. Man hat daher dem Absorptionskoeffizienten analog einen meist mit dem Buchstaben σ bezeichneten Streukoeffizienten definiert durch die Gleichung:

$$I_x = I_0 \cdot e^{-\sigma x},$$

σ ist im technischen Gebiet nicht erheblich von der Wellenlänge abhängig. Auch gilt für alle Substanzcm für nicht sehr kleine Wellenlängen annähernd:

$$\frac{\sigma}{\varrho} = 0,2.$$

wo ϱ die Dichte bedeutet. Da Absorption und Streuung stets gleichzeitig vorhanden sind, so lassen sich die Absorptionskoeffizienten experimentell nicht ohne weiteres voneinander trennen. Beobachtet wird vielmehr die Gesamtschwächung als Summe aus Absorption und Streuung. Für diese ist dann der Schwächungskoeffizient $\mu + \sigma$ maßgebend. Es hat sich eingebürgert, bei Angabe der Koeffizienten diese auf die Masseneinheit zu beziehen, d. h. also die Werte μ und σ noch durch die Dichte ϱ zu dividieren. Die so erhaltenen Zahlenwerte werden dann als Massenabsorptionskoeffizient bzw. Massenstreukoeffizient bzw. Massenschwächungskoeffizient bezeichnet. Einer Zusammenstellung von KÜSTNER[1]) sind die Zahlen der nebenstehenden Tabelle für einige praktisch wichtige Substanzen entnommen.

Tabelle.

Substanz	Massenschwächungskoeffizient für die Wellenlänge λ in Å.-E. $(\mu + \sigma)/\varrho$
Kohlenstoff .	$1,0 \cdot \lambda^3 + 0,18$
Aluminium .	$14,5 \cdot \lambda^3 + 0,16$
Kupfer . . .	$147 \cdot \lambda^3 + 0,50$
Wasser . . .	$2,5 \cdot \lambda^3 + 0,18$
Blut	$2,5 \cdot \lambda^3 + 0,18$
Fettgewebe .	$1,6 \cdot \lambda^3 + 0,18$
Muskel . . .	$2,2 \cdot \lambda^3 + 0,18$
Knochen . .	$11 \cdot \lambda^3 + 0,18$
Luft	$2,6 \cdot \lambda^3 + 0,17$

Da wir es gewöhnlich mit einem Gemisch aus sehr vielen verschiedenen Wellenlängen zu tun haben, so ist der Schwächungskoeffizient einer praktischen Röntgenstrahlung im allgemeinen keine bestimmte Größe, sondern bestenfalls eine Art Mittelwert, bei welchem irgendwie konventionell festzusetzen ist, wie er ermittelt werden soll. Für medizinische Zwecke wird nach einem Vorschlage von

[1]) H. KÜSTNER, Die Ionisationsmessung der Röntgenstrahlen, S. 194. Leipzig: Georg Thieme 1925.

CHRISTEN[1]) vielfach die „Halbwertschicht" im Wasser, d. h. diejenige Schichtdicke Wasser in Zentimeter angegeben, nach deren Durchsetzung die Intensität der Strahlung auf die Hälfte geschwächt worden ist. Die Halbwertschicht H ist mit dem Schwächungskoeffizienten $s = \mu + \sigma$ verknüpft durch die Beziehung:

$$H = \frac{\lg 2}{s} \qquad \text{oder} \qquad H \cdot s = 0{,}69\,.$$

36. Halbwertschichtmesser. CHRISTEN hat auch ein Instrument zur Bestimmung der Halbwertschicht angegeben, bei welchem für den Intensitätsvergleich die Fluoreszenzhelligkeit eines Leuchtschirmes benutzt wird. Der Leuchtschirm ist dazu in zwei nebeneinanderliegende Felder geteilt. Vor dem einen dieser Felder befindet sich eine gelochte Bleiplatte. Zahl und Größe der Löcher ist so gewählt, daß die Summe der Flächen aller Löcher gleich der Hälfte der gesamten Fläche ist, so daß die Platte die Hälfte der auffallenden Strahlen zurückhält. Die Platte ist so weit vom Leuchtschirm entfernt, daß die einzelnen Löcher sich auf dem Schirm nicht abbilden, sondern ineinander übergehen, so daß der Leuchtschirm gleichmäßig belichtet erscheint. Vor dem anderen Felde des Schirmes ist verschiebbar angeordnet ein Keil aus Bakelit, von welchem CHRISTEN angibt, daß sein Schwächungsvermögen mit dem des Wassers übereinstimme. Die Messung wird nun so vorgenommen, daß man eine Stellung des Bakelitkeiles sucht, bei der beide Felder des Leuchtschirmes gleich hell erscheinen. Die Dicke der in dieser Stellung vor dem Leuchtschirm befindlichen Bakelitschicht, die an einer Skala abgelesen werden kann, ist die Halbwertschicht. Eindeutige Ergebnisse kann diese Methode nur für homogene Strahlen liefern, da die spektrale Energieverteilung einer inhomogenen Strahlung nach dem Durchgange durch den Bakelit verändert ist, so daß die spektrale Empfindlichkeitsverteilung des Leuchtschirmes bei dem Helligkeitsvergleich eine Rolle spielt. Aus diesem Grunde ist die oft gehörte Behauptung, daß die CHRISTENsche Methode der Härtebestimmung eine absolute, nicht von einer bestimmten Apparatur abhängige sei, nicht zutreffend. Gleichwohl kann man ihr konzedieren, daß sie weniger willkürliche Momente enthält als die früher und auch heute noch vielfach in der Diagnostik benutzte WEHNELTsche Methode.

37. Wehneltskala. Die Wehneltskala, deren Prinzip vorher bereits von BENOIST angewandt worden ist, beruht auf der Tatsache, daß das Silber in dem für die Röntgendiagnostik wichtigen Spektralbereich einen Absorptionssprung aufweist, während die Absorption des Aluminiums mit der Wellenlänge kontinuierlich zunimmt. Die Härtemessung besteht darin, daß man diejenige Aluminiumdicke D bestimmt, die die Strahlung ebenso stark schwächt wie ein Silberblech von bestimmter Dicke D'. Für diesen Fall muß die Beziehung gelten:

$$s_{\text{Al}} \cdot D = s_{\text{Ag}} \cdot D'\,,$$

wo s_{Al} und s_{Ag} die Schwächungskoeffizienten von Aluminium und Silber bedeuten. Für diese können wir setzen:

$$s_{\text{Al}} = K_{\text{Al}} \cdot \lambda^3 + \sigma_{\text{Al}}\,,$$

$$s_{\text{Ag}} = K_{\text{Ag}} \cdot \lambda^3 + \sigma_{\text{Ag}}\,.$$

Für die nicht allzuharten Strahlen des diagnostischen Gebietes kann σ vernachlässigt werden, so daß man erhält:

$$K_{\text{Ag}} \cdot \lambda^3 \cdot D' = K_{\text{Al}} \cdot \lambda^3 \cdot D \qquad \text{oder} \qquad D = D' \cdot \frac{K_{\text{Ag}}}{K_{\text{Al}}}\,.$$

[1]) TH. CHRISTEN, Messung und Dosierung der Röntgenstrahlen. Hamburg: Gräfe & Sillem 1913.

Hier hebt sich, wie man sieht, die eigentlich für die Härte maßgebende Größe λ ganz heraus, so daß D überhaupt nicht mehr von λ abhängig ist, sondern nur noch von dem Verhältnis K_{Ag}/K_{Al}. K_{Al} ist eine Konstante. K_{Ag} dagegen kann in dem in Frage kommenden Spektralgebiet zwei Werte annehmen, nämlich einen kleineren für Wellenlängen über 0,485 Å-E und einen größeren für Wellenlängen unterhalb dieser Absorptionsgrenze des Silbers. Demnach kann also auch D für homogene Strahlen nur zwei Werte zeigen, je nachdem die Wellenlänge größer oder kleiner als 0,485 Å-E ist. Da wir es aber praktisch meist mit einem Gemisch beider Arten von Wellenlängen zu tun haben, so nähert sich der tatsächlich abgelesene Wert für D je nach der Zusammensetzung des Strahlengemisches bald mehr dem einen, bald mehr dem anderen Extremwert für D. Die Wehneltskala zeigt somit nur innerhalb eines mittleren Härtebereiches eine gute Abstufung[1]). Auch der Wehnelthärtemesser wird meist in Verbindung mit einem Leuchtschirm angewendet, kann aber auch auf eine photographische Platte gelegt werden, auf welcher nach der Entwicklung der Härtegrad abgelesen werden kann.

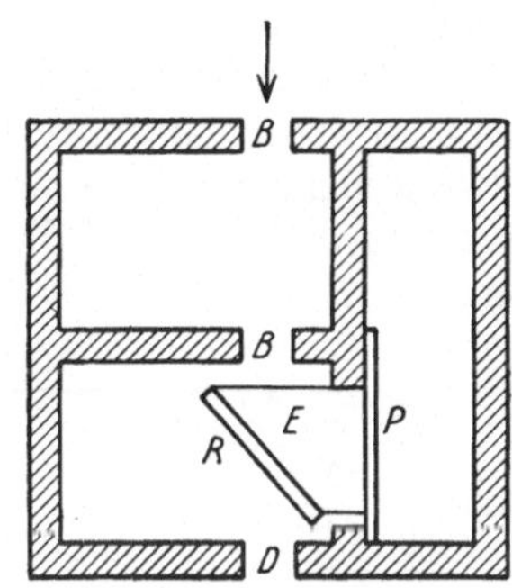

Abb. 41. Strahlenanalysator nach GLOCKER.

B B Eintrittsblende, *R* Sekundärstrahler, *P* photogr. Platte, *E* horizontale Schutzwand, *D* Austrittsfenster.

Natürlich lassen sich Härtemessungen durch Absorptionsbestimmungen mit jedem Instrument ausführen, welches die Intensität von Röntgenstrahlen anzeigt, wie z. B. das FÜRSTENAUsche Intensimeter oder besser Ionisationsmeßgeräte.

38. Strahlenanalysator nach GLOCKER. Ein besonders eigenartiger Apparat zur Beurteilung der Strahlenqualität ist von R. GLOCKER[2]) unter der Bezeichnung „Strahlenanalysator" angegeben worden. Dieser Apparat beruht darauf, daß die charakteristische Sekundärstrahlung irgendeines Elementes nur dann angeregt wird, wenn die anregende Strahlung etwas kurzwelliger ist als die charakteristische Strahlung selber. In dieser Gegend besitzt die Erregung der charakteristischen Strahlung ein Maximum. Die Wellenlängen der charakteristischen Strahlungen der Elemente nehmen aber mit wachsender Atomnummer ab, und zwar annähernd nach dem MOSELEYschen Gesetz (vgl. Bd. XXI)

$$(Z - 1)^2 \cdot \lambda = K\,,$$

wo Z die Atomnummer, λ die Wellenlänge und K, je nachdem welche Linie man ins Auge faßt, eine etwas verschiedene Zahl ist, die man für Überschlagsrechnungen im Falle der K-Absorptionskante in dem technisch wichtigen Spektralgebiet von $\lambda = 0{,}1$ bis 1,0 Å-E ungefähr gleich 1000 setzen kann. Soll z. B. die K-Strahlung des Silbers angeregt werden, welches die charakteristische Absorptionswellenlänge $\lambda = 0{,}485$ Å-E besitzt, so muß die Primärstrahlung Bestandteile besitzen, die kurzwelliger sind als dieser Wert. Zur Anregung der Molybdänstrahlung muß der Wert $\lambda = 0{,}618$ Å-E unterschritten werden, zur Anregung der Antimonstrahlung der Wert $\lambda \cdot 0{,}406$ Å-E usw. Der GLOCKERsche Analysator besteht aus einem für Röntgenstrahlen undurchlässigen Kasten von $6 \cdot 8 \cdot 12$ cm Größe, in welchem fünf verschiedene Metallplatten aus Selen, Molybdän, Silber, Antimon und Cer übereinander angeordnet sind. Die Art der Anordnung ist aus Abb. 41 zu ersehen, die einen Horizontal-

[1]) Vgl. darüber auch H. BEHNKEN, Fortschritte a. d. Geb. d. Röntgenstr. Bd. 30, S. 553. 1922.

[2]) R. GLOCKER, Fortschr. a. d. Geb. d. Röntgenstr. Bd. 24, S. 91. 1916; Phys. ZS. Bd. 17, S. 488. 1916.

schnitt durch das Gerät darstellt. Bei R befinden sich die sog. Sekundärstrahler. Die Röntgenstrahlen, die analysiert werden sollen, fallen durch die Schlitzblenden BB unter etwa 45° auf die Sekundärstrahler auf. Soweit die Strahlung nicht absorbiert wird, verläßt sie den Apparat durch das Austrittsfenster D. Die in R angeregte Fluoreszenzstrahlung trifft bei P eine photographische Platte. Damit sich die von den verschiedenen Metallen ausgehenden Strahlen nicht überkreuzen, sind horizontale Zwischenebenen E zwischen R und P angebracht, von denen eine in der Abbildung angedeutet ist. Es entstehen so auf der Platte fünf übereinanderliegende Felder, von denen jedes die Fluoreszenzstrahlung eines der fünf Metalle erhält. Aus der Stärke der Schwärzung dieser Felder kann man entnehmen, bis zu welchem Grade jedes der fünf Metalle zur Fluoreszenz angeregt wurde, d. h. also, wie stark die zur Erregung eines jeden Metalles erforderliche Strahlenqualität im Primärstrahlenbündel vertreten war. Welchen Maximalwellenlängen die fünf Felder entsprechen, ist aus folgender Tabelle ersichtlich:

Tabelle.

Nr. des Feldes:	1	2	3	4	5
Metall:	Se	Mo	Ag	Sb	Ce
Wellenlänge:	0,98 Å	0,62 Å	0,48 Å	0,41 Å	0,31 Å

Der Analysator umfaßt also etwa das für diagnostische Zwecke in Betracht kommende Wellenlängengebiet. Die Expositionszeiten liegen je nach der Strahlenintensität zwischen $^1/_2$ und 2 Minuten. Natürlich kann mit diesem Gerät nur ein ungefährer Anhalt gewonnen werden. Es ist mehr ein Kontrollinstrument als ein Meßinstrument.

39. Spektrometer. Allgemeines. In allen Fällen, wo es nötig ist, die spektrale Zusammensetzung eines Röntgenstrahlengemisches in ihren Einzelheiten zu ermitteln, kommt nur die Anwendung eines Röntgenspektrometers in Frage. Alle Röntgenspektrometer beruhen darauf, daß Röntgenstrahlen von einer natürlichen Kristallfläche nach dem BRAGGschen Gesetz (vgl. Bd. XXIV)

$$n \cdot \lambda = 2d \cdot \sin\varphi \quad \text{(vgl. oben Ziff. 5)}$$

reflektiert werden. Läßt man also einen Röntgenstrahl unter einem bestimmten Winkel φ auf einen Kristall von bekannter Gitterkonstante d auffallen, so findet nur dann eine Reflexion statt, wenn die gemäß dem BRAGGschen Gesetze zu φ gehörige Wellenlänge λ in dem einfallenden Strahl vorhanden ist. Um ein größeres Strahlengebiet untersuchen zu können, ist es also erforderlich, für einen gewissen Bereich von φ die reflektierte Röntgenstrahlenintensität zu ermitteln, was z. B. dadurch geschehen kann, daß man den Kristall bei feststehendem Primärstrahlenbündel durch die den verschiedenen φ entsprechenden Stellungen hindurchdreht. Dieses Verfahren wird beim BRAGGschen Spektrometer und beim DE BROGLIEschen Spektrographen angewendet, die für den Gebrauch im physikalischen Laboratorium bestimmt sind. Über diese Instrumente ist das Nähere in dem Abschnitt über Röntgenspektrographie im Bd. XIX ds. Handb. nachzulesen. Für die praktische Röntgentechnik kommen mehr zwei andere Typen von Spektrometern in Betracht, bei denen mehr Wert auf einfache Handhabung als auf auf große Präzision der Messungen gelegt ist. Das sind einmal der technische Seemannspektrograph und zweitens das Spektrometer nach MARCH und STAUNIG.

40. Seemannspektrograph. SEEMANN hat zwei spektrographische Methoden angegeben, und zwar zunächst die sog. Schneidenmethode. Wenn an einem guten, nicht zu kleinen Kristallstück eine scharfe Schneide S aus stark absorbierendem Material auf die Kristalloberfläche direkt aufgesetzt wird, so erhält man eine einem Spalt entsprechende Ausblendung eines von der Antikathode A kommenden Röntgenstrahlenbündels (vgl. dazu die Abb. 42). Die Begrenzung bilden die Schneide und die tiefste noch wirksame Netzebene des Kristalles. Da die letztere von der Absorbierbarkeit der Strahlen abhängig ist, so nimmt die Spaltbreite mit abnehmender Wellenlänge zu. Da aber durch die Spaltbreite auch die Breite der auf der Platte P registrierten Spektrallinie bedingt ist, so leidet die Schärfe der Linien durch das Eindringen der Strahlung in den Kristall, ein Nachteil, den übrigens auch die BRAGGsche und die DE BROGLIEsche Anordnung aufweisen. SEEMANN wandte deshalb noch eine zweite von ihm als „Lochkameramethode" bezeichnete Versuchsanordnung an, bei der ein zwischen Kristall und photographischer Platte befindlicher Spalt benutzt wird (vgl. Abb. 43). Man sieht aus der Abb. 43 ohne weiteres, daß der Spalt eine scharfe Linie herausblendet, obgleich ein größerer Tiefenbereich des Kristalles an der Reflexion beteiligt ist. Bei beiden Methoden, der Schneidenmethode sowohl als auch der Lochkameramethode, steht der Kristall in der ganzen Anordnung fest. Soll daher ein größerer Spektralbereich überstrichen werden, so muß das ganze Spektrometer hin und her bewegt werden, was mit Hilfe eines Uhrwerkes ermöglicht wird. Die Konstruktion eines Seemannspektrographen, der eine Kombination der Schneidenmethode und der Lochkameramethode darstellt, ist im Prinzip aus Abb. 44 zu erkennen. Auf der Grundplatte A aus Messing steht senkrecht die Bleiplatte Pb, deren Kante S als Schneide dient. Zwei vor die Stirnfläche von Pb gesetzte Messing- oder Wolframprismen M_1 und M_2 lassen zwischen sich einen horizontalen Spalt von etwa 3 mm Breite frei. Ihre Vorderflächen dienen als Auflageflächen für den Kristall, der in der Abbildung nicht mit gezeichnet ist, um die übrigen Teile nicht zu verdecken. Er liegt bei Anwendung der Schneidenmethode unmittelbar auf der Schneide S auf. B und C sind Schutzblenden, um unerwünschtes Nebenlicht zurückzuhalten. R ist ein Anschlagrahmen für die photographische Platte. Soll die Lochkameramethode benutzt werden, so wird die Schneide S zu einem Spalt ergänzt, indem das gestrichelt gezeichnete Bleiblech D, das an dem Winkelhebel W sitzt und um die Achse E drehbar ist, angebracht wird. Der Kristall wird dann durch Zwischenlagen etwas von den Flächen M_1 und M_2 und damit von S abgerückt. Der ganze Apparat ist in einem Bleigehäuse untergebracht, um alles unerwünschte Röntgenlicht

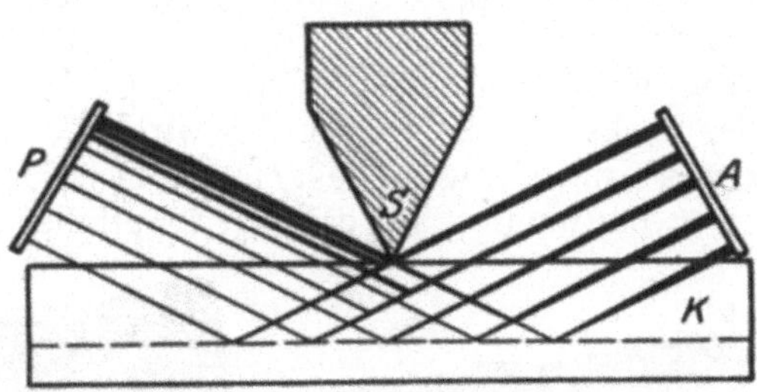

Abb. 42. Schneidenmethode nach SEEMANN. S Schneide, K Kristall, A Strahlenquelle, P Platte.

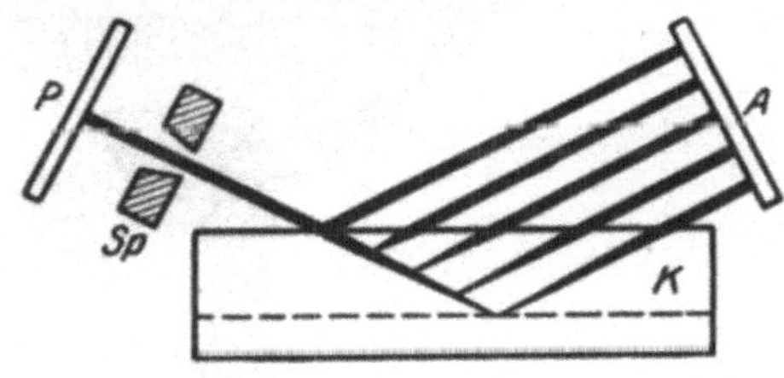

Abb. 43. Lochkameramethode nach SEEMANN. A Strahlenquelle, K Kristall, Sp Spalt, P Platte.

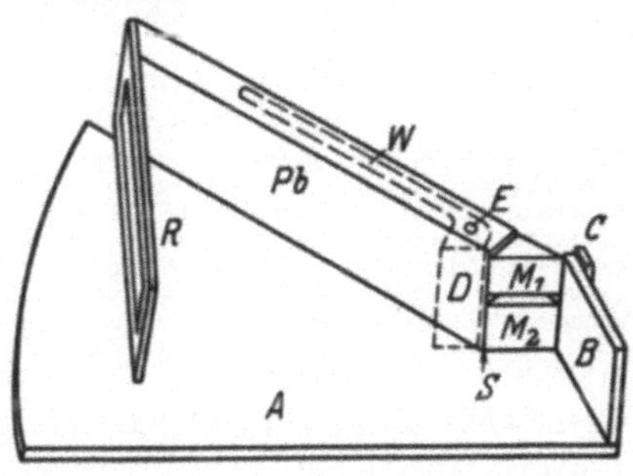

Abb. 44. Seemannspektrograph.

auszuschließen. Der Seemannspektrograph ist heute technisch so weit durchkonstruiert, das er auch von in physikalischen Arbeiten weniger geübten Personen mit Erfolg benutzt werden kann. Er ist im Handel erhältlich. Abb. 45 zeigt die äußere Ansicht eines technischen Seemannspektrographen [1]).

Spektrographische Aufnahmen liefern die spektrale Energieverteilung einer Röntgenstrahlenquelle natürlich nur in dem Sinne, daß sie erkennen lassen, wie groß die photographische Intensität der Strahlen an den verschiedenen Stellen des Spektrums ist. Über die wirkliche Energieverteilung ist damit erst dann etwas ermittelt, wenn bekannt ist, in welcher Weise die photographische Wirkung einer bestimmten auf die Platte auffallenden Energie von der Wellenlänge abhängt. Dagegen läßt sich eine wichtige Größe mit einiger Sicherheit aus den Spektralaufnahmen ablesen. Das ist die kürzeste in dem betreffenden Spektrum überhaupt auftretende Wellenlänge $\lambda_{\min}$, die gemäß dem PLANCK-EINSTEINschen Gesetz

$$V \cdot \lambda_{\min} = 12{,}35$$

mit der am Röntgenrohr liegenden Spannung verknüpft ist (vgl. hierzu Ziff. 8 und 20). Für ein bestimmtes Antikathodenmaterial und für eine konstante Spannung am Röntgenrohr ist die spektrale Energieverteilung durch die Grenzwellenlänge eindeutig festgelegt und kann mit Hilfe der in Ziff. 34 erwähnten Formeln angenähert berechnet werden. Doch wird praktisch die Bestimmung der Grenzwellenlänge, die evtl. durch Ausphotometrieren der Platte sehr genau zu machen ist, und im übrigen die visuelle Schätzung des Energiemaximums genügen.

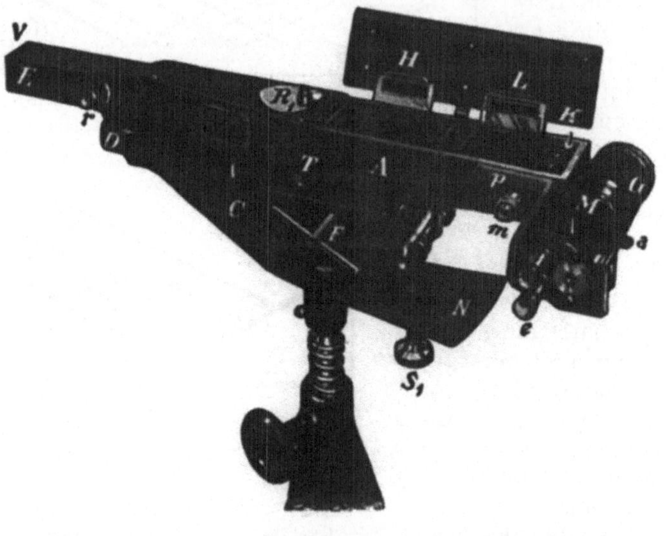

Abb. 45. Technischer Seemannspektrograph für Mediziner mit Spektral-Oszillograph (MG).

N Bodenplatte, S_1 Einstellschraube zum Neigen des ganzen Apparates, *C* Uhrwerk zum Schwenken der Kamera *A* während der Aufnahme, *F* Aufzug, *T* Triebachse, R_1 Exzenterscheibe zur Definition der Schwenkbreite (herausgenommen), *D* Auflageschiene, *A* Kamera, *E* Kamerakopf mit eingebautem Kristall, *V* Visiereinrichtung, *r* Spalteinstellung, *K* Kasette, *H* und *L* Blenden- und Filterrahmen (herausgenommen), *G* rotierende Kassette, *M* Synchronmotor dazu für Spektraloszillogramme, *e* Anschlußklemmen, *a* Schalter für *M*, *p* Befestigungsarm, *m* Befestigungsschraube.

41. Spektrometer nach MARCH, STAUNIG und FRITZ. Ein Instrument, das ohne photographische Aufnahme durch direkte Leuchtschirmbeobachtung die Grenzwellenlänge $\lambda_{\min}$ liefert, ist das Röntgenspektrometer nach MARCH, STAUNIG und FRITZ [2]). Bei diesem Instrument durchsetzt ein durch Spalte *SS* ausgeblendetes Röntgenstrahlenbündel eine nur etwa 1 mm dicke Steinsalzplatte *K* und trifft danach auf einen Leuchtschirm *L* (vgl. Abb. 46). Die Strahlen werden dabei an den inneren Ebenen des Kristalles reflektiert. Man sieht auf dem Leuchtschirm ein Spaltbild als feine fluoreszierende Linie, die bei Drehung des Kristalles wandert. In dem Moment, wo die Normale der Kristallfläche

[1]) Neuerdings ist der Seemannspektrograph so verbessert worden, daß er auch für Präzisionsmessungen Verwendung finden kann.

[2]) O. FRITZ, Fortschr. a. d. Geb. d. Röntgenstr. Bd. 29, S. 712. 1922.

mit dem einfallenden Röntgenstrahl einen Winkel φ bildet, der der BRAGGschen Gleichung für die Minimalwellenlänge

$$\lambda_{\min} = 2d \cdot \sin\varphi$$

entspricht, verschwindet die Linie bei weiterer Verkleinerung von φ. Dreht man nun den Kristall weiter durch die Normalstellung hindurch, so taucht die Linie auf der anderen Seite plötzlich wieder auf, sobald wieder der Winkel φ erreicht ist. Da zu der Beobachtung der sehr lichtschwachen Erscheinung ein gut adaptiertes Auge gehört, so muß die Beobachtung im völlig verdunkelten Zimmer gemacht werden. Um dabei die Punkte des Verschwindens bzw. Wiederauftauchens der Linie festhalten zu können, wird unmittelbar unterhalb des Leuchtschirmstreifens eine strichförmige, im Dunkeln phosphoreszierende Zeigermarke auf den Ort des Verschwindens oder Wiederauftauchens eingestellt. Es wird angegeben, daß dabei eine Ablesegenauigkeit von 0,005 Å-E erreicht werden könne. Die Bestimmung der Grenzwellenlänge dürfte mit dem eben beschriebenen Instrument besonders rasch und bequem zu bewerkstelligen sein. Zur näheren Untersuchung der Energieverteilung ist es dagegen nicht geeignet. Auch muß es natürlich versagen, sobald nicht eine ausreichende Strahlenintensität zur Verfügung steht, da ja eine zeitliche Integration der Strahlungsenergie wie bei den photographischen Methoden bei der direkten Leuchtschirmbeobachtung nicht stattfindet.

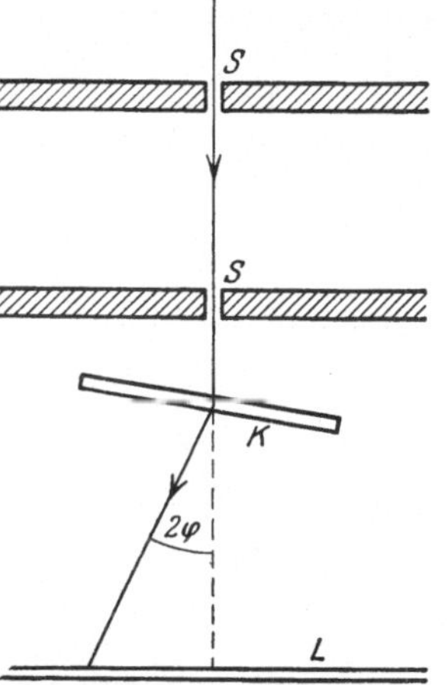

Abb. 46. Röntgenspektrometer nach MARCH, STAUNIG und FRITZ. SS Spalte, K Kristall, L Leuchtschirm.

42. Spannungsmessung mit Kugelfunkenstrecke. Natürlich läßt sich die Grenzwellenlänge und damit die Energieverteilung einer Röntgenstrahlung mit Hilfe des Verschiebungsgesetzes

$$V \cdot \lambda_{\min} = 12{,}35$$

auch indirekt ermitteln durch Messung der am Röntgenrohr liegenden Spannung V. Es sind jedoch bisher keine Meßinstrumente von einigermaßen handlichen Dimensionen für die in der Röntgentechnik vorkommenden hohen Spannungen konstruiert worden. Am einfachsten und für die Paxis meist ausreichend ist die Bestimmung der Überschlagsweite einer Kugelfunkenstrecke nach PEEK, die bereits oben (Ziff. 33) erwähnt wurde. Die Methode ist einigermaßen zuverlässig, solange die Schlagweiten nicht größer werden als die Kugeldurchmesser. Für hohe Spannungen sind daher ziemlich große Kugeln erforderlich. In der Röntgenpraxis bürgern sich neuerdings solche von 25 cm Durchmesser ein. Für diese sind nach PEEK die Schlagweiten der folgenden Tabelle einzusetzen[1]:

Tabelle. Anfangsspannungen für zwei gleiche Kugeln von 25 cm Durchmesser bei symmetrischer Spannungsverteilung in normaler Luft, Druck 760 mm Hg, Temperatur 20° C, in kV.

Schlagweite in cm	0,3	0,4	0,6	0,8	1,0	2,0	3,0	5,0	7,0	9,0	10,0	11,0	13,0
Spannung in kV	11,3	14,4	20,4	26,2	31,8	60,5	87,3	138	185	227	247	266	300

Für Zwischenwerte benutze man die graphische Darstellung der Abb. 47. Diese enthält gleichzeitig die Werte für den Fall, daß eine der beiden Kugeln geerdet ist. In diesem Falle liegen die Spannungswerte etwas tiefer. Die Luftfeuchtigkeit hat auf die Überschlagsspannungen keinen merklichen Ein-

[1]) Zitiert nach W. O. SCHUMANN, Elektrische Durchbruchsfeldstärke von Gasen, S. 9. Berlin: Julius Springer 1922.

fluß, wohl aber Temperatur und Barometerstand, da diese die Dichte der Luft verändern. In bezug hierauf kann man die obigen Angaben korrigieren, wenn man die Spannungen der absoluten Temperatur umgekehrt proportional und dem Luftdruck direkt proportional setzt.

Um eine Röntgenstrahlung z. B. für die Zwecke der Tiefentherapie qualitativ zu charakterisieren, genügt die Spannung allein noch nicht. Es muß außerdem die Filterung mit angegeben werden, z. B. 180 kV und 0,5 mm Kupfer + 1 mm Aluminium. Ganz eindeutig ist freilich auch eine solche Angabe noch nicht, da ja die Form der Spannungskurve auf die Energieverteilung einen gewissen Einfluß hat. Da aber für die Therapie die Definition der Strahlenqualität nicht so sehr genau zu sein braucht, so liefert eine Angabe der obigen Art meist einen genügenden Anhalt, der noch verbessert werden kann, indem man noch eine Angabe über die Absorbierbarkeit z. B. in Kupfer hinzufügt.

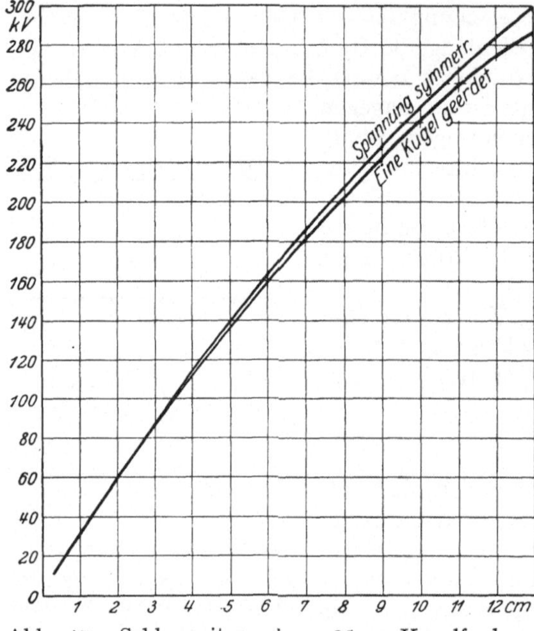

Abb. 47. Schlagweiten einer 25-cm-Kugelfunkenstrecke.

43. Dosismessung. Allgemeines. Wichtiger als die Bestimmung der Qualität der Strahlen ist für die Therapie die Messung ihrer Quantität. Damit der Arzt bestimmte Dosisbereiche, mit denen allein es ihm möglich ist, eine zielbewußte Therapie zu betreiben, innehalten kann, bedarf er für das Medikament Röntgenstrahlen aus ebendenselben Gründen genauer Meßmethoden, aus denen bei den pharmakologischen Medikamenten eine genaue Abwägung der Dosen nötig ist. Die Meßmethoden müssen derartig sein, daß es möglich wird, ganz bestimmte zahlenmäßig anzugebende Dosen lediglich auf Grund dieser Zahlenangabe jederzeit und an jedem Ort mit jeder überhaupt für Röntgentherapie geeigneten Apparatur zu reproduzieren. Solche Meßmethoden zu schaffen, ist nicht die letzte Aufgabe der Röntgentechnik.

44. Begriff der Dosis. Für die Bildung des Begriffes der Dosis ist der experimentelle Befund von KRÖNIG und FRIEDRICH[1]) von Wichtigkeit, wonach für die biologische Wirkung der Röntgenstrahlen die Menge der in der Volumeneinheit des bestrahlten Gewebes absorbierten Röntgenstrahlenenergie maßgebend ist. Schon vorher war CHRISTEN[2]) auf Grund theoretischer Überlegungen zu diesem Ergebnis gekommen und hatte daher definiert:

„Die physikalische Dosis ist die in der Volumeneinheit des Körpergewebes absorbierte Röntgenenergie."

Diese Definition führt durch Betrachtung einer dünnen Schicht zu dem Ausdruck für die physikalische Dosis

$$D = I \cdot t \cdot \mu_G ,$$

[1]) B. KRÖNIG u. W. FRIEDRICH, Physikalische und biologische Grundlagen der Strahlentherapie, S. 211—222. Berlin: Urban & Schwarzenberg 1918.

[2]) TH. CHRISTEN, Ziff. 35.

wo I die Intensität, d. h. die in der Zeiteinheit auf die Flächeneinheit auffallende Energie ist, t ist die Bestrahlungszeit, μ_G der Absorptionskoeffizient der Strahlen im Körpergewebe. Diese physikalisch zwar vollständige Definition befriedigt jedoch den Therapeuten noch nicht völlig. Dieser möchte nämlich aus der Größe der Dosis in möglichst einfacher Weise auf die Größe der biologischen Wirkung schließen. Er muß dabei mit der Möglichkeit rechnen, daß nicht die gesamte absorbierte Röntgenenergie biologisch wirksam ist, sondern nur ein Bruchteil derselben, der je nach der Strahlenqualität verschieden sein kann. Ob das letztere wirklich der Fall ist, darüber gehen die Ansichten der Röntgenologen heute noch auseinander. Jedenfalls trug CHRISTEN dieser Möglichkeit Rechnung durch Einführung des Sensibilitätskoeffizienten s, mit welchem die physikalische Dosis zu multiplizieren ist, um die biologische Dosis B zu erhalten. Wir gewinnen also für letztere den Ausdruck:

$$B = I \cdot t \cdot \mu_G \cdot s\,.$$

Gegenstand der physikalischen Messung kann natürlich nur die physikalische Dosis sein. Die Bestimmung des oder der Sensibilitätskoeffizienten muß dem Biologen überlassen werden. Als erster Schritt zur Bearbeitung des letztgenannten Problemes kann die von SEITZ und WINTZ aufgestellte Definition einer biologischen Standardwirkung, der Hauteinheitsdosis (HED), angesehen werden. Die HED äußert sich darin, daß 8 bis 10 Tage nach der Bestrahlung eine leichte Rötung der bestrahlten Hautstelle auftritt, die nach Ablauf von vier Wochen in eine zarte Bräunung übergeht. In Ermangelung einer allgemein anerkannten physikalischen Methode der Dosisbestimmung wurde die HED als Einheit für die Dosis in die Röntgenpraxis eingeführt, und noch heute findet man in der medizinischen Literatur die Dosen meist in Prozenten der HED ausgedrückt. Um hiernach richtig dosieren zu können, muß also der Arzt so vorgehen, daß er zunächst an einer möglichst großen Zahl von Versuchspersonen experimentell feststellt, innerhalb welcher Bestrahlungszeit er mit seiner Apparatur unter ganz bestimmten, genau einzuhaltenden Bedingungen, den Röhrenstrom, die Röhrenspannung und die Filterung betreffend — auch Fokus-Haut-Abstand und Feldgröße spielen eine Rolle —, die für die HED charakteristische Wirkung hervorbringen kann. Hieraus ist dann ein Mittelwert abzuleiten, der die Grundlage bildet zur Berechnung oder besser gesagt Schätzung der Bestrahlungsdauer im Einzelfalle, wobei etwa notwendige Abänderungen der Bestrahlungsbedingungen gebührend zu berücksichtigen sind. Das Unbefriedigende einer solchen Methode bei einem so stark wirkenden Medikament, wie es die Röntgenstrahlen sind, liegt auf der Hand.

45. Dosismeßmethoden. Es sind daher eine große Anzahl von Methoden ersonnen worden, durch die die Dosis auf physikalische Weise festgelegt und gemessen werden sollte. Jede dieser Methoden bedient sich einer besonderen ihrer Eigenart angemessenen Einheit, so daß zeitweilig eine große Verwirrung in den Dosisangaben herrschte. Hier sollen wiederum nur diejenigen Verfahren besprochen werden, die entweder eine größere Verbreitung in der Praxis gefunden haben, oder die physikalisch ein besonderes Interesse bieten.

46. Sabouraud-Noiré-Pastille. Wohl am häufigsten angewendet, wenigstens in der Hauttherapie ist ihrer Einfachheit und Billigkeit wegen die Dosierung nach SABOURAUD-NOIRÉ. Hierbei werden kleine Scheibchen aus gepreßtem Bariumplatinzyanür von etwa 5 mm Durchmesser benutzt, die die Eigenschaft besitzen, bei der Röntgenbestrahlung ihre ursprüngliche hellgrüne Farbe in ein fahles Gelb und schließlich in einen bräunlichen Ton zu wechseln. Die Ursache dieser Verfärbung ist eine Abspaltung von Kristallwasser. SABOURAUD und

NOIRÉ stellten Vergleichsblättchen aus gefärbtem Papier her, von denen das eine die Ausgangsfarbe A und das zweite die nach Bestrahlung mit einer bestimmten Normaldosis erreichte Farbe B darstellt. Es wird nun zugleich mit dem zu bestrahlenden Patienten eine Pastille den Röntgenstrahlen ausgesetzt, wobei die Pastille halb so weit vom Röhrenfokus entfernt sein soll wie der Patient. Die Normaldosis ist erreicht, sobald die Pastille die Farbe B angenommen hat. Um auch Zwischenfärbungen zwischen den Farben A und B für die Dosisbeurteilung benutzen zu können, hat HOLZKNECHT eine Farbenskala zum Sabouraudverfahren herausgegeben. Dazu ist die SABOURAUDsche Volldosis in fünf Einheiten, „H" genannt, unterteilt, so daß die Beziehung gilt:

$$1\,S.\text{-}N. = 5\,H\,.$$

Die Sabouraudmethode ist ausreichend, wenn es sich um Hautbestrahlungen von kurzer Dauer bis zu etwa 10 Minuten handelt, bei denen es außerdem auf eine große Genauigkeit nicht ankommt. Da aber nicht nur die Röntgenstrahlen, sondern auch andere Strahlen, z. B. das Tageslicht und Wärmestrahlen, auf die Verfärbung von Einfluß sind, so ist die Methode vielen Fehlerquellen ausgesetzt. Ein Maß für die im Körpergewebe absorbierte Röntgenenergie kann die Sabouraudmethode schon deshalb niemals liefern, weil die Absorptionsverhältnisse im Bariumplatinzyanür ganz andere sind wie im Körpergewebe. Sowohl das Barium wie das Platin besitzen im technischen Spektralgebiet Absorptionssprünge. Das Körpergewebe dagegen nicht. Es ist daher sehr fraglich, ob der Verfärbungsgrad der Pastille mit der Dosis im Körpergewebe proportional verläuft. Für wissenschaftliche Untersuchungen ist diese Meßmethode jedenfalls nicht zu empfehlen, wenn sie auch den geringen Anforderungen der Praxis oft genügt.

Übrigens wurde schon vor SABOURAUD die Verfärbung verschiedener Alkalisalze von HOLZKNECHT zur Röntgendosismessung benutzt und zum sog. Chromoradiometer ausgebaut[1]). Doch ist dieses Instrument aus der Praxis ganz verschwunden.

47. Kienböckverfahren. Viel angewendet wird dagegen ein anderes Verfärbungsverfahren, das Kienböckverfahren, dessen Apparatur als Quantimeter bezeichnet wird. Bei diesem Verfahren ist das Reagens ein Streifchen Bromsilberpapier, das den Röntgenstrahlen zugleich mit dem zu bestrahlenden Objekt ausgesetzt und dann nach bestimmter Vorschrift entwickelt wird. Durch Vergleich mit einer Standardskala wird der Grad der Schwärzung ermittelt und hieraus die Größe der Dosis erschlossen. KIENBÖCK bezeichnet die Einheit seiner Skala als $1\,X$. Sie ist so gewählt, daß die Beziehung gilt:

$$10\,X = 1\,S.\text{-}N. = 5\,H$$

oder

$$2\,X = 1\,H\,.$$

Gegen das Kienböckverfahren läßt sich der gleiche Einwand erheben wie gegen die Sabouraud-Noiré-Pastille, nämlich daß die Absorptionsverhältnisse des Körpergewebes nicht denjenigen in der photographischen Schicht entsprechen. Die letztere zeigt nämlich bei 0,485 Å einen Absorptionssprung wegen der Anwesenheit des Silbers, das ja bei dieser Wellenlänge seine K-Absorptionskante hat (sog. Silberfehler). Eine weitere Unsicherheit liegt in dem Einflusse der Entwicklung, die genau bei 18° C vorgenommen werden muß. Die Entwicklungszeit, die ursprünglich auf eine Minute festgesetzt war, schwankt etwas je nach dem Ausfall der Emulsion, so daß jeder Lieferung eine besondere Entwicklungs-

---

[1]) G. HOLZKNECHT, Bericht des 2. internat. Kongr. f. Elektrologie u. Radiologie, Bern, Sept. 1902, S. 377.

vorschrift von der Fabrik mitgegeben werden muß. Die Ablesegenauigkeit der Schwärzungsskala ist zwar größer als bei der Sabouraud-Noiré-Pastille, aber immer noch sehr beschränkt. Ein Vorteil des Kienböckverfahrens besteht darin, daß der entwickelte Papierstreifen ein haltbares Dokument der stattgefundenen Bestrahlung darstellt, so daß auch später die verabreichte Dosis immer wieder festzustellen ist.

48. Photographische Dosisbestimmung mit Verstärkungsfolie. Um den Silberfehler und die Einflüsse nicht ganz streng innegehaltener Entwicklungsvorschrift zu eliminieren, wurde von BEHNKEN[1]) vorgeschlagen, die photographische Dosisbestimmung in der Weise zu modifizieren, daß man die Röntgenstrahlen nicht direkt auf die photographische Schicht wirken läßt, sondern eine Verstärkungsfolie verwendet. Die Anordnung wird dabei so getroffen, daß auf die Schichtseite einer Verstärkungsfolie vom Format $7 \cdot 12$ cm zunächst ein sog. Stufenphotometer aus 12 leicht grau getönten übereinanderliegenden dünnen Gelatinelamellen gelegt wird. Die jeweils nächstfolgende Gelatinelamelle ist immer 1 cm kürzer als die vorhergehende, so daß ein Gesamtgebilde von stufenweis zunehmender Dicke und entsprechend abnehmender Durchsichtigkeit entsteht. Die Photometerstufen sind von 1—12 numeriert. Auf das Stufenphotometer kommt mit der Schichtseite nach unten ein Stück hart arbeitendes Gaslichtentwicklungspapier von der Größe 9×12 cm, so daß das Papier das Photometer ganz bedeckt und auf der einen Längsseite um etwa 2 cm überragt. Das Ganze wird in einen Kopierrahmen 9×12 cm so hineingelegt, daß der überstehende Streifen des Papieres mit einer Normallampe (16kerzige Metallfadenlampe bei genau auf 0,16 Å einreguliertem Strom in 110 cm Entfernung) genau 90 Sekunden lang belichtet werden kann. Der größere Teil des photographischen Papieres ist dabei durch die undurchsichtige Verstärkungsfolie bedeckt und so vor Licht geschützt. Nach der Belichtung werden Papier, Stufenphotometer und Folie gemeinsam, ohne daß sich etwas verschiebt, aus dem Kopierrahmen herausgenommen und mit dem Papier zu unterst in eine Röntgenkassette gelegt, die dann mit der zu bestimmenden Dosis bestrahlt wird. Dabei durchsetzen die Röntgenstrahlen zunächst das Papier von seiner Rückseite aus, wodurch eine relativ geringe gleichmäßige Schwärzung über die ganze Fläche entsteht. Dann passieren die Röntgenstrahlen das Stufenphotometer, welches sie seinem geringen Absorptionsvermögen entsprechend nicht merklich beeinflußt, und treffen nun auf die Verstärkungsfolie auf, die dadurch zum Leuchten gebracht wird, und zwar überall gleich hell. Das Fluoreszenzlicht der Folie geht nun rückwärts durch die verschiedenen Stufen des Photometers hindurch und wirkt auf die photographische Schicht. Nach der Entwicklung zeigt das Papier an der Längsseite einen schmalen, gleichmäßig grau gefärbten Streifen, der im wesentlichen durch die Standardbelichtung mit der Glühlampe geschwärzt ist. Denn der Schwärzungsbeitrag, den die unverstärkte Röntgenstrahlung liefert, ist gering. Der übrige Teil des Papieres zeigt 12 quer verlaufende Stufen, die ihre fortlaufend zunehmende Schwärzung dem durch das Photometer verschieden stark geschwächten Fluoreszenzlicht der Folie verdanken. Unter diesen 12 Stufen ist eine, deren Schwärzung mit derjenigen des Standardstreifens am besten übereinstimmt. Die Ordnungszahl n dieser Stufe ist ein Maß für die zur Wirkung gelangte Röntgenstrahlendosis, und zwar läßt sich sowohl theoretisch wie experimentell zeigen, daß zwischen der Dosis D und der abgelesenen Stufenzahl n eine Beziehung von der Form

$$n = a \cdot \log D + b$$

---

[1]) H. BEHNKEN, Fortschr. a. d. Geb. d. Röntgenstr. Bd. 29, S. 330. 1922.

besteht. a und b sind Konstanten, die durch Eichung mit einem Normaldosismesser ermittelt werden können. Die Konstante a hängt nur von dem Schwächungsvermögen einer Photometerlamelle für das Fluoreszenzlicht der Folie ab. Schwächt eine Lamelle das Licht auf den p-ten Teil, so ist

$$a = \frac{1}{\log p}.$$

b dagegen ist von der Qualität der verwandten Röntgenstrahlung abhängig, so daß die Eichung für jede praktisch in Frage kommende Strahlenqualität besonders durchgeführt werden muß. Die nach dieser Methode ausgeführte Dosismessung ist ganz unabhängig von irgendwelchen Besonderheiten des photographischen Prozesses, wie Art, Temperatur, Konzentration und Einwirkungsdauer des Entwicklers. Auch die Empfindlichkeit des benutzten Papieres ist ohne Einfluß, da ja alle diese Faktoren auf den Standardstreifen genau so wirken wie auf die abgelesene Stufe. Auch der Silberfehler des Kienböckverfahrens

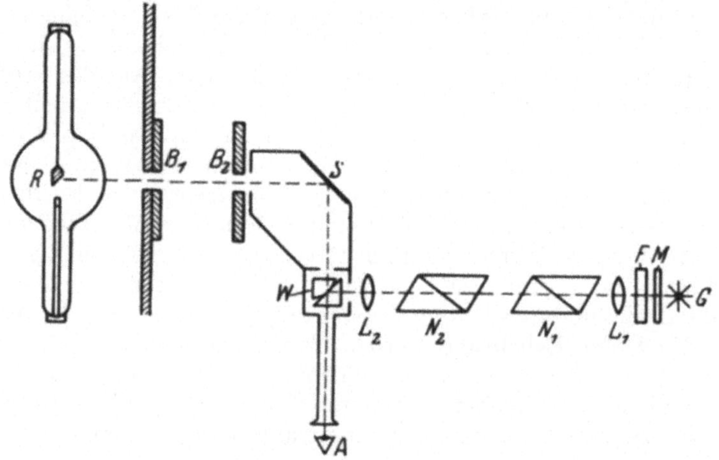

Abb. 48. Röntgenphotometer nach WINTZ und RUMP.

R Röntgenrohr, $B_1 B_2$ Blenden, S Leuchtschirm, W Lummer-Brodhunscher Würfel, G Glühlampe, M Mattscheibe F Farbfilter, $L_1 L_2$ Linsen, $N_1 N_2$ NICOLsche Prismen, A Auge des Beobachters.

fällt fort, da ja die maßgebende Schwärzung des Papieres durch Licht, nämlich das Fluoreszenzlicht der Verstärkungsfolie, nicht durch Röntgenstrahlen direkt erzeugt wird. Irgendeine Selektivität der photographischen Schicht den Röntgenstrahlen gegenüber ist also ohne Einfluß. Trotz dieser Vorzüge ist es zu einer praktischen Einführung dieses Verfahrens nicht gekommen, da inzwischen die auf der Ionisationsmethode beruhenden Instrumente so weit durchgebildet worden waren, daß diese allen anderen Methoden überlegen waren.

49. Röntgenphotometer. Ähnlich erging es einem anderen Verfahren, das mit dem zuletzt beschriebenen eine gewisse Verwandtschaft besitzt, da es ebenfalls auf der Photometrierung eines Fluoreszenzschirmes beruht. Dies ist das Röntgenphotometer von WINTZ und RUMP[1]). Es hat ebenfalls bisher keinen Eingang in die Praxis gefunden, soll aber seiner interessanten experimentellen Durchführung wegen hier beschrieben werden. Bei diesem Instrument wird die Fluoreszenzhelligkeit eines Leuchtschirmes mit Hilfe eines LUMMER-BRODHUNschen Würfels gegen eine Normallichtquelle direkt ausphotometriert. Der Aufbau des Röntgenphotometers ist schematisch in Abb. 48 dargestellt. Die Röntgenstrahlen

[1]) H. WINTZ u. W. RUMP, Fortschr. a. d. Geb. d. Röntgenstr. Bd. 29, S. 672. 1922.

der Röhre A fallen nach dem Passieren der beiden Diaphragmen B_1 und B_2 auf den Leuchtschirm S auf. Das von diesem ausgehende Lumineszenzlicht wird durch das Mittelfeld eines Lummer-Brodhunschen Würfels W hindurch bei A beobachtet. Damit wird das Licht einer mit bestimmter Stromstärke betriebenen Glühlampe G, welches zunächst eine Mattscheibe M erleuchtet, dann ein Farbfilter F passiert, um seine Farbe der des Leuchtschirmes möglichst anzugleichen, und schließlich durch die Linse L parallel gemacht wird, verglichen. Zwei Nicolsche Prismen N_1 und N_2, von denen das letztgenannte um die Strahlrichtung als Achse in meßbarer Weise drehbar ist, gestatten, das Licht in bekanntem Maße zu schwächen. Die Linse L_2 macht die Strahlen schwach divergent, damit das Feld des Photometerwürfels voll ausgefüllt wird. Wintz und Rump verglichen mittels dieser Anordnung die Helligkeit des Leuchtschirmes mit der ionisierenden Wirkung der Röntgenstrahlen in einem Iontoquantimeter unter Benutzung einer Coolidgeröhre, die mit sinusförmiger Spannung von 110 kV Scheitelwert betrieben wurde. Die Filterung der Röntgenstrahlen wurde von 0 bis 10 mm Aluminium variiert. Sie fanden, daß die Fluoreszenzhelligkeit und die Ionisierung für Filterungen von 4 mm Aluminium und mehr einander proportional waren, während für geringere Filterungen keine Proportionalität bestand. Da jedoch, wie weiter unten auseinandergesetzt werden wird, die kleine Kammer des Iontoquantimeters kein absolutes Maß für die Ionisationswirkung der Strahlen liefert, kommt diesem Befund keine allgemeine Bedeutung zu. Auch ist anzunehmen, daß bei solchen Methoden die Wahl der Leuchtsubstanz des Schirmes eine Rolle spielt.

50. Intensimeter nach Fürstenau. Ehe wir zur Besprechung der Ionisationsinstrumente übergehen, müssen wir noch eines anderen in der Praxis sehr verbreiteten Instrumentes gedenken, nämlich des Intensimeters von Fürstenau. Dieses Instrument beruht auf der Tatsache, daß der elektrische Widerstand einer Selenzelle sich unter dem Einflusse einer Röntgenbestrahlung verändert, ähnlich wie bei einer Bestrahlung mit Licht[1]). Ein formelmäßiger Zusammenhang der Leitfähigkeit des Selens mit der Intensität der Bestrahlung ist bisher nicht bekannt. Fürstenau hat daher für sein Instrument eine rein empirische Skala in willkürlichen Einheiten, „F" genannt, aufgestellt. Die Selenzelle besteht aus zwei in konstantem Abstand nebeneinander auf einen flachen Isolator aufgewickelten Drähten, zwischen die das Selen eingepreßt ist. Das Ganze ist in eine flache rechteckige Kapsel aus Hartgummi und Zelluloid eingeschlossen. Die Zelle ist in den einen Zweig einer Wheatstoneschen Brücke eingeschaltet, deren andere drei Zweige aus festen Widerständen bestehen. Diese sind zusammen mit einer Trockenbatterie und einem Zeigergalvanometer in einen kleinen Holzkasten eingebaut. Das Galvanometer ist mit einer Skala versehen, die die Strahlenintensitäten direkt in F/sec angibt. Nach Fürstenaus Angaben entsprechen 200 F der Sabouraudschen Volldosis, so daß also zwischen den bisher besprochenen willkürlichen Einheiten die folgenden Gleichungen bestehen:

$$1\ \text{S.-N.} = 5\,H = 10\,X = 200\,F\,.$$

Das Intensimeter ist ein sehr bequemes Instrument, aber leider nicht sehr zuverlässig. Die Zellen zeigen oft eine große Trägheit, die sich darin äußert, daß der Zeiger des Galvanometers nicht sogleich beim Einsetzen der Bestrahlung auf eine bestimmte Stellung einspielt, sondern minutenlang weiterkriecht. Auch ist die Empfindlichkeit der Zelle oft nicht konstant, sondern ändert sich mit der Zeit. Zudem ist vielfach eine Ermüdung beobachtet worden. Friedrich und

[1]) R. Fürstenau, Phys. ZS. Bd. 16, S. 276. 1915 u. Fortschr. a. d. Geb. d. Röntgenstr. Bd. 24, S. 390. 1917.

KRÖNIG[1]) einerseits und KÜSTNER[2]) andererseits haben die Selenzelle bei verschiedenen Strahlenqualitäten mit Ionisationsinstrumenten verglichen und gefunden, daß die Selenzelle ein stark ausgesprochenes Maximum der Empfindlichkeit besitzt für eine Strahlung, die einer mittleren Wellenlänge von etwa 0,25 Å entspricht. Abgesehen von den obenerwähnten Mängeln kann man also die Selenzelle höchstens zu Intensitätsvergleichen von Strahlungen gleicher Qualität verwenden. Aber auch hierbei ist große Vorsicht am Platze[3]).

51. Ionisationsmeßgeräte. Wir kommen nunmehr zu den zuverlässigsten Dosismeßgeräten, die sich trotz ihres vielfach recht hohen Preises immer mehr einbürgern und höchstwahrscheinlich mit der Zeit alle anderen Verfahren verdrängen werden. Dies sind die Ionisationsmeßgeräte. Sie bestehen meist aus einer kleinen Ionisierungskammer aus leichtatomigem leitenden Material von wenigen Kubikzentimeter Rauminhalt mit isoliert eingeführter Innenelektrode. An die Kammer wird ein elektrisches Feld angelegt und diese dann den Strahlen ausgesetzt. Durch die Bestrahlung wird das Gas ionisiert. Die Ionen folgen den elektrischen Kraftlinien und vermitteln so den Ionisationsstrom, der z. B. elektrometrisch gemessen wird und als Maß für die in der Zeiteinheit in dem Gasinhalt der Ionisierungskammer absorbierten Röntgenenergie, also der Dosisleistung, angesehen wird. Hierbei ist natürlich streng darauf zu achten, daß die Feldstärke in der Kammer so hoch gewählt wird, daß der Sättigungsstrom erreicht ist. Die an die Ionisationskammer anzulegende Spannung ist daher je nach Form und Größe der Kammer und ihrer Elektroden recht verschieden, und die Praxis hat gelehrt, daß Täuschungen über die zur Sättigung erforderliche Mindestspannung sehr leicht eintreten können, wenn man sich auf Schätzungen verläßt und sich, besonders bei größeren Strahlenintensitäten, nicht durch Messungen überzeugt, daß wirklich Sättigung vorhanden ist.

52. Zusammenhang zwischen Ionisation und Dosis. Als ionisiertes Gas wird meist atmosphärische Luft gewählt. Diese Wahl hat ihre guten Gründe. Die Luft besteht nämlich, abgesehen von etwa 1% Argon und Spuren von Krypton und Xenon, überwiegend aus Sauerstoff und Stickstoff, also leichten Elementen, die ebenso wie die Stoffe, aus denen das Weichteilgewebe des menschlichen Körpers in dem technisch wichtigen Spektralgebiet von 0,5 bis 1,0 Å keinerlei selektive Absorption besitzen. Die Absorptionskoeffizienten des Körpergewebes μ_G und der Luft μ_L sind daher nahezu einander proportional, so daß auch für die physikalische Dosis im Gewebe und diejenige in Luft für alle Wellenlängen die Beziehung gilt:

$$\underbrace{I \cdot t \cdot \mu_G}_{\text{Gewebsdosis}} \sim \underbrace{I \cdot t \cdot \mu_L}_{\text{Luftdosis}} .$$

Nun ist aber bislang die Frage strittig, ob die Ionisation der Luft wirklich der absorbierten Röntgenenergie für verschiedene Wellenlängen proportional ist. HOLTHUSEN[4]) kam auf Grund theoretischer Überlegungen zu der Ansicht, daß dieses nicht der Fall sei, daß vielmehr die spezifische Ionisationswirkung der Röntgenstrahlen mit abnehmender Wellenlänge bis etwa $\lambda = 0{,}05$ Å beträchtlich zunimmt, um danach wieder geringer zu werden. HOLTHUSENS Überlegungen gehen von der An-

---

[1]) W. FRIEDRICH u. B. KRÖNIG, l. c. Ziff. 44.

[2]) H. KÜSTNER, Fortschr. a. d. Geb. d. Röntgenstr. Bd. 31, S. 485. 1924.

[3]) Neuerdings ist das FÜRSTENAU-Intensimeter durch RÖVER verbessert worden, indem er eine Vorrichtung anbrachte, durch welche die Selenzelle mit Hilfe einer Normallampe kontrolliert und evtl. korrigiert wird. Praktische Erfahrungen darüber liegen aber noch nicht vor.

[4]) H. HOLTHUSEN, Fortschr. a. d. Geb. d. Röntgenstr. Bd. 26, S. 211. 1919 u. Bd. 27, S. 213. 1922.

nahme aus, daß die Ionisation der Röntgenstrahlen lediglich durch solche unter der Strahlenwirkung in der Luft ausgelösten schnellen Elektronen hervorgerufen werde, deren Geschwindigkeit in Kilovolt ausgedrückt nach der schon mehrfach erwähnten Formel

$$V \cdot \lambda = 12{,}35$$

aus der Wellenlänge berechnet werden kann. Diese Annahme ist aber nicht streng richtig, und zwar einerseits, weil in der Luft die schweren Gase Argon, Krypton und Xenon enthalten sind, bei denen ein Teil der absorbierten Strahlungsenergie zur Abtrennung der Elektronen benötigt wird, so daß diese nicht die volle Geschwindigkeit der obigen Gleichung erhalten. Der hieraus sich ergebende Fehler dürfte allerdings nur wenige Prozente ausmachen. Andererseits aber ist von HOLTHUSEN der seinerzeit noch nicht bekannte Comptoneffekt nicht berücksichtigt, welcher zur Folge hat, daß nicht nur die sog. wahre Absorption, sondern auch die Streuung Beiträge zur Ionisation liefert, und zwar in einer Weise, die bisher quantitativ keineswegs zu übersehen ist. Aber auch experimentell ist die Frage nach dem Zusammenhange zwischen absorbierter Energie und Ionisation behandelt worden, und zwar einmal auf einem Umwege von BERTHOLD und GLOCKER[1]), welche zunächst die photographische Wirkung und die Ionisationswirkung für verschiedene Wellenlängen verglichen. Unter Benutzung von Meßergebnissen von BOUWERS[2]), der die photographische Wirkung mit der bolometrisch gemessenen Energie der Röntgenstrahlen verglich, kamen BERTHOLD und GLOCKER zu dem Resultat, daß in dem Spektralbereiche von 0,15 Å bis 0,7 Å die für die gleiche Ionisation erforderliche Röntgenenergie von der Wellenlänge unabhängig sei. Im schroffen Gegensatze dazu stehen Messungen von GREBE und KRIEGESMANN[3]), welche fanden, daß die Ionisationswirkung im gleichen Spektralbereich mit abnehmender Wellenlänge stark (im Verhältnis 1 : 8) abnimmt, was also gerade das Gegenteil des HOLTHUSENschen Ergebnisses sein würde. Eine neuere Untersuchung von T. E. AURÉN[4]) deckt sich mit dem GLOCKER-BERTHOLDschen Befund, indem AURÉN angibt, daß nach seinen Messungen die zur Erzeugung eines Ionenpaares erforderliche Energie mit abnehmender Wellenlänge keine Zunahme zeigt. Man hat also diese Frage wohl als noch nicht endgültig entschieden zu betrachten und als möglich anzunehmen, daß die in der Luft absorbierte Röntgenenergie mit einem Faktor $q < 1$ zu multiplizieren sei, um die für die Ionisation verwandte Energie, also eine dem Sättigungsstrome proportionale Größe, zu erhalten, wobei vielleicht q von λ abhängig ist[5]).

Setzen wir die durch Luftionisation gemessene Dosis $D = I \cdot t \cdot \mu_L \cdot q$ und nehmen den früher abgeleiteten Ausdruck für die biologische Dosis $B = I \cdot t \cdot \mu_G \cdot s$ hinzu, so finden wir

$$B = D \cdot \frac{\mu_G}{\mu_L} \cdot \frac{s}{q}.$$

Da nun μ_G und μ_L angenähert als proportional angesehen werden dürfen, so folgt

$$B = D \cdot k \cdot \frac{s}{q}.$$

---

1) R. BERTHOLD u. R. GLOCKER, ZS. f. Phys. Bd. 31, S. 259. 1925.

2) A. BOUWERS, Dissert. Utrecht 1924.

3) L. GREBE u. L. KRIEGESMANN, ZS. f. Phys. Bd. 28, S. 91. 1924 u. Phys. ZS. Bd. 25, S. 597. 1924.

4) T. E. AURÉN, Meddelanden fran K. Vetenskapsakademiens Nobelinstitut Bd. 6, Nr. 13, S. 1–23. 1925.

5) Vgl. hierzu auch neuere Untersuchungen von H. KUHLENKAMPFF, Ann. d. Phys. Bd. 79, S. 97. 1926 und L. GREBE, Strahlentherapie Bd. 22, S. 438. 1926.

Durch passende Wahl der Einheiten für B und V kann man erreichen, daß k den Wert 1 annimmt, so daß schließlich übrigbleibt

$$B = D \cdot \frac{s}{q}.$$

Die Ionisationsdosis ist also mit einem Faktor s/q zu multiplizieren, um die biologische Dosis zu erhalten. Über die Größe von s/q können nur biologische Versuche entscheiden.

53. Einheit der Ionisationsdosis. Zur Durchführung solcher Versuche bedarf man einer wohldefinierten absoluten Einheit für die Ionisationsdosis D. Der richtige Weg für die Definition einer solchen Einheit wurde zuerst im Jahre 1908 von VILLARD beschritten, der folgendermaßen definierte[1]):

„Die Einheit der Röntgenstrahlenmenge ist diejenige, die in einem Kubikzentimeter Luft unter Normalbedingungen durch Ionisation eine Elektrizitätsmenge gleich einer elektrostatischen Einheit freimachen kann."

Diese Definition ist von jeder speziellen Apparatur unabhängig und nur auf die Eigenschaften der atmosphärischen Luft gegründet, ähnlich etwa wie die Einheit der Wärme, die Kalorie, auf die Eigenschaften des Wassers gegründet ist. In diesem Sinne kann die VILLARDsche Einheit als eine absolute bezeichnet werden, wenn auch ihr Anschluß an das CGS-System infolge der Schwierigkeit der Röntgenstrahlenenergiemessungen bisher nicht in allgemein anerkannter Weise möglich geworden ist. VILLARD und nach ihm SZILARD waren seinerzeit der Ansicht, daß man, um Röntgenstrahlendosen in obiger Maßeinheit absolut auszumessen, eine kleine, mit Luft gefüllte Ionisationskammer von bekanntem Volumen benutzen könne und nur nötig habe, den gemessenen Ionisationsstrom auf die Volumeneinheit umzurechnen. Da sich aber bald herausstellte, daß bei solchen Versuchen das Material der Kammerwandungen eine erhebliche Rolle spielte, da der größte Teil der Ionisation durch in der Kammerwand ausgelöste Elektronen hervorgerufen wird, so setzte sich damals die VILLARDsche Einheit nicht durch.

54. Vermeidung der Wandwirkung durch FRIEDRICH. FRIEDRICH[2]) versuchte später, die Wandwirkung dadurch unschädlich zu machen, daß er der Ionisationskammer eine Form gab, bei der in den eigentlichen Meßraum keinerlei an der Wand ausgelöste Elektronen hineingelangten. Die Kammer ist schematisch in Abb. 49 dargestellt. Die Kammer besteht im wesentlichen aus einem Kondensator, der durch zwei je 1 mm starke Aluminiumplatten P_1 und P_2 im Abstande von 2 cm gebildet wird. Der Kondensator befindet sich im Innern eines Messingrohres von 20 cm Länge und 5 cm Durchmesser. Die untere Platte P_2 ist rahmenförmig von einer isolierten Platte P_3 umgeben, die nach Art der bekannten Schutzringschaltungen die Homogenität des Feldes zwischen den Kondensatorplatten gewährleistet, während nur der im Bereiche der Platte P_2 übergehende Ionisationsstrom zur Messung gelangt. Eine 10 cm dicke Bleiplatte B mit kreisförmiger Bohrung D von 8 mm Durchmesser blendet das zu messende Strahlenbündel aus. Das vorn aufgesetzte Messingrohr M trägt eine zweite größere Bleiblende D_1 zur Fernhaltung ungewollter Strahlung. Die Messung des Ionisierungsstromes geschah durch Beobachtung der Aufladungszeit eines mit P_2 verbundenen Fadenelektrometers bekannter Kapazität auf bestimmte Spannungswerte. Mit dieser Apparatur, die natürlich für die praktische Verwendung im Therapiezimmer zu diffizil ist, eichte FRIEDRICH

[1]) Zitiert nach A. DAUVILLIER, Rev. génér. de l'Electr. Bd. 14, S. 887—902. 1923.
[2]) B. KRÖNIG u. W. FRIEDRICH, Ziff. 44.

handlichere Apparate, die dann direkt zu den praktischen Messungen benutzt wurden.

55. Holthuseneffekt. Nun wies aber HOLTHUSEN nach, daß auch diese FRIEDRICHsche Standardkammer bei einigermaßen harten Strahlen noch keine völlig einwandfreie absolute Dosismessung im Sinne der VILLARDschen Definition ermöglicht. HOLTHUSEN[1]) machte nämlich auf die durch die bekannten Nebelkammerversuche von C. T. R. WILSON[2]) anschaulich nachgewiesene Tatsache aufmerksam, daß der Ionisierungsvorgang durch Röntgenstrahlen in der Weise verläuft, daß zunächst von den Luftmolekülen Elektronen hoher Geschwindigkeiten abgespalten werden, die dann längs ihrer Bahn im Gase durch Stoß den wesentlichen Teil der Ionen erzeugen. Die Geschwindigkeit dieser Elektronen und damit ihre Bahnlänge nimmt mit abnehmender Wellenlänge der Röntgenstrahlen erheblich zu, so daß die Räume, welche diese Elektronen benötigen, um ihre ganze Ionisierungsfähigkeit zu Geltung zu bringen, weit über das Volumen, das von den Röntgenstrahlen erfüllt wird, hinausgehen. Schon für

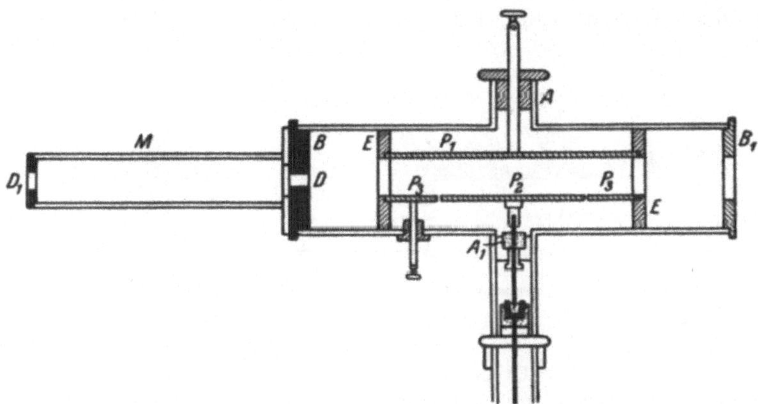

Abb. 49. Ionisationskammer nach FRIEDRICH.

eine Wellenlänge von 1,5 Å errechnete HOLTHUSEN auf Grund der PLANCK-EINSTEINschen Formel sowie auf Grund von experimentellen Untersuchungen LENARDS eine Elektronenreichweite von 209 mm, für härtere Strahlungen noch erheblich mehr. Derartig schnelle Elektronen können in der kleinen FRIEDRICHschen Kammer ihr Ionisationsvermögen nicht entfalten, da sie sehr bald von den Kondensatorplatten oder den Kammerwänden eingefangen werden und dann nicht weiter ionisieren können. Soll die größtmögliche Ionisierung im Sinne der VILLARDschen Definition erreicht werden, so muß den Elektronen der ihrer ganzen Bahnlänge entsprechende Raum zur Verfügung stehen. HOLTHUSEN konnte durch Versuche zeigen, daß zu kleine Ionisierungskammern bei härterer Strahlung zu kleine Ionisierungsströme liefern, und zog daraus den Schluß, daß es nötig sei, als Standardkammer eine sog. Faßkammer von beträchtlichen Dimensionen zu benutzen.

56. Druckluftkammer. Will man die unbequem großen Dimensionen einer Faßkammer vermeiden, so kann man, wie in einer Patentschrift der Firma

---

[1]) H. HOLTHUSEN, Fortschr. a. d. Geb. d. Röntgenstr. Bd. 26, S. 211. 1919. Vgl. auch A. BECKER u. H. HOLTHUSEN, Ann. d. Phys. Bd. 64, S. 625. 1921.

[2]) C. T. R. WILSON, Jahrb. d. Radioakt. Bd. 10, S. 34. 1913.

Siemens & Halske A.-G.[1]) zuerst mitgeteilt wurde, einen anderen Ausweg finden, der darin besteht, daß man die Reichweite der Elektronen im Innern der Kammer durch Erhöhung des Druckes herabsetzt. So gelangt man zu einer handlichen Apparatur und hat gleichzeitig den Vorteil, daß die Ionisierungsströme infolge stärkerer Absorption größer und damit leichter meßbar werden. BEHNKEN[2]) machte daher den Vorschlag, die Druckluftkammer als Normalinstrument zur absoluten Dosismessung allgemein anzunehmen und die praktischen medizinischen Instrumente damit zu eichen. Dieser Vorschlag wurde von der Deutschen Röntgengesellschaft angenommen, und die Physikalisch-Technische Reichsanstalt übernahm es zuerst, Eichungen von Dosismessern nach dieser Methode auszuführen[3]).

Für die Definition der Dosiseinheit nahm die Deutsche Röntgengesellschaft folgenden Wortlaut an:

„Die absolute Einheit der Röntgenstrahlendosis wird von der Röntgenstrahlenenergiemenge geliefert, die bei der Bestrahlung von 1 cm³ Luft von 18° C Temperatur und 760 mm Quecksilberdruck bei voller Ausnutzung der in der Luft gebildeten Elektronen und bei Ausschaltung von Wandwirkungen eine so starke Leitfähigkeit erzeugt, daß die bei

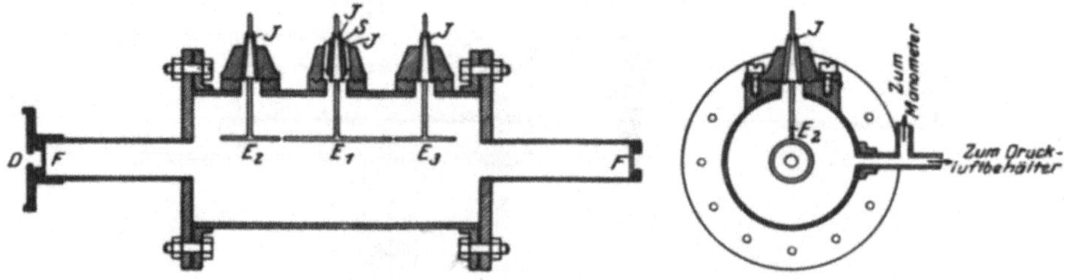

Abb. 50. Druckluftkammer der Reichsanstalt.

E_1, E_3 Meßelektroden, E_2 Schutzelektrode, S Schutzring, I Isolatoren, F Zelluloidfenster, D Bleidiaphragma.

Sättigungsstrom gemessene Elektrizitätsmenge eine elektrostatische Einheit beträgt. Diese Einheit wird ein Röntgen genannt und mit dem Buchstaben R abgekürzt."

57. Eichung von Dosismessern. Die in der Reichsanstalt zum Eichen benutzte Apparatur soll nunmehr beschrieben werden. Für die Druckluftkammer ist die von BEHNKEN ursprünglich benutzte Form nach dem Vorbilde von BERG, SCHWERDTFEGER und THALLER[4]) etwas abgeändert worden. Die Kammer hat nunmehr die in der Abb. 50 abgebildete Gestalt. Ein gezogenes Messingrohr von 7 cm lichtem Durchmesser trägt an seinen Enden zwei Flansche und an einer Seite drei hart aufgelötete Augen. Auf die Flansche werden mit Schraubbolzen zwei 5 mm starke Messingdeckel mit Dichtungsringen aus Blei aufgepreßt. Die Deckel tragen in ihrer Mitte jedes ein Messingrohr von 30 mm Weite und 7 cm Länge, die an ihren Enden durch Zelluloidblättchen FF von 1 mm Dicke als Eintritts- und Austrittsfenster für die Röntgenstrahlen verschlossen sind. Vor

[1]) D. R. P. Nr. 362456.

[2]) H. BEHNKEN, ZS. f. techn. Phys. Bd. 4, S. 3. 1924.

[3]) Vgl. die Tätigkeitsber. d. Phys.-Techn. Reichsanstalt aus den Jahren 1923 u. 1924, ZS. f. Instrkde. Bd. 43, S. 84. 1923; Bd. 44, S. 92. 1924; Bd. 45, S. 188. 1925 u. H. BEHNKEN, Strahlentherapie Bd. 20, S. 115. 1925.

[4]) O. BERG, W. SCHWERDTFEGER u. R. THALLER, Wiss. Veröffentl. a. d. Siemens-Konz. 1924, S. 162.

dem Eintrittsfenster ist ein Bleidiaphragma D von 7 mm Durchmesser zur Begrenzung des Strahlenbündels angebracht. Durch die seitlichen Augen sind die stabförmigen Elektroden E_1, E_2, E_3 isoliert eingeführt, von denen die mittlere E_2 die eigentliche Meßelektrode ist, während die beiden anderen als Schutzelektroden lediglich dazu dienen, den Meßraum abzugrenzen und die in den beiden Fenstern ausgelösten Wandelektronen von dem eigentlichen Meßraume fernzuhalten. Die Isolation der mittleren Elektrode E_2 ist durch einen Schutzring S unterteilt. Die Kammer wird über ein Reduzierventil an eine mit Druckluft gefüllte Vorratsflasche angeschlossen. Der Druck in der Meßkammer wird mit einem Präzisionsmanometer gemessen und meist auf etwa 6 Atmosphären eingestellt. Daß dieser Druck ausreicht, um eine volle Elektronenausnutzung zu erzielen, läßt sich dadurch nachweisen, daß man den durch eine Strahlung bestimmter Intensität erzeugten Ionisationsstrom als Funktion des Druckes in der Kammer aufnimmt. Man findet dann, daß selbst bei ziemlich harter Strahlung von etwa 3 bis 4 Atmosphären an der Ionisationsstrom linear mit dem Druck zunimmt, was als Kriterium für die oben aufgestellte Bedingung der vollen Elektronenausnutzung anzusehen ist. Um bei dem hohen Druck Sättigung zu erzielen, ist eine Spannung von etwa 1650 Volt nötig, die einem mit Hilfe eines Glühkathodenventiles von einem Wechselstromtransformator aufgeladenen Kondensator entnommen wird. Zur Messung wird der Ionisierungsstrom über einen hochohmigen Widerstand geleitet, dessen Spannungsabfall an einem Quadrantenelektrometer beobachtet wird.

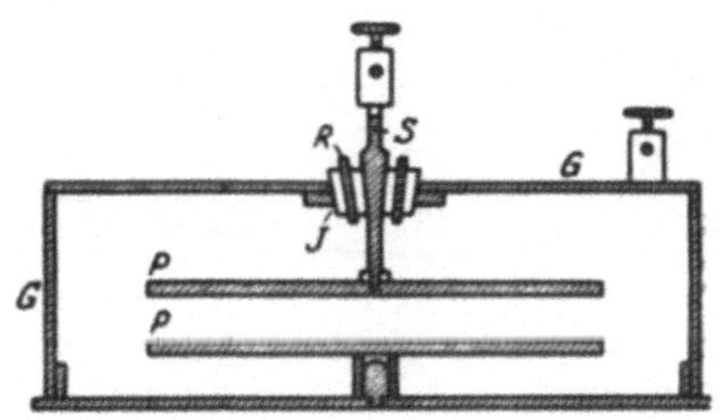

Abb. 51. Stromnormal nach BEHNKEN.

58. Stromnormale. Um die Empfindlichkeit der Strommeßanordnung jederzeit leicht kontrollieren zu können, werden sog. Stromnormale benutzt, die übrigens auch bei technischen Dosismessern mehr und mehr in Aufnahme kommen. Die in der Reichsanstalt benutzten Normale sind Luftkondensatoren von der in Abb. 51 abgebildeten Form, deren Platten mit einer dünnen Schicht von Uranoxyd überzogen sind. Die ionisierende Strahlung des Uranoxydes ist, wenn man es in nicht zu kleiner Oberfläche anwendet, so daß die Schwankungen keine Rolle mehr spielen, außerordentlich konstant. Der einseitige von einem Quadratzentimeter Uranoxyd herrührende Ionisationsstrom beträgt etwa 0,00175 elektrostatische Einheiten pro Sekunde. Ein Kondensator der oben beschriebenen Art liefert daher in Gestalt seines Sättigungsstromes einen sehr bequemen Standardstrom, der, nachdem er einmal absolut bestimmt worden ist, jederzeit die Empfindlichkeit der Strommeßanordnung nachzuprüfen gestattet.

Die vorstehend beschriebenen Apparate bieten die Möglichkeit, die von einer bestimmten Röntgenröhre unter bestimmten Betriebsbedingungen und bei bestimmter Filterung ausgesandte Strahlung in „Röntgen“ auszumessen. Dadurch, daß man die ausgemessene Strahlung unter den gleichen Bedingungen auf ein zu eichendes Instrument einwirken läßt, ermittelt man einen Reduktionsfaktor, mit dessen Hilfe die Angaben des Instrumentes in „R“ umzurechnen sind. Im allgemeinen ist dieser Faktor von der Strahlenqualität abhängig. Es ist daher meist notwendig, die Eichung nicht nur für eine, sondern für mehrere Strahlenqualitäten durchzuführen.

59. Praktische Ionisationsdosismesser. Iontoquantimeter. Es sind nunmehr die wichtigsten Typen der in der Praxis benutzten Ionisationsmeßgeräte zu beschreiben. In ihrer einfachsten Form bestehen diese Geräte nach dem Vorgange von SZILARD aus einer kleinen Ionisierungskammer von wenigen Kubikzentimetern Inhalt in Verbindung mit einem Elektrometer. In Deutschland am längsten in Gebrauch ist das Iontoquantimeter der Firma Reiniger, Gebbert & Schall. Bei diesem Instrument hat die Ionisierungskammer Zylinderform und besteht aus dünnem Aluminiumblech. Die Innenelektrode ist ein mit Bernstein isolierter Aluminiumstift. Das Elektrometer ist ein Zeigerelektrometer, das mit einer kleinen Reibungselektrisiermaschine aufgeladen wird. Sobald die Ionisationskammer von Röntgenstrahlen getroffen wird, entlädt sich das Elektrometer mehr oder weniger rasch, und der reziproke Wert der Ablaufszeit, die mit einer Stoppuhr gemessen wird, ist ein Maß für den Ionisationsstrom und damit für die Dosisleistung. Die Verbindung zwischen dem Elektrometer und der Kammer war ursprünglich ein starres Metallrohr. Später wurde, um die Kammer beweglicher zu machen, anstatt dessen ein biegsamer Metallschlauch eingeführt. Bei Messungen mit diesem Instrument ist sorgfältig darauf zu achten, daß die Isolation intakt ist, so daß das Elektrometer ohne Röntgenbestrahlung keinerlei Ablauf zeigt. Außerdem ist die Bestrahlung sorgfältig auf die Ionisationskammer selbst zu beschränken. Eine Mitbestrahlung des Verbindungsschlauches oder des Elektrometers hat leicht Ionisationen an ungewollter Stelle zur Folge, die dann das Meßergebnis entstellen. Das Elektrometer pflegt daher bei diesen Instrumenten durch ein Bleigehäuse geschützt zu sein, die Verbindungsleitung dagegen häufig nicht.

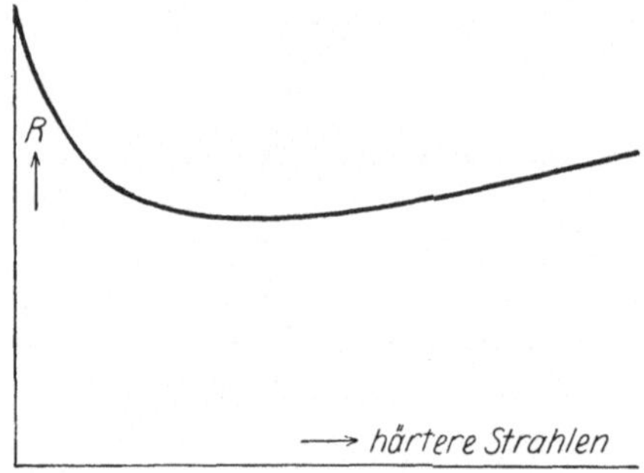

Abb. 52. Eichkurve einer Kleinkammer.

60. Ionometer und Ionimeter. Dem Iontoquantimeter im Prinzip ähnlich sind das Ionometer nach WULF der Firma Koch & Sterzel und das Ionimeter von GREBE und MARTIUS. An Stelle des Zeigerelektrometers besitzen diese Instrumente ein Fadenelektrometer, das beim Ionometer nach WULF mit Hilfe einer kleinen Projektionseinrichtung objektiv abgelesen wird, während das GREBE-MARTIUS-Ionimeter mit einem Mikroskop abgelesen wird. Die Ionisationskammer des Ionometers besteht aus Graphit und faßt etwa 5 ccm Luft, ist also relativ groß. Diejenige des Ionimeters dagegen besteht aus Aluminium und ist sehr klein, da sie nur etwa 1 ccm Volumen besitzt.

Eicht man einen Dosismesser der eben beschriebenen Art bei verschiedenen Strahlenqualitäten in R, so findet man ein für die kleinen Ionisationskammern typisches Verhalten. Trägt man die Anzahl von R, die notwendig ist, um das Elektrometer über eine bestimmte Anzahl von Skalenteilen ablaufen zu lassen, als Funktion der in irgendeinem Maße angegebenen Strahlenhärte auf, so erhält man stets Kurven von der in der Abb. 52 dargestellten Form. Man findet bei weicher Strahlung, d. h. bei solcher, die mit niedriger Spannung von 80 bis 100 kV erzeugt und schwach oder gar nicht gefiltert ist, eine relativ geringe Empfindlichkeit der Kleinkammer. Dies hat seinen Grund darin, daß ein erheblicher Teil der Strahlung in der Kammerwand absorbiert wird. Mit zunehmender Härte der Strahlung wird dieser absorbierte Anteil immer geringer, so daß die für eine bestimmte Ionisationsstärke benötigte R-Zahl ebenfalls abnimmt und bei einer Strahlung von etwa 160 kV bei einem Filter von etwa 0,5 mm Kupfer ein mehr oder weniger ausgeprägtes Minimum erreicht. Wird härtere Strahlung benutzt, so steigt die R-Zahl allmählich wieder an. Dies ist wenigstens zum Teil wohl daraus zu erklären, daß sich nach und nach der Holthuseneffekt in der Kleinkammer bemerkbar macht. Der dadurch entstehende Ionisationsausfall wird allerdings teilweise durch die Vermehrung der Wandstrahlung bei harten Strahlen wieder wettgemacht, so daß es im Prinzip wohl möglich ist, durch passende Dimensionierung und ein geeignetes Kammermaterial eine Kleinkammer herzustellen, deren Empfindlichkeit wenigstens im Gebiete härterer Strahlen von der Strahlenqualität weitgehend unabhängig ist. Dahingehende Versuche sind mit gutem Erfolg z. B. von O. GLASSER ausgeführt worden[1]). Nach GLASSER kommt es darauf an, daß das Kammermaterial ein Stoff ist, dessen „effektive Atomnummer“ derjenigen der Luft gleich ist. Als geeigneten Stoff gibt GLASSER z. B. Ammoniumnitrat an. Auch Graphit ist ziemlich gut. Ähnliche Überlegungen und Versuche sind von BECKER und HOLTHUSEN[2]) angestellt worden.

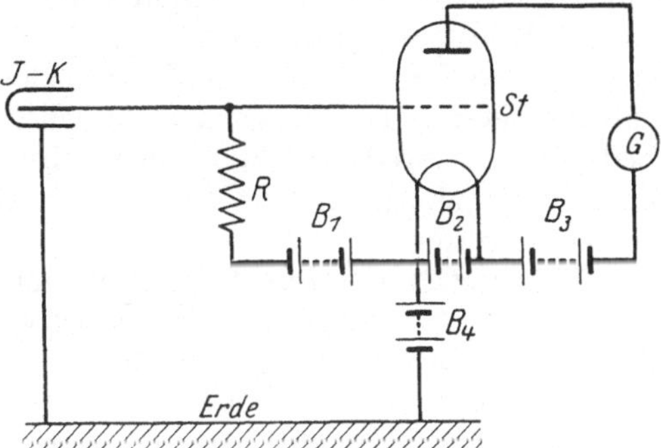

Abb. 53. Schaltungsprinzip des Siemensdosismessers.

61. Veifaelektroskop. Einen sehr geringen Gang mit der Strahlenhärte zeigt das sog. Veifaelektroskop nach BACK. Dieses besitzt keine Kleinkammer. Vielmehr wird ein eng ausgeblendetes Strahlenbündel zwischen zwei etwa 5 cm voneinander entfernten Graphitplatten hindurchgeführt. Eine der Platten ist geerdet, während die andere mit einem Kohlenfadenelektroskop verbunden ist und statisch aufgeladen werden kann. Da bei diesem Instrument der Holthuseneffekt sehr zurücktritt, so zeigt die Empfindlichkeit dieses Instrumentes wenigstens für mittelharte und härtere Strahlen fast keinen Gang mit der Strahlenhärte.

62. Siemensdosismesser. Eine besondere Art der Messung des Ionisierungsstromes ist beim Siemensdosismesser angewendet. Dieses Instrument enthält kein Elektrometer, sondern ein sog. Röhrengalvanometer. Der Ionisierungsstrom einer Kleinkammer, der von der Größenordnung 10^{-10} Amp. ist, wird mit Hilfe einer Verstärkerröhre etwa 100000fach verstärkt, so daß er in einem Zeigergalvanometer der üblichen Art gemessen werden kann. Das Prinzip der angewendeten Schaltung ist aus Abb. 53 zu ersehen. Die äußere Wand der Ionisierungskammer J-K ist geerdet. Die Innenelektrode ist an das Steuergitter der Verstärkerröhre St geführt. Gitter und Glühfaden der Röhre sind durch einen hochohmigen Widerstand von der Größenordnung 10^{10} Ohm in Reihe mit einer Gittervorspannungsbatterie B_1 verbunden. Durch passende Wahl der Vorspannung B_1 wird der Nullpunkt des im Anodenkreise liegenden Galvanometers G eingestellt. Die Batterie B_2 heizt den Glühfaden. Die Batterie B_3 liefert die Spannung für den Anodenstrom, während der Ionisationsstrom durch B_4 gespeist wird. Der Ionisationsstrom durchfließt also den Widerstand R und erzeugt in diesem einen seiner Stromstärke proportionalen Spannungsabfall. Dieser überträgt sich auf das Steuergitter der Verstärkerröhre und beeinflußt dadurch in bekannter Weise den Anodenstrom. Der letztere ist somit

[1]) Vgl. z. B. H. FRICKE u. O. GLASSER, ZS. f. Phys. Bd. 29, S. 374. 1924 u. Fortschr. a. d. Geb. d. Röntgenstr. Bd. 33, S. 239. 1925.

[2]) A. BECKER u. H. HOLTHUSEN, Ann. d. Phys. Bd. 69, S. 625. 1925.

ein Maß für den Ionisationsstrom. Der Zusammenhang zwischen der Gitterspannung und dem Anodenstrom ist durch die Charakteristik der Verstärkerröhre bedingt und kann aus einer jedem Dosismesser beigegebenen Röhreneichkurve abgelesen werden. Im Siemensdosismesser wird also nicht wie bei den Ablaufinstrumenten die Dosis selbst, sondern die Dosisleistung, d. i. die pro Sekunde erzielte Dosis gemessen. Um die Empfindlichkeit des Röhrengalvanometers, insbesondere die Konstanz des Widerstandes R jederzeit nachprüfen zu können, gehört zu jedem Dosismesser ein genau gemessenes Stromnormal mit Uranoxyd von ähnlicher Art, wie es oben beschrieben wurde.

63. Registriereinrichtungen. Ionisationsdosismesser sind vielfach mit Relais und Zählwerken kombiniert worden, welche es gestatten, die gesamte, während eine längeren Bestrahlungszeit erzielte Dosis zu registrieren. Derartige Konstruktionen sind z. B. von HAMMER[1]) und von JAEGER[2]) angegeben worden. Auch der Siemensdosismesser kann mit einem Registriergalvanometer versehen werden, welches die Dosisleistung über eine längere Zeit hin aufschreibt. Eine neuere Konstruktion ähnlicher Art mit der Bezeichnung „Mecapion“ ist von S. STRAUSS ' ausgeführt und in den Handel gebracht worden.

64. Solomondosismesser. Zum Schluß muß hier ein in Frankreich und anderen nichtdeutschen Ländern viel gebrauchtes Dosismeßgerät erwähnt werden, der von SOLOMON[3]) angegebene Dosismesser. Dieser besteht im wesentlichen aus einer Kleinkammer mit einem Blättchenelektroskop, ähnelt also im Prinzip dem deutschen Ionimeter bzw. Ionometer. SOLOMON eicht dieses Gerät mit einem Standardradiumpräparat von bekannter Stärke, dessen γ-Strahlen er aus einem Abstande von 2 cm von der Kammer durch ein Filter von 0,5 mm Platin auf die Kammer einwirken läßt. Die gemessenen Werte werden in einer besonderen von SOLOMON definierten R-Einheit angegeben, die nicht mit der R-Einheit der Deutschen Röntgengesellschaft, die, wie oben dargelegt wurde, absoluten Charakter hat, verwechselt werden darf.

d) Hilfsgeräte der Röntgentechnik.

65. Leuchtschirme. Die Leuchtschirme dienen dazu, die mit Hilfe der Röntgenstrahlen entworfenen Schattenbilder direkt zu beobachten. Man verlangt von einem guten Leuchtschirm außer möglichst großer Helligkeit ein möglichst unsichtbares, also sehr feines Korn und möglichst geringes Nachleuchten. Die Durchleuchtungsschirme bestanden früher ausschließlich aus mit Bariumplatinzyanür bestrichenen Kartons. Dieses Material hat den Vorzug großer Helligkeit. Es leuchtet gelblichgrün im Spektralbereich von etwa 510 bis 440 $\mu\mu$ und leuchtet nicht merklich nach. Ein Nachteil des Bariumplatinzyanürs ist außer seinem relativ hohen Preise der Umstand, daß daraus hergestellte Schirmə durch lange andauernde Röntgenbestrahlung in ihrer Qualität verschlechtert werden und nach und nach immer weniger hell leuchten. Auch gegen Wärme müssen solche Schirme geschützt werden.

Heute wird für die Durchleuchtungsschirme meist ein billigeres Material, im wesentlichen Zinksilikat (Willemit) benutzt. Die handelsüblichen Astral-

---

[1]) W. HAMMER, Verh. d. D. Rönten-Ges. Bd. 30, S. 99. 1922 (Kongreßheft 30).

[2]) R. JAEGER, Fortschr. a. d. Geb. d. Röntgenstr. Bd. 31, Kongreßheft S. 120. 1923.

[3]) I. SOLOMON, La Radiothérapie profonde. Paris: Masson et Cie. 1923.

und Ossalschirme sind z. B. daraus hergestellt. Auch diese Schirme leuchten hell genug in einer ähnlichen Farbe wie die Bariumplatinzyanürschirme. Sie haben aber den Nachteil des merklichen Nachleuchtens, was bei der Durchleuchtung bewegter Objekte manchmal stört. Noch stärker als beim Zinksilikat ist das Nachleuchten beim Zinksulfid. Dieser Stoff, der wohl von den bekannten in Frage kommenden Substanzen am hellsten leuchtet, ist daher für die medizinische Diagnostik nicht gut geeignet. Er läßt sich aber eben wegen seiner großen Helligkeit mit Vorteil beim Justieren von Röntgenapparaturen für allerlei physikalische Zwecke gebrauchen.

Um auch im nicht verdunkelten Raume Röntgendurchleuchtungen zu ermöglichen, versieht man die Leuchtschirme mit undurchsichtigen Lichtschutzkappen aus schwarzer Pappe oder dgl., die einen lichtdicht an die Augen anzusetzenden Rahmen tragen. Um den Augenabstand vom Schirm variieren zu können, gibt man den Schutzkappen die Form eines konischen Kameraauszuges. So ausgerüstete Leuchtschirme werden in der Röntgentechnik als „Kryptoskope" bezeichnet. Um den Beobachter vor den den Leuchtschirm durchdringenden Röntgenstrahlen zu schützen, montiert man die Leuchtschirme auch in lichtdichte Holzkästen zusammen mit einem Spiegel, der eine indirekte Beobachtung des Leuchtbildes ermöglicht. Natürlich ist das so gesehene Bild seitenverkehrt.

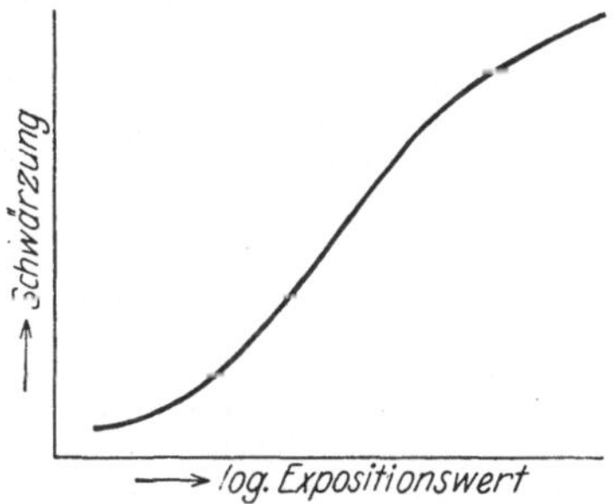

Abb. 54. Normale Schwärzungskurve.

66. Photographisches Material. Für Röntgenaufnahmen läßt sich jede photographische Platte benutzen. Doch ist die Schwärzung der Platte durch Röntgenstrahlen nicht in jeder Beziehung dieselbe wie durch Lichtstrahlen. Man findet bei Röntgenstrahlen nicht den bei der Lichtwirkung beobachteten Schwellwert der Empfindlichkeit. Für Röntgenaufnahmen mit geringer Strahlenintensität hat also eine Vorbelichtung keine empfindlichkeitsteigernde Wirkung. Die Sensitometerkurve für Röntgenstrahlen hat bei normaler Entwicklung ungefähr den in Abb. 54 dargestellten Verlauf. Das Bunsensche Gesetz, wonach gleiche Werte des Produktes aus Bestrahlungsintensität und Bestrahlungszeit gleiche Schwärzung ergeben, ist für Röntgenstrahlen mit großer Annäherung erfüllt. Die photographische Wirkung der Röntgenstrahlen unterscheidet sich von derjenigen des Lichtes ferner dadurch, daß die Röntgenstrahlen nicht nur in der Oberfläche, sondern in der ganzen Dicke der Emulsion absorbiert werden. Eine Platte gibt daher für Röntgenstrahlen um so größere Schwärzungen, je dicker die Emulsion ist. Man pflegt diese deshalb meist dicker zu machen als bei den gewöhnlichen Platten. Bei Filmen geht man mit gutem Erfolg sogar so weit, daß man beide Seiten des Filmes mit Emulsion versieht. (Doppelt begossene Filme.) Von großem Einfluß auf die Schwärzung ist die Wellenlänge der Röntgenstrahlen. Dies hat seinen Grund in den Absorptionsverhältnissen. Die absorbierenden Bestandteile der Röntgenplatten sind vor allem das Silber und in zweiter Linie das Brom. Beide Elemente besitzen im technischen Spektralbereich selektive Absorptionsgebiete, und zwar das Silber für $\lambda < 0{,}49$ A.-E. und das Brom für $\lambda < 0{,}92$ A.-E. Diese Spektralgebiete sind daher photographisch besonders wirksam. Die photographische Aufnahme eines kontinuierlichen Röntgenspektrums zeigt daher stets sehr deutlich die Absorptionskante des Silbers und des Broms. Will man Energiemessungen der Röntgenstrahlen auf photographischem Wege ausführen, so hat man die Absorptionsverhältnisse zu berücksichtigen, wie dies insbesondere von BOUWERS[1]) ausführlich dargelegt worden ist. Der letztere gibt an, daß zur Hervorbringung einer deutlichen Schwärzung in der photographischen Schicht eine Röntgenenergiemenge von der Größenordnung 1 Erg pro Quadratzentimeter absorbiert werden muß.

Eine Vorstellung der für eine Reihe der praktisch am häufigsten vorkommenden Röntgenaufnahmen zu wählenden Bedingungen erhält man aus der nachstehenden von EGGERT[2]) aufgestellten Tabelle:

Tabelle. Expositionsangaben für Aufnahmen auf Agfa-Röntgenmaterial mit einem normalen Röntgeninstrumentarium.

Nr.	Objekt	Entfernung Antikathode Platte (Film) cm	Härte Kilo-Volt	Expositionswerte (in Milliamperesekunden ausgedrückt)				
				Agfa-Röntgenplatte		doppelseitig begossener Agfa-Röntgenfilm		
				ohne Folie	mit 1 Folie	ohne Folie	mit 1 Folie	mit 2 Folien
Spaltennummer		I	II	III	IV	V	VI	VII
1	Schädel von vorn .	50	58	–	50	300	38	30
2	„ seitlich . .	50	58	–	40	250	30	25
3	Zähne	45	40	–	–	50	–	–
4	Halswirbel	45	55	–	35	200	25	20
5	Schultergelenk . . .	50	55	300	25	150	20	15
6	Oberarm	45	48	180	–	90	–	–
7	Ellenbogen	40	48	160	–	80	–	–
8	Unterarm	40	45	170	–	85	–	–
9	Handgelenk	40	45	160	–	80	–	–
10	Hand	40	45	140	–	70	–	–
11	Thorax (Herz, Lunge)	60	60	–	25	150	20	15
12	„ (Fernaufnahme)	150	65	–	200	1200	150	120
13	Magen, Darm . . .	60	72	–	25	150	20	15
14	Niere, Blase . . .	60	58	–	50	300	38	30
15	Becken, Hüfte . .	45	55	–	150	900	110	90
16	Oberschenkel . . .	42	52	140	–	70	–	–
17	Kniegelenk v. vorn	45	52	200	–	100	–	–
18	„ seitlich .	45	52	180	–	90	–	–
19	Unterschenkel . . .	45	48	140	–	70	–	–
20	Fußgelenk	40	48	240	20	120	15	12
21	Fuß von vorn . . .	40	45	140	–	70	–	–
22	„ seitlich	40	45	240	20	120	15	12

Röntgenfilme und -platten können in lichtdichter Einzelpackung bezogen werden, so daß die Aufnahme ohne jede Kassette bei Tageslicht vorgenommen werden kann. Insbesondere gilt dies von den „Zahnfilmen“. Diese werden mit ihrer Umhüllung im Innern der Mundhöhle gegen Gaumen und Kiefer des Patienten gelegt und erst nach der Aufnahme zum Zweck der Entwicklung aus der Umhüllung herausgenommen.

Besondere Vorsicht ist bei der Aufbewahrung des Platten- und Filmmateriales anzuwenden, da dieses absolut sicher gegen Röntgenstrahlen geschützt werden muß. Man sollte photographisches Material grundsätzlich niemals im gleichen Raume aufbewahren, in welchem mit Röntgenstrahlen gearbeitet wird. Selbst Mauerwände und Bleiverkleidungen, wenn letztere nicht etwa 1 cm dick sind, bieten auf die Dauer keinen ausreichenden Schutz. Die Aufbewahrung des Materiales geschieht am besten in Bleischränken außerhalb des Röntgenlaboratoriums fern von Hochspannungsleitungen in trockenen und nicht zu warmen

[1]) A. BOUWERS, Physica Bd. 5, S. 8. 1925.

[2]) J. EGGERT, Einführung in die Röntgenphotographie. Durch die Agfa-Gesellschaft. Berlin, gratis erhältlich.

Räumen. Unter solchen Umständen hält sich gutes Material mindestens ein Jahr lang.

67. Verstärkungsschirme. Die Belichtungszeiten können auf den 10. bis 15. Teil herabgesetzt werden, wenn man sog. Verstärkungsschirme benutzt. Dies sind Folien aus Zelluloid oder ähnlichem Material, auf welchen sich eine unter dem Einfluß der Röntgenstrahlen fluoreszierende Schicht befindet, deren wirksamer Bestandteil meist Kalziumwolframat ist. Dieses Material, das wegen der Anwesenheit des schweren Wolframs die Röntgenstrahlen stark absorbiert, fluoresziert blauviolett bis ins Ultraviolette hinein. Das Fluoreszenzlicht ist daher photographisch besonders wirksam. Man legt die Folien Schicht an Schicht mit der Platte oder dem Film in eine Kassette, wobei ganz besonders darauf zu achten ist, daß die Folie fest auf der photographischen Schicht aufliegt. Bei doppelt begossenen Filmen lassen sich zwei Verstärkungsfolien benutzen, eine auf der Vorderseite und eine auf der Rückseite. Benutzt man nur eine Folie, so tut man am besten, die Anordnung so zu treffen, daß die Röntgenstrahlen erst den Film durchsetzen und erst dann die Folie treffen, da der Film im allgemeinen weniger stark absorbiert als die Folie. Verstärkungsfolien müssen ein möglichst feines Korn besitzen und über ihre ganze Fläche hin gleichmäßig fluoreszieren, da sich alle Fehler der Folie auf den Platten wieder bemerkbar machen und zu Mißdeutungen Anlaß geben können. Da die meisten Folien erheblich lange nachleuchten, darf man eine Folie, die soeben für eine Aufnahme benutzt wurde, nicht sogleich wieder verwenden, da sonst das Nachbild der ersten Aufnahme auf der zweiten mit erscheinen kann. Das Verschwinden des Nachbildes läßt sich durch vorsichtiges Erwärmen der Folie beschleunigen. Ausführliche Messungen über die Wirkung von Verstärkungsfolien hat SCHLECHTER angestellt[1]).

68. Kassetten. Bei den für Röntgenaufnahmen benutzten Kassetten ist eine wichtige Bedingung, daß die zwischen Patient und photographischer Schicht befindliche Kassettenwand möglichst wenig Strahlung absorbiert. Diese Wand wird daher meist aus Karton hergestellt, unter Umständen sogar aus dünnem Papier. Kassetten der letztgenannten Art sind jedoch für Aufnahmen mit Verstärkungsfolien nicht brauchbar, da sie kein festes Zusammendrücken der Folie mit der Emulsion ermöglichen. Werden Glasplatten zusammen mit Verstärkungsfolien benutzt, so legt man die Folie am besten auf der dem Objekt zugewandten Seite in die Kassette. Bei Filmen ist die umgekehrte Anordnung die günstigere.

69. Kontrastmittel. Ein wichtiges Hilfsmittel für viele Röntgenuntersuchungen z. B. des Verdauungstraktus, der Harnwege und gelegentlich auch der Blutgefäße sind die sog. Kontrastmittel. Diese bestehen aus stark absorbierenden breiartigen oder flüssigen Stoffen, welche man entweder als Kontrastmahlzeit oder Kontrasteinlauf oder auch durch Einspritzung in die zu untersuchenden Hohlorgane hineinbringt. Für Magen- und Darmaufnahmen eignen sich besonders Präparate, die Wismutkarbonat oder Bariumsulfat enthalten. Auch Zirkonoxyd wird angewendet. Zur Kontrastfüllung der Harnwege werden Brom- oder Jodsalzlösungen benutzt. Dieser sog. Kontrastradiographie verwandt ist die „Pneumoradiographie", die man z. B. anwendet, um die Nieren im Röntgenbilde sichtbar zu machen. Diese sind normalerweise von dem sie umgebenden weichen Gewebe derart eingeschlossen, daß sich ihre Konturen auf dem Röntgenbilde überhaupt nicht abheben. Bläst man nun mittels eines chirurgischen Eingriffes Luft in das die Nieren umgebende Fettgewebe, so wird das letztere für die Röntgenstrahlen relativ stark durchlässig, so daß sich nunmehr die Nieren als dunkler Schatten auf dem Leuchtschirm abheben. Ähnliche Methoden lassen

[1]) E. SCHLECHTER, Dissert. Stuttgart 1922.

sich bei Aufnahmen der Lunge (Pneumothorax) und der Zwerchfellgegend (Pneumoperitoneum) benutzen.

70. Buckyblende. Eine eigentümliche Schwierigkeit entsteht für die Röntgendiagnostik durch die Streuung der Röntgenstrahlen. Die gestreuten Strahlen durchbrechen nämlich das Gesetz der geradlinigen Ausbreitung, welches ja für die Erzeugung von scharfen Schattenbildern Vorbedingung ist. Das von den direkten Röntgenstrahlen erzeugte Schattenbild wird daher durch die von jedem Punkte des durchstrahlten Objektes ausgehenden Streustrahlen überdeckt und verschleiert. Besonders störend wirkt der Streuschleier bei Aufnahmen der Brust- und Baucheingeweide. In sehr sinnreicher und einfacher Weise wird der Streuschleier durch Anwendung einer Wabenblende nach BUCKY vermieden. Diese Blende ist aus sich kreuzenden Bleilamellen, deren Flächen überall zu den direkt von der Antikathode ausgehenden Strahlen parallel sind, so zusammengesetzt, daß die direkten Strahlen zwischen den Lamellen hindurch passieren können, während die Streustrahlen, deren Richtung ja meist eine andere ist, von den Lamellen abgefangen werden. Zur Erläuterung dieses Vorganges diene die Abb. 55, die einen Vertikalschnitt durch eine Anordnung mit Buckyblende darstellt.

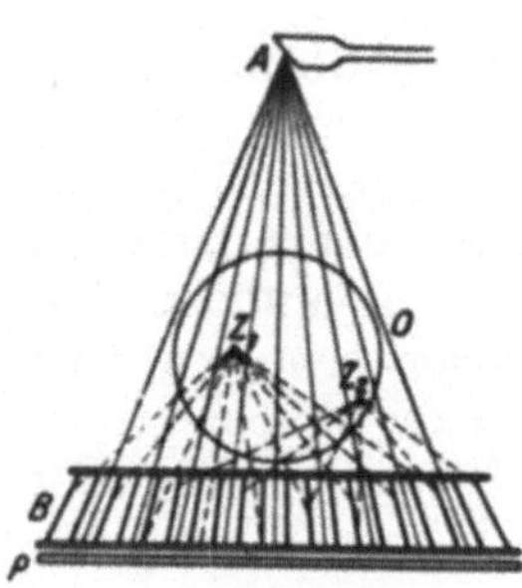

Abb. 55. Wirkungsweise der Buckyblende.
A Antikathode, *O* Objekt (Z_1, Z_2 Objektpunkte), *B* Buckyblende, *P* Platte, ——— Primäre Strahlung, - - - - Sekundäre, vom Objekt ausgehende Strahlung.

Für Leuchtschirmbeobachtungen bewährt sich die Wabenblende sehr gut. Natürlich macht sich der Schatten der Blende als feines dunkles Liniengitter im Leuchtschirmbild bemerkbar, stört aber nicht erheblich, weil das Objekt vor der Blende beliebig bewegt werden kann. Bei photographischen Aufnahmen läßt sich der Blendenschatten völlig vermeiden, wenn man eine bewegliche Aufnahmeblende, in Amerika und danach auch sonst als Potter-Bucky-Blende bezeichnet, benutzt. Diese besteht, wie aus Abb. 56 ersichtlich ist, aus einer radial zur Anode gerichteten Lamellenreihe, die während der Aufnahme mit Hilfe eines Uhrwerks auf einer Zylinderfläche zwischen dem Objekt und der Platte vorbeigeschoben wird. Die Wirkung solcher Blenden für die Verbesserung der Qualität der Röntgenbilder ist in manchen Fällen ganz erstaunlich.

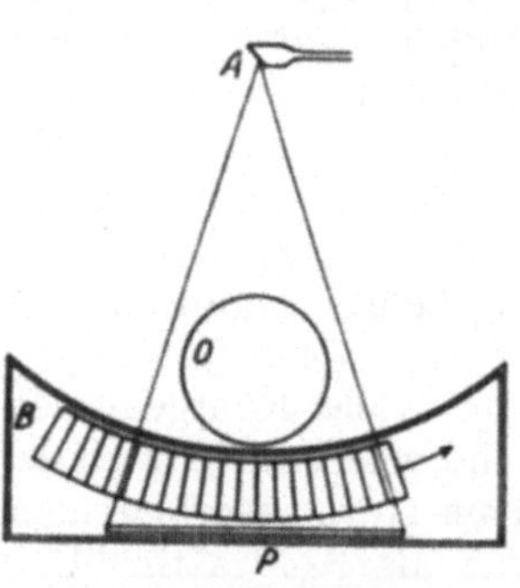

Abb. 56. Bewegte Bucky-Potter-Blende.
O Objekt, *B* Blende, *P* Platte.

71. Röntgenstereographie. Es kann gelegentlich von Vorteil sein, stereoskopische Röntgenbilder zu erhalten, z. B. wenn es sich um die Ortsbestimmung eines Fremdkörpers handelt. Solche Bilder kann man herstellen, indem man zwei verschiedene Aufnahmen desselben Objektes anfertigt, die sich cet. par. nur dadurch unterscheiden, daß der Ort des Antikathodenbrennflecks bei der zweiten Aufnahme gegen den bei der ersten Aufnahme um etwa 6,5 cm verschoben ist. Die so entstandenen Bilder werden dann gleichzeitig in einem Stereoskopapparat betrachtet. Die meisten Röntgenstative lassen eine für solche Aufnahmen geeignete Röhrenverschiebung leicht vornehmen. Um die Platten schnell auswechseln zu können, sind besondere Stereokassetten konstruiert worden. Bei der Stereoaufnahme bewegter Objekte muß das Verschieben der Röhre und das Wechseln der Platten außerordentlich schnell vorgenommen werden. Auch hierfür sind automatisch wirkende Einrichtungen konstruiert worden, die so schnell arbeiten, daß z. B. völlig scharfe Stereoaufnahmen des arbeitenden

Magens hergestellt werden können. Um bei den Stereoaufnahmen eine naturgetreue Plastik zu erzielen, müssen nach ROSENTHAL[1]) folgende drei Bedingungen erfüllt sein:

1. Bei der Aufnahme soll die der Röntgenröhre zunächst gelegene Oberfläche des darzustellenden Körperteiles vom Fokus der Röntgenröhre wenigstens so weit entfernt sein, als unsere Augen entfernt sein müßten, um diese Oberfläche noch deutlich zu sehen.

2. Die Verschiebung des Röhrenfokus soll immer um die Augenachsenentfernung erfolgen.

3. Bei der Besichtigung der Stereogramme sollen diejenigen Köperpunkte, welche bei der Aufnahme dicht an der photographischen Platte lagen, ebenso weit vom Auge entfernt erscheinen, wie bei der Aufnahme die Platte vom Fokus der Röhre entfernt war.

Es ist leicht einzusehen, daß sich die dritte Bedingung mit optischen Mitteln unschwer erfüllen läßt. Besonders geeignet ist dafür das WHEATSTONEsche Spiegelstereoskop.

72. Röntgenkinographie. Die Röntgenkinographie ist heute im wesentlichen noch ein Problem, da es außerordentlich schwierig ist, photographische Platten und Filme von so großen Formaten, wie sie bei Röntgenaufnahmen nötig sind, mit der nötigen Schnelligkeit zu wechseln. Es ist auch aus diesem Grunde bisher nicht gelungen, gute kinematographische Aufnahmen z. B. des lebenden Herzens zu machen, dessen Bewegung sich mit einer Periode von etwa 1 Sekunde abspielt. Wesentlich besser gelingt die Darstellung der Magenperistaltik, deren Periode etwa 18 bis 20 Sekunden dauert. Diese Bewegung laßt sich nach der Methode der Serienaufnahmen darstellen, bei welcher mit Hilfe von geeigneten Vorrichtungen eine Reihe von Kassetten nacheinander in die für die Aufnahme erforderliche Lage gebracht werden, wobei dann jedesmal eine Momentaufnahme gemacht wird. Auf eine nähere Beschreibung der hierfür konstruierten Geräte kann hier nicht eingegangen werden. Literaturangaben finden sich z. B. bei J. ROSENTHAL[2]).

73. Dosismessungen am Phantom. Zum Schluß sind noch einige technische Einrichtungen zu besprechen, deren sich die Röntgentherapie bedient, um die Bestrahlungsdosis richtig bemessen zu können. Dies sind die Messungen der Dosis im Innern des bestrahlten Körpers mit Hilfe von Phantomen. Unter einem Phantom versteht man in der Röntgentechnik einen größeren Körper aus einem Material, welches in bezug auf Absorptions- und Streuverhältnisse für Röntgenstrahlen dem Gewebe des menschlichen Körpers möglichst ähnlich ist, und der außerdem so eingerichtet ist, daß die Meßkammer eines Dosismessers sowohl an seiner Oberfläche als auch an verschieden tiefer gelegenen Stellen seines Inneren angebracht werden kann. Die Phantome dienen dazu, bei Probebestrahlungen, die man vornimmt, um die Verteilung der Röntgenstrahlendosis im Inneren des bestrahlten Körpers unter verschiedenen Bedingungen zu studieren, den Körper des Patienten, mit dem man aus einleuchtenden Gründen nicht experimentieren kann, zu ersetzen. Um die Dosis an irgendeinem Punkte im Inneren des Körpers zu bestimmen, genügt es nämlich nicht, einfach die Dosis an der Körperoberfläche zu messen und dann etwa unter Einsetzung des besonders ermittelten Schwächungskoeffizienten die Dosis in einer bestimmten Tiefe nach den elementaren Schwächungsformeln zu berechnen. Denn die Dosis in der Tiefe wird ganz erheblich beeinflußt durch den sog. Streuzusatz, d. h. durch diejenige Röntgen-

[1]) J. ROSENTHAL, Verh. d. D. Röntgen-Ges. Bd. 8, S. 23. 1912.

[2]) J. ROSENTHAL, Praktische Röntgenphysik und Röntgentechnik, 2. Aufl., S. 196ff. Leipzig 1925.

strahlung, die von der Streuung des bestrahlten Körpers selbst in der Umgebung eines betrachteten Punktes herrührt. Dieser sog. Streuzusatz hat unter anderem zur Folge, daß auch an Punkte, welche vor der direkten primären Strahlung durch Blenden geschützt sind, Röntgenstrahlen gelangen. Die räumliche Verteilung der Dosis wird also durch die Streuung ganz erheblich modifiziert. Alle nur denkbaren Faktoren spielen dabei eine Rolle, nämlich außer der Qualität der Strahlen die Größe des Bestrahlungsfeldes, der Abstand des Fokus von der Körperoberfläche, die Lage des Meßpunktes im Bestrahlungsfelde, ob mehr in der Nähe des Zentralstrahles oder mehr seitlich herausgerückt. Alle diese Faktoren rechnerisch zu berücksichtigen, ist bei der großen Verschiedenheit der Bedingungen, unter denen bestrahlt werden muß, nicht möglich. Die Phantommessung bleibt also das einzige Mittel für den Arzt, sich hier Klarheit zu verschaffen. Als Phantom werden vielfach Wachs- oder Paraffinklötze mit entsprechenden Ausbohrungen für die Meßkammer benutzt. Bequemer und vielseitiger verwendbar sind Wasserphantome. Die Absorptions- und Streukoeffizienten des Wassers weichen von denen des Körpergewebes nicht sehr ab. Das Wasser gestattet in seiner Eigenschaft als Flüssigkeit, die Meßkammer ohne weiteres an jeden beliebigen Punkt zu bringen.

Eine wichtige Größe, die mit Hilfe des Phantoms zu bestimmen ist, ist die sog. „prozentuale Tiefendosis". Man versteht darunter nach WINTZ die Dosis in 10 cm Tiefe in Prozenten der Oberflächendosis ausgedrückt bei einem Fokus-Oberflächenabstand von 23 cm und einem Oberflächeneinfallsfeld von 6×8 cm. Die prozentuale Tiefendosis ist also eine im wesentlichen von der Strahlenqualität abhängige Größe. Der 100. Teil der prozentualen Tiefendosis wird als Dosenquotient bezeichnet. Es gelten also folgende Beziehungen:

$$\text{Proz. Tiefendosis} = 100 \cdot \text{Dosenquotient} = 100 \cdot \frac{\text{Dosis in 10 cm Tiefe}}{\text{Oberflächendosis}}.$$

Durch Messungen von DESSAUER und VIERHELLER[1]) einerseits und von HOLFELDER, BORNHAUSER und YALOUSSIS[2]) andrerseits ist die gesamte Dosenverteilung im Phantom für eine ganze Reihe von verschiedenen Bedingungen, wie sie in der Praxis vorkommen, ausgemessen und tabellarisch und graphisch festgelegt worden. Eine Kritik der DESSAUERschen Meßergebnisse, die mit den HOLFELDERschen vielfach nicht übereinstimmen, findet sich bei JAECKEL[3]), eine Erwiderung bei LORENZ und RAJEWSKY[4]). Auch von RUMPF und JAEGER sind Messungen über die räumliche Dosenverteilung veröffentlicht worden[5]).

74. Felderwähler von HOLFELDER. Da die prozentuale Tiefendosis den Wert 40 wohl kaum je übersteigt, so kann man an eine im Innern des Körpers liegende Stelle, ohne das an der Oberfläche gelegene Gewebe, besonders die Haut, schwer zu schädigen, nur dadurch erhebliche Dosen bringen, daß man eine Kreuzfeuermethode anwendet. D. h. man bestrahlt den Körper nacheinander von verschiedenen Seiten mit Dosen, welche die Haut gerade noch verträgt, wobei jedes einzelne Feld für sich allein im Inneren des Körpers eine zu kleine Dosis liefern würde. Legt man die Felder aber so, daß sie sich an der Stelle, wo die Strahlen wirken sollen, überdecken, so kann man erreichen, daß in der Tiefe eine Gesamtdosis von wirksamer Größe erzielt wird, ohne das irgendeine Stelle der Körperoberfläche überdosiert wird. Um in praktischen Fällen die Auswahl

[1]) F. DESSAUER u. F. VIERHELLER, Phys. ZS. Bd. 21, S. 17. 1920; ZS. f. Phys. Bd. 4, S. 131. 1921; Strahlentherapie Bd. 12, S. 655. 1921.

[2]) H. HOLFELDER, O. BORNHAUSER u. E. YALOUSSIS, Strahlentherapie Bd. 16, S. 412. 1924.

[3]) G. JAECKEL, Fortschr. a. d. Geb. d. Röntgenstr. Bd. 31, S. 739. 1924.

[4]) E. LORENZ u. B. RAJEWSKY, Strahlentherapie Bd. 20, S. 581. 1925.

[5]) W. RUMP u. R. JAEGER, Strahlentherapie Bd. 15, S. 650. 1923.

der hierzu nötigen Felder leicht und ohne mühsame Rechnung treffen zu können, ist von HOLFELDER[1]) unter dem Namen „Felderwähler" ein besonderer Apparat ausgearbeitet worden. Zu diesem Apparat gehört ein Satz von farbig abgetönten Gelatineschablonen, die die unter bestimmten Bedingungen jeweils zustande kommende räumliche Dosisverteilung optisch veranschaulichen, indem die Stärke des Farbtones an jeder Stelle der Schablone der an der entsprechenden Stelle des Feldes herrschenden Dosisleistung entspricht. Aufgedruckte Zahlen geben außerdem die Dosiswerte an. Um nun die Gesamtdosis an einer bestimmten Stelle bei Mehrfelderbestrahlung zu ermitteln, braucht man nur die den schätzungsweise geplanten Feldern entsprechenden Schablonen über einer transparenten Zeichnung des Körperquerschnittes so aufeinander zu legen, wie man die Felder bei der Bestrahlung anzuordnen beabsichtigt. Die Tiefe des dabei in dem Überkreuzungsgebiet erscheinenden Farbtones veranschaulicht in sinnfälliger Weise die an dieser Stelle zustande kommende Dosisleistung, deren genauer Wert durch Addition der an der betreffenden Stelle aufgedruckten Dosiszahlen zu ermitteln ist. Das Gerät ist also ein bequemes Hilfsmittel bei der Aufstellung des Bestrahlungsplanes, das in jedem praktischen Falle sowohl vor Unterdosierung in der Tiefe wie vor Überdosierung an der Körperoberfläche schützt.

e) Schutzeinrichtungen.

75. Allgemeines über die Gefahren. Die Anwendung der Röntgenstrahlen ist sowohl für den Patienten als auch für das Betriebspersonal und den Arzt mit Gefahren verschiedener Art verbunden, die die Gesundheit der Beteiligten und, wie traurige Erfahrungen bewiesen haben, sogar deren Leben bedrohen können, wenn sie nicht gehörig beachtet werden.

Einmal birgt die Röntgenstrahlung selber infolge ihrer starken biologischen Wirkungen die Gefahr schwerster zuweilen tödlicher Verbrennungen in sich. Eine andere Gefahrenquelle bilden die hohen Spannungen, die an die Röntgenröhre angelegt werden müssen. Erst im Jahre 1924 verunglückten in Finnland ein Arzt und eine Röntgenschwester bei der Bedienung eines Röntgenapparates tödlich[2]). Eine dritte, wenn auch nicht lebensgefährliche, so doch sehr lästige und der Gesundheit abträgliche Begleiterscheinung besonders bei Röntgenapparaten älterer Bauart bilden die infolge von Funkenübergängen an den Ventilfunkenstrecken oder den mechanischen Gleichrichtern oder auch an sprühenden Hochspannungsleitungen entstehenden nitrosen Gase sowie das Ozon, die sich durch ihren scharfen Geruch bemerkbar machen. Der längere Aufenthalt in mit solchen Gasen erfüllten Räumen ruft außer der unangenehmen Geruchsempfindung bei empfindlichen Personen Kopfschmerzen und allgemeines Übelbefinden, den sog. Röntgenkater, hervor. Man wird also auch hiergegen Schutzmaßnahmen zu treffen haben.

76. Strahlenschutz. Die Schutzmaßnahmen gegen ungewollte Röntgenstrahlen mußten um so umfassender werden, je weiter die Technik in der Erzeugung intensiver Strahlen fortschritt. Bei den einfachsten Apparaten geringer Leistung, wie sie bei leichterer Diagnostik Verwendung finden, begnügt man sich damit, die Röntgenröhre in einen sog. Röhrentopf aus für Röntgenstrahlen schwer durchlässigem Material wie Bleiglas oder Bleigummi einzuschließen. Die Schutzwirkung solcher Stoffe definiert man am besten dadurch, daß man angibt, welcher Bleidicke sie entsprechen. Für die Röhrentöpfe an Diagnostik-

[1]) H. HOLFELDER, Strahlentherapie Bd. 12, S. 161. 1921.

[2]) Vgl. M. LEVY-DORN, Med. Klinik Bd. 50, S. 1762. 1924.

apparaten dürfte eine wirksame Bleidicke von 2 mm in fast allen Fällen ausreichen. Um das Bedienungspersonal noch besonders zu schützen, hat man in den Röntgenzimmern versetzbare mit Blei beschlagene Schutzwände mit Bleiglasfenstern, hinter denen sich die Röntgenschwester beim Einschalten und Regulieren der Apparatur aufhält. Für den Arzt, der sich in den Strahlenkegel begeben muß, kommen vor allem genügend starke Bleiglasscheiben über dem Leuchtschirm in Frage. Außerdem empfiehlt sich die Anwendung von Handschuhen und Schutzschürzen aus Bleigummi. Die zum Teil schwer verstümmelten Hände unserer älteren Röntgenologen, die noch aus einer über die Gefahren der Röntgenstrahlen nicht unterrichteten Zeit stammen, sprechen mit trauriger Beredsamkeit von den bösen Folgen, die Unkenntnis oder Nachlässigkeit in diesem Punkte mit sich bringen. Auch dem Physiker ist Vorsicht in dieser Beziehung auf das ernsteste anzuraten, zumal da eingetretene Schäden sich nicht sogleich bemerkbar machen, sondern erst nach längerer Zeit, wenn die Beschäftigung mit Röntgenstrahlen evtl. schon länger zurückliegt, offenbar werden. Es sei hier auch an die starke Wirkung der Röntgenstrahlen auf die männlichen und weiblichen Keimdrüsen erinnert. Andererseits ist aber zu betonen, daß bei gewissenhafter Beachtung aller zu Gebote stehenden Vorsichtsmaßregeln die Gefahr fast gänzlich beseitigt werden kann, so daß wir in neuerer Zeit Röntgenschäden bei Ärzten oder deren Personal nicht häufig mehr zu sehen bekommen. Es sei hier noch darauf aufmerksam gemacht, daß es ratsam ist, alle Schutzgeräte, die aus metallischem Blei hergestellt sind, mit einem kräftigen Farbanstrich zu versehen, um der Möglichkeit von Bleivergiftungen vorzubeugen.

Gegen die durchdringenden Strahlen der Tiefentherapie genügen die genannten einfachen Schutzmittel nicht mehr. An die Stelle der Röhrentöpfe müssen hier umfangreichere Bestrahlungskästen, welche die ganze Röhre einhüllen, treten. Die wirksame Dicke der Schutzstoffe muß hier mindestens 4, besser noch 6 mm Bleiäquivalent betragen. Ein für Tiefentherapie geeigneter Bestrahlungskasten aus Pertinax, der innen mit dickem Bleigummi ausgelegt ist, wird nach Angaben von WINTZ von der Firma Reiniger, Gebbert & Schall hergestellt. Er bietet schwereren, allerdings auch wirksameren Einrichtungen gegenüber den Vorteil, daß er mit der Röhre zusammen noch verhältnismäßig leicht bewegt werden kann, wodurch die Einstellung des Strahlenkegels in jede gewünschte Richtung ermöglicht wird. Einen noch intensiveren Schutz bilden die großen fest eingebauten Bestrahlungskästen der Firma Siemens & Halske. Diese bestehen aus meist 4 und stellenweise 6 mm dickem Blei und umschließen die Röhre mit ihren Zuleitungen. Da sie aber nicht beweglich sind, kann der Strahlenkegel nur in einer nach unten weisenden Richtung benutzt werden. Die Einstellung muß also vorwiegend durch passende Lagerung des Patienten erfolgen. Bei der Benutzung solcher Bestrahlungskästen ist ein besonderer Schutz für das Bedienungspersonal nur insofern nötig, als die vom bestrahlten Patienten ausgehende Sekundärstrahlung unschädlich zu machen ist, was durch einen Schutz von etwa 2 mm Bleiäquivalent erreicht wird. Im anderen Falle jedoch tut man am besten, das Bedienungspersonal in einem besonderen Raum unterzubringen, von welchem aus durch ein größeres dickes Bleiglasfenster der ganze Bestrahlungsraum zu überblicken ist. Die Zwischenwand zwischen dem Bestrahlungsraum und dem Bedienungsraum wird praktischerweise in Form einer sog. Kämpe-Loreywand[1]) aus barythaltigen Mauersteinen gebaut. Überhaupt ist die Verwendung dieses Baumateriales für Röntgenlaboratorien, in denen mit harten Strahlen gearbeitet wird, in Rücksicht auf die Nachbarn sowie die Über- oder Unterwohner am Platze.

[1]) A. LOREY u. F. KÄMPE, Fortschr. a. d. Geb. d. Röntgenstr. Bd. 26, S. 335. 1919.

Wie die Unfallgeschichte der Röntgentechnik zeigt, besteht für den Patienten noch eine besondere Gefahr in der Möglichkeit, daß bei der Ausführung einer vom Arzte verordneten gefilterten Röntgenbestrahlung vergessen wird, das Filter in den Strahlengang einzuschalten. Die Folgen eines solchen Versehens können in Fällen, wo es sich um Tiefentherapie handelt, katastrophal sein. Der beste Schutz hiergegen besteht darin, daß man sich im Therapiezimmer zur Gewohnheit macht, vor jeder Bestrahlung die Dosisleistung wenigstens roh zu messen, was mit einfachen Apparaten sehr schnell gemacht werden kann. Da es aber wohl meistens nicht geschieht, so hat man besondere sogenannte Filtersicherungen ersonnen, die so eingerichtet sind, daß der Strom automatisch gesperrt ist, solange das Filter nicht eingelegt ist. Die Röntgenstrahlen können dann also ohne Filter überhaupt nicht eingeschaltet werden. Gegen eine Verwechselung der Filter schützt eine solche Einrichtung freilich nicht, so daß die Dosismessung letzten Endes doch das Sicherste bleibt.

Es sei im übrigen jedem, der mit Röntgenstrahlen zu arbeiten hat, empfohlen, sich einmal experimentell über das Vorhandensein von vagabundierenden Röntgenstrahlen in seinem Laboratorium Klarheit zu verschaffen. Grobe Mängel des Strahlenschutzes lassen sich bereits mit einem Leuchtschirm nachweisen. Empfindlichere Untersuchungsmittel sind Elektroskope, wie sie für radioaktive Messungen verwandt werden, oder wenn es sich um die Wirkung innerhalb längerer Zeiträume handelt, die photographische Platte. Von der Deutschen Röntgengesellschaft ist ein Merkblatt über die wichtigsten Schutzmaßnahmen herausgegeben worden[1]).

77. Hochspannungsschutz. Eine gewisse Hochspannungsgefahr ist mit der Berührung einer im Betriebe befindlichen Röntgenhochspannungsleitung stets verbunden. Dabei bedeutet es aber einen wesentlichen Unterschied, ob der Hochspannungskreis völlig isoliert ist, oder ob er an einer Stelle geerdet ist. Im ersteren Falle nämlich kommt bei Berührung nur einer Hochspannungsleitung kein geschlossener Stromkreis zustande. Die die Leitung berührende Person bekommt zwar einen elektrischen Schlag, der evtl. von einem knallenden Funken begleitet ist, und kann hierdurch stark erschreckt werden. Da aber der hierbei fließende Kapazitätsstrom erstens kaum sehr stark ist und zweitens nur während der sehr kurzen Zeit fließt, die erforderlich ist, damit die berührte Stelle des Hochspannungskreises Erdpotential annimmt, so tritt eine wirkliche Gefahr durch den elektrischen Strom nur dann ein, wenn sich sehr große Kapazitäten im Hochspannungskreise befinden. Dies ist aber nur bei den großen modernsten Apparaten für konstante Gleichspannung der Fall. Diese haben überdies die unangenehme Eigenschaft, daß beträchtliche Elektrizitätsmengen in das Dielektrikum der Kondensatoren hineinkriechen und auch nach dem Ausschalten als elektrischer Rückstand darin bleiben. Erst ganz allmählich kriechen diese Ladungen wieder heraus, so daß sich oft noch stundenlang nach dem Ausschalten immer wieder hohe Spannungen ausbilden und sich bei einer Berührung der Leitungen laut knallend entladen. Es empfiehlt sich daher, bei diesen Apparaten geerdete Kurzschlußbügel zwischen den Hochspannungsleitungen vorzusehen, die nach Beendigung des Betriebes eingelegt werden. Handelt es sich aber um eine Apparatur ohne Kondensatoren, so tritt eine erhebliche Gefahr auf, sobald ein Punkt der Hochspannungsleitung, sei es mit Absicht, sei es infolge eines Isolationsdefektes, geerdet ist. In diesem Falle kann durch eine berührende Person ein völliger Stromschluß hergestellt werden, wobei der gesamte hochgespannte Strom seinen Weg durch den Körper der betreffenden Person nimmt.

[1]) Fortschr. a. d. Geb. d. Röntgenstrahlen. Bd. 34, Heft 6. 1926; vgl. auch R. Glocker, Strahlentherapie, Bd. 22, S. 193. 1926.

Dies ist schon bei Induktorapparaten nicht unbedenklich und bei Transformatorapparaten unbedingt höchst lebensgefährlich. Ebenso ist es natürlich stets gefährlich, beide Hochspannungsleitungen gleichzeitig zu berühren. Einen sicheren Schutz gegen solche Vorkommnisse bietet der schon erwähnte SIEMENSsche Bestrahlungskasten, da bei diesem die Röhre samt ihren Zuleitungen von dem geerdeten Bleigehäuse umgeben und der Berührung weder von seiten des Patienten noch des Bedienungspersonales zugänglich ist.

Ein besonderer Schutzapparat gegen die Hochspannungsgefahr ist von HERRMANN[1]) angegeben worden und wird von der Elektrizitätsgesellschaft Sanitas, Berlin, unter der Bezeichnung „Securo" hergestellt. Der Apparat beruht auf der Tatsache, daß bei jeder Berührung der Hochspannungsleitung zunächst ein Funke entsteht, der elektrische Schwingungen erzeugt. Der Schutzapparat stellt nun eine kleine drahtlose Empfangsanordnung dar, welche die entstehenden elektrischen Wellen auffängt, gleichrichtet und einem Relais zuführt, das den Primärstrom des Röntgenapparates unverzüglich ausschaltet. Abb. 57 zeigt ein schematisches Schaltbild des Apparates. *A* ist eine Antenne, als welche z. B. ein metallenes Stativ dienen kann. Die Antenne fängt die Schwingungen auf und leitet sie über den Detektor *D*. Dadurch wird der in der Relaisspule *R* fließende Strom soweit verstärkt, daß die Relaiszunge angezogen wird, wodurch der Wechselstromkreis auf der Primärseite des Transformators unterbrochen wird. Daß dieser Apparat einen weitgehenden Schutz gegen Unfälle bieten kann, ist nicht zu bezweifeln. Doch sind praktische Erfahrungen darüber bisher nicht veröffentlicht worden.

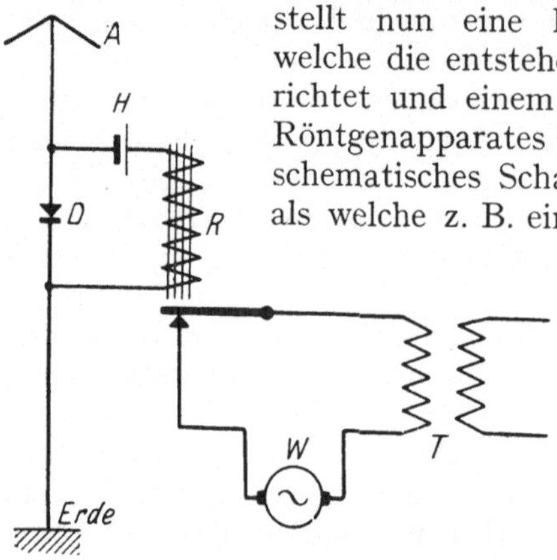

Abb. 57. Hochspannungsschutz nach HERRMANN.
A Antenne, *D* Detektor, *R* Relaisspule, *T* Transformator, *W* Wechselstromquelle, *H* Hilfsbatterie.

78. Schutz vor schädlichen Gasen. Die lästige Bildung von Ozon und nitrosen Gasen tritt überall da auf, wo elektrische Entladungen durch die Luft hindurch stattfinden. Solche Stellen sind die Ventilfunkenstrecken der alten Induktorapparate und die mechanischen Gleichrichter der Wechselstromapparate. Bei anderen Röntgenapparaten kann die Bildung der unangenehmen Gase durch Sprühen der Hochspannungsleitungen hervorgerufen werden. Mit Recht wird daher bei modernen Anlagen darauf gesehen, daß die funkenden Gleichrichter, wenn sie nicht entbehrt oder durch Glühventile ersetzt werden können, wenigstens in besonderen Räumen untergebracht werden. Die Hochspannungsleitungen stellt man am besten aus 1 bis 2 cm dickem Metallrohr mit sorgsam verrundeten Verbindungsmuffen her. Auf diese Weise läßt sich die Gasbildung fast ganz vermeiden. Immerhin sind gute Ventilationseinrichtungen in Röntgenlaboratorien stets anzustreben.

---

[1]) H. HERRMANN, Fortschr. a. d. Geb. d. Röntgenstr. 1925, Aprilheft.

Kapitel 4.

Elektromedizin[1]).

Von

Hermann Behnken, Berlin.

Mit 17 Abbildungen.

a) Der menschliche Körper in elektrischer Beziehung.

1. Die Leitfähigkeit des Körpers. Die eigentliche Elektromedizin beruht auf der Tatsache, daß es möglich ist, mit Hilfe der Elektrizität biologische Wirkungen im Körper hervorzurufen, die entweder dazu dienen können, Abweichungen vom normalen Zustande des Körpers zu erkennen (Elektrodiagnostik), oder aber eine bestehende Erkrankung günstig zu beeinflussen (Elektrotherapie). Die Elektrizität wird dabei dem Körper meist so zugeführt, daß man ihn in einen elektrischen Stromkreis einschaltet, so daß er selbst einen Teil der Strombahn darstellt. Der Körper muß also den elektrischen Strom leiten. Unter den Bestandteilen des Körpers befinden sich überhaupt keine solchen, denen man eine metallische Leitfähigkeit zusprechen könnte. Die festen Gewebsteile sind vielmehr sämtlich Nichtleiter. Dagegen ist der ganze Körper von Flüssigkeiten mancherlei Art durchtränkt, und eben diese sind es, die in Gestalt von Elektrolyten den Durchgang des Stromes ermöglichen. Ein Körperteil ist daher um so besser leitend, je flüssigkeitsreicher er ist. Durch experimentelle Untersuchungen ist dies bestätigt worden. So gibt z. B. Wildermuth[2]) für die verschiedenen Bestandteile des Körpers folgende nach zunehmender Leitfähigkeit geordnete Reihe an:

Haut — Fett — Knochen — Nervengewebe — Muskelgewebe — Körperflüssigkeiten.

Der komplizierte Aufbau des Körpers hat zur Folge, daß sich ein entsprechend kompliziertes Bild ergibt, wenn man es unternimmt, seinen elektrischen Widerstand zu messen. Nehmen wir z. B. an, dies sollte mit Gleichstrom niedriger

[1]) Die nachstehenden Ausführungen geben lediglich einen Überblick über die vielseitige Anwendung der Elektrizität in der Medizin. Nähere Angaben findet man in Spezialwerken, deren mehrere existieren. Eine kurz gehaltene Darstellung ist: Dr. Heinrich Fassbender, Die technischen Grundlagen der Elektromedizin, aus der Sammlung Vieweg über Tagesfragen aus den Gebieten der Naturwissenschaften und der Technik. Braunschweig 1916. Ausführlicher ist der „Leitfaden der Elektromedizin für Ärzte und Elektrotechniker" von Dr. med. August Laqueur, Dr. phil. Otto Müller und Dr. phil. nat. Wilhelm Nixdorf. Halle a. S.: Carl Marhold 1922. Eine vollständige Darstellung mit zahlreichen Literaturangaben enthält das dreibändige Werk: Boruttau und Mann, Handbuch der gesamten medizinischen Anwendung der Elektrizität, einschließlich der Röntgenlehre. Leipzig: Dr. Werner Klinkhardt.

[2]) K. Wildermuth, Mitt. a. d. Grenzgeb. d. Med. u. Chir. Bd. 22. 1911.

Spannung — wenigen Volt — geschehen, da sich ja hohe Spannungen wegen der Gefährdung der Versuchsperson verbieten. In diesem Falle liegt der Hauptwiderstand an der Stromeintritts- und Austrittsstelle in der Haut. Er ist von der Größenordnung von einigen hundert Ohm. Der Widerstand des Körperinnern beträgt nur wenige Ohm und kommt daher kaum in Frage. Die alsbald einsetzende elektrolytische Polarisation setzt den Strom herab und bewirkt, daß das OHMsche Gesetz scheinbar nicht erfüllt wird. Anders dagegen bei niedrig gespanntem Wechselstrom. Hier spielt die Erscheinung der Polarisationskapazität eine große Rolle. Infolgedessen ist die Frequenz des verwendeten Wechselstromes auf das Ergebnis der Widerstandsmessung von beträchtlichem Einfluß. Kommt es einem also darauf an, nur den OHMschen Widerstand zu messen, so muß man die Frequenz so hoch wählen, daß der infolge der Polarisationskapazität entstehende Widerstand verschwindet. Nach GILDEMEISTER[1]) kann man die Polarisationskapazität etwa zu 10^{-2} bis 10^{-1} μF pro cm^2 Elektrodenfläche annehmen. Mit Hilfe von Hochfrequenzmessungen stellte O. MÜLLER[2]) von Arm zu Arm gemessen einen OHMschen Widerstand von der Größenordnung 250 Ohm fest. Widerstandsmessungen mit Gleichstrom bzw. niedrig gespanntem Wechselstrom wurden an einer Reihe von gesunden und kranken Menschen von NIXDORF und BRANDENBURG ausgeführt[3]). Die Versuchspersonen wurden dazu in ein sog. „Vierzellenbad“ gesetzt, d. h. die Arme und auch die Füße tauchten je in eine besondere Wanne ein, zu welcher der Strom durch je eine polarisationsfreie Zinksulfatelektrode zugeführt wurde. Gemessen wurde mit einer WHEATSTONEschen Brücke mit Galvanometer oder Telephon. Dabei wurden folgende Werte gefunden:

mit Gleichstrom:	
von Arm zu Arm	1050 bis 2900 Ohm
von Bein zu Bein	1600 „ 3100 Ohm
mit Wechselstrom:	
von Arm zu Arm	180 bis 430 Ohm
von Bein zu Bein	300 „ 670 Ohm.

Erregungszustände sowie nervöse Krankheiten scheinen den Gleichstromwiderstand zu erhöhen, ebenso Zuckerkrankheit und gewisse organische Krankheiten, z. B. Gehirnschädigungen und Nierenleiden. Alle diese Abweichungen vom Normalen scheinen demnach eine Erhöhung der Polarisation mit sich zu bringen.

Der Körperwiderstand ist für den Elektrotechniker von Interesse wegen der Schutzmaßnahmen, die man gegen das Berühren von spannungführenden Leitungsteilen anzuwenden hat, da ja die Höhe des Widerstandes die Stärke des den Körper bei einer bestimmten Spannung und Stromart durchfließenden Stromes bedingt.

2. Die Gefahren des elektrischen Stromes. Wohl jedem Physiker ist das unangenehme Gefühl bekannt, das man empfindet, wenn man die beiden Pole einer elektrischen Leitung von beispielsweise 110 oder 220 Volt berührt. Irgendwelche ernsteren Schäden außer vielleicht dem Schreck bei unabsichtlicher Berührung pflegt man hierbei gewöhnlich nicht davonzutragen. Dennoch können selbst noch niedrigere Spannungen unter besonders ungünstigen Umständen höchst gefährlich werden. Es sind Fälle bekanntgeworden, wo Personen, welche in der Badewanne befindlich, stromführende Teile einer elektrischen Lampe

---

[1]) M. GILDEMEISTER, Elektrot. ZS. Bd. 40, S. 463. 1919.

[2]) O. MÜLLER, Ing.-Ztg., Köthen (Anhalt) Bd. 12, 1920 u. Bd. 13. 1921.

[3]) Zitiert nach LAQUEUR-MÜLLER-NIXDORF, Leitfaden der Elektromedizin. Halle a. S. 1922.

berührten, durch Spannungen unter 100 Volt getötet wurden. Maßgebend für die Größe der Gefahr ist die Stärke des Stromes, der den Körper durchfließt. Nach BORUTTAU sind Stromstärken von über 0,02 Amp. als gefährlich, solche von über 0,1 Amp. als tödlich anzusehen. Niedergespannter Wechselstrom scheint den Gleichstrom an Gefährlichkeit erheblich zu übertreffen, was vielleicht mit den oben geschilderten Widerstandsverhältnissen zusammenhängt. Besonders ungünstig scheint das Frequenzgebiet zwischen 35 und 40 Perioden zu sein. Hochfrequenzen dagegen, wie sie die Schwingungen der drahtlosen Telegraphie darstellen, sind ungefährlich. Hierauf beruht die Möglichkeit der weiter unten näher zu beschreibenden Diathermiebehandlung, bei welcher bei Spannungen bis zu 800 Volt Ströme bis zu 6 Amp. ohne Schaden vertragen werden. Von PREVOST und BATELLI wird angegeben, daß Kondensatorentladungen auch von großen Flaschenbatterien niemals tödlich wirken. Doch werden Zahlenangaben über die Entladungen, bei denen dies beobachtet wurde, nicht gemacht.

Nach BORUTTAU tritt der Tod infolge elektrischen Stromes in den meisten Fällen dadurch ein, daß die Herzfunktion durch das Herz passierende Ströme gestört wird. Es tritt dabei das sog. „Herzkammerflimmern“ ein, d. h. die Herzkammern zeigen anstatt der normalen rhythmischen Saug- und Druckbewegungen (Diastole und Systole) sehr schnell verlaufende unregelmäßige Zusammenziehungen der Muskelzellen. Hierdurch hört der Blutkreislauf auf. Nach einiger Zeit, die bis zu einigen Minuten dauern kann, geht das Herzkammerflimmern in den Herzstillstand über. Da das Herzkammerflimmern, nachdem es einmal eingetreten ist, niemals von selbst wieder in die normale Herztätigkeit übergeht, so hat es unbedingt den Tod zur Folge. Hiernach ist also auch bei der therapeutischen Anwendung des elektrischen Stromes besondere Vorsicht geboten bei Strombahnen, welche dem Herzen nahe kommen.

Indirekte Wirkungen des Stromes wie Schreck, Verbrennungen u. dgl. können natürlich auch tödlich wirken. Doch ist ein solcher Todesfall nicht als eine typische elektrische Wirkung anzusprechen.

Unter den Rettungsmaßnahmen für durch Starkstrom Verletzte ist vor allem die Einleitung der künstlichen Atmung zu nennen, die Aussicht auf Erfolg hat, solange kein Herzkammerflimmern eingetreten ist. Ist letzteres jedoch bereits der Fall, so soll eine Einspritzung von Kampferlösung ins Herz (intrakordiale Injektion) mit darauffolgender Herzmassage evtl. noch Rettung bringen können.

Bei dieser Sachlage ist es ernsteste Pflicht der Elektrotechnik, den Gefahren des elektrischen Stromes nach Möglichkeit vorbeugend zu begegnen. Dies geschieht dadurch, daß bei elektrischen Anlagen und elektrischen Apparaten, die dem täglichen Gebrauche dienen, möglichst alle spannungführenden Teile der Berührung entzogen werden. In diesem Sinne sind die Vorschriften des Verbandes Deutscher Elektrotechniker[1]), die bei allen Installationen sorgfältig zu beachten sind, verfaßt. In Laboratorien u. dgl., wo die strenge Befolgung der Vorschriften nicht immer möglich ist, muß das Personal gründlich über die Gefahren unterwiesen werden. Räume, in denen mit Hochspannung gearbeitet wird, müssen stets durch besondere Warnungstafeln gekennzeichnet werden und dürfen von Unbefugten überhaupt nicht betreten werden.

3. Erzeugung von Elektrizität durch den Körper. Eine Art von Umkehrung der Entstehung von biologischen Wirkungen durch den elektrischen Strom ist die Erzeugung der sog. Aktionsströme durch biologische Vorgänge. Diese Aktionsströme sind in der Natur außerordentlich verbreitet. Überall, wo man überhaupt

[1]) Vorschriftenbuch des Verbandes Deutscher Elektrotechniker, herausgeg. durch das Sekretariat des VDE. 13. Aufl. Berlin: Julius Springer 1926.

von der Erregung des Protoplasmas reden kann, scheint der Aktionsstrom eine Begleiterscheinung zu sein. So verhält sich z. B., wenn man eine Hälfte eines grünen Blattes besonnt, die andere aber im Schatten hält, die assimilatorisch tätige belichtete Hälfte negativ elektrisch gegen die unbelichtete Hälfte. Das Blatt einer insektenfressenden Pflanze reagiert auf einen Reiz durch Berührung nicht nur mit einer Bewegung, sondern auch mit einem Aktionsstrom. Legt man beide Hände an die Klemmen eines Galvanometers und spannt nun die Muskeln des Armes an, so schlägt das Galvanometer aus. Sogar psychische Erregungen von Versuchspersonen können auf solche Weise nachgewiesen werden. Besonders auffallend sind die relativ starken und hochgespannten Aktionsströme, welche die sog. Zitterfische (Zitteraal, Zitterrochen, Zitterwels) in Form von elektrischen Schlägen zu ihrer Verteidigung und zum Betäuben ihrer Beute willkürlich zu erzeugen vermögen. Die Fische besitzen hierfür ein besonderes „elektrisches Organ", das im wesentlichen aus sehr nervenreichen, besonders entwickelten Partien quergestreifter Muskeln besteht. Diese sind in zahlreichen, in kleine Plättchen unterteilten Säulen angeordnet nach Art von Voltaschen Säulen. Vermutlich entstehen also die hohen Spannungen — einige hundert Volt — durch Hintereinanderschaltung vieler Elemente. Man nimmt an, daß die elementaren Spannungsdifferenzen in den Bausteinen des Körpergewebes durch Konzentrationssprünge, welche an den Grenzflächen zwischen der Gewebsflüssigkeit und dem Protoplasma infolge der Stoffwechselvorgänge entstehen, hervorgerufen werden. Im allgemeinen sind aber diese Potentialdifferenzen, wie sie z. B. beim Arbeiten eines Muskels entstehen, nur sehr gering, etwa von der Größenordnung einiger hundertstel Volt.

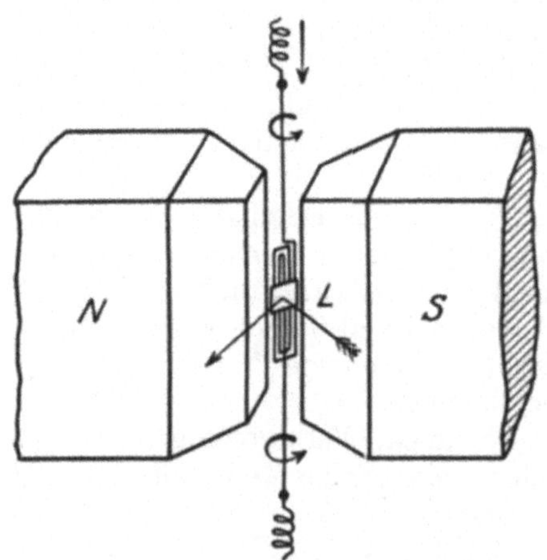

Abb. 1. Kardiographengalvanometer (schematisch).

4. Elektrokardiograph. Eine besondere Bedeutung haben die Aktionsströme für die Untersuchung des Herzens gewonnen. Da der der Willkür entzogene Herzmuskel ständig arbeitet, so kann man, während sich die übrigen Muskeln des Körpers in Ruhe befinden, die Aktionsströme des Herzmuskels durch zwei z. B. an den beiden Armen des Patienten angelegte Elektroden ableiten und einem Oszillographen zuführen. Das Oszillogramm zeigt dann ein Abbild der Erregungsvorgänge im Herzen, die bei einem kranken Organ in typischer Weise anders verlaufen als bei einem gesunden. Die für die verschiedenen Herzkrankheiten typischen Abweichungen vom normalen Elektrokardiogramm sind durch die Erfahrung bekannt, so daß man nunmehr ein etwaiges anormales Kurvenbild für die Diagnose verwerten kann[1]). Als erster wies MATTEUCI 1843 die elektromotorischen Kräfte des Herzmuskels nach. WALLER nahm 1889 mittels eines Kapillarelektrometers das erste Elektrokardiogramm auf.

Da die Kardiographenströme nur von der Größenordnung 10^{-6} Amp. sind, reicht der technische Oszillograph für ihre Registrierung nicht ganz aus. Erst das EINTHOVENsche Saitengalvanometer ergab die genügende Empfindlichkeit bei gleichzeitig genügend schneller Einstellung und starker Dämpfung. Eine

[1]) Vgl. F. KRAUS u. G. NIKOLAI, Das Elektrokardiogramm des gesunden und kranken Menschen. Leipzig 1910.

weitere Vervollkommnung brachte ein von der Firma Siemens & Halske A.-G. für diesen Zweck eigens konstruiertes Spulengalvanometer. Dieses besitzt eine winzig kleine, aus mehreren Windungen eines äußerst dünnen Drahtes bestehende Spule, die zwischen den Polen eines kräftigen Elektromagneten an Spiralfedern drehbar aufgehängt ist. Die Spule trägt einen kleinen Spiegel, um ihre Ablenkung aus der Ruhelage beobachten zu können[1]). Abb. 1 zeigt die Anordnung der

Abb. 2. Galvanometer des Elektrokardiographen.

Spule L zwischen den Magnetpolen N und S, während Abb. 2 die äußere Ansicht des Galvanometers erkennen läßt.

Um die Schwingungen des Galvanometers beobachten zu können, wird das durch einen Spalt ausgeblendete Licht einer Bogenlampe durch eine geeignete optische Vorrichtung auf einen rotierenden Spiegel geworfen und zur Beobachtung auf einer Mattscheibe konzentriert. Zum Zwecke der Registrierung tritt an die Stelle des rotierenden Spiegels und der Mattscheibe ein bewegter Streifen photographischen Papiers. Aus der Abb. 3 ist das Prinzip der optischen Einrichtung ohne weiteres erkennbar.

Beim Kardiographen sind einige Reguliermöglichkeiten notwendig. Einmal ist dem pulsierenden Aktionsstrom stets ein Gleichstrom, der sog. „Null-

---

[1]) Näheres vgl. P. Schrumpf u. H. Zöllich, Saiten- und Spulengalvanometer zur Aufzeichnung der Herzströme. Erhältlich durch die Siemens-Reiniger-Veifa-G. m. b. H.

strom" überlagert. Dieser würde die Nullinie des Kardiogrammes verschieben. Er muß also eliminiert werden. Dies geschieht durch Gegenschaltung einer regulierbaren konstanten EMK, welche einen kompensierenden Strom erzeugt. An Stelle dessen kann man auch einen Kondensator von etwa 50 μF

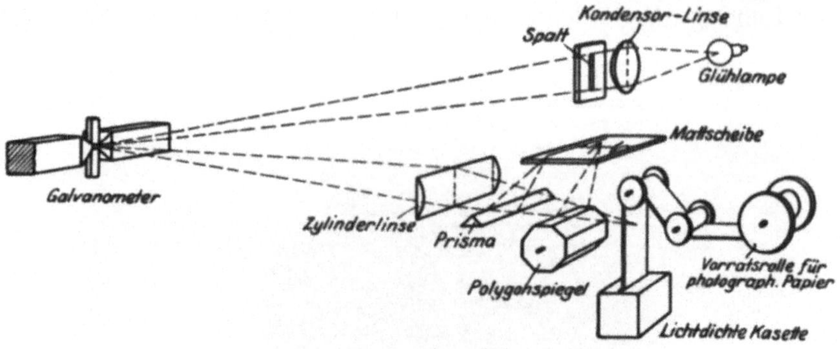

Abb. 3. Darstellung des Strahlenganges des Elektrokardiographen.

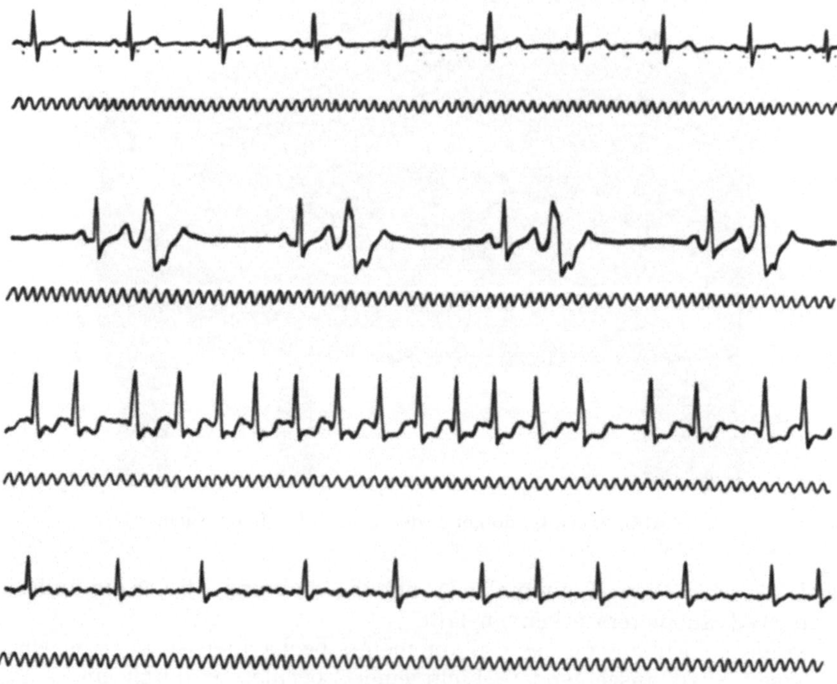

Abb. 4. Elektrokardiogramme.

in den Galvanometerkreis einschalten, der den pulsierenden Aktionsstrom hindurchgehen läßt, den Nullstrom dagegen nicht. Außerdem muß auch die Empfindlichkeit des Galvanometers regulierbar sein, was durch einen zur Galvanometerspule parallel geschalteten veränderlichen Widerstand erreicht wird. Drittens muß sich die Dämpfung stets auf den aperiodischen Zustand bringen lassen, was durch verschieden starke Erregung des Elektromagneten bewirkt wird.

Nachstehend folgen einige Zahlenangaben über das Galvanometer:

Systemwiderstand	1500 Ohm
Ausschlag pro mV	100 mm
mech. Eigenfrequenz	40 bis 50 Schw./sec

In Abb. 4 sind einige typische Elektrokardiogramme wiedergegeben.

Vielfach vereinigt man Elektrokardiographen mit anderen Registrierapparaten, z. B. solchen, die den Venenpuls oder den Herzschall aufschreiben, und zwar auf dem gleichen Papierstreifen wie das Elektrokardiogramm, so daß für alle drei Kurven die einander entsprechenden Momente untereinander zu liegen kommen. Dadurch wird die diagnostische Brauchbarkeit der Herzkurven bedeutend erhöht[1]). Ein Zeitmaß für die Registrierung gewinnt man durch die Mitaufzeichnung eines Wechselstromes von bekannter Frequenz.

b) Die unmittelbare Anwendung der Elektrizität in der Medizin.

5. Allgemeines über die medizinische Anwendung elektrischer Ströme. Zur medizinischen Anwendung wird der elektrische Strom in jeder Form benutzt, sowohl als niedergespannter Gleichstrom bei der Galvanisation, als hochgespannter Gleichstrom bei der Franklinisation, als niederfrequenter Wechselstrom bei der Faradisation und als hochfrequenter Wechselstrom bei der Arsonvalisation und der Diathermie. Als physikalische Grundlage für das Verständnis der Wirkung des elektrischen Stromes auf das lebende Gewebe wird die NERNSTsche Theorie angenommen, nach welcher die Leitung des Stromes lediglich durch die im Gewebe vorhandenen Elektrolyten erfolgt. Die Elektrolyse und die Ionenwanderung ruft in den Gewebsflüssigkeiten und im Protoplasma vorwiegend an den Zellmembranen und überhaupt an Stellen, wo zwei verschiedene Medien aneinandergrenzen, Konzentrationsänderungen hervor, welche als die Ursache der Reizwirkung und der übrigen biologischen Wirkungen des elektrischen Stromes angesehen werden. Hieraus ist ohne weiteres zu folgern, daß die Reizwirkung der Stromdichte proportional ist. Aber auch die Stromdauer ist von Einfluß. Bei Wechselstrom genügend hoher Frequenz tritt keine Reizwirkung auf, da bereits, ehe eine merkliche Elektrolyse zustande gekommen ist, der Strom seine Richtung umkehrt und die begonnene Konzentrationsänderung wieder kompensiert bzw. in ihr Gegenteil verwandelt. NERNST hat dies in der Formel zum Ausdruck gebracht

$$K = \frac{I}{\sqrt{n}} \quad (K = \text{Reizstärke},\ I = \text{Stromdichte},\ n = \text{Frequenz}).$$

Steigert man die Frequenz bis zu etwa 1 Million Wechseln pro Sekunde, wie dies bei der Arsonvalisation und der Diathermie geschieht, so hört die elektrische Reizwirkung überhaupt ganz auf.

Nach dem Aufhören eines galvanischen Stromes im Körper verschwindet die Polarisation nicht sogleich. Sie bleibt vielmehr noch eine gewisse Zeit lang bestehen und klingt erst allmählich ab, wie dies von K. BRANDENBURG[2]) experimentell nachgewiesen wurde. Wenn man unmittelbar nach dem Durchleiten eines galvanischen Stromes die Stromquelle durch ein Galvanometer ersetzt, so zeigt dieses einen zuerst stärkeren, dann allmählich abnehmenden Strom entgegengesetzter Richtung an, der anfangs bis zu 0,1 Amp. betragen kann.

[1]) Vgl. z. B. BORUTTAU-STADELMANN, Leitfaden der klinischen Elektrokardiographie. Leipzig: Georg Thieme 1917.

[2]) Vgl. LAQUEUR-MÜLLER-NIXDORF, Leitfaden der Elektromedizin, S. 36. Halle a. S. 1922.

Der elektrische Reiz läßt sich am besten beobachten durch das Zucken eines Muskels, durch dessen Nerv der elektrische Strom hindurchgeschickt wird. Man findet dabei, daß ein konstanter Gleichstrom nur wenig wirksam ist, daß dagegen im Moment des Öffnens und des Schließens der Strombahn starkes Muskelzucken auftritt. Die Änderungsgeschwindigkeit der Stromstärke spielt also eine wesentliche Rolle. Doch darf die Dauer der Stromeinwirkung wiederum nicht gar zu kurz werden. Wird sie kleiner als etwa $^1/_{1000}$ Sekunde, so wird ebenfalls selbst bei größerer Änderungsgeschwindigkeit des Stromes keine erhebliche Reizwirkung beobachtet.

Auch die elektrische Empfindlichkeit wird durch den Strom verändert (Elektrotonus), und zwar wird in der Nähe der Anode die elektrische Erregbarkeit herabgesetzt (Anelektrotonus), an der Kathode dagegen gesteigert (Katelektrotonus). Dazwischen befindet sich ein Indifferenzpunkt. Ähnlich steht es nach PFLÜGER mit der elektrischen Leitfähigkeit.

Die Heilwirkung des elektrischen Stromes, die auch bei konstanter Stromstärke, bei welcher Zuckungen nicht beobachtet werden, vorhanden ist, ist empirisch festgestellt worden, ohne im einzelnen geklärt zu sein. Insbesondere beobachtet man eine Anregung der Stoffwechselvorgänge im Gewebe. Die Zerstörung und Aufsaugung krankhafter Stoffe wie abnormer Stoffwechselprodukte, Bakteriengifte u. dgl. wird begünstigt. Die Erneuerung der Zellen, besonders bei erkrankten Nerven, wird verbessert, was sich durch Schmerzlinderung und Besserung der Funktion der Nerven kundgibt. Ähnlich günstige Einflüsse beobachtet man an den Muskeln. Die Drüsentätigkeit wird angeregt. Doch spielt in vielen Fällen wohl auch die Suggestion eine nicht unerhebliche Rolle.

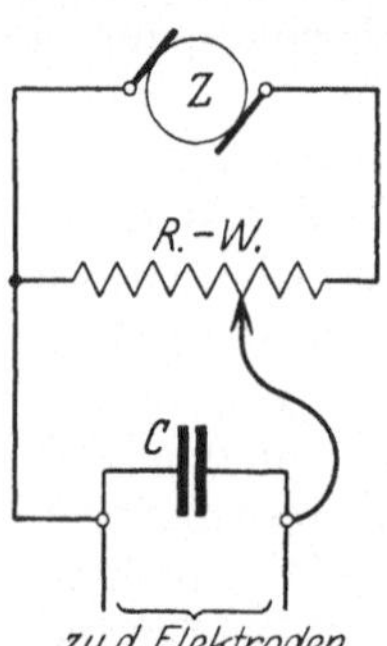

Abb. 5. Anschlußapparat für Galvanisation (Schaltschema).

6. Galvanisation. Es sollen nun die einzelnen Methoden der Anwendung des elektrischen Stromes beschrieben werden. Den medizinischen Gebrauch des konstanten Gleichstromes bezeichnet man als Galvanisation. Als Stromquellen verwendet man Batterien aus Elementen oder Akkumulatoren oder auch bei den sog. „Anschlußapparaten" das Ortsnetz. Meist werden ihrer Konstanz wegen Léclanchéelemente verwendet, und zwar bei größeren ortsfesten Apparaten in Batterien von 40—60 Stück, bei kleineren transportablen Apparaten 10 bis 20 Stück. Auch findet man gelegentlich Tauchbatterien (Chromsäureelemente) in Gebrauch. Die Dosierung erfolgt bei solchen Apparaten durch Schalter, mit deren Hilfe die Elemente in Gruppen parallel oder in Reihe geschaltet werden können. Um den Strom kontinuierlich variieren zu können, sind Regulierwiderstände eingebaut. Außerdem enthalten die Apparate einen Stromwender und ein Galvanometer. Bei der direkten Verwendung des Ortsnetzes wird beispielsweise die Schaltung der Abb. 5 benutzt. Die Netzleitung wird durch einen Abzweigregulierwiderstand *R.-W.* überbrückt, von dem die jeweils benötigte Spannung abgegriffen wird: Um die durch den Kollektor des Netzgenerators entstehenden Stromschwankungen, die wegen ihrer Reizwirkung lästig sind, zu vermeiden, ist parallel zu den Abnahmeklemmen ein Kondensator (EULENBURGscher Kondensator) angeschlossen.

Der direkte Anschluß an das Netz nach Abb. 5 birgt die Gefahr eines Erdschlusses in sich, für den Fall, daß die Isolation des Netzes an irgendeiner Stelle schadhaft ist, so daß Verbindung mit der Erde besteht. In diesem Falle kann eine zufällige Erdung des Patienten durch Berührung der Wasser- oder Gasleitung oder des Röhrensystems einer Zentralheizung dazu führen, daß er der ganzen nicht durch den Regulierwiderstand verminderten Netzspannung ausgesetzt und dadurch gefährdet wird. Man bevorzugt daher heute meist die sog. erdschlußfreien Anschlußapparate. Diese bestehen aus einem kleinen Aggregat bzw. Einankerumformer, bei welchem der Motor direkt an das Netz gelegt wird, während der galvanische Strom einem kleinen Gleichstromgenerator entnommen wird, dessen Spannung durch Regulieren der Erregung einzustellen ist. Bei diesen Generatoren mit ihren kleinen Kollektoren sind die Kollektorschwankungen besonders groß. Der EULENBURGsche Kondensator ist hier deshalb besonders wichtig.

7. Elektroden für die Galvanisation. Um den galvanischen Strom dem Patienten zuzuführen, werden Elektroden der verschiedensten Formen benutzt. Soll z. B. der ganze Körper gleichmäßig durchströmt werden, so wendet man „hydroelektrische Vollbäder" an, bei welchen der Patient in einer isoliert aufgestellten Badewanne sitzt, deren Wasserinhalt die eine Elektrode bildet. Die andere Elektrode ist meist ein quer über die Wanne gelegter Metallstab, welchen der Patient mit den Händen umfaßt. Sehr mannigfaltige Modifikationen der Durchströmung erlaubt das Vierzellenbad nach Dr. SCHNEE, bei welchem sich Unterarme und Füße in vier voneinander isolierten Wannen befinden. Jede dieser Wannen kann je nach Bedarf zur Anode oder Kathode gemacht werden. Auch können die Wannen mannigfach untereinander verbunden werden, sodaß sich im ganzen 50 verschiedene Möglichkeiten der Durchströmung des Körpers ergeben. Einige davon sind in Abb. 6 schematisch veranschaulicht.

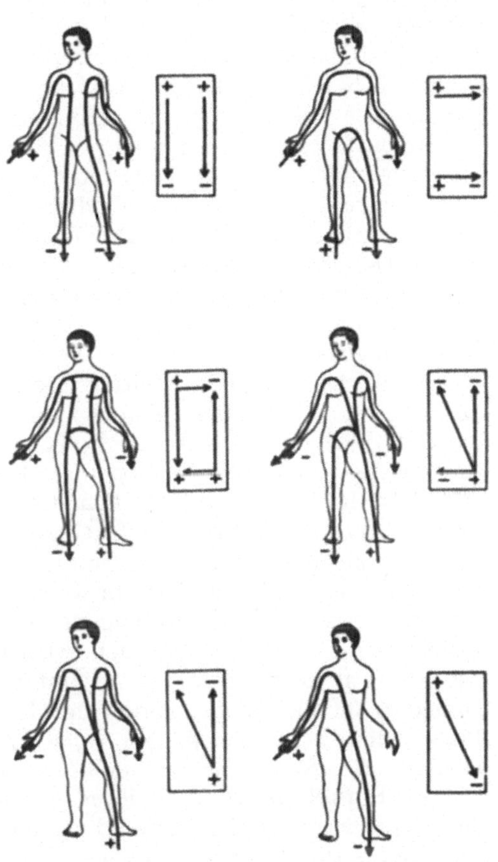

Abb. 6. Galvanisches Vierzellenbad nach Dr. SCHNEE.

Will man die Stromwirkung auf einzelne Teile des Körpers beschränken, so wählt man als Elektroden verschieden große und verschieden geformte Metallplatten oder Kugeln, die mit angefeuchtetem Baumwollstoff überzogen sind und auf die betreffenden Körperstellen aufgesetzt werden. Dabei ist zu beachten, daß bei verschiedener Größe der beiden Elektroden die Wirkung des Stromes an der kleineren sog. „differenten" Elektrode infolge der größeren Stromdichte erheblich stärker sein kann als an der anderen „indifferenten" Elektrode. Auch Pinsel und Bürsten aus feinen Metalldrähten finden als Elektroden Verwendung. Zur Einführung in Körperhöhlen sind mannigfaltige Spezialformen konstruiert worden, so daß wohl kaum eine Körperstelle der Galvanisation unzugänglich bleibt. Hierüber geben die Kataloge der einschlägigen Firmen weitgehenden Aufschluß.

8. Iontophorese. Eine spezielle Anwendung des galvanischen Stromes bildet die Iontophorese, die dazu dient, dem Gewebe bestimmte Medikamente einzuverleiben. Hierzu eignen sich nur solche Medikamente, deren wirksamer Bestandteil bei der Elektrolyse in einem Ion enthalten ist, nicht also elektrolytisch indifferente Körper wie z. B. Zucker- oder Eiweißlösungen, wohl aber die Metalle und die Alkaloide, wie Morphium, Chinin, Kokain, Atropin in Form von Kationen, oder aber Säureradikale der Pikrinsäure, der Karbolsäure, die Halogene Jod, Brom und Chlor in Form von Anionen. Um diese Medikamente auf elektrolytischem Wege in den Körper hineinzubringen, kann man z. B. einen Wattebausch mit der betreffenden Lösung tränken und diesen auf die zu behandelnde Körperstelle legen. Man bedeckt ihn dann mit einer Stanniolfolie, an die man die betreffende Elektrode, die bei Kationen positiv, bei Anionen negativ sein muß, anschließt. Als indifferente Elektrode nimmt man eine größere Metallplatte. Auf diese Weise kann man z. B. bei Kropferkrankungen Jod in die Schilddrüse hineinbringen oder bei Gicht Lithium in die erkrankten Gelenke. Die Konzentration der angewendeten Lösung ist für die Dosierung belanglos. Diese erfolgt vielmehr lediglich durch die richtige Wahl der Stromstärke und der Stromdauer. Zu große Stromstärken sind dabei zu vermeiden, da sie leicht zu einer Verätzung der Haut durch die frei werdenden Ionen führen.

9. Elektrolyse. Eine weitere Spezialanwendung der Galvanisation ist die „Elektrolyse". Hierunter versteht man in der Elektromedizin die durch elektrolytische Zersetzung absichtlich hervorgerufene örtliche Zerstörung erkrankter oder sonstiger abnormer Gewebe oder Gewebsteile wie Haarbälge, Wucherungen und Warzen. Hierzu benutzt man nackte Metallelektroden mit kleiner Oberfläche, also z. B. Nadeln, die in das Gewebe eingestochen werden (Elektropunktur), oder auch kleine Kugeln. Dabei ist die Wirkung der Anode und der Kathode verschieden. An der Anode wird im wesentlichen das Gewebseiweiß zum Gerinnen gebracht, was eine Verschorfung des Gewebes zur Folge hat, so daß die eingestochenen Nadeln oft nicht leicht wieder herauszuziehen sind. An der Kathode dagegen verflüssigt sich das Gewebe unter Blasenbildung. Als Elektrodenmaterial, besonders für die Anode, dürfen nur Edelmetalle, Platin oder Gold oder auch Platiniridium verwendet werden. Auch für die Elektrolyse findet man in Katalogen mannigfaltige Spezialformen von Elektroden.

10. Franklinisation. In ihrer physiologischen Wirkung wenig geklärt ist die elektromedizinische Anwendung von Gleichstromhochspannung, die als „Franklinisation" bezeichnet wird. Man bedient sich hierzu meist der WIMSHURSTschen Influenzmaschine. Die Behandlung erfolgt z. B. mit Hilfe von Spitzenentladungen, indem der Patient auf einen mit dem negativen Pol verbundenen Stuhl gesetzt und seinem Körper die positive Spitzenelektrode bis auf einige Zentimeter genähert wird. Es geht dann eine feine Büschelentladung zum Patienten über, und dieser hat dabei eine prickelnde Empfindung. In ähnlicher Weise wird die sog. FRANKLINsche Kopfdusche angewendet, bei welcher der Patient unter einer mit dem positiven Pol verbundenen Metallglocke sitzt, so daß die Büschelentladungen zwischen den Haaren und der Glocke übergehen. Heilwirkungen werden bei nervösen Krankheiten wie nervösen Kopfschmerzen und Migräne behauptet. Vielleicht beruhen die Wirkungen überwiegend auf Suggestion.

11. Faradisation. Von der Gleichstrombehandlung wesentlich verschieden ist die Behandlung mit niedrig gespanntem Wechselstrom, die man „Faradisation" nennt. Insbesondere wird diese Bezeichnung angewandt auf die Stromform, die von einem mit Gleichstrom über einen Unterbrecher gespeisten kleinen

Induktor geliefert wird. Da diese Stromart eine starke Veränderlichkeit der Stromstärke mit der Zeit aufweist, so besitzt sie eine ausgesprochene Reizwirkung, und diese Reizwirkung ist es, um derentwillen die Faradisation angewendet wird. Die Reizwirkung erstreckt sich einmal auf die Nerven, besonders die Gefühlsnerven der Haut, und außerdem auf die Muskeln, die dadurch zur Kontraktion veranlaßt werden. Auch die Drüsen werden zu vermehrter Absonderung angeregt. Die Faradisation spielt eine Rolle bei Störungen des Hautgefühles entweder zur Beseitigung von abnormen Sensationen wie Taubheit oder Kribbeln oder zur Belebung des abgestumpften Tast-, Schmerz- oder Wärmegefühles der Haut. Die faradische Erzeugung von Muskelzuckungen wird angewandt, wo es sich darum handelt, einen geschwächten Muskel durch Übung wieder zu kräftigen. Auch bei hysterischen Lähmungen, wie z. B. den Schrecklähmungen der Kriegsverletzten, wird der faradische Reiz mit gutem Erfolge angewandt. Nach BERGONIE benutzt man die faradische Reizung möglichst der gesamten

Abb. 7. Größeres Schlitteninduktorium für Faradisation.

Muskulatur, um eine umfassende Muskelarbeit zum Zwecke der Entfettung zu erzielen. Hierfür ist ein besonderer Entfettungsstuhl konstruiert worden.

Die für die Faradisation im engeren Sinne benutzte Stromquelle ist einfach ein sog. kleines Schlitteninduktorium mit WAGNERschem Hammer oder Pendelunterbrecher, bei welchem der Eisenkern sowie die Primär- und Sekundärspule gegeneinander verschoben werden können zum Zwecke der Stromregulierung. Abb. 7 zeigt die Ansicht einer etwas größeren Type eines solchen Induktoriums. Die Fußplatte ist etwa 30 cm lang. Der Unterbrecher ist ein Pendelunterbrecher, der ein weitgehendes Regulieren der Unterbrechungszahl ermöglicht.

Zur Speisung des Induktoriums nimmt man entweder 1—2 Elemente oder aber bei Anschlußapparaten den Netzstrom oder auch den Strom eines besonderen kleinen Generators, wie er bereits in dem Abschnitt über Galvanisation beschrieben wurde. Als Elektroden dienen die gleichen Formen wie bei der Galvanisation vom hydroelektrischen Vollbad und Vierzellenbad für die Allgemeinbehandlung angefangen bis zu den mehr indifferenten Plattenelektroden und den mehr differenten kleinen Knopfelektroden sowie viele Spezialformen.

Gelegentlich wird auch sinusförmiger Wechselstrom verwandt (Sinusfaradisation). Doch ist dessen Reizwirkung infolge der weniger starken zeitlichen Veränderlichkeit der Stromstärke weit geringer als die des Induktorstromes. Der Sinusstrom steht in dieser Hinsicht zwischen dem galvanischen und dem eigentlichen faradischen Strom. Seine Anwendung ist wegen seiner geringen Reizwirkung, welche leicht zur Überdosierung verleitet, nicht ohne Gefahr.

Es sind sogar plötzliche Todesfälle bei solcher Behandlung vorgekommen, meist bei Personen mit krankhaft verändertem lymphatischen Apparat (Status thymolymphaticus). Der Sinusstrom muß daher mit großer Vorsicht angewendet werden.

12. Elektrodiagnostik. Der elektrische Reiz ist von besonderer Bedeutung für die Erkennung mancher Krankheiten vermittels der Elektrodiagnostik. Hierfür kommen sowohl der galvanische als auch der faradische Strom und neuerdings auch Kondensatorentladungen zur Anwendung. Abweichungen der elektrischen Erregbarkeit eines Muskels vom Normalen lassen wichtige Schlüsse auf die Erkrankung des Muskels oder des ihn versorgenden motorischen Nerven zu. Auch kann man z. B. bei Gehirnoperationen die Lage und Größe des erkrankten Gebietes bei geöffnetem Schädel durch Abtasten der Gehirnoberfläche mit einer Elektrode und Beobachten der dadurch ausgelösten Muskelkontraktionen bestimmen.

13. Hochfrequenzbehandlung, Allgemeines. Während bei den bisher besprochenen Methoden der Galvanisation und der Faradisation die typischen Wirkungen des elektrischen Stromes, die auf der Elektrolyse beruhen, zur Anwendung kamen, spielt die Elektrizität bei der Hochfrequenzbehandlung nur die Rolle einer Vermittlerin. Zwar wird auch bei der Hochfrequenzbehandlung der Strom dem Körper des Patienten unmittelbar zugeführt, jedoch in einer Form, bei der die elektrolytische Wirkung und damit der elektrische Reiz völlig verschwindet. Dies ist dann der Fall, wenn die Frequenz des Stromes einen gewissen Minimalwert, der bei ungefähr 10^4—10^5 Perioden pro Sekunde liegt, überschreitet. Infolgedessen sind, wie bereits oben erwähnt wurde, die Hochfrequenzströme ganz ungefährlich und können unbedenklich bis zu Stromstärken von mehreren Ampere, also mehrere hundert mal soviel wie die sonst tödlichen Dosen, durch den Körper hindurchgeleitet werden. Die Wirkung des Stromes macht sich dann in der Erzeugung JOULEscher Wärme bemerkbar, und diese ist es gerade, um derentwillen man die Hochfrequenzdurchströmung in der Gestalt der sog. Diathermie anwendet. Die Diathermie bietet die einzige Möglichkeit, beträchtliche Wärmemengen an im Innern des Körpers gelegene Stellen heranzubringen, ohne daß es dabei nötig ist, irgendeine Stelle des Gewebes zu überhitzen.

14. Diathermieapparate. Der ideale Diathermiestrom wäre nach dem Vorstehenden eine ungedämpfte Schwingung geeigneter Frequenz. Man hat daher auch zunächst Lichtbogengeneratoren nach dem Prinzip der Poulsenlampe angewendet. Doch befriedigte diese Methode der Schwingungserzeugung nicht, da die Bogenlampe besonders bei hohen Belastungen des Sekundärkreises, wie sie die Diathermie verlangt, sehr unregelmäßig arbeitete. Auch Röhrensender sind versucht worden, ohne daß es aber bisher zur Fabrikation für die Praxis geeigneter Apparate dieser Bauart gekommen wäre. Die Apparate der Praxis werden vielmehr nach dem Prinzip der alten Löschfunkensender der drahtlosen Telegraphie (vgl. diesen Band Kap. 2) gebaut, nur mit dem Unterschied, daß die Entstehung von Partialentladungen in der Löschfunkenstrecke, die man in der Funkentelegraphie im Interesse der Erzeugung eines reinen Tones möglichst vermied, bei den Diathermieapparaten gerade angestrebt wird. Dies hat seinen Grund darin, daß eine zu geringe Folge von gedämpften Schwingungsimpulsen, wie sie bei der Verwendung von technischem 50-periodigem Wechselstrom ohne Partialfunken vorhanden sein würde, auch bei Hochfrequenzimpulsen erfahrungsgemäß noch Nerven- und Muskelreizungen, und daher ein sog. faradisches Gefühl hervorruft. Bei Anwendung des Löschfunkensenders ist eine Impulszahl von etwa 10000 bis 20000 pro Sekunde erforderlich, um das faradische Gefühl völlig auszuschließen.

Als Beispiel ist in Abb. 8 das Schaltungsschema des Neothermofluxapparates der Siemens-Reiniger-Veifa G. m. b. H. dargestellt.

Wie man sieht, besteht kein prinzipieller Unterschied gegenüber dem altbekannten tönenden Löschfunkensender der drahtlosen Telegraphie. Auch hier haben wir einen Primär- oder Stoßkreis zur Erzeugung der Schwingungen. Dieser besteht aus zwei Kondensatoren, einer Spule und der Funkenstrecke in Reihe. Die Funkenstrecke ist eine WIENsche Löschfunkenstrecke üblicher Art, die meist durch Wasser gekühlt wird. Zur Speisung der Funkenstrecke dient ein kleiner Transformator, der primär über einen Hauptschalter ans Wechselstromnetz angeschlossen ist. Mit dem Primärkreis können zwei auf diesen abgestimmte Kreise gekoppelt werden, nämlich der Patientenkreis oder Nutzkreis und ein mit Glühlampen belasteter Ballastkreis. Die Einrichtung ist so getroffen,

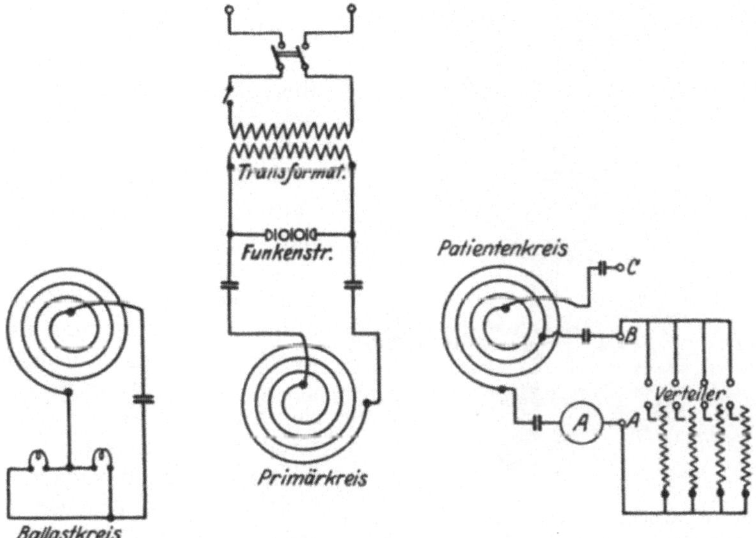

Abb. 8. Schaltungsschema eines Diathermieapparates (Neo-Thermoflux der Siemens-Reiniger-Veifa-G. m. b. H.).

daß die Kopplung mit dem Ballastkreise um so fester wird, je loser die Kopplung mit dem Nutzkreise ist. Hierdurch wird erreicht, daß die dem Primärkreise entzogene Energie immer nahezu die gleiche bleibt, einerlei, ob im Patientenkreise viel oder wenig Energie entnommen wird. Auf diese Weise wird eine Energiestauung, die leicht zum Verbrennen der Funkenstrecken führen könnte, vermieden. Der Nutzkreis ist an drei Punkten *A*, *B* und *C* zur Stromentnahme angezapft, um verschieden hohe Spannungen abgreifen zu können. Die Feinregulierung des Stromes geschieht mit Hilfe der bei dem Worte „Verteiler" gezeichneten Regulierwiderstände. Die Messung des Nutzstromes erfolgt mit einem Hitzdrahtamperemeter. Das äußere Aussehen des beschriebenen Diathermieapparates zeigt Abb. 9.

15. Anwendungsweise der Diathermie. Der Diathermiestrom wird dem Körper des Patienten zugeführt, indem man diesen mit Hilfe von Elektroden geeigneter Form-, meist Metallplatten, die evtl. unter Zwischenschaltung anschmiegender Materialien, wie Stanniol, feuchtes Gewebe o. dgl. auf den Körper aufgelegt werden, in den Nutzkreis des Apparates einschaltet. Die durch den Strom erzeugte JOULEsche Wärme verteilt sich in erster Linie nach Maßgabe

Abb. 9. Äußere Ansicht eines Diathermieapparates (Neo-Thermoflux der Siemens-Reiniger-Veifa-G. m. b. H.).

des verschiedenen Widerstandes des Körpergewebes. In dieser Hinsicht steht die Haut mit dem größten spezifischen Widerstande obenan. Dann folgen, wie bereits oben erwähnt, das Fettgewebe, die Knochen, das Nervengewebe, das Muskelgewebe und schließlich die Körperflüssigkeiten mit dem kleinsten Widerstande. Ordnet man die Elektroden so an, daß diese Gewebsarten bei der Durchströmung in Serie liegen, z. B. bei der Querdurchströmung einer Extremität, so wird die Haut relativ am meisten durchwärmt und die Körperflüssigkeiten am wenigsten. Läßt man aber den Strom die Extremität der Länge nach durchfließen, so liegen die verschiedenen Gewebe parallel. In diesem Falle nimmt naturgemäß die Körperflüssigkeit in den Gefäßen wegen ihres geringen Widerstandes den Hauptanteil des Stromes und damit die meiste JOULEsche Wärme auf. Von großem Einfluß auf die Verteilung der Wärme ist weiterhin die Form, Größe und Lage der benutzten Elektroden. Sind beide Elektroden gleich groß und liegen einander parallel (Abb. 10a), so wird das dazwischenliegende Medium homogen durchströmt und erwärmt. Ist dagegen eine Elektrode wesentlich kleiner als die andere, so drängen sich an dieser die Stromlinien zusammen, so daß der größte Teil der Erwärmung in der Nähe der kleineren Elektrode auftritt (Abb. 10b). Eine ähnliche Wirkung kann sich auch bei gleich großen Elektroden bemerkbar machen, wenn eine von ihnen schlecht, d. h. nur an wenigen Punkten aufliegt. Einige andere ohne weiteres verständ-

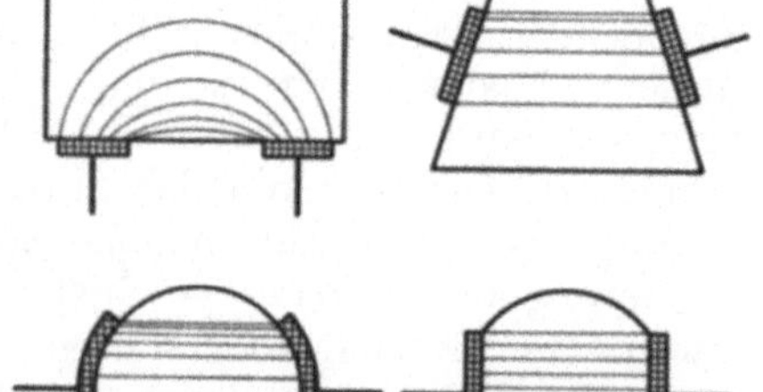

a b

Abb. 10. Einfluß der Elektrodengröße.

Abb. 11. Verschiedene Elektrodenanordnungen.

liche Beispiele für verschiedene Stromlinien- und Wärmeverteilungen sind in Abb. 11 schematisch dargestellt. Mannigfache Spezialformen von Elektroden zur Behandlung bestimmter Organe, wie z. B. der Augen, der Ohren usw. findet man in den Firmenkatalogen beschrieben und abgebildet.

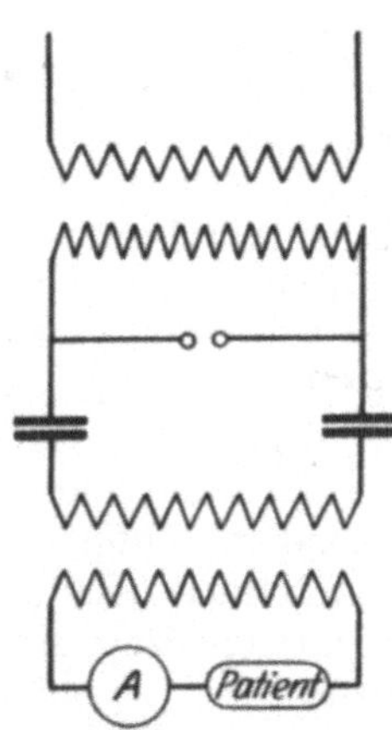

Abb. 12. D'Arsonval-Anordnung für Hochfrequenzbehandlung.

16. Physiologische Wirkungen der Diathermie. Die physiologische Wirkung der Diathermie beruht lediglich auf der Temperaturerhöhung. Diese kann entweder relativ gering und länger andauernd gewählt werden und wirkt dann auf viele Krankheiten, wie z. B. Gelenkversteifungen nach Verletzungen, Muskelrheumatismus, Ischias, Neuralgien, Pleuritis usw. allgemein günstig. Oder aber es kann die sog. chirurgische Diathermie angewendet werden, indem die Temperaturerhöhung bis zur Koagulation des Eiweißes und darauf folgender Zerstörung des Gewebes gesteigert wird. Dies hat der gewöhnlichen operativen Behandlung gegenüber den Vorteil, daß die Gefahr der Verschleppung von Infektionskeimen, da ja keine Gefäße geöffnet zu werden brauchen, vermieden wird. Die Koagulierung führt vielmehr eine völlige Sterilisation herbei.

17. Arsonvalisation. Als eine Abart der Diathermie kann man die sog. „Arsonvalisation"[1]) auffassen. Hierunter versteht man die medizinische Anwendung hochgespannter Hochfrequenzströme, wie sie von einem Teslatransformator erzeugt werden. Das Schema der dazu benutzten Apparatur zeigt Abb. 12, während die äußere Ansicht eines größeren d'Arsonvalapparates in Abb. 13 gegeben ist.

Die mit solchen Apparaten dem Patienten zugeführten Ströme betragen nicht mehr als einige Zehntel Ampere und werden wie bei der Diathermie im Hitzdrahtinstrument gemessen. Neben der direkten Einschaltung des Patienten in den Hochfrequenzkreis gemäß Abb. 13 erfolgt die Stromzuführung vielfach auch auf induktivem Wege nach einer als „Autokonduktion" bezeichneten Methode. Bei dieser leitet man die Schwingungen durch eine große käfigartige Spule hindurch, in welcher der Patient sitzt oder steht. Auf diese Weise entstehen im Körper Wirbelströme, die jedoch vom Patienten nicht gespürt werden. Eine andere indirekte Applikationsmethode ist das „Kondensatorbett". Dies ist ein isolierendes Polster, auf welchem der Patient bei der Behandlung liegt und eine mit dem einen Pol der Hochfrequenzspule verbundene Metallstange

Abb. 13. Resonatortisch nach Prof. D'ARSONVAL.

[1]) In die Medizin eingeführt durch D'ARSONVAL 1892.

in der Hand hält. Unter dem Polster befindet sich eine große Metallplatte, die an den anderen Hochfrequenzpol angeschlossen ist, so daß der Patient gewissermaßen die eine Belegung eines mit Hochfrequenz gespeisten Kondensators bildet. Soll die Hochfrequenz nur örtlich appliziert werden, so benutzt man kleine Kondensatorelektroden. Diese bestehen entweder aus einem mit Graphit gefüllten Glasgefäß oder aus einem mit Glas überzogenen Metallstab oder auch aus verschieden geformten evakuierten Glasgefäßen, in deren Innenraum die metallene Zuführung hineinragt. Auch plattenförmige Kondensatorelektroden, bei denen eine Hartgummiplatte die Metallplatte rings am Rande um etwa 2 cm überragt, sind gelegentlich in Gebrauch. Die Vakuumelektroden sieht man besonders häufig bei den kleinen für den Privatgebrauch angepriesenen unter dem Namen „Radiolux" oder „Resonax" oder ähnlich im Handel befindlichen Hochfrequenzapparaten. Worauf die Heilwirkung der Arsonvalisation eigentlich beruht, scheint nicht recht geklärt zu sein. Ihre Hauptwirkung ist die Herabsetzung des Blutdruckes, wie sie z. B. bei Arterienverkalkung angestrebt wird. Die örtliche Behandlung wirkt schmerzstillend bei Neuralgien und, wie der Verfasser aus eigener Erfahrung bestätigen kann, bei Furunkeln.

c) Die mittelbare Anwendung der Elektrizität in der Medizin.

18. Lichtheilapparate, Allgemeines. Schon bei der Diathermie spielt die Elektrizität für die biologische Wirkung nur die Rolle einer Vermittlerin, wenn auch hier die elektrischen Ströme dem Körper des Patienten noch direkt einverleibt werden. Ganz ausgeschaltet ist aber die direkte Einwirkung der Elektrizität auf den Körper bei einer anderen Gruppe von elektrotherapeutischen Apparaten im weiteren Sinne, nämlich den Lichtheilapparaten. Bei diesen ist das dem Körper zugeführte wirksame Agens lediglich die elektromagnetische Strahlung der verschiedensten Wellenlängen, und der elektrische Strom dient nur zur Erzeugung der Strahlen, ohne selbst in den Körper des Patienten hinein zu gelangen. Alle für die Technik einigermaßen zugänglichen Spektralgebiete von den Gamma- und Röntgenstrahlen bis zum langwelligen Ultrarot kommen für die medizinische Anwendung in Betracht. Die Technik der Röntgenstrahlen ist in dem vorangehenden Kapitel dieses Bandes behandelt. An dieser Stelle sollen deshalb nur die ultravioletten, die sichtbaren und die Wärmestrahlen, soweit sie auf elektrischem Wege erzeugt werden, besprochen werden. Allen Strahlenarten gemeinsam ist in biologischer Hinsicht ihre anregende Wirkung, die zu einer Beschleunigung der an sich auch ohne Bestrahlung, nur langsamer und weniger stürmisch ablaufenden Stoffwechselvorgänge führt. Die einzelnen verschiedenen Spektralgebiete unterscheiden sich aber hinsichtlich ihrer Angriffspunkte im Gewebe, was zum Teil schon durch ihre verschiedene Durchdringungsfähigkeit bedingt ist. Außerdem vermögen aber die kurzwelligen Strahlen direkt auf die feinsten Bausteine der Materie zu wirken. Je größer die Wellenlänge wird, desto gröber sind auch die Gebilde, welche auf die Strahlen unmittelbar reagieren. Die Gammastrahlen vermögen die Atomkerne zu affizieren. Die Röntgenstrahlen dringen bis in die inneren Schichten der Elektronenhülle selbst der schwersten Atome vor. Dagegen ist die Wirkung der ultravioletten und sichtbaren Strahlen auf weiter außen gelegene Elektronen, die chemischen Valenzelektronen, beschränkt, und die ultraroten Strahlen endlich wirken nicht mehr so sehr auf einzelne Elektronen, sondern regen vielmehr die Eigenschwingungen ganzer Atome oder Atomgruppen im Molekül an. Gehen wir gar zu den HERTZschen Wellen über, so sind die beeinflußten Resonatoren Molekülkomplexe und bei weiter vergrößerter Wellenlänge so riesige Gebilde, wie sie die Antennensysteme der drahtlosen Telegraphie darstellen. So ergibt sich die Überleitung zu der in den vorstehenden Abschnitten behandelten Diathermie. Die Verschiedenheiten in der biologischen Wirkung der verschiedenen Wellenlängen hängen mit der Verschiedenheit der Angriffspunkte offenbar eng zusammen. Die Vorstellung, daß die Wirkung der Röntgenstrahlen primär auf äußerst kleine Bezirke beschränkt ist, veranlaßte DESSAUER zur Bildung des Begriffes der „Punktwärme“[1]. Doch sind gegen diese Vorstellungen vielfach Einwände erhoben worden, besonders von HOLTHUSEN[2], der das Wesen der biologischen Wirkung der Röntgenstrahlen ebenso wie bei den ultravioletten und den chemisch wirkenden Lichtstrahlen, darin erblickt, daß das Elektronengleichgewicht des Atomgebäudes durch die Absorption der Strahlen gestört und dem Atom dadurch die chemische Reaktion erleichtert wird, eine Vorstellung, die wegen ihres unmittelbaren Anschlusses an die Anschauungen der Photochemiker leichter Anklang findet als das etwas unklare Bild der Punktwärme.

19. Wirkung der Ultraviolettbestrahlung. Bei örtlicher Bestrahlung einer Hautstelle mit ultraviolettem Licht bildet sich zunächst eine Rötung, das „Erythem“, bei stärkerer Dosierung eine Entzündung. Später folgt eine Pigmentbildung. Auf Bakterien wirken die Strahlen tötend. Bei schlecht heilenden Wunden wird die Zellregeneration angeregt. HAUSSER und VAHLE konnten zeigen, daß vorwiegend der enge Spektralbereich von 310—297 mμ erythemerzeugend wirkt, da gerade dieser Spektralbereich im wesentlichen im lebenden Hautgewebe absorbiert wird. Dem kurzwelligeren Ultraviolett kommt eine offenbar durch Absorption im Blut bedingte biologische Wirkung zu, die sich unter anderem auch durch eine Änderung des Blutbildes im Sinne einer vorübergehenden allgemeinen Leukozytenvermehrung manifestiert.

20. Strahlenquellen für Ultraviolettbestrahlung. Als Strahlenquellen für die Ultraviolettbehandlung kommen vor allem Quarz-Quecksilberlampen (KROMEYER, BACH), welche überwiegend ultraviolette Strahlen bis herunter zu 220 mμ Wellenlänge aussenden, in Betracht. Außerdem werden aber auch Bogenlampen verwendet, bei welchen neben der ultravioletten auch eine starke sichtbare und ultrarote Strahlung vorhanden ist. Bei der Finsenlampe wird das Bogenlicht noch durch eine Quarzlinse möglichst konzentriert, während die ultraroten Strahlen durch Wasserfilter zurückgehalten werden. Durch besonders geformte Druckkörper aus Bergkristall kann das stark absorbierende Blut aus den zu bestrahlenden Hautpartien herausgedrückt werden und dadurch ein tieferes Eindringen der Strahlen in das Gewebe erzielt werden. Bei der Anwendung ultravioletter Strahlen müssen die Augen aller Beteiligten sorgfältig durch Glasbrillen geschützt werden, um Schädigungen zu verhüten.

Die „Siemens-Aureol-Lampe“ ist eine mit besonders hoher Spannung — 80—160 Volt bei 8—15 Amp. — brennende Bogenlampe, mit einer für Ultraviolett durchlässigen Glocke aus Spezialglas, welche Strahlen bis herab zu 290 mμ hindurchläßt. Sie wurde aus dem Bestreben heraus konstruiert, eine Lichtquelle zu schaffen, die in ihrer spektralen Zusammensetzung sich dem natürlichen Sonnenlichte nähert, ein Ziel, das man sonst auch dadurch zu erreichen sucht, daß man Quecksilberlampen mit hochkerzigen Glühlampen (Solluxlampe) kombiniert.

21. Sichtbares Licht und Wärmestrahlen. Die Strahlenquellen für sichtbares Licht und ultrarote Strahlen sind nicht voneinander zu trennen, da die hierfür

---

[1] F. DESSAUER, ZS. f. Phys. Bd. 12, S. 38. 1922 u. Bd. 20, S. 288. 1923; vgl. auch Strahlentherapie Bd. 16, S. 209. 1923, u. Fortschr. a. d. Geb. d. Röntgenstr. Bd. 32, S. 319. 1924.

[2] H. HOLTHUSEN, Strahlentherapie Bd. 19, S. 617. 1924.

benutzten Lampen beide Strahlensorten zugleich aussenden, weshalb auch in der Medizin vielfach von „Licht-Wärmestrahlen“ geredet wird. Da die letztgenannten Strahlen tiefer in die Haut einzudringen vermögen als die ultravioletten Strahlen, so ist auch ihre biologische Wirkung eine etwas andere. Sie rufen insbesondere eine stärkere Durchblutung der tiefer gelegenen Hautschichten hervor und fördern außerdem die Tätigkeit der Schweißdrüsen in höherem Maße, als dies bei andersartig zugeführter Wärme der Fall ist. Die Lichtwärmestrahlen werden in Form von Lichtbädern verabfolgt. Für Lichtvollbäder, bei welchen der ganze Körper bestrahlt wird, benutzt man einen Apparat, wie er in Abb. 14 abgebildet ist. Der Patient sitzt dabei in einem ringsum geschlossenen Kasten,

Abb. 14. Elektrisches Lichtvollbad.

dessen Innenwände ganz mit Glühlampen besetzt sind. Es befinden sich im ganzen über 90 Lampen von je 16 Kerzen darin. Ein Teil der Lampen besitzt oft farbiges blaues oder rotes Glas, da dem farbigen Lichte noch besondere Wirkungen zugeschrieben werden. Wichtig ist, daß an dem Kasten ein Thermometer zur Kontrolle der Temperatur sowie eine kleine Klappe, durch welche der Puls des Patienten während der Bestrahlung beobachtet werden kann, angebracht sind. Ähnlich wie die Vollichtbäder sind auch die Teillichtbäder eingerichtet, bei welchen nicht der ganze Körper, sondern nur einzelne Teile desselben, wie Extremitäten, Rumpf oder Schulter, in einen geeignet geformten mit Glühlampen besetzten Kasten gebracht werden.

Sollen nur ganz beschränkte örtliche Wirkungen erzielt werden ohne Schweißerzeugung, so fällt der umschließende Kasten fort. Die Bestrahlungsapparate, die dann entweder Glühlampen oder auch Bogenlampen enthalten, sind meist scheinwerferartig konstruiert. Bei dieser Art von Apparaten finden rote oder blaue Farbgläser besonders ausgedehnte Verwendung.

Erwähnt seien hier noch die mannigfachen elektrischen Wärmeapparate wie Heizkissen, Heißluftduschen usw., bei welchen die elektrisch erzeugte Wärme freilich mehr durch Leitung als durch Strahlung in den Körper gelangt.

Ebenso seien hier kurz die elektrischen Beleuchtungsgeräte genannt, die zwar nicht zu Heilzwecken, wohl aber zu speziellen medizinischen Untersuchungszwecken vermittels der sog. Endoskopie konstruiert worden sind. Sie dienen dazu, kleine elektrische Glühlämpchen ins Innere von sonst der Besichtigung unzugänglichen Körperhohlräumen, wie z. B. die Harnblase, den Mastdarm, den Nasenrachenraum, den Magen usw. hineinzuführen. Die kleinen Lämpchen sitzen am Ende einer röhrenförmigen Sonde, durch welche hindurch die Beobachtung der zu untersuchenden Organe erfolgt.

22. Galvanokaustik. Ein chirurgisches Handwerkszeug elektrischer Art stellen die galvanokaustischen Apparate dar. Der Hauptteil eines solchen Apparates ist der sog. Brenner, das ist eine kleine Schlinge aus Platindraht,

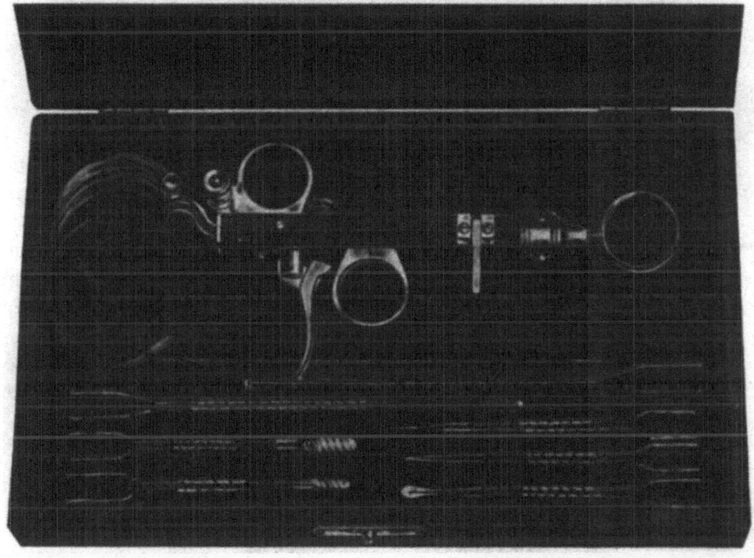

Abb. 15. Galvanokaustisches Besteck.

die auf einen mit einem Schalter versehenen Handgriff aufgesetzt wird und durch einen elektrischen Strom zum Glühen erhitzt werden kann. Es werden meist Ströme von 10—20 Amp. angewendet. Der Widerstand der Schlinge beträgt nur Bruchteile von einem Ohm. Der glühende Draht dient dazu, Wucherungen, Schwellungen o. dgl. zu zerstören, besonders wenn diese an Stellen liegen, welche dem Messer schwer zugänglich sind, wie z. B. in der Nase oder im Kehlkopf. Sollen etwas umfangreichere Operationen auf diese Weise vorgenommen werden, so können die Brenner unter Umständen so stark gewählt werden, daß sie bis zu 50 Amp. Strom benötigen. Hierbei ist dann oft der Glühdraht auf einen Porzellankörper von kegelförmiger oder ähnlicher Gestalt aufgewickelt, der mit erhitzt wird. Ein galvanokaustisches Besteck, das einen sog. „Kauter"- (d. i. Brenner-) Griff und mehrere Brenner enthält, ist in Abb. 15 abgebildet.

Auch sonst bedient sich die Chirurgie vielfach der Elektrizität, indem mancherlei Operationswerkzeuge von Elektromotoren getrieben werden. Es sei nur an die Bohr- und Fräsmaschinen der Zahnärzte erinnert. Auch für größere

Operationen, z. B. am Schädel oder an den großen Röhrenknochen werden Sägen, Meißel, Bohrer oder Fräsen häufig elektrisch betrieben.

Auch die vielen heute im Gebrauch befindlichen Massageapparate mit elektrischem Antrieb mögen hier Erwähnung finden.

23. Elektromagnete. Einer besonders eigenartigen Anwendung der Elektrizität begegnen wir in der Augenchirurgie. Gewisse Industriebetriebe bringen es mit sich, daß gelegentlich die Entfernung eingedrungener Eisensplitterchen aus dem Auge notwendig wird. Hierzu lassen sich in schonendster Weise Elektromagnete verwenden. Diese bestehen aus einem zylindrischen Eisenkern, auf welchen nach Bedarf verschieden gestaltete Ansätze aufgeschraubt werden können. Der Eisenkern ist von einer Spule aus Kupferdraht umgeben. Die Magnete werden in verschiedenen Größen hergestellt und müssen mit Gleichstrom betrieben werden. Bei Wechselstromnetzen ist daher die Anwendung eines Umformers notwendig. Abb. 16 zeigt eine besonders große Type eines Augenmagneten in schwerem Bodenstativ. Zur Charakterisierung der Stärke eines solchen Magneten wird angegeben, daß er eine Tragkraft von 3000 kg besitze. Die benötigte Stromstärke ist 9,5 Amp. bei 110 Volt.

Abb. 16. Augen-Elektromagnet.

24. Elektrische Temperaturmessung. Temperaturmessungen spielen in der Medizin eine wichtige Rolle, um den Fieberzustand des Patienten zu verfolgen. Meist genügt hierzu die Ausführung von einer geringen Anzahl, etwa 3 bis 5, Messungen im Laufe eines Tages, die leicht mit Hilfe von Quecksilberthermometern auszuführen sind. Es kommen aber Fälle vor, wo man den Temperaturverlauf in lückenloser Weise über einen längeren Zeitraum verfolgen möchte. In solchen Fällen leistet die elektrische Temperaturmessung, die eine automatische Registrierung der Temperatur in höchst bequemer Weise ermöglicht, die besten Dienste. Sehr wertvoll und durch Quecksilberthermometer kaum zu bewerkstelligen ist die Temperaturmessung auch in der Diathermie. Auch hier ist die elektrische Methode am Platze, wenn es sich darum handelt, den Grad der Erwärmung eines bestimmten Organes zu ermitteln, besonders bei wissenschaftlichen Untersuchungen. Es kommen zwei Methoden in Frage, nämlich entweder die Verwendung von Thermoelementen oder von Widerstandsthermometern. Ein Temperaturmeßgerät, bei dem ein Thermoelement verwandt wird, ist in Abb. 17 abgebildet. Man sieht auf dem Bilde die kleine zylinderförmige Meßelektrode, welche die eine Lötstelle des Thermoelementes enthält, die an den Punkt, dessen Temperatur gemessen werden soll, zu bringen ist. Die andere auf konstanter Temperatur zu haltende Lötstelle ist in einem ebenfalls sichtbaren DEWARschen Glasgefäß mit Eis untergebracht. Der Thermostrom wird mit einem empfindlichen Zeigergalvanometer gemessen.

Für fortlaufende Registrierung ist die Widerstandsmethode besser geeignet. Bei dieser wird eine WHEATSTONEsche Brückenanordnung, die aus einem Platinwiderstand zusammen mit drei temperaturunabhängigen Widerständen besteht,

Abb. 17. Elektrisches Temperaturmeßgerät.

benutzt. Der Platinwiderstand, der in ein kleines Gehäuse von geeigneter Form eingeschlossen ist, wird an die Stelle, deren Temperatur gemessen werden soll, also etwa in die Achselhöhle oder in das Rektum gebracht, und aus seiner Widerstandsänderung die Temperatur ermittelt. Die Skala des zugehörigen Zeigergalvanometers ist so eingerichtet, daß die Temperatur unmittelbar abgelesen werden kann. In Kliniken oder Lazaretten läßt sich leicht eine Einrichtung schaffen, die es ermöglicht, von einer Zentralstelle aus die Temperatur einer größeren Anzahl von Patienten gleichzeitig zu überwachen, indem man von jedem Bette aus eine Leitung nach der Zentralstelle hinführt, die dann nach Belieben an das dort befindliche Meßgerät angeschaltet werden kann. Durch Registriergalvanometer der üblichen Art kann die Temperatur fortlaufend aufgeschrieben werden.

Kapitel 5.

Transformatoren.

Von

R. VIEWEG und V. VIEWEG, Berlin.

Mit 26 Abbildungen.

1. Elektromagnete. Grundbestandteil aller elektrischen Maschinen und Transformatoren ist die Spule, auch Solenoid genannt, d. h. eine Anordnung schraubenartig neben- und übereinander gewickelter Drahtwindungen. Wird durch eine Spule Strom geschickt, so erhält man einen Elektromagneten. Die Pole liegen an den Achsenenden der Spule; das Vorzeichen hängt von dem Richtungssinn des Stromes und dem Wicklungssinn der Spule ab und ist z. B. mit der Magnetnadel unter Anwendung von Gleichstrom bestimmbar.

Zur Kennzeichnung eines Elektromagneten dient seine magnetomotorische Kraft (MMK) H; sie ist gleich dem Linienintegral der magnetischen Feldstärke $\mathfrak{H}$ längs einer geschlossenen Kurve von der Länge l

$$H = \oint \mathfrak{H}\, dl.$$

Zwischen der MMK, der Stromstärke J und der Windungszahl w der Spule besteht die Beziehung

$$H = 0{,}4\,\pi J w.$$

Das Produkt Jw heißt die Durchflutung (Δ) oder Erregung; die Einheit der Durchflutung ist die Amperewindung (AW). Durchflutungsgesetz des magnetischen Kreises nennt man die folgende Gleichung

$$\oint \mathfrak{H}\, dl = 0{,}4\,\pi J w = 0{,}4\,\pi \Delta.$$

Bezeichnet man die Gesamtzahl der in einem geschlossenen magnetischen Kreise vorhandenen Induktionslinien, den magnetischen Induktionsfluß, mit $\Phi = q\,\mathfrak{B}$, so gilt allgemein

$$\Phi = \frac{0{,}4\,\pi J w}{R_m},$$

wobei

$$R_m = \sum \frac{1}{\mu} \frac{l}{q}$$

der magnetische Widerstand des Kreises ist. Hierin bedeutet $\mathfrak{B}$ die magnetische Induktion, $\mu = \mathfrak{B}/\mathfrak{H}$ die magnetische Durchlässigkeit oder Permeabilität, l die Länge und q den Querschnitt der einzelnen von dem Induktionsfluß durchströmten Teile des magnetischen Kreises. Dieses Gesetz für den magnetischen Kreis hat eine analoge Form wie das OHMsche Gesetz.

Für die praktische Berechnung magnetischer Kreise in Transformatoren und elektrischen Maschinen verwendet man das Verfahren von HOPKINSON.

Man setzt

$$Jw = \sum_{n=1}^{n=n} \frac{\mathfrak{B}_n}{0{,}4\,\pi\,\mu_n}\, l_n\,.$$

$\mathfrak{B}_n/0{,}4\,\pi\,\mu_n$ ist die für den Induktionsfluß im magnetischen Material auf 1 cm Länge erforderliche Durchflutung in AW. Sie ist aus Magnetisierungskurven zu entnehmen. Für den Induktionsfluß in der Luft ist $\mu = 1$, also $\mathfrak{B} = \mathfrak{H}$, demnach sind 0,8 AW/cm für je 1 Gauß aufzuwenden.

Elektromagnete dienen außer zur Erzeugung magnetischer Felder auch vielfach als Hubmagnete. Die Zugkraft beträgt

$$P = \frac{\mathfrak{B}^2}{8\pi}\, q \text{ Dyn},$$

wobei q der Polquerschnitt in cm^2 ist.

Bei Gleichstrommagneten ergibt sich die Stärke der entstehenden Induktion aus der Anzahl der AW nach dem Durchflutungsgesetz; die Stromstärke folgt aus dem OHMschen Gesetz.

Bei Wechselstrommagneten kann der OHMsche Widerstand näherungsweise gegenüber dem induktiven vernachlässigt werden, d. h. man kann statt der EMK E die Klemmenspannung U setzen. Sind nun Klemmenspannung U bzw. EMK E, Periodenzahl ν und Windungszahl w gegeben, so ist unabhängig von Stromstärke und Gestaltung des magnetischen Kreises die Größe des Induktionsflusses bestimmt. Es sei Φ_0 der Maximalwert des Flusses, dessen Augenblickswert durch die Beziehung

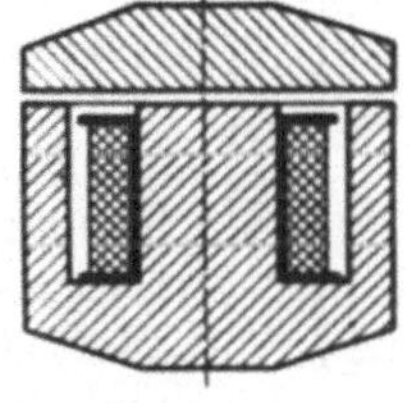

Abb. 1. Topfmagnet.

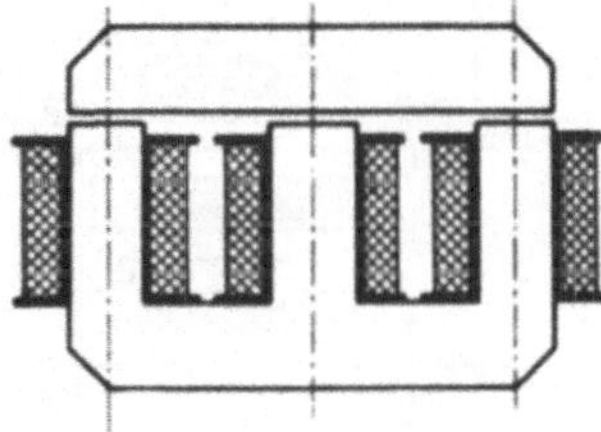

Abb. 2. Drehstrommagnet.

$$\Phi = \Phi_0 \sin 2\pi\nu t$$

gegeben ist, dann gilt, wenn E den Effektivwert der EMK von gleichfalls sinusförmigem Verlauf bedeutet,

$$\Phi_0 = \frac{\sqrt{2}\,U}{2\pi\nu w} \cdot 10^8 = \frac{E}{4{,}44\,\nu w} \cdot 10^8\,.$$

Die Stromstärke J, der sog. Magnetisierungsstrom, kann aus dem Durchflutungsgesetz bestimmt werden; für den Maximalwert J_0 ergibt sich

$$J_0 = \frac{\Phi_0 \cdot R_m}{0{,}4\,\pi\,w}\,.$$

Wechselstrommagnete erfordern bei gleicher Spannung für dieselbe Durchflutung einen stärkeren Strom als Gleichstrommagnete, weil die Wicklung der Selbstinduktion wegen weniger Windungen haben muß. In der Wirkungsweise eines Elektromagneten für Gleichstrom besteht gegenüber dem für Wechselstrom der Unterschied, daß — abgesehen von der Streuung — bei Gleichstrom die Anzugskraft mit abnehmendem Luftspalt zwischen Anker und Polschuh wächst, der magnetische Widerstand kleiner und der Fluß größer wird. Bei Wechselstrom ist — wieder abgesehen von der Streuung — die Anzugskraft wesentlich konstant. Infolge des abnehmenden magnetischen Widerstandes sinkt der Magnetisierungsstrom.

Bei Gleichstrom verwendet man vielfach die Form des Topfmagneten (Abb. 1). Bei Drehstrom (Abb. 2) werden drei durch ein Joch verbundene Schenkel benutzt. Die Zugkraft ist auf Grund des Drehstromverhaltens während des Verlaufes einer Periode annähernd konstant. Bei einphasigem Wechselstrom erreicht man dasselbe durch eine sog. Kunstphase, man wählt mehrere Spulen und speist sie mit phasenverschobenen Wechselströmen.

2. Drosselspule. In allen Wechselstrommagneten herrscht zwischen der angelegten Spannung und dem sich einstellenden Strom große Phasenverschiebung. Der Magnetisierungsstrom ist seinem Wesen nach ein Blindstrom, wenn auch durch Eisenverluste und OHMschen Widerstand beim ausgeführten Wechselstrommagneten eine geringe Wirkkomponente auftritt. Daher bietet sich bei Wechselstromapparaten die Möglichkeit, einen Teil der gegebenen Spannung zu vernichten, abzudrosseln, derart, daß der entsprechende Energieverbrauch theoretisch Null, praktisch sehr gering ist. Bei Gleichstrom ist die Vernichtung einer Spannung nur möglich, indem man einen entsprechenden Widerstand vorschaltet. Findet in diesem ein Spannungsabfall U statt, so vernichtet er gleichzeitig eine Leistung UJ nutzlos als JOULEsche Wärme. Bei Wechselstrom schaltet man statt des Widerstandes einen Elektromagneten vor, der durch seine Selbstinduktion einen entsprechenden Spannungsbetrag vernichtet, aber nur eine geringe Leistung verbraucht, die als Nebenwirkung vom OHMschen Widerstand und von den Eisenverlusten verursacht wird. Ein solcher Magnet heißt eine Drosselspule.

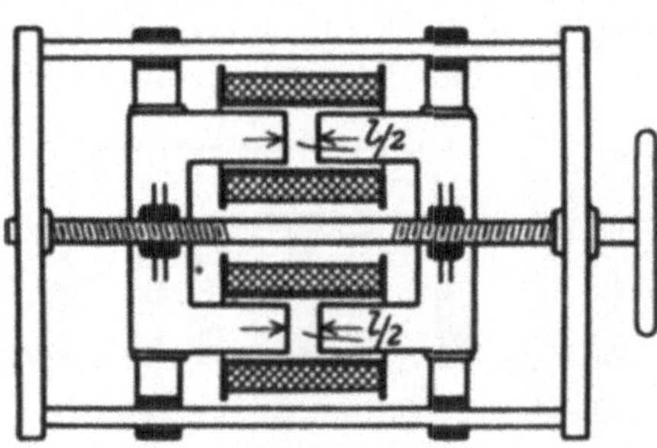

Abb. 3. Regelbare Drosselspule.

In Abb. 3 ist eine mittels Handrad regelbare Drosselspule dargestellt. Der Eisenkreis enthält wie gewöhnlich einen Luftspalt (Länge l), durch dessen Veränderung der magnetische Widerstand R_m und damit die abzudrosselnde Spannung reguliert werden kann. Für die Berechnung einer Drosselspule hat man außer der Periodenzahl ν die abzudrosselnde Spannung U als gegeben anzusehen, ferner unter Berücksichtigung der Phasenverschiebung auch den Strom J, der durch den Verbrauch des hinter der Drosselspule liegenden Apparates vorgeschrieben ist. Indem man den OHMschen Widerstand außer Ansatz läßt, und den geringen magnetischen Widerstand des Eisens gegen denjenigen des Luftspaltes vernachlässigt, ergibt sich, wenn wir l und q auf den Luftspalt beziehen und $\mu = 1$ setzen, und wenn Φ_0 und $\mathfrak{B}_0$ Maximalwerte bedeuten,

$$J w = \frac{\Phi_0 l}{\sqrt{2} \cdot 0{,}4 \pi q} = \frac{1}{\sqrt{2} \cdot 0{,}4 \pi} \mathfrak{B}_0 l$$

und hieraus

$$\frac{w}{l} = 0{,}562 \frac{\mathfrak{B}_0}{J}.$$

Ferner gilt

$$\mathfrak{B}_0 q = \frac{U \cdot 10^8}{4{,}44 \nu w},$$

mithin

$$q w = \frac{U \cdot 10^8}{4{,}44 \nu \mathfrak{B}_0}.$$

Aus diesen Gleichungen bestimmen sich die Spulendaten q, w, l, wobei eine der drei Größen willkürlich gewählt werden kann; ferner ist $\mathfrak{B}_0$ anzunehmen.

Für die Blindleistung der Drosselspule erhält man, wenn das Volumen der Luftspalte $q\,l = V_l$ eingeführt wird, die Beziehung

$$UJ = \frac{10^{-8}}{0{,}4} \cdot V_l \nu \mathfrak{B}_0^2 .$$

Aus dieser Gleichung geht hervor, daß für die Blind- und daher auch für die Scheinleistung einer Drosselspule in erster Linie ihr Luftvolumen maßgebend ist. Die Leistung einer Drosselspule stellt den Energieverbrauch (Stromwärme und Eisenverluste) dar, während die Blindleistung dem Hin- und Herfluten der Energie in der Form von magnetischer Energie in der Drosselspule entspricht. Die Drosselspule wirkt hierbei als eine Art Speicher, der im Rhythmus des Stromes Energie aus dem Kreis aufnimmt und wieder abgibt.

In Abb. 4a u. b ist eine Anordnung von Drosselspulen zur stufenlosen Regelung einer Wechselspannung zwischen einem Mindestwert und dem Betrag der

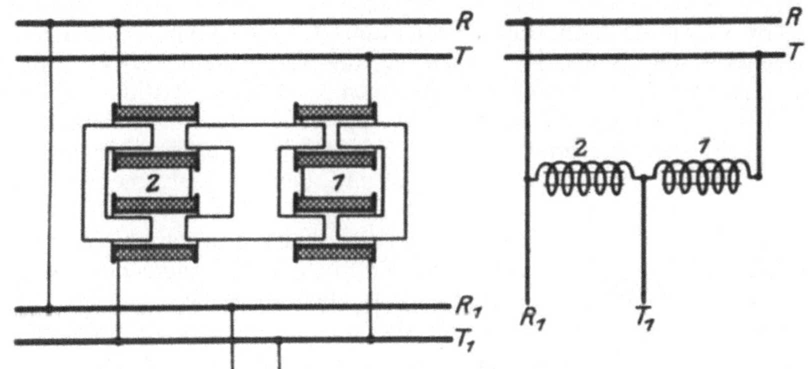

Abb. 4a u. b. Spannungsregelung durch Drosselspulen (Potentiometerschaltung).

Netzspannung RT dargestellt. (Differential-Regulier-Drosselspule von KOCH und STERZEL, Dresden.) Sie besteht aus zwei feststehenden Spulenpaaren 1 und 2, einem verstellbaren ⊢⊣-Kern aus Eisenblechen und zwei festen Jochstücken. Das eine Spulenpaar, die Vorschaltdrosselspule (1), wird in Reihe, das andere Paar, die Abzweigdrosselspule (2), wird parallel zum Verbrauchsapparat geschaltet, dessen Spannung $R_1\,T_1$ durch Verschieben des Mittelstückes mittels Handrad reguliert werden kann. Die Anordnung wird auch dreiphasig ausgeführt.

3. Diagramme. Die Behandlung der Vorgänge in Wechselstromkreisen geschieht in der Elektrotechnik nach einer graphischen Methode, welche in Sonderheit die vorkommenden trigonometrischen Berechnungen ersetzt und alle Aufgaben in übersichtlicher Weise zu lösen gestattet (vgl. Bd. XV). Diejenigen Wechselstromgrößen, die als Sinusfunktionen der Zeit angesehen werden können, werden durch die Projektion eines Strahls, der sich um seinen Endpunkt dreht, auf eine ruhende Gerade dargestellt. Ist z. B. $i = J_0 \sin 2\pi\nu t$, so bedeutet J_0 die Länge des Strahles, und $2\pi\nu$ die Winkelgeschwindigkeit, mit der er umläuft. Bezüglich des Drehsinns der Strahlen ist in der Elektrotechnik international festgesetzt, daß bei der graphischen Darstellung periodisch veränderlicher elektrischer und magnetischer Größen die Phasenvoreilung durch die dem Uhrzeigersinn entgegengesetzte Richtung dargestellt wird. Nach diesem Verfahren ist jeder sinusförmig veränderlichen Größe ein Strahl in der Zeichenebene in der Weise zugeordnet, daß durch die Länge des Strahles die Amplitude, durch den Winkel mit dem Anfangsstrahl die Phasenverschiebung der betrachteten Größe gegen die dem

Anfangsstrahl entsprechende Sinusgröße festgelegt ist. Eine in dieser Weise erfolgte Darstellung heißt ein Vektordiagramm; die den Größen von sinusförmigem Lauf zugeordneten Strahlen nennt man Diagrammvektoren oder auch kurz Vektoren. Sie dienen zur Veranschaulichung einer zeitlichen Veränderung und sind von den Vektoren im mathematisch-physikalischen Sinne wohl zu unterscheiden. Auch in dem Polardiagramm der Wechselstromgrößen findet die Zusammensetzung zweier Vektoren durch geometrische Addition (Zeichen z. B. $E_1 \hat{\underline{+}} E_2 = E$) statt. Diese Operation ist jedoch nur durch die Art der Darstellung bedingt und hat nichts mit der Natur der Wechselströme zu tun, deren Momentanwerte sich stets algebraisch addieren.

Anstatt den Vektor gegen den Uhrzeigersinn zu drehen und jeweils den Momentanwert durch Projektion auf eine feste Achse zu erhalten, kann man auch eine Gerade mit einer positiven und einer negativen Richtung um den Pol des Diagramms rotierend einführen. Diese Linie heißt die Zeitlinie. Dreht sie sich mit der konstanten Winkelgeschwindigkeit $2\pi\nu = \omega$ in der Richtung des Uhrzeigers, so erhält man durch Projektion des ruhenden Vektors auf diese Linie ebenfalls jeweils den Momentanwert des Vektors zur Zeit t. Namentlich bei komplizierten Diagrammen ist es bequemer, mit der Zeitlinie zu arbeiten, als mit der Drehung der Vektoren. Zeichnerisch werden gewöhnlich für die Strahlen nicht die Maximalwerte der Wechselstromgrößen zugrunde gelegt, sondern die Effektivwerte, die praktisch mit den Meßinstrumenten bestimmt werden[1]).

Das allgemeine OHMsche Gesetz wird vielfach in verschiedenen Formen hinsichtlich der Vorzeichen geschrieben und auch für Stromerzeuger und Stromverbraucher unterschiedlich angegeben. Da aber für zahlreiche Betrachtungen, insbesondere bei Transformatoren und Maschinen Generatorwirkung und Motorwirkung ineinander übergehen, empfiehlt es sich, nur eine Form[2])

$$e = u + i R$$

zugrunde zu legen. Dann ist zu beachten, daß beim Generator $E > U$ und die Phasenverschiebung ϑ zwischen E und J bzw. φ zwischen U und J kleiner als $90°$ ist, während beim Motor $U > E$, und die Phasenverschiebung zwischen E und J bzw. U und J größer als $90°$ ist. Beim Stromerzeuger ergeben sich somit die innere Leistung $E J \cos\vartheta$ und die äußere Leistung $U J \cos\varphi$ positiv, beim Stromverbraucher sind beide Größen negativ. Im Vektordiagramm erscheint das OHMsche Gesetz in der Gestalt

$$E = U \hat{+} J R;$$

wenn elektrische Leistung erzeugt wird, sind E und J gleichgerichtet (liegen in der gleichen Halbebene), wenn elektrische Leistung verbraucht wird, sind sie entgegengesetzt gerichtet. E und U fallen zusammen für verschwindendes JR. Mit J schließen E und U im Falle des Generators spitze Winkel, im Falle des Motors stumpfe Winkel ein.

---

[1]) Die hier gegebene Darstellung der Vektordiagramme schließt sich an die von GOERGES an (vgl. STRECKER, Hilfsbuch f. d. Elektrotechnik, 10. Aufl., Nr. 301—593, Berlin: Julius Springer 1925); es sei ferner verwiesen auf M. KLOSS, Vorzeichen- und Richtungsregeln für Wechselstrom-Vektordiagramme. Wiss. Veröffentl. a. d. Siemens-Konz. Bd. 2, S. 166—188, 1922.

[2]) Hier und im folgenden sind mit kleinen Buchstaben die Momentanwerte, mit großen Buchstaben die Effektivwerte, mit großen Buchstaben und Index 0 die Maximalwerte (Scheitelwerte, Amplituden) der Wechselstromgrößen bezeichnet. Eine Ausnahme bilden Φ und $\mathfrak{B}$, die im allgemeinen ohne Index Scheitelwerte bedeuten.

In Abb 5b ist das Diagramm für den **allgemeinen Wechselstromkreis** (Abb. 5a) gegeben, bei dem ein Widerstand R, eine Selbstinduktivität L und eine Kapazität C an eine Klemmenspannung U angeschlossen sind. Im Diagramm sei J der Stromvektor in einem beliebigen Augenblick. Nach dem OHMschen Gesetz ist JR in Phase mit dem Strom. Aus der allgemeinen Beziehung

$$e = -L\frac{di}{dt}$$

ergibt sich, daß die EMK der Selbstinduktion E_s dem Strom J um 90° nacheilt. Aus der allgemeinen Gleichung

$$i = C\frac{du}{dt}$$

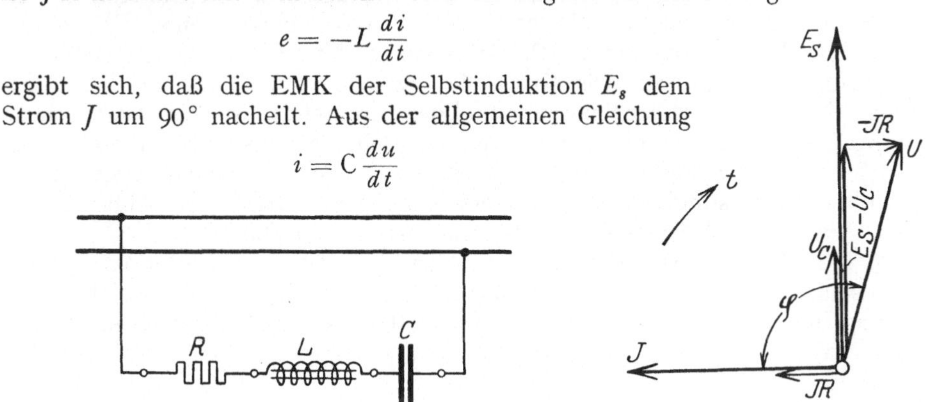

Abb. 5a u. b. Schaltbild und Diagramm des allgemeinen Wechselstromkreises.

folgt, daß der Ladestrom J des Kondensators der Klemmenspannung U_c um 90° voreilt. Die Resultierende aus E_s, $(-U_c)$ und $(-JR)$ ergibt die Klemmenspannung U des Wechselstromkreises:

$$E_s = U \hat{+} U_c \hat{+} JR\,.$$

Man sieht z. B., daß U kleiner sein kann als jede der Teilspannungen an Kondensator und Selbstinduktion.

In Abb. 6 ist das Vektordiagramm einer **Drosselspule** dargestellt. Senkrecht zum Vektor des Induktionsflusses Φ liegt, ihm um 90° nacheilend, die induzierte EMK E. Bei eisengeschlossener Drosselspule hat der Stromvektor wegen der Eisenverluste die Lage J_{Fe}. Im allgemeinen Falle, wo auch ein Luftspalt vorhanden ist, kommt hierzu die Stromkomponente J_L für die Erzeugung des Magnetfeldes in der Luft. J_L in Phase mit Φ ist ein Blindstrom, weil die Luft im magnetischen Kreise keine Verluste bedingt. Aus J_{Fe} und J_L ergibt sich als Resultierende der Vektor J des Gesamtstroms. Von seinen rechtwinkligen Komponenten ist die auf die Magnetisierung entfallende Blindkomponente J_b in Phase mit Φ, während die durch Eisenverluste (Hysterese und Wirbelströme) bedingte Wirkkomponente J_w um 90° gegen Φ voreilt. Die aufgedrückte Klemmenspannung U ergibt sich nach dem allgemeinen OHMschen Gesetz aus

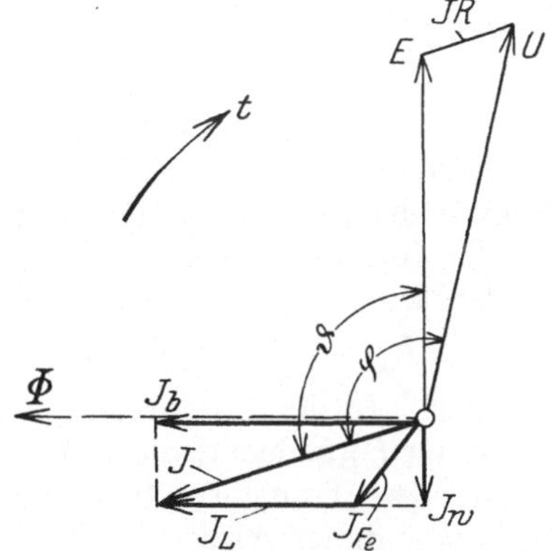

Abb. 6. Vektordiagramm der Drosselspule.

$$U = E \hat{-} JR.$$

Die Phasenverschiebung ist φ zwischen U und J, ϑ zwischen E und J; beide Winkel sind stumpf.

Eine besondere übersichtliche Art, die Strom- und Spannungsverteilung in einem Wechselstromsystem darzustellen, ist die topographische Methode von GÖRGES. Besteht zwischen zwei Punkten eines Stromkreises eine eindeutige Wechselspannung, so kann man jedem der Punkte ein Wechselpotential in der Weise zuordnen, daß sich die Spannung als Differenz der Potentiale ergibt. Für die Darstellung werden den Wechselpotentialen die Punkte einer Ebene zugeordnet, so daß der Abstand der Punkte voneinander nach Größe und Richtung der Spannung entspricht. Die Größe des zwischen zwei Punkten fließenden Stromes findet man aus der Spannung und den Stromkonstanten der zugehörigen Leitung. Ist zwischen den Punkten nur OHMscher Widerstand vorhanden, so fallen Strom- und Spannungsvektor der Richtung nach zusammen, während bei induktivem Widerstand eine Phasenverschiebung φ auftritt. In Abb. 7a u. b ist ein Anwendungsbeispiel für ein Drehstromsystem gegeben.

4. Transformatoren. Allgemeines. Allen Wechselstromtransformatoren ist gemeinsam, daß sie ohne mechanische Bewegung elektrische Leistung in elektrische Leistung umwandeln. Der Transformator besteht aus zwei Spulen, einer primären, die elektrische Leistung aufnimmt, und einer sekundären, die elektrische Leistung abgibt.

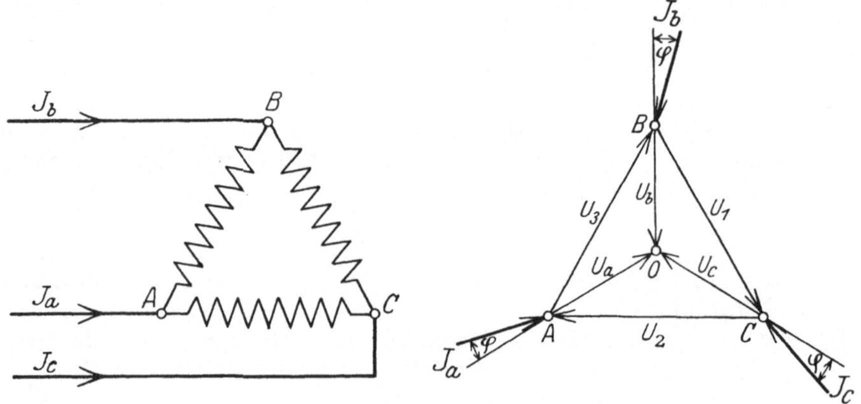

Abb. 7 a u. b. Schaltbild und topographisches Diagramm eines Drehstromsystems.

Beide Spulen sind durch ein magnetisches Wechselfeld miteinander gekoppelt. Die Windungszahlen seien w_1 und w_2. Sind Φ_{1_0} und Φ_{2_0} die Induktionsflüsse in den Wicklungen, so werden in diesen EMKe von der Größe

$$E_1 = 4{,}44\,\nu\,w_1\,\Phi_1 \cdot 10^{-8}\ \text{Volt und } E_2 = 4{,}44\,\nu\,w_2\,\Phi_2\,10^{-8}\ \text{Volt}$$

induziert. In der Primärspule wird die EMK E_1 durch die angelegte Klemmenspannung U_1 gedeckt, die EMK E_2 ist an den Klemmen der Sekundärspule verfügbar. Bei Transformatoren mit gutem magnetischem Schluß ist im Leerlauf $\Phi_1 = \Phi_2$, daher wird

$$E_1 : E_2 = w_1 : w_2 .$$

Im allgemeinen kann der durch den Leerlaufstrom bedingte Spannungsabfall bei Leerlauf vernachlässigt werden; dann stimmt das Verhältnis der Klemmenspannungen mit dem Verhältnis der Windungszahlen überein. Die Spannung U_2 ist somit gegen U_1 im Verhältnis der Windungszahlen verändert, „transformiert". Der Apparat heißt deshalb Transformator; die beiden Spannungen bezeichnet man auch nach ihrem Größenverhältnis als Ober- und Unterspannung, bzw. als Hoch- und Niederspannung.

Als Übersetzung (auch Übersetzungsverhältnis genannt) eines Transformators gilt nach den Begriffsbestimmungen des Verbandes Deutscher Elektrotechniker (VDE) das Verhältnis von Oberspannung zu Unterspannung bei Leerlauf.

Entsprechend den verschiedenen Verteilungssystemen unterscheidet man Einphasen-, Zweiphasen- und Drehstromtransformatoren und solche für den Übergang zwischen Zweiphasen- und Drehstrom. Der Wirkungsgrad normaler Transformatoren liegt hoch, er beträgt über 90% und steigt bei sehr großen Ausführungen von etwa 10000 kVA an bis zu 99%. Das Verhältnis von Oberspannung zu Unterspannung unterscheidet sich bei Belastung nur um etwa 3% von der Übersetzung.

5. Leerlauf des Transformators. Solange die Klemmen der Sekundärspule nicht durch einen Verbraucher geschlossen sind, bildet der Transformator eine offene Stromquelle, er ist unbelastet, läuft leer. Dann unterscheidet er sich von einer Drosselspule nur darin, daß sein Eisenkern ohne Luftspalt geschlossen ist, er nimmt fast nur Magnetisierungsstrom auf. Da dieser gering ist, nur etwa 5% des Stromes bei Belastung, kann man den Spannungsabfall durch den OHMschen Widerstand (R_1) in der Primärwicklung bei Leerlauf vernachlässigen. Auch von der Streuung kann abgesehen werden. Man erhält so das in Abb. 8 dargestellte Vektordiagramm des offenen Transformators. Als Grundlage dient der Vektor Φ des sinusförmig veränderlichen Induktionsflusses, zu dessen Erzeugung die MMK

$$H = 0{,}4\,\pi\,\Delta = 0{,}4\,\pi\,J_0\,w_1$$

erforderlich ist. Hierin bedeutet Δ die Durchflutung, J_0 ist der Leerlaufstrom, dessen Blindkomponente J_{0b} den Magnetisierungsstrom deckt, während die Wirkkomponente J_{0w} durch die Eisenverluste, Hysterese und Wirbelströme, bedingt ist. Der Induktionsfluß ruft in den beiden Spulen die EMKe E_1 und E_2 hervor, die ihm um 90° nacheilen. $U_2 = E_2$ ist die Sekundärspannung. U_1 ist infolge der erwähnten Vernachlässigung von $J_0 R_1$ gleich E_1. Der Induktionsfluß im Transformator richtet sich daher wie beim Wechselstrommagneten nach der Klemmenspannung. Das Verhältnis $E_1 : E_2$ ist das der Windungszahlen. Der Leerlaufstrom J_0 bildet mit U_1 einen stumpfen Winkel, weil der leerlaufende Transformator ein Stromaufnehmer ist.

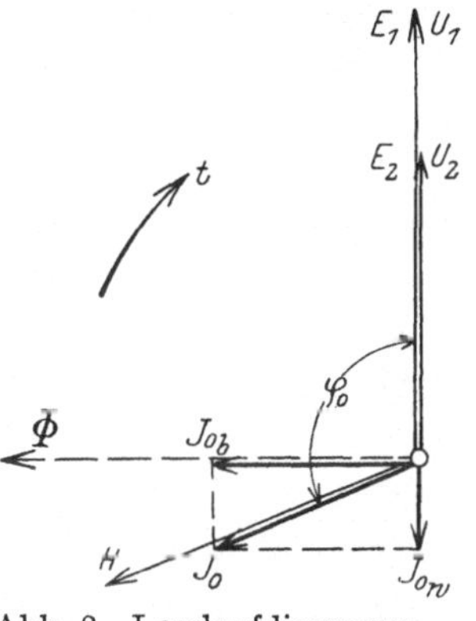

Abb. 8. Leerlaufdiagramm eines Transformators.

6. Die Belastung des streuungslosen Transformators. Auch beim belasteten Transformator unterscheidet sich die primäre Klemmenspannung nur wenig von der primären EMK, daher liegen auch bei Belastung dieselben magnetischen Verhältnisse vor wie beim Leerlauf. Der Induktionsfluß ist also auch bei belastetem Transformator durch die primäre Klemmenspannung bestimmt, und die Durchflutung ist dieselbe wie beim Leerlauf. Mithin gilt

$$H = 0{,}4\,\pi\,\Delta_1 \hat{+} 0{,}4\,\pi\,\Delta_2\,,$$

oder

$$J_0\,w_1 = J_1\,w_1 \hat{+} J_2\,w_2\,,$$

d. h.: Die resultierenden Amperewindungen aus den primären und sekundären Amperewindungen sind gleich den Amperewindungen bei Leerlauf.

Auch die Amperewindungen (Strom × Windungszahl) werden im Vektordiagramm zusammengesetzt wie andere sinusförmig veränderliche Größen. Sie sind für jede Spule gleichphasig mit ihrem Strom. Man erhält für den streuungslosen, belasteten Transformator ein Diagramm, wie es in Abb. 9 dargestellt ist. Ist der Transformator mit einem Verbraucher belastet, der induktiven Widerstand enthält, z. B. mit einem Wechselstrommotor, so entsteht im Sekundärkreis eine Phasenverschiebung φ_2, indem der Strom hinter der Spannung zurückbleibt. Wiederum ist Φ der Vektor des Induktionsflusses; die EMK E_2 eilt ihm um 90° nach. Die sekundäre Klemmenspannung U_2 findet man durch geometrische Subtraktion von E_2 und $J_2 R_2$. U_2 bildet mit J_2 den Winkel φ_2, die Phasenverschiebung im äußeren Sekundärkreis. Der Übergang zum Primärkreis geschieht mittels der Leerlaufamperewindungen. Die Richtung der sekundären Durchflutung bzw. der Amperewindungen ist durch J_2 gegeben. Die primären Amperewindungen liegen so, daß sie zusammengesetzt mit den sekundären die Leerlaufamperewindungen ergeben. Die Klemmenspannung U_1 erhält man als Resultierende aus E_1 und dem OHMschen Spannungsabfall $J_1 R_1$. Zwischen U_1 und J_1 besteht die primäre Phasenverschiebung φ_1, die von $180° - \varphi_2$ nicht sehr verschieden ist, besonders wenn, wie in allen praktischen Fällen, der Leerlaufstrom und die Spannungsabfälle gering sind. Die Klemmenspannung U_1 ist durch das Leitungsnetz gegeben; von ihr subtrahiert sich der OHMsche Spannungsverlust $J_1 R_1$, so daß nur eine etwas geringere Spannung E_1 zur Transformation gelangt. Hieraus folgt, daß das Übersetzungsverhältnis bei Belastung, d. i. das Verhältnis der primären Klemmenspannung zur sekundären, durch den OHMschen Spannungsabfall in der Primär- und Sekundärspule vergrößert wird, es wird meist höher als das Verhältnis der Windungszahlen $w_1 : w_2$. In allen praktischen Fällen ist jedoch der OHMsche Spannungsabfall so gering, daß das Verhältnis der Klemmenspannungen bei Belastung dem Werte $w_1 : w_2$ sehr nahe bleibt. Vernachlässigt man den Leerlaufstrom, dann gilt vom Vorzeichen abgesehen

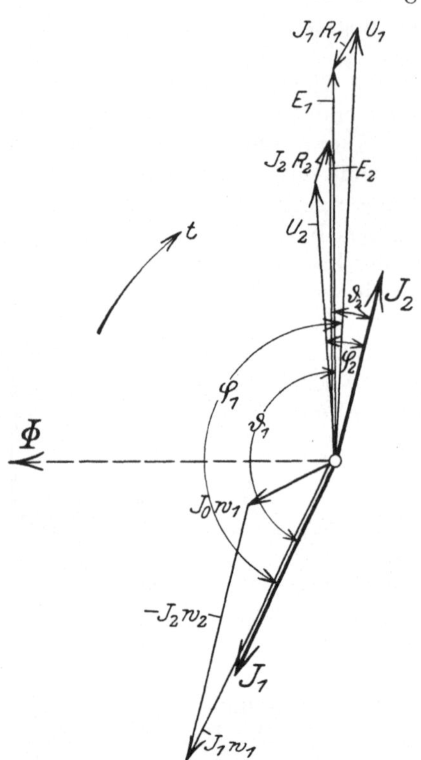

Abb. 9. Streuungsloser Transformator mit induktiver Belastung.

$$J_1 w_1 = J_2 w_2 \qquad \text{oder} \qquad J_1 : J_2 = w_2 : w_1 .$$

Da der Leerlaufstrom immer ganz gering ist, kommen die wahren Verhältnisse dieser Beziehung sehr nahe. Verhalten sich also die Spannungen beim Transformator direkt wie die Windungszahlen, so verhalten sich die Ströme umgekehrt. Aus der Kleinheit von J_0 folgt ferner, daß zwischen J_1 und J_2 genähert 180° Phasenverschiebung besteht.

Die zeichnerische Darstellung kann etwas vereinfacht werden, indem man sämtliche Durchflutungen durch $0{,}4\pi w_1$ dividiert. Dann kommt die Zusammensetzung der Ströme darauf hinaus, daß J_0 die Resultierende aus J_1 und $J_2 w_2/w_1$ sein muß.

7. Streuung. Wird ein geschlossener Eisenkörper durch eine Stromspule magnetisiert, so verläuft der größte Teil des Induktionsflusses in ihm, ein Teil der Induktionslinien tritt aber an den Enden der Spule aus dem Eisenkörper heraus und schließt sich durch die Luft um die Spule herum. Dieser Vorgang heißt Streuung. Bei einer Dynamomaschine z. B. tritt nur ein Teil des gesamten von der Magnetwicklung erzeugten Flusses in den Anker ein und durchsetzt dessen Querschnitt. Die übrigen Induktionslinien gehen seitwärts durch die Luft, können also im Anker nicht nutzbar gemacht werden. Bezeichnet Φ_I den größten Induktionsfluß durch die Erregerspule und Φ_{II} den größten Induktionsfluß durch den Anker, so heißt nach HOPKINSON der Quotient

$$\sigma = \frac{\Phi_I}{\Phi_{II}}$$

der Streuungskoeffizient des magnetischen Kreises. $\Phi_I - \Phi_{II}$ bezeichnet man als den Streufluß.

Nach HEYLAND wird als Streuungskoeffizient τ der Quotient aus dem Streufluß und dem nützlichen Fluß bezeichnet:

$$\tau = \frac{\Phi_I - \Phi_{II}}{\Phi_{II}}.$$

Zwischen den beiden Koeffizienten besteht somit die Beziehung

$$\sigma = 1 + \tau.$$

Die Größen σ und τ hängen vom magnetischen Zustand der verschiedenen Teile des magnetischen Kreises ab. Die Streuung ist eine Funktion von Φ_I und unter sonst gleichen Verhältnissen um so kleiner, je größer die Permeabilität des Eisens ist.

Auch beim Transformator spielt die Streuung eine Rolle. Die Induktionsflüsse in den beiden Spulen sind nicht gleich groß, da sich ein Teil der Induktionslinien um jede Spule schließt, ohne die Windungen der anderen zu schneiden. Unter der Streuung des Transformators versteht man im allgemeinen die Differenz Φ_s der Induktionsflüsse Φ_1 und Φ_2, die tatsächlich die primäre bzw. die sekundäre Wicklung durchsetzen. Der Streufluß Φ_s kann gleichphasig mit J_1 angenommen werden, weil J_1 und J_2 annähernd 180° Phasenverschiebung haben. Φ_s erzeugt einen induktiven Spannungsverlust E_s, der proportional J_1 ist und 90° nacheilende Phasenverschiebung hat.

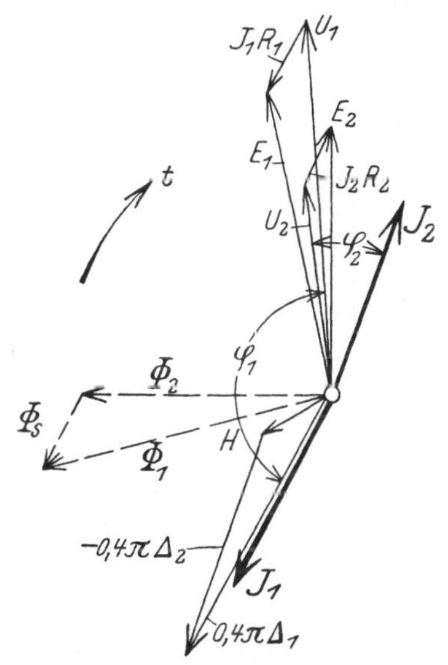

Abb. 10. Vektordiagramm des allgemeinen Transformators.

Man kann sich auch das gemeinsame Magnetfeld aus zwei fiktiven Feldern zusammengesetzt denken, von denen das eine nur durch die Amperewindungen der Primärspule, das andere nur durch diejenigen der Sekundärspule hervorgerufen wird. Da die Ströme der beiden Spulen jederzeit einander entgegengesetzt gerichtet sind, laufen auch die Induktionslinien der beiden Magnetfelder einander jederzeit entgegen und heben sich zum Teil auf.

8. Allgemeines Diagramm. In Abb. 10 ist das Vektordiagramm für den induktiv belasteten normalen Transformator mit eisengeschlossenem magnetischem Kreise gezeichnet. Der verkettete Fluß Φ_2 erzeugt die EMK E_2; zur Erzeugung von Φ_2 ist die resultierende Durchflutung $H = 0{,}4\pi J_0 w_1$ erforderlich. Addiert man zu Φ_2 die Streuung Φ_s, die gleichphasig mit J_1 ist, so erhält man Φ_1 und senkrecht dazu die EMK E_1. Primäre und sekundäre Klemmenspannung ergeben sich in gleicher Weise wie früher. Die Vektoren U_1 und J_1 bilden einen stumpfen, die Vektoren U_2 und J_2 einen spitzen Winkel miteinander. Die Primärwicklung nimmt elektrische Leistung auf, die Sekundärwicklung gibt elektrische Leistung ab.

Der Transformator bildet ein geschlossenes Ganzes, in dem die Vorgänge der Sekundärseite die Primärseite unmittelbar beeinflussen. Dieser Auffassung entspricht die Vereinigung der bisher getrennten Spannungsdiagramme der beiden Seiten (Abb. 11 a). Man hat alle Größen der Primärwicklung auf die Windungszahl der Sekundärwicklung umzurechnen. Es sind im Primärkreis alle Spannungen mit w_2/w_1 und die Stromstärke mit w_1/w_2 zu multiplizieren. Die umgerechneten Größen werden durch einen Strich gekennzeichnet. Der gesamte Spannungsabfall im Transformator setzt sich aus dem OHMschen Spannungsverlust E'_r und aus dem von Φ_s erzeugten induktiven Spannungsverlust E'_s zusammen. $(J_1R_1)'$ und (J_2R_2) können, da J_1 und J_2 nahezu 180° Phasenverschiebung haben, algebraisch addiert werden. Die Summe E'_r ist dann parallel mit J_2 zu zeichnen, während E'_s senkrecht auf J_2 steht.

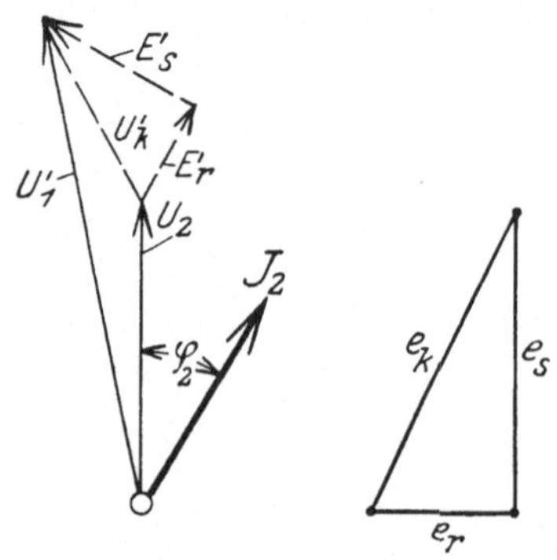

Abb. 11 a u. b. Spannungsdiagramm und Kurzschlußdreieck des normalen Transformators.

Das Dreieck aus E'_s, E'_r und $U'_k = \sqrt{E'^2_s + E'^2_r}$ wird charakteristisches Dreieck oder Kurzschlußdreieck genannt. Es ist in Abb. 11 b in der Bezeichnungsweise der R.E.T. (vgl. Ziff. 21) wiedergegeben. e_k heißt die Kurzschlußspannung, e_r der Wicklungsverlust und e_s die Streuspannung.

Man erkennt aus Abb. 11 a z. B., daß der Spannungsverlust durch Streuung einen um so größeren Spannungsabfall des Transformators verursacht, je größer die Phasenverschiebung φ_2 im Sekundärkreis ist. Bei Voreilung der Stromstärke gegen die Spannung (kapazitive Belastung) ist der Spannungsverlust kleiner als bei induktiver Belastung. Er kann bei zunehmender Voreilung sogar negativ werden, dann wird U_2 größer, als dem Übersetzungsverhältnis entspricht. Beide Fälle der Phasenverschiebung kommen praktisch vor. Die induktive Belastung bildet den gewöhnlichen Fall; sie tritt meist auf, wenn andre Transformatoren und Motoren von dem gegebenen Transformator gespeist werden. Kapazitive Belastung kommt z. B. in Frage, wenn lange Kabel an die sekundäre Seite angeschlossen sind oder wenn übererregte Synchronmotoren gespeist werden.

9. Verluste im Transformator. Die primäre JOULEsche Wärme $J_1^2 R_1$ und die sekundäre JOULEsche Wärme $J_2^2 R_2$ bilden zusammen die Kupfer- oder Wicklungsverluste. Die Eisenverluste durch Hysterese und Wirbelströme sind bei Belastung etwa ebenso groß wie bei Leerlauf und werden daher schlechthin Leerlaufsverluste (V_0) genannt, da der Wicklungsverlust bei Leerlauf wegen des geringen Stromes zurücktritt. Die zugeführte Leistung ist $U_1 J_1 \cos\varphi_1$, die abgegebene Leistung $U_2 J_2 \cos\varphi_2$. Der Wirkungsgrad η ist das Verhältnis der abgegebenen zur zugeführten Leistung, also

$$\eta = \frac{U_2 J_2 \cos\varphi_2}{U_1 J_1 \cos\varphi_1} = \frac{U_2 J_2 \cos\varphi_2}{U_2 J_2 \cos\omega_2 + J_1^2 R_1 + J_2^2 R_2 + V_0}.$$

Die Verluste sind bei guten Transformatoren sehr gering, am geringsten, wenn die Eisenverluste etwa gleich den Kupferverlusten gemacht werden. Indessen bleibt der Wirkungsgrad, auch wenn diese Bedingung nicht eingehalten wird, über 0,90, weil der Leerlaufstrom und die Leerlaufsverluste an sich klein sind.

Bei vielen Transformatoren muß die primäre Spule dauernd Strom führen, damit man jederzeit elektrische Energie entnehmen kann. Der Transformator arbeitet infolgedessen dauernd mit seinen Leerlaufsverlusten, während die anderen Verluste nur so lange in Betracht kommen, als wirklich sekundär Strom entnommen wird. Für die Beurteilung solcher Transformatoren spielt der Jahreswirkungsgrad eine Rolle. Unter diesem versteht man das Verhältnis der in einem Jahre abgegebenen Arbeit zu der im gleichen Zeitraum aufgenommenen Arbeit. Die Eisenverluste spielen für den Jahreswirkungsgrad eine um so größere Rolle, je kleiner die Betriebszeit des Transformators ist. Bei solchen dauernd primär an die Netzspannung angeschlossenen Transformatoren setzt man daher zweckmäßig die Eisenverluste möglichst herab und nimmt dafür mehr Kupferverluste in Kauf, um den Jahreswirkungsgrad günstig zu beeinflussen. Eine Grenze ist allerdings dadurch gesetzt, daß die höheren Kupferverluste auch einen höheren inneren Spannungsabfall des Transformators hervorrufen.

Zur Herabsetzung von Leerstrom und Leerverbrauch bei geringer Belastung werden Drehstromtransformatoren (vgl. Ziff. 15) auch so ausgeführt, daß sie mittels Umschalter zur Zeit starker Belastung primär in Dreieck, sekundär in Stern, zur Zeit schwacher Belastung primär in Stern und sekundär in Zickzack geschaltet werden.

10. Leerlauf- und Kurzschlußversuch. Beim Leerlauf bestimmt man mittels Leistungs-, Spannungs- und Stromzeiger die Leistung N_0, die Klemmenspannung U_1, den Strom J_0 und die EMK $E_2 = U_2$. Dann findet man

$$\cos\varphi_0 = \frac{N_0}{U_1 J_0},$$

damit ist Größe und Lage von J_0 bekannt. Nach Abzug der geringen Stromwärmeverluste $J_0^2 R_1$ erhält man aus den gemessenen Leerlaufsverlusten N_0 die Eisenverluste V_0, in denen auch die Verluste im Dielektrikum mit inbegriffen sind. Zur Zeichnung des wichtigen Spannungsdiagramms Abb. 11 a muß man die inneren Spannungsverluste kennen. Der gesamte innere Spannungsabfall wird bestimmt, indem man den Transformator sekundär kurzschließt, nachdem die primäre Klemmenspannung bis zu demjenigen Wert verringert ist, bei dem im Sekundärkreis nur die normale Stromstärke zustande kommt. Da $U_2 = 0$ ist, gibt die gemessene Primärspannung (Kurzschlußspannung) U_k unmittelbar den gesamten inneren Spannungsabfall an. E_r kann aus den Ohmschen Widerständen berechnet werden; daher läßt sich auch die Streuspannung E_s aus dem Kurzschlußdreieck zeichnerisch finden. Die Messung des Leistungsverbrauches bei Kurzschluß ergibt die Wicklungsverluste des belasteten Transformators, da beim Kurzschlußversuch infolge des geringen Flusses die Eisenverluste fast Null sind. Etwaige zusätzliche Verluste durch Wirbelströme, die bei dicken Kupferleitern auftreten, sind hierbei im Wicklungsverlust enthalten.

Die Spannungsänderung eines Transformators bei einem anzugebenden Leistungsfaktor ist die Erhöhung der Sekundärspannung, die bei Übergang von Nennbetrieb zu Leerlauf auftritt, wenn Primärspannung und Frequenz unverändert bleiben. Die Spannungsänderung wird aus dem charakteristischen Dreieck ermittelt, man drückt sie in Prozenten der Nenn-Sekundärspannung aus.

Durch Addition der im Leerlauf gefundenen Eisenverluste und der im Kurzschluß erhaltenen Wicklungsverluste ergeben sich die Gesamtverluste, wie sie im Betrieb auftreten, und damit auch der Wirkungsgrad des Transformators. Leerlauf- und Kurzschlußversuch und das aus ihnen erhaltene Vektordiagramm geben also über das Verhalten im Betrieb Aufschluß, ohne daß man den Transformator dem Betrieb wirklich zu unterwerfen braucht. Man kann so die Betriebskurven des Transformators erhalten, deren allgemeiner Verlauf aus Abb. 12 ersichtlich ist.

11. Parallelbetrieb. Parallelbetrieb von Transformatoren liegt vor, wenn sie sowohl primär als sekundär parallel geschaltet sind. Die Primärwicklungen können immer parallel geschaltet werden, wenn sie für gleiche Spannung bestimmt sind. Sollen auch die Sekundärseiten parallel geschaltet werden, so müssen für ein-

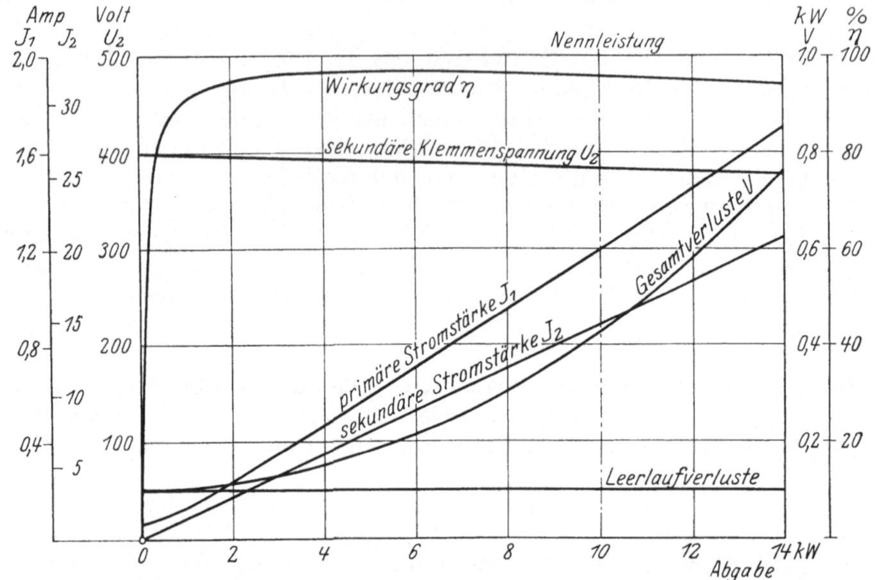

Abb. 12. Betriebskurven eines Drehstromtransformators (5000/400 V; 10 kVA).

wandfreien Parallelbetrieb die Transformatoren auch im Übersetzungsverhältnis und nach Größe und Phase in der Kurzschlußspannung übereinstimmen. Bezüglich der Lastverteilung bei abweichenden Kurzschlußspannungen ergibt sich, daß der Transformator mit kleinster Kurzschlußspannung stets die größte Belastung übernimmt. Da die Kurzschlußspannung eines gegebenen Transformators nicht ohne weiteres geändert werden kann, so müssen die Spannungsverluste ausgeglichen werden, dadurch, daß man primär oder sekundär Drosselspulen einschaltet. Bei Drehstromtransformatoren sind für den Parallelbetrieb außerdem bestimmte Schaltungsregeln zu beachten.

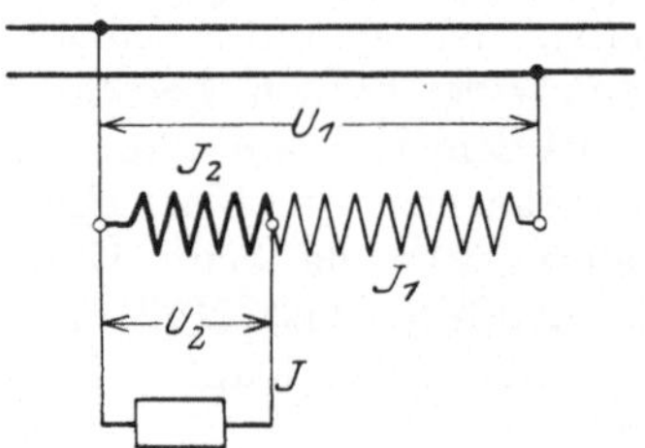

Abb. 13. Spartransformator zur Spannungserniedrigung.

12. Spartransformator (Autotransformator). Gewöhnlich sind bei den Transformatoren die Wicklungen voneinander isoliert. Bei den Spartransformatoren werden die Wicklungen jedoch nicht nur magnetisch, sondern auch elektrisch miteinander verkettet. Namentlich wenn Oberspannung und Unterspannung nicht sehr voneinander verschieden sind, ersetzt man die beiden Wicklungen des Transformators durch eine einzige derart, daß als Sekundärkreis ein Teil des Primärkreises benutzt wird. Da beide Kreise miteinander in leitender Verbindung stehen, wird diese Anordnung nur für Niederspannung verwendet. In Abb. 13 ist das Schaltungsschema für den

Fall $U_1 > U_2$ angegeben. Die primäre Klemmenspannung sei U_1, die sekundäre U_2, die entsprechenden Windungszahlen w_1 und w_2. Die Belastung erfolge durch einen OHMschen Widerstand, der den Strom J bedinge. Wird von den Verlusten abgesehen, so muß bei Abgabe von $J U_2$ eine ebenso große Leistung $J_1 U_1$ dem Netz entnommen werden, also gilt für die Leistungen des Systems

$$J_1 U_1 + J U_2 = 0 .$$

Für die Spannungen besteht die Beziehung

$$\frac{U_1}{U_2} = \frac{w_1}{w_2} .$$

Ferner gilt für die Durchflutung unter Vernachlässigung des Magnetisierungsstromes die Gleichung

$$J_1 (w_1 - w_2) \hat{+} J_2 w_2 = 0 .$$

Aus diesen drei Gleichungen folgt

$$\left.\begin{aligned} J &= J_2 \hat{-} J_1 , \\ J_1 &= -J \frac{w_2}{w_1} , \\ J_2 &= J\left(1 - \frac{w_1}{w_2}\right) . \end{aligned}\right\}$$

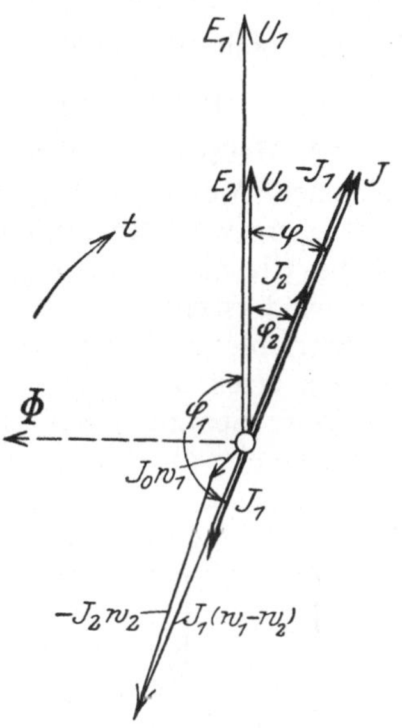

Abb. 14. Vektordiagramm des Spartransformators.

Dem Strom J_2 entspricht die transformierte Leistung oder Innenleistung $J_2 U_2$, wobei die Beziehung besteht

$$J U_2 = J_2 U_2 - J_1 U_2 .$$

Die Abgabe $J U_2$ setzt sich also zusammen aus einem transformierten Betrag $J_2 U_2$ und aus einem dem Netz direkt entnommenen Betrag $J_1 U_2$. Zwischen der Innenleistung und der Sekundärleistung besteht die Gleichung

$$J_2 U_2 = \left(1 - \frac{w_2}{w_1}\right) J U_2 = f J U_2 ,$$

wobei

$$f = 1 - \frac{w_2}{w_1} = 1 - \frac{\text{Unterspannung}}{\text{Oberspannung}}$$

gesetzt wird. f wird der Reduktionsfaktor genannt. Daraus, daß ein Teil der Abgabe direkt dem Netz entnommen wird, erklärt es sich, daß ein Spartransformator kleiner und damit billiger ausgeführt werden kann als ein entsprechender zweispuliger. Der einspulige Transformator gibt eine im Verhältnis $1/f$ größere Leistung als der zweispulige. Der Wirkungsgrad der Arbeitsübertragung ist also beim Spartransformator günstiger als beim gewöhnlichen. Zugleich ist ersichtlich, daß die Sparschaltung ihren Zweck um so weniger erfüllt, je mehr das Übersetzungsverhältnis von 1 verschieden ist. Diagrammatisch sind die Vorgänge beim Spartransformator für den besprochenen Fall der Spannungserniedrigung bei induktiver Belastung in Abb. 14 dargestellt.

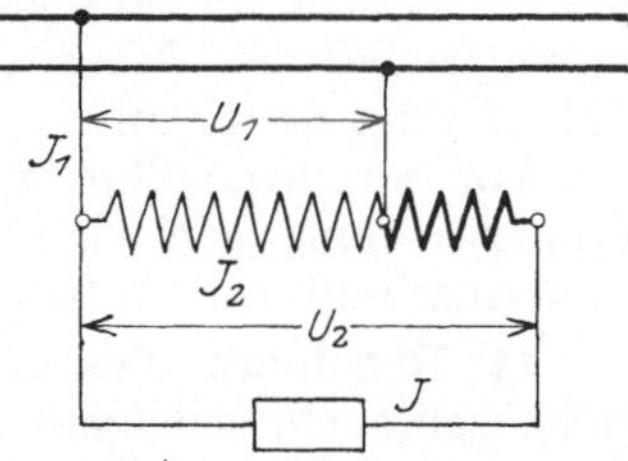

Abb. 15. Spartransformator zur Spannungserhöhung.

Ein Spartransformator kann nicht nur zur Herabsetzung sondern auch zur Erhöhung der Spannung dienen (Abb. 15). In diesem Falle ist $U_2 > U_1$; und die Innenleistung ist $J_2 U_1$. Für sie gilt die Beziehung

$$J_2 U_1 = f J_1 U_1 = f J U_2 .$$

Der Reduktionsfaktor ist

$$f = 1 - \frac{w_1}{w_2};$$

also wiederum

$$f = 1 - \frac{\text{Unterspannung}}{\text{Oberspannung}}.$$

Es gilt somit für beide Fälle

Innenleistung = Sekundärleistung × Reduktionsfaktor.

13. Meßtransformatoren. Transformatoren zu Meßzwecken werden im allgemeinen Meßwandler genannt; man unterscheidet Spannungswandler und Stromwandler. Sie dienen bei Wechselstrommessungen demselben Zweck wie bei Gleichstrommessungen die Vorwiderstände für Spannungsmesser und die Nebenwiderstände für Strommesser. Insbesondere wird durch die Meßwandler ein betriebssicherer und gefahrloser Anschluß von Meßgeräten in Hochspannungsanlagen erreicht.

Beim Spannungswandler wird die zu messende Hochspannung primär angeschlossen, während sekundär ein Niederspannungsmesser angelegt wird. Die Spannung wird im Verhältnis der Windungszahlen reduziert. Die Sekundärwicklung ist meist für eine Spannung von 110 Volt bemessen.

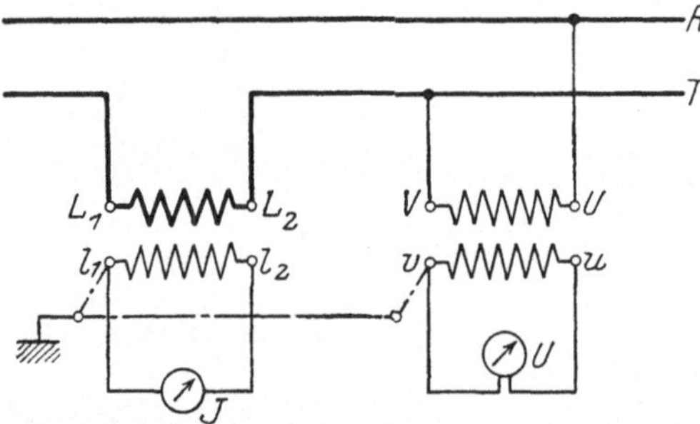

Abb. 16. Schaltung von Meßwandlern.

Beim Stromwandler wird der zu messende Strom durch die Primärwicklung geschickt und an die Sekundärwicklung der Strommesser angeschlossen. Da die Sekundärwicklung fast kurzgeschlossen ist, verhalten sich die Ströme umgekehrt wie die Windungszahlen. Die Sekundärwicklung ist meist für eine Stromstärke von 5 Amp. bemessen. Der primär erregte Stromwandler darf sekundär niemals offen sein, da sonst die magnetische Induktion steigt und die dadurch erhöhten Verluste ihn so stark erwärmen, daß er beschädigt wird. Außerdem tritt eine erhebliche Spannung an den Sekundärklemmen auf. Ein eingebauter Stromwandler ist daher ohne angeschlossenen Stromzeiger kurzzuschließen. Abb. 16 zeigt eine Schaltung von Meßwandlern zur Strom- und Spannungsmessung.

Von Stromwandlern werden unterschieden Stromtransformatoren; die Primärwicklung liegt wie beim Stromwandler in Reihe mit dem Netz. Sie dienen zum Anschluß von Apparaten, die größere Leistung aufnehmen.

14. Regelbare Transformatoren. Werden Spannungen von wechselnder Höhe gebraucht, so kann man einen Transformator verwenden, dessen Übersetzungsverhältnis sich ändern läßt. Man erreicht dies, indem man die primäre oder die sekundäre Wicklung an verschiedenen Stellen anzapft, um eine veränderliche Anzahl von Wicklungsabteilungen einschalten zu können. Die Schaltung von Stufe zu Stufe kann entweder in spannungslosem Zustand vorgenommen werden oder auch unter Spannung bei Verwendung von Regelschaltern nach Art der Zellenschalter für Akkumulatoren. Legt man die primäre Wicklung an eine feste Spannung und macht die Anzahl der sekundären Abteilungen veränderlich (Abb. 17), so sinkt die Spannung der Sekundärseite durch allmähliches Ausschalten der Abteilungen gleichmäßig bis auf Null. Die Magnetisierung des Transformators bleibt wegen der konstanten Primärspannung dabei unverändert.

Macht man statt dessen eine Anzahl der primären Windungen veränderlich, so steigt beim allmählichen Abschalten die sekundäre Spannung, aber der Magnetisierungsstrom erhöht sich wegen der geringeren primären Windungszahl. Man darf daher nur einen Teil der primären Windungen abschaltbar machen.

Ein stufenlos regelbarer Transformator ist der verschiebbare Transformator (Abb. 18) von KOCH und STERZEL, bei dem die Sekundärspule *II* auf dem Eisenkern *B* zwischen zwei räumlich getrennten, aber auf demselben Eisenkern sitzenden und entgegengesetzt parallel geschalteten Spulen *I'* und *I''* in dem Joch *A* verschiebbar angeordnet ist. Entsprechend der zwischen den Induktionsflüssen in den beiden Primärspulen bestehenden Phasenverschiebung ist die Spannung zwischen einem positiven und demselben negativen Wert regelbar.

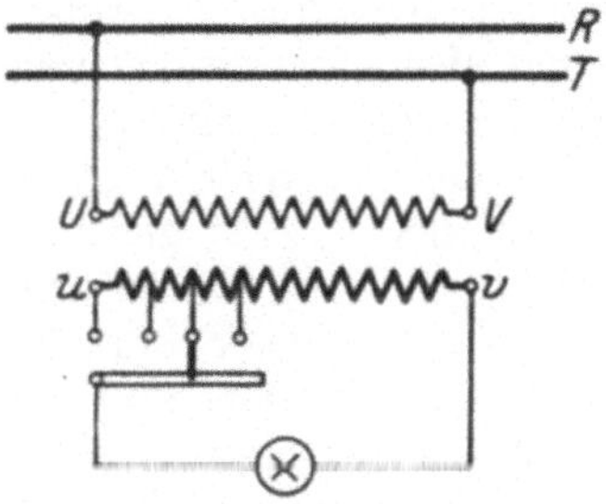

Abb. 17. Sekundär regelbarer Transformator.

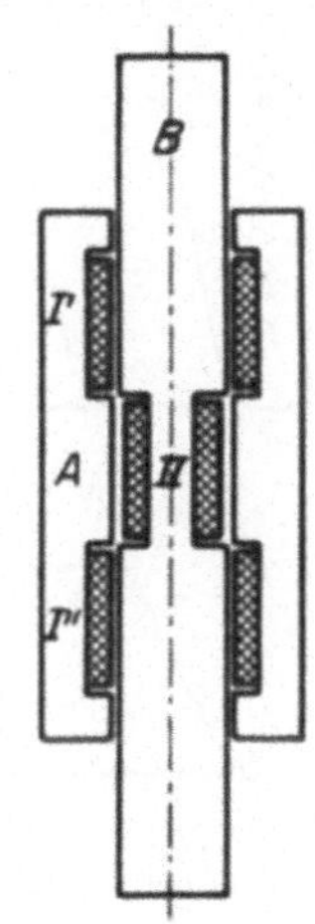

Abb. 18. Verschiebbarer Transformator.

In Verbindung mit einem Haupttransformator dienen regelbare Transformatoren auch zur Spannungserhöhung oder -verminderung eines Stromkreises, man spricht dann von Zusatztransformatoren. Die Primärwicklung liegt zu der des Haupttransformators parallel, während die Sekundärseite mit der des Haupttransformators in Reihe geschaltet wird.

Drehtransformator. Bei Drehstrom benutzt man vielfach den Induktionsmotor mit Phasenanker als Zusatztransformator. Bremst man einen Drehstrommotor fest, so kann dem Läufer Drehstrom von der Frequenz des zugeführten Wechselstromes entnommen und seiner EMK durch Drehen des

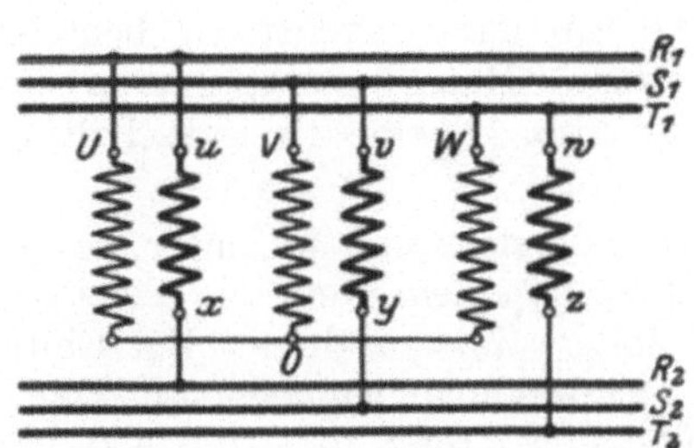

Abb. 19. Drehtransformator als Zusatztransformator.

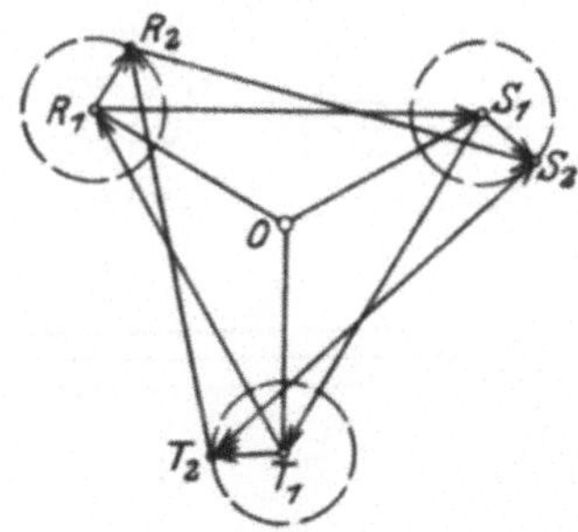

Abb. 20. Spannungsdiagramm des Drehtransformators als Zusatztransformator.

Läufers beliebige Phasenverschiebung gegenüber der Primärspannung erteilt werden. Die Regulierung läßt sich sehr fein gestalten, wenn der drehbare Teil durch Handrad und Schnecke bewegt wird. Entsprechend dieser Verwendung nennt man den Drehtransformator auch Phasenschieber; er wird z. B. bei der Zählerprüfung benutzt. In Abb. 19 ist das Schaltungsschema eines Drehtransformators als Zusatztransformator angegeben, Abb. 20 stellt das Spannungsdiagramm dar. Die Zusatzspannung ist der Größe nach fest gegeben, aber in der Phase von der Stellung des drehbaren Teiles abhängig. Beim Drehtransformator wird also im Gegensatz zum verschiebbaren Transformator die Phase der resultierenden Spannung gegenüber der Netzspannung verändert. In Verbindung mit einem Relais werden die Drehtransformatoren auch als sog. Induktionsregler zum selbsttätigen Konstanthalten der Spannungen in Anlagen verwandt.

15. Schaltung von Drehstromtransformatoren. Die Wicklungen eines Drehstromtransformators können auf jeder der beiden Seiten in Stern oder in Dreieck geschaltet werden. Die Übersetzung der verketteten Spannungen ist je nach der Schaltung verschieden. Bei Stern-Dreieckschaltung erhält man das $\sqrt{3}$fache und bei Dreieck-Sternschaltung das $1/\sqrt{3}$fache der Übersetzung bei Gleichschaltung beider Wicklungen. Außer der Stern- und der Dreieckschaltung ist noch eine Zickzackschaltung gebräuchlich, bei der die Wicklung der Sekundärphasen aus je zwei gleichen Teilen besteht. Aus Abb. 21 ist die Schaltung ersichtlich; die Sekundär-Sternspannung setzt sich aus zwei um 60° phasenverschobenen Teilspannungen zusammen; die Stern- und die verkettete Spannung sind daher nur $\sqrt{3}/2$ mal so groß als die betreffende Spannung bei einfacher Sternschaltung. Der Vorteil der Zickzackschaltung besteht darin, daß bei ungleicher Belastung der drei Zweige ein besserer Spannungsausgleich erhalten wird.

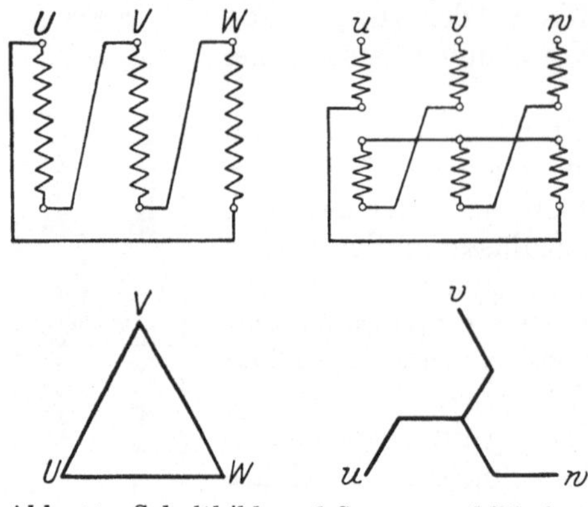

Abb. 21. Schaltbild und Spannungsbild eines Drehstromtransformators in Dreieck-Zickzackschaltung.

Zur Transformation von Drehstrom können auch drei Einphasentransformatoren verwendet werden, die nur elektrisch verkettet sind. Sogar mit nur zwei Einphasentransformatoren kann Drehstrom behelfsmäßig transformiert werden. Man benutzt hierzu die sog. V-Schaltung in Abb. 22, eine Dreieckschaltung mit fehlender dritter Seite.

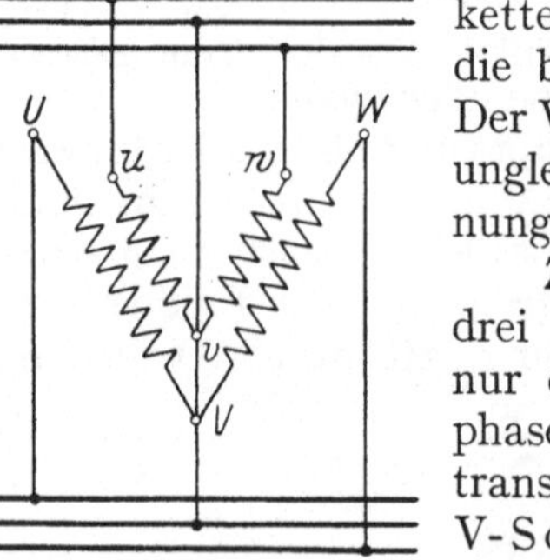

Abb. 22. V-Schaltung.

16. Phasentransformation. Mitunter besteht die Aufgabe, in einem Netz die Phasenzahl in eine andere überzuführen. Bei Einphasenstrom ist dies im allgemeinen mit Hilfe ruhender Transformatoren nicht möglich, vielmehr werden dann rotierende Umformer angewandt. Hingegen gibt es zur Phasentransformation bei Mehrphasenströmen Schaltungen mit ruhenden Transformatoren. Am bekanntesten sind die sog. SCOTTsche und die SONNSsche Schaltung, durch die Zweiphasenstrom in Dreiphasenstrom und umgekehrt verwandelt werden kann.

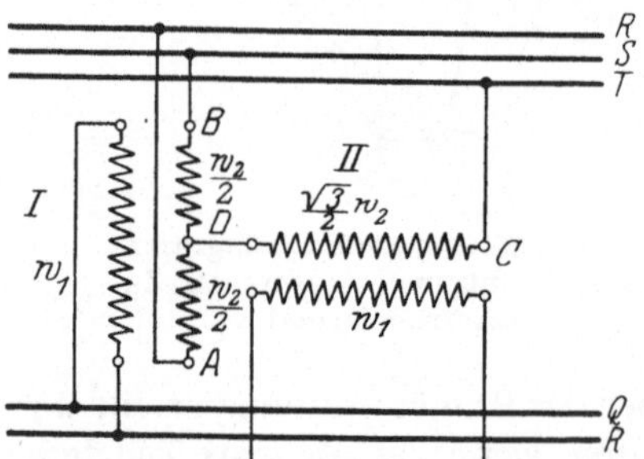

Abb. 23. SCOTTsche Schaltung.

SCOTTsche Schaltung. Gegeben sind die beiden um 90° verschobenen, gleich großen Spannungen eines Zweiphasennetzes; erzielt werden sollen drei um 120° verschobene, ebenfalls gleich große Spannungen. Die Umwandlung erfolgt durch zwei Einphasentransformatoren *I* und *II* (Abb. 23). Die Primärspulen werden von je einem der beiden Stromkreise des Zweiphasennetzes gespeist. Von den Sekundärspulen wird die eine in der Mitte D der Sekundärspule des anderen Transformators angeschlossen. Die freibleibenden Klemmen der Sekundärspulen bilden das Dreiphasensystem. Abb. 24 stellt das Vektordiagramm der SCOTTschen Schaltung nach der topographischen Methode dar. Da der eine Transformator entsprechend der Höhe des gleichseitigen Dreiecks die Spannung $\frac{U}{2}\sqrt{3}$ liefern muß, folgt, daß sich auch die Übersetzungsverhältnisse der beiden Transformatoren wie $2:\sqrt{3}$ zueinander verhalten müssen.

SONNssche Schaltung. Der Transformator der SONNsschen Schaltung besteht aus einem Dreiphasentransformator, von dem zwei Phasen das gleiche Übersetzungsverhältnis haben, während das der dritten Phase nur 36,6% davon beträgt. Dann erhält man, wie in dem Vektordiagramm in Abb. 25 veranschaulicht, zwei um 90° gegeneinander verschobene Spannungen, also ein Zweiphasensystem.

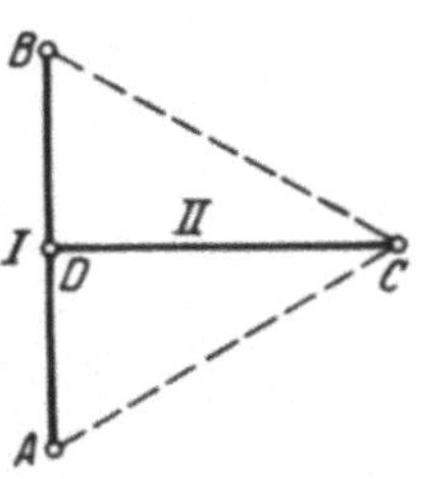

Abb. 24. Vektordiagramm zur SCOTTschen Schaltung.

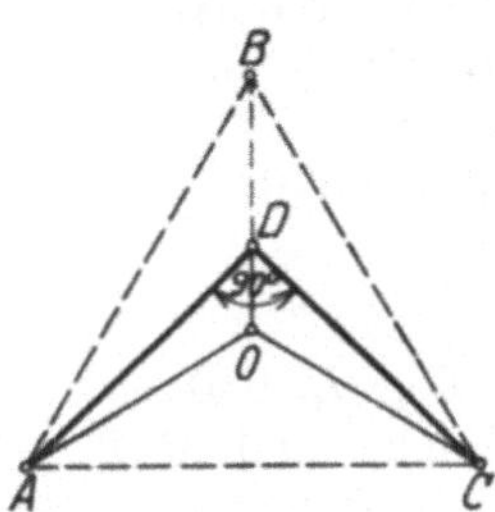

Abb. 25. Diagramm zur SONNsschen Schaltung.

17. Frequenztransformation. Hat ein Wechselstrom eine verzerrte Kurvenform, so gibt es Schaltungen, die gestatten, die Grundwelle zu unterdrücken und ein Glied höherer Ordnung zu isolieren, so daß man einen Wechselstrom von der Frequenz der Oberschwingung erhält. Solche Anordnungen werden besonders zur Erzielung der in der drahtlosen Telegraphie benötigten hochfrequenten Ströme getroffen. (Vgl. ds. Bd. Kap. 2.) Eine Schaltung ist in Abb. 26 angegeben. Die Eisenkerne zweier Transformatoren, deren Primärwicklungen in Reihe geschaltet und vom gegebenen Wechselstrom durchflossen werden, sind sekundär gegeneinander geschaltet. Eine übergelagerte Gleichstrommagnetisierung in beiden Kernen bewirkt eine starke Verzerrung der Kurve des Induktionsflusses, so daß diese besonders die zweite Oberschwingung enthält. Die resultierende transformierte Spannung hat daher die doppelte Frequenz des Primärstromes. Dasselbe Verfahren kann mehrfach wiederholt werden, ist aber immer nur vom Übergang von niederer auf höhere Frequenz anwendbar.

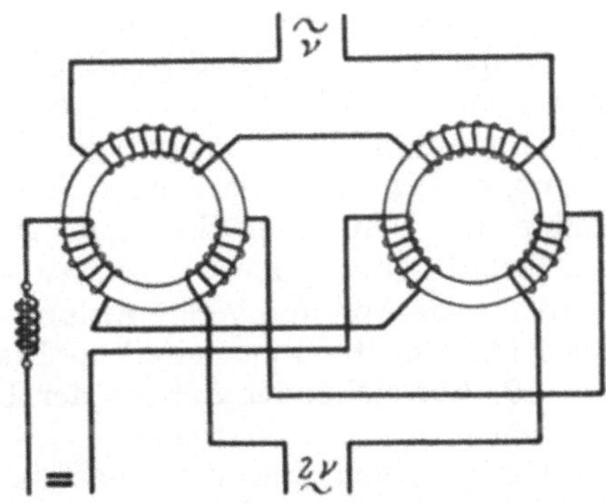

Abb. 26. Schaltung zur Verdopplung der Frequenz.

Andere Schaltungssysteme gestatten auch eine Verdreifachung der Frequenz.

18. Resonanztransformator. Zur Erzielung von Wechselströmen hoher Spannung werden besonders in der Funkentelegraphie Transformatoren verwendet, an die sekundär Kondensatoren angeschlossen sind. Wäre der sekundäre Stromkreis allein vorhanden, so bestünde für seine Eigenschwingungszahl die Beziehung

$$\omega^2 = (2\pi\nu)^2 = \frac{1}{CL},$$

wobei C die Kapazität des angelegten Kondensators und L die Induktivität der Sekundärspule des Transformators ist, deren OHMscher Widerstand vernachlässigt sei. Da jedoch Primärkreis und Sekundärkreis aufeinander wirken, hängt das Maximum der Stromstärke im Primärkreis von der Eigenschwingung im sekundären ab. Man bezeichnet diesen Fall als Stromresonanz. Die Resonanzbedingung für den Transformator lautet

$$\omega^2 C L \delta = 1.$$

Hierbei bedeutet δ den Streufaktor nach BEHN-ESCHENBURG. Zwischen dem Streufaktor δ und dem auch häufig benutzten Kopplungsfaktor $\varkappa$ besteht die Beziehung

$$\delta = 1 - \varkappa^2.$$

Für $\varkappa$ gilt

$$\varkappa = \frac{M^2}{L_1 L_2},$$

wobei L_1 und L_2 die Selbstinduktivitäten zweier Spulen in einem magnetischen Kreise und M ihre Gegeninduktivität bedeutet. Beim streuungslosen Transformator ($\delta = 0$) ist Resonanz nicht möglich.

Bezüglich des Verhältnisses der sekundären Klemmenspannung U_2 bei der kapazitiven Belastung zu der bei Leerlauf U_{2_0} gilt

$$\frac{U_2}{U_{2_0}} = \frac{1}{1 - \omega^2 C L \delta}.$$

Für $\delta = 0$ ist die sekundäre Klemmenspannung gleich der Leerlaufspannung. Zur Erzielung einer Spannungserhöhung bei Belastung muß $\varkappa < 1$, also Streuung vorhanden sein. Bei normalen Transformatoren ist $\varkappa$ sehr nahe gleich 1, Resonanz würde also nur bei sehr großen Werten von CL eintreten können. Resonanztransformatoren baut man daher zur Einstellung großer Streuung mit einer verschiebbaren Wicklung.

Kapazitive Belastungen mit Überspannungserscheinungen treten z. B. auch in langen Kabelnetzen auf, wobei es sich hier um eine Reihenschaltung von Selbstinduktion und Kapazität handelt. Wird z. B. von einem einzelnen Kabelstrang, an den ein leerlaufender Transformator angeschlossen ist, nur der innere Leiter mit dem unter Spannung stehenden Netz verbunden, so kann leicht die Isolation des Kabelstranges zwischen Außenleiter und Erde durchschlagen werden. Als Abhilfe kommt Erdung des Außenleiters oder zwangläufige Schaltfolge (Außenleiter-Innenleiter) in Frage.

19. Abweichender Betrieb der Transformatoren. a) Vertauschung der Primär- und Sekundärseite. Da auf dem Schild eines Transformators nicht die Klemmenspannungen bei Leerlauf oder das Übersetzungsverhältnis, sondern die Nennwerte der Klemmenspannungen angegeben sind, so ist bei Vertauschung von Primär- und Sekundärseite, d. h. wenn derselbe Transformator einmal zur Erniedrigung, das andere Mal zur Erhöhung der Spannung benutzt wird, der Spannungsabfall zu berücksichtigen.

b) Abweichende Spannung. Für die Beurteilung eines abweichenden Betriebes sind im allgemeinen die auftretenden Verluste maßgebend; bei Spannungserhöhung ist außerdem die Isolierfestigkeit zu berücksichtigen. Die Eisenverluste setzen sich zusammen aus Verlusten durch Wirbelströme und Ummagnetisierung (Hysterese). Die Wirbelstromverluste sind proportional dem Quadrate der Induktion und dem Quadrate der Frequenz, die Hystereseverluste sind proportional der Frequenz und genähert der 1,6ten Potenz der Induktion. Bei einer Erhöhung der Spannung steigen daher die Eisenverluste genähert quadratisch an, zugleich nehmen die Kupferverluste wegen des erhöhten Magnetisierungsstromes zu. In einem Transformator mit stark gesättigtem Eisen können durch Spannungserhöhung bereits bei Leerlauf die Verluste des Nennbetriebes hervorgerufen werden. Innerhalb einer Spannungsänderung von 5% der Nennspannung soll ein Transformator die Nennleistung abgeben.

c) Abweichende Frequenz. Bei gegebener Spannung ist das Produkt aus Frequenz und Induktion konstant. Durch Frequenzerniedrigung steigt danach die Induktion, die über eine bestimmte Grenze nicht wachsen kann, da wie oben erwähnt der Magnetisierungsstrom zu groß wird. Die Wirbelstromverluste bleiben wie das Produkt $\nu\mathfrak{B}$ konstant, während die Hystereseverluste und damit die Gesamtverluste wachsen. Die Leistung nimmt daher mit sinkender Frequenz ab. Je kleiner die Frequenz ist, für die ein Transformator gebaut wird, um so größer muß der Eisenkörper gewählt werden. Bei großen Frequenzsteigerungen ist neben der Verluständerung das Auftreten der Stromverdrängung in den Wicklungen und den Eisenteilen zu berücksichtigen.

d) Überlastung. Die Nennleistung eines Transformators ist im allgemeinen durch die Leistung bestimmt, die ihm dauernd entnommen werden kann. ohne daß die vorgeschriebene Erwärmung überschritten wird. Als Übertemperatur, die aus der Widerstandszunahme ermittelt wird, sind für Wicklungen mit Isolation aus getränktem Faserstoff bei Trockentransformatoren 60° C, bei Öltransformatoren 70° C zulässig. Der Berechnung ist die scheinbare Leistung in kVA (Kilovoltampere), d. i. das Produkt aus Nennspannung und Nennstromstärke des Transformators, dividiert durch 1000, zugrunde zu legen. Die wirkliche Leistung, gemessen in Kilowatt, kann erheblich kleiner sein, weil noch $\cos\varphi$ zu berücksichtigen ist. Trotzdem ist sie für die Größenbemessung nicht entscheidend, weil durch die Transformatorwicklung nicht nur die Wirkkomponente des Stromes, sondern der gesamte Strom fließt. Die Überlastbarkeit hängt im wesentlichen von der Wärmekapazität des Transformators ab und ist im allgemeinen groß. Vorübergehende Überlastungen von 100% kommen vor, bei aussetzendem und kurzfristigem Betrieb auch noch höhere. Zu beachten ist, daß bei Überlastungen den höheren Stromstärken entsprechend auch ein höherer Spannungsabfall auftritt.

e) Transformation kleinster Ströme. Soll ein Transformator für kleine Ströme hergestellt werden, so würde bei Verwendung der üblichen Eisensorten entsprechend dem auftretenden schwachen Felde nur eine geringe Permeabilität vorhanden sein. Die Anfangspermeabilität beträgt 300 bis 400, und man würde daher Transformatoren mit vielen Windungen und großen Kernen erhalten. Für diese Spezialtransformatoren verwendet man daher besondere Nickel-Eisenlegierungen mit höherer Anfangspermeabilität. „Permalloy" (78% Ni) zeigt eine Anfangspermeabilität bis zu 8000; „Invariant" (50% Ni) gibt nur 2000 bis 2400, bietet aber den Vorteil weitgehender Unabhängigkeit der Permeabilität von der Feldstärke im Anfangsgebiet.

20. Aufbau des Transformators. a) Eisenkörper. Der Eisenkörper der Transformatoren besteht zur Verringerung der Wirbelströme aus Blechen, deren Trennebenen in die Ebene der Induktionslinien fallen. Die Dicke der Bleche beträgt zwischen 0,30 und 0,35 mm. Um die Wirbelströme nach Möglichkeit noch zu verkleinern, verwendet man häufig legierte Bleche. Durch geringen Zusatz von Silizium wird die Permeabiltiät des Eisens erhöht und gleichzeitig der elektrische Widerstand wesentlich heraufgesetzt. Diese siliziumhaltigen Eisenbleche, sog. „legierten Bleche", weisen daher wegen der geringen Wirbelstromverluste eine niedrige Verlustziffer auf und werden deshalb besonders für Transformatoren und elektrische Maschinen verwendet. Für kleine Transformatoren benutzt man zur Herabsetzung des Magnetisierungsstromes bisweilen ringförmige Eisenkörper; auf diese müssen die Spulen von Hand aufgewickelt werden. Für größere Transformatoren kommen nur rechteckige Eisenkörper in Betracht, auf die fertig gewickelte Spulen aufgeschoben werden können.

Man unterscheidet Kerntransformatoren, bei denen das Eisen in der Hauptsache innen liegt, und Manteltransformatoren, bei denen sich das Eisen außen um die Spulen herum mantelartig schließt. Bei Transformatoren für Drehstrom werden gewöhnlich die drei Kernsäulen in einer Ebene angeordnet und oben und unten durch gemeinsame Eisenjoche verbunden. Die beim Zusammenbau entstehenden Stoßfugen müssen durch gute Bearbeitung des Eisens möglichst klein gehalten werden, damit ihr magnetischer Widerstand gering bleibt; andernfalls bedingen sie einen hohen Leerlaufstrom. Zur sicheren Vermeidung dieses Übelstandes kann man Überlappung der Bleche anwenden, indem man die Bleche des Kerns und des Joches abwechselnd länger und kürzer macht, so daß Kern und Joch verzapft ineinandergreifen. Bei größeren Transformatoren wird das Blechpaket unterteilt, so daß zwischen den einzelnen Abteilungen Luftschlitze für die Kühlung entstehen. Das Blechpaket hält man zur Vermeidung des Brummens durch Schraubenbolzen mit Muttern gut zusammen. Die Bolzen müssen gegen die Bleche isoliert sein, etwa durch übergeschobene Preßspanrohre, damit sie nicht den Wirbelströmen einen Weg bieten und so den Zweck der Lamellierung vereiteln.

b) Wicklung. Um die Streuung möglichst klein zu halten, müssen beide Wicklungen ineinander geschachtelt weıden. Man setzt deshalb niemals Primär- und Sekundärwicklung auf zwei verschiedene Kernsäulen. Vielmehr wickelt man auf jeden Kern innen Primärwicklung, außen darüber Sekundärwicklung, so daß eine Zylinderwicklung entsteht. Die einzelnen Spulen jedes Kreises können nach Bedarf parallel oder hintereinander geschaltet werden. Zum Zweck geringer Streuung müssen die beiden Zylinder so dicht wie möglich aufeinandersitzen. Ihr Abstand ist durch die Spannung und die dadurch bedingte Dicke der Isolation gegeben. Die Hochspannungsspule muß nicht nur gegen die Niederspannungsspule, sondern auch gegen den Kern und das Joch sorgfältig isoliert sein, deshalb wird die Niederspannungsspule meist innen auf den Kern gewickelt.

Eine zweite Form der Wicklung ist die Scheibenwicklung. Bei ihr wird abwechselnd eine Hochspannungsspule und eine Niederspannungsspule auf den Kern geschichtet, so daß alle Spulen flache Form erhalten.

Für geringe Stromstärken werden die Spulen aus isoliertem Draht gewickelt, für hohe Stromstärken bestehen sie aus Flachkupfer, das bisweilen blank verwendet und nur durch isolierende Zwischenstücke auf genügenden Abstand gebracht wird. Die Wicklung sitzt oft in besonderen Spulenkästen aus Preßspan oder Mikanit. Durch elektrodynamische Wirkung entstehen Anziehungen zwischen den einzelnen Windungen; sie haben Brummen und Arbeiten der Wicklungen zur Folge, was zur Lockerung und Beschädigung einzelner Teile führen kann. Durch Verspannen oder durch Dazwischenpressen von isolierenden Stücken aus Holz oder Preßspan werden diese Nachteile vermieden.

c) Kühlung. Man unterscheidet Trockentransformatoren, bei denen die Kühlung durch natürlichen oder künstlichen Luftzug erfolgt, und Öltransformatoren, bei denen sich der Transformator zur Kühlung und besseren Isolation im Öl befindet. Das Öl muß vollständig wasser- und säurefrei sein, ferner leichtflüssig, damit es zwischen den Teilen des Transformators zirkulieren kann. Außerdem wird eine hohe dielektrische Festigkeit gefordert (über 50 kV/cm).

Die Kühlung ist bei kleinen Transformatoren ohne Öl eine natürliche, indem durch die Erwärmung der Luft ein äußerer, abkühlender Luftstrom sich von selbst einstellt. Diese Wirkung wird erhöht, indem man das Transformatorgefäß aus Wellblech herstellt oder es mit besonderen Kühlrippen versieht, so daß die abkühlende Oberfläche vergrößert wird. Bei größeren Transformatoren greift man zur künstlichen Kühlung, indem ein Gebläse Luft durch den Transformator, insbesondere durch seine Ventilationsschlitze, hindurchtreibt. Bei Öltransformatoren für ganz große Leistungen werden besondere Kühlschlangen eingebaut, durch die dauernd kaltes Wasser fließt.

21. R. E. T. Wie für die meisten Gebiete der Elektrotechnik, so bestehen auch für Transformatoren Vorschriften, die der Verband Deutscher Elektrotechniker (VDE) herausgegeben hat und die als allgemeingültig anerkannt sind. Diese Regeln für Bewertung und Prüfung von Transformatoren (R.E.T.)[1]) umfassen neben Begriffserklärungen genaue Bestimmungen sowohl formaler Art, z. B. bezüglich Schild, Schaltart, Klemmenbezeichnung, wie hinsichtlich der zu fordernden inneren technischen Bedingungen. So werden die Grenzen für Erwärmung, Isolierfestigkeit, Verluste u. a. genau vorgeschrieben. Ferner sind die Meßverfahren, besonders für Abnahmeversuche, geregelt.

Nach Übereinkunft von Verbraucher- und Herstellerkreisen ist auch bereits eine weitgehende Vereinheitlichung auf dem Gebiete des Transformatorenbaus durchgeführt worden. In einem Abschnitt der deutschen Industrienormen hat man sog. „Einheitstransformatoren" festgelegt, deren Nennleistung 5÷100 kVA und deren Oberspannung 5000 ÷ 20000 Volt betragen.

---

[1]) Zu vergleichen: DETTMAR, Erläuterungen zu den R.E.M. und R.E.T., 6. Aufl. Berlin: Julius Springer 1925.

Kapitel 6.

Elektrische Maschinen.

Von

R. VIEWEG und **V. VIEWEG**, Berlin.

Mit 86 Abbildungen.

1. Allgemeines über Generatoren und Motoren. Eine elektrische Maschine ist eine umlaufende Maschine, in der mechanische Energie in elektrische oder umgekehrt, oder elektrische Energie in elektrische Energie anderer Eigenschaften verwandelt wird. Im Generator (auch Dynamomaschine oder kurz Dynamo genannt) wird mechanische in elektrische Leistung umgewandelt (Stromerzeuger). Die mechanische Energie wird dem Generator durch direkte Kupplung oder durch einen Treibriemen von einer Antriebsmaschine (Elektromotor, Dampfmaschine, Turbine, Gasmaschine u. dgl.) zugeführt. Elektromotor ist eine Maschine, in der elektrische in mechanische Leistung übergeführt wird. Dem Motor wird elektrische Energie, meist von einer Zentralstelle her, die ihre Energie wiederum durch Generatoren (oder Akkumulatoren) erhält, zugeleitet. Bei sämtlichen Maschinen ist der Übergang zwischen Generator und Motor möglich. Als Umformer bezeichnet man eine Maschine oder einen Maschinensatz zur Umwandlung von elektrischer Leistung in elektrische Leistung; findet die Umwandlung in einem Anker statt, so spricht man von einem Einankerumformer. Ein zur Umformung dienender Maschinensatz, der aus direkt gekuppeltem Motor und Generator besteht, heißt Motorgenerator.

Die Energieumwandlung geschieht in keinem Falle ohne Verluste (vgl. Ziff. 29). Ein Teil der zugeführten Energie wird nicht in die gewünschte Form übergeführt, sondern durch die unvermeidlichen Verluste, wie JOULEsche Wärme, Eisenverluste und Reibung in der Maschine selbst verbraucht. Daher haben auch die elektrischen Maschinen wie jede Maschine einen bestimmten Wirkungsgrad

$$\eta = \frac{\text{abgegebene Leistung}}{\text{zugeführte Leistung}},$$

oder

$$\eta = \frac{\text{Abgabe}}{\text{Abgabe} + \text{Verluste}} = \frac{\text{Aufnahme} - \text{Verluste}}{\text{Aufnahme}}.$$

Der Wirkungsgrad erreicht für große Maschinen den Wert $0{,}9 \div 0{,}95$. Für kleinere Maschinen fallen die Verluste stärker ins Gewicht, bei ihnen kann der Wirkungsgrad erheblich sinken (bis auf 0,6 und darunter bei sehr kleinen Maschinen).

Die Leistung einer elektrischen Maschine wird in Kilowatt (kW) angegeben. Für die Umrechnung auf die früher üblichen Angaben in Pferdestärken (PS) ist 1 PS = 735 Watt. Zwischen elektrischer Arbeit und Wärme besteht die Beziehung 1 kWh = 860 kcal.

Nach der Form, in der die elektrische Leistung bei Generatoren geliefert und bei Motoren verbraucht wird, unterscheidet man Gleichstrom- und

Wechselstrommaschinen und bei diesen weiter Einphasen-, Zweiphasen- und Drehstrommaschinen.

Als Hauptteile einer Maschine werden der feststehende Teil, der Ständer, und der umlaufende Teil, der Läufer, unterschieden. Als Anker bezeichnet man den Teil der Maschine, in dessen Wicklungen durch Umlauf in einem magnetischen Feld oder durch Umlauf eines magnetischen Feldes elektrische Spannungen hervorgerufen werden. Die zur Erzeugung des Magnetfeldes dienenden Elektromagnete heißen Feldmagnete oder kurz das „Feld". Entweder der Anker oder das Feld muß bewegt werden, damit die Energieumwandlung zustande kommt. Gleichstrommaschinen besitzen fast ausnahmslos feststehendes Feld und rotierenden Anker; bei Wechselstrommaschinen wird jetzt gewöhnlich die umgekehrte Anordnung angewandt. Zur Abnahme des Stromes vom Läufer bzw. zur Zuführung dienen Bürsten, die bei Wechselstrommaschinen im allgemeinen auf Schleifringen, bei Gleichstrommaschinen auf dem Kommutator (Kollektor, Stromwender) schleifen.

2. R.E.M. Vom Verband Deutscher Elektrotechniker sind Regeln für die Bewertung und Prüfung von elektrischen Maschinen (R.E.M.) aufgestellt worden, die heute allgemein der Herstellung und Abnahme elektrischer Maschinen zugrunde liegen. Diese Maschinenregeln umfassen außer Begriffserklärungen und formalen Bestimmungen insbesondere Angaben über die gewährleisteten Werte. Neben Erwärmung und Isolierfestigkeit werden z. B. Anlauf, Drehzahl, Drehrichtung und Überlastbarkeit behandelt. Die wesentlichsten, elektrische Maschinen betreffenden Punkte sind einheitlich festgelegt.

Über Gleichstrom- und Drehstrommaschinen bestehen auch DIN- (Deutsche Industrie-Normen-) Blätter, in denen die elektrische Ausführung weitgehend typisiert wird. Auch einzelne mechanische Teile, wie Bürsten, Wellenstümpfe, Riemenscheiben, Lager, sind durch Normung vereinheitlicht.

3. Entstehung einer Wechselspannung in einer Maschine. Durch den von einem elektromagnetischen Felde hervorgerufenen Induktionsfluß Φ wird in einer Spule mit w Windungen, die alle von dem Fluß durchsetzt werden, eine Spannung e induziert. Nach dem Gesetz von MAXWELL gilt

$$e = - w \frac{d\Phi}{dt} \cdot 10^{-8} \text{ Volt.}$$

Die hiernach für die Entstehung einer Spannung erforderliche Änderung des Flusses kann erfolgen

1. bei der Induktion der Ruhe (Transformator) dadurch, daß das Feld zeitlich schwankt,

2. bei der Induktion der Bewegung (Dynamomaschine) dadurch, daß bei konstantem Feld eine Relativbewegung zwischen Spule und Magnetfeld stattfindet. Zur Veranschaulichung und zur Berechnung wird die allgemeine Ausdrucksweise gebraucht, daß eine EMK in einem Leiter immer dann durch Induktion erzeugt wird, wenn der Leiter bei der Bewegung magnetische Induktionslinien schneidet. Ist l die Länge des geradlinigen Leiters in cm, v die Geschwindigkeit in cm/sec, mit der er den Fluß Φ schneidet, wobei der Leiter, die Feldrichtung und die Bewegungsrichtung die drei Achsen eines rechtwinkligen Koordinatensystems bilden, so gilt für die in dem Leiter induzierte EMK, wenn $\mathfrak{B}$ die Anzahl der Linien/cm² in GAUSS bezeichnet,

$$e = \mathfrak{B} l v \cdot 10^{-8} \text{ Volt.}$$

Dreht sich eine Spule mit konstanter Geschwindigkeit in einem konstanten

Magnetfeld, so gilt für den zeitlichen Verlauf der induzierten Spannung, wenn in der Zeit t eine Drehung um den Winkel α erfolgt und $\alpha/t = \omega$ gesetzt wird,

$$e = E_0 \sin \omega t .$$

Es ergibt sich also eine Wechselspannung; ihr Scheitelwert ist E_0. Sie kann an den Enden der Spule an zwei getrennten Schleifringen abgenommen werden. Die Entstehung von Wechselstrom ist in jeder Maschine der ursprüngliche Vorgang, auch bei den Gleichstrommaschinen. Eine Ausnahme bilden nur die auf dem Prinzip der unipolaren Induktion beruhenden Gleichstrommaschinen[1]), in denen unmittelbar Gleichstrom erzeugt wird.

I. Gleichstrommaschinen.

a) Gleichstromgeneratoren.

4. Trommelanker. Die Umwandlung des ursprünglichen Wechselstromes in Gleichstrom geschieht mit Hilfe des Kommutators (auch Kollektor genannt). Er wirkt in folgender Weise: Die Spule ist nach Abb. 1 auf einen Eisenzylinder (Trommel) gewickelt, welcher den zwischen den Polen N und S verlaufenden Induktionslinien einen gut leitenden Weg bietet. Die Induktionslinien nehmen vor dem größten Teil der Polflächen den kürzesten Weg, nur an den Polkanten biegen sie etwas seitlich aus. Ein schmaler Raum an der Peripherie der Trommel in der senkrechten Ebene zwischen den Polen bleibt als Indifferenzzone oder neutrale Zone von Induktionslinien frei. Die Form der bei der Drehung der Spule entstehenden EMK wird demnach annähernd einer Sinuskurve entsprechen. Nur die Drähte a und b schneiden bei der Drehung magnetische Linien, nur sie kommen als Entstehungsort der EMK in Betracht (wirksame Drähte).

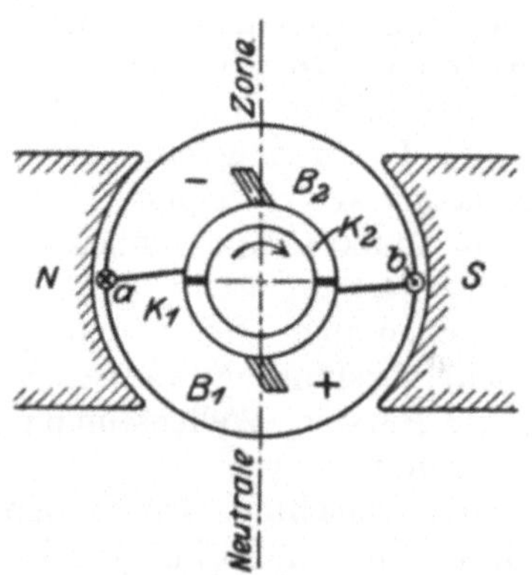

Abb. 1. Spule auf dem Trommelanker eines Generators.

Die an der Stirnseite liegenden Drähte ebenso wie der Draht an der Rückseite der Trommel dienen nur als Verbindung oder als Zuleitung zum Kollektor. Dieser besteht hier aus zwei Halbringen K_1 und K_2, auf denen die Bürsten B_1 und B_2 schleifen. K_1 und K_2 sitzen, voneinander isoliert, fest auf der Achse, sind ein für allemal mit den Drähten a und b verbunden und drehen sich mit der ganzen Trommel. Die Trommel mit der einen Spule stellt die einfachste Form eines Ankers dar. In der gezeichneten Stellung befindet sich die Spule senkrecht zur neutralen Zone; die beim Durchgang durch diese Lage erzeugte EMK ist die maximale. Durch die Kollektoranordnung bleibt jede der beiden Bürsten dauernd ein bestimmter Pol der Maschine. Der Wechselstrom ist so in einen „Wellenstrom“ wechselnder Stärke, aber gleichmäßiger Richtung verwandelt. Um einen wirklichen Gleichstrom zu erzielen, ordnet man auf dem Trommelanker anstatt einer Spule eine größere Anzahl Spulen unter entsprechender Vermehrung der Kollektorsegmente gleichmäßig auf den Umfang verteilt an. Durch Verwendung vieler Spulen, deren Spannungen sich summieren, wird erreicht, daß die Schwankungen außerordentlich schnell verlaufen und nur noch einen verschwin-

[1]) Da die praktische Bedeutung der Unipolarmaschinen gering ist, wird auf sie nicht näher eingegangen.

denden Betrag der Gesamtspannung ausmachen. In der Tat betragen sie bei ausgeführten Maschinen nur geringe Bruchteile von einem Prozent, so daß man praktisch eine Gleichspannung erhält.

5. Ringanker (Abb. 2). Diese zweite Form eines Dynamoankers ist geschichtlich früher als der Trommelanker entstanden (GRAMME, PACINOTTI). Ein Eisenring ist fortlaufend mit Draht bewickelt, so daß die Wicklung wie beim Trommelanker eine geschlossene wird. Die beiden durch die Indifferenzzone geschiedenen Ankerhälften werden von entgegengesetzten Strömen durchlaufen. Am Zusammenfluß der Ströme der beiden Ankerhälften in der Indifferenzzone ist die positive Bürste B_1, gegenüber die negative B_2 angeordnet. Im einfachsten Falle kann man sich den Ring mit blanken Drähten auf isolierender Unterlage bewickelt denken, dann schleifen die Bürsten als Stromabnehmer unmittelbar auf dem Draht. Praktisch wird nur die Anordnung mit Kollektor angewandt. Die Zahl der Kollektorlamellen ist beliebig, doch werden möglichst viele angebracht, um den Wellenstrom in einen recht vollkommenen Gleichstrom zu verwandeln. Zwischen zwei benachbarten Kollektorlamellen liegt wiederum ein Wicklungselement, das auch hier aus mehreren Windungen besteht.

Der Ringanker wird nur noch selten gebaut, weil der Trommelanker die billigere Fabrikation mit Schablonenspulen gestattet. Ferner entspricht beim

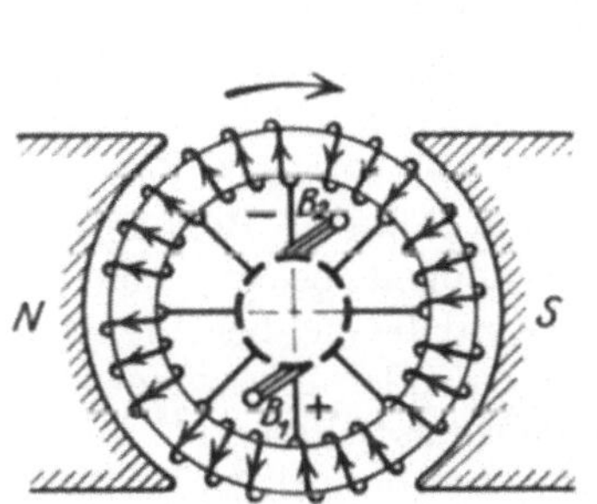

Abb. 2. Ringanker mit Kollektor.

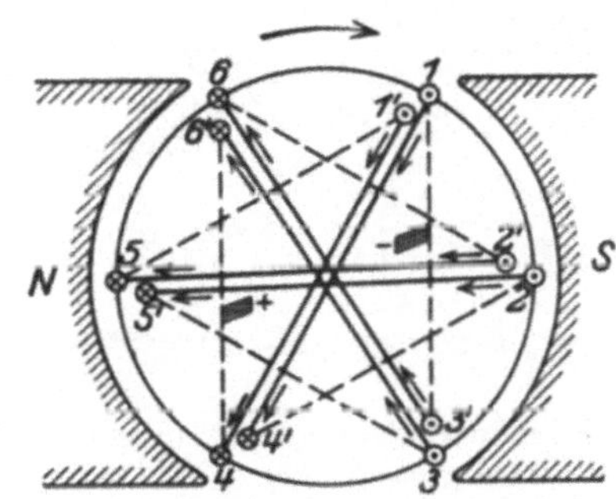

Abb. 3. Trommelwicklung mit doppelt belegten Nuten.

Ringanker jedem wirksamen Draht ein ebenso langer Draht an der Innenseite, der nicht induziert wird, weil er keine Induktionslinien schneidet. Der Ringanker erfordert daher mehr Draht als der Trommelanker. In elektrischer Beziehung stimmen beide Formen des Ankers überein.

6. Zweipolige Trommelwicklung (v. HEFNER-ALTENECK). Die Summierung der EMKe einer Mehrheit von Spulen auf der Trommel geschieht praktisch durch Zusammenfassung der einzelnen Spulen zu einer Wicklung. Um günstige magnetische Verhältnisse im Luftspalt zu haben, wird der Draht in Nuten eingebettet, die rings um den Anker herum in dessen Rand gleichmäßig eingeschnitten sind. Jede Spule möge zunächst nur aus einem einzigen Drahtviereck bestehen. Die einzelnen Spulen müssen durch die Anordnung der Wicklung von vornherein so hintereinander geschaltet werden, daß die in ihnen induzierten EMKe sich summieren. In Abb. 3 ist ein Anker mit 6 Nuten entworfen, in welchem demnach znnächst drei Spulen unterzubringen sind; der Kollektor ist noch fortgelassen. Die auf der Stirnseite liegenden Drahtverbindungen sind ausgezogen, die auf der entgegengesetzten Seite liegenden Verbindungen gestrichelt, die Stromrichtung ist durch Pfeile angedeutet (Pfeilspitze bzw. Pfeilschaft). Mit *1* bis *6* sind die in den Nuten oben liegenden wirksamen Drähte bezeichnet, entsprechend mit *1'* bis *6'* die unten liegenden.

Die aus den drei Spulen bestehende Wicklung beginnt von oben bei der Nut *1* und durchläuft mit der Stromrichtung die wirksamen Drähte *1*, *4'*, *2*, *5'* *3* und *6'* in den betreffenden Nuten. Damit sind sämtliche Nuten einmal belegt; es ist ein einziger zusammenhängender, überall im gleichen Sinne induzierter Stromkreis entstanden. Um die Wicklung zu schließen, wird noch eine zweite Wicklung in den Nuten angeordnet. Sie durchläuft entgegen der Stromrichtung die wirksamen Drähte *4*, *1'*, *5*, *2'*, *6* und *3'* in den zugehörigen Nuten. Durch Verbindung der beiden Wicklungen, also von *3'* mit *1* und *4* mit *6'*, erhält man eine in sich geschlossene und symmetrisch über den Anker verteilte Wicklung.

Man erkennt, daß der Trommelanker (wie auch der Ringanker) der Dynamomaschine in zwei gleiche Hälften zerfällt. Würde keine Ableitung angebracht sein, so könnte kein Strom entstehen, weil die entgegengesetzten EMKe sich das Gleichgewicht halten würden. Bringt man aber jetzt eine Ableitung durch Bürsten und Außenkreis an, so erscheinen für den äußeren Stromkreis die beiden Hälften wie zwei Elemente parallel geschaltet und drücken ihre Ströme vereint in die Außenleitung. Hieraus geht hervor, 1. daß die EMK einer Dynamomaschine nur so groß ist wie die in jeder Ankerhälfte induzierte Spannung; 2. daß die Stromstärke in jeder Ankerhälfte nur $J/2$ beträgt, wenn der Strom in der Außenleitung die Stärke J hat. Bei der in Abb. 3 skizzierten Trommelwicklung ist der Strom dort zu entnehmen, wo zwei gleichgerichtete EMKe zusammenstoßen, das ist zwischen den Verbindungen von *4* mit *6'* und *1* mit *3'*. Bei der Wicklung ist jede Nut doppelt belegt; man wickelt gewöhnlich so, daß die beiden Drähte in einer Nut übereinander angeordnet sind, und unterscheidet Oberstäbe und Unterstäbe.

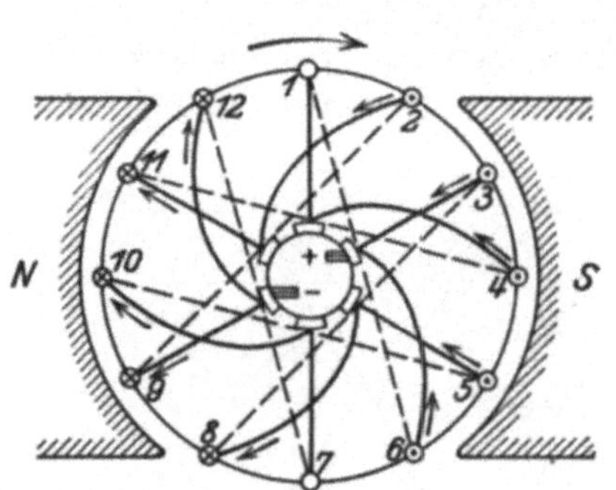

Abb. 4. Trommelwicklung mit einfach belegten Nuten.

Statt jede Nut doppelt zu belegen, kann man auch die doppelte Anzahl Nuten vorsehen und jede nur einfach belegen. Die beschriebene Wicklung nimmt dann unter Einschaltung des Kollektors das Aussehen der Abb. 4 an mit 12 Nuten auf dem Umfang. Man nennt die Anzahl Nuten, um die man vorrückt, um von einem Draht einer Spule bis zum entsprechenden Draht der nächsten zu gelangen, den resultierenden Wicklungsschritt y; er besteht aus den beiden Teilschritten y_1 an der Vorderseite und y_2 an der Rückseite. Zwischen ihnen gilt hier die Beziehung

$$y = y_1 - y_2 .$$

Damit man abwechselnd von einer geradzahligen Nut zu einer ungeradzahligen gelangt, besteht, wenn m die Nutenzahl ist, die Bedingung

$$y_1 = \frac{m}{2} \pm 1 .$$

Da in Abb. 4 der Wicklungsschritt $y = y_1 - y_2 = 2$ ist, folgt

$$y_2 = \frac{m}{2} - 1 \qquad \text{oder} \qquad y_2 = \frac{m}{2} - 3 .$$

Für die Ausführung der Wicklung ist $y_1 = 5$ und $y_2 = 3$ gewählt. Damit ergibt sich zu Abb. 4 folgendes Wicklungsschema, das nach den beiden parallelen Ankerhälften dargestellt ist:

$$- < \begin{matrix} 12 & 7 & 10 & 5 & 8 & 3 \\ 9 & 2 & 11 & 4 & 1 & 6 \end{matrix} > + .$$

Die Bürsten müssen zwischen *3* und *6* bzw. *9* und *12* angebracht werden. Die Wicklung ist hier in einer der Praxis näherkommenden Art dargestellt; denn man pflegt den Anker nicht als Ganzes zu bewickeln, sondern die einzelnen Spulen, die aus mehreren gleichartigen Windungen bestehen, Wicklungselemente genannt, auf einer Schablone fertigzustellen, auf den Ankerkern zu schieben und erst dann mit dem Kollektor zu verbinden. Da an einem Segment zwei Spulen zusammenstoßen, müssen ebensoviel Segmente wie Spulen vorhanden sein, also 6. Der Verlauf der Ströme erfordert, daß die Bürsten um ein Segment aus der neutralen Zone im Sinne der Drehrichtung verschoben werden. Die Drähte in den Nuten *1* und *7* liegen in dem dargestellten Augenblick in der Indifferenzzone, in ihnen entsteht keine EMK.

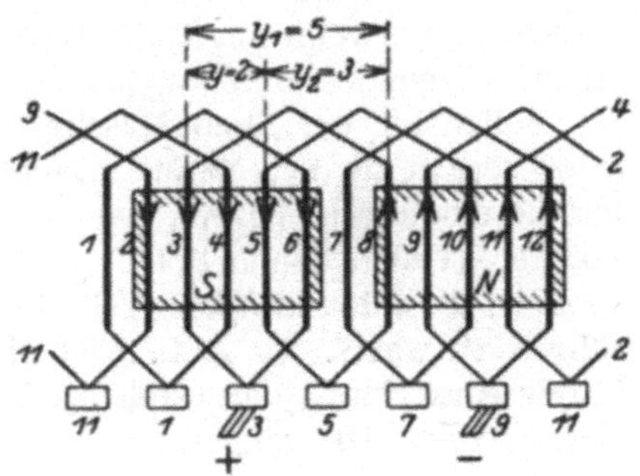

Abb. 5. Abwicklung eines Trommelankers mit Schleifenwicklung.

Die Abwicklung des Trommelankers nach Abb. 5 gibt ein besonders übersichtliches Bild der wirksamen Drähte, der Kollektorverbindungen und des Stromverlaufs. Der Mantel der Trommel ist längs der Nut *1* aufgeschnitten, hinter den wirksamen Drähten sind Nordpol und Südpol angedeutet, die Zeichenebene der Abb. 4 befindet sich in Abb. 5 unten. Nach diesem Bilde wird die dargestellte Wicklung als Schleifenwicklung bezeichnet; charakteristisch für sie ist, daß der eine Wicklungsteilschritt vorwärts, der andere rückwärts gerichtet ist, so daß der gesamte Schritt y sich als Differenz der Teilschritte ergibt, s. auch Abb. 6.

7. Mehrpolige Trommelwicklungen. Bei großen Maschinen würde sich mit einem zweipoligem Magnetgestell eine ungünstige Konstruktion ergeben. Man

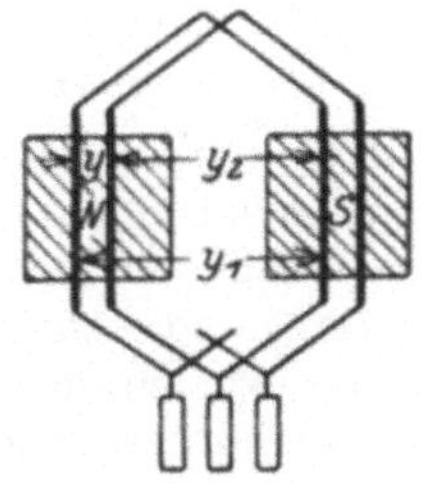

Abb. 6. Schleifenwicklung.

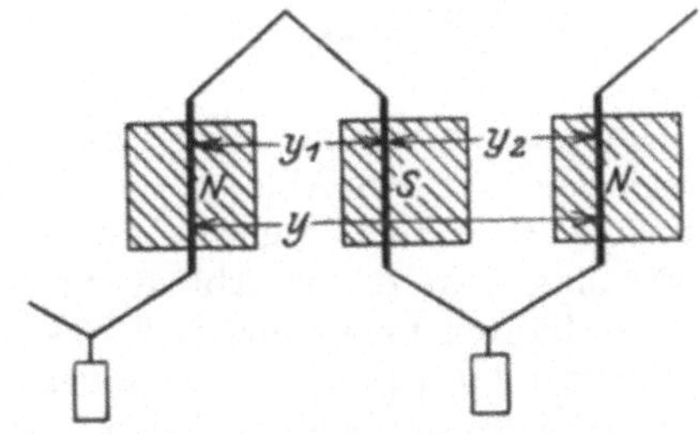

Abb. 7. Wellenwicklung.

zieht es deshalb vor, eine Mehrheit von Polpaaren zu benutzen, die stets so angeordnet sind, daß um den Anker herum immer ein Nordpol auf einen Südpol folgt. Es bilden sich dann ebensoviel Indifferenzstellen wie Pole, und an jeder von ihnen kann eine Bürste angebracht werden. Man bezeichnet die Anzahl der Polpaare mit p, die Anzahl der Pole ist also $2p$. Die Wicklung kann als Wellen- oder Schleifenwicklung ausgeführt werden. Das charakteristische der beiden Wicklungen ist in den Abb. 6 und 7 hervorgehoben. Bei der Schleifenwicklung ist der Wicklungsteilschritt y_1 gleich der Polteilung, bei der Wellenwicklung ist der resultierende Wicklungsschritt etwas größer oder kleiner als die doppelte Polteilung.

Ein Bild einer mehrpoligen Schleifenwicklung erhält man durch entsprechende Verlängerung der Abb. 5. Man kann sich die Maschine in diesem Fall als aus einzelnen Maschinen zusammengesetzt vorstellen. Es ist jedoch nicht möglich, die einzelnen Maschinen hintereinander zu schalten, um ihre Spannungen zu summieren. Die mehrpoligen Schleifenwicklungen lassen sich nur zur Parallelschaltung benutzen, indem man alle positiven Bürsten und ebenso alle negativen Bürsten miteinander verbindet. Es ergibt sich so ein Generator für große Stromstärken, seine EMK ist jedoch nur gleich derjenigen einer einzelnen Ankerabteilung. Die Anzahl der Bürsten und ebenso die Anzahl der einander parallel geschalteten Stromzweige ist so groß wie die der Pole. Die Maschine ist auch betriebsfähig, wenn nicht alle Bürsten, sondern nur ein um eine Polteilung auseinanderliegendes Bürstenpaar verwendet wird.

Sollen die einzelnen Maschinen, in die man sich einen mehrpoligen Generator zerlegt denken kann, hintereinandergeschaltet werden, so muß dies von vornherein durch die Art der Wicklung erzielt werden, indem man sämtliche vor den verschiedenen Polen an gleicher Stelle liegenden Drähte hintereinander wickelt. Es führt also kein Teilschritt mehr rückwärts, sondern beide Teilschritte führen vorwärts. In Abb. 8 ist eine vierpolige Trommel mit Reihenschaltung in der Abwicklung dargestellt. Für die Wicklung ist Bedingung, daß man nach einem vollen Umgang um den Anker um eine Nut vorwärts oder rückwärts gelangt ist. Die Nuten sind doppelt belegt; ist m die Nutenzahl und y der gesamte Wicklungsschritt, so muß mithin

$$p y = m \pm 1$$

sein. Für den dargestellten Anker ist $m = 13$, $p = 2$; es ist

$$y = \frac{m+1}{p} = 7$$

gewählt, $y_1 = 4$, $y_2 = 3$. Für diese Wicklung ist also

$$y = y_1 + y_2 .$$

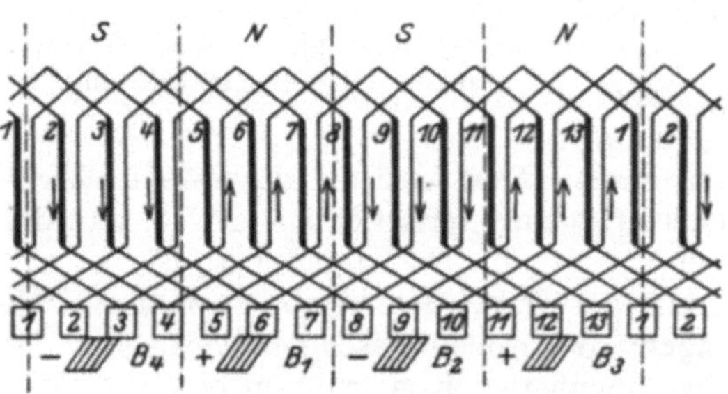

Abb. 8. Anker mit Wellenwicklung (Reihenschaltung).

Hierdurch kommt ein Wicklungsbild zustande, nach dem man sie als Wellenwicklung bezeichnet (vgl. Abb. 7); nur diese ist für Reihenschaltung verwendbar. Bei zweipoligen Maschinen sind Schleifen- und Wellenwicklung elektrisch gleichwertig. Verfolgt man die in Abb. 8 dargestellte Wicklung, so bemerkt man, daß die Ankerhälften unsymmetrisch ausfallen. Man könnte sich mit der Anbringung der Bürsten B_1 und B_2 begnügen, weil für die beiden parallelen Ankerhälften nur zwei Stromabnahmestellen nötig sind; es lassen sich jedoch noch zwei weitere Bürsten B_3 und B_4 in gleichen Abständen anbringen. Da die positiven Bürsten B_1 und B_3 und die negativen Bürsten B_2 und B_4 innen durch den Anker dauernd verbunden werden, verbindet man sie auch außen miteinander und erzielt dadurch wegen der größeren Auflagefläche am Kollektor eine bessere Stromabnahme.

Bei der einfachen Parallelschaltung sind Ankerabteilungen parallel geschaltet, die vor mehreren gleichnamigen Polen liegen. Wird die Induktion nicht in allen Abteilungen gleich groß, etwa infolge ungleicher Magnetfelder, so gleichen sich diese Spannungsunterschiede über die parallel geschalteten Bürsten aus und bewirken leicht Feuer am Kollektor. Zur Beseitigung der Ungleichheiten kann man Äquipotentialverbindungen (Ausgleichsleiter) einführen, das sind feste Verbindungen zwischen den symmetrisch liegenden Drähten der zusammengehörigen Ankerabteilungen. Dadurch werden die Spannungsunterschiede ausgeglichen, ohne die Bürsten zu belasten.

Völlig vermieden werden die Ausgleichströme durch eine andere Art der Wicklung. Man denke sich die ganze Ankerabteilung, die vor einem Pol liegt, in eine Anzahl Stücke verteilt, die gleich der Zahl der Pole ist, und jedes Stück vor einen anderen gleichnamigen Pol gewickelt. Dann wirken sämtliche gleichnamigen Pole vereint auf diese Abteilung, und ihre Verschiedenheiten gleichen sich zu einem Mittelwert aus. Vor jedem Pol bleibt dann ein großes Stück des Ankers frei, und auf dieses sind die übrigen Ankerzweige in derselben Art zu verteilen. So entsteht dieselbe Anzahl Ankerzweige wie vorher, aber in anderer Anordnung; man schaltet sie wiederum mittels der Bürsten parallel. Die praktische Ausführung dieses Gedankens führt zur ARNOLDschen Reihenparallelschaltung (Wellenwicklung), indem man so vorgeht, daß man nach einem Umgang um den Anker nicht um eine Nut weiterkommt, sondern um a Nuten. Dieser Lücke entsprechend ergeben sich a parallele Ankerstromkreispaare. Die Gleichung für die Wicklung lautet

$$p\,y = m \pm a\,.$$

8. EMK, Klemmenspannung und Drehmoment einer Maschine. Bei der Rotation des Ankers im Feld der Magnetpole wird in jedem Ankerstab, der Induktionslinien schneidet, eine EMK von der Größe

$$e = \mathfrak{B}\,l\,v\,10^{-8}\ \text{Volt}$$

induziert (Ziff. 3). Ist d der Ankerdurchmesser und $n/60$ die Umdrehungszahl in der Sekunde, so wird

$$v = d\,\pi\,\frac{n}{60}\,.$$

Da die Pole nur einen Teil des Ankerumfanges umfassen, so schneiden nicht alle Stäbe Induktionslinien, sondern nur diejenigen von ihnen, die innerhalb des Polschuhwinkels α liegen, wobei von der Ausbreitung der Induktionslinien an den Polecken abgesehen ist. Die Anzahl der induzierten Stäbe unter einem Pol ist, wenn z die Gesamtzahl der Stäbe bedeutet, $z\,\alpha/2\,\pi$. Diese Anzahl Leiter ist hintereinander geschaltet, daher summieren sich die in ihnen induzierten EMKe. Setzt man ferner den gefundenen Wert von v ein, so erhält man für die Gesamt-EMK

$$E = \mathfrak{B}\,l\,\frac{n}{60}\,d\,z\,\frac{\alpha}{2}\,.$$

Hierin ist $\frac{d}{2}\,\alpha\,l$ die Größe einer Polfläche; diese Fläche ergibt multipliziert mit $\mathfrak{B}$ die gesamte aus einem Pol austretende Zahl der Induktionslinien, den Induktionsfluß Φ. Setzt man

$$\Phi = \frac{d}{2}\,\alpha\,l\,\mathfrak{B}$$

in die Formel für E ein, so ergibt sich für die EMK des zweipoligen Generators

$$E = \Phi\,z\,\frac{n}{60}\,10^{-8}\ \text{Volt.}$$

Eine Maschine mit p Polpaaren kann aus p zweipoligen Einzelmaschinen zusammengesetzt gedacht werden. Schaltet man alle Einzelmaschinen, d. h. die p positiven und die p negativen Bürsten untereinander parallel, so erhält man nur die gleiche Spannung wie bei einer einzelnen von ihnen, aber entsprechend höhere Stromstärke (Schleifenwicklung). Werden alle p Einzelmaschinen hintereinander geschaltet (Wellenwicklung), so ergibt sich die $p$fache Spannung. Die geeignete Anwendung der Reihenparallelschaltung bietet ferner die Möglichkeit von Schaltungen, die zwischen diesen beiden liegen. Da jede Einzelmaschine von vornherein zwei parallele Ankerzweige besitzt, erhält man durch Parallelschaltung von a Einzelmaschinen immer je $2a$ parallele Ankerstromkreise. Entsprechend erhöht sich allgemein bei Parallelschaltung von $2a$ Ankerzweigen die Spannung im Verhältnis p/a. Bezeichnet Φ wiederum den Induktionsfluß eines Poles, so folgt für die EMK eines Generators mit p Polpaaren und $2a$ parallel geschalteten Ankerzweigen ganz allgemein:

$$E = \frac{p}{a} \Phi z \frac{n}{60} \cdot 10^{-8} \text{ Volt}.$$

Werden alle Größen zusammengefaßt, die für einen bestimmten Generator unveränderlich sind, so kann man für die EMK kurz schreiben

$$E = c_1 n \Phi.$$

Die Spannung U zwischen den Bürsten des Ankers ist beim Generator um den Spannungsabfall $J_a \cdot R_a$ kleiner als die EMK:

$$U = E - J_a R_a.$$

Hierin bedeutet J_a den gesamten Ankerstrom, R_a den Ankerwiderstand. Der Strom J im einzelnen Ankerleiter ist

$$J = \frac{J_a}{2a}.$$

Auf einen Ankerleiter wirkt die elektromagnetische Kraft $\mathfrak{B} l J$. Die Gesamtkraft ergibt sich hieraus durch Multiplikation mit der Anzahl der unter den $2p$ Polen liegenden Leiter $2pz\frac{\alpha}{2\pi}$. Das Drehmoment M aller Kräfte ist daher

$$M = \frac{p}{a} \cdot \mathfrak{B} l z \frac{\alpha}{2\pi} \cdot \frac{d}{2} \cdot J_a.$$

Führt man wieder den Induktionsfluß Φ eines Poles ein, so folgt unter Berücksichtigung des Maßsystems

$$M = \frac{p}{a} \Phi z J_a \frac{10^{-8}}{2\pi \cdot 9{,}81} \text{ kgm}.$$

Hierin sind p, a, z für eine bestimmte Maschine Konstanten. Es ergibt sich also kurz

$$M = c_2 \Phi J_a.$$

Die Leistung N einer Maschine in kW ergibt sich zu

$$N = \frac{E \cdot J_a}{1000} = \frac{2\pi n}{60} \cdot \frac{9{,}81}{1000} \cdot M = \frac{n M}{974}.$$

Die drei allgemeinen Hauptgleichungen

$$U = E - J \cdot R,$$
$$E = c_1 \Phi \cdot n,$$
$$M = c_2 \cdot \Phi \cdot J$$

sind für Generatoren wie für Motoren gültig.

9. Dynamoelektrisches Prinzip. Bei den ältesten Dynamomaschinen benutzte man permanente Magnete aus Stahl (Magnetmaschine) und erhielt auf diese Weise wegen der schwachen Magnetfelder nur eine geringe EMK. Ein Fortschritt war es, als man an ihre Stelle Magnete aus weichem Eisen setzte, die mit Hilfe einer besonderen Stromquelle gespeist wurden (fremderregte Maschine). Diese Schaltung wird heute vielfach verwendet, die erste Anordnung nur noch selten, z. B. für Zwecke der Telephonie. Erfolgt die Erregung einer Maschine durch eine mit ihr gekuppelte Erregermaschine, die nur diesem Zwecke dient, so spricht man von Eigenerregung.

Die eigentliche Dynamomaschine entstand erst mit dem von WERNER V. SIEMENS erfundenen dynamoelektrischen Prinzip: Der im Anker erzeugte Strom dient gleichzeitig zur Erregung des Magnetismus in den Feldmagneten (Selbsterregung). Die Magnete bestehen aus weichem Eisen; der geringe, auch in diesem infolge der Remanenz zurückbleibende Magnetismus genügt, um im Anker einen schwachen Strom hervorzurufen, der seinerseits mit Hilfe der Magnetwicklungen den Induktionsfluß verstärkt. Das vergrößerte Feld ruft wieder einen verstärkten Strom hervor, und diese gegenseitige Verstärkung kann, soweit es die Widerstände des Stromkreises gestatten, bis zur vollständigen Sättigung des Eisens weitergehen, womit die Maschine ihre höchstmögliche EMK erreicht.

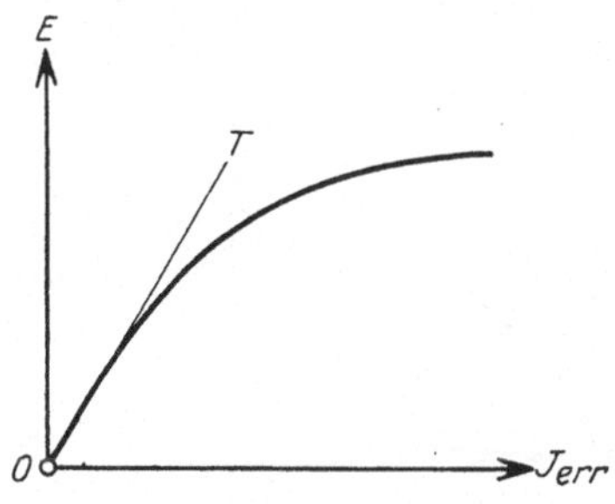

Abb. 9. Leerlaufcharakteristik.

10. Charakteristiken. Charakteristiken oder Kennlinien nennt man bestimmte Kurven, die über das Verhalten der Maschinen Aufschluß geben.

Der äußere Stromkreis beeinflußt die EMK insofern, als der in ihm fließende Belastungsstrom J den Strom des Erregerkreises mitbestimmt. Ferner tritt in der Maschine der innere Spannungsabfall JR auf, der bewirkt, daß an den Klemmen der Maschine nur die Klemmenspannung anstatt der EMK auftritt. Diese beiden Größen sind demnach von der Belastung J abhängig, und man trägt sie unter der Annahme konstanter Geschwindigkeit des Generators in Schaubildern im allgemeinen als Funktionen von J auf. Die Kurve der EMK als Funktion von J heißt die innere Charakteristik, die Kurve der Klemmenspannung als Funktion von J die äußere Charakteristik, beide nennt man Belastungscharakteristik. Die äußere Charakteristik kann bei Selbsterregung oder bei konstant gehaltener Fremderregung aufgenommen werden; die innere findet man aus der äußeren durch Berücksichtigung der Spannungsabfälle. Die Gestalt der Kurven ist von der Schaltung der Maschine abhängig.

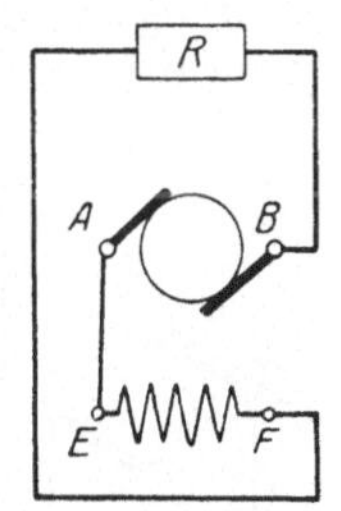

Abb. 10. Reihenschlußmaschine.

Eine dritte Charakteristik ergibt sich, wenn man die Maschine ohne Rücksicht auf ihre Schaltung fremd erregt, sie leer (d. h. ohne Strom aus dem Anker zu nehmen) laufen läßt und nun bei verschiedenen Erregerstromstärken die zugehörige EMK aufzeichnet. Diese Kurve, die für alle Maschinenschaltungen dieselbe ist, heißt die Leerlaufcharakteristik oder auch magnetische Charakteristik. (Abb. 9) Es ist eine Kurve, die in ihrer Gestalt den Magnetisierungskurven nahekommt und im Anfang geradlinig, bei Sättigung des Eisens aber der Abszissenachse nahezu parallel verläuft. Die Anfangstangente T an die Kurve gibt ein Maß für die zur Durchmagnetisierung der Luft erforderliche Erregung. Beim praktischen Betrieb muß die Maschine so erregt sein, daß sie im oberen Teil der Magnetisierungskurve arbeitet, damit ihre EMK sich bei geringen Schwankungen der Erregerstromstärke nicht wesentlich ändert.

11. Reihenschlußmaschine. Bei den Generatoren mit Selbsterregung handelt es sich um die Schaltung der drei Teile: Anker, Erreger- oder Feldwicklung und äußerer Stromkreis, hier dargestellt durch einen Widerstand R. Bei Hintereinanderschaltung aller drei Teile erhält man die Reihenschlußmaschine (Serienmaschine, Hauptstrommaschine). Die Schaltung ist aus Abb. 10 ersichtlich; die Bezeichnungen am Anker und an der Hauptstromwicklung entsprechen den Maschinenregeln des V. D. E. und sind auf den Maschinenklemmen angebracht. Da die Erregerwicklung vom Gesamtstrom durchflossen wird, besteht sie aus wenigen Windungen; wegen des Spannungsabfalles wählt man dicken Draht. Alle Änderungen der Belastung wirken auf die Durchflutung und damit auf die EMK ein. Entnimmt man wenig Strom, ist also der äußere Widerstand groß, so wird die Maschine nur schwach erregt, die EMK E und die Klemmenspannung U sind gering. Steigert man den Belastungsstrom J, so wächst die Klemmenspannung infolge der stärkeren Erregung (Belastungscharakteristik, Abb. 11) zunächst proportional, dann, wenn sich das Eisen der Sättigung nähert, langsamer. Hierauf verläuft die Charakteristik, wenn die stärkere Erregung das Feld nicht mehr vergrößert, horizontal und fällt nachher sogar ab, weil die Ankerrückwirkung die EMK und der innere Spannungsverlust $J R_m$ (R_m Maschinenwiderstand) die Klemmenspannung herabdrücken. Die Charakteristik der Reihenschlußmaschine schneidet auf der Ordinatenachse eine Strecke ab, deren Größe durch die Stärke des remanenten Magnetismus bestimmt ist. Nur infolge dieses Magnetismus, der von vorangegangenen Erregungen geblieben ist, kann der Anfangsstrom entstehen, wenn der äußere Stromkreis geschlossen ist. Der Strom muß so gerichtet sein, daß er die Remanenz verstärkt. Ist dies infolge fehlerhafter Schaltung der Maschine nicht der Fall, so vernichtet der Strom den remanenten Magnetismus, und von dem Augenblick an, wo dieser Null ist, bleibt die Maschine spannungs- und stromlos, sie „geht nicht an". Dasselbe kann auch eintreten, wenn der Widerstand des Außenkreises zu hoch ist. Der größtmögliche Wert ist durch die Anfangstangente an die Belastungscharakteristik gegeben. Im allgemeinen kann die Hauptstrommaschine nur oberhalb des Knies betrieben werden.

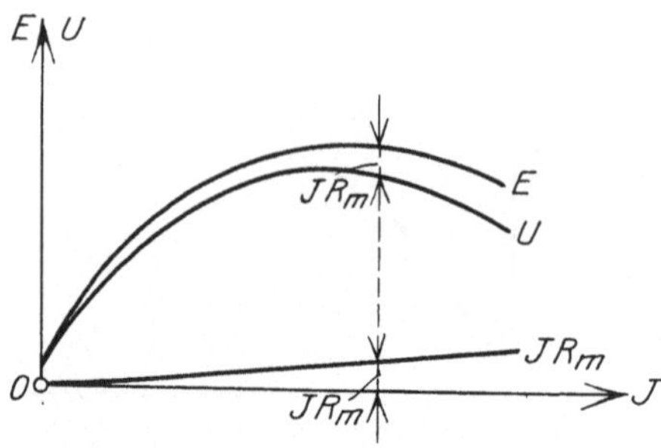

Abb. 11. Belastungscharakteristik der Reihenschlußmaschine.

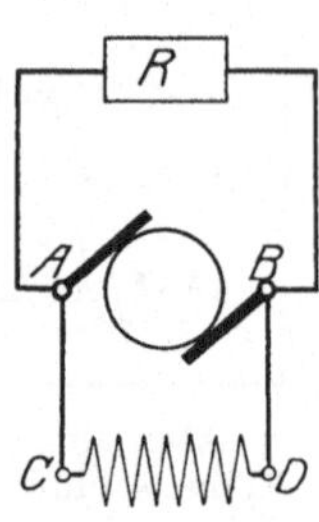

Abb. 12. Nebenschlußmaschine.

Die Reihenschlußmaschine liefert keine konstante Spannung, da die Änderung der Belastung ihre Klemmenspannung stark beeinflußt; sie wird deshalb als Generator fast gar nicht verwendet, da die modernen Leitungsnetze auf dem Grundsatz aufgebaut sind, daß in ihnen die Spannung konstant gehalten wird, und da alle angeschlossenen Apparate, Lampen, Motoren usw. hierauf eingerichtet sind. Eine Spannungsregelung der Hauptstrommaschine ist möglich, indem man zur Erregerwicklung einen Regulierwiderstand parallel schaltet. Durch Kurzschließen dieses Widerstandes kann man die Maschine spannungslos machen.

12. Nebenschlußmaschine. Der äußere Stromkreis mit einem Widerstand R liegt unmittelbar an den Klemmen der Maschine, parallel zu ihm und zum Anker liegt die Erregerwicklung (Abb. 12). Um den Stromwärmeverlust in den Feldwicklungen gering zu halten, führt man diese mit hohem Widerstand und vielen Windungen aus. Die Belastungscharakteristik der Nebenschlußmaschine bei Selbsterregung (Abb. 13) zeigt für $J = 0$ den höchsten Wert von U, weil bei

Unterbrechung des äußeren Stromkreises der innere Spannungsverlust am kleinsten ist; gleichzeitig wird der Ankerstrom J_a gleich dem Erregerstrom J_{err}. Mit wachsendem J nimmt U zunächst langsam ab, weil der innere Spannungsverlust $J_a R_a$ sich geltend macht. Bei weiterer Steigerung der Belastung J fällt die Kurve schneller. Endlich tritt der Fall ein, daß trotz weiterer Verringerung des Belastungswiderstandes R die Stromstärke J im äußeren Kreise sinkt. Dies erklärt sich folgendermaßen: Es ist $J = U/R$; in diesem Bruch ändern sich Zähler und Nenner, anfänglich sinkt der Zähler wenig, der Nenner stärker, daher wächst J. Fällt nun der Erregerstrom so weit, daß in der magnetischen Charakteristik der Maschine (Ziff. 10, Abb. 9) der nahezu horizontale Teil der Kurve verlassen und der abfallende erreicht wird, so sinkt das Feld und mit ihm U so rasch, daß die Abnahme von U diejenige von R überwiegt. Trotz der Verringerung des Widerstandes wird daher die Stromstärke kleiner, die Charakteristik biegt um und erreicht endlich einen Punkt, bei dem $U = 0$ und J gering ist (abhängig vom remanenten Magnetismus); der äußere Widerstand R ist dann auch Null, die Maschine ist ohne Gefahr kurzgeschlossen.

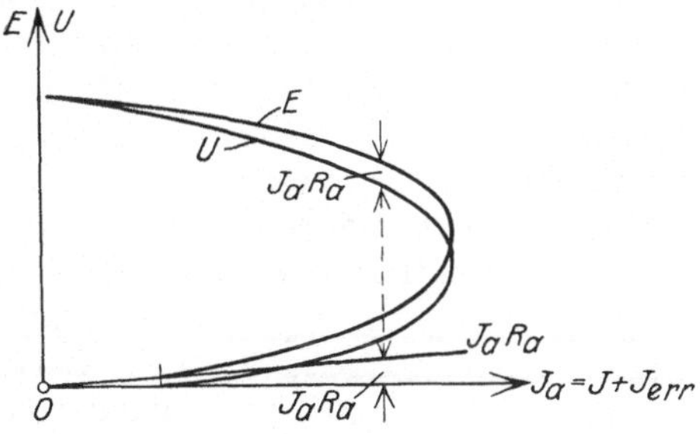

Abb. 13. Belastungscharakteristik der Nebenschlußmaschine.

Bei der Reihenschlußmaschine wäre der gleiche Versuch nicht durchführbar; mit der Verringerung von R würde J dauernd steigen, und bei Kurzschluß würde die Maschine durchbrennen.

Betrieben wird die Nebenschlußmaschine nur im oberen Teil der Charakteristik, längs dessen die Spannung fast konstant ist. Bei Betrieb mit konstanter Fremderregung erhält man eine Belastungscharakteristik, die nur dem oberen Teil der Kurven bei Selbsterregung entspricht. Die Spannungsänderung der Maschine ist bei Fremderregung geringer als bei Selbsterregung.

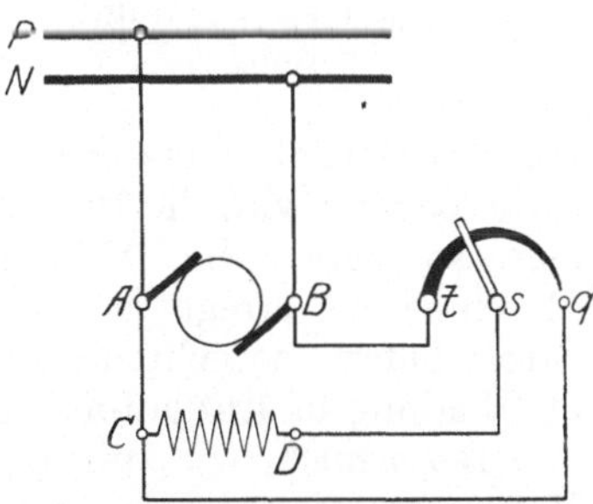

Abb. 14. Nebenschlußmaschine mit Magnetregler.

Die Nebenschlußmaschine mit konstanter Spannung ist heute bei Gleichstrom der allgemein gebrauchte Generator. Zwar sinkt bei steigender Belastung die Spannung etwas, doch ist es möglich, durch Einbau eines Regulierwiderstandes in den Nebenschlußkreis den Erregerstrom so zu regeln, daß die Klemmenspannung konstant bleibt. Der Energieverbrauch von Feld und Regler ist gering; wird die Belastung der Maschine vergrößert, so muß der Regelwiderstand verkleinert werden, damit die Erregerstromstärke steigt. Die Schaltung einer Maschine mit Feldregler ist aus Abb. 14 ersichtlich. Beim Öffnen von Erregerkreisen treten infolge der Selbstinduktion leicht beträchtliche Überspannungen auf, welche die Isolation durchschlagen können. Man vermeidet daher die Unterbrechung und schaltet den Erregerkreis durch Kurzschließen ab. Zu diesem Zweck dient der Kurzschlußkontakt q. Das Abschalten von Stromkreisen mit hoher Selbstinduktion, z. B. Erregerwicklungen bei fremderregten Maschinen, kann auch mittels besonderen Schalters so erfolgen, daß zunächst ein Widerstand (etwa von der Größe des Spulenwiderstands der Selbstinduktion) parallel gelegt und dann die Spannung abgeschaltet wird.

13. Parallelarbeiten von Nebenschlußmaschinen. In elektrischen Zentralen werden zur Gleichstromlieferung Nebenschlußgeneratoren benutzt, von denen je nach dem augenblicklichen Energiebedarf eine größere oder geringere Anzahl parallel an die Sammelschienen angeschlossen ist. Durch Regulierung der Felder wird an den Sammelschienen eine konstante Spannung, z. B. 220 Volt, aufrechterhalten. Soll wegen erhöhten Strombedarfs ein weiterer Nebenschlußgenerator an die Sammelschienen angeschlossen werden, so wird dieser zunächst mittels einer Antriebsmaschine auf die richtige Drehzahl gebracht und sein Feld so reguliert, daß die EMK gleich der Netzspannung ist. Nach dem Anschluß an die Sammelschienen läuft der Generator leer mit, die Antriebsmaschine deckt nur die Leerlaufsverluste. Erhöht man durch Verstärkung der Erregung die EMK der Dynamo, so liefert sie Strom in das Netz. Sie entnimmt diese Energie selbsttätig aus der Antriebsmaschine, die sich durch ihren Regulator auf größere Leistung einstellt, während sie die Drehzahl konstant hält. Auf diesem Wege kann man die betreffende Nebenschlußdynamo in beliebigem Maße zur Energielieferung heranziehen.

Bei einer Nebenschlußmaschine wird der Übergang vom Motor zum Generator oder umgekehrt lediglich durch Regulierung des Feldes bewirkt; die Drehrichtung ist dieselbe (vgl. Ziff. 23).

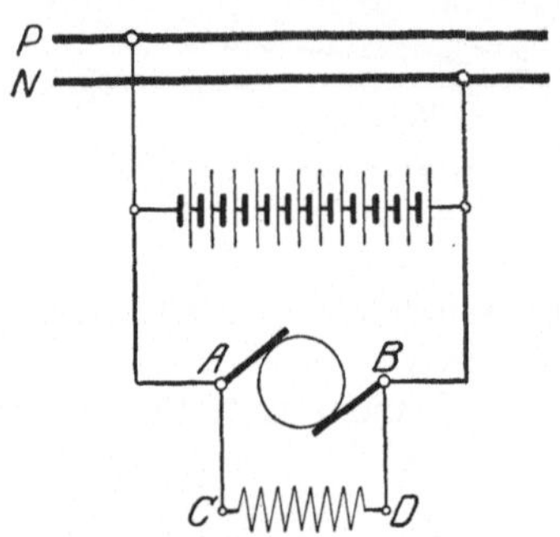

Abb. 15. Batterie und Nebenschlußmaschine in Parallelschaltung.

14. Nebenschlußmaschine und Batterie in Parallelschaltung. In Gleichstromzentralen wird zu dem Generator in vielen Fällen eine Akkumulatorenbatterie parallel geschaltet. In Abb. 15 ist das Schema einer einfachen Schaltung dargestellt. Die Batterie sorgt erstens bei Belastungsschwankungen, welche die Maschinenspannungen ändern würden, dafür, daß das Leitungsnetz trotzdem eine praktisch konstante Spannung behält. Zweitens wird die Batterie in Zeiten sehr hohen Strombedarfs zur Stromabgabe herangezogen, sie entlastet die Maschine. In Zeiten geringen Strombedarfs wird die Batterie durch den Generator aufgeladen. Man bezeichnet eine so verwandte Akkumulatorenbatterie als Pufferbatterie. Wird die Maschine so erregt, das sie einen dem mittleren Verbrauch entsprechenden Strom liefert, so geht die Batterie bei Änderung des Stromverbrauchs dauernd aus Ladung in Entladung über und umgekehrt.

Bezeichnen wir mit U_1 die Klemmenspannung der Batterie, mit J_1 den Batteriestrom, entsprechend mit U_2 und J_2 Klemmenspannung und Strom der Maschine und mit J_3 die Stromstärke im Netz, so gilt immer $J_1 + J_2 = J_3$. Ferner besteht unter Vernachlässigung des Batteriewiderstandes die Beziehung

$$J_2 = \frac{U_2 - U_1}{R_2},$$

wobei R_2 den Ankerwiderstand der Maschine bedeutet. Hieraus geht hervor: Der Generator liefert unabhängig von Belastungsänderungen im Netz einen annähernd konstanten Strom J_2. Die Akkumulatorenbatterie bedingt mit ihrer Klemmenspannung die Netzspannung und liefert die Differenz zwischen Außenstrom und Generatorstrom. Ist der Außenstrom gerade gleich dem konstanten Generatorstrom, so ist die Batterie stromlos. Wird im Gegenteil der Außenstrom geringer, so nimmt die Batterie selbsttätig den Überschuß des Generators auf, sie wird dabei geladen.

Dies ist der Fall der vollkommenen Pufferung; er wird um so besser erreicht, je geringer der Batteriewiderstand dem Generatorwiderstand gegenüber ist. In Wirklichkeit ist die Pufferung unvollkommen; eine Verbesserung erfolgt z. B. durch Verwendung einer Zusatzmaschine.

15. Doppelschlußmaschine (Compoundmaschine, Verbundmaschine). Durch Kombination der Reihenschluß- und der Nebenschlußschaltung kann man einen Generator erhalten, dessen Spannung sich mit der Belastung fast gar nicht ändert. Die Erregung wird mit zwei Wicklungen ausgeführt, die übereinanderliegen, eine im Hauptschluß mit wenigen Windungen dicken Drahtes, eine zweite im Nebenschluß mit vielen Windungen dünnen Drahtes. Es sind zwei Anordnungen zu unterscheiden, je nachdem die Nebenschlußwicklung direkt an den Ankerklemmen (Abb. 16a) oder parallel zu Anker und Hauptstromwicklung liegt (Abb. 16b). Die EMK der Maschine kann man als Summenwirkung der Felder beider Wicklungen ansehen, daher die Charakteristik entsprechend als Summe der Kurven in Abb. 11 und 13 zusammensetzen; dabei ist von der Abb. 13 nur der obere Teil zu benutzen. Die Steilheit beider Kurven hängt von der Windungszahl der Wicklungen ab; es läßt sich erreichen, daß die Zusammensetzung eine fast wagerechte Kurve der Klemmenspannung ergibt. Man kann die Wicklungen aber auch so bemessen, daß bei steigender Belastung die Spannung etwas steigt (übercompoundierte Maschine). Dadurch wird erreicht, daß in einem langen Leitungsnetz (z. B. bei Straßenbahnen) der Spannungsabfall in der Außenleitung bei starker Stromabnahme durch die Zunahme der Klemmenspannung ausgeglichen wird, so daß die Spannung an den entfernten Punkten des Netzes konstant bleibt. Eine Regelung ist bei Compoundmaschinen wegen der Form der Charakteristik an sich nicht nötig, doch wird sie praktisch zum Zweck willkürlicher Spannungsveränderung und zum Ausgleich etwaiger Schwankungen der Erregerstromstärke infolge Erwärmung der Wicklung meist hinzugefügt. Man schaltet den Regulierwiderstand in den Nebenschlußkreis. Die Doppelschlußmaschine findet nur geringe Anwendung.

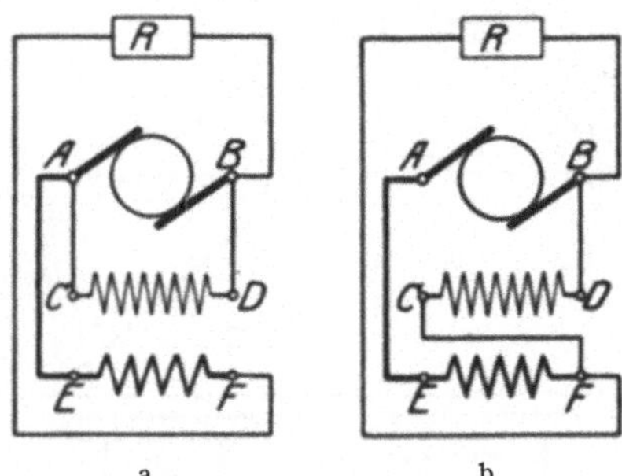

Abb. 16a u. b. Schaltungen der Doppelschlußmaschine.

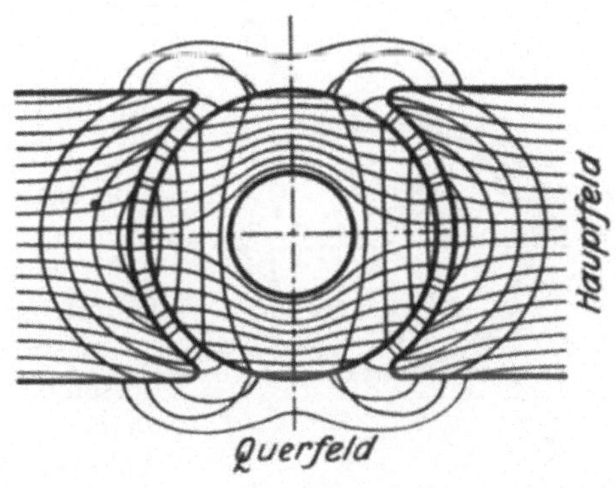

Abb. 17. Linienverlauf des Hauptfeldes und des Querfeldes.

16. Ankerrückwirkung und Bürstenverstellung. Außer dem von den Magnetpolen herrührenden Haupt- oder Erregerfeld tritt in jeder Gleichstrommaschine, sobald sie Strom abgibt, von selbst noch ein zweites Feld auf. Der Strom in den Drähten jeder Ankerabteilung ruft Induktionslinien hervor, die ein Querfeld bilden. In Abb. 17 laufen für eine zweipolige Maschine die Induktionslinien des Hauptfeldes fast wagerecht, diejenigen des vom Anker hervorgerufenen Querfeldes senkrecht. Beide setzen sich zu einem resultierenden Feld zusammen, das stark verzerrt ist und im wesentlichen schräg verläuft. An der ablaufenden Polkante resultiert eine Verdichtung der Induktionslinien, an der auflaufenden Kante ist das Gegenteil der Fall. Das resultierende Feld ist in Abb. 18 veranschaulicht. Infolge der Verschiebung des Feldes wandert auch die neutrale Zone mit den Indifferenzstellen, so daß die Bürsten ebenfalls verschoben werden müssen. Abb. 19 gibt einen symbolische Darstellung der Felder innerhalb des Ankereisens. Hat man die Bürsten um den Winkel α verschoben und in die neue Indifferenzzone gestellt, so tritt eine Feldverteilung entsprechend Abb. 19 ein. Das zu den Ankeramperewindungen gehörige Feld A ist nicht mehr senkrecht zu H gerichtet, sondern schräg in Richtung der neuen neutralen Zone gestellt. Man kann es jetzt in zwei Komponenten zerlegen, eine senkrecht zum Hauptfeld liegende Komponente Q, die ein wirkliches Querfeld darstellt, und eine zweite Komponente G, die dem H entgegengerichtet ist und Gegenfeld genannt wird. G rührt von den im Winkelraum 2α liegenden Ankeramperewindungen, den sog. Gegenamperewindungen, her, Q von den im Raume $(180° - 2\alpha)$ liegenden Amperewindungen. A und H oder Q, G und H ergeben das resultierende Feld F. Das Gegenfeld G schwächt das Hauptfeld H, so daß die Spannung der Maschine sinkt. Querfeld und Gegenfeld faßt man zusammen unter dem Namen der Ankerrückwirkung.

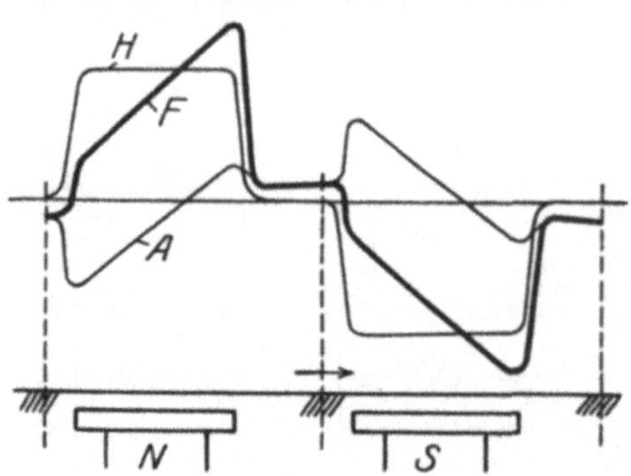

Abb. 18. Aus Hauptfeld und Ankerfeld resultierendes Feld.

Statt mit einer Veranschaulichung der Felder zu arbeiten, kann man auch ein Amperewindungsdiagramm aufstellen und die gesamte Durchflutung den Feldern entsprechend näherungsweise nach dem Parallelogramm der Kräfte zerlegen.

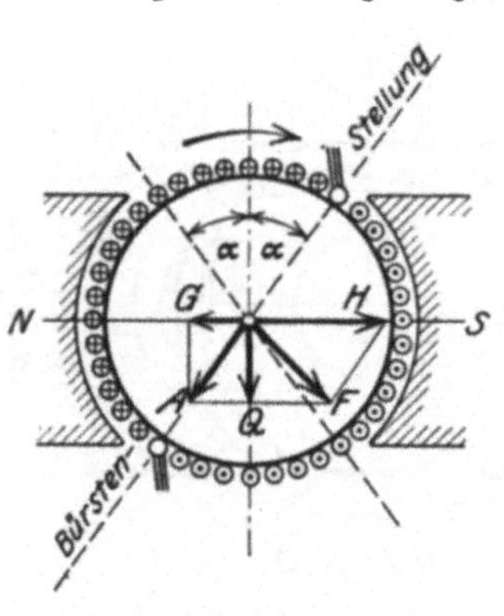

Abb. 19. Hauptfeld, Querfeld und Gegenfeld eines Generators.

Wenn die Bürsten nicht an der richtigen Stelle stehen, bilden sich Funken, die Bürsten beginnen zu feuern. Um einen funkenfreien Betrieb zu ermöglichen, muß man sie bei einem Generator im Sinne der Drehrichtung verschieben. Allerdings nehmen hierbei die Gegenamperewindungen zu und schwächen das Hauptfeld, wodurch die EMK sinkt.

Beim Motor kommt die Ankerrückwirkung in derselben Weise zustande, da jedoch der Motor bei gleicher Richtung des Induktionsflusses und des Ankerstromes die entgegengesetzte Drehrichtung hat wie der Generator, so muß die Bürstenverstellung beim Motor entgegen der Drehrichtung stattfinden. Auch beim Motor ist die Bürstenverschiebung mit einer Schwächung des Hauptfeldes verbunden. Praktisch werden die Bürsten einer mittleren Belastung entsprechend für die vorgesehene Drehrichtung einmal eingestellt, wobei zu fordern ist, daß die Kommutierung von Viertel- bis Vollast einwandfrei erfolgt. Bei Maschinen mit Wendepolen (Ziff. 19) wird verlangt, daß die Stromwendung bei unveränderter Bürstenstellung von Leerlauf bis Vollast einwandfrei stattfindet.

17. Querfeldmaschine von ROSENBERG. Das Querfeld kann in besonderen Fällen nutzbar gemacht werden. Abb. 20 zeigt das Schema eines Querfeldgenerators, der für die Zwecke der Zugbeleuchtung und auch zur Stromerzeugung durch Windkraftmaschinen benutzt wird. In beiden Fällen sind Drehzahl und

Belastung stark veränderlich, und daher ist möglichste Unabhängigkeit des Stromes von der Drehzahl erwünscht. Der Anker der Querfeldmaschine läuft in einem von einer Pufferbatterie erregten, schwachen Grundfeld und besitzt in der neutralen Zone und um 90° verschoben je ein Bürstenpaar. Da die in der neutralen Zone stehenden Bürsten *I* kurzgeschlossen sind, erzeugen sie ein starkes Querfeld, das an dem anderen Bürstenpaar *II* eine Spannung hervorruft. Der Belastungsstrom durchläuft über diese Bürsten *II* ebenfalls die Ankerwindungen und liefert seinerseits ein Querfeld, das dem Grundfeld entgegengesetzt gerichtet ist. Das wirksame Feld ist durch den Unterschied des Grund- und des Gegenfeldes bedingt. Steigt der Belastungsstrom, etwa durch Erhöhung der Drehzahl, so wird das Gegenfeld verstärkt, das erste Querfeld geschwächt, der Strom wird dadurch auf den normalen Betrag reduziert. Die Stromstärke ist daher von einem bestimmten Mindestwert der Drehzahl an von dieser unabhängig.

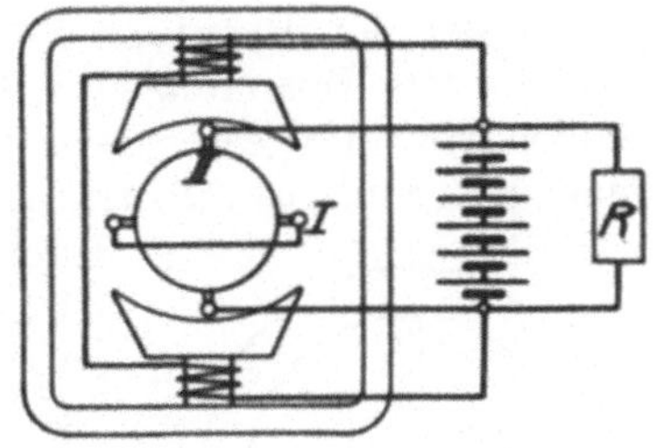

Abb. 20. Querfeldmaschine.

18. Kommutierung. Eine Bürste überbrückt wegen ihrer Breite mindestens zwei Kollektorsegmente, wenn deren trennende Isolation unter ihr hinweggeht; die an den beiden Segmenten endende Spule des Ankers wird in diesem Augenblick kurzgeschlossen. In Abb. 21 ist ein Teil des Ankers schematisch angedeutet. Die Bürste *B* schließt das Wicklungselement *2* kurz; der Strom J fließt der Bürste zur Hälfte von der Spule *1* und der einen Ankerabteilung zu, zur anderen Hälfte von der Spule *3* und der anderen Ankerabteilung. Die Stromstärke, welche durch die Bürste von jedem der beiden an ihr liegenden Kollektorsegmente gelangt, ist also $J/2$. Kurz vor dem dargestellten Augenblick lag die Spule *2* an der Stelle der Spule *1*, kurz nachher gelangt sie an die Stelle der Spule *3*, der Strom in ihr kehrt sich demnach vollständig um. In dem Augenblick, den die Zeichnung wiedergibt, steht die Spule genau in der Mitte, der Strom in ihr sollte gerade Null sein. Bei regelmäßigem Verlauf dieses Kommutierungsvorganges sollte während der Zeitdauer T des Kurzschlusses der Strom in der Spule *2* linear von $-J/2$ in $+J/2$ übergehen. Abb. 22 gibt diesen Verlauf mittels Linie *a* wieder. Auch die Stromdichte unter der ablaufenden Bürstenkante bleibt von selbst konstant, indem der durchfließende Strom im gleichen Verhältnis abnimmt wie die Auflagefläche der Bürste.

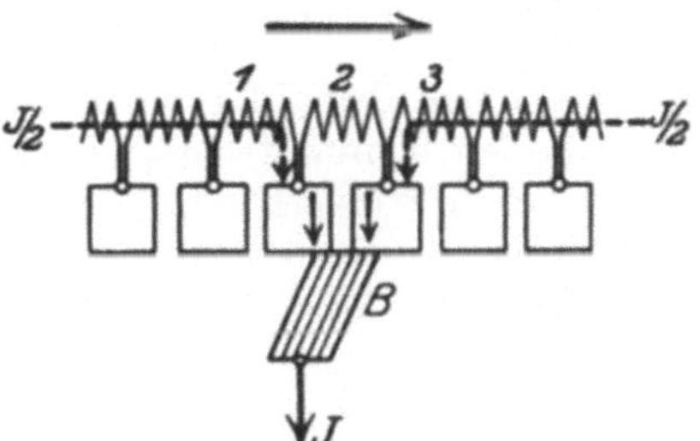

Abb. 21. Kommutierungsvorgang.

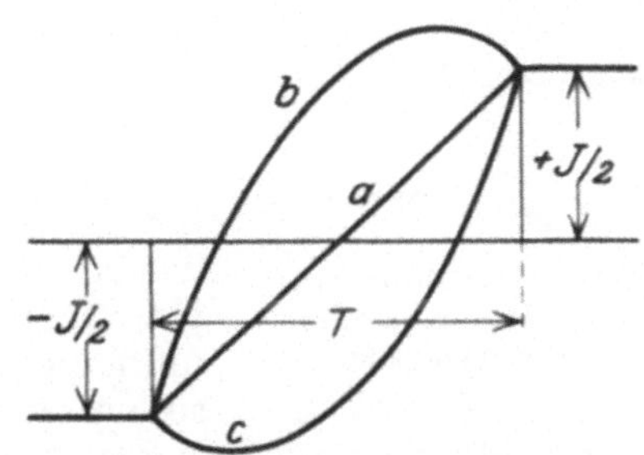

Abb. 22. Kommutierungskurven.
a lineare, *b* verfrühte, *c* verspätete Kommutierung.

Praktisch beeinflußt jedoch die Induktivität der Spulen den Vorgang erheblich. Der Stromänderung von $-J/2$ auf $+J/2$ während der Zeit der Stromwendung entspricht eine Selbstinduktionsspannung e_s, deren Mittelwert als Reaktanzspannung bezeichnet wird. Sie ist abhängig von der Selbstinduktivität der kurzgeschlossenen Spule und von der Summe aller in Betracht kommenden Gegeninduktivitäten. Damit eine Stromwendung möglich wird, muß in der kommutierenden Spule während des Kurzschlusses eine Spannung gleich $-e_s$ erzeugt werden.

Außer der Reaktanzspannung treten beim Kommutierungsvorgang noch zwei weitere Spannungen auf. In den unter den Bürsten kurzgeschlossenen Spulen wird infolge der Bewegung im Felde eine EMK induziert, deren Mittelwert man Kurzschlußspannung oder kommutierende Spannung e_k nennt.

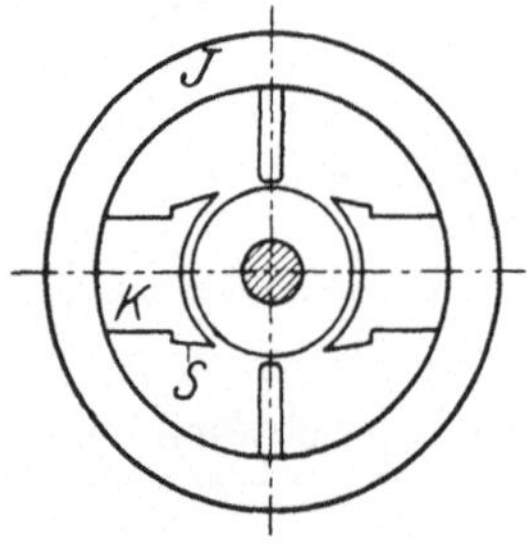

Abb. 23. Zweipolige Maschine mit Wendepolen.

Infolge ungleichmäßiger Stromdichte unter den Bürsten tritt ferner eine Übergangs- oder Funkenspannung u_f auf. Zwischen den drei Spannungen besteht die Beziehung

$$u_f = e_s - e_k.$$

Die günstigste Stromwendung erhält man, wenn $e_k = e_s$ ist, dann ist die Funkenspannung gleich Null, der Strom ändert sich linear von $-J/2$ auf $+J/2$. Ist $e_k > e_s$, so wird die Stromdichte für die ablaufende Bürstenkante zu groß (Kurve *b* in Abb. 22); man spricht von verfrühter oder Unterkommutierung. Ist $e_k < e_s$, so tritt verspätete oder Überkommutierung ein; die Stromdichtean der auflaufendenBürstenkante ist zu groß (Kurve *c* in Abb. 22).

Um den Kommutierungsvorgang zu verbessern, kann der Kurzschlußstrom im ganzen verringert oder eine lineare Kommutierung erzwungen werden. Hierzu dienen folgende Mittel: 1. Man gibt dem einzelnen Wicklungselement möglichst wenig Windungen, um die Selbstinduktion herabzudrücken. 2. Es wird in den Stromkreis der kurzgeschlossenen Spule hoher Widerstand eingeschaltet, indem man die Zuleitungsdrähte von den Spulen zum Kollektor nicht aus Kupfer, sondern aus Widerstandsmaterial herstellt. Dadurch wird bei dem geringen Spulenwiderstand der Gesamtwiderstand des Kurzschlußkreises vermehrt, ohne daß ein erheblicher Spannungsabfall im Vergleich zur Gesamtspannung der Maschine zustande kommt. 3. Ebenfalls eine Vermehrung des Widerstandes im Kurzschlußkreis erzielt man durch Anwendung von Kohlebürsten an Stelle der Kupferbürsten; nur müssen die Kohlebürsten wegen des höheren Übergangswiderstandes ziemlich breit genommen werden, auch geben sie größeren inneren Spannungsverlust. 4. Eine annähernd lineare Kommutierung läßt sich erzwingen, indem man die Bürsten so vorrückt, daß der Kurzschluß, in der Drehrichtung gerechnet, erst jenseits der neutralen Zone erfolgt; die Spule steht dann schon unter dem Einfluß der Induktionslinien des nächsten Poles, die eine EMK in ihr hervorrufen, welche derjenigen des vorangehenden Poles, also auch derjenigen der Selbstinduktion, entgegengesetzt ist. Maßgebend für die Stellung der Bürsten ist somit der Umstand, daß die Kommutierung des Wicklungselementes in der neutralen Zone bzw. ein wenig jenseits stattzufinden hat.

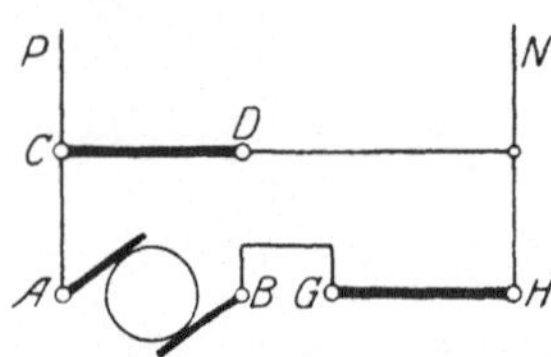

Abb. 24. Schaltung einer Nebenschlußmaschine mit Wendepolen.

19. Wendepole, Kompensationswicklung. Eine geradlinige Kommutierung erreicht man vollkommener durch den Einbau von Wendepolen, die im Magnetgestell der Dynamo zwischen den Hauptpolen in der Linie der neutralen Zone als besondere, schmale Pole angeordnet sind (Abb. 23). Sie werden vom Belastungsstrom erregt, liegen also im Hauptstromkreis (vgl. Abb. 24) und erhalten wenige, dicke Windungen; der Richtungssinn ihrer Induktionslinien wird derart gewählt, daß sie denjenigen des Querfeldes entgegengesetzt laufen. Die Ankerrückwirkung wird mithin in der Hauptsache beseitigt, eine Bürstenverschiebung ist auch bei Veränderung des Belastungsstromes nicht nötig. Darüber hinaus schaffen die Wendepole ein kommutierendes Feld, wenn man sie etwas stärker erregt, als es zur Vernichtung des Querfeldes nötig war. Die Kommutierung erfolgt daher schon in einem Felde, welches das des folgenden Poles vorausnimmt; der Erfolg ist derselbe wie bei der Verschiebung über die neutrale Zone hinaus. Jedoch wird das Ziel hier vollkommener erreicht, weil die Stärke des Wendepolfeldes sich mit der Belastung ändert, und zwar etwa in demselben Maße wie die des Querfeldes und die der EMK der Kommutierung.

Vollkommen ist auch diese Regulierung noch nicht, weil das Feld der Wendepole nicht ganz den gleichen Verlauf hat wie die verwickelten Induktionslinien des Ankerfeldes. Besser wirkt die Kompensationswicklung. Bei ihr ist rings um den Anker herum im Magnetgestell eine feststehende Wicklung eingefügt, in welcher der Ankerstrom im entgegengesetzten Sinn fließt wie in den benachbarten Ankerdrähten. Hierdurch wird das Feld eines jeden Ankerdrahtes einzeln vollständig kompensiert (Abb. 25).

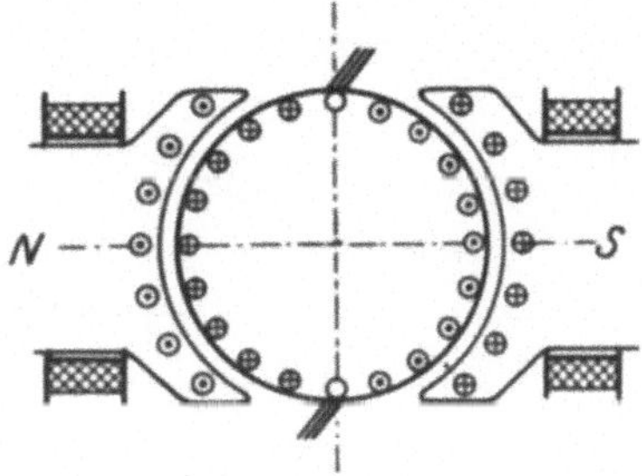

Abb. 25. Kompensationswicklung einer Maschine mit ausgeprägten Polen.

Kompensationswicklung und Wendepole können auch gemeinsam angewandt werden. Durch Anwendung beider Mittel läßt sich eine so vollständige Kompensation erzielen, daß die Maschine auch bei starker Überlastung funkenfrei läuft. Andererseits kann man dabei durch Schwächen und Umkehren der Erregung sogar die Stromrichtung im Anker wechseln, ohne daß ein Feuern eintritt. Die Kompensationswicklung kann nach Déri auch so ausgeführt werden, daß die Feldmagnete keine ausgeprägten Pole erhalten, sondern aus einem den Anker gleichmäßig umschließenden, mit inneren Nuten versehenen Ring hergestellt werden. Erregerwicklung und Kompensationswicklung sind um eine halbe Polteilung gegeneinander versetzt in den Nuten angeordnet.

b) Gleichstrommotoren.

20. Allgemeines über Motoren. Jede Maschine kann grundsätzlich als Generator wie als Motor gebraucht werden. Schickt man in eine Maschine von außen her in Anker und Feld Ströme der gleichen Richtung wie die Maschine als Generator geliefert hat, so dreht sie sich als Motor in entgegengesetzter Richtung wie zuvor als Generator. Das Drehmoment

$$M = c_2 \Phi J$$

wird beim Generator von der Antriebsmaschine überwunden; der Generator läuft also gegen sein Drehmoment. Beim Betrieb der Maschine als Motor dient das in derselben Weise erzeugte Drehmoment zur Bewegung des Motors. Der Motor läuft also im Sinne seines Drehmomentes. Auf das Verhalten eines Motors ist auch die Bürstenstellung (Ziff. 16) von Einfluß. Bei Verschiebung der Bürsten gegen die Drehrichtung wird durch das auftretende Gegenfeld das Hauptfeld geschwächt, und die Drehzahl steigt. Ist das Drehmoment gegeben, so nimmt also auch der Strom zu. Im allgemeinen läuft daher ein Motor mit der kleinsten Drehzahl und Ankerstromstärke, wenn seine Bürsten in der neutralen Zone stehen.

Bei der Rotation des Motors entsteht im Anker wie beim Generator eine EMK

$$E = c_1 n \Phi .$$

Im Generator haben EMK und Strom gleiche Richtung, während beim Motor der Strom entgegengesetzt zur EMK fließt. Man nennt diese daher häufig „elektromotorische Gegenkraft" oder „Gegen-EMK". Diese Bezeichnung ist jedoch unnötig, weil es sich um dieselbe EMK handelt wie im Generator, und irreführend, weil die EMK dadurch leicht als störender Einfluß aufgefaßt wird, während sie die eigentliche Vermittlerin der Umwandlung elektrischer Energie in mechanische ist. Für den Zusammenhang zwischen Klemmenspannung und EMK des Motors gilt wie beim Generator

$$E = U + JR.$$

Unter R ist für den Serienmotor die Summe der Widerstände von Anker und Feld zu verstehen, für den Nebenschlußmotor nur der Ankerwiderstand. Da beim Motor $U > E$ ist, ergibt sich aus der Leistungsgleichung

$$UJ = EJ - J^2 R$$

für den Motor die Aufnahme UJ als negativ; der Motor verbraucht elektrische Leistung, die er abgesehen von den Stromwärmeverlusten $J^2 R$ in mechanische Leistung verwandelt.

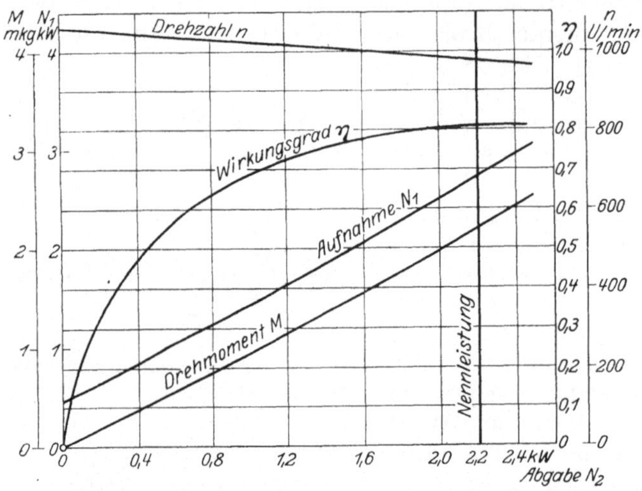

Abb. 26. Betriebskurven eines Nebenschlußmotors (220 V, 2,2 kW).

21. Nebenschlußmotor. Bei konstanter Klemmenspannung verhält sich der Nebenschlußmotor bei Selbsterregung ebenso wie bei Fremderregung. Die Erregung bleibt also abgesehen von der Erwärmung der Feldwicklung konstant. Die Drehzahl ist daher proportional der EMK, die sich nur durch den Spannungsabfall von der Klemmenspannung unterscheidet; demnach ist auch die Drehzahl von der Belastung fast unabhängig, sie fällt von Leerlauf auf Vollast nur um einige Prozent. Die Drehzahl bei Leerlauf ist praktisch gleich der Drehzahl, bei der die Maschine als Generator leerlaufend die Klemmenspannung U erzeugen würde. Die Leistungsaufnahme bei Leerlauf dient außer zur Deckung der geringen Energieverluste nur zur Überwindung der Reibung.

Bei konstanter Erregung sind ferner Drehmoment und Ankerstromstärke zunächst proportional. Wegen der Ankerrückwirkung nimmt die Stromstärke bei größeren Drehmomenten dann stärker als linear zu. Mit zunehmender Belastung sinken Geschwindigkeit und EMK so weit, bis der Strom genügend angewachsen ist, um das erforderliche Drehmoment zu erzeugen. Der Motor regelt demnach für alle Belastungen die Stromaufnahme selbsttätig.

Bei sinkender Klemmenspannung (z. B. durch Zuleitungen mit hohem Widerstand) wird die Erregung geschwächt, das Drehmoment und das Anzugsmoment des Motors hängen daher stark von der Klemmenspannung ab. Aus diesem Grunde ist der Nebenschlußmotor als Straßenbahnmotor wenig geeignet.

Zur Herbeiführung erzwungener Kommutierung werden Nebenschlußmaschinen vielfach mit Wendepolen ausgerüstet. Jedoch kommt es dann bei abweichendem Betrieb vor, daß Pendelerscheinungen auftreten, wenn das Hauptfeld zu stark geschwächt wird.

Die Betriebskurven eines Nebenschlußmotors sind in Abb. 26 wiedergegeben.

22. Anlassen des Nebenschlußmotors. Wenn der Nebenschlußmotor in Gang gesetzt, angelassen wird, so ist seine EMK zunächst null, sie wächst erst allmählich, während der Motor seine volle Tourenzahl erreicht, bis zu einem Wert, bei dem sie der Klemmenspannung nahezu gleich ist. Der Motor würde daher beim Einschalten einen hohen Strom aufnehmen:

$$J = \frac{U}{R_a}.$$

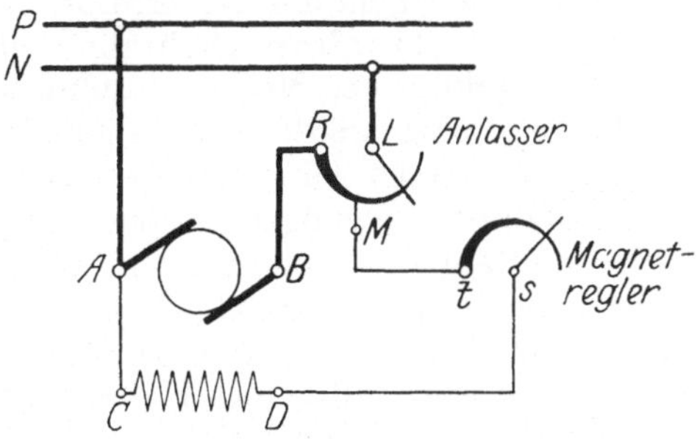

Abb. 27. Nebenschlußmotor mit Anlasser und Magnetregler.

Man ist daher genötigt, für die Anlaßperiode t dem Anker einen veränderlichen Widerstand R, Anlasser genannt, vorzuschalten, der so hoch bemessen sein muß, daß er die Stromstärke auf ein zulässiges Maß herunterdrückt. Das Feld wird möglichst voll erregt, damit sich ein großes Anlaufmoment und eine hohe EMK ergibt. Der Anlasser besteht aus mehreren, zweckmäßigerweise nach einer geometrischen Reihe abgestuften Widerständen und wird, während der Motor seine Drehzahl steigert, allmählich ausgeschaltet. Die Anlaßwiderstände unterscheiden sich von den Regulierwiderständen dadurch, daß sie nicht für Dauerbetrieb, sondern nur für die Anlaßperiode bestimmt sind, sie sind daher wesentlich kleiner in ihren Abmessungen. Andererseits folgt hieraus, daß beim Betrieb die Kurbel nicht auf einer Stufe des Anlassers stehenbleiben darf, daß dieser vielmehr ganz ausgeschaltet werden muß, sobald der Motor seine volle Drehzahl erreicht hat. Dies wird häufig konstruktiv zwangsläufig bewirkt, indem die Kurbel in der Endstellung in eine Klinke einschnappt, während sie auf allen vorhergehenden Kontakten durch eine Feder in die Anfangslage zurückgezogen wird. Je nach der Belastung, bei der ein Motor angelassen werden soll, unterscheidet man Halblast- und Volllastanlasser. Die an Anlasser zu stellenden Anforderungen sind in den Regeln und Normen für Anlasser und Steuergeräte (REA) des Verbandes Deutscher Elektrotechniker festgelegt.

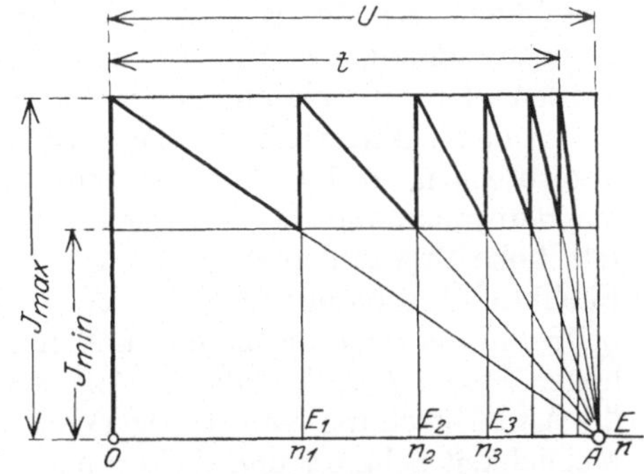

Abb. 28. Anlaßdiagramm eines Nebenschlußmotors.

Die Schaltung eines Anlassers ist aus Abb. 27 ersichtlich. Die Bezeichnungen entsprechen den REM und REA. Beim Einschalten befindet sich der ganze Anlaßwiderstand vor dem Anker, das Feld ist voll erregt. Der Teil des Anlaßwiderstandes, der vor dem Feld liegt, beeinflußt dieses nur unwesentlich; vielfach wird die Konstruktion auch so gewählt, daß im Erregerkreis kein Widerstand liegt. Der Erregerkreis muß stets durch den Anker geschlossen bleiben, damit trotz der hohen Selbstinduktivität der Spulen ein funkenfreies Abschalten möglich ist.

Abb. 28 zeigt das Diagramm eines Anlaßvorganges. Beim Einschalten unter Verwendung des Anlassers entsteht zunächst die Stromstärke

$J_{max} = \frac{U}{R + R_a}$. Hierdurch erhält der Motor ein Anzugsmoment und beginnt zu laufen. Die EMK steigt auf den Wert E_1, während der Strom auf $J_{min} = \frac{U - E_1}{R + R_a}$ sinkt, und der Motor die Drehzahl n_1 erreicht. Durch Weiterschalten auf die nächste Stufe wird der Anlaßwiderstand auf R_1 vermindert. Damit tritt ein neuer beschleunigender Stromstoß $J_{max} = \frac{U - E_1}{R_1 + R_a}$ auf; usw. Nach Schalten der letzten Stufe wird die Nenndrehzahl erreicht. Die Strecke OA des Diagramms entspricht der kritischen Drehzahl (vgl. Ziff. 23) und der Betriebsspannung.

23. Regelung des Nebenschlußmotors. Veränderungen der Drehzahl können herbeigeführt werden durch unmittelbare Änderung der Ankerspannung oder durch Vorschalten von Widerstand in den Anker- oder den Erregerkreis. Bei konstanter Erregung und konstantem Drehmoment bleibt die Ankerstromstärke konstant, und die Drehzahl ist, unabhängig von der Belastung, nur der Ankerspannung proportional; der Drehzahl Null entspricht die Ankerspannung $J R_a$. Auch durch Widerstand im Ankerkreis kann eine Regulierung in weiten Grenzen erfolgen. Allerdings bleibt dann die Drehzahl nicht mehr unabhängig von der Belastung. Bei steigender Belastung wird wegen des Anwachsens von J_a der Spannungsverlust $J_a R$ im Vorschaltwiderstand größer, die Klemmenspannung des Ankers kleiner, daher muß die Drehzahl sinken. Eine derartige Drehzahlregelung ist überdies wegen der große Verluste im Vorschaltwiderstand unwirtschaftlich.

Eine Regulierung in mäßigen Grenzen erfolgt gewöhnlich durch Verwendung eines Feldreglers. Die Schaltung ist aus Abb. 27 ersichtlich. Vergrößert man den Vorwiderstand im Erregerkreis, so wird das Feld geschwächt, die Drehzahl muß daher zunehmen, da die Klemmenspannung und damit die EMK des Ankers ungeändert bleibt. Diese Art der Regulierung bietet den Vorteil, daß der Leistungsverbrauch durch die Regelung gering ist, ferner ist dabei die Drehzahl unabhängig von der Belastung. Allerdings kann das gleiche Drehmoment nach der Schwächung des Flusses nur durch erhöhte Stromaufnahme aufgebracht werden. Bei zu weitgehender Schwächung der Erregung tritt infolge Zunahme der Ankerrückwirkung starkes Bürstenfeuer auf. Wird der Strom im Feld unterbrochen, so sinkt der Induktionsfluß auf den geringen Wert des remanenten Magnetismus, und bei schwacher Belastung nimmt der Motor infolgedessen sehr hohe Drehzahlen an, d. h. er geht durch. Dabei kann der Anker durch die Fliehkraft beschädigt werden. Bei größerer Belastung dagegen bleibt der Motor bei Feldunterbrechung stehen und nimmt dann, da die EMK null wird, einen so hohen Strom J_a auf, daß der Anker verbrennt, falls er nicht gesichert ist. Um die Unterbrechung von Erregerkreisen zu verhindern, werden in diesen nach Möglichkeit Schalter und Sicherungen vermieden. Auch die Magnetregler werden so gebaut, daß ein Öffnen des Erregerkreises durch Ausschalten der Kurbel unmöglich ist.

Schaltet man einen Widerstand in die gemeinsame Zuleitung vom Netz zu Anker und Feld, so beeinflußt er zwar die Klemmenspannung, die Drehzahl jedoch nur wenig, da sich die Größen Φ und E etwa im selben Verhältnis vermindern, so daß n konstant bleibt, oder mit andern Worten: die Drehzahl ist unabhängig von den Spannungsschwankungen des Netzes.

Bei Kleinmotoren ist häufig eine weitgehende Drehzahlregelung erwünscht. Eine zwar nicht wirtschaftliche, aber durch große Stabilität ausgezeichnete Abzweigschaltung mittels Anker-Vor- und -Parallelwiderstandes R ist aus Abb. 29 ersichtlich.

Eine Parallelschaltung mechanisch gekuppelter Nebenschlußmotoren ist möglich. Doch erfordert dieser Betrieb hinsichtlich der Regelung besondere Beachtung, da bei ungleicher Erregung die stärker erregte Maschine als Generator, die schwächer erregte als Motor läuft. Äußerlich ist ein Unterschied nicht zu bemerken. Wird ein Motor von außen angetrieben, so gibt es eine Drehzahl, bei der Klemmenspannung und EMK einander gleich sind. Die Maschine nimmt daher weder Leistung auf, noch gibt sie Leistung ab. Diese Drehzahl heißt kritische Drehzahl, bei geringerer Geschwindigkeit läuft die Maschine als Motor ($U > E$), bei größerer als Generator ($E > U$).

Die Bremsung von Gleichstrommotoren kann in einfacher Weise dadurch erfolgen, daß man die Maschine vom Netz abgeschaltet und als Generator auf Widerstände arbeiten läßt. Der Nebenschlußmotor, dessen Drehrichtung als Generator und Motor dieselbe ist, braucht also zur Bremsung nur vom Netz getrennt und an einen Bremswiderstand gelegt oder gegebenenfalls nur kurzgeschlossen zu werden. Diese Eigenschaft wird z. B. beim Senken von Aufzügen benutzt. Statt die Maschine beim Bremsen als Generator auf Widerstände arbeiten zu lassen, kann man sie auch auf das Netz rückarbeiten lassen, wenn die Geschwindigkeit oberhalb der kritischen liegt, die durch die Erregung einstellbar ist. Man benutzt diese Möglichkeit z. B. beim Talfahren von elektrischen Bahnen.

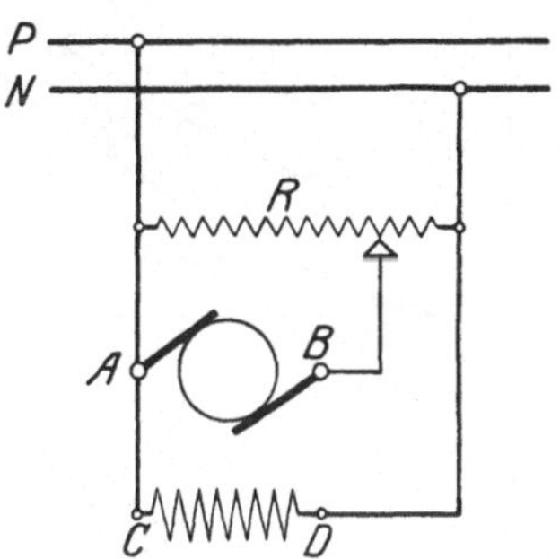

Abb. 29. Abzweigschaltung für kleine Nebenschlußmotoren.

24. Reihenschlußmotor (Serienmotor, Hauptstrommotor). Grundlegend ist, daß Anker und Feld in Reihe liegen, so daß beide stets den gleichen Strom führen. Da nun bei jeder Veränderung der Belastung sich der Ankerstrom J_a ändert, wird auch die Stärke des Feldes bei jeder Belastungsschwankung mit verändert, wenigstens so lange, als das Eisen der Magnete noch nicht gesättigt ist. Das Drehmoment hängt von der Stromstärke, nicht von der Spannung ab, diese bestimmt lediglich die Geschwindigkeit. Aus der Grundgleichung

$$E = c_1 n \Phi$$

(vgl. Ziff. 8) folgt, daß jede Änderung der Belastung beim Serienmotor im allgemeinen eine Änderung der Drehzahl zur Folge hat. Da bei gegebener Klemmenspannung auch die EMK E annähernd konstant ist, muß auch das Produkt $n\Phi$ konstant sein, wenn also Φ wächst, muß n fallen. Bei einer Zunahme der Belastung wird infolgedessen die Drehzahl sinken, bei Entlastung muß sie steigen. Dies geht so weit, daß der Motor bei einem plötzlichen Verschwinden der Belastung, z. B. wenn der Treibriemen abfällt, gefährlich hohe Drehzahlen annimmt, daß er durchgeht.

Eine wesentliche Eigenschaft des Hauptstrommotors besteht darin, daß eine Abnahme der Klemmenspannung keine Verminderung der Anzugskraft und des Drehmomentes bewirkt, sondern nur eine Abnahme der Drehzahl bis zum Stillstand. Dieses Verhalten macht ihn überall da geeignet, wo bei einem hohen Widerstand der Zuleitungen große Zugkräfte gefordert werden, also z. B. für Straßenbahnen. Auch die Verminderung der Drehzahl mit wachsender Belastung macht den Motor für Bahnen besonders geeignet. In Abb. 30 sind die Betriebskurven eines Reihenschlußmotors wiedergegeben.

25. Regelung des Reihenschlußmotors. Die Drehzahl kann auf verschiedene Weise beeinflußt werden. Erhöhung erfolgt durch Schwächung des Feldes, indem man einen Widerstand parallel zu den Feldwicklungen legt. Verringerung der Drehzahl kann durch einen Vorwiderstand erfolgen, der in Reihe vor Anker und Feld liegt. Zum Anlassen wird als Anlaßwiderstand gleichfalls ein Vorwiderstand in Reihe mit Feld und Anker benutzt. Er verringert die Klemmenspannung, also auch die EMK des Motors und zwingt ihn auf diese Weise, langsamer zu laufen. Es gehört jedoch zu einem bestimmten Wert des Vorwiderstandes keine bestimmte Drehzahl, sondern diese schwankt mit der Belastung.

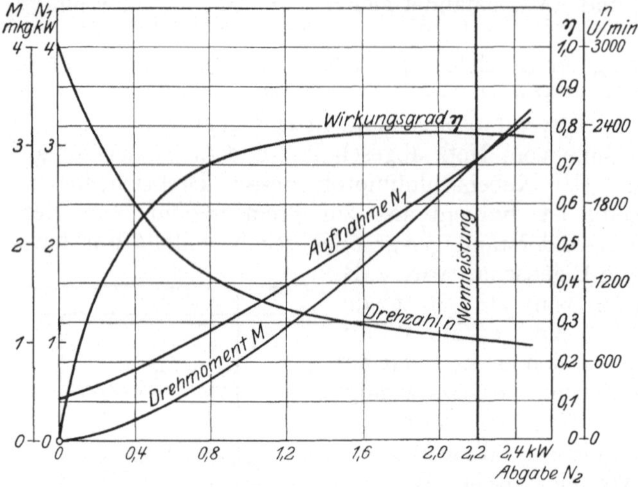

Abb. 30. Betriebskurven eines Reihenschlußmotors (220 V, 2,2 kW).

Hat der Feldmagnet mehrere Wicklungen, so läßt sich eine Veränderung der Drehzahl erreichen, indem man die Spulen entweder hintereinander oder parallel schaltet. Bei Parallelschaltung erhält jede Wicklung nur den halben Ankerstrom, ferner ist der Kombinationswiderstand der beiden Wicklungen geringer, auf den Anker entfällt somit ein höherer Teilbetrag der Netzspannung. Beide Ursachen wirken in der Richtung, daß der Motor schneller läuft.

Alle genannten Arten der Regelung der Drehzahl und des Anzugsmomentes verwendet man bei Bahnmotoren. Die verschiedenen Schaltungen werden vom Führerstand aus durch eine Steuerwalze, den sog. Fahrschalter oder Kontroller, bewirkt.

Die Parallelschaltung von mechanisch gekuppelten Reihenschlußmotoren ist im Gegensatz zum Verhalten der Nebenschlußmotoren unbedenklich. Die selbsttätige Einstellung der Erregung mit der Belastung bewirkt eine praktisch gleichmäßige Verteilung der Leistung. Da Bahnen gewöhnlich mehrere Motoren besitzen, kann an Stelle der Parallel- und Reihenschaltung der Magnetspulen dieselbe Schaltung der ganzen Motoren treten. Liegen z. B. zwei Motoren in Reihe, so erhält jeder nur die halbe Spannung, beide laufen daher nur mit halber Drehzahl, ohne daß Verluste in Widerständen entstehen.

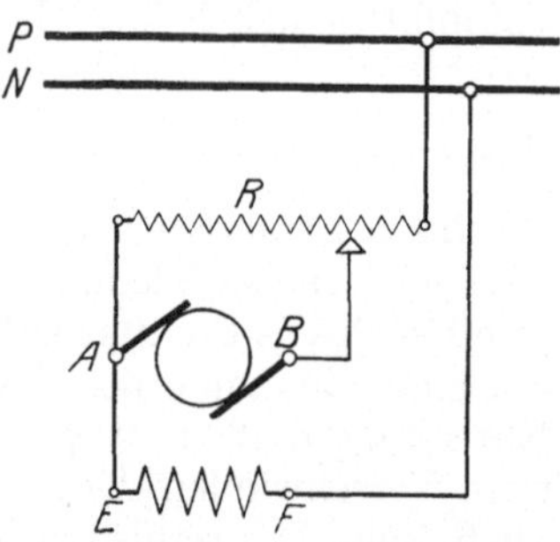

Abb. 31. Abzweigschaltung für kleine Reihenschlußmotoren.

Bei Kleinmotoren dient zur weitgehenden Drehzahlregelung in zweckmäßiger Weise wie beim Nebenschlußmotor eine Abzweigschaltung mittels Anker-Vor- und -Parallelwiderstandes R nach Abb. 31.

Bremsung. Um den Hauptstrommotor schnell stillzusetzen, besonders bei Bahnen, wird er vom Netz abgeschaltet, und Anker und Feld werden so miteinander verbunden, daß der Motor in sich kurzgeschlossen ist. Für minder starke Bremsung schaltet man noch einen passenden Widerstand dazwischen. Bei der Ausführung der Kurzschlußbremsung muß das Feld im umgekehrten

Sinne an den Anker angeschlossen werden, damit der Ankerstrom des Generators den Magnetismus aufrechterhält. Ohne Umschaltung würde dieser verschwinden, und der Motor dadurch spannungslos werden. Die Umschaltung erfolgt ebenfalls durch den Kontroller. Die Anordnung des Reihenschlußmotors in gewöhnlicher und in Bremsschaltung ist aus Abb. 32a und b ersichtlich. Bereits hier sei darauf hingewiesen, daß der Reihenschlußmotor auch mit Wechselstrom betrieben werden kann (vgl. Ziff. 59).

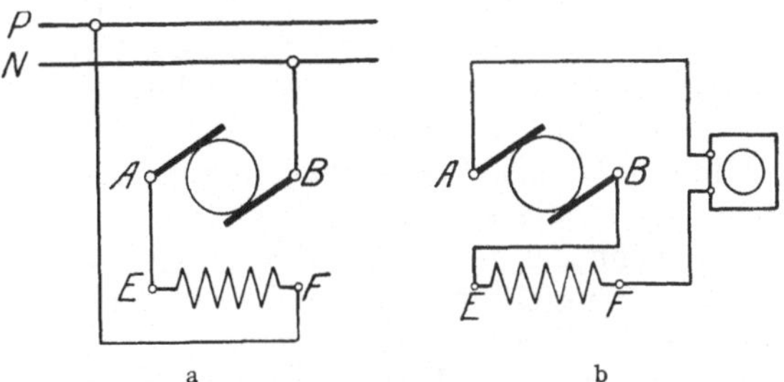

Abb. 32 a u. b. Reihenschlußmotor, a normale Schaltung, b Bremsschaltung.

26. Doppelschlußmotor. In ähnlicher Weise, wie beim Generator durch Doppelschlußerregung konstante Spannung erzielt werden kann, läßt sich bei einem Motor konstante Drehzahl dadurch herbeiführen, daß durch eine Reihenschlußwicklung mit zunehmender Belastung das Hauptfeld um den entsprechenden Betrag geschwächt wird, um den die EMK sinkt.

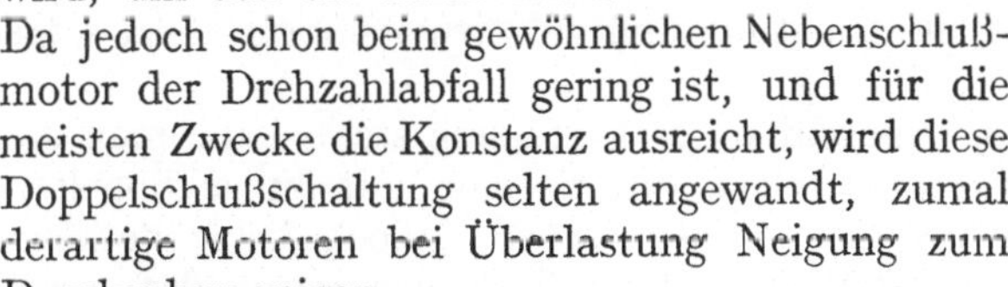

Da jedoch schon beim gewöhnlichen Nebenschlußmotor der Drehzahlabfall gering ist, und für die meisten Zwecke die Konstanz ausreicht, wird diese Doppelschlußschaltung selten angewandt, zumal derartige Motoren bei Überlastung Neigung zum Durchgehen zeigen.

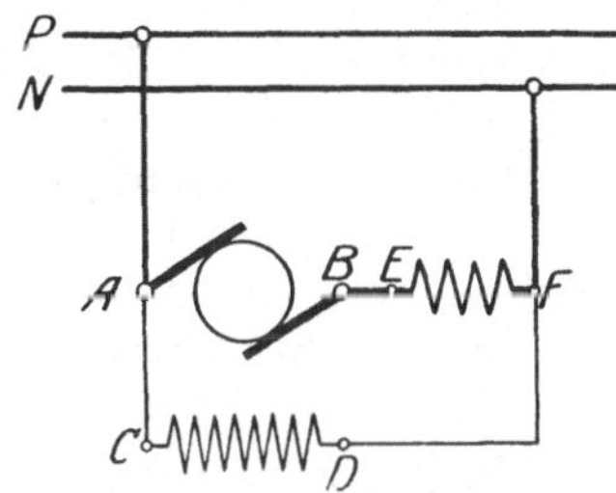

Abb. 33. Doppelschlußmotor.

Eine zweite Doppelschaltung kann so getroffen werden, daß die Nebenschlußerregung durch die Reihenschlußwindungen magnetisch unterstützt wird. Das Verhalten eines solchen Doppelschlußmotors (Abb. 33) liegt zwischen dem von Reihenschluß- und Nebenschlußmotor. Das Drehmoment ist weniger von der Klemmenspannung abhängig als beim Nebenschlußmotor, hingegen ist der Drehzahlabfall stärker als bei diesem. Die Geschwindigkeit kann in weiten Grenzen durch die Nebenschlußerregung reguliert werden. Eine erhebliche Überlastbarkeit macht den Motor z. B. für Walzenstraßen geeignet.

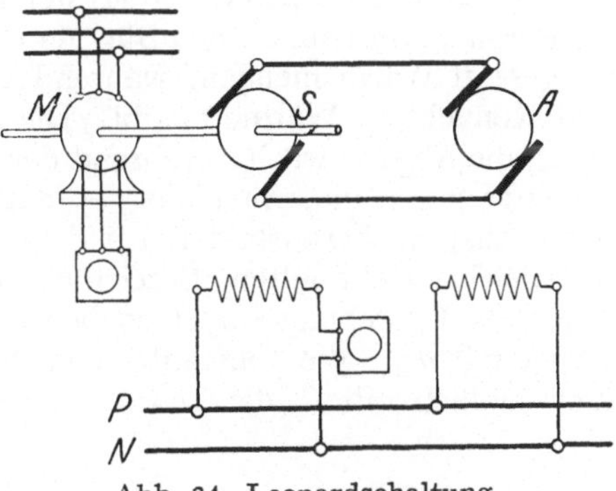

Abb. 34. Leonardschaltung.

27. Leonardschaltung. Handelt es sich um das Anlassen und die Regelung sehr großer Motoren, z. B. für Förderanlagen und Walzwerke, so werden die Anlaß- und Regulierwiderstände sehr umfangreich, kostspielig und verzehren viel Energie. Da die Motoren außerdem häufig unter Last anlaufen müssen, würde hierbei die Antriebsmaschine bzw. das Leitungsnetz stoßweise stark beansprucht werden. In solchen Fällen wendet man die Ward Leonard-Schaltung an (Abb. 34). Der Generator *S*, Steuerdynamo genannt, und der Arbeitsmotor *A* sind unmittelbar, ohne Zwischenschaltung von Widerständen und Schaltern miteinander verbunden; die Felder beider Maschinen werden von einem besonderen Netz oder durch eine gleichfalls mit dem Motor *M* gekuppelte Erregermaschine fremderregt und durch Widerstände geregelt. Die Steuerdynamo läuft dauernd angetrieben durch die Antriebsmaschine M. Ist das Feld der Steuerdynamo ausgeschaltet, so gibt sie keine Spannung, der Arbeitsmotor steht still. Erregt man ihr Feld schwach, so liefert sie geringe Spannung, und der Arbeitsmotor läuft dementsprechend mit geringer Drehzahl an. Durch stärkere Erregung der Steuerdynamo läßt sich die Drehzahl des Arbeitsmotors beliebig erhöhen.

Die Schaltung bietet folgende Vorteile:

1. Die Regelung erfolgt nicht durch große Anlaßwiderstände, sondern im wesentlichen durch den kleinen Feldregler der Steuerdynamo.

2. Zu einer bestimmten Stellung dieses Regulierwiderstandes gehört eine bestimmte Drehzahl des Arbeitsmotors, da sich diese beim Motor mit konstantem Feld unabhängig von der Belastung nur nach der Ankerspannung richtet (Ziff. 23).

3. Schnelles Stillsetzen des Arbeitsmotors kann einfach durch Kurzschlußbremsung ausgeführt werden. Wenn der Arbeitsmotor unter Last läuft, so hat man nur das Feld der Steuerdynamo so weit zu schwächen, daß ihre EMK kleiner wird als die des Arbeitsmotors; dann wird dieser zum Generator und liefert Strom in die Steuerdynamo zurück.

4. Auch eine Umkehrung der Drehrichtung des Arbeitsmotors läßt sich einfach bewirken. Kehrt man den Strom im Feld der Steuerdynamo um, so wechselt die von ihr gelieferte Spannung die Richtung und der Arbeitsmotor kehrt seine Drehrichtung um.

Wenn keine besondere Arbeitsmaschine zur Verfügung steht, kann man die Steuerdynamo, wie in der Abb. 34 skizziert, durch einen mit ihr gekuppelten Elektromotor, den Steuermotor antreiben. Dieser würde jedoch die Stöße beim Anlassen oder Stillsetzen in störender Weise auf das Netz übertragen. Man setzt daher auf die Welle des Steuermotors ein großes Schwungrad. Eine solche Anordnung nennt man ILGNER-**Aggregat**. Beim Anlassen des Arbeitsmotors wird das Steueraggregat durch die Energieentnahme gebremst, das Schwungrad gibt dabei einen Teil seiner Energie her und entlastet so das Leitungsnetz; beim Stillsetzen des Arbeitsmotors nimmt es umgekehrt dessen freiwerdende Energie größtenteils mechanisch wieder auf.

28. Erwärmung der Dynamomaschine. Die Joulesche Wärme im Anker und in den Magnetspulen, die Hysterese- und Wirbelstromverluste im Eisen und die Reibungsverluste an den Bürsten und in den Lagern erzeugen in der Maschine fortgesetzt Wärmemengen, während sie gleichzeitig durch Strahlung, Leitung und Konvektion Wärme abgibt. Die Zufuhr bleibt bei Dauerbetrieb etwa konstant, die Abgabe wächst während der Erwärmung proportional der Temperaturdifferenz gegen die Umgebung, so daß sich nach einer gewissen Zeit ein stationärer Zustand herausbildet, bei dem Zufuhr und Abgabe von Wärme einander das Gleichgewicht halten. Bezeichnet man mit ϑ die Übertemperatur der Maschine gegen die Umgebung für einen beliebigen Zeitpunkt während der Erwärmung, ferner mit $\vartheta_{\max}$ die konstante, zum Schluß erreichte Übertemperatur, mit t die Zeit, endlich mit T die Zeitkonstante, so wird

$$\vartheta = \vartheta_{\max}\left(1 - e^{-\frac{t}{T}}\right).$$

Praktisch wird die Endtemperatur schon nach Ablauf der Zeit $3\,T$ erreicht. Die Zeitkonstante T ergibt sich als ein Bruch; sein Zähler ist die Wärmekapazität der gesamten Maschine, das ist die Wärmemenge, welche die Maschine um 1° erwärmt; sein Nenner ist die von der Gesamtoberfläche der Maschine bei 1° Temperaturdifferenz gegen die Umgebung abgegebene Wärmemenge. Da die Wärmekapazität der Masse der Maschine proportional ist, hängt die Zeitkonstante T vom Verhältnis Masse: Oberfläche ab. Dieses Verhältnis nimmt bei gleicher Bauart mit der Größe der Maschine zu, größere Maschinen erreichen also ihre Endtemperaturen langsamer. Beim Stillsetzen der Maschine sinkt die Temperatur ebenfalls nach einer Exponentialkurve. Die Zeitkonstante ist wesentlich dieselbe wie vorher.

Messungen zeigen, daß die Übertemperatur $\vartheta_{\max}$ eines jeden Maschinenteils proportional einem Bruch ist, dessen Zähler die gesamte in diesem Maschinenteil in Wärme umgesetzte Energiemenge, also der Energieverlust ist, während die Abkühlungsfläche den Nenner bildet. Für die Feldmagnetspulen kann dann die Übertemperatur vorausberechnet werden nach der Formel

$$\vartheta_{\max} = C \cdot \frac{\text{Energieverbrauch in Watt}}{\text{Abkühlungsfläche in cm}^2}.$$

Als Energieverbrauch kommt hier derjenige durch die Joulesche Wärme der Spulen nebst etwaigen Eisenverlusten in Betracht. Die Konstante C beträgt 500 bis 700.

Bei der Erwärmung des Ankers erscheint die Oberfläche dieses Maschinenteils dadurch gewissermaßen vergrößert, daß er rotiert. Diesem Umstand kann genügend Rechnung getragen werden, indem man die Abkühlungsfläche um einen von der Umfangsgeschwindigkeit v in m/s abhängigen Faktor vergrößert. Man berechnet

$$\vartheta_{\max} = C \cdot \frac{\text{Energieverbrauch im Anker}}{\text{Abkühlungsfläche } (1+0{,}1\,v)}.$$

Die Konstante C ist hier 400 bis 550. Für den Energieverbrauch ist der Verlust durch Joulesche Wärme in den Ankerleitern und der Verlust durch Hysterese und Wirbelströme im Ankereisen einzusetzen.

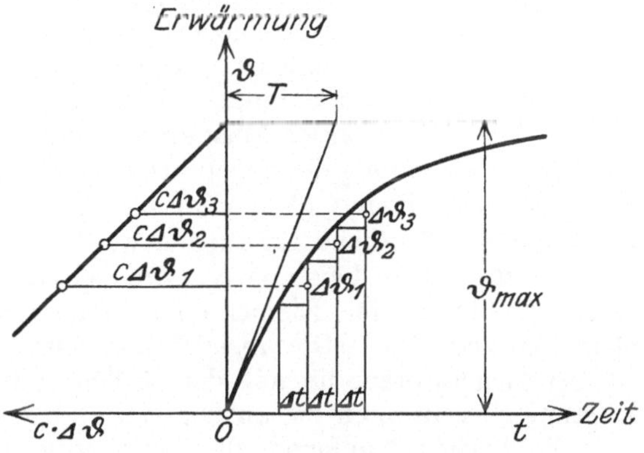

Eine ganz entsprechende Formel gilt für den Kollektor. Die Konstante C beträgt hier 70 bis 120, der Energieverbrauch besteht in der Stromwärme des Übergangsverlustes und der Reibungswärme. Funkenbildung am Kollektor kann die Temperatur erheblich steigern.

Abb. 35. Bestimmung der Enderwärmung.

Zur Bestimmung der Enderwärmung $\vartheta_{\max}$ benutzt man nach den Vorschriften des Verbandes Deutscher Elektrotechniker (REM) das aus Abb. 35 ersichtliche Verfahren von Kloss. In gleichen Zeitabständen Δt wird die Erwärmung ermittelt und die Zunahme $\Delta\vartheta$ in Abhängigkeit von ϑ aufgetragen. Die Verlängerung der Geraden durch die entstehende Punktschar schneidet auf der Erwärmungsachse die Enderwärmung $\vartheta_{\max}$ ab. Die Genauigkeit des Verfahrens ist mindestens so groß wie die des fortgesetzten Erwärmungsversuches, da die Messungen gegen Ende der Probe leicht unregelmäßigen Schwankungen unterliegen.

Nach den REM wird die Übertemperatur (Erwärmung) des Ankers mit dem Thermometer gemessen, die der Feldmagnetspulen jedoch aus der Widerstandszunahme ermittelt. Die Berechnung der Enderwärmung (mittlere Temperatur) erfolgt für Feldmagnete mit Kupferwicklung nach der Formel

$$\vartheta_{\max} = \frac{R_{\max} - R_{\text{kalt}}}{R_{\text{kalt}}}(235 + \vartheta_{\text{kalt}}),$$

wobei R_{max} den Widerstand der Spule bei der Temperatur ϑ_{max}, R_{kalt} den Widerstand im kalten Zustand, d. h. bei der Temperatur der Umgebung bezeichnet; die Größe $(235 + \vartheta_{kalt})$ ist der reziproke Temperaturkoeffizient des Kupfers. Nach den Verbandsvorschriften sollen die Übertemperaturen im allgemeinen je nach der Isolation 50 bis 80° C nicht überschreiten, wobei angenommen ist, daß die Temperatur der Umgebung unter 35° C liegt.

Die Höchsttemperatur ϑ_h einer Wicklung kann man allgemein nach der VIDMARschen Formel angenähert berechnen zu

$$\vartheta_h = 2\,\vartheta_m - \vartheta_0 = \vartheta_m + (\vartheta_m - \vartheta_0)\,,$$

wobei ϑ_m die durch Widerstandsmessung gefundene mittlere Temperatur und ϑ_0 die mit dem Thermometer gemessene Oberflächentemperatur an der kühlsten Stelle der Wicklung bedeutet.

Im Hinblick auf die Erwärmung werden hauptsächlich folgende Betriebsarten unterschieden: 1. Dauerbetrieb, bei dem die Betriebszeit mit der Nennleistung beliebig lang ist; 2. kurzzeitiger Betrieb, bei dem die nach Vereinbarung bestimmte Betriebszeit kürzer ist, als zum Erreichen der Enderwärmung erforderlich ist; 3. aussetzender Betrieb, bei dem Einschaltzeiten und stromlose Zeiten abwechseln.

Hinsichtlich der Kühlung werden folgende Arten unterschieden: 1. Selbstkühlung, bei der ohne besonderen Lüfter die Kühlluft durch den umlaufenden Teil der Maschine bewegt wird; 2. Eigenlüftung, die durch einen besonderen am Anker angebrachten Lüfter erfolgt; 3. Fremdlüftung, wenn der Lüfter durch einen eigenen Antriebsmotor bewegt wird.

Für die Frage der Erwärmung ist ferner die Bauart der Maschine von Wichtigkeit. Es werden unterschieden offene, geschützte, geschlossene und schlagwettergeschützte Maschinen. Maßgebend für den Unterschied ist die Schutzart der stromführenden und inneren umlaufenden Teile.

29. Die Bilanz einer Maschine umfaßt bei Generatoren wie bei Motoren die Gegenüberstellung der zugeführten Leistung (Aufnahme) einerseits und der abgegebenen Leistung (Abgabe) und der Verluste innerhalb der Maschine andererseits. Sämtliche Leistungen werden in Kilowatt (kW) ausgedrückt.

Die zugeführte Leistung N_1 wird bei Generatoren unmittelbar von der Antriebsmaschine mittels Riemen oder direkter Kupplung übertragen, bei Motoren elektrisch zugeführt. Die abgegebene Leistung N_2, auch Nutzleistung genannt, ist bei Generatoren die auf den äußeren Stromkreis übertragene elektrische Leistung, bei Motoren die an der Welle abgegebene mechanische Leistung.

Die Verluste umfassen die Leistungsbeträge, die innerhalb der Maschine verbraucht werden. Man unterscheidet nach den REM im allgemeinen bei elektrischen Maschinen

1. Leerverluste, hierzu rechnet man

a) die Verluste im Eisen und in der Isolierung, die sog. Eisenverluste. Sie treten außer in den Feldmagneten auch im Anker auf. Da alle Teile des Ankereisens abwechselnd vor die Nordpole und die Südpole der Feldmagnete gelangen, werden sie dauernd magnetischen Kreisprozessen unterworfen, hierbei tritt der Arbeitsverlust der Hysterese auf. Ferner entstehen im Ankereisen, da dieses wie die Ankerleiter das Magnetfeld dauernd schneidet, Wirbelströme, die durch Lamellierung zwar sehr verringert, aber nicht völlig beseitigt werden. Auch in den Polschuhen können durch das Hin- und Herschwanken der Induktionslinien Wirbelströme auftreten.

b) Verluste durch Luftreibung, Lager- und Bürstenreibung, die sog. Reibungsverluste.

2. Erregerverluste. Zu diesen gehören

a) die Stromwärmeverluste in Nebenschluß- und fremderregten Erregerkreisen. Nicht nur Verluste in den Wicklungen, sondern auch in Reglern sind zu berücksichtigen.

b) Übergangsverluste an Erregerschleifringen (s. Ziff. 32).

3. Lastverluste, und zwar

a) Stromwärmeverluste in Anker und Reihenschlußwicklung. Bei dicken Ankerleitern ist ein Joulescher Verlust durch Wirbelströme innerhalb der Drähte mit inbegriffen.

b) Übergangsverluste an Stromwender und Schleifringen, die Laststrom führen. Die Übergangsverluste werden mit 1 Volt Spannungsabfall je Bürste bei Kohle- und Graphitbürsten, mit 0,3 Volt bei metallhaltigen Bürsten eingesetzt.

c) Zusatzverluste, unter denen alle bisher nicht aufgeführten Verluste verstanden werden. Die Zusatzverluste betragen nur etwa 1% der Leistung und werden im allgemeinen vernachlässigt, es werden nur die sog. meßbaren Verluste berücksichtigt.

30. Aufbau der Gleichstrommaschine. a) Anker. Zur Verringerung der Wirbelströme ist der Anker aus einzelnen Blechen hergestellt, die nach den Verbandsnormalien 0,35, 0,5 oder 1,0 mm Stärke haben und durch Papierzwischenlagen oder Lackierung gegeneinander isoliert sind. Als Material dienen Dynamobleche oder legierte Bleche (vgl. Kap. 5, Ziff. 20). Die Ebene der Bleche liegt in der Ebene der Induktionslinien und der Rotation, so daß die Wirbelströme durch die Zwischenlagen unterbrochen werden. Bei kleineren Maschinen werden die Bleche mit einem passenden Ausschnitt versehen, unmittelbar auf die Achse geschoben und durch Endscheiben zusammengehalten. Bei größeren Maschinen bildet der Ankerkörper einen Hohlzylinder, das einzelne Blech also einen Ring, der bei sehr großen Durchmessern aus mehreren Teilen zusammengesetzt ist. Der ganze Hohlzylinder wird auf einem gußeisernen Rad befestigt. Um zu große Erwärmung des Ankers zu verhüten, sind zwischen den Blechen Ventilationsschlitze angebracht.

Meistens werden Nutenanker benutzt, die mit Rücksicht auf die Kommutierung offene oder halboffene, nur selten geschlossene Nuten haben. Die Innenwand der Nut wird mit Isolation ausgekleidet, z. B. mit Preßspan oder anderen präparierten Papiersorten, für Hochspannung mit Glimmer oder Mikanit. Den Abschluß der Nut nach außen bildet oft ein Holz- oder Fiberkeil; auch kann die ganze Wicklung an der Peripherie des Ankers durch Bandagen aus Stahldraht und Metallbändern zusammengehalten werden. Dies muß der Fall sein bei glatten Ankern, in denen keine Nuten vorhanden sind, sondern die ganze Wicklung gleichmäßig verteilt auf dem Umfang der Trommel liegt. Bei Turbogeneratoren müssen die Ankerwicklungen gegen die Zentrifugalkraft durch besonders starke Bandagierungen oder durch umfassende Kappen gesichert werden, da bei dieser Maschinenart wegen der direkten Kupplung mit Dampfturbinen hohe Drehzahlen in Frage kommen.

Bei den Nutenankern werden die einzelnen Spulen fast immer in Schablonenwicklung hergestellt, indem der Draht zunächst auf einen rechteckigen Rahmen aus Holz oder Metall aufgewickelt und dann in die richtige Form gebogen wird, so daß er in die Nuten paßt. Die freien Enden der Spule werden nachher mit den Kollektorsegmenten verbunden. Bei Generatoren für hohe Stromstärke schichtet man statt dessen einzelne, durch Mikanit oder Isolierband getrennte Kupferstäbe in die Nut und verbindet sie an der Stirnseite durch besondere Blechstreifen miteinander bzw. mit dem Kollektor. Wegen der Wirbelströme, die sich bei sehr dicken Stäben bilden könnten, müssen solche nochmals unterteilt und die einzelnen Teile voneinander isoliert werden.

b) Kollektor. Er besteht aus einer eisernen Buchse, auf der die einzelnen Teile meist mittels Schwalbenschwänzen befestigt sind. Die Segmente werden aus hart gezogenem Kupfer hergestellt und sind voneinander und der Buchse durch Glimmerzwischenlagen isoliert. Die Härte des Glimmers wird so gewählt, daß er sich ebenso wie das Kupfer abnutzt; selbst geringes Hervorstehen der Isolation bewirkt erhebliche Funkenbildung. Auch der Kommutator erhält bisweilen eine besondere Ventilation. Die Befestigung der von den Spulen kommenden Drähte erfolgt durch Anschrauben oder Anlöten an den sog. Kollektorfahnen. Man bemißt die Dicke der Segmente reichlich, um nach längerer Betriebsdauer erneut überdrehen zu können. Die Isolationsschwierigkeiten am Kollektor begrenzen die Ausführungsmöglichkeit von Gleichstrommaschinen für hohe Spannungen. Im allgemeinen werden nicht mehr als 2500 Volt unter Verwendung eines Kollektors erzeugt. Zur Erzielung höherer Spannungen schaltet man mehrere Anker in Reihe.

c) Bürsten. Sie bestehen entweder aus Metall oder Kohle. Die Kupferbürsten sind meist aus zusammengepreßter Kupfergaze hergestellt. Die Bürste befindet sich in einem mit Federungseinrichtung versehenen Bürstenhalter. Dieser sitzt auf dem Bürstenstift, und so kann die Bürste um den Stift gedreht und mit dem passenden Druck und der erforderlichen Federung auf dem Kollektor aufgelegt werden. Sämtliche Bürstenstifte der Maschine sitzen auf einem Bürstenträger, der Bürstenbrücke, die ringartig die Achse umgibt und so gedreht werden kann, daß alle Bürsten sich gleichzeitig verschieben.

Die zulässigen Stromdichten an der Auflagestelle betragen bei Metallbürsten $25 \div 35$ Amp./cm², bei Kohlebürsten $5 \div 15$ Amp./cm². Für die verschiedensten Zwecke werden nach Härte und Widerstand verschiedene Bürsten hergestellt. Der Übergangswiderstand der Kohlebürsten hängt stark von der Stromdichte ab und sinkt mit deren Zunahme in der Weise, daß der Spannungsabfall an der Bürste praktisch von der Belastung der Maschine unabhängig ist. Bei weichen Bürsten beträgt der Spannungsverlust je Bürste etwa 1 Volt, bei harten etwa 1,5 Volt (vgl. auch Ziff. 29). Kohlebürsten besitzen den Vorzug geringerer Reibung und nützen im allgemeinen den Kollektor wenig ab; auch verbessern sie die Kommutierung (s. Ziff. 18). Zur guten Fortleitung des Stromes werden sie oft am äußeren Ende galvanisch verkupfert.

d) Feldmagnete. Gleichstromgeneratoren werden durchgängig als Außenpolmaschinen gebaut, d. h. sie erhalten ein feststehendes Magnetgestell, das den rotierenden Anker außen umgibt. Für die Anzahl der Polpaare gibt es keine bestimmten Regeln; jedoch baut man nur ganz kleine Maschinen zweipolig, etwas größere schon vierpolig und gelangt bei großen Maschinen zu hohen Polzahlen. Im einzelnen besteht das Magnetgestell aus Joch J, Polkernen K und Polschuhen S (vgl. Abb. 23). Als Material für das Joch dient Gußeisen oder Stahlguß. Die Pole werden bei kleinen Maschinen zusammen mit dem Joch gegossen, bei größeren besonders hergestellt und angeschraubt. Meist werden besondere Polschuhe angesetzt, die bisweilen nicht aus massivem Eisen, sondern zur Vermeidung von Wirbelströmen aus einzelnen Blechen bestehen. Bei kleinen Maschinen stellt man Polkern und Polschuh in einem Blechschnitt her. Die Spulen für die Feldmagnete werden besonders gewickelt und auf die Polkerne aufgeschoben. Die Spulen werden ebenfalls auf einer Schablone gewickelt und durch feste Umschnürung versteift. Oft sitzen sie auch in besonderen Spulenkästen.

31. Zusammenhang zwischen Größe und Leistung der Gleichstrommaschine. Für die Beziehung zwischen Größe und Leistung einer Gleichstrommaschine ist eine einfache Gleichung zwischen der Leistung N und den Hauptdimensionen des Ankers, seinem Durchmesser d und seiner axialen Länge l von Wichtigkeit. Die Formel

$$N = C\, d^2 l\, n \cdot 10^{-6} \text{ kW}$$

besagt, daß die Leistung der wirksamen Oberfläche des Ankers und seiner Umfangsgeschwindigkeit proportional gesetzt werden kann. C heißt der Ausnutzungsfaktor oder Ausnutzungsgrad; je größer diese Zahl ist, desto kleiner darf die Maschine für eine gegebene Leistung N ausfallen. C ist um so höher, je größer die Maschine und je besser die Ventilation ist. Für kleine Maschinen unter 1 kW liegt C unter 1, bei größeren Maschinen im allgemeinen zwischen 1 und 4.

Führt man die Zahl der Ankerdrähte auf dem Anker und die in ihnen fließende Stromstärke J_a ein, so wird der Strombelag

$$a = \frac{z\, J_a}{\pi\, d} \, \frac{\text{Amp.-Stäbe}}{\text{cm}}$$

und damit

$$C = 1{,}1 \cdot a\, \mathfrak{B} \cdot 10^{-6},$$

wobei $\mathfrak{B}$ die Induktion im Luftspalt ist. Mit $\mathfrak{B}$ zwischen 5000 und 10000 ergibt sich ein Strombelag zwischen 100 und 400 $\frac{\text{Amp.-Stäbe}}{\text{cm}}$.

Als gegeben bzw. vorgeschrieben sind zu betrachten die Klemmenspannung U, die Leistung N sowie die Umdrehungszahl n; diese ergibt sich im allgemeinen aus der Wahl der Antriebsmaschine. Der Ankerdurchmesser läßt sich dadurch bestimmen, daß die Umfangsgeschwindigkeit

$$v = d\pi \frac{n}{60}$$

den Betrag von etwa 15 m/sec bei normalen Maschinen nicht überschreitet. Nur in besonderen Fällen geht man höher, z. B. bei Turbomaschinen sogar bis zu 100 m/sec.

Um das Magnetfeld der Maschine zu bestimmen, muß man sich über die Polzahl schlüssig werden. Hat man eine Polzahl $2p$ gewählt, so ist dadurch die Größe

$$\tau = \frac{d\pi}{2p},$$

die Polteilung, bestimmt. Nicht die ganze Polteilung wird jedoch von dem Pol eingenommen, sondern nur ein Bruchteil davon, der Polbogen β, der erfahrungsgemäß etwa $\frac{2}{3}\tau$ beträgt. Das Produkt von β und der Ankerlänge l ergibt die Polfläche. Aus Polfläche und Liniendichte in der Luft $\mathfrak{B}$ erhält man den Induktionsfluß Φ eines Poles. Die Hauptspannungsformel

$$E = \frac{p}{a}\, \Phi z \frac{n}{60}\, 10^{-8} \text{ Volt},$$

worin man die Anzahl der parallelen Ankerzweige $2a$ der verlangten Stromstärke entsprechend wählt, ergibt die Drahtzahl z. Die Drahtdicke ist dabei durch die Rücksicht auf die Erwärmung bestimmt; man geht bei einem Anker, der gut gelüftet ist, mit der Strombelastung auf $2 \div 5$ Amp./mm².

Die Berechnung der Magnetwicklung erfolgt im wesentlichen nach dem Grundgesetz des magnetischen Kreises. Man wählt den Luftspalt zwischen Pol und Anker nur so groß, als es wegen der Bandagen und der unvermeidlichen Unsymmetrien des Ankers nötig ist. Für die Zerlegung der Amperewindungen in Windungszahl und Stromstärke ist die Rücksicht auf den für die Wicklung vorhandenen Raum und die Erwärmung des Drahtes maßgebend. Da die Magnetwicklung schlecht ventiliert ist, pflegt man mit der Strombelastung nicht über 2 Amp./mm² zu gehen.

Nicht alle in den Polen durch die Erregerspulen hervorgerufenen Induktionslinien gelangen in das Ankereisen, sondern ein Teil von ihnen geht unmittelbar von einem Pol zum nächsten (Feldstreuung). Ein weiterer Teil tritt zwar durch den Luftspalt in den Anker ein, umschließt aber keine Ankerdrähte (Ankerstreuung). Nennt man den gesamten Induktionsfluß eines Poles Φ, den Induktionsfluß im Anker Φ_a, so ist

$$\sigma = \frac{\Phi}{\Phi_a}$$

der Streuungskoeffizient der Maschine. Er ist bei guten Maschinen etwa 1,1, d. h. rund 10% der Induktionslinien gehen als Streufluß verloren. Bei älteren Maschinen kann der Koeffizent den Wert 1,3 erreichen.

II. Wechselstrommaschinen.

a) Wechselstromgeneratoren.

32. Allgemeines. Der Wechselstrom findet in immer steigendem Maße Verwendung und hat namentlich bei großen Überlandnetzen den Gleichstrom nahezu verdrängt. Besondere Vorteile praktischer Art können für seine Anwendung geltend gemacht werden. Der Hauptvorzug liegt darin, daß in der Form des Wechselstromes die elektrische Energie mit viel geringeren Verlusten übertragen werden kann als in der Form des Gleichstroms, da sich der Wechselstrom mit Hilfe von Transformatoren leicht und fast verlustlos von Niederspannung auf Hochspannung und zurück umwandeln läßt; niedriggespannter Gleichstrom läßt sich jedoch in höher gespannten Gleichstrom nur mit Hilfe einer Doppelmaschine verwandeln. Hierbei treten erhebliche Verluste auf. Ferner sind die erreichbaren Spannungen begrenzt (Ziff. 30). Ein weiterer wichtiger Vorzug des Wechselstroms liegt darin, das er in der Form des Drehstrom-Induktionsmotors die Konstruktion eines sehr billigen und vorteilhaft arbeitenden Motors gestattet.

Als Wechselstrommaschine läßt sich jede Gleichstrommaschine verwenden, wenn man die Ankerwicklung statt mit einem Stromwender mit Schleifringen verbindet; an diesen kann die im Anker induzierte Wechselspannung ein- oder mehrphasig abgenommen werden. In der Tat werden kleinere Wechselstrommaschinen mit Gleichstromankern und Schleifringen für die Stromentnahme ausgerüstet, während sich um den Anker herum die feststehenden Pole befinden (Außenpolmaschine).

Für große Maschinen ist man zur umgekehrten Konstruktion übergegangen: Man gibt dem Anker Ringform, läßt ihn stillstehen und setzt die Magnetpole nach innen als rotierendes Polrad (Innenpolmaschine). Der umlaufende Teil heißt Rotor (Läufer) und der feststehende Teil Stator (Ständer). Die Ankerdrähte liegen in den ringförmigen Ankereisen in Löchern oder Nuten; sie können nach Bedarf parallel oder hintereinander geschaltet werden. An den Enden der Wicklung kann der Strom ohne umlaufenden Konstruktionsteil unmittelbar entnommen werden, wobei sich hohe Spannungen anwenden lassen. Dem rotierenden Polrad muß Gleichstrom von einer eigenen Erregermaschine oder sonstigen Gleichstromquelle zugeführt werden. Dies geschieht dadurch, daß man die Erregerwicklung mit zwei Schleifringen verbindet, auf denen Bürsten zur Stromzuführung liegen. Da die Gleichspannung niedrig gewählt werden kann, etwa einige 100 Volt, sind hiermit keine Schwierigkeiten verbunden. Auf diese Weise ergibt sich das Schema einer Wechselstrommaschine, wie es in Abb. 36 dargestellt ist. Als Wicklung dieser Einphasenmaschine ist eine Einlochwicklung gewählt. Der äußerste Teil einer solchen Maschine, das Gehäuse, dient im Gegensatz zum Joch der Gleichstrommaschine nur dem mechanischen Zusammenhalt des Ständers. Das Schaltbild einer Drehstrommaschine mit Erregermaschine zeigt Abb. 37. Die Erregung wird hier durch einen Reihenschlußgenerator geliefert und mittels Vorwiderstandes eingestellt.

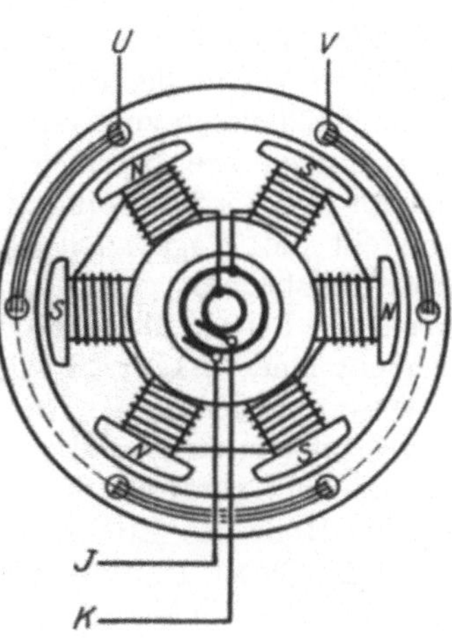

Abb. 36. Wechselstrom-Synchronmaschine.

33. EMK der Wechselstrommaschine. Dreht sich eine Spule mit konstanter Geschwindigkeit in einem homogenen Magnetfeld, so gilt für den zeitlichen Verlauf der induzierten Wechselspannung e (vgl. Ziff. 3), wenn in der Zeit t eine Drehung um den Winkel α erfolgt und $\alpha/t = \omega$ gesetzt wird,

$$e = E_0 \sin \omega t .$$

Die Spule umschließt bei ihrer Drehung einen Induktionsfluß Φ, der sich nach dem Kosinusgesetz, also von der Phase abgesehen sinusförmig ändert. Für den Effektivwert der entstehenden EMK erhält man

$$E = \frac{2\pi}{\sqrt{2}} \nu w \Phi_0 \cdot 10^{-8} = 4{,}44 \, \nu w \Phi_0 10^{-8} \text{ Volt.}$$

Hierbei bedeutet w die Zahl der Windungen der Spule. Man setzt bei den Wechselstrommaschinen vielfach an Stelle der Windungszahl w die Zahl z der wirksamen Einzelleiter ein, die das Magnetfeld durchschneiden; dann ist $2w = z$.

Das homogene Feld läßt sich praktisch in einer Maschine nicht verwirklichen, da die Induktionslinien senkrecht in das Eisen treten. Wir erhalten jedoch dieselbe Wirkung durch ein Feld, welches da, wo es von den wirksamen Ankerleitern geschnitten wird, also am äußeren Umfang des Ankers, überall die gleiche Dichte aufweist, wie sie beim homogenen Feld wirksam wäre. Es ergibt sich, daß für eine Maschine das homogene Magnetfeld mit gleicher Induktionswirkung durch ein Feld ersetzt werden kann, das sinusförmig über den Ankerumfang verteilt ist und überall senkrecht eintritt.

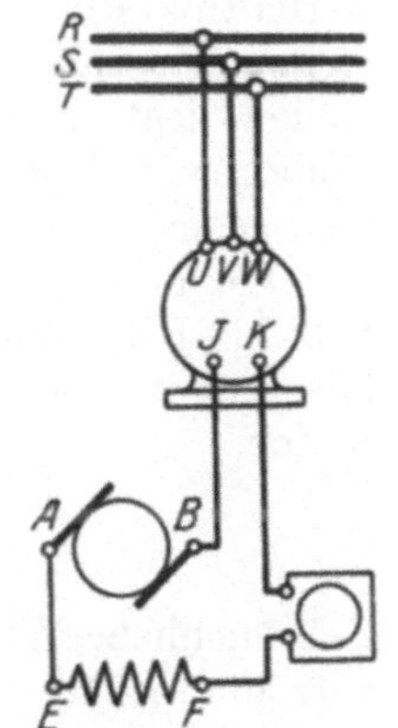

Abb. 37. Schaltbild einer Drehstrommaschine mit Erregermaschine.

Von den Polen der Gleichstrommaschine war vorausgesetzt worden, daß ihre Induktionslinien mit Ausnahme der Linien an den Polspitzen in radialer Richtung, also senkrecht in den Anker treten, so daß die Dichte gegenüber den Polen auf dem Umfang des Ankers im wesentlichen konstant ist. Wollen wir daher für eine Wechselstrommaschine derselben Bauart das sinusförmig verteilte Feld verwirklichen, so muß den Polen eine andere Form gegeben werden, dergestalt, daß in der Polmitte das Feld am dichtesten, nach den Polkanten zu aber im Sinne eines sinusförmigen Verlaufs schwächer wird. Dies kann erreicht werden, indem man den Luftspalt von der Mitte nach den Kanten zu breiter werden läßt. Auch axiale Schrägstellung der Polkanten wird zur Erzielung sinusförmiger Spannungskurven angewandt. Liegt eine einzige Spule mit z

wirksamen Leitern vor (Einlochwicklung), so erhalten wir bei sinusförmigem Feldverlauf für den Effektivwert der EMK

$$E = 2{,}22\, \nu z \Phi_0 10^{-8}\ \text{Volt}.$$

Die Polschuhform ist bei Wechselstrommaschinen in erster Linie für den Verlauf der EMK maßgebend. Die sinusförmige Gestalt der Feldkurve ist praktisch nicht vollkommen zu erreichen, vielmehr wird oft das Feld in der Mitte des Pols sich ähnlich wie bei Gleichstrommaschinen mehr einem gleichmäßigen Wert nähern und an den Polkanten verhältnismäßig schnell auf Null abfallen. Daher entsteht die Frage nach dem Augenblickswert und nach dem Mittelwert der EMK bei beliebig geformter Feldkurve. Wie auch die Feldkurve gestaltet sein mag, der Leiter schneidet bei seinem Vorbeigang vor dem Pol in jedem Zeitelement eine Linienzahl, die der Feldstärke an dem betreffenden Punkte des Poles proportional ist. Diesem Wert ist daher auch der Augenblickswert e der EMK proportional, und so folgt, daß die zeitliche Kurve der EMK ein nur im Maßstab verändertes Abbild der räumlichen Feldkurve sein muß. Auch für die Höhe des Effektivwertes der EMK ist die Gestalt der Feldkurve maßgebend. Dieser Einfluß wird durch einen Faktor k_f ausgedrückt, indem man für die EMK des Wechselstromgenerators bei Einlochwicklung und beliebig gestalteter Feldkurve allgemein ansetzt

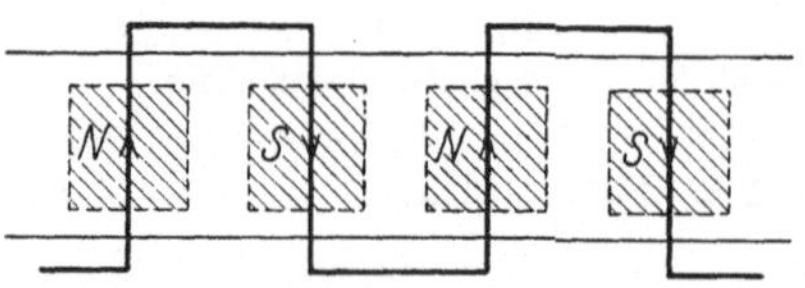

Abb. 38. Einphasen-Einlochwicklung.

$$E = 2\, k_f \nu z \Phi_0 10^{-8}\ \text{Volt}.$$

Der Faktor k_f ist der Formfaktor des Feldes, das Verhältnis des Effektivwertes zum arithmetischen Mittelwert.

Für den Wert des Formfaktors ist das Verhältnis Polbogen : Polteilung bestimmend. Unter der Polteilung τ verstehen wir dabei den Teil des Ankerumfanges, der zwischen zwei Indifferenzstellen liegt, also den Ankerumfang geteilt durch die Polzahl $2p$; unter dem Polbogen β dagegen denjenigen Teil des Umfangs, in den Induktionslinien aus dem gegenüberliegenden Pol wirklich eintreten (Ziff. 31).

Liegt ein Feld von rechteckförmigem Verlauf vor, etwa dergestalt, daß das Feld ähnlich wie bei einer Gleichstrommaschine unter dem ganzen Pol konstant ist und an den Polkanten auf Null abfällt, so ergibt sich für den Formfaktor

$$k_f = \sqrt{\frac{\tau}{\beta}}.$$

Gebräuchliche Werte für β/τ liegen zwischen $^1/_2$ und $^2/_3$, für k_f daher zwischen 1,41 und 1,23.

34. Ankerwicklungen. Die einfachste Einphasenwicklung des Ankers einer Wechselstrommaschine ergibt sich, wenn in die Nuten oder Löcher des Ankereisens Drähte derart gelegt werden, daß der Wicklungsschritt eine Polteilung beträgt, und wenn die Drahtenden in Reihe geschaltet werden. In Abb. 38 ist eine derartige Einlochwicklung als Abwicklung in Aufsicht dargestellt. Während hier sämtliche Spulen in Reihe geschaltet werden können, ergeben sich bei der Gleichstrommaschine stets mindestens 2 parallele Stromkreise (Ziff. 6). Eine solche einfache Wicklung hat den Nachteil, daß die Ankerfläche nur wenig ausgenutzt wird; ferner entspricht die Kurvenform der EMK derjenigen des Feldes (vgl. Ziff. 35). Um höhere Spannungen zu erhalten, kann man, statt einen Draht oder Stab zu nehmen, auch Spulen größerer Windungszahl wickeln. Für die Schaltungen der Spulen kommt außer der häufig gebrauchten Reihenschaltung auch Parallel- und Reihenparallelschaltung vor. Dreiphasenwicklungen können außerdem noch in △ oder ⅄ geschaltet werden.

Da zur Herstellung von Einphasenmaschinen häufig die gleichen Blechschnitte genommen werden wie für Mehrphasenmaschinen, läßt man einen Teil der Nuten unbewickelt. Abb. 39 zeigt eine sog. einphasige Zweilochwicklung mit einer Spule je Polpaar. Die Abwicklung ist hierbei in axialer Ansicht dargestellt. Eine Bewicklung der freien Löcher würde die EMK der Maschine nur wenig vergrößern, so daß der erzielte Vorteil in keinem Verhältnis zum Mehraufwand an Kupfer stünde. Außer diesem Gesichtspunkt kommt bei allen Wicklungen für die Wahl der Lochzahl und für die Schaltung auch die Frage der Ankerrückwirkung in Betracht.

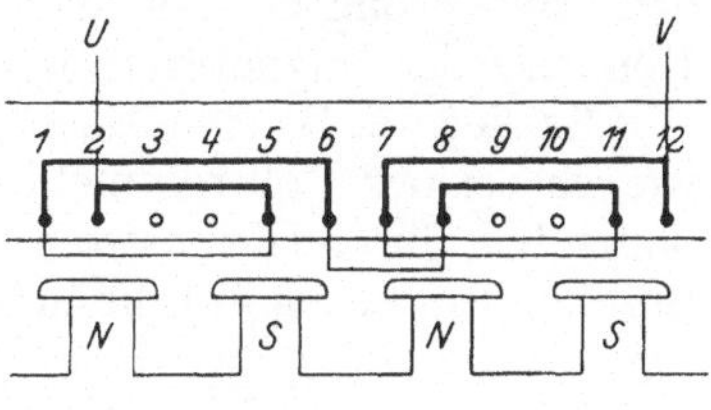

Abb. 39. Zweilochwicklung.

Während bei Einphasenmaschinen der Platz auf dem Anker schlecht ausgenutzt wird, verschwindet dieser Mangel bei Generatoren für Mehrphasenstrom, so daß diese bei gleicher Größe höhere Leistungen ergeben. In Abb. 40 ist eine Dreilochwicklung für eine Drehstrommaschine skizziert. Die Anzahl der Löcher je Polteilung ist zu 9 gewählt. Erwähnt sei, daß auch nichtganzzahlige Anzahlen von Nuten je Polteilung vorkommen (Bruchloch- oder Teillochwicklung).

35. EMK bei Mehrlochwicklungen. Außer dem Vorteil einer besseren Ausnutzung des vorhandenen Platzes sind bei Mehrlochwicklungen die Spannungsdifferenzen der in der einzelnen Nut liegenden Drähte gegeneinander geringer als bei Einlochwicklungen. Besonders wichtig ist ferner, daß gleichzeitig eine Annäherung an die Sinusform der EMK auch bei fast rechteckigem Feld erzielt werden kann. Die in den einzelnen gegeneinander versetzten Drähten induzierten EMKe ergeben bei geeigneter Schaltung eine Gesamt-EMK, deren Kurve sich um so besser der Sinusform nähert, je größer die Nutenzahl ist. Der Effektivwert der EMK fällt jedoch bei Mehrlochwicklung geringer aus, als wenn die gleiche Anzahl Drähte in einer Nut untergebracht würde.

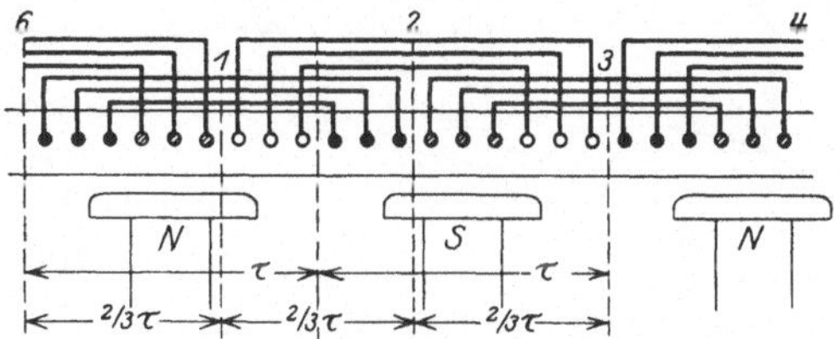

Abb. 40. Dreilochwicklung einer Drehstrommaschine.

In die allgemeine, auch die Wicklungsart berücksichtigende Formel für die EMK ist daher ein Wicklungsfaktor k_w einzusetzen, der von der Lochzahl abhängt und für Mehrlochwicklung stets kleiner als 1, für Einlochwicklung aber gleich 1 ist. Es ergibt sich somit in Erweiterung der Formel aus Ziff. 33

$$E = 2\, k_w\, k_f\, \nu\, z\, \Phi_0\, 10^{-8} \text{ Volt.}$$

Das Produkt der beiden Faktoren k_w und k_f wird als KAPPscher Spannungsfaktor k bezeichnet.

Der Wicklungsfaktor k_w ist für Einphasenwechselstrom gleich 1,0 bei Einlochwicklung, 0,71 bei Zweilochwicklung, und geht herunter bis 0,64 für eine Wicklung, die den Anker gleichmäßig bedeckt, also theoretisch in unendlich vielen Löchern liegt. Bei Drehstrom ist für Dreilochwicklung $k_w = 1$, für gleichmäßige Verteilung $k_w = 0{,}95$. Um den Wert der EMK nicht zu sehr herabzudrücken, darf man daher die Wicklung nicht auf viele Löcher verteilen, oder anders ausgedrückt, man muß schmale Spulen verwenden.

36. Diagramm der Wechselstrommaschine. Die Synchrongeneratoren können als allgemeine Transformatoren aufgefaßt werden; zur qualitativen Betrachtung der Vorgänge bei Belastung ist daher ein dem Transformatordiagramm (Kap. 5, Ziff. 8) analoges Diagramm anwendbar. Daß der Überblick nur qualitativ ist, liegt daran, daß im Gegensatz zum allgemeinen Transformator bei konstanter Klemmenspannung die Erregung stark von der Belastung abhängig ist. Ein analoges Verhalten zeigt der Stromtransformator. Bei diesem wie bei dem Synchrongenerator ist daher für die Bestimmung des Diagramms die Kenntnis der Magnetisierungscharakteristik erforderlich.

Es liege z. B. eine Maschine vor mit praktisch sinusförmigem Feldverlauf, wie es bei der Volltrommelmaschine der Fall ist (Ziff. 43). Der von den umlaufenden, durch Gleichstrom erregten Feldmagneten hervorgerufene Induktionsfluß kann in bezug auf die induzierten Ankerspulen durch ein ruhendes Wechselfeld erzeugt gedacht werden. Man kann daher für das Diagramm mit dem Induktionsfluß und der Durchflutung als Wechselstromgrößen arbeiten. In Abb. 41 ist das allgemeine Vektordiagramm eines Wechselstromgenerators für induktive Belastung dargestellt. Der wirksame Induktionsfluß im Anker Φ_a ruft die um 90° gegen ihn nacheilende EMK E hervor. Die Klemmenspannung U ergibt sich auf Grund der Beziehung

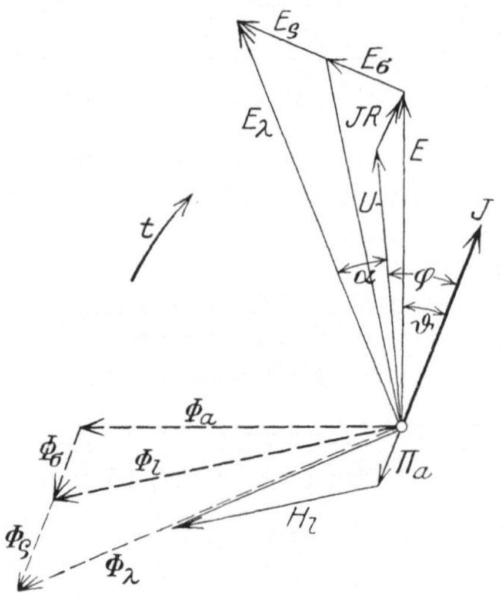

Abb. 41. Diagramm des Wechselstromgenerators.

$$E = U \hat{+} JR,$$

wobei J den Ankerstrom und R den Ankerwiderstand bedeutet. Da induktive Belastung vorausgesetzt ist, eilt J der EMK um den Winkel ϑ nach; zwischen J und U besteht die Phasenverschiebung φ. Die zur Magnetisierung des Ankereisens erforderlichen Erregeramperewindungen sind im Diagramm vernachlässigt. Die Amperewindungen des Ankers Jw bedingen einen Streufluß Φ_σ, dem erregerseitig eine magnetische Potentialdifferenz

$$\Pi_a = -0{,}4\pi Jw$$

entspricht. Φ_σ ist in Phase mit Π_a und der Ankerstromstärke proportional. Als Summe $\Phi_a \hat{+} \Phi_\sigma$ ergibt sich der die Luft durchsetzende Magnetismus Φ_l, für den die MMK H_l proportional und phasengleich mit Φ_l erforderlich ist. Die Resultierende aus Π_a und H_l ergibt unter Vernachlässigung der Amperewindungen, die zur Magnetisierung des Eisens der Feldmagnete gebraucht werden, die insgesamt aufzubringenden Erregeramperewindungen. Diese Gesamterregung würde bei Leerlauf den Fluß Φ_λ erzeugen, der mit ihr in Phase wäre und die gegen ihn um 90° phasenverschobene EMK bei Leerlauf E_λ hervorrufen würde. Der Unterschied Φ_ϱ des Magnetismus bei Belastung gegenüber dem bei Leerlauf rührt von der Wirkung der Ankerströme auf den Induktionsfluß her, Φ_ϱ gibt deshalb ein Maß für die Ankerrückwirkung. Durch Ankerstreufluß und Ankerrückwirkung wird die „Selbstinduktivität" des Ankers bedingt; dieser kann eine EMK der Selbstinduktion zugeordnet werden, die sich aus den EMKen der Ankerstreuung E_σ und der Ankerrückwirkung E_ϱ zusammensetzt. Zu dem OHMschen Spannungsabfall JR tritt also noch ein induktiver $E_\sigma + E_\varrho = E_s$. Nur bei schwach gesättigten Maschinen fallen E_ϱ und E_σ angenähert in eine Gerade. Bei starker Sättigung der Feldmagnete wird infolge der Änderung der Ankerrückwirkung die Zunahme von E auf E_λ geringer. Die Ankerrückwirkung ruft, wenn J gegen E_λ voreilt, eine Verstärkung, bei Nacheilung eine Schwächung des Induktionsflusses hervor.

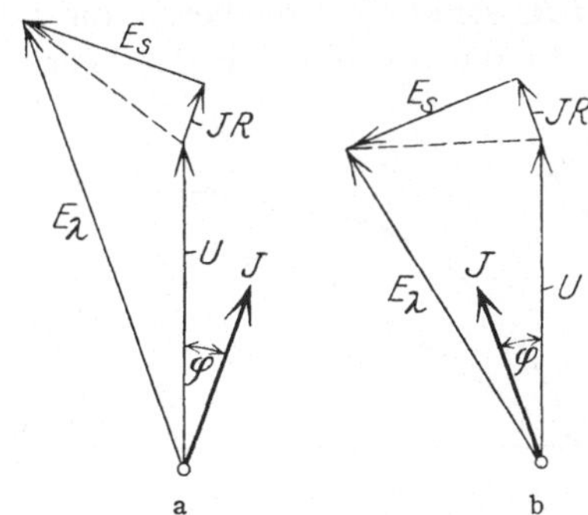

Abb. 42a u. b. Belastung des Wechselstromgenerators, a induktiv, b kapazitiv.

Der Phasenverschiebungswinkel α zwischen E_λ und U im Diagramm wird Voreilung genannt und hat eine unmittelbar auf die Stellung des Polrades zu beziehende Bedeutung. Die EMK E_λ würde ihren Höchstwert in dem Augenblick erreichen, wo die Polmitte, also der Ort der größten Induktionsliniendichte, bei Einlochwicklung vor der Nut, bei Mehrlochwicklung vor der Mitte der Nutengruppe einer Spulenseite vorübergeht. Abb. 41 lehrt, daß die Klemmenspannung ihren Höchstwert nicht in diesem Augenblick erreicht, sondern erst um α elektrische Grade später. Bei der zweipoligen Maschine entsprechen diese elektrischen Grade ohne weiteres den räumlichen Winkelgraden der Drehung des Polrades; bei einer Maschine mit p Polpaaren entsprechen dagegen der Voreilung um α elektrische Grade α/p räumliche Winkelgrade.

Die Wirkungsweise des Wechselstromgenerators bei gleicher induktiver und kapazitiver Belastung ist in den Abb. 42a und b veranschaulicht. Stromstärke und Klemmenspannung sind beide Male gleich angenommen. Zur kapazitiven Belastung gehört ein kleineres E_λ und damit auch eine geringere Erregung als zur induktiven Belastung. Man spricht bei kapazitiver Belastung von Untererregung der Maschine; die Stromstärke eilt gegenüber der Klemmenspannung vor. Entsprechend liegt bei induktiver Belastung Übererregung vor. Der gesamte Spannungsverlust ist bei konstanter Stromstärke um so größer, je größer die Phasenverschiebung φ zwischen U und J ist. Im allgemeinen überwiegt der induktive Spannungsabfall den Ohmschen bei weitem. Die Spannungsänderung, das ist nach den REM die Spannungserhöhung, die beim Übergang vom Nennbetrieb auf Leerlauf bei konstant gehaltener Drehzahl und Erregung auftritt, beträgt bei induktionsfreier Belastung ($\cos\varphi = 1$) etwa $4 \div 8\%$; für induktive Last ($\cos\varphi = 0{,}8$) etwa $15 \div 25\%$.

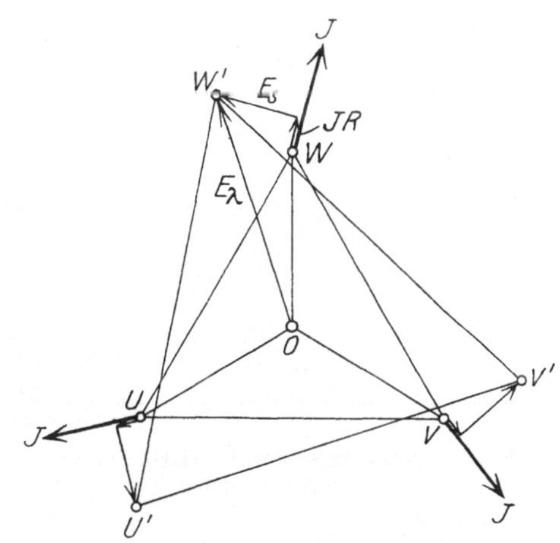

Abb. 43. Spannungsdiagramm eines Drehstromgenerators.

Bei Generatoren für mehrphasigen Wechselstrom bezieht sich das Vektordiagramm nach Abb. 41 auf die Vorgänge in einer Phase. Beim ganzen System ist die Schaltung zu berücksichtigen, z. B. bei Drehstrom Dreieck- oder Sternschaltung. Zur Veranschaulichung kann mit Vorteil die topographische Methode (vgl. Kap. 5, Ziff. 3) herangezogen werden. In Abb. 43 ist z. B. das Diagramm für

Leerlauf und Belastung einer Drehstrommaschine dargestellt. Den Spannungen an den Klemmen der in Stern geschalteten und induktiv belasteten Maschine entspricht das Dreieck UVW. In Phase mit dem gegen die Spannungen um den Winkel φ verschobenen Stromvektor sind die OHMschen Spannungsverluste JR, senkrecht zu diesen die induktiven E_s aufgetragen. Das Dreieck $U'V'W'$ gibt die Spannungen bei Leerlauf nach Größe und Lage an.

37. Charakteristiken der Wechselstrommaschine. Über das Verhalten ein- und mehrphasiger Wechselstrommaschinen geben Leerlauf-, Kurzschluß- und Belastungscharakteristik Aufschluß (vgl. Ziff. 10). Die Leerlaufcharakteristik (statische Charakteristik) erhält man, wenn bei unbelasteter Maschine unter Konstanthaltung der Drehzahl die Abhängigkeit der EMK bei Leerlauf E_λ von der Erregung bestimmt wird. Die Form dieser Charakteristik ist die der Magnetisierungskurve.

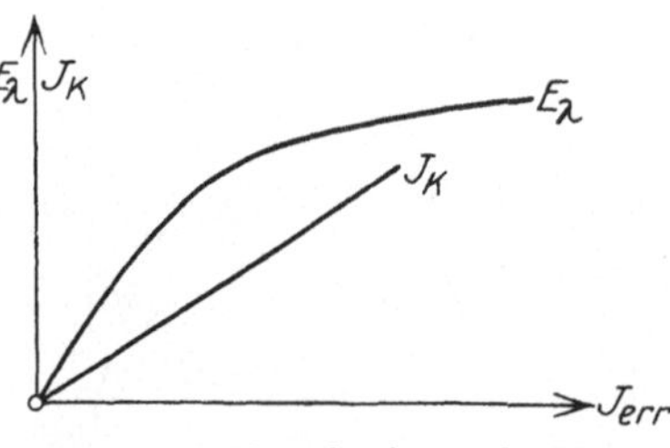

Abb. 44. Leerlauf- und Kurzschlußcharakteristik der Wechselstrommaschine.

Die Kurzschlußcharakteristik stellt die Abhängigkeit der Stromstärke J_k im kurzgeschlossenen Anker von der Erregung dar. Sie verläuft im Bereich der normalen Stromstärke geradlinig. In Abb. 44 sind Leerlauf- und Kurzschlußcharakteristik einer Wechselstrommaschine wiedergegeben. Die Belastungscharakteristik (dynamische Charakteristik) zeigt die Abhängigkeit der Klemmenspannung von der Belastungsstromstärke J, wobei Erregung und Drehzahl konstant gehalten werden. Wichtig ist, daß als neue Veränderliche hier noch der Leistungsfaktor $\cos\varphi$ hinzukommt. Die Belastungscharakteristik muß also stets für einen bestimmten Leistungsfaktor aufgenommen werden. Abb. 45 zeigt eine Schar solcher Belastungscharakteristiken. Bei $\cos\varphi = 0$ erhält man für voreilende und nacheilende Phasenverschiebung praktisch eine gerade Linie.

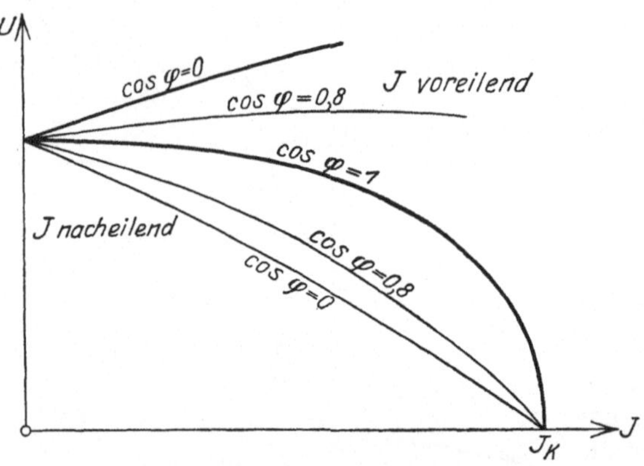

Abb. 45. Belastungscharakteristiken der Wechselstrommaschine.

Bei schwachgesättigten Maschinen kann mittels Leerlauf- und Kurzschlußcharakteristik das Vektordiagramm gezeichnet werden. Für starke Sättigung ist wegen der Ankerrückwirkung noch die Kenntnis eines Punktes einer $\cos\varphi = 0$-Charakteristik notwendig. Aus dem Vektordiagramm lassen sich die Belastungscharakteristiken ableiten.

38. Parallelbetrieb von Wechselstromgeneratoren. a) Parallelschalten. Sollen Gleichstromgeneratoren parallel geschaltet werden, etwa in einer Zentrale, so sind nur die Bedingungen zu erfüllen, daß die EMK bei allen gleich ist, und daß gleichnamige Klemmen zusammengelegt werden. Bei Wechselstromgeneratoren tritt als weitere Bedingung hinzu, daß die Momentanwerte der Spannung in jedem Augenblick gleich groß und gleich gerichtet sein müssen, mit anderen Worten, daß die Spannungen an zusammengelegten Klemmen in Phase sind. Ferner muß die Gleichheit der Phase dauernd erhalten bleiben, also auch die Periodenzahlen der Maschinen müssen übereinstimmen. Zur Erkennung des Synchronismus und der Phasengleichheit dienen **Phasenvergleicher**, in der einfachsten Form bestehend aus **Phasenlampen**. In Abb. 46 liegt der Wechselstromgenerator 1 an den Sammelschienen, der Generator 2 ist durch den Schalter noch von ihnen getrennt.

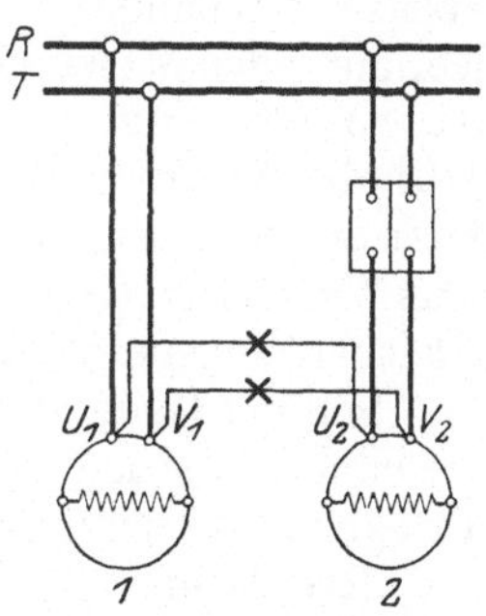

Abb. 46. Phasenlampen für Parallelbetrieb (Dunkelschaltung).

Er wird zunächst mit seiner Antriebsmaschine auf eine solche Drehzahl gebracht, daß die Periodenzahl seiner Wechselspannung nahezu denselben Wert wie bei den übrigen Maschinen erhält, dann wird die EMK durch Einstellung der Erregung auf den an den Sammelschienen herrschenden Wert der Klemmenspannung gebracht. Diejenigen Klemmen, die nachher an der gleichen Sammelschiene liegen sollen, sind dauernd durch die Lampen verbunden. Stimmen beide Generatoren in der Phase überein, so ist an den Enden jeder Lampe keine Potentialdifferenz vorhanden, die Lampen bleiben dunkel; ist ein Phasenunterschied vorhanden, so wirkt eine Spannung auf die Lampen, sie leuchten mit einer Helligkeit, die in jedem Augenblick der Potentialdifferenz der zusammengehörigen Klemmen entspricht. In Abb. 47 sind die Kurven der beiden phasenverschiedenen Spannungen als Funktion der Zeit t dargestellt. Läßt man die Maschine 2 etwas langsamer laufen, so streckt sich ihre Kurve gewissermaßen, indem sich ihre Periodenzahl ein wenig verringert, wie es aus der Abbildung hervorgeht. Der Spannungsunterschied zusammengehöriger Klemmen wird dabei dauernd geringer, bis schließlich die Lampen dunkel bleiben.

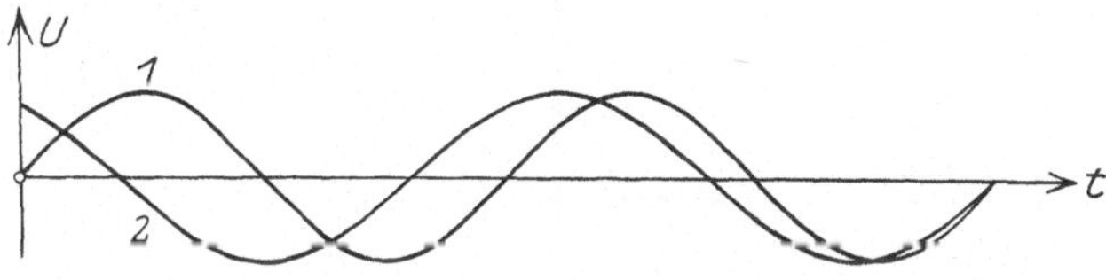

Abb. 47. Synchronisierung zweier Wechselstrommaschinen.

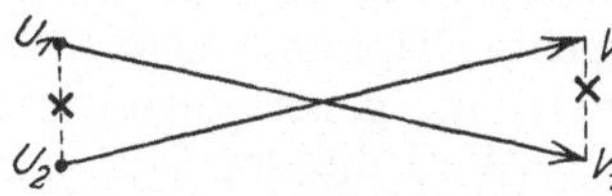

In diesem Augenblick schließt man den Schalter, worauf die synchronisierenden Kräfte verhindern, daß die Maschine 2 wieder „außer Tritt fällt". Bei dieser Lampenschaltung wird der Synchronismus durch Erlöschen der Phasenlampen angezeigt (**Dunkelschaltung**). Man kann die Schwankungen der Lampe nach der topographischen Methode veranschaulichen. Nach Abb. 48 sind die als gleich vorausgesetzten Spannungen der beiden Maschinen durch die beiden Vektoren $U_1 V_1$ und $U_2 V_2$ dargestellt. Der eine ist fest, der andere dreht sich um den gemeinsamen Schnittpunkt mit einer der Differenz der Periodenzahl proportionalen Geschwindigkeit. Dieser Drehung entsprechend schwankt die durch die Lampen beobachtbar gemachte Potentialdifferenz zwischen $U_1 U_2$ und $V_1 V_2$.

Abb. 48. Diagramm der Dunkelschaltung.

Verbindet man entgegengesetzte Klemmen durch die Lampen, so erkennt man die Phasengleichheit an dem hellsten Aufleuchten (**Hellschaltung**). Bei Dreiphasenmaschinen ist für die Synchronisierung noch auf den Drehsinn der beiden Systeme zu achten, dessen Übereinstimmung gleichfalls mit Phasenlampen festgestellt werden kann.

b) **Belastung.** Praktisch kommt für den Parallelbetrieb hauptsächlich der Fall in Betracht, daß ein Synchrongenerator auf ein Netz arbeitet, das auf konstanter Klemmenspannung gehalten wird. Ist der Generator stoßfrei zum Netz parallel geschaltet, so gibt er zunächst weder Leistung ab, noch nimmt er Leistung auf. Die Spannungen (EMK des Generators und Klemmenspannung) befinden sich im Gleichgewicht; es fließt kein Strom in der Maschine. Auch bei Änderung der Erregung bleibt die Leistung Null, es tritt jedoch bei Übererregung ein um 90° gegen die Klemmenspannung nacheilender, bei Untererregung ein ebenso voreilender Strom auf. In Abb. 49a und b sind die Vorgänge bei der leerlaufenden Maschine diagrammatisch erläutert. Der OHMsche Spannungsabfall ist vernachlässigt. Man erkennt, daß in beiden Fällen die Voreilung Null ist. Durch Änderung der Erregung kann also nur die Abgabe von Blindstrom erreicht werden, aber keine Belastung der Maschine. Das Verhalten des Wechselstromgenerators ist somit wesentlich von dem des Gleichstromgenerators (vgl. Ziff. 13) verschieden.

Soll der Generator belastet werden, so muß dies durch die Antriebsmaschine erzwungen werden. Dient als solche z. B. ein Nebenschlußmotor, so ist dessen Erregung zu schwächen. Bei einer Dampfmaschine muß durch Verstellung des Regulators die Dampfzufuhr vergrößert werden. Die Antriebsmaschine wird dann dem mit ihr gekuppelten Generator eine größere Drehzahl zu erteilen

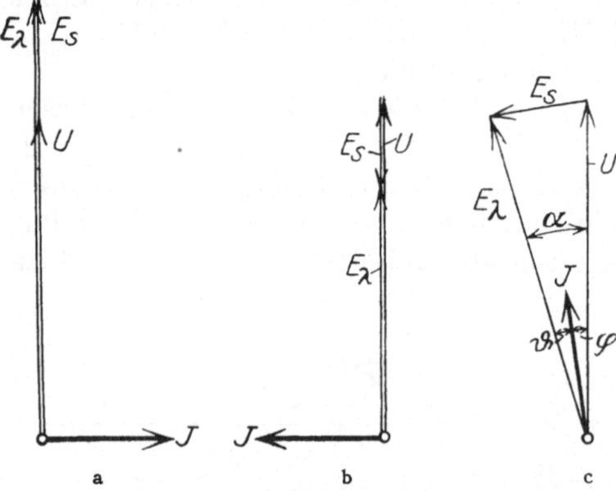

Abb. 49a—c. Generator im Parallelbetrieb. a Leerlauf übererregt, b Leerlauf untererregt, c Belastung.

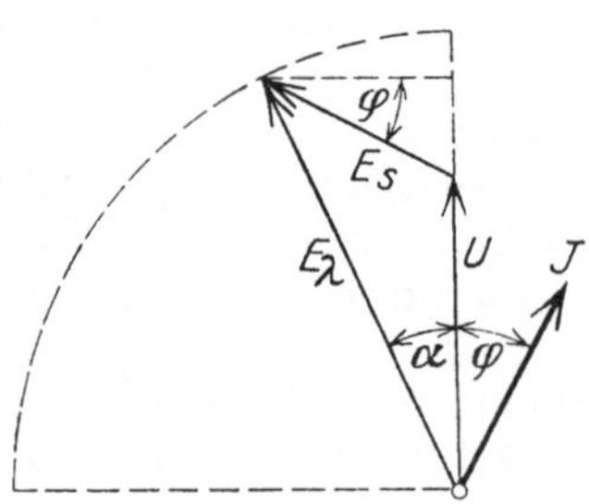

Abb. 50. Spannungsdiagramm der Sychronmaschine für konstante Erregung.

suchen, dieser erhält dadurch eine Voreilung und gibt Leistung ab. Die entstehende Spannungsdifferenz

$$E_s = E_\lambda \hat{-} U$$

hat wie bei über- oder untererregtem Leerlauf einen Strom zur Folge, der ihr um 90° nacheilt. Infolge der Voreilung hat dieser Strom gegen E_λ und U nur eine geringe Phasenverschiebung, ist daher wesentlich Wirkstrom. Das vereinfachte Diagramm zeigt Abb. 49c. Bei gegebener Klemmenspannung und gegebener Erregung gehört also zu einer bestimmten Voreilung eine bestimmte Leistung.

Wird die der Synchronmaschine zugeführte mechanische Leistung geringer als zum Leerlauf erforderlich ist, d. h. sucht die Antriebsmaschine das Polrad zu verzögern, so tritt eine Nacheilung ein. Der Maschinenvektor (E_λ) eilt gegenüber dem Netzvektor (U) nach, die Synchronmaschine nimmt elektrische Leistung aus dem Netz auf, sie wird zum Motor (vgl. auch Ziff. 46, Abb. 57).

Verändert man bei gegebener Belastung die Erregung, so bleibt die Leistung dieselbe (vgl. Ziff. 39). Hingegen wird die Blindkomponente der Stromstärke und die Phasenverschiebung geändert. Es ist daher möglich durch Regelung der Erregung die Phasenverschiebung φ zwischen Klemmenspannung und Stromstärke der Maschine beliebig einzustellen.

Der Belastungsvorgang beim Wechselstromgenerator mit konstanter Klemmenspannung ist für den Fall der konstanten Erregung in Abb. 50 durch ein vereinfachtes Diagramm (unter Vernachlässigung des OHMschen Spannungsabfalls) dargestellt. Da U konstant und auch E_λ annähernd konstant ist, so kann sich E_λ bei Änderung des Voreilwinkels α nur auf einem Kreise bewegen. Wenn der Voreilwinkel zunimmt, so wächst auch die Leistung $U\,J\cos\varphi$. Für $\alpha = 90°$ erreicht sie ein Maximum. Bei Überschreitung dieser Grenze wird der Betrieb labil, man sagt, der Generator „kippt" oder „fällt außer Tritt".

39. Leistungslinien. Über das allgemeine Verhalten der Wechselstrommaschine bei Veränderung der Erregung, während der Regulator nicht verstellt wird, geben die von GÖRGES eingeführten Leistungslinien Aufschluß (Abb. 51). Die Maschine arbeite auf ein Netz von der konstanten Klemmenspannung U. Es sei E_{λ_1} bei einer gegebenen Leistung N der Vektor der EMK bei Leerlauf für den Fall der induktionsfreien Belastung und J_1 die zugehörige Stromstärke. Wird durch Änderung der Erregung der mit dem Index 2 gekennzeichnete Zustand herbeigeführt, so kann sich wegen der Konstanz der Leistung der Endpunkt des Vektors E_{λ_2} nur auf einer Geraden NN bewegen, die im Endpunkt von E_{λ_1} senkrecht auf der Resultierenden aus $J_1 R$ und E_{s_1} steht. Diese Gerade heißt eine Leistungslinie. Zu jeder Leistung gehört eine Leistungslinie, deren Abstand vom Endpunkt des Vektors U der Leistung proportional ist. Im Diagramm sind die Linien für die Leistungen N und $N/2$ für den Betrieb als Generator und Motor angegeben. Die außerdem aufgetragene Leistungslinie Null entspricht der leer am Netz liegenden Maschine.

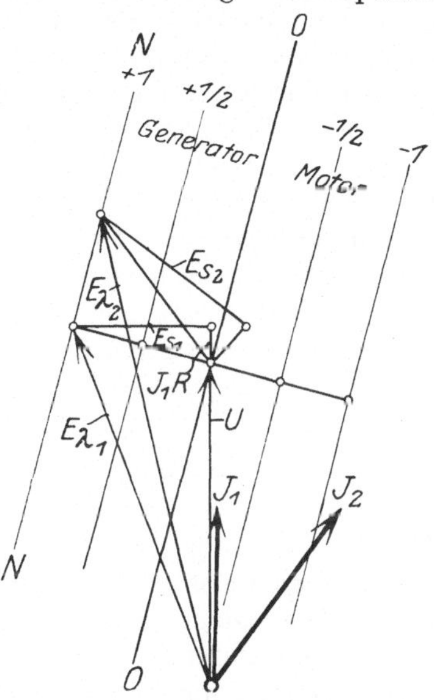

Abb. 51. Leistungslinien.

Der Wechselstromgenerator reagiert also bei unveränderter Leistung auf eine Verstärkung der Erregung damit, daß er selbsttätig seine Voreilung verkleinert, bis bei der stärkeren Erregung die Leistung gewahrt bleibt. Der Übergang vollzieht sich so, daß bei der Verstärkung der Erregung die Maschine im ersten Augenblick tatsächlich mehr Leistung abgibt. Da die Antriebsmaschine diese vermehrte Leistung nicht aufbringen kann, weil die Drehzahl wegen des Synchronismus dieselbe bleiben muß, wird der Generator gebremst, bis durch Verkleinerung des Winkels der frühere Wert der Leistung wiederhergestellt ist. Wird die der Maschine zugeführte Leistung größer, so fällt der Endpunkt des bei unveränderter Erregung unveränderten Vektors E_λ auf eine andere Leistungslinie, die dem neuen Betriebszustand entspricht.

40. Synchronisierendes Moment. Arbeiten mehrere Wechselstromgeneratoren mit gleicher Klemmenspannung parallel auf ein gemeinsames Netz, so ist erforderlich, daß die Klemmenspannungen alle in gleicher Phase sind. Sobald eine der Maschinen nicht genau mit den anderen in Phase bleibt, entsteht eine Spannungsdifferenz zwischen ihr und dem Netz, die zur Folge hat, daß Ausgleichsströme zwischen ihr und den anderen Maschinen fließen. Diese Ausgleichsströme sind bestrebt, die Phasengleichheit wiederherzustellen; parallel geschaltete Wechselstromgeneratoren suchen mithin einander „im Takt" zu halten. Sobald eine der Maschinen durch irgendeinen Zufall z. B. eine Voreilung gegen die übrigen erhält, wächst für sie der Winkel, und das hat eine vermehrte Leistungsabgabe dieser Maschine, also auch einen erhöhten Strom zur Folge. Gleichzeitig werden dadurch die anderen Maschinen entlastet, sie geben weniger Strom ab; man kann daher den Vorgang auch so auffassen, als ob Strom aus der voreilenden Maschine in die anderen (entgegen deren Strom) fließt. Da aber die Erregung des Generators und wegen der konstanten Drehzahl auch die Abgabe der Antriebsmaschine ungeändert geblieben ist, kann die Mehrbelastung nicht aufrecht erhalten bleiben, der Winkel muß sich von selbst wieder verkleinern. Die Mehrbelastung wirkt bei einer Voreilung wie eine bremsende Kraft. Man sagt daher, daß ein System paralleler Wechselstrommaschinen synchronisierende Kräfte auf jede einzelne von ihnen ausübt. Die synchronisierende Kraft ist erheblich, solange die Voreilung gering ist und nimmt bei wachsender Voreilung ab. Sollen parallel geschaltete Maschinen einander gut in Takt halten, so müssen sie demnach mit kleiner Voreilung arbeiten. Bei mehrpoligen Maschinen entspricht einer räumlichen Voreilung um α° eine elektrische Voreilung um $p\,\alpha^\circ$; daher treten hier bei geringen räumlichen Voreilungen starke synchronisierende Kräfte auf.

Die Rückkehr in die richtige Lage wird gewöhnlich unter Schwingungen geschehen, die sich als Überlagerung der gleichförmigen Rotation vollziehen; es sind also Zunahmen und Abnahmen der Winkelgeschwindigkeit, welche um den durch die Drehung der übrigen Maschinen gegebenen Mittelwert herumschwankt. Diese Schwingungen haben eine bestimmte Periode, die wie bei allen übrigen Schwingungen durch das Verhältnis Trägheitsmoment zu Direktionskraft bestimmt ist. Das Trägheitsmoment Θ des Polrades ist durch seine Massenverteilung bestimmt. Die Direktionskraft D ist definiert als diejenige synchronisierende Kraft, welche auf die Maschine von den übrigen Maschinen mittels der Ausgleichströme ausgeübt wird. Auf diese Weise hat man einem Wechselstromgenerator, der parallel mit anderen auf ein Netz arbeitet, eine bestimmte Eigenschwingungsdauer zuzuschreiben. Sie ergibt sich rechnerisch wie in den Gleichungen der Mechanik zu

$$T = 2\pi\sqrt{\frac{\Theta}{D}}\,.$$

Die Maschine führt, wenn sie durch einen äußeren Anlaß aus dem Synchronismus herausgebracht ist, freie Schwingungen von dieser Dauer um die rotierende Gleichgewichtslage aus. Im allgemeinen hören sie auf, „klingen ab“, weil sie durch mechanische Reibung und durch Wirbelströme in Eisen und Kupfermassen eine Dämpfung erfahren, welche die Energie des ersten Anstoßes verzehrt.

41. Pendeln der Wechselstrommaschine. Eine einmalige Ablenkung aus der mit den übrigen Maschinen gleichförmigen Drehung läßt die Maschine unter schnell abnehmenden Schwingungen in diese zurückkehren. Die Schwingungsfähigkeit des Polrades (Eigenschwingungsdauer T) kann dagegen gefährlich werden, wenn eine periodisch wiederkehrende Störung darauf wirkt. Das tritt z. B. ein, wenn die Maschine von einer Dampfmaschine oder einem Explosionsmotor angetrieben wird; diese besitzen in jeder Umdrehung Maxima und Minima des treibenden Drehmoments, und sie bringen daher periodische Schwankungen der Winkelgeschwindigkeit ω hervor, dergestalt, daß die Antriebsmaschine ihre eigene Schwingungsdauer T_a der Wechselstrommaschine aufzwingt und deren Ungleichförmigkeitsgrad

$$\delta = \frac{\omega_{\max} - \omega_{\min}}{\omega_{\text{mittel}}}$$

vergrößert.

Sind beide Schwingungsdauern gleich, so tritt vollkommene Resonanz ein, und die Amplitude der Maschinenschwingung würde beliebig wachsen, wenn nicht Reibung und Wirbelströme dämpfend wirkten. Sind T und T_a nicht gleich, so werden die von der Antriebsmaschine aufgezwungenen Schwingungen durch die Schwingungsfähigkeit der Wechselstrommaschine desto stärker vergrößert, je näher jene beiden Werte aneinander liegen (unvollkommene Resonanz). Doch stellt sich auch hier ein Beharrungszustand ein, indem die Schwingungen eine Maximalamplitude erreichen und beibehalten. Resonanzmodul oder Vergrößerungsfaktor heißt das Verhältnis dieser Maximalamplitude zu der Amplitude, welche die Schwingung haben würde, wenn die Wechselstrommaschine keine Eigenschwingung besäße. Die Theorie liefert für diesen Faktor den Wert

$$\zeta = \pm \frac{T_a^2}{T_a^2 - T^2},$$

sofern keine Dämpfung vorhanden ist.

Tritt durch nahe Übereinstimmung der beiden Schwingungsdauern ein sehr starkes Schwingen des Polrades ein, so nennt man dies „Pendeln" der Wechselstrommaschine. Dabei fließen starke Ausgleichsströme zwischen der pendelnden Maschine und den übrigen Maschinen, die Spannungsschwankungen übertragen sich auf das gesamte Leitungsnetz und stören die angeschlossenen Verbraucher, wie z. B. Motoren, endlich kann auch die pendelnde Maschine ganz außer Tritt fallen. Für einen sicheren Betrieb muß also eine Gleichheit der beiden Schwingungsdauern vermieden werden. In der Praxis ist die Eigenschwingungsdauer der Wechselstrommaschine gewöhnlich größer als die der Antriebsmaschine; liegen beide noch zu nahe aneinander, so wird man T durch Vergrößerung der Schwungmassen des Polrades größer machen.

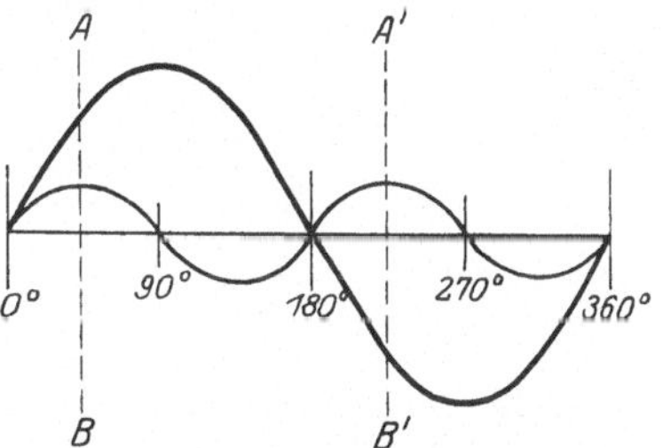

Abb. 52. Sinuskurve und erste Oberschwingung.

Ein anderes Mittel zur Verringerung des Pendelns ist die Dämpfung der Schwingungen durch Entziehung ihrer Energie in Form von Wirbelströmen mittels Dämpfungswicklung nach HUTIN und LEBLANC. Die Ankerrückwirkung folgt mit ihren Induktionslinien dem Polrad in gleichförmiger Rotation. Sobald das Polrad zu schwingen beginnt, schneiden daher die Induktionslinien der Ankerdrähte die Polschuhe und erzeugen in ihnen Wirbelströme, die energieverzehrend, also dämpfend wirken. Man begünstigt die Wirbelströme durch Verwendung massiver Polschuhe und noch stärker, indem man in die Polköpfe in axialer Richtung nahe dem Rand starke Kupferbolzen einzieht, die außen durch Kupferstücke miteinander leitend verbunden werden.

42. Oberschwingungen bei Wechsel- und Drehstrommaschinen. Die Spannungskurve eines Wechselstromgenerators ist selten eine reine Sinuskurve (vgl. Ziff. 33), insbesondere gibt die Verteilung der Wicklung auf mehrere Löcher zur Entstehung einer Kurve mit Oberschwingungen Anlaß. In den Wechselstrommaschinen erfolgt indessen teilweise von selbst eine Unterdrückung der Oberschwingungen. In Abb. 52 ist eine Sinuswelle nebst ihrer ersten Oberschwingung eingezeichnet; beide wären, um die EMK in ihrem zeitlichen Verlauf richtig wiederzugeben, Punkt für Punkt zu addieren. Entspricht nun die Induktion eines Statordrahtes in der Nähe eines Pols einer zweipoligen Maschine z. B. gerade den Ordinaten an der Stelle AB, so entspricht die Induktion des diametral gegenüberliegenden Drahtes der um 180° entfernt liegenden Ordinate $A'B'$. Da die beiden um eine Polteilung auseinanderliegenden Drähte bei der praktischen Ausführung in einer Spule entgegengesetzt hintereinandergeschaltet werden, sind die beiden in ihnen entstehenden Spannungen so zu vereinigen, daß die Ordinaten an der Stelle $A'B'$ mit umgekehrter Richtung zu denen der

Stelle AB zu addieren sind. Hierbei verdoppelt sich die von der Grundwelle herrührende Spannung, die Spannung der Oberwelle aber hebt sich heraus. Das gleiche gilt für alle geraden Oberschwingungen.

Bei Drehstrommaschinen in Sternschaltung findet in ähnlicher Weise eine Vernichtung der Oberschwingungen dritter Ordnung statt. In Abb. 53 ist eine Sinuswelle mit ihrer Oberwelle von dreifacher Periodenzahl gezeichnet. Hat nun die Spannung in einer Phase der Drehstrommaschine z. B. gerade den Augenblickswert AB, so hat sie in der zweiten Phase den um 120° entfernt liegenden Augenblickswert $A'B'$. Die verkettete Spannung zwischen den betreffenden Außenleitungen setzt sich als Differenz dieser beiden Phasenspannungen zusammen. Hierbei addieren sich die beiden Ordinaten der Grundwelle, diejenigen der dritten Oberschwingung heben sich wieder heraus, und zwar immer, weil sie nach je 120° stets den gleichen Wert haben. Bei Dreieckschaltung findet die Aufhebung der Oberschwingung nicht statt, weil dort die Phasenspannung ohne weiteres zur Außenspannung wird.

Oberschwingungen entstehen außer aus den früher dargelegten (vgl. Ziff. 33) Anlässen noch aus folgenden Gründen. Bei Mehrphasenstrom ergeben die Ankerströme ein Drehfeld, das synchron mit der Erregung umläuft. Die Schwankungen des Drehfeldes um seinen Mittelwert wirken auf die Erregung ein und rufen so eine Verzerrung der Feldkurve und damit der Kurve der EMK hervor. Bei Einphasenstrom ist das Ankerfeld ein pulsierendes Wechselfeld. Sein Einfluß macht sich, trotzdem die Erregerwicklung und das Eisen der Feldmagnete dämpfend wirken, in Pulsationen des Erregerstromes und zwar von der doppelten Frequenz des erzeugten Wechselstromes, bemerkbar und ruft wieder Oberschwingungen in der Kurve der EMK hervor. Das Auftreten von Pulsationen der doppelten Frequenz kann man sich dadurch erklären, daß man das Wechselfeld als aus zwei mit gleicher Geschwindigkeit gegensinnig umlaufenden Drehfeldern von je der halben Amplitude des Wechselfeldes resultierend auffaßt. Das eine Drehfeld ruht relativ zu dem Erregerfeld, während das andere Drehfeld relativ zu ihm die doppelte Geschwindigkeit hat und daher Störungen von der doppelten Frequenz hervorruft.

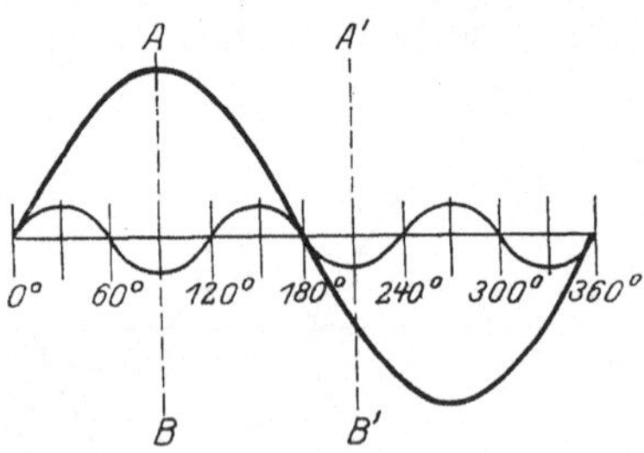

Abb. 53. Sinuskurve und zweite Oberschwingung.

Bei offenem Erregerkreis erzeugt das von den Ankerströmen erzeugte Magnetfeld an den Klemmen der Erregerwicklung eine Spannung. Diese Spannung, die bei Drehstrom im Stillstand, bei Einphasenstrom auch am umlaufenden Läufer auftritt, erreicht lebensgefährliche Höhe und gefährdet die Isolation. Beim Stillsetzen von Wechselstrommaschinen ist daher Vorsicht geboten.

43. Aufbau der Wechselstrommaschine. Der Stator oder Anker, also der äußere, feststehende Teil der Maschine, besteht wegen der Wirbelströme aus Blechen; sie werden von einem eisernen Gehäuse getragen, das durch Tragkränze oder Verspannungen versteift ist. Das ganze Blechpaket wird zum Zwecke der Lüftung gewöhnlich durch radiale Zwischenstücke in einzelne Teile zerlegt. Die Wicklung wird in offenen, halbgeschlossenen oder geschlossenen Nuten untergebracht. Fast immer werden Mehrlochwicklungen gewählt. Die Spulenköpfe müssen wegen der elektrodynamischen Kräfte besonders im Hinblick auf Kurzschlüsse durch mechanische Befestigung gegen Verbiegung geschützt werden. Die Schaltung sämtlicher zu einer Phase gehörigen Ankerspulen ist beliebig. Man kann zur Erzielung hoher Spannung alle Spulen einer Phase hintereinander schalten, oder man kann sie zur Erreichung hoher Stromstärken nach Bedarf in Gruppen parallel und diese dann in Reihe schalten.

Für das rotierende Polrad gilt, daß die Anzahl der Pole nicht beliebig ist. Sind p Polpaare vorhanden, und macht die Maschine n Umdrehungen in der Minute, so ist die Periodenzahl ν durch die Gleichung

$$\nu \cdot 60 = p \cdot n$$

bestimmt. Da nun Periodenzahl und Umdrehungszahl gewöhnlich gegeben sind, so ist damit die Polzahl vorgeschrieben. Zugleich sieht man, daß man die Wechselstrommaschinen mit einer ziemlich großen Polzahl ausstatten muß, wenn hohe Umdrehungszahlen vermieden werden sollen.

Bezüglich der Bauart des Polrades unterscheidet man Einzelpolmaschinen und Volltrommelmaschinen mit verteilter Wicklung. Bei den Einzelpolmaschinen ist ein Polrad wie in Abb. 36 vorhanden. Die Nabe des Rades trägt aufgesetzte, angeschraubte Pole, die entweder massiv oder aus Blechen aufgebaut sind. Ihre Wicklungen sind meist sämtlich hintereinander geschaltet und werden über zwei Schleifringe an Gleichstrom mittlerer Spannung, z. B. 220 Volt, gelegt. Bei den Volltrommelmaschinen besteht das Polrad ähnlich wie der Anker einer Gleichstrommaschine aus einer Trommel, die aus einzelnen Blechen aufgebaut und mit Nuten versehen ist. (Abb. 54). In diese werden die auf Schablonen hergestellten Erregerspulen eingelegt und so geschaltet, daß ein Polpaar entsteht. Besonders Turbogeneratoren werden als Volltrommelmaschinen ausgeführt.

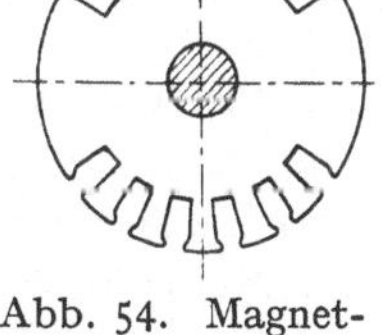

Abb. 54. Magnetkörper einer Volltrommelmaschine.

Zur Vermeidung des Pendelns wird das Polrad oft an seinem Umfang mit besonderen Schwungmassen versehen, die das Trägheitsmoment vergrößern (Schwungradmaschine).

Kleinere Wechselstrommaschinen können mit einer geringen Konstruktionsveränderung unmittelbar aus Gleichstrommaschinen hergestellt werden, also als Außenpolmaschinen mit umlaufendem, innen liegendem Anker. Zapft man z. B. einen Gleichstrom-Ringanker an drei um 120° auseinander liegenden Punkten an und verbindet diese Stellen mit drei Schleifringen, so erhält man bei einer zweipoligen Maschine einen Drehstromgenerator, indem die drei Teile des Ankers um 120° phasenverschobene Spannungen liefern; sie sind dann von vornherein im Dreieck geschaltet (vgl. Ziff. 32).

Für Eichzwecke, insbesondere bei Zählern benutzt man vielfach zwei getrennte aber miteinander gekoppelte Wechselstromgeneratoren, die beide von einer Gleichstrommaschine angetrieben werden. Die eine von diesen Doppelmaschinen ist normal gebaut, bei der anderen kann der Stator mittels Zahnkranz und Schnecke um die Achse gedreht werden. Auf diese Weise können beliebige Phasenverschiebungen zwischen den beiden voneinander unabhängigen Wechselströmen gleicher Frequenz eingestellt werden. Bei Verwendung als Zählereichmaschine wird die eine Maschine meist zur Strom-, die andere zur Spannungsentnahme benutzt.

b) Wechselstrommotoren.

44. Einteilung der Wechselstrommotoren. Das Drehmoment entsteht beim Wechselstrommotor aus derselben Grundwirkung wie beim Gleichstrommotor, nämlich aus den Kräften zwischen stromführendem Leiter und Magnetpol. Während jedoch beim Gleichstrom prinzipiell nur eine Art der Umkehrung vom Generator zum Motor möglich ist, gibt es beim Wechselstrom deren mehrere, weil hier der Strom dem umlaufenden Teil (Rotor) nicht unmittelbar zugeführt zu werden braucht; vielmehr kann hier der Strom auch durch Induktion der Ruhe vom Stator aus hervorgerufen werden. Man unterscheidet drei Hauptgruppen von Wechselstrommotoren:

α) Synchronmotoren. Sie stellen die unmittelbare Umkehrung des Wechselstrom- bzw. Drehstromgenerators dar. Der Ständer, d. i. der feststehende Anker, wird daher mit Wechselstrom, der Läufer, d. i. das umlaufende Polrad, mit Gleichstrom von außen her gespeist. Der Name besagt, daß ihre Drehzahl mit der Periodenzahl des Wechselstroms gegeben ist.

β) Asynchronmotoren, auch Induktionsmotoren genannt. Bei ihnen wird nur der Stator mit Wechselstrom bzw. Drehstrom beschickt, während der Strom im Rotor, der als Schleifring- oder Kurzschlußanker ausgebildet sein kann, durch Induktion entsteht. Der Name Asynchronmotor weist darauf hin, daß diese Motoren mit ihrer Drehzahl stets hinter der durch die Periodenzahl des Wechselstromes und die Polzahl gegebenen synchronen Drehzahl zurückbleiben. Hinsichtlich der Drehzahländerung bei Belastung haben die Induktionsmotoren Nebenschlußcharakteristik.

γ) Kommutatormotoren. Sie sind dadurch kenntlich, daß sie einen Kommutator besitzen wie die Gleichstrommotoren. Der Strom im Rotor entsteht bei den verschiedenen Arten teils durch unmittelbare Zuleitung, teils durch Induktion.

α) Synchronmotoren.

45. Anlassen. Die Synchronmaschinen sind in ihrer Wirkungsweise umkehrbar. Entzieht man einem Synchrongenerator nach dem Parallelschalten zum Netz die Antriebskraft, so läuft er mit der synchronen Drehzahl als Motor weiter. Bei Mehrphasenmaschinen ist der Vorgang dadurch erklärlich, daß das Drehfeld die Magnete des Polrades mitnimmt und so den synchronen Lauf aufrecht erhält. Auch bei Einphasenmotoren muß die Drehung des Läufers im Takte des Ankerwechselstromes, d. h. synchron erfolgen, da nur so das zwischen Polrad und Anker auftretende Drehmoment stets dieselbe Richtung hat.

Synchronmotoren können im allgemeinen durch einfaches Einschalten nicht in Betrieb gesetzt werden, sie müssen erst auf synchrone Drehzahl gebracht und können dann nach Synchronisierung, die wie bei Generatoren zu erfolgen hat, auf das Netz geschaltet werden. Am einfachsten wird der Synchronmotor mittels eines besonderen Motors „angeworfen“, der für kurzzeitigen Betrieb bestimmt sein kann und nur $\frac{1}{10} \div \frac{1}{5}$ der Hauptmotorleistung abzugeben braucht. Oft kann als Anwurfmotor auch eine Maschine dienen, die der Synchronmotor nach Anlauf zu treiben hat. Das ist z. B. bei Unterstationen eines großen Wechselstromnetzes der Fall, in denen ein Teil des Wechselstromes in Gleichstrom umgeformt werden soll. In solchen Stationen stellt man einen Wechselstrom-Gleichstromumformer (Motor-Generator) auf, dessen eine Seite der Synchronmotor bildet, während die andere Seite eine mit ihm gekuppelte Gleichstrommaschine ist, die mit einer Akkumulatorenbatterie zusammenarbeitet. Beim Anlaufen treibt die Batterie die Gleichstrommaschine als Motor, dieser bringt den Synchronmotor auf Touren bis zum Synchronismus. Nachher läuft der Synchronmotor als Motor und treibt die Gleichstrommaschine, die als Generator dienen und gleichzeitig den Strom für die Erregung des Synchronmotors liefern kann.

Eine andere Art des Anlassens besteht darin, das man den Synchronmotor mit dem Drehstromgenerator, der ihn speisen soll, im Stillstand zusammenschaltet, dann beide erregt und nun den Generator anlaufen läßt. Der Synchronmotor läuft dann mit dem Generator an und erreicht mit ihm die Betriebsdrehzahl. Für diesen „synchronen Anlauf" kann auch ein besonderer Motorgenerator vorgesehen werden, mit dem beliebig viele Synchronmotoren nacheinander angelassen werden können.

Mehrphasenmotoren können auch durch „asynchronen Anlauf" angelassen werden. Legt man den Anker im Stillstand an die Netzspannung, die man meist unter Verwendung eines Anlaßtransformators in Sparschaltung herabsetzt, so werden Wirbelströme in den massiven Polschuhen, bzw. in den Dämpferwicklungen erzeugt. Durch das Drehfeld wird das Polrad mitgenommen, der Motor läuft wie ein Induktionsmotor, jedoch nur mit geringem Drehmoment an und erreicht eine Drehzahl, die etwas kleiner als die synchrone ist, er „schlüpft". Wird nun die Ankerspannung gesteigert und schließlich das Feld allmählich erregt, so wird das Polrad in den synchronen Lauf hineingezogen, der Motor fällt in Tritt. Dieses Anlaßverfahren ist nur für leerlaufende Motoren verwendbar. Das Schaltungsschema zeigt Abb. 55

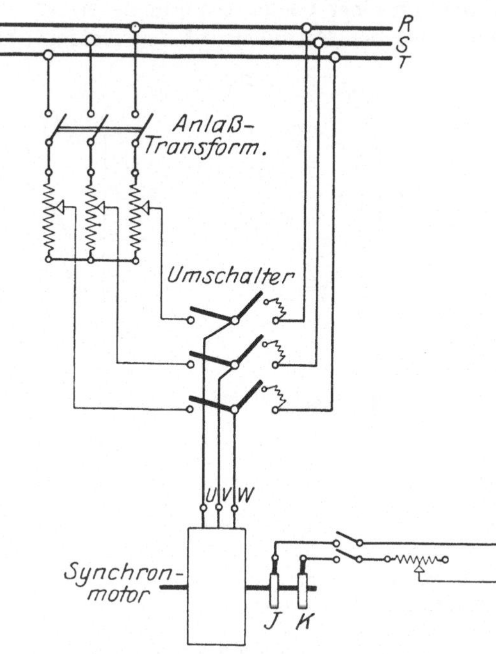

Abb. 55. Synchronmotor mit Anlaßtransformator für Leerlauf.

Asynchroner Anlauf für geringe Belastung wird ermöglicht durch Einbau einer Käfigwicklung wie beim Kurzschlußanker des Asynchronmotors. Zur Verminderung der Stromstöße wird auch hier ein Anlaßtransformator eingeschaltet. Anlauf unter Vollast erreicht man durch Konstruktion einer Anlaßwicklung in den Polschuhen.

Kleine Drehstrom-Synchronmotoren laufen leer unter voller Netzspannung asynchron an und fallen von selbst in Tritt, wenn die Läufer als Kurzschlußläufer mit ausgeprägten Polen gebaut sind. Auch bei kleinen Einphasen-Synchronmotoren kann der Läufer als Kurzschlußläufer mit ausgeprägten Polen versehen werden. Die Motoren müssen dann wie Einphasen-Induktionsmotoren (vgl. Ziff. 56) mit Hilfsphase angelassen werden.

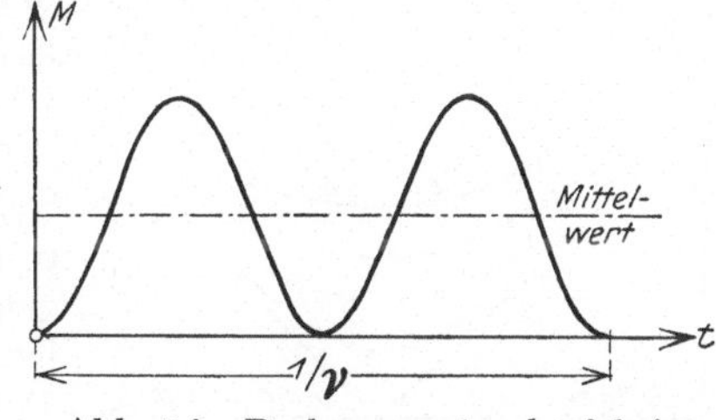

Abb. 56. Drehmomentverlauf beim Einphasenmotor.

Die Drehrichtung ist bei Einphasen-Synchronmotoren beliebig, bei Mehrphasen-Synchronmotoren ist sie durch die Phasenfolge gegeben. Wechsel des Drehsinns wird bei Drehstrom durch Vertauschung zweier Zuleitungen erreicht.

Das Drehmoment von Drehstrommotoren ist während eines Umlaufes praktisch konstant, das aller Einphasenmotoren ist während eines Umlaufes nicht konstant, sondern schwankt mit der doppelten Netzfrequenz zwischen Null und einem Höchstwert, wie in Abb. 56 veranschaulicht ist.

Die Ermöglichung eines einfachen Anlaufs hat den Anwendungsbereich des Synchronmotors vergrößert.

46. Betrieb des Synchronmotors. Der Synchronmotor muß wie ein Generator von einer Gleichstromquelle erregt werden; die Drehzahl ist von der Polzahl und der Periodenzahl des Netzes abhängig, also nicht regelbar. Da der

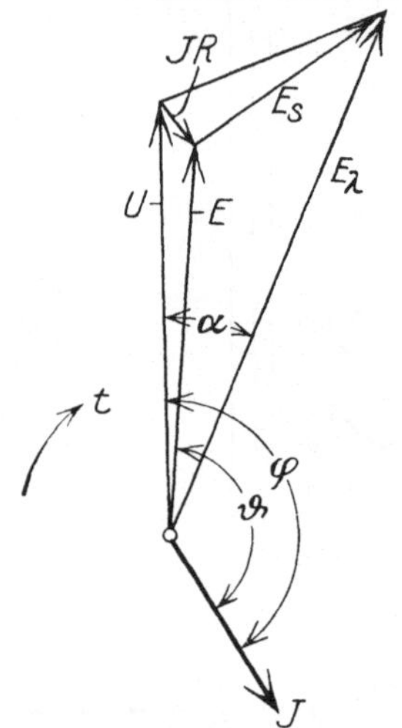

Abb. 57. Vektordiagramm des übererregten Synchronmotors.

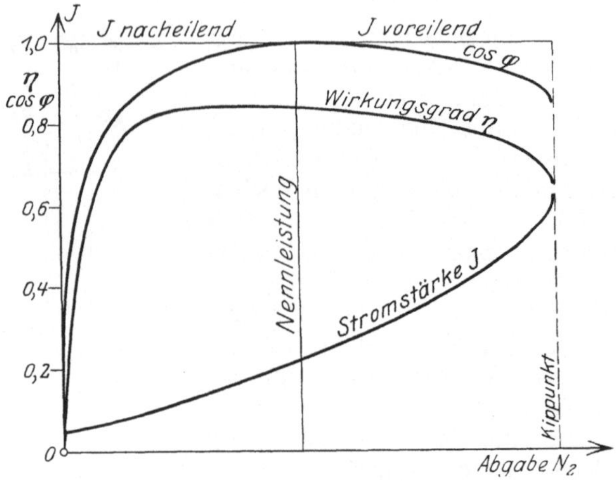

Abb. 58. Betriebskurven eines Drehstrom-Synchronmotors.

Synchronmotor dem Netz keinen Magnetisierungsstrom zu entnehmen braucht, so kann er mit dem Leistungsfaktor $\cos\varphi = 1$ betrieben werden. Ein besonderer Vorteil des Synchronmotors besteht darin, daß er bei Übererregung eine nacheilende Phasenverschiebung des Stromes gegen die Klemmenspannung hervorruft. Diese kapazitive Belastung des Netzes kann den Blindstromverbrauch anderer Motoren kompensieren und damit den Gesamtleistungsfaktor des Netzes verbessern. Ohne Abgabe mechanischer Leistung kann daher der Synchronmotor als leerlaufender Phasenschieber arbeiten.

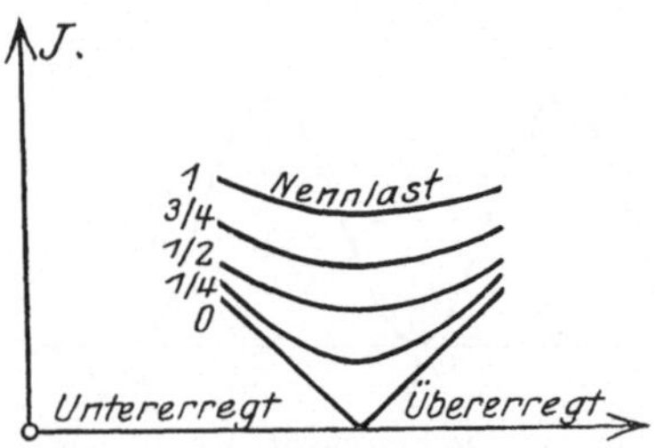

Abb. 59. V-Kurven eines Synchronmotors.

Das Vektordiagramm eines übererregten Synchronmotors, das dem eines untererregten, d. i. kapazitiv belasteten Generators entspricht, zeigt Abb. 57. Der Winkel α zwischen U und E_λ ist negativ, d. h. es liegt Nacheilung vor. Das Polrad des Motors bleibt gegen die Anfangsstellung bei unbelasteter Maschine zurück, der Maschinenvektor eilt gegen den Netzvektor nach.

Die Betriebskurven eines Drehstrom-Synchronmotors stellt Abb. 58 dar. Stromstärke, Leistungsfaktor und Wirkungsgrad sind in Abhängigkeit von der abgegebenen Leistung bei konstanter Erregung aufgetragen. Der Wirkungsgrad eines Synchronmotors ist hoch, ferner ist seine Überlastungsfähigkeit groß, das Kippmoment beträgt bis zum 4fachen des Nenndrehmoments.

Trägt man bei konstanter Leistung für verschiedene Erregung die Ankerstromstärke auf, so erhält man eine Kurve, die wegen ihrer Gestalt V-Kurve heißt. In Abb. 59 sind die V-Kurven eines Synchronmotors für verschiedene Belastungen angegeben.

Einen Drehstrom-Synchronmotor (bis etwa 40 kW), der sich seinen Erregerstrom in dem Motor selbst erzeugt, stellt die Firma Dr. MAX LEVY, Berlin, her. Der Läufer des Motors weist außer einer Dreiphasenwicklung mit Schleifringen noch eine Hilfswicklung mit Kommutator auf. Bei Synchronismus wird dieser Gleichstrom entnommen, der zur Erregung des mit einer Drehstromwicklung versehenen Ständers dient. Der Anlauf auch bei Vollast erfolgt wie bei einem gewöhnlichen Induktionsmotor mit Schleifringanker. Vermöge der Kommutatorwicklung wird dem Ständer Wechselstrom der Schlupffrequenz zugeführt (Periodenumformer). Der Motor erhält so bereits vor erreichter synchroner Drehzahl synchronen Charakter. Der Übergang zum synchronen Lauf erfolgt stoßfrei. Bei Überlastung arbeitet der Motor als Asynchronmotor weiter. Der Leistungsfaktor ist fast gleichbleibend, etwa 0,95.

Das gleiche Prinzip wird auch zum In-Tritt-Bringen großer Maschinen verwendet.

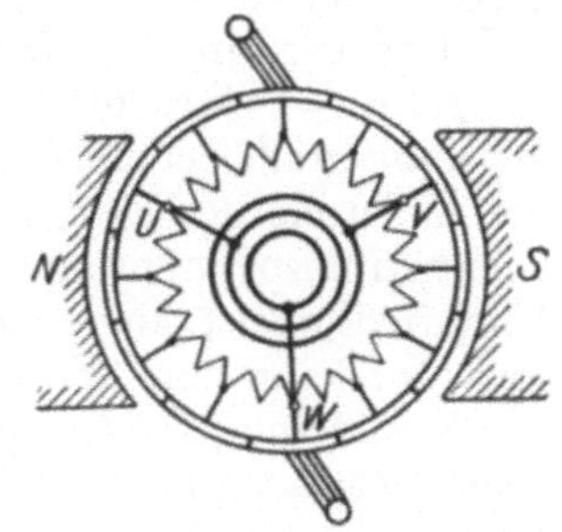

Abb. 60. Einankerumformer für Drehstrom-Gleichstrom.

47. Einankerumformer. Durch rotierende Umformer kann die Verwandlung von Gleichstrom in Wechselstrom oder umgekehrt erfolgen. Man kuppelt z. B. einen Gleichstrommotor mit einem Wechselstromgenerator und erhält so einen Zweiankerumformer oder Motorgenerator. Die Spannungen des Wechselstromes und des Gleichstromes stehen bei diesem in keinem bestimmten Verhältnis, sondern lassen sich durch die Wahl der Wicklung beliebig gestalten. Die Umformung läßt sich jedoch auch in einer einzigen Maschine, einem Einankerumformer vornehmen, der darauf beruht, daß Maschinen mit Außenpolen zur Entnahme von Gleichstrom oder von Wechselstrom benutzt werden können, je nachdem man sie mit einem Kollektor oder mit Schleifringen versieht (vgl. Ziff. 32). Ordnet man beides an, indem auf der einen Seite der Achse ein Kollektor, auf der anderen Seite Schleifringe, der Phasenzahl des Wechselstroms entsprechend, angebracht werden, so kann man diesem Generator, wenn er mechanisch angetrieben wird, Gleichstrom oder Wechselstrom oder auch beides zu gleicher Zeit (Doppelgenerator) entnehmen.

Die übliche Betriebsart des Einankerumformers besteht darin, daß die eine Seite der Maschine durch Zuführung elektrischer Energie als Motor betrieben wird, während man der anderen Seite die andere Stromart entnimmt. Am häufigsten kommt die Umformung von Drehstrom in Gleichstrom vor. Abb. 60 zeigt die Anordnung eines Drehstrom-Gleichstrom-Umformers. Bei dieser zweipoligen Maschine sind die Schleifringe mit drei symmetrisch liegenden Punkten U, V, W der Wicklung verbunden.

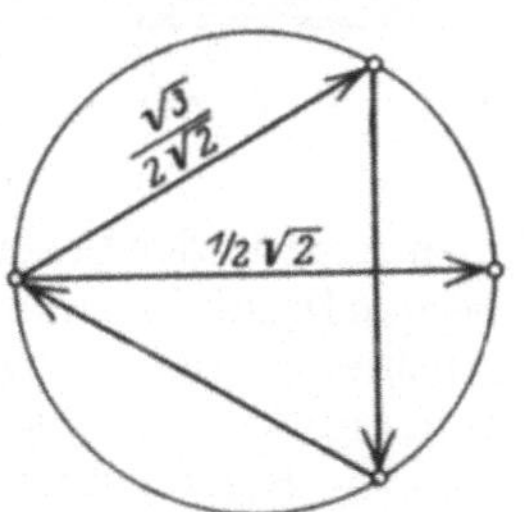

Abb. 61. Spannungsverhältnisse für Einphasen- und Drehstromumformer.

Die Zahlenbeziehung zwischen Wechsel- und Gleichspannung ist nicht beliebig, sondern beide stehen in einem bestimmten, von Drehzahl und Belastung unabhängigen Übersetzungsverhältnis. Bei der Umformung von Einphasenstrom wird die Gleichspannung gleich dem Scheitelwert der Wechselspannung, deren Effektivwert also bei sinusförmigem Feld gleich dem $\frac{1}{2}\sqrt{2} = 0{,}71$fachen der Gleichspannung ist; bei Drehstrom ist die verkettete Spannung das $\sqrt{3}/2\sqrt{2} = 0{,}61$fache der Gleichspannung. Die geometrischen Verhältnisse, aus denen diese Zahlenbeziehungen folgen, zeigt Abb. 61.

Wird der Einankerumformer als Gleichstrom-Wechselstrom-Umformer benutzt, so beeinflußt die von der Phasenverschiebung abhängige Ankerrückwirkung die Drehzahl der Maschine, mithin auch die Frequenz des Wechselstroms erheblich. Der Umformer kann sogar durchgehen. Bei der gebräuchlichsten Verwendung als Wechselstrom-Gleichstrom-Umformer läuft die Maschine als Synchronmotor, also mit fester Drehzahl. Das Anlassen kann entweder durch Anwerfen von der Gleichstromseite oder wie bei gewöhnlichen Synchronmotoren erfolgen, insbesondere durch asynchronen Anlauf.

Der Leistungsfaktor ist abhängig von der Gleichstromerregung und kann auf $\cos\varphi = 1$ eingestellt werden. Der Umformer arbeitet dann mit günstigstem Wirkungsgrad, der über 90% betragen kann. Auf Drehzahl und Spannung hat die Änderung der Erregung im allgemeinen keinen Einfluß. Zur Änderung der Gleichstromspannung in weiten Grenzen wird der Transformator, über den der Umformer meist angeschlossen wird, regelbar ausgeführt. Bei festem Transformator kann eine Spannungsregulierung in mäßigen Grenzen (bis etwa 10%) durch Änderung des Erregerstroms bewirkt werden. Diese beeinflußt den induktiven Spannungsabfall im Transformator und damit die Wechselspannung am Umformer. Die Wirkung kann durch Einschalten einer Drosselspule vergrößert werden.

β) Asynchronmotoren.

48. Allgemeines. Während bei Synchronmotoren Ständer- und Läuferwicklung von außen gespeist werden, sind die Asynchronmotoren nur mit einem dieser Teile an das Netz angeschlossen; der Strom im anderen Teil wird nicht von außen durch Leitungen zugeführt, sondern in ihm durch Induktion wie beim Transformator erzeugt. Man nennt diese Motoren daher auch Induktionsmotoren. Sie stimmen in der Arbeitsweise weitgehend mit den Transformatoren überein. Diese Beziehungen kommen auch in der Bezeichnung der Hauptbestandteile zum Ausdruck. Man spricht bei den Induktionsmotoren im allgemeinen nicht von Anker und Feld, sondern unterscheidet in Analogie zu den Transformatoren Primär- und Sekundäranker. Der Primäranker wird fast immer als Ständer, der Sekundäranker als Läufer ausgeführt.

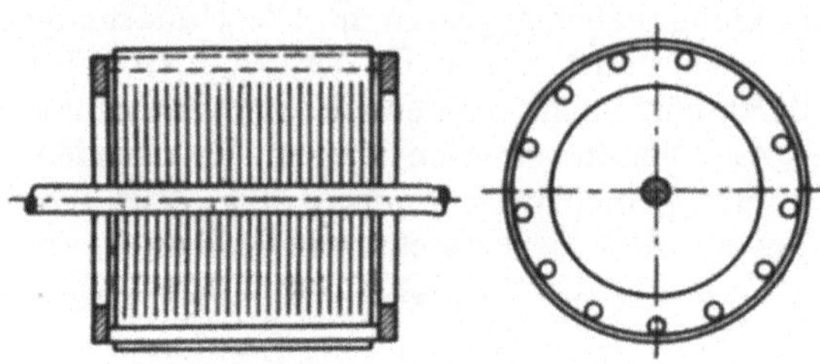

Abb. 62. Käfiganker.

Die Bezeichnung der Induktionsmotoren als Asynchronmotoren erklärt sich durch ihr Drehzahlverhalten. Der Induktionsmotor läuft „asynchron“, die Drehzahl des Läufers bleibt stets hinter der durch Polzahl und Frequenz gegebenen synchronen zurück.

Der Ständer des Drehstromasynchronmotors gleicht in seinem Aufbau im wesentlichen dem Anker einer Synchronmaschine, die Wicklung ist eine normale Drehstromwicklung. Bei dem Läufer sind zwei Arten zu unterscheiden: Kurzschlußläufer und Schleifringläufer.

Der Kurzschlußläufer wird meist als sog. Käfigläufer ausgeführt; die Käfigwicklung besteht aus Kupferstäben, die einzeln in die Nuten des lamellierten Eisenkörpers gebettet und an den beiden Stirnseiten durch je einen Kurzschlußring verbunden sind. In Abb. 62 ist ein Käfiganker schematisch dargestellt. Die Käfigwicklung bietet den besonderen Vorteil, daß derselbe Anker für jede beliebige Polzahl paßt.

Bei größeren Motoren versieht man den Läufer des Anlassens wegen mit einer in Nuten eingebetteten Drehstromwicklung; diese wird als Spulen- oder als Stabwicklung ausgeführt und meist dreiphasig angeordnet, der Wicklung des Stators entsprechend. Die Enden der drei Phasen werden in Stern- oder Dreieckschaltung mit drei Schleifringen verbunden, welche die Möglichkeit bieten, Widerstände in den Stromkreis des Rotors einzuschalten. Die drei Wicklungszweige werden meist kurz als Phasen und der Läufer als Phasenanker bezeichnet.

Der Hauptvorzug des asynchronen Drehstrommotors besteht in der überaus einfachen Konstruktion. Insbesondere die kleineren Motoren mit Kurzschlußläufer fallen einfach und billig aus, da sie keine umlaufenden Teile besitzen, an denen Strom abgenommen werden müßte. Sie geben daher keine Gelegenheit zur Funkenbildung und erfordern nur sehr wenig Wartung. Der Asynchronmotor mit Kurzschlußläufer ist deshalb der ideale Motor für die Energieverteilung an

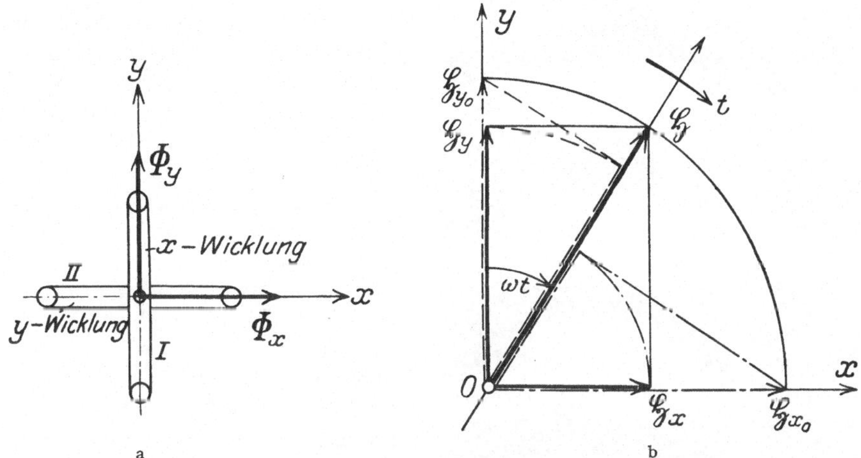

Abb. 63a u. b. Entstehung des Drehfeldes aus zwei Wechselfeldern.

Kleinverbraucher. Auch die großen Motoren bieten erhebliche Vorteile; sie bedürfen zwar eines Anlaßwiderstandes, dieser ist jedoch einfach gegenüber dem Anlaßaggregat eines gewöhnlichen Synchronmotors; ferner haben die Asynchronmotoren den Vorzug, unter Last anzulaufen.

49. Drehfeld. Die Entstehung eines Drehfeldes sei am zweiphasigen System als dem einfachsten Falle erläutert. Wir betrachten zwei rechtwinklig gekreuzte Spulen (Abb. 63a), die von Zweiphasenstrom gespeist werden, derart, daß der Wechselstrom in Spule I (x-Wicklung) ein magnetisches Feld vom Augenblickswert $\mathfrak{H}_x$ und der Amplitude $\mathfrak{H}_{x_0}$ hervorruft, in Spule II (y-Wicklung) ein Feld vom Augenblickswert $\mathfrak{H}_y$ und der Amplitude $\mathfrak{H}_{y_0} = \mathfrak{H}_{x_0}$, das aber gegen das erste eine voreilende Phasenverschiebung von $90°$ hat. Es liegen also zwei räumlich und zeitlich gegen einander verschobene, gleiche Wechselfelder vor. Zu einer beliebigen Zeit t, zu der die Zeitlinie mit der y-Achse den Winkel ωt einschließe, ergeben sich nach Abb. 63b die Augenblickswerte $\mathfrak{H}_x$ und $\mathfrak{H}_y$ der beiden Wechselfelder der Größe nach durch Projektion der Amplituden auf die Zeitlinie. Die Richtung ist die der x- bzw. y-Achse. Aus den beiden räumlich um $90°$ verschobenen Augenblickswerten der Felder erhält man durch vektorielle Addition den Augenblickswert $\mathfrak{H}$ des resultierenden Magnetfeldes von der Größe der Amplitude jedes der beiden Wechselfelder. Wie Abb. 63b zeigt, hat

$\mathfrak{H}$ in jedem beliebigen Zeitpunkt dieselbe Größe; seine Lage fällt mit der der Zeitlinie zusammen. D. h. das resultierende Feld ist ein Drehfeld, das mit konstanter Geschwindigkeit von dem zeitlich voreilenden zum zeitlich nacheilenden Feld wandert.

Der Umlauf des Drehfeldes erfolgt somit, wenn die positive räumliche Richtung der Felder mit der positiven Richtung der Vektoren übereinstimmt, entgegengesetzt der Drehrichtung der Vektoren, also mit der Zeitlinie.

Bei der Veranschaulichung nach Abb. 63b sind entsprechend der zeitlichen und räumlichen Verschiebung der beiden Felder zwei verschiedene Diagrammarten überlagert. Die Augenblickswerte der Wechselfelder werden in einem Zeitdiagramm der in der Elektrotechnik üblichen Art gewonnen (vgl. Kap. 5, Ziff. 3). Die Bildung der Resultierenden erfolgt in einem Raumdiagramm.

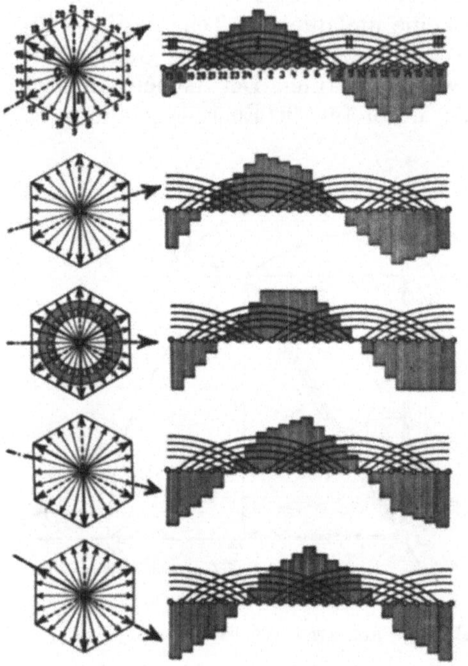

a b

Abb. 64 a u. b. GÖRGESsches Polygon, a Vektordiagramm und Zeitlinie, b Verteilung, Fortschreiten und Veränderung des Drehfeldes.

Unter den Mehrphasensystemen ist von besonderem Interesse das Dreiphasensystem. Liegen bei diesem drei gleiche, räumlich und zeitlich um 120° gegeneinander verschobene Wechselfelder vor, so ergibt sich als resultierendes Magnetfeld wieder ein Drehfeld. Seine Amplitude ist das $\frac{3}{2}$fache der jedes Wechselfeldes.

In den Maschinen haben die Wechselfelder nicht nur genähert sinusförmigen Verlauf, sondern sie sind außerdem noch sinusförmig über den Umfang verteilt (vgl. Ziff. 33). Auch das resultierende, praktisch konstante Drehfeld ist dementsprechend sinusförmig über den Umfang verteilt.

Die bisher besprochenen Drehfelder waren zweipolig; bei mehrpoligen Maschinen von der Polzahl $2p$ ist die zeitliche Phasenverschiebung der Felder die gleiche wie bei zweipoligen, die räumliche Verschiebung beträgt jedoch beim Zweiphasensystem $90/p$, beim Dreiphasensystem $120/p$ Winkelgrade. Man spricht meist kurz von einer Verschiebung um 90 bzw. 120 elektrische Grade.

Die minutliche Umlaufzahl des Drehfeldes im Raume ist allgemein

$$n_0 = \frac{60\nu}{p}.$$

Man nennt diese Zahl die synchrone Drehzahl.

Praktisch ist die Kurve der Feldverteilung nur genähert sinusförmig und das Drehfeld ist Pulsationen unterworfen. Die Ursache liegt darin, daß die Wicklung in Nuten verteilt ist, und daß in allen Nuten jeder Gruppe dieselbe Stromstärke herrscht. Eine einfache Veranschaulichung der Vorgänge ermöglicht das GÖRGESsche Polygon, das in Abb. 64 für eine zweipolige Drehstromwicklung mit 4facher Nutenzahl dargestellt ist. Für das Dreiphasensystem ergibt sich ein reguläres Sechseck als Vektordiagramm der Feldverteilung. Die einzelnen Vektoren des Diagramms stellen die Felder unter den Zähnen (vgl. die dritte Abb.) nach Größe und Phase dar. Die Projektionen der Vektoren auf die Zeitlinie geben die Feldstärken an, die in den Zähnen in dem durch die Lage der Zeitlinie bestimmten Augenblick herrschen.

Beim Zweiphasensystem ergibt sich als Polygon der Feldverteilung ein Quadrat, die Schwankungen des Drehfeldes sind demnach größer als bei einer Drehstromwicklung.

50. Wirkungsweise des Induktionsmotors. Das magnetische Drehfeld induziert im kurzgeschlossenen Sekundäranker EMKe und Ströme, die den Anker im Sinne des Drehfeldes mitnehmen. Die Drehzahl des Läufers ist dabei stets geringer als die des Drehfeldes, und zwar um einen solchen Betrag, daß der Läuferstrom zusammen mit dem Drehfeld das zur Drehung des Läufers erforderliche Drehmoment ergibt. Würde der Rotor synchron umlaufen, so würden seine Leiter von den Induktionslinien des Drehfeldes nicht geschnitten werden und also auch keine EMKe und Ströme und damit auch kein Drehmoment auftreten.

a) Schlüpfung. Das Zurückbleiben des Läufers hinter der Umlaufsgeschwindigkeit des Drehfeldes heißt Schlüpfung. Diese ist eine grundsätzliche Eigenschaft der Induktionsmotoren. Ist

$$n_0 = \frac{60\,\nu}{p}$$

die synchrone Drehzahl, und n die Drehzahl des Läufers, so bezeichnet man als Schlüpfung oder Schlupf den Bruch

$$s = \frac{n_0 - n}{n_0} = \frac{n_s}{n_0},$$

n_s ist die Schlupfdrehzahl. Die Schlüpfung wird meist in Prozenten der synchronen Drehzahl ausgedrückt:

$$s\% = \frac{n_0 - n}{n_0} \cdot 100\,.$$

Bei Leerlauf ist die Schlüpfung sehr gering; bei Belastung beträgt sie einige Prozent.

b) Periodenzahl im Sekundäranker. Das Drehfeld läuft über die Statordrähte mit der Drehzahl n_0, über die Rotordrähte aber mit der Differenz der Drehzahlen $n_0 - n$. Im selben Verhältnis stehen auch die Periodenzahlen ν und ν' in Stator und Rotor. Hiernach berechnet sich die Periodenzahl des Rotorstromes zu

$$\nu' = \frac{n_0 - n}{n_0} \cdot \nu = s \cdot \nu\,.$$

In Worten: Die Periodenzahl des Rotorstromes ist gleich der Periodenzahl des Wechselstromes im Stator, multipliziert mit der Schlüpfung.

Die Stärke des Rotorstromes ist ebenfalls der Schlüpfung proportional. Denn die im Rotor hervorgerufene EMK ist proportional der Anzahl der Induktionslinien, die ein Rotordraht in der Zeiteinheit schneidet, also proportional der Schlüpfung, und wegen des konstanten Rotorwiderstandes ist die Stromstärke im Rotor dieser EMK proportional.

c) Rotorleistung und Rotorverlust. Sind E_2 und J_2 EMK und Stromstärke im Sekundäranker, R_2 dessen Widerstand und Φ_2 der sekundäre Induktionsfluß, so ist

$$J_2 = \frac{E_2}{R_2} = c_1\,\Phi_2\,\frac{n_s}{R_2}\,.$$

Für das Drehmoment M, das nach der allgemeinen Grundgleichung (vgl Ziff. 8) dem Produkt aus Stromstärke und Induktionsfluß proportional ist, folgt hiernach

$$M = c_2 J_2 \Phi_2 = c_1 c_2 \Phi_2^2 \frac{n_s}{R_2}.$$

D. h. das Drehmoment ist der Schlüpfung und dem Quadrate des sekundären Induktionsflusses proportional, also auch annähernd dem Quadrate der Primärspannung. Ist N_1' die vom Stator auf den Sekundäranker übertragene Leistung, also gleich der Aufnahme vermindert um die Verluste im Primäranker, N_2 die Abgabe des Motors, so ergibt sich

$$N_1' = \frac{c_1}{c_2} M n_0 = \frac{c_1}{c_2} M n_s + \frac{c_1}{c_2} M n,$$

und da

$$\frac{c_1}{c_2} M n_s = c_1^2 \Phi_2^2 \frac{n_s^2}{R_2} = J_2^2 R_2,$$

folgt

$$N_1' = J_2^2 R_2 + N_2.$$

Ferner ergibt sich

$$J_2^2 R_2 = \frac{n_s}{n_0} N_1' = s N_1';$$

d. h. der Leistungsverlust im Sekundäranker durch JOULEsche Wärme ist gleich der auf den Rotor übertragenen Leistung, multipliziert mit der Schlüpfung.

Aus der ersten Gleichung oben für das Drehmoment ersieht man ferner, daß bei gegebenem Drehmoment und konstanter Primärspannung die Schlüpfung dem Widerstand des Läufers proportional ist; mit anderen Worten, man kann durch Einschalten von Widerständen in den Läuferkreis die Schlüpfung bei konstantem Drehmoment bis zum Stillstand vergrößern.

51. Streuung. Ein Drehstrommotor, der festgebremst und durch Einschalten von Widerständen in den Rotorkreis auf die gleiche Stromstärke gebracht wird wie bei Belastung, zeigt in beiden Fällen die gleichen Verhältnisse hinsichtlich Magnetfeld und Stromstärke. In diesem Zustand ist der Motor nichts anderes als ein Transformator: Der Stator als primäre Wicklung ruft ein resultierendes Magnetfeld hervor, dieses durchsetzt den Rotor und veranlaßt in ihm sekundäre Ströme, die in der Phase um annähernd 180° gegen die primären Ströme verschoben sind. Bei schärferer Fassung dieser Betrachtung ist jedoch zu berücksichtigen, daß das Magnetfeld nicht wie beim Transformator ruht, daß vielmehr ein Drehfeld vorliegt. Wenn man sich den festgebremsten Rotor als Phasenanker vorstellt, der mit seinen drei Phasen in genau symmetrischer Lage zum Stator steht, so kann man jede Phase als einen Transformator für sich betrachten, der sich von den gewöhnlichen Transformatoren (vgl. Kap. 5, Ziff. 8) hauptsächlich durch den Luftspalt im Eisenkreis unterscheidet. Der Luftspalt gibt beim Drehstrommotor zu einer beträchtlichen Streuung Veranlassung, die für sein Verhalten charakteristisch ist.

Der Drehstrommotor kann als allgemeiner Transformator auch diagrammatisch behandelt werden, doch ergibt insbesondere die Streuung verwickelte Verhältnisse. Es soll daher auf das allgemeine Diagramm nicht eingegangen werden.

Beim Motor ohne Streuung würde das resultierende Feld, das die Bedeutung eines Leerlaufsfeldes hat, unabhängig von der Belastung sein. Wie beim Wechselstrommagneten gehört zu einer konstanten aufgedrückten Spannung auch ein konstantes Magnetfeld (vgl. Kap. 5, Ziff. 1). Bei Berücksichtigung der Streuung ergibt sich hingegen, daß, je stärker man den Motor belastet, je stärker also Stator- und Rotorströme werden, desto stärkere Streufelder auftreten. Während beim Motor ohne Streuung nur das gemeinsame resultierende Feld vorhanden sein würde, das Rotor und Stator gleichmäßig durchsetzt, kann man bei Berücksichtigung der Streuung unter vereinfachten Annahmen von einem gemeinsamen resultierenden Feld, einem Statorstreufeld und einem Rotorstreufeld sprechen. Die Induktionslinien des Statorstreufeldes schließen sich im wesentlichen im Stator durch die Zahnkronen, die Induktionslinien des Rotorstreufeldes hingegen durch den Luftspalt und die Zahnkronen des Sekundärkreises.

Man kann sagen, daß die Wirkung des Rotorstromes auf das gemeinsame Feld darin besteht, daß ein Teil der vom Stator ausgehenden Linien gestaut oder abgewiesen wird. Die sekundäre Streuung wird daher auch als „Abweisung" bezeichnet.

Der Einfluß der Streuung zeigt sich besonders bei großen Schlüpfungen und beim Stillstand, wo infolge der starken Ströme ein „Wegblasen" der Induktionslinien stattfindet. Aus diesem Grunde erreicht das Drehmoment bei einer gewissen Schlüpfung sein Maximum (Kippmoment) und ist im allgemeinen beim Stillstand kleiner als das normale Drehmoment (vgl. Abb. 67).

52. Kreisdiagramm von HEYLAND. Eine übersichtliche Darstellung der Wirkungsweise des Drehstrommotors gibt das von HEYLAND angegebene Kreisdiagramm, das insbesondere den Zusammenhang zwischen der Streuung und den Eigenschaften des Motors erkennen läßt. Die Ableitung der Diagramme erfordert weitgehende theoretische Entwicklungen, wir begnügen uns daher mit dem Ergebnis und betrachten zunächst die einfachste Form des Diagramms, Abb. 65, zu der man auf folgende Weise gelangt.

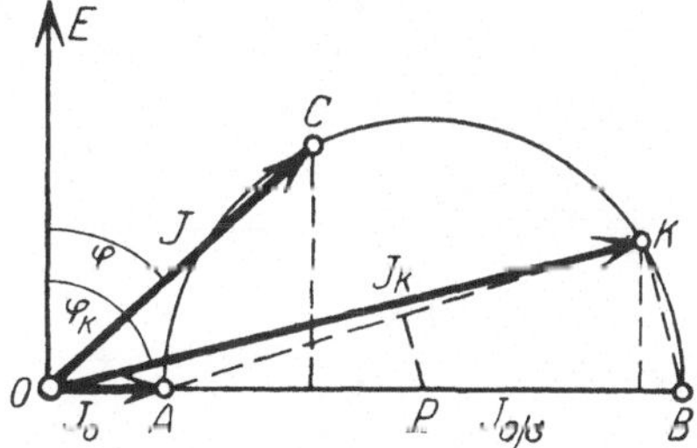

Abb. 65. Einfaches Kreisdiagramm nach HEYLAND.

Es werden bei konstanter Klemmenspannung U des Motors und konstanter Periodenzahl der Strom J_0 bei Leerlauf, sowie der Strom J_k und die Leistung N_k bei Kurzschluß, d. h. bei festgebremstem Rotor bestimmt. Aus Strom, Spannung und Leistung beim Kurzschluß ergibt sich die Phasenverschiebung φ_k beim Kurzschluß. Zur Konstruktion zeichnet man horizontal eine Strecke $J_0 = \overline{OA}$, errichtet in O eine Senkrechte für die Richtung von E, trägt an diese unter dem Winkel φ_k die Strecke $\overline{OK} = J_k$ an und zeichnet den Kreis, dessen Mittelpunkt in dem Schnittpunkt P der Verlängerung von $\overline{OA}$ und der Mittelsenkrechten von $\overline{AK}$ liegt.

Es ist bei der Konstruktion üblich, spitze Winkel anzutragen, das Diagramm also nicht als strenges Vektordiagramm durchzuführen.

Bei dieser einfachen Form des Heylandkreises sind die Eisenverluste und der OHMsche Widerstand im Stator vernachlässigt. Es ist daher $E = U$. Die Strecke $\overline{OB}$ stellt den Kurzschlußstrom bei widerstandslosem Läuferkreis dar. Da der Motor bei Leerlauf und bei Kurzschluß dann nur induktiven Widerstand enthält, sind Leerlauf und Kurzschlußstrom um 90° phasenverschoben gegen die Spannung. Für den Durchmesser $\overline{AB}$ des Kreises erhält man in großer Annäherung den Wert

$$\overline{AB} = \frac{J_0}{\sigma},$$

wobei σ der resultierende HEYLANDsche Streuungskoeffizient ist (vgl. Kap. 5, Ziff. 7), der die gesamte Streuung im Stator und Rotor berücksichtigt.

Es gilt also

$$\sigma = \frac{J_0}{J_k - J_0},$$

wenn man hier unter J_k den Kurzschlußstrom bei widerstandslosem Läufer versteht. Ein praktischer Mittelwert ist $\sigma = 0{,}1$.

Der HEYLANDsche Kreis ist ferner der geometrische Ort für den Endpunkt C der der primären Stromstärke J entsprechenden Strecke $\overline{OC}$. Ferner ist die von dem Punkte C bzw. K auf den Kreisdurchmesser gefällte Senkrechte ein Maß für das Drehmoment. Das Diagramm zeigt, daß das Drehmoment für einen gewissen Wert von J sein Maximum erreicht und dann wieder abnimmt. Die Überlastungsfähigkeit des Asynchronmotors hängt also von der Streuung ab.

Bei Erweiterung des HEYLANDschen Diagrammes durch Hinzufügung anderer geometrischer Örter lassen sich fast alle für die Wirkungsweise des Drehstrommotors wichtigen Größen graphisch veranschaulichen, jedoch wird die Darstellung dann verwickelt. Einige einfachere Beziehungen seien — wie oben ohne Beweis — angegeben. Es sei in Abb. 66 $\overline{OL}$ nach Größe und Richtung gleich der Leerlaufstromstärke J_0, ferner $\overline{OA}$ gleich der Stromstärke im Leerlauf ohne Reibungsverluste (z. B. durch synchronen Antrieb bestimmbar). Ist ferner wie in Abb. 65 $\overline{OK} = J_k$ die Kurzschlußstromstärke, so liegen A, L und K auf dem Heylandkreis, dessen Durchmesser $\overline{AB}$ senkrecht auf E steht. Zur Ermittelung der Schlüpfung zeichnet man den sog. Schlüpfungskreis, der durch die Punkte A und B geht; sein Mittelpunkt Q liegt so, daß $\overline{KB}$ die Tangente in B ist. Der Schlüpfungskreis teilt die Strecke $\overline{CB}$ so, daß sich $\overline{CS} : \overline{CB}$ wie die Schlupfdrehzahl zur synchronen Drehzahl verhält. Die prozentuale Schlüpfung ist also

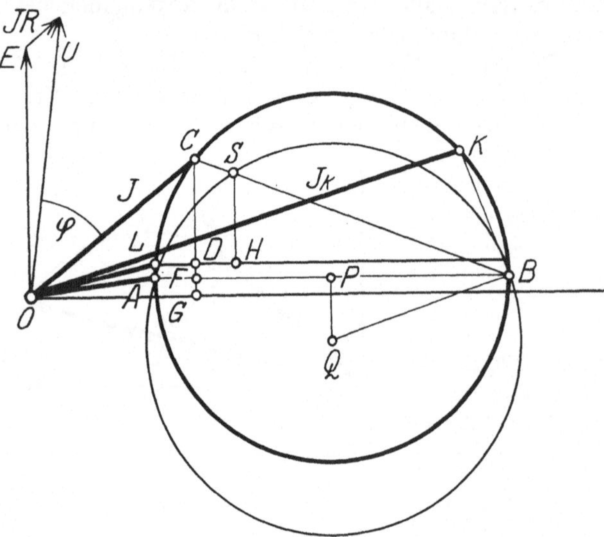

Abb. 66. Erweitertes HEYLANDsches Diagramm.

$$s\% = \frac{\overline{CS}}{\overline{CB}} \cdot 100.$$

Das Lot $\overline{CF}$ von C auf $\overline{AB}$ ist ein Maß für das gesamte Drehmoment. Durch Abzug des für die Reibung erforderlichen Drehmomentes $\overline{DF}$ ergibt sich in $\overline{CD}$ das Nutzdrehmoment. Aus diesem erhält man vermöge des Schlüpfungskreises in $\overline{SH}$ ein Maß der abgegebenen Leistung. Im gleichen Maßstabe stellt $\overline{CG}$ die Leistungsaufnahme dar ohne Berücksichtigung der primären Stromwärme.

Der Heylandkreis läßt auch die Änderung der Phasenverschiebung φ und damit auch des Leistungsfaktors $\cos\varphi$ erkennen. Bei Leerlauf ist $\cos\varphi = 0{,}1 \div 0{,}2$, der höchste Wert von $0{,}7 \div 0{,}9$ wird etwa beim Nennstrom erreicht, während bei Überlast der Leistungsfaktor wieder abnimmt.

53. Drehmoment und Drehzahl. Aus dem Diagramm kann man ferner entnehmen, daß das größte Drehmoment, Kippmoment genannt, auftritt, wenn der Endpunkt von J auf der Mittelsenkrechten von $\overline{AB}$ liegt. Es beträgt das 1,6 ÷ 2,5fache des Nenndrehmomentes. Die zugehörige Schlüpfung wird Abfallschlüpfung genannt, sie beträgt 15 ÷ 20%. Kippmoment und Abfallschlüpfung sind für die experimentelle Untersuchung des Drehstrommotors von Bedeutung.

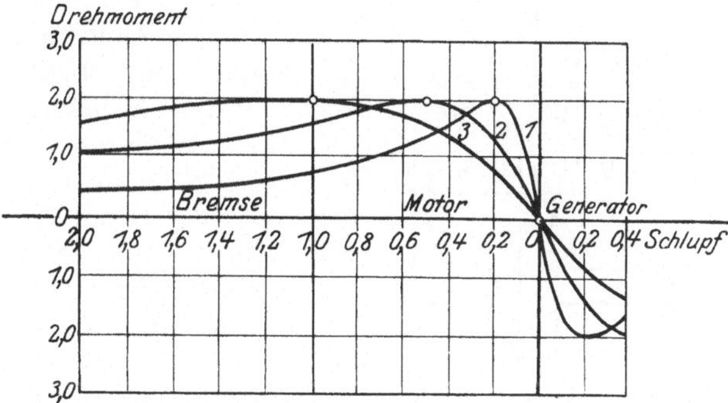

Abb. 67. Drehmoment und Schlupf des Drehstrommotors.

Entnimmt man dem HEYLANDschen Diagramm zusammengehörige Werte von Drehmoment und Schlupf, so ergibt sich der in Abb. 67, Kurve 1 dargestellte Verlauf des Drehmomentes, das der Motor bei dem gegebenen Läuferwiderstand entwickelt. Schaltet man in den Läuferkreis Widerstand, z. B. so, daß sich der gesamte Sekundärwiderstand auf das $2^1/_2$- oder 5fache erhöht, so ergeben sich die Kurven 2 und 3. Wie die Abb. 67 zeigt, läßt es sich also erreichen, daß der Motor mit dem größten Drehmoment anläuft. Die Schlüpfung kann auch über 100% betragen, das bedeutet, daß der Motor gegen sein Drehmoment von außen angetrieben wird. Er wirkt dann als Bremse. Bei Motoren mit Schleifringanker kann dem Rotor Strom von der Schlüpfungsfrequenz entnommen werden. Der Motor arbeitet so als Frequenzumformer. Bei Antrieb von außen gegen das Drehmoment wird bei normaler Drehzahl die doppelte Netzfrequenz erreicht.

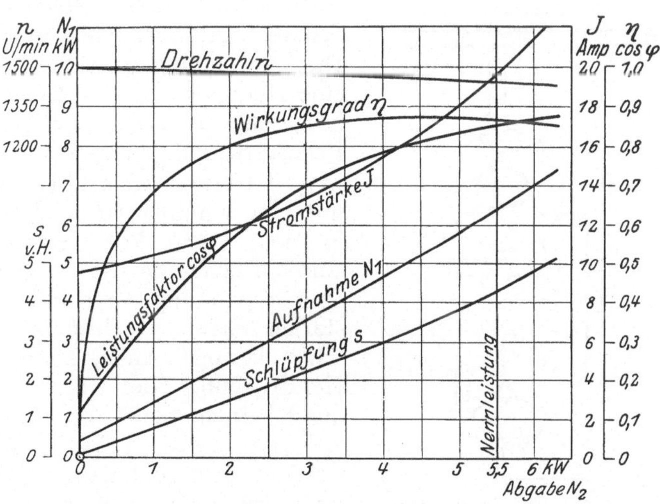

Abb. 68. Betriebskurven eines Drehstrommotors (220 V, 5,5 kW).

Treibt man den Motor übersynchron an, so wird die Schlüpfung negativ, die Maschine arbeitet als Generator, sie liefert Energie in das Netz zurück, von dem sie gleichzeitig den Magnetisierungsstrom aufnimmt. Auch dieses Verhalten wird zur Bremsung verwandt, z. B. im Bahnbetrieb.

Die Betriebskurven eines Drehstrommotors sind in Abb. 68 wiedergegeben. Sie sind über der abgegebenen Leistung aufgetragen.

Erwähnt sei, daß auch für Drehstrommotoren mit Kurzschluß- und mit Schleifringläufer weitgehende Normung besteht, die sich auf Nennleistung, Wirkungsgrad, Leistungsfaktor, Anlaufmoment, Anlaufstrom und Kippmoment erstreckt.

Asynchrone Generatoren werden auch als Stromerzeuger benutzt. Man betreibt sie dann parallel zu einem von Synchrongeneratoren gespeisten Netz. Der Vorteil der Asynchronmaschinen liegt hierbei in ihrer einfachen Bauart, der Nachteil in der Aufnahme eines großen Blindstromes.

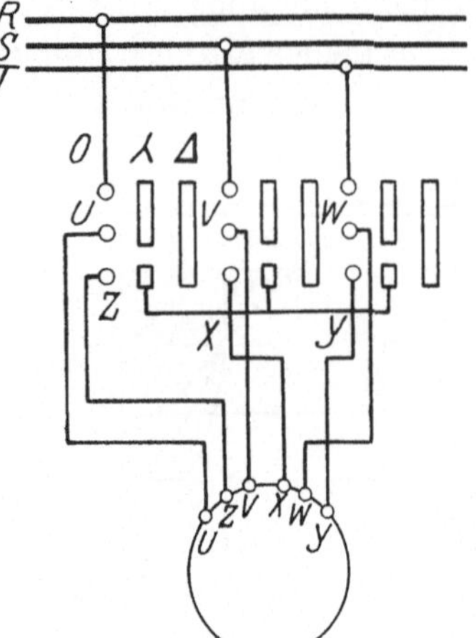

Abb. 69. Drehstrommotor mit Stern-Dreieck-Schalter.

Das Verhalten als Generator wird gleichfalls im Heylanddiagramm (untere Hälfte der Kurve in Abb. 66) veranschaulicht.

54. Anlassen des Drehstrommotors. Bei kleinen Motoren mit Kurzschlußläufer ist eine besondere Vorrichtung zum Anlassen nicht nötig, weil der Rotor ziemlich hohen Widerstand hat und so trotz günstigen Anzugsmomentes nur geringen Strom aufnimmt; diese Motoren werden daher unmittelbar an die Netzspannung gelegt.

a) Stern-Dreieck-Anlasser. Wird der Strom beim Einschalten der Motoren mit Kurzschlußläufer zu groß, so verwendet man einen Stern-Dreieck-Umschalter, mittels dessen die Primärwicklung beim Anlaufen in Stern und beim Betrieb in Dreieck geschaltet wird. Der Übergang zwischen beiden Schaltungen erfolgt zur Vermeidung von Stromstößen über einen Widerstand. Beim Anlassen wirkt auf jede Phase der Wicklung nur das $1/\sqrt{3}$ fache der Netzspannung, und der Motor nimmt entsprechend weniger Strom auf. Abb. 69 zeigt einen einfachen Stern-Dreieck-Anlasser in einer für Schalter gebräuchlichen schematischen Darstellung. Die Verwendung eines Stern-Dreieck-Schalters bringt eine Herabsetzung des Anzugsmomentes auf etwa $^1/_3$ mit sich, da das Drehmoment dem Quadrate der Primärspannung proportional ist.

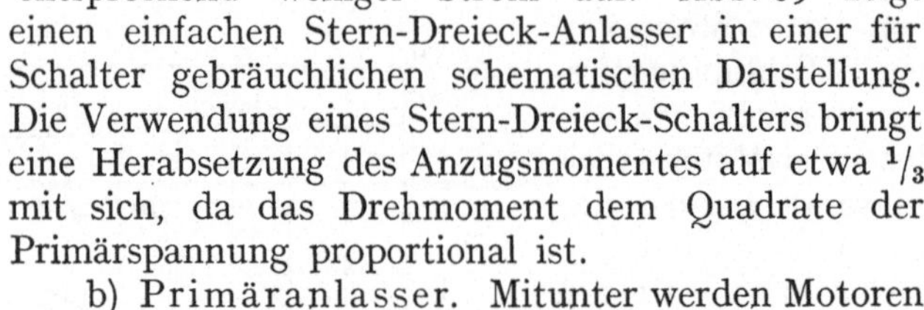

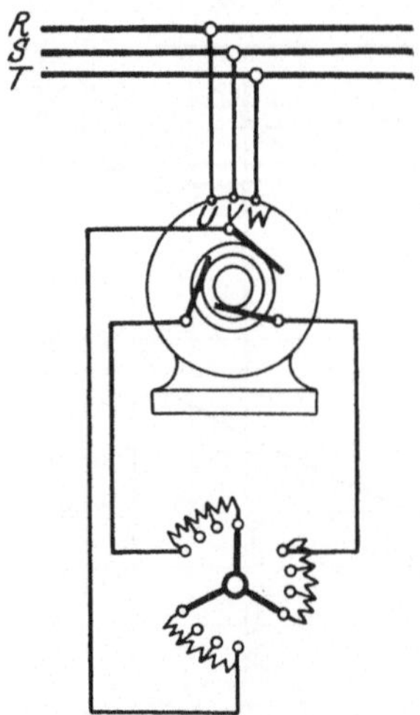

Abb. 70. Anlaßwiderstand im Läuferkreis.

b) Primäranlasser. Mitunter werden Motoren mit Kurzschlußläufer auch so angelassen, daß man in den Ständerkreis abgestufte Anlaßwiderstände einschaltet. Die so erreichte Herabsetzung der Primärspannung verhindert das Auftreten zu starker Ströme, schwächt allerdings das an sich schon geringe Anzugsmoment noch weiter. Die Herabsetzung der Primärspannung kann auch durch einen meist in Sparschaltung ausgeführten Anlaßtransformator erzielt werden. Vielfach werden Kurzschlußankermotoren mittels Fliehkraftkuppelungen mit den anzutreibenden Maschinen erst verbunden, nachdem der Motor leer angelaufen ist.

c) Sekundäranlasser. Größere Motoren würden bei kurzgeschlossenem Läufer ein zu geringes Drehmoment haben, um unter Last anzulaufen; gleichzeitig würden in beiden Wicklungen starke Ströme auftreten. Man baut daher die Motoren mit Schleifringanker und läßt sekundär an. Von den verschiedenen Anlaßvorrichtungen zeigt Abb. 70 den gebräuchlichen Anlasser im Rotorkreis. Von den Schleifringen des Rotors sind Verbindungen zu drei Widerständen geführt, die durch eine Kurbel in Stern geschlossen werden. Bei der gezeichneten

Anlaßstellung müssen die Ströme der drei Rotorphasen die Widerstände durchlaufen; das Drehmoment wird erhöht, die Rotorstromstärke verkleinert. Wenn der Rotor läuft, schaltet man allmählich die Kurbel weiter, so daß die drei Widerstände gleichzeitig langsam ausgeschaltet werden. Die Anlaßwiderstände werden nach einer geometrischen Reihe ähnlich wie bei Gleichstrommotoren abgestuft (vgl. Ziff. 23).

Da der Verlust an den Schleifringen durch Bürstenreibung den Wirkungsgrad unnötig herabdrückt, besitzen die meisten Motoren eine Bürstenabhebevorrichtung, um beim vollen Lauf die Sekundärwicklungen in sich kurzzuschließen und die Bürsten abzuheben. Hierzu dient ein ruhender Hebel, bei dessen Einschaltung man die Schleifringe durch Verschieben einer auf der Motorwelle sitzenden Hülse unmittelbar verbindet; bei weiterer Bewegung entfernt der Hebel die Bürsten von den Schleifringen.

d) Eine weitere Möglichkeit des Anlassens bietet die Gegenschaltung nach Abb. 71. Diese von Görges angegebene Schaltung besteht darin, daß der Anker zwei ungleiche in Stern geschaltete Läuferwicklungen besitzt, die beim Anlauf gegeneinander geschaltet sind, so daß nur die Differenz der EMKe zur Wirkung kommt. Beim Betrieb werden beide Wicklungen kurz geschlossen. Die Umschaltung erfolgt durch einen selbsttätigen Kurzschließer K, der auf der Welle befestigt ist und durch Zentrifugalkraft den Kurzschluß bewirkt.

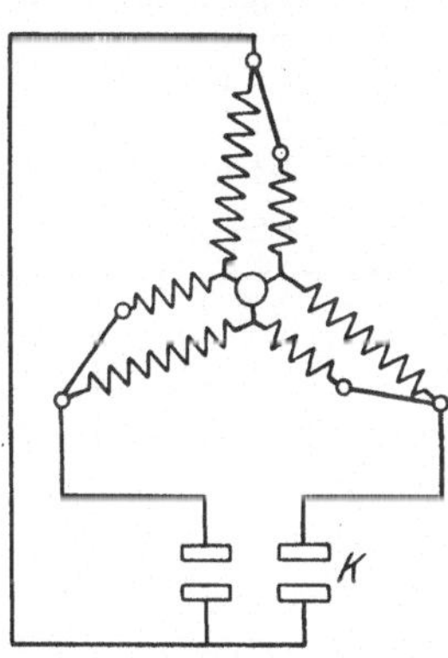

Abb. 71. Gegenschaltung von Görges.

e) Anlauf durch Stromverdrängung. Bei der hohen Frequenz im anlaufenden Läufer werden die Ströme im Kurzschlußläufer durch Hautwirkung radial nach außen gedrängt. Dadurch wächst der Wicklungswiderstand, der Anlaufstrom wird herabgesetzt und das Drehmoment erhöht. Man benutzt diese Eigenschaften zum Bau von „Stromverdrängungsmotoren", bei denen die Nuten schmal und tief ausgeführt werden. Man kann auch die radial übereinander liegenden Stäbe aus verschiedenem Widerstandsmaterial herstellen; der innere Käfig erhält dabei den kleineren Widerstand (Siebanker nach Boucherot).

55. Regelung der Drehzahl. Für den Drehstrommotor ist die synchrone Drehzahl durch die Periodenzahl des zugeführten Stromes und durch die Polzahl gegeben. Der Belastung entsprechend stellt sich eine bestimmte Schlüpfung ein, die, wenn der Wirkungsgrad hoch bleiben soll, nur wenige Prozent betragen darf. Der Drehstrommotor hat daher im wesentlichen die Eigenschaft des Nebenschlußmotors, daß die Drehzahl annähernd konstant ist.

a) Synchronisierung. Erregt man Induktionsmotoren über die Schleifringe durch Gleichstrom, so werden sie zu Synchronmotoren. Der Anlauf muß wie gewöhnlich asynchron erfolgen; nach Umschalten auf die Gleichstromerregung fällt der Motor von selbst in Tritt. Die Erregerstromstärke ist wegen der aufzubringenden Durchflutung erheblich.

b) Umsteuerung. Da bei dem Drehstrominduktionsmotor der Anker in demselben Sinne umläuft wie das Drehfeld, so hat man zur Umsteuerung nur dessen Drehsinn umzukehren. Dies geschieht durch Vertauschen zweier beliebiger Statoranschlüsse. Dabei ist es gleichgültig, ob es sich um Stern- oder Dreieckschaltung handelt. Die Umsteuerung ist also ebenso einfach wie bei Gleichstrommotoren.

Die Regelung der Drehzahl geschieht auf verschiedene Weise.

c) Widerstände im Sekundärkreis. Das einfachste Mittel ist, bei einem Phasenläufer regulierbare Widerstände an die Schleifringe anzuschließen und durch sie die Schlüpfung im erforderlichen Maße zu vergrößern. Wegen des Verhaltens des Drehmomentes sei auf Ziff. 53 und Abb. 67 verwiesen. Der große Nachteil dieser Geschwindigkeitsregelung liegt darin, daß die Energie in den Widerständen in Form von JOULEscher Wärme verbraucht und so der Wirkungsgrad des Motors bedeutend herabgesetzt wird. Daher wird das Verfahren nur zur vorübergehenden Änderung der Geschwindigkeit benutzt.

d) Sekundäranker mit einphasiger Wicklung. Hebt man bei einem Drehstrommotor die Bürste eines Schleifringes ab, so ist der Läufer einphasig. Der Motor zeigt dann die als GÖRGESsches Phänomen bekannte Erscheinung, daß er außer bei Synchronismus auch bei halbem Synchronismus stabil läuft. Auch bei der halben Drehzahl kann er belastet werden, bei ihrer Überschreitung arbeitet er als Generator. Phasenverschiebung und Wirkungsgrad sind bei der halben Drehzahl ungünstig.

e) Polumschaltung. Man richtet die Wicklung des Stators so ein, daß z. B. $2p$ Pole durch Umschaltung in p Pole verwandelt werden können; dann kommt der Motor hierdurch auf die doppelte Umdrehungszahl. Ist der Rotor ein Kurzschlußläufer, so braucht er nicht umgeschaltet zu werden, weil seine Ausführung an keine bestimmte Polzahl gebunden ist. Diese Art der Geschwindigkeitsregelung beeinträchtigt den Wirkungsgrad nicht, aber sie bedingt eine verwickelte Schaltung. Angewandt wird das Verfahren insbesondere zum Anlassen im Bahnbetrieb.

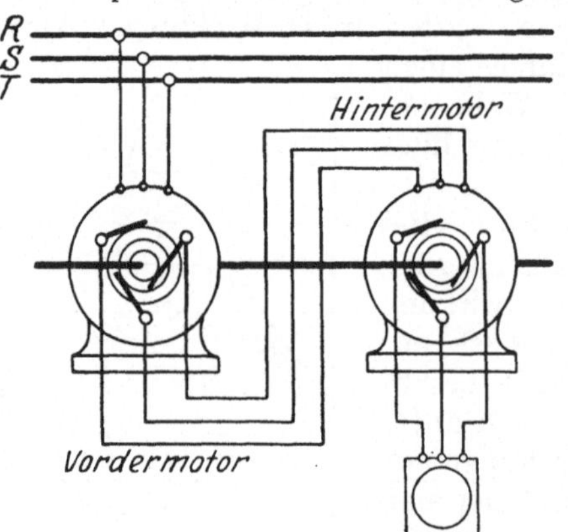

Abb. 72. Asynchrone Kaskadenschaltung.

f) Kaskadenschaltung. Ein weiterer Weg zur Regelung der Drehzahl besteht darin, daß man einem Motor (Vordermotor) zwar eine erhöhte Schlüpfung erteilt, jedoch die entnommene elektrische Energie nicht in Widerständen verbraucht, sondern sie dem Stator eines zweiten Drehstrommotors (Hintermotor) zuführt, der sie seinerseits in mechanische Energie umsetzt. Der einfachste Fall liegt vor, wenn beide Motoren auf derselben Welle sitzen, so daß ihre Drehmomente ohne weiteres zusammenwirken (Abb. 72). Dann ergibt sich, weil der dem ersten Rotor entnommene Strom eine seiner Schlüpfung entsprechende Periodenzahl besitzt, eine Abhängigkeit der Drehzahl beider Motoren von den Polzahlen in der Weise, daß die Drehzahl des Aggregats die gleiche ist, wie wenn ein Strom der gegebenen Periodenzahl einem Motor mit der Summe der Polzahlen zugeführt würde. Sind p_1 und p_2 die Polzahlen, so ist also die synchrone Drehzahl der Kaskade

$$n_0 = \frac{60\,\nu}{p_1 + p_2}\,.$$

Der Belastung entsprechend stellt sich eine bestimmte Schlüpfung ein. Der Wirkungsgrad der Kaskadenschaltung ist gut, aber der Leistungsfaktor der Motoren wird niedrig, die Stromstärke infolge der Blindkomponente also verhältnismäßig hoch.

g) Doppelmotor. Um Drehzahlen zu erreichen, die höher liegen als die synchrone, baut man ineinandergeschobene Doppelmotoren. Ein Motor wird konzentrisch von einem zweiten umschlossen; der Läufer des äußeren (Hilfsmotors) trägt zugleich die Ständerwicklung für den inneren Hauptmotor. Der feste äußere und der drehbare innere Ständer werden beide von demselben Netz gespeist. Das Drehfeld des inneren Motors erhält außer seiner durch die Frequenz gegebenen Drehfeldgeschwindigkeit noch die Geschwindigkeit der Drehung des inneren Ständers. Der Summe beider Geschwindigkeiten entspricht die Drehzahl des inneren Läufers, die z. B. bei zweipoliger Ausführung beider Motoren und einer Netzfrequenz von 50 Per./sec 6000 U/min beträgt. Bei Anwendung der Polumschaltung lassen sich zahlreiche Abstufungen der Drehzahl erzielen.

56. Einphasen - Induktionsmotor. Unterbricht man bei einem laufenden Drehstrommotor eine der drei Zuleitungen, so läuft er als Einphasen-Induktionsmotor weiter. Äußerlich ist keine Änderung zu merken, nur die Stromstärke in den beiden Leitungen ist etwa doppelt so groß geworden. Unterbricht man hingegen schon im Stillstand, so läuft der Motor nicht an. Erteilt man ihm aber in beliebiger Richtung eine bestimmte Geschwindigkeit, so kommt er von selbst auf normale Drehzahl.

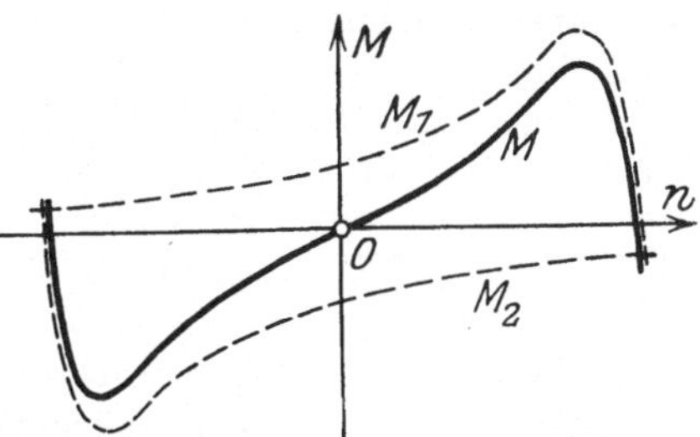

Abb. 73. Drehmoment des Einphasen-Induktionsmotors nach der Drehfeldtheorie.

Die Arbeitsweise läßt sich anschaulich nach der Drehfeldtheorie dadurch erklären, daß man das vom Stator hervorgerufene Wechselfeld durch zwei gegenläufig rotierende Drehfelder von halber Amplitude ersetzt (vgl. Ziff. 42). Beide Drehfelder induzieren im Sekundäranker EMKe und Ströme, die zusammen mit den Drehfeldern zwei entgegengesetzt gerichtete Drehmomente hervorrufen. Der Verlauf der beiden Drehmomente M_1 und M_2, der mit dem des Drehmomentes beim Drehstrommotor übereinstimmt, ist in Abb. 73 in Abhängigkeit von der Drehzahl dargestellt. Das resultierende Moment M ist das Drehmoment des Einphasen-Induktionsmotors.

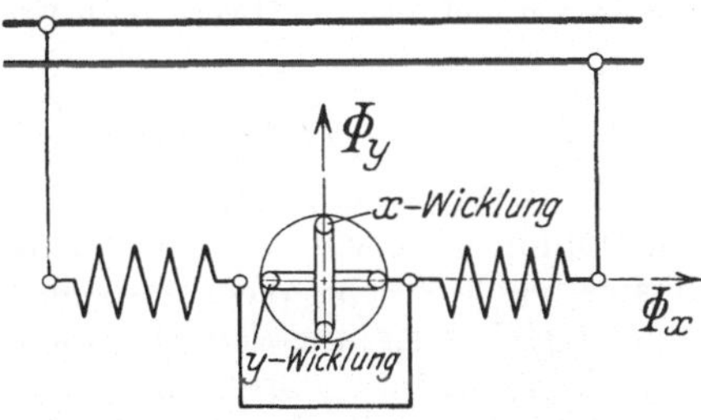

Abb. 74. Schema des Einphasen-Induktionsmotors nach der Querfeldtheorie.

Mit der eben angedeuteten Drehfeldtheorie des Einphasen-Induktionsmotors lassen sich manche Fragen nur schwer erklären. Einen weitergehenden Einblick gestattet die Querfeldtheorie. Sie geht davon aus, daß durch die Drehung des Sekundärankers ein Querfeld entsteht, das räumlich und zeitlich um 90° gegen das Primärfeld verschoben ist und mit diesem zusammen ein Drehfeld erzeugt. Zur Veranschaulichung dieser Vorgänge denkt man sich die Rotorwicklung in 2 zueinander senkrechte Wicklungen zerlegt, deren Achsen im Raume feststehen und die genau dieselbe Wirkung haben wie die tatsächliche Rotorwicklung. Abb. 74 zeigt schematisch die beiden Wicklungen. Die Achse der x-Wicklung liegt in Richtung des Primärfeldes Φ_x, die Achse der y-Wicklung liegt senkrecht dazu. Bei Umlauf des Rotors entstehen in der y-Wicklung EMKe und Ströme, die zusammen mit dem Primärfeld wie bei einer Gleichstrommaschine ein bremsendes Drehmoment hervorrufen. Das von den Strömen in der y-Wicklung erzeugte Querfeld Φ_y gibt mit den in der x-Wicklung transformatorisch durch das Primärfeld induzierten Strömen ein treibendes Drehmoment. Das resultierende Moment ist die Differenz beider.

Um für den Anlauf ein Drehfeld zu erhalten, ist außer dem vorhandenen, im Raume feststehenden Wechselfeld noch ein zweites, räumlich und zeitlich um 90° verschobenes Wechselfeld nötig (vgl. Ziff. 49). Man schafft sich ein solches, indem man auf den Stator eine zweite, um die halbe Polteilung verschobene Wicklung (Hilfsphase, auch Kunstphase genannt) bringt. Diese legt man an das gleiche Wechselstromnetz an, schaltet aber in die Zuleitungen eine Drosselspule, einen Kondensator, oder auch nur einen Widerstand, so daß eine Phasenverschiebung gegen die erste Wicklung zustande kommt. Sie wird zwar nicht 90° betragen, das entstehende Drehfeld ist deshalb unvollkommen (elliptisch), aber es genügt, um den Motor anlaufen zu lassen. Abb. 75 zeigt die Anlaßschaltung. Der Rotor kann als mehrphasiger Schleifringanker oder als Kurzschlußläufer ausgebildet sein. Wenn der Anker in Rotation ist, so wird die Hilfsphase, die viel Strom verbraucht, abgeschaltet, der Motor läuft trotzdem mit genügendem Drehmoment weiter.

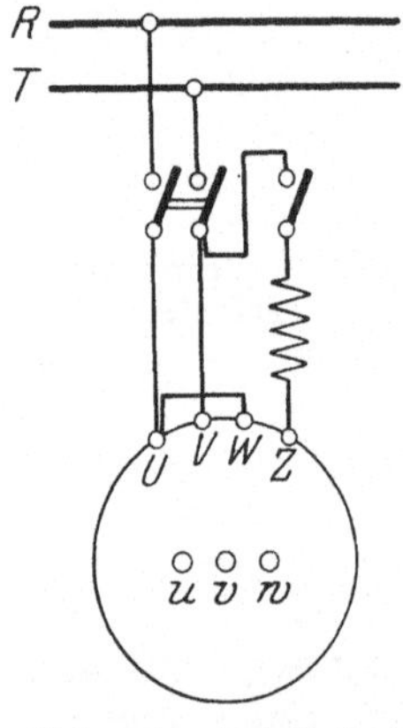

Abb. 75. Anlaßschaltung des Einphasen-Induktionsmotors.

Die nähere Betrachtung zeigt, daß dem einphasigen Induktionsmotor eine Reihe von Nachteilen anhaften: Seine Leistung beträgt nur etwa $^2/_3$ von derjenigen eines gleichgroßen Drehstrommotors; Leistungsfaktor und Wirkungsgrad sind bedeutend geringer als bei diesem. Das Drehmoment, dessen Verlauf Abb. 73 in Abhängigkeit von der Drehzahl zeigt, wird durch Vorschalten von Widerstand im Sekundäranker stark beeinflußt. Das Kippmoment sinkt im Gegensatz zum Mehrphasenmotor mit wachsendem Sekundärwiderstand erheblich. Eine Geschwindigkeitsregelung durch Änderung des Widerstandes im Rotorkreis ist daher nicht möglich.

γ) Wechselstrom-Kommutatormotoren.

57. Allgemeines. Synchron- und Asynchronmotoren sind mit ihrer Drehzahl unmittelbar von der Periodenzahl des Wechselstroms abhängig. Das Bedürfnis nach einem Wechselstrommotor, dessen Drehzahl in weiten Grenzen stetig regelbar ist, für den also diese Abhängigkeit nicht besteht, hat zum Bau von Kommutatormotoren für Wechselstrom geführt. Ihre Anordnung gleicht in vielem der eines Gleichstrommotors; sie besitzen ein außen liegendes Feld, das mit Wechselstrom gespeist wird, und als Läufer einen Gleichstromanker mit Kommutator. Solche Motoren gibt es für einphasigen Wechselstrom und für Drehstrom.

Der Umstand, daß bei Verwendung von Wechselstrom außer EMKen der Bewegung solche der Ruhe (durch Transformation) auftreten, bietet die Möglichkeit, Motoren zu schaffen, deren Wirkungsweise sehr mannigfaltig ist. Man unterscheidet allgemein Kommutatormotoren mit Reihenschlußverhalten und solche mit Nebenschlußverhalten.

Mit der Einführung des Kommutators in die Wechselstromtechnik entsteht eine Reihe von Nachteilen, weil der Kommutator Isolations- und Kommutierungsschwierigkeiten bietet und in der Herstellung komplizierter ist und daher teurer ausfällt; ferner bedingt er mit den Bürsten einen erhöhten Verschleiß. Dennoch haben sich diese Motoren in neuerer Zeit gut bewährt, insbesondere auch für elektrische Bahnen. Die Hauptgründe hierfür liegen in der wirtschaftlichen Regelbarkeit, den großen Anzugsmomenten und einem günstigen Leistungsfaktor, auch bei einphasigem Wechselstrom. Einige wichtige Typen der Kommutatormotoren sind nachstehend behandelt.

58. Elektromotorische Kräfte. Umschlingt eine in einem veränderlichen Magnetfelde umlaufende Windung den Induktionsfluß Φ, so wird in ihr eine EMK e induziert, und zwar gilt

$$e = -\frac{d\Phi}{dt}.$$

Führt man den Winkel ϑ ein, den die Normale der Wicklung mit einer Anfangsrichtung einschließt, so ergibt sich

$$e = -\frac{\partial\Phi}{\partial t} - \frac{\partial\Phi}{\partial\vartheta}\frac{d\vartheta}{dt}.$$

Man bezeichnet

$$e' = -\frac{\partial\Phi}{\partial t}$$

als die EMK der Ruhe (auch EMK der Transformation),

$$e'' = -\frac{\partial\Phi}{\partial\vartheta}\frac{d\vartheta}{dt},$$

als EMK der Bewegung (EMK der Rotation).

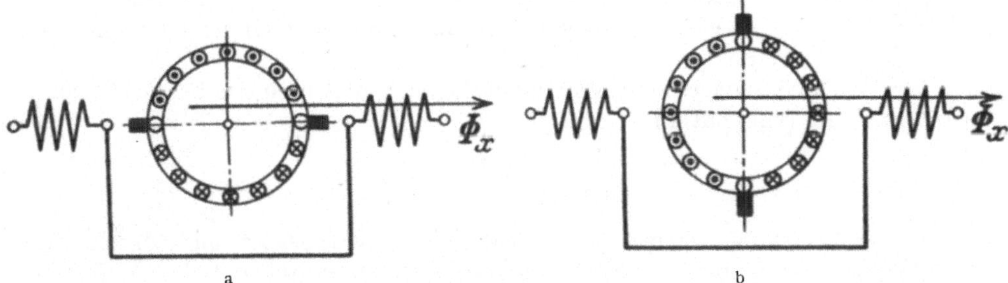

Abb. 76a u. b. Entstehung der EMKe in einer Kommutatorwicklung. *a*] EMK in der *x*-Wicklung (EMK der Ruhe), *b* EMK in der *y*-Wicklung (EMK der Bewegung).

Stellt man bei verteilten Ankerwicklungen die EMKe der Ruhe und der Bewegung durch Integrale dar, so ergibt sich[1]):

1. Die EMK der Ruhe ist von der Verteilung des Induktionsflusses über den Ankerumfang abhängig, die EMK der Bewegung ist hiervon unabhängig.

2. Die Frequenz der EMKe, die in einem zwischen festen Bürsten eingeschlossenen Wicklungsteile induziert werden, ist von der Drehzahl unabhängig. Diese Eigenschaft der EMKe wird durch den Kommutator bewirkt.

Zur Erfassung der nicht einfachen Vorgänge im Kommutatormotor betrachtet man den beliebig gerichteten Fluß Φ als aus einer horizontalen Komponente Φ_x und einer vertikalen Komponente Φ_y bestehend. Beide Komponenten denkt man sich durch je eine Wicklung, eine x-Wicklung und eine y-Wicklung erzeugt.

Die Bürstenstellung legt die Achse einer Kommutatorwicklung fest. Für die Darstellung wird angenommen, daß die Verbindungslinie der Bürsten mit der Richtung der Wicklungsachse zusammenfällt.

Zur weiteren Erläuterung sei noch folgendes ausgeführt:

EMK der Ruhe (E'). In Abb. 76 ist ein Gleichstromanker zwischen zwei

---

[1]) H. Görges, Die EMKe der Ruhe und der Bewegung in Kommutatormaschinen. Wiss. Veröffentl. a. d. Siemens-Konz. Bd. 2, S. 70—83, 1922.

Feldspulen angedeutet, die mit Wechselstrom erregt sein sollen; in den Anker werde kein Strom geleitet. Das Wechselfeld durchsetzt den Anker, es entsteht in diesem eine Induktionswirkung wie bei einem Transformator. Diese kann aber nur dann in Erscheinung treten, wenn der Anker, zu einer Spule zusammengefaßt gedacht, mit seiner Achsenrichtung in die Richtung der Induktionslinien fällt. Die Bürsten müssen daher mitten vor den Polen stehen, wie es die Abb. 76a zeigt. Der Anker stellt also bei dieser Bürstenlage eine x-Wicklung dar.

Allgemein gesagt, ruft das Wechselfeld im Anker eine EMK hervor, die in der Phase um 90° hinter dem Feld zurückbleibt. Diese EMK tritt auf, einerlei ob der Anker ruht oder rotiert, wenn die Bürsten vor der Polmitte stehen. Die EMK der Transformation liegt also räumlich gleichachsig mit dem Flusse Φ_x, während sie ihm zeitlich um 90° nacheilt.

EMK der Bewegung (E''). Sobald sich der Anker dreht, tritt in ihm eine zweite EMK auf, weil die bewegten Drähte Induktionslinien schneiden. Diese EMK tritt nur in Erscheinung, wenn die Bürstenstellung der Abb. 76b entspricht. Es muß also im Anker eine y-Wicklung vorliegen, die im x-Felde umläuft. Zu beachten ist, daß die EMK der Bewegung nicht durch die zeitliche Feldänderung hervorgerufen wird. Die Frequenz der EMK ist von der Drehzahl unabhängig und stimmt mit der Frequenz des erzeugenden Feldes (Netzfrequenz, überein.

Die EMK der Rotation, die räumlich senkrecht zur Achse des Flusses Φ_x liegt, ist zeitlich gleichachsig mit ihm, und zwar je nach der Drehrichtung mit 0° oder 180° Phasenverschiebung.

Für den Effektivwert der EMK der Rotation erhält man wie bei der Gleichstrommaschine (vgl. Ziff. 8).

$$E'' = \frac{1}{\sqrt{2}} \frac{p}{a} \Phi z \frac{n}{60} 10^{-8} \text{ Volt.}$$

Die y-Wicklung erfährt im x-Felde ein Drehmoment und ebenso die x-Wicklung im y-Felde. Die Drehmomente sind periodisch mit der doppelten Frequenz des erzeugenden Magnetfeldes (vgl. Ziff. 45). Der Mittelwert ist dem Produkt $\Phi J \cos(\Phi, J)$ proportional. Bei Mehrphasenmotoren kann das Drehmoment ebenso groß sein wie bei entsprechenden Gleichstrommotoren, bei Einphasenmotoren ist es stets kleiner.

Eine Darstellung der EMKe im Kommutatormotor durch Diagramme ist nachstehend am Beispiel des Wechselstrom-Reihenschlußmotors gegeben.

59. Reihenschlußmotor für Einphasenstrom. Wird ein gewöhnlicher Reihenschlußmotor für Gleichstrom (vgl. Ziff. 24) mit Wechselstrom gespeist, so kehrt sich die Stromrichtung in Anker und Feld gleichzeitig um, die Richtung des Drehmoments wird dabei nicht geändert. Der Serienmotor läuft also ohne weiteres bei Betrieb mit Wechselstrom. Die Verwendung des Wechselstroms zwingt jedoch dazu, die Feldmagnete aus Blechen herzustellen und namentlich bei größeren Motoren zur Erzielung einer guten Kommutierung Kompensationswicklung und Wendepole anzubringen.

In Abb. 77a ist das Schema eines Reihenschluß-Kommutatormotors ohne Kompensationswicklung dargestellt, in Abb. 77b mit Kompensationswicklung. Ohne Kompensation findet der Motor vielfach Anwendung als Kleinmotor zum wahlweisen Betrieb mit Wechsel- oder Gleichstrom.

Der Motor zeigt ähnliche Eigenschaften wie der Gleichstromserienmotor, seine Drehzahl ändert sich mit der Belastung, sie hängt von der Stromstärke ab. Beim Anlauf setzt man die zugeführte Spannung mittels regelbaren Transformators herab. Dieser dient gleichzeitig dazu, während des Betriebes die Geschwindigkeit durch Veränderung der Spannung zu regeln. Wegen der Kommutatorisolation darf man dem Motor nur Spannungen von einigen 100 Volt

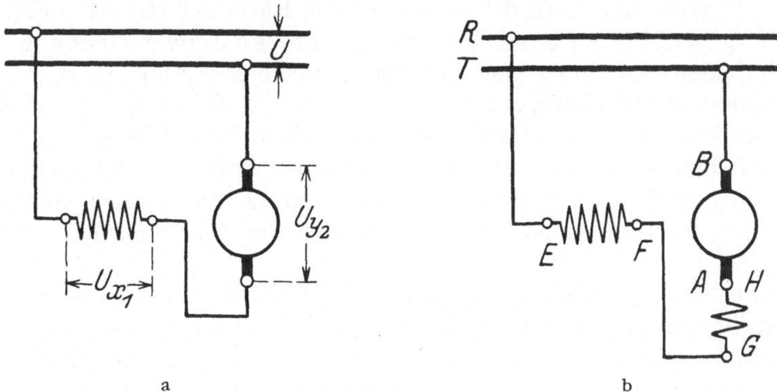

Abb. 77a u. b. Wechselstrom-Reihenschlußmotor. a ohne Kompensationswicklung, b mit Kompensationswicklung.

zuführen; die Periodenzahl des Wechselstroms wird mit Rücksicht auf die Eisenverluste und die Selbstinduktion gering gehalten, man wählt bei Bahnen Frequenzen von 25 oder $16^2/_3$ Per./sec.

Die Vorgänge im Reihenschlußmotor sind in Abb. 78a und b durch Diagramme erläutert. Der Strom J ruft im Ständer den Induktionsfluß Φ_{x_1}, im Läufer den um die Streuung kleineren Fluß Φ_{x_2} hervor, ferner, wenn keine Kompensationswicklung vorhanden ist (Abb. 78a), im Läufer in der y-Richtung den Fluß Φ_{y_2}, der zeitlich mit Φ_{x_1} und Φ_{x_2} in Phase ist. Die Stromstärke $J_{x_1} = J_{y_2} = J$ hat infolge der Eisenverluste eine geringe Voreilung gegen die Flüsse. Die EMK der Ruhe E'_{x_1} im Ständer eilt dem erzeugenden Flusse Φ_{x_1} um 90° nach, ebenso E'_{y_2} im Läufer gegen Φ_{y_2}. Im Läufer entsteht weiter durch Drehung der y_2-Wicklung im Felde Φ_{x_2} die EMK der Bewegung E''_{y_2} mit 180° Phasenverschiebung gegen den Fluß. Durch Berücksichtigung der Spannungsabfälle erhält man die Klemmenspannungen U_{x_1} am Ständer und U_{y_2} am Läufer; die Summe beider gibt die Netzspannung U.

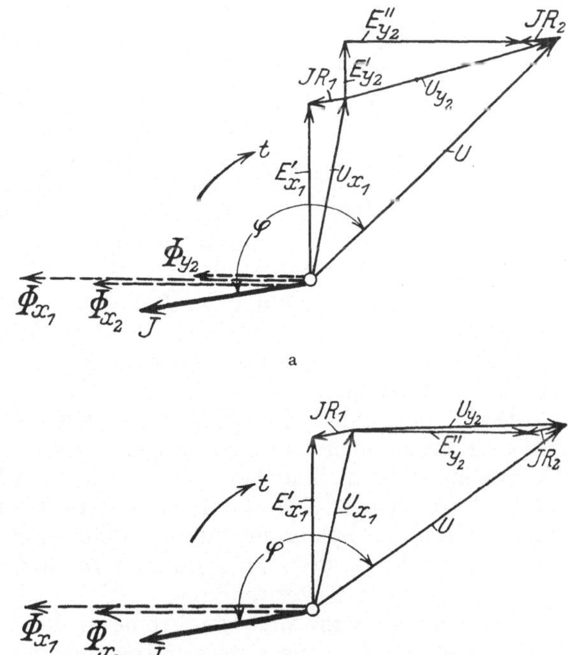

Abb. 78a u. b. Vektordiagramm des Reihenschlußmotors, a ohne Kompensation, b mit Kompensation.

Die Kompensationswicklung dient dazu, das Feld Φ_{y_2} des Ankers und die Blindkomponente E'_2 möglichst aufzuheben (Abb. 78b). Man erzielt so einen hohen Leistungsfaktor und erhält zugleich ein kommutierendes Feld. Der Leistungsfaktor wird ferner um so günstiger, je größer E''_{y_2}, je größer also die Drehzahl ist. Beim normalen Lauf des Motors ist die EMK der Rotation den anderen Spannungen gegenüber so groß, daß die gesamte Phasenverschiebung zwischen der resultierenden Spannung und der Stromstärke fast 180° wird.

60. Reihenschluß-Kurzschlußmotor (LATOUR, WINTER und EICHBERG). Dieser Motor besitzt nach Abb. 79 bei zweipoliger Ausführung eine Schaltung wie ein Reihenschlußmotor ohne Kompensation, unterscheidet sich aber von diesem wesentlich durch ein zweites Bürstenpaar *II*, das mitten vor den Polen steht und kurzgeschlossen ist. Hierdurch wird die Wirkungsweise vollständig geändert.

Betrachtet man zunächst den Anker als stillstehend, so entsteht zwischen den kurzgeschlossenen Bürsten *II* eine EMK der Transformation; sie ruft infolge des Kurzschlusses starke Ströme im Anker hervor, so daß in der x-Richtung, da wir einen kurzgeschlossenen Transformator vor uns haben, nur ein geringes Magnetfeld zustande kommt. Der Hauptstrom, der über die Bürsten *I* durch den Anker geht, ruft ein starkes Querfeld in der y-Richtung hervor; zwischen diesem und dem Kurzschlußstrom entsteht ein kräftiges Drehmoment, das den Motor zum Anlaufen bringt.

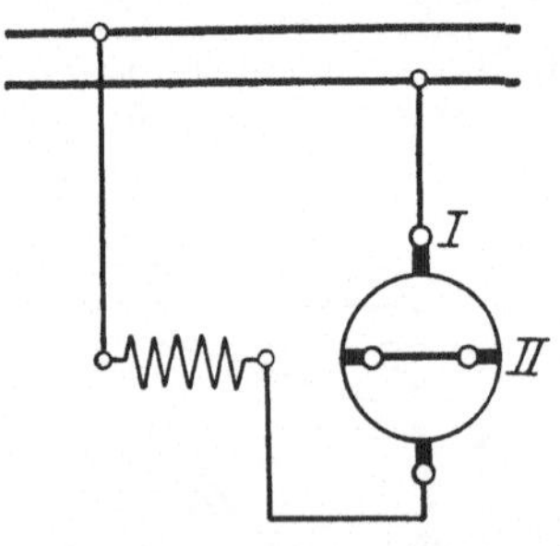

Abb. 79. Reihenschluß-Kurzschlußmotor.

Sobald der Motor läuft, entsteht zwischen den Bürsten *I* eine EMK der Rotation; sie hebt die durch das Querfeld zwischen den Bürsten *I* hervorgerufene Selbstinduktionsspannung (EMK der Ruhe) größtenteils auf, bringt also selbsttätig eine Kompensation hervor. Das Querfeld seinerseits erzeugt aber auch zwischen den Bürsten *II* eine EMK der Rotation, die zur Folge hat, daß der Fluß in der x-Richtung wächst. Die Spannung am Ständer, die bei Stillstand sehr gering ist, wird daher mit zunehmender Geschwindigkeit größer, während die Läuferspannung, die bei Stillstand groß ist, abnimmt. Man kann somit die Ständerwicklung und die x-Wicklung des Ankers als Arbeitswicklungen betrachten, die zur Lieferung der nutzbaren Energie dienen. Das Querfeld wirkt als eigentliches Erregerfeld. Die y-Wicklung des Ankers ist somit als Erregerwicklung anzusehen.

Der Reihenschluß-Kurzschlußmotor hat hinsichtlich Leistungsfaktor, Drehzahl und Drehmoment ähnliche Eigenschaften wie der Reihenschlußmotor; mit der Spannung kann man bei ihm bis zur doppelten Höhe gehen. Die Regelung der Drehzahl erfolgt ebenfalls mittels eines Transformators, doch transformiert man hier nur die Spannung für die Ankerbürsten, während man das Feld mit der Primärwicklung des Transformators in Reihe schaltet. Der Motor fand eine Zeitlang bei Bahnen Verwendung.

61. Repulsionsmotor. Die Ströme in den primären und in den sekundären Wicklungen eines Transformators sind einander nahezu entgegengesetzt (vgl. Kap. 5, Ziff. 8), sie üben eine abstoßende Wirkung aufeinander aus. Diese „Repulsion" wird in einem Versuch von ELIHU THOMSON sichtbar gemacht. Primärwicklung ist ein Solenoid mit Eisenkern, als kurzgeschlossene Sekundärwicklung dient ein dicker Kupferring. Schaltet man den primären Strom ein, so wird der Kupferring mit großer Gewalt fortgeschleudert. Dieser Grundgedanke der abstoßenden Wirkung hat dem Repulsionsmotor den Namen gegeben.

In Abb. 80 ist das Schema des Repulsionsmotors gezeichnet. Der Ständer ist ähnlich dem der Einphasen-Induktionsmotoren; als Läufer dient ein Gleichstromanker mit Kommutator, der ein kurzgeschlossenes, verdrehbar angeordnetes Bürstenpaar trägt. Stehen die Bürsten in der neutralen Zone der y-Achse, so läuft der Motor nicht (Leerstellung). Auch wenn die Bürsten in der x-Achse stehen, kommt kein Drehmoment zustande, obgleich starke Ströme im Läufer fließen (Kurzschlußstellung). Die Wicklungen bilden einen kurzgeschlossenen Transformator. Bei allen anderen Lagen (Betriebsstellung) der Bürsten entwickelt der Motor ein Drehmoment, das bei einer Verstellung von $\gamma = 75 \div 80°$ aus der neutralen Zone am größten ist. Die Drehrichtung des Motors ist der Richtung dieser Verstellung entgegengesetzt.

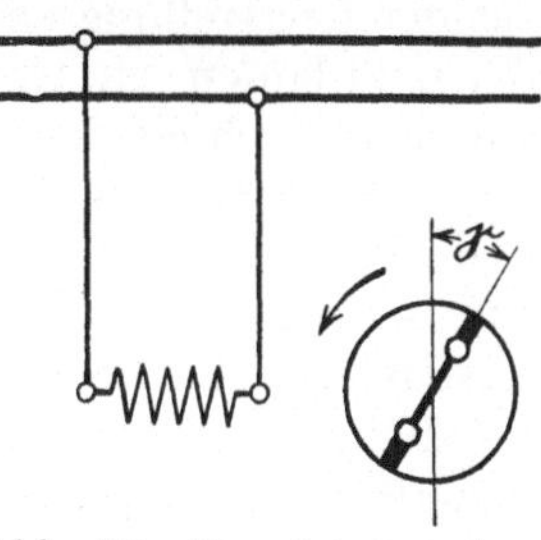

Abb. 80. Repulsionsmotor mit Einfachbürsten.

Das Drehmoment in der Betriebsstellung ergibt sich als Summe zweier Momente. Denkt man sich die Läuferwicklung in zwei Wicklungen zerlegt, die in Reihe geschaltet und kurzgeschlossen sind, so erfährt die y-Wicklung im x-Felde ein Drehmoment $(\Phi_{x_2} J_{y_2})$ und ebenso die x-Wicklung im y-Feld $(\Phi_{y_2} J_{x_2})$, wobei $J_{x_2} = J_{y_2} = J_2$ ist. Das Drehmoment ist beim Stillstand des Motors am größten und nimmt mit steigender Drehzahl ab, es hängt außerdem von der Bürstenstellung ab. Der Motor, der einen hohen Leistungsfaktor besitzt, zeigt Reihenschlußverhalten. Er bietet auch den Vorzug, daß nur der Ständer am Netz liegt und daher hohe Betriebsspannungen möglich sind.

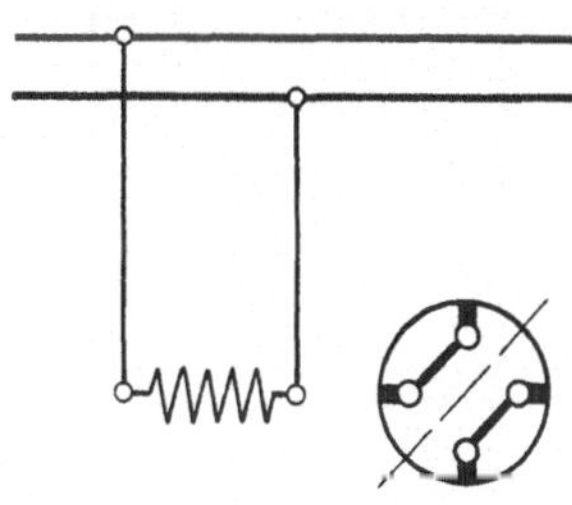
Abb. 81. Repulsionsmotor mit Doppelbürsten.

Eine Abart des Repulsionsmotors ist der DERI-Motor (Abb. 81), bei dem zwei kurzgeschlossene Bürstensätze angeordnet sind. Die Bürsten in der x-Richtung sind fest, die anderen verschiebbar angebracht. Die Doppelbürsten bieten Vorteile für Regelung und Stromwendung.

Repulsionsmotoren finden z. B. für Hebezeuge Verwendung.

62. Drehstromkollektormotoren. Mit der zunehmenden Einführung von Drehstrom in elektrischen Anlagen sind auch Drehstrommotoren entwickelt worden, deren Eigenschaften denen von Gleichstrommotoren hinsichtlich stetiger verlustloser Regelung, Einfachheit der Bedienung und Betriebssicherheit entsprechen. Solche Motoren werden durch Anwendung des Kommutators erhalten (GÖRGES 1891). Der Ständer entspricht dem eines Asynchronmotors, der Läufer ist ein Gleichstromanker, der bei zweipoliger Ausführung drei um 120° gegeneinander versetzte Bürsten besitzt.

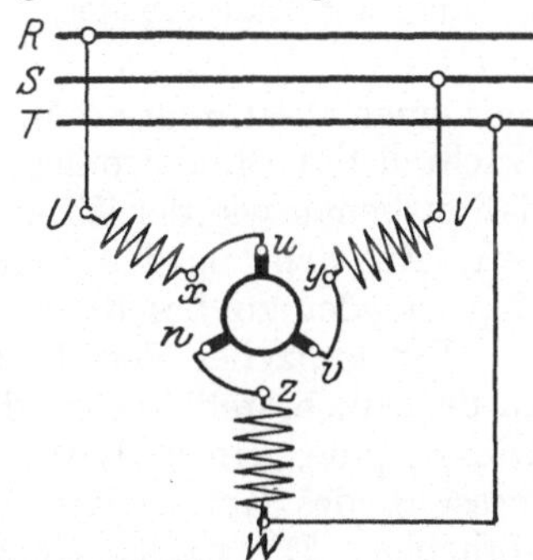

Abb. 82. Drehstromkommutatormotor (direkte Reihenschlußschaltung).

Beim Drehstrom-Reihenschlußmotor, dessen Schaltung Abb. 82 zeigt, ist der Ständer einerseits an das Netz, andrerseits über die Bürsten mit dem Läufer in Reihe geschaltet. Der Läufer verträgt wegen des Kommutators nur geringe Spannung; bei Hochspannung schaltet man daher zwischen ihn und den Ständer einen Transformator. Der Reihenschlußmotor wird durch Bürstenverschiebung in Betrieb gesetzt und geregelt. Man unterscheidet ähnlich wie bei den Repulsionsmotoren zwei ausgezeichnete Bürstenstellungen. In der Leerstellung fallen die Achsen des Ständer- und des Läuferdrehfeldes in dieselbe Richtung;

der Motor verhält sich wie eine Drosselspule. In der Kurzschlußstellung sind die Achsen der Drehfelder entgegengesetzt gerichtet; der Motor ist ein kurzgeschlossener Transformator. In beiden Stellungen kommt kein Drehmoment zustande. In den Zwischenstellungen läuft der Motor in der der Verschiebung aus der Leerstellung entgegengesetzten Richtung. Er kann also auch gegen sein Drehfeld laufen, hat dann aber einen ungünstigeren Leistungsfaktor. Beim Lauf mit dem Drehfeld kann $\cos\varphi = 1$ erreicht werden.

Bei konstanter Bürstenstellung arbeitet der Motor wie ein Gleichstrom-Reihenschlußmotor, nimmt also auch im Leerlauf hohe Drehzahlen an. Er unterscheidet sich jedoch wesentlich darin von ihm, daß man durch Bürstenverschiebung bei jeder Belastung jede beliebige Drehzahl einstellen kann.

Beim Drehstrom-Nebenschlußmotor liegen Ständer und Läufer voneinander unabhängig an demselben Netz. Der Motor hat dadurch nicht nur die dem Gleichstrom-Nebenschlußmotor entsprechende Schaltung, sondern er nimmt auch dessen Eigenschaften an. Er zeigt also, unabhängig von der Belastung, nahezu konstante Drehzahl. Diese läßt sich andrerseits in weiten Grenzen regeln, indem man die dem Rotor zugeführte Spannung verändert. Das geschieht am einfachsten nach Abb. 83 durch Zwischenschaltung eines regelbaren Transformators. Der Motor kann mit dem Leistungsfaktor $\cos\varphi = 1$ betrieben werden.

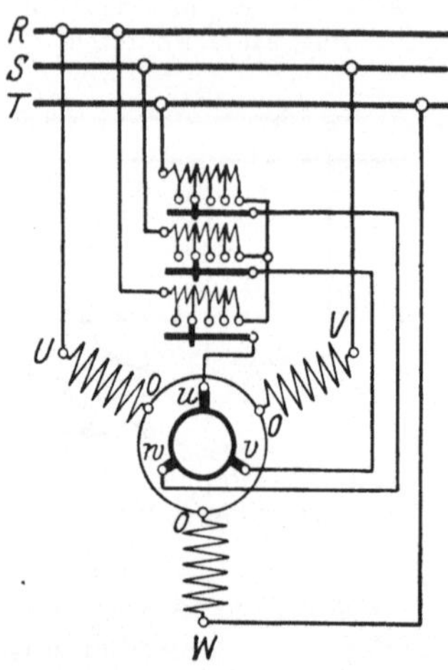

Abb. 83. Drehstromkommutatormotor (Nebenschlußschaltung mit Transformator).

63. Drehstromerregermaschinen. In den meisten Wechselstromnetzen besteht zwischen Spannung und Strom eine erhebliche Phasenverschiebung, durch welche die Ausnutzung der Generatoren, Transformatoren und Leitungen stark beeinträchtigt wird. Man findet in Netzen häufig $\cos\varphi = 0{,}5$ und darunter. Die Hauptursache für den ungünstigen Leistungsfaktor liegt in der großen Anzahl der unterbelasteten oder zeitweise leerlaufenden Transformatoren und Asynchronmotoren, die einen bestimmten Magnetisierungs- oder Blindstrom verbrauchen. Der Nachteil des Blindstromes in elektrischen Anlagen beruht insbesondere darauf, daß er genau wie der Wirkstrom in den Leitungen Stromwärmeverluste hervorruft. Aus den angedeuteten Gründen ist man bestrebt, die Blindströme zu verringern oder zu beseitigen.

Ein einfaches Verfahren, die Magnetisierungsenergie in einem Stromkreis zu decken, besteht darin, daß man zu dem Blindstromverbraucher, z. B. einer Drosselspule, einen Kondensator parallel schaltet. Durch geeignete Bemessung des Kondensators kann man den Blindstrom für den äußeren Kreis aufheben. Die beiden Energiespeicher, Spule und Kondensator, stehen dann in Stromresonanz. Wegen der inneren Verluste und der schwierigen Regelung ist die Bedeutung der Kondensatoren für die Blindstromerzeugung bisher gering.

Für die Verbesserung des Leistungsfaktors von Drehstrommotoren werden vielfach Drehstromerregermaschinen verwandt, die nach Art der Gleichstromerregermaschinen zur Lieferung der Felderregung dienen. Sie werden auch Phasenschieber genannt. Die Zufuhr der Magnetisierungsströme zum Läufer von Drehstrommotoren verringert die erforderlichen Blindleistungen auf einen sehr kleinen Betrag, da dem Läufer zur völligen Erregung nur der dem

Schlupf entsprechende Prozentsatz der Statorblindleistung zugeführt zu werden braucht. Im einfachsten Falle besteht die Drehstromerregermaschine nur aus einem Kommutatoranker, dessen magnetischer Widerstand durch einen feststehenden oder mitlaufenden Ring herabgesetzt ist. Das Magnetfeld in der Erregermaschine wird von den Sekundärströmen des zu kompensierenden Motors selbst erzeugt, indem dessen Schleifringe nicht kurzgeschlossen, sondern auf die Erregermaschine geschaltet werden (Abb. 84). Die Erregermaschine wird von einem besonderen Motor stark übersynchron angetrieben und erzeugt dadurch im Sekundärkreis der Hauptmaschine eine Spannung, die den Sekundärstrom gegenüber der Läuferspannung derart verschiebt, daß die Magnetisierung der Hauptmaschine gedeckt wird.

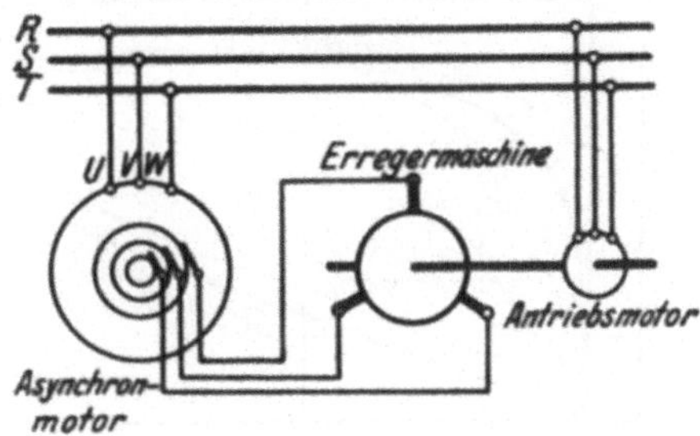

Abb. 84. Induktionsmotor mit eigenerregter Drehstromerregermaschine.

Die ständerlose Erregermaschine gestattet den Leistungsfaktor zwischen Halblast und Vollast auf 1 zu bringen. Drehstromerregermaschinen anderer Art, insbesondere mit Fremderregung, ermöglichen eine Kompensierung auch bei Leerlauf und können darüber hinaus den Ständer des Hauptmotors zur Abgabe von Blindstrom ins Netz veranlassen (vgl. auch Ziff. 46).

64. Kompensierte Drehstrommotoren. Bei Motorleistungen unter 100 kW sind getrennte Drehstromerregermaschinen nicht immer lohnend. Um auch kleinere Motoren mit verbessertem Leistungsfaktor zu erhalten, werden die Erregermaschinen gewissermaßen in den Motor hineingebaut, so daß ein kompensierter Motor entsteht. HEYLAND hat hierzu die Zuhilfenahme eines Kommutators vorgeschlagen, nach OSNOS wird eine Kommutatorwicklung auf dem Primäranker vorgesehen, der Motor also im *Läufer gespeist*.

Abb. 85 zeigt das Schema eines nach der OSNOSschaltung kompensierten Drehstromasynchronmotors. Der Strom wird über *Schleifringe* dem Läufer zugeführt, der außerdem einen *Kommutator* enthält. Dieser ist mit den Windungen einer in dem Läufer untergebrachten *Hilfswicklung* verbunden. Der Anlasser wird in den Sekundärkreis geschaltet. Die EMKe in der Kommutatorwicklung werden in ihrer Phase durch Bürstenverschiebung so eingestellt, daß der Leistungsfaktor auf den Wert 1 kompensiert wird. Der Leistungsfaktor kann von Leerlauf bis zu fast doppelter Last nahezu gleich 1 gehalten werden, es läßt sich aber auch Überkompensation einstellen, so daß der Motor den Blindstrom für andere parallel geschaltete, nicht kompensierte Asynchronmotoren liefert.

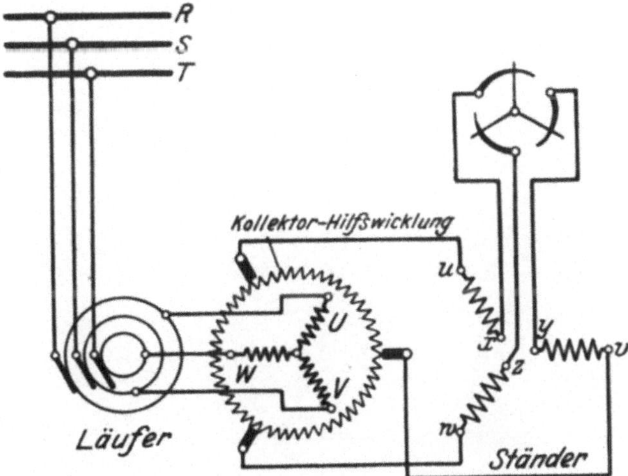

Abb. 85. Kompensierter Asynchronmotor.

Die Drehzahl kann durch Bürstenverschiebung untersynchron oder übersynchron eingestellt werden. In Abb. 86 sind Betriebskurven eines kompensierten Drehstrommotors im Vergleich zu denen eines normalen dargestellt.

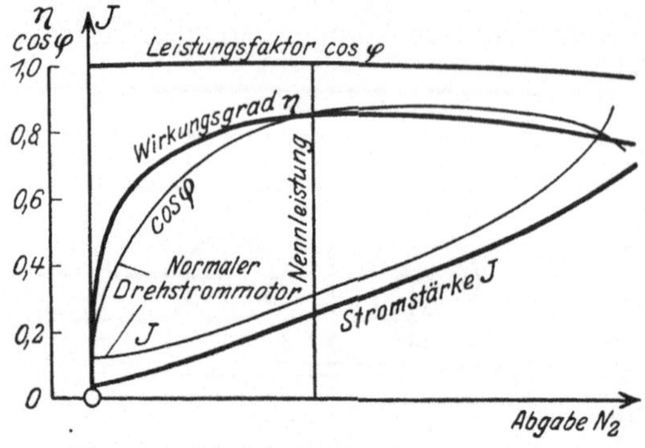

Abb. 86. Betriebskurven eines kompensierten Drehstrommotors.

Kompensierte Drehstrommotoren werden beim Speisen vom Ständer aus auch mit Kurzschlußläufer gebaut. Der Ständer trägt zwei Wicklungen, eine normale ans Netz angeschlossene Drehstromwicklung und eine dreiphasige Hilfswicklung. In dem Läufer ist außer der Kurzschlußwicklung eine Gleichstromwicklung mit Kommutator untergebracht, die über die Bürsten mit der Hilfswicklung verbunden ist. Die Gleichstromwicklung liefert die Erregung und kompensiert dadurch den Blindstrom im Primäranker. Bei den kompensierten Kurzschlußläufermotoren ist eine Drehzahlregelung nicht möglich.

Trotz der Vorzüge, die kompensierte Motoren bieten, ist besonders für kleinere Motoren zu beachten, daß durch Hinzunahme eines Kommutators mit Bürsten der Drehstrom-Asynchronmotor seine außerordentliche Einfachheit nicht nur der Bauart, sondern auch der Bedienung verliert.

Kapitel 7.

Technische Quecksilberdampf-Gleichrichter.

Von

A. GÜNTHERSCHULZE, Berlin.

Mit 26 Abbildungen.

a) Theorie der Gleichrichter.

1. Allgemeines. Elektrische Gleichrichter sind Kombinationen von elektrischen Ventilen, d. h. von Anordnungen, die den elektrischen Strom in der einen Richtung hindurchlassen, in der anderen nicht. Für elektrische Ströme von einem Betrage, wie sie in der Starkstromtechnik üblich sind, kommt im allgemeinen nur Elektronenströmung in Frage. Also müssen die Ventile Elektronenventile sein.

Ein besonders wirksames Elektronenventil wird durch eine Metallelektrode in einem Vakuum oder verdünntem Gase gebildet, wenn die Temperatur der Metallelektrode so niedrig ist, daß die Elektrode nicht thermisch Elektronen auszusenden vermag. Dazu muß sie unterhalb der Weißglut bleiben. Dann können die Elektronen ohne Schwierigkeit aus dem Raum in das Metall übertreten, aber nicht umgekehrt aus dem Metall in den Raum.

Im Raum ist ein verdünntes Gas dem Vakuum vorzuziehen, weil im Vakuum bei reiner Elektronenströmung der Raumladungseffekt starke Ströme ausschließt, während in einem verdünnten Gase durch den Stoß der Elektronen auf die Gasmoleküle positive Ionen (Kationen) erzeugt werden, die die Raumladung beseitigen.

Es handelt sich nun noch darum, die Elektronen in den Raum hineinzubringen. Die ergiebigste von allen Elektronenquellen ist der Kathodenfleck des elektrischen Lichtbogens.

Es ergibt sich also die Aufgabe, ein Ventil aus einer (relativ) kalten Metallelektrode, einem verdünnten Gas und einer zweiten Elektrode herzustellen, die als Kathode eines Lichtbogens dient.

Die Aufgabe ist einfach und elegant durch den Einschluß einer Elektrode aus Eisen oder Graphit und einer Elektrode aus Quecksilber in ein Gefäß gelöst, in dem Fremdgase durch Evakuieren entfernt sind, so daß der den Strom sehr gut leitende Quecksilberdampf das einzige Gas ist. Das von der Quecksilberkathode durch die Stromwärme verdampfte Quecksilber schlägt sich an den Wänden des Gefäßes wieder nieder und rinnt zur Kathode zurück, wenn diese im tiefsten Punkt des Gefäßes angeordnet ist. Die Elektroden werden also nicht verbraucht.

Es sei noch einmal darauf hingewiesen, daß das Ventil die Grenze zwischen der Eisen- oder Graphitelektrode und dem Gas ist. Die Quecksilberelektrode dient nur als Elektronenquelle. Werden mehrere solche Ventile mit einer gemeinsamen Elektronenquelle in einem Gefäß vereinigt, so entsteht ein Gleichrichter.

Der technische Gleichrichter hat zwei Aufgaben zu erfüllen, nämlich: 1. den Strom in der durchlässigen Richtung mit möglichst geringem Spannungsverlust hindurchzulassen; 2. den Stromdurchgang in der undurchlässigen Richtung bis zu möglichst hohen Spannungen möglichst vollkommen zu verhindern.

Bei den technischen Quecksilberdampf-Gleichrichtern wurde erreicht: Spannungsverlust in der durchlässigen Richtung 12—20 Volt. Ströme in einem Gleichrichter bis 1500 Amp.

Mit Sicherheit gleichgerichtete Spannung: Im Betriebe bis 3000 Volt, unter besonderen Vorkehrungen bis 10000 Volt.

2. Die Kathode. Die Größe der eigentlichen Elektronenquelle, des Lichtbogenfleckes auf dem Quecksilber, ist außerordentlich gering. Sie ist der Stromstärke proportional und beträgt $2{,}5 \cdot 10^{-4} \mathrm{cm}^2/A$. Daß der Fleck viel größer aussieht, beruht auf der gleichen Täuschung, die die glühenden Fäden einer Metallfadenlampe ziemlich dick erscheinen läßt.

Der Lichtbogenfleck irrt mit großer Geschwindigkeit völlig regellos auf dem Quecksilber hin und her. Da die Oberfläche des Fleckes sich auf 2000—3000° C befindet, während der Siedepunkt des Quecksilbers bei den geringen Dampfdrucken der Gleichrichter bei etwa 100° C liegt, herrschen im Fleck vollkommen instabile und turbulente Verhältnisse. Ein heftiger Quecksilberdampfstrahl bricht aus ihm hervor, der $7{,}2 \cdot 10^{-3} \frac{\mathrm{g\,Hg}}{\mathrm{Amp\,sec}}$ in den Gasraum führt. Unmittelbar über dem Fleck befindet sich ein sehr steiler Potentialabfall, der etwa 8,6—10 Volt beträgt, und noch nicht genau ermittelt ist. Im Fleck selbst wird rund die Hälfte des Stromes durch Elektronen befördert, die die Kathode verlassen, die andere Hälfte durch Kationen, die aus dem Gasraum in den Lichtfleck auf der Kathode stürzen und ihn erhitzen.

Die aus dem Lichtfleck hervorbrechenden Elektronen liefern durch Stoß auf die Atome des über der Kathode dichten Quecksilberdampfstrahles die erforderlichen Kationen. Durch den Aufprall dieser Kationen auf die Kathode werden pro Ampere 7,1 Watt an der Kathode frei.

Diese Energie muß decken

1. den Energieverbrauch der Elektronen beim Verlassen des Quecksilbers	2,20 Watt
2. die Verdampfungswärme des aus dem Kathodenfleck verdampfenden Quecksilbers	2,20 „
3. die Strahlung des Quecksilberfleckes	0,04 „
4. die Wärmeleitung aus dem Fleck in das Quecksilber hinein	2,68 „
Insgesamt	7,12 Watt

Die unter 2 bis 4 genannten Verluste sind um so geringer, je kleiner der Fleck ist. Also ist die geringe Größe des Fleckes dadurch gegeben, daß die Verluste nicht größer als die verfügbare Energie sein dürfen. Der Fleck irrt schnell auf der Kathode hin und her, weil der aus ihm hervorbrechende Dampfstrahl die Kationen zwingt, sich immer neue Auftreffstellen zu suchen. Dabei müssen die Kationen in ein außerordentlich kleines Gebiet hineintreffen, was um so schwieriger wird, je kleiner das Gebiet, d. h. je kleiner der Strom ist.

Also wird bei einer ganz bestimmten Mindeststromstärke die Erzeugung der erforderlichen Temperatur gelegentlich mißlingen. Die Elektronenerzeugung hört auf, der Lichtbogen ist erloschen. Eine derartige Katastrophe spielt sich in Zeiten von der Größenordnung einer hunderttausendstel Sekunde ab.

Die Mindeststromstärke liegt bei um so höheren Werten, je kälter der Gleichrichter und je größer die Quecksilberoberfläche ist. In kleinen Gleichrichtern läßt sie sich bis auf 2 Amp. hinunterdrücken, in sehr großen kalten steigt sie bis auf 10 Amp.

3. Das Ventil (die sog. Anode). In der durchlässigen Richtung haben die Ventilelektroden nur die Aufgabe, den aus der Gasstrecke kommenden Elektronenstrom aufzunehmen. Dabei geben die Elektronen ihre kinetische Energie ab, die einer Geschwindigkeit von 1—2 Volt entspricht. Außerdem wird die Neutralisierungsenergie der Elektronen frei, die etwa 4 Volt entspricht, so daß mindestens pro Amp. 5—6 Watt an die Anode abgegeben werden. Ein Anodenfall ist in diesem Fall nicht vorhanden.

Unter Umständen bedingt dieser jedoch noch einen beträchtlichen weiteren Verlust. Die positiven Ionen wandern von der Ventilelektrode weg. Werden in ihrer unmittelbaren Nähe also nicht dauernd hinreichend neue erzeugt, so bleiben allein die Elektronen in der Nähe der Anode übrig und rufen dort eine Raumladung, d. h. ein Potentialgefälle hervor. Dieses Potentialgefälle wächst solange, bis eine hinreichende Menge von Kationen durch die von dem Potentialgefälle beschleunigten Elektronen erzeugt wird.

Ob eine hinreichende Menge Kationen erzeugt wird, hängt nicht nur von der Geschwindigkeit der Elektronen, sondern auch von der Anzahl der Zusammenstöße unmittelbar vor der Anode ab. Ist die Anodenoberfläche im Vergleich zur Stromstärke groß genug, so daß die Zahl der Zusammenstöße vor ihr genügt, so spricht man von einem normalen Anodenfall. Für ihn ist bei gegebenem Strom eine um so größere Anodenoberfläche nötig, je geringer der Gasdruck ist, denn um so seltener werden die Zusammenstöße in einem gegebenen vor der Anode liegenden Volumen.

Reicht die Anodengröße bei geringen Dampfdrucken für den normalen Anodenfall nicht aus, so ist ein höherer Anodenfall erforderlich, um trotz der Verringerung der Stoßzahl die erforderliche Zahl Kationen zu erzeugen.

Es nimmt also der Anodenfall mit zunehmendem Dampfdruck von beträchtlichen Werten von 10 und mehr Volt bis auf Null ab. Dieser Zusammenhang ist auch die Ursache dafür, daß die Anoden eines mit konstanter Stromstärke belasteten Gleichrichters kurz nach dem Einschalten, wenn der Dampfdruck noch gering ist, wesentlich heißer sind, als im Dauerzustand, vorausgesetzt, daß ihre Masse nicht so groß ist, daß ihre Temperatur sich langsamer dem Endwert nähert als der Dampfdruck.

4. Die Gasstrecke. In der Gasstrecke strömen in der durchlässigen Richtung die Elektronen vom Quecksilber zum Ventil, die Kationen in der entgegengesetzten Richtung. Die Geschwindigkeit der Elektronen ist etwa 340 mal so groß wie die der Kationen. Also kommen für den elektrischen Strom praktisch nur die Elektronen in Frage. Die Kationen dienen nur zur Beseitigung der Raumladung. Wiedervereinigung von Elektronen und Kationen zu neutralen Molekülen kommen im Gasraum nicht in merklicher Menge vor. Die einzigen Verluste sind hier die Stoßverluste der Elektronen und Kationen beim Anprall gegen Quecksilberatome. Die Stöße der Elektronen verlaufen rein elastisch, solange die Elektronen nicht eine Geschwindigkeit erlangt haben, die einer frei durchlaufenen Spannung von 4,68 Volt entspricht. (Eine sog. „4,68-Volt-Geschwindigkeit".) Die elastischen Stoßverluste betragen je Stoß 0,005‰ der vorhandenen Energie. Steigt die Geschwindigkeit der Elektronen auf mehr als 4,68 Volt, so geben sie nicht bei jedem Stoß, sondern nur unter bestimmten gelegentlich eintretenden Umständen ihre gesamte Energie an das getroffene Quecksilberatom ab und setzen dieses dadurch in einen Erregungszustand, aus dem es jedoch sogleich wieder unter Aussendung von Lichtstrahlung in den normalen Zustand zurückfällt. Wo also der Quecksilberdampf im Gleichrichter leuchtet, sind wenigstens einige Elektronen einer 4,68 Volt übertreffenden Geschwindigkeit vorhanden; wo er lichtlos ist, erreichen auch die schnelleren Elektronen diese Geschwindigkeit nicht. Solange keine weitere Verluste auftreten, bleibt die Elektronengeschwindigkeit auf einem sehr geringen mittleren Betrage von etwa 2 Volt.

Beträchtliche Verluste werden aber durch die Gefäßwände verursacht. Wenn nämlich ein Elektron gegen ein 360000mal schwereres Quecksilberatom stößt, prallt es von diesem zurück, stößt gegen das nächste Atom und beschreibt so eine ganz wirre Zickzacklinie, die nur dadurch allmählich der Anode näher kommt, daß das elektrische Feld das Elektron auf jedem Wege ein wenig nach der Anode zu verschiebt. Ist nun eine Gefäßwand in der Nähe der Lichtbogenströmung, so gelangt das Elektron auch einmal an diese Gefäßwand. Die aber hält es fest und lädt sich dadurch negativ auf. Infolgedessen zieht sie nunmehr auch Kationen aus der Gasstrecke an, die sich mit den Elektronen auf der Gefäßwand vereinigen und für neue Elektronen Platz machen. Es verschwinden also Träger des Stromes aus der Gasstrecke. Um so schneller müssen sich die übrigbleibenden bewegen, wenn der Strom konstant bleiben soll. Erreichen sie dabei die Geschwindigkeit von 4,68 Volt, so beginnt der Quecksilberdampf zu leuchten. Aber immer noch verschwinden Elektronen und Kationen an die Gefäßwände. Immer weiter muß die Geschwindigkeit der übrigen Elektronen steigen, bis sie endlich die Ionisierungsspannung von 10,4 Volt erreichen. Dann werden neue Elektronen und positive Ionen durch Elektronenstoß erzeugt und es vermag sich endlich ein Gleichgewicht zwischen Ladungsverlust an den Wänden und Entstehen neuer Ladungen auszubilden. Die erhöhte Geschwindigkeit können aber die Elektronen nur durch erhöhten Spannungsverlust in der Gasstrecke erlangen. Also treiben die Gefäßwände die Spannung im Lichtbogen um so mehr in die Höhe, je enger sie ihn umschließen, und da der Lichtbogen selbst bei gegebener Stromstärke um so breiter ist, je geringer der Dampfdruck des Quecksilbers ist, so wirken die Gefäßwände um so mehr, je geringer der Dampfdruck ist.

Vom Standpunkt möglichst verlustloser Durchleitung der Ströme durch den Gleichrichter in der durchlässigen Richtung sind also die Seitenarme ein Übel. Sie haben zur Folge, daß der Spannungsverlust in der Gasstrecke je nach der Länge der Arme 5 bis 10 Volt beträgt, während er 2 Volt oder weniger betragen würde, wenn die Ventilelektroden dicht über der Quecksilberelektrode angebracht würden.

Die Seitenarme müssen aber in Kauf genommen werden, um Sicherheit gegen Rückzündungen zu erzielen.

5. Der Dampfdruck. Der Dampfdruck hat bei den Quecksilberdampf-Gleichrichtern eine eigentümliche Wirkung. Es wurde bereits erwähnt, daß die spannungserhöhende Wirkung der Gefäßwände um so kleiner ist, je größer der Dampfdruck ist. Andererseits nimmt die Zahl der Zusammenstöße und damit die Größe der Verluste mit dem Dampfdruck zu. Da anfangs der erste Einfluß überwiegt, nimmt der Spannungsverlust in der Gasstrecke mit zunehmendem Dampfdruck zuerst ab, durchläuft ein Minimum und steigt dann mit dem Dampfdruck beschleunigt an. Da gleichzeitig, wie erwähnt, der Anodenfall mit zunehmendem Dampfdruck abnimmt, zeigt der Gesamtspannungsverlust des Gleichrichters anfänglich eine kräftige Abnahme, wie Abb. 1 deutlich erkennen läßt.

Bei den Glasgleichrichtern ist die Kühlkammer, bei den Großgleichrichtern die Wasserkühlung der Gefäßwände so zu bemessen, daß der Dampfdruck des

Quecksilbers bei Dauerbelastung mit Vollast gerade den Wert erreicht, der diesem Minimum entspricht. Die Seitenarme, die die Ventilelektroden aufnehmen, werden verhältnismäßig breit gemacht, damit der Spannungsverlust in ihnen gering ist. Die Großgleichrichter haben keine äußeren Seitenarme. Doch sind auch bei ihnen die Ventilelektroden durch vorgebaute Schutzschilde oder sie umhüllende Schutzzylinder vor dem Dampfstrahl der Kathode geschützt. Es sind also die Seitenarme nach innen verlegt.

Bei den Großgleichrichtern mit Eisengefäß erscheint es paradox, daß sich das Eisengefäß nicht an der Stromleitung beteiligt, obwohl es auf eine längere Strecke vom Lichtbogen bespült wird und besser leitet als dieser. Der Grund liegt auch hier in der Ventilwirkung einer kalten Elektrode. Die Elektronen können zwar ohne Schwierigkeiten in der Nähe der jeweiligen Kathode aus dem Lichtbogen in das Metall der Gefäßwand eintreten, aber sie können sie in der Nähe der Anode nicht wieder verlassen. Die Kationen aber sind für eine merkliche Unterstützung der Elektronen viel zu träge.

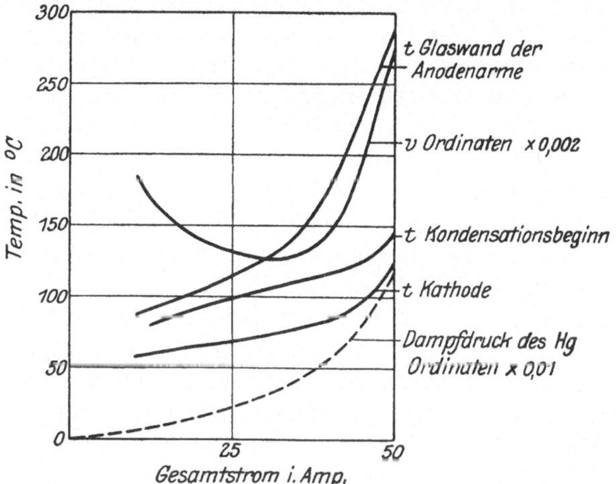

Abb. 1. Spannungsverlauf, Temperatur und Dampfdruck eines Quecksilbergleichrichters in Abhängigkeit von der Belastung. Normale Belastung 30 Amp.

6. Wirkung von Fremdgasen in der durchlässigen Richtung. Fremdgase haben im Quecksilbergleichrichter sehr unangenehme Wirkungen. Erstens entziehen sie den Elektronen beim Zusammenstoß viel mehr Energie als das Quecksilberatom und verbrauchen infolgedessen eine viel höhere Spannung, was den Gleichrichter stark erhitzt, den Dampfdruck steigert und dadurch die Spannung weiter in die Höhe treibt.

Eine weitere unangenehme Wirkung sind die chemischen Vorgänge, die die Fremdgase auslösen. Stickstoff verbindet sich mit Kohlenstoff zu Zyan, das mit Quecksilber eine leitende Schmiere bildet, die die Gefäßwände überzieht. Eine ähnliche Schmiere bildet Sauerstoff mit Eisen und Quecksilber. Gelangt also Luft in einen Eisengleichrichter, so kann die sich bildende Schmiere den Isolator zwischen Kathode und Gehäuse überbrücken, was leicht zu Rückzündungen führt.

7. Die undurchlässige Stromrichtung. In der undurchlässigen Richtung muß verhindert werden, daß die Ventilelektroden Kathoden eines merklichen Stromes werden, d. h., daß ein Lichtbogenkathodenfleck auf ihnen entsteht. In der undurchlässigen Richtung liegt an den Ventilelektroden eine beträchtliche Spannung von einigen Hundert bis einigen Tausend Volt. Es werden also Kationen aus der Gasstrecke auf die Ventilelektrode gezogen. Sie prallen auf diese mit der der durchlaufenen hohen Spannung entsprechenden Energie auf. Ist diese Aufprallenergie groß genug, so werden von der Ventilelektrode Elektronen, losgeschlagen, die in die Gasstrecke hineinfliegen und in ihr unmittelbar vor der Ventilelektrode durch Stoß neue Kationen erzeugen, die wieder auf die Ventilelektrode (jetzt Kathode) aufprallen. Der Strom steigert sich, bis die durch die überwiegende Menge der Kationen unmittelbar vor der Kathode hervorgerufene

Raumladung einer weiteren Zunahme ein Ziel setzt. Fast die gesamte Spannung liegt jetzt als Kathodenfall dicht vor der Ventilelektrode.

Die Spannung, die mindestens an der Kathode vorhanden sein muß, damit diese Stromsteigerung einsetzen kann, beträgt bei Quecksilberdampf und Eisen- oder Graphitelektroden etwa 450 Volt. Also ergibt sich oberhalb von 450 Volt an einer Ventilelektrode stets Glimmentladung.

Ist V die Spannung, i die Stromstärke an der Ventilelektrode, so werden $0{,}8 \cdot V \cdot i$[1]) als Wärme an die Ventilelektrode abgegeben und erhitzen sie. i ist dem Quadrat des Dampfdruckes und etwa der vierten Potenz der Spannung proportional. Bei dem normalen Dampfdruck von 0,3 mm sind jedoch sehr hohe Spannungen nötig, ehe die Erhitzung der Ventilelektroden durch die Energie $0{,}8 \cdot V \cdot i$ so groß wird, daß der Umschlag in den Lichtbogen erfolgt, wenn nicht Verunreinigungen Störungen hervorrufen. Während die Glimmentladung, wie erwähnt, am Eisen oder Graphit bei 450 Volt beginnt, setzt sie bei Alkali bereits bei ca. 200 Volt ein und hat infolgedessen oberhalb von 450 Volt bei gleichen Spannungen sehr viel größere Stromdichten, als bei Graphit oder Eisen.

8. Die Rückzündung. Ist an irgendeiner Stelle der Oberfläche der Ventilelektrode die Stromdichte infolge von Verunreinigungen etwas größer, so wird die Erhitzung an dieser Stelle größer. Es kommt zur Verdampfung leichter flüchtiger Stoffe, die wiederum die Stromdichte der Glimmentladung an dieser Stelle vergrößert. So treibt der Prozeß sich selbst in die Höhe, bis die Temperatur so hoch gestiegen ist, daß thermisch Elektronen in großer Menge ausgesandt werden. Die Elektronenquelle, der Lichtbogenfleck ist da. Auch die hierzu erforderliche Temperatur ist bei bestimmten Verunreinigungen sehr viel niedriger als die reiner Elektroden. Der ganze Vorgang spielt sich unter Umständen in einer Zeit von einer tausendstel Sekunde und weniger ab. Blitzartig, ohne vorherige Warnung zieht sich die Glimmentladung in einen Lichtbogenfleck zusammen, der statt 1000 und mehr Volt nur noch einige Volt verzehrt; die Rückzündung, der Kurzschluß ist da.

Offenbar ist diese Gefahr um so größer: 1. je höher die Spannung an der Ventilelektrode; 2. je größer die Dampfdichte, denn um so größer ist von vornherein der Glimmstrom; 3. je stärker das Elektronenemissionsvermögen der Verunreinigungen der Kathode; 4. je mehr Fremdgase vorhanden sind.

Der Fall 2 ist noch etwas näher zu erläutern. Es kommt auf die Dampfdichte, nicht auf den Dampfdruck an. Da nun bei gegebenem Dampfdruck die Dampfdichte um so geringer ist, je höher die Temperatur ist, so ist eine rotglühende Ventilelektrode rückzündungssicherer als eine kalte, weil das sie umgebende, von ihr erhitzte Gas eine viel geringere Dichte hat, als wenn die Elektrode kalt ist.

Dagegen besteht eine andere Gefahr. Kondensiert sich oberhalb der rotglühenden Ventilelektrode Quecksilber an einer Wand und fällt ein kleiner Quecksilbertropfen auf die Elektrode, so verdampft er fast momentan. Im Augenblick des Verdampfens aber bildet sich eine Stelle hoher Gasdichte, die bei hohen Spannungen ausreicht, um den Umschlag der Glimmentladung in dem Lichtbogen zu bewirken.

Zu 3 haben DÄLLENBACH, GERECKE und STOLL[2]) eine ausführliche Untersuchung über die Wirkung von Fremdstoffen auf der Kathode angestellt.

Wird eine Glimmentladung an einer Kathode erzeugt, die mit Verunreinigungen bedeckt ist, so treten bei einer bestimmten Glimmspannung an den Stellen, an denen sich Verunreinigungen befinden, winzige Fünkchen, sog. Szintillationen, auf. Die genannten Forscher machen nun die Annahme, daß eine

[1]) A. GÜNTHERSCHULZE, ZS. f. Phys. Bd. 15, S. 8. 1923; Bd. 23, S. 334. 1924.

[2]) W. DÄLLENBACH, E. GERECKE u. E. STOLL, Phys. ZS. Bd. 26, S. 10. 1925.

jede derartige Szintillation der Anfang eines Lichtbogens ist und in einen solchen umschlägt, sobald die Widerstandsverhältnisse des Stromkreises es zulassen. Sie bestimmen infolgedessen für eine große Anzahl von Verunreinigungen in Abhängigkeit vom Gasdruck die Spannung, bei der die Szintillationen einsetzen. Abb. 2 zeigt die Ergebnisse für NaCl auf einer Platinkathode.

Diese Versuche sind für die Erforschung der Rückzündungserscheinungen sehr wertvoll, wenn auch die Annahme der Forscher, daß jede Szintillation der Anfang eines Lichtbogen sei, nicht richtig ist. Zweifellos gibt es solche Stoffe. Zweifellos aber auch andere, bei denen die Szintillationen keineswegs zu einem Lichtbogen führen. Beispielsweise lassen sich auf einer reinen, von einer sehr dünnen Oxydhaut überzogenen Aluminiumelektrode als Anode eines normalen Gleichrichters sehr schöne Szintillationen beobachten, ohne daß es irgendwie zu einer Rückzündung kommt, obwohl die Widerstandsverhältnisse nicht im geringsten entgegenstehen.

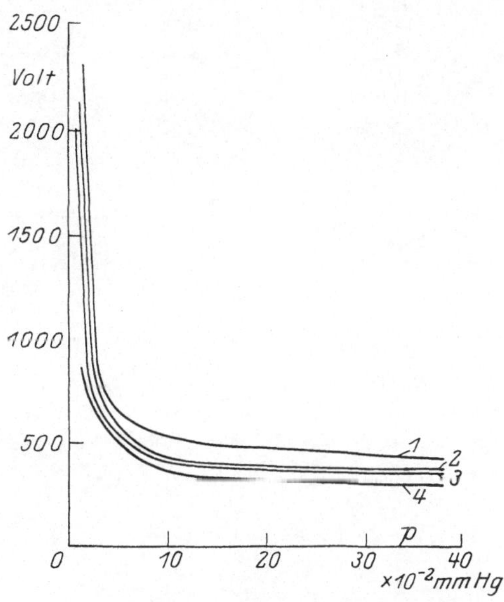

Abb. 2. Lichtbogenzündspannung an einer mit NaCl-Kristallen bedeckten Platinkathode in Abhängigkeit vom Gasdruck.

1. Argon. 2. Technischer Stickstoff. 3. Atmosphärische Luft. 4. Wasserdampf.

Die Untersuchungen wären also noch durch die Feststellung zu ergänzen, bei welchen Stoffen die Szintillationen zum Lichtbogen führen und bei welchen nicht. Im allgemeinen scheint hier der Satz zu gelten, daß, wenn die Szintillationen durch das Durchschlagen einer dünnen Schicht hohen Widerstandes (nichtleitende Oxydschicht) entstehen, kein Umschlag in einen Lichtbogen zu befürchten ist, daß dagegen Szintillationen, die entstehen, obwohl die Kathodenoberfläche zum Teil von Übergangswiderständen frei ist, zum Lichtbogen führen.

9. Die Zündung der Gleichrichter. Um den Gleichrichter in Betrieb setzen zu können, wird über oder neben der Quecksilberelektrode eine kleine Hilfselektrode angebracht, die mit einer der Ventilelektroden über einen solchen Widerstand verbunden wird, daß, wenn durch Schütteln des Gleichrichters das Kathodenquecksilber mit der Hilfselektrode in Berührung gebracht wird, ein Strom von etwa 2 Amp. fließt. Wird dieser Strom durch Aufheben der Berührung wieder unterbrochen, so entsteht ein Öffnungsfunke, der den Lichtbogen einleitet, wenn die Stromrichtung im Öffnungsfunken so ist, daß die große Quecksilberkathode auch Kathode des Funkens ist. Anfänglich bestand die kleine Hilfselektrode aus einem mit Quecksilber gefüllten kurzen Ansatzrohr. Der Öffnungsfunke zwischen zwei Quecksilberelektroden überdauert aber nicht die Periodenhälfte, in der er entstanden ist. Es ist in diesem Falle also dem Zufall überlassen, ob der erste Öffnungsfunken zündet oder ob das Schütteln wiederholt werden muß. Deshalb wurde später die Hilfselektrode als kleine unmittelbar über dem Kathodenquecksilber endende Graphitelektrode ausgebildet, die mit weit größerer Sicherheit zündet.

10. Die Argonalgleichrichter. Der Argonalgleichrichter ist eine Abart des Quecksilberdampfgleichrichters, bei der das Quecksilber durch ein flüssiges Alkaliamalgam ersetzt ist und der Gasraum außer dem Quecksilberdampf Argon von geringem Druck enthält.

Der normale Kathodenfall der Glimmentladung beträgt im Argon an einer Alkalikathode nur 64 Volt. Wird die Spannung gesteigert, so erfolgt schon bei einigen Hundert Volt der Umschlag der Glimmentladung in den Lichtbogen. Also kann ein Argonalgleichrichter, ohne geschüttelt zu werden, rein elektrisch mit Hilfe einer kleinen Zündanode gezündet werden, die an eine besondere Spannungswicklung des Gleichrichtertransformators angeschlossen ist, die eine Spannung von 600 Volt liefert und nach erfolgter Zündung durch ein Relais ausgeschaltet wird.

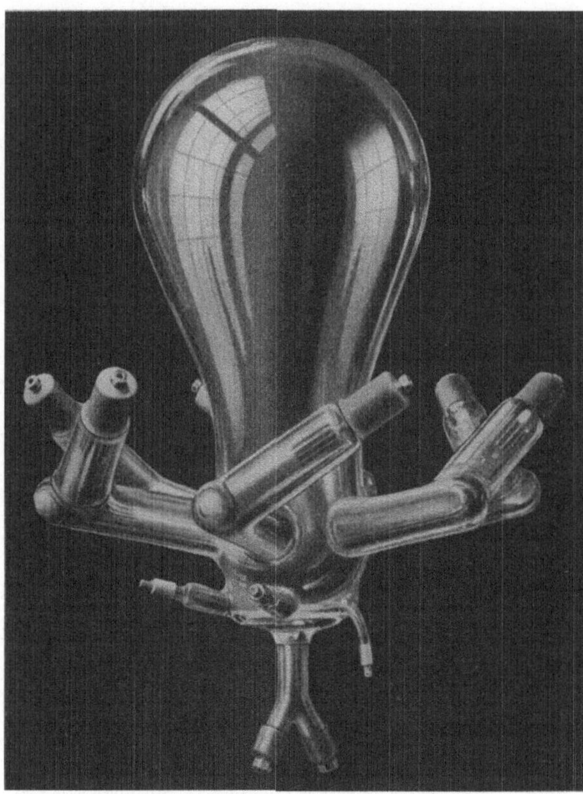

Abb. 3. Einphasenglasgleichrichter der Siemens-Schuckert-Werke.

Der zweite Vorteil der Argonalgleichrichter besteht darin, daß er sich infolge des Alkaligehaltes der Kathode bis hinab zu 0,1—0,3 Amp. in Betrieb halten läßt, so daß er als Kleingleichrichter besonders wertvoll ist.

Die Gleichrichtung großer Ströme und höherer Spannungen erscheint auf den ersten Blick wegen der erhöhten Rückzündungsgefahr bedenklich. Doch ist es der Firma Paul Hardegen, Berlin, die diese Gleichrichter baut, gelungen, Typen herzustellen, die Ströme von 100 Amp. bis 400 Volt sicher gleichrichten.

Im übrigen ist das Verhalten und die Verwendungsart der Argonalgleichrichter der der gewöhnlichen Quecksilberdampfgleichrichter gleich.

b) Die Konstruktion der Quecksilberdampf-Gleichrichter.

11. Quecksilberdampf-Gleichrichtergefäße aus Glas. Die wesentlichen Bestandteile der Glasgleichrichter sind:

1. Der Kathodenraum mit der Quecksilberkathode im tiefsten Punkt des Gefäßes.

2. Die an den Kathodenraum seitlich angesetzten, bei hohen Spannungen ein oder mehrere Male gekrümmten Anodenarme, die in ihren oberem Teile die Anoden aus Graphit enthalten.

3. Die auf den Kathodenraum aufgesetzte Kühlkammer, die das von der Kathode verdampfende, in Form eines heftigen Dampfstrahles emporschießende Quecksilber aufnimmt und wieder kondensiert.

4. Die in den Kathodenraum hineinragenden Zünd- und Hilfselektroden.

Abb. 3, ein Gleichrichter der Siemens-Schuckert-Werke, läßt diese einzelnen Teile gut erkennen.

Die größten Schwierigkeiten bestanden anfangs in der luftdichten Zuführung großer Ströme zu den Elektroden, der starken Temperaturbeanspruchung des Gaskolbens und der vollkommenen Entgasung aller Gefäßteile. Deshalb begann die Fabrikation der Quecksilbergleichrichter mit Glasgefäßen für verhältnismäßig kleine Ströme von 5—10 Amp. Zur Zeit werden solche kleineren Typen mit den erforderlichen Nebenapparaten zu sehr kompendiösen transportablen Ladeapparaten für kleine Automobilbatterien u. a. zusammengebaut. Abb. 4 zeigt einen solchen transportablen Kleingleichrichter der AEG für 5 Amp.

Abb. 4. Tragbarer AEG-Kleingleichrichter mit und ohne Schutzkappe.

Durch die künstliche Kühlung, neue Verfahren der Stromdurchführung und die Beherrschung der Rückzündung sind in den letzten Jahren große Fortschritte erzielt worden.

12. Die künstliche Kühlung. Die künstliche Kühlung der Gleichrichter wird durch einen elektrischen Ventilator unter dem Gleichrichtergefäß erzielt, der zugleich mit dem Gleichrichter eingeschaltet wird und einen kräftigen Luftstrom gegen ihn bläst (s. auch Abb. 1).

Die Kühlung ermöglicht das Gleichrichtergefäß mit der dreifachen Stromstärke zu belasten. Dagegen werden die Stromeinführungen durch die Kühlung kaum entlastet, da sie im Innern des Gefäßes liegen. Sie müssen also der höheren Stromstärke entsprechend bemessen werden.

Da die Kühlung bei kleinen Belastungen nicht nötig ist, schaltet ein Relais den Ventilator erst bei 40% der Vollast ein. Um in der Nähe dieser Belastung ein dauerndes Ein- und Ausschalten zu vermeiden, ist das Relais so eingerichtet, daß es erst wieder ausschaltet, wenn die Last auf 25% der Vollast sinkt.

Die Versuche, die Kolben durch Eintauchen in Wasser oder Öl zu kühlen, haben noch nicht zum Erfolge geführt. In Wasser wird die thermische Beanspruchung so groß, daß das Glas springt, während das Öl durch die starke Erhitzung an den Anodenarmen schnell verharzt.

13. Vakuumdichte Stromzuführung. Die luftdichte Einführung großer Ströme in die Gleichrichtergefäße wurde auf zwei verschiedenen Wegen erzielt. Erstens wurde herausgefunden, daß sich Molybdän vorzüglich in ein Borosilikatglas, eine Art altes Jenaer Geräteglas, luftdicht einschmelzen läßt. Dieses Glas wurde deshalb „Molybdänglas" genannt. Es gelang, Drähte bis zu 10 mm Dicke einzuschmelzen, die man mit Strömen bis zu 500 Amp. belasten konnte. Lästig war hierbei allerdings die große Sprödigkeit des Molybdäns, die seine Bearbeitung erschwerte.

Die Gleichrichter der AEG sind mit derartigen Stromdurchführungen ausgerüstet. Entsteht im Glaskolben ein Kurzschluß, so dauert dieser nie so lange, daß der Molybdändraht eine gefährliche Temperatur annimmt. Die Dichtungsstelle wird also durch Kurzschlüsse nicht beschädigt. Das Molybdänglas, das von der Firma Schott und Genossen, Jena, hergestellt wird, besitzt außerdem noch einen sehr hohen Erweichungspunkt, eine große Zähigkeit und eine erstaunliche Unempfindlichkeit gegen starke Temperaturschwankungen, so daß es für den Gleichrichterkolben sehr geeignet ist.

Das zweite Verfahren, größere Ströme luftdicht einzuführen, wird von der Gleichrichter G. m. b. H. angewandt. Bei diesem Verfahren ist der Größe der einzuführenden Ströme keine Grenze gesetzt. Es besteht darin, daß eine Kappe aus reinem, weichen Kupfer, gegen deren Boden die beiden Stromzuführungen gestoßen sind und die bis auf 0,01 mm ausgewalzt wird, zugleich mit einem passenden Glasrohr bis zu dessen Erweichungstemperatur erhitzt, über das Glasrohr geschoben wird, bis dieses gegen eine Nut der Kappe stößt und dort mit dem Glasrohr verblasen wird. Dann wird der dünne Mantel der Kappe mit dem Rohr vollständig verschmolzen. Die Verbindung zwischen beiden wird sehr innig, weil das Glas das beim Erhitzen entstandene Kupferoxyd, und wohl auch das Kupfer selbst, etwas in sich löst.

Nach dem Erkalten wird die Kupferkappe zum Schutze gegen die amalgamierenden Quecksilberdämpfe elektrolytisch mit einer dünnen Eisen- oder Nickelschicht überzogen.

14. Verhinderung der Rückzündung. Die Beseitigung der Rückzündungsgefahr gelang durch die Anwendung der bei der Entwicklung der Theorie der Gleichrichter mitgeteilten Forschungsergebnisse und Überlegungen. Insbesondere werden die Anodenarme je nach der Höhe der Spannung ein bis zweimal gekröpft, auf größte Sauberkeit der Anodenoberflächen geachtet, die Kühlkammer hinreichend dimensioniert und vor allem der Gleichrichter vor dem Abschmelzen mit allen zur Verfügung stehenden Mitteln evakuiert. Ein weiteres Mittel, das neuerdings mit Erfolg angewandt wird, ist das Warmhalten der toten Enden der Anodenarme oberhalb der Anoden durch Umhüllen mit schlechten Wärmeleitern. Dadurch wird verhindert, daß sich das Quecksilber oberhalb der Anoden kondensiert und in Tropfen auf die Anoden fällt, wodurch leicht eine Rückzündung entstehen kann.

Beim Evakuieren des Gleichrichters ist es unbedingt erforderlich, den Kolben nicht nur mit so viel Strom zu belasten, wie er irgend verträgt, wobei die Anoden auf helle Rotglut kommen müssen, sondern es ist dringend erwünscht, ihn gleichzeitig noch in einen bis 200° C erhitzbaren Heizkasten zu setzen.

Immer wieder finden sich in der Praxis Glasgleichrichter, die anfangs ein vorzügliches Vakuum besitzen und imstande sind, 6000 Volt und mehr ohne Rückzündung gleichzurichten. Sobald sie aber einmal gründlich belastet worden sind, haben sich aus ihnen immer noch so viel Gase entwickelt, daß sie bereits bei 1000 Volt versagen.

Die folgende Abb. 5 gibt den Zusammenhang zwischen der Rückzündung und der Belastung eines Gleichrichters nach Messungen der AEG wieder[1]). Sie zeigt, daß (in einem gasfreien Kolben) mit zunehmender Belastung die Rückzündungsspannung schnell abnimmt. Die Ursache hierfür liegt an dem mit der Belastung steigenden Quecksilberdampfdruck. Es müssen also die Abmessungen eines Kolbens bei gegebener Stromstärke um so größer sein, je höhere Spannungen er gleichrichten soll. Die Kurve der Abb. 5 gilt für langdauernde Einschaltung. Kurze Überlastungen, während deren sich der Gleichrichter noch nicht auf die hohe Temperatur einstellt, erniedrigen die Rückzündungsgrenze kaum. Ebenso schadet dem Gleichrichter ein plötzliches Einschalten der Vollast vom Leerlauf aus nichts.

15. Die Zündelektroden und die Hilfserregung. Ein weiterer Fortschritt der letzten Jahre ist die Verbesserung der Zündung und der Hilfserregung. Die eingangs erwähnte einfachste Art der Zündung durch Schütteln des Gleichrichters mit der Hand ist für Betriebe, in denen elektrisch durchgebildete Fachleute fehlen, nicht geeignet. Sie ist deshalb frühzeitig durch eine elektromagnetische Kippvorrichtung ersetzt worden, die beim Einschalten des Gleichstroms in Tätigkeit tritt und den Gleichrichter so lange hin- und herkippt, bis er gezündet hat. Da aber hierbei nicht stets sofort die richtige Stromrichtung getroffen wird, vergeht vom Einschalten bis zur Zündung öfter einige, wenn auch nur nach Bruchteilen von Minuten zählende Zeit.

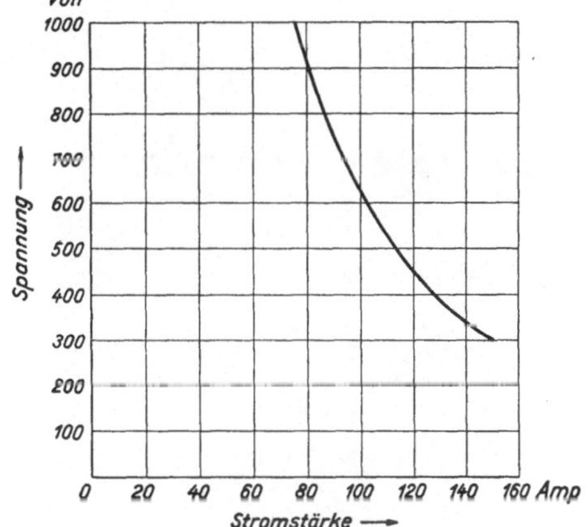

Abb. 5. Rückzündungsgrenze eines normalen Glasgleichrichters.

Neuerdings erhält der Gleichrichter eine viel einfachere und billigere Hilfserregung dadurch, daß im Gleichrichtergefäß noch zwei besondere kleine Anoden angeordnet werden. Diese werden an einen eigenen kleinen Transformator angeschlossen, dessen Mitte über eine Drosselspule besonderer Konstruktion mit der gemeinsamen Kathode des Gleichrichters verbunden ist. Es wird also in den großen Gleichrichter gewissermaßen ein kleiner Einphasengleichrichter eingebaut und über eine Drosselspule kurzgeschlossen. Dieser kleine Gleichrichter brennt dauernd, solange die Anlage in Betrieb ist, und verbraucht bei 4 Amp. nur 100 Watt, was gegenüber einer Belastung des Hauptgleichrichters mit vielleicht 100 kW keine Rolle spielt. In Abb. 6 sind die Erregeranodenarme unter den Hauptarmen zu sehen.

Die Hilfsanoden werden vielfach so dicht über dem Quecksilber angeordnet, daß das Quecksilber sie beim Schütteln des Gleichrichters berührt. Sie dienen also gleichzeitig als Zündelektroden. Sind keine Hilfsanoden vorhanden, wie bei den kleineren Typen, so wird eine besondere Zündanode eingebaut. Diese bestand früher aus einem mit Quecksilber gefüllten Glasansatz neben der Kathode. Durch das Kippen wurde das Quecksilber dieses Ansatzes mit der Kathode vorübergehend in Berührung gebracht. Bei der Unterbrechung der Berührung entstand ein Öffnungsfunke, der den Gleichrichter nur dann zum Anspringen brachte, wenn die Kathode des Gleichrichters auch Kathode des Öffnungsfunkens war. Bei der entgegengesetzten Stromrichtung im Öffnungsfunken wird der entstandene Lichtbogen in einem Bruchteil einer Wechselstromphase unterbrochen. Es war also Zufall, wenn diese Unterbrechung gerade zu der Zeit er-

[1]) G. W. MÜLLER, Quecksilberdampfglasgleichrichter. Berlin: Verlagsanst. Norden 1924.

folgte, zu der die richtige Stromrichtung floß. Deshalb wurde die Quecksilberanode durch eine Graphitanode ersetzt. Bei dieser überdauert der Öffnungslichtbogen eine Periode, so daß die Zündung sehr viel sicherer geworden ist.

16. Typengrößen. Quecksilberdampfgleichrichter mit Glasgefäß werden in Deutschland von der AEG, der Gleichrichter G. m. b. H., den Siemens-Schuckert-Werken und der Westinghouse Cooper Hewitt G. m. b. H., Berlin, hergestellt. Die untere Stromgrenze liegt bei 5—6 Amp. Mit der oberen Grenze ist wohl die AEG am weitesten gegangen, die Gleichrichter für 250 Amp. fabrikatorisch und einen Quecksilbergleichrichter für 500 Amp. probeweise hergestellt hat. Diese großen Typen haben 6 und mehr Anodenarme. Abb. 6 gibt einen solchen 6armigen Glasgleichrichter für 250 Amp., ein wahres Wunderwerk der Glasblasekunst, Abb. 7 zwei Argonalgleichrichter der Firma Paul Hardegen, Berlin, mit den charakteristischen engen langen Armen und dem Zündarm vorne vor der Kühlkammer.

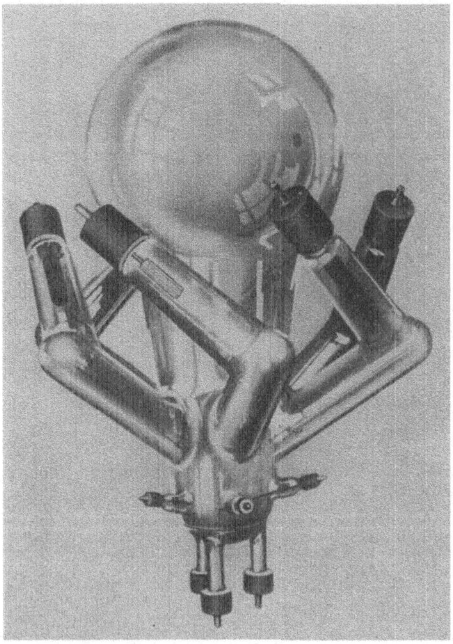

Abb. 6. Glasgleichrichter der AEG für 250 Amp.

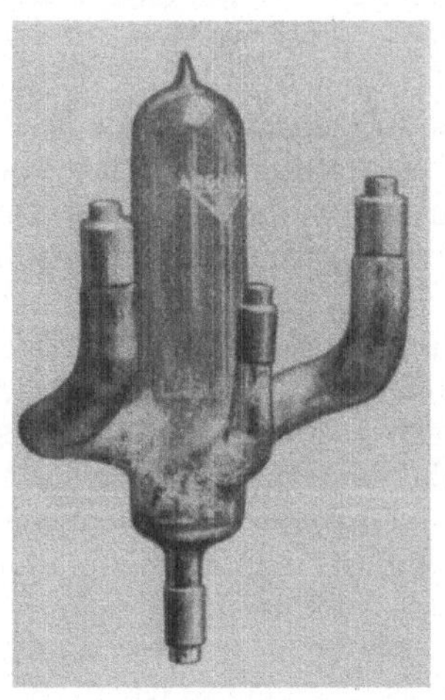

Abb. 7. Argonalgleichrichter.

17. Gleichrichtergefäß der Firma Brown, Boveri & Co. Bei der Schaffung des Großgleichrichters waren außerordentliche Schwierigkeiten zu überwinden. Als die Großgleichrichter entwickelt wurden, war man mit den Glasgleichrichtern kaum bis 100 Amp. gelangt. Es kamen also nur Metallgefäße in Frage. Auch heute noch ist der Glasgleichrichter für 500 Amp. ein so schwierig herzustellender und empfindlicher Apparat, daß man sich scheut, ihn in größerem Umfange zu verwenden. Es handelte sich also darum, die Metallgefäße nicht nur vollkommen luftdicht abzuschließen, ohne ihre gelegentlich erforderliche Öffnung zu sehr zu erschweren, sondern auch darum, Elektroden für Ströme von 500 Amp. isoliert und luftdicht in die Gefäße einzuführen. Dazu kommt noch, daß dieser ein hohes Vakuum verbürgende luftdichte Abschluß gerade im Betriebe trotz der entwickelten großen Wärmemengen und dadurch verursachten Erhitzung des Gefäßes erhalten bleiben muß. In Deutschland ist es zuerst BELA SCHÄFER bei der Firma Brown, Boveri & Co. gelungen, die Schwierigkeiten zu überwinden und brauchbare Großgleichrichter zu schaffen. Anscheinend gleichzeitig wurde in Amerika der Großgleichrichter durch die General Electric Co. ausgebildet und dann in Deutschland von der AEG übernommen.

In den letzten Jahren sind zu diesen dann noch die Großgleichrichter der Siemens-Schuckert-Werke und der Firma Bergmann getreten.

Die Firma Brown, Boveri & Co. hat ihre ersten Großgleichrichter bereits in den Jahren 1909 bis 1911 aufgestellt, so daß sie jetzt über eine mehr als fünfzehnjährige Betriebserfahrung verfügt.

Beim Großgleichrichter dieser Firma besteht das Vakuumgefäß gemäß nebenstehender Abb. 8 aus einem größeren unteren und einem darauf gesetzten kleineren oberen zylindrischen Hohlkörper aus geschweißtem Blech mit horizontal anschließenden ebenen Stahlplatten. Der untere Zylinder ist der eigentliche Gleichrichterraum. Der obere dient als Kühlkammer. Der leicht abnehmbare Deckel des Arbeitszylinders trägt die aus Eisen bestehenden Anoden, der Boden die Quecksilberkathode. Im Arbeitszylinder wird ein Vakuum von 0,01 mm Quecksilber durch die Hochvakuumpumpe aufrecht erhalten. Die Anoden waren bei den älteren Gleichrichtern mit Porzellanglocken umkleidet, um das Überschlagen der Lichtbögen nach der Gefäßwand zu verhindern, das leicht zu Rückzündungen führt. Infolge der ungünstigen Erfahrungen, die man mit Porzellan machte, das bei den hohen Temperaturen öfter brach, ging man dazu über, statt der Porzellanglocken Eisenblechröhren zu verwenden, die an einem kurzen Porzellanisolator befestigt sind. Der Isolator wird jetzt nicht mehr von den heißen Lichtbogengasen berührt. Kondensationszylinder, Arbeitsgefäß und Dichtungsflächen werden durch besondere Kühlmäntel mit fließendem oder zirkulierendem Wasser gekühlt.

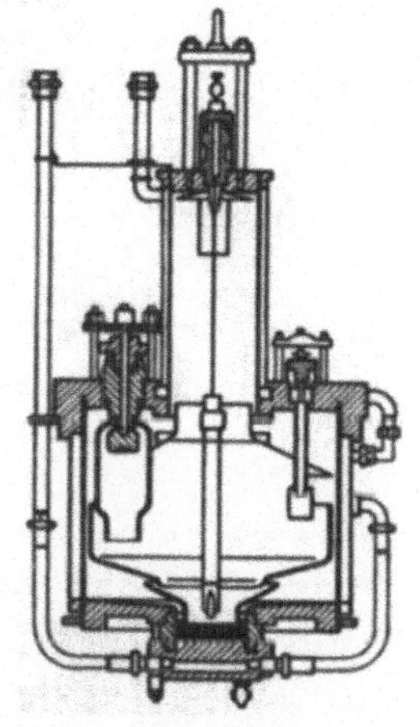

Abb. 8. Großgleichrichter von Brown, Boveri & Co.

Soll der Gleichrichter mit stark schwankender, sehr niedriger oder auch zeitweise aussetzender Belastung arbeiten, so erhält er Fremderregung. Diese darf jedoch nur verwendet werden, wenn keine längeren Betriebspausen als etwa eine halbe Stunde vorkommen, da beim Kaltwerden des Gleichrichters die bei der vorherigen starken Erhitzung ausgetriebenen Fremdgase den Quecksilberdampf an Menge prozentual stark übertreffen und infolgedessen zu Rückzündungen führen. Deshalb ist es bei längeren Betriebspausen sicherer, eine kleine Nutzbelastung dauernd im Gleichrichter zu belassen, die gerade genügt, den erforderlichen Quecksilberdampfdruck aufrechtzuerhalten. Nach längerem vollständigen Ausschalten ist es dringend zu empfehlen, vor dem Einschalten einige Zeit zu evakuieren, um die Fremdgase zu entfernen.

Die Firma BBC baut den Großgleichrichter in drei Normalgrößen, wobei die Anoden der größten Type für Niederspannung mit Wasser-, für Hochspannung mit Luftkühlung versehen sind. Die kleinste Type hat keine Anodenkühlung. Größere Stromstärken werden durch Parallelschaltung mehrerer Gleichrichter erhalten. Mit der Spannung ist B.B.C. im praktischen Betriebe bereits bis zu 3000 Volt Gleichspannung gelangt.

18. Großgleichrichtergefäß der AEG. Die Großgleichrichter der AEG unterscheiden sich, wie Abb. 9 und 10 zeigen, in ihrem äußeren Aufbau beträchtlich von den BBC-Gleichrichtern. Das Gleichrichtergefäß hat die Form eines flachen Doppelkegels mit oben angeschweißten Rohren zur Aufnahme der Anoden und einem an der unteren Kegelspitze angeschweißten Flansch für die Kathode.

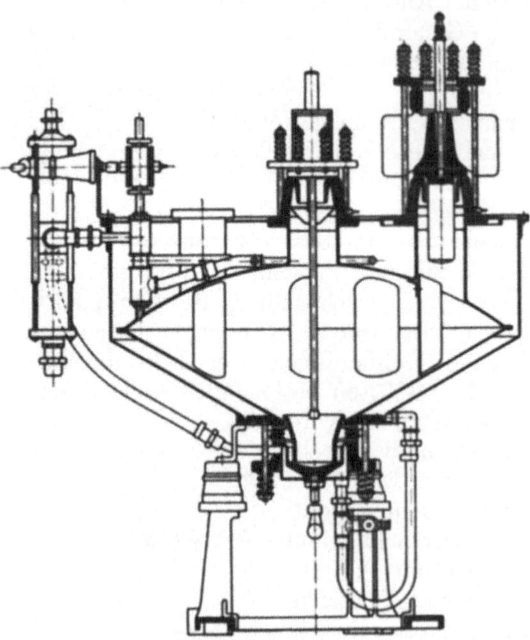

Abb. 9. Großgleichrichter der AEG, Größe II, 500 Amp.

Die Schale C enthält das Kathodenquecksilber. Sämtliche Verbindungsstellen sind autogen geschweißt. Die Öffnungen des Gefäßes werden durch Porzellanisolatoren in Verbindung mit Bleidichtungen verschlossen. Die Porzellanisolatoren sind ebenso wie die Auflageflächen der Rohrflanschen und Anoden glatt geschliffen und haben in der Mitte eine rillenförmige Vertiefung. Sowohl innerhalb wie außerhalb dieser Rillen werden Bleiringe und zu ihren beiden Seiten dünne Aluminiumringe eingelegt. Die Dichtung wird mittels sehr kräftiger Federn mit hohem Druck zusammengepreßt. Das weiche Blei schmiegt sich den Oberflächen vollständig an, während die Aluminiumringe verhindern, daß es dabei so weit auseinanderfließt, daß es bis in das Gefäß selbst gelangt. Die Rillen stehen durch Metallrohre mit einem Vorvakuum in Verbindung. Die von außen eindringende Luft muß die Rillen passieren und wird dabei in das Vorvakuum abgesaugt, das mit der gleichen Pumpe evakuiert wird wie das Hauptvakuum. Durch einen Vorvakuumbehälter größeren Volumens ist dafür gesorgt, daß die eindringende Luft das Vorvakuum nur langsam zu verschlechtern vermag.

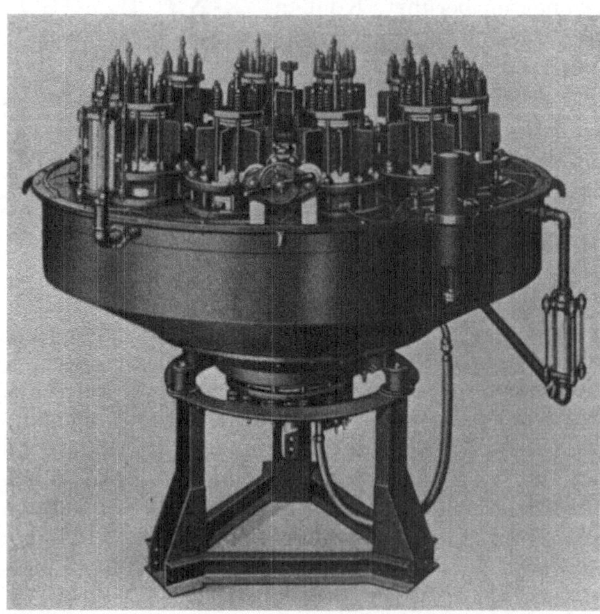

Abb. 10. Außenansicht eines Großgleichrichters der AEG für 1500 Amp.

Diese Anordnung bietet auch die Möglichkeit, die Dichtheit jeder einzelnen Verschlußstelle nachzuprüfen, ohne daß der Gleichrichter dabei auseinander genommen werden muß. Zu diesem Zwecke schließt man die einzelnen Dichtungen, die nicht geprüft werden sollen, durch kleine Bleiunterlagen ab, so daß nur die zu prüfende Dichtung mit der Pumpe und dem Vakuummeter in Verbindung steht.

Die Eisenanoden *D* tragen an ihrem oberen Ende Kühlrippen. Sie sind so angebracht, daß sie von dem Kathodenstrahl nicht unmittelbar getroffen werden können. Um die Sicherheit hiergegen noch zu erhöhen, sind bei *s* viertelzylindrische Schutzschilde aufgeschraubt, so daß der Lichtbogen einen mehrfach gekrümmten Weg beschreiben muß.

Die AEG schließt also die positive Lichtsäule, ähnlich wie BBC, in einen besonderen Kanal ein. Sie benutzt aber zu diesem Kanal nicht, wie BBC, einen isolierten Zylinder, sondern das Gehäuse selbst. In ähnlicher Weise wie die Anoden ist der wirksame mittlere Teil der Kathode, auf dem sich der Kathodenfleck befindet, durch den Asbestzylinder *H* gegen das Gehäuse besonders geschützt.

Zur wirksamen Ableitung der Wärme ist das Gefäß *b* als Kühlmantel ausgebildet. Die Zuführung des Kühlwassers erfolgt durch das Glasrohr *E*, in dem das Wasser als Tropfstrahl hinunterläuft, so daß ein direkter Schluß zwischen Gehäuse und Erde vermieden wird. Der Kathode wird Kühlwasser durch den Schlauch *f* zugeführt. Die Temperatur des Kühlwassers soll 38° C nicht übersteigen.

Der Mechanismus *G* dient zum Zünden des Gleichrichters. Er besteht aus einer bis zur Oberfläche der Kathode hinabreichenden Eisenstange, die an dem positiven Pol einer kleinen Zünddynamo liegt, deren negativer Pol mit der Kathode verbunden ist. Bei Einschaltung des Zündumformers entsteht an der Hilfsanode ein Lichtbogen, der den Kathodenfleck erzeugt.

Bei stark schwankenden, zeitweilig bis auf Null heruntergehenden Belastungen empfiehlt es sich, die Hilfszündung mitarbeiten zu lassen.

19. Großgleichrichtergefäß der SSW. Die SSW haben bei der Konstruktion ihrer Großgleichrichter in mancher Beziehung durchaus von der BBC und der AEG abweichende Wege eingeschlagen. Sie bauen Typen für 350, 600 und 1000 Amp. Als Dichtungsmaterial verwenden sie breite Gummiringe, die ähnlich wie die Bleiringe der AEG zwischen Isolator und Gehäuse einerseits, Elektrode andrerseits gepreßt werden. Statt des das Blei schützenden Aluminiumringes verwenden sie einen ähnlichen Ring aus einem nicht näher bezeichneten Metall, der die Gasabgabe der Gummischeiben verringern soll.

Da nun Gummi viel empfindlicher gegen Übertemperaturen ist als Blei oder Asbest, müssen die Dichtungen schärfer gekühlt werden. Dieses geschieht teils durch gute Luftkühlung von außen her, teils dadurch, daß die Anoden, an denen ein großer Teil der schädlichen Wärme frei wird, durch Öl gekühlt werden, das seinerseits selbsttätig durch die über jeder Anode angebrachten Kühlkörper gekühlt wird.

Ferner bauen die SSW in die Großgleichrichter in gleicher Weise, wie es bei den Glasgleichrichtern üblich ist, drei Erregeranoden ein, die aus einer zweiten Wicklung des Erregertransformators über eine Drosselspule gespeist werden. Der Transformator liefert 12 Amp. bei 60 Volt Gleichspannung und verbraucht insgesamt 1 kW.

Der Hilfserregungsstrom kann durch einen Umschalter dem Heizwiderstand der Quecksilberdampfpumpe zugeführt und so nutzbar gemacht werden.

Die Kathode ist von dem unteren Teile des Gefäßes durch einen hohen Porzellanring isoliert. Sie wird durch Wasser gekühlt, das ihr zur besseren Isolation in Gummischläuchen von etwa 1 m Länge zugeführt wird. Steht schlechtleitendes, fließendes Wasser nicht zur Verfügung, so muß ein Rückkühler aufgestellt werden. Zur Erleichterung der Isolierung ist die Kathode zu erden. Ferner befindet sich zwischen den 6 Anoden ein besonderes Kühlgefäß, das bis in die Nähe der aus der Kathode heraufsteigenden Dämpfe reicht und so die Kühlung durch die Gefäßwände unterstützt. Dieses Kühlwasserbecken ist konstruktiv mit dem Fuß des Gleichrichtergefäßes vereinigt, der die Nebenapparate und die Quecksilberdampfpumpe trägt. Schaugläser ermöglichen die Beobachtung des Gleichrichterinnern während des Betriebes.

Die Zündung erfolgt dadurch, daß eine Zündanode mit Hilfe einer Magnetspule in das Kathodenquecksilber getaucht und dann wieder emporgehoben wird. Abb. 11 zeigt einen Großgleichrichter der SSW. für 1000 Amp.

Abb. 11. Großgleichrichter der Siemens-Schuckertwerke für 1000 Amp.

20. Großgleichrichtergefäß der Firma Bergmann. Die Firma Bergmann hat zum Teil die Großgleichrichterkonstruktionen. der drei anderen Firmen kombiniert. Abb. 12 zeigt das Gleichrichtergefäß. Der ganze Deckel des Gefäßes mit sämtlichen Elektroden ist abnehmbar. Er ist mit Quecksilber-Asbestdichtung auf den unteren zylindrischen Teil des Gefäßes aufgesetzt. Die Elektrodendurchführungen dagegen sind mit Blei gedichtet. Die Kathode ist nicht wie bei den anderen Firmen von unten her isoliert eingesetzt, sondern erhält ihre Stromzuführung von oben her durch den Deckel des Gefäßes. Das Kathodenquecksilber befindet sich in einem Becher aus Porzellan oder Quarz, der in eine im Boden des Gefäßes angebrachte Vertiefung paßt. Die Hauptanoden sind aus Graphit, weil dieses sich infolge seines besseren Strahlungsvermögens nicht so hoch erhitzt wie Eisen.

Außer den Hauptanoden, deren Zahl bei der Type G 1000 für maximal 1000 Amp. 6 und bei der Type G 2000 für maximal 2000 Amp. 12 beträgt, sind noch 3 aus Eisen bestehende Erregeranoden vorhanden, die den Lichtbogen bei schwacher oder vorübergehend aussetzender Belastung des Gleichrichters aufrecht erhalten. Sie sind über die Drosselspulen an die Sekundärwicklung des Erregertransformators angeschlossen, der primär in Dreieck, sekundär in Stern geschaltet ist und 10 bis 12 Amp. bei 60 Volt liefert, so daß der Hilfskreis insgesamt 800 bis 1000 Watt verbraucht. Sowohl die Haupt- wie die Erregeranoden sind mit isolierten Schutzrohren aus Eisenblech umgeben.

Das Kühlwasser durchläuft zuerst die Hochvakuumpumpe, dann den Deckel des Gleichrichtergefäßes, wird weiter durch einen Kanal im Flansch des Gefäßes um die Quecksilberdichtung herumgeführt und gelangt endlich unterhalb der Kathode zu dem Kühlmantel des unteren und seitlichen Teiles des Gefäßes.

Da die Gleichrichter weder einen besonderen Kondensationsraum noch hohe Rippenkühler für die Anoden haben, sind sie verhältnismäßig niedrig.

21. Die Isolierung der Großgleichrichter. Während des Betriebes befindet sich das Gleichrichtergefäß nebst Grundplatte auf nahezu derselben Spannung wie die Kathode, die den positiven Pol des vom Gleichrichter gelieferten Gleichstromes bildet.

Ist nun der negative Pol der Gleichstromanlage geerdet, wie es häufig bei Straßenbahnbetrieben der Fall ist, so muß der ganze Gleichrichteraufbau gegen Erde gut isoliert sein, und das Kühlwasser durch Gummischläuche von 1 m Länge zugeführt und einen langen Wasserstrahl abgeführt werden.

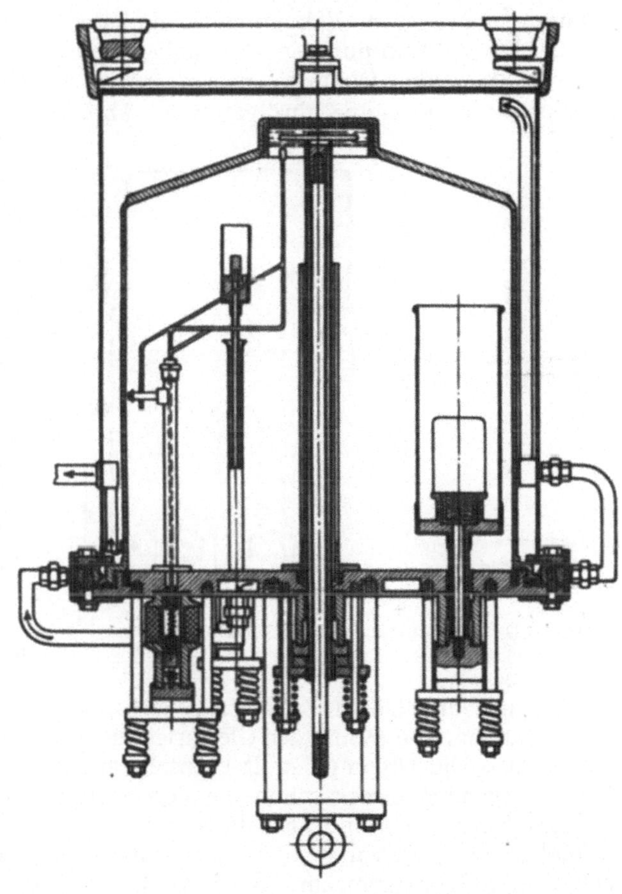

Abb. 12. Großgleichrichter der Firma Bergmann.

Bei hohen Spannungen und großer elektrischer Leitfähigkeit des Kühlwassers ist auch dieser Weg nicht mehr gangbar, und es bleibt dann nichts weiter übrig, als eine Umlaufkühlung mit isoliert aufgestellten Kühlkörpern zu verwenden. Deshalb wird großer Wert darauf gelegt, daß in den Gleichstromanlagen der positive Pol geerdet wird.

22. Hilfsapparate. Bei den Glasgleichrichtern ist vor allem der Ventilator wichtig, der das Gefäß kühlt. Da er bei kleinen Belastungen eher schädlich als nützlich wirkt, denn bei kaltem Gleichrichter ist der Spannungsverlust größer als bei etwas höherer Temperatur, erhält er ein Relais, das ihn erst einschaltet, wenn die Last 40% der Vollast übersteigt, und ihn wieder ausschaltet, wenn sie unter 25% sinkt.

Um eine Zerstörung des vollbelasteten Gleichrichters beim Versagen des Ventilators zu verhüten, werden zwei Schutzvorkehrungen getroffen. Die erste ist eine durch den Ventilatorwind gekühlte Schmelzsicherung, die zweite ein durch ihn hochgehobener Kontaktflügel. Sobald der Ventilator zum Stillstand kommt, fällt der Flügel herab und schließt einen Klingelstromkreis. Die Klingel zeigt dem Wärter an, daß der Ventilator versagt hat und der Gleichrichter ausgeschaltet werden muß. Versäumt der Wärter dieses, so schmilzt nach einigen Minuten, ehe der Gleichrichter Schaden nimmt, die Sicherung durch und schaltet den Gleichrichter automatisch aus.

Weitere Hilfsapparate sind die Kippspule, die den Gleichrichter automatisch beim Einschalten so lange hin und her kippt, bis er gezündet hat, ferner bei Parallelschaltung mehrerer Gleichrichtung Unterbrecherrelais, die verhindern sollen, daß bei kleiner Belastung alle Gleichrichter mit ungünstigem Wirkungsgrad parallel arbeiten. Sie schalten bei sinkender Last so viel Gleichrichter aus, daß die übrigbleibenden hinreichend belastet sind.

Die wichtigsten Hilfsapparate der Großgleichrichter bestehen aus den Vakuumpumpen, dem Vakuummeter und der Zündeinrichtung.

23. Die Vakuumpumpen. Anfänglich begnügte man sich mit einer leistungsfähigen rotierenden Ölpumpe, neuerdings ist wohl bei allen Firmen noch eine Quecksilberdampfpumpe hinzugetreten. Abb. 13 zeigt die Anordnung der einzelnen Teile bei den Großgleichrichtern der Firma Bergmann. Die der anderen Firmen sind ähnlich. Die rotierende Ölpumpe *LP* mit dem Auslaß *A* wird durch einen kleinen Drehstrommotor von etwa 100 Watt Energieverbrauch angetrieben. Die Vakuumleitung führt von ihr über ein Ölrückschlaggefäß *OR* durch einen Quecksilberverschluß *QV* mit Ablaßhahn *U* zur Quecksilberdampfpumpe *DP*. Zwischen dieser und dem Gleichrichtergefäß *G* befindet sich der Anschluß des Vakuummeters sowie ein Absperrhahn *H*.

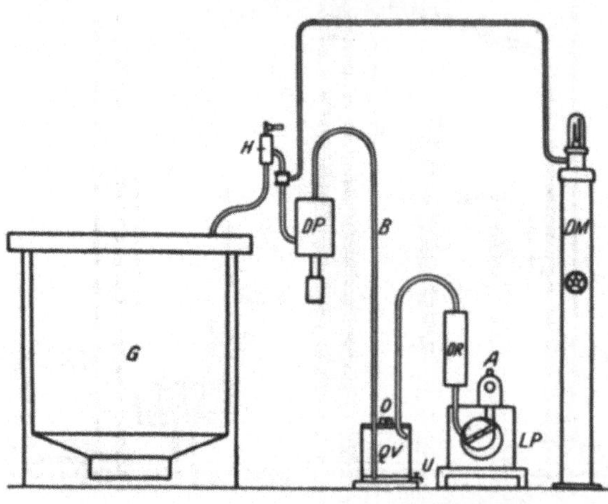

Abb. 13. Pumpanlage eines Großgleichrichters.

Die mit drei Düsen versehene Quecksilberdampfpumpe *DP* pumpt gegen ein Vorvakuum von 15 mm den Gleichrichter bis auf den Dampfdruck des Quecksilbers aus. Die Ölpumpe stellt ebenfalls ein hohes Vakuum her, während für den vorliegenden Zweck schon die Verringerung des Druckes bis auf 15 mm genügen würde. Es sind also diese 15 mm zwischen den beiden Pumpen frei verfügbar. Sie werden in dem Quecksilberverschluß *QV*. zum Absperren des Volumens nutzbar gemacht. *B* ist ein 1,40 m langes enges Rohr, das bis fast auf den Boden des eisernen Verschlußtopfes reicht. In letzteren wird durch *O* soviel Quecksilber eingefüllt, daß das untere Ende von *B* etwa 8 mm überdeckt ist. Dann wird *O* wieder luftdicht verschlossen. Wird jetzt die Ölpumpe in Betrieb gesetzt, so evakuiert sie *QV* auf geringe Bruchteile eines Millimeters. Also besteht in *B* ein Druck von 8 mm, gegen den die Quecksilberdampfpumpe *DP* gut auf höchstes Vakuum pumpen kann. Wird nun die Ölpumpe abgestellt, ohne dabei abgesperrt zu werden, so wird das Öl durch den Luftdruck langsam in das Ölrückschlagsgefäß *OR* gedrückt, und sobald das gesamte Öl in diesem ist, dringt die Luft nach und gelangt nach *QV*. Dort drückt sie das Quecksilber in *B* bis zur Barometerhöhe. Der Verschluß *QV* verhindert also mit Sicherheit, selbst bei offenen Hähnen das Eindringen von Luft in den Gleichrichter.

Zur Heizung der Quecksilberdampfpumpe werden 400 bis 500 Watt benötigt.

Die Pumpeinrichtung läßt sich mit Hilfe eines elektrischen Druckmessers, der ein Relais steuert, selbsttätig machen. Die Ölpumpe wird automatisch eingeschaltet, sobald der Druck im Druckmesser auf 0,03 mm steigt. Die Quecksilberdampfpumpe muß dann allerdings dauernd im Betrieb sein, da ihr Anheizen zuviel Zeit (10 bis 15 Min.) erfordert.

24. Das Vakuummeter. Zur Messung der Güte des Vakuums wird im allgemeinen ein Druckmesser nach MAC LEOD verwendet, der in ein eisernes Gehäuse gegen Beschädigungen geschützt so eingebaut wird, daß seine Bedienung auch durch Ungeübte erfolgen kann. *DM* in Abb. 13. Bei nicht im Betriebe befindlichem Gleichrichter gibt das Mac Leod ohne weiteres den Druck der Fremdgase im Gleichrichtergefäß. Ist dagegen der Gleichrichter eingeschaltet, so daß Quecksilberdampf in merklicher Menge im Gefäß vorhanden ist, so kann der Quecksilberdampf selbst auf das Mac Leod nur den der Temperatur des im Mac Leod befindlichen Quecksilbers entsprechenden Druck ausüben. Dieser ist bei gewöhnlicher Temperatur so klein, daß er nicht ablesbar ist.

Es kommt aber hinzu, daß in der Zuleitung vom Gleichrichtergefäß zum Mac Leod stets eine Pumpwirkung vorhanden ist, sobald der Quecksilberdampf im Gefäß nicht völlig fremdgasfrei ist. Es strömt dann der Quecksilberdampf mit dem Fremdgas in die Zuleitung zum Vakuummeter. Der Quecksilberdampf kondensiert sich und rinnt ins Gefäß zurück, die Fremdgase reichern sich an und bilden schließlich ein Druckpolster, das auch den Druck des Quecksilberdampfes auf das Mac Leod überträgt. Nun sind die Dampfdrucke in einem Großgleichrichtergefäß örtlich sehr stark verschieden, und es ist für eine einigermaßen richtige Messung des Partialdruckes der Fremdgase wichtig, daß die Zuleitung zum Mac Leod von einer möglichst kühlen Stelle des Gefäßes ausgeht.

Ferner ist beim Entgasen des außer Betrieb befindlichen Gleichrichters zu bedenken, daß der Druckausgleich in dem relativ engen langen Verbindungsrohren vom Gefäß zum Mac Leod sehr viel langsamer erfolgt, als im allgemeinen angenommen wird, so daß bei geringen Drucken das Mac Leod beim Pumpen nachhinkt und noch Drucke anzeigt, die im Gefäß längst nicht mehr vorhanden sind.

25. Die Zündeinrichtung. Zum Zünden der Großgleichrichter wird allgemein die Tauchzündung verwandt. Eine Zündanode aus Eisen, die sich in Ruhestellung etwa 10 mm über dem Quecksilberspiegel befindet, ist mechanisch so mit einem Eisenkörper gekoppelt, daß sie in das Quecksilber taucht, wenn der Eisenkörper durch Einschalten einer Spule in diese gegen die Kraft einer Feder hineingezogen wird. Beim Wiederausschalten der Spule bewirkt die Tauchanode, indem sie aus dem Qecksilber wieder auftaucht, die Zündung. Ein- und Ausschalten der Spule vollzieht sich bei Betätigung eines Druckknopfes automatisch so lange, bis der Gleichrichter gezündet ist. Sind Erregeranoden vorhanden, so springt die Zündung zunächst auf diese über. Fehlen sie, so wird die sichere Zündung dadurch erzwungen, daß die Tauchanode von einem Gleichstrom gespeist wird, der von einem eigenen kleinen rotierenden Umformer geliefert wird.

c) Gleichrichteranlagen.

26. Transformatoren und Zuleitungen[1]). Da im Gleichrichter der Strom immer nur von derjenigen Anode zur Kathode geht, die gerade die höchste Spannung hat, würde jede Anode, jede Zuleitung und jede zugehörige Transformatorwicklung nur während $1/n$ Periode Strom führen, wenn nicht infolge von Selbstinduktion und Kapazität der einzelnen Teile eine gewisse Über-

[1]) M. SCHENKEL, Vortragsreihe über Quecksilberdampfgleichrichter, 1923.

lappung der einzelnen Ströme einträte. Diese verlängert die Stromdauer auf $1{,}3 \cdot 1/n$ Periode.

Diese Stromverteilung bildet die Grundlage der Berechnung der Zuleitungen und der Typengröße der Transformatoren. Das Verhältnis

$$C_i = \frac{\text{effektiver Anodenstrom}}{\text{mittlerer Gleichstrom}}$$

ist

$$\begin{array}{lllll} n = & 2 & 3 & 6 & \infty \\ C_i = & 0{,}785 & 0{,}587 & 0{,}409 & 0{,}000. \end{array}$$

Das Spannungsverhältnis

$$C_e = \frac{\text{effektive Phasenspannung}}{\text{mittlere Gleichspannung}}$$

ist

$$\begin{array}{lllll} n = & 2 & 3 & 6 & \infty \\ C_e = & 1{,}110 & 0{,}855 & 0{,}740 & 0{,}707. \end{array}$$

Muß der Gleichrichter die Leistung $V_{gl} \cdot J_{gl}$ liefern, so ist jede Sekundärphase des Transformators für eine Leistung $C_i \cdot V_{gl} \cdot J_{gl}$ zu berechnen. So ergibt sich für die gesamten Wicklungen.

	$n = 2$	3	6
Leistung der Sekundärwicklung	1,74	1,50	$1{,}81 \cdot V_{gl} \cdot J_{gl}$
Leistung der Primärwicklung	1,23	1,50	$1{,}28 \cdot V_{gl} \cdot J_{gl}$
Typenleistung als Mittel aus Primär und Sekundär	1,48	1,50	$1{,}55 \cdot V_{gl} \cdot J_{gl}$

Wird hierzu noch der Gesamtwirkungsgrad der Anlage mit 85 bis 95% gerechnet, so folgen Typengrößen von 180 bis 160% der Gleichstromleistung.

In ähnlicher, aber beträchtlich komplizierterer Weise berechnen sich die Typengrößen für Sparschaltungen. Folgende Annahmen werden der Berechnung zugrunde gelegt:

1. An dem stets erforderlichen Nullpunkt muß die Summe der Transformatorströme gleich dem Gleichrichterstrom J_{gl} sein.
2. An den Abzweigpunkten muß die Summe aller Ströme gleich Null sein.
3. Auf jeden Transformatorkern muß die Amperewindungszahl der Arbeitsströme, d. h. die Summe der Leistungen der einzelnen Spulen Null sein.

Bezeichnet $\tilde{P}_N$ die effektive Netzspannung zwischen zwei Phasen,
$\tilde{P}_2$ die effektive Sekundärspannung zwischen je einer Sekundärklemme und dem Nullpunkte, wie sie der betreffende Gleichrichterbetrieb braucht,
$\tilde{J}_2$ den geforderten effektiven Anodenstrom, ist ferner
$\frac{\tilde{P}_N}{\tilde{P}_2} = m$ das Übersetzungsverhältnis und n die Phasenzahl,

so wird der Nulleiterstrom $\tilde{J}_{0\,\mathrm{eff}} = \tilde{J}_2 \sqrt{n}$,

der Netzstrom $\tilde{J}_{N\,\mathrm{eff}} = \frac{\tilde{J}_2}{m} \sqrt{2}$.

Die Berechnung der Typengröße ist sehr umständlich. Es ergibt sich ein Minimum der Typengröße bei

$m = 2$ für Einphasenstrom mit 0,707
$m = \sqrt{3}$ für Dreiphasenstrom mit 0,670

der Werte $\tilde{P}_2 \cdot \tilde{J}_2$ als einzubauende Gesamtleistung der Spulen auf jeden der n Eisenkerne, also bei

	$n = 2$	3
die Typengröße des ganzen Spartransformators zu	0,615	0,502

der Gleichstromleistung $\overline{\overline{P}}_{gl} \cdot \overline{\overline{J}}_{gl}$, wenn der Wirkungsgrad zu 100% angenommen wird.

27. Spannungsverlust[1], **Spannungsregelung, Spannungsteilung.** Der Spannungsverlust ε im Gleichrichtergefäß zwischen den Anoden A_1, A_2, A_3 und der Kathode K ist etwa gleich 15 bis 22 Volt. Der Spannungsabfall hinter dem Gleichrichter nimmt aber mit steigender Last wesentlich schneller zu als am Transformator, weil während des Überganges des Stromes von einer Phase zur anderen nicht die volle Spannung für den Gleichrichter verfügbar ist.

Der Spannungsabfall läßt sich angenähert folgendermaßen berechnen: Es sei der OHMsche Widerstand im Transformator: $W = 0$. Der Spannungsverlust im Gleichrichter: E = const. Die Induktivität: L = const und in allen Zweigen gleich, ferner J_{gl} = const. Im übrigen s. Abb. 14. Dann ist während des Überganges des Stromes von einer Phase zur anderen

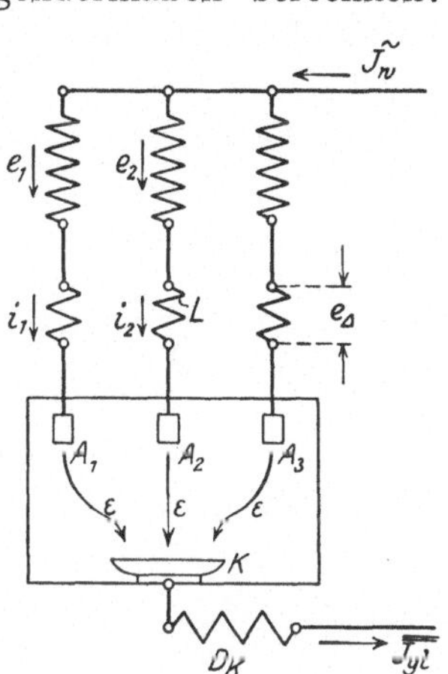

Abb. 14. Schaltskizze eines Großgleichrichters. D_K Kathodendrossel.

$$l_1 - L\frac{di_1}{dt} - E + E + L\frac{di_2}{dt} - e_2 = 0,$$
$$i_1 + i_2 = J_{gl} = \text{const},$$
$$di_1 = -di_2,$$
$$-L\frac{di_1}{dt} = +L\frac{di_2}{dt} = \frac{1}{2}(e_2 - e_1) = e_\Delta .$$

Der zeitliche arithmetische Mittelwert von e_Δ wird

$$\overline{e}_\Delta = \int_0^{t_{ü}} \frac{e_\Delta \cdot dt}{T/n} = \int_0^{J_{gl}} \frac{L \cdot di_2}{T/n},$$

wobei T die Dauer einer Periode $= 1/f$, $t_ü$ die Dauer eines Überganges, f die Frequenz ist. Also ist

$$\overline{\overline{e}}_\Delta = L \cdot \overline{\overline{J}}_{gl} \cdot n \cdot f .$$

Der normale Spannungsabfall des Transformators wird durch die Kurzschlußspannung e_k ausgedrückt, deren Komponenten e_w und e_s seien. Dann gilt für $\tilde{e}_s$.

$$\tilde{e}_{s\,\text{eff}} = 2\pi f \cdot L \cdot \tilde{J}_2 .$$

Im Gleichrichterbetrieb ist $\tilde{J}_2 = \overline{\overline{J}}_{gl} \cdot C_i$, also

$$\overline{e}_\Delta = \tilde{e}_s \cdot \frac{n}{2\pi C_i} .$$

In Prozenten von $\overline{P}_{gl}$ ergibt sich

$$(\overline{e}_\Delta)_{\%} = \frac{\overline{e}_\Delta}{\overline{P}_{gl}} \cdot 100 = \frac{\tilde{e}_s}{\tilde{P}_2} \cdot 100 \frac{n C_e}{2\pi C_i} = (\tilde{e}_s)_{\%} \frac{n C_e}{2\pi C_i} .$$

Wenn $\overline{\overline{J}}_{gl}$ = const, wirkt L auf den Spannungsabfall in dieser Weise nur während der Übergangszeit.

[1] M. SCHENKEL, Vortragsreihe über Quecksilberdampfgleichrichter, 1923.

Der OHMsche Spannungsabfall läßt sich ohne wesentlichen Fehler während der ganzen Periode zu $\bar{\bar{J}}_{gl} \cdot r$ ansetzen. In Prozenten von $\bar{\bar{J}}_{gl}$ gibt das

$$\frac{\bar{\bar{J}}_{gl} \cdot r \cdot 100}{\bar{\bar{P}}_{gl}} = (\tilde{e}_r)_{\%} \frac{C_e}{C_i}.$$

Beide Mittelwerte sind algebraisch zu addieren, so daß sich als Gesamtabfall auf der Gleichstromseite in Prozenten von $\bar{\bar{P}}_{gl}$ ergibt

$$e_{\Delta\,gl} = (\tilde{e}_r)_{\%} \frac{C_e}{C_i} + (\tilde{e}_s)_{\%} \frac{n}{2\pi} \frac{C_e}{C_i}.$$

Für

$$n = 2 \quad 3 \quad 6$$

$$\text{wird } \frac{n}{2\pi} \frac{C_e}{C_i} = 0{,}45 \quad 0{,}70 \quad 1{,}73.$$

Ist nun beispielsweise $\tilde{e}_r = 1{,}5\%$, $\tilde{e}_s = 3{,}0\%$, also $\tilde{e}_h = 3{,}35\%$, so ist bei 6-Phasen-

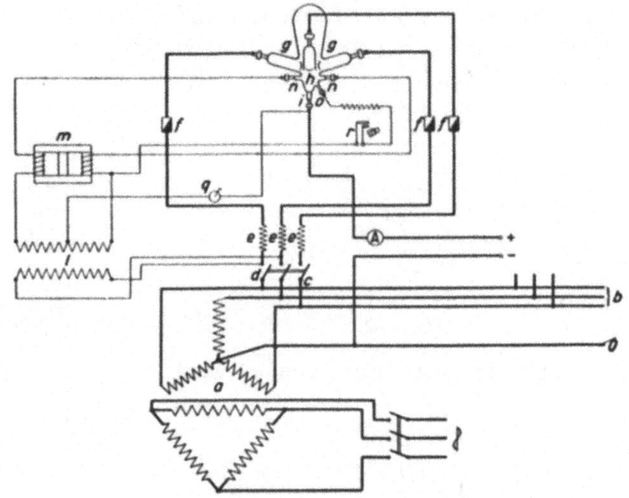

Abb. 15. Schaltschema einer Ladestation mit Glasgleichrichter für 40 bis 60 Amp.
a Haupttransformator, *b* gemeinsames Drehstromnetz, *e* Primärdrosselspule, *l* Erregertransformator, *o* gemeinsamer Nulleiter, *r* Zündkontakt.

gleichrichtern der Gesamtabfall 7,9%, also rund 2,5 mal so groß, als e_k angibt. Bei 3-Phasengleichrichtern ergibt sich 4,29%.

Infolge dieser Übergangsperiode sieht die Gleichspannungskurve sägezahnartig aus, während die Spannungskurve einer Transformatorphase eine Einbuchtung und eine Ausbuchtung hat. Der starke Spannungsverlust infolge der Übergangszeit setzt der Erhöhung der Phasenzahl eine Grenze.

Da der Gleichrichter den Transformator sekundär immer in einem einzigen Zweige belastet, so zeichnen sich solche Schaltungen durch geringe Streuung aus, bei denen auf jedem Transformatorkern die primären und sekundären Amperewindungen sich jederzeit genau gleich sind.

Wird der Transformator Stern-Stern geschaltet, so ist das nicht mehr der Fall, weil der Primärstrom durch alle Kerne fließen muß. Es resultiert dann ein Streufluß durch die Luft von einem Joch zum anderen, der ein schwach pulsierender Gleichfluß ist. Infolgedessen ist der zusätzliche Spannungsabfall gering. Dagegen führen solche Schaltungen zu starkem Feuer beim Ausschalten, besonders wenn auf der Gleichstromseite zuerst ausgeschaltet wird.

Die Gleichspannung der Gleichrichteranlagen wird durch Drehtransformatoren oder durch Stufenschalter geregelt und zwar sowohl auf der Hochspannungs- als auf der Niederspannungsseite. Der Regulierbereich beträgt in der Regel $\pm 12{,}5\%$ der Spannung.

Die Spannungsteilung läßt sich nur mit Hilfe eines rotierenden Spannungsteileraggregates oder einer Batterie durchführen. Der Gleichrichter speist dann die Außenleiter.

28. Die Schaltungen der Gleichrichteranlagen. Abb. 15 zeigt den sehr einfachen Fall eines Drehstromgleichrichters für 40 bis 60 Amp., der eine Akkumulatorenbatterie zu laden hat. Der Transformator ist primär in Dreieck-, sekundär in Stern geschaltet. Vor den Gleichrichteranoden liegen Primärdrosselspulen, so daß dem Gleichrichter ein zweiter, vom gleichen Transformator gespeister, parallel geschaltet werden kann. Der Erregertransformator *l* speist über

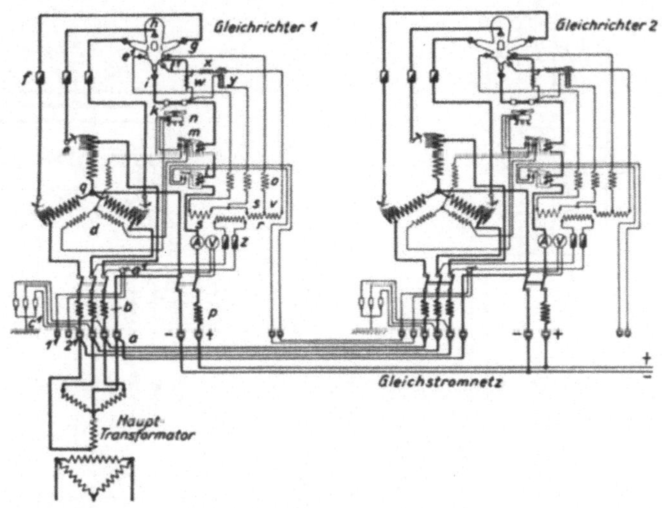

Abb. 16. Schaltschema für Parallelschaltung zweier Glasgleichrichter für je 250 Amp.

A Amperemeter, *a* Kabelanschluß, *b* Primärspulen, c^1 Blitzschutz, *d* Reguliertransformator, *e* Regulierschalter, e_1 Erregeranoden, *f* Anodensicherungen, *g* Anodenanschlüsse, *h* Gleichrichterkolben, *i* Kathode, *k* Gleichstromsicherung, *l* Maximalrelais, *m* Motorrelais, *n* Ventilator, *o* Erregerdrosselspule, *p* Gleichstromdrosselspule, *q* Nullpunkt des Transformators, *r* Erregertransformator, *s* Hilfserregungswickelungen, *v* Zündwickelung, *w* Kippspule, *x* Hilfsanodenwiderstand, *y* Unterbrecherrelais, *z* Erregersicherungen.

die Streuinduktivität *m* die Erregeranoden $n_1\, n$. Die übrigen Organe dürften ohne Erläuterung verständlich sein.

Abb. 16 zeigt die Parallelschaltung zweier großer Glasgleichrichter mit einer größeren Anzahl später zu besprechender Hilfsapparate.

Abb. 17 endlich die normale Schaltung einer Großgleichrichteranlage der Firma Bergmann.

Die Spannung geht von den Drehstromsammelschienen *DSS* über den Trennschalter *TS*, den Ölschalter *OS* und die Schutzdrosselspulen *SD* zum Transformator *T*. Der Ölschalter hat Überstrom- und Nullspannungsauslösung. Der Transformator ist primär in Stern, sekundär sechsphasig in Dreieck geschaltet. Von den Sekundärklemmen werden die Leitungen direkt zu den Anoden des Gleichrichters *G* geführt, wenn die Gleichspannung weniger als 650 Volt beträgt. Bei höheren Spannungen liegt vor den Anoden ein sechspoliger Ölausschalter mit Überstromauslösung.

Der Anschluß an die Gleichstromsammelschienen erfolgt bei Spannungen unter 650 Volt über einen doppelpoligen Höchst- und Rückstromschalter *GA* und einem doppelpoligen Trennschalter *TS*.

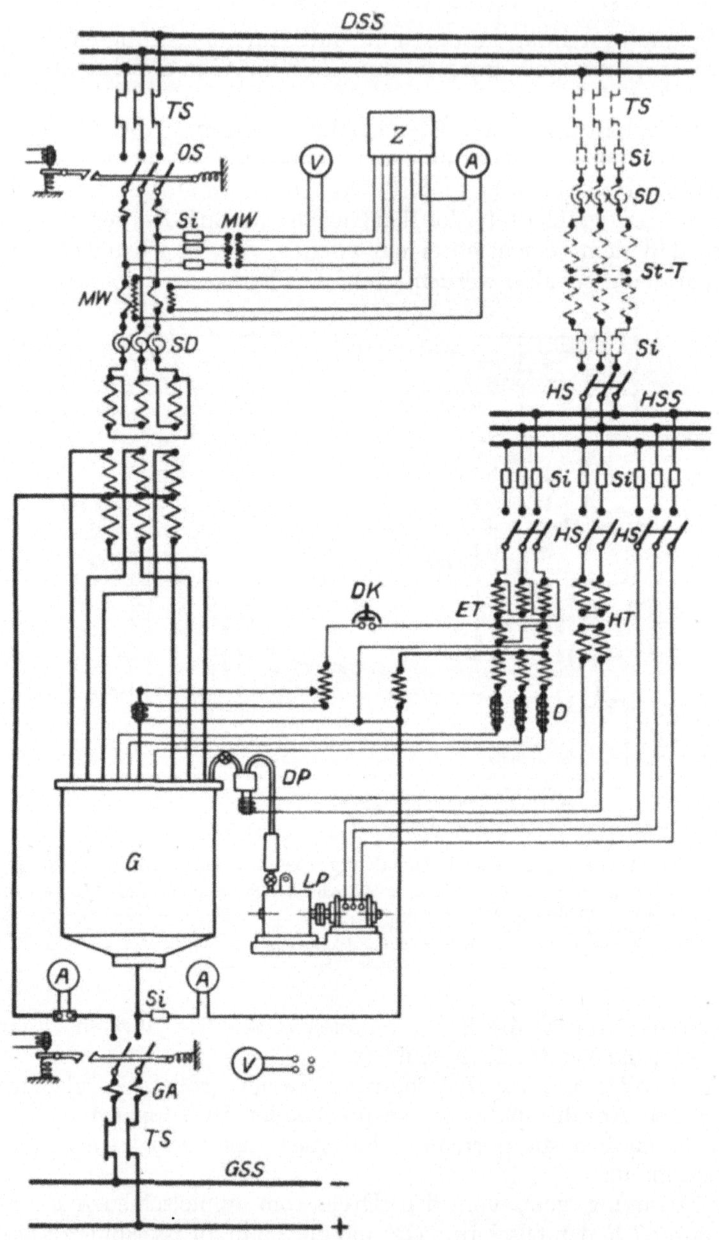

Abb. 17. Schaltschema eines Großgleichrichters der Firma Bergmann.
A Amperemeter, *D* Drosselspulen, *GSS* Gleichstromsammelschienen, *HSS* Hauptsammelschienen, *MW* Meßwandler, *OS* Ölschalter, *SD* Parallelschaltungsdrosselspulen, *V* Voltmeter, *Z* Zähler.

Der Erregertransformator *ET* dient gleichzeitig zur Zündung. Der Motor der Luftpumpe *LP* und der Heiztransformator *HT* für die Hochvakuumpumpe *DP* werden über Hebelschalter *HS* und Sicherungen *Si* an ein Drehstromnetz niedriger Spannung (Beleuchtungsnetz) angeschlossen. Fehlt ein solches, so wird ein Stationstransformator *StT* vorgesehen.

Alle Schaltapparate können von der Schalttafel des Gleichrichters bedient werden.

Die Parallelschaltung der Gleichrichter ist nur dann mit Sicherheit möglich, wenn dem Gleichrichter Anodendrosseln vorgeschaltet werden, die den Spannungsabfall des Gleichrichters zwischen Leerlauf und Vollast von 6 bis 8 auf 10 bis 12% steigern. Infolgedessen ist zu prüfen, ob es nicht wirtschaftlicher ist, jeden Gleichrichter mit eigenem Transformator zu versehen und die Anodendrosseln wegzulassen. Noch rationeller ist es natürlich, den Gleichrichter so groß zu machen, daß er allein den gesamten Strombedarf deckt.

Gleichrichter, die an einen eigenen Transformator angeschlossen sind, arbeiten auch ohne weiteres mit Maschinen parallel, die einen Spannungsabfall von 6 bis 8% zwischen Leerlauf und Vollast haben, mit kompoundierten Maschinen dagegen nur dann, wenn eine automatische Spannungsregulierung eingebaut wird, die jedoch bei sehr schnellen Stromstößen auch nicht sicher wirkt.

29. Sicherheitsapparate. Die beiden durch Sicherheitsapparate möglichst unschädlich zu machenden Gefahrquellen beim Gleichrichter sind die Rückzündung und das plötzliche Erlöschen.

Die Rückzündung führt zu um so schwereren Störungen, je größer der Gleichrichter ist, der von ihr betroffen wird. Wirkt sie doch wie ein vollständiger Kurzschluß. Es werden deshalb in den Fällen, in denen man der Rückzündung noch nicht vollständig Herr geworden zu sein glaubt, Schnellschalter und Schnellsicherungen eingebaut, die wirken, ehe der Kurzschlußstrom Zeit hat, gefährliche Beträge zu erreichen. Das bietet den weiteren Vorteil, daß in der Regel der Gleichrichter betriebsfähig bleibt, während in einem von einer voll ausgebildeten Rückzündung betroffenen Gleichrichter vielfach solche Gasmengen frei werden, daß der Gleichrichter erst einige Zeit evakuiert werden muß, ehe man es wagen kann, ihn wieder einzuschalten.

Der Quecksilberlichtbogen des Gleichrichters ist an die hohe Temperatur des Kathodenfleckes geknüpft.

Immer rechtzeitig die nötige Temperatur an der jeweiligen Stelle des schnell umherirrenden Fleckes herzustellen, wird den Kationen um so schwerer

a) je geringer die Stromstärke ist,

b) je schneller sich der Fleck im Augenblick gerade fortbewegt.

Es ist also möglich, daß ein Lichtbogen bei einer geringen Stromstärke eine oder einige Minuten brennt, um dann plötzlich bei einer besonders schnellen Fleckbewegung zu erlöschen. Ferner wird die Konzentration der Kationen auf einen Fleck um so mehr erschwert, je geringer der Gasdruck ist, denn um so größer wird die freie Weglänge der Kationen und um so weiter streuen sie nach allen Seiten, anstatt sich durch das elektrische Feld auf einen Fleck konzentrieren zu lassen.

In einem von Fremdgasen freien Gleichrichterkolben, in dem sich ausschließlich Quecksilberdampf befindet, nimmt der Dampfdruck sehr schnell mit der Temperatur ab. Also erlischt der Lichtbogen in einem solchen Gleichrichter bei um so höheren Stromstärken, je kälter der Gleichrichter ist.

Der Ausschaltevorgang vollzieht sich so schnell, daß die an der Induktivität entstehende hohe Ausschaltespannung bereits einen nicht mehr brennenden Lichtbogen vorfindet.

Ebenso haben beim Betrieb der Gleichrichter mit Wechselstrom die in dem Transformator und den Drosselspulen vorhandenen, verhältnismäßig großen elektromagnetischen Energiemengen infolge der außerordentlichen Schnelligkeit der Stromunterbrechung keine Möglichkeit, sich auch nur zu einem geringen Teil auszugleichen, während der Gleichrichter erlischt.

Beim Ausgleich finden sie bereits einen außer Betrieb befindlichen Gleichrichter vor, so daß es nun darauf ankommt, welches die schwächste Stelle der ganzen Anlage ist. Hatte der Gleichrichter schon einige Zeit mit einiger Belastung gearbeitet und infolge dessen einen merklichen Dampfdruck, so ist er selbst die schwächste Stelle. Der Ausgleich findet unschädlich und unbemerkt durch ihn hindurch statt.

Befindet er sich jedoch in einem kalten Raume, so kann sein Durchschlagswiderstand, wenn sich das Erlöschen kurz nach dem Einschalten ereignet, so groß sein, daß die Überspannungen andere Stellen der Anlage zerstörend durchschlagen.

Um das zu vermeiden, überbrückt man den Gleichrichter durch Silitwiderstände. Diese haben die wertvolle Eigenschaft, ihren bei geringen Spannungen hohen Widerstand beim Auftreffen hoher Spannungen momentan auf geringe Werte sinken zu lassen und ihn nach Verschwinden der Hochspannung ebenso momentan wieder auf den vollen Betrag zu bringen. Da aber die Überspannungen sich als Wanderwellen sehr steiler Front ausbreiten, sind die Silitwiderstände nur dann wirksam, wenn bei ihrem Einbau Krümmungen in der Leitungsführung sorgfältig vermieden werden.

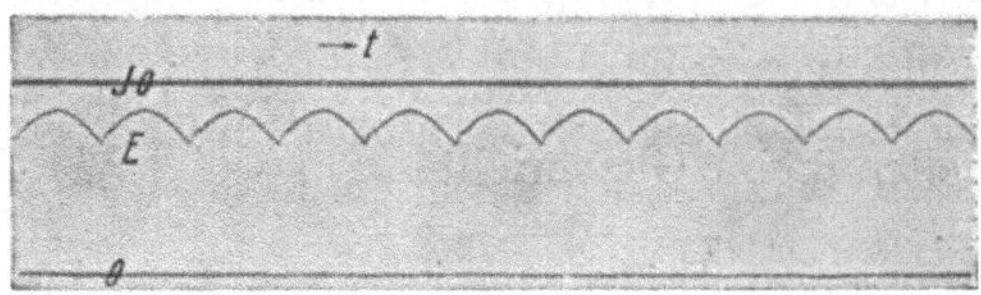

Abb. 18. Gleichspannung E (600 Volt) eines Großgleichrichters bei Leerlauf.

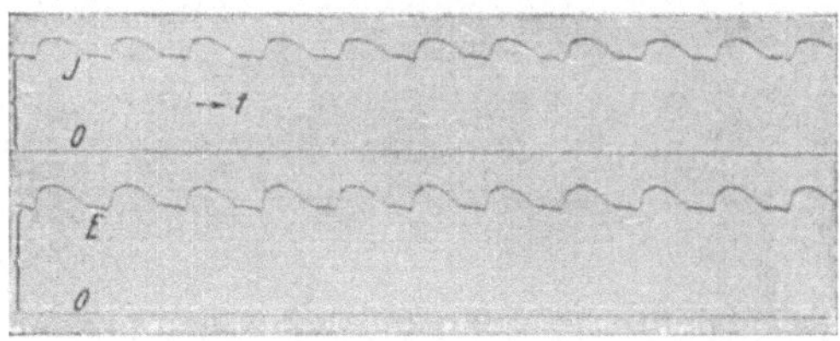

Abb. 19. Gleichspannung E (560 Volt) und Gleichstrom J (295 Amp.) eines induktionslos belasteten Großgleichrichters.

30. Strom- und Spannungsverhältnisse in den Gleichrichtern. Die folgenden Oszillogramme, Abb. 18 bis 24, sind von IDELBERGER und SCHENKEL[1]) an einer Großgleichrichteranlage für Bahnbetrieb aufgenommen und mehr oder weniger für alle Gleichrichteranlagen typisch.

Abb. 18 zeigt die Spannung (rund 600 Volt) der Gleichrichteranlage bei Belastung mit einem Voltmeter, d. h. bei Leerlauf. Die durch die 6 Phasen gebildeten Wellen heben sich scharf ab. In Abb. 19 ist der Gleichrichter mit ca. 85% der Vollast durch einen induktionsfreien Widerstand belastet. Die Kurven unterscheiden sich von denen der Abb. 18 durch die Einfügung einer wagerechten Strecke. Diese wagerechten Strecken geben durch ihre Länge die Zeit an, die der Strom braucht, um von einer Anode zur nächsten überzugehen. Sie ist der sichtbare Ausdruck der in Ziff. 27 beschriebenen Kräfte, die den mit der Belastung steigenden Spannungsabfall des Gleichrichters hervorrufen.

Abb. 20 enthält in der einen Kurve den Strom einer einzelnen Anode und läßt deutlich erkennen, daß der Strom eine gewisse Zeit sowohl zum Anwachsen wie zum Abklingen braucht. Ferner enthält Abb. 20 die Spannung zwischen der Anode, deren Strom aufgenommen wurde, und dem Nullpunkt des Transformators. Auch diese Kurve zeigt deutlich den Stromübergangsvorgang; nämlich beim Anstieg des Stromes eine Einstülpung, beim Absinken eine Ausbauchung, beides eine Wirkung der den Übergang verzögernden Transformatorstreuung.

[1]) H. IDELBERGER u. M. SCHENKEL, Siemens ZS. Bd. 2, S. 271. 1922.

Abb. 21 zeigt Strom und Spannung auf der Hochspannungsseite des primär in Dreieck, sekundär in 6-Phasen-Stern geschalteten Transformators im Falle der Abb. 19. Die zugeführte Spannung ist nahezu sinusförmig. In der Stromkurve bilden sich die Wellen der Abb. 19 genau ab. Die eine Stromkuppe ist etwas höher als die andere, weil bei der einen der Magnetisierungsstrom des Transformators gleichsinnig, bei der anderen gegensinnig wirkt.

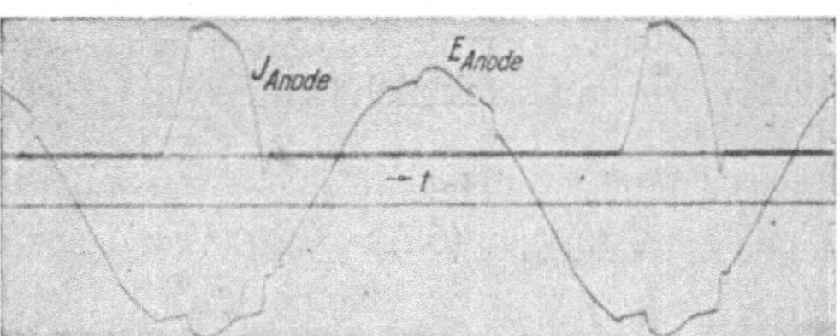

Abb. 20. Anodenspannung (454 Volt_{eff}) und Anodenstrom (135 Amp._{eff}) eines induktionslos belasteten Großgleichrichters.

Die Abb. 22 bis 24 zeigen die gleichen Oszillogramme wie die Abb. 19 und 21 bei Belastung des Gleichrichters durch eine Straßenbahnanlage. Die Straßenbahnmotoren besitzen eine so große Induktivität, daß die Wellen der Spannung im Strom fast vollkommen fehlen. Infolgedessen sind auch auf der Hochspannungsseite in Abb. 24 die Kuppen durch fast gerade Strecken ersetzt.

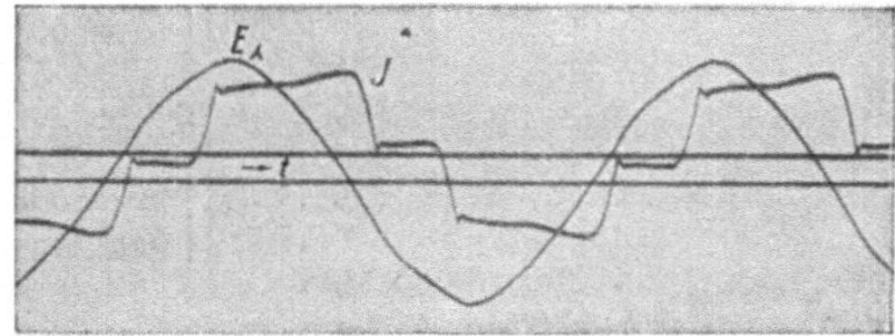

Abb. 21. Primärspannung (5700 Volt_{eff}) und Primärstrom (23,3 Amp._{eff}) einer induktionslos belasteten Großgleichrichteranlage.

Die entgegengesetzten Verhältnisse liegen offenbar bei Ladung einer Akkumulatorenbatterie vor. Die konstante Gegenspannung der Batterie läßt die Gleichrichterspannung nur in dem geringen Maße schwanken, in dem die jetzt großen Stromschwankungen in dem sehr geringen inneren Widerstand der Batterie Spannungsschwankungen hervorrufen.

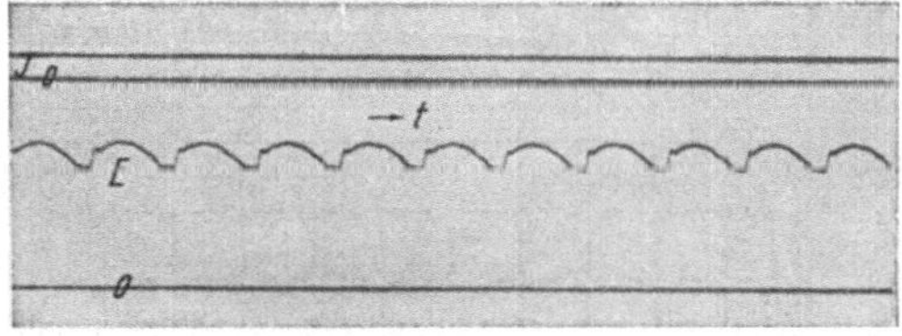

Abb. 22. Gleichspannung (600 Volt) und Gleichstrom (60 Amp.) eines auf ein Straßenbahnnetz geschalteten Großgleichrichters.

31. Leistungsfaktor. In der normalen, mit Sinusströmen rechnenden Elektrotechnik mißt man den Strom i und die Spannung e mit Apparaten, die Effektivwerte angeben, sowie die Leistung L mit einem Wattmeter. Dann ist $\frac{L}{e \cdot i} = \cos\varphi$. Der Leistungsfaktor ist gleich dem Cosinus der Phasenverschiebung. Diese Darstellungsweise verliert ihren Sinn, wenn die Ströme und Spannungen soweit von der Sinusform abweichen, wie es bei Gleichrichtern nach Abb. 18 bis 24 der Fall ist. Führt man bei der-

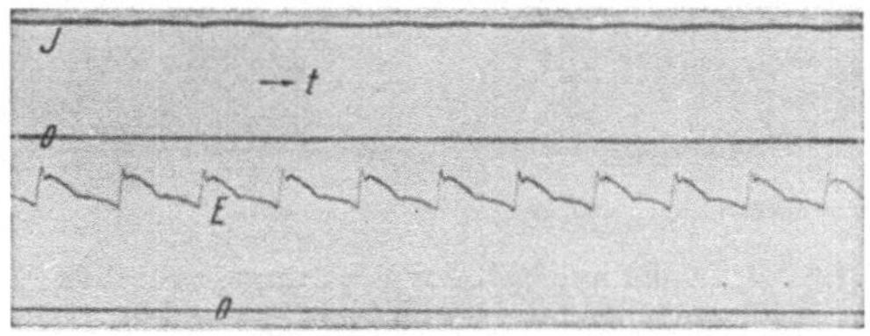

Abb. 23. Gleichspannung (550 Volt) und Gleichstrom (460 Amp.) eines auf ein Straßenbahnnetz geschalteten Großgleichrichters.

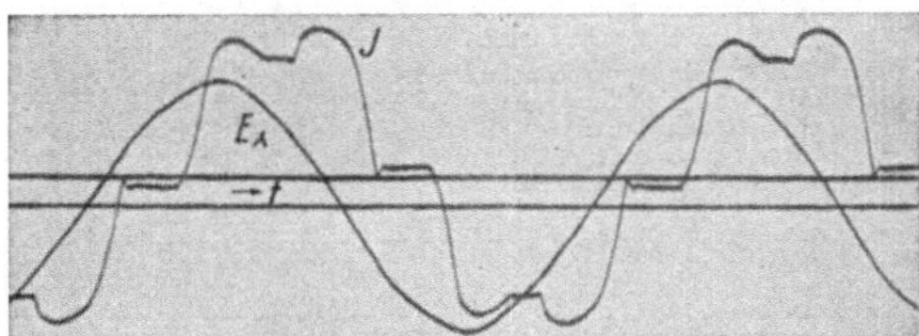

Abb. 24. Primärspannung (5700 Volt_{eff}) und Primärstrom (12,5 Amp._{eff}) einer auf ein Straßenbahnnetz geschalteten Großgleichrichteranlage.

artigen Kurvenformen die Messungen durch, so ergeben sich unter Umständen Werte, die beträchtlich kleiner als 1 sind, ohne daß irgendeine Phasenverschiebung besteht.

Die Leistungsfaktoren der Gleichrichteranlagen liegen zwischen 0,7 bei den kleinsten Anlagen (6 Amp., 30 Volt) und 0,95 bei den größten.

Tabelle 1.

Bergmann		S.S.W.		
Gleichgerichtete Spannung Volt	Wirkungsgrad %	Gleichgerichtete Spannung Volt	Wirkungsgrad %	mit Spiel %
115	80	60	75	5
230	88	115	78	3
470	92	230	85	2
620	93	470	90	2
850	94,5	550	91	2
1250	95,5			
1650	96,0			

Für die Bemessung der Leitungen und Generatoren ist es gleichgültig, ob der Leistungsfaktor durch Phasenverschiebung oder Verzerrung der Stromkurve bedingt ist. Wesentlich ist der Unterschied dagegen beim Parallelarbeiten von Gleichrichtern mit anderen Verbrauchsapparaten, deren Leistungsfaktor durch eine Phasenverschiebung bedingt ist. In diesem Falle ergibt sich nämlich nach Rechnungen von KRIJGER[1]), die durch Messungen bestätigt werden, daß der Gesamtleistungsfaktor nicht unbeträchtlich größer ist als das Mittel der einzelnen Leistungsfaktoren. Die Verbesserung ist am größten, wenn die Stromstärken beider Kreise einander gleich sind, die Phasenverschiebung im induktiven Kreis groß ist, und die Gleichrichter sowohl Anoden- als auch Kathodendrosseln besitzen.

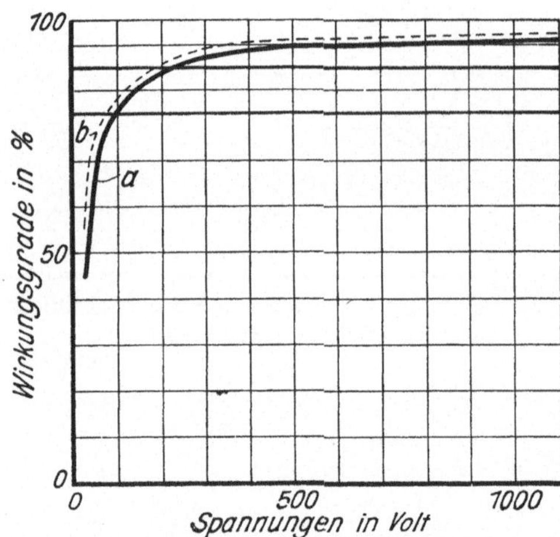

Abb. 25. Abhängigkeit des Wirkungsgrades eines Glasgleichrichters von der Spannung.

a Gesamte Anlage. *b* Gefäß allein.

32. Wirkungsgrad. Die Verluste der Gleichrichteranlagen setzen sich zusammen a) bei den Glasgleichrichteranlagen aus

1. dem Spannungsverlust im Gleichrichtergefäß,
2. dem Energieverbrauch der Hilfserregung,
3. dem Energieverbrauch des Kühlventilators,
4. den Verlusten im Transformator, den Verbindungsleitungen, Meßinstrumenten usw.

b) Bei den Großgleichrichtern aus

1. dem Spannungsverlust im Gleichrichtergefäß,
2. dem Energieverbrauch der Hilfserregung (vielfach nicht vorhanden),
3. dem Energieverbrauch der Pumpe (vielfach in 2 enthalten),

[1]) L. P. KRIJGER, Elektrot. ZS. Bd. 44, S. 286. 1923.

4. dem Energieverbrauch der rotierenden Hochvakuumpumpe,
5. den Verlusten im Transformator und den Verbindungsleitungen.

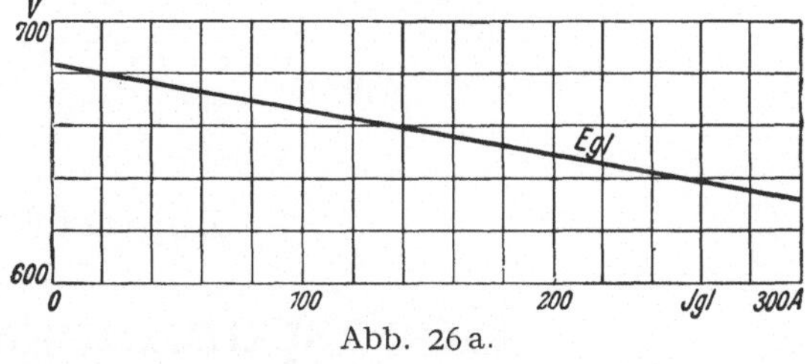

Abb. 26a.

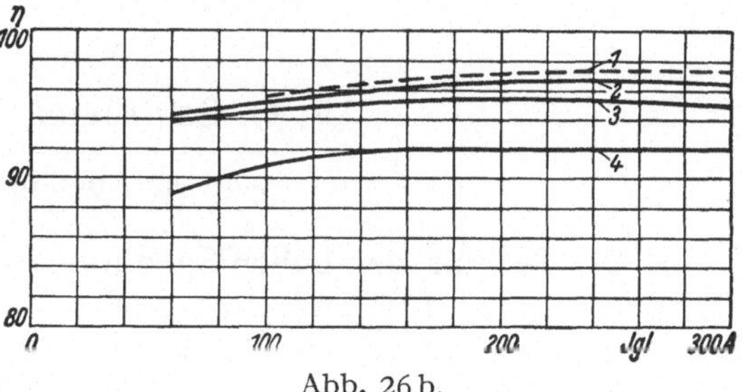

Abb. 26b.

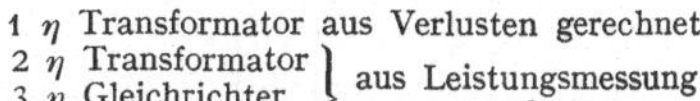

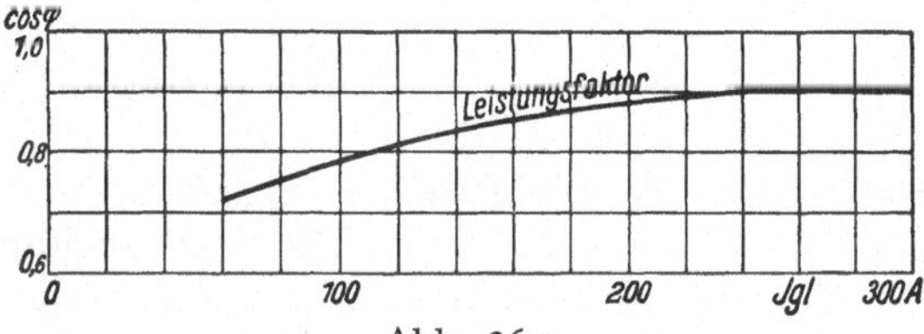

Abb. 26c.

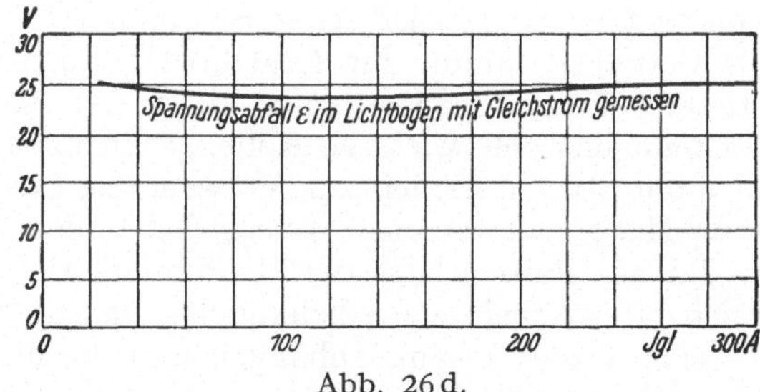

Abb. 26d.

Abb. 26a—d. Kennlinien eines Großgleichrichters bei 600 Volt Gleichstrom.

Bei den Großgleichrichtern kommen praktisch nur 1 und 5 in Frage.

Da der Spannungsverlust im Gleichrichter nahezu konstant ist, steigt der Wirkungsgrad mit der gleichgerichteten Spannung. Die in nebenstehender Tabelle 1 angegebenen Werte für den Gesamtwirkungsgrad werden beispielsweise von der Firma Bergmann für eine Großgleichrichteranlage und von den S.S.W. für eine Glasgleichrichteranlage angegeben.

Je nach der Schaltung unterliegen diese Wirkungsgrade leichten Schwankungen. In Abb. 25 sind die Zahlen der SSW veranschaulicht.

Als Beispiel für die Abhängigkeit des Wirkungsgrades von der Belastung diene Abb. 26a—d, die von Idelberger und Schenkel[1]) an einer Großgleichrichteranlage für Bahnbetrieb für 350 Amp., 600 Volt, 210 kW aufgenommen worden ist. Der Wirkungsgrad für Vollast bei 600 Volt beträgt danach in guter Übereinstimmung mit Tab. 1 92%.

33. Der Betrieb einer Großgleichrichteranlage. Vor dem Einschalten des Gleichrichters wird das Volumen kontrolliert und die Wasserkühlung in Gang gesetzt. Dann wird der Haupttransformator, der Erregertransformator, der Anodenschalter eingeschaltet und endlich der Gleichrichter durch einen Druck auf den Zündknopf gezündet. In der ersten Zeit nach der Aufstellung eines neuen Gleichrichters oder nach einer Öffnung muß das Vakuum häufiger kontrolliert werden. Sobald es schlechter als 0,03 mm Hg wird, müssen die Pumpen eingeschaltet werden. Später brauchen die Pumpen nur etwa einmal in der Woche zu laufen, und die Überwachung braucht sich dann nur noch auf die Wasserkühlung zu erstrecken.

Ist eine Gleichrichterreserve vorhanden, so empfiehlt es sich, mit den Gleichrichtern regelmäßig zu wechseln, da langes unbenutztes Stehen nicht gut für sie ist.

[1]) H. Idelberger und M. Schenkel, Siemens ZS. Bd. 2, S. 271. 1922.

Kapitel 8.

Hochspannungstechnik.

Von

W. O. Schumann, München.

Mit 22 Abbildungen.

1. Die Technik der hohen Spannungen ist ursprünglich entstanden durch die Steigerung der Leistungen der großen Übertragungswerke und die steigende Entfernung, über welche die Leistung transportiert wird. Die Spannung, welche für diese Zweck ein Frage kommt, ist niederfrequente periodische Wechselspannung, welche mit Transformatoren erzeugt wird (s. Kap. 5). Die beiden Hauptfragenkomplexe, die dadurch entstanden, waren erstens durch die auftretenden starken elektrischen Felder verursacht (Isolation, Durchschlag, Überschlag) und durch die starken Kapazitätswirkungen, Ladeströme, Influenzen, die auch in bisher nicht gekannter Intensität auftraten. Diese beiden Gebiete sollen im folgenden behandelt werden. Der dritte große Komplex, die vorübergehend auftretenden außergewöhnlichen Spannungen und Ströme werden im folgenden Kap. 9 gesondert erörtert. Die Untersuchung der isolierenden Eigenschaften der Materie führte bald auch zur Verwendung von hohen Spannungen anderer Art, von Gleichspannung, von gedämpfter und ungedämpfter Hochfrequenz und von plötzlichen aperiodischen Spannungsstößen. Die Gleichstromhochspannung als Betriebsspannung für Kraftübertragungen ist zur Zeit noch eine sehr umstrittene Frage, dagegen spielt sie in der Röntgentechnik und der elektrischen Gasreinigung eine wichtige Rolle. Schließlich ist auch die Hochfrequenztechnik in ihren Sendestationen zur Verwendung hochgespannter Hochfrequenz in weitem Maße gekommen. Hinsichtlich der Messungen bei hohen Spannungen s. Bd. 16, hinsichtlich der Durchschlagserscheinungen s. Bd. 14. Zunächst seien die Erscheinungen behandelt, die mit dem Vorkommen der starken elektrischen Felder zusammenhängen und die man auch als elektrische Festigkeitslehre bezeichnet.

a) Elektrische Festigkeit.

2. Wenn auch die Erscheinungen des Durchschlags flüssiger und fester Körper noch keineswegs geklärt sind, so besitzt die Praxis doch von den meisten gebrauchten Materialien empirische Erfahrungswerte über Durchschlagsspannungen, und aufgebaut auf diesen Werten werden die Konstruktionen, die zur Isolierung dienen, so dimensioniert, daß sie den auftretenden Beanspruchungen gewachsen sind. Da stets mehrere Isoliermaterialien an einer solchen Konstruktion vereinigt sind (z. B. Öl, Papier, Luft), muß die Formgebung so erfolgen, daß kein Teil überansprucht wird. Als maßgebend für die Beanspruchung eines Materials wird die darin wirkende Feldstärke $\mathfrak{E}$ angesehen, die in Volt/cm bzw.

kV/cm gemessen wird. Die Feldstärke $\mathfrak{E}_0$, bei welcher der Durchschlag erfolgt, ist in keiner Weise eine physikalische Konstante des Materials, sondern stark abhängig von der Art der Spannung, der Dauer der Einwirkung, der Dicke der isolierenden Schicht, der Form der Elektroden, von der Temperatur usf. Man wählt zur Berechnung so niedrige Werte, d. h. man nimmt eine so große Sicherheit, daß keinesfalls der Durchschlag erfolgt.

3. Geschichtetes Isoliermaterial im homogenen Feld. Besteht ein Isoliermittel aus einer Reihe planparalleler Schichten (s. Abb. 1), die einem elektrischen Feld ausgesetzt werden, so ist die elektrische Verschiebung $\mathfrak{D}$ in allen Schichten dieselbe, wenn die Trennflächen keine wahren Ladungen tragen. Wird $\mathfrak{D}$ in Coul/cm² und $\mathfrak{E}$ in Volt/cm gemessen, so ist

$$\mathfrak{D} = \frac{1}{4\pi \cdot 9 \cdot 10^{11}}\,\varepsilon\mathfrak{E} = \frac{\varepsilon}{\varkappa}\,\mathfrak{E}, \tag{1}$$

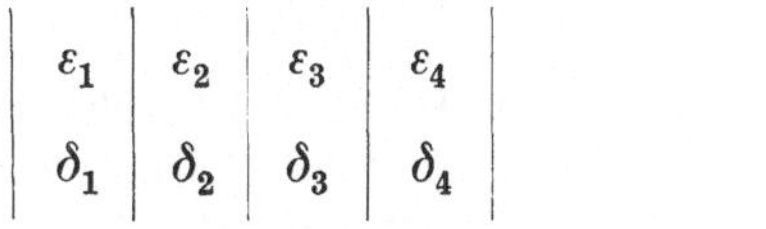

ε_1	ε_2	ε_3	ε_4
δ_1	δ_2	δ_3	δ_4

Abb. 1. Geschichtetes Isoliermaterial.

wo ε die übliche Dielektrizitätskonstante bedeutet. Es ist also für alle Schichten der Abb. 1, wenn sie keine wahren Ladungen tragen,

$$\varepsilon_1\,\mathfrak{E}_1 = \varepsilon_2\,\mathfrak{E}_2 = \varepsilon_3\,\mathfrak{E}_3 = \cdots \tag{2}$$

Die Feldstärken verhalten sich umgekehrt wie die Dielektrizitätskonstanten. Materialien kleiner Dielektrizitätskonstante werden immer stärker beansprucht als solche mit großen. Sind die Dicken der Schichten δ_1, δ_2, $\delta_3 \ldots$, so ist die Gesamtspannung U

$$U = \mathfrak{E}_1\delta_1 + \mathfrak{E}_2\delta_2 + \mathfrak{E}_3\delta_3 + \cdots \tag{3}$$

$$= \mathfrak{D}\varkappa\left(\frac{\delta_1}{\varepsilon_1} + \frac{\delta_2}{\varepsilon_2} + \frac{\delta_3}{\varepsilon_3} + \cdots\right) \tag{4}$$

Es wird also die Spannung an der $n$ten Schicht

$$U_n = \mathfrak{E}_n\delta_n = \frac{\mathfrak{D}\varkappa}{\varepsilon_n}\,\delta_n = U\,\frac{\frac{\delta_n}{\varepsilon_n}}{\sum\frac{\delta}{\varepsilon}} \tag{5}$$

und die Feldstärke darin

$$\mathfrak{E}_n = \frac{U}{\varepsilon_n\sum\frac{\delta}{\varepsilon}}. \tag{6}$$

Befindet sich zwischen lauter Schichten großer Dielektrizitätskonstante eine mit geringer (z. B. Luft mit $\varepsilon = 1$), so kann U_n nahezu gleich U werden, d. h. die ganze Spannung liegt praktisch an dieser Schicht, die außerordentlich hoch beansprucht wird, während die andern so gut wie nicht belastet sind.

Es ist aus diesem Grund außerordentlich wichtig, in allen Isoliermaterialien höherer Dielektrizitätskonstante Luftblasen und Hohlräume peinlichst zu vermeiden. Denn infolge der großen elektrischen Feldstärke in diesen eingeschlossenen dünnen Schichten relativ geringer Dielektrizitätskonstante, wird die Luft in Form einer Glimmentladung durchbrochen. Wenn auch kein augenblicklicher Durchschlag des ganzen Materials erfolgt, so richten die dauernden thermischen und chemischen Wirkungen der inneren Entladung das Material nach und nach sicher zugrunde. Eine Isolieranordnung niedriger Dielektrizitätskonstante, z. B. Luft oder Öl, kann durch das Einbringen von mehreren Platten hoher Dielektrizitätskonstante, selbst wenn diese eine sehr hohe Durchschlagsfestigkeit haben, verschlechtert werden, da die dazwischenliegenden Öl- oder Luftschichten viel stärker beansprucht werden und Glimmentladungen in ihnen auftreten können, die im Lauf der Zeit auch die eingefügten Platten zerstören.

4. Schichtung im zylindrischen Feld (z. B. Durchführungen). Trägt ein (theoretisch unendlich langer) kreiszylindrischer Leiter die Ladung Q je Längeneinheit, so ist die Feldstärke $\mathfrak{E}$ im Abstande x von der Zylinderachse

$$\mathfrak{E}_x = \varkappa \frac{Q}{2\pi x \varepsilon l} \tag{8}$$

[$\mathfrak{E}$ in Volt/cm, Q in Coulomb, $\varkappa$ s. Gleichung (1)]. In einem Medium konstanter Dielektrizitätskonstante nimmt die Feldstärke nach außen umgekehrt proportional dem Radius ab und ist an der Oberfläche des Leiters am größten. Läßt man dagegen ε mit x variieren, so können beliebige Feldverteilungen erreicht werden. Für

$$x\varepsilon = \text{const.} \tag{9}$$

z. B. wird die Feldstärke vom Radius unabhängig, und alle Teile der Isolierung gleichmäßig beansprucht. Man wird innen möglichst Isoliermedien großer Durchschlagsfestigkeit und großer Dielektrizitätskonstante verwenden, um die ungleichmäßige Beanspruchung möglichst auszugleichen.

Besteht das isolierende Medium aus mehreren Schichten, so ist die resultierende Spannung

$$U = {}_\mu\sum_1^\nu \int_{r_{\mu-1}}^{r_\mu} \mathfrak{E}_x\, dx = {}_\mu\sum_1^\nu \frac{\varkappa Q}{2\pi\varepsilon_\mu l} \ln\frac{r_\mu}{r_{\mu-1}} \tag{10}$$

Daraus folgt die gesamte Kapazität

$$C = \frac{Q}{U} = \frac{2\pi l}{\varkappa} \frac{1}{{}_\mu\sum\limits_1^\nu \frac{1}{\varepsilon_\mu} \ln\frac{r_\mu}{r_{\mu-1}}} \tag{11}$$

Mit Gleichung (8) folgt aus (10)

$$U = \mathfrak{E}_x \varepsilon_x x \sum_1^\nu \frac{1}{\varepsilon_\mu} \ln\frac{r_\mu}{r_{\mu-1}}, \tag{12}$$

und es ist die Feldstärke im Abstand x von der Achse, wo die Dielektrizitätskonstante ε_x ist

$$\mathfrak{E}_x = \frac{U}{\varepsilon_x x \sum\limits_1^\nu \frac{1}{\varepsilon_\mu} \ln\frac{r_\mu}{r_{\mu-1}}}. \tag{13}$$

Ist nur eine Schicht vorhanden mit den Radien R und r, so ist die größte Feldstärke am Innenrande der Schicht

$$\mathfrak{E}_r = \frac{U}{r \ln\frac{R}{r}}, \tag{14}$$

Sie ist in diesem Falle ganz unabhängig von den Dielektrizitätskonstanten des Isolierungsmaterials. Ist die Spannung U und der Außenradius R gegeben, so wird $\mathfrak{E}_r$ am kleinsten, wenn $\frac{R}{r} = e$ ist, es wird dann $\mathfrak{E}_r = \frac{U}{r} = e\frac{U}{R}$.

Für Schichtung verschiedener Dielektrizitätskonstanten gelten auch hier die Schlüsse des Abschnittes 3.

Die Verteilung der Spannungen entsprechend der Dielektrizitätskonstante gilt nur für Wechselfelder nicht zu geringer Frequenz. Bei Gleichspannung bestimmen die stets vorhandenen, wenn auch meist sehr geringen OHMschen

Leitfähigkeiten die Spannungsverteilung. Die Beanspruchung bei Gleich- und Wechselspannung kann demnach sehr verschieden sein.

5. Kondensatorklemme. Wird ein Durchführungsisolator aus Schichten gleichen Materials aufgebaut und werden die Schichten durch leitende Belegungen voneinander getrennt (s. Abb. 2), so entsteht ein System von Kondensatoren in Reihenschaltung. Je zwei der leitenden Belegungen aus der dazwischen liegenden Isolierschicht bilden einen solchen Kondensator (NAGEL, SSW). Da die Spannungen an den einzelnen Elementen sich umgekehrt wie ihre Kapazitäten verhalten, kann man durch geeignete Abstufung in der Höhe jede beliebige Spannungsverteilung erhalten.

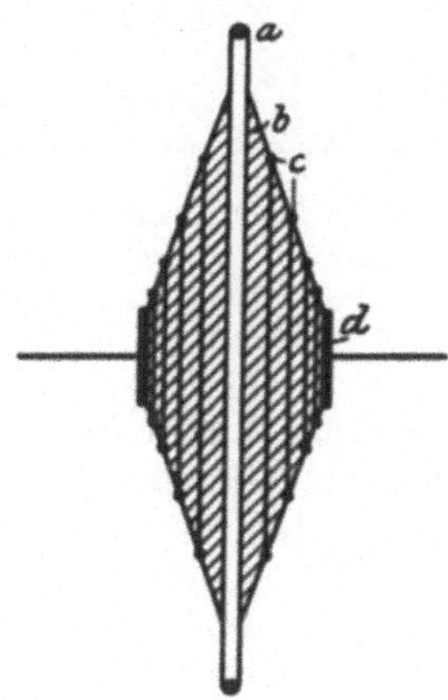

Abb. 2. Kondensatorklemme im Schnitt.
a durchzuführender Leiter, *b* Isoliermaterial, *c* leitende Einlagen, *d* Fassung.

6. Überschlag. Ebenso wichtig wie die Festigkeit gegen Durchschlag ist die gegen den Überschlag einer Isolationskonstruktion. Von jedem Isolator wird verlangt, daß er eher überschlägt als durchschlägt, damit er bei einer unerwartet großen Spannungserhöhung nicht zerstört wird. Die Vermeidung der Oberflächenentladungen ist deswegen so wichtig, weil sie oft schon bei sehr geringen Spannungen beginnen und in ihrer räumlichen Ausdehnung sehr rasch mit der Spannung wachsen, etwa mit der 3. Potenz der Spannung. Für die Technik am wichtigsten ist das Problem der isolierten Durchführung eines Leiters durch eine geerdete Wand, wie es schematisch Abb. 3 zeigt. Zwischen Isolationskörper und Fassung befinden sich stets dünne Luftschichten bzw. Bläschen, die in Abb. 3 mit L angedeutet sind. Steht der Isolator unter Wechselspannung üblicher Frequenz, so tritt bei steigender Spannung zunächst in der negativen Halbwelle eine Streifenentladung auf, welche vom Rande der Fassung ausgeht und aus sehr vielen dünnen parallelen Lichtfäden besteht. Die Länge der Streifen wächst linear mit der Spannung, um 1 cm bei einer Spannungszunahme von 4,5 bis 5 $\mathrm{kV_{eff}}$, bei einer Dielektrizitätskonstante von 3 bis 4 des Isolationsmateriales. Diese Streifenentladung beginnt erfahrungsgemäß bei einer effektiven Spannung U_s dann, wenn die radiale Feldstärke in der dünnen Luftschicht L der Abb. 3 ca. 11 $\mathrm{kV_{eff}}$/cm beträgt (G. E. HAEFELY). In der positiven Halbwelle der Spannung beginnt zunächst an der Fassung ein lichtschwaches diffuses Glimmen, etwa bei einer Feldstärke von 21,4 $\mathrm{kV_{eff}}$/cm in der Luftschicht L der Abb. 3 bei der effektiven Spannung U_{gl}, die sich nach Gleichung (12) zu

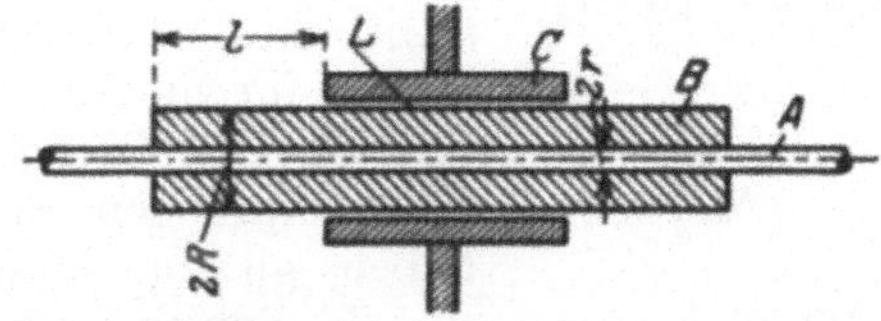

Abb. 3. Schema des Durchführungsisolators.
A isolierter Hochspannungsleiter, *B* Isolationsmaterial, *C* geerdete Fassung, *L* Luftschicht zwischen Fassung und Isolationskörper, *l* Isolationlänge.

$$U_{gl} = 21{,}4 \frac{R}{\varepsilon} \ln \frac{R}{r} \ \mathrm{kV_{eff}} \tag{15}$$

(ε Dielektrizitätskonstante des Isolationsmaterials) berechnet. Bei weiterer Steigerung der Spannung tritt bei einer effektiven Spannung

$$U_B = (26-30) \sqrt[3]{U_{gl}}\,[1])$$

[1]) 26 bei feuchter, 30 bei trockener Oberfläche des Isolators.

nach W. PETERSEN plötzlich eine Büschelentladung längs der Isolatoroberfläche auf, die äußerst rasch mit der Spannung anwächst und sehr bald zum Überschlag führt. U_B ist also sehr nahezu die Überschlagsspannung. Damit die Länge der Streifenentladung bis zum Eintritt der Büschelentladung geringer ist, wie die Isolatorlänge, muß nach Abb. 3

$$l \geqq \frac{U_B - U_s}{(4,5-5)}$$

sein.

$$U_s \approx (0,3-0,4)\, U_{gl}.$$

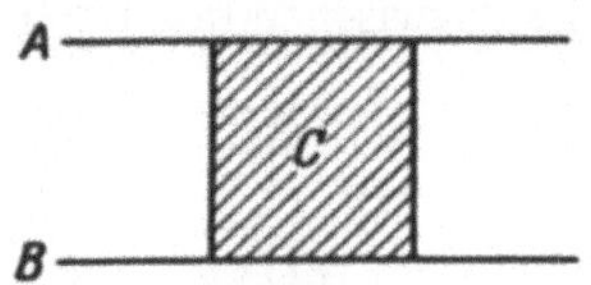

Abb. 4. Isolator mit Oberfläche in Feldrichtung. *A*, *B* leitende Platten, *C* Isolationskörper.

Aus Gleichung (15) sieht man, daß es für hohe Spannungen wichtig ist, den Isolator nicht zu dünn zu machen, $R > r$, und daß möglichst ein Material geringer Dielektrizitätskonstanten ε zu nehmen ist. Porzellan z. B. mit seiner relativ großen Dielektrizitätskonstante wird nicht als massiver Körper genommen, sondern nur als Hüll- und Tragkörper, der mit Harzmassen oder Ölen geringerer Dielektrizitätskonstanten ausgefüllt wird.

Unmittelbar um den Leiter werden Schichten besonders hoher Durchschlagsfestigkeit und geringer Dielektrizitätskonstante verwendet, z. B. getränktes Papier. Unter Umständen wird der Isolator aus Papierrohren mit dicken Luftschichten dazwischen aufgebaut.

Der Überschlag ist wesentlich ein Durchbruch der Luft um den Isolator herum. Prüft man die Überschlagsspannung längs eines Isolators, dessen Oberfläche in die Richtung der elektrischen Kraftlinien fällt, z. B. nach Abb. 4 (A. SCHWAIGER) für einen Paraffin- oder Porzellanklotz, so ergibt sich eine sehr starke Abhängigkeit der Überschlagsspannung von der Feuchtigkeit. Mit abnehmender Feuchtigkeit wächst die Überschlagsspannung, und konvergiert bei der Feuchtigkeit Null gegen die Überschlagsspannung wie sie ohne Isolationskörper zwischen den Platten da wäre. Je weiter die leitenden Platten voneinander entfernt sind, desto größer ist der Feuchtigkeitseinfluß. Der Grund für die Erscheinungen scheint wesentlich in Ladungen auf der Oberfläche des Dielektrikums zu liegen. Denn bei Stoßspannungen, wo diese Ladungen keine Zeit zum Entstehen haben, gilt immer der reine Luftüberschlagswert.

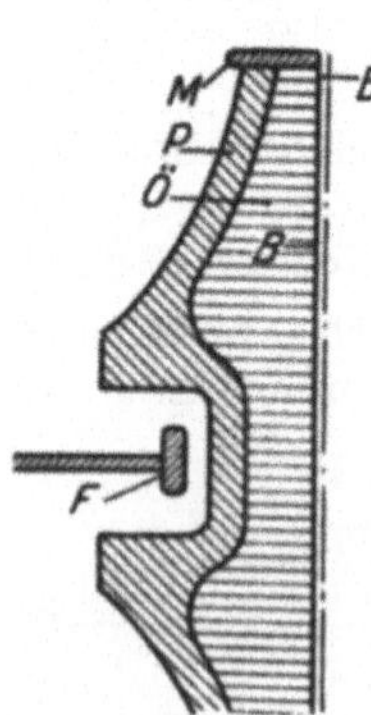

Abb. 5. Durchführungsisolator mit eingezogener Fassung. *P* Porzellankörper, *Ö* Ölfüllung, *F* Metallfassung, *M* Metallkappe, *B* Durchführungsbolzen.

7. Schirmung, Feldformung. Vorteilhaft wird in der Hochspannungstechnik davon Gebrauch gemacht, daß durch passende Wahl der Leiter und auch der Dielektrika die Form des elektrischen Feldes wesentlich günstiger gestaltet werden kann. Bei den meisten Isolationskonstruktionen liegt die Schwierigkeit darin, daß das Feld an gewissen Punkten sehr stark konzentriert ist und dann wieder auf große Strecken sehr schwach ist, während eine rationelle Ausnützung der Isolation ein möglichst gleichmäßiges Feld verlangt. Da die Gleitentladungen wesentlich durch die Komponente der Feldstärke in der Richtung der Oberfläche des Isolators verursacht werden, ist es auch wichtig, diese so klein wie möglich zu halten. Um z. B. die Vorentladungen eines Durchführungsisolators zu unterdrücken ist es vorteilhaft, die Fassung in die Isolation einzuziehen, wie Abb. 5 zeigt. Das Feld an der Fassung ist am stärksten im Innern der Porzellanhohlkehle, wo es nicht viel

Unheil anrichten kann. An der Isolatoroberfläche ist es schwach, und die Feldlinien laufen zum großen Teil unter starken Winkeln gegen die Porzellanoberfläche, so daß ein solcher Isolator gar keine Vorentladungen an der Fassung zeigen wird. Bei geeigneter Dimensionierung beginnt ein Isolator nach Abb. 5 an der Kappe *M* zu glimmen. Dieses Glimmen verteilt sich diffus im umgebenden Raum und wächst sehr langsam mit steigender Spannung, da Raumladung und Stromdichte in der Luft sehr gering sind. Man kann so mit niedrigen, dicken Isolatoren sehr große Spannungen beherrschen. Das Einsetzen der Entladung an einer gewünschten Stelle und die „Verdünnung" der Ionendichten kann bei einem Isolator ohne Einziehung auch durch den sog. Glimmring (KRÄMER, AEG) erreicht werden (Abb. 6). Der scharfkantige Glimmring *G* steht leitend mit der Fassung in Verbindung. Er beginnt verhältnismäßig früh mit einer Glimmentladung an seinem ganzen Umfang. Die Entladung verteilt sich diffus in der Luft, verläuft nicht längs der Isolatoroberfläche und bildet daher auch keine rasch wachsenden Gleitfunken.

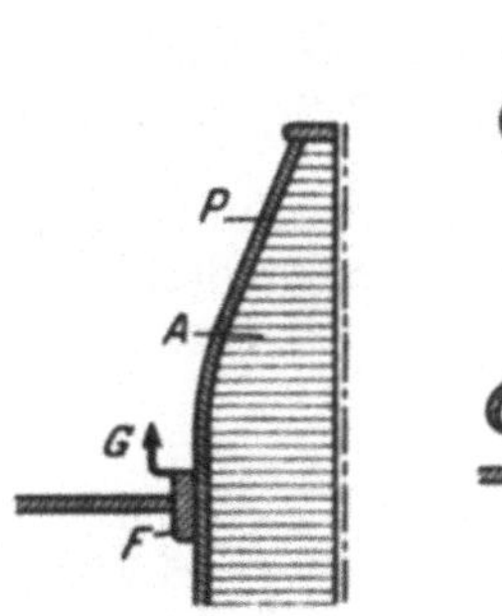

Abb. 6. Durchführung mit Glimmring.

F Metallfassung, *G* Glimmring, *P* Hüllkörper, *A* Ausgußmasse.

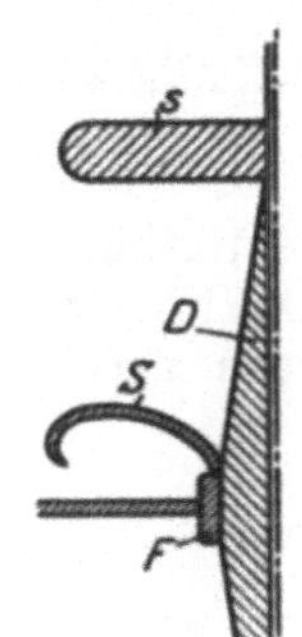

Abb. 7. Durchführung mit metallischen Schirmkörpern.

SS Schutzkörper aus Metall, *D* Durchführungsisolator, *F* Fassung.

Da einspringende Kanten feldfrei sind, läßt sich die Feldstärke durch entsprechende Formung des Leitermaterials an gefährdeten Stellen verringern, wie Abb. 7 auch an einer Durchführung zeigt. Der eine Schirmkörper *S* ist mit dem Bolzen, der andere mit der Fassung verbunden. Das Feld verläuft im wesentlichen zwischen den äußeren Rändern der Schirmkörper. Die Überschlagsspannung des Isolators wird dadurch wesentlich heraufgesetzt.

Als letzte Anwendung sei das Prinzip bei einem Spannungsteiler für sehr hohe Spannungen gezeigt (Abb. 8). Zwischen zwei Metallplatten *M* liegt die Gesamtspannung. Das Feld verläuft wesentlich senkrecht zu den Platten, parallel zu dem Gummischlauch *G*, durch den reines Wasser möglichst hohen Widerstandes fließt. *L* ist die Leitung der abgezweigten Spannung, z. B. für irgendwelche Meßzwecke. Der sonst sehr störende Einfluß der Ladeströme ist fast vollkommen beseitigt; die Spannungsteilung zwischen den Punkten *A* und *B* verläuft linear und phasengleich mit der Gesamtspannung.

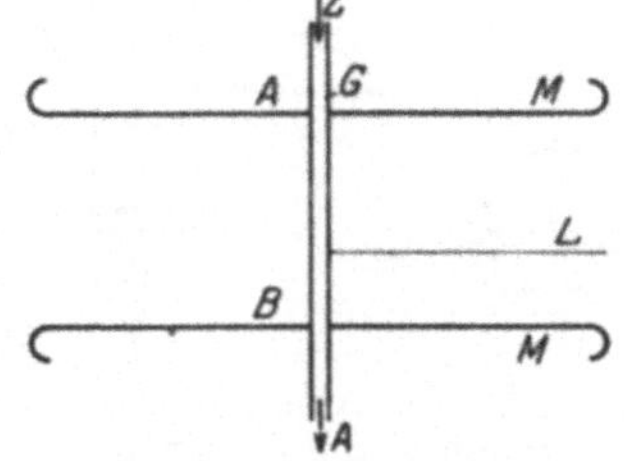

Abb. 8. Spannungsteiler.

M Metallplatten, *G* Gummischlauch, *Z* Wasserzufluß, *A* Wasserabfluß, *L* Potentiometerableitung.

8. Beanspruchung bei verschiedenen Spannungsformen. Die Isolatoren haben im Betrieb die verschiedensten Spannungsformen zu ertragen. Außer der Betriebsspannung mit Niederfrequenz, treten z. B. bei Wanderwellen plötzliche Spannungsstöße und auch mehr oder weniger gedämpfte Hochfrequenz auf. Bei Hochfrequenz ist die Überschlagsspannung geringer als bei Niederfrequenz, um so mehr, je weniger sie gedämpft ist. Der Überschlag verläuft erfahrungsgemäß genau längs der Oberfläche des Materials. Man bringt deshalb Rillen an der Oberfläche des Isolators an, die die Überschlagsspannung heraufsetzen.

Bei Stoßspannung ist die Überschlagsspannung höher als bei Niederfrequenz und die Feldverteilung eine ganz andere. Da die Vorentladungen Zeit zu ihrer Ausbildung brauchen, kommen sie bei äußerst rasch ansteigender Spannung nicht mit, und die Feldverteilung bleibt bis zum Überschlag die ladungslose ungestörte. Diese ist ungünstiger, da die Vorentladungen das Feld ausgleichen. In Abb. 9a z. B. wird etwa eine Glasplatte mit der Spitzenelektrode auf einer Seite mit Gleitfunken überschlagen, während dieselbe Platte nach Abb. 9b mit einer Paraffinumhüllung der Spitze durchschlägt, weil die große Konzentration der Kraftlinien bis zu den höchsten Spannungen erhalten bleibt. Die Isolatoren werden deshalb auch auf Stoßwellen geprüft mit einer Schaltung etwa nach Abb. 10 (TOEPLER, MARX). Der Transformator T lädt über den Gleichrichter G und die sehr hochohmigen Wasserwiderstände die beiden Kondensatoren auf den Maximalwert der Wechselspannung auf. Sobald die Zündfunkenstrecken ZF ansprechen, wird das Prüfobjekt äußerst rasch auf diese Spannung aufgeladen, die dann relativ langsam über die hochohmigen Widerstände R_2 sich ausgleicht. Die größte Spannung am Prüfobjekt J wird mit der Meßfunkenstrecke MF bestimmt. Der Spannungsstoß kann verdoppelt werden, wenn man die Widerstände R_2 je zwischen c und b bzw. a und d schaltet.

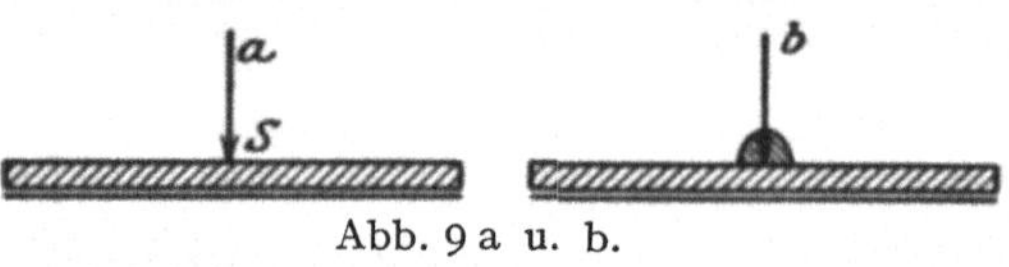

Abb. 9a u. b.

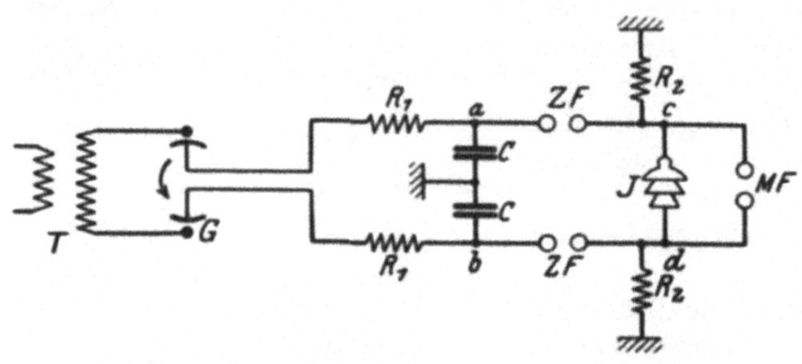

Abb. 10. Schaltung zur Erzeugung von Stoßspannung.

T Transformator, G rotierender Gleichrichter, R_1 R_2 hochohmige Widerstände, C Kondensatoren, J zu prüfender Isolator, ZF Zündfunkenstrecke, MF Meßfunkenstrecke.

Auch die Wicklungen von Maschinen und Transformatoren werden mit plötzlichen Spannungsstößen geprüft, da bei solchen die Ausbreitung der Spannung längs der Drähte als Welle mit sehr steiler Front (gesamte Spannung auf ca. 4 bis 10 m Leitungslänge) geschieht, die die Wicklung beschädigen kann. Die Schaltung zeigt Abb. 11. Die Spannung am Transformator wird solange erhöht, bis die Funkenstrecken F überschlagen. Die Funkenstrecken bestehen aus massiven Kupferkugeln von 50 mm Durchmesser. Die Kapazität muß mindestens 0,01 μF betragen. Jede Funkenstrecke wird auf das 1,1fache der normalen Spannung eingestellt. Die Strecken werden mit einem Luftstrom von 3 m/sec Geschwindigkeit angeblasen, damit der Funke löscht.

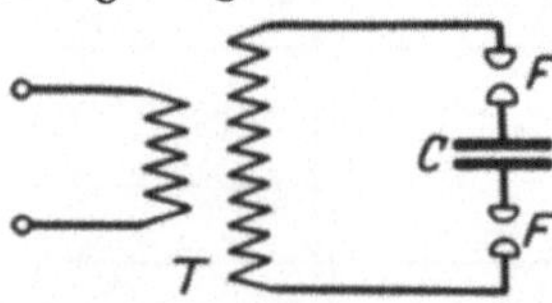

Abb. 11. Schaltung für die Sprungwellenprobe einer Wicklung.

T zu prüfender Transformator, F Funkenstrecken, C Kondensator.

Zur Erzeugung gedämpfter Hochfrequenz wird der übliche Teslakreis verwendet (Abb. 12).

Bei den Messungen der maximalen Spannungen mit Kugelfunkenstrecke bei Stoß und bei Hochfrequenz ist zu beachten, daß nur sehr kleine Schlagweiten zulässig sind $\left(\frac{\text{Schlagweite}}{\text{Kugelradius}} \leqq 0{,}8\right)$, da bei größeren Schlagweiten die Funkenspannung nicht mehr Anfangsspannung ist und die Messungen unsichere Resultate ergeben.

Zur Erzeugung von Gleich-Hochspannung für Prüfzwecke werden Glühkathodenröhren verwendet. Als Beispiel sei die Schaltung von GREINACHER[1]) in Abb. 13 wiedergegeben. Zwischen den Klemmen A B kann man die doppelte maximale Transformatorspannung entnehmen. Die Heizung geschieht durch besondere Heiztransformatoren. Um zu einer möglichst konstanten Gleichspannung zu kommen, verwendet man Kombinationen aus großen Induktivitäten und Kapazitäten, s. z. B. Abb. 15[2]). Bei geeigneter Bemessung der Induktivität und Kapazität im Zusammenhang mit dem abzunehmenden Gleichstrom kann man die Schwankungen unter die Meßgenauigkeit drücken, besonders wenn man mit möglichst hoher Frequenz arbeitet.

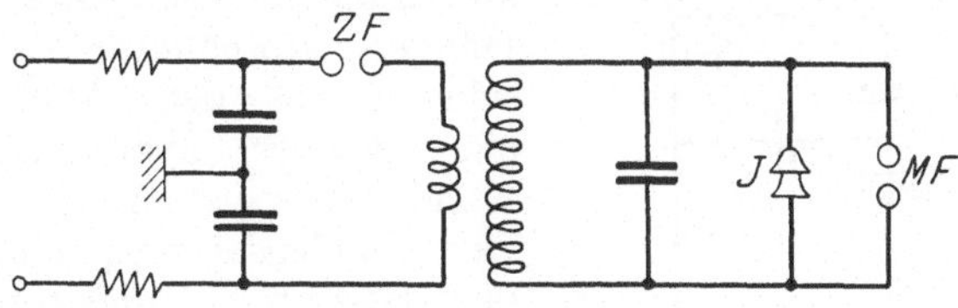

Abb. 12. Teslakreis zur Erzeugung gedämpfter Hochfrequenzschwingungen.
ZF Zündfunkenstrecke, *J* Prüfobjekt, *MF* Meßfunkenstrecke.

Da alle Isoliermaterialien eine, wenn auch sehr geringe OHMsche Leitfähigkeit neben ihrer Dielektrizitätskonstante haben, kann die Spannungsverteilung einer geschichteten Konstruktion bei Gleich- und bei Wechselspannung vollkommen verschieden sein. Eine Anordnung, die bei Wechselspannung gut geht, kann bei Gleichspannung vollkommen versagen und umgekehrt.

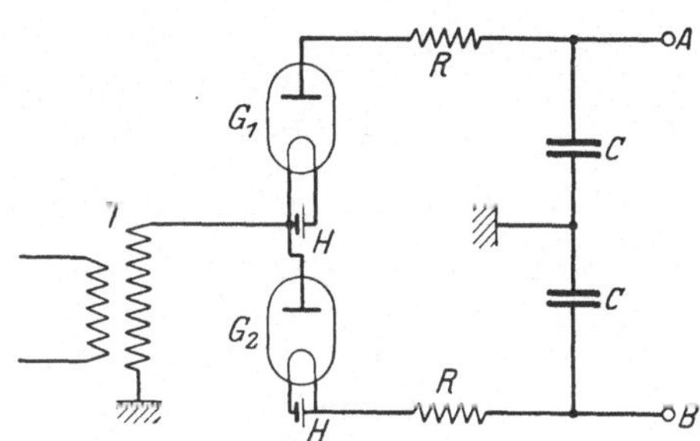

Abb. 13. Erzeugung von Gleich-Hochspannung.
T Transformator, G_1 G_2 Glüh-Ventilröhren. *H* Heizstromquellen, *R* hochohmige Widerstände, *C* Kondensatoren.

Die größte praktische Schwierigkeit der Isolationstechnik liegt in der hohen Temperatur, welche die Stoffe im Betrieb aushalten müssen, die bis zu 100° steigen kann. Es hat sich gezeigt, daß man ein Urteil über die dauernde Betriebssicherheit nur gewinnen kann mit Dauerproben bei hohen Temperaturen. Als Maßstab für die Güte der Fabrikation werden besonders bei geschichteten Materialien dielektrische Verlustmessungen mit der SCHERINGschen Brücke (s. Bd. XVI) für längere Zeit bei erhöhter Temperatur vorgenommen. Sobald Hohlräume im Inneren sich zu entladen beginnen (Ionisationspunkt), steigt der dielektrische Verlust stark an und strebt keinem konstanten Werte mehr zu. Auch während des Betriebes werden solche Nachmessungen zur Kontrolle empfohlen.

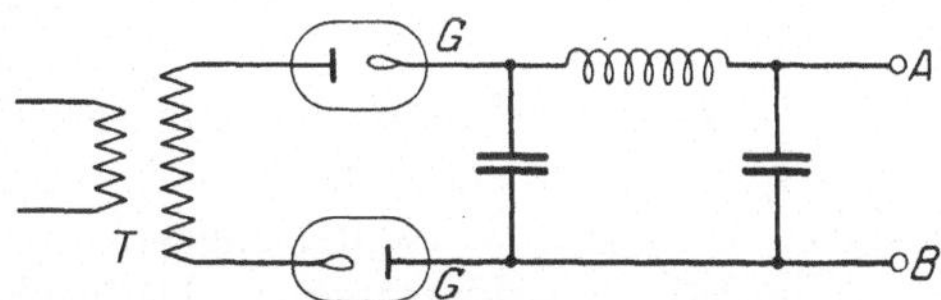

Abb. 14. Gleichrichtung mit möglichst geringer Welligkeit.
T Transformator, *G* Glühventile, *AB* Gleichstromquelle.

9. Serienisolatoren. Bei sehr hohen Spannungen ist es vielfach nicht möglich, die ganze Spannung in einem Isolationselement aufzunehmen. Man ist gezwungen, mehrere Elemente hintereinanderzuschalten, damit jedes nur einen Teil der Spannung aushalten muß. Das geschieht z. B. bei den Hängeisolatoren

[1]) GREINACHER, Phys. ZS. 1916, S. 343.
[2]) HULL, Gen. Electr. Rev. 1916, S. 173.

der Freileitungen, wo bis zu 10 einzelne Glieder mit metallischen Verbindungsstücken aneinandergehängt werden. Bei einer solchen Schaltung ist zu berücksichtigen, daß die metallischen Teile jedes Teilisolators nicht nur Kapazität gegeneinander, sondern auch gegen alle anderen Teile und gegen Erde haben. Bei einer Hängeisolatorenkette ist das einfachste Kapazitätsschema das der Abb. 15. Die Fernleitung F hat eine gewisse Spannung gegen Erde und lädt das Kondensatorsystem im Puls der Wechselspannung. Der Kondensator C_4 unmittelbar an der Leitung führt den gesamten Ladestrom. Der Kondensator C_3 einen um den Strom im Kondensator c_3 verringerten. So nehmen die Ladeströme der Kapazitäten C nach oben hin ab. Der Isolator C_4 unmittelbar an der Leitung besitzt daher eine größere Spannung als C_3, dieser wieder eine größere als C_2 usf. Die Spannung ist also ungleich auf die einzelnen Glieder verteilt, das unterste Glied an der Leitung am stärksten beansprucht, um so mehr, je größer die Erdkapazität c gegen die Isolatorkapazität C ist. Beginnt etwa der unterste Isolator zu glimmen, so gleicht sich die Spannungsverteilung aus, da seiner Kapazität dann eine Ableitung parallel geschaltet wird. Zur Abhilfe ist vorgeschlagen, die Kapazität der Glieder nach unten zunehmen zu lassen oder unten an der Leitung metallische Körbe oder Bügel anzubringen, die ebenfalls die Kapazität des untersten Gliedes vergrößern und den Überschlagslichtbogen von der Kette fernhalten.

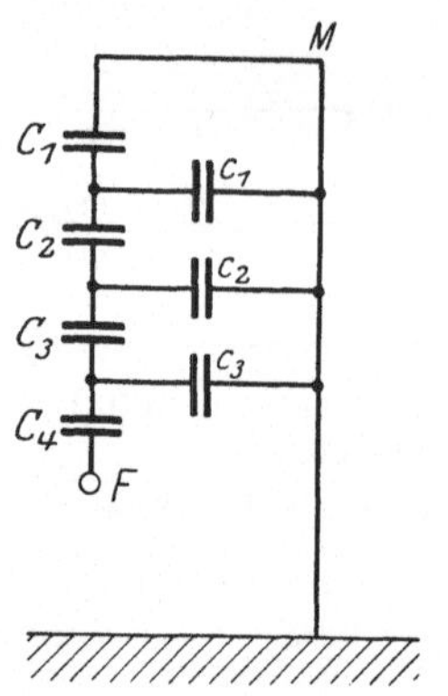

Abb. 15. Kapazitätsschema einer Hängeisolatorenkette.

M geerdeter Eisenmast, *F* Fernleitung, *C* Kapazitäten der einzelnen Isolatorenglieder, *c* Kapazität der Armaturen gegen Erde.

Die Überschlagsspannung eines Gliedes in der Kette ist nicht die gleiche wie bei Einzelprüfung, sondern höher. Wenn die anderen Glieder noch entladungsfrei sind, muß sich der Entladungsstrom des betreffenden Gliedes als Verschiebungsstrom durch die anderen Glieder hindurch fortsetzen. Dadurch ist eine gewisse Strombegrenzung gegeben, so daß Büschelentladungen und Gleitfunken nicht in dem Maße auftreten können, wie bei der Einzelprüfung des Gliedes. Wenn man dafür sorgt, daß die unteren Glieder durchschlagsfest sind, z. B. mit den sog. Motorisolatoren, Abb. 16, so kann trotz deren kleiner Kapazität die gesamte Überschlagsspannung der Kette sehr hoch sein (A. SCHWAIGER).

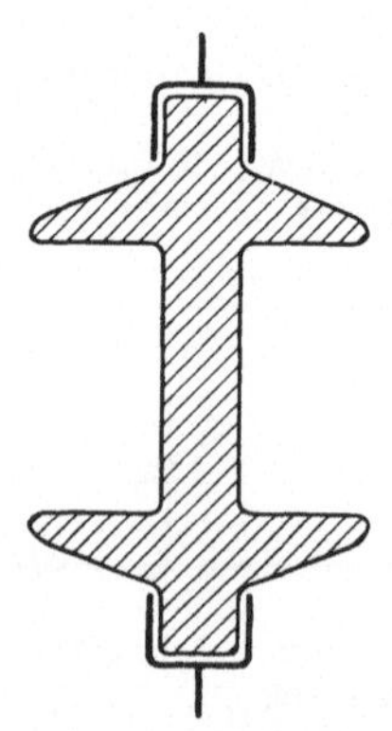

Abb. 16. Schema eines „durchschlagssicheren" Hängeisolators.

10. Zusammenstellung einiger wichtiger Isolationsmaterialien (nach A. SCHWAIGER).

1. Dielektrizitätskonstanten.

1 2 3 4 5 6 7

Luft Ceresin Hartgummi Balata Guttapercha Mikanit Glimmer Glas

Paraffin Bernstein Cellon Quarz Porzellan

Harzöl Olivenöl Rizinusöl

Mineralöl (Transf.-Öl) Kabelisolation (Papier)

Papier Schellack Haefelyt Bakelit

Repelit Spezialkarta Pertinax

Turbonit Durax

2. Dielektrische Leistungsfaktoren der Isoliermaterialien (Verlustwinkel).

$10000 \operatorname{tg} \delta =$

0,1	1	10	50	100	200	300	400
Ceresin	Quarz	Glimmer	Glas				Porzellan
Paraffin			Bernstein			Cellon	
			Wachs				
			Balata	Kautschuk	Guttapercha		
	Bakelit		Papier	Transf.-Öl	Kabelisolation		
				Spezialkarta			
					Pertinax		

3. Durchschlagsfestigkeiten in $kV_{eff} \cdot cm^{-1}$.

10	50	100	150	200	300	400
Asbestzement	Gummon	Ambroin		Paraffin		
		Transf.-Öl		Porzellan		Glas
				Mikanit		Glimmer
Hartpapier in Schichtrichtung		Bakelit	Carta			
		Bakdura	Pertinax (Röhren)			
			Turbonit	Bikarbon		
			Pilit	Cellon		
			Durax	Bituba		

4. Leitfähigkeiten bei normaler Temperatur (nach K. W. WAGNER) in Siemens $\cdot$ cm^{-1} bei 20°.

10^{-19}	10^{-16}	10^{-14}		10^{-11}
Ceresin	Bienenwachs	Plattenglas	Paraffiniertes Holz	Zelluloid
Ambroid	Glas			Fiber
Quarz, geschmolzen	Porzellan			Elfenbein
Hartgummi	Glimmer			Marmor
Paraffin	Mikanit		Opalglas	Papier
Siegellack				
Kolophonium	Schellack			
Schwefel				

Da die Konstanten je nach der Zusammensetzung sehr stark schwanken, geben die Tabellen nur Größenordnungen.

Die Leitfähigkeit nimmt meist mit steigender Temperatur sehr stark zu. Oft hängt sie auch von der Feuchtigkeit ab. Die Dielektrizitätskonstante ist im allgemeinen wenig von der Frequenz abhängig, dagegen stark unter Umständen der Verlustwinkel. Bei Flintglas z. B. fällt $\operatorname{tg} \delta$ von $40 \cdot 10^{-4}$ bei 50 Hertz auf $4 \cdot 10^{-4}$ bei 140000 Hertz. Bei sehr vielen Materialien nimmt er auch mit der Frequenz zu. Bei periodischer Hochfrequenz sinkt die Durchschlagsfestigkeit auf einen Bruchteil der oben angegebenen Werte. Bei kurzen Spannungsstößen dagegen können die Materialien wesentlich mehr aushalten. Mit steigender Temperatur nimmt die Durchschlagsfestigkeit vieler Materialien stark ab.

Zusammenfassende Darstellungen:

A. SCHWAIGER, Elektrische Festigkeitslehre;
H. SCHERING, Die Isolierstoffe der Elektrotechnik.

b) Kapazitätswirkungen.

11. Allgemeines. Mit der Einführung der hohen Spannungen wuchsen auch die Kapazitätswirkungen sehr stark. Einmal in der Tatsache, daß eine solche Leitung im normalen Betrieb einen großen Ladestrom aufnimmt und zweitens, daß auf entfernte Leitungen, z. B. Schwachstromleitungen gefährliche Influenzwirkungen ausgeübt wurden. Tritt ein Draht einer sonst nirgends geerdeten Hochspannungsanlage in Verbindung mit Erde, z. B. durch Überschlag eines Isolators, so sendet die Kraftstation an dieser Stelle einen Leitungsstrom in die Erde, der sich als Kapazitätsstrom von dort in die andere Leitung überträgt und dann zur Zentrale zurückfließt. Bei langen Leitungen und großen Werken kann dieser Erdschlußstrom Größen bis 100 Amp. und mehr erreichen und bedeutet für die Anlage eine große Gefahr. Es verbrennt das gesamte Erdreich an der Eintrittstelle des Stromes, und der Spannungsabfall je Längeneinheit an der Erdoberfläche kann dort so groß werden, daß für einen schreitenden Menschen, dessen Körper einen Nebenschluß zu diesem Strom bietet, Lebensgefahr besteht. Besonders wenn nur eine dünne leitende Schicht vorhanden ist, z. B. nach einem Regenfall im Sommer ist die Gefahr besonders groß. Wesentlich schlimmer sind die Verhältnisse, wenn noch ein anderer Punkt der Anlage geerdet ist (Doppelerdschluß, betriebsmäßige Erdung des neutralen Punktes in der Kraftstation), da dann ein richtiger Kurzschlußstrom durch die Erde fließt, der noch viel größer werden kann. Die Gefahr wird verringert durch ein Erdseil parallel zur Leitung, das an vielen Punkten möglichst gut geerdet ist, und den Erdstrom auf mehrere Maste verteilt. Liegt im Erdschlußstromkreis Induktivität, unter Umständen genügt schon die Leitungsinduktivität, so können resonanzartige Vorgänge auftreten, die höhere Spannungen und Ströme zur Folge haben.

Bei Stromstärken größer als etwa 5 Amp. ist der Erdschlußlichtbogen intermittierend. Er erlischt dann nicht einfach, sondern zündet Periode für Periode wieder, was dadurch begünstigt wird, daß der Bogen bei einer Schwingung meist beim natürlichen Durchgang des Stromes durch Null erlischt, also wenn die Spannung an der Kapazität, die um eine Viertelperiode gegen den Strom verschoben ist, sich gerade im Maximum befindet. Auf der Kapazität bleibt eine Restladung nach erloschenem Bogen liegen, die zusammen mit der sich ändernden Betriebswechselspannung höhere Spannungen an die Bogenelektroden ergibt. (Rückzündung, die ganz allgemein beim Wechselstromabschalten von Kapazitäten [z. B. bei offenen Leitungen] auftreten kann[1]) und die besonders gefährlich werden kann, wenn der Stromkreis schwingungsfähig ist.) Das Zünden und Erlöschen des Bogens Periode für Periode setzt jedesmal das ganze Netz in Schwingungen nieder- und hochfrequenter Natur, die für Maschinen und Apparate sehr gefährlich sind[2]). Als einfachstes Hilfsmittel hat W. PETERSEN die sog. Erdschlußspule angegeben. Der Generator oder Transformatormittelpunkt, der normalerweise keine Spannung gegen Erde hat, wird dauernd durch eine Spule geerdet, deren Induktivität so bemessen ist, daß sie bei einem Erdschluß genau so viel nacheilenden Strom aufnimmt als die Kapazität der nichtgeerdeten Leitung voreilenden. Beide Ströme treten am Erdungspunkt in die geerdete Leitung über, überlagern sich dort und kompensieren sich größtenteils, so daß nur ein kleiner Strom über den Lichtbogen fließt, und wesentlich ein Wirkstrom, der mit der Spannung in Phase ist, und dann erlischt, wenn die Kondensatorspannung Null ist, so daß dann keine oder nur sehr geringe Restladungen nach dem Löschen übrigbleiben. Außerdem ist bei Erdschluß die Zentralenblind(lade)leistung ein Vielfaches der normalen. Der voreilende Ladestrom, den die Maschinen abgeben müssen, magnetisiert diese, so daß aus diesem Grund die Zentralenspannung sehr stark heraufgehen kann, und im Netz viele Beschädigungen anrichten kann. Ist der Wicklungsmittelpunkt der Maschinen dauernd widerstandslos geerdet, so ist der intermittierende Erdschluß unmöglich, er wird zu einem Kurzschluß, der aber auch sehr unangenehme Wirkungen haben kann. Einmal die schon erwähnte Lebensgefahr in der Nähe der Eisenmasten und ganz besonders in seiner Einwirkung auf benachbarte

[1]) W. PETERSEN, Elektrot. ZS. 1914, S. 697

[2]) W. PETERSEN, Elektrot. ZS. 1917, S. 553; 1918, S. 341; 1919, S. 5.

Leitungen (insbesondere Schwachstromleitungen, besonders wenn diese Erde als Rückleitung benützen). Bei Gleichstrom verteilt sich der Erdstrom auf riesige Strecken ins Innere der Erde, bei Wechselstrom hingegen läuft er nach Art des Skineffekts in relativ dünnen Strängen parallel der Leitung. Auf 1% der maximalen Stromdichte unmittelbar unter der Leitung ist der Erdstrom gefallen im Abstande von ca. 5 km bei $16^2/_3$ Per., 2,8 km bei 50 Per., 0,9 km bei 500 Per. in feuchtem Boden[1]). In einer benachbarten Schwachstromleitung wird influenziert von den elektrischen Feldern der Drähte der Starkstromleitung, und induziert von den Strömen in den Leitungen und in der Erde. Beim normalen Betrieb sind diese Wirkungen sehr gering, außer bei elektrischen Bahnen, wo auch betriebsmäßig die Schienen die Rückleitung sind. Auch zwei Hochspannungsleitungen am selben Gestänge können sich bei Unsymmetrien gegenseitig beeinflussen, was besonders unangenehm ist, wenn die influenzierte eine wesentlich geringere Spannung hat als die andere. Für diese Erscheinungen sind in erster Linie die kapazitiven Kopplungen maßgebend.

12. Leitungskapazitäten. Bei der Berechnung handelt es sich um zylindrische Leiter, also ein zweidimensionales Problem. Außerdem liegen die einzelnen Leitungen so weit auseinander, daß das elektrische Feld in der unmittelbaren Umgebung eines Leiters nur durch diesen selbst bestimmt wird. Der Einfluß der leitenden Erde auf die Feldverteilung ist immer mit zu berücksichtigen. Als Kapazitäten werden immer die Teilkapazitäten K angesehen, die zwischen die Leiter geschaltet gedacht sind (Abb. 17). Haben die n Leiter die Spannungen U_ν gegen Erde, so ist die Ladung des Leiters ν.

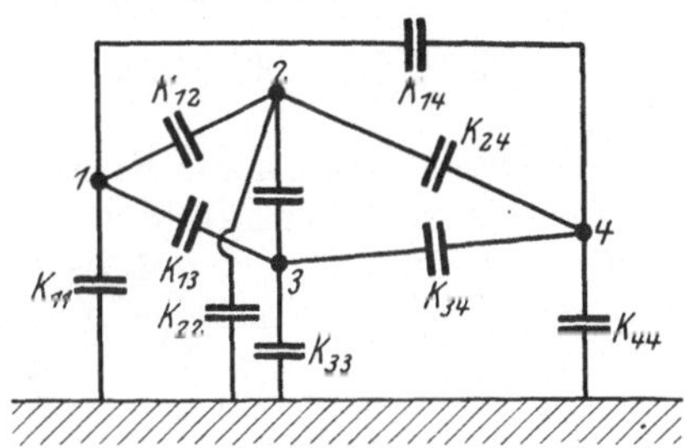

Abb. 17. Schema der Teilkapazitäten einer Leiteranordnung.

$$Q_\nu = U_\nu K_{\nu\nu} + K_{\nu_1}(U_\nu - U_1) + K_{\nu_2}(U_\nu - U_2) + \cdots + K_{\nu n}(U_\nu - U_n), \quad (1)$$

$$Q_\nu = U_\nu(K_{\nu_1} + K_{\nu_2} + \cdots + K_{\nu\nu} + \cdots + K_{\nu n}) - U_1 K_{\nu_1} - U_2 K_{\nu_2} - \cdots - U_n K_{\nu n}, \quad (2)$$

wobei im allgemeinen

$$\sum_n Q_\nu = 0. \quad (3)$$

ist, wenn nicht das ganze System eine wahre Ladung trägt. Allgemein ist $K_{\mu\nu} = K_{\nu\mu}$. Berechnet werden die MAXWELLschen Potentialkoeffizienten (elektrische Induktivitäten) L, die definiert sind durch

$$U_\nu = Q_\nu L_{\nu\nu} + Q_1 L_{\nu_1} + Q_2 L_{\nu_2} + \cdots + Q_n L_{\nu n} \quad (4)$$

$$L_{\mu\nu} = L_{\nu\mu} \quad (5)$$

Durch Verbindung der Gleichung (1) und (4) ergibt sich die Beziehung zwischen den K und den L. Beim 2-Leitersystem z. B. folgt aus (4):

$$U_1 = Q_1 L_{11} + Q_2 L_{12}$$
$$U_2 = Q_1 L_{12} + Q_2 L_{22}$$

woraus folgt:

$$U_1 L_{22} - U_2 L_{12} = Q_1 (L_{11} L_{22} - L_{12}^2).$$
$$U_1 L_{12} - U_2 L_{11} = Q_2 (L_{12}^2 - L_{11} L_{22}).$$

[1]) R. RÜDENBERG, Elektrot. ZS. 1926, S. 322 und 359. ZS. f. angew. Math. u Mech. 1925, S. 361.

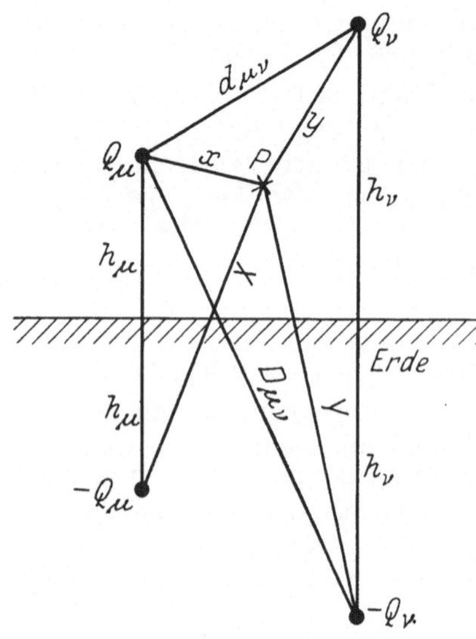

Abb. 18. Doppelleitung mit Spiegelung.

Gleichung (1) wird in diesem Falle

$$Q_1 = U_1(K_{11} + K_{12}) - U_2 K_{12}$$
$$Q_2 = U_2(K_{21} + K_{22}) - U_1 K_{12}.$$

Also

$$K_{12} = \frac{L_{12}}{L_{11} L_{22} - L_{12}^2} \tag{6}$$

$$K_{11} + K_{12} = \frac{L_{22}}{L_{11} L_{22} - L_{12}^2}$$

$$K_{11} = \frac{L_{22} - L_{12}}{L_{11} L_{22} - L_{12}^2} \tag{7}$$

und analog

$$K_{22} = \frac{L_{11} - L_{12}}{L_{11} L_{22} - L_{12}^2}. \tag{8}$$

Gemessen werden die Koeffizienten durch Ladungsbestimmung nach Gleichung (1), indem für $K_{\nu\nu}$ alle $U_1, U_2, U_3 \ldots, U_n = U_\nu$ gemacht werden, so daß $Q_\nu = U_\nu K_{\nu\nu}$. Für $K_{\nu\mu}$ werden alle U außer U_μ zu Null gemacht durch Erdung, und Q_ν gemessen, da dann $Q_\nu = -K_{\nu\mu} U_\mu$ ist.

Berechnet werden die Koeffizienten L durch Superposition der Felder und mit dem Spiegelungsverfahren: Für zwei Leitungen nach Abb. 18. Im praktischen elektrotechnischen Maßsystem ist der gesamte Verschiebungsfluß durch eine geschlossene Hüllfläche gleich der gesamten darin enthaltenen Ladung

$$\oint \mathfrak{D}_n \, df = Q,$$

also ist für einen kreiszylindrischen Leiter (Abb. 19) im Abstand x von der Achse

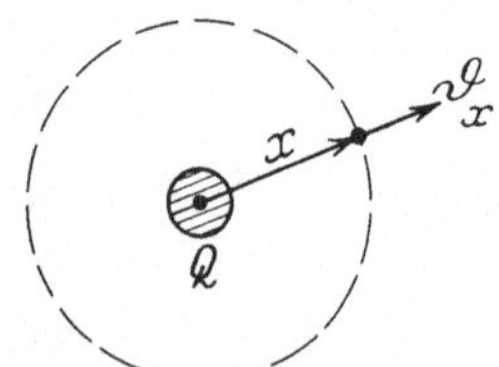

Abb. 19. Feld des kreiszylindrischen Leiters.

$$\mathfrak{D}_x = \frac{Q}{2\pi x l}, \tag{9}$$

wenn Q seine gesamte Ladung bedeutet. Die Feldstärke ist nach Abschn. 3, Gleichung (1)

$$\mathfrak{E}_x = \mathfrak{D}_x \frac{\varkappa}{\varepsilon} = \frac{\varkappa Q}{2\pi \varepsilon x l} \tag{10}$$

und das Potential

$$\varphi = -\frac{Q\varkappa}{2\pi\varepsilon l} \ln x + C. \tag{11}$$

Die Konstante C verschwindet im Falle der Abb 18, da die Summe aller Ladungen Null ist und φ im Unendlichen verschwindet. In Abb. 18 ist das Potential im Punkte P

$$\varphi_P = \frac{\varkappa}{2\pi\varepsilon l}\left(Q_\mu \ln \frac{X}{x} + Q_\nu \ln \frac{Y}{y}\right). \tag{12}$$

Legt man den Punkt P auf die Oberfläche des Leiters μ, so ist

$$\varphi_\mu = U_\mu = \frac{\varkappa}{2\pi\varepsilon l}\left(Q_\mu \ln \frac{2h_\mu}{r_\mu} + Q_\nu \ln \frac{D_{\mu\nu}}{d_{\mu\nu}}\right).$$

Es ist also nach Gleichung (4)

$$\left.\begin{aligned} L_{\mu\mu} &= \frac{\varkappa}{2\pi\varepsilon l} \ln \frac{2h_\mu}{r_\mu} \\ L_{\mu\nu} &= \frac{\varkappa}{2\pi\varepsilon l} \ln \frac{D_{\mu\nu}}{d_{\mu\nu}} \end{aligned}\right\} \tag{13}$$

Die Konstanten L sind auf die gesamte Leiterlänge bezogen und werden in F^{-1} gemessen. Wird auf die Längeneinheit, praktisch das km, bezogen, $\varepsilon = 1$ gesetzt, $\varkappa$ nach Gleichung (1) Abschn. 3 eingeführt und die Kapazität in μF gemessen, so ist

$$\left.\begin{aligned} l_{\mu\mu} &= 18 \ln \frac{2 h_\mu}{r_\mu} \,\text{km} \cdot \mu\text{F}^{-1} \\ l_{\mu\nu} &= 18 \ln \frac{D_{\mu\nu}}{d_{\mu\nu}} \,\text{km} \cdot \mu\text{F}^{-1} \end{aligned}\right\} . \qquad (14)$$

Die Koeffizienten k, die man nach dem Schema der Gleichung (6) bis (8) aus den l berechnet, sind dann in $\mu\text{F} \cdot \text{km}^{-1}$ gegeben. Durch Multiplikation mit der Leitungslänge ergeben sich die Konstanten K für die ganze Leitung. Nach der Gleichung (14) lassen sich die elektrischen Eigen- und Gegeninduktivitäten für jedes Leitungssystem berechnen.

13. Ladeleistung im normalen Betrieb und bei Erdschluß. Für eine symmetrische Einphasenleitung ist das Kapazitätsschema das der Abb. 20. Im normalen Betrieb haben die beiden Leitungen die Spannungen $+U/2$ bzw. $-U/2$ gegen Erde, wenn zwischen den Leitern 1 und 2 die Spannung U herrscht. Es ist

$$Q_1 = U\left(\frac{K_{11}}{2} + K_{12}\right) = U K . \qquad (15)$$

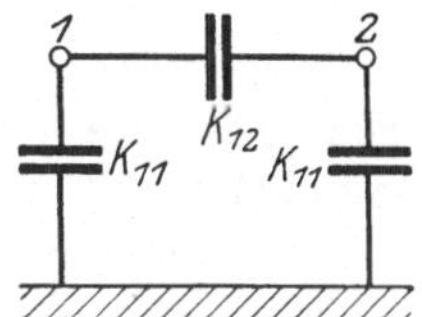

Abb. 20. Kapazitätsschema einer symmetrischen Einphasenleitung.

K ist die sog. „Betriebskapazität", bezogen auf die Gesamtspannung, da sich die Leitung so verhält, wie ein angeschlossener Kondensator von der Kapazität K. Bei Wechselspannung von der Kreisfrequenz ω ist der effektive Ladestrom

$$J_{\text{eff}} = U_{\text{eff}} \cdot \omega \left(\frac{K_{11}}{2} + K_{12}\right), \qquad (16)$$

und die Ladeblindleistung der Zentrale

$$U_{\text{eff}} \cdot J_{\text{eff}} = U_{\text{eff}}^2 \cdot \omega \left(\frac{K_{11}}{2} + K_{12}\right), \qquad (17)$$

Für eine Leitung von 1 m Leitungsabstand, $^1/_2$ cm Leitungsradius und 10 m Höhe ist z. B.

$$\begin{aligned} l_{11} &= 149 \text{ km} \cdot \mu\text{F}^{-1} . \\ l_{12} &= 54 \text{ km} \cdot \mu\text{F}^{-1} . \\ k_{11} &= 4{,}93 \cdot 10^{-3} \,\mu\text{F/km} . \\ k_{12} &= 2{,}80 \cdot 10^{-3} \,\mu\text{F/km} . \end{aligned}$$

Bei 300 km Leitungslänge ist

$$\begin{aligned} K_{11} &= 1{,}479 \,\mu\text{F} . \\ K_{12} &= 0{,}840 \,\mu\text{F} . \end{aligned}$$

Bei 50 Per./sec und 200 kV effektiver Betriebsspannung ist

$$J_{\text{eff}} = 99 \text{ Amp.}$$

und die Ladeblindleistung

$$U_{\text{eff}} \cdot J_{\text{eff}} = 19800 \text{ kW} .$$

Wird die Leitung 2 geerdet, so ist der Ladestrom der Leitung 1

$$J_{\text{eff}\,g} = U_{\text{eff}}\, \omega \,(K_{11} + K_{12}) . \qquad (18)$$

In dem gewählten Beispiel steigt der Ladestrom auf $J_{\text{eff}\,g} = 145$ Amp., die Ladeleistung auf 29000 kW. Den Kondensator K_{11} der Leitung 1 durchfließt bei Erdschluß der Leitung 2 der effektive Strom

$$J_e = U_{\text{eff}}\, \omega\, K_{11} , \qquad (19)$$

in dem Beispiel von 93 Amp., der durch die Erde und am Erdschlußpunkt der Leitung 2 konzentriert, durch diese zur Zentrale zurückfließt und am Erdungspunkt (überschlagener Isolator) den Erdschlußlichtbogen bildet, der riesige Längen erreichen kann und zu den in der Einleitung erwähnten Gefahren führt. Dieser Strom wird als Erdschlußstrom bezeichnet. Auch im normalen Betrieb fließt durch den Kondensator K_{11} ein Strom von 46,5 Amp. zur Erde und durch die Kapazität der andern Leitung zurück, aber gleichmäßig auf 300 km Länge verteilt, so daß je 1 m Leitungslänge nur 0,155 mAmp. quer zur Leitung durch das Erdreich fließt, was praktisch gar keine Bedeutung hat.

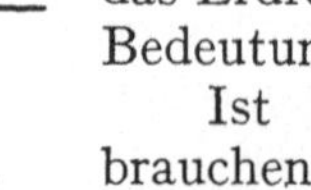

Abb. 21. Erdschlußspule.

Ist die Leitung unsymmetrisch, so brauchen bei der Betriebsspannung U zwischen den Leitungen, die Spannungen gegen Erde nicht $\pm U/2$ zu sein. In diesem Falle sind mit den Gleichungen (1) und (3) die Einzelspannungen U_1, U_2 aus den bekannten Kapazitäten zu berechnen. Fast immer sind praktisch kleine Ungleichheiten vorhanden.

In der Praxis werden fast immer Drehstromleitungen verwendet. Aber das Prinzipielle gilt dort ebenso wie für die Einphasenleitung. Man definiert eine Betriebskapazität bezogen auf die Phasen- bzw. die Linienspannung analog wie in Gleichung (15).

Die Erdschlußspule von W. PETERSEN zeigt Abb. 21 im Schema. Der Punkt O der Stromquelle hat normalerweise keine oder eine sehr geringe Spannung gegen Erde. Bei Erdschluß der Leitung 2 kommt er auf die Spannung $U/2$ gegen Erde. Der nacheilende Strom der Spule ist $U/2 \cdot 1/\omega L$, der voreilende Strom der Kapazität K_{11} der Leitung 1 ist $U \omega K_{11}$. Beide Ströme treffen im Punkte E zusammen und sollen sich aufheben. Daraus folgt

$$2 \omega L K_{11} = 0 \tag{20}$$

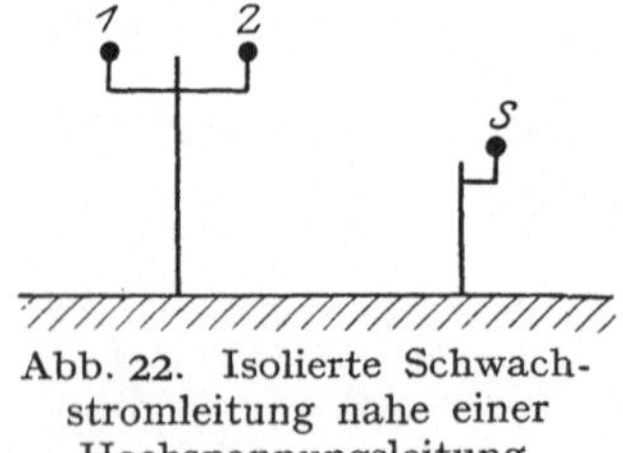

Abb. 22. Isolierte Schwachstromleitung nahe einer Hochspannungsleitung.

als Bedingung für die Größe der Spule. Da die resultierende Kapazität beider Leitungen im normalen Zustand gegen Erde $2 K_{11}$ ist, ist die Spule mit dem gesunden Netz in Resonanz in bezug auf eine Spannung, die dann von O gegen Erde gerichtet ist (z. B. Unsymmetriespannung). Um gefährliche Spannungen aus diesem Grunde auszuschließen, sättigt man das Eisen, auf das sie gewickelt ist, so daß sie sich bei großen Strömen selbst verstimmt, oder man verstimmt die Spule von vornherein (Dissonanzspule, JONAS), was bis zu einem gewissen Grade der Erdstromkompensation noch nicht schadet.

14. Influenzierung von Schwachstromleitungen. Als einfachster Fall sei angenommen, daß parallel zu einer Starkstromleitung eine isolierte Schwachstromleitung laufe (Abb. 22). Dann gilt nach Gleichung (1)

$$Q_s = 0 = U_s K_{ss} + K_{s_1}(U_s - U_1) + K_{s_2}(U_s - U_2) .$$

Daraus folgt

$$U_s = \frac{U_1 K_{s_1} + U_2 K_{s_2}}{K_{ss} + K_{s_1} + K_{s_2}} \tag{21}$$

als influenzierte Spannung in dieser Leitung. Im normalen Betrieb ist $U_1 \approx - U_2$ und $K_{s_1} \approx K_{s_2}$, so daß diese Spannung relativ gering ist, wenn die

Schwachstromleitung nicht zu nahe der Hochspannungsleitung ist. Hat diese aber Erdschluß, z. B. $U_2 = 0$, so ist

$$U_s = U_1 \frac{K_{s_1}}{K_{ss} + K_{s_1} + K_{s_1}}. \tag{22}$$

Wenn U_1 genügend groß ist, kann U_s so hoch werden, daß Lebensgefahr bei Berühren dieser Leitung vorhanden ist, zum mindesten sehr unangenehme Störgeräusche z. B. im Telephon entstehen. Ist eine Drehstromleitung im neutralen Punkt der Stromerzeuger geerdet, so können auch im normalen Betrieb in einer Schwachstromleitung Spannungen nach Gleichung (22) influenziert werden durch die dreifache Oberschwingung der Spannung, die in allen 3 Drähten gleichphasig verläuft, und einen Strom durch die Kapazität dieser Drähte in die Erde sendet, der durch den Erdungspunkt sich schließt. Solche Wellen können erzeugt werden durch starke Eisensättigung der Transformatoren oder durch Koronaströme der Leitung bei feuchtem Wetter. Die influenzierte Spannung nimmt quadratisch mit dem Abstand ab und ist der Höhe der Hochspannungsleitung proportional.

Maßnahmen gegen die Erscheinungen sind häufiges Verdrillen der Hochspannungsleitung, damit K_{s_1} und K_{s_2} möglichst gleich werden, Betrieb der Schwachstromleitungen als Doppelleitungen, evtl. Erdung an mehreren Stellen über Spulen, die die höherfrequenten Telephonströme nicht durchlassen, wohl aber niederfrequente der Starkstromfrequenz. Bei Erdschluß einer betriebsmäßig geerdeten Anlage müßte sofort abgeschaltet werden, wenn die Schwachstromleitung nicht sehr weit von der Hochspannungsleitung liegt. Die durch die Ströme induzierten Wirkungen in der Schwachstromleitung, auch in Kabeln, lassen sich durch Anordnung dieser als Doppelleitung und Verdrillen sehr verkleinern. Die Spannungen gegen Erde, welche durch die Erdströme induziert werden kann, kann man durch ein gut und häufig geerdetes Schutzseil, evtl. durch eine leitende geerdete Umhüllung verringern. Solche Leiter saugen den Strom aus der Erde in sich, infolge ihrer guten Leitfähigkeit vermindern sie das Feld und erzeugen durch ihren eigenen Strom ein Gegenfeld.

15. Erdseil. Auf seiner Kapazitätswirkung beruht auch die Schutzwirkung des Erdseils, eines nah der Leitung geführten Drahtes, der an vielen Punkten möglichst widerstandsfrei geerdet ist. Entsteht nach und nach ein Gewitter über der Starkstromleitung, so wird auf der Leitung, die stets über hochohmige Widerstände oder Spulen mit hoher Induktivität mit Erde verbunden ist, eine Ladung influenziert. Entlädt sich die Gewitterwolke sehr rasch durch einen Blitz, so wird diese Ladung frei, kann nicht sofort abfließen, und kann der Leitung eine sehr hohe Spannung gegen Erde erteilen (bis 200 kV und mehr). Durch das Erdseil, das infolge seiner guten und häufigen Erdverbindung keine Spannung gegen Erde annimmt, wird die Kapazität der Leitung „gegen Erde" vergrößert, und die maximale entstehende Spannung kann bis um 30 bis 40% vermindert werden und damit die Gefahr einer Isolatorenüberschlags und Erdschlusses.

c) Corona.

16. Überschreitet die Spannung an einer Leitung eine gewisse kritische Grenze, so beginnen Glimmentladungen an der Leitung, die mit Leistungsverlusten verbunden sind. Die maximale Feldstärke an der Drahtoberfläche ist bei zwei relativ zum Querschnitt weit entfernten Drähten ohne Einfluß der Erde

$$\mathfrak{E}_m = \frac{U}{2r \ln \frac{d}{r}}, \tag{23}$$

und für eine symmetrische Drehstromleitung

$$\mathfrak{E}_m = \frac{U}{\sqrt{3}\, r \ln \frac{d}{r}}, \tag{24}$$

wenn U die Spannung zwischen den Drähten bedeutet.

Aus einem sehr umfangreichen Versuchsmaterial gibt F. W. PEEK[1]) als Größe des Verlustes eines Drahtes an

$$V = \frac{241}{\delta}(f + 25)\sqrt{\frac{r + \frac{6}{D} + 0{,}04}{D}}\,(U - U_k)^2 \cdot 10^{-5}\ \text{kW/km}.$$

wobei f die Frequenz, r der Drahtradius, D der Drahtabstand ist. U ist die effektive Spannung gegen den neutralen Mittelpunkt des Systems (also bei Einphasenanlagen die halbe, bei Drehstromanlagen $1/\sqrt{3}$ der Leitungsspannung). δ ist die relative Luftdichte, die für 76 cm Druck und 25 °C gleich 1 gesetzt ist. Ferner ist

$$U_k = E_k\, r\, m \ln \frac{D}{r} \tag{26}$$

$$E_k = 21{,}1\,\delta\left[1 + \frac{0{,}3}{\sqrt{\delta r}}\,\frac{1}{(1 + 230 r^2)}\right]. \tag{27}$$

m berücksichtigt die Oberfläche der Drähte. Es ist

$m = 1$ für polierte Drähte.
$= 0{,}98$—$0{,}93$ für verwitterte rauhe Drähte.
$= 0{,}87$—$0{,}83$ für ein siebendrähtiges Seil.

Schlechtes Wetter und Sturm können U_k um 20% herabsetzen.

Auf Grund theoretischer Überlegung über die Ionenwanderung hat R. HOLM[2]) eine einfache und wie die Versuche zeigen, noch genauere Formel abgeleitet. Der Verlust einer Doppelleitung aus zwei Drähten ist

$$V = \frac{1{,}64}{9 \cdot 10^3}\, f\, U_{\text{eff}}\,(U_{\text{eff}} - U_0)\left(\frac{1}{\ln \frac{D}{L}} - \frac{1}{\ln \frac{D}{r}}\right)\text{kW/km}. \tag{28}$$

U_{eff} bedeutet die effektive Spannung zwischen beiden Leitungen. $U_0\sqrt{2}$ die Spannung, bei welcher der elektrische Durchbruch der Luft (Zündspannung der Corona) um die Drähte herum beginnt

$$U_0 = 42{,}2\, r\,\delta \ln \frac{D}{r}\left(1 + \frac{0{,}3}{\sqrt{\delta r}}\right). \tag{29}$$

L ist der mittlere Abstand der Ionenladungen in der Luft von den Drahtachsen.

$$L^2 = \frac{3\, U_{\text{eff}} \cdot 10^3}{2\sqrt{2} \ln \frac{D}{r}} \cdot \frac{\alpha}{\pi f} \tag{30}$$

wo

$$\cos\alpha = \frac{U_0}{U_{\text{eff}}}. \tag{31}$$

Bei Drehstrom liegen die Verhältnisse komplizierter, da die Raumladungen um die Drähte herum nicht gleichphasig auftreten. Es ergibt sich für symmetrische Leiteranordnung im gleichseitigen Dreieck ohne Einfluß der Erde der ganze Verlust

$$V_D = 6\,V, \tag{32}$$

[1]) F. W. PEEK, Dielectric. Phenomena, S. 142.

[2]) R. HOLM, Wiss. Veröfftl. des Siemens-Konzerns Bd. IV, S. 14.

wenn V nach Gleichung (28) berechnet wird, wo aber statt U_0 nur $U_0/2$ zu setzen ist, und U_{eff} die Phasenspannung gegen Erde bedeutet.

Auf Grund ähnlicher Überlegungen kommen HESSELMEYER u. KOSTKO[1]) für einen Draht in einem Zylinder zu der Formel des Verlustes je Periode

$$V = 4\,C\,U_0\,(U - U_0)\left(\frac{C'}{C} - 1\right). \tag{33}$$

U bedeutet den Maximalwert der Spannung, U_0 den Wert bei dem die Korona einsetzt. C ist die Kapazität Draht-Zylinder, C' die Kapazität Raumladung — äußerer Zylinder.

$$U_0 = r \ln \frac{R}{r} \cdot \delta\left(31 + \frac{9{,}55}{\sqrt{\delta r}}\right)\,\text{kW}. \tag{34}$$

Wird der Draht mit einen relativ engen isolierten Zylinder umgeben, an den sich die gleichnamigen elektrischen Träger, die vom Draht aus gehen, sofort anlagern, so wird der Verlust bedeutend geringer. Die „Hysteresisschleife" zwischen Spannung und Ladung des äußeren Zylinders wird dann der Theorie entsprechend ein schräg liegendes Parallelogramm. Je enger dieser Zylinder ist, desto geringer werden die Unterschiede bei verschiedenen Frequenzen.

d) Schalter.

17. Das Ausschalten von Strömen bei hohen Spannungen kann nicht mehr durch Luftschalter geschehen, da die Lichtbogen zu lang werden. Der ganze Schalter wird in Öl gesetzt, das infolge seiner hohen Isolationskraft und seiner kühlenden Wirkung den Lichtbogen rascher zum Erlöschen bringt. Man sucht immer möglichst rasch zu schalten, im Gegensatz zu Gleichstrom, da erfahrungsgemäß der Strom immer noch einige Wechselstromperioden nach Beginn des Schaltens durch Rückzündungen des Bogens weiterdauert und da er im natürlichen Nulldurchgang des Stroms erlischt. Die magnetische Energie des Strom kreises wird beim Wechselstromschalten an die Stromquelle zurückgegeben. Es ist keine wesentliche Überspannungsgefahr vorhanden. Je länger der Vorgang dauert, desto mehr Wärme und Gase entwickelt der Bogen im Öl. Die Gase sind explosibel und können bei Zutritt von Luft zu schweren Explosionen führen. Um die Wärmeentwicklung im Bogen zu verringern, führt man Mehrfachunterbrechung bis zu 8 — 10 Kontakten aus. Die starke mechanische Stoßwirkung beim plötzlichen Entstehen der Gasblasen sucht man durch starke Wände des Ölkessels aufzunehmen (druckfeste Schalter). Oder man nützt den hohen entstehenden Druck zum Löschen des Bogens aus, indem die Kontakte in eine kleine isolierte druckfeste Kammer (bis 30 Atm. Druck) eingeschlossen werden, die der Ausschaltekontakt in Form eines Stiftes durch eine enge Öffnung verläßt (Löschkammerschalter der AEG).

Am leichtesten ist das Ausschalten induktionsfreier Belastung, weil dann Strom und Spannung gleichzeitig durch Null gehen. Bei induktiver Last (Kurzschluß) dauert der Vorgang länger. Man schaltet nicht mehr als etwa 50000 Amp., da sonst die elektrodynamischen Kräfte auf die Schaltertraverse so groß werden, daß die Mechanismen versagen. Zur Begrenzung der größten Kurzschlußströme werden in den Zentralen eisenlose Drosselspulen eingebaut.

Zusammenfassende Literatur.

F. W. PEEK, Dielektric Phenomena in High-Voltage Engineering; R. RÜDENBERG, Elektrische Schaltvorgänge.

[1]) C. T. HESSELMEYER u. J. K. KOSTKO, Journ. Amer. Inst. Electr. Eng. Bd. 44, S. 1068. 1925.

Kapitel 9.

Überströme und Überspannungen.

Von

A. FRAENCKEL, Berlin.

Mit 54 Abbildungen.

1. Wesen der Überströme und Überspannungen. Beim Betrieb elektrischer Starkstromanlagen treten zahlreiche Vorgänge auf, bei denen Strom und Spannung dauernd oder vorübergehend weit über die Werte des regulären Dauerbetriebs ansteigen und zu Betriebsstörungen und zu Zerstörungen von Teilen der Anlage führen. Diese Erscheinungen, die zusammenfassend als Überströme und Überspannungen bezeichnet werden, knüpfen sich an Zustandsänderungen des elektromagnetischen Feldes der Stromkreise. Sie entstehen als Folge von sog. Schaltvorgängen irgendwelcher Art, die entweder beabsichtigt, bei der Betätigung der dafür vorhandenen Schalter und Regler eingeleitet werden, oder unbeabsichtigt, bei Erdschlüssen, Kurzschlüssen, durch atmosphärische Einflüsse und andere Ursachen auftreten. Bei jeder Zustandsänderung in einem elektrischen Stromkreis werden Ausgleichsvorgänge der mit ihm verbundenen Energien ausgelöst, die um so stärker in die Erscheinung treten, je größer die übertragenen Energien, je höher die Übertragungsspannungen und je größer die Ausdehnung der Leitungsnetze sind.

a) Magnetische Ausgleichsvorgänge in elektrischen Maschinen.

2. Allgemeines über magnetische Ausgleichsvorgänge. Die meisten Überströme entstehen durch Ausgleichsvorgänge des magnetischen Feldes in elektrischen Maschinen und Transformatoren. Dort ist die Energiedichte am größten von allen Teilen der Anlage. Jede Änderung der Spannung hängt zusammen mit einer Änderung des magnetischen Flusses und der mit ihm verbundenen Energie. Bei einer plötzlichen Spannungsänderung bedarf es einer Übergangszeit, in der die dem neuen Zustand entsprechende Energie des magnetischen Feldes aufgespeichert wird. Der hierbei auftretende Ausgleichsvorgang erscheint um so ausgeprägter, je größer die Spannungsänderung ist; Grenzfälle sind das Einschalten, wobei die Spannung sich plötzlich von Null auf den vollen Wert ändert, und das Kurzschließen einer Wicklung, wobei die Spannung plötzlich vom vollen Wert auf Null fällt. Diese Grenzfälle sollen hier im Hinblick auf ihre Bedeutung für die elektrischen Anlagen besprochen werden.

3. Das Einschalten einer Spule. Für eine einfache Spule, die an eine Stromquelle von der Spannung u angeschlossen wird, ist nach dem Induktionsgesetz

$$R\,i - u = -\frac{d\Psi}{dt}, \tag{1}$$

R ist der OHMsche Widerstand, Ψ der Spulenfluß (= Summe der Windungsflüsse), i der Strom, t die Zeit. Besteht Proportionalität zwischen Strom und Fluß, so wird

$$\Psi = L\,i \tag{2}$$

gesetzt, worin L die Induktivität der Spule ist. Hiermit wird

$$\frac{d\Psi}{dt} + \frac{R}{L}\Psi = u\,, \tag{1a}$$

und für eine konstante (Gleich-)Spannung, $u = U$,

$$\Psi = \frac{U}{R}L + \Psi_a e^{-\frac{R}{L}t}\,. \tag{3}$$

Das erste Glied ist der stationäre Fluß, das zweite ein „Ausgleichsfluß", der sich dem stationären im Schaltaugenblick $t = 0$ überlagert und nach Maßgabe der „Zeitkonstanten" der Spule, $T = L/R$, ausklingt. Sein Anfangswert Ψ_a ist durch die Kontinuität bestimmt, da die Summe aus stationärem und Ausgleichsfluß im Schaltaugenblick ($t = 0$) den bis dahin bestehenden Fluß ergeben. War Ψ Null, so wird $\Psi_a = -U\frac{L}{R}$. Für den nach (2) proportionalen Strom gilt genau das gleiche. Solch ein Ausgleichsfluß und Ausgleichsstrom überlagert sich bei jedem Schaltvorgang unabhängig von der Art der geschalteten Spannung. Er erscheint als Lösung der Gleichung (1a) für $u = 0$, deren partikuläre Lösung der stationäre Wert ist.

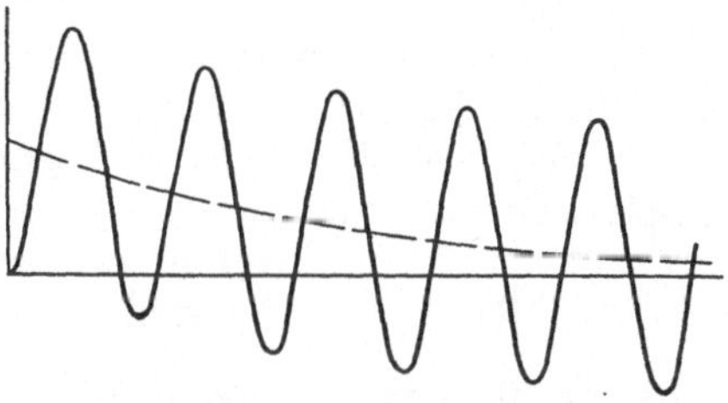

Abb. 1. Einschaltvorgang beim Schalten im Nulldurchgang der Spannung.

Ist u eine Wechselspannung von der Kreisfrequenz ω,

$$u = U_m \sin(\omega t + \alpha)\,, \tag{4}$$

so schwingt auch der stationäre Fluß mit der gleichen Frequenz

$$\Psi = \Psi_m \sin(\omega t + \varphi)\,. \tag{5}$$

Die Amplitude ist

$$\Psi_m = \frac{U_m}{\omega}\,\frac{1}{\sqrt{1 + \left(\frac{R}{\omega L}\right)^2}} \tag{6}$$

und die Phasenverspätung gegen die Spannung

$$\alpha - \varphi = \operatorname{arc\,tg}\frac{\omega L}{R}\,. \tag{7}$$

Der Anfangswert des Ausgleichsflusses

$$\Psi_a = -\Psi_m \sin\varphi \tag{8}$$

hängt nun von der Phase im Schaltaugenblick ab: er bleibt ganz aus, wenn $\varphi = 0$ ist, d. h. wenn im Augenblick des Nulldurchgangs des stationären Flusses geschaltet wird. Der größte Anfangswert ist die Amplitude Ψ_m. Bei diesem zeigen der resultierende Fluß und Strom nach Abb. 1 eine ganz einseitige Verlagerung beim Einschwingen. Bei kleinem Widerstand erreichen sie $^1/_2$ Periode, nach dem Einschalten nahezu die doppelte stationäre Amplitude. Dieser ungünstigste Fall entspricht stets dem Einschalten beim Nulldurchgang der Spannung.

4. Stromstoß beim Einschalten von unbelasteten Transformatoren und Motoren. Die primäre Wicklung eines Transformators oder eines Motors ist eine

Spule, deren Fluß zum größten Teil in Eisen verläuft. Die Proportionalität (2) gilt hier nicht mehr, die Rechnung versagt. Stets ist aber R sehr klein, und nach (6) ist sehr angenähert $\Psi_m \cong U_m/\omega$, und nach (7) $\alpha - \varphi \cong 90°$. Beim Einschalten beim Nulldurchgang der Spannung, $\alpha = 0$, wird $\varphi = -90°$, der Fluß soll seine Amplitude haben, er ist aber Null oder gleich einem remanenten Fluß, der ungünstigsten Falls entgegengerichtet ist. Der Ausgleichsfluß ist dann gleich der Summe von Amplitude des stationären und remanentem Fluß, und da er langsam abklingt, steigt der resultierende Fluß in der ersten Halbperiode auf die doppelte

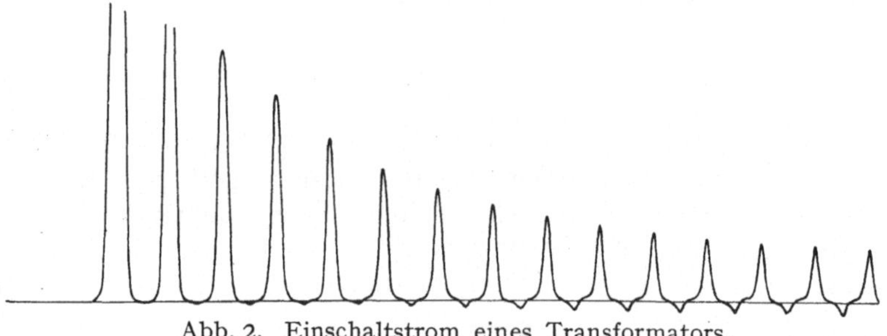

Abb. 2. Einschaltstrom eines Transformators.

Amplitude des stationären, vermehrt um den remanenten Fluß. Infolge der gekrümmten Magnetisierungskurve des Eisens entsteht dabei ein sehr großer Strom. Ist der Eisenkern so bemessen, daß beim stationären Zustand die Amplitude der Induktion etwa 14000 Gauß beträgt, so kann sie im ungünstigsten Fall auf etwa 30000 steigen. Hierzu gehört die 100fache Amplitude des Stromes. Nun ist der Magnetisierungsstrom eines Transformators nur etwa 5 bis 10% des Vollaststromes, der Schaltstoß beträgt gleichwohl ein Vielfaches des Vollaststromes und er klingt, wie das Oszillogramm Abb. 2 zeigt, nur langsam ab. Der hohe Überstrom und das große dabei in 1/100 sec sich ausbildende Streufeld ergeben dynamische Kräfte, die wie ein Hammerschlag auf die Wicklung wirken. Bei einseitiger Lage gegen den Eisenkern sucht sie sich mit einem heftigen Ruck in die Symmetrielage zu stellen, der den Eindruck erweckt, als ob der Transformator hüpfen will, und der die Isolierstoffe mechanisch heftig beansprucht. Daher muß die Spule in vollkommen symmetrischer Lage zum Kern gehalten sein. Aber auch für die Umgebung ist der Stromstoß äußerst störend. An einer längeren Leitung ergibt sich ein plötzlicher Spannungsabfall, der in anderen, schon in Betrieb befindlichen Transformatoren Ausgleichsflüsse und Sättigungsstromstöße auslöst. Man beobachtet mitunter, daß beim Einschalten eines Transformators nicht nur sein Überstromschalter sofort wieder auslöst, sondern auch die von parallelgeschalteten im Betrieb befindlichen Transformatoren.

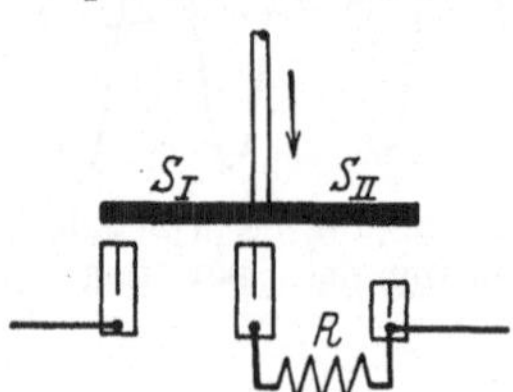

Abb. 3. Stufenschalter.

Das Mittel zur Milderung des Schaltstoßes ist die Erhöhung der Widerstandsdämpfung in den ersten Perioden mittels eines Stufenschalters Abb. 3. Zuerst schaltet Kontakt S_1 den Stromkreis über den Widerstand R ein, darauf schließt Kontakt S_2 den Widerstand kurz.

Beim Dreiphasentransformator bestehen drei Flüsse, die den drei Spannungen entsprechend mit einem Phasenunterschied von $^1/_3$ Periode gegeneinander schwingen. Es hängt hier vom Zufall ab, welchen der drei Kerne der ungünstigste Schaltaugenblick betrifft. Der Vorgang ist im übrigen entsprechend.

Beim Dreiphasenmotor bilden die drei Wechselflüsse ein mit konstanter Drehzahl umlaufendes Drehfeld von nahezu konstanter Stärke, es legt in einer Periode zwei Polteilungen am Ankerumfang zurück. Im Schaltaugenblick soll es irgendeine Lage im Anker haben, z. B. Φ in Abb. 4. Es ist aber Null, d. h. es entsteht ein entgegengerichteter Ausgleichsfluß von gleicher Größe. Während dieser seine räumliche Lage beibehält, wandert das erzwungene Drehfeld und gelangt nach $^1/_2$ Periode in die gleiche Lage wie Φ_a. Sie ergänzen sich hier, abgesehen von der Dämpfung, zum doppelten stationären Fluß. Jener Wicklungsstrang erfährt den größten Stromstoß, in dessen Achse Φ_a liegt. Infolge der größeren Widerstandsdämpfung ist die Erscheinung beim Motor weniger heftig, größere Motoren verlangen jedoch zuweilen die Verwendung eines Stufenschalters.

5. Schaltvorgänge bei magnetisch verketteten Stromkreisen. Ist ein Transformator sekundär belastet, so wirken die Belastungswiderstände im allgemeinen dämpfend auf die Ausgleichsvorgänge. Sind sie aber klein oder gar Null, wie bei in sich kurzgeschlossener Sekundärwicklung, so werden die Erscheinungen beherrscht von dem Abbau des Induktionsflusses im Kern und der Ausbildung der Streuflüsse.

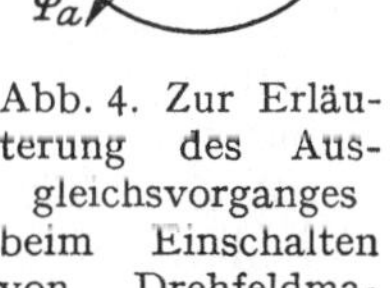

Abb. 4. Zur Erläuterung des Ausgleichsvorganges beim Einschalten von Drehfeldmaschinen.

6. Der Kurzschluß eines Transformators. Die allgemeinen Gleichungen des Transformators sind

$$U_m \sin(\omega t + \psi) = R_1 J_1 + L_1 \frac{dJ_1}{dt} + M \frac{dJ_2}{dt}. \tag{9}$$

$$0 = U_2 + R_2 J_2 + L_2 \frac{dJ_2}{dt} + M \frac{dJ_1}{dt}. \tag{10}$$

J_1, J_2 sind die Ströme, L_1, L_2 die Induktivitäten, R_1 R_2 die Widerstände, M die Wechselinduktivität beider Wicklungen. Bei kurzgeschlossener Sekundärwicklung ist $U_2 = 0$, und, da die Wicklungen gleichartig sind, kann man auf gleiche Windungszahlen bezogen, $L_1 = L_2 = L$ und $R_1 = R_2 = R$ setzen.

7. Der stationäre Kurzschlußstrom. Im stationären Zustand besteht in jeder Wicklung ein Wechselstrom von der Kreisfrequenz ω der primären Spannung. Für die Effektivwerte gilt (mit $d/dt = j\omega$) nach (9) und (10)

$$U = R J_1 + j\omega L J_1 + j\omega M J_2. \tag{11}$$

$$0 = R J_2 + j\omega L J_2 + j\omega M J_1. \tag{12}$$

Unter Vernachlässigung der Widerstände, die stets klein sind, werden die stationären Kurzschlußströme

$$J_{1k} = \frac{U}{j\omega L\left(1 - \frac{M^2}{L^2}\right)}. \tag{13}$$

$$J_{2k} = -J_{1k}\frac{M}{L}. \tag{14}$$

Der gemeinsame Hauptfluß im Eisenkern ist stets proportional $(J_1 + J_2)M$, somit nach (13) und (14) $\frac{UM}{j\omega(L+M)}$, während er bei Leerlauf ($J_2 = 0$) nach (11) $\frac{UM}{j\omega L}$ ist. Infolge der engen Kopplung ist M nur wenig kleiner als L. Daher ist der gemeinsame Fluß im Eisenkern bei Kurzschluß etwa halb so groß wie bei Leerlauf (und auch bei Vollast, da der Spannungsabfall von Leerlauf bis Vollast gering ist). Nun ist bei Kurzschluß der resultierende Spulenfluß der in sich geschlossenen

Sekundärwicklung Null. Ihr Kurzschlußstrom erregt einen Streufluß, dessen Verkettungen $J_{2k}(L\text{-}M)$ entgegengesetzt gleich denen des verbliebenen Hauptflusses sind. Der wenig größere primäre Kurzschlußstrom erregt seinerseits einen Streufluß, dessen Verkettungen zusammen mit denen des verbliebenen Hauptflusses der eingeprägten primären Spannung entsprechen. Im eisenfreien Raum zwischen den beiden Spulen sind die Streuflüsse gleichgerichtet und der resultierende Streufluß ist hier gleich dem Hauptfluß des unbelasteten Transformators.

Der Kurzschlußstrom ergibt sich nach (13) aus der Spannung und der Induktivität $L(1-M^2/L^2) = L \cdot \sigma = S_t$, die als Streuinduktivität des Transformators bezeichnet wird. σ ist der Streukoeffizient, bestimmt durch das Verhältnis des Leerlaufstromes zum Kurzschlußstrom. Da die Streufelder auch bei Belastung bestehen und einen induktiven Spannungsabfall verursachen, werden sie klein gehalten. Für den Vollaststrom J_v ist die Streuspannung

$$J_v \omega S_t = U_s, \tag{15}$$

nach (13) ist

$$J_{1k} \omega S_t = U, \tag{16}$$

daher verhält sich

$$J_{1k} : J_v = U : U_s, \tag{17}$$

der Kurzschlußstrom verhält sich zum Vollaststrom wie die Klemmenspannung zur Streuspannung. Ist diese z. B. 4% von jener, dann ist der Kurzschlußstrom 25 mal so groß wie der Vollaststrom.

8. Der plötzliche Kurzschlußstrom des Transformators. Entsteht an den sekundären Klemmen des Transformators ein Kurzschluß, so spielen sich somit zwei Ausgleichsvorgänge ab: der Hauptfluß im Eisen sinkt auf etwa die Hälfte und es bilden sich die Streuflüsse des stationären Kurzschlusses aus. Die Ausgleichsströme i_1 und i_2, die sich den stationären Kurzschlußströmen überlagern, erfüllen die Gleichungen

$$L \frac{di_1}{dt} + M \frac{di_2}{dt} + R i_1 = 0, \tag{18}$$

$$L \frac{di_2}{dt} + M \frac{di_1}{dt} + R i_2 = 0. \tag{19}$$

Da der gemeinsame Fluß von der Summe beider Ströme erregt wird, ergibt sich für den ersten Ausgleichsvorgang durch Addition

$$(L + M) \frac{d(i_1 + i_2)}{dt} + R(i_1 + i_2) = 0,$$

$$i_1 + i_2 = K_h e^{-\frac{R}{L+M} t}, \tag{20}$$

während die Differenz den Ausgleichsvorgang der Streufelder beschreibt:

$$(L - M) \frac{d(i_1 - i_2)}{dt} + R(i_1 - i_2) = 0,$$

$$i_1 - i_2 = K_s e^{-\frac{R}{L-M} t}. \tag{21}$$

Der erste Vorgang klingt langsam aus entsprechend der großen Zeitkonstante $(L + M)/R$, der zweite schnell mit der Zeitkonstante $(L - M)/R$.

Die Konstanten K ergeben sich aus den Grenzbedingungen. War der Transformator vor dem Kurzschluß unbelastet, so war der primäre Strom der Magnetisierungsstrom J_0, der sekundäre Null. J_0 und der Kurzschlußstrom haben als Blindströme die gleiche Phase ψ, daher ist für $t=0$

$$\sqrt{2}\,J_0\cos\psi = \sqrt{2}J_{1k}\cos\psi + \tfrac{1}{2}(K_h + K_s)\,, \tag{22}$$

$$0 = \sqrt{2}J_{2k}\cos\psi + \tfrac{1}{2}(K_h - K_s)\,, \tag{23}$$

und da

$$J_{2k} = -\,J_{1k}\frac{M}{L}, \qquad J_0 = \sigma\cdot J_{1k} = J_{1k}\left(1-\frac{M^2}{L^2}\right),$$

wird

$$K_h = \sqrt{2}\,J_0\cos\psi\left(\frac{M}{L+M}\right) \cong \tfrac{1}{2}\sqrt{2}J_0\cos\psi\,, \tag{24}$$

$$K_s = \sqrt{2}\,J_{1k}\frac{M}{L}\left(1+\frac{M}{L}\right)\cos\psi \cong 2\sqrt{2}J_{2k}\cos\psi\,. \tag{25}$$

Der Verlauf der Ströme ist daher

$$\sqrt{2}\,J_{1k}\left(\cos(\omega t+\psi) - \frac{M}{L}\cos\psi\cdot e^{-\frac{R}{L-M}t}\right) + \tfrac{1}{4}\sqrt{2}\,J_0\cos\psi\, e^{-\frac{R}{L+M}t}, \tag{26}$$

$$\sqrt{2}\,J_{2k}\left(\cos(\omega t+\psi) - \quad \cos\psi\cdot e^{\frac{R}{L-M}t}\right) + \tfrac{1}{4}\sqrt{2}\,J_0\cos\psi\, e^{\frac{R}{L+M}t}. \tag{27}$$

Der ungünstigste Schaltaugenblick ist $\psi = 0$, bei der Amplitude des stationären Kurzschlußstromes; nach $^1/_2$ Periode ergeben die ersten beiden Glieder, abgesehen von der Dämpfung, die doppelte Amplitude, das dritte Glied stellt den beiden Wicklungen gemeinsamen Anteil am Magnetisierungsstrom dar, es ist gegen die ersten verschwindend.

Der erste Stromstoß, der fast den doppelten Kurzschlußstrom erreicht, ergibt riesige dynamische Beanspruchungen der Wicklungen, sie bilden die Grundlage für die Konstruktion moderner Transformatoren. Nach Ziff. 7 ist bei 4% Streuspannung der stationäre Kurzschlußstrom der 25fache Vollaststrom, der plötzliche Kurzschlußstrom somit der 50fache. Die Kräfte sind leicht abzuschätzen. Zwischen zwei konzentrischen zylindrischen Spulen mit dem Strombelag A Amp./cm ist die Dichte des Streufeldes annähernd $0{,}4\,\pi\,A$ Gauß und der Druck auf die Wicklungen

$$p = \frac{2\pi}{g}A^2\,10^{-7}\,\text{kg/cm}^2.$$

Bei größeren Transformatoren ist beim effektiven Vollaststrom $A = 500$ Amp./cm, der Druck im Mittel 16 g/cm² oder bei der Amplitude 32 g/cm². Für den 50mal so großen plötzlichen Kurzschlußstrom ergibt sich der 2500fache Betrag, d. h. 80 kg/cm². Diese radiale Druckkraft sucht die Spulen zu sprengen, rechteckige Spulen rund zu biegen. Man verwendet daher ausschließlich runde Spulen. Aber auch erhebliche axiale Kräfte treten bei unsymmetrischer axialer Lage der Spulen auf. Sie ist daher sorgfältig zu vermeiden; müssen Windungen abschaltbar sein, so sind sie auf die Länge gleichmäßig zu verteilen. Abb. 5 zeigt das Bild eines Transformators mit kräftigen Versteifungen und federnder Ringabstützung zur Aufnahme axialer Kurzschlußkräfte.

Ähnliche Erscheinungen, wenn auch weniger heftig, treten stets auf, beim Schalten einer Spule, mit der eine in sich geschlossene eng gekoppelt ist. Beim Anlassen eines Induktionsmotors mit Käfiganker entsteht ungünstigstenfalls die doppelte Amplitude des Kurzschlußstromes. Hier ist die Streuspannung freilich etwa 20%, die Wirkung daher weniger stark.

Die Betrachtung setzte voraus, daß die primäre Spannung am Transformator beim Kurzschluß unverändert bleibt. Dies hängt von der Ergiebigkeit der Stromquelle ab. Daher sei zunächst betrachtet:

Abb. 5. Transformator mit federnder Ringabstützung (BBC).

9. Der Kurzschlußstrom der Synchronmaschine. Allgemeines. Bei der Synchronmaschine stehen wieder zwei eng gekoppelte Wicklungen in Wechselwirkung, die mit Gleichstrom erregte Feldwicklung des Magnetsystems und die Ankerwicklung, ihre Wechselinduktion ist aber infolge der relativen Bewegung periodisch veränderlich. Der Kurzschluß kann zwei- oder mehrpolig sein, man unterscheidet den einphasigen und den mehrphasigen Kurzschluß.

10. Stationärer einphasiger Kurzschluß. Sind L_1, L_2 die Induktivitäten, R_1, R_2 die Widerstände der Feld- und der Ankerwicklung, $M = M_0 \cos\alpha = M_0 \cos(\omega t + \alpha_0)$ die Wechselinduktivität, J_g der Erregergleichstrom, s. Abb. 6, so ist

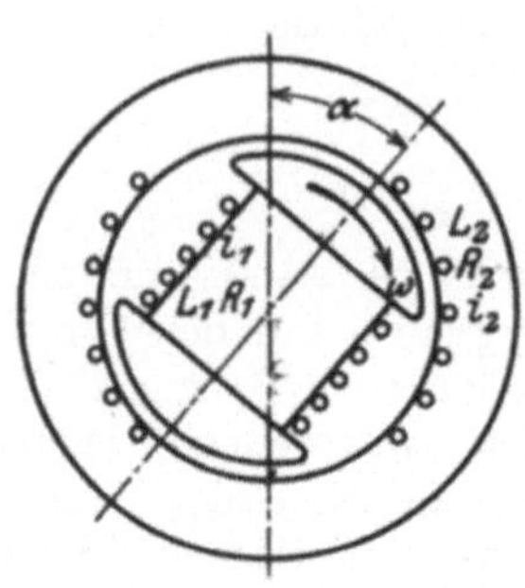

Abb. 6. Einphasengenerator.

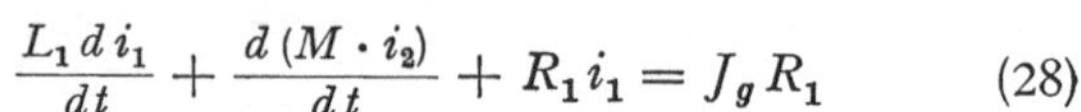

$$\frac{L_1 d i_1}{dt} + \frac{d(M \cdot i_2)}{dt} + R_1 i_1 = J_g R_1 \tag{28}$$

$$\frac{L_2 d i_2}{dt} + \frac{d(M \cdot i_1)}{dt} + R_2 i_2 = 0. \tag{29}$$

Die Ströme sind hier keine Sinusströme; eine sehr angenäherte Lösung erhält man bei Vernachlässigung der stets sehr kleinen Widerstände. Dann sagt die zweite Gleichung, daß in der kurzgeschlossenen Ankerwicklung der resultierende Spulenfluß konstant und im stationären Zustand Null ist. In der Erregerwicklung ist er nicht Null, er werde gleich $i' L_1$ gesetzt, wobei i' so zu bestimmen ist, daß der Mittelwert des Stromes i_1 der Feldwicklung gleich dem Erregergleichstrom J_g ist. Daher ist

$$L_1 i_1 + i_2 M_0 \cos\omega t = i' L_1, \tag{28a}$$

$$L_2 i_2 + i_1 M_0 \cos\omega t = 0 \tag{29a}$$

und

$$i_1 = i' \frac{1}{1 - \frac{M_0^2}{L_1 L_2}\cos^2\omega t}. \tag{30}$$

Da $\frac{2}{\pi}\int\limits_0^{\frac{\pi}{2}} i_1\, dt = J_g$ sein soll, wird

$$i' = J_g \sqrt{1 - \frac{M_0^2}{L_1 L_2}} = J_g\sqrt{\sigma}. \tag{31}$$

$$\sigma = 1 - \frac{M_0^2}{L_1 L_2} \tag{32}$$

ist der gesamte Streukoeffizient der Maschine Die stationären Kurzschlußströme sind nun

$$i_{1k} = \frac{J_g\sqrt{\sigma}}{1-(1-\sigma)\cos^2\omega t}, \tag{33}$$

$$i_{2k} = -J_g\sqrt{\sigma}\,\frac{M_0}{L_2}\,\frac{\cos\omega t}{1-(1-\sigma)\cos^2\omega t}. \tag{34}$$

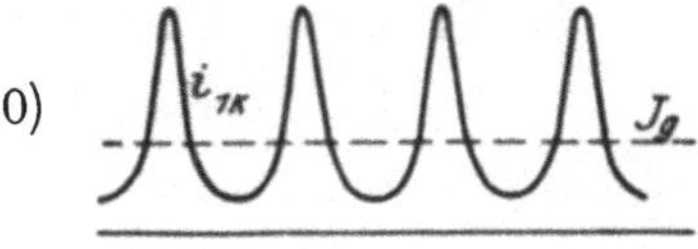

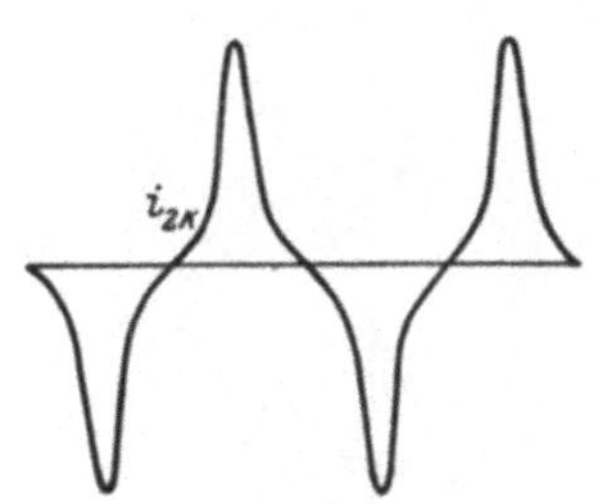

Abb. 7. Stationärer Kurzschlußstrom der Einphasenmaschine.

Der Verlauf der stark verzerrten Ströme ist in Abb. 7 für einen Streukoeffizienten $\sigma = 0{,}16$ dargestellt. Durch die einphasige Ankerrückwirkung wird der resultierende Fluß stark pulsierend. Dies erkennt man an der Spannung einer offenen Ankerwicklung, die gegen die kurzgeschlossene um $^1/_2$ Polteilung versetzt ist. Sie wird

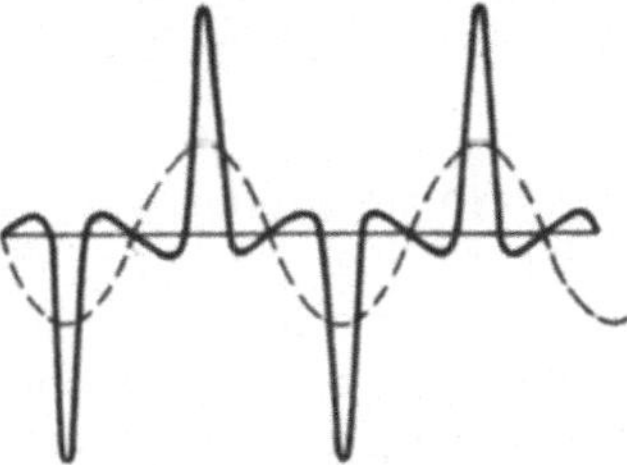

Abb. 8. Spannung der nicht kurzgeschlossenen Ankerspule.

$$-d\,\frac{M_0 \sin\omega t \cdot i_{1k}}{dt} = -\omega J_g M_0 \cos\omega t\sqrt{\sigma}\cdot\frac{\sigma-(1-\sigma)\sin^2\omega t}{[1-(1-\sigma)\cos^2\omega t]^2}. \tag{35}$$

Ihr Verlauf neben der Leerlaufspannung $-\omega M_0 J_g \cos\omega t$ ist in Abb. 8 dargestellt, sie zeigt eine Spitze, die bei $\omega t = 0$, π usf. eintritt und $1/\sqrt{\sigma}$ (d. h. für $\sigma = 0{,}16$ 2,5) mal so groß ist wie die Amplitude der Leerlaufspannung.

11. Wirkung der Dämpferwicklung. Die meisten Synchronmaschinen besitzen eine Dämpferwicklung im Feldsystem, die zunächst zum stabilen Parallelbetrieb dient, beim Kurzschluß aber auch die Feldschwankungen dämpft. Ihre Wirkung ist hierbei derart, daß sie der Ankerrückwirkung besonders in den Stellungen entgegenwirkt, in denen die Feldwicklung nicht mit dem Anker induktiv verkettet ist. Die ideale Dämpferwicklung ist ein rings um das Feldsystem verteilter Dämpferkäfig, den bei Turbogeneratoren die Nutenkeile mit den Wicklungskappen bilden. Für die Rechnung genügt es, sich nach Abb. 9 eine Dämpferwicklung zu denken, die mit der Erregerwicklung zusammen eine Zweiphasenwicklung bildet. Sie ist also gegen die Erregerwicklung um $^1/_2$ Polteilung räumlich versetzt, hat die gleiche Induktivität L_1 wie jene, die Gegeninduktivität zwischen beiden ist Null, gegen die Ankerwicklung sind die Gegeninduktivitäten $M_0 \cos\alpha$ und $M_0 \sin\alpha$.

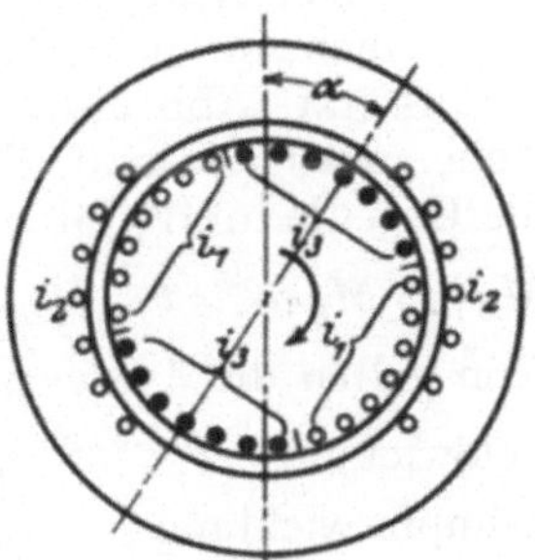

Abb. 9. Verteilte Erreger- und Dämpferwicklungen.

In der Erregerwicklung ist dann wie bei (28a)

$$L_1 i_1 + i_2 M_0 \cos\omega t = i' L_1, \tag{36}$$

ist i_3 der Strom der Dämpferwicklung, so gilt für die Ankerwicklung

$$i_2 L_2 + i_1 M_0 \cos\omega t + i_3 M_0 \sin\omega t = 0, \tag{37}$$

endlich ist in der Dämpferwicklung

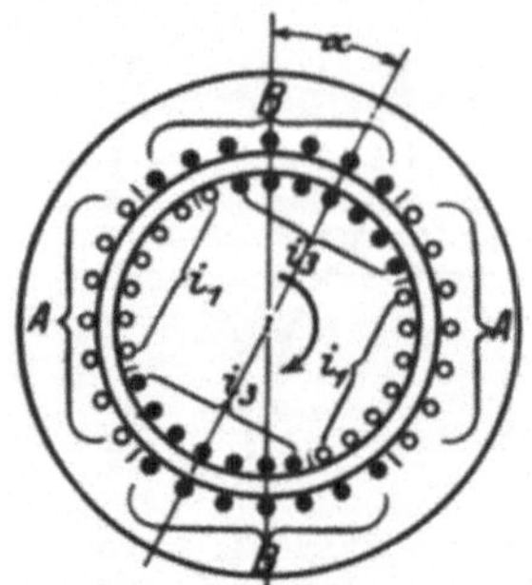

Abb. 10. Zweiphasen-Generator mit verteilten Erreger- und Dämpferwicklungen.

$$i_3 L_1 + i_2 M_0 \sin\omega t = 0. \tag{38}$$

Da wieder $\frac{2}{\pi}\int\limits_0^{\frac{\pi}{2}} i_1\, d\omega t = J_g$ sein muß, wird durch Auflösung

$$i' = J_g \frac{2\sigma}{1+\sigma} \tag{39}$$

und die Kurzschlußströme sind

$$i_{1k} = J_g\left[1 + \frac{1-\sigma}{1+\sigma}\cos 2\omega t\right], \tag{40}$$

$$i_{2k} = -J_g \frac{2}{1+\sigma}\frac{M_0}{L_2}\cos\omega t, \tag{41}$$

$$i_{3k} = J_g \frac{1-\sigma}{1+\sigma}\sin 2\omega t. \tag{42}$$

Der Strom im Anker ist nach (41) ein reiner Sinusstrom, in der Erregerwicklung überlagert sich nach (40) über den Gleichstrom ein doppeltfrequenter Wechselstrom, der mit dem in der Dämpferwicklung, Gleichung (42), zusammen einen Zweiphasenstrom ergibt, beide zusammen dämpfen das gegenläufige Drehfeld der einphasigen Ankerrückwirkung heraus. Der Fluß in der offenen Ankerspule ist nun

$$i_{1k} M_0 \sin\omega t - i_{3k} M_0 \cos\omega t$$

und daher die EMK

$$J_g \frac{2\sigma}{1+\sigma}\,\omega M_0 \sin\omega t,$$

also eine reine Sinusspannung, und nur noch $\frac{2\sigma}{1+\sigma}$ (d. h. für $\sigma = 0{,}16$ etwa 0,3) mal so groß wie die Leerlaufspannung.

12. Der stationäre mehrphasige Kurzschlußstrom ergibt sich nun leicht, wenn man im Anker statt der Einphasenwicklung eine Zweiphasenwicklung voraussetzt (Abb. 10). Die beiden um $^1/_2$ Polteilung gegeneinander versetzten Ankerspulen A und B haben gegen die Feld- bzw. die Dämpferwicklung die Gegeninduktivitäten

$$M_{A1} = M_0\cos\omega t, \quad M_{B1} = -M_0 \sin\omega t, \quad M_{A3} = M_0\sin\omega t, \quad M_{B3} = M_0\cos\omega t.$$

Nun gelten die 4 Gleichungen

Feldwicklung $$i_1 L_1 + i_A M_0 \cos\omega t - i_B M_0 \sin\omega t = i' L_1 \tag{43}$$

Dämpferwicklung $$i_3 L_1 + i_A M_0 \sin\omega t + i_B M_0 \cos\omega t = 0 \tag{44}$$

Anker A $$i_A L_2 + i_1 M_0 \cos\omega t + i_3 M_0 \sin\omega t = 0 \tag{45}$$

Anker B $$i_B L_2 - i_1 M_0 \sin\omega t + i_3 M_0 \cos\omega t = 0, \tag{46}$$

woraus mit der Bedingung, daß der Mittelwert von i_1 gleich J_g sein soll, folgt: $i_1 = i'/\sigma = J_g$. Der Erregerstrom ist konstant gleich J_g, die Ankerströme sind

$$i_{Ak} = -J_g \frac{M_0}{L_2}\cos\omega t \tag{47}$$

$$i_{Bk} = J_g \frac{M_0}{L_2}\sin\omega t, \tag{48}$$

sie bilden einen regulären Zweiphasenstrom, infolge der mehrphasigen Ankerrückwirkung ist $i_3 = 0$, die Dämpferwicklung ist stromlos. Die Amplitude des stationären mehrphasigen Kurzschlußstromes ist nach (47) und (48) M_0/L_2 mal so groß wie der Erregerstrom, also etwa 5 bis 10% kleiner als er. Man baut heute Maschinen mit großer Ankerrückwirkung, um kleine Kurzschlußströme zu erhalten. Der Belastungsstrom liegt zwischen 40% des Erregerstromes bei Leerlauf bei Langsamläufern und 100% bei Schnelläufern, der Kurzschlußstrom bei Leerlauferregung ist also im ersten Fall etwa $2^1/_2$mal so groß als der Vollaststrom, im letzten Fall nur ebenso groß. Bei stärkerer Erregung wird der Kurzschlußstrom entsprechend größer. Im einphasigen Kurzschluß ist nach (41) der Kurzschlußstrom $2/1+\sigma$ mal so groß. Bei der Dreiphasenmaschine ist dieses Verhältnis etwa 1,8.

13. Der plötzliche Kurzschlußstrom der Synchronmaschine. Beim Eintritt des Kurzschlusses besteht in jeder Wicklung ein Fluß, und über die stationären Kurzschlußströme überlagern sich Ausgleichströme, die je den umschlungenen Fluß aufrechtzuerhalten suchen. Nun hängt es von der zufälligen Stellung des Feldsystemes ab, wie groß der mit der Ankerwicklung verkettete Fluß war. War der Anker unbelastet, so sind die Grenzwerte Null und $J_g M_0$. Um die beiden Grenzfälle auf einmal zu übersehen, betrachte man wieder die Zweiphasenmaschine (Abb. 10, Ziff. 11) und lege für den Augenblick des Kurzschlusses, $t = 0$, die Polradstellung zu Grunde, bei der Wicklung A das Maximum $J_g M_0$ und B den Fluß Null umschließt. In der Erregerwicklung war der Fluß $J_g L_1$, in der Dämpferwicklung Null. Sieht man zunächst von den Widerständen ab, so erhält man die ungedämpften Ausgleichsströme aus den Gleichungen

Feldwicklung $$i_1 L_1 + i_A M_0 \cos\omega t - i_B M_0 \sin\omega t = J_g L_1 \tag{49}$$

Dämpferwicklung $$i_3 L_1 + i_A M_0 \sin\omega t + i_1 M_0 \cos\omega t = 0 \tag{50}$$

Anker A $$i_A L_2 + i_1 M_0 \cos\omega t + i_3 M_0 \sin\omega t = J_g M_0 \tag{51}$$

Anker B $$i_B L_2 - i_1 M_0 \sin\omega t + i_3 M_0 \cos\omega t = 0\,. \tag{52}$$

Hieraus ergibt sich

$$i_1 = J_g\left\{1 + \frac{1-\sigma}{\sigma}(1 - \cos\omega t)\right\}, \tag{53}$$

$$i_3 = - J_g \frac{1-\sigma}{\sigma} \sin\omega t \tag{54}$$

$$i_A = - J_g \frac{M_0}{L_2} \frac{(1 - \cos\omega t)}{\sigma}, \tag{55}$$

$$i_B = J_g \frac{M_0}{L_2} \frac{\sin\omega t}{\sigma}. \tag{56}$$

In der Erregerwicklung überlagert sich nach (53) dem Gleichstrom J_g ein gleichgerichteter Ausgleichsstrom, der $\frac{1-\sigma}{\sigma}$ mal so groß ist, und ein Ausgleichswechselstrom von gleicher Amplitude, dieser wird durch den Wechselstrom in der Dämpferwicklung nach (54) zu einem Zweiphasenstrom ergänzt. In der Ankerwicklung A entsteht nach (55) ein gleichgerichteter Ausgleichsstrom, der $1/\sigma$ mal so groß ist wie die Amplitude des stationären Kurzschlußstromes, und ein Wechselstrom von ebensolcher Amplitude, der durch den gleich großen Wechselstrom in der Wicklung B nach (56) zum regulären Zweiphasenstrom ergänzt wird. Die gleichgerichteten Teile der Ausgleichsströme sind Ströme, die den mit der Wicklung zur Zeit $t = 0$ verketteten Fluß aufrechterhalten, sie treten also nur in der Erregerwicklung und Wicklung A auf, entsprechend den gemachten Voraussetzungen. Der gemeinsame Hauptfluß spaltet sich also in 2 Teile, von denen einer am Anker, der andere am Feldsystem festgehalten wird. Da sie bei der Relativbewegung nicht als gemeinsamer Fluß bestehen können, entstehen entsprechende Streuflußverkettungen, wodurch der Strom $1/\sigma$mal so groß wird. Durch die Relativbewegung bedingt jeder gleichgerichtete Strom des einen Systems entgegengerichtete Wechselströme im anderen System. Die Dämpfung kann nun annähernd dadurch berücksichtigt werden, daß der Strom, der in jedem System einen Anteil des Flusses aufrecht erhält, nach Maßgabe des Dämpfungsfaktors der eigenen Wicklung ausklingt, der Wechselstrom hingegen wird in jedem System nach Maßgabe des Dämpfungsfaktors der Wicklung des anderen Systems ausklingen, das ihn hervorruft. Seien α_1, α_2 die Dämpfungsfaktoren der Erreger- und der Ankerwicklung, $\sqrt{2}\,J_k$ die Amplitude des stationären Kurzschlußstromes, so wird

$$i_1 = J_g\left[1 + \frac{1-\sigma}{\sigma}e^{-\alpha_1 t} - \frac{1-\sigma}{\sigma}e^{-\alpha_2 t}\cos\omega t\right], \tag{57}$$

$$i_3 = -J_g\frac{1-\sigma}{\sigma}e^{-\alpha_2 t}\sin\omega t, \tag{58}$$

$$i_A = -\sqrt{2}J_k\left[\frac{1}{\sigma}e^{-\alpha_2 t} + \cos\omega t\left(1 - \frac{1+\sigma}{\sigma}e^{-\alpha_1 t}\right)\right], \tag{59}$$

$$i_B = \sqrt{2}J_k\sin\omega t\left(1 - \frac{1+\sigma}{\sigma}e^{-\alpha_1 t}\right). \tag{60}$$

Abgesehen von der Dämpfung wird nach $\frac{1}{2}$ Periode $(\omega t = \pi)$

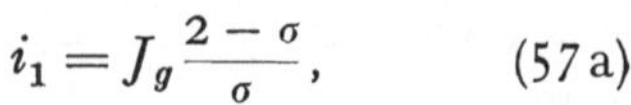

$$i_1 = J_g\frac{2-\sigma}{\sigma}, \tag{57a}$$

$$i_A = \sqrt{2}J_k\frac{2}{\sigma}, \tag{59a}$$

während in Wicklung B der größte Strom nach $\frac{1}{4}$ Periode

$$i = \sqrt{2}\frac{J_k}{\sigma} \tag{60a}$$

ist. Der Streukoeffizient σ beträgt etwa 0,1 bis 0,2, somit wird die größte Amplitude des plötzlichen Kurzschlußstromes nach (59a) etwa 10 bis 20mal so groß wie die Amplitude des stationären, der seinerseits je nach Erregung 2 bis 3mal so groß wie der Belastungsstrom sein kann. Abb. 11 zeigt die Oszillogramme der durch das Gleichstromglied einseitig verlagerten Ströme im Anker und in der Feldwicklung. In dieser ist die Dämpfung stets klein, ihr Gleichstromglied klingt langsam aus, mit ihm der Wechselstrom im Anker. Die Ankerwicklung hat eine größere Dämpfung, ihr Gleichstrom und damit der Wechselstrom in der Erregung verschwinden schneller. Tritt der Kurzschluß nicht an den Generatorklemmen, sondern in größerem Abstand auf, so wirken alle zwischen ihnen und der Kurzschlußstelle liegenden Induktivitäten als vergrößerte Streuung und mildern die Höhe von plötzlichem und Dauerkurzschlußstrom, OHMsche Widerstände vergrößern im wesentlichen die Dämpfung.

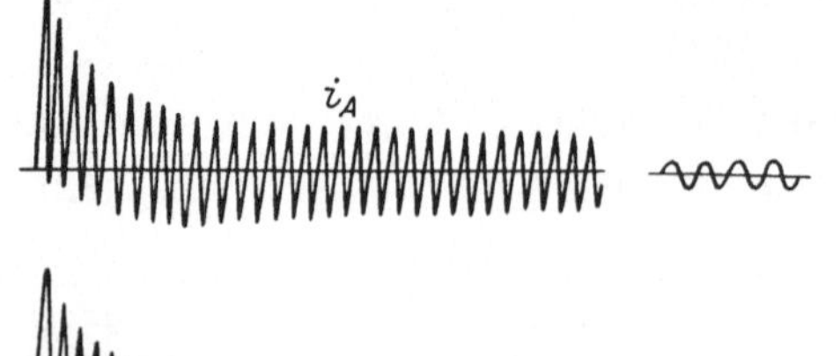

Abb. 11. Oszillogramme des plötzlichen Kurzschlußstromes im Anker und der Erregerwicklung.

b) Wirkungen der Kurzschlußströme.

14. Dynamische Wirkungen. Im Generator selbst verursachen die Stöße des plötzlichen Kurzschlußstromes einerseits große dynamische Beanspruchungen der Wicklung, vor allem an den freien Wicklungsköpfen, die mit besonderen Versteifungen gehalten werden müssen, andrerseits pulsierende Drehmomentstöße und große Beanspruchungen der Welle, Lager und Fundamente. Alle Leitungen, Schalter, Stromwandler, Meßinstrumente, Kabel und ihre Verbindungsmuffen, die in der Bahn des Kurzschlusses liegen, müssen den dynamischen Kräften gewachsen sein. Eine Maschinenleistung von 15000 kW bei 2000 Volt ergibt schon einen plötzlichen Kurzschlußstrom von 100000 Amp. Auf 2 parallele Leiter im Abstand von 50 cm übt dieser Strom eine abstoßende Kraft von rund 400 kg für den laufenden Meter aus. Ihr müssen die Isolatoren gewachsen sein. In der Leitungsverlegung müssen Schleifen vermieden werden, die sich durch die dynamischen Kräfte stets zu vergrößern suchen, wobei es zur unerwünschten Öffnung von Trennmessern und Schaltern kommen kann.

15. Thermische Wirkungen. Für die thermischen Wirkungen ist nicht so sehr der in wenigen Sekunden ausklingende plötzliche, als der stationäre Kurzschlußstrom maßgebend. Der Generator selbst und die für seine Leistung bemessenen Leitungen können ihn kurze Zeit schadlos aushalten, gefährdet sind schwache Abzweige, die nur für einen Bruchteil der Leistung bestimmt sind. Sie werden durch Drosselspulen geschützt. An den Sammelschienen summieren sich die ungemilderten Kurzschlußströme aller in Betrieb befindlichen Maschinen. Bei großen Leistungen werden häufig die Maschinen erst an der Oberspannungsseite der Transformatoren parallelgeschaltet, damit bei einem Kurzschluß deren Streuinduktivität als Drosselspule wirkt. Im Netz wirken auf die Kurzschlußstelle auch sämtliche Motoren und Umformer zurück, die durch ihre Schwungmassen im Lauf bleiben und ihr Feld in die Kurzschlußstelle entladen. Die Erscheinung des plötzlichen Kurzschlußstromes ist bei diesen allen die gleiche wie beim Generator, einen Dauerkurzschlußstrom haben aber nur die mit Gleichstrom erregten Synchronmotoren und Umformer, nicht die Induktionsmotoren.

c) Überstromschutz.

16. Anforderungen an den Überstromschutz. Der Überstromschutz bezweckt, beim Eintreten eines Kurzschlusses den Fehler zu lokalisieren, indem der kranke Teil möglichst schnell ohne Störung des übrigen Betriebes entfernt wird. Auf vorübergehende Überlastungen und Schaltüberströme darf er jedoch nicht ansprechen.

17. Leitungsschutz. Leitungsnetze werden in Stränge geteilt, die je für sich an der Abzweigstelle abgeschaltet werden können. Hierzu dienen Selbstschalter, bei Hochspannung Ölschalter, deren Auslösung durch ein Relais betätigt wird. Dem Relais fällt die Aufgabe zu, den kranken Teil als solchen zu erkennen. Dies wird in verschiedener Weise ermöglicht.

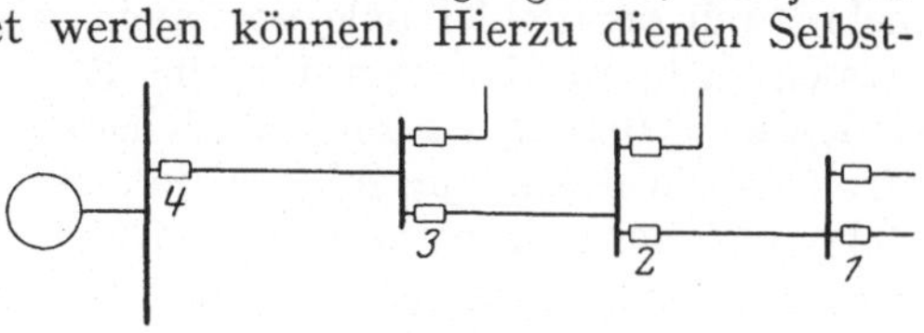

Abb. 12. Baumleitung.

Bei sog. offenen oder Baumleitungen (Abb. 12) nimmt der betriebsmäßige Strom in den einzelnen Strängen, vom letzten anfangend in Richtung nach dem Kraftwerk hin, zu. Es genügt aber nicht, das Relais des Schalters jeder Abzweigung auf ein bestimmtes Vielfaches, z. B. das Doppelte des regulären Stromes, ansprechen zu lassen. Da der Kurzschlußstrom von der Zahl der im Kraftwerk arbeitenden Maschinen abhängt, kann er im Strang 2—1 auch größer werden als der doppelte Betriebsstrom der Speiseleitung 4—3, und es würde diese reine Überstromauslösung unter Umständen sämtliche Schalter auslösen lassen. Daher tritt eine Zeitstaffelung hinzu, derart, daß, wie die eingetragenen Zahlen andeuten, die hintereinanderliegenden Schalter auf ungleiche Auslösezeiten eingestellt werden; die kürzesten liegen am Ende, nach dem Kraftwerk hin nehmen sie zu. Die kürzeste Auslösezeit muß vorübergehenden Überlastungen (z. B. beim Anlauf von Motoren) Rechnung tragen. Die Staffelung erfolgt in Abständen von etwa $^1/_2$ Sec. Bei vielen hintereinanderliegenden Schaltstellen ergibt diese vom Strom unabhängige Staffelung am Anfang sehr lange Auslösezeiten. Man sucht die Staffelung zu verkleinern, indem die Auslösezeit vom Strom abhängig gemacht wird und mit zunehmender Stromstärke abnimmt. Die Abhängigkeit muß natürlich für alle hintereinanderliegenden Schalter gleichartig sein.

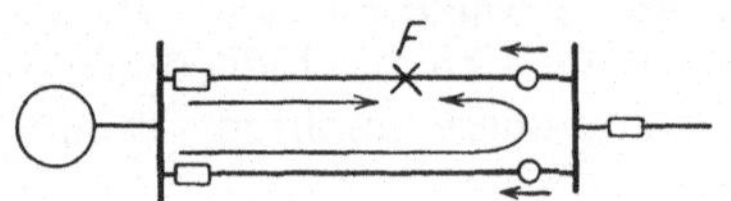

Abb. 13. Schutz bei parallelen Leitungen.

Speiseleitungen wie 4—3 in Abb. 12 müssen doppelt oder mehrfach ausgeführt werden. Dabei genügt die Zeitstaffelung nicht mehr, da der Kurzschlußstrom einer Fehlerstelle in einer der parallelen Leitungen über beide zugeführt wird (s. Abb. 13). Parallele Leitungen erhalten am Ende ein Richtungsrelais (wattmetrisches Relais), das den Schalter bei Überstrom nur freigibt, wenn die Energie in der Richtung zum Kraftwerk fließt und das schneller auslöst, als das Überstromrelais am Leitungsanfang. Wird das Netz von mehreren Kraftwerken gespeist (s. Abb. 14), so kann die Energierichtung in jedem Leitungsstrang betriebsmäßig wechseln. Jeder Strang erhält am Anfang und Ende je ein Richtungsrelais, das nur bei Überstrom in Richtung von der Schaltstelle fort den Schalter frei gibt, wie die Pfeile andeuten, und deren Zeitstaffelung, wie die Zahlen angeben, wie bei der offenen Leitung hier von jedem Kraftwerk in Richtung der Leitung abnimmt. Man überzeugt sich leicht, daß bei irgendeiner Fehlerstelle durch diese „gegenläufige" Zeitstaffelung die beiden zunächstliegenden Schalter zuerst ansprechen.

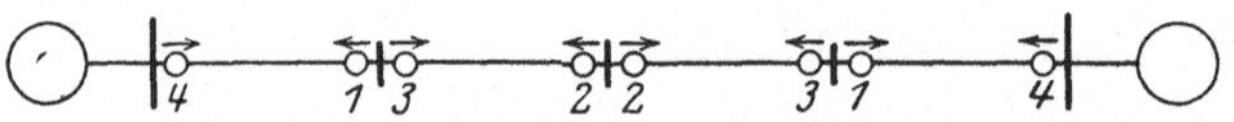

Abb. 14. Verbindungsleitung zweier Kraftwerke.

Biegt man die Leitung der Abb. 14 zu einem Ring, so daß die beiden Kraftwerke zu einem zusammenfallen, so erhält man die Ringleitung mit einem Kraftwerk, auch sie ist mit der gegenläufigen Staffelung hinreichend geschützt. Hat die Ringleitung Maschen und mehrere Kraftwerke, so genügt der Schutz nicht mehr, weil der Fehlerstelle von mehr als 2 Seiten Strom zugeführt wird. Es müssen mehrere Kriterien für die Kurzschlußstelle verwendet werden; diese sind: die Spannung ist an den nächstliegenden Schaltstellen am kleinsten, der Strom ist an ihnen am größten und die Energierichtung stets von der Schaltstelle nach der Leitung gerichtet. Das Überstromrichtungsrelais muß somit eine Ablaufzeit haben, die proportional der Spannung und umgekehrt proportional dem Strom ist. Bei Kurzschluß ist das Verhältnis von Spannung zu Strom der Scheinwiderstand der Leitung bis zur Fehlerstelle, er ist der Leitungslänge proportional. Ein solches Abstands- oder „Distanz"relais nach BIERMANNS (AEG.) ist in Abb. 15 abgebildet.

18. Kabelschutzsysteme. Bei Kabeln ist infolge der schlechten Wärmeabgabe ein Kurzschluß stets mit der vollständigen Zerstörung verbunden. Um schon beginnende schwache Fehlerströme zu erkennen, dienen Differentialschutzsysteme. MERZ und PRICE vergleichen nach Abb. 16 mittels zweier Stromwandler über eine Hilfsleitung die Ströme am Anfang und Ende des Stranges; das Relais spricht an, sobald die beiden Ströme infolge eines Fehlers verschieden sind. Dabei müssen die Charakteristiken der Stromwandler bis zu den höchsten Überlastungen genau gleich sein. Sonst würde bei Überlastung durch durchgehende Kurzschlüsse in anderen Strängen Abschaltung im gesunden Strang erfolgen. Diesen Mangel und die kostspielige Hilfsleitung vermeidet der neuere Kabelschutz nach PFANNKUCH (AEG), bei dem die Drähte der äußersten Lage des Kabels in 2 Gruppen schwach voneinander und von den übrigen isoliert und mittels Hilfswandler auf eine kleine Spannung gegeneinander und gegen die übrigen Leiter gebracht sind. Da ein beginnender Fehler im Kabel zunächst die äußersten Lagen betrifft, erhalten diese zunächst Schluß, und es wird ein Stromkreis geschlossen, der ein Signal betätigt oder die Auslösung bewirkt.

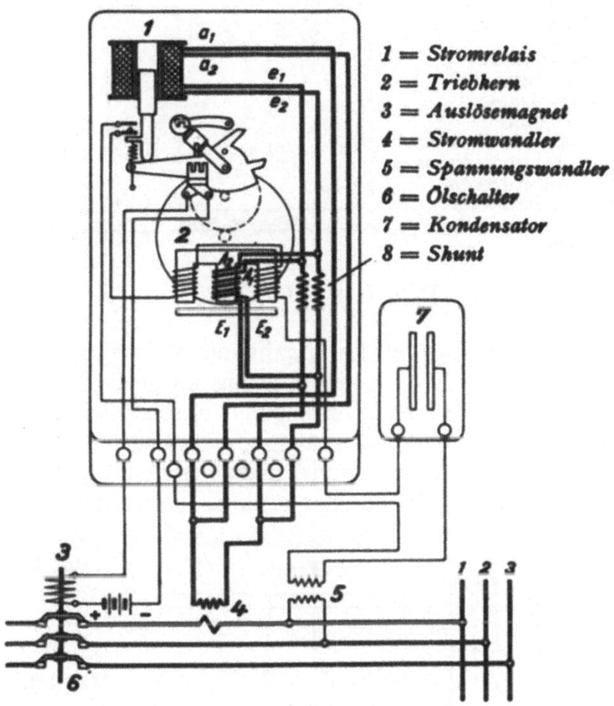

Abb. 15. Distanzrelais.

19. Generatoren- und Transformatorenschutz. Auch bei Generatoren und Transformatoren wird der Differentialschutz verwendet, um Fehler schon beim Entstehen sichtbar zu machen. Beim Transformator ist die Schaltung so getroffen, daß die Leistungen der primären und der sekundären Wicklung verglichen werden. Beim Generator werden die Ströme am Anfang und Ende jedes Wicklungsstranges durch Stromwandler *a* verglichen, sie sind beim Kurzschluß zwischen zwei Wicklungssträngen voneinander verschieden. Die Schaltung ist in Abb. 17 dargestellt, *i* ist das Differentialrelais, das beim Ansprechen die Auslösespule *c* des Hauptschalters *b* betätigt. Der Nullpunkt des Generators ist über einen Widerstand *f* geerdet. Ein Erdschlußrelais *h* wirkt auf die Summe der Ströme der 3 Phasen, die im regulären Zustand Null, bei Erdschluß gleich dem über den Erdungswiderstand fließenden Strom ist.

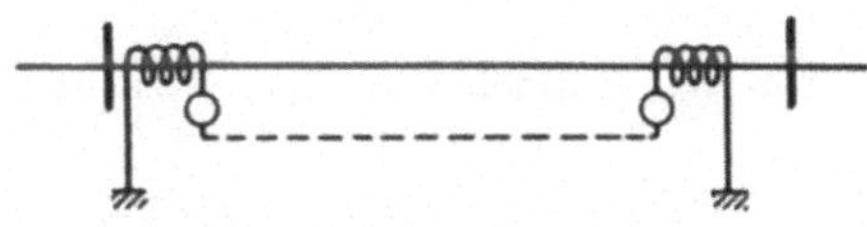

Abb. 16. Differentialschutz.

Zur Milderung der Wirkung von Kurzschlüssen und auch um bei nur vorübergehenden Störungen keine unnötige Unterbrechung entstehen zu lassen, dienen sog. Überstromregler. Sie setzen bei eintretendem Überstrom die Erregung des Generators herab. War die Störung nur vorübergehend, so regeln sie nach dem Aufhören die Spannung wieder nach, die verschiedenen Generatoren kommen dabei wieder in synchronen Gang. War die Störung dauernd, so erfolgt die Abschaltung nach einer bestimmten Zeit. Infolge der Schwächung der Erregung wird die Abschaltung des Kurzschlusses erleichtert und der Schalter geschont.

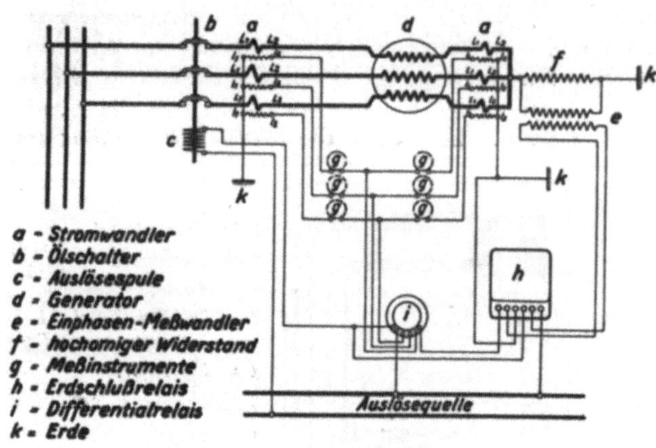

Abb. 17. Generatorschutz.

20. Einteilung der Überspannungserscheinungen. Überspannungen entstehen vorübergehend oder dauernd infolge von inneren Ursachen, z. B. bei Schaltvorgängen, oder durch äußere, z. B. atmosphärische, Einwirkungen. Sie erscheinen teils als statische Überspannungen, teils als Schwingungen.

Statischen Ladungen ist eine isolierte Freileitung im Erdfeld beim Durchschreiten von Höhenunterschieden, durch herannahende Wolken, durch Winde usf. ausgesetzt. Sie werden durch Erdung der Leitung an geeigneten Punkten über Erdungswiderstände oder Erdungsdrosselspulen unschädlich gemacht.

Die Schwingungsvorgänge sind niederfrequent, wenn es sich um den Ausgleich von elektrischen und magnetischen Energien handelt, die je vorwiegend in bestimmten Teilen der Anlage konzentriert sind, und hochfrequent bei elektromagnetischen Ausgleichsvorgängen in Fernleitungen. Meist treten beide Formen auf, doch ist die hochfrequente Schwingung schon erloschen, wenn die niederfrequente einsetzt. Daher werden sie zweckmäßig getrennt betrachtet.

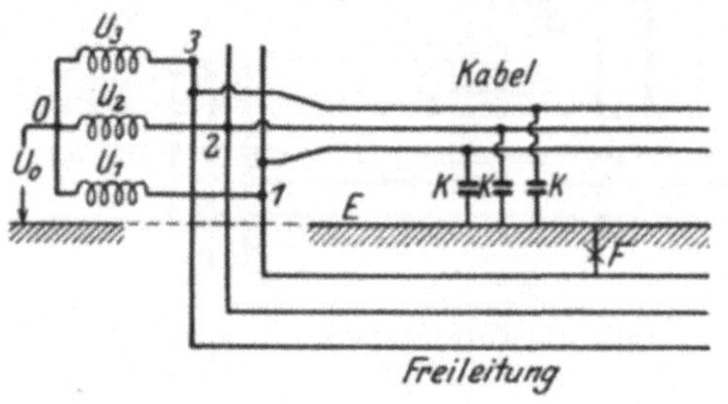

Abb. 18. Erdschluß an einer Freileitung.

Für die Gefährdung der Isolierung ist neben der Höhe der Überspannung deren Dauer maßgebend.

d) Stationäre Überspannungen mit der Netzfrequenz.

21. Niederfrequente Schwingungskreise. Durch besondere Schaltvorgänge, z. B. einpoliges Schalten, Leitungsbruch, Erdschluß, hergestellte Schwingungskreise zeigen oft stationäre Überspannungen von beträchtlicher Höhe.

22. Stationäre Erdschlußüberspannung. Beim Erdschluß an einer mit einem Kabelnetz zusammenhängenden Freileitung nach Abb. 18 findet der aus der Freileitung nach Erde über die Fehlerstelle F übertretende Strom seine Rückleitung durch die Kapazitäten des Kabels gegen Erde. Die Schleife Freileitung-Erde habe die Induktivität L und den Widerstand R. Ihre Kapazität kann, weil sie bei gleichen Längen nur $^1/_{20}$ von der des Kabels beträgt, außer Betracht bleiben. Sind U_1, U_2, U_3 die effektiven Phasenspannungen, U_0 die Spannung des Nullpunktes des Transformators (oder Generators) gegen Erde, so ist für die

Schleife Erde, Nullpunkt 0, Punkt 1, Erdschlußstelle F-Erde

$$-U_0 + U_1 = J(R + j\omega L). \tag{1}$$

Die drei Ladeströme sind

$$\left.\begin{aligned} J_1 &= j\omega k(-U_0 + U_1) \\ J_2 &= j\omega k(-U_0 + U_2) \\ J_3 &= j\omega k(-U_0 + U_3) \end{aligned}\right\} \tag{2}$$

Da $U_1 + U_2 + U_3 = 0$ ist, wird

$$\sum_1^3 J_x = -3j\omega k U_0 = -J \tag{3}$$

und nach (1) und (3)

$$U_0 = \frac{U_1}{1 + 3j\omega k(R + j\omega L)}. \tag{4}$$

Im erdschlußfreien Betrieb ist $R = L = \infty$ und $U_0 = 0$. Der Nullpunkt hat keine Spannung gegen Erde. Bei direktem Erdschluß ist $R = L = 0$ und $U_0 = U_1$, die Spannung des Nullpunktes gegen Erde ist gleich der Phasenspannung der geerdeten Phase. Hierbei ist der Erdschlußstrom nach (3)

$$J_e = U 3\omega k. \tag{5}$$

Die gesunden Phasen stehen unter verketteter Spannung $\sqrt{3}\,U$ gegen Erde. Im betrachteten Fall sind R und L je nach der Leitungslänge verschieden, sie bleiben aber im gleichen Verhältnis $\omega L/R = \operatorname{tg}\psi$, so daß für Gleichung (4) auch gesetzt werden kann

$$U_0 = \frac{U_1}{1 - 3\omega^2 k(1 - j\operatorname{cotg}\psi)L}. \tag{6}$$

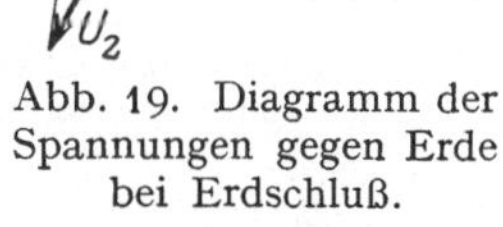

Abb. 19. Diagramm der Spannungen gegen Erde bei Erdschluß.

Da hierin nur L veränderlich ist, beschreibt der Vektor von U_0 bei veränderlicher Länge der geerdeten Leitung einen Kreis Abb. 19 über U_1 als Sehne mit dem Durchmesser $OD = U_1/\cos\psi$. Die Spannungen der drei Kabelstränge gegen Erde werden durch die Abstände des Endpunktes des Vektors U_0 von denen der Vektoren U_1, U_2, U_3 gemessen, und es ist bemerkenswert, daß nicht immer die kleinste Spannung gegen Erde an der geerdeten Phase auftritt. Die größte Spannung gegen Erde erhält Phase 2, wenn U_0 in $\overline{OD}$ liegt, sie wird angenähert

$$(U_2 - U_0)_{\max} \cong U\left(1 + \frac{1}{\cos\psi}\right) = U\left(1 + \sqrt{1 + \operatorname{tang}^2\psi}\right). \tag{7}$$

Für eine überschlägliche Schätzung kann für eine Leitungslänge l km gesetzt werden $L = 2{,}5\, l$ mH, der Widerstand eines Kupferleiters von Q qmm Querschnitt $R = 20\, l/Q$ Ohm, daher wird für die Frequenz 50/sec:

$$\operatorname{tg}\psi = \frac{\omega L}{R} = \frac{2\pi 50 \cdot 2{,}5 \cdot 10^{-3}}{20} \cdot Q \cong \frac{Q}{25}.$$

Z. B. wird für $Q = 120$ qmm nach (7) die größte Überspannung gegen Erde angenähert die 6fache Phasenspannung. Die zugehörige Länge der geerdeten Leitung folgt dann, da hierbei $U_0 = U/\cos\psi$ und nach (3) (1) und (5)

$$J = \frac{3U\omega k}{\cos\psi} = \frac{J_e}{\cos\psi} = \frac{U}{\omega L}\operatorname{tang}\psi \sin\psi,$$

somit

$$\omega L = \frac{U}{J_e} \sin^2 \psi .$$

Der Erdschlußstrom J_e beträgt für Kabelnetze je 10 kV und 100 km etwa 100 Amp. Für ein Kabelnetz von 200 km und 10 kV wird dann mit $\sin^2 \psi \cong 1$ und $L = 2{,}5\, l \cdot 10^{-3}\, H$, die kritische Länge etwa $l = \frac{10000}{\sqrt{3} \cdot 200 \cdot 2\pi\, 50 \cdot 2{,}5 \cdot 10^{-3}} = 37$ km. Die Erscheinung kann nur dadurch verhindert werden, daß Freileitungen von Kabelnetzen mit großem Erdschlußstrom getrennt betrieben, z. B. über einen besonderen Transformator angeschlossen werden.

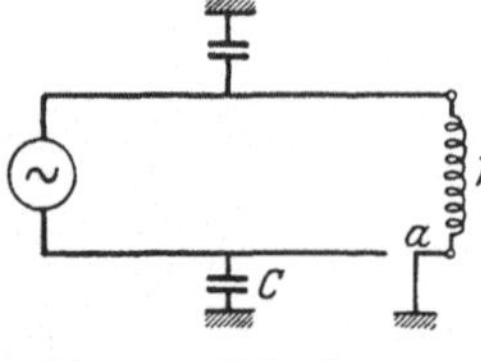

Abb. 20. Schwingungskreis bei Leitungsbruch.

23. Kippüberspannungen. Sie entstehen bei Reihenschaltung einer Kapazität mit einer eisenhaltigen Induktivität und kommen bei einpoligem Schalten, Leitungsbruch u. dgl. vor. Ein einfaches Beispiel zeigt Abb. 20. Das gebrochene Leitungsstück (a) an der Transformatorstation T liegt an Erde. Der Magnetisierungsstrom des Transformators schließt sich über Erde und die Kapazität C der gebrochenen Leitung. Bei der Reihenschaltung ist

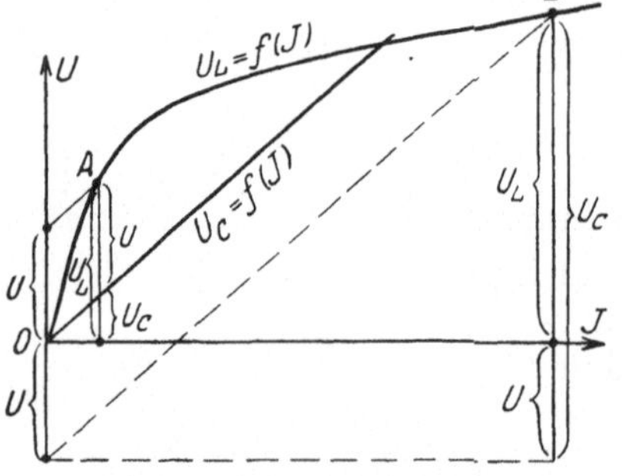

Abb. 21. Diagramm zur Bestimmung der Kippüberspannung.

$$U = U_C + U_L .$$

Die Kondensatorspannung $U_C = J/\omega C$ ist dem Strom proportional und gegen ihn um $^1/_4$ Periode phasenverspätet: die Spannung an der Induktivität $U_L = f(J)$ wird durch die gekrümmte Magnetisierungskurve Abb. 21 dargestellt, sie ist gegen den Strom um $^1/_4$ Periode phasenverfrüht. Ein stabiler Zustand ist z. B. Punkt A, bei dem die Ordinatendifferenz von $U_L = f(J)$ und der Geraden $U_C = f(J)$ gleich der Netzspannung U ist, und zwar ist hier U_L gleichgerichtet mit U und größer als U_C. Ist die Netzspannung größer, so daß die Parallelverschiebung der Geraden $U_C = f(J)$ die Magnetisierungskurve nicht mehr schneidet, so ergibt sich ein stabiler Zustand, durch Parallelverschiebung nach unten im Schnittpunkt B. Hierbei ist U_C der Netzspannung U gleichgerichtet und größer als U_L. Die Erscheinung, daß die Spannungen ihre Phase gegenüber der Netzspannung vertauschen, bezeichnet man als Kippen. Die Spannung U_C der gebrochenen Leitung gegen Erde wird dabei nur durch die Sättigung des Transformators begrenzt. Da die Induktion nicht über den doppelten regulären Wert steigen kann, ergibt sich zwischen Leitung und Erde etwa die dreifache Betriebsspannung. Bei Dreiphasenleitungen wird durch das Umkippen der Spannung die Phasenfolge am Transformator nach Abb. 22 umgekehrt. Es äußert sich darin, daß kleine, an den Transformator angeschlossene Motoren ihre Drehrichtung umkehren. Größere Motoren laufen einphasig im richtigen Drehsinn weiter und verhindern das Umkippen. Es tritt meist nur bei schwach belastetem Transformator auf.

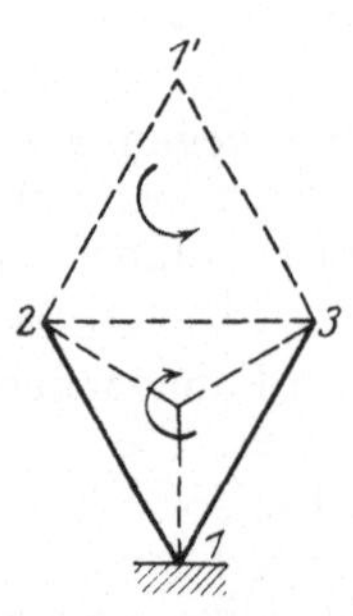

Abb. 22. Spannungsverlagerung bei Dreiphasenleitungen infolge Kippens.

Bei einpoligem Abtrennen von Erdungsspulen an Sammelschienen beobachtet man mitunter einen Überschlag der Sammelschiene gegen Erde, besonders wenn die abgehenden Leitungen abgetrennt sind. Die Erscheinung ist der vorigen analog. Der Stromverlauf Abb. 23 ist über Kapazität *I* nach Erde, über Spule *II* und Kapazität *II* parallel zurück, Da der Strom solcher Erdungsspulen sehr klein ist, wird die Erscheinung gestört, sobald längere Leitungen mit größerem Ladestrom angeschlossen sind.

e) Freie Schwingungen von niederer Frequenz.

24. Ausgleichsvorgänge in Schwingungskreisen. In Schwingungskreisen, die aus Leitungskapazitäten und Induktivitäten von Maschinen und Transformatoren gebildet werden, tritt bei jedem Schaltvorgang eine gedämpfte Ausgleichsschwingung von der Eigenfrequenz $\frac{1}{2\pi\sqrt{LC}}$ auf, die den Übergang zwischen den stationären Zuständen vor und nach dem Schalten vermittelt. Eine Spannungsänderung um den Betrag U löst eine freie Schwingung aus

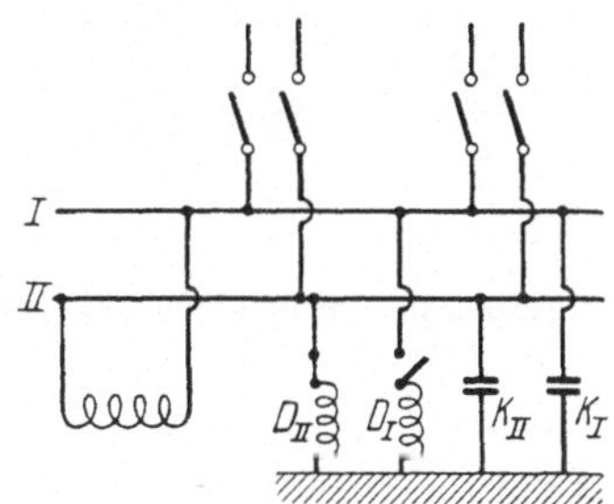

Abb. 23. Schwingungskreis aus Sammelschienen mit Erdungsspule.

$$u_f = -U e^{-\frac{R}{2L}t} \cos\frac{t}{\sqrt{LC}}.$$

Der Ladestrom ist

$$i_f = U\sqrt{\frac{C}{L}}\, e^{-\frac{R}{2L}t} \sin\frac{t}{\sqrt{LC}}.$$

Wird z. B. ein Kabel über einen Transformator an die Stromquelle angeschlossen, so bildet die Kapazität des Kabels mit den Streuinduktivitäten des Transformators und des Generators ein schwingungsfähiges System, und der erzwungenen Schwingung der Spannung am Kabel überlagert sich die Eigenschwingung von höherer Frequenz. Die größte Schaltspannung ist die Amplitude der Netzspannung, der Vorgang verläuft nach der Gleichung

$$\sqrt{2}\,U\left(\cos\omega t - e^{-\frac{R}{2L}t}\cos\frac{t}{\sqrt{LC}}\right),$$

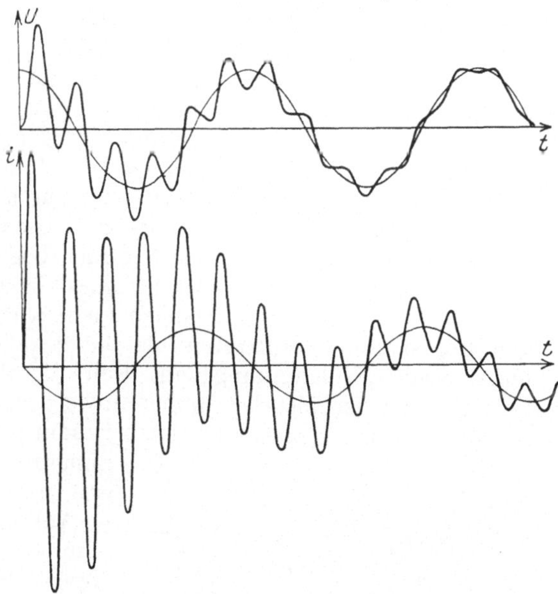

Abb. 24. Einschwingen des Ladestromes eines Kabels.

der nach Abb. 24 nach $^1/_2$ Periode der freien Schwingung infolge der geringen Dämpfung fast bis zum doppelten Betrag der stationären Amplitude ansteigt. Die Anfangsamplitude des freien Ladestromes ist um soviel mal größer als die stationäre, wie die Eigenfrequenz größer als die Netzfrequenz ist, in Abb. 24 ist sie etwa 6mal so groß. Der Schaltstoß wird beim Einschalten längerer Kabel durch erhöhte Widerstandsdämpfung mittels Stufenschalters (s. Ziff. 4) gemildert.

25. Ausschaltüberspannungen, Lichtbogenschwingungen. Erhebliche Überspannungen können bei Ausschaltvorgängen auftreten, die stets über einen Lichtbogen erfolgen.

Ausschalten induktiver Stromkreise. Beim Unterbrechen eines Gleichstromes in einem induktiven Stromkreis bildet sich am Schalter ein Lichtbogen, der erst erlischt, wenn die Lichtbogencharakteristik $U_l = f(J)$ oberhalb der Widerstandsgeraden $U - JR = f(J)$ liegt (Abb. 25). Bei großen Strömen erfordert dies einen langen Lichtbogen, und die Löschspannung U_0 kann dabei ein Vielfaches der Netzspannung U betragen. Die Differenz $U - U_0$ tritt am Ende des Schaltvorgangs als Selbstinduktionsspannung $L\,di/dt$ auf, wie das Oszillogramm Abb. 26 zeigt. Die Löschspannung hängt von der Temperatur der Elektroden ab, Schaltkontakte aus schlechten Wärmeleitern, wie Kohle, ergeben kleinere Löschspannungen als gut wärmeleitende. Abkühlung der Elektroden etwa unter Öl würde bei Gleichstrom gefährlich sein. Ein langer Lichtbogen wird bei Hörnerschaltern erzielt, er wandert durch den Auftrieb der heißen Lichtbogengase an den Hörnern in die Höhe und erlischt. Durch magnetische Blasung wird die Verlängerung des Lichtbogens mit geringerem Raumbedarf erreicht. Die Überspannung wird bei Verwendung eines Stufenschalters (s. Ziff. 4, Abb. 3) herabgesetzt. Beim Öffnen der Stufe II brennt der Lichtbogen parallel zum Widerstand R und erlischt, sobald die Bogenspannung größer als die Spannung am Widerstand ist. Der durch den Widerstand nun verkleinerte Strom wird durch Schaltstufe I leicht unterbrochen.

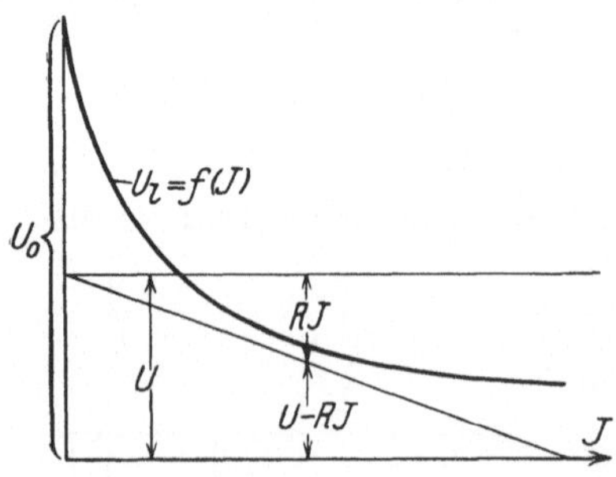

Abb. 25. Lichtbogencharakteristik.

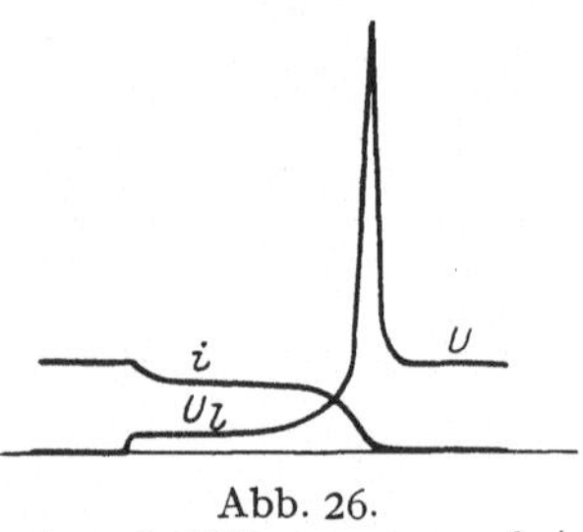

Abb. 26. Ausschaltüberspannung bei Gleichstrom.

Beim Abschalten eines Wechselstromes hat der Lichtbogen beim regulären Nulldurchgang des Stromes Gelegenheit zu erlöschen. Zündet er danach nicht wieder, so kann keine höhere Selbstinduktionsspannung auftreten als die reguläre Spannung. Meist tritt aber sofort wieder Neuzündung ein, weil die dafür erforderliche Zündspannung noch geringer ist als der Momentanwert der Klemmenspannung beim Nulldurchgang des Stromes, dies ist bei induktiven Kreisen annähernd die Spannungsamplitude. Das Abschalten erfolgt also erst nach einer Reihe von Neuzündungen (s. Abb. 27) nach jeder Halbperiode, bis die Kontakte so weit entfernt sind, daß keine Neuzündung mehr erfolgt. Durch Ölkühlung der Kontakte wird die Zündspannung erhöht und schon bei kleineren Schaltwegen Neuzündung verhindert. Daher werden für Wechselströme Ölschalter verwendet. Beim Abschalten großer Kurzschlußströme unter Öl entwickelt der Lichtbogen heiße Metalldämpfe und Gase, die bedeutende Drucksteigerungen verursachen und bei längerer Dauer zur Explosion des Ölgefäßes führen können. Sehr hohe Schaltgeschwindigkeiten, leichte Kontakte (Schnellkontakte) sind für große Abschaltleistungen erforderlich, um den Kurzschluß in einer oder wenigen Halbperioden abzuschalten. Oft wird dabei der

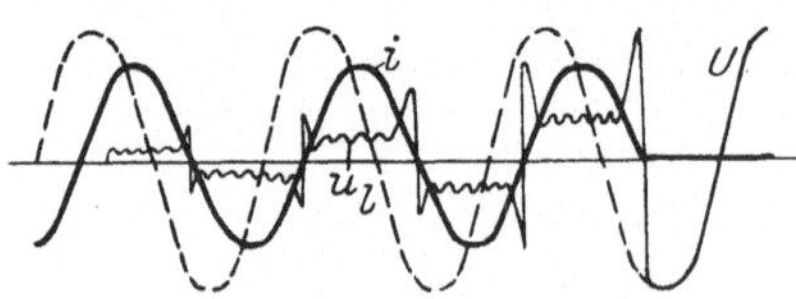

Abb. 27. Ausschaltvorgang bei Wechselstrom.

Überdruck durch besondere Löschkammern aufgefangen, die das Öl und die Gase nur langsam in den Hauptbehälter entweichen lassen. Abb. 28 zeigt das Bild eines Höchstspannungsschalters mit Löschkammern und Widerstandsstufe ohne den Ölbehälter. Reißt andrerseits beim Abschalten eines schwachen Stromes, z. B. des Leerlaufstromes eines Transformators, der Lichtbogen vor Beendigung der begonnenen Halbwelle des Stromes ab, so kann wie beim Schalten von Gleichstrom eine hohe Selbstinduktionsspannung auftreten, die zum Überschlag führt.

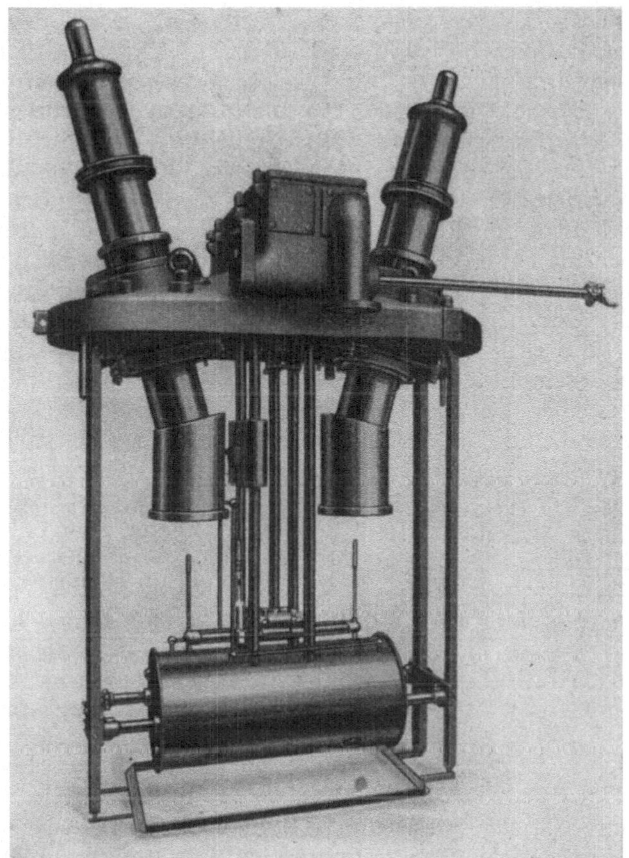

Abb. 28. 110 kV-Schalter mit Löschkammern und Widerstandsstufe. (AEG.).

26. Ausschalten von Kapazitäten. Beim Ausschalten unbelasteter Kabel oder von Leitungen mit großer Kapazität fällt der Nulldurchgang des Ladestromes mit der Spannungsamplitude zusammen. Erlischt der Lichtbogen in diesem Augenblick, so behält das Kabel seine Ladung, und zwischen den Schalterkontakten besteht zunächst keine Spannung. Die Netzspannung beschreibt ihre erzwungene Schwingung weiter, so daß die Spannung zwischen den Schalterkontakten in der folgenden Halbperiode zunimmt und bis zur doppelten Amplitude steigt (Abb. 29). Spätestens hierbei kann eine Neuzündung eintreten, die das Kabel mit doppelter Amplitude umladet. Bei diesem Schaltvorgang überlagert sich eine Zündschwingung des aus der Kapazität mit den vorgeschalteten Induktivitäten gebildeten Schwingungskreises, die Spannung schießt über die erzwungene zunächst um nahezu die Zündspannung hinaus, und die freie Schwingung klingt aus. Bei jeder Spannungsspitze geht der Ladestrom durch Null. Der Lichtbogen hat daher verschiedene Möglichkeiten zu erlöschen. Bei *a* in Abb. 29 nach dem Ausklingen der Zündschwingung bleibt die Kondensatorspannung etwa gleich der Netzspannungsamplitude, der Vorgang wiederholt sich wie zuvor. Erlischt er aber schon bei *b* nach der ersten Halbwelle der

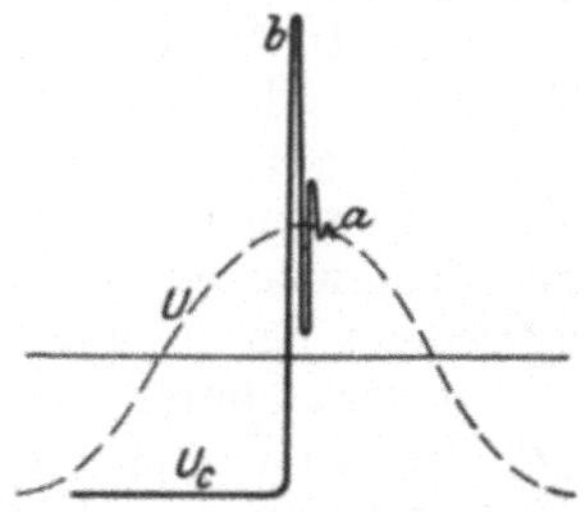

Abb. 29. Rückzündung beim Ausschalten einer Kapazität.

freien Schwingung, so ist die Kondensatorspannung höher als die Amplitude, und die folgende Neuzündung nach $\frac{1}{2}$ Periode erfolgt mit vergrößerter Schaltspannung. Der Vorgang kann sich von einer Halbperiode zur anderen steigern und zu riesigen Überspannungen führen, die nur durch die Dämpfung begrenzt sind. Besonders bei Luftschaltern, bei denen ein schnelles Abreißen des Lichtbogens möglich ist, können solche Überspannungen beobachtet werden.

27. Schwingungen des Lichtbogen-Erdschlusses. Bildet sich bei einem Isolatorüberschlag an einer Freileitung ein Lichtbogen nach den geerdeten Trägern aus, so sind die Bedingungen für das leichte Abreißen durch dynamischen Auftrieb, Wind usw. gegeben. Der Vorgang der Neuzündungen mit gesteigerter Schaltspannung tritt dann in etwas veränderter Form auf. In dem zweipoligen Schema (Abb. 30) sind k die Kapazitäten der beiden Leitungen gegen Erde, die betriebsmäßig je unter der halben Netzspannung U gegen Erde stehen. Schlägt der Lichtbogen über, so entladet sich die kranke Leitung II, und die gesunde I wird über den Lichtbogen auf volle Spannung gegen Erde geladen; bei der Spannungsamplitude ist der Ladestrom Null, und der Lichtbogen erlischt. Auf der gesunden Leitung I besteht in diesem Augenblick eine Restspannung U' und eine Ladung $k U'$. Setzt der Lichtbogen aus, so bleibt diese Ladung abgetrennt und teilt sich dem ganzen, nun isolierten System mit, das eine Gleichspannung $U_g = \frac{1}{2} U'$ gegen Erde annimmt. Über diese lagert sich die wechselnde Netzspannung mit der Amplitude U_m, so daß nach Verlauf einer halben Periode die Spannung der kranken Phase gegen Erde $U_2 = U_g + \frac{1}{2} U_m$, die der gesunden $U_1 = U_g - \frac{1}{2} U_m$ ist. Spätestens in diesem Augenblick, bei der größten Spannung der kranken Leitung gegen Erde, zündet der Lichtbogen wieder und bringt U_2 auf Null. Da zwischen den Leitungen die Netzspannungsamplitude besteht, ist $U_2 - U_1 = U_m$, und auf den Schwingungskreis aus Kapazität der gesunden Leitung und Maschinen- oder Transformatorinduktivität wirkt plötzlich eine Schaltspannung $-U_2 = -(U_g + \frac{1}{2} U_m)$, die Leitung I von U_1 auf den Endwert $U_1 - U_2$ schaltet. Die überlagerte Zündschwingung führt nach der ersten Halbwelle abgesehen von der Dämpfung auf $U_1 - 2 U_2 = -(U_g + \frac{3}{2} U_m)$, und wenn der Lichtbogen hier aussetzt, bleibt wieder eine entsprechende Ladung abgetrennt, die sich dem isolierten System mitteilt, das die Gleichspannung $U_g' = -\frac{1}{2} U_g - \frac{3}{4} U_m$ behält. Sie hat entgegengesetztes Vorzeichen wie die vorhergehende. Wiederholt sich der Vorgang periodisch in jeder halben Periode, so muß im Endzustand die neue Gleichspannung entgegengesetzt gleich der vorhergehenden sein, d. h. $U_g = -U_g' = \frac{3}{2} U_m$. Dann wird beim Zünden die Spannung der kranken Phase gegen Erde $U_g + \frac{1}{2} U_m = 2 U_m$, beim Aussetzen an der gesunden $U_g + \frac{3}{2} U_m = 3 U_m$. Durch die Dämpfung liegen die Werte etwas unter diesen Grenzen.

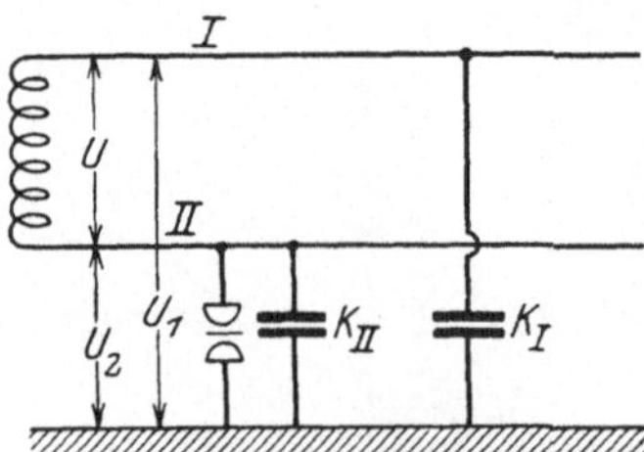

Abb. 30. Schwingungskreise bei Lichtbogen-Erdschluß.

Bei der Dreiphasenleitung ergibt eine ähnliche Betrachtung, daß die größte Zündspannung an der kranken Leitung $U_g + U_m$ ist (U ist hier die Phasenspannung). Die beiden anderen stehen dabei unter $U_g - \frac{1}{2} U_m$ gegen Erde. Die plötzliche Spannungsänderung um $-(U_g + U_m)$ führt nach der ersten halben Zündschwingung die beiden gesunden auf $U_g - \frac{1}{2} U_m - 2(U_g + U_m) = -(U_g + \frac{5}{2} U_m)$. Die beim Aussetzen auf beiden Leitungen abgetrennte Ladung verteilt sich auf alle drei, und die neue Gleichspannung ist $U_g' = -\frac{2}{3}(U_g + \frac{5}{2} U_m)$. Der Endzustand ist daher $-U_g' = U_g = 5 U_m$, mit den größten Zünd- und Aussetzspannungen $6\,U_m$ bzw. $\frac{15}{2}\,U_m$. Diese in jeder Halbperiode neu einsetzenden Zündungen lösen heftige Wanderwellen aus. Bei den hohen Überspannungen nimmt der Lichtbogen riesige Abmessungen an und führt leicht zum Überschlag auf eine gesunde Leitung, wodurch ein Kurzschluß und Abschaltung eintritt. Die Erscheinungen des aussetzenden Erdschlusses sind mit die schwersten Störungsursachen beim Betrieb von Hochspannungsanlagen.

28. Erdschlußspule. W. PETERSEN, der diese Erscheinungen zuerst geklärt hat, zeigte, daß ihre Bekämpfung in der raschen Ableitung der beim Aussetzen abgetrennten Ladungen bestehen muß. Hörnerableiter, die bei den Überspannungen ansprechen, sind stets über größere Widerstände geerdet und wirken nur, wenn eine größere Anzahl gleichzeitig anspricht. Die direkte Erdung des Nullpunktes der Transformatoren leitet die Ladungen zwar sicher ab, verursacht aber, da jeder Erdschluß sofort zum Kurzschluß führt und die Abschaltung herbeiführt, unnötige Beunruhigung des Betriebes, weil viele Erdschlußursachen nur vorübergehend sind (Vögel, Baumäste). PETERSEN erdet den Nullpunkt über eine Drosselspule, die so bemessen ist, daß sie unter Phasenspannung einen Magnetisierungsstrom aufnimmt, der gleich dem Erdschlußstrom der Anlage $J_e = U\,3\,\omega\,k$ (s. Ziff. 23) ist. Ihre Induktivität wird danach $\omega L = \frac{1}{3\,\omega\,k}$. Sie entlastet die Erdschlußstelle vom Ladestrom der gesunden Leitungen, und an der Fehlerstelle bleibt nur der geringe unabgeglichene Reststrom, der durch die Verluste bedingt wird, aber keinen Lichtbogen unterhalten kann. Solange der Erdschluß besteht, steht die Spule unter Phasenspannung, hört er auf, so schwingt sich das System in den normalen Zustand. Infolge der Abstimmung entsteht der normale Zustand langsam nach Maßgabe des Abklingens der freien Schwingung, die hier mit der erzwungenen gleiche Frequenz hat. An der kranken Leitung steigt die Spannung langsam, plötzliche Neuzündungen werden vermieden.

Bei der Resonanzabstimmung können Ungleichheiten der drei Kapazitäten im normalen Betrieb zu Spannungsverlagerungen gegen Erde führen. Obwohl durch Verdrillung der Leitungen die Unsymmetrien ausgeglichen werden, wird außerdem der Eisenkern der Erdschlußspule so bemessen, daß er bei Phasenspannung gesättigt ist. Zwischen Nullpunkt und Erde kann dann keine höhere als Phasenspannung bestehen. Auch eine gewisse Abweichung von der Resonanzabstimmung ist wirksam, doch setzt sie die Fähigkeit der sofortigen Löschung des Erdschlußlichtbogens herab.

f) Hochfrequente Schwingungen an Leitungen.

29. Wanderwellen. Jede plötzliche Zustandsänderung an einem Punkt einer Leitung macht sich an entfernteren Punkten infolge der endlichen Ausbreitungsgeschwindigkeit elektrischer Zustände erst nach einiger Zeit geltend. Es treten elektromagnetische Wellen längs der Leitung auf. Bei parallelen zylindrischen Leitungen, deren Abstand gering gegen ihre Längserstreckung ist, sind die Wellen eben, elektrische und magnetische Kraftlinien verlaufen im wesentlichen in der Querebene, die elektrischen von Leiter zu Leiter und von diesen nach Erde, die magnetischen senkrecht dazu um die Leiter.

30. Ausbreitung von Strom und Spannung. Für eine Leiterschleife seien U und J Strom und Spannung, Ψ der magnetische Induktionsfluß für die Längeneinheit, Q die Ladung auf der Längeneinheit der Leiter. Dann ist für ein Längenelement dx der Schleife Abb. 31 nach dem Induktionsgesetz

$$\frac{\partial U}{\partial x} = -\frac{\partial \Psi}{\partial t}, \tag{1}$$

und infolge der Quellenfreiheit des Stromes

$$\frac{\partial J}{\partial x} = -\frac{\partial Q}{\partial t}. \tag{2}$$

Leiter und Dielektrikum sind hierbei vorerst verlustfrei vorausgesetzt. Es ist

$$\Psi = LJ \text{ und } Q = CU,$$

worin L und C Induktivität bzw. Kapazität für die Längeneinheit sind. Danach ist

$$\frac{\partial U}{\partial x} = -L\frac{\partial J}{\partial t}, \tag{1a}$$

$$\frac{\partial J}{\partial x} = -C\frac{\partial U}{\partial t}, \tag{2a}$$

Diesen Gleichungen genügt der Ansatz

$$U = Z \cdot J, \tag{3}$$

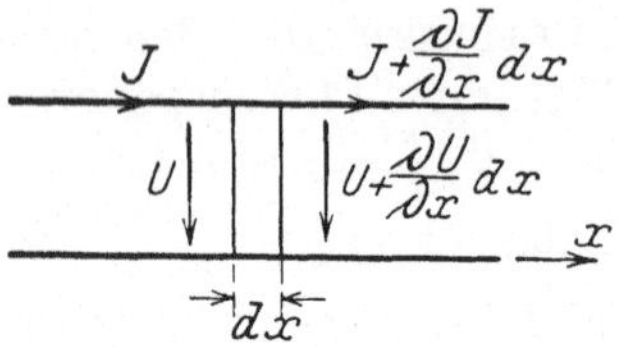

und es wird nach Gleichung (1a) und (2a)

$$Z\frac{\partial J}{\partial x} = -L\frac{\partial J}{\partial t}, \tag{1b}$$

$$\frac{\partial J}{\partial x} = -CZ\frac{\partial J}{\partial t}, \tag{2b}$$

Abb. 31. Zur Erläuterung von Gleichung (1) und (2).

woraus folgt

$$Z^2 = \frac{L}{C} \quad \text{oder} \quad Z = \pm\sqrt{\frac{L}{C}}. \tag{4}$$

Die allgemeine Lösung ist daher

$$U = \pm\sqrt{\frac{L}{C}}\,J. \tag{5}$$

Z wird als Wellenwiderstand der Leitung bezeichnet.

Die Geschwindigkeit der Stromänderung an einer beliebigen Stelle wird hiermit nach (1b) und (4)

$$-\frac{\partial J}{\partial t} = \frac{Z}{L}\frac{\partial J}{\partial x} = \pm\frac{1}{\sqrt{LC}}\frac{\partial J}{\partial x}. \tag{6}$$

Sie ist dem räumlichen Gefälle proportional; genau das gleiche gilt für die Spannung. Strom und Spannungszustand pflanzen sich längs der Leitung mit der Geschwindigkeit fort

$$v = \pm\frac{dx}{dt} = \frac{\frac{\partial J}{\partial t}}{\frac{\partial J}{\partial x}} = \pm\frac{1}{\sqrt{LC}}. \tag{7}$$

Die Strom- und die Spannungsverteilung, die noch beliebig sein können, sind einander nach (5) proportional und pflanzen sich je in zwei Wellen mit gleicher Geschwindigkeit fort, entsprechend den beiden Vorzeichen von v. Die eine wandert in Richtung der positiven x, die andere im Sinne der negativen. Jeder Vorgang auf der Leitung läßt sich somit durch vor- und rücklaufende Strom- und Spannungswellen J_v, J_r, U_v, U_r, darstellen, und es ist nach (5)

$$U_v = +J_v Z, \tag{8}$$

$$U_r = -J_r Z. \tag{9}$$

Spannungs- und Stromzustand (U, J) selbst sind durch die Summe der beiden Wellen gegeben

$$U = U_v + U_r, \tag{10}$$

$$J = J_v + J_r \tag{11}$$

Die Größe des Wellenwiderstandes, der nur von den Leitungskonstanten L und C abhängt, beträgt für Freileitungen etwa $Z = 500$ Ohm, für Kabel etwa $Z = 50$ Ohm. Die Wellengeschwindigkeit ist an Freileitungen gleich der Lichtgeschwindigkeit $v = 300000$ km/sec, in Kabeln etwa halb so groß $v = 150000$ km/sec.

31. Energie und Dämpfung der Wellen. Aus Gleichung (5) folgt, daß

$$\tfrac{1}{2} U^2 C = \tfrac{1}{2} J^2 L \tag{12}$$

ist; d. h. daß die elektrische und magnetische Energie für die Längeneinheit bei jeder Welle gleich groß sind und die gesamte Energie doppelt so groß wie jeder Anteil ist. Die Leistung der Wanderwelle ergibt sich als Produkt aus Energieinhalt und Geschwindigkeit v.

$$N = \frac{1}{\sqrt{LC}} U^2 C = \frac{1}{\sqrt{LC}} J^2 L = U \cdot J = \frac{U^2}{Z} = J^2 Z . \tag{13}$$

Bei gleicher Spannung ist die Leistung in einem Kabel viel größer als bei einer Freileitung. Eine Wanderwelle von $U = 50000$ Volt hat bei einer Freileitung mit $Z = 500$ Ohm einen Ladestrom von 100 Amp. und eine Leistung von 5000 kW. Bei einem Kabel mit $Z = 50$ führt eine Wanderwelle die gleiche Leistung bei einer $1/\sqrt{10}$ mal kleineren Spannung. Die großen Leistungen können in Hochspannungsnetzen sehr starke Wirkungen auslösen, wenn sie auch an jeder Stelle nur sehr kurze Zeit wirken.

Beim Fortlauf werden die Wellen gedämpft. Im Leiter entstehen Verluste durch Stromwärme, im Dielektrikum durch Ableitung. Ist R der Leitungswiderstand, A die Ableitung, je für die Längeneinheit, so ist der Verlust an Leistung für die Länge dx

$$V = J^2 R\, dx + U^2 A\, dx = J^2 (R + Z^2 A)\, dx .$$

Da die Leistung der Welle $N = UJ = J^2 Z$ ist, wird

$$-dN = -2 J Z\, dJ = V = J^2 (R + Z^2 A)\, dx ,$$

daher

$$\frac{dJ}{J} = -\frac{1}{2}\left(\frac{R}{Z} + AZ\right) dx ,$$

$$J = J_0 e^{-\frac{1}{2}\left(\frac{R}{Z} + AZ\right) x} . \tag{14}$$

Da die Spannung dem Strom proportional ist, wird sie nach dem gleichen Gesetz gedämpft. Die quantitative Abschätzung der Dämpfung ist noch nicht gelöst, da die Widerstandserhöhung nur für periodische Vorgänge darstellbar ist und von der Gestalt der Welle abhängt. Gefährliche Wirkungen der Wanderwellen in Starkstromanlagen äußern sich meist im Abstand von kurzen Strecken von einigen Kilometern, wobei die Dämpfung keine sehr wesentliche Rolle spielt. Ebenso ist hierbei die Verzerrung der Wellen noch nicht beträchtlich.

32. Entstehung einfacher Wellen. Freie Ladewellen. Auf einem Stück einer Freileitung sei durch einen atmosphärischen Vorgang, z. B. durch Blitzentladung in einer benachbarten Wolke, eine vorher gebundene Ladung plötzlich frei geworden. Sie breitet sich nun auf der ganzen Leitung aus. Die Ladungs- und Spannungsverteilung im Augenblick des Freiwerdens ($t = 0$) sei irgendwie gegeben (Abb. 32). Da die Ladung bis $t = 0$ statisch war, ist $J = 0$. Wird der Vorgang durch zwei Wellen dargestellt, so ist nach (11) $J_v = -J_r$ und nach (9) und (10)

$$U_v = U_r = \tfrac{1}{2} U ,$$

$$J_v = -J_r = \frac{1}{2} \frac{U}{Z} .$$

Die gegebene Spannungsverteilung löst sich in zwei Wellen von gleicher Form und je halber Größe auf, die nach den Leitungsenden wandern. Den Beginn des Vorgangs zeigt Abb. 32.

33. Einschaltwellen bei langen Leitungen. Beim Einschalten einer Leitung an eine Stromquelle ist am Leitungsanfang ($x = 0$) die Spannung U der Strom-

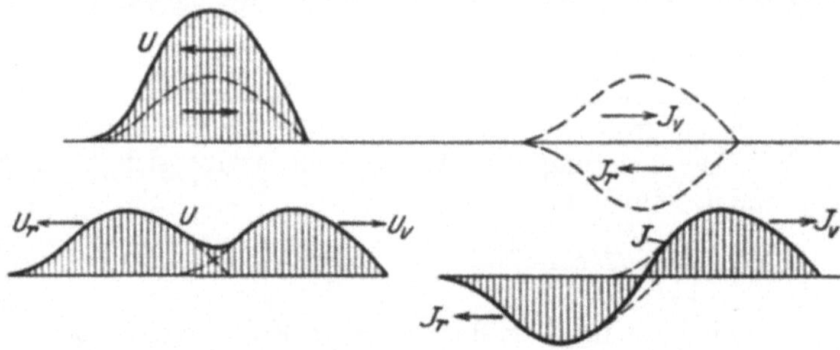

Abb. 32. Entstehung freier Wellen.

quelle gegeben. Diese werde als so ergiebig vorausgesetzt, daß der Vorgang ihre Spannung nicht beeinflußt. Da die Leitung zur Zeit $t = 0$ ungeladen ist, kann beim Einschalten aus ihr keine Welle kommen, die rückläufige Welle verschwindet. Es ist $U_r = 0$, $J_r = 0$ und nach (10) und (11)

$$U_v = U\,, \qquad J_v = \frac{U}{Z}\,.$$

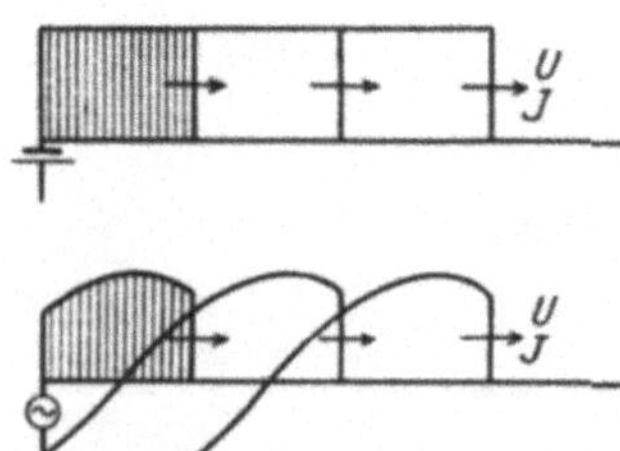

Abb. 33a u. b. Einschaltwellen bei Gleich- und Wechselstrom.

Es wandert eine Spannungswelle von der Höhe der Spannung der Stromquelle in die Leitung und ladet die Leitung mit Lichtgeschwindigkeit. Für Gleichstrom ist $U =$ konst. und die Welle läuft nach Abb. 33a in Gestalt eines Rechtecks über die Leitung. Bei Wechselstrom breitet sich die Spannung in periodischen Wellen mit der Wellenlänge $\lambda = 2\pi\frac{v}{\omega}$ aus. Für den technischen Wechselstrom von 50 Per/sec ist die Wellenlänge $\lambda = 300000/50 = 6000$ km. Nur auf sehr langen Leitungen bilden sich die Wellen wirklich aus. Eine Leitung von 60 km nimmt nur 1% der Welle auf, sie empfindet den Vorgang wie bei Gleichstrom. Der Kopf der Welle hängt von dem Momentanwert der Spannung beim Schalten ab (Abb. 33b). Bei plötzlichem Einschalten bildet er einen Spannungssprung. Die Form der Welle hängt vom zeitlichen Verlauf der Spannung am Leitungsanfang ab; ist diese eine hochfrequente gedämpfte Schwingung, so ist die räumliche Verteilung ein Wellenzug nach Abb. 34 mit gedämpften Amplituden.

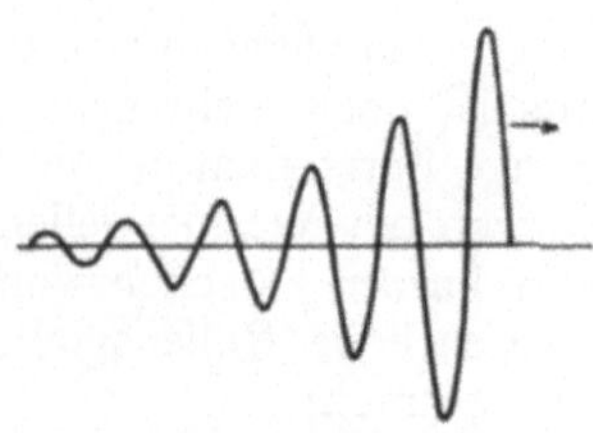

Abb. 34. Wellenzug.

34. Wellenformen. Die wichtigsten Formen der Wanderwellen sind Einzelwellen nach Abb. 32, Sprungwellen nach Abb. 33 und Wellenzüge nach Abb. 34. Ihre Gefahr für Maschinen und Apparate besteht teils in ihrer Höhe, die besonders bei atmosph. Vorgängen ein Vielfaches der Betriebsspannung betragen kann, teils in dem steilen Spannungsgefälle an der Stirn. Beim Auftreffen auf Wicklungen beansprucht es die Isolation benachbarter Windungslagen kurzzeitig mit dem vollen Spannungssprung, der ein Vielfaches der Lagenspannung beträgt, die im stationären Betrieb auftritt. Bei Wellenzügen werden die benachbarten Windungslagen mit der doppelten Amplitude beansprucht, falls eine Windungslage etwa gleich der doppelten Wellenlänge ist.

Der Kopf der Sprungwelle ist im allgemeinen nicht unendlich kurz, sondern auf eine endliche Länge konzentriert. Je plötzlicher der Schaltvorgang erfolgt, und dies ist der Fall, wenn er durch einen Funkenüberschlag einsetzt, um so steiler ist das Gefälle am Wellenkopf. Der Rechnung legt man zweckmäßig einen unendlich kurzen Wellenkopf zu grunde.

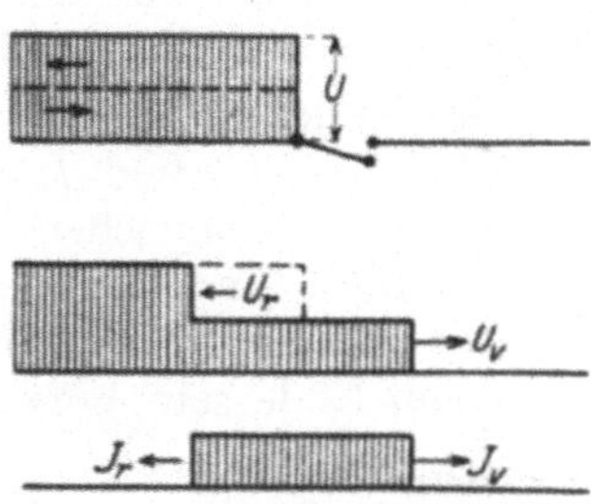

Abb. 35. Lade- und Entladewellen beim Einschalten.

35. Entladewellen. Erfolgt das Einschalten an einer Trennstelle der Leitung, so wird die ungeladene Leitung (rechts vom Schalter in Abb. 35) aus der schon unter Spannung U stehenden geladen. Die vorwärtslaufende Ladewelle U_v hat einen Ladestrom $J_v = U_v/Z$, in die Leitung links vom Schalter läuft eine Entladewelle U_r mit dem Entladestrom $J_r = -U_r/Z$. Da der Strom derselbe ist, wird

$$U_v = -U_r$$

und

$$U = U_v - U_r = 2\,U_v\,.$$

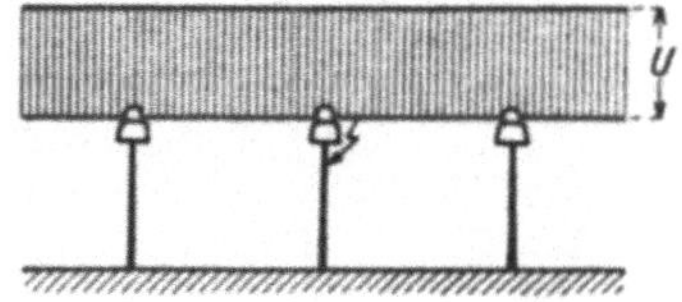

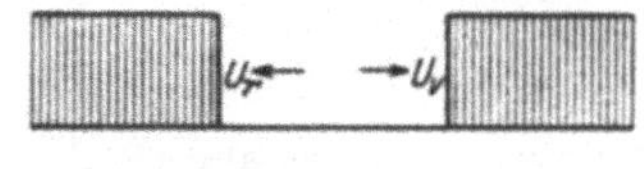

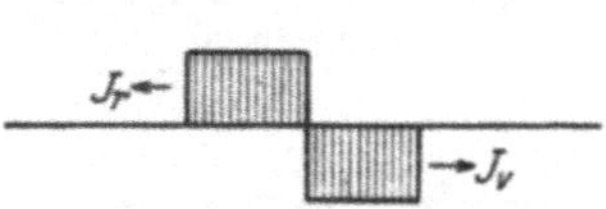

Abb. 36. Entladewellen bei Isolatorüberschlag.

Beim Einschalten läuft also eine Ladewelle von halber Höhe in die Leitung rechts hinein, eine Entladewelle senkt die Spannung links auf die Hälfte.

Schlägt an einer unter Spannung U stehenden Leitung (s. Abb. 36) ein Isolator nach Erde über, so senkt sich dort plötzlich die Spannung auf Null und es wandern zwei Entladewellen

$$U_v = U_r = -U$$

mit den Strömen

$$J_v = \frac{U_v}{Z} = -\frac{U}{Z}, \qquad J_r = -\frac{U_r}{Z} = +\frac{U}{Z}$$

in die Leitung, der Strom an der Fehlerstelle ist $2\frac{U}{Z}$. Solche Wellen sind durch ihre Höhe besonders gefährlich, weil die Überschlagsspannung von Isolatoren etwa die zwei- bis dreifache Betriebsspannung ist. Sie treten auf, wenn die Leitung durch atmosphärische Vorgänge auf diese Spannung geladen war.

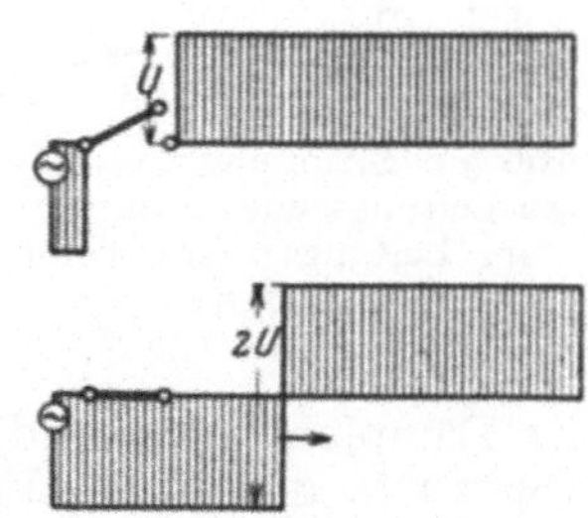

Abb. 37. Ladewelle bei Rückzündung.

36. Ausschaltwellen haben im allgemeinen keinen steilen Kopf, weil die Unterbrechung eines Stromes über einen Lichtbogen erfolgt, in dem die Energie des Feldes der Leitung verzehrt wird. Selbst beim Abreißen eines Stromes in $^1/_{1000}$ sec, also $\frac{1}{20}$ Periode des Wechselstromes, wäre die Entladung schon um 300 km allmählich vorgeschritten. Hingegen sind die beim Abschalten von Wechselströmen auftretenden Rückzündungen (s. Ziff. 25 und 26) Ladevorgänge, die plötzlich mit einem Funkenüberschlag einsetzen. Nach 26 wird beim Abschalten einer unbelasteten Leitung, die beim Unterbrechen des Ladestromes auf die Spannungsamplitude geladen blieb, nach $\frac{1}{2}$ Periode auf die entgegengesetzte Spannung geladen. Es wandert also eine Ladewelle $-2\,U$ in die Leitung ein (s. Abb. 37).

37. Reflexion der Wellen. Beim weiteren Verlauf werden die Wellen reflektiert. Am offenen Leitungsende ist stets $J = 0$. Fällt hier eine Welle U_v, J_v ein, so muß $J_r = -J_v$ sein, es wird daher $U_r = -J_r Z = +J_v Z = U_v$. Die Spannungswelle wird mit gleichem Vorzeichen reflektiert und die resultierende Spannung ist $U_v + U_r = 2U$. Den Vorgang für die Einschaltwelle zeigt Abb. 38. Bei der Rückzündungswelle nach Abb. 37 wird die reflektierte Welle $U_r = -2U$ und die resultierende Spannung $U + U_v + U_r = -3U$.

38. Reflexion am kurzgeschlossenen Leitungsende. Hier ist stets $U = 0$, daher $U_r = -U_v$ und $J_r = -U_r/Z = +U_v/Z = J_v$; $J = 2J_v$. Der Strom wird mit gleichem Vorzeichen unter Verdoppelung reflektiert.

Wandert eine Welle auf einer beiderseits offenen Leitung hin und her, so wird die Spannung stets mit gleichem Vorzeichen reflektiert, der Strom kehrt an jedem Ende sein Vorzeichen um. Die Periode des Vorgangs besteht also in einem Hin- und einem Rücklauf. Sie ist gleich dem Quotienten aus doppelter Leitungslänge 2a und der Geschwindigkeit v, d. h.

$$T = \frac{2a}{v}.$$

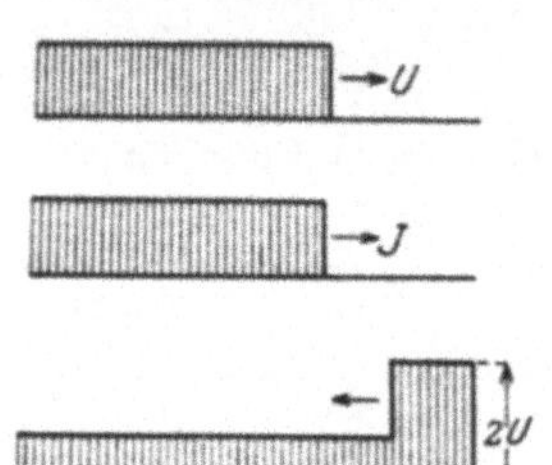

Abb. 38. Reflexion am offenen Leitungsende.

Ist ein Ende offen, das andere kurz geschlossen, so wird die Spannung einmal mit gleichem, das andere Mal mit umgekehrtem Vorzeichen reflektiert, die Periode entspricht zwei Hin- und zwei Rückläufen

$$T = \frac{4a}{v}.$$

Beim Einschalten der offenen Leitung an die Stromquelle großer Ergiebigkeit nach (32) wird die Leitung beim ersten Hinlauf auf Spannung U geladen, diese wird am Ende auf $2U$ reflektiert und nach dem ersten Rücklauf hat die Leitung die Spannung $2U$. Da die Stromquelle die Spannung $U =$ konst. hält, wirkt sie wie ein kurzgeschlossenes Ende, die rücklaufende Welle wird mit entgegen gesetzter Richtung zurückgeworfen, es wandert eine Entladewelle $-U$ in die Leitung und entladet sie im zweiten Hinlauf auf U. Die Reflexion mit gleicher Richtung am Ende ergibt beim zweiten Rücklauf die Entladung der ganzen Leitung auf Null, wonach das Spiel von Neuem beginnt. Am Leitungsende würde, ohne Dämpfung, die Spannung zwischen 0 und $2U$ pulsieren, infolge der Dämpfung klingen die Wellen aus und die Spannung schwingt sich nach Abb. 39 in den Endzustand U ein. Der Strom am Leitungsanfang schwingt um den Mittelwert 0.

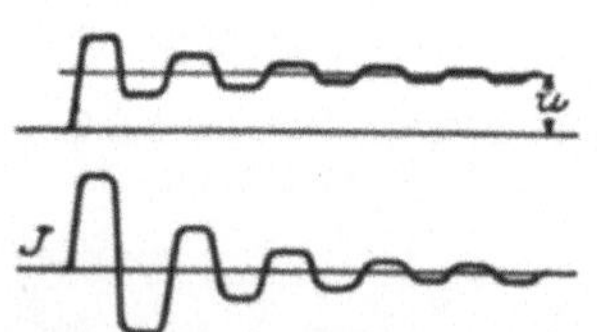

Abb. 39. Spannung am offenen Leitungsende und Strom am Leitungsanfang beim Einschalten.

Bei der kurzgeschlossenen Leitung wird die Ladewelle des Stromes U/Z am kurzgeschlossenen Ende reflektiert, so daß nach dem ersten Hinlauf der Strom $2\frac{U}{Z}$ besteht; die rücklaufende Welle wird an der Stromquelle wieder gleichsinnig reflektiert, so daß nach je einem Hin- und einem Rücklauf eine neue Staffel $2\frac{U}{Z}$ am kurzgeschlossenen Ende hinzukommt. Infolge der Dämpfung sind die Staffeln nach Abb. 40 exponentiell gedämpft, und gehen dann in den stationären

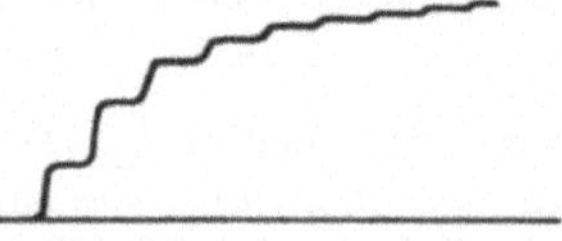
Abb. 40. Ausbildung des Kurzschlußstromes einer Leitung.

Kurzschlußstrom der Stromquelle über. Diese Oszillogramme sind von K. W. WAGNER an einer künstlichen Leitung aufgenommen.

Bei der Entladung nach Abb. 36 wird die Entladespannung $-U$ am offenen Ende verdoppelt; es wandert eine gleichgerichtete Welle $-U$ nach der Fehlerstelle zurück, da hier $U = 0$ ist, wirkt sie wie ein kurzgeschlossenes Ende, es wird $+U$ zurückgeworfen. Die von der Fehlerstelle ausgehenden Wellen erhalten den Charakter oszillierender gedämpfter Wellenzüge. Beim aussetzenden Erdschluß setzen diese Schwingungen (nach Ziff. 27) in jeder Halbperiode mit gesteigerter Amplitude ein.

Treffen die Entladungen die Stromquelle, so baut sich wie oben gezeigt der Erdschlußstrom in gedämpften Staffeln auf. Bei 15 km Leitungslänge folgen sich die Staffeln in Zeiten von $\frac{2 \cdot 15}{3 \cdot 10^5} = 10^{-4}$ sec. Der Vorgang ist daher längst erloschen, ehe die langsamen Ausgleichsvorgänge einsetzen.

39. Reflexion an einem OHMschen Widerstand. An einem parallel zur Leitung liegenden OHMschen Widerstand R ist stets

$$U = JR,$$

auf der Leitung

$$U = U_v + U_r \quad \text{und} \quad J = \frac{U_v - U_r}{Z}.$$

Daher löst eine einfallende Welle U_v eine rückläufige aus

$$U_r = -U_v \frac{Z - R}{Z + R}. \tag{15}$$

Je nachdem $R \gtreqless Z$ ist, ist die reflektierte Spannung gleichgerichtet, Null oder entgegengerichtet der einfallenden Spannung. $R = 0$ oder ∞ geben wieder die Reflexion am kurzgeschlossenen bzw. offenen Ende.

Für $R = Z$ verschwindet die reflektierte Welle, die gesamte Energie der einfallenden Welle wird vom Widerstand absorbiert. Die absorbierte Leistung verhält sich zu der von der Welle mitgeführten wie

$$\frac{J^2 R}{J^2 Z} = \frac{R}{Z}.$$

40. Reflexion an Drosselspule und Kondensator. An einer Drosselspule L_0 (die widerstands- und kapazitätsfrei gedacht ist), am Ende einer Leitung ist

$$U_v + U_r = L_0 \frac{dJ}{dt}$$

worin

$$J = \frac{U_v - U_r}{Z}$$

ist, daher

$$\frac{dU_r}{dt} + \frac{Z}{L_0} U_r = -U_v \frac{Z}{L_0} \cdot + \frac{dU_v}{dt}.$$

Für eine einfallende Rechteckwelle, $U_v = \text{konst.}$, wird

$$U_r = -U_v + 2\, U_v e^{-\frac{Z}{L_0} t}$$

und die gesamte Spannung

$$U_v + U_r = 2\, U_v e^{-\frac{Z}{L_0} t}. \tag{16}$$

Da der Strom der Drosselspule nicht plötzlich springt, verhält sie sich im ersten Augenblick wie ein offenes Ende und reflektiert die einfallende Spannung total, wobei sie auf den doppelten Betrag steigt. Der Strom steigt von Null nach

$2\frac{U_v}{Z}\left(1-e^{-\frac{Z}{L_0}t}\right)$ gedämpft an, wobei der Wellenwiderstand der Leitung sich wie der OHMsche Widerstand beim Einschalten einer Drosselspule verhält. Nur absorbiert er keine Energie, vielmehr entladet sich in das magnetische Feld der Drosselspule sowohl die magnetische wie die elektrische Energie der Leitung, so daß bei einer genügend langen Welle ihre Spannung $2\,U_v$ wird.

An einem Kondensator C_0 ist

$$\frac{U_v - U_r}{Z} = C_0 \frac{d(U_v + U_r)}{dt},$$

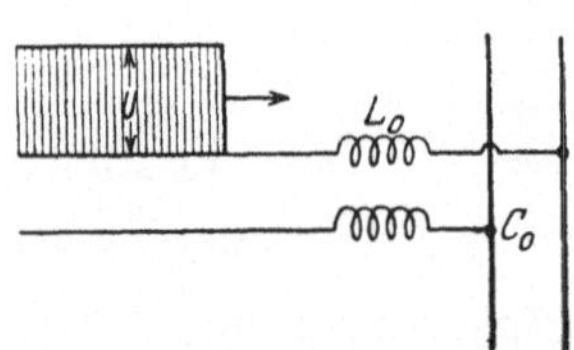

Abb. 41. Schwingungskreis aus Sammelschienen und Schutzspulen.

und daher wieder für eine Rechteckwelle $U_v = \text{konst}$,

$$U_r = U_v - 2\,U_v e^{-\frac{t}{C_0 Z}}$$

und die resultierende Spannung

$$U_r + U_v = 2\,U_v\left(1 - e^{-\frac{t}{C_0 Z}}\right). \tag{17}$$

Da die Ladung des Kondensators nicht plötzlich erfolgt, verhält er sich im ersten Augenblick wie ein Kurzschluß und reflektiert die Spannung mit entgegengesetztem Vorzeichen. Der Strom ist dabei

$$\frac{U_v - U_r}{Z} = 2\frac{U_v}{Z} e^{-\frac{t}{C_0 Z}}.$$

Bei genügend langer Welle erreicht auch hier die Spannung den doppelten Wert der einfallenden Welle. An einem aus Drosselspule und Kondensator gebildeten Schwingungskreis, wie ihn häufig Schutzspulen mit Sammelschienen bilden (s. Abb. 41), wird die einfallende Spannung U_v an der Drosselspule zunächst auf $2\,U_v$ reflektiert. Dies ist die Schaltspannung der Eigenschwingung, die hier die Eigenfrequenz

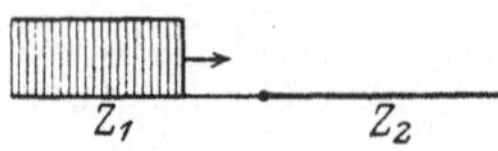

Abb. 42. Wanderwelle am Übergang von zwei Leitungen mit ungleichem Wellenwiderstand.

$$\omega_0 = \sqrt{\frac{1}{L_0 C_0} - \left(\frac{Z}{2L_0}\right)^2} \tag{18}$$

und den Dämpfungsfaktor $Z/2L_0$ hat. Nach der ersten halben Schwingung $\omega_0 t = \pi$ wird daher die Kondensatorspannung

$$2\,U\left[1 + e^{-\frac{\alpha\pi}{\omega_0}}\right], \tag{19}$$

bei schwacher Dämpfung wird sie nahezu $4\,U$.

41. Reflexion bei Leitungen mit ungleichem Wellenwiderstand. Am Übergangspunkt von zwei Leitungen mit ungleichen Wellenwiderständen Z_1, Z_2, (Abb. 42) wird eine von Leitung 1 kommende Welle U_{v_1} reflektiert. Da an der Übergangsstelle Spannung und Strom beider Leitungen gleich groß sind wird

$$U_{v_1} + U_{r_1} = U_{v_2},$$

$$\frac{U_{v_1} - U_{r_1}}{Z_1} = \frac{U_{v_2}}{Z_2},$$

und hieraus

$$U_{v_2} = U_{v_1}\frac{2Z_2}{Z_1 + Z_2} = U_{v_1} d_{12}, \tag{20}$$

$$U_{r_1} = U_{v_1}\frac{Z_2 - Z_1}{Z_1 + Z_2} = U_{v_1} r_{12}. \tag{21}$$

Der Reflexionsfaktor r_{12} ist positiv oder negativ, je nachdem $Z_2 \gtrless Z_1$ ist. Der Durchgangsfaktor $d_{12} = (1 + r_{12})$ ist dabei größer oder kleiner als 1. Folgt also auf eine Freileitung (Z_1) ein Kabel (Z_2) so ist die übertretende Spannung U_{v2}, da hier $Z_2 \sim \frac{1}{10} Z_1$ ist, nur $\frac{1}{6}$ von der einfallenden, im umgekehrten Fall ist sie nahezu verdoppelt. Solche Reflexionen können sich nun wiederholen. Eine Maschinen- oder Transformatorwicklung kann in erster Annäherung als eine Leitung mit sehr großem Wellenwiderstand aufgefaßt werden. Bei der Reihenfolge Kabel-Freileitung-Transformatorwicklung wird an jedem Übergang die Spannung nahezu verdoppelt. Sie kann am Nullpunkt des Transformators, der für Wellen die auf allen Polen gegen Erde auftreten, ein offenes Ende bildet, wieder verdoppelt werden.

Umgekehrt wird eine aus einer Freileitung kommende Welle beim Eintritt in ein Kabel stark herabgesetzt und man pflegt Maschinenwicklungen gegen einfallende Wellen dadurch zu schützen, daß man sie nicht direkt an die Freileitung sondern unter Zwischenschaltung eines Kabelstückes anschließt. An einem Knotenpunkt (Abb. 43) teilt sich eine ankommende Welle in die n abgehenden Leitungen. Haben alle Leitungen gleichen Wellenwiderstand, so ist für die Reflexion für Z_2 der Wellenwiderstand Z/n der n parallelgeschalteten Leitungen zu setzen und es wird der Durchgangsfaktor $d = \frac{2}{n+1}$, der Reflexionsfaktor $r = -\frac{n-1}{n+1}$. In einem verzweigten Netz wird an jedem Knotenpunkt eine Welle verkleinert.

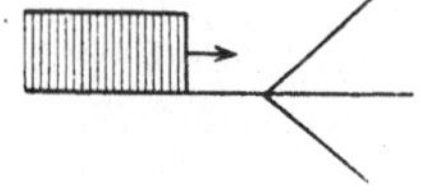

Abb. 43. Leitungsverzweigung.

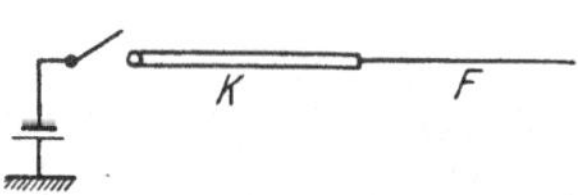

Abb. 44. Eine Schaltung, bei der Koppelschwingungen entstehen können.

42. Mehrfache Reflexionen. Eine von Leitung 2 (Abb. 42) nach dem Übergangspunkt zurücklaufende Welle U_{r_2} wird dort reflektiert, es tritt nach Leitung 1 über

$$U_{r_1} = U_{r_2} \frac{2 Z_1}{Z_1 + Z_2} = U_{r_2} d_{21} = U_{r_2} d_{12} \frac{Z_1}{Z_2}, \quad (20\,\text{a})$$

während nach 2 reflektiert wird

$$U_{v_2} = U_{r_2} \frac{Z_1 - Z_2}{Z_1 + Z_2} = U_{r_2} r_{21} = U_{r_2} (-r_{12}). \quad (21\,\text{a})$$

Abb. 45. Zwischenstück zwischen zwei langen Leitungen.

Es können nun an zwei Leitungen von verschiedener Charakteristik Koppelschwingungen auftreten, wenn ihre Längen so abgestimmt sind, daß die an den Enden reflektierten Wellen gleichzeitig am gemeinsamen Punkt einfallen und sich in ihrer Wirkung steigern. So kann z. B. ein an ein Kabel angeschlossenes Freileitungsstück (Abb. 44) am offenen Ende auf sehr hohe Überspannungen hinaufschwingen, wenn das Kabel eingeschaltet wird und die Längen sich wie die Fortpflanzungsgeschwindigkeiten der Wellen verhalten.

An einem kurzen Zwischenstück Z_2 zwischen zwei langen Leitungen Z_1, Z_3 (Abb. 45) treten an den beiden Übergangspunkten rasch aufeinanderfolgende Reflexionen ein, bevor die Wellen an den Enden der äußeren Leitungen ankommen. In Leitung 3 wird also die Welle in Staffeln eindringen und ebenso in Leitung 1 in Staffeln reflektiert. Die Aufeinanderfolge der Staffeln entspricht der Laufzeit über die doppelte Länge des Zwischenstückes. Sind r_{12} und r_{23} die Reflexionsfaktoren beim Übergang von Z_1 auf Z_2, bzw. Z_2 auf Z_3, $-r_{12}$ und $-r_{23}$ für die entgegengesetzte Richtung $(1 + r_{12}) = d_{12}$ und $(1 + r_{23}) = d_{23}$ die Durchgangsfaktoren, $(1 - r_{12}) = d_{21}$ und $(1 - r_{23}) = d_{32}$ für die entgegengesetzte Richtung, so hat die $n$te Staffel der in Leitung 3 eintretenden Spannung den Wert

$$\frac{U_{v_3(n)}}{U} = d_{12}\,d_{23}\,(r_{21}\,r_{23})^{n-1}\ldots$$

Die gesamte Spannung als Summe der Einzelstaffeln wird

$$\frac{U_{v_3(n)}}{U} = d_{12}\,d_{23}\,[1 + r_{21}\,r_{23} + (r_{21}\,r_{23})^2 + \cdots + (r_{21}\,r_{23})^{n-1}] = d_{12}\,d_{23}\,\frac{1-(r_{21}\,r_{23})^n}{1-r_{21}\,r_{23}}.$$

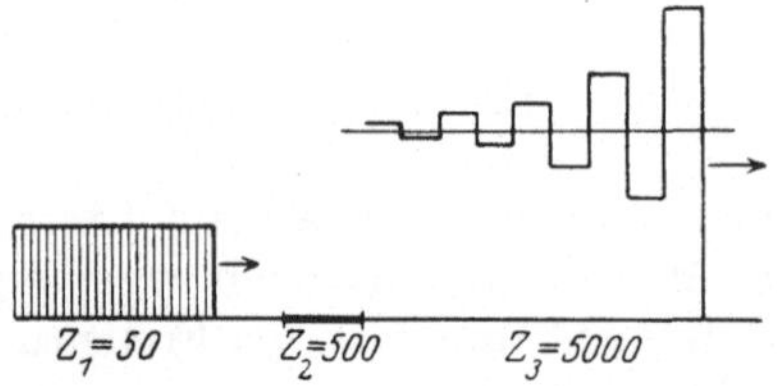

Abb. 46. Übertritt einer Welle über ein Zwischenstück bei steigenden Wellenwiderständen.

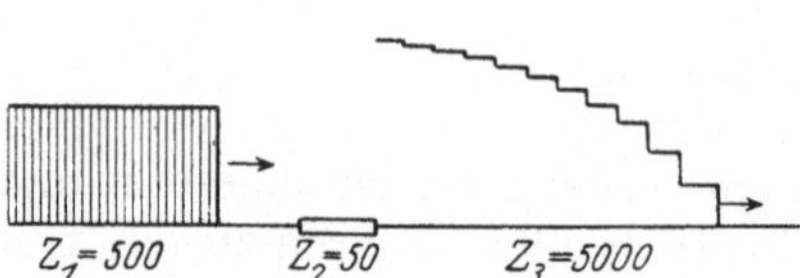

Abb. 47. Übertritt einer Welle über ein Zwischenstück bei abwechselnd fallenden und steigenden Wellenwiderständen.

Nach vielen Staffeln wird der Zähler gleich 1 und der Endwert wird

$$\frac{U_{v_3(\infty)}}{U} = \frac{d_{12}\,d_{23}}{1-r_{21}\,r_{23}} = \frac{2\,Z_3}{Z_1+Z_3}.$$

Dies ist der Wert, der nach Gleichung 20 direkt von Leitung 1 auf 3 übertreten würde.

Haben r_{21} und r_{23} gleiches Vorzeichen, so sind alle Teilstaffeln positiv und addieren sich zu dem Endwert, haben sie entgegengesetztes, so sind die Teilstaffeln abwechselnd positiv und negativ und es ergeben sich Schwingungen um den Endwert. Der zweite Fall tritt z. B. ein bei der Reihenfolge: Kabel, Freileitung, Transformatorwicklung, deren Wellenwiderstände etwa im Verhältnis

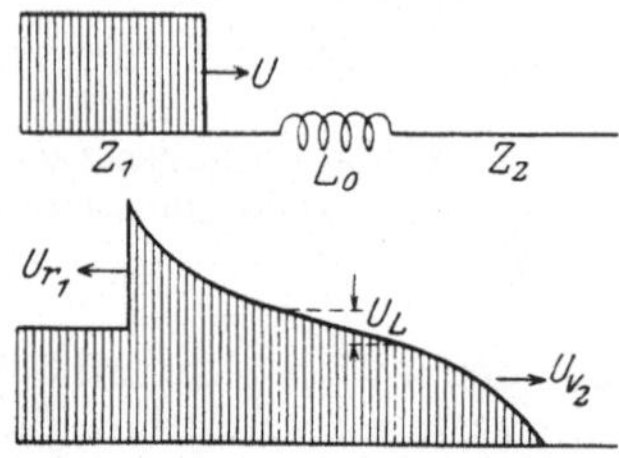

Abb. 48. Umbildung der Wellenstirn durch eine Drosselspule.

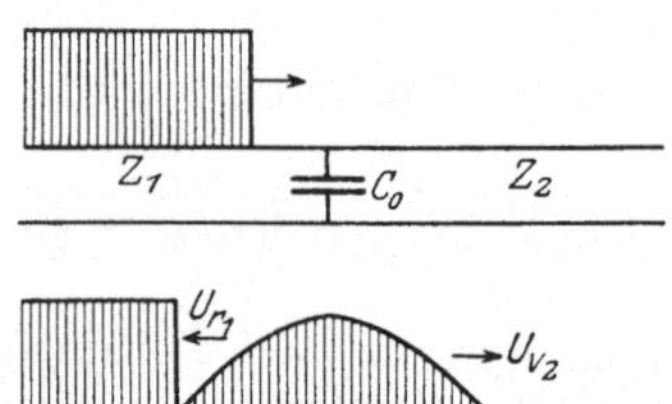

Abb. 49. Umbildung der Wellenstirn durch einen Kondensator.

1 : 10 : 100 stehen, und dessen Staffeln in Abb. 46 dargestellt sind. Der erste Fall ergibt sich für die Reihenfolge Freileitung, Kabel, Maschinenwicklung mit den Verhältniszahlen 10 : 1 : 100 oder Freileitung, Drosselspule, Maschinenwicklung 10 : 1000 : 100. Der erste Fall zeigt die Ziff. 42 erwähnte Steigerung der Welle bei zunehmender Charakteristik, die hier infolge Mehrfachreflexionen in eine Schwingung übergeht, der zweite die Schutzwirkung eines Zwischenstückes von viel kleinerem oder größerem Wellenwiderstand als die Hauptleitungen.

43. Schutzwirkung von Drosselspulen und Kondensatoren. Diese Schutzwirkung wird verwirklicht durch vorgeschaltete Drosselspulen oder durch parallelgeschaltete Kondensatoren. Vernachlässigt man die Kapazität der Drosselspule bzw. die Induktivität des Kondensators, so ergibt sich an Stelle der Staffeln eine exponentiell ansteigende Welle. Für die Drosselspule Abb. 48 wird

$$U_{v_2} = 2\,U_{r_1}\,\frac{Z_2}{Z_1+Z_2}\left(1 - e^{-\frac{Z_1+Z_2}{L_0}t}\right)$$

$$U_{r_1} = U_{v_1} - 2\,\frac{U_{v_1} Z_1}{Z_1+Z_2}\left(1 - e^{-\frac{Z_1+Z_2}{L_0}t}\right)$$

und das größte Spannungsgefälle am Kopf

$$\frac{\partial U_{v_2}}{\partial x} = \frac{\partial U_{v_2}}{\partial t}\,\frac{1}{v_{2\,(t=0)}} = \frac{2\,U_{v_1}}{L_0}\,\frac{Z_2}{v_2}. \tag{22}$$

Für einen Kondensator Abb. 49 wird

$$U_{v_2} = 2\,U_{v_1}\,\frac{Z_2}{Z_1+Z_2}\left(1 - e^{-\frac{Z_1+Z_2}{C_0 Z_1 Z_2}t}\right)$$

$$U_{r_1} = -U_{v_1} + 2\,U_{v_1}\,\frac{Z_1}{Z_1+Z_2}\left(1 - e^{-\frac{Z_1+Z_2}{C_0 Z_1 Z_2}t}\right).$$

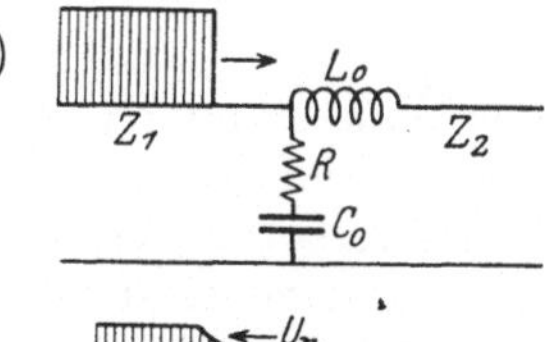

Abb. 50. Reflexionsfreie Wellenumbildung nach RÜDENBERG.

Das größte Spannungsgefälle am Kopf ist

$$\frac{\partial U_{v_2}}{\partial x} = \frac{1}{v_2}\,\frac{\partial U_{v_2}}{\partial t_{(t=0)}} = \frac{2\,U_{v_1} Z_2}{C_0 Z_1 Z_2 v_2}. \tag{23}$$

Kondensator und Drosselspule sind also gleichwertig, wenn

$$\frac{L_0}{C_0} = Z_1 Z_2.$$

Um eine Maschinenwicklung mit einem Wellenwiderstand $Z_2 = 5000$ hinter einer Freileitung ($Z_1 = 500$) zu schützen, wurde ein Kondensator von $C_0 = 0{,}1 \cdot 10^{-6}$ F ebenso wirken wie eine Drosselspule von 0,25 H. Da es viel leichter ist, einen Kondensator als eine Drosselspule von dieser Größe vorzusehen, ist im allgemeinen der Kondensator wirksamer. Kleine Drosselspulen haben fast keine Schutzwirkung.

Beide Apparate reflektieren die ankommende Welle im ersten Augenblick vollständig, die Drosselspule mit gleichem Vorzeichen, der Kondensator mit entgegengesetztem. Auch können sie nicht verhindern, daß eine genügend lange Welle schließlich mit nahezu doppelter Höhe übertritt, weil sie die Energie nicht absorbieren. Hierzu ist ein Widerstand erforderlich. Eine Schaltung, bei der sowohl ein allmählicher Übertritt wie eine gedämpfte Reflexion entsteht, ist von RÜDENBERG angegeben (s. Abb. 50). Ist der Widerstand $R = Z_1$, so nimmt er im ersten Augenblick die volle ankommende Spannung auf und der Übertritt erfolgt stetig.

Der Widerstand kann auch parallel zur Drosselspule liegen.

44. Schutzwiderstände, Funkenableiter. a) Alle in Reihe mit der Leitung geschalteten Spulen, z. B. Stromwandler, Relais usf. werden durch Parallelwiderstände überbrückt, um zu verhindern, daß sie die ankommende Welle total reflektieren und an ihren ersten Windungen mit sehr hohen Spannungen beansprucht werden. Um dauernden Energieverlust und Messungenauigkeit zu verhindern, kann der Überbrückungswiderstand über eine Funkenstrecke angeschlossen sein, die beim Auftreffen der Spannungswelle überschlägt.

b) Schutzschalter mit Widerstandsstufe werden verwendet, um die bei Schaltvorgängen auftretenden Wellen zu verkleinern. Beim Einschalten einer Leitung über einen Vorschaltwiderstand R nach Abb. 51 ist der Strom auf beiden Leitungen der gleiche.

$$J_{v_2} = J_{r_1} = \frac{U_{v_2}}{Z_2} = \frac{U_{r_1}}{Z_1},$$

andrerseits ist

$$U_{r_1} + R J + U_{v_2} = U,$$

somit

$$U_{v_2} = U \frac{Z_2}{Z_1 + Z_2 + R},$$

$$U_{r_1} = U \cdot \frac{Z_1}{Z_1 + Z_2 + R}.$$

Ohne Widerstand ($R = 0$) hat für $Z_1 \ll Z_2$ die vorwärtslaufende Welle fast die Höhe der vollen Spannung, und für $Z_2 \ll Z_1$ die reflektierte. Durch den Vorschaltwiderstand könnten sie in beiden Fällen beliebig verkleinert werden, doch hat dies seine Grenzen, da beim Kurzschließen des Widerstandes eine neue Schaltwelle einsetzt.

c) Funkenableiter: Die meisten Störungen in Freileitungsanlagen werden durch Gewitter verursacht. Dabei handelt es sich in selteneren Fällen um direkte Blitzschläge in die Leitungen, gegen die es kein Schutzmittel gibt, sondern um indirekte Wirkungen, durch freiwerdende Ladungen, bei denen die Spannung der Leitung gegen Erde ganz beträchtlich über der Betriebsspannung liegt. Die Statistiken lehren, daß die Zahl von Transformatorendefekten und sonstigen Störungen in den verschiedenen Jahreszeiten mit der Zahl der Gewitter zu- und abnimmt. Man hat seit jeher Abhilfe dadurch versucht, daß man durch Funkenableiter die Ladungen zur Erde ableitet, ehe sie Transformatoren- und Maschinenanlagen erreichen. Solche Ableiter sind Hörner- oder Rollenfunkenstrecken, elektrolytische Ableiter, mit Rücksicht auf geringen Entladeverzug auch oft Kugelfunkenstrecken. Sie werden so eingestellt, daß sie bei etwa 1,5facher Betriebsspannung ansprechen.

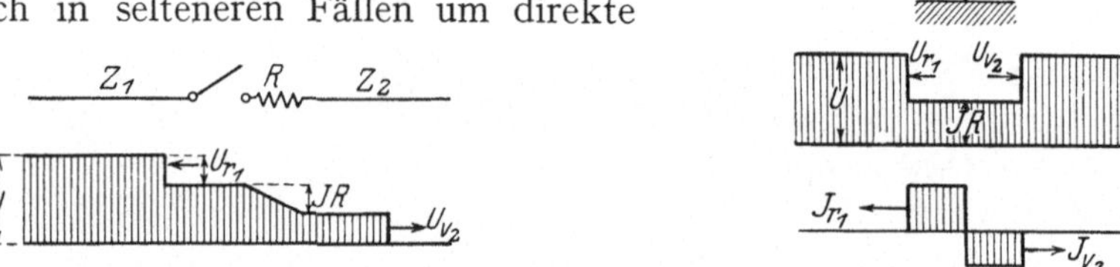

Abb. 51. Schaltwellen beim Schalten über einen Reihenwiderstand.

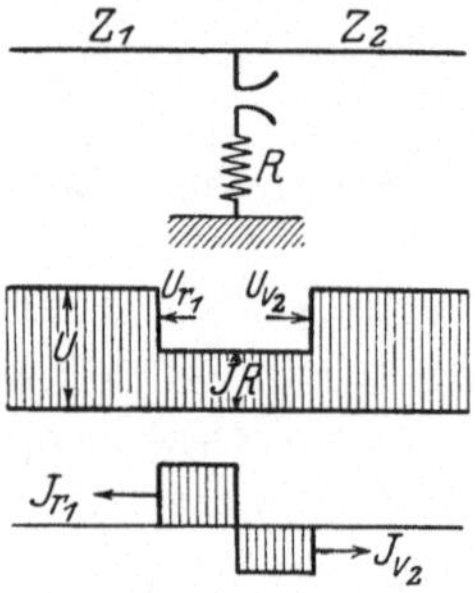

Abb. 52. Entladung über eine Funkenstrecke.

Sie werden über einen Widerstand an Erde angeschlossen, um den nachfolgenden Betriebsstrom zu begrenzen und die starken Entladewellen bei direkter Erdung (s. Ziff. 35) einzuschränken.

Ist eine solche Leitung auf eine Spannung U geladen s. Abb. 52, und spricht die Funkenstrecke an, so ist am Widerstand die Spannung RJ und in die Leitung wandern Entladewellen

$$U_{v_2} = U_{r_1} = U - RJ.$$

Es ist

$$J = \frac{U_{v_2}}{Z_2} + \frac{U_{r_1}}{Z_1}.$$

Danach wird

$$U_{v_2} = U_{r_1} = \frac{U}{1 + R \cdot \dfrac{Z_1 + Z_2}{Z_1 Z_2}}.$$

Für $Z_1 = Z_2 = Z$ würde die Entladewelle mit $R = Z$ auf $^1/_3$ der vollen Spannung herabgesetzt, und mit größeren Widerständen noch weiter verkleinert. Je größer die Widerstände um so geringer die Ableitung der Energie, da die abfließende Leistung

$$J^2 R = \frac{U^2 \cdot R}{\left(R + \frac{Z_1 Z_2}{Z_1 + Z_2}\right)^2},$$

für $R = \frac{Z_1 Z_2}{Z_1 + Z_2}$ ein Maximum wird. An einer Freileitung mit $Z_1 = Z_2 \cong 500$ müßte somit $R = 250$ Ohm sein, und die Entladewellen sind gleich der halben Ladespannung. Ein so geringer Widerstand würde einen sehr großen Betriebsstrom zur Folge haben, der das selbsttätige Erlöschen der Funkenstrecke nach Ableitung der Ladung verhindert. Man verwendet daher höhere Widerstände, und verteilt zahlreiche Ableiter über die Leitung, um durch das Zusammenwirken eine raschere Entladung zu erzielen ohne zu starke Sprungwellen am einzelnen Ableiter zu erzeugen. Dabei besteht die Unsicherheit weiter, ob sämtliche Ableiter richtig ansprechen. Eine neuere Ausführnng geht dahin, einen kleinen Widerstand (r) zu verwenden und den Strom unter Öl zu unterbrechen. Der auf die Entladung folgende Netzstrom betätigt einen Schalter s (s. Abb. 53) der die Funkenstrecke F und einen Teil des Widerstandes kurzschließt. Dadurch verliert der Schaltermagnet M seine Erregung und wird sofort wieder durch Federkraft f geöffnet. Besteht die Überspannung fort, so setzt eine neue Entladung und das gleiche Spiel ein, bis die Überspannung verschwunden ist.

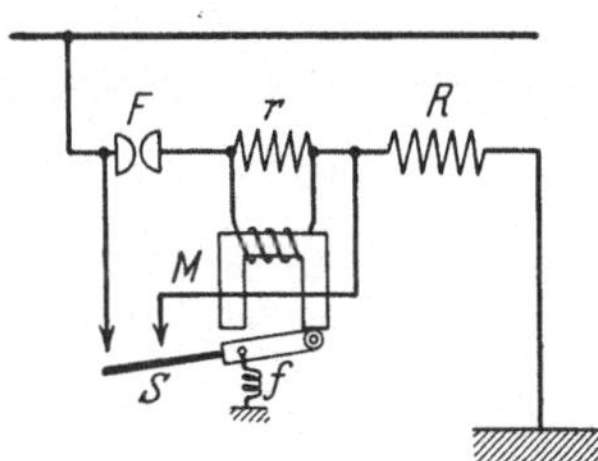

Abb. 53. Überspannungsableiter nach BENDMANN.

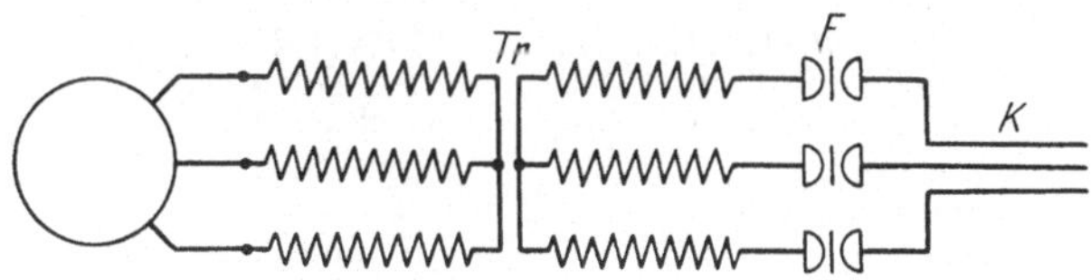

Abb. 54. Schaltung für Sprungwellenprobe.

45. Sprungwellenprobe. Da es noch keinen allgemein wirksamen Schutz gegen Wanderwellen in Wicklungen gibt, ist man gezwungen, die innere Isolierung der Spulen von Maschinen und Transformatorenwicklungen gegeneinander wenigstens an den Eingangsspulen und am Nullpunkt für die volle Betriebsspannung auszuführen und die Prüfung an der fertigen Maschine vorzunehmen. Die sog. Sprungwellenprobe besteht nach Abb. 54 darin, daß man die Wicklung z. B. des Transformators Tr durch ihr reguläres Magnetfeld auf volle Spannung erregt und sie über eine einstellbare Funkenstrecke F auf ein Kabel K oder einen Kondensator schaltet. Durch die Einstellung der Funkenstrecke ist die Höhe der bei jedem Überschlag in die Wicklung einziehenden Sprungwelle gegeben. Infolge der dauernden Umladung der Kapazität entstehen Rückzündungen, so daß die Funkenstrecke bis zur doppelten Spannung geöffnet werden kann.

Zusammenfassende Literatur:

C. P. STEINMETZ, Transient Electric Phenomena and Oscillations, New. York 1909. — K. W. WAGNER, Elektromagnetische Ausgleichsvorgänge in Freileitungen u. Kabeln, Leipzig, Teubner 1908. — W. PETERSEN, Hochspannungstechnik, Stuttgart, Enke 1910. — R. RÜDENBERG, Elektrische Schaltvorgänge, Berlin, Springer 1923. — A. FRAENCKEL, Theorie der Wechselströme, Berlin, Springer 1921. — BIERMANNS, Überströme in Hochspannungsanlagen, Berlin, Springer 1926.

Sachverzeichnis.